NGC 1501 Camelop. (Exp. 120^{m})

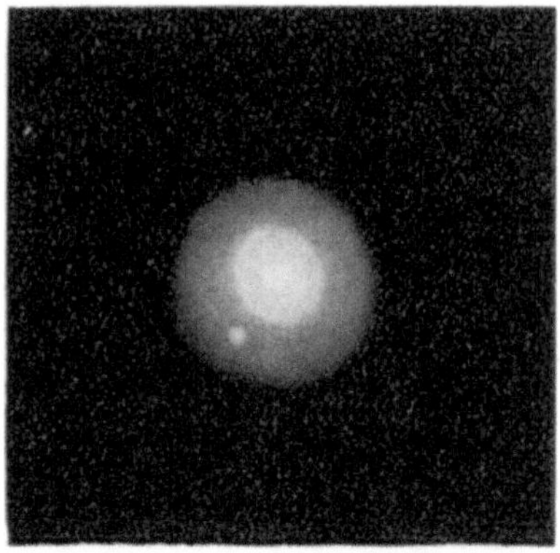

NGC 1535 Eridani. (Exp 85^{m})

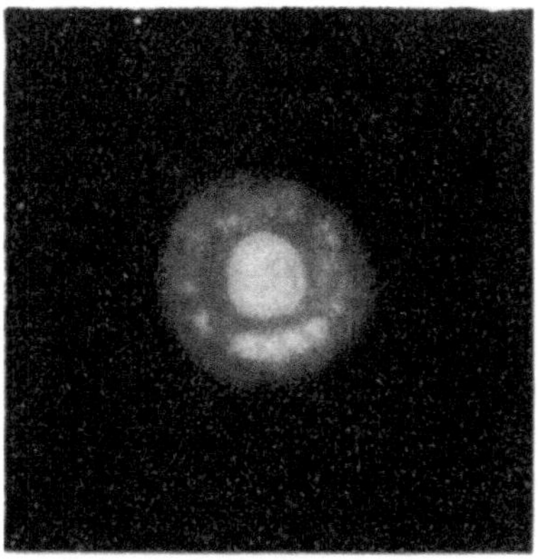

NGC 2392 Gemin. (Exp. 120^{m})

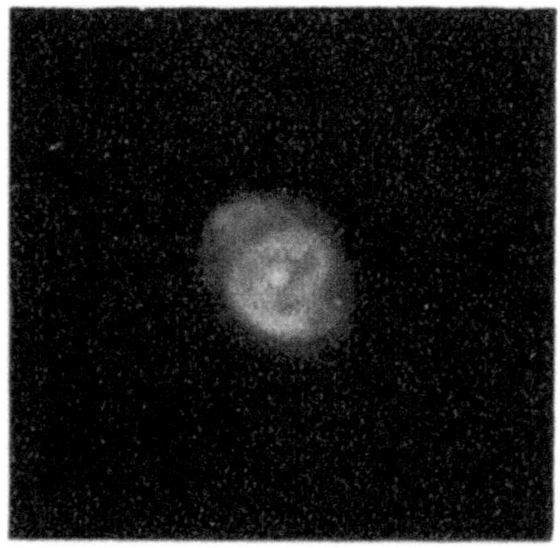

NGC 6543 Draconis. (Exp. 50^{m})

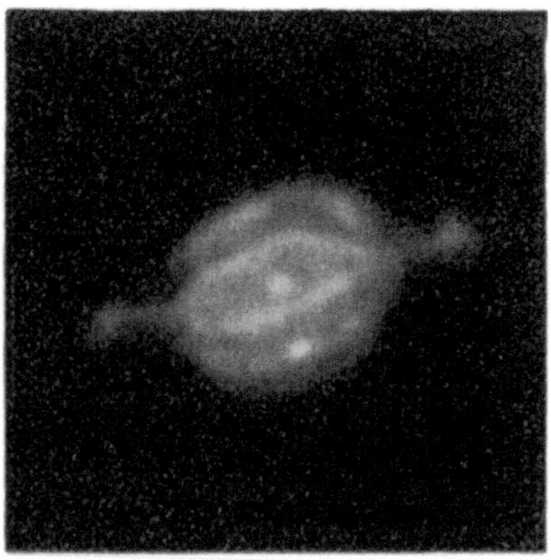

NGC 7009 Aquarii. (Exp. 210^{m})

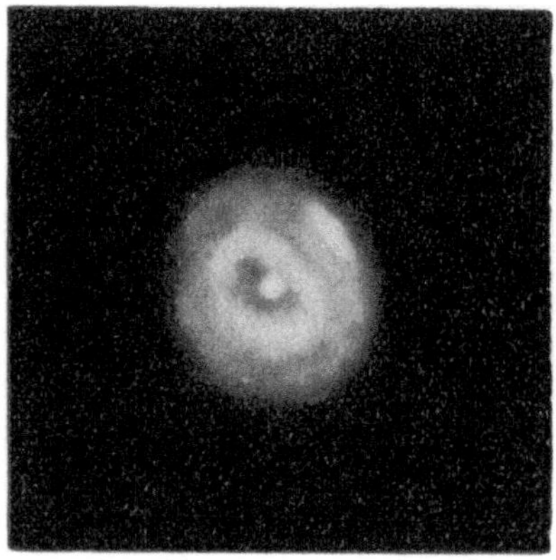

NGC 7662 Androm. (Exp. 90^{m})

Die Haupttypen der Planetarischen Nebel

nach Aufnahmen von Pease mit dem 1.5 m-Spiegel des Mt. Wilsonobservatoriums.

ASTROPHYSIK

DRITTE VÖLLIG NEUBEARBEITETE AUFLAGE VON

J. SCHEINER

POPULÄRE ASTROPHYSIK

VON

PROFESSOR DR. K. GRAFF
OBSERVATOR DER HAMBURGER STERNWARTE
IN BERGEDORF

MIT 17 TAFELN UND 254 FIGUREN IM TEXT

Springer Fachmedien Wiesbaden GmbH 1922

Die Umschlagzeichnung gibt den Umriß des Spiralnebels M 101 Ursae mai. wieder.

ISBN 978-3-663-15656-7 ISBN 978-3-663-16232-2 (eBook)
DOI 10.1007/978-3-663-16232-2

Ursprünglich erschienen bei B.G. Teubner in Leipzig 1922

Aus dem Vorwort zur ersten Auflage.

Die „Populäre Astrophysik" stellt im wesentlichen den Inhalt einer Reihe von Vorlesungen dar, die ich an der Berliner Universität als Einleitungen in die Gebiete der Spektralanalyse, Photometrie und Photographie der Gestirne gehalten habe. Wenn ich mich dazu entschlossen habe, diese Vorlesungen in veränderter äußerer Anordnung und erweiterter Form als „Populäre Astrophysik" zu veröffentlichen, so ist hauptsächlich hierfür die Tatsache maßgebend gewesen, daß auch in den nichtwissenschaftlichen Kreisen diesem Gebiete mehr und mehr Aufmerksamkeit zugewendet wird.

Das allgemeinste Interesse von allen exakten Wissenschaften findet seit langen Jahren aus leicht ersichtlichen Gründen immer noch die Astronomie; ein Zeichen hierfür ist die große Zahl der Populären Astronomien, die in immer neuen Auflagen erscheinen. In diesen Werken ist aber der jüngste Zweig der Astronomie, die Astrophysik, nicht in dem Maße ausführlich behandelt, wie es zum Verständnis und zur Würdigung der auf diesem Spezialgebiet in den letzten Jahrzehnten erreichten Fortschritte erforderlich erscheint.

Diese Lücke, die in unserer populärwissenschaftlichen Literatur bisher vorhanden war, habe ich versucht, in dem vorliegenden Werk auszufüllen, wobei die Hauptschwierigkeit in der Einschränkung, d. h. in der Verzichtleistung auf die Herstellung eines „Handbuches der Astrophysik" bestand. So ist denn die „Populäre Astrophysik" nur für den gebildeten Laien bestimmt und *nicht für die Astronomen und Astrophysiker*. Sie enthält nur eine Auswahl aus dem Vorhandenen, entsprechend meiner subjektiven Anschauung und also sicherlich zuweilen im Widerspruche mit den Ansichten anderer; sie ist überhaupt vielfach eine Darbietung meiner eigenen Arbeiten, die ich in den drei Lehrbüchern „Spektralanalyse der Gestirne", „Photographie der Gestirne" und „Strahlung und Temperatur der Sonne", ferner in dem allgemein verständlich verfaßten Werkchen „Der Bau des Weltalls", sowie in zahlreichen Aufsätzen veröffentlicht habe. In bezug auf die Astrophotometrie habe ich mich vielfach auf das Werk von G. Müller „Photometrie der Gestirne" stützen können.

In Rücksicht auf den Leserkreis habe ich mich bemüht, mathematische Betrachtungen nach Möglichkeit zu vermeiden. Die zum Verständnis notwendigen astronomischen Kenntnisse habe ich natürlich voraussetzen müssen, soweit sie in den vorhandenen Populären Astronomien gegeben sind.

Bei der jetzigen Vollkommenheit photographischer Reproduktionen war es möglich, den Grundsatz zur vollen Geltung zu bringen, daß direkte Anschauung wertvoller ist als ausführliche Beschreibung; ich habe daher dem Buche eine große Zahl von Tafeln und Figuren beigefügt.

Potsdam, im November 1907.

J. Scheiner.

Vorwort zur dritten Auflage.

Seit dem Erscheinen der ersten Auflage des vorliegenden Werkes sind 13 Jahre verflossen. In dieser verhältnismäßig kurzen Zeit haben sich die Forschungsmethoden der Astrophysik derart geändert, vertieft und erweitert, unzweifelhafte Erfolge so gehäuft, daß die Neuherausgabe des Buches keiner besonderen Begründung bedarf.

Als der Verlag nach dem Tode SCHEINERS im Jahre 1919 mit der Aufforderung an mich herantrat, die „Populäre Astrophysik" neu zu bearbeiten, war ich mir der Schwierigkeit eines derartigen Unternehmens wohl bewußt. Ganz abgesehen davon, daß eine nahe fünfjährige Loslösung von allen wissenschaftlichen Arbeiten hinter mir lag, spielten bei den Bedenken auch persönliche Gründe eine wichtige Rolle. Wer SCHEINER gekannt oder ihm gar persönlich nähergestanden hat, wird wissen, mit welcher Beharrlichkeit dieser Mitbegründer der astrophysikalischen Forschungsmethoden an allen Einzelheiten der Ergebnisse festhielt, an denen er in führender Stellung mitgearbeitet oder die er unter seinen Augen in Potsdam entstehen gesehen hat. Ihm selbst wäre demnach zweifellos jede Umarbeitung seiner Astrophysik unsympatisch gewesen, wie ja auch die zweite noch von ihm selbst besorgte und 1912 erschienene Auflage des Buches nur durch Anfügung einiger Anmerkungen den Fortschritten der Wissenschaft Rechnung trägt.

Angesichts des Erfolges, den das Werk in seiner ursprünglichen Form gehabt hat, war es verständlich, daß der Verlag bei der dritten Auflage nicht nur eine Berücksichtigung der neuesten Forschungsergebnisse, sondern auch eine möglichst enge Anlehnung an das Original gewünscht hat. Diese den Bearbeiter merklich bindende Bedingung war nach einer gründlichen Durchsicht des Werkes kaum anders zu erfüllen, als daß lediglich die Stoffbehandlung und seine Folge dem Original entnommen, der Inhalt jedoch vollkommen umgearbeitet und den neuesten Forschungsmethoden und Ergebnissen so gut wie möglich angepaßt wurde. Um besonders für die letzteren Raum zu schaffen, waren an verschiedenen Stellen sehr erhebliche Kürzungen notwendig. Manche elementaren Dinge, Wiederholungen, Tabellen usw. haben auf diese Weise ganz entfernt, manche sehr erschöpfenden Darstellungen stark zusammengedrängt werden müssen. Ich möchte trotzdem hoffen, daß selbst an den sehr wenigen Stellen, wo im wesentlichen nur derartige rein redaktionelle Änderungen vorgenommen worden sind, der Text an Klarheit und Durchsichtigkeit nicht wesentlich verloren hat.

Der zweite Teil, der die Ergebnisse der Astrophysik behandelt, ist so gut wie neu abgefaßt worden; nur hin und wieder, besonders bei der Sonne, wird man noch einzelne kleine Originalabschnitte wiederfinden. Die umfangreichen photometrisch-photographischen Untersuchungen der Neuzeit, die Erkenntnis des tieferen Inhalts der von der Harvardsternwarte ausgegangenen Klassifizierung der Sternspektra, die Beziehungen zwischen den Spektren und der absoluten Helligkeit der Sterne, die Einordnung der Sternhaufen und Nebel in das kosmische Bild der Gegenwart und so manches andere, das neuerdings in den Vordergrund des astronomischen Interesses gerückt ist, mußte Erwähnung finden. Wenn auch bei der Fülle des Materials nicht sämtliche Etappen des Weges, auf dem man zum heutigen Ziele gelangt ist, behandelt werden konnten, so sind doch die Richtlinien überall angedeutet und einfache Gesetzmäßigkeiten auch in ihrem mathematischen Ausdruck wiedergegeben worden. Mit möglichst wenigen Worten eine möglichst tiefe Einsicht in das hier behandelte Arbeitsgebiet der Himmelskunde dem Leser zu vermitteln, war überhaupt das Hauptziel, das mir bei der Arbeit vorschwebte.

Auf Wunsch des Verlages habe ich seiner Zeit von dem Bestreben, das Ziel des Werkes etwas höher zu stecken, absehen müssen. Trotzdem wird vielleicht das Buch, besonders in seinem zweiten Teil, nicht nur dem Laien, dem es auch in dieser dritten Auflage in erster Linie zugedacht ist, sondern auch dem Fachmann aus verwandten Wissensgebieten hin und wieder als astronomisches Nachschlagewerk Dienste leisten.

Die Darstellung habe ich durch eine große Zahl völlig neuer meist selbst angefertigter Abbildungen zu unterstützen versucht und dabei ein sehr weitgehendes Entgegenkommen von seiten des Verlages erfahren. Eine Reihe von photographischen Vorlagen verdanke ich der Güte von Prof. M. Wolf in Heidelberg und einer Reproduktionserlaubnis von Prof. Seares vom Mt. Wilsonobservatorium. Die optisch-mechanischen Anstalten Zeiss und Bamberg gestatteten den Abdruck einiger Klischees ihrer Kataloge, so daß das Buch auch äußerlich in völlig neuem Gewande erscheint.

Bei der Durchsicht des Manuskriptes hat mich Herr Dr. Baade durch verschiedene wertvolle Hinweise und Ratschläge freundlichst unterstützt. Für die Hilfe bei der Lesung der Korrekturen bin ich sowohl ihm wie Herrn Amtmann W. Voss in Altona zu besonderem Danke verpflichtet.

Bergedorf, im Dezember 1921.

K. Graff.

Inhalt.

	Seite
Einleitung	1
A. Die astrophysikalischen Forschungsmethoden.	
I. Physikalische und physiologische Grundlagen.	
1. Die Lehre von der Strahlung	4
Wärmestrahlung	4
Lichtschwingungen	7
Lichtbrechung und Reflexion	12
Polarisation	15
2. Die Grundlagen der Optik	17
Planparallele Platte und Prisma	18
Die Linsen	20
Die Spiegel	25
Einfachere optische Apparate	27
Physiologische Eigenschaften des Auges	29
II. Die Spektralanalyse.	
3. Die Konstruktion der Spektralapparate	33
Die Prismen	33
Einfache Spektralapparate	35
Ausmessung der Spektra	38
Beobachtung von Sternspektren	42
Spektrographische Aufnahmen	46
Die astronomischen Spektralapparate	48
4. Die Bestimmung absoluter Wellenlängen	52
Die Beugungserscheinungen	53
Diffraktionsgitter und Interferometer	55
Der Dopplereffekt	59
5. Spektralanalytische Theorien	62
Der Kirchhoffsche Satz	62
Aggregatzustand und Spektrum	64
Folgerungen aus dem Kirchhoffschen Satz	68
Mathematische Form der Kirchhoffschen Funktion	71
Gesetzmäßigkeiten der Spektrallinien	76
Der Zeeman- und Starkeffekt. Anomale Dispersion	79
Das periodische System der Elemente	82
Spektra einiger Elemente	86
III. Die Photometrie.	
6. Die photometrischen Theorien	89
Allgemeine Grundgesetze	89
Photometrische Aufgaben	92
Emanationsgesetze. Albedo	95
Anwendung auf die Planeten und Monde. Die Meterkerze	98
Atmosphärische Lichtextinktion	101
7. Die photometrischen Apparate	105
Methoden der Lichtabschwächung	105
Das Zöllnersche Polarisationsphotometer	109
Die Keilphotometer	115
Lichtelektrische Photometer	118
Die Stufenschätzungsmethode	121
Die Spektralphotometrie	123
8. Die Strahlungsmessung	127
Die Pyrheliometer	127
Bolometrische Methoden. Solarkonstante	131
IV. Die Himmelsphotographie.	
9. Die photographische Technik	136
Daguerreotypie und Kollodiumverfahren	136
Die Bromsilberplatten	137
Astronomische Negative	140
10. Die optischen Teile der photographischen Instrumente	144
Lichtstärke und natürliche Distorsion	144
Chromatische u. sphärische Aberration	147
Reflexion u. Absorption. Luftunruhe	149
11. Die photographischen Fernrohre und Meßapparate	153
Das Halten der Sterne	153
Photographische Refraktoren und Reflektoren	156
Abbildungsfehler der Himmelsaufnahmen	162

Seite
Die astrophotographischen Meßapparate . . . 165
12. Die photographische Photometrie 168
Messung der Schwärzungen . 169
Messung der Scheibendurchmesser . . . 171
Grenzleistungen der photographischen Instrumente . . . 173

B. Die Ergebnisse der astrophysikalischen Forschung.

V. Die Sonne.

13. Die Erscheinungen der Sonnenoberfläche . . . 175
Größe und Helligkeit der Sonne 175
Die Photosphäre . . . 178
Die Flecken und Fackeln . . 180
Periodischer Verlauf der Fleckenerscheinung . . . 184
Das Sonnenspektrum . . . 187
Deutung der Absorptionslinien 191
Umkehr und Verdoppelung einiger Linien . . . 194
Spektroheliographische Untersuchungen . . . 196
Das Spektrum des Sonnenrandes . . . 204
Die Protuberanzen . . . 208
Die Korona . . . 212
14. Die Sonnentheorien . . . 216
Ältere Anschauungen. Kirchhoff, Zöllner . . . 217
Secchis Sonnentheorie . . . 219
Neuere Ansichten. Die Schmidtsche Refraktionstheorie . . . 222
Die Dispersionstheorie von Julius . . . 225
Erklärung der Fleckenperioden 227
Koronatheorien . . . 228
15. Die Temperatur der Sonne. Elektromagnetische Fernwirkungen . . . 232
Die effektive Sonnentemperatur . . . 232
Erhaltung der Sonnenenergie 234
Elektromagnetische Einflüsse auf die Erde . . . 238
Schlußbetrachtungen . . . 243

VI. Die Planeten, Monde und Kometen.

16. Die Planeten und ihre Monde 247
Merkur . . . 248
Venus . . . 250
Der Erdmond . . . 252
Die Bergformen der Mondoberfläche . . . 257
Andere Gebilde der Mondoberfläche. Veränderungen . 260
Entstehung der Mondoberfläche 263
Helligkeit und Albedo der Mondformationen . . . 267
Der Mars . . . 269
Die Marsoberfläche . . . 271
Deutung der Marsgebilde . . 275
Die Kleinen Planeten . . . 277
Jupiter . . . 281
Saturn . . . 287
Uranus und Neptun . . . 291
17. Die Kometen, Meteore und das Zodiakallicht . . . 292
Physische Beschaffenheit der Kometen . . . 293
Die Kometentheorien . . . 298
Deutung der Repulsivkraft . . 301
Die Sternschnuppen und Meteore . . . 304
Das Zodiakallicht . . . 308

VII. Die Fixsterne, Nebelflecke und Sternhaufen.

18. Die photometrische und spektroskopische Einteilung der Fixsterne . . . 310
Die Größenschätzungen . . . 310
Photometrische Kataloge. Sternverteilungsziffern . . . 314
Die Sternspektra . . . 317
Einzelheiten der Harvardklassifikation . . . 320
Die Farben der Sterne . . . 324
Farbenindex und effektive Wellenlänge . . . 327
19. Beziehungen zwischen den Spektren, der Bewegung und der Entfernung der Sterne . . . 330
Die Bewegungen im Visionsradius . . . 331
Die spektroskopischen Doppelsterne . . . 335
Das Algolsystem . . . 337
Prüfung durch direkte Beobachtungen und durch die Interferenzmethode . . . 340
Giganten und Zwerge . . . 343
Durchmesser der Fixsterne . . 347
Spektroskopische Parallaxen . 349
20. Die physische Beschaffenheit der Sterne . . . 352
Die normalen Sternspektra . . 352
Sonderklassen der Sternspektra 356
Die effektive Temperatur der Fixsterne . . . 360
Die Entwicklung der Sterne . 364
Die Dichte der Sterne . . . 367

Seite

21. Die Neuen und Veränderlichen Sterne . . . 370
 Die Neuen Sterne . . . 370
 Die Nova Persei 1901 . . . 373
 Ursachen der Vorgänge im Novaspektrum . . . 378
 Deutung der Novaerscheinungen . . . 381
 Die Beobachtung der Veränderlichen Sterne . . . 383
 Die langperiodischen und unregelmäßigen Rotsterne . . . 387
 Die weißen unregelmäßigen Veränderlichen . . . 390
 Die Cepheiden . . . 392
 Die Bedeckungsveränderlichen 397

22. Die kosmischen Nebel und Sternhaufen . . . 402
 Photographische und photometrische Ergebnisse . . . 403
 Die Gasnebel . . . 406
 Die Haupttypen der Gasnebel. 408
 Spektroskopische Untersuchungen . . . 410
 Nicht selbstleuchtende und veränderliche Nebel . . . 414
 Die Zahl und Verteilung der Spiralnebel . . . 418
 Form und physische Beschaffenheit der Spiralnebel . . . 420
 Die Bewegung und kosmische Stellung der Spiralnebel . . . 424
 Die kugelförmigen Sternhaufen 427
 Entfernung und physischer Aufbau der Kugelhaufen . . . 429
 Offene und zerstreute Sternhaufen . . . 434
 Die Milchstraße . . . 438
 Neuere Anschauungen über den Bau der Milchstraße . . . 443

Einleitung.

Die Astronomie war bis in das vorige Jahrhundert hinein eine universelle Wissenschaft, insofern sie alle Erscheinungen umfaßte, die sich innerhalb und außerhalb der Atmosphäre abspielten, dabei aber auch die Erde als selbständigen Himmelskörper in den Kreis ihrer Forschungen zog. Das 19. Jahrhundert, in dem sich ein ungeheurer Aufschwung des Naturerkennens vollzog, hat auch für die Astronomie, insbesondere aber für gewisse Spezialzweige derselben, das Arbeitsgebiet vervielfacht, so daß es schließlich für einen Forscher zur Unmöglichkeit wurde, den Überblick über das Ganze zu behalten und sich auf allen Einzelgebieten zu betätigen; selbst ein BESSEL oder GAUSS würde heute dazu nicht mehr imstande sein.

Es war daher eine unausbleibliche Folge dieses Aufschwungs, daß diejenigen Gebiete der älteren Astronomie oder Astrometrie, die nur formal mit ihr zusammenhingen, sich abtrennten und als selbständige wissenschaftliche Forschungsgebiete auftraten. Die drei selbständig gewordenen Spezialgebiete sind, wenn wir von der Geophysik absehen, die Geodäsie, die Meteorologie und die Astrophysik. Die Geodäsie betrachtet, im weitesten Sinne genommen, die Begrenzung des Erdkörpers und dessen Eigenschaften als ihr Arbeitsgebiet. Sie ermittelt die Figur und Größe der Erde mit Hilfe von Gradmessungen und Schwerebestimmungen und stellt die Abweichungen und zeitlichen Veränderungen, denen die festen und flüssigen Teile der Erdoberfläche unterworfen sind, fest. Sie steht mit der Astrometrie in unmittelbarstem Zusammenhange, indem ihre Aufgaben nur unter Benutzung der sorgfältigsten astronomischen Orts- und Zeitbestimmungen zu lösen sind. Die Meteorologie beschäftigt sich mit der Feststellung und Untersuchung aller Vorgänge in der Atmosphäre, die, so verwickelt sie im allgemeinen sind, wesentlich von der Bestrahlung durch die Sonne abhängen. Durch das zur Meteorologie gehörende Gebiet des Erdmagnetismus hat sie auch heute noch enge Beziehungen zur Astrophysik.

Die Astrophysik ist die jüngste der erwähnten drei Wissenschaften, wenn ihre ersten Anfänge naturgemäß auch weit zurückreichen. Ihr eigentlicher Beginn ist in den Anfang der sechziger Jahre des vorigen Jahrhunderts zu setzen; er ist die unmittelbare Folge der KIRCHHOFFschen Begründung der Spektralanalyse. So einfach die Übersetzung des Wortes Astrophysik in die Lehre von der Anwendung der Physik einschl. Chemie auf die Himmelskörper ist, so schwierig ist die genaue Feststellung der Grenzlinie zwischen Astrometrie und Astrophysik, da beide Gebiete an den verschiedensten Punkten ineinander übergreifen. Man kommt vielleicht am besten zum Ziele, wenn man versucht, das Gebiet der Astrometrie abzugrenzen und alles dasjenige, was außerhalb dieser Grenzen liegt und nicht schon den erwähnten Abzweigungen angehört, als Astrophysik bezeichnet. Die Astrometrie umfaßt dann alles, was mit der Ortsbestimmung am Himmel zusammenhängt, d. h. mit der Bestimmung der Richtung, in der ein Gestirn oder bei ausgedehnten Objekten ein bestimmter Punkt eines Gestirns gegenüber anderen festgelegten Richtungen erscheint. Bei bewegten Objekten ergibt sich hieraus als Aufgabe der Astrometrie die Festlegung der scheinbaren Bahn am Himmel. Das stellt etwa in einem kurzen Satze die umfangreiche Aufgabe der praktischen oder sphärischen Astrometrie dar. Es ist weiter die Aufgabe der theoretischen Astronomie, unter Zugrundelegung des Gravitationsgesetzes, aus den Beobachtungen die wirklichen Bahnen der Himmelskörper, sowohl im Sonnen- als auch im Fixsternsystem, mit anderen Worten, die mechanische Konstitution des uns zugänglichen Weltalls zu ermitteln. Alle übrigen Aufgaben der Himmelsforschung gehören zur Astrophysik. Das ist sowohl die praktische als auch die theoretische Anwendung der Physik — wobei die Chemie immer als eingeschlossen zu betrachten ist — auf die Beobachtung und auf die Erforschung des Wesens der Himmelskörper. Wir werden aber sehen, daß aus praktischen Gründen und aus der historischen Entwicklung heraus die Grenze erweitert werden muß.

Mit einer einzigen Ausnahme werden uns die Vorgänge im Weltall allein durch den Lichtstrahl vermittelt. Diese Ausnahme ist aber gerade geeignet, im einfachsten und klarsten Fall die Grenzlinie zwischen Astrometrie und Astrophysik festzulegen. Ein helles Meteor leuchtet plötzlich am Himmel auf, zieht seine glänzende Bahn, um nach wenigen Augenblicken unter explosionsartigen Erscheinungen zu verschwinden und in Stücke zertrümmert auf die Erde niederzufallen. Aus der Beobachtung des Meteors vermag der Astronom zu berechnen, in welcher Bahn es in den Anziehungsbereich der Erde gelangt ist; ob es, in elliptischer Bahn sich bewegend, bereits unserem Sonnensystem angehört hat, oder ob es, mit hyperbolischer Geschwindigkeit eilend, aus fernen Teilen des Weltalls kommt. Hier, mit dem Schluß des kosmischen Bewegungsvorgangs, hört das Interesse des Astronomen auf. Die weitere Arbeit übernimmt der Astrophysiker, der die aufgefundenen Stücke des Meteors auf ihre Bestandteile untersucht, also die in ihm enthaltenen Gesteine, Metalle und Gase feststellt, um über die physische Beschaffenheit des Meteors Auskunft zu erhalten, eine Arbeit, die seit einigen Jahrzehnten allerdings den Mineralogen mindestens ebenso interessiert, wie den Astrophysiker.

Mit der eben geschilderten Ausnahme stellt der Lichtstrahl allein die Verbindung her zwischen dem menschlichen Verstande und der Welt der Gestirne; hierbei ist aber gleich darauf aufmerksam zu machen, daß Lichtstrahl als ein umfassender Begriff zu betrachten ist, der seinen Namen nur der auffälligsten seiner Eigenschaften verdankt. Charakterisiert wird der Lichtstrahl, der hier als die Fortpflanzungsrichtung von Ätherschwingungen betrachtet werden soll, durch drei Eigenschaften: die Richtung des Strahls, die Länge der Ätherwellen und die Energie der Ätherschwingungen. Da alles, was mit der Ermittelung der Richtung des Lichtstrahls zusammenhängt, in das Gebiet der Astrometrie gehört, so scheidet die erste Eigenschaft für uns hier vollständig aus. Auf die beiden anderen Eigenschaften beziehen sich dagegen die beiden Hauptgebiete der Astrophysik. Alles, was mit der Untersuchung der Länge der Ätherwellen zusammenhängt, bildet die Lehre von der Spektralanalyse; die Betrachtung der Intensität der Schwingungen führt zur Lehre von der Photometrie. Dazu hat sich in neuester Zeit die Messung der Wärmestrahlung oder, besser gesagt, der von den Himmelskörpern, speziell der Sonne, ausgesendeten Strahlungsenergie als ein selbständiger Zweig der Astrophysik entwickelt. Je nach der Wirkung der Strahlung können die spektroskopischen Untersuchungen visuelle, d. h. direkte, photographische oder auch thermische sein. Die thermische Untersuchung bildet ein Gebiet für sich, das aus sehr einfachen Gründen fast gänzlich auf die Sonne beschränkt bleibt.

Die eingangs erwähnten Schwierigkeiten, die Grenze zwischen Astrometrie und Astrophysik festzusetzen, stellen sich von neuem ein, wenn wir die Verarbeitung der Beobachtungsergebnisse ins Auge fassen. Es wird sich das am besten durch ein Beispiel erläutern lassen. Die spektroskopische Beobachtung der Himmelskörper gehört zweifellos in das Gebiet der Astrophysik; wenn aber diese Beobachtungen zu Ergebnissen über die Bewegung von Himmelskörpern führen, wenn sie beispielsweise lehren, daß ein scheinbar einfacher Stern aus zwei sich nach dem Gravitationsgesetze umeinander bewegenden Körpern besteht, so gehört die Bestimmung der Bahnen dieser beiden Körper ebenso zweifellos in das Gebiet der Astrometrie. Beispiele dieser Art ließen sich außerordentlich vermehren. Soll nun in allen solchen Fällen der Astrophysiker, wenn er die Trennungsgrenze erreicht hat, mit seiner Arbeit aufhören und die Fortsetzung dem Astronomen überlassen und umgekehrt, oder soll es nicht lieber beiden erlaubt sein, je nach der Art der Aufgabe, in das andere eng verbundene Gebiet einzudringen? Wir glauben, daß die Bejahung dieser Frage keinen Augenblick zweifelhaft sein kann, und daß es daher gestattet sein wird, in einer populären Astrophysik je nach Bedürfnis auch rein Astronomisches mit zur Verwertung zu ziehen. Im allgemeinen muß natürlich in einem Buche über Astrophysik das rein Astronomische als bekannt vorausgesetzt sein. Daneben erfordert die Astrophysik eine allgemeine Kenntnis der Physik, und in dieser Beziehung gehören auch nur die speziellen, in der Astrophysik zur direkten Verwendung kommenden Gebiete der Physik in ein solches Buch hinein.

Die Anordnung des Stoffes ist damit gegeben. In einem ersten Teile sind zu behandeln: die Spektralanalyse, die Photometrie nebst Wärmestrahlung und die Photographie. In dem zweiten Teile sind die Ergebnisse dieser Untersuchungsmethoden für die Himmelskörper darzustellen. Nachdem wir erfahren haben, wie die Ergebnisse erhalten werden, ist eine Trennung des Weges nicht mehr erforderlich. Des besseren Gesamtüberblicks wegen sind allerdings auch hier die Errungenschaften der Astrophysik nach den einzelnen Himmelskörpern gesondert vorzuführen.

Zum physikalischen Verständnis der zur Beobachtung dienenden Instrumente sind Erfahrungen und Theorien notwendig, auf die immer wieder aufmerksam gemacht werden müßte. Wir haben es vorgezogen, diese allgemeinen grundlegenden Kenntnisse in dem ersten Abschnitt vorauszuschicken.

A. Die astrophysikalischen Forschungsmethoden.

I. Physikalische und physiologische Grundlagen.

1. Die Lehre von der Strahlung.

Wärmestrahlung. Eine allgemeine Eigenschaft der unseren Sinnen zugänglichen Materie ist die Wärme. Die Wärme ist eine Art von innerer Bewegung, bei festen und flüssigen Körpern vorstellbar durch die Annahme, daß die Moleküle eines Körpers nicht starr miteinander verbunden sind, sondern innerhalb gewisser Grenzen schwingende Bewegungen ausführen können. Je stärker diese Schwingungen sind, um so höher ist die Temperatur der Körper; Wärmeintensität und Temperatur stehen in unmittelbarem Zusammenhange. Es muß hier darauf aufmerksam gemacht werden, daß in bezug auf die Deutung der Wärme zwischen Gasen und festen oder flüssigen Körpern ein ganz wesentlicher Unterschied besteht. Während bei letzteren nur begrenzte Schwingungen vorkommen können, geht in den Gasen die Freiheit der Moleküle so weit, daß sie sich unabhängig voneinander geradlinig bewegen, bis sie auf eine Wand oder auch auf ein anderes Molekül stoßen. Die Geschwindigkeit dieser geradlinigen Bewegung ist das Maß für die innere Temperatur der Gase; letztere ist dem Quadrate der Geschwindigkeit proportional.

Zum Messen der Temperatur wird für gewöhnlich die mit der Temperaturzunahme verbundene Ausdehnung des Quecksilbers benutzt. Mit Null bezeichnet man die Temperatur des schmelzenden Eises, mit 100^0 der Celsiusskala diejenige des bei dem Barometerstande von 760 mm kochenden Wassers. Der sog. absolute Nullpunkt der Temperatur, d. h. derjenige Punkt, bei welchem theoretisch jegliche innere molekulare Bewegung der Materie aufhört, liegt bei -273^0 der Celsiusschen Skala. Wenn es auch gelungen ist, diesem absoluten Nullpunkte durch die Verflüssigung gewisser Gase, wie Helium und Wasserstoff, deren Siedetemperatur sehr tief liegt, ziemlich nahe zu kommen, so kann es doch niemals gelingen, ihn tatsächlich zu erreichen. Selbst wenn wir uns mit einem geeigneten Thermometer ins Weltall hinausbegeben könnten, stets würde es eine um ein Geringes oberhalb des absoluten Nullpunktes gelegene Temperatur anzeigen, da es direkt oder indirekt der Strahlung der Fixsterne ausgesetzt wäre. Durch die Definition der Wärme als Schwingung der Moleküle bei den festen und flüssigen Körpern, als geradlinige Bewegung bei den gasförmigen, ist der Temperaturbegriff an die ponderable Materie gebunden. An einer leeren Stelle des Weltalls, an der sich keine Materie befindet, gibt es überhaupt keine Temperatur, auch nicht die Temperatur 0, wiewohl in neuerer Zeit der Begriff einer von der Materie unabhängigen sogenannten Strahlungstemperatur eingeführt worden ist.

Die Wärme der verschiedenen Körper steht ständig untereinander in Wechselbeziehung. Jeder Körper teilt jedem anderen Wärme mit und empfängt Wärme von ihm, sei es unmittelbar oder mittelbar, gleichgültig, ob sie wenige Millimeter oder viele Billionen von Kilometern voneinander entfernt sind. Dieser gegenseitige Wärmeaustausch kann auf drei verschiedene Arten erfolgen, die häufig gleichzeitig wirksam sind: durch Leitung, durch Konvektion und durch Strahlung. Es mögen diese drei Arten der Wärmeübertragung kurz an drei bekannten Beispielen erläutert werden. Ein erhitztes Stück Eisen werde auf ein Stück Eisen von gewöhnlicher Zimmertemperatur gelegt. Nach kurzer Zeit wird sich ersteres so weit abgekühlt haben, daß man es nunmehr anfassen kann, dafür ist das kühlere Eisen merklich wärmer geworden. Hier ist der Übergang der Wärme vom einen zum anderen Körper wesentlich durch direkte Leitung erfolgt. Man erhitze den oberen Teil eines mit Wasser gefüllten Reagenzglases durch eine Spiritus- oder Bunsenflamme. Der obere Teil des Wassers wird bald ins Sieden geraten, während der untere Teil kühl bleibt und erst nach langer Zeit merklich wärmer wird. Hier erfolgt der Wärmeübergang wiederum durch Leitung; da aber Wasser im Gegensatze zu Eisen ein sehr schlechter Wärmeleiter ist, so ist der Wärmeaustausch ein sehr langsamer. Erhitzt man aber den unteren Teil des Glases, so kommt in sehr kurzer Zeit die ganze Wassermasse ins Sieden. In diesem Falle werden die unteren Wasserschichten zuerst erwärmt, sie werden hierdurch leichter, steigen in Strömen in die Höhe und bewirken durch ihre Vermischung mit den kälteren zu Boden sinkenden Teilchen, daß die ganze Wassermasse immer von nahe der gleichen Temperatur ist. Das ist die Mitteilung der Wärme durch Konvektion. Die Wärmeübermittlung durch Strahlung empfinden wir sehr deutlich, wenn wir uns von der Sonne bescheinen lassen. Es genügt dabei das Dazwischenstellen eines Metallschirmes von Bruchteilen eines Millimeters Dicke, um diese Strahlung fast vollständig abzufangen.

Man kann nun die Experimente anstellen, wie man will, stets wird man die Erfahrung machen, daß bei dem wechselseitigen Austausch der Wärme auf den drei verschiedenen Wegen die Temperatur des wärmeren Körpers sinkt, diejenige des kälteren steigt, bis Temperaturgleichheit eingetreten ist. Es kommt niemals vor, daß der ursprünglich kühlere Körper nachher eine höhere Temperatur besitzt, als der ursprünglich wärmere Körper erreicht hat. Es ergibt sich hieraus ein höchst wichtiges Naturgesetz, das als der zweite Hauptsatz der mechanischen Wärmetheorie bezeichnet wird; es kann niemals die Temperatur eines wärmeren Körpers durch einen kühleren Körper vermehrt werden. Das Ende aller gegenseitigen Wärmemitteilungen ist die Herstellung einer gleichen Temperatur für alle in Betracht kommenden Körper: das schließliche Ende des Weltalls ist ein Zustand, bei dem die ganze Materie die gleiche Temperatur besitzt.

Ein weiteres, für alle physikalischen Betrachtungen wichtiges Grundgesetz ist dasjenige von der Erhaltung der Energie. In einem abgeschlossenen System von Körpern ist die Summe aller Kräfte eine unveränderliche, konstante Größe, wobei unter Kraft sowohl äußere Kräfte, die durch mechanische

Ortsveränderungen zur Wahrnehmung gelangen, als auch die inneren, die als Elektrizität, chemische Reaktion oder vor allem als Wärme in den Bereich unserer Sinne treten, verstanden sein sollen. Die Kraft, die an der einen Stelle oder in einer bestimmten Erscheinungsform scheinbar verloren geht, wird eben in andere Formen umgesetzt, auch wenn dieselben nicht ohne weiteres oder unmittelbar wahrgenommen werden können. Die gewaltige lebendige Kraft, die durch einen schnellfahrenden Eisenbahnzug sich außerordentlich auffällig darbietet, ist durch scharfes Bremsen in wenigen Sekunden scheinbar vernichtet. Aber nur scheinbar. Der größere Teil ist durch Reibung in Wärme verwandelt worden, die sich durch Temperaturerhöhung der Bremsklötze, Räder und Schienen kundgibt. Ein anderer Teil der lebendigen Kraft des Zuges hat zur mechanischen Abnutzung der Bremsklötze und Radkränze geführt, wieder ein anderer ist in Schallwellen umgesetzt worden usw.

Auch bei den Strahlungsvorgängen, mit denen wir uns in folgendem näher bekannt machen wollen, kann demnach in abgeschlossenen Systemen ein Verlust von Energie nicht stattfinden, so sehr auch manches Phänomen dies zu beweisen scheint; die exakte Forschung ist stets in der Lage, den Verbleib der scheinbar verlorenen Energie nachzuweisen.

Es möge nun zuerst versucht werden, ein Bild von dem Wesen und der Ursache der Strahlung zu entwerfen, die uns die Existenz von unvorstellbar weit entfernten Himmelskörpern verrät und gleichzeitig sogar Aufschluß über deren physische Konstitution liefert. Daß dieses Bild vielleicht nur zeitliche Bedeutung hat, daß es über kurz oder lang wie jede andere Hypothese einer anderen Anschauung weichen kann, liegt auf der Hand. Gerade der ernste Gelehrte ist sich im Gegensatz zum Laien bewußt, daß alle seine Theorien und Hypothesen, soweit sie sich auf das Wesen der Materie und der Kräfte beziehen, nur formale Bedeutung besitzen, daß sie zwar imstande sind, vielleicht alle bisher beobachteten Vorgänge in ihren Rahmen zu fassen, auch häufig bisher unbekannte Erscheinungen vorauszusagen, daß sie aber nur ein vorübergehendes sinnliches Bild unserer gegenwärtigen Vorstellungen geben. In dem Folgenden wollen wir ganz kurz diejenige Vorstellung von der Ursache und dem Wesen der Strahlung entwickeln, die im wesentlichen noch den älteren Anschauungen entspricht, an geeigneten Stellen jedoch auch Hinweise auf neuzeitliche physikalische Ansichten einschalten.

Es wird angenommen, daß das ganze Weltall mit dem sog. Äther erfüllt ist, der jedoch der Wahrnehmung durch unsere Sinne oder durch Instrumente nicht zugänglich ist. Die Annahme des Äthers erscheint deshalb als eine Notwendigkeit, weil die Fortpflanzung von Kräften (z. B. der Gravitation) durch den absolut leeren Raum für uns unvorstellbar wäre. Charakterisiert wird der Äther durch folgende Eigenschaften: Er ist überall im Weltall vorhanden, auch im Innern der Materie, die er vollkommen durchdringt. Der Bewegung der Materie setzt er keinen Widerstand entgegen. Er ist schließlich absolut elastisch, d. h. die Fortpflanzung von Kräften erfolgt in ihm ohne Energieverlust. Uns interessiert er hier als Träger der Strahlungen, die von der Materie ausgehen. Nach der atomistischen Theorie besteht diese aus kleinsten Teilchen, den Atomen, die in der Verschiedenheit ihres Aufbaus der Reihe der chemischen Elemente entsprechen.

Die Wärme ist nun eine Art von periodischer Bewegung, die sich innerhalb der Materie abspielt, sei es in dem Sinne, daß die Atome als solche periodische Bewegungen ausführen, oder daß auch noch elektrische Schwingungen (Rotationen) innerhalb der Atome stattfinden. Wie auch diese Bewegung beschaffen sein mag, so viel ist auf Grundlage der angeführten Annahmen sicher, daß sie den umgebenden Äther in Mitleidenschaft zieht und in ihm einen Schwingungszustand erzeugt, den man Strahlung nennt, die sich dann wegen der absoluten Elastizität des Äthers ohne Verlust in den Raum hinein bis zu unvorstellbar weiten Entfernungen fortpflanzt.

Lichtschwingungen. Es ist eine allgemeine Eigenschaft elastischer Medien, periodische Schwingungen fortzupflanzen und damit Energie von einem Orte zum anderen zu führen. Es sei hier an das bekannte Beispiel des Schalles erinnert. Wird eine Stimmgabel angeschlagen, so sieht man deutlich die Schwingungen der Zinken; die umgebende Luft wird ebenfalls in Schwingungen versetzt, welche sich fortpflanzen und, wenn sie in unser Ohr gelangen, die sinnliche Wahrnehmung eines Tones erwecken. Die Hin- und Herbewegung der Stimmgabelzinken bewirkt fortgesetzte Verdichtung und Verdünnung der Luft, d. h. die Luftteilchen bewegen sich beim Schwingen in der Fortpflanzungsrichtung des Schalles hin und her, es entstehen Longitudinalwellen. Die inneren Wärmebewegungen der Körper verursachen gleichfalls eine periodische Bewegung der Ätherteilchen, die jedoch senkrecht zur Fortpflanzungsrichtung vor sich geht, es entstehen Transversalschwingungen, wie sie in einer gespannten Violinsaite auftreten. In der beistehenden Abb. 1 möge die Pfeilachse die Richtung der Strahlung, den Strahl, darstellen. Dann ändern die Ätherteilchen ihre Lage in der Strahlrichtung gar nicht, sondern sie schwingen senkrecht zum Strahl nach allen Richtungen, wie es für die Papierebene die senkrechten Striche andeuten. Die Entfernung von *b* bis *b* stellt eine Wellenlänge dar. Wie bereits angedeutet, verlaufen für gewöhnlich die Schwingungen nicht in einer bestimmten Ebene wie in Abb. 1, sondern in schnellem Wechsel in allen möglichen Ebenen; die Erscheinungen, die bei der Absonderung bestimmter Schwingungen entstehen, faßt man unter dem Namen Polarisation zusammen. Die Figur würde eine in einer Ebene geradlinig polarisierte Schwingung darstellen, und wir wollen an dieser einfachsten Vorstellung vorläufig festhalten.

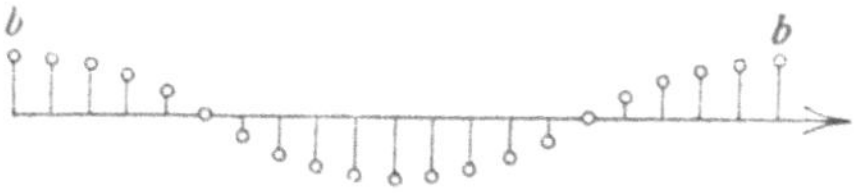

Abb. 1. Wellenlänge des Lichtes.

Ein recht vollständiges Bild des Strahlungsvorgangs erhält man durch die Betrachtung der Erscheinungen, die ein in ruhiges Wasser geworfener Stein auf der Oberfläche des Wassers erzeugt. Man sieht dabei deutlich, wie sich die Wellen in Kreisen von dem Erregungszentrum aus fortpflanzen. Die Wasserteilchen selbst ändern hierbei ihre Entfernung vom Zentrum nicht, sondern sie schwingen senkrecht zur Fortpflanzungsrichtung auf und ab. In einem solchen Kreise herrscht für einen gegebenen Moment die gleiche Schwingungsphase, der Wellenberg z. B. ist ein geschlossener Kreis. Man kann an diesem Bilde auch deutlich erkennen, daß die Verbindungslinie von Erregungszentrum und einem Punkte der kreisförmigen Welle, der Strahl, an sich nichts Reelles ist. Bei streng mathematisch-physikalischen Betrachtungen im Raume darf daher nur die Wellenfläche eingeführt werden; bei vielen optischen Betrachtungen aber, die in ausreichend genäherter Weise rein geometrisch durchgeführt werden können, ist die Senkrechte zur Wellenfläche, der Strahl, ungemein bequem und anschaulich, und wir werden daher vielfach von diesem Ausdruck Gebrauch machen.

Die konzentrische Ausbreitung der Wellen lehrt nun in einfacher Weise, wie die Energie der Strahlung mit der Entfernung von dem strahlenden Punkte abnimmt. Da die strahlende Energie in dem reibungslosen Äther ohne Verlust fortschreitet, so ist es klar, daß die Energiemenge, welche in einer gegebenen Zeit, z. B. 1 Sekunde, eine Kugelfläche passiert, immer dieselbe ist, gleichgültig, wie groß ihr Radius d. h. die Entfernung der Kugelfläche von dem strahlenden Punkte ist. Ist z. B. die Energiemenge gleich E für die Kugelfläche mit dem Radius $r = 1$, so ist sie auch gleich E für die Kugelfläche mit dem doppelt so großen Radius $r = 2$. Die Kugelflächen selbst aber wachsen bekanntlich mit dem Quadrat des Radius, in unserem Beispiele ist die zweite Kugelfläche viermal so groß. Nennt man nun die Energiemenge, die durch ein Quadratzentimeter der ersten Kugelfläche hindurchgegangen ist, e, so ist es klar, daß durch ein Quadratzentimeter der viermal so großen zweiten Kugelfläche nur noch $^1/_4\, e$ hindurchgeht. Wir kommen hierdurch zu dem ganz allgemeinen Gesetze:

Die Strahlungsenergie, die auf eine bestimmte Fläche auffällt, nimmt mit dem Quadrate der Entfernung von der Strahlungsquelle ab.

Es gilt also für die Strahlung genau dasselbe Gesetz wie für die Anziehung der Körper oder die Gravitation.

Wir wollen jetzt außer dem ersten noch einen zweiten strahlenden materiellen Punkt im Raume annehmen, für den natürlich dieselben Gesetze gelten wie für den ersten. Auch von ihm breitet sich die Strahlung in konzentrischen kugeligen Wellenflächen aus. Was geschieht nun, wenn sich die beiden Wellenflächen treffen? Die Antwort hierauf liefert wieder das Experiment mit der Wasseroberfläche. Werfen wir zwei Steine gleichzeitig ins Wasser, so breiten sich von beiden Einschlagspunkten konzentrische Kreiswellen aus, die sich gegenseitig durchdringen. Die Erregung pflanzt sich von jedem Punkte aus genau so fort, als wenn der andere Punkt gar nicht da wäre. Wie sich im einzelnen die Wasserteilchen bei dem Durchdringen zweier Wellensysteme verhalten, ist sehr einfach zu verfolgen. Jedes Teilchen führt diejenige Bewegung aus, die durch die Summe der beiden einzelnen Bewegungen entsteht. Trifft ein Wellenberg des einen Systems mit einem Wellenberge des anderen zusammen, so erfolgt eine größere positive Bewegung, d. h. im Durchschnittspunkte zweier Wellenberge entsteht eine Überhöhung der beiden einzelnen Wellen. Beim Zusammentreffen zweier Wellentäler addieren sich zwei negative Bewegungen, das Tal wird tiefer. Trifft ein Wellenberg mit einem Wellentale zusammen, und waren die beiden Bewegungen an Stärke einander gleich, so heben sie sich vollständig auf, die Bewegung des Wasserteilchens an dieser Stelle ist Null. Es ist klar, daß dieselben Vorgänge auch stattfinden, wenn anstatt zweier Erregungsstellen deren viele vorhanden sind, denn man kann ja nach dem gleichen Prinzip die resultierende Bewegung zweier Systeme mit dem dritten kombinieren, die hieraus resultierende mit dem vierten System usw.

Die Übertragung dieser an der Wasseroberfläche gemachten Erfahrungen auf die Strahlung im Raume führt zu dem Satze: Die von verschiedenen strahlenden Punkten kommenden Wellenflächen pflanzen sich ohne gegenseitige Hinderung durch den Raum fort. Die Bewegung der einzelnen Ätherteilchen regelt sich nach dem oben ausgesprochenen Prinzip, welches das Summationsprinzip heißt und in der Optik zu den interessanten und wichtigen Erscheinungen der Interferenz führt. Es möge hier eingeschaltet werden, daß die Interferenzerscheinungen gerade diejenigen sind, die bisher als sicherster Beweis für die Schwingungstheorie des Lichtes angesehen worden sind.

Wir haben bis jetzt angenommen, daß die Strahlung sich geradlinig im Raume fortpflanzt. Es können aber Umstände eintreten, unter denen diese einfache Annahme nicht mehr richtig ist. Denken wir uns in die Strahlung eines Punktes einen mit scharfer Kante versehenen undurchlässigen Metallschirm eingeschaltet, so müßte hinter dem Schirme, unmittelbar an der Kante nur Schatten herrschen, d. h. es dürfte hinter dem Schirme Strahlungsenergie in keiner Weise vorhanden sein. Das Experiment lehrt aber das Gegenteil; auch hinter den Schirm gelangt Strahlung; es findet scheinbar eine Beugung oder Diffraktion der sonst geradlinigen Strahlen an der Schirmkante statt. Auch diese Erscheinungen sind sowohl für die Theorie der Strahlung als auch für unsere späteren Betrachtungen von hoher Bedeutung, und wir werden noch ausführlicher auf dieselben zurückkommen müssen. Hier sei nur so viel bemerkt, daß die Beugungserscheinungen durch das nach seinem Entdecker benannte HUYGHENSsche Prinzip zu erklären sind. Danach ist die durch Strahlung hervorgerufene Schwingung eines Ätherteilchens als Ausgangspunkt einer neuen Strahlung aufzufassen, so daß jeder Punkt des durch Strahlung erregten Äthers als Zentrum neuer kugelförmiger Wellenflächen erscheint, die sich nach allen Richtungen hin ausbreiten.

Das Strahlungsproblem haben wir bisher in den gröbsten Zügen behandelt, auch haben wir vorausgesetzt, daß die Strahlung im leeren Raume vor sich geht, also bis auf den Diffraktionsschirm unbeeinflußt ist durch ponderable Materie. Es müssen jetzt verschiedene weitere Punkte in Betracht gezogen werden, und dabei werden wir häufig von den bekannten Erscheinungen der Schallschwingungen Gebrauch machen können.

Eine Stimmgabel gibt beim Anschlagen nur einen einzigen Ton von ganz bestimmter Höhe von sich. Einen solchen Ton nennt man einen reinen oder homogenen Ton. Auf einer Trompete z. B. kann derselbe Ton erzeugt werden; wir hören deutlich, daß er genau dieselbe Höhe hat wie der Ton der Stimmgabel, also auch dieselbe Schwingungszahl, und doch klingt er ganz anders als der Stimmgabelton. Er ist eben kein homogener Ton mehr, sondern die Trompete entsendet außer den Hauptschwingungen, welche die Tonhöhe bedingen, noch andere, schwächere Schwingungen, deren Gesamtwirkung die Klangfarbe des Tones bedingt, die bei den verschiedenen Instrumenten eine verschiedene ist.

Die entsprechenden Erscheinungen sind nun auch bei der Strahlung vorhanden; hier ist es vornehmlich der Aggregatzustand, von dem die Art der Schwingungen abhängt. Den Ausgangspunkt der Strahlung bilden nach der heutigen Auffassung gewisse periodische Vorgänge im Atominneren, die sich nur dann störungsfrei entwickeln können, wenn das Atom isoliert ist.

In einem Gase sind die Atome am weitesten voneinander entfernt und daher auch am unabhängigsten. Wir können uns also leicht vorstellen, daß ganz reine Strahlung nur bei einem Gase zu erwarten ist; und es ist durchaus denkbar, daß ein Gas nur eine einzige Art von Schwingungen aussendet. Bei einem festen oder flüssigen Körper aber sind die Moleküle in starker gegenseitiger Abhängigkeit; freie Schwingungen werden kaum noch ausgeführt, sondern alle möglichen finden gleichzeitig statt; die Strahlung entspricht dann dem Geräusche beim Schall.

Schon bei den Wellen der wägbaren Materie, den Schallwellen, zählen die Schwingungen bis zu vielen Tausenden in der Sekunde. Die erwähnten periodischen Vorgänge im Atominneren verlaufen aber so rasch, daß hierbei Schwingungszahlen von ganz unvorstellbarer Größe entstehen. Die langsamste Ätherschwingung, die durch ihre Wärmeerzeugung noch nachweisbar ist und bei einer weit unter dem Gefrierpunkt liegenden Temperatur emittiert wird, beträgt noch drei Billionen in der Sekunde — relativ langsam, absolut genommen unvorstellbar schnell.

Es ist nun für die Darstellung bequemer, und für die Auffassung leichter, statt der unbegreiflich hohen Schwingungszahlen die Längen der Ätherwellen einzuführen; wir erhalten dann umgekehrt recht kleine aber doch durchaus nicht unvorstellbare Zahlen oder Dimensionen. Die Umsetzung der Schwingungszahlen in Wellenlängen, und umgekehrt, ist sehr einfach; sie beruht auf dem Naturgesetz, daß sich die Strahlung im leeren Raume ohne Rücksicht auf die Zahl der Schwingungen mit derselben Geschwindigkeit von 300000 km in der Sekunde fortpflanzt. Man erhält also die Länge λ der Wellen, wenn die konstante Fortpflanzungsgeschwindigkeit von 300000 km durch ihre Schwingungszahl ν pro Sekunde dividiert wird, also

$$\lambda = \frac{3 \cdot 10^{11}}{\nu} \text{ mm}.$$

Die oben erwähnten langsamen Schwingungen von 3 Billionen in der Sekunde erzeugen danach die sehr großen Ätherwellen von 0.1 mm Länge.

Je schneller die Schwingungen verlaufen, um so kleiner werden natürlich die entsprechenden Wellenlängen. Als Einheit für die Länge der Wellen nimmt man in der Physik oft das Mikron, den tausendsten Teil des Millimeters; als kurze Bezeichnung hierfür ist ein angehängtes μ gewählt. Einer Wellenlänge von 1 μ entsprechen nach dem Vorigen 300 Billionen Schwingungen in der Sekunde.

Es muß hier erwähnt werden, daß die Strahlung selbst von unseren Sinnen nicht empfunden werden kann; das Weltall, welches von so unzählig vielen Wellen nach allen Richtungen hin durchzittert wird, ist dunkel. Zur Wahrnehmung gelangen die Strahlungen erst, wenn sie auf wägbare Materie treffen, und ihre allgemeinste Äußerung ist alsdann diejenige der Wärmeerzeugung. Die in den Ätherwellen mitgeführte Energie setzt sich zum Teil in Wärme um; sie erhöht die Temperatur des von der Strahlung getroffenen Körpers, und wie wir später sehen werden, ist die Umsetzung der Strahlung in Wärme gerade das allgemeinste Maß für ihre Intensität. Die Nachweisbarkeit der Strahlung durch die Umsetzung in Wärme hat aber vorläufig praktische Grenzen: die obere liegt bei der Wellenlänge 100 μ, die untere etwa bei 0.15 μ. Die letzte Grenze ist bedingt durch den Umstand, daß für Strahlung von so kurzer Wellenlänge die atmosphärische Luft undurchlässig wird. Im luftleeren Raume läßt sich die Grenze noch merklich herunterdrücken.

Nur ein verhältnismäßig sehr schmales Gebiet der Wellen ist befähigt, auf die Netzhaut unseres Auges einzuwirken, damit die spezifische Empfindung von Licht hervorzurufen und das Erkennen der zahllosen Erscheinungen in Gestalt, Licht- und Farbenabstufung zu ermöglichen. Dieses visuelle Gebiet erstreckt sich von der Wellenlänge 0.8 μ bis 0.4 μ, umfaßt also nur etwa den 250sten Teil des oben angeführten Strahlungsgebietes. Von der Wellenlänge der Lichtstrahlung hängt die Farbe ab, indem von 0.8 μ bis 0.4 μ der Reihe nach die Farben des Regenbogens Rot, Orange, Gelb, Grün, Blau, Violett erscheinen. Ihre Mischung ruft für uns den Eindruck des Weiß hervor.

Die Strahlung kurzer Wellen vermag eine große Menge von chemischen Verbindungen zu zerlegen. Am ausgeprägtesten ist diese aktinische Wirkung auf gewisse Silbersalze, und den Strahlungskomplex, der hierzu besonders befähigt ist, bezeichnet man speziell als die chemisch wirksame Strahlung, auch kurz photographische Strahlung; er erstreckt sich normaler Weise von 0.5 μ an bis etwa 0.2 μ. Dahinter liegen einige erst in der letzten Zeit gleichfalls auf photographischem Wege durch SCHUMANN, LYMAN und MILLIKAN erschlossene Gebiete, ganz zuletzt die für die neueren physikalischen Theorien so wichtigen Röntgenfrequenzen, die bis 0.00002 μ nachweisbar sind. Da gewisse chemische Verbindungen auch für längere Wellen empfindlich sind, hat man nach der anderen Richtung Spektra bis etwa 2 μ photographisch aufnehmen können.

Die langen Ätherwellen, von etwa 1 mm bis zu vielen Hunderten von Kilometern hin bereits beobachtet, rufen elektrische Erscheinungen in der wägbaren Materie hervor. Sie haben bisher nur durch besondere elektrische oder magnetische Vorgänge erzeugt werden können und sind in der Strahlung heißer Körper noch nicht aufzufinden gewesen. Ob sie in derselben überhaupt nicht vorhanden sind, oder ob ihre Intensität nur für die Wahrnehmung zu gering erscheint, ist nicht bekannt.

Es ist vielleicht nicht überflüssig, die eben skizzierten Verhältnisse in der folgenden übersichtlicheren Form zu wiederholen:

Spektralgebiet	Wellenlänge
Elektromagnetische Wellen	Mehrere km bis etwa 1000 μ
Wärmewellen (Ultrarot)	100 μ bis 0.2 μ
Lichtwellen	0.8 μ „ 0.4 μ
Aktinische Wellen (Ultraviolett)	0.5 μ „ 0.2 μ
Schumanngebiet	0.195 μ bis 0.122 μ
Lymangebiet	0.122 μ „ 0.051 μ
Millikangebiet	0.051 μ „ 0.026 μ
Gebiet der Röntgenschwingungen	0.0012 μ bis 0.00002 μ

Wie steht es nun mit den Grundlagen der Photometrie, die, abgesehen von der Wellenlänge, in erster Linie die Intensität zum Gegenstande der Betrachtung hat? Hier liegen die Verhältnisse zwar viel einfacher, sind aber ohne Anwendung der höheren Mathematik nicht darstellbar. Aus der mathematischen Diskussion der Ätherschwingungen ergibt sich die Folgerung, daß die Intensität der Strahlung, also die Menge der von ihr mitgeführten Energie, bei der gleichen Wellenlänge allein von der Schwingungsweite abhängt, und zwar so, daß die Intensität proportional mit dem Quadrate der Schwingungsweite wächst. Entfernen sich also bei einer Strahlung die Ätherteilchen doppelt so weit von ihrer Ruhelage als bei einer anderen Strahlung, so ist die Intensität der ersten viermal so groß als diejenige der zweiten. Bei der Lehre von der Photometrie brauchen wir also auf die inneren Strahlungsvorgänge nicht näher einzugehen.

Lichtbrechung und Reflexion. Tritt die Strahlung in einen mit ponderabler Materie gefüllten, aber für die Strahlung durchlässigen Raum ein, so ist dies verbunden mit einer Verlangsamung der Fortpflanzungsgeschwindigkeit. Wir wollen hierbei voraussetzen, daß diese ponderablen Medien homogen oder isotrop seien, d. h., daß in ihnen die Strahlung, wie im Äther, nach allen Richtungen hin gleichmäßig fortgepflanzt wird. Je nach der Größe der Geschwindigkeitsverzögerung bezeichnet man die Medien als optisch mehr oder weniger dicht; so stellt z. B. Glas ein optisch dichteres Medium als Wasser dar, letzteres ist wieder optisch dichter als Luft usw. Ohne daß hierbei ein bestimmtes Gesetz obwaltet, und obgleich Ausnahmen vorkommen, kann man sagen, daß im allgemeinen die Medien um so dichter im optischen Sinne sind, je größer ihr spezifisches Gewicht ist.

Wir hatten erwähnt, daß im Äther die Fortpflanzungsgeschwindigkeit aller Wellen, unabhängig von ihrer Länge, dieselbe sei; das ist in einem ponderablen Medium nicht mehr der Fall, sondern es ist im allgemeinen die Fortpflanzungsgeschwindigkeit für die kürzeren Wellen eine geringere als für die längeren. Würde man also das plötzliche Aufflammen eines weißen Lichtes durch eine sehr dicke Schicht eines dichten Mediums beobachten, so würde das Licht zunächst rot erscheinen und erst dann durch Hinzutreten der übrigen Farben in Weiß übergehen. Daß wir das niemals in Wirklichkeit beobachten können, liegt nur daran, daß es bei der enormen Lichtgeschwindigkeit einer Schichtendicke von vielen Hunderttausenden von Kilometern bedürfte, um die Unterschiede in der Ankunftszeit der verschiedenen Wellenlängen zur Wahrnehmung zu bringen.

Eine unmittelbare Folge der Verzögerung der Strahlungsgeschwindigkeit beim Eintritt in ein dichteres Medium ist die Lichtbrechung, und eine Folge der Verschiedenheit der Verzögerung für die Strahlen der verschiedenen Wellenlängen ist die Dispersion der Strahlung; auf beides müssen wir nunmehr etwas näher eingehen, da sie die Grundlagen für die Konstruktion optischer Instrumente bilden und insbesondere in der Spektralanalyse eine wichtige Rolle spielen.

Es sei in Abb. 2 durch die horizontale Linie die Grenze zwischen einem optisch dünneren und einem dichteren Medium angedeutet; bezeichnen wir den Winkel zwischen dem homogenen (einfarbigen) Strahl S und dem auf der Trennungsfläche senkrecht stehenden Lote L mit α, den Austrittswinkel, entsprechend gerechnet, mit β, so ist bekanntlich α stets größer als β, wenn das untere Medium das dichtere ist, im anderen Falle ist α kleiner als β.

Man überzeugt sich durch eine geometrische Betrachtung der Figur bei verschieden schrägem Einfall der Strahlen, daß die Ablenkung durch ein sehr

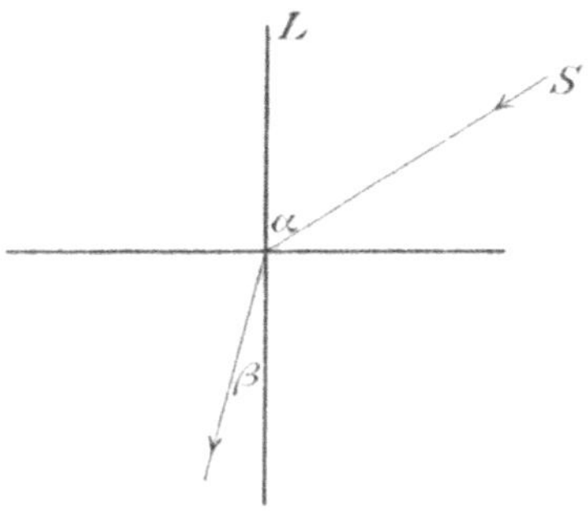

Abb. 2. Lichtbrechung beim Übergang ins dichtere Medium.

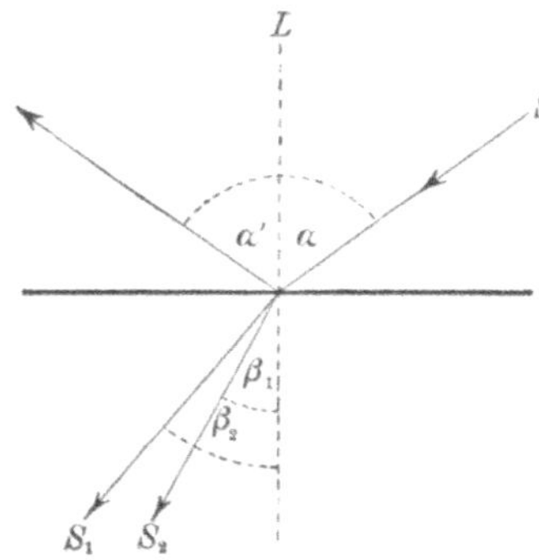

Abb. 3. Lichtbrechung eines nichthomogenen Strahles im dichteren Medium.

einfaches, von SNELLIUS gefundenes Gesetz mit der Richtung des Einfallens verbunden ist, und zwar ist für ein und dasselbe Medium

$$\frac{\sin \alpha}{\sin \beta} = n.$$

Die Konstante n wird als Brechungsindex oder Brechungskoeffizient bezeichnet und ist nichts anderes als das Verhältnis der Lichtgeschwindigkeit im dünneren zu derjenigen im dichteren Medium. Auf atmosphärische Luft bezogen, nimmt der mittlere Brechungsindex einiger Stoffe die in dem nachstehenden Täfelchen verzeichneten Werte an.

Medium	n
Wasser	1.33
Kronglas, normal .	1.53
Quarz	1.54
Flintglas, normal . .	1.63
Schwefelkohlenstoff	1.63
Flintglas, schwer .	1.79
Diamant	2.49

Die Lichtbrechung ist bei ein und demselben Medium im allgemeinen um so stärker, je kleiner die Wellenlängen sind, d. h. ein Strahl roten Lichtes wird weniger stark abgelenkt als ein Strahl grünen oder blauen Lichtes. Jedes Medium hat also für jede Strahlungsart ein besonderes n. In der Abb. 3 falle wieder der Lichtstrahl S auf die Oberfläche des dichteren Mediums unter dem Einfallswinkel α, diesmal möge er aber nicht aus einer homogenen Strahlungsart bestehen, sondern aus zweien, einer roten und einer violetten. Wegen der verschiedenen Lichtverzögerung der beiden Strahlen wird der rote S_1 weniger stark abgelenkt als der violette S_2, sie trennen sich voneinander, und jeder verläuft für sich nach dem Gesetz

$$\frac{\sin \alpha}{\sin \beta_1} = n_1 \quad \text{und} \quad \frac{\sin \alpha}{\sin \beta_2} = n_2.$$

Ist der Strahl S aus allen möglichen Lichtarten zusammengesetzt, so erhält man unendlich viele der obigen Gleichungen, d. h., beim schrägen Eintritt weißen Lichtes in ein dichteres Medium findet eine kontinuierliche, fächerartige Ausbreitung der einzelnen Strahlungsarten zwischen S_1 und S_2 statt; würde man das Auge von S_1 bis S_2 bewegen, so würde man die kontinuierliche Aufeinanderfolge aller Farben von Rot bis Violett mit ihren unzähligen

Übergängen erblicken. Diese durch die verschiedene Ablenkung der Strahlen verschiedener Wellenlänge verursachte räumliche Trennung der Strahlen nennt man die Dispersion des Lichtes. Für senkrecht auffallende Strahlen ($\alpha = 0$) ist sie gleich Null und wächst mit der Zunahme des Winkels α.

Ablenkung und Dispersion sind aber keineswegs die einzigen Phänomene, die beim Auftreffen einer Strahlung auf die Oberfläche eines Mediums eintreten. Es gibt kein Medium, in das eine auftreffende Strahlung ihrem Gesamtbetrage nach eindringen könnte, vielmehr wird stets ein mehr oder weniger großer Teilbetrag an der Oberfläche zurückgeworfen oder reflektiert. Die Richtung, in der die Reflexion erfolgt, ergibt sich genau in der gleichen Weise wie beim Stoß materieller Teilchen. Ein Lichtstrahl wird also stets so reflektiert, daß sein Reflexionswinkel α' gleich dem Einfallswinkel α ist (Abb. 3).

Das Verhältnis zwischen dem Betrage des reflektierten Lichtes und dem in das zweite Medium abgelenkten hängt vom Brechungskoeffizienten n ab, außerdem aber auch in ziemlich komplizierter Weise von dem Einfallswinkel α. Nur für den Fall, daß der Strahl senkrecht einfällt, wenn also $\alpha = 0$ ist, wird die Beziehung der reflektierten Lichtmenge zum Brechungskoeffizienten sehr einfach; es ist alsdann der reflektierte Betrag R

$$R = R_0 \left(\frac{n-1}{n+1}\right)^2,$$

wenn R_0 die auffallende Lichtmenge bezeichnet. Der reflektierte Teil wird mithin umso stärker, je größer n, je größer also die optische Dichtigkeit des betreffenden Mediums ist. Das violette Licht wird dabei etwas stärker reflektiert als das rote, so daß, streng genommen, das durchgehende oder abgelenkte Licht verhältnismäßig mehr rote als violette Strahlen enthält. Allgemein läßt sich demnach sagen, daß ein von einem optischen Medium reflektiertes oder abgelenktes Strahlungsgemenge eine etwas andere Zusammensetzung der einzelnen Strahlungsarten besitzt als das ursprüngliche.

Wir müssen uns nun noch kurz den Erscheinungen zuwenden, die sich zeigen, sobald eine Strahlung auf einen sogenannten undurchsichtigen Körper fällt, d. h. also auf einen Körper, den die Strahlung in einer bestimmten Schichtdicke nicht zu durchdringen vermag. Trifft Lichtstrahlung auf einen solchen Körper auf, so wird ein Teil derselben absorbiert, d. h. in innere Wärme des Körpers umgesetzt, und ein anderer Teil reflektiert. Besitzt der Körper eine rauhe Oberfläche, so findet die Reflexion diffus nach allen Richtungen statt; ist die Oberfläche glatt, so geht die Reflexion nach der schon bekannten Regel in einer bestimmten Richtung vor sich.

Nach dem Grade der Absorption und Reflexion für die verschiedenen Strahlenarten richtet sich das Aussehen der uns umgebenden Dinge nach Farbe und Helligkeit. Je mehr von einem Körper eine spezielle Strahlung absorbiert, dafür eine spezielle andere reflektiert wird, eine um so ausgesprochenere Farbe besitzt der Körper. Wird von allen Strahlen gleichviel reflektiert, so erscheint er je nach dem Grade der Reflexion grau oder weiß; ein absolut schwarzer Körper würde ein solcher sein, der alle auf ihn auffallende Strahlung, auch in seinen dünnsten Schichten vollständig absorbiert und in Wärme umwandelt. Ein vollkommen spiegelnder Körper hat natürlich keine eigene Farbe, er reflektiert alle auf ihn fallende Strahlung vollständig; am nächsten kommt diesem idealen Zustande von allen Körpern das Silber, weshalb es allgemein als Spiegelbelag dort verwendet wird, wo es auf eine gleichmäßige Reflexion aller Strahlenarten ankommt.

Viele Körper, die wir als optisch undurchsichtig bezeichnen müssen, lassen die Strahlen anderer Wellenlängen mehr oder weniger gut durch. So absorbiert z. B. Pappe die Lichtstrahlung vollständig, läßt aber die ultraroten, also speziell wärmeerzeugenden Strahlen recht gut durch. Umgekehrt ist reines Wasser sehr durchsichtig, absorbiert aber die ultrarote Strahlung fast vollständig. Pappe ist also undurchsichtig, aber diatherman, Wasser ist durchsichtig und nur wenig diatherman. Für alle diese Verhältnisse sind Oberflächenbeschaffenheit und chemische Konstitution maßgebend, letztere freilich mit bemerkenswerten Ausnahmen. Es sei nur an den Kohlenstoff erinnert, der in seiner Form als Ruß dem idealen schwarzen Körper von allen anderen Substanzen am nächsten kommt, während er kristallisiert als Diamant sich in der Nähe des anderen Extrems befindet und außerordentlich durchsichtig ist.

Polarisation. Es ist bei den bisherigen Betrachtungen vorausgesetzt worden, daß bei der Strahlung die Schwingungen der Ätherteilchen in allen möglichen Ebenen senkrecht zur Fortpflanzungsrichtung erfolgen. Durch gewisse Anordnungen, die gleich besprochen werden sollen, ist man nun in der Lage, für einen Lichtstrahl dauernd eine ganz bestimmte Schwingungsebene wie in Abb. 1 herzustellen. Man nennt dann das Licht polarisiert und zwar in diesem speziellen Falle geradlinig polarisiert. Denjenigen Teil der physikalischen Anordnung, durch den die Polarisation der ursprünglichen Strahlung bewirkt wird, nennt man den Polarisator, denjenigen, durch den die erfolgte Polarisation festgestellt und untersucht wird, bezeichnet man als Analysator.

Aus den bisher gegebenen Definitionen geht hervor, daß der Weg der Ätherteilchen bei einem geradlinig polarisiertem Strahl ein ganz streng definierter ist. Die Schwingungen erfolgen senkrecht zum Lichtstrahl, und sie vollziehen sich in einer einzigen Ebene.

Neben dieser geradlinigen gibt es noch eine andere Art von Polarisation. Wir haben bereits kennen gelernt, wie durch das Zusammentreffen zweier Strahlen von verschiedener Phase Interferenzerscheinungen entstehen. Es wird hierin nichts geändert, wenn die interferierenden Strahlen in derselben Ebene teilweise oder vollständig polarisiert sind. Sind z. B. die Intensitäten einander gleich, die Phasen aber umgekehrt, so erfolgt völlige Auslöschung des Lichtes durch Interferenz. Wenn unter denselben Bedingungen die Polarisationsebenen nicht dieselben sind, so tritt niemals Auslöschung, sondern nur eine Schwächung des Lichtes ein. Stehen die beiden Polarisationsebenen mit umgekehrten Phasen aufeinander senkrecht, so findet überhaupt keine Interferenz und daher auch keine Lichtschwächung statt. In diesen Fällen kombinieren sich die Schwingungen, wie hier nicht näher erläutert werden kann, zu einer elliptischen Schwingung um den Strahl herum, die in bestimmten Spezialfällen (gleiche Intensitäten und Phasenunterschied von $^1/_4\,\lambda$, $^3/_4\,\lambda$, $^5/_4\,\lambda$ usw.) kreisförmig werden. Die durch derartige Kombinationen hervorgerufenen Polarisationszustände bezeichnet man als elliptische bzw. zirkulare Polarisation.

Die leichteste Methode zur Hervorrufung der Polarisation beruht auf der Reflexion der Strahlen an ebenen Flächen durchsichtiger Medien, z. B. Glas. Fällt natürliches Licht senkrecht auf eine horizontale Glasplatte, so bleibt es nach der Reflexion natürliches Licht, fällt es dagegen unter einem bestimmten Winkel schräg auf, so wird es polarisiert. Der reflektierte Teil des Lichtes falle nun auf eine zweite Glasplatte schräg ein, und diese zweite Platte (Analysator) sei um die Richtung des Strahles drehbar. Dabei findet man in einem bestimmten Falle, daß überhaupt kein Licht mehr vom Analysator reflektiert wird, und zwar stets dann, wenn die Platten rechtwinklig gekreuzt sind, so daß der einfallende Strahl rechtwinklig zum gespiegelten steht. In diesem Falle tritt vollständige Polarisation ein, und der gekennzeichnete Einfallswinkel wird Polarisationswinkel genannt; er steht mit dem Brechungskoeffizienten n der betreffenden Plattenmedien in der einfachen Beziehung

$$\operatorname{tg} p = n.$$

Die Tangente des Polarisationswinkels ist also gleich dem Brechungsindex. Für eine Glassorte z. B., deren Brechungskoeffizient = 1.5 ist, beträgt demnach der Polarisationswinkel $56^0\,19'$. Ist bei den Reflexionen der Polarisationswinkel nicht genau innegehalten, so wird nur ein Teil des reflektierten Lichtes polarisiert und dieses erscheint alsdann nur geschwächt.

Eine zweite Methode zur Hervorrufung der Polarisation bedarf einiger allgemeinerer Auseinandersetzungen. Die Medien, in denen bisher die Strahlung betrachtet worden ist, sind sogenannte isotrope Medien, d. h. sie verhalten sich der Strahlung gegenüber nach allen Richtungen hin gleichmäßig. Die Geschwindigkeit der Lichtfortpflanzung und damit zusammenhängend die Brechungsverhältnisse sind hier vollständig unabhängig von der Richtung, in der das Licht sich ausbreitet. Als Beispiele derartiger isotroper Medien haben wir Glas, Wasser und Luft kennen gelernt.

Es gibt aber eine große Zahl von Medien, die als anisotrope bezeichnet werden, da in ihnen die Lichtstrahlen sich in verschiedenen Richtungen verschieden verhalten. Unter Umständen kann man isotrope Medien künstlich in anisotrope verwandeln, z. B. Glas durch starken einseitigen Druck; natürliche anisotrope Medien sind die Kristalle. Wenn man an einem reinen Kristall, z. B. Bergkristall, Flächen anschleift, so erscheint dieses Medium auf den ersten Anblick völlig homogen und strukturlos, genau wie Glas, und trotzdem zeigt es nach verschiedenen Richtungen, die mit der Art der Kristallisation innig zusammenhängen, verschiedene physikalische Eigenschaften.

Diese Eigenschaften sind parallel zur Symmetrieachse des Krystalls andere als senkrecht zu ihr, unter sich aber sind die letzteren alle einander gleich. Da dies auch in bezug auf den Strahlengang der Fall ist, so nennt man diese Symmetrieachse auch die optische Achse. Als optischen Hauptschnitt bezeichnet man jede Ebene, die durch das Einfallslot parallel zur optischen Achse liegt.

Alle optischen Erscheinungen in den einachsigen Kristallen lassen sich nun durch die Annahme erklären, daß die Fortpflanzungsgeschwindigkeit des Lichtes und damit auch der Brechungskoeffizient in der Richtung parallel zur optischen Achse andere sind als senkrecht hierzu; beim Kalkspat sind z. B. die beiden Brechungskoeffizienten im Grün 1.664 und 1.489; der Unterschied ist also ein sehr beträchtlicher.

Aus der Existenz zweier verschiedener Brechungskoeffizienten in zwei zueinander senkrechten Richtungen läßt sich nun leicht voraussagen, daß jeder Lichtstrahl, der auf die ebene Grenzfläche eines einachsigen Kristalls fällt, sich in zwei Strahlen trennen muß, von denen jeder seinen besonderen Weg geht. Man nennt daher diese Kristalle auch doppeltbrechende Kristalle.

Von den vielen möglichen Fällen der Wege der beiden abgelenkten Strahlen möge hier nur der einfachste und in der Praxis am häufigsten verwendete gegeben werden. Dem Kristall wird parallel zur optischen Achse eine Ebene angeschliffen; die Einfallsebene des Strahles liege rechtwinklig zur optischen Achse. Dann teilt sich der Strahl in zwei Teile, deren jeder, entsprechend dem ihm zugehörigen Brechungskoeffizienten, nach dem bekannten Sinusgesetze weiter geht. Bei einer in dieser Weise geschliffenen Platte treten die beiden Strahlen also unter verschiedenen Winkeln aus; sieht man durch eine solche Platte hindurch, so erscheinen alle Gegenstände doppelt.

Für unsere Betrachtungen ist es nun von besonderer Wichtigkeit, daß die Trennung der beiden Strahlen beim Durchgange durch einachsige Kristalle stets mit Polarisation der Strahlen verbunden ist. Beide Strahlen werden geradlinig polarisiert und zwar rechtwinklig zueinander, so daß diese Kristalle ein sehr einfaches Mittel zur Herstellung polarisierten Lichtes gewähren. Derjenige Strahl, dessen Schwingungen senkrecht zur optischen Achse stehen, verfolgt seinen Weg stets nach dem gewöhnlichen Sinusgesetze und wird daher der ordentliche Strahl genannt; der andere, rechtwinklig hierzu polarisierte tut dies nur in dem vorstehend angegebenen Spezialfalle, während er sonst aus der Einfallsebene heraustritt; er wird daher der außerordentliche Strahl genannt. Hat der ordentliche Strahl das größere Brechungsverhältnis, so bezeichnet man den betreffenden Kristall als negativ, im anderen Falle als positiv. Zu den ersteren, den negativen, gehört der Kalkspat, zu den positiven der Quarz.

Der Begriff der Strahlung dürfte nunmehr in seinem Wesen klargelegt sein, ebenso wie die Vorgänge, die eintreten, wenn das, was uns von den fernen Himmelskörpern als Strahlung erreicht, nach seiner langen Wanderung durch den leeren Raum auf Materie trifft. Behufs ihrer weiteren Untersuchung wird nun die Strahlung, über die in einem späteren, den spektralanalytischen Theorien gewidmeten Kapitel noch einiges zu sagen sein wird, an besonderen Instrumenten, zu denen streng genommen auch unser Auge gehört, zum Innehalten eines zwangsmäßigen Weges veranlaßt. Es soll die Aufgabe der nächsten Kapitel sein, die Mittel, die zu dieser zwangsmäßigen Führung der Strahlung dienen, in ihrer Allgemeinheit kennen zu lernen.

2. Die Grundlehren der Optik.

Die einfacheren optischen Vorgänge lassen sich, sofern man sich mit genäherten Resultaten begnügt, sehr bequem und verständlich durch die geometrische Betrachtung der Lichtstrahlen darstellen, nachdem dargelegt ist, was man unter einem Lichtstrahl zu verstehen hat.

Die folgenden Betrachtungen sollen, wenn überhaupt Lichtzerlegung in Frage tritt, stets mit zwei homogenen Lichtstrahlen durchgeführt werden, von denen der eine rot, der andere violett sein soll. Wir wissen alsdann ohne besondere Erwähnung, daß der Gang der anderen sichtbaren Lichtstrahlen zwischen diesen beiden Grenzen eingeschlossen ist, und daß, wenn die allgemeine Strahlung in Frage tritt, die ultraroten Strahlen jenseits des roten, die ultravioletten Strahlen jenseits des violetten Grenzstrahls liegen. Unter dem Brechungskoeffizienten soll, wenn nichts Besonderes bemerkt ist, derjenige von Luft zu Kronglas verstanden werden. Alles, was sich auf den roten Strahl bezieht, soll den Index r erhalten, während der Index v für den violetten Strahl verwendet wird. In den meisten Fällen läßt sich der Gang der Lichtstrahlen in einer Ebene darstellen. Abweichungen hiervon sind später besonders hervorgehoben.

Planparallele Platte und Prisma. Der Gang des Lichtes durch eine planparallele Platte wird durch Abb. 4 veranschaulicht. Nach dem Eintritt in die Platte ist

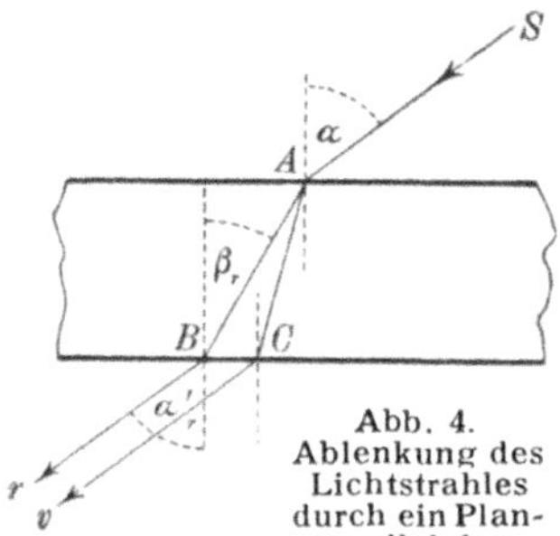

Abb. 4. Ablenkung des Lichtstrahles durch ein Planparallelglas.

$$\frac{\sin\alpha}{\sin\beta_r} = n_r; \qquad \frac{\sin\alpha}{\sin\beta_v} = n_v.$$

An der zweiten Fläche sind die inneren Eintrittswinkel gleich den ursprünglichen Austrittswinkeln, somit nach dem Austritt:

$$\frac{\sin\alpha_r'}{\sin\beta_r} = n_r; \qquad \frac{\sin\alpha_v'}{\sin\beta_v} = n_v,$$

d. h.
$$\alpha_r' = \alpha_v' = \alpha.$$

Beide Strahlen, r und v, verlassen also die Platte auf der Rückseite unter demselben Winkel, unter dem sie eingetreten sind. Der Hauptunterschied ist der, daß sie, ursprünglich in einem Strahl vereint, nunmehr getrennt nebeneinander parallel verlaufen. Bei nicht zu dicken Platten liegen sie dicht nebeneinander, so daß sie gleichzeitig ins Auge fallen und als von einem unendlich entfernten Punkte herkommend im Auge vereinigt werden; eine Zerlegung in die Farben ist alsdann nicht zu erkennen. Außerdem sind aber auch beide Strahlen noch gegen den eintretenden Strahl verschoben; bei der schrägen Durchsicht durch eine planparallele Platte erscheint also ein Gegenstand in veränderter Richtung; bei senkrechtem Auftreffen tritt natürlich keine Verschiebung ein.

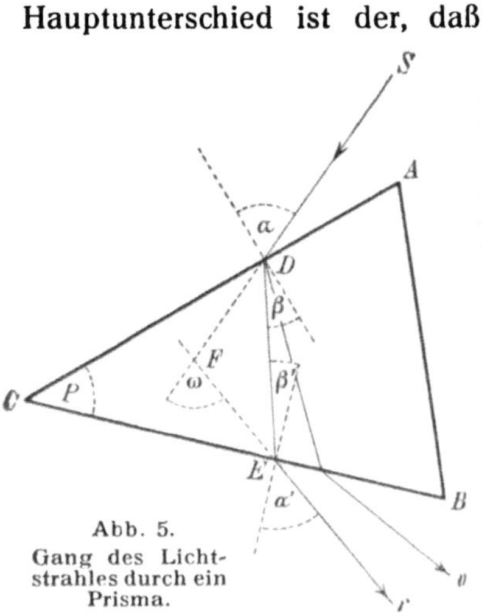

Abb. 5. Gang des Lichtstrahles durch ein Prisma.

Wir wollen weiter den Gang des Lichtes durch ein Prisma (Abb. 5) mit den ebenen Flächen CA und CB, die den brechenden Winkel P einschließen, betrachten. An der vorderen Fläche CA seien der Eintrittswinkel α, der Austrittswinkel β, an der zweiten Fläche entsprechend β' und α'. Es werde zunächst nur der rote Strahl *SDEr* betrachtet, dann ist nach bekannten geometrischen Regeln:

$$P = \beta + \beta', \quad \omega = (\alpha - \beta) + (\alpha' - \beta') = \alpha + \beta' - P.$$

wo ω den Ablenkungswinkel zwischen dem eintretenden und austretenden Strahl bezeichnet.

Läßt man den Strahl so durchgehen, daß er im Innern des Prismas parallel zur Basis verläuft, DE somit parallel AB wird, so ist $\beta' = \beta$ und $\alpha' = \alpha$, demnach

$$\omega_0 = 2\alpha - P.$$

Es läßt sich zeigen, daß diese Ablenkung ω_0 die kleinste ist, die bei dem Gang der Lichtstrahlen durch das gegebene Prisma überhaupt möglich ist. Auf die Vorteile, die das Minimum der Ablenkung für die meisten spektroskopischen Aufgaben bietet, wird noch später hinzuweisen sein. Hier mag nur erwähnt werden, daß der symmetrische Durchgang der Lichtstrahlen durch ein Prisma sofort eine einfache Bestimmung des Brechungsexponenten des benutzten Glases ermöglicht. Es ist nämlich

$$n = \frac{\sin\alpha}{\sin\beta}$$

oder, da im Ablenkungsminimum

$$\alpha = \frac{\omega_0 + P}{2}, \quad \beta = \frac{P}{2},$$

$$n = \frac{\sin\frac{\omega_0 + P}{2}}{\sin\frac{P}{2}}.$$

Die Winkel ω_0 und P sind leicht meßbar, so daß die letzte Formel eine der wichtigsten Methoden zur Bestimmung des Brechungsverhältnisses einer Glassorte darstellt.

Für den violetten Strahl (n_v und ω_v) läßt sich genau dieselbe Betrachtung durchführen wie für den roten (n_r und ω_r). Da n_v und ω_v größer sind als n_r und ω_r, so verläßt der violette Strahl die letzte Prismenfläche unter einem größeren Winkel als der rote Strahl, es findet also eine Winkeltrennung der verschiedenen Strahlen oder eine Dispersion statt; der Dispersionswinkel selbst ist nach den vorstehenden Formeln durch

$$d = \omega_v - \omega_r$$

definiert.

Aus dem Brechungsgesetze folgt unmittelbar, daß beim Eintritt in ein dichteres Medium, wobei n stets größer als 1 ist, β kleiner als α ist. Der denkbar größte Wert von α ist nun 90^0, der Lichtstrahl fällt alsdann parallel zur Grenzfläche ein. Für Kronglas ist n nahe gleich 1.55; für $\alpha = 90^0$ wird demnach $\beta = 40^0$. Tritt umgekehrt ein Lichtstrahl aus dem Glase heraus, so würde bei $\beta = 40^0$ der austretende Strahl die Glasfläche streifend verlassen; wird β noch größer, so kann ein Austreten aus dem Glase nicht mehr erfolgen; der Strahl wird alsdann unter dem gleichen Winkel total reflektiert, d. h. die sonst so durchsichtige Trennungsfläche wirkt wie ein vollkommener Spiegel. Man macht von dieser Eigenschaft des Prismas eine sehr häufige Anwendung, um Strahlen abzulenken, und zwar gewöhnlich um einen rechten Winkel. Zu dem Zwecke braucht man in den Strahlengang nur ein rechtwinkliges Glasprisma einzuschalten, wie Abb. 6 zeigt. Der vom Zenit kommende Strahl tritt hier vertikal ein und wird horizontal nach links reflektiert (Zenitprisma). Eine Dispersion findet nicht statt, da der Strahl senkrecht zu den Katheten ein- und austritt. Eine einfache Überlegung zeigt, daß die Bilder durch ein totalreflektierendes Prisma seitenverkehrt erscheinen, also oben und unten, nicht aber links und rechts vertauscht werden.

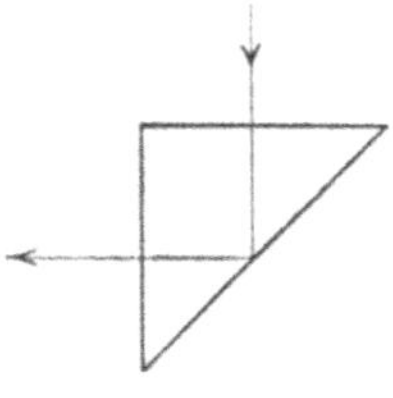

Abb. 6. Totalreflektierendes Prisma.

Das totalreflektierende Prisma gestattet auch eine völlige Umkehrung von optischen Bildern, in welchem Falle es als Reversionsprisma bezeichnet wird. Zu diesem Zwecke stellt man das Prisma so in das Strahlenbündel, daß letzteres parallel zur Hypotenuse einfällt. Der Durchgang ist dann der in Abb. 7 angedeutete, indem der Strahl nach der Reflexion von der Hypotenuse wieder parallel zu seinem Eintritt aus der zweiten Kathetenfläche austritt. Die durch die Brechung an den beiden Katheten entstehenden Dispersionen sind einander entgegengesetzt und heben sich deshalb auf, so daß eine Zerlegung des Lichtstrahles nicht stattfindet. Bei einer 90°-Drehung des Prismas um den Strahl als Achse erfolgt eine Drehung des Bildes um 180°, also die direkte Umkehr. Dreht man das Prisma um 180°, so hat das Bild eine volle Umdrehung gemacht, d. h. es ist in seine ursprüngliche Lage zurückgekehrt. Bringt man ein solches Prisma vor dem Okular eines Fernrohrs oder Mikroskops drehbar an, so kann man im Gesichtsfeld den Bildern jede beliebige Lage geben, was zur Beseitigung physiologischer Richtungsfehler, z. B. bei Doppelsternmessungen, Schätzungen von Veränderlichen usw. von Wert ist.

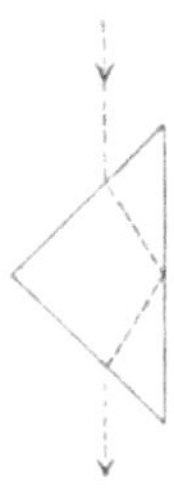

Abb. 7. Reversionsprisma.

Die Linsen. Wir haben bisher den Lichtstrahl nur in Medien eintreten lassen, die von ebenen Flächen begrenzt waren, und sind dabei auf verhältnismäßig sehr einfache Formeln und Konstruktionen gestoßen. Viel schwieriger und im Rahmen dieses Buches überhaupt nicht streng darstellbar werden aber die Verhältnisse, wenn Lichtstrahlen auf gekrümmte Grenzflächen von Medien auftreffen. Man nennt Gläser, die durch zwei derartige Flächen begrenzt sind, optische Linsen, und ihre ungemein wichtige und bei fast allen optischen Instrumenten vorkommende Aufgabe besteht darin, die verschiedenen Strahlen, welche von einem Lichtpunkte ausgehen, wieder in einem einzigen Punkte, dem Bildpunkte, zu vereinigen. Die scheinbar einfache Aufgabe, ein Stück Glas mit zwei Begrenzungsflächen derart zu versehen, daß die obige Bedingung erfüllt ist, und zwar zunächst für homogenes Licht, ist aber mit außerordentlichen theoretischen und praktischen Schwierigkeiten verknüpft, da es kaum möglich ist, die theoretisch erforderlichen Rotationsflächen mit der nötigen Exaktheit herzustellen. Verhältnismäßig leicht herstellbar sind nur Kugelflächen, mit denen aber die oben gestellte Aufgabe nur genähert zu lösen ist, auch dann nur, wenn bestimmte Bedingungen erfüllt werden:

1. Die Winkel, unter welchen die Strahlen auf die Linse fallen, müssen möglichst klein sein.
2. Die Dicke der Linsen muß möglichst gering sein.

3. Es müssen mehrere Linsen miteinander kombiniert werden, und wenn eine möglichst gute Vereinigung auch von Strahlen verschiedener Wellenlänge beabsichtigt ist, so müssen zu den verschiedenen Linsen Glassorten mit verschiedenen Brechungskoeffizienten benutzt werden.

In Abb. 8 haben wir es mit einer dicken, stark gekrümmten sog. positiven (konvexen) Linse zu tun, auf welche die von dem leuchtenden Punkt O kommenden Strahlen am Rande unter großen Winkeln auftreffen. Diese Randstrahlen vereinigen sich im Punkte B_1 zu einem Bilde, während die Strahlen, die nahe der Achse unter kleineren Winkeln einfallen, sich in dem weiter entfernten Bildpunkte B_2 vereinigen. Alle Strahlen, die von O auf die Linse fallen, vereinigen sich also keineswegs in einem Bildpunkte, sondern verteilen sich zonenweis auf die Strecke $B_1 B_2$. Man nennt diese Unvollkommenheit der Vereinigung den Zonenfehler oder die sphärische Aberration, weil der Fehler sich bei Einzellinsen nur durch Anwendung von nicht sphärischen mathematisch viel komplizierteren und praktisch kaum herstellbaren Flächen vermeiden ließe. In Abb. 9 ist die Linse dünner, die Flächen sind weniger gekrümmt, und die äußersten Strahlen fallen unter kleineren Winkeln ein; infolgedessen ist auch die sphärische Aberration oder die Distanz $B_1 B_2$ wesentlich kleiner, die Abbildung des Punktes O ist also eine bessere. Im folgenden soll nun, wenigstens vorläufig, angenommen werden, daß die oben erwähnten beiden ersten Bedingungen stets erfüllt seien, daß also die sphärische Aberration praktisch als Null anzunehmen ist.

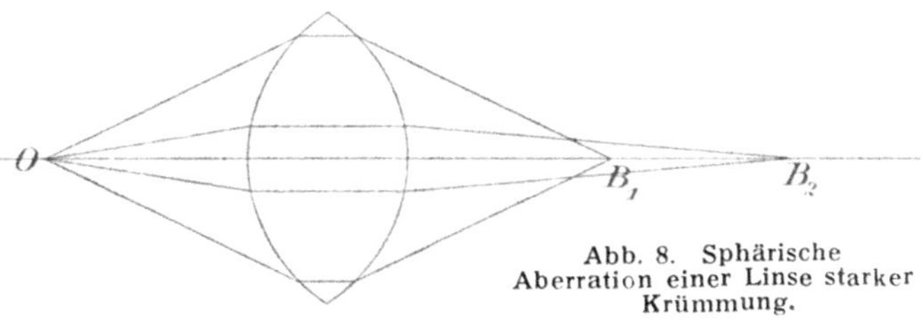

Abb. 8. Sphärische Aberration einer Linse starker Krümmung.

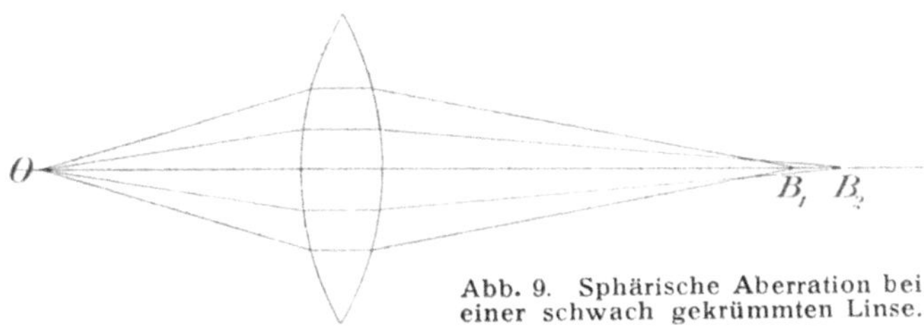

Abb. 9. Sphärische Aberration bei einer schwach gekrümmten Linse.

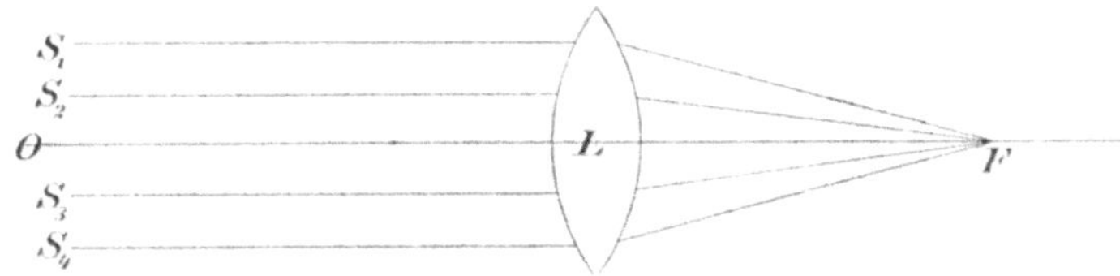

Abb. 10. Vereinigung paralleler Strahlen im Brennpunkt einer Linse.

Ist der leuchtende Punkt O unendlich weit entfernt, dann sind die von ihm kommenden Strahlen $S_1 S_2 \ldots S_4$, die auf die Linse fallen, untereinander parallel und sie vereinigen sich in dem Bilde F. Bezeichnet man mit L den Mittelpunkt der Linse, dann ist in diesem Falle die Entfernung LF die Brennweite, F der Brennpunkt der Linse (Abb. 10). Damit ist ein einfaches Verfahren zur Brennweitenbestimmung positiver Linsen mit Hilfe entfernter Gegenstände (Sonne, Mond) gegeben.

Befindet sich der leuchtende Punkt O nicht in der optischen oder Hauptachse, sondern außerhalb derselben, so bleibt die angegebene Konstruktion bestehen, sofern man statt der Hauptachse die Nebenachse verwendet, die durch die geradlinige Verbindung von O mit L erhalten wird (Abb. 11). Hieraus ergibt sich bei näherer Überlegung auch sofort die Abbildung eines ausgedehnten Objekts durch eine positive Linse, indem für jeden Punkt des Objekts die betreffende Nebenachse gezogen und auf ihr der Bildpunkt konstruiert wird (Abb. 12). Das Objekt wird dabei in einer Ebene abgebildet, welche die Bildebene genannt wird. Das Bild hat die umgekehrte Lage wie das Objekt. Sowohl die Bilder von Punkten als auch diejenigen ausgedehnter Objekte, die durch positive Linsen entstehen, sind reell, d. h. sie entstehen durch das wirkliche Zusammentreffen von Strahlen. Jeder leuchtende Punkt des Objekts erzeugt also in der Bildebene wiederum einen leuchtenden Punkt, der entweder durch ein Vergrößerungssystem betrachtet oder auf einer materiellen Fläche aufgefangen werden kann. Setzt man in die Bildebene eine lichtempfindliche Platte, so erhält man auf derselben das photographische Bild des Objekts.

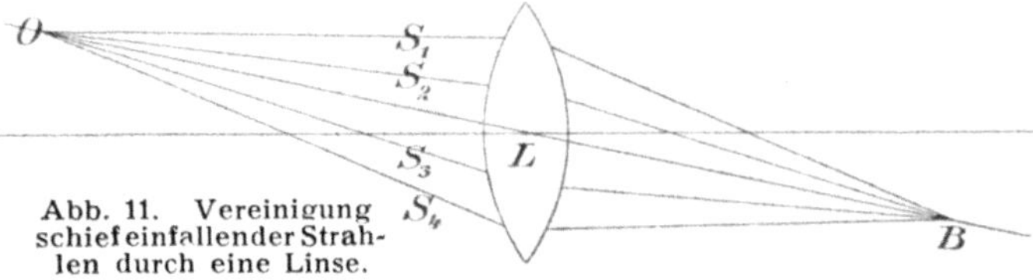

Abb. 11. Vereinigung schief einfallender Strahlen durch eine Linse.

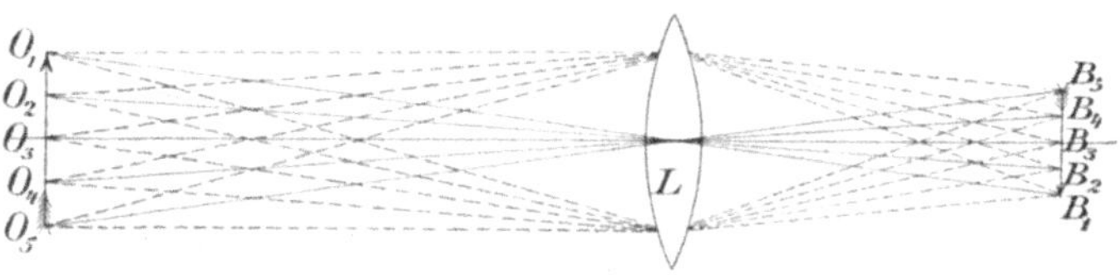

Abb. 12. Erzeugung eines reellen Bildes durch eine Linse.

Weniger für die direkte Himmelsbeobachtung, wobei man es stets mit parallelem Licht zu tun hat, als für Laboratoriumsversuche und die Konstruktion von Apparaten ist das Abbildungsgesetz der positiven Linsen von Wichtigkeit. Hat man für eine solche die Brennweite $LF = f$ (Abb. 10) bestimmt, so läßt sich die Entfernung b des Bildpunktes nach der Formel

$$\frac{1}{b} = \frac{1}{f} - \frac{1}{a} \qquad b = \frac{fa}{a-f}$$

berechnen, wobei a die Objektweite darstellt. Bezeichnet man nun mit B die Bildgröße, mit A die Größe des Objekts, so wird:

$$\frac{B}{A} = \frac{b}{a} = \frac{f}{a-f}.$$

Für die Abbildung in gleicher Größe wäre beispielsweise $b = a = 2f$ zu setzen usf.

Sogenannte negative (konkave) Linsen kommen einzeln für die Abbildung entfernter Gegenstände nicht in Frage. Die von dem leuchtenden Punkte O (Abb. 13) kommenden, bereits divergierenden Strahlen S_1 und S_2 werden nach dem Durchgange durch die konkave Linse noch stärker divergent, sie vereinigen sich also nicht wieder in einem Punkte. Ihre rückwärtige Verlängerung führt aber auf Punkt B, und sie verhalten sich daher so, als wenn sie tatsächlich aus diesem Punkte B herkämen. Man nennt den nicht reell vorhandenen Punkt B einen virtuellen Bildpunkt. Bei parallel eintreffenden Strahlen entsteht ein virtueller Brennpunkt. Für die Nebenachsen gilt das gleiche, und es bleiben überhaupt alle Verhältnisse genau dieselben wie bei den konvexen Linsen, nur mit dem einzigen Unterschiede, daß die Bilder nicht reell vorhanden sind, sondern auf der Objektseite nur durch rückwärtige Verlängerung der Strahlen als virtuelle Bilder zu konstruieren sind.

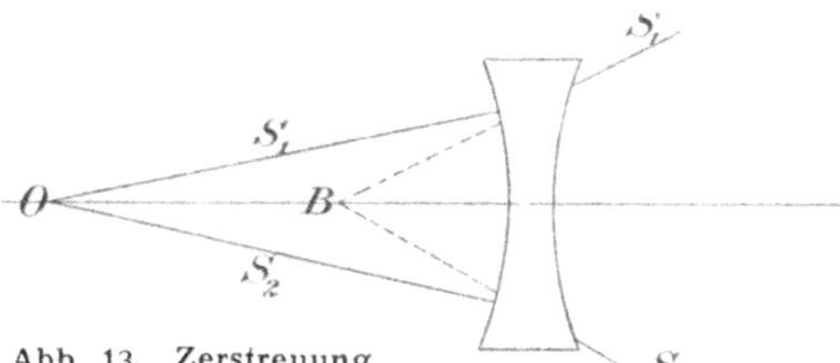

Abb. 13. Zerstreuung des Lichtes durch eine Negativlinse.

Die Bestimmung der Brennweite f einer Negativlinse erfolgt am einfachsten in der Weise, daß man sie mit einer positiven Linse von bekannter Brennweite f_1 verbindet. Ist F die Brennweite der Kombination, so ist

$$\frac{1}{f} = \frac{1}{F} - \frac{1}{f_1} \qquad f = \frac{F f_1}{f_1 - F}.$$

Bei allen bisherigen Betrachtungen über die Linsen ist ein homogenes Strahlenbündel von bestimmter Wellenlänge vorausgesetzt worden. Die Abbildung durch nicht homogene (weiße) Strahlen möge der Kürze halber nur für die konvexe Linse durchgeführt werden (Abb. 14).

Die von O ausgehenden roten und violetten Strahlen werden in der Linse, genau wie im Prisma, verschieden abgelenkt, die roten weniger stark als die violetten. Infolgedessen vereinigen sich die roten Strahlen im Bildpunkte B_r, die violetten in B_v. Das punktförmige Objekt O bildet sich jetzt also nicht mehr in einem einzigen Punkte ab, sondern in einer Reihe von Punkten. Der Effekt ist ähnlich wie bei der sphärischen Aberration, nur mit dem Unterschiede, daß die verschiedenen Bildpunkte verschieden gefärbt sind. Bei der Einstellung eines ausgedehnten Objekts erscheint z. B. das gelbe Bild scharf, das violette unscharf. Man erhält demnach ein Bild, welches unscharf mit gefärbten Rändern erscheint, ähnlich, wenn auch nicht in so starkem Maße, als wenn man einen Gegenstand durch ein Prisma betrachtet. Diese chromatische Aberration wird unter denselben Bedingungen geringer wie die sphärische, also bei Verwendung enger Strahlenbüschel und schwach gekrümmter dünner Linsen. Aus diesen Gründen benutzte man anfangs in der Astronomie zu den Fernrohren Linsen, die bei 5 bis 8 cm Öffnung Brennweiten von 40 und mehr Metern besaßen.

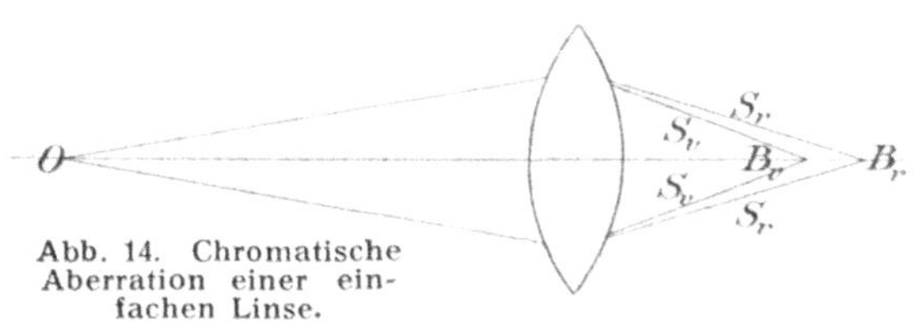

Abb. 14. Chromatische Aberration einer einfachen Linse.

Durch die Kombination zweier Linsen aus verschieden stark brechenden Glassorten kann man sogenannte achromatische Linsen konstruieren, bei denen die chromatische Aberration sehr stark, wenn auch nicht vollständig behoben werden kann. Bei der Kombination zweier Linsen läßt sich gleichzeitig auch die spärische Aberration fast gänzlich beseitigen, so daß die achromatischen Linsen eine ungleich viel bessere Abbildung geben als die gewöhnlichen; sie gelangen bei allen optischen Apparaten, von denen scharfe Abbildung gefordert wird, allein noch zur Verwendung.

Das Prinzip der Achromasie läßt sich an der Kombination zweier Prismen klarlegen. Das Prisma *K* (Abb. 15) aus leichtem, verhältnismäßig schwach brechendem Kronglase besitze für die Strahlen S_r und S_v die Brechungskoeffizienten n_r und n_v und den Dispersionswinkel *d*. Das Prisma *F* dagegen sei aus sehr schwerem Flintglase, welches die viel größeren Brechungskoeffizienten n_r' und n_v' besitzt, so daß der Dispersionswinkel bei gleichem brechenden Winkel nahe doppelt so groß, also nahe $= 2d$ sei. Gibt man nun dem zweiten Prisma entsprechend nur den halben Brechungswinkel, so wird seine Dispersion nur $= d$ werden; setzt man es so hinter das erste, daß die brechende Kante von

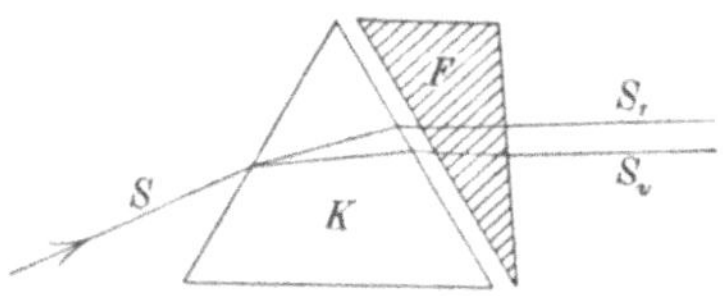

Abb. 15. Achromatisches Prisma.

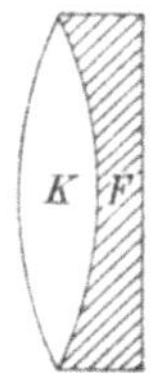

Abb. 16. Achromatisches Linsensystem.

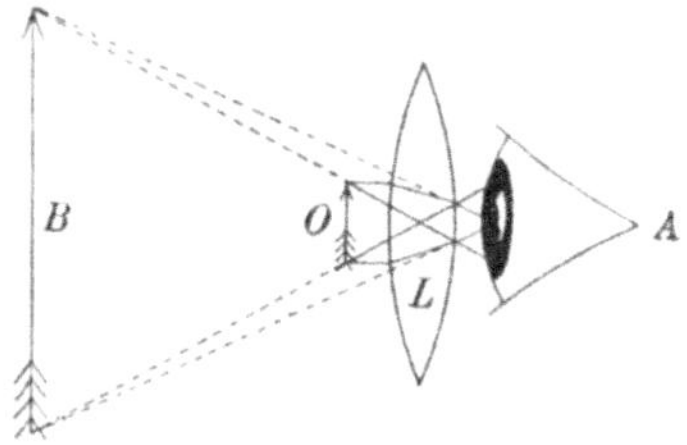

Abb. 17. Virtuelles Bild einer Positivlinse.

F an der Basis von *K* liegt, so ist im Verhältnis zu *K* sein Dispersionswinkel — *d*, d. h. die beiden Dispersionen heben sich gegenseitig auf, die Strahlen S_r und S_v treten parallel zueinander aus, wie aus einer planparallelen Platte; die Farben sind wieder vereinigt, aber die Ablenkung ist geblieben, allerdings nur halb so groß, als wenn das Prisma *K* allein wirksam wäre.

Auf Linsen angewendet, besagt dieses Prinzip: verbindet man die bikonvexe Kronglaslinse mit einer plankonkaven Flintglaslinse, wie Abb. 16 zeigt, dann vereinigen sich die Strahlen der verschiedenen Farben in dem gleichen Bildpunkte, der aber ungefähr doppelt so weit entfernt ist, als wenn die einfache Kronglaslinse benutzt würde. Es muß hier ausdrücklich hervorgehoben werden, daß dies alles nur genähert richtig ist; es wird später beim Fernrohr angedeutet werden, wieviel komplizierter das Problem der strengen Achromasie in Wirklichkeit ist.

Die Betrachtung der reellen von einer Linse (Objektiv) entworfenen Bilder erfolgt wiederum durch eine Linse oder ein Linsensystem (Okular). Das einfachste Okular ist die Lupe; sie besteht aus einer konvexen Linse, die vor den Gegenstand so gehalten wird, daß dieser innerhalb des Brennpunktes liegt. Betrachtet man für diesen Fall den Gang der Lichtstrahlen etwas genauer, so erkennt man, daß die beiden betrachteten Strahlen (Nebenachse und Strahl parallel zur Hauptachse) nach dem Austritt divergieren und für das Auge vor der Linse sich zu einem aufrechten, vergrößerten, aber virtuellen Bilde vereinigen (Abb. 17).

Am Schluß der Betrachtungen über die Abbildung von Gegenständen in Linsensystemen muß noch ein wichtiger ganz allgemein gültiger Satz angeführt werden: Bei jeder optischen Konstruktion ist die Richtung, in der die Strahlen verlaufen, gleichgültig; es bleibt also alles bestehen, wenn die Strahlen den umgekehrten Weg nehmen, der Objektpunkt also mit dem Bildpunkt vertauscht wird. Gehen z. B. im Falle der Abb. 10 die Strahlen von dem Brennpunkte F aus, so verlassen sie die Linse als parallele Strahlen. Die letztere erhält dann die Bedeutung eines sogenannten Kollimators, der bei astrophysikalischen Apparaten eine sehr wichtige Rolle spielt. Aus der Kollimatorlinse treten die Strahlen parallel, d. h. so aus, als wenn sie von einem unendlich weit entfernten Punkte herkämen; blickt man demnach mit einem auf unendlich eingestellten Fernrohr in die Kollimatorlinse hinein, so sieht man ein im Brennpunkte dieser Linse befindliches Objekt scharf. Jedes umgekehrt benutzte Fernrohr ist also gleichzeitig ein Kollimator. Richtet man zwei Fernrohre a und b, in deren Brennebenen sich z. B. je ein Fadenkreuz befindet, mit den Objektiven aufeinander, so sieht man durch a das Fadenkreuz von b, durch b das Fadenkreuz von a. Da man das eigene Fadenkreuz natürlich gleichzeitig mitsieht, so kann man beide Fadenkreuze zur Deckung bringen, und besitzt somit ein Mittel, zwei Fernrohre mit ihren optischen Achsen ganz genau aufeinander richten zu können, was besonders bei spektroskopischen Messungen sehr wichtig ist.

Die Spiegel. Statt der Lichtbrechung kann man auch die Reflexion der Strahlen an gekrümmten Spiegelflächen zur Abbildung von Punkten und ausgedehnten Objekten benutzen. Die Gegensätze von konvex und konkav bleiben bei den Spiegeln wie bei den Linsen bestehen, kehren sich aber um; die konkaven sind die positiven, die konvexen die negativen.

Die Strahlen S (Abb. 18) mögen parallel zueinander und zur optischen Achse eines sphärischen Spiegels eintreffen, also von einem unendlich weit entfernten leuchtenden Punkte herkommen. Die Stellen, wo sie den Spiegel treffen, verbinde man mit dem Krümmungsmittelpunkte M des Spiegels, dann stehen diese Radien senkrecht auf der Spiegelfläche, sind also die Lote; die Strahlen werden dann unter dem gleichen Winkel reflektiert und die Konstruktion führt dazu, daß sie sich alle in dem gleichen Punkte, dem Brennpunkte F treffen, der genau in der Mitte zwischen M und dem Punkte des Spiegels liegt, in dem ihn die Hauptachse trifft. Es ist also stets die Brennweite f gleich dem halben Kugelradius r des Spiegels, somit

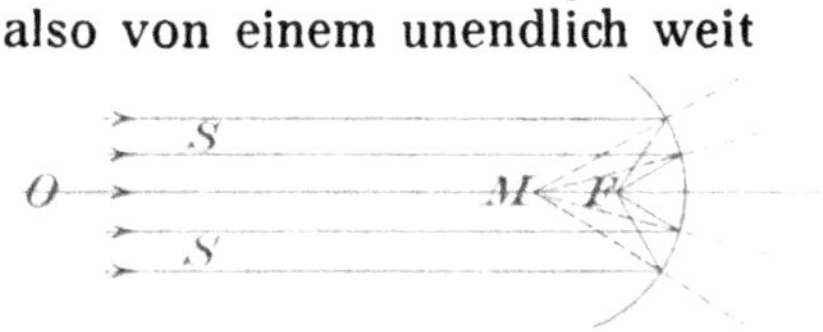

Abb. 18. Brennpunktslage eines Hohlspiegels.

$$f = \frac{r}{2}.$$

Kommen die Strahlen nicht von einem unendlich weit entfernten Punkte her, so erfolgt die Abbildung im Bildpunkte nach denselben Grundsätzen. Man zieht also den betreffenden Radius als Lot und läßt den Strahl unter dem gleichen Winkel reflektieren; die reflektierten Strahlen vereinigen sich im Bildpunkte. Die konkaven Spiegel erzeugen also reelle Bilder, die wie bei den Linsen umgekehrt sind und auch dasselbe Abbildungsgesetz

$$\frac{1}{a} + \frac{1}{b} = \frac{1}{f}$$

befolgen.

Wie die Abb. 19 zeigt, werden durch negative oder konvexe Spiegel die Strahlen unter dem gleichen Winkel wieder reflektiert; sie kommen schon vom Punkte O divergent an und werden nach der Reflexion noch stärker divergent. Die rückwärtige Verlängerung der Strahlen führt zu dem virtuellen Bildpunkte in B. Parallele Strahlen vereinigen sich rückwärts in dem virtuellen Brennpunkte. Ein konvexer Spiegel erzeugt also ebenso wie eine Konkavlinse stets aufrechte virtuelle Bilder.

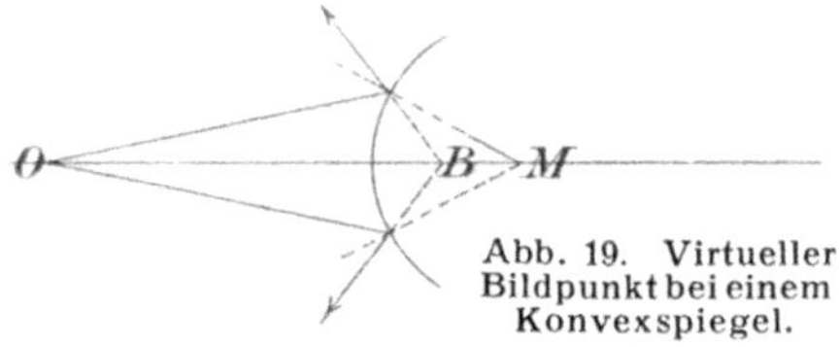

Abb. 19. Virtueller Bildpunkt bei einem Konvexspiegel.

Der große Vorteil der Spiegelabbildung gegenüber den Linsen beruht darin, daß hier die chromatische Aberration vollständig fortfällt, da für alle Farben die Reflexionswinkel genau gleich den Einfallswinkeln sind. Demgegenüber kommt, soweit Kugelflächen in Frage kommen, die sphärische Aberration voll zur Geltung, ohne daß es möglich wäre, sie so einfach wie bei den Linsen (etwa durch einen zweiten Spiegel) zu beseitigen.

Eine genauere Konstruktion der Abb. 18 läßt erkennen, daß der Abstand MF nur für solche Strahlen konstant $= \frac{1}{2}r$ ist, die nahe der Hauptachse des Spiegels einfallen. Für alle fernerliegenden oder randnahen Strahlen wird MF größer, d. h. die einzelnen Brennpunkte kommen hier zwischen F und die Spiegeloberfläche zu liegen. Da die Abweichungen proportional dem Cosinus des Einfallswinkels wachsen, bleibt allerdings der größte Teil der Strahlen sehr nahe bei F vereinigt. Hier entsteht also ein Lichtmaximum, während die Kreuzungspunkte aller Strahlen mit größeren Einfallswinkeln sich zu einer bei F in eine Spitze auslaufenden sog. kaustischen Fläche vereinigen (Abb. 20). Die sphärische Aberration kommt um so weniger zur Geltung, je geringer die Spiegelkrümmung ist bzw. je mehr Randstrahlen bei der Verwendung des Spiegels abgeblendet werden.

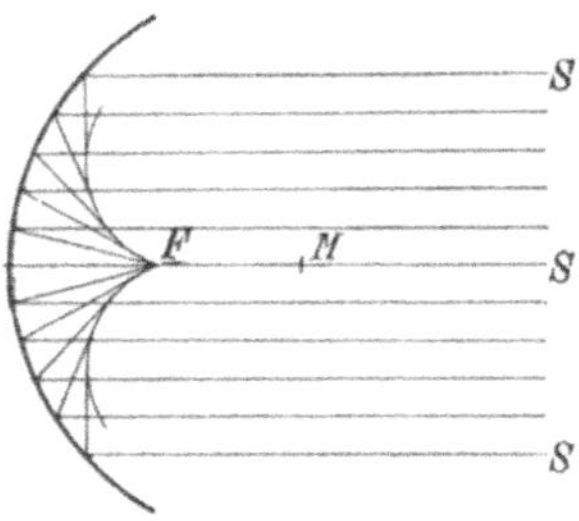

Abb. 20. Kaustische Kurve (Brennlinie) bei einem sphärischen Spiegel.

Parabolische Spiegel, d. h. solche, die als Begrenzungsfläche einer um ihre Achse rotierenden Parabel gedacht werden können, vereinigen die parallel zur Hauptachse einfallenden Strahlen sämtlich in einem Punkte, sind also frei von sphärischer Aberration; da, wie schon bemerkt, die chromatische Aberration ebenfalls fehlt, so stellen sie das Ideal eines bilderzeugenden optischen Apparates dar. In neuerer Zeit ist es gelungen, die großen technischen Schwierigkeiten, welche der Herstellung parabolischer Reflektoren entgegenstanden, selbst bei großen Spiegeln zu überwinden.

Die Konstruktion und rechnerische Behandlung der Abbildung in einem jeden Hohlspiegel läßt erkennen, daß die erzeugten Bilder eines Lichtpunktes außerhalb der Achse stets schweifartige Form (Koma) annehmen, ferner, daß das Bildfeld gekrümmt ist, und zwar die konvexe Seite dem Spiegel zuwendet. Je größer das Verhältnis der Öffnung zur Brennweite, je lichtstärker also ein Spiegel ist, desto stärker ist die Koma und ein desto geringerer Teil des Bildes erscheint in der Brennebene scharf. Koma und Bildkrümmung haben mit der sphärischen oder parabolischen Form der Spiegel nichts zu tun und treten bei beiden Typen gleich unangenehm auf, besonders, wenn es sich nicht um visuelle Beobachtungen, sondern um photographische Aufnahmen handelt. Bei großem Brennweitenverhältnis überwiegt dann die Unschärfe durch die Koma, bei kleinerem die Unschärfe durch die Bildwölbung.

Einfachere optische Apparate. Die einfachsten optischen Apparate entstehen durch die Verbindung von Linsen oder Spiegeln mit dem Auge selbst. Der optische Apparat des Auges ist hierbei als einfache konvexe Linse aufzufassen.

Nach dem Vorhergehenden sind die Konstruktionen der einfachsten optischen Apparate ohne weiteres klar. Das astronomische Fernrohr bezweckt die Betrachtung des reellen Bildes eines weit entfernten oder unendlich weit entfernten Objekts mittels einer Lupe. Es besteht daher aus einer positiven Linse oder einem konkaven Spiegel, die ein reelles Bild erzeugen, und einer

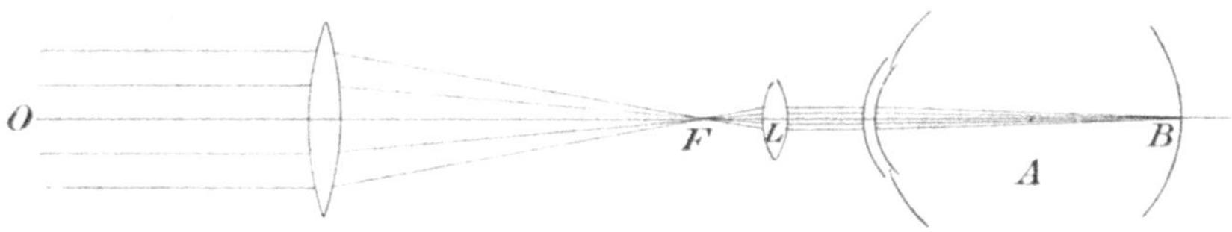

Abb. 21. Strahlengang in einem Keplerschen Fernrohr.

Lupe, Okular genannt, durch die das Bild betrachtet wird. Je nachdem man zur Bilderzeugung eine Linse oder einen Spiegel benutzt, je nachdem also Lichtbrechung oder Lichtreflexion stattfindet, nennt man das Fernrohr einen Refraktor oder einen Reflektor; gewöhnlich werden diese Bezeichnungen aber nur auf größere Instrumente angewendet.

Der Strahlengang in einem astronomischen Linsenfernrohr sog. KEPLERscher Bauart ist für punktförmige Abbildungen in Abb. 21 angedeutet. Da das reelle Bild bei *F* umgekehrt liegt, wie das wirkliche, so erscheint auch im astronomischen Refraktor jedes Bild umgekehrt, unten und oben, rechts und links sind vertauscht.

Bei einem Spiegelfernrohr werden die Lichtstrahlen in derselben Richtung zurückgeworfen, aus der sie ankommen, daher gestaltet sich die Bauart eines Reflektors stets umständlicher als diejenige eines Refraktors. Von den verschiedenen im Laufe der Zeit gemachten Vorschlägen haben sich gegenwärtig nur noch zwei Anordnungen erhalten, die von NEWTON und CASSEGRAIN stammen.

Bei der NEWTONschen Bauart (Abb. 22) werden die Lichtstrahlen *S* nach Reflexion am Spiegel *R* mitten im Spiegeltubus durch ein total reflektierendes Prisma *P* kurz vor ihrer Vereinigung aufgefangen und in einen seitlichen Okularstutzen abgelenkt. Bei der CASSEGRAINschen Anordnung bleibt die Blickrichtung dadurch erhalten, daß die Lichtstrah-

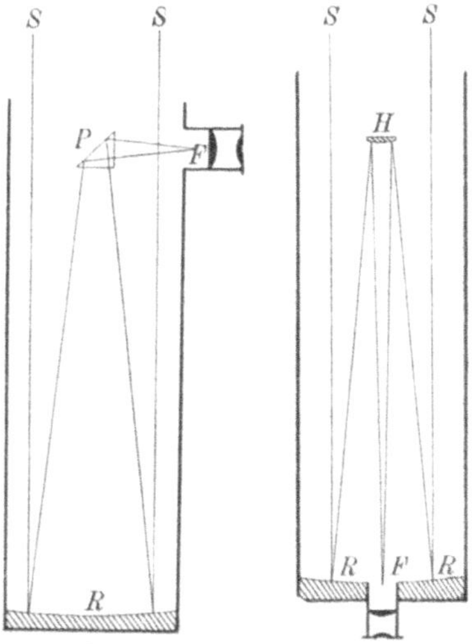

Abb. 22 und 23. Strahlengang in einem Newtonschen und Cassegrainreflektor.

len kurz vor dem Brennpunkte durch einen kleinen Fangspiegel H mit konvexer Oberfläche reflektiert und dabei wieder ein wenig divergent gemacht werden, so daß sie sich erst bei F in einer zentralen Durchbohrung des Hauptspiegels R vereinigen (Abb. 23). Die Cassegrainsche Konstruktion schließt alle Vorteile der Linsenfernrohre in sich, da Teleskope dieser Art vollkommen in der gleichen Weise montiert und gehandhabt werden können, wie die Refraktoren.

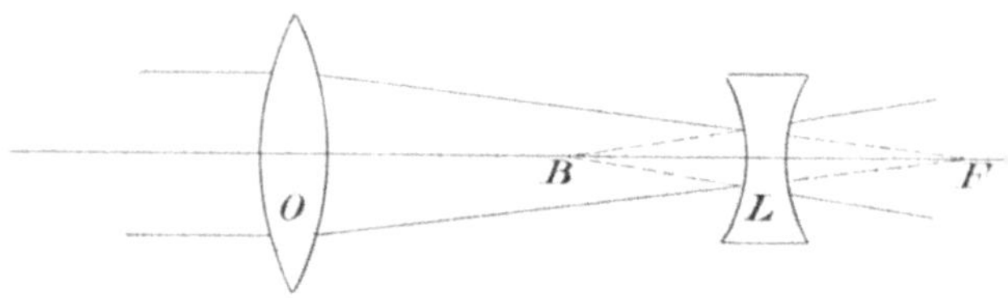

Abb. 24. Strahlengang in einem Galileischen Fernrohr.

Die direkten Bilder der Newtonspiegel erscheinen seitenverkehrt, d. h. es ist nur links und rechts vertauscht, während oben und unten dem direkten Anblick entspricht. Es muß dies hier erwähnt werden, da noch häufig astronomische Bilder in dieser unkorrekten Form reproduziert werden und zu Irrtümern Anlaß geben.

Die Umkehr der Bilder im astronomischen Fernrohr ist bei der Betrachtung astronomischer Objekte gänzlich ohne Belang, wirkt dagegen bei der Beobachtung irdischer Gegenstände ungemein störend, da man gewöhnt ist, dieselben stets in einer ganz bestimmten, natürlich gegebenen Lage zu sehen. Beim holländischen (Galileischen) Fernrohr werden aufrechte Bilder dadurch erzielt, daß man als Okular eine negative Linse benutzt und diese dabei in den Strahlengang vor der Vereinigung in der Brennebene einsetzt. Die vom Objektiv kommenden konvergenten Strahlen werden durch die konkave Linse (Zerstreuungslinse) divergent gemacht, so daß sie scheinbar von dem virtuellen Punkte B kommen. Im Auge erscheint also das virtuelle Bild in B aufrechtstehend (Abb. 24). Da infolge dieser Konstruktion das holländische Fernrohr sehr kurz ausfällt, so wird es aus Bequemlichkeitsgründen vorwiegend als Theaterglas und Feldstecher verwendet.

Der größte Nachteil des Galileischen Fernrohres besteht in dem kleinen Gesichtsfelde, das es liefert, ferner darin, daß die Entstehung des Bildes vor dem Okular rein virtuell ist und die Anbringung von irgendwelchen Absehnsmarken, wie Fadenkreuz u. dgl. ausschließt. Man hat daher früher die Fernrohre Keplerscher Bauart mit besonderen Umkehrlinsen, sog. terrestrischen Okularen ausgestattet und noch heute finden solche bei einfachen Zugfernrohren Verwendung. Wegen ihrer Länge und der Notwendigkeit eines weiten Fernrohrauszuges haben sich jedoch diese Okulare nicht einmal in der Geodäsie einbürgern können.

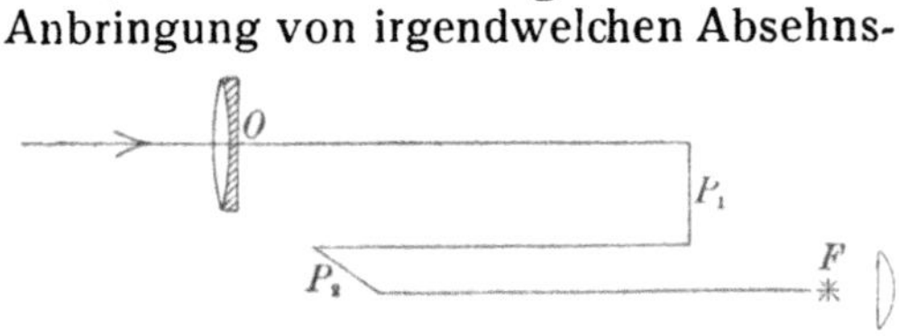

Abb. 25. Bildumkehr in einem Prismenfernrohr.

Die beste Bildumkehr wird zweifellos durch ein sog. Porrosches Prismensystem bewirkt, d. h. durch eine zweimalige totale Reflexion der Lichtstrahlen nach Maßgabe der Abb. 25. Wie man aus der perspektivischen Darstellung ohne weiteres erkennt, wird durch das erste Prisma bei P_1 oben und unten, durch das zweite bei P_2 links und rechts vertauscht, so daß im Brennpunkte F des Objektivs bereits ein aufrechtes Bild entsteht. Die Annehmlichkeit eines großen Gesichtsfeldes und der sehr kurze Bau der Prismengläser hat ihnen auch in der Himmelskunde, besonders bei Beobachtungen veränderlicher Sterne, Helligkeitsschätzungen von Kometen und Nebeln usw. Eingang und Geltung verschafft.

Die Betrachtung weiterer spezieller Fernrohrkonstruktionen würde hier zu weit führen. Dagegen muß ein einfacher optischer Apparat, der freilich weniger bei direkten Beobachtungen als bei der Betrachtung und Ausmessung von astronomischen Photogrammen, dort allerdings fast stets verwendet wird, an dieser Stelle noch Erwähnung finden.

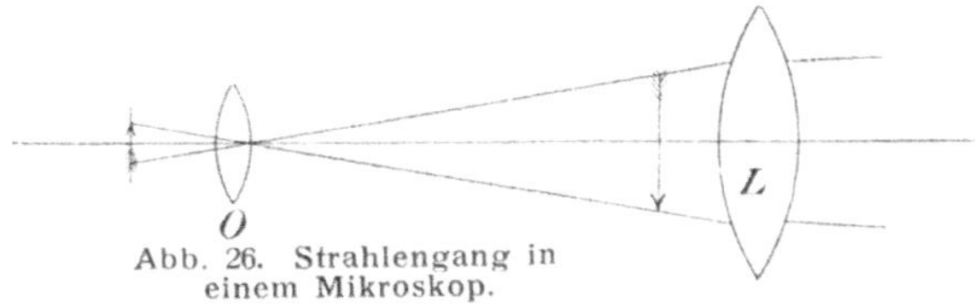

Abb. 26. Strahlengang in einem Mikroskop.

Soll ein kleines Objekt bei stärkerer Vergrößerung betrachtet werden, als dies bei Benutzung einer Lupe geschehen kann, so ist hierfür die Kombination zweier Linsen, d. h. ein Mikroskop erforderlich (Abb. 26). Die vorderste, meist kleine und stark gekrümmte Linse, das Objektiv, befindet sich nahe beim Objekte in einem Abstande, der zwischen der einfachen und der doppelten Brennweite variieren kann; es wird nämlich in diesem Falle ein reelles Bild erzeugt, welches größer ist als das Objekt. Dieses reelle Bild wird durch ein Okular betrachtet und also nochmals vergrößert. Die Vergrößerung eines jeden Mikroskops mit gegebenem Objektiv und Okular ist demnach beliebig veränderlich und nach oben hin theoretisch unbeschränkt; befände sich z. B. das Objekt genau im Brennpunkte, so würden die Strahlen ja parallel laufen, das Bild läge also im Unendlichen und wäre unendlich groß. Praktisch tritt aber bald eine Grenze ein, die durch die Güte des Objektivs und die schließlich unhandlich werdende Länge des Mikroskops bedingt ist. In der Astrophysik spielen diese Fragen jedoch keine Rolle, da hier ausschließlich sehr schwache Vergrößerungen (3 bis höchstens 20) angewendet werden.

Physiologische Eigenschaften des Auges. Bei der Konstruktion aller optischer Apparate muß darauf Rücksicht genommen werden, daß die endgültige Auffassung des Bildes mit Hilfe des Auges erfolgt, daß das Auge selbst also ein wichtiger Bestandteil des Apparates ist.

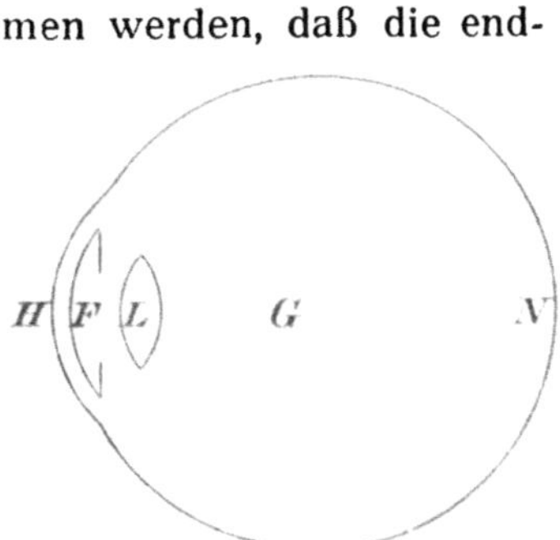

Abb. 27. Das menschliche Auge.

Das menschliche Auge besteht aus einem optischen Teile und einer lichtempfindlichen Fläche, der Netzhaut *N*, auf der die reellen Bilder erzeugt werden (Abb. 27). Der optische Teil des Auges ist aus mehreren Teilen verschiedener Brechbarkeit zusammengesetzt: der vordersten stark gewölbten durchsichtigen Hornhaut *H*, der wässerigen Feuchtigkeit *F*, der eigentlichen Linse *L* und dem Glaskörper *G*. Die Linse, die aus einzelnen Schalen zusammengesetzt ist, kann durch besondere Muskeln mehr oder weniger stark in ihrer Wölbung, also in ihrer Brennweite, verändert werden. Im Alter läßt diese Akkommodationsfähigkeit nach; ein ursprünglich normales Auge kann dann zwar noch immer gut in der Ferne sehen, nicht aber in der Nähe. Bekanntlich kann diese Weitsichtigkeit, genau ebenso wie der umgekehrte Fehler, die Kurzsichtigkeit, durch entsprechende Brillengläser beseitigt werden.

Das normale Auge sieht einen Gegenstand am deutlichsten in der Entfernung von 20 bis 25 cm. Was auch für optische Teile sich vor dem Auge befinden mögen, der Strahlengang muß zuletzt doch derart sein, als wenn sie von einem in der angegebenen Entfernung befindlichen Punkte kämen. Die deutliche Sehweite ist etwas Individuelles, die von wenigen Zentimetern beim Kurzsichtigen bis zu unendlicher Strecke beim Weitsichtigen sich ändern kann. Es äußert sich das darin, daß bei einem optischen Apparat im allgemeinen jeder Beobachter diesen für sich besonders einstellen muß, wenn er deutliche Bilder sehen will.

Der physiologische Vorgang des Sehens, der für die Beurteilung der Realität beobachteter Vorgänge in der Natur die größte Wichtigkeit besitzt, ist eine ungemein komplizierte Erscheinung, deren inneres Wesen wie bei allen Äußerungen des Lebens noch gänzlich unbekannt ist.

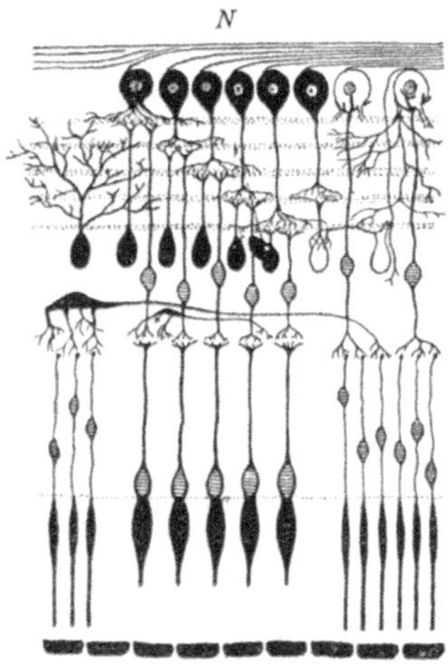

Abb. 28. Querschnitt durch die Netzhaut (nach Greeff).

Es ist hier nicht der Ort, um auf die physiologischen Grundlagen des Sehens näher einzugehen. Es sei lediglich auf einige Vorgänge beim normalen Sehen erinnert, die für jede Beobachtung die größte Bedeutung haben, jedoch als unbewußte Erscheinungen den meisten Menschen nicht bekannt sind.

In der Netzhaut *N* endigen die Fasern des Sehnerven in Zellen, die durch Abb. 28 veranschaulicht sind. Durch diese nach innen gerichteten Zellen, deren es zwei verschiedene Arten gibt, die dünnen Stäbchen und die dicken Zäpfchen, sind die kleinsten Elemente des Sehens bedingt; eine schärfere Trennung von Punkten, als sie dieser gegebenen Anordnung entspricht, ist nicht denkbar. Die Dicke der Zapfen beträgt nun da, wo sie allein auftreten, im sogenannten gelben Fleck, 0.003 mm oder im Winkelmaße, vom optischen Mittelpunkte des Auges an gerechnet, etwa 50″, d. h. es ist für das unbewaffnete Auge nicht möglich, zwei Lichtpunkte getrennt zu erkennen, deren Winkeldistanz weniger als 50″ beträgt. Dem entspricht auch durchaus die Erfahrung, die man in betreff der Trennung von Doppelsternen mit unbewaffnetem Auge macht. Daß es sich um eine außerordentlich feine Struktur der Netzhaut handelt, erkennt man sofort, wenn man bedenkt, daß etwa 13000 bis 14000 solcher Elemente auf 1 qmm gehen. Das Auge ist übrigens durchaus nicht optisch vollkommen gebaut, sphärische und besonders chromatische Aberration sind in starkem Maße vorhanden, doch ist bei der Abbildung von Punkten die Intensität in der Mitte der Aberrationsscheibchen so groß im Verhältnis zu den Rändern, daß bei kleinster Punktabbildung doch nur gerade ein einziges Netzhautelement in Anspruch genommen wird.

Alles Sehen beruht auf Unterschieden in der Helligkeit oder in der Farbe. Sieht man zunächst von letzterer ab, so ist es die Kontrastwirkung zwischen zwei Stellen eines Objekts, welche diese beiden Stellen zur getrennten Wahrnehmbarkeit bringt, und diese Kontrastwirkung hängt wieder von der absoluten Helligkeit der Gegenstände ab. Unterhalb einer gewissen geringen Helligkeit werden Gegenstände vom Auge nicht wahrgenommen; ihre Helligkeit liegt dann unterhalb der Reizschwelle des Auges. Oberhalb einer gewissen Helligkeit können ebenfalls Helligkeitsunterschiede nicht mehr empfunden werden; das Auge ist alsdann überblendet.

Bei Helligkeiten, die dem Auge bequem sind, kann man bei größter Aufmerksamkeit Unterschiede von etwa 1 % noch eben wahrnehmen, darunter gelegene aber nicht mehr. Bezeichnen wir die subjektive Helligkeit des Sehfeldes im dunklen Raume mit H und mit h die Helligkeit eines auf der Netzhaut erzeugten Bildes, so ist an der Bildstelle die Gesamthelligkeit $H + h$, der Kontrast gegen die Umgebung des Bildes $(H + h) : H$; solange nun dieser Kontrast nicht größer als mindestens 1 % ist, so lange kommt das Bild nicht zur Wahrnehmung.

Das Auge besitzt einen automatischen Regulierapparat, durch den seine Lichtempfindlichkeit bei schwachem Lichte vermehrt, bei starkem, schädlichem Lichte abgeschwächt werden kann. Es ist dies ein zwischen Hornhaut und Linse befindliches Diaphragma, die Iris, deren Öffnung, die Pupille, innerhalb ziemlich starker Grenzen variabel ist. Bei Ausschluß von Licht oder bei ganz matter Beleuchtung hat die Pupille einen Durchmesser bis zu 8 mm; je stärker die Beleuchtung wird, um so enger wird sie, bis zu etwa 1 mm. Da nun die Menge des einfallenden Lichtes proportional dem Quadrate der Öffnung ist, so nimmt bei ganz schwachem Lichte das Auge automatisch 64mal so viel Licht auf als bei sehr heller Beleuchtung. Diese Tatsache ist wohl zu beachten und beispielsweise bei photometrischen Untersuchungen von großer Bedeutung.

Hat man sehr helle Objekte, wie die Sonne oder elektrisches Licht, wenn auch nur sehr kurze Zeit, fixiert, so entstehen Nachbilder, die so intensiv sind, daß man längere Zeit das Auge kaum gebrauchen kann. Gerade das, was man scharf sehen will, verschwindet vollständig; man ist z. B. imstande, die Figur eines Menschen zu erkennen, nicht aber sein Gesicht, weil man gerade dessen Bild immer auf den übermäßig gereizten Teil der Netzhaut, die Sehgrube, bringt. Auch schwächere Lichteindrücke halten oft längere Zeit an, was man erst merkt, wenn man sich im völlig dunklen Raume befindet. Die Erkennung schwächster astronomischer Objekte ist daher nur mit ausgeruhten Augen möglich, d. h. mit solchen, in denen die letzten Reste der Nachbilder im Dunkeln ausgelöscht sind. Die stäbchenreichen Randgebiete der Netzhaut sind für schwache Helligkeitseindrücke besonders empfindlich. Es lassen sich also im Fernrohr sehr zarte Objekte, wie Nebel, Kometen usw. oft besser erkennen, wenn man die direkte Blickrichtung vermeidet und benachbarte Stellen des Gesichtsfeldes scharf fixiert.

Die physiologischen Fehler werden noch größer, wenn es sich nicht nur um Licht-, sondern auch um Farbeneindrücke handelt. Wie diese auf der Netzhaut zustandekommen, ist gleichfalls noch völlig unklar. Als Vermittler der Farbenempfindung werden heute wohl allgemein die Zäpfchen angesehen, weil in der Netzhautgrube oder dem sog. gelben Fleck, der, wie erwähnt, nur Zapfen enthält, die Farbenempfindung am intensivsten ist und von hier aus nach den peripheren Teilen der Netzhaut, wo die Stäbchen vorherrschen, abnimmt. Bestimmte anatomische Merkmale lassen es erforderlich erscheinen, daß unter normalen Verhältnissen jedes einzelne Zäpfchen alle Farbenempfindungen vermittelt, daß dies also nicht etwa über rot-, grün- oder violettempfindliche Zellen geschieht, wie man das früher glaubte.

In einem lichtstarken Spektrum erscheint das Maximum der Helligkeit im Gelb; bei abnehmender Helligkeit verschiebt sich dieses Maximum für das menschliche Auge immer mehr nach dem brechbareren Teile des Spektrums hin, bis es schließlich beim Verschwinden scheinbar im grünblauen Teile liegt (S. 126). Dieser sog. Purkinjeeffekt ist von der größten Wichtigkeit. Da es sich in der beobachtenden Astronomie sehr häufig, wenn nicht in den meisten Fällen um die Wahrnehmung sehr schwacher Lichteindrücke handelt, so liegt es auf der Hand, wie vorsichtig z. B. alle Farbenbeobachtungen von Nebelflecken, schwachen Sternen usw. beurteilt werden müssen.

In den exakten Wissenschaften reicht das Sehen allein in den meisten Fällen nicht aus, sondern es muß gemessen werden. Wie nun aber auch die Art der Messung beschaffen sein und welche Konstruktion der betreffende Meßapparat haben möge, letzten Endes muß das Auge an der Messung teilnehmen durch einen Vorgang, den man Schätzung nennt. Durch diese Schätzung wird aber ein subjektives Element in die Messung gebracht und damit, bei der Unvollkommenkeit einer jeden menschlichen Sinnestätigkeit, eine Fehlerquelle, die häufig nur mit den größten Schwierigkeiten unschädlich zu machen ist. Für jedes wissenschaftliche Messen ist die Frage der subjektiven Fehler von größter Wichtigkeit, da sie aber in jedem einzelnen Falle eine spezielle Behandlung und Untersuchung erfordert, ist es zweckmäßig, ihrer bei den einzelnen Instrumenten und Beobachtungsmethoden zu gedenken.

II. Die Spektralanalyse.

Der Spektralanalyse fällt die Aufgabe zu, das Licht, das von einem irdischen oder himmlischen Körper ausgeht, nach den verschiedenen Längen der Lichtwellen zu zerlegen, so daß die einzelnen Lichtarten, welche ursprünglich miteinander vermischt waren, getrennt erkannt und untersucht werden können. Die Apparate, welche hierzu dienen, werden Spektroskope, Spektrometer oder Spektrographen genannt. Die durch diese Zerlegung gewonnene Kenntnis der speziellen Lichtzusammensetzung oder des Spektrums gestattet in Verbindung mit den spektralanalytischen Theorien unmittelbare Schlußfolgerungen in betreff der chemischen und physikalischen Konstitution sowie der Temperatur der untersuchten Körper. Ja, es ist sogar gelungen, auf diesem Wege Aufschluß über mechanische Bewegungen und Entfernungen der Himmelskörper zu erhalten.

Es sollen nun zuerst verschiedene Spektroskopkonstruktionen besprochen werden, von den einfachsten bis zu den komplizierteren modernen Apparaten, ihre Verwendung am Fernrohr, sowie die direkte und photographische Abbildung der Spektra und ihre nachherige Verwertung. Alsdann möge eine Darstellung der wichtigsten spektralanalytischen Theorien gegeben werden.

3. Die Konstruktion der Spektralapparate.

Die Zerlegung oder Dispersion des Lichtes nach den Wellenlängen bzw. den Spektralfarben kann mit Hilfe von zwei Dispersionsmitteln erreicht werden: den Prismen und den Beugungsgittern, und man unterscheidet demnach Prismen- und Gitterspektroskope, von denen zunächst die ersteren beschrieben werden sollen.

Die Prismen. Der Durchgang des Lichtes durch ein einfaches Prisma ist in Abschnitt I ausführlich dargelegt worden. Der violette Strahl wird (Abb. 5) stärker abgelenkt als der rote. Die Differenz der Richtung beider Strahlen ist der Dispersionswinkel, dessen Größe, vorausgesetzt, daß das Licht im Minimum der Ablenkung durch das Prisma geht, allein vom Brechungskoeffizienten n des Glases und vom brechenden Winkel P des Prismas abhängt. Die stärkste Dispersion, etwa dreimal soviel wie das gewöhnliche Kronglas ($n = 1.5$) gibt das schwere Flintglas ($n = 1.6$ bis 1.8), das stark bleihaltig und daher spezifisch sehr schwer ist. Die schwersten Gläser dieser Art sind jedoch so stark gelb gefärbt, daß violettes und blaues Licht gar nicht mehr hindurchgeht, wodurch eine obere Grenze für die Dispersion gesetzt ist. Den brechenden Winkel kann man aber auch nicht beliebig vergrößern, da dann die Strahlen immer schräger ein- und austreten, bis schließlich gar kein Licht mehr in das Prisma fällt.

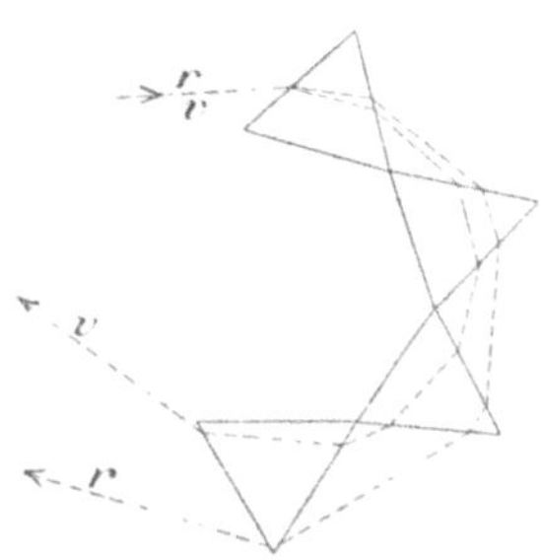

Abb. 29. Lichtzerstreuung in mehreren Prismen.

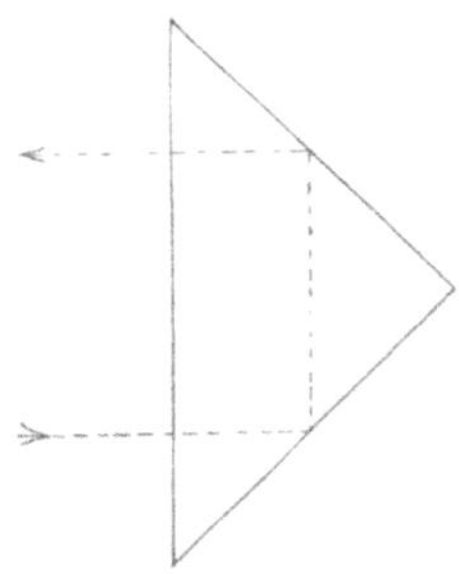

Abb. 30. Verwendung der totalen Reflexion zur Lichtumkehr.

Die Praxis hat gelehrt, daß man bei schweren Flintgläsern den brechenden Winkel P kaum größer als 60^0 nehmen darf. Die Ablenkung für die gelben Strahlen beträgt dann etwa 50^0 bis 60^0 und die Dispersion zwischen Rot und Violett rund 3^0. Will man stärkere Dispersionen erzielen, so kann man dies durch die Verwendung mehrerer derartiger Prismen oder durch die Kombination von Prismen verschiedener Glassorten erreichen.

Im ersten Falle bringt man die Prismen so an, daß das Licht durch alle hindurchgehen muß. Jedes Prisma liefert dann annähernd immer wieder dieselbe Dispersion zu der bereits vorhandenen hinzu, so daß z. B. vier Prismen eine viermal so starke Dispersion geben wie ein Prisma. Die obenstehende Abb. 29 erläutert den Gang des Lichtes durch ein solches System.

Eine Grenze für die Vermehrung der Prismen ist hierbei durch den Umstand gegeben, daß sich diese schließlich zum Kreise zusammenschließen. Aber auch dann kann man die Dispersion noch auf das Doppelte vermehren, indem man das Licht noch einmal durch die Prismen zurückschickt. Auf der letzten Fläche des letzten Prismas ist in diesem Falle ein totalreflektierendes Prisma angekittet (Abb. 30); das Licht wird hierdurch gezwungen, durch die obere Hälfte der Prismen den ganzen Weg noch einmal zurückzulegen. Spektroskope mit so vielen Prismen werden jetzt aber kaum noch konstruiert; wie wir weiter unten sehen werden, erreicht man die stärksten Dispersionen auf weit einfachere und zweckmäßigere Weise mit Hilfe der Beugungsgitter.

Eine Vermehrung der Dispersion kommt durch die Kombination von Prismen verschiedener Glassorten dadurch zustande, daß man in diesem Falle dem eigentlich wirksamen Prisma aus schwerem Flintglase einen sehr großen brechenden Winkel erteilen kann, ohne daß dabei der vorhin erwähnte Übelstand eintritt. Man gibt dem Flintglasprisma einen brechenden Winkel von 90^0 und mehr, kittet aber auf seine zwei Flächen Prismen aus sehr schwach brechendem und zerstreuendem Kronglase auf, und zwar in umgekehrter Lage, so daß die brechenden Kanten der letzteren an der Basis des Flintglasprismas liegen. In Abb. 31 ist der Gang zweier Strahlen durch ein solches Prisma — Compound- oder RUTHERFORDsches Prisma genannt — angegeben. Die Neigung der Lichtstrahlen gegen die äußeren Kronglasflächen ist nicht stärker als bei dem einfachen Prisma, die Ablenkung durch das zusammengesetzte Prisma also auch nicht größer, wohl aber ist die Dispersion wegen des starken brechenden Winkels des Flintglasprismas viel stärker als beim einfachen Prisma, obwohl die entgegengesetzt aufgekitteten Kronglasprismen einen Teil der Dispersion aufheben.

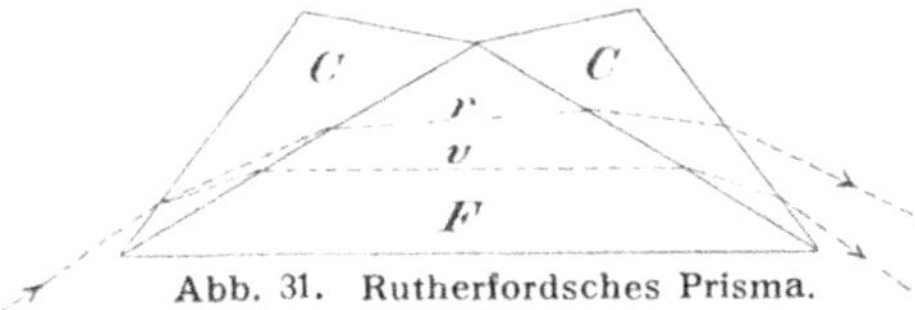

Abb. 31. Rutherfordsches Prisma.

Es ist nur ein Schritt weiter, die brechenden Winkel sowohl des Flintglasprismas als auch der Kronglasprismen noch größer zu nehmen und so zu berechnen, daß schließlich der Lichtstrahl einer bestimmten Farbe, z. B. Grün, durch das zusammengesetzte Prisma gar nicht mehr abgelenkt wird, sondern in derselben Richtung austritt, wie er angekommen ist. Man nennt alsdann diese Systeme geradsichtige Prismen (Abb. 32). Der Gang des mittleren grünen Lichtstrahles ist in der Figur angegeben, ein violetter Lichtstrahl würde in der Figur nach unten, ein roter nach oben abgelenkt sein. Betrachtet man das Prisma als Ganzes, so ist für die blauen Strahlen die Dispersion scheinbar umgekehrt wie beim einfachen Prisma, aber nur scheinbar, da ja das Flintglasprisma mit dem ungemein großen brechenden Winkel das maßgebende ist.

Abb. 32. Geradsichtiges Prismensystem.

Statt des dreiteiligen geradsichtigen Prismas hat man auch vielfach fünfteilige verwendet, die zwei Flintglasprismen enthalten und naturgemäß eine stärkere Dispersion geben als die dreiteiligen.

Zur Herstellung eines reinen Spektrums muß die Lichtquelle punkt- oder linienförmig sein. Ein solches Strahlenbündel, das von einem einzigen Punkte oder von einem dünnen Spalt ausgeht, nennt man ein homozentrisches. Geht ein homozentrisches Lichtbündel durch Prismen hindurch, so ist es im allgemeinen dann nicht mehr homozentrisch, sondern astigmatisch geworden, d. h. die nachherige Vereinigung der Strahlen durch Linsen findet für solche Strahlen, die in einer zur brechenden Kante des Prismas parallelen Ebene eintreten, in anderer Entfernung statt, als für diejenigen Strahlen, die in der dazu senkrechten Ebene eintreten. Man erhält also nirgends von einem Punkte wieder einen Punkt, und alle Bilder von ausgedehnten Objekten werden unscharf.

Glücklicherweise gibt es aber Spezialfälle, in denen auch nach dem Durchgange durch Prismen ein homozentrisches Bündel homozentrisch bleibt. Das ist einmal der Fall, wenn die Strahlen, die auf das Prisma fallen, unter sich parallel sind, oder wenn der Winkel, den die Strahlen miteinander bilden, sehr klein ist. Aber auch für ein Bündel von etwas größerem Öffnungswinkel bleibt Homozentrizität einigermaßen bestehen, wenn das Prisma die Eigenschaft hat, den Strahl nicht merklich abzulenken; diesen Vorteil bieten näherungsweise die geradsichtigen Prismensysteme. Man muß also die Spektralapparate so konstruieren, daß man entweder paralleles oder nahe paralleles Licht verwendet, oder man muß sich geradsichtiger Prismen bedienen.

Abb. 33. Linienkrümmung in einem Prismenspektrum.

Wir wollen nun annehmen, daß der Spalt Licht aussendet, in dem eine rote, grüne und violette Wellenlänge fehlt. Nach erfolgter Dispersion müßte man dann ein Spektrum erhalten, mit je einer geradlinigen Unterbrechung in Rot, Grün und Violett. Nun fällt aber nur der Lichtstrahl, der die Mitte des Spaltes verläßt, senkrecht zur brechenden Kante des Prismas ein, nicht aber z. B. ein solcher, der von dem einen Ende des Spaltes ausgeht; derselbe tritt schräg ein, hat im Prisma einen längeren Weg zurückzulegen und erfährt deshalb eine stärkere Ablenkung, d. h. an den Kanten des Spektralbandes ist das Licht stärker abgelenkt als in der Mitte; die Spektrallinien sind also nicht mehr gerade, sondern gekrümmt und zwar nach Violett hin konkav; da die Ablenkungsvermehrung für die violetten Strahlen stärker ist als für die roten, so sind die Linien im violetten Teile des Spektrums stärker gekrümmt als im roten. Ein prismatisches Spektrum zeigt daher die Linienkrümmung, wie sie Abb. 33 übertrieben andeutet. Bei der photographischen Abbildung von Spektren kann man die Breite derselben meist so gering wählen, daß auch bei starken Ablenkungen die Wirkung der Krümmung gering wird.

Einfache Spektralapparate. Die Konstruktion der einfachsten Spektralapparate bietet nach den vorhergegangenen Bemerkungen nunmehr dem Verständnis keine besonderen Schwierigkeiten. Die einfachste Form besteht nur aus Prisma und Spalt, wobei letzterer eventuell auch noch fehlen kann, sofern nämlich die zu untersuchende Lichtquelle selbst Linienform hat. Man stelle den Spalt oder die ihn ersetzende Lichtlinie — GEISSLERsche Röhre, Reflex des Lichtes an einem Glasrohr usw. — in die deutliche Sehweite und betrachte diese durch ein Prisma, so erscheint der Spalt in das Spektrum ausgezogen. Man kann nach diesem Prinzip schon mit den allereinfachsten Mitteln Spektra beobachten, z. B. das Sonnenspektrum, indem man durch ein Prisma hindurch den Widerschein des Sonnenlichtes auf einem Glasstabe betrachtet.

Die Vorteile, welche die Beobachtung eines Gegenstandes durch eine Lupe gewährt, sind auch ohne weiteres beim Spektroskop zu erzielen. Man betrachtet dann den Spalt durch ein Okular mit dazwischen geschaltetem Prisma, wobei der Spalt, der Lupenvergrößerung entsprechend, dem Auge näher gerückt werden muß. Es ist dann aber aus bereits erwähnten Gründen nur noch ein geradsichtiges Prisma zu benutzen. In dieser einfachsten Form ist das Spektroskop von sehr kompendiösen Verhältnissen und findet als Taschenspektroskop vielfach Anwendung (Abb. 34).

Abb. 34. Taschenspektroskop.

Ebensogut, wie man den Spalt in der deutlichen Sehweite mit bloßem Auge oder innerhalb derselben mit der Lupe beobachten kann, läßt er sich auch in großerEntfernung (5 bis 8 m) durch ein Fernrohr betrachten (Abb. 35). Wegen der relativ großen Entfernung des Spaltes vom Fernrohrobjektiv ist der in diesem Falle durch das Verhältnis von Objektivdurchmesser zur Entfernung bedingte Öffnungswinkel klein, so daß also gewöhnliche Prismen Verwendung finden können. Der ideale Fall würde der sein, den Spalt in unendlich weite Entfernung zu setzen, so daß die Strahlen einander parallel würden. Das ist praktisch nicht ausführbar; derselbe Erfolg läßt sich aber in sehr einfacher Weise durch das Kollimationsprinzip (S. 25) erreichen. Man bringt zwischen Spalt und Prisma eine Linse in solcher Entfernung an, daß sich der Spalt in ihrem Brennpunkte befindet; wir wissen, daß alsdann die aus der Linse austretenden, von einem Punkte kommenden Strahlen untereinander parallel sind.

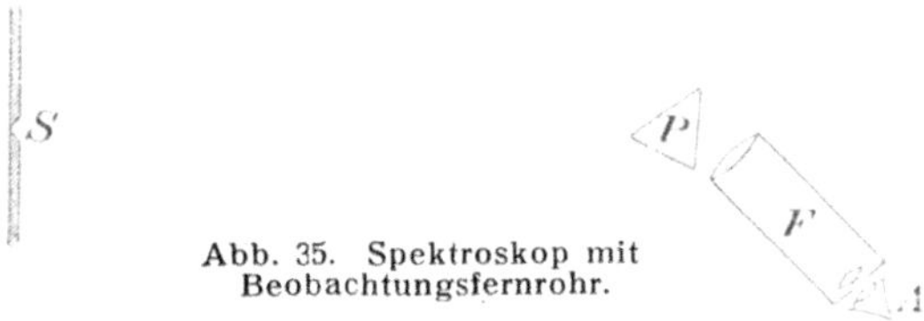

Abb. 35. Spektroskop mit Beobachtungsfernrohr.

Mit der Einführung des Kollimators erhalten wir die vollkommenste Form der Spektroskope, wie sie bei den meisten Konstruktionen auftritt und schematisch in Abb. 36 dargestellt ist.

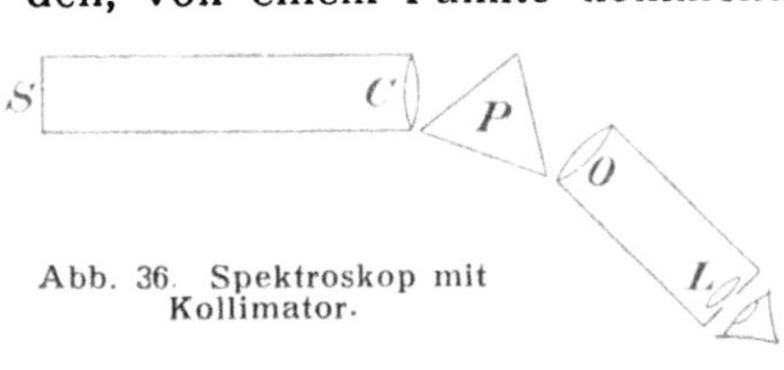

Abb. 36. Spektroskop mit Kollimator.

So einfach nun das Grundprinzip des Spektroskops ist, so schwierig und kompliziert gestaltet sich die praktische Ausführung eines solchen Instruments, das nicht bloß die Spektra scharf und klar darstellen, sondern auch die sorgfältigsten Messungen gestatten soll.

Es kommt zu diesem Zwecke in erster Linie auf eine möglichst gute Ausführung der optischen Teile des Spektroskops, insbesondere der Prismen an. Die Herstellung eines guten Prismas ist aber viel schwieriger als die einer guten Linse, da es leichter ist, eine Kugelfläche zu schleifen als eine Ebene von gleich guter Ausführung. Sind aber die Flächen der Prismen nicht eben, sondern in einer Richtung gekrümmt, sind sie also wesentlich Zylinderflächen, so wird das homozentrische Lichtbündel nach dem Passieren des Prismas astigmatisch, was ja gerade vermieden werden soll. Sind gar die Flächen unregelmäßig gestaltet, so entstehen unscharfe Bilder. Prismen mit guten Flächen geben aber trotzdem nur dann gute Bilder, wenn die Glasmasse vollkommen homogen ist, was besonders bei großen Prismen schwierig zu erreichen ist.

Da die Reinheit des Spektrums, die für die Trennung der verschiedenen Wellenlängen so überaus wichtig ist, von der Breite der Spaltöffnung abhängt, so muß die Ausführung des Spaltes eine so präzise sein, daß er bei größter Feinheit, etwa 0.01 mm Öffnung, seiner ganzen Länge nach eine gleichföımige Lichtlinie darstellt. Je enger aber der Spalt ist, um so weniger Licht tritt in das Spektroskop ein, und es bleibt daher bei der Untersuchung schwächerer Lichtquellen oft nichts anderes übrig, als eine verminderte Reinheit des Spektrums mit in Kauf zu nehmen und bei einem weiteren Spalte zu beobachten. Im allgemeinen muß daher bei jedem Spektroskop die Spaltweite innerhalb gewisser Grenzen mikrometrisch zu verändern sein. Es ist daher verständlich, daß ein wirklich gut ausgeführter Spektroskopspalt ein mechanisches Kunstwerk darstellt (Abb. 37). Den Spaltkanten gibt man dabei eine keilförmige Gestalt und stellt sie bei wertvollen Instrumenten aus möglichst hartem und gegen Luft oder Dämpfe möglichst widerstandsfähigem Material her. Am besten haben sich hierfür Legierungen aus Iridium und Platin bewährt.

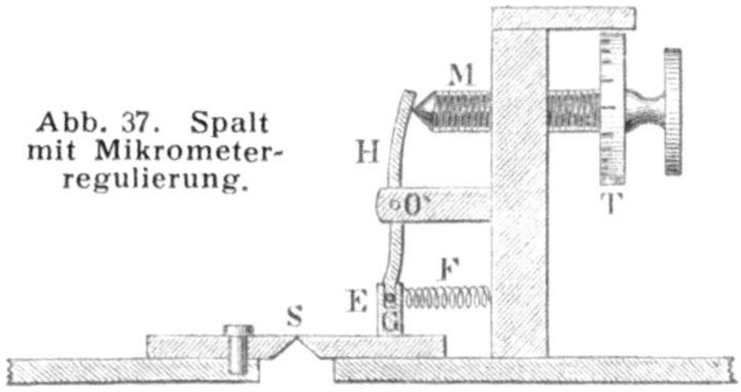

Abb. 37. Spalt mit Mikrometerregulierung.

Sind die Spaltkanten nicht vollkommen ausgeführt, sind z. B. kleine Zacken vorhanden, so werden bei enger Spaltstellung diese die gegenüberstehende Kante berühren; die Spaltunterbrechungen stellen sich dann als dunkle Längslinien im Spektrum dar. Die gleiche Wirkung üben natürlich auch Verunreinigungen des Spaltes durch Staub usw. aus, weshalb auch bei einfacheren Instrumenten der Spalt außer Gebrauch stets durch einen Deckel geschützt sein muß.

Der Spalt befindet sich in der Brennebene der Kollimatorlinse, es verwandelt sich also jeder der Lichtkegel, die von dem betrachteten Punkte des Spaltes ausgehen, nach dem Passieren der Kollimatorlinse in ein paralleles Strahlenbündel von der Öffnung der Kollimatorlinse. Durch das Prisma werden nunmehr die Strahlenbündel zerlegt, und zwar so, daß die Strahlen gleicher Wellenlänge unter sich parallel bleiben. Das Prisma wird also von parallelen homogenen Strahlenbündeln verlassen.

Das Beobachtungsfernrohr, mit dem man im zusammengesetzten Spektroskop das Spektrum betrachtet oder photographiert, folgt auf das Prisma. Dabei muß das Objektiv etwas größeren Durchmesser als das Prisma oder gar die Kollimatorlinse besitzen; es sei indessen gleich hier darauf hingewiesen, daß man im allgemeinen die Höhe des Spaltes im Verhältnis zum Durchmesser der Objektive so gering nimmt, daß auch bei gleich großer Öffnung der beiden Objektive der entstehende Lichtverlust nur verschwindend gering ist; jedenfalls aber darf das Objektiv des Beobachtungsfernrohrs nicht kleiner sein als das Kollimatorobjektiv.

Das in der Brennebene des Beobachtungsfernrohrs entstehende reelle Spektrum wird nun entweder direkt durch eine Lupe (Okular) betrachtet oder auf einer in der Brennebene befindlichen photographischen Platte aufgenommen. Im ersteren Falle haben wir es mit einem Spektroskop zu tun, im anderen mit einem Spektrographen.

Von großer Bedeutung ist die Helligkeit des Spektrums. Diese darf bei visuellen Beobachtungen nicht unter gewisse Grenzen heruntergehen, weil sonst die Einzelheiten nicht mehr erkennbar sind. Nun reflektiert eine gut polierte Glasoberfläche mindestens 5% bis 6% des senkrecht auffallenden Lichtes, je nachdem Kron- oder Flintglas in Frage tritt. Je schräger das Licht auf die Fläche fällt, um so stärker wird die Reflexion. Man wird daher nicht zu hoch greifen, wenn man annimmt, daß jede Glasfläche im Spektroskop 6% Lichtverlust durch Reflexion gibt. Nun haben wir aber in einem Spektroskop mit beispielsweise zwei Prismen: zwei Flächen von der verkitteten achromatischen Kollimatorlinse, vier Prismenflächen, zwei Objektivflächen, zwei Okularflächen, zusammen zehn Flächen, die durch Reflexion einen Lichtverlust von 46% ergeben, d. h. ungefähr die Hälfte des ganzen Lichtes geht durch Reflexion in diesem Spektroskop verloren!

Viel schwieriger ist es, den Lichtverlust durch Absorption festzustellen, da derselbe nicht nur für die einzelnen Farben, sondern auch für die verschiedenen Glassorten sehr verschieden ist und von der Dicke der Glasschicht abhängt. Bei der Benutzung weißer Flintglassorten ist der Absorptionsverlust im sichtbaren Teile des Spektrums nicht sehr bedeutend. Im schweren, gelblich gefärbten Flintglase ist dagegen bei Verwendung mehrerer Prismen Blau und Violett zuweilen völlig ausgelöscht. Im Ultraviolett und Ultrarot absorbieren alle Glassorten schon recht stark; für die Beobachtung oder Aufnahme dieser Spektralteile müssen die Prismen und Linsen aus Quarz, Kalkspat, Flußspat, bzw. Steinsalz, Sylvin usw. hergestellt werden, oder die Spektroskope müssen so konstruiert sein, daß nur Reflexionen an Metallflächen stattfinden, das Licht also keine optischen Medien zu passieren hat.

Ausmessung der Spektra. Die Endaufgabe jeder spektroskopischen Messung ist die Ermittelung der Wellenlänge besonders markierter Stellen der Spektra, speziell also von hellen oder dunklen Spektrallinien. Diese Aufgabe zerfällt in zwei Teile, deren erster der Ableitung absoluter Wellenlängen von Spektrallinien gilt, den wir aber aus praktischen Gründen erst in zweiter Linie besprechen werden. Der zweite, einfachere und leichtere Teil der Aufgabe beschäftigt sich mit der Ableitung der Wellenlänge unbekannter Linien im Anschlusse an Linien, deren Wellenlänge bereits bekannt ist. Es handelt sich hierbei also um relative Messungen, die einzige Art, welche mit Prismenspektroskopen ausgeführt werden kann.

Die verschiedenen Linien eines Spektrums unterscheiden sich, abgesehen von ihrer Farbe, durch die verschiedene Ablenkung, welche die betreffenden Strahlen von ihrer ursprünglichen Richtung, der Kollimationslinie, nach dem Durchgange durch das Prisma erfahren. Je nach der Stellung des Prismas zur Kollimationslinie sind diese Ablenkungen innerhalb gewisser Grenzen willkürlich; wir haben aber schon erfahren, daß eine dieser Ablenkungen sich vor den anderen auszeichnet, nämlich das Minimum der Ablenkung (S. 19). Dreht man in einem Spektroskop das Prisma um seine Achse, so verschiebt sich das Spektrum im Gesichtsfelde nach der Richtung der kleineren Ablenkung hin bis zu einem gewissen Punkte; bei weiterer Drehung bewegt sich das Spektrum nicht über diesen Punkt hinüber, sondern kehrt wieder um. Dieses Minimum der Ablenkung ist für jedes Prisma und für jede bestimmte Wellenlänge eine konstante Winkelgröße, die genau definierbar ist und in jedem größeren Spektroskop ermittelt werden kann.

Die Bestimmung der Wellenlängen unbekannter Linien durch relative Messungen unter Benutzung des Prinzips des Minimums der Ablenkung erfolgt in Spektroskopen, denen man speziell den Namen Spektrometer gegeben hat, deren Beschreibung jedoch eigentlich in das Gebiet der Physik gehört. Hier sei nur ein großes Spektrometer älterer Konstruktion mit 6 Prismen (Abb. 38) kurz erwähnt. Bei diesem Instrument ist von einer sehr sinnreichen automatischen Vorrichtung Gebrauch gemacht, bei der durch Drehung des Fernrohrs gleichzeitig die Einstellung der sämtlichen Prismen auf das Minimum der Ablenkung erfolgt. Dreht man das Beobachtungs-Fernrohr *B*, so wird hierdurch das letzte Prisma 6 mitgenommen; dieses zwingt seinerseits das vorletzte, an der Bewegung teilzunehmen und so fort bis zum ersten Prisma 1. Durch entsprechende Schlitzführungen ist dafür gesorgt, daß bei diesen Bewegungen die Basis der Prismen stets symmetrisch zum Drehungsmittelpunkt bleibt, das ist aber nichts anderes als die Bedingung für das Minimum der Ablenkung, bei dem ja das Licht die Prismen parallel zur Basis passiert. Die Bestimmung der Lage der Linien aus dem Minimum ihrer Ablenkung erfolgt an einem geteilten Kreise unter Zuhilfenahme von Nonien.

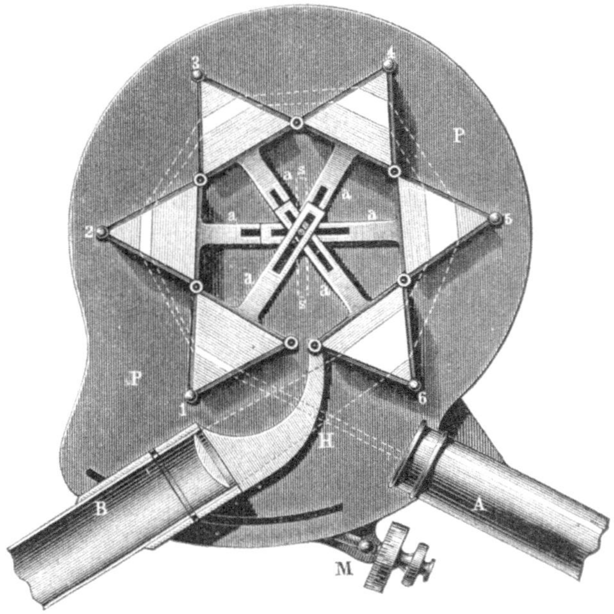

Abb. 38. Älteres Spektrometer nach Browning.

Prismenspektrometer der geschilderten und ähnlicher Art werden gegenwärtig bei Laboratoriumsversuchen kaum noch verwendet. Die neueren Anforderungen an die Genauigkeit der Ergebnisse haben dazu geführt, daß man überhaupt von Prismen fast ganz abgekommen und zu den bequemeren Reflexionsgittern (S. 55) in Verbindung mit der photographischen Platte übergegangen ist. Wohl das großartigste spektrographische Laboratorium der Gegenwart befindet sich in Pasadena (Kalifornien) als besondere Abteilung des benachbarten Mt. Wilsonobservatoriums.

In der Himmelskunde benutzt man zur relativen Wellenlängenbestimmung bei visuellen spektroskopischen Beobachtungen das Okularmikrometer, das genau dieselbe Einrichtung besitzt wie das astronomische Fadenmikrometer, mit dem Unterschiede, daß eine Drehung im Positionswinkel nicht erforderlich ist. Die Ablesungen an der Schraube vertreten hier die Ablenkungswinkel im Spektrometer. Sobald eine Anzahl von Linien bekannter Wellenlänge mitgemessen ist, können die Beziehungen zwischen Ablesung und Wellenlänge wie in Abb. 39 graphisch oder bei genaueren Messungen rechnerisch festgestellt werden. Im letzteren Falle geschieht dies mit Hilfe einer für jedes Prisma bzw. Spektroskop abzuleitenden Dispersionsformel. Es sind dies Interpolationsausdrücke, von denen eine von J. HARTMANN angegebene Form, die die in Abb. 39 dargestellte Kurve als Hyperbelzweig auffaßt, sich besonders eingebürgert hat. Bezeichnet man die Skalendifferenz d. h. den Abstand zweier Linien in einer willkürlichen Einheit mit $a - a_0$, mit λ_0 die Wellenlänge der Anschlußlinie, mit c eine Instrumentalkonstante, so ist genähert

$$\lambda = \lambda_0 + \frac{c}{a - a_0}.$$

Die Wellenlängen der Prismenspektra verlaufen also im Gegensatz zu den Gitterspektren (S. 56) nicht proportional zu den linearen Distanzen, sondern so, daß die roten Teile wesentlich mehr zusammengedrängt sind als die violetten.

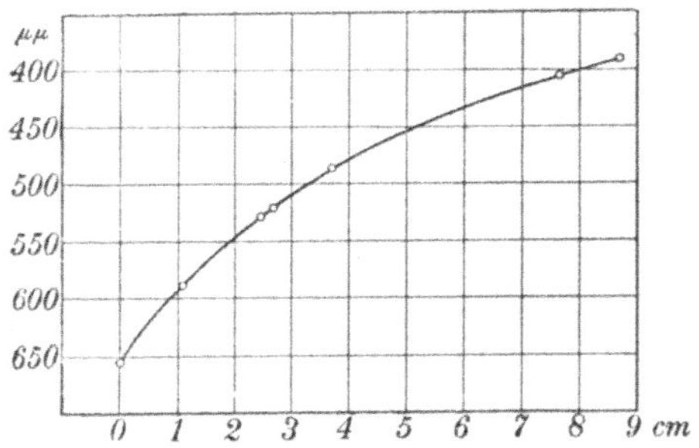

Abb. 39. Graphische Auswertung eines Prismenspektrums.

Eine Schwierigkeit, die bei visuellspektroskopischen Messungen an Gestirnen häufig auftritt, liegt in der Lichtschwäche des Spektrums. Die Spektra sind oft so schwach, daß das Fadenkreuz gar nicht zu sehen ist, und man hat deshalb versucht, andere Meßmarken einzuführen. Die besten Erfolge erzielt man mit zwei gegenüberstehenden Lichtlinien, die zwischen sich das Spektrum freilassen. Durch Abschwächen der Helligkeit dieser Linien und dadurch, daß man ihnen durch eine besondere Einrichtung jedesmal die Farbe des zu beobachtenden Spektralteiles gibt, kann man noch Messungen in Spektren ausführen, die ganz an der Sichtbarkeitsgrenze liegen.

Über die heute allgemein übliche Ausmessung photographischer Spektra, die viel genauer ausfällt als die direkten Beobachtungen, werden wenige Bemerkungen genügen. Bei der Auswertung sehr heller Spektra, insbesondere des Sonnenspektrums, bietet die photographische Aufnahme in bezug auf Genauigkeit der Messungen wohl keinen wesentlichen Vorteil. Ganz anders aber liegen die Verhältnisse bei schwachen Spektren. Bei der visuellen Beobachtung kann man über eine bestimmte Dispersion nicht hinausgehen, weil sonst die Lichtschwäche zu groß wird; für photographische Aufnahmen kann diese Grenze durch längere Expositionen viel weiter hinausgeschoben werden. Statt des reellen Bildes im Fokus des Beobachtungsfernrohrs wird dann das materielle photographische Bild unter dem Meßapparat ausgemessen. Letzterer ist ein gewöhnliches Mikroskop, das entweder mit einem Okularmikrometer versehen ist, oder ein solches, bei dem die auf einem Schlitten gelagerte Platte unter dem Mikroskop durch eine Mikrometerschraube in meßbarer Weise verschoben wird. In diesem Falle enthält das unverändert feststehende Mikroskop nur ein Fadenkreuz im Gesichtsfelde (Abb. 40). Daß jede für Spektralmessungen benutzte Schraube geprüft und auf fortschreitende und periodische Fehler besonders sorgfältig untersucht sein muß, ist selbstverständlich.

Es ist nun bei allen Arten von Messungen eine leicht begreifliche Tatsache, daß dieselben bis zu einer gewissen unteren Grenze um so genauer ausfallen, je kleiner die zu messenden Distanzen sind, was darauf beruht, daß alle Fehler, die durch Temperaturdifferenzen, Durchbiegungen der Meßapparate usw. entstehen, mit um so kleineren Beträgen in die Messung eingehen, je kleiner das zu messende Intervall ist. Es läßt sich das auch auf spektroskopische Messungen anwenden, indem man nicht, wie bisher angenommen, Linien in dem zu untersuchenden Spektrum selbst als bekannt voraussetzt und die unbekannten Linien an sie anschließt, sondern indem man unmittelbar neben dem zu untersuchenden Spektrum ein anderes Spektrum erzeugt, dessen Linien bekannt sind, und nur die Distanzen der unbekannten Linien von den bekannten des zweiten Spektrums mißt. Wählt man als letzteres ein besonders linienreiches, z. B. dasjenige des Eisens, so hat man stets in unmittelbarer Nachbarschaft der unbekannten Linien eine bekannte. Bei visuellen Beobachtungen erzeugt man das Vergleichspektrum gleichzeitig und dicht neben dem unbekannten Spektrum am einfachsten dadurch, daß man seitlich vom Spalt *S* die betreffende Vergleichslichtquelle anbringt, vor den oberen oder unteren Teil des Spaltes aber ein kleines totalreflektierendes Prisma *P* setzt, durch das das künstliche Licht ins Spektroskop eingeführt wird (Abb. 41). Bei photographischen Aufnahmen kann man das Vergleichspektrum zu Anfang, am Ende oder in der Mitte der Exposition neben dem anderen aufnehmen, wobei am zweckmäßigsten Schiebeblenden vor dem Spalt angebracht werden. In Abb. 42 ist die Stellung einer solchen Blende bei Aufnahme des Hauptspektrums (*a*) und der beiderseitigen Vergleichspektra (*b*) angedeutet.

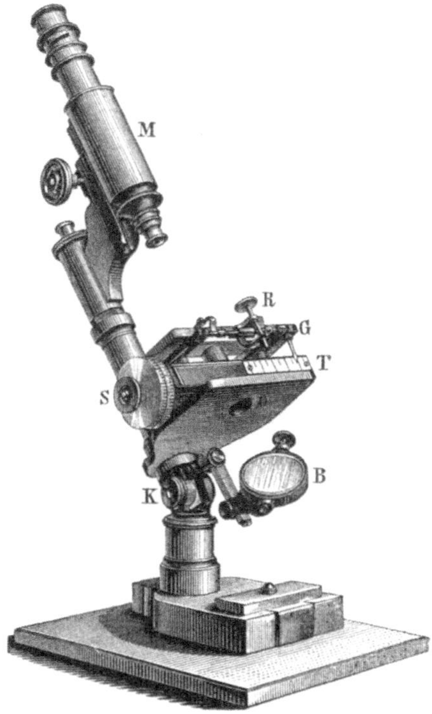

Abb. 40. Einfaches Meßmikroskop.

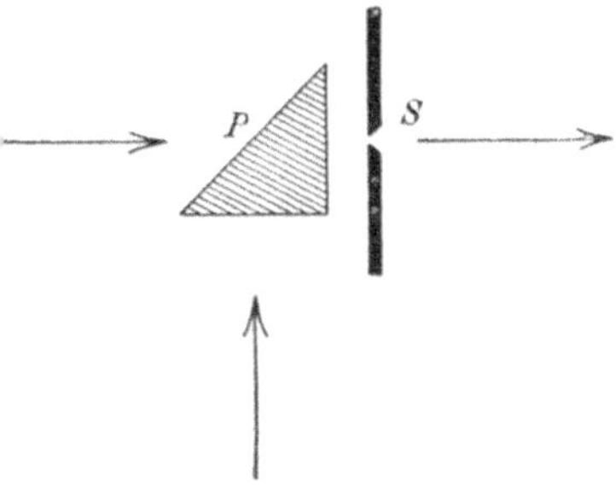

Abb. 41. Vorrichtung zur Aufnahme eines Vergleichspektrums.

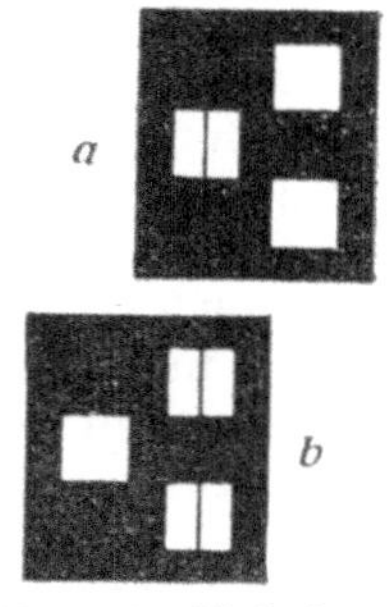

Abb. 42. Einfache Spaltblende zur Erzeugung von Vergleichspektren.

Zu sehr genauen Vergleichungen von Spektren gleicher oder auch verschiedener Dispersion, zur Messung von Linienverschiebungen usw. verwendet man den HARTMANNschen Spektrokomparator. Bei diesem Instrument werden die beiden zu vergleichenden Spektralaufnahmen durch ein sinnreich gebautes Mikroskop mit zwei Objektivstutzen im Gesichtsfelde gleichzeitig betrachtet (Abb. 43). Hier können sie ohne gegenseitige Störung mit Hilfe einer Mikrometerschraube randscharf über-, unter- oder ineinander geschoben werden, bis die identischen Linien koinzidieren.

Abb. 43.
Hartmannscher Spektrokomparator.

Beobachtung von Sternspektren. Wir haben bis jetzt die Konstruktion der Spektroskope und die zugehörigen Meßvorrichtungen in allgemeiner und schematischer Weise kennen gelernt. Es sind nunmehr die Abweichungen zu besprechen, die die Verwendung der Spektroskope am Himmel bedingt.

Abb. 44. Zylinderlinse.

Bei der Anwendung der Spektralanalyse auf die Gestirne können ganz verschiedene Spektroskopkonstruktionen zur Benutzung gelangen. Besitzt das Gestirn keine merkliche Ausdehnung (Fixsterne), so ist ein Spalt nicht notwendig, weil der Stern selbst als Punkt einen Teil des Spaltes darstellt. Bei ausgedehnten Gestirnen, wie Sonne, Mond, Kometen, den großen Planeten und den Nebelflecken, kann ein Spalt nicht entbehrt werden.

Bei punktförmigen Objekten wird das Spektrum dünn, linienartig, und es ist nur in einigen Ausnahmefällen möglich, Einzelheiten in einem derartigen Lichtfaden zu erkennen. Es muß daher das Spektrum künstlich verbreitert werden, und das geschieht durch die Zylinderlinse. Wie der Name besagt, ist die Zylinderlinse nicht sphärisch wie die gewöhnlichen Linsen, sondern zylindrisch, d. h. nur nach einer Richtung hin gekrümmt. Das Aussehen der gewöhnlichen Zylinderlinse ist aus Abb. 44 zu entnehmen.

Zum Verständnis der Zylinderlinse genügt die Bemerkung, daß diese als Bild eines fernen Punktes einen Strich parallel zur Zylinderachse, die sog. Hauptbrennlinie gibt. Wird sie als Lupe verwendet, so zieht sie in bestimmten Lagen einen Punkt in eine Linie, eine Linie in ein Band aus. Stellt man also die Zylinderlinse so, daß die Brennlinie senkrecht zur Richtung des Spektrums steht, so wird letzteres in ein Band ausgezogen, ohne daß in der Längsrichtung des Spektrums irgend etwas verändert wird. Die dunklen oder hellen Stellen, die in dem fadenförmigen Sternspektrum als Lücken oder helle Knoten erscheinen, werden dadurch in Linien ausgezogen. Durch das Verbreitern des Spektrums wird natürlich eine Verminderung der Lichtstärke bedingt, doch ist die Zylinderlinse bei allen punktförmigen Objekten ein notwendiges Übel. Über die Stelle, an welcher sie in dem Strahlengang einzuschalten ist, muß in jedem einzelnen Falle entschieden werden, meist wird sie jedoch unmittelbar vor dem Auge verwendet.

Von besonderem Einflusse bei allen spektroskopischen Beobachtungen ist die unvollkommene Achromasie oder das sog. sekundäre Spektrum der zweilinsigen Fernrohrobjektive. Die praktische Unmöglichkeit der Vereinigung aller Strahlen in einem Brennpunkt beruht darauf, daß die Spektra, die Flint- und Kronglas geben, auch bei gleicher Länge einem etwas verschiedenen Dispersionsgesetz folgen. Decken sich z. B. die Linien *C* und *H* der beiden Spektra, so weichen die zwischenliegenden Linien erheblich in der Lage ab (Abb. 45), werden einige mittlere, z. B. *D* und *F* zur Deckung gebracht, so treten bei den beiden Glassorten am Anfang und am Ende des Spektrums stärkere Abweichungen auf. Je größer die Dimensionen des Objektivs sind, um so größer ist im allgemeinen dieser störende Einfluß. Die fehlerhafte Achromasie von Okular und Auge wirkt in entsprechender Weise und addiert sich zu den Fehlern des Objektivs. Die Folge hiervon ist, daß nur gerade für diejenigen Strahlengattungen, für die das Objektiv

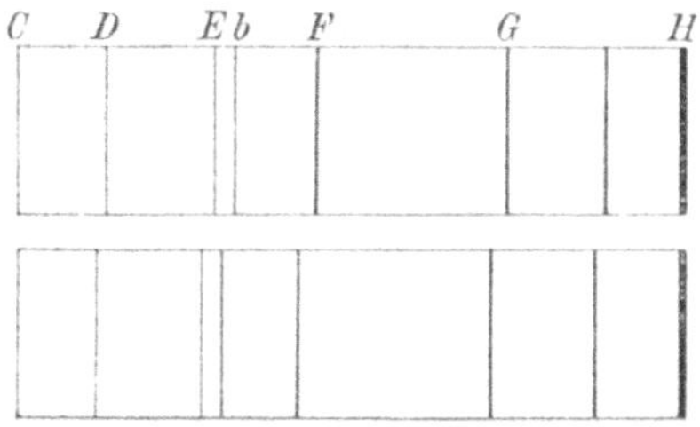

Abb. 45. Dispersion verschiedener Glassorten.

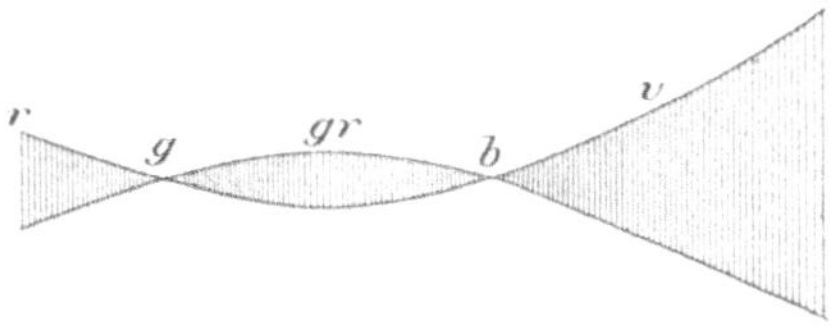

Abb. 46. Farbenkurve eines visuellen Objektivs.

gerade korrigiert ist, die Bedingung erfüllt wird, daß der Stern ein Punkt ist, und daß die Breitenausdehnung des Spektrums ohne Anwendung der Zylinderlinse ein Minimum sein muß; alle übrigen Teile des Spektrums aber werden mehr oder weniger breit erscheinen, etwa so, wie es Abb. 46 in übertriebener Form zeigt, bei der eine Strahlenvereinigung für Gelb und Grünblau (visuelles Objektiv) angenommen ist. Je nach der Lage des roten, grünen, violetten Brennpunktes muß also das Spektroskop für diese Farben besonders eingestellt werden, wenn man die Linie scharf erhalten will. Eine Vorstellung von der Größenordnung der vorkommenden Abweichungen sollen die nebenstehenden Zahlenwerte für ein Objektiv von 30 cm Öffnung und 5.4 m Brennweite geben; wie man sieht, sind schon bei einem so kleinen Objektiv die Brennpunktsdifferenzen recht groß.

Fraunhofersche Linien		Differenz der Brennpunkte	Durchm. der chrom. Kreise
B	λ 6870	+ 3.6 mm	0.24 mm
C (*H*α)	6563	+ 2.4 „	0.16 „
D	5896	0 „	0.00 „
E	5270	— 0.7 „	0.06 „
F (*H*β)	4861	0 „	0.00 „
*H*γ	4341	+ 8.2 „	0.52 „
*H*δ	4102	+ 16.3 „	0.94 „
*H*ε	3968	+ 22 „	1.40 „

Man unterscheidet drei Arten von Sternspektroskopen, von denen die beiden ersten spaltlos sind. Bei der ersten Form befindet sich das Prisma vor dem Objektiv des Refraktors (Objektivprisma). Bei der zweiten ist das Prisma am Okular angebracht (Okularspektroskop), bei der letzten endlich kommt der Spalt mit Kollimator zur Verwendung (zusammengesetztes Sternspektroskop, Spektrograph).

Das Objektivprisma stellt die älteste Form der Sternspektroskope dar. Gleichzeitig ist das Objektivprisma auch die einfachste Form des Spektroskops, da es genau einem Spektralapparat entspricht, bei dem sich der Spalt (hier der Stern) in so weiter Entfernung befindet, daß die von ihm ausgehenden Strahlen als parallel angenommen werden können. Die vom Stern kommenden Strahlen werden zuerst durch das Prisma gebrochen und dann durch das Fernrohrobjektiv vereinigt. In der beistehenden Abb. 47 ist der Gang der roten und der violetten Strahlen dargestellt. Dazwischen liegen die anderen Vereinigungspunkte kontinuierlich nebeneinander. Infolge der nicht vollkommenen Achromasie des Objektivs entsteht kein fadenförmiges Spektrum, sondern ein solches, wie es etwa Abb. 46 angibt. Die Objektivprismen werden im allgemeinen nur bei größeren Refraktoren benutzt. Bei der großen Brennweite derselben entsteht selbst bei geringer Dispersion ein Spektrum von großer Helligkeit und beträchtlicher linearer Ausdehnung. Es genügt dabei oft, den Prismen einen verhältnismäßig geringen brechenden Winkel, z. B. 12° zu geben. Für besondere Aufgaben, wie sie z. B. bei Sonnenfinsternissen vorkommen, werden jedoch auch Objektivprismen mit größeren Winkeln verwendet (Abb. 48).

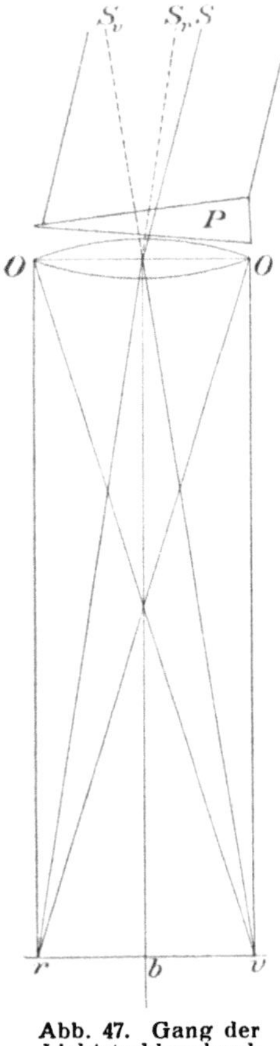

Abb. 47. Gang der Lichtstrahlen durch ein Objektivprisma.

Abb. 48. Montierung eines Objektivprismas.

Will man die Lichtstärke eines Fernrohrs bei Verwendung eines Objektivprismas vollständig ausnutzen, so muß letzteres die volle Öffnung des Objektivs besitzen, und dieser Umstand ist eine der Hauptursachen, weshalb die Objektivprismen verhältnismäßig wenig zur Anwendung kommen. Die Verwendung des Objektivprismas ist ferner mit einer Unbequemlichkeit verknüpft, die durch den Umstand verursacht ist, daß die Ablenkung des Lichts vor dem Objektiv stattfindet, daß also das Fernrohr die Richtung der gebrochenen Strahlen hat und nicht auf das eingestellte Objekt zeigt. Zur Verringerung dieser Unbequemlichkeit ist es am vorteilhaftesten, die Kante parallel zur täglichen Bewegung zu stellen, so daß die Ablenkung nur im Sinne der Deklination wirkt. Man bringt dann diese Ablenkung gleich bei der Einstellung am Deklinationskreise an.

Das Objektivprisma kann am Himmel ebensogut visuell wie photographisch benutzt werden. Die Benutzung von Objektivprismen bei visuellen Beobachtungen hat fast gänzlich aufgehört, dagegen bietet sie bei Anwendung der Photographie für die spezielle Aufgabe einer spektroskopischen Durchmusterung des Himmels außerordentliche Vorzüge vor allen anderen Konstruktionen. Da es sich bei einer solchen Aufgabe nur um die Feststellung der Spektraltypen handelt, so kann die Dispersion recht klein genommen werden, womit eine sehr große Lichtstärke erreicht wird. Das große Gesichtsfeld gewährt hierbei den sehr wichtigen Vorteil, gleichzeitig sehr viele, unter Umständen Hunderte von Sternspektren auf einer Platte aufzunehmen, deren Identifizierung nachher keine Schwierigkeit bietet, da sie die vollständige Konstellation der betreffenden Himmelsgegend wiedergeben. Es wird hierdurch ein außerordentlicher Gewinn an Zeit erzielt.

Die Okularspektroskope sind in ihrer Anwendung jedenfalls die bequemsten Sternspektroskope, die man konstruiert hat. Sie besitzen große Lichtstärke und geben auch bei schwächeren Dispersionen recht scharfe Spektra, nur sind sie für feinere Messungen nicht geeignet. Aus dem Grunde gibt man ihnen selten große Dispersion und benutzt sie vorwiegend nur, um den allgemeinen Charakter der Spektra zu erkennen. Man verwendet für sie ausschließlich Prismensysteme mit gerader Durchsicht, schon aus dem uns bereits bekannten Grunde, daß bei dem vom Objektiv des Fernrohrs kommenden stark konvergenten Strahlenbündel diese Prismen keinen merklichen Astigmatismus geben, also eventuell auch ohne Okular verwendbar sind.

Bei dem Okularspektroskop ist die übliche Reihenfolge der optischen Teile die folgende: Objektiv des Refraktors, Okular, Prismensystem, Zylinderlinse. Man kann dabei das Prismensystem nebst Zylinderlinse, in eine Hülse gefaßt, einfach auf das Okular aufsetzen und wieder abnehmen. Die Dimensionen dieser Teile können sehr klein genommen werden, da die Breite des aus dem Okular austretenden Lichtbündels eine geringe ist, nämlich niemals größer als die Pupillenöffnung des menschlichen Auges bei schwachen Lichteindrücken, also höchstens etwa 8 Millimeter.

Die Leichtigkeit, die Hülse mit Prisma und Zylinderlinse sofort abnehmen oder aufsetzen zu können, gewährt den außerordentlichen Vorteil, zu untersuchende schwächere Sterne ohne weiteres in die Mitte des Gesichtsfeldes bringen und sie dann nach Aufsetzen der Hülse spektroskopisch beobachten zu können, wodurch Schwierigkeiten in der Identifizierung der Sterne oder Verwechslungen ausgeschlossen werden. Die Orientierung innerhalb der Sternspektra erfolgt bei Okularspektroskopen am einfachsten durch eine Millimeter- oder Wellenlängenskala, die seitwärts in fester Lage angebracht und an der vorderen Prismenfläche ins Gesichtsfeld total reflektiert wird. Beim Objektivprisma, bei dem die Spektra neben- und z. T. übereinanderliegen, haben E. Pickering, Schwarzschild u. a. versucht, durch Vorschalten von lichtdurchlässigen aber einzelne Spektralgebiete scharf absorbierenden Filtern, z. B. Neodymglas, das sehr charakteristische und dabei nicht zu zahlreiche Absorptionslinien liefert, die erforderlichen Anschlußpunkte zu schaffen.

Die visuelle Beobachtung der Sternspektra ist durchaus kein leichtes Arbeitsgebiet, besonders an Abenden mit starkem Funkeln der Sterne, das ja mit einem ständigen Farbenwechsel verknüpft ist. Dieser Farbenwechsel besteht in einem je nach dem Luftzustande und je nach der Höhe des Sterns über dem Horizonte verschieden schnell aufeinanderfolgenden Aufblitzen des Sterns in den Spektralfarben, wobei zuweilen das Licht zwischen zwei Farben völlig erlischt. Hierdurch erscheinen die verschiedenen Farben des Spektrums hintereinander in rasch wechselnder Helligkeit, was im Spektroskop als eine ständige Wellenbewegung oder flatternde Unruhe des Spektrums erscheint; die Bewegung belästigt das Auge im höchsten Grade und macht bei einigermaßen starkem Auftreten das Beobachten der Sternspektra ganz unmöglich. Die direkte Spektralbeobachtung der Sterne ist infolgedessen weit mehr von der Güte des Luftzustandes abhängig als andere astronomische Beobachtungen, und es gelingt selbst einem sonst tüchtigen Beobachter selten, gleich das erste Mal Einzelheiten in einem Sternspektrum zu erkennen.

Spektrographische Aufnahmen. Sternspektographen werden diejenigen Sternspektroskope genannt, bei denen statt des Okulars eine Kassette angebracht ist, in der Weise, daß die photographische Platte sich in der Brennebene des Beobachtungsfernrohrs befindet. Das reelle Bild des Spektrums bildet sich also auf der Platte ab. Die Verwendung der photographischen Methode bietet gegenüber der direkten visuellen eine wesentliche Ergänzung, sowie verschiedene Vorzüge. Die Ergänzung liegt darin begründet, daß vor allem die linienreichen blauen bis ultravioletten Teile des Spektrums zur Wiedergabe gelangen, die der visuellen Methode bei schwächeren Objekten gänzlich verschlossen sind, während die roten bis grünen Teile durch Anwendung farbenempfindlicher Platten ebenfalls photographisch erreichbar werden. Die Vorzüge der photographischen Methode beruhen in der größeren Lichtstärke, der Anwendung langer Expositionszeiten, der größeren Messungsgenauigkeit und des weniger schädlichen Einflusses der Luftunruhe.

Die größere Lichtstärke ergibt sich aus dem Umstande, daß die Verbreiterung der photographischen Spektra durch die Zylinderlinse unnötig wird. Das photographische Spektrum kann beliebig schmal sein, unter dem Meßmikroskope sind die Linien als Knoten bzw. Lücken mit voller Deutlichkeit erkennbar. Will man trotzdem aus diesem oder jenem Grunde verbreiterte Spektra aufnehmen, so empfiehlt es sich, dies einfach dadurch zu erzielen, daß man das Bild des Sterns nicht genau auf die Mitte des Spaltes hält, sondern es auf diesem eine gewisse Strecke laufen läßt. Auch kann man mit Hilfe eines ähnlichen Verfahrens von dem Negativ eines fadenförmigen Spektrums nachher verbreiterte Kopien herstellen.

Der Lichtgewinn bei photographischen Aufnahmen der Spektra ist so groß, daß man ihn in vielen Fällen nicht auszunutzen braucht, sondern einen größeren Teil desselben zugunsten einer höheren Genauigkeit der Messungen opfern kann. Man kann bei dem gleichen Objekt also größere Dispersion oder geringere Spaltweite behufs Erzielung schärferer Details anwenden als bei direkter Beobachtung. Dazu kommt die schon ohnehin größere Messungsgenauigkeit, welche die in ruhiger und bequemer Lage am Tage auszuführende Messung unter dem Meßmikroskop gewährt und der wesentlich verminderte Einfluß der Luftunruhe, insbesondere der Szintillation der Sterne. Für die photographische Aufnahme kommen die letzten Mängel nur noch insofern in Betracht, als sie die mittlere Helligkeit des Spektrums vermindern, ein Übelstand, der durch Vermehrung der Expositionszeit gehoben werden kann. Allerdings kommen auch so schlechte Luftzustände vor, daß sogar die photographische Aufnahme schließlich zur Unmöglichkeit wird.

In betreff weiterer Einzelheiten bei der photographischen Aufnahme und bei der Verwertung derselben muß hier auf das Kapitel über Himmelsphotographie hingewiesen werden.

Eine besondere Schwierigkeit bei den photographischen Aufnahmen der Spektra ist durch die Notwendigkeit verursacht, daß das Bild des zu untersuchenden Gestirns während längerer Zeit genau auf dem Spalt des Spektrographen gehalten werden muß. Es gibt hierzu verschiedene Methoden, für die die parallaktische Aufstellung des Fernrohrs und seine Fortführung durch ein gut regulierbares Uhrwerk natürlich eine Vorbedingung bildet. Zunächst ist es unerläßlich, den Spalt parallel zur täglichen Bewegung zu stellen, da alsdann kleinere Schwankungen im Uhrwerk unschädlich sind, und die Änderungen, die durch fehlerhaften Gang des Uhrwerks eintreten, nur von Zeit zu Zeit berücksichtigt zu werden brauchen. Infolge der mit der Höhe veränderlichen Refraktion und etwaiger Ungenauigkeit der Aufstellung des Refraktors wird man dann nur im Sinne der Deklination das Instrument zu verstellen haben.

Bei photographischen Aufnahmen mit Hilfe eines modernen Doppelrefraktors bringt man den Stern genau auf den Spalt und stellt gleichzeitig im Haltefernrohr mit Hilfe des Kreuzschlittens das Fadenkreuz genau auf den Stern ein; während der Exposition wird der Stern im Leitfernrohr wie bei einer gewöhnlichen Himmelsaufnahme genau im Fadenkreuz gehalten, und man hat dann die Garantie, daß er in der Zwischenzeit auch ständig auf den Spalt gerichtet gewesen ist. Bei einfachen Fernrohren ohne Leitrohr läßt sich dieses derart umgehen, daß man entweder die Spaltbacken blank poliert, sie schräg anschleift und das seitlich reflektierte Bild bezüglich seiner Lage zum Spalt durch ein kleines Fernrohr kontrolliert. Eine andere Methode beruht darauf, daß man das von der vorderen Prismenfläche reflektierte und für das Spektrum selbst ohnehin verlorene Licht in ein kleines Fernrohr fallen läßt. Befindet sich das Sternbildchen im Spalt, so sieht man den Stern scharf in demselben und kann nunmehr die Abweichungen des Instruments mit Hife der Feinbewegungen in der üblichen Weise korrigieren. Wegen der geringen Lichtstärke des reflektierten Sterns (etwa 5% der ursprünglichen) läßt sich diese Methode nur bei hellen Objekten anwenden, ist dann aber sehr bequem und zuverlässig.

Die beste Ausführung der optischen Teile eines Spektrographen bleibt in der Praxis illusorisch, wenn derselbe nicht vollständig stabil ist, d. h. wenn während der oft stundenlangen Expositionszeiten Veränderungen im Apparate (Biegungen) auftreten, die eine allmähliche Verschiebung in der Lage des Spektrums auf der Platte bewirken. Hierdurch werden die Linien verbreitert und verwaschen, es leidet also die Reinheit und Trennungsfähigkeit des Spektrums; es können aber auch Verschiebungen des Sternspektrums gegen das meist nur während kurzer Momente exponierte Vergleichsspektrum auftreten, die systematische Veränderungen der abgeleiteten Wellenlängen im Gefolge haben. Bei den modernen Spektrographen sind die Anforderungen an Stabilität in dieser Beziehung sehr hoch, denn es wird verlangt, daß die schädlichen Verschiebungen das Tausendstel des Millimeters keinesfalls übersteigen dürfen.

Neben den rein mechanischen Veränderungen spielen die durch Temperaturwechsel bedingten Verziehungen der einzelnen Spektrographenteile und Änderungen der Brechungskoeffizienten der Prismen dabei eine wichtige Rolle. Um Durchbiegungen zu vermeiden, müssen die Spektrographen sehr fest und starr gebaut werden. Die thermische Stabilität läßt sich nur durch Einhaltung gleicher Temperatur erreichen, wobei künstliche Abkühlung oder künstliche Heizung in Frage kommen kann. Bei den in den letzten Jahren gebauten Spektrographen verwendet man elektrische Heizkästen nach Art der für biologische Untersuchungen benutzten automatisch regulierten Apparate. Dünne Drähte werden durch einen elektrischen Strom auf eine bestimmte Temperatur gebracht; steigt dieselbe, so wird durch ein vom Strom durchflossenes Thermometer die Zuleitung abgestellt, sinkt die Temperatur, so wird sie automatisch wieder eingeschaltet, so daß ein ständiges, ganz geringes Pendeln um die vorher festgesetzte Temperatur stattfindet.

Die astronomischen Spektralapparate. Es dürfte nach dieser allgemeinen Orientierung über die Konstruktion der verschiedenen Typen der Spektralapparate, über ihre Verwendung am Fernrohr sowie über die Schwierigkeiten bei der Beobachtung und bei der Verwertung der direkten und der photographischen Messungen eine kurze Darstellung einzelner Apparate in Wort und Bild am Platze sein.

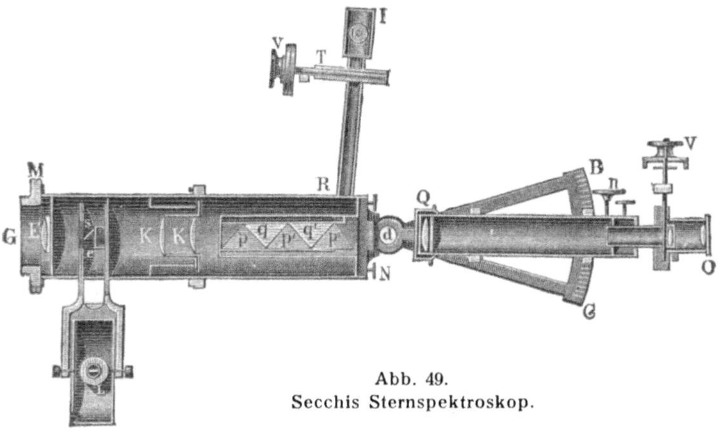

Abb. 49.
Secchis Sternspektroskop.

Von älteren, jetzt nicht mehr gebräuchlichen Sternspektroskopen soll als lehrreiches Beispiel ein Sternspektroskop von Secchi beschrieben werden (Abb. 49).

Bei *G* wird das Spektroskop am Okularende des Refraktors mit dem Gewinde *M* angeschraubt. *E* ist die Zylinderlinse, und bei *e* befindet sich der Spalt. Dicht hinter demselben ist ein kleines, unter 45° geneigtes Spiegelchen angebracht, dessen eine Hälfte unbelegt ist und daher das Licht des Sterns durchläßt, während die andere belegt ist und alles Licht reflektiert, welches seitlich von *L* her auf dieselbe fällt. Bei *L* kann irgendeine Lichtquelle angebracht werden, deren Strahlung gleichzeitig mit demjenigen des Sterns im Spektroskop, untersucht werden soll. Es folgt dann die Kollimatorlinse *KK* und der geradsichtige Prismensatz $pq\ p'q'\ p''$.

Das Beobachtungsfernrohr *QO* ist zum Zwecke von Messungen um die Achse *d* drehbar. Die feine Einstellung geschieht durch die Schraube *n*, und die Stellung des Beobachtungsfernrohrs wird auf dem Kreisstücke *BC* abgelesen. Zur Erzeugung einer freien beweglichen Meßmarke im Spektrum dient der seitliche Kollimator *RJ*. Ein enger Spalt in dem durch die Mikrometerschraube *V* bewegbaren Schieber *T* wird durch die Lampe *J* beleuchtet. Die von dem Spalte ausgehenden Lichtstrahlen werden durch eine Linse bei *R* parallel gemacht und sodann von der hinteren Fläche des Prismensatzes in das Beobachtungsfernrohr reflektiert. Diese Vorrichtung kann bei festgestelltem Fernrohr auch als Okularmikrometer zur Messung innerhalb beschränkter Teile des Spektrums dienen.

Wohl die letzten direkten Beobachtungen von Sternspektren sind in größerem Maßstabe in den 90er Jahren des vergangenen Jahrhunderts ausgeführt worden. Heute würde man im Bedarfsfalle das ganze Instrument merklich kleiner und gedrungener bauen, wie das z. B. beim sog. Spektralokular von ABBE geschehen ist. Prinzipiell hat sich freilich an den Instrumenten in den letzten 50 Jahren kaum etwas geändert.

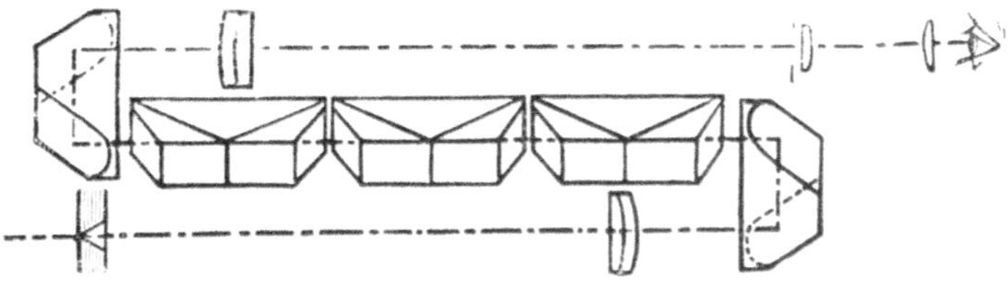
Abb. 50. Gang der Lichtstrahlen in einem Protuberanzspektroskop.

Zu den visuellen Spektralapparaten gehören auch die Protuberanzspektroskope. Diese unterscheiden sich von anderen Spektroskopen weniger in ihrer Konstruktion, da schließlich jedes stark zerstreuende zusammengesetzte Spektroskop verwendet werden kann, als in der Anwendung, die in der Lage der Protuberanzen am Sonnenrande beruht. Um den letzteren bequem absuchen zu können, ist es zweckmäßig, das Spektroskop so einzurichten, daß nach Einstellung der Sonne im Fernrohr der Spalt durch einfache Drehung des Prismenkörpers am Sonnenrande entlang geführt werden kann. In Abb. 50 ist der Gang der Lichtstrahlen in einem ZEISSschen kleinen Pro-

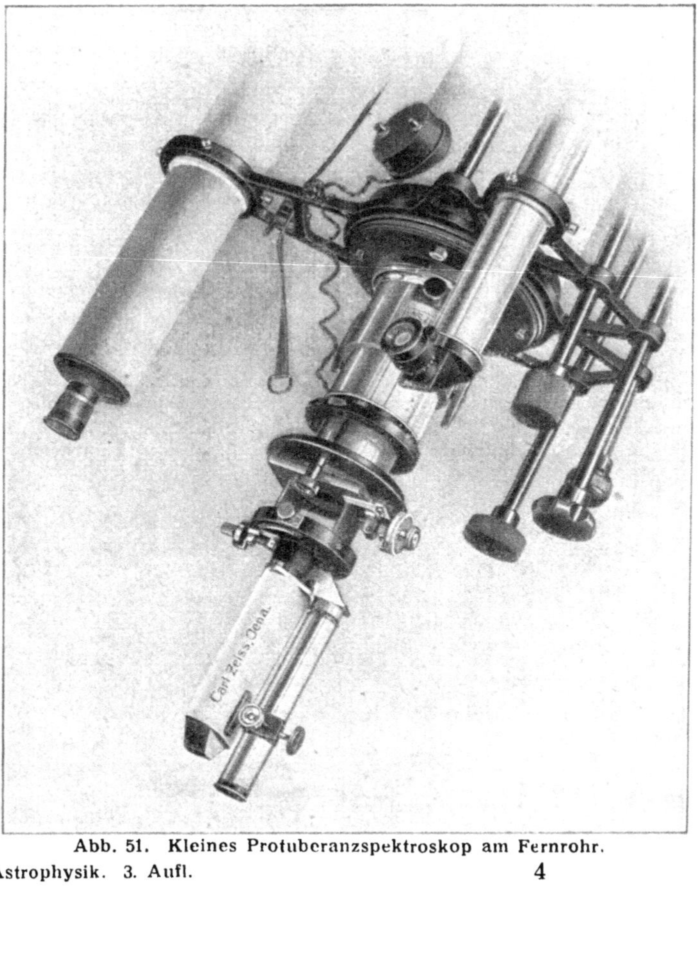

Abb. 51. Kleines Protuberanzspektroskop am Fernrohr.

tuberanzspektroskop dargestellt. Durch die beiden Umkehrprismen hat hier das Instrument eine kurze handliche Form erhalten. Es ist um die Achse des Prismenkörpers drehbar, wobei eine Mikrometerschraube die Einstellung des Spaltes auf jeden beliebigen Sonnendurchmesser gestattet (Abb. 51).

Die einfachsten Protuberanzspektroskope erhält man bei Verwendung von Gittern oder Gitterkopien auf Glas (S. 55). Die durch die Kollimator-

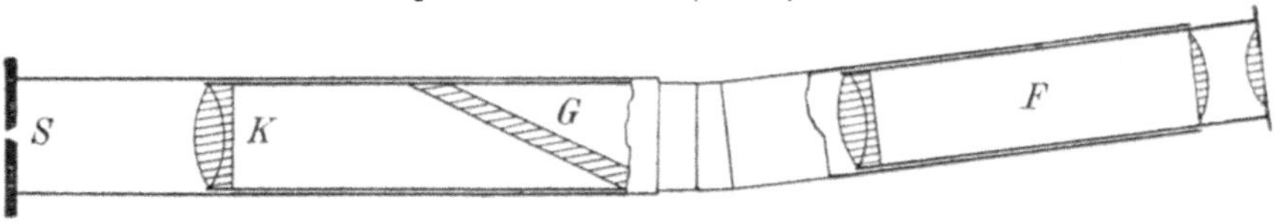

Abb. 52. Querschnitt durch ein kleines Gitterspektroskop für Protuberanzbeobachtungen.

linse *K* parallel gemachten Lichtstrahlen fallen auf das Gitter *G* und erzeugen im Fernrohr *F* das Spektrum II. Ordnung. Die schräge Lage des Gitters bewirkt, daß bei Einstellung auf die rote Wasserstofflinie ein nahe geradsichtiges Instrument erhalten wird (Abb. 52).

Als Beispiel eines photographischen Instruments mag eine Erläuterung der Abb. 53 dienen, die einen älteren Sternspektographen des Potsdamer

Abb. 53. Älterer Sternspektrograph des Potsdamer Observatoriums.

Observatoriums darstellt. Der ganze Okularkopf des Refraktors ist abgenommen, seine Stelle nimmt ein starkes Gestell aus drei eisernen Stangen ein, an dessen einem Ende der Spektrograph durch Schrauben verstellbar angebracht ist. Das Kollimatorrohr befindet sich der Stabilität halber in einem konischen Gestell aus T-förmigen stählernen Trägern. Es ist in demselben durch einen Trieb beweglich angebracht, und seine Stellung ist an einer Skala meßbar. Auf das Kollimatorrohr folgt der fest konstruierte Behälter für die beiden stark zerstreuenden RUTHERFORDschen Prismen. An denselben schließt sich die konische Kamera an, deren Ende der Stabilität halber durch Träger mit dem oberen Ende des Kollimatorkörpers verbunden ist. Durch diese Bauart ist ein starres System hergestellt, das keine merklichen Durchbiegungen in sich zeigt.

In den Strahlenkegel des Refraktorobjektivs ist in etwa 40 cm Entfernung vom Spalte eine Wasserstoffröhre eingeschaltet. Das Sternspektrum erscheint daher durchzogen von den Wasserstofflinien, die als Anhalt zur Messung benutzt werden. Zum Halten des Sterns dient das kleine, rechts im Bilde sichtbare Fernrohr, wobei also das von der vorderen Prismenfläche reflektierte Sternlicht benutzt wird.

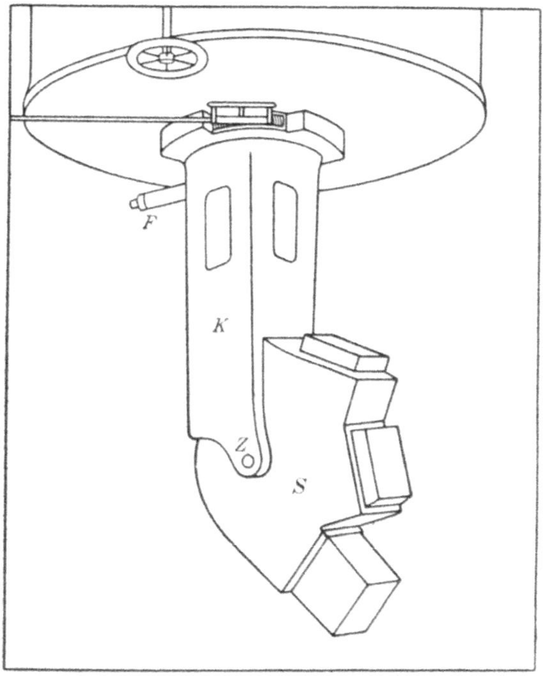

Abb. 54. Dreifacher Spektrograph des Victoriaobservatoriums im Heizkasten.

Konstruktionen, wie sie Abb. 53 wiedergibt, werden wegen ihrer sperrigen Form heute nur noch bei kleinen Spektrographen mit einem Prisma verwendet. Bei Spektrographen mit mehreren Prismen gibt man den Strahlen nach Möglichkeit eine Ablenkung von 180°, so daß Kollimator und Kamera parallel verlaufen, und bringt den ganzen Apparat bei völligem Abschluß aller optischen Teile nach außen hin in einem Heizkasten unter.

Wohl die vollkommenste Montierung eines Spektrographen ist am 180 cm-Spiegel des Victoriaobservatoriums (Br.-Columbia) verwendet. Spalt und Kollimatorteile sind hier fest am Okularende des CASSEGRAINreflektors angebracht und von einem soliden Metallbehälter *K* eingeschlossen. Die Spektrographen *S* von drei verschiedenen Dispersionen (1, 2 und 3 Prismen) sind in einem Stück gearbeitet, von einem elektrischen Heizkasten umgeben und so um einen Zapfen *Z* drehbar, daß die drei Instrumente je nach Bedarf rasch und sicher ausgewechselt werden können. Da der Zapfen *Z* durch den Schwerpunkt des Spektrographen geht, sind Durchbiegungen völlig ausgeschlossen. Die Nachführung erfolgt mit Hülfe des seitlichen Fernrohrs *F*.

Zuweilen wird ein Fernrohr bzw. ein Spiegel lediglich dazu benutzt, um das Licht eines Himmelskörpers in einen Raum zu reflektieren, in dem der Spektrograph eine feste, von keinen mechanischen oder thermischen Faktoren beeinflußte Aufstellung finden kann. Die letzte Einrichtung zeigt z. B. der 152 cm-Ritcheyspiegel des Mt. Wilsonobservatoriums (Abb. 55). Bei gewöhnlichen Spektralaufnahmen werden die Lichtstrahlen, die den Hauptspiegel konvergierend verlassen, durch einen kleinen hyperbolischen Fangspiegel *B* in der Tubusöffnung und durch einen Planspiegel *D* nach dem seitlichen Kollimatorrohr geleitet, passieren dann die drei Prismen *C*, um nach einer Ab-

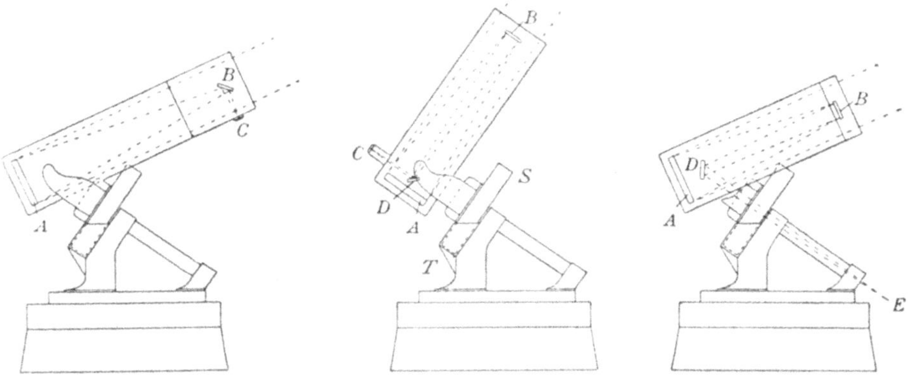

Abb. 55. Anwendungsformen des 152 cm-Reflektors des Mt. Wilsonobservatoriums.

lenkung von 180° auf der Platte ein Spektrum zu entwerfen. Die Äquivalentbrennweite des Spiegelsystems beträgt in dieser Anordnung 24.4 m. Durch Verwendung eines drehbaren Konvexspiegels an Stelle des Spiegels *D* können die Lichtstrahlen auch durch die Achse in den Kellerraum geleitet und hier in einem fest aufgestellten Spektrographen untersucht werden, wobei eine Brennweite von 45.5 m erzielt wird. Diese Anordnung ist nach Aufstellung des 250 cm-Hookerspiegels auf dem gleichen Institut in den Dimensionen noch wesentlich übertroffen worden.

6. Die Bestimmung absoluter Wellenlängen.

Wir haben bisher die Konstruktionen der verschiedensten Spektralapparate kennen gelernt, vermittels deren die Wellenlängen unbekannter Linien im Spektrum unter Zuhilfenahme von Linien bereits bekannter Wellenlänge bestimmt werden können. Es muß also einmal für mindestens eine Spektrallinie der absolute Betrag der Wellenlänge, d. h. die Länge der Welle in einer gegebenen Längeneinheit, ermittelt werden. Die physikalischen Methoden, nach denen dies geschehen kann, beruhen auf der Beugung und der Interferenz der Lichtwellen, und es soll im folgenden versucht werden, diese Verfahren ohne Anwendung mathematischer Formeln wenigstens in ihren Grundgedanken klarzulegen. Vorher muß aber eine Entscheidung über die zu wählende Längeneinheit getroffen werden.

Die Beugungserscheinungen. Die Wellenlänge der sichtbaren Strahlen erstreckt sich, wie wir bereits wissen, von ungefähr 0.0008 mm bis 0.0004 mm. Wollte man hierbei also das Millimeter als Ausgang nehmen, so hätte man die Unbequemlichkeit, ständig viele Nullen ansetzen zu müssen. Die Physiker haben deshalb den tausendsten Teil des Millimeters, 0.001 mm, oder 1 Mikron, mit der Bezeichnungsweise 1 μ als Einheit gewählt. Danach beträgt die Wellenlänge im äußersten Rot z. B. 0 8 μ. Diese Bezeichnungsweise ist bequem, wenn die Angaben der Wellenlänge nicht sehr genau sind. Man ist aber in der Sicherheit der Wellenlängenbestimmungen heutzutage außerordentlich weit gekommen, so daß noch die siebente Dezimale des Mikrons angegeben werden müßte; z. B. würde die genaue Angabe einer Wellenlänge lauten: 0.732 168 9 μ, was wiederum unübersichtlich und unbequem ist. Da nun unsere gebräuchlichen Längeneinheiten immer um das Tausendfache abnehmen — Kilometer, Meter, Millimeter, Mikron — so lag es nahe, dieses Verhältnis auch weiter fortzusetzen und 0.001 Mikron oder 0.000 001 mm als neue Einheit zu wählen. Man bezeichnete diese neue Einheit als 1 $\mu\mu$, und sie ist besonders in Deutschland lange Zeit in Anwendung gewesen; man gab die Wellenlänge also in Millionteln eines Millimeters an, und die oben angeführte Wellenlänge wurde hiernach geschrieben als 732.1689 $\mu\mu$.

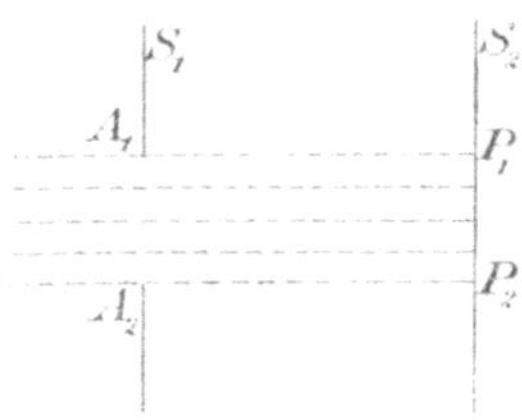

Abb. 56. Senkrechter Durchgang des Lichtes durch einen engen Spalt.

Leider ist unter dem Einflusse der amerikanischen und englischen Physiker und Astrophysiker diese naturgemäße Einteilung heute gänzlich in Wegfall gekommen; die an ihre Stelle gesetzte Einheit ist noch zehnmal kleiner, und zwar gleich dem zehnmillionten Teil des Millimeters. Sie wird als ANGSTRÖMeinheit (0.000 000 1 mm = 1 AE) bezeichnet. Die als Beispiel gewählte Wellenlänge ist also zu schreiben 7321.689. Bei Wellenlängenangaben in diesem Buche ist also, wenn nichts anderes ausdrücklich angegeben ist, stillschweigend die AE zugrunde gelegt und durch ein vorgesetztes λ als Angabe einer Wellenlänge charakterisiert.

Nach dieser Einleitung wollen wir uns den Erscheinungen der Lichtbeugung etwas näher zuwenden. Führt man in ein Lichtbüschel eine spaltförmige Öffnung ein, so findet an den Spaltkanten Beugung oder Diffraktion des Lichtes in die zu beiden Seiten gelegenen Schattenräume statt. Man hat sich, entsprechend den Erfahrungen an Wasserwellen, den Vorgang so vorzustellen, daß jeder Punkt des erleuchteten Spaltes ein neues Erregungszentrum für Lichtwellen wird, die von hier aus nach allen Richtungen ausgehen (HUYGHENSsches Prinzip). Es läßt sich nun zeigen, daß dadurch keine gleichförmige Beleuchtung nach den Seiten hin eintritt, sondern, soweit homogenes Licht in Frage kommt, ein periodischer Wechsel von Helligkeit und Dunkelheit.

Wir wollen zunächst annehmen (Abb. 56), ein Bündel paralleler monochromatischer Strahlen falle mit gleicher Phase senkrecht auf den Schirm S_1 mit der spaltförmigen Öffnung $A_1 A_2$ und treffe alsdann ungebeugt auf einen zweiten parallelen Schirm S_2 auf. Da die Strahlen und die Schirme parallel sind, wird S_2 in der gleichen Schwingungsphase getroffen. Aufhebung der Wellenbewegung durch Interferenz findet nicht statt, vielmehr addieren sich alle Strahlen und wir erhalten in $P_1 P_2$ ein helles Spaltbild.

Nun wollen wir ein gebeugtes Strahlenbündel betrachten, das von $A_1 A_2$ unter einem gewissen Winkel abgeht und in P_1 und P_2 einen hierzu senkrechten Schirm S_2 trifft (Abb. 57). Man sieht, daß der Weg von A_1 bis P_1 jetzt länger ist als der von A_2 nach P_2, und die Neigung sei nun so gewählt, daß dieser Wegunterschied $A_1 Q$ gerade eine ganze Wellenlänge λ beträgt. Dann ist es klar, daß der Randstrahl A_1 gegen den mittelsten (dritten in der Abb.) einen Phasenunterschied von $\frac{1}{2}\lambda$ hat; diese beiden Strahlen heben sich also in der Ebene $P_1 P_2$ auf. Der nächst benachbarte zweite Strahl hebt sich aber geradeso mit dem vierten auf; es gibt überhaupt für jeden Strahl der einen Hälfte einen Strahl der anderen Hälfte mit dem Phasenunterschied $\frac{1}{2}\lambda$. Die sämtlichen Strahlen vernichten sich also, d. h. es entsteht bei einer Strahlenvereinigung in $P_1 P_2$ Interferenz und vollständige Dunkelheit.

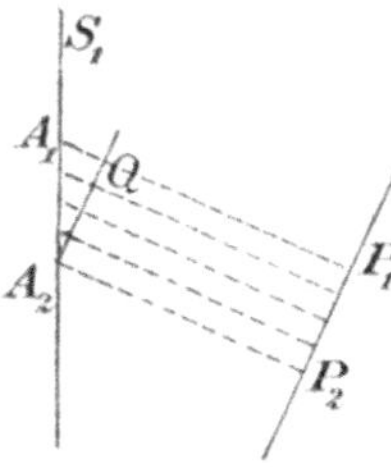

Abb. 57. Beleuchtung eines Schirmes durch ein gebeugtes Strahlenbündel.

Wählt man nun die Neigung stärker, so daß $A_1 Q$ einem Wegunterschiede von 2λ, 3λ usw. entspricht, so läßt sich leicht zeigen, daß in den Abständen, in denen der Wegunterschied zwischen den beiden Randstrahlen eine ganze Wellenlänge oder ein Vielfaches derselben beträgt, Dunkelheit herrscht. Zwischen diesen dunklen Stellen ist aber Licht vorhanden, wie die folgende Betrachtung ergibt.

Für die Neigung des Schirms S_2, für die $A_1 Q$ gerade $\frac{1}{2}\lambda$ beträgt, kommen die beiden Randstrahlen $A_1 P_1$ und $A_2 P_2$ in S_2 mit einer halben Wellenlänge Wegunterschied an, sie heben sich also vollkommen auf. Für die zwei benachbarten Strahlen ist der Unterschied nicht mehr genau eine halbe Wellenlänge, diese werden also nicht mehr vollständig getilgt; überhaupt heben sie sich immer weniger auf, je mehr sie in der Mitte liegen. Wir erhalten also in diesem Falle ein nach beiden Seiten abfallendes Intensitätsmaximum. Eine ähnliche Betrachtung zeigt, daß bei einem Abstand $A_1 Q = \frac{3}{2}\lambda$ von dem in drei Teile zerlegten Strahlenbündel sich zwei durch Interferenz aufheben, bei $A_1 Q = \frac{5}{2}\lambda$ vier usf. Man erhält so eine Reihe von Spaltbildern, die durch schmale dunkle Streifen getrennt sind. Dabei nimmt die Helligkeit der Spaltbilder mit dem Quadrat der ungeraden Zahlen ($\frac{1}{9}$, $\frac{1}{25}$, $\frac{1}{49}$ ...) ab.

In der Abbildung ist die Neigung der Strahlen nach unten gezeichnet; es ist klar, daß genau dieselben Betrachtungen auch für die nach oben gerichteten Neigungen gelten; die Lichtverteilung ist also nach beiden Seiten vom Spalte aus symmetrisch. Es läßt sich aus der Abbildung auch ohne weiteres eine andere Eigenschaft der Lichtbeugung oder Diffraktion erkennen. Man sieht, daß bei engerem Spalte, also bei kleinerem $A_1 A_2$, die Neigung der Strahlen eine größere sein muß, um dasselbe Maximum zu geben, als bei weiterem Spalte, da die Strecke $A_1 Q$ dieselbe bleiben muß. Je enger also der Spalt ist, um so weiter liegen die Maxima auseinander, um so deutlicher tritt die Diffraktionserscheinung hervor. Ist der Spalt im Verhältnis zur Wellenlänge sehr breit, z. B. 1 mm, so ist die Diffraktion nur unter Zuhilfenahme besonderer Vorrichtungen zu erkennen.

Es war bisher vorausgesetzt, daß homogenes Licht zur Verwendung gelangt; bei der Benutzung weißen Lichtes treten nun neue Erscheinungen auf, die gerade für unsere Zwecke die wichtigsten sind. Wenn $A_1 Q$ gleich einer Wellenlänge ist, so entsteht, wie wir wissen, in der aus dieser Bedingung resultierenden Richtung völlige Dunkelheit. Nun aber sind die Wellenlängen für die verschiedenen Farben verschieden, eine Neigung der Strahlen, die für die eine Wellenlänge Dunkelheit ergibt, tut dies nicht für eine andere. Dasselbe gilt natürlich auch für die Maxima, und so folgt, daß bei der Diffraktion des weißen Lichtes eine Farbenzerlegung stattfindet. Nun haben die roten Strahlen die größte Wellenlänge, für sie finden demnach die Maxima und Minima bei stärkeren Neigungen statt, als für die gelben, grünen Strahlen usw. Die Maxima der roten Strahlen liegen daher weiter vom mittleren Spaltbild fort als die der übrigen, die grünen Maxima werden daher nach außen durch einen roten, nach innen durch einen violetten Saum begrenzt. Das Licht ist demnach durch die Diffraktion zu Spektren zerlegt worden, d. h. die Diffraktion liefert uns ein Mittel zur Dispersion des Lichtes ohne Verwendung von Prismen. Es ist noch zu bemerken, daß für die senkrecht ausgehenden Strahlen, die das Spaltbild erzeugen, natürlich keine Dispersion eintreten kann, da hierbei ja keine Wegdifferenz in Frage kommt. Das mittlere Spaltbild bleibt also scharf und weiß.

Diffraktionsgitter und Interferometer. Wenn der Spalt nicht außerordentlich eng ist, so sind die Beugungsspektra sehr schmal und unrein, also praktisch nicht zu verwerten; gelingt es aber, ihn in genügender Feinheit herzustellen, so ist es möglich, auf diesem Wege Spektra von größter Reinheit und ganz gewaltiger Dispersion zu erzielen, wie dies mit Prismen gar nicht möglich ist. Dieses Mittel besteht in der Verwendung vieler feiner äquidistanter Spalte dicht nebeneinander, d. h. eines sogenannten Beugungsgitters. In diesem Falle interferieren die von einem Spalte kommenden Strahlen nicht nur untereinander, sondern auch mit denen der anderen Spalte. Die Verfolgung dieser Vorgänge ist zu kompliziert, als daß sie hier dargestellt werden könnte; der Effekt ist aber der, daß bei homogenem Lichte die Maxima schließlich zu ganz feinen intensiven Streifen werden, die scharf durch breite dunkle Bänder getrennt sind. Es ist nun verständlich, daß sich bei weißem Lichte die Maxima der verschiedenen Wellenlängen unmittelbar nebeneinander lagern. Die Aufeinanderfolge dieser Streifen der verschiedenen Wellenlängen ist aber nichts anderes als ein kontinuierliches Spektrum. Wie beim einzelnen Spalte liegen zu beiden Seiten durch Zwischenräume getrennte Spektra, deren Rot nach außen und deren Violett nach innen liegt. Da die Spektra mit größerem Abstande vom Spaltbild immer länger werden, so überdecken sie sich bald gegenseitig; gewöhnlich fällt schon das Rot des zweiten Spektrums mit dem Violett des dritten zusammen (Abb. 58).

Abb. 58. Anordnung der Gitterspektra.

Man bezeichnet die Spektra ihrer Reihenfolge nach, vom Spaltbilde aus gerechnet, als I., II., III., ... usw. Ordnung. Die Helligkeit der Spektra ist dabei annähernd umgekehrt proportional der dritten Potenz der Ordnungszahlen, nimmt also sehr stark ab, auch werden die Spektra höherer Ordnungen durch die erwähnte gegenseitige Überlagerung bald unbrauchbar.

Die Theorie der Beugung lehrt nun, daß die Ablenkung der Strahlen durch das Beugungsgitter in sehr einfacher Beziehung zu der Wellenlänge und zu der Distanz der Gitterstriche steht.

Bezeichnet man mit λ die Wellenlänge (in Zehnmillionteln des Millimeters), mit e die Distanz der einzelnen Spalte voneinander (in derselben Einheit) und mit n die Ordnungszahl des Spektrums, ferner mit δ die Ablenkung des betreffenden Strahles von der ursprünglichen, zum Gitter senkrechten Richtung, so ist die Wellenlänge gegeben durch:

$$\lambda = \frac{e}{n} \sin \delta .$$

Demnach ist λ proportional $\sin \delta$, m. a. W. proportional dem linearen Maßstab des Spektrums. Diese wichtige Abweichung gegen das Prismenspektrum ist in Abb. 59 veranschaulicht.

Mit Hilfe der eben abgeleiteten überaus einfachen Beziehung ist man in der Lage, die absoluten Wellenlängen aus e, n und δ zu ermitteln. Ist man hierbei bestrebt, die größte Genauigkeit zu erhalten, so wird praktisch die Aufgabe zu einer der schwierigsten der Physik. Von den entgegenstehenden Schwierigkeiten soll hier nur eine berührt werden, die ein allgemeineres Interesse beanspruchen kann, das ist die Herstellung der Beugungsgitter. Je feiner die Spalte sind und je enger sie zusammenstehen, um so größer ist die Dispersion und die Reinheit der Spektra, das Bestreben geht also dahin, möglichst enge Gitter herzustellen. Die Gitter müssen aber auch äußerst exakt ausgeführt werden, d. h. es ist erforderlich, daß der Abstand e der Gitterstriche auf der ganzen Ausdehnung des Gitters derselbe ist. Wäre dies nicht der Fall, so würden die verschiedenen Teile des Gitters verschiedene Dispersion liefern; es würden demnach Überdeckungen und Verwaschenheiten entstehen.

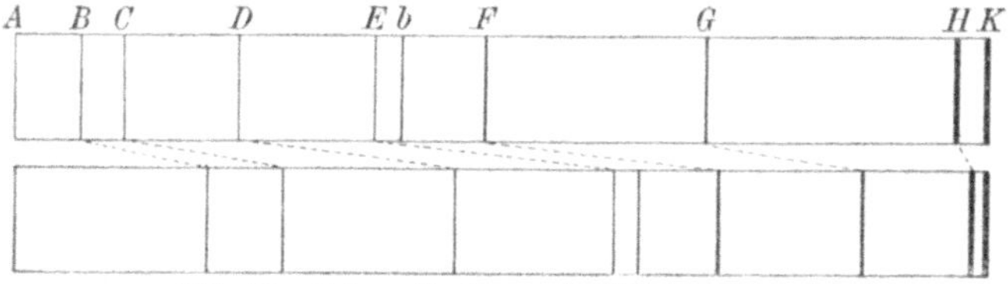

Abb. 59. Prismatisches und Gitterspektrum.

Die ersten Gitter wurden aus feinem Draht hergestellt. Dann ging man dazu über, sie durch Einreißen von engen Strichen auf einer ebenen Glasplatte herzustellen. Die durch den Diamant gezogenen Furchen lassen kein Licht durch, wenigstens nicht mit geregeltem Strahlengange, während die freien Glasstellen den Spalten entsprechen. Man hat es in der Herstellung dieser Glasgitter bald zu einer großen Fertigkeit gebracht, indem bis zu 4000 Linien auf das Zentimeter gezogen werden konnten, womit beträchtliche Dispersion zu erzielen war. Die mit solchen Glasgittern erhaltenen absoluten Wellenlängen besaßen daher schon einen sehr hohen Grad von Genauigkeit. Die Beugungsspektra, die durch Glasgitter erzeugt werden, sind jedoch ziemlich lichtschwach, so daß sie nur bei sehr hellen Lichtquellen benutzt werden können. Der Amerikaner RUTHERFORD hatte indessen schon gefunden, daß die Spektra sehr viel heller werden, wenn man statt der durchsichtigen Gitter reflektierende verwendet. Zuerst wurden dieselben durch Einritzen feiner Striche auf einer versilberten und polierten Glasplatte hergestellt.

Bisher in jeder Beziehung unübertroffen sind aber die ROWLANDschen Gitter, die mit einer besonderen Maschine auf poliertem Spiegelmetall gezogen werden. Dieselben enthalten bis zu 8000 Linien auf 1 cm und geben sehr lichtstarke Spektra bei gewaltiger Dispersion und vorzüglicher Schärfe der Spektrallinien. Sie haben infolgedessen bei allen Aufgaben, die nur mit starker Dispersion gelöst werden können, die Prismen vollständig verdrängt. Von der Größenordnung der Spalte dieser Gitter macht man sich eine ungefähre Vorstellung, wenn man bedenkt, daß ihre Breite nur etwa der Wellenlänge des gelben Lichtes entspricht.

Es ist nun besonders interessant, daß gerade eine bei diesen Reflexgittern zuerst in die Erscheinung getretene fehlerhafte Eigenschaft sich zu einem großen Vorzug entwickelt hat. Einzelne ROWLANDsche Gitter zeigten die Erscheinung, daß die Spektra auf der einen Seite des Spaltbildes viel heller waren als auf der anderen, ja daß das Spektrum einer höheren Ordnung zuweilen heller war, als das einer niedrigeren. Die theoretische Untersuchung hat gelehrt, daß diese Anomalien von der Form der Furchen, also von der Gestalt der Diamantspitze, abhängen. Durch Auswahl der Diamantspitzen ist es danach gelungen, Gitter herzustellen, die auf Wunsch in der dritten oder vierten Ordnung der einen Seite die größte Helligkeit geben, trotz großer Dispersion also sehr lichtstark sind.

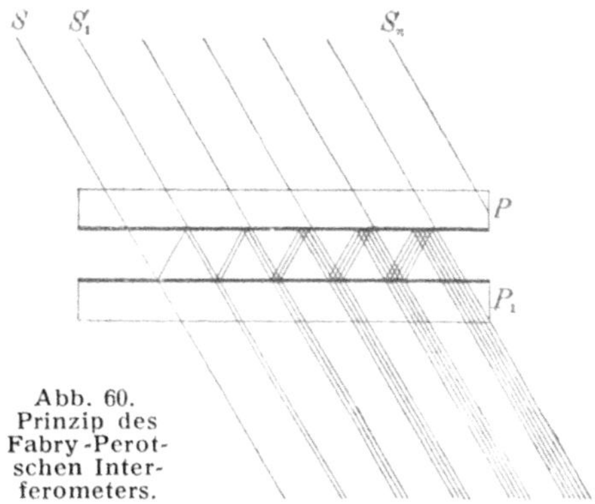

Abb. 60. Prinzip des Fabry-Perotschen Interferometers.

Ein weiterer wichtiger Fortschritt in der praktischen Spektralanalyse wurde dadurch erzielt, daß es gelang, die Gitter nicht bloß auf ebenen, sondern auch auf konkaven, schwach sphärisch gekrümmten Spiegeln herzustellen. Ein solches Gitter liefert reelle Spektralbilder ohne jegliche Zwischenschaltung von Linsen. Zur Konstruktion eines Gitterspektrographen genügt daher heute ein Spalt, das Konkavgitter und die photographische Platte. Es findet keinerlei Lichtverlust durch Absorption und Reflexion an weiteren abbildenden Glasflächen statt, und man kann daher die Spektra bis sehr weit ins Ultraviolett hinein aufnehmen. Mit den fokalen Eigenschaften dieser Konkavgitter ist übrigens ein starker Astigmatismus der Bilder verbunden, der in diesem Falle sehr günstig wirkt. Ist z. B. die Lichtquelle punktförmig, so ist das entstehende Spektrum nicht fadenförmig, sondern verbreitert. Bei ausgedehnten Lichtquellen verschwinden aus der gleichen Ursache die Staublinien vollständig, wodurch die Spektra ein schöneres Aussehen gewinnen. Als ein in jeder Beziehung gelungenes Meisterwerk muß das von ROWLAND selbst mittels eines Konkavgitters hergestellte photographische Sonnenspektrum bezeichnet werden, das bei einer Länge von 13 Metern etwa 20 000 Linien enthält.

Die Bestimmung der absoluten Wellenlängen kann auch durch Benutzung der Interferenz des Lichtes erfolgen. Lichtinterferenzen lassen sich auf verschiedenen Wegen erzeugen. Die beste dieser Methoden ist von FABRY und PEROT angegeben und benutzt worden. Zwei dünn versilberte, oder noch besser, vernickelte möglichst ebene Glasflächen werden in einem gewissen Abstande voneinander parallel zueinander justiert (Abb. 60), so daß zwischen ihnen eine dünne Luftschicht entsteht. Die Genauigkeit der Resultate hängt wesentlich von der Exaktheit der Parallelstellung der beiden Flächen ab, wofür besonders empfindliche Einrichtungen notwendig sind. Ein schräg zwischen die beiden Flächen einfallender monochromatischer Lichtstrahl S dringt teilweise durch die Versilberung in den Luftraum hinein und wird nun abwechselnd von den Flächen reflektiert. Dabei interferiert er mit den ursprünglichen Strahlen $S_2, S_3 \ldots S_n$, so daß in einem senkrecht zu der Luftplatte stehenden Beobachtungsfernrohr kreisförmige Interferenzringe entstehen (Abb. 89). Diese Interferenzringe besitzen je nach dem Flächenabstand und der Wellenlänge des Lichtes einen verschiedenen Durchmesser, so daß bei Verwendung zweier homogener Lichtstrahlen von verschiedener Wellenlänge und bei Änderung des Plattenabstandes periodische Koinzidenzen zwischen den Interferenzringen der beiden Ringsysteme im Fernrohr entstehen. Aus der Zählung der Ringe und ihrem Zusammentreffen, bzw. der Messung ihrer Durchmesser, läßt sich die Wellenlänge der benutzten Strahlen berechnen.

Andere in ihrer Wirkungsweise ähnliche Apparate sind von Michelson, Lummer und Gehrcke u. a. konstruiert worden. Die Genauigkeit, welche nach dieser Methode erhalten worden ist, übertrifft alle bisherigen beträchtlich, so daß die absolute Wellenlängenbestimmung durch Diffraktionsgitter vollständig aufgegeben worden ist. Daß die Interferometer sich daneben auch zur genauesten Untersuchung der Struktur von Spektrallinien u. a. besonders eignen, mag nur nebenbei erwähnt sein.

Der Begründer der Spektralanalyse, Kirchhoff, hatte die Spektrallinien, z. B. diejenigen, welche sich im Sonnenspektrum zeigen, noch in einer willkürlichen Skala angegeben, die allein zu dem speziellen Instrumente, welches er benutzte, Beziehung besaß. Erst Angström erkannte, daß die Wellenlänge der verschiedenen Linien ein Naturmaß sei, und er war der erste, der diese Wellenlängen in großem Umfange ermittelte und in die Praxis einführte. Nach ihm sind von zahlreichen Forschern die Wellenlängenmessungen mit immer besseren Hilfsmitteln und entsprechend genaueren Resultaten wiederholt worden, so daß man z. Zt. eine ganze Anzahl von verschiedenen Wellenlängensystemen zur Verfügung hat. Welche Genauigkeit hierbei erzielt worden ist, lehrt am besten die von Michelson, Benoît, Perot, Fabry u. a. durch direkte Vergleichung mit dem Normalmeter ermittelte Wellenlänge der roten Kadmiumlinie:

6438.475 AE,	Michelson
6438.469 „ ,	„
6438.472 „ ,	Benoît
6438.470 „ ,	Perot u. Fabry.

Die Wellenlänge 6438.47 der überaus homogenen Linie bildet den Fixpunkt des sog. Internationalen Wellenlängensystems, während das System der Preliminary Tables von Rowland noch auf dem von diesem angenommenen Wert der Wellenlänge für die Natriumlinie D_1

5896.20 AE

beruht. Die beiden Systeme sind nicht genau identisch und zwar sind im

Sinne wachsender λ-Werte die ROWLANDschen Wellenlängen je nach Lage und Stärke der Linien um 0.11 bis 0.21 AE gegenüber dem Internationalen System zu groß.

Der DOPPLEReffekt. Im Jahre 1842 veröffentlichte der österreichische Physiker DOPPLER eine Abhandlung über das farbige Licht der Doppelsterne, in der er zu beweisen suchte, daß die häufig recht deutliche Färbung der Doppelsterne durch die Bewegung dieser Himmelskörper verursacht sei, indem bei einer von uns weg gerichteten Bewegung die ursprünglich weiße Farbe in Rot übergehe, bei einer auf uns zu gerichteten aber in Blau.

Wir wollen bei der Betrachtung des DOPPLERschen Prinzips, das trotz der falschen Schlußfolgerung des Entdeckers in der Astrophysik eine ganz eminente Rolle spielt, zunächst wieder die Schallphänomene zu Hilfe zu nehmen, da sich dieselben sehr leicht beobachten lassen, sobald man erst einmal darauf aufmerksam gemacht ist.

Wenn man im Eisenbahnzuge einen Bahnhof durchfährt, während gerade das Läutewerk des Bahntelegraphen in Tätigkeit ist, bemerkt man im Moment des Vorbeifahrens, daß der Ton der Glocken in sehr mißklingender Weise plötzlich heruntergeht. Dieselbe Erfahrung kann man machen, wenn man neben der Bahn steht und eine Lokomotive pfeifend vorbeifährt; auch hierbei geht im Moment des Vorbeipassierens der Ton der Pfeife merklich herunter. Ja selbst beim Vorbeifahren eines in gutem Tempo befindlichen Radfahrers läßt sich das Herabgehen des Klingeltons deutlich erkennen. Die Erklärung dieser Erscheinung ist nicht schwierig.

Denken wir uns 300 m von einer Tonquelle entfernt, die in der Sekunde genau 400 Schwingungen geben soll. Der Ton braucht zur Zurücklegung dieser Strecke (Schallgeschwindigkeit) fast genau 1 Sekunde. Bewegen wir uns nun mit einer beträchtlichen Geschwindigkeit, z. B. 30 m in der Sekunde (Schnellzugsgeschwindigkeit) auf die Tonquelle zu, so kommen wir den ankommenden Tonwellen entgegen, sie bewegen sich also relativ zu uns schneller als zu ruhenden Körpern, und zwar in diesem Beispiele um $^1/_{10}$ der ursprünglichen Geschwindigkeit. Während der Bewegung treffen also $^1/_{10}$mal mehr Schwingungen unser Ohr als während der Ruhe, d. h. nicht 400, sondern 440 in der Sekunde, und in diesem Verhältnisse ist natürlich der Ton höher geworden. Hätten wir uns von der Tonquelle mit gleicher Geschwindigkeit entfernt, so wäre die Zahl der Schwingungen um $^1/_{10}$ vermindert worden, betrüge also nur noch 360, und in diesem Verhältnis wäre der Ton tiefer geworden.

Eine einfache Überlegung zeigt, daß es hierbei praktisch gleichgültig ist, ob wir uns selbst bewegen und die Tonquelle in Ruhe ist, oder ob umgekehrt sich die Tonquelle bewegt und wir selbst ruhen; es findet ganz allgemein eine Erhöhung des Tones statt, wenn die Entfernung zwischen Tonquelle und Beobachter kürzer wird, ein Heruntergehen, wenn die Entfernung wächst. Die Änderung des Tones hängt, wie gezeigt und durch Versuche erwiesen ist, allein ab von dem Verhältnis der Bewegungsgeschwindigkeit zur Schallgeschwindigkeit.

Bezeichnet man mit c die Schallgeschwindigkeit, mit v die Relativgeschwindigkeit von Ohr und Schallquelle, positiv gerechnet, wenn die gegenseitige Entfernung sich vergrößert, negativ, wenn sie sich verkleinert, mit ν die ursprüngliche Schwingungszahl, mit $\Delta\nu$ die Änderung der letzteren, so ist

$$\frac{v}{c} = -\frac{\Delta\nu}{\nu}.$$

Nach dieser Darlegung wollen wir das Dopplersche Prinzip hier in berichtigter Form wiedergeben.

Sendet eine monochromatische Lichtquelle Licht von einer bestimmten Wellenlänge aus, und entfernt sie sich mit einer gewissen Geschwindigkeit von uns, so wird die Anzahl der den Beobachter treffenden Schwingungen eine kleinere, die betreffende Spektrallinie verschiebt sich also nach Rot zu. Nähert sich dagegen die Lichtquelle, so findet das Umgekehrte statt, die Spektrallinie verschiebt sich nach dem Violett. Genau dasselbe tritt ein, wenn die Lichtquelle ruht, dagegen der Beobachter sich in Bewegung befindet.

Sendet nun die Lichtquelle weißes Licht aus, das aus allen Strahlengattungen zusammengesetzt ist, so liegt die Sache wesentlich anders. Wenn sich in diesem Falle die Lichtquelle nähert, so ändert sich zwar jede Strahlengattung für sich durch Übergang nach dem Violett hin; zerlegt man aber das Licht durch das Spektroskop in die einzelnen Farben, so hat sich im Anblick des Spektrums nichts geändert, da das Rot, welches zum Orange übergegangen ist, sich aus dem Ultrarot ergänzt und das überschüssige Violett in das unsichtbare Ultraviolett übergeht. Es ist tatsächlich also bis auf ganz geringe Intensitätsunterschiede im Spektrum gar keine Veränderung vor sich gegangen, auch durch etwaige Messungen ist nichts zu konstatieren, ebensowenig hat sich die Farbe der Lichtquelle geändert. Die ursprüngliche Dopplersche Schlußfolgerung auf die Farben der Doppelsterne ist also verfehlt, ganz abgesehen davon, daß, wie wir gleich sehen werden, ganz gewaltige Bewegungsgeschwindigkeiten vorhanden sein müßten, um selbst bei monochromatischem Lichte merkliche Farbenveränderungen zu bewirken. Das Verdienst, das Dopplersche Prinzip für die Wissenschaft, speziell für die Spektralanalyse nutzbar gemacht zu haben, gebührt dem französischen Physiker Fizeau, der zuerst darauf hinwies, daß, diesem Prinzip entsprechend, die sonst konstante Wellenlänge einer Spektrallinie bei der Bewegung geändert wird, und daß daher nicht die Gesamtfarbe, wohl aber die hellen oder dunklen Spektrallinien eine Verschiebung erfahren.

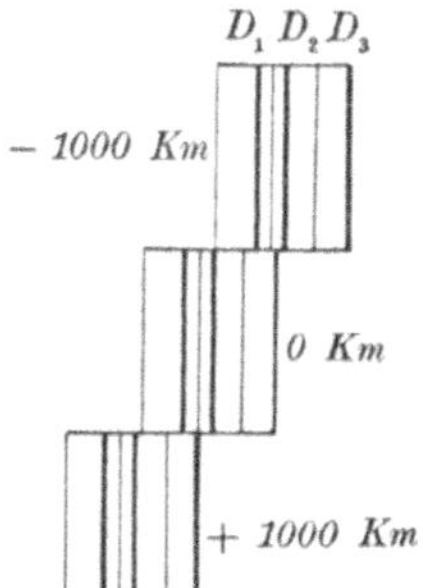

Abb. 61. Verschiebung der Linien für ± 1000 km Radialgeschwindigkeit.

Das Doppler-Fizeausche Prinzip läßt sich danach folgendermaßen ausdrücken: Findet zwischen einem Gestirn und dem Beobachter eine Annäherung statt, so werden seine sämtlichen Spektrallinien nach dem Violett hin verschoben; findet eine Vergrößerung der Entfernung statt, so erfolgt die Verschiebung nach dem Rot zu. Je größer die Geschwindigkeit ist, mit welcher die Entfernung sich ändert, um so stärker ist auch die resultierende Linienverschiebung im Spektrum. Das Gesetz, nach dem die Linienverschiebung vor sich geht, ist genau das gleiche wie in der Akustik. Ist c die Lichtgeschwindigkeit im leeren Raum, v die Relativgeschwindigkeit von Beobachter und Lichtquelle, ν die Schwingungszahl der untersuchten

Linie, $\Delta\nu$ die Änderung der Schwingungszahl, so ist

$$\frac{v}{c} = -\frac{\Delta\nu}{\nu},$$

oder wenn wir auf Grund der Beziehung (S. 10)

$$c = \nu\lambda$$

von den Schwingungen zu Wellenlängen übergehen:

$$\frac{v}{c} = \frac{\Delta\lambda}{\lambda}.$$

Die Berechnung der Geschwindigkeit aus der gemessenen Verschiebung ist danach sehr einfach. Hat man z. B. an der Linie *F*, deren Wellenlänge 4861 AE beträgt, eine Verschiebung von 1.0 AE gemessen, so ergibt sich die dieser Verschiebung entsprechende Geschwindigkeit der Distanzänderung aus dem Bruche

$$\frac{300000 \times 1.0}{4861} = 62\,\mathrm{km},$$

wobei die Lichtgeschwindigkeit im leeren Raum zu 300000 km in der Sekunde angenommen ist. Es ist hieraus zu ersehen, daß selbst bei ganz enormen Geschwindigkeiten die eintretenden Verschiebungen noch immer sehr gering sind, denn der oben angenommene recht große Betrag von 1.0 AE entspricht nur etwa einem Sechstel des Abstandes der beiden bekannten Natriumlinien D_1 und D_2. Die in Abb. 61 wiedergegebene sehr auffällige Verschiebung würde auf Radialbewegungen von $\pm$ 1000 km in der Sekunde hindeuten, wie sie bei Sternen niemals, dagegen bei Spiralnebeln hin und wieder vorkommen, ja z. T. sogar noch merklich überschritten werden.

Was die Beobachtung der Linienverschiebungen im Spektrum anbetrifft, so erfolgen die betr. Messungen heute fast ausschließlich auf photographischem Wege, und zwar durch Anschluß an ein Vergleichsspektrum mit zahlreichen gut bestimmten Linien. Am besten eignet sich hierzu das Eisenspektrum, das leicht zu erzeugen ist, und dessen scharfe Linien ihrer Wellenlänge nach bereits sehr genau vorliegen.

Der experimentelle Nachweis des Dopplerprinzips konnte bei Schallwellen bereits um 1875 erbracht werden, während bei Lichtwellen lange Zeit hindurch alle Laboratoriumsversuche versagten. Erst um 1901 ist es Belopolski in Pulkowo geglückt, den Beweis dadurch zu erbringen, daß er einen Lichtstrahl an rasch rotierenden Spiegeln mehrfach reflektieren ließ und ihn zuletzt spektral zerlegte. Im Jahre 1914 wiederholten Fabry und Buisson den Versuch mit rotierenden Pappscheiben, wobei die gegenüberliegenden Ränder mit dem Lichte der grünen und violetten Quecksilberlinie beleuchtet und am Interferometer visuell bzw. photographisch genauer untersucht wurden. Die beobachteten Linienverschiebungen entsprachen bei beiden Versuchsreihen durchaus den theoretischen Werten, so daß damit auch die rein formale experimentelle Lücke, die dem Dopplereffekt so lange anhaftete, jetzt ausgefüllt ist.

5. Spektralanalytische Theorien.

Der KIRCHHOFFsche Satz. Man kann den Münchener Optiker FRAUNHOFER als den Begründer der praktischen Spektralanalyse betrachten, zugleich auch schon in ihrer Anwendung auf himmlische Objekte. Bis zur Mitte des vergangenen Jahrhunderts gab es bereits eine große Anzahl von experimentell erworbenen Kenntnissen auf dem Gebiete der Spektralanalyse, deren innerer Zusammenhang jedoch noch durchaus unklar war. Die gebräuchlichen Lichtquellen, wie Kerzen-, Öl-, Gasflammen, lieferten kontinuierliche Spektra, d. h. die Spektra bestanden in einer Aufeinanderfolge der Regenbogenfarben mit ihren zahllosen Übergängen, ohne irgendeine Unterbrechung oder Unstetigkeit. Verflüchtigte man dagegen Metallsalze in diesen Flammen, oder in der schwachleuchtenden Spiritus- oder auch Bunsenflamme, so erhielt man einzelne helle Linien, deren Lage bei dem gleichen Stoffe stets dieselbe war. Auch leuchtende oder brennende Gase, wie z. B. die Kohlenwasserstoffe, gaben Spektra mit isolierten Linien oder Bändern. Vollständig hiervon verschieden aber war das Spektrum unserer Sonne, indem das kontinuierliche Spektrum von einer sehr großen Zahl von isolierten dunklen Linien durchzogen war. Ähnliche dunkle Linien zeigten auch die Spektra der Fixsterne, doch erkannte schon FRAUNHOFER, daß zwar einzelne Sterne ähnliche Linien ergaben wie die Sonne, andere jedoch Spektra lieferten, in denen die Anordnung der Linien ganz abweichend war.

Der Zusammenhang zwischen diesen Erscheinungen blieb unklar, obwohl nicht geleugnet werden kann, daß einige Physiker die Beziehungen bereits ahnten, ohne sie in exakter Form angeben zu können. Eine Klarlegung in mathematischer Form ist erst 1857 durch den Physiker KIRCHHOFF erfolgt, und zwar in Gestalt eines Satzes, der das Fundament der ganzen Spektralanalyse bildet. Dieser KIRCHHOFFsche Satz lautet:

Für jede Strahlengattung ist das Verhältnis zwischen Emissionsvermögen und Absorptionsvermögen bei derselben Temperatur das gleiche.

Bevor wir daran gehen, den Inhalt dieses Satzes zu erörtern, und insbesondere seine Folgerungen abzuleiten, soll der Versuch gemacht werden, durch Analogien mit den Schallerscheinungen das Verständnis zu erleichtern.

Wenn ein elastischer Körper, z. B. eine Stimmgabel oder eine Glocke, durch einen Schlag in Schwingungen versetzt wird, so teilen sich die letzteren der umgebenden Luft mit und werden auf weite Strecken fortgepflanzt. Treffen diese Schwingungen, die in abwechselnder Verdichtung und Verdünnung der elastischen Luft bestehen, unser Ohr, so haben wir die Empfindung des Schalles, wir hören einen Ton. Je schneller die Schwingungen aufeinander folgen, um so höher, je langsamer, um so tiefer erscheint der Ton. Die Tonhöhe beruht also nur auf der Frequenz der Schwingungen oder, was dasselbe ist, auf der Länge der Schallwellen. Die Tonempfindung unseres Ohrs ist nun eine beschränkte. Wellen von etwa 30 m Länge — 10 Schwingungen in der Sekunde — nimmt das Ohr nicht mehr als Ton wahr, sondern nur noch als einzelne Stöße oder Erschütterungen, die dann auch am ganzen Körper empfunden werden. Wellen von 7 bis 8 mm Länge — 40000 Schwingungen in der Sekunde — vermögen ebenfalls keine Schallempfindung mehr hervorzubringen. Zwischen diesen weit auseinander liegenden Extremen liegt das reiche Gebiet der Töne. Kommen Töne aller möglichen Wellenlängen zusammen, so entstehen unmusikalische, meist sehr unangenehme Schallempfindungen, die man als Geräusch, Knall usw. bezeichnet.

Welches sind nun die entsprechenden Begriffe und Empfindungen beim Lichte?

Wenn die kleinsten Teile eines Körpers, die Atome, durch die Wärme in Schwingungen versetzt werden, so teilen sich die letzteren dem alles durchdringenden Äther mit, durch den sie in den Raum fortgepflanzt werden und, wenn sie unser Auge treffen, im Gehirn die Empfindung des Lichtes hervorrufen. Diese Schwingungen bestehen aber nicht, wie beim Schalle, in abwechselnder Verdichtung oder Verdünnung der Luft, sondern, wie wir gesehen haben, in einem Hin- und Herschwingen der Ätherteilchen, senkrecht zur Fortpflanzungsrichtung des Lichtes, genau entsprechend der Bewegung der Wasserteilchen bei den Wasserwellen (Abb. 1). Je stärker die Schwingungen sind, d. h. je höher der Wellenberg und je tiefer das Wellental ist, um so intensiver ist die Lichtwirkung auf das Auge, um so heller erscheint uns der lichtaussendende Körper. Der Tonempfindung bei den Schallwellen entspricht die Farbenempfindung bei den Lichtwellen. Je schneller die Schwingungen erfolgen, oder, was wieder dasselbe ist, je kürzer die Wellen sind, eine um so „höhere" Farbe sehen wir, d. h. um so mehr nähert sich unsere Lichtempfindung dem Violett, je länger die Wellen sind, um so mehr nähert sie sich dem Rot.

Wie dem Ohre bei den Schallempfindungen sind auch dem Auge bei den Lichtempfindungen Grenzen gesetzt. Lichtwellen oberhalb und unterhalb einer gewissen Länge äußern keine Wirkung mehr auf das Auge. Gegenüber dem großen Intervall, welches beim Ohre zwischen den extremen Schwingungen liegt, ist für das Auge dieses Intervall sehr klein, es umfaßt kaum eine Oktave. Diese Oktave zwischen den Wellenlängen 0.8 und 0.4 μ aber schließt alle Farbenempfindungen in sich ein, und zwar in der bekannten Reihenfolge der reinen Regenbogenfarben: Rot, Orange, Gelb, Grün, Blau und Violett, mit den bekannten zahllosen Übergängen.

Sendet ein Körper Strahlen verschiedener Wellenlängen aus, so erhalten wir Mischfarben, entsprechend den Akkorden der Musik. Je mehr verschiedene Farben gemischt werden, um so einförmiger wird das Resultat, die Mischung nähert sich immer mehr einem reinen lichten Grau, bis schließlich bei der Mischung der Strahlen von allen verschiedenen Wellenlängen das reine Weiß entsteht. Weiß ist also für das Auge annähernd dasselbe wie das Geräusch oder der Knall für das Ohr.

Bekanntlich können alle chemischen Elemente und auch viele ihrer Verbindungen in drei sogenannten Aggregatzuständen vorkommen, dem festen, dem flüssigen und dem dampfförmigen. Der Hauptfaktor, der den Aggregatzustand bedingt, ist die Temperatur, in dem Sinne, daß die meisten Stoffe mit steigender Temperatur die drei Aggregatzustände in der eben angegebenen Reihenfolge passieren. Das einfachste und bekannteste Beispiel hierfür bietet das Wasser. Bei einer Temperatur unterhalb 0^0 ist es als Eis ein fester Körper, zwischen 0^0 und 100^0 als Wasser flüssig, oberhalb 100^0

im allgemeinen als Wasserdampf gasförmig. Wohlbemerkt gilt dies nur für den normalen Luftdruck an der Erdoberfläche, mit wechselndem Luftdruck ändern sich auch diese Zahlen; es genügt aber, vorläufig nur den Temperatureinfluß zu berücksichtigen.

Wird nun die Temperatur immer mehr und mehr gesteigert, so bleibt zwar der Wasserdampf immer gasförmig; aber bei einer gewissen hohen Temperatur hört er plötzlich auf, Wasserdampf zu sein; er zerfällt dann in seine Elemente, in Wasserstoff und Sauerstoff, die dann trotz ihrer chemischen Verwandtschaft nebeneinander in Mischung bleiben. Dieser Zerfall in die Grundstoffe tritt bei allen chemischen Verbindungen einmal ein, und man kann annehmen, daß oberhalb einer Temperatur von etwa 5000^0 überhaupt keine chemischen Verbindungen mehr existieren können.

Die inneren Zustände eines Körpers je nach seinem Aggregatzustande sind nun von ganz wesentlicher Bedeutung für die Theorie der Spektralanalyse. Im festen Zustande müssen die kleinsten Teile des Körpers, die Moleküle, infolge ihrer gegenseitigen Anziehung in einem recht festen Zusammenhange miteinander stehen, sonst wäre ja die Festigkeit der Körper, die sich in ihrem passiven Widerstande gegen innere Lagenveränderungen bei äußerem Eingriff dokumentiert, gar nicht möglich. Dabei sind sie aber keineswegs starr miteinander verbunden, wie das Glühen der festen Körper lehrt. Dieses besteht ja in weiter nichts als einer schwingenden Bewegung der Moleküle, die sich auf den Äther überträgt.

Im flüssigen Aggregatzustande ist der innige Zusammenhang der Moleküle bereits wesentlich gelockert; sie hängen noch eben zusammen, aber so wenig, daß sie den geringsten äußeren Eingriffen gegenüber sofort ausweichen. Zuweilen vollzieht sich der Übergang vom festen in den flüssigen Zustand mit steigender Temperatur so allmählich, daß eine bestimmte Grenze zwischen beiden gar nicht mehr angegeben werden kann; ein charakteristisches Beispiel hierfür bietet das gewöhnliche Bienenwachs.

Im gasförmigen Zustande endlich hat die Verbindung zwischen den einzelnen Molekülen gänzlich aufgehört; sie sind weit voneinander entfernt und bewegen sich mit großer Geschwindigkeit geradlinig durch den Raum, bis sie aufeinanderstoßen oder gegen die Wand eines Gefäßes prallen. Je höher die Temperatur wird, um so heftiger werden ihre Bewegungen, um so stärker ihr Anprall an die Gefäßwände, der sich als Gasdruck äußert und gewaltige Beträge annehmen kann, wie z. B. im Dampfkessel oder gar im Augenblick des Schusses in einem Geschütz.

Wir wollen nun untersuchen, wie sich diese Verschiedenheiten der Aggregatzustände in der Temperaturstrahlung der leuchtenden Körper äußern.

Aggregatzustand und Spektrum. Ein Gegenstand, der nicht frei schwingen kann, z. B. eine fest aufgeschraubte Tischplatte, kann, wenn er durch einen Stoß in Schwingungen versetzt wird, nicht eine bestimmte einfache Schwingung ausführen, seine verschiedenen Teile werden vielmehr in ganz regelloser Weise allen möglichen Schwingungen unterworfen sein. Es resultiert dabei also kein Ton von irgendeiner bestimmten Höhe, sondern alle möglichen Töne erklingen gleichzeitig, es erfolgt ein Geräusch. Genau Entsprechendes tritt bei der Erzeugung von Licht bei festen Körpern ein. Die Moleküle schwingen, aber sie stören sich fortwährend gegenseitig, so daß alle möglichen Schwingungsarten und damit Lichtstrahlen von allen möglichen Wellenlängen entstehen: das weiße Licht. Im Spektroskop wird dasselbe in das kontinuierliche Spektrum zerlegt, daher ist das Spektrum glühender fester Körper ein kontinuierliches. Da alle festen Körper sich so verhalten, so geben sie auch sämtlich kontinuierliche Spektra, die sich höchstens durch die Helligkeitsverteilung voneinander unterscheiden, gleichgültig, ob der glühende Körper von Stein oder Metall, ob von Eisen oder Gold ist. Auch im flüssigen Aggregatzustande ist der wechselseitige Einfluß der Moleküle noch zu groß, als daß sie frei schwingen könnten, auch die flüssigen Körper geben demnach ein kontinuierliches Spektrum. Als ersten Satz der Spektralanalyse können wir daher den folgenden aufstellen:

1. Gibt ein leuchtender Körper im Spektroskop ein kontinuierliches Spektrum, so rührt das Licht von einem glühenden festen oder flüssigen Körper her; aus welchen chemischen Elementen der Körper besteht, läßt sich nicht erkennen.

Ganz anders wird sich nun ein glühendes Gas verhalten, dessen Moleküle fast frei von gegenseitiger Störung schwingen können. Sie werden ganz bestimmte Schwingungen ausführen, immer von der gleichen Zeitdauer, wie das frei schwingende Pendel einer Uhr oder wie eine Stimmgabel, und wie bei letzterer immer ein und derselbe Ton erklingt, werden beim leuchtenden Gase auch immer Lichtstrahlen von derselben Wellenlänge oder Farbe entstehen. Wie von dem Bau der Stimmgabel die Höhe des Tons abhängt, so wird hier die Wellenlänge von den physikalischen Eigenschaften der Atome abhängen, d. h. die verschiedenen Elemente werden im gasförmigen Zustande Licht von verschiedenen Wellenlängen aussenden.

Im allgemeinen senden nun die elastischen Körper, wenn sie tönen, keineswegs wie die Stimmgabel nur einen Ton aus, sondern manchmal eine ganze Reihe von Tönen, von denen allerdings einer immer vorherrscht. Von dem Mitklingen der anderen Töne hängt die Klangfarbe ab, welche die Töne von sonst gleicher Höhe bei den verschiedenen Musikinstrumenten unterscheidet. Etwas Ähnliches finden wir bei der Lichtaussendung der glühenden Gase; auch hier vermögen die Moleküle meist mehrere Schwingungen auszuführen, unter Umständen sogar sehr viele, wie z. B. beim Eisendampfe, der mehrere Tausende von verschiedenen Schwingungen gleichzeitig aussendet.

Wie eine solche Strahlung im Spektroskop sich verhält, ist klar. Jede verschiedene Schwingung erzeugt im Spektroskop ein besonderes Spaltbild, dessen Farbe von der Wellenlänge der betreffenden Schwingung abhängt; das Spektrum wird also aus isolierten hellen Linien bestehen. Wie das Ohr aus der Klangfarbe das tönende Instrument erkennen kann, so kann das Auge im Linienspektrum die Art des leuchtenden Gases erkennen. Zahl und Stellung der Linien ist charakteristisch für jedes einzelne chemische Element und für seine Verbindungen. Wir kommen hiermit zum zweiten Satze der Spektralanalyse:

2. Gibt ein leuchtender Körper im Spektroskop ein Spektrum, das aus isolierten hellen Linien besteht, so befindet sich der strahlende Körper im gasförmigen Aggregatzustande. Die chemische Natur der Gase läßt sich aus der Zahl und der Stellung der Linien im Spektrum mit völliger Sicherheit erkennen.

Der Weg zum dritten Satze der Spektralanalyse ist nun ein etwas schwierigerer.

Körper, die nur in einer bestimmten Weise schwingen können, wie z. B. Stimmgabeln, können zum Schwingen bzw. Tönen gebracht werden auch ohne eine direkte mechanische Einwirkung durch Schlag oder Streichen mit einem Bogen, nämlich durch Tonschwingungen selbst. Diese Erregung des Tönens beruht auf dem Prinzip der Resonanz und tritt dann ein, wenn ein Ton die Stimmgabel erreicht, der ihrer eigenen Schwingung genau entspricht.

Da nun zur Erregung von Schwingungen eine gewisse Kraft erforderlich ist, die in diesem Falle aus den ankommenden Tonschwingungen genommen wird, so büßen diese letzteren natürlich an Kraft ein, d. h. der die Schwingungen erzeugende Ton wird schwächer. Auch dieser für unsere Betrachtungen so überaus wichtige Punkt läßt sich experimentell nachweisen.

Man denke sich zwei Räume durch eine unelastische Wand, z. B. eine dicke Filzwand, getrennt, so daß Töne, die in dem einen Raume erzeugt werden, in dem andern nicht gehört werden können. In dieser Wand befinde sich eine Öffnung, die zum größten Teile durch eine dünne elastische Metallzunge geschlossen ist, etwa nach Art der Zungen bei einer Harmonika. Befindet man sich in der Nähe dieser Öffnung, so wird man die Töne im Nebenraume ganz gut hören. Sobald aber der Ton angeschlagen wird, der der Metallzunge entspricht, wird letztere sichtbar in Schwingungen geraten; gleichzeitig wird der betreffende Ton merklich geschwächt, eventuell sogar unhörbar, und in der Reihe der Töne wird daher gerade dieser Ton fehlen, er ist gleichsam absorbiert. Würde man in der Öffnung mehrere Zungen von verschiedener Tonhöhe anbringen, so würden gerade die entsprechenden Töne in der Tonreihe fehlen.

Dieses akustische Experiment läßt sich ohne weiteres auf die Lichtwellen übertragen. Der Reihe der Töne entspricht das kontinuierliche Spektrum, herrührend von irgendeinem glühenden festen oder flüssigen Körper. Der Stimmgabel oder den Metallzungen entspricht ein glühendes Gas, das nur einzelne bestimmte Lichtschwingungen aussendet, die im Spektroskop die hellen Linien erzeugen. Das obige Experiment entspricht also der folgenden Anordnung: Das von einem glühenden festen Körper ausgesandte weiße Licht wird durch ein glühendes Gas geschickt und alsdann im Spektroskop untersucht. Die meisten Lichtstrahlen der verschiedenen Schwingungsdauer werden das Gas ungehindert passieren und ein kontinuierliches Spektrum erzeugen; aber gerade die Lichtstrahlen, deren Schwingungen den Eigenschwingungen der Gasmoleküle entsprechen, werden letztere anregen, dabei selbst aber an ihrer Stärke Einbuße erleiden oder sogar gänzlich ausgelöscht werden, mithin im Spektrum fehlen. Wo aber Licht fehlt, ist Dunkelheit; die fehlenden Stellen im Spektrum erscheinen daher als dunkle Linien, die nun genau an der Stelle sich befinden, an denen helle Linien aufgetreten wären, wenn das Licht des glühenden Gases allein ins Spektroskop gelangt wäre. Das Experiment mit den dunklen Linien gelingt aber nur so lange, als die Temperatur des Gases niedriger ist als diejenige des glühenden festen Körpers. Wird die Temperatur des Gases höher, so geht seine Lichtaussendung durchaus normal vor sich, im Spektroskop erblickt man daher ein kontinuierliches Spektrum mit isolierten hellen Linien. Es ist klar, daß bei genau gleicher Temperatur im Gas und im festen Körper weder dunkle noch helle Linien auftreten können, das kontinuierliche Spektrum ist dann allein sichtbar, und von dem Gas ist überhaupt nichts zu merken. Wir sind damit zum dritten Satze der Spektralanalyse gelangt:

3. Gibt ein leuchtender Körper ein kontinuierliches Spektrum mit dunklen Linien, so besteht derselbe aus einer glühenden festen oder flüssigen Materie, die mit einer Gashülle von niedrigerer Temperatur umgeben ist. Die Natur des Gases ist aus der Lage der dunklen Linien genau so zu ermitteln, wie vordem aus der Lage der hellen Linien. Das gleiche gilt von einem kontinuierlichen Spektrum mit hellen Linien, nur ist dann die Temperatur der Gashülle höher als die des festen Körpers.

Mit Hilfe der drei spektralanalytischen Sätze lassen sich nun die Hauptaufgaben der Spektralanalyse lösen, die Trennung des gasförmigen Aggregatzustandes von den beiden anderen und die Erkennung der chemischen Elemente oder Verbindungen, sofern sie sich im glühenden gasförmigen Zustande befinden.

Es kann noch ein vierter Satz aufgestellt werden, der weiteren wichtigen Aufschluß über den physikalischen Zustand eines glühenden Gases gewährt.

Es war vorhin der Einfachheit halber gesagt worden, daß eine Stimmgabel oder eine Metallzunge nur dann zum Mitschwingen oder zur Resonanz veranlaßt werden kann, wenn der erregende Ton ganz genau die gleiche Schwingungszahl besitzt wie die Stimmgabel. Man wird leicht einsehen, daß dies nicht ganz streng richtig ist, daß vielmehr auch schon dann merkliche Störungen verursacht werden, wenn die erregenden Schwingungen nur sehr nahe von gleicher Dauer sind, wenn z. B. in dem obigen Beispiele der ankommende Ton 401 Schwingungen in der Sekunde besäße. Ja, es findet direkt eine Beeinflussung der Schwingungsdauer der Stimmgabel statt, sie macht alsdann auch 401 Schwingungen statt 400 in der Sekunde, und das um so eher, je stärker die erregenden Schwingungen sind.

Auch hier zeigt sich wieder Ähnliches bei den Lichtwellen. Wenn die Schwingungen nicht heftig sind, also bei verhältnismäßig niedriger Temperatur, und wenn die glühenden Gase recht dünn sind, senden sie tatsächlich nur Licht von einzelnen, ganz bestimmten Wellenlängen aus: die Linien im Spektrum sind absolut scharf. Wird aber die Temperatur oder der Druck des Gases erhöht, so stören sich die benachbarten Moleküle in ihren Schwingungen immer mehr, und dies greift immer weiter, je mehr die erwähnten Faktoren verstärkt werden. Im Spektroskop äußert sich dies darin, daß es auch unmittelbar neben den hellen Linien hell zu werden beginnt, d. h. die Linien werden breiter, und da die Wirkung natürlich geringer für die weiter abliegenden Schwingungen oder Wellenlängen ist als für die unmittelbar benachbarten, so ist das Leuchten daselbst geringer als bei den letzteren, d. h. die Linien werden gleichzeitig auch verwaschen. Besonders durch Verstärkung des Gasdruckes läßt sich die Erscheinung so weit treiben, daß die einzelnen Linien ineinander fließen, schließlich sogar von einem Gase ein kontinuierliches Spektrum entstehen kann. Das ist auch durchaus plausibel, da ja bei stärkerem Drucke die Gasmoleküle immer näher zusammengedrängt werden, bis schließlich in dem Gase ein ähnlicher Zustand herrscht, wie in einem flüssigen oder festen Körper.

Auch durch eine Vermehrung der Gasschichtendicke werden die Linien breiter und verwaschener, doch läßt sich der Grund hierfür ohne mathematische Behandlung nicht ableiten, auch fehlt hier die Analogie bei den Schallwellen.

Sind die Verhältnisse in einem glühenden Gase so, daß es helle, breite und verwaschene Linien gibt, so werden natürlich auch, wenn weißes Licht von einem heißeren Körper durch dieses Gas hindurchgeht, die entstehenden schwarzen Linien breit und verwaschen, und wir könnten nunmehr einen vierten, allerdings weit weniger scharfen Satz der Spektralanalyse formulieren:

4. Sind in einem Spektrum die hellen oder die dunklen Linien breit und verwaschen, so folgt hieraus, daß das betreffende Gas entweder sich in sehr hoher Temperatur befindet, oder daß es unter starkem Drucke steht, oder daß es in einer ungewöhnlich dicken Schicht vorkommt, oder schließlich, daß mehrere dieser Ursachen gleichzeitig vorliegen.

Es wird von diesen Sätzen in den folgenden Kapiteln ausgiebiger Gebrauch gemacht werden; sie stellen die Gesamtlehre der Spektralanalyse dar, soweit sie zur Ermittelung des chemisch-physikalischen Zustandes der Himmelskörper verwendet wird.

Folgerungen aus dem Kirchhoffschen Satz. Die zum Verständnisse des Kirchhoffschen Satzes notwendigen Grundbegriffe sind bereits im ersten Abschnitt klargestellt worden. Es sollen für diese Grundbegriffe hier nur noch die folgenden Bezeichnungen eingeführt werden:

Unter der Temperatur t ist stets die auf den absoluten Nullpunkt bezogene zu verstehen, die um 273^0 niedriger liegt als die Angabe des Celsiusthermometers. Eis schmilzt demnach bei $t = 273^0$, Wasser siedet bei $t = 373^0$.

Die Länge der Lichtwelle wird allgemein mit λ bezeichnet. Soll sie für eine bestimmte Temperatur angegeben sein, so wird ein t angehängt. Das Emissionsvermögen eines Körpers soll mit E, sein Absorptionsvermögen mit A bezeichnet werden. Der absolut schwarze Körper ist durch das größte überhaupt mögliche Emissions- und Absorptionsvermögen definiert.

Es ist sehr wichtig, zu beachten, daß der Kirchhoffsche Satz mit allen seinen Folgerungen nur für reine Temperaturstrahlung gilt. Unter Temperaturstrahlung aber ist eine solche Strahlung zu verstehen, deren Intensität, abgesehen vom Emissionsvermögen, allein von der Temperatur des strahlenden Körpers abhängt. Bekanntlich gibt es eine ganze Reihe von Strahlungsarten, die diese Bedingung nicht erfüllen, z. B. die Strahlung, die bei Einwirkung der Röntgenstrahlen von einem Bariumplatincyanürschirm ausgesendet wird, oder das Nachleuchten der Schwefelverbindungen von Kalzium, Erscheinungen, die man als Lumineszenzstrahlungen der Temperaturstrahlung gegenüberstellt. Alle diese Strahlungsarten müssen bei unseren Betrachtungen ausgeschlossen werden.

Der Kirchhoffsche Satz handelt nur von dem Verhältnis von Absorption und Emission; er gibt nicht den geringsten Aufschluß über die absoluten Beträge dieser beiden physikalischen Begriffe, es kann also nur immer der Bruch $E : A$ auftreten. Unter Ausschluß der oben angegebenen Fälle ist aber der Satz von außerordentlicher Allgemeinheit, er gilt für alle festen, flüssigen und gasförmigen Körper, gleichgültig, ob dieselben reine

Elemente sind oder komplizierte chemische Verbindungen. Die Aussage, daß das Verhältnis $E : A$ für alle Körper dasselbe sei, gilt aber nur, wenn man dabei eine bestimmte Temperatur und eine bestimmte Wellenlänge im Auge hat, es müßte also geschrieben werden $E_{(\lambda, t)} : A_{(\lambda, t)}$. So ist es z. B. nicht gestattet, den KIRCHHOFFschen Satz anzuwenden, wenn man die Emission eines Körpers bei einer anderen Temperatur untersucht als seine Absorption. Ebenfalls läßt er sich nicht ohne weiteres benutzen, wenn man z. B. die Emission der roten Strahlen bestimmt hat, dagegen die Absorption nur für die grünen Strahlen ermitteln konnte.

Wir wollen nun den Wert des Verhältnisses von Emission zu Absorption ganz allgemein mit J bezeichnen. Wir wissen dann, daß bei allen Körpern für irgendeine bestimmte Temperatur und Wellenlänge dieses J eine Konstante ist, nämlich

$$J_{\lambda, t} = \frac{E_{\lambda, t}}{A_{\lambda, t}}.$$

Es ist also J ganz allgemein eine Funktion von Wellenlänge und Temperatur oder $J = f(\lambda, t)$. Diese Funktion ist die KIRCHHOFFsche Funktion genannt worden; KIRCHHOFF hat aber die mathematische Form derselben noch nicht erkannt und hat selbst bemerkt, daß erst nach Auffindung derselben die Fruchtbarkeit der Spektralanalyse zur vollen Wirksamkeit kommen würde. Erst vor etwa 20 Jahren ist die wahre Form der KIRCHHOFFschen Funktion durch PLANCK gefunden worden; wir wollen aber, der historischen Entwicklung folgend, uns zunächst mit einigen bereits früher bekannten Eigenschaften der Funktion beschäftigen.

Schon um die Mitte des vorigen Jahrhunderts hatte der amerikanische Physiker DRAPER das nach ihm benannte Gesetz gefunden, wonach alle Körper bei derselben Temperatur von etwa 525° C zu leuchten beginnen. Die Wellenlänge der Strahlung beträgt dann 0.8 μ und wir erhalten den Eindruck des tiefsten Rot. Bei allen Körpern ist danach das Emissionsvermögen E für die Wellenlängen $< 0.8\ \mu$ gleich Null, also $E : A = J = 0$, d. h. die KIRCHHOFFsche Funktion ist von der angegebenen Grenze an, die einer Temperatur von 525° entspricht, ebenfalls gleich Null. In Wirklichkeit liegen die Dinge so, daß jeder feste oder flüssige Körper bei *jeder* Temperatur Strahlen von allen Wellenlängen aussendet; bei niederen Temperaturen ist aber die Strahlungsenergie der kürzeren Wellen so gering, daß sie praktisch auch den feinsten Meßinstrumenten nicht mehr zugänglich ist. Daher kann das DRAPERsche Gesetz als eine brauchbare Annäherung an die Wahrheit angesehen werden. Für die vorliegenden Betrachtungen ist es von Interesse, daß die KIRCHHOFFsche Funktion erst bei 0.8 μ merkliche Werte annimmt und dann als Funktion der Temperatur kontinuierlich wächst.

Eine Funktion einer Größe kann man bekanntlich durch eine Kurve darstellen, und eine Funktion verläuft einfach, wenn diese Kurve keine auffallenden Knickungen hat. Die Erfahrung hat bisher gelehrt, daß alle in der Natur vorkommenden Gesetze sehr einfach sind, wenn sie nicht von den speziellen Eigenschaften der Körper abhängen, sondern ganz allgemein sind. Als Beispiel braucht nur an das so überaus einfache Gravitationsgesetz erinnert zu werden. Um aber keinem Mißverständnisse ausgesetzt zu sein, muß man hinzufügen, daß diese Einfachheit keine absolute zu sein braucht, sondern daß die Gesetze in Wirklichkeit vielleicht sehr kompliziert oder mathematisch gar nicht einfach ausdrückbar sind, daß aber für unsere Kenntnisse und vor allem für unsere Genauigkeitsforderungen die einfache Darstellung genügt. Es konnte danach auch für die *J*-Funktion angenommen werden, daß sie sich bei allen Körpern mit der Wellenlänge in einem einfachen kontinuierlichen Verlaufe ändert.

Ganz anders verhält es sich mit glühenden Gasen, deren Lichtemission ja auch in ganz anderer Weise zustande kommt als bei den festen und flüssigen Körpern. Den Gasen kommt die interessante physikalische Eigenschaft zu, daß ihr Emissionsvermögen für die meisten Wellenlängen auch bei sehr hohen Temperaturen Null oder nahe Null ist und nur für ganz vereinzelte Wellenlängen einen merklichen Wert hat. Ihr Spektrum ist also auf seinem weitaus größten Teil dunkel und leuchtet nur an Stellen bestimmter Wellenlängen als helle Linie auf.

Wollten wir die Emission eines Gases als Funktion der Wellenlänge graphisch darstellen, so würden wir meist eine recht komplizierte Kurve erhalten. Das Verhältnis *J* von Emissionsvermögen zu Absorptionsvermögen oder die Kirchhoffsche Funktion soll aber eine sehr einfache Funktion der Wellenlänge sein. Beides ist miteinander nur dann zu vereinigen, wenn auch *A*, das Absorptionsvermögen, dieselbe komplizierte Funktion von der Wellenlänge ist wie *E*, wenn also *A* genau dieselben Maxima wie *E* besitzt. Dieses merkwürdige Verhalten von Emission und Absorption gibt nun den Schlüssel zur Identität der hellen und dunklen Linien. Emission und Absorption sind zwei genau konträre Begriffe. Ist die Emission bei einem Gase für eine bestimmte Wellenlänge ein Maximum, so daß im Spektrum eine helle Linie aufleuchtet, so liegt auch bei der Absorption, die entsteht, wenn Licht durch das Gas hindurchgeht, für dieselbe Wellenlänge ein Maximum vor, d. h. in dem durch das hindurchgehende Licht erzeugten hellen Spektrum muß hier eine Lichtlücke, eine dunkle Linie, sein. Damit haben wir den Kernpunkt der Spektralanalyse erfaßt. Wenn in dem Spektrum eines fernen Himmelskörpers an einer Stelle, an der wir im Laboratorium eine helle Linie im glühenden Gase finden, eine dunkle Linie auftritt, so muß auf diesem Himmelskörper eine Schicht desselben glühenden Gases vorhanden sein, durch die das ausgesandte Licht hindurchgeht und dabei teilweise absorbiert wird.

Aus dem Kirchhoffschen Satze folgt noch eine Tatsache, die zur Definition des sog. schwarzen Körpers in Beziehung steht. Diese Definition besagt, daß ein absolut schwarzer Körper ein solcher ist, bei dem alle Strahlung vollständig absorbiert wird, d. h. bei dem für alle Wellenlängen und alle Temperaturen *A* gleich 1 ist. Aus dem Kirchhoffschen Satze ergibt sich für diesen Fall $E = J$, d. h. das Emissionsgesetz des schwarzen Körpers ist gleich der *J*-Funktion.

Absolut schwarze Körper gibt es in der Natur nicht, wohl aber lassen sie sich künstlich sehr genähert herstellen, und zwar ebenfalls wieder auf Grund des Kirchhoffschen Satzes. Kirchhoff hat bereits angegeben, daß in jedem Hohlraume, dessen Hülle für Strahlung undurchlässig ist und überall gleiche Temperatur besitzt, die Strahlung des schwarzen Körpers von der Hüllentemperatur herrscht. Hat die Hülle eine kleine Öffnung, so tritt aus derselben die Strahlung des schwarzen Körpers aus und kann experimentell untersucht werden.

So leicht es hiernach auch scheint, einen schwarzen Körper herzustellen, so groß sind doch die technischen Schwierigkeiten, die zu beseitigen sind, sobald es sich darum handelt, einen Körper zu konstruieren, der mit einem hohen Grade von Genauigkeit die schwarze Strahlung bei sehr verschiedenen, aber exakt zu bestimmenden Temperaturen liefern soll. Erst in den letzten Jahren ist es den Physikern gelungen, diese Schwierigkeiten zu überwinden. Man ist hierbei zu verschiedenen Konstruktionen gelangt, von denen die vorteilhafteste wohl diejenige des elektrisch geheizten Körpers sein dürfte, da man mit demselben jede beliebige Temperatur bis nahe an den Schmelzpunkt des Platins hin (2000^0 abs.) erreichen kann.

Der schwarze Körper selbst besteht aus einem innen geschwärzten Porzellanrohr, welches vorne offen, hinten aber bis auf zwei kleine Öffnungen, die zur Durchführung dünner Drähte dienen, geschlossen ist. Im Innern ist das Rohr durch Diaphragmen in verschiedene Abteilungen getrennt, die aber durch Öffnungen miteinander in Verbindung stehen. Außen ist das Porzellanrohr mit einem dicht anschließenden Rohr aus dünnem Platinblech umgeben und dieses wiederum von einer Hülle aus Asbestpappe, die zum Wärmeschutz des Platinblechs dient. Die beiden Enden des Platinrohrs sind leitend mit je einem Pole einer Starkstromleitung verbunden. Geht der Strom durch das Platinrohr hindurch, so wird dasselbe erwärmt, und zwar hat man es durch Regulierung der Stromstärke in der Hand, das Platinrohr von schwachen Erwärmungen an bis zur Weißglut zu heizen.

Die Wärme des Platinrohrs teilt sich allmählich dem Porzellanrohr mit, und nach längerer Heizung mit einem gleichförmigen Strom stellt sich Gleichgewicht her zwischen der durch den Strom zugeführten und der durch Strahlung und Leitung nach außen abgegebenen Wärme, so daß die hintere Abteilung des Rohres, der eigentliche schwarze Körper, überall die gleiche Temperatur besitzt. Wann dieser stationäre Zustand eintritt, läßt sich bei Temperaturen, die ein Glühen hervorrufen, leicht durch den Anblick erkennen. In diesem Falle wird, wie wir oben gesehen haben, das Material, aus dem die Hülle besteht, gleichgültig; die vorher noch erkennbaren verschiedenen Teile des Hohlraums, besonders das Diaphragma und die im Innern befindlichen Platindrähte verschwinden, und der ganze Raum erscheint als vollständig gleichförmig glühende Fläche.

Die Ermittelung der Temperatur des Hohlraums geschieht durch ein in demselben befindliches Thermoelement, bestehend aus Platin und einer Legierung von Platin mit Rhodium, dessen Drähte durch die erwähnten Öffnungen in der Hinterwand der Porzellanröhre nach außen, und zwar unmittelbar in ein mit schmelzendem Eise gefülltes Gefäß führen, so daß sich die hintere Lötstelle des Elements stets auf der gleichen Temperatur von 0^0 befindet. Die Temperatur selbst wird, wie üblich, vermittels eines Galvanometers gemessen.

Mathematische Form der Kirchhoffschen Funktion. Seit Kirchhoff sind die Bemühungen vieler Physiker darauf gerichtet gewesen, die wahre Form der Kirchhoffschen Funktion zu finden, von der ihr Entdecker nur allgemeine Eigenschaften angeben konnte, die allerdings genügten, die Spektralanalyse zu einem der wichtigsten Zweige der Physik, speziell der Astrophysik, zu entwickeln. Aber es war klar, daß die ganze Fruchtbarkeit der Spektralanalyse erst durch die Kenntnis der J-Funktion offenbar werden, daß mit ihr nicht bloß eine qualitative, sondern auch eine quantitative Spektralanalyse geschaffen werden würde. Es gab zwei Wege, auf denen man zum Ziele gelangen konnte, einmal den theoretischen, der auf einer Weiterentwicklung der neueren Licht- und Elektrizitätstheorien beruhen mußte, dann den praktischen Weg, der an sich bereits vorgezeichnet war. Wir wollen uns erinnern, daß die J-Funktion ja nichts anderes ist als das Emissionsvermögen des absolut schwarzen Körpers in Abhängigkeit von Temperatur und Wellenlänge.

Beide Wege sind beschritten worden, und das enge Ineinanderarbeiten der theoretischen und der praktischen Physiker hat schließlich zum guten Ende geführt. Die theoretischen Ergebnisse wurden unmittelbar durch die am künstlichen schwarzen Körper erhaltenen geprüft und als richtig erkannt oder als unrichtig verworfen. In praktischer Beziehung sind an erster Stelle zu nennen Kurlbaum, Lummer und Pringsheim, in theoretischer Hinsicht Wien und Planck. Letzterer hat den Schlußstein durch eine präzise und klare mathematische Form gelegt, die unter dem Namen des Planckschen Strahlungsgesetzes vielseitige Verwendung findet. Die bedeutenden theoretischen Schwierigkeiten der Lösung können an dieser Stelle nicht klargelegt werden; auf eine praktische möge im folgenden kurz hingewiesen werden.

Die Strahlungen, die von sehr heißen Körpern ausgehen, sind sehr kräftig und können leicht mit großer Genauigkeit gemessen werden, nicht aber die Strahlungen von Körpern niedriger Temperatur, die besonders nach ihrer spektralen Zerlegung außerordentlich schwach sind. Ihre Messung, die in letzter Instanz auf der Temperaturerhöhung von Körpern beruht, die von der Strahlung getroffen werden, ist daher ungemein schwierig. Ihre Nachweisung oder gar Messung durch Thermometer ist ganz ausgeschlossen, und selbst die sonst so empfindlichen Thermoelemente versagen fast gänzlich. Erst die Anwendung der bolometrischen Meßmethode durch Langley hat hier zum Ziele geführt.

Das Bolometer besteht im wesentlichen aus einem äußerst dünnen Platinstreifen (0.001 mm Dicke), dessen vordere Fläche berußt ist und die Strahlung aufnimmt. Durch den Streifen wird ein schwacher elektrischer Strom geleitet, dessen Stärke mit Hilfe einer Wheatstoneschen Brücke in einem äußerst empfindlichen Galvanometer gemessen werden kann. Die Stromstärke ist abhängig von dem Widerstande des Bolometerstreifens, der seinerseits wieder von der Temperatur abhängt: mit steigender Temperatur nimmt der Widerstand in gesetzmäßiger Weise zu, die Stromstärke und damit der Galvanometerausschlag ab.

Bringt man den Streifen langsam nacheinander an die verschiedenen Stellen des Spektrums, so ist also auf dem angedeuteten Umwege durch die Ablenkungen der Galvanometernadel die Strahlungsenergie meßbar. Es ist auf diese Weise möglich gewesen, Temperaturunterschiede von dem millionsten Teile eines Celsiusgrades zu erkennen.

Die Strahlung besteht ihrem Wesen nach in einer Übertragung von Energie durch den Raum hindurch; trifft sie auf einen vollständig absorbierenden Körper, so geht sie als solche verloren und wird in Wärme umgesetzt, die eine Temperaturerhöhung des absorbierenden Körpers verursacht. Als ein solcher, fast vollständig absorbierender Körper ist der berußte Bolometerstreifen aufzufassen, dessen Temperaturerhöhung gemessen wird. Da aber die Strahlung ihrem Wesen nach Energie ist, so gibt die Temperaturerhöhung des Streifens an sich kein brauchbares Maß für die Strahlung ab und muß in ein anderes Maß umgerechnet werden. Als solches hat man die Sekunden-Gramm-Kalorie eingeführt. Die Gramm-Kalorie ist diejenige Wärmemenge, die erforderlich ist, um ein Gramm Wasser von 0^0 auf 1^0 zu bringen. Um damit einen Energiestrom auszudrücken, muß eine bestimmte Flächeneinheit zugrunde gelegt werden, auf die der Energiestrom trifft — das ist das Quadratzentimeter — und eine gewisse Zeit, während welcher er wirkt — das ist die Sekunde.

Die durch das Bolometer gemessene Energiemenge wird also in Sekunden-Gramm-Kalorien ausgedrückt und besagt, wieviel Gramm Wasser von der Temperatur 0^0 durch die auf 1 Quadratzentimeter während einer Sekunde auftreffende Strahlung auf die Temperatur 1^0 gebracht werden. Die KIRCHHOFFsche Funktion müssen wir uns daher immer in dieser Strahlungseinheit ausgedrückt vorstellen, auch wenn dies nicht ausdrücklich angegeben ist.

Das Ergebnis der langjährigen Bemühungen nach der Form der KIRCHHOFFschen Funktion ist das von PLANCK 1900 aufgestellte Strahlungsgesetz, eine Formel, bei der wir mit J die Strahlungsenergie des absolut schwarzen Körpers, mit λ die Wellenlänge und mit t die absolute Temperatur des strahlenden Körpers bezeichnen

$$J = \frac{C}{\lambda^5(\varepsilon - 1)},$$

wobei

$$\varepsilon = e^{\frac{c}{\lambda t}}.$$

Hierin ist $e = 2.71828$ die Basis der natürlichen Logarithmen, C eine Konstante, die von der bestimmten experimentellen Aufgabe abhängt, c dagegen die sehr wichtige Strahlungskonstante, deren bester Wert experimentell zu 14300 ermittelt worden ist.

Zunächst lassen sich aus der obigen Gleichung einige Gesetze für ganz spezielle Fälle ableiten, die für die Astrophysik von der größten Bedeutung sind und teilweise schon früher bekannt waren. Durch eine Integration von $\lambda = 0$ bis $\lambda = \infty$ erhält man z. B. einen Ausdruck für die Gesamtstrahlung, die von einem strahlenden schwarzen Körper von der Temperatur t ausgeht, also dasjenige, was man direkt messen kann, ohne vorherige spektrale Zerlegung der Strahlung. Diese Gesamtstrahlung bleibt nur noch von t abhängig; bezeichnet man sie mit $\sum J$, so resultiert das äußerst einfache Gesetz

$$\sum J = \sigma \cdot t^4,$$

das bereits 1879 von STEFAN gefunden und durch BOLTZMANN kurze Zeit später aus den Gesetzen der elektromagnetischen Licht- und der mechanischen Wärmetheorie abgeleitet worden ist. In Worten ausgedrückt, besagt das STEFAN-BOLTZMANNsche Gesetz, daß die Gesamstrahlung des schwarzen Körpers mit der vierten Potenz seiner absoluten Temperatur wächst. Bei der Steigerung der Temperatur um das Doppelte ist also die resultierende Gesamtstrahlung um das 16fache gestiegen, beim 10fachen Betrage der Temperatur um das 10000fache. Man sieht also, in welch enormem Maße die Strahlung mit der Temperatur wächst.

Zeichnet man die J-Funktion für eine bestimmte Temperatur auf, so erhält man für die verschiedenen Wellenlängen eine kontinuierliche Kurve, in der Form der Abb. 62, die ein Maximum hat. Bezeichnet man das Strahlungsmaximum mit $J_{max.}$, so erhält man aus der PLANCKschen Gleichung

$$J_{max.} = k \cdot t^5,$$

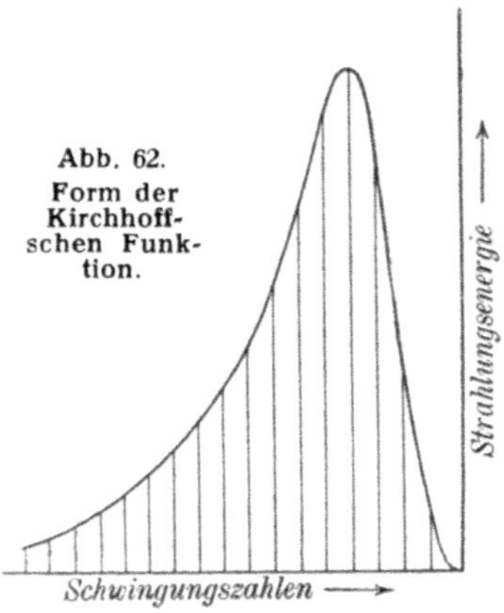

Abb. 62. Form der Kirchhoffschen Funktion.

d. h. während die Gesamtstrahlung des schwarzen Körpers mit der vierten Potenz der absoluten Temperatur wächst, nimmt die Maximalstrahlung sogar mit der fünften Potenz zu. Bei unserem ersten Beispiele würde also die Maximalstrahlung auf das 32fache wachsen, beim zweiten Beispiele auf das 100000fache.

Zeichnet man mehrere Kurven übereinander, die für verschiedene Temperaturen berechnet sind, so erkennt man sofort, daß das Maximum um so mehr nach den kleinen Wellen zu liegt, je höher die Temperatur ist; die Wellenlänge des Strahlungsmaximums wird also immer kleiner, und zwar geht dies wiederum nach einem äußerst einfachen von WIEN gefundenen Verschiebungsgesetz vor sich, dessen Ausdruck lautet

$$\lambda_{max.} = \frac{A}{t},$$

wo A eine Konstante ist, deren Wert zu nahe 2900 gefunden wurde. In Worten lautet dieses Gesetz: Im Emissionsspektrum des schwarzen Körpers verschiebt sich bei der Temperaturänderung die Wellenlänge des Strahlungsmaximums so, daß das Produkt aus Temperatur und Wellenlänge konstant bleibt. Die in der PLANCKschen Gleichung auftretende Strahlungskonstante c hängt mit A äußerst einfach zusammen, denn es ist $c = 5A$. Bei der Rechnung mit den Konstanten A und c sind die Wellenlängen in Einheiten von μ auszudrücken.

Das Verschiebungsgesetz ist von hoher Wichtigkeit, liefert es doch ein Mittel, die Temperatur eines strahlenden schwarzen Körpers lediglich aus der Wellenlänge seines Energiemaximums — die Intensitäten selbst brauchen nicht gemessen zu werden — zu bestimmen. Hat man also ermittelt, bei welcher Wellenlänge das Maximum der Strahlungsintensität liegt, so erhält man nach der Gleichung

$$t = 2900 : \lambda_{max.}$$

sofort die Temperatur des strahlenden Körpers. Die nebenstehende kleine Tabelle veranschaulicht die Lage des Energiemaximums für die absoluten Temperaturen zwischen 500 und 10000°.

t	$\lambda_{max.}$	Spektralgebiet
500°	5800 $\mu\mu$	Ultrarot
1000	2900	
2000	1450	
3000	970	
4000	720	Visuell
5000	580	
6000	480	
7000	410	
8000	360	Ultraviolett
9000	320	
10000	290	

Da die Energiemaxima für die meisten in Frage kommenden Temperaturen im Ultrarot liegen und Glas einen großen Teil dieser Strahlen absorbiert, so ist bei den Versuchen die Anwendung anderer, für diese Strahlengattung durchlässiger Medien, wie Kalkspat, Sylvin, Steinsalz unerläßlich. Die Abb. 63 stellt den Verlauf der Energiekurven für die absoluten Temperaturen 1000°, 2000°, 3000° und 4000° unter Annahme eines normalen, d. h. proportional zum Maßstab fortschreitenden Spektrums dar. Die Lage des visuellen Gebietes ist durch die Strecke *R V* angedeutet. Wie die Skizze zeigt, werden die Maxima der Kurven immer spitzer, je mehr die Wellenlängen abnehmen, dafür rücken aber die Gipfelpunkte immer enger aneinander.

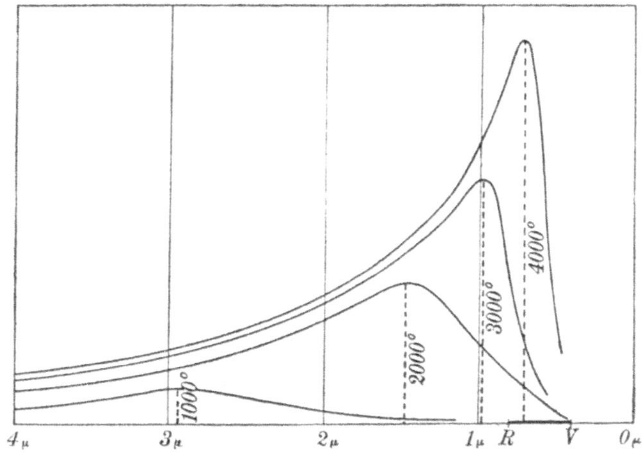

Abb. 63. Verlauf der Kirchhoffschen Funktion für Temperaturen zwischen 1000 und 4000° abs.

Es muß noch einmal betont werden, daß die KIRCHHOFFsche *J*-Funktion in ihrer Form als PLANCKsche Gleichung, STEFAN-BOLTZMANNsches Gesetz, WIENsches Verschiebungsgesetz usw. ihrer Definition nach nur für die Strahlung eines absolut schwarzen Körpers gilt. Die Strahlungskurven der meisten anderen bis jetzt untersuchten festen Körper, wie Ruß, Kohle, Platin usw. haben aber große Ähnlichkeit mit der *J*-Funktion und kommen ihr desto näher, je höher die Temperatur wird. Da es sich gegenüber dem schwarzen Körper um nicht vollkommene Strahler handelt, ist die gemessene Energie hier stets kleiner, als sie aus der *J*-Funktion folgt, der Exponent in der STEFAN-BOLTZMANNschen Formel also im allgemeinen größer als 4.

In der Praxis hat man sich bisher gewöhnlich damit geholfen, daß man die Form der Energiegleichung auch für beliebige Körper beibehält, aber für die Naturkonstante c einen davon abweichenden Wert einführt, der eine möglichst günstige Darstellung der Beobachtungen gestattet. Von den bekannteren Metallen dürfte blankes Platin die am stärksten abweichende Strahlung liefern, so muß z. B. für dieses Metall beim Verschiebungsgesetz $A = 2600$ statt 2900 angenommen werden.

Die für die festen Körper abgeleiteten Gesetze der Temperaturstrahlung lassen sich nicht ohne weiteres auf die Gase anwenden, da über die Art ihres Leuchtens bzw. die Frage, ob das Leuchten der Gase noch durch andere als rein thermische Vorgänge bedingt ist, völlige Unklarheit herrscht. Nur in einigen wenigen Fällen und auch dort nur lückenhaft, ist der Zusammenhang zwischen der Temperatur und der spektralen Strahlung erforscht, so daß alle Schlußfolgerungen, die man aus dem Verhalten von bestimmten Emissionslinien auf die Temperatur gezogen hat, noch auf sehr unsicherer Basis beruhen.

Gesetzmäßigkeiten der Spektrallinien. Der Umstand, daß die Gase nur für ganz spezielle Wellenlängen merkliches Emissionsvermögen besitzen, also Linienspektra geben, läßt eigentlich erwarten, daß die Wellenlängen der Linien mit irgendwelchen anderen chemischen oder physikalischen Eigenschaften der Gase in Zusammenhang zu bringen sein müßten. Es liegt z. B. nahe, einen Zusammenhang mit dem Atomgewicht der Elemente oder mit ihrer Stellung in der sog. MENDELEJEFFschen Reihe zu vermuten. Daß durch

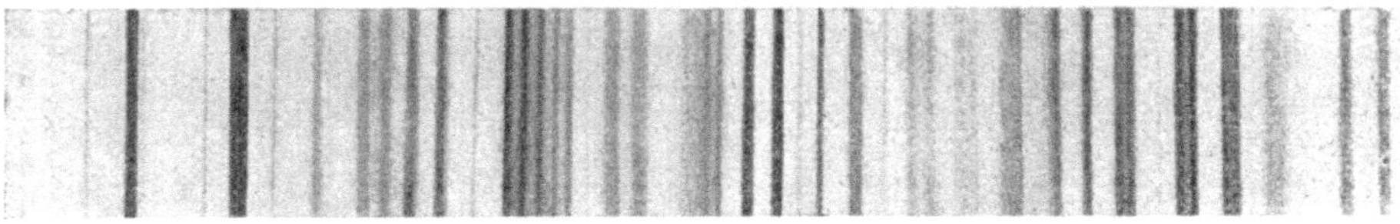

Abb. 64. Ultravioletter Teil des Sonnenspektrums (Gitteraufnahme).

das Auffinden eines solchen Zusammenhangs die wertvollsten Schlüsse auf die Konstitution der verschiedenen Elemente zu erwarten wären, liegt auf der Hand; aber trotz aller Bemühungen in dieser Richtung sind nur wenige sichere Resultate bisher erhalten worden. Dagegen ist es gelungen, Gesetzmäßigkeiten in der Verteilung der Spektrallinien gewisser Elemente aufzufinden, deren physikalische Deutung erst in der letzten Zeit der neueren Atomtheorie geglückt ist.

Auf den ersten Anblick findet man bei Betrachtung der Spektra der Elemente wenig, was an Gesetzmäßigkeit erinnern könnte. Gewöhnlich scheinen die Linien, starke und schwache, gänzlich nach dem Zufall verteilt zu sein, nur fällt sehr auf, daß die Zahl der Linien in dem blauen und violetten Teile des Spektrums meistens viel größer ist als im roten und gelben Gebiet. Beim Linienspektrum der Sonne, das ein Gemisch der Spektra der verschiedensten Elemente darstellt, ist die Zunahme der Liniendichtigkeit nach dem Violett zu besonders auffallend (Abb. 64).

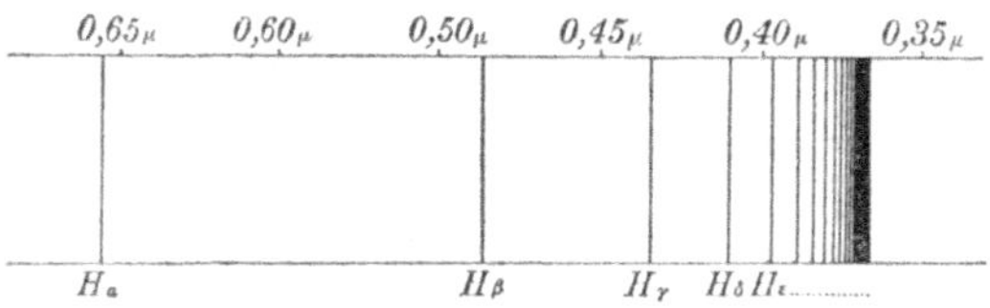

Abb. 65. Balmerserie des Wasserstoffs.

Bei genauerer Betrachtung fallen aber doch gewisse Gesetzmäßigkeiten auf. So folgen z. B. beim Wasserstoff die Linien von Rot beginnend nach Violett ganz regelmäßig in immer kürzeren Intervallen, bis sie schließlich im Ultraviolett, ganz dicht zusammenliegend, plötzlich aufhören (Abb. 65). Manche Elemente besitzen auffallende zweifache oder dreifache Liniengruppen, die in allen Teilen des Spektrums immer wiederkehren. Ganz besonders regelmäßig sind die Bändergruppen gewisser chemischer Verbindungen, z. B. der Kohlenwasserstoffe, des Cyans u. a.; aber auch einfache Elemente, wie z. B. der Sauerstoff, liefern Bänder, in denen die Linienverteilung zweifellos eine gesetzmäßige ist.

Schon im Jahre 1885 wurde von BALMER die für die Aufeinanderfolge der Wasserstofflinien geltende, äußerst einfache mathematische Form aufgefunden. Bezeichnet man die Wellenlänge der Wasserstofflinien mit λ, so lautet die BALMERsche Formel nach Reduktion aufs Vakuum

$$\lambda = 3647.20 \cdot \frac{m^2}{m^2 - 2^2},$$

wenn für die einzelnen Wasserstofflinien der Reihe nach die Zahlen 3, 4, 5 ... statt m gesetzt werden. Die Übereinstimmung zwischen den gemessenen und den nach dieser Formel berechneten Wellenlängen der Wasserstofflinien ist eine so vollkommene, wie nach der Messungsgenauigkeit nur zu erwarten ist. In dem nebenstehenden Täfelchen sind einige beobachtete und berechnete Wellenlängen nebeneinandergestellt. Die letzte beobachtete Linie liegt bei λ 3659, die für $m = 33$ folgt. Das theoretische Ende der Serie tritt für $m = \infty$ bei λ 3647.2 ein. Die Häufung der Linien mit wachsendem m ist sowohl aus der Tabelle wie aus Abb. 65 zu ersehen.

Linie	Beob.	Rechn.	m
$H\alpha$	6564.97	6564.96	3
$H\beta$	4862.93	4862.93	4
$H\gamma$	4342.00	4341.90	5
$H\delta$	4103.11	4103.10	6
$H\varepsilon$	3971.4	3971.4	7
$H\zeta$	3890.3	3890.3	8
$H\eta$	3836.8	3836.7	9
$H\vartheta$	3799.2	3799.2	10
$H\iota$	3771.9	3771.9	11
$H\varkappa$	3751.3	3751.4	12

Bereits Balmer beschäftigte sich mit der Frage, ob vielleicht durch Einsetzen einer anderen Zahl als 2 in dem Nenner seines Ausdrucks eine weitere reelle Gesetzmäßigkeit des Wasserstoffs zustande käme, doch war damals die Spektroskopie noch weit davon entfernt, eine so schwierige Frage beantworten zu können. Die Entscheidung ist erst in neuerer Zeit durch gründliche Untersuchung des ultraroten und ultravioletten Spektrums geglückt.

Schreibt man den Balmerschen Ausdruck in der Form

$$\lambda = \frac{4}{N} \frac{m^2}{m^2 - 2^2}$$

oder reziprok

$$\frac{1}{\lambda} = \nu = N\left(\frac{1}{2^2} - \frac{1}{m^2}\right),$$

führt also statt der Wellenlängen die Schwingungszahlen ein, so stellt sich tatsächlich heraus, daß die drei Formeln

$$\nu = N\left(\frac{1}{1^2} - \frac{1}{m^2}\right) \qquad m = 2, 3, 4, 5 \ldots \text{ (Ritzserie)}$$

$$\nu = N\left(\frac{1}{2^2} - \frac{1}{m^2}\right) \qquad m = 3, 4, 5, 6 \ldots \text{ (Balmerserie)}$$

$$\nu = N\left(\frac{1}{3^2} - \frac{1}{m^2}\right) \qquad m = 4, 5, 6, 7 \ldots \text{ (Paschenserie)}$$

spektroskopisch erreichbare Wasserstoffserien darstellen. N ist dabei eine einheitliche Konstante, deren Wert von Rydberg und Ritz zu 10.967769 bestimmt worden ist, wenn die Wellenlängen der Formeln in Einheiten von μ angesetzt werden. Es ist als ein großer Erfolg der Spektrallinientheorie zu bezeichnen, daß die Existenz der drei vorausberechneten Serien nachträglich experimentell nachgewiesen werden konnte. So ist die ultraviolette Serie von Lyman an den Linien λ 1216, 1026 und 972, die ultrarote von Paschen an λ 18751 und 12818 festgestellt worden.

Auffallende Serienbildungen zeigen neben dem Wasserstoff Helium,

Lithium, Aluminium, Thallium, Kalium, Natrium u. a. Einfache Beziehungen hat jedoch vorerst nur das ionisierte Helium mit den Ausdrücken

$$\nu = 4N\left(\frac{1}{3^2} - \frac{1}{m^2}\right) \qquad m = 4, 5, 6 \ldots \text{ (Fowlerserie)}$$

$$\nu = 4N\left(\frac{1}{4^2} - \frac{1}{m^2}\right) \qquad m = 5, 6, 7 \ldots \text{ (Pickeringserie)}$$

ergeben. Die Konstante N ist hier sehr nahe, wenn auch nicht absolut identisch mit dem für Wasserstoff abgeleiteten Wert. In der Zahl 4 kommt die doppelte Kernladung des Heliums zum Vorschein. Die beiden letzten Serien, insbesondere die PICKERINGserie, die zuerst bei dem WOLF-RAYETstern ζ Puppis vorgefunden wurde, sind längere Zeit hindurch dem Wasserstoff zugeschrieben worden.

Man unterscheidet bei den Elementen zwischen Hauptserie und Nebenserien, deren Linien durch gewisse gesetzmäßige Eigenschaften sich voneinander unterscheiden. Zahlreiche Elemente, wie Natrium, weisen in der Haupt- und Nebenserie Doppellinien auf, die allerdings um so schwieriger zu trennen sind, je höher die Ordnungszahl m der Schwingungen wird. Für die größte Zahl der bekannten Spektrallinien fehlen allerdings vorläufig die Gesetzmäßigkeiten. Nach den jüngsten großen Fortschritten auf diesem Gebiet ist die Auffindung weiterer Regeln sicherlich nur eine Frage der Zeit.

Manche Elemente, wie Stickstoff und Sauerstoff, sowie viele chemische Verbindungen, wie Kohlenoxyd, Cyan, Titanoxyd u. a. geben Spektra, in denen die Linien ganz charakteristisch zu Gruppen geordnet sind, so daß auf den ersten Blick das Vorhandensein einer gesetzmäßigen Verteilung zu erkennen ist. Man nennt derartige Spektra Bänderspektra, weil bei geringer Dispersion die einzelnen Linien nicht mehr zu trennen sind, sondern in breite, meist einseitig verwaschene Streifen oder Bänder zusammenfließen. Obgleich das Vorhandensein einer Gesetzmäßigkeit in der Linienanordnung ohne weiteres zu erkennen ist, hat es doch sehr lange gedauert, ehe man ihren mathematischen Ausdruck auch nur annähernd gefunden hat.

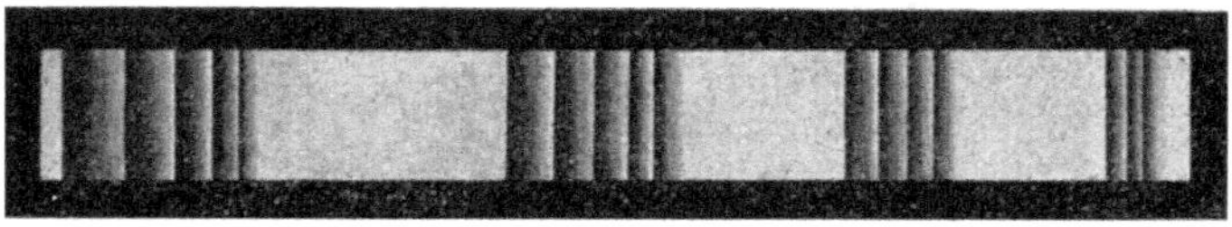

Abb. 66. Bänderspektrum des Cyans.

Der typische Bau eines Bänderspektrums ist in der obenstehenden Abb. 66 angegeben, die ein sog. kanneliertes Bänderspektrum zeigt. Die Partialbänder sind hier sämtlich nach der gleichen Richtung hin verwaschen, wodurch der Eindruck von schräg beleuchteten Hohlkehlen entsteht, wie bei einer kannelierten Säule. Dabei liegen die Kanten der Partialbänder nach der Seite der Verwaschenheit immer enger zusammen; die Zahl der Partialbänder ist für jedes folgende Band gewöhnlich um 1 kleiner, und auch der Abstand der einzelnen Hauptbänder nimmt gewöhnlich nach dieser Richtung hin ab. Die Gruppierung der Linien innerhalb eines Bandes oder Partialbandes ist bei starker Dispersion gut zu erkennen und zeigt, daß von den Kanten zwei Linienserien ausgehen, so daß Doppellinien mit wachsendem Abstande entstehen. In Wirklichkeit ist der Verlauf gewöhnlich nicht ein so einfacher, indem Linien und Liniengruppen auftreten, die zu der gesetzmäßigen Verteilung nicht zu gehören scheinen. Ein Beispiel hierfür gibt Abb. 67, die ein Absorptionsband des Sauerstoffs darstellt, das im roten Teile des Sonnenspektrums liegt und von FRAUNHOFER mit A bezeichnet worden ist.

DESLANDRES hat nun in derartigen Bändern eine Reihe von Gesetzmäßigkeiten gefunden, die genähert richtig sind, aber, da sie nicht genau zutreffen, auch nicht die wahren Naturgesetze darstellen:

1. Die Schwingungszahlen der aufeinanderfolgenden Linien eines Bandes, von der scharfen Kante an beginnend, bilden eine arithmetische Reihe. Gewöhnlich gehen von einer Kante mehrere derartige Serien aus, wobei die Zahl der Serien für ein und denselben Stoff die gleiche bleibt.

Bezeichnet man die Wellenlänge der Kante mit λ, mit a eine für eine Serie konstante Zahl und mit m ganze Zahlen, die um 1 oder 2 oder 3 wachsen, so läßt sich jede Serie darstellen durch

$$\frac{1}{\lambda} + am^2.$$

2. Das gleiche Gesetz gilt für die Kanten der Partialbänder. Auch diese lassen sich in arithmetische Serien auflösen.

Abb. 67. Die A-Gruppe (atmosphärischer Sauerstoff) im Sonnenspektrum.

3. Die Kanten der verschiedenen Bänder zeigen fast konstante Schwingungsdifferenzen. Sie folgen einander wie in der Akustik die Obertöne eines longitudinal schwingenden Stabes.

Sehr komplizierte Untersuchungen über die Verteilung der Linien in Bändern hat N. THIELE angestellt; der von ihm angenommene mathematische Ausdruck mit 8 Konstanten verlangt, daß ein Band nicht ganz allmählich verläuft, sondern daß nach Erreichung eines Maximalabstandes die Linien wieder näher zusammenrücken und schließlich wieder eine Kante bilden; für gewöhnlich kann sich diese Fortsetzung wegen Lichtschwäche oder wegen des Zusammenfallens mit anderen Bändern der Beobachtung entziehen. Im Cyanspektrum sind derartige umgekehrt laufende Bänder tatsächlich am vorausberechneten Ort gefunden worden.

Der ZEEMAN- und STARKeffekt. Anomale Dispersion. Der holländische Physiker ZEEMAN hat 1896 die Beobachtung gemacht, daß die von einer Bunsenflamme erzeugten Natriumlinien eine gewisse Verbreiterung erfahren, sobald die Bunsenflamme in ein kräftiges magnetisches Feld gebracht wird. Es gelang ihm, durch besondere Versuchsanordnungen nachzuweisen, daß diese Verbreiterung nicht mit etwaigen durch das magnetische Feld verursachten

Druck- oder Temperatursteigerungen zusammenhängt, sondern daß hier eine unmittelbare Einwirkung der magnetischen Kräfte auf die Lichtschwingungen stattfindet. Eine Erklärung für diese Einwirkung gestattet die elektromagnetische Lichttheorie. Hierbei wird angenommen, daß in allen Körpern in Verbindung mit den Atomen kleine elektrisch geladene Teilchen von einer bestimmten Masse vorhanden sind. Alle optischen Erscheinungen sind abhängig von der Konfiguration und Bewegung dieser Teilchen, der sog. Elektronen, und zwar wird das Licht durch Schwingungen der Elektronen um eine Gleichgewichtslage hervorgerufen. Bewegen sich die Elektronen in einem magnetischen Felde, so wirken störende Kräfte beschleunigend bzw. verzögernd auf sie ein. Dadurch werden Änderungen der Schwingungsperiode hervorgerufen, die sich zunächst in einer Verbreiterung und Verschiebung, bei sehr starken Kräften in einer Spaltung der betr. Linien bemerkbar machen.

Genauere Untersuchungen lassen dabei eine Reihe von Gesetzmäßigkeiten erkennen. Wird das Licht in der Richtung der Kraftlinien des Magneten ausgesendet, so wird eine Spektrallinie in zwei Komponenten zerlegt, von denen die eine links, die andere rechts zirkular polarisiert ist. Wird aber das Licht senkrecht zur Richtung der Kraftlinien emittiert, so zerfällt die Spektrallinie in drei Komponenten, von denen die mittlere senkrecht zur Ebene der beiden äußeren polarisiert ist.

Während nun Zeeman mit seinen verhältnismäßig geringen Hilfsmitteln diese theoretischen Folgerungen durch die Beobachtung vollständig bestätigt fand, konnte der französische Physiker Cornu mit verfeinerten Beobachtungsmethoden gelegentliche Abweichungen konstatieren, so z. B., daß unter dem Einflusse des magnetischen Feldes bei senkrecht zu den Kraftlinien emittiertem Lichte die Spektrallinien nicht in drei, sondern in vier Komponenten, symmetrisch zur ursprünglichen Mitte, zerfallen. Die beiden äußeren Komponenten sind parallel zu den Kraftlinien polarisiert, die beiden inneren senkrecht hierzu.

Eine dem Zeemaneffekt ähnliche Erscheinung ist der sog. Starkeffekt, dem die Spektrallinien unterliegen, wenn die Lichtemission in einem starken elektrischen Felde stattfindet und durch sog. Kanalstrahlen hervorgerufen ist. Wird eine Vakuumröhre im Glimmstrom zum Leuchten gebracht, so gehen von der Kathode negative, von der Anode positive Strahlen aus. Die letzteren lassen sich durch Öffnungen in der Kathode weiter leiten (Kanalstrahlen) und zur Anregung der Lichtemission von Gasen verwenden. Erfolgt die Anregung durch Kanalstrahlen in einem starken elektrischen Felde, so erhält man eine Aufspaltung der Linien in mehrere (bis zu 14) Komponenten, doch ist gegenüber dem Zeemanphänomen der Effekt hier bedeutend stärker und für jede Linie verschieden.

In der Astrophysik sind die Zeemansche und die Starksche Entdeckung vorläufig nur für die Sonnenforschung von Interesse, doch darf man es als sicher betrachten, daß sie einmal auch auf anderen Gebieten der Himmelskunde eine wichtige Rolle spielen werden.

Ganz eigenartige Veränderungen und Verzerrungen des Spektrums, die mit keinem der bisher beschriebenen Effekte zusammenhängen, können auftreten, wenn das Licht schon vorher eine Dispersion in Gasen erlitten hat.

Gegenüber den festen oder flüssigen dispergierenden Mitteln, wie Glas, Schwefelkohlenstoff usw., besitzen die Gase im allgemeinen nur ein sehr geringes Zerstreuungsvermögen. Dasselbe ist für den bei weitem größten Teil der Wellenlängen verschwindend gering, erreicht aber in der Nähe der Spektrallinien des betr. Gases sehr hohe, beim Natrium ganz überraschend hohe Werte.

Abb. 68. Entstehung des normalen Spektrums einer Kerze.

Eine kleine leuchtende Fläche, z. B. eine Flamme, werde vermittels einer Linse auf den Spalt eines Spektroskops projiziert. Dann ist es klar, daß die Höhe des entstehenden Spektrums genau der Strecke entspricht, auf welcher der Spalt beleuchtet ist, also genau dem Durchmesser des projizierten Flammenbildes (Abb. 68).

Setzt man nun vor den Spalt ein Prisma, dessen Achse senkrecht zum Spalte steht, also auch senkrecht zu den Achsen der Spektroskopprismen, so tritt eine ganz andere Erscheinung ein. Durch dieses vorgesetzte Prisma werden die von der Flamme kommenden Strahlen bereits vor dem Spektroskop zerlegt, und zwar parallel zum Spalte, so daß z. B. oben das rote Flammenbild liegt, unten das violette, dazwischen die anderen Flammenbilder in kontinuierlicher Aufeinanderfolge der Spektralfarben. Folglich liegen die einzelnen Teile des Spektrums nicht mehr in einem horizontalen, sondern in einem schrägen Streifen, wie Abb. 69 schematisch zeigt. Hieraus folgt, daß man an der Schrägstellung des Spektrums die bereits vor dem Spalte stattgefundene Zerstreuung des Lichtes erkennen und ev. auch messen kann.

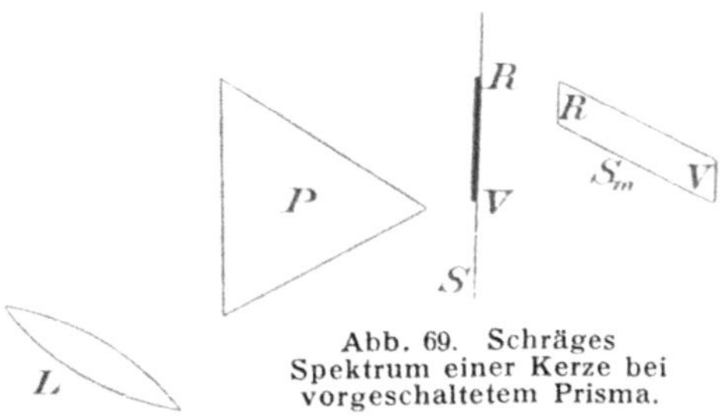

Abb. 69. Schräges Spektrum einer Kerze bei vorgeschaltetem Prisma.

Will man nun die Dispersion eines Gases beobachten, so braucht man nur das bis jetzt benutzte Glasprisma vor dem Spalte durch ein Prisma aus dem betreffenden Gase zu ersetzen. Die Herstellung exakter Gasprismen bietet aber überaus große technische Schwierigkeiten. Mit Natriumdampf, der überhaupt die größte anomale Dispersion besitzt, läßt sich indessen ein allerdings dauernd seine Dimensionen wechselndes Prisma leicht herstellen. Man braucht nur ein Stückchen Natrium auf einem Löffelchen brennen zu lassen; es entsteht dann eine kegelförmige Flamme mit der Spitze nach oben, die wie ein Prisma aus glühendem Natriumdampf wirkt. Abb. 70 zeigt die Deformationen, die bei der oben angegebenen Versuchsanordnung am Orte der beiden *D*-Linien des Natriums im kontinuierlichen Spektrum auftreten. Dabei ist stets das Gesetz erfüllt, daß die Brechungsexponenten in der Nachbarschaft der Absorptionslinien außerordentlich zunehmen, wenn sich die Wellenlänge allmählich derjenigen der absorbierten Schwingungen nähert.

In der hier dargestellten Form ist die anomale Dispersion als solche sofort kenntlich. Denken wir uns aber einen Beobachter, der nur das Gebiet aa_1 überblicken kann, sei es, daß der obere und untere Teil der Abb. 70 abgedeckt oder überstrahlt ist. Er wird in diesem Falle ein kontinuierliches Spektrum beobachten, in dem die beiden D-Linien als breite Bänder ausgebildet sind. Er wird demnach wahrscheinlich annehmen, daß diese dunklen Bänder verbreiterte Absorptionslinien sind, daß also der Natriumdampf in großer Dichte vorhanden sei. Es ist aber in Wirklichkeit das Licht gar nicht absorbiert, sondern nur nach oben und unten abgelenkt worden. Gelangt dagegen nur der Teil bc oder b_1c_1 ins Gesichtsfeld, so wird er fälschlich vermuten, ein Emissionsspektrum des Natriums vor sich zu haben, während die beiden hellen Linien nichts anderes als anomal abgelenkte Teile eines benachbarten kontinuierlichen Spektrums sind. Die Erscheinung kann demnach zu sehr bedenklichen Irrtümern Anlaß geben. Glücklicherweise erfordert ihr Zustandekommen Ausnahmebedingungen, wie sie in der Natur nicht häufig vorkommen dürften.

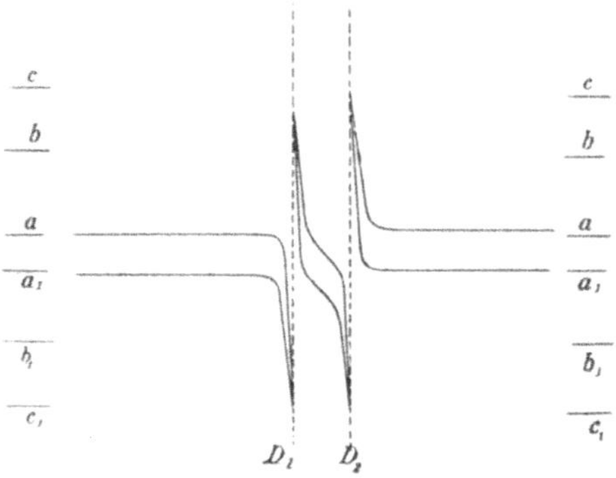

Abb. 70. Anomale Dispersion bei den Natriumlinien D_1 und D_2.

Die anomale Dispersion ist sowohl für die verschiedenen Elemente als auch für die Linien desselben Elements sehr verschieden. Theoretisch muß sie bei allen Linien vorhanden sein; experimentell leichter nachweisbar ist sie außer bei Natrium noch bei Kalium, Tellur, Lithium, Kalzium, Titan und einigen anderen Elementen. Sie ist hier erwähnt worden, weil es nicht an Versuchen gefehlt hat, verschiedene Phänomene, die an der Sonne beobachtet worden sind, auf diesem Wege zu erklären. Wir werden an geeigneter Stelle hierauf noch ausführlich zurückkommen müssen.

Abb. 71. Anomale Dispersion des Mangans bei λ 4033.

Das periodische System der Elemente. Wir haben gelernt, daß die Spektra der Elemente und ihrer Verbindungen so charakteristisch sind, daß aus den Spektren auf die Anwesenheit von Grundstoffen bzw. deren Verbindungen in der untersuchten Lichtquelle geschlossen werden kann, womit die ursprüngliche Hauptaufgabe der Spektralanalyse gelöst ist.

Die besonders in den letzten Jahrzehnten angestellten sorgfältigen Untersuchungen über die Spektra der Elemente haben nun ergeben, daß die Verhältnisse aber durchaus nicht so einfach liegen, wie man früher geglaubt hat. Die Art des Spektrums ist zwar stets charakteristisch für ein bestimmtes Element; aber die meisten Elemente, oder vielleicht alle, besitzen nicht ein charakteristisches Spektrum, sondern verschiedene, je nach der vorliegenden Leuchterregung. Die Verschiedenheiten können so weit gehen, daß ein Element zwei oder noch mehr Spektra besitzt, die untereinander gar keine Ähnlichkeit haben; in andern Fällen bleiben mehr oder weniger große Ähnlichkeiten bestehen, indem gewisse Linien den beiden Spektren gemeinsam sind, während andere für jede Art der Spektra charakteristisch bleiben, und in wieder anderen Fällen beschränken sich die Unterschiede hauptsächlich nur auf die Intensitäten der Linien.

Es gibt verschiedene Arten von Leuchterregungen, die in wesentlichen Punkten voneinander verschieden sind und je nach der Natur der Elemente verwendet werden können. Diejenigen Elemente, welche schon bei niederen Temperaturen gasförmig sind, oder deren Siedepunkt niedrig liegt, z. B. Wasserstoff, Stickstoff, Quecksilber, Natrium, können in den GEISSLERschen Röhren zum Leuchten gebracht werden. Die äußere Temperatur der Gase kann hierbei ziemlich tief liegen, jedenfalls beträchtlich unterhalb der eigentlichen Glühtemperatur (Glimmentladung). Die Elemente, deren Verdampfung höhere Temperaturen erfordert, zeigen ein Spektrum, sobald sie in merklichen Mengen in eine Bunsenflamme gebracht werden, z. B. Natrium, Kalium, Strontium (Flammenspektra). Zur Verflüchtigung und Leuchterregung der Elemente, deren Siedepunkt oberhalb der Flammentemperaturen liegt, z. B. der Metalle, genügt nur der elektrische Bogen oder ein starker Funke (Bogen- bzw. Funkenspektra). Bogen- und Funkenentladung sind eigentlich identisch, nur kann man in letzterem durch die Einschaltung von Leidener Flaschen die Stromdichte gegenüber dem Bogen ungemein verstärken.

Man hat früher die Unterschiede der Spektra desselben Stoffes je nach der Leuchterregung allein dem Einflusse der Temperatur zugeschrieben; später hat man erkannt, daß bei der elektrischen Leuchterregung sehr komplizierte Verhältnisse vorliegen, die offenbar mit dem Atombau des betreffenden Elements zusammenhängen, deren Erkenntnis aber noch unvollständig ist.

Eine einheitliche Untersuchung der Spektra von nahezu allen bekannten Elementen existiert bisher nur für die Funkenspektra, und auch diese umfaßt nicht das ganze Spektralgebiet, sondern beschränkt sich auf den brechbareren Teil; sie ist von EXNER und HASCHEK sowie von KAYSER und RUNGE ausgeführt worden. Einige spezielle, astronomisch sehr wichtige Untersuchungen sind den Arbeiten von KING am spektrographischen Laboratorium des Mt. Wilsonobservatoriums in Pasadena u. a. zu verdanken.

Während das Spektrum die qualitative Erkennung eines Elements ermöglicht, ist das quantitativ-chemische Verhalten des betr. Elements durch sein Atomgewicht bestimmt, d. h. diejenige Verhältniszahl, welche angibt, wieviele Gewichtsteile der verschiedenen Elemente im gasförmigen Zustande sich zu chemischen Verbindungen vereinigen können. Der Wasserstoff hat das kleinste Atomgewicht aller Elemente; man hat es daher mit 1 bezeichnet, so daß die Atomgewichte aller anderen Elemente größere Zahlen sind. Wenn z. B. das Atomgewicht von Sauerstoff 16, dasjenige von Blei 207 ist, so besagt dies, daß sich nur 16 Gewichtsteile Sauerstoff mit 207 Gewichtsteilen Blei vereinigen können, oder Vielfache hiervon, z. B. $2 \times 16 = 32$ Teile Sauerstoff mit 207 Teilen Blei, niemals aber unter beliebigen anderen Verhältnissen. Wir werden hier der Einfachheit halber die Atomgewichte immer in ganzen Zahlen angeben; auch in Wirklichkeit liegen sie mit wenigen Ausnahmen (z. B. Kupfer und Chlor) ziemlich nahe bei ganzen Zahlen.

Wenn man die chemischen Elemente nach ihren Atomgewichten ordnet, so bemerkt man, daß sich dann eine kontinuierliche Änderung der meisten chemischen und physikalischen Eigenschaften ergibt, entweder durchweg ansteigend oder absteigend oder aber auch vom Ansteigen übergehend in Absteigen und umgekehrt. Endlich tritt jedoch bei einer nur sehr kleinen Zunahme des Atomgewichts eine plötzliche Änderung der Eigenschaften ein, ein Zurückschlagen, so daß nunmehr wieder Ähnlichkeit mit dem Anfangselement vorhanden ist; die Änderung der Eigenschaften geht also periodisch vor sich.

Die Zahl der Elemente, die zu einer Periode gehören, beträgt entweder 8 oder 19. Mendelejeff hat nach diesen Gesichtspunkten sein natürliches periodisches System der Elemente aufgestellt, in dem jedoch noch einige Lücken vorkommen, was aber selbstverständlich erscheint, da uns noch nicht alle existierenden Elemente bekannt sind.

Der Wasserstoff, dessen Atomgewicht das kleinste aller bekannten Elemente ist und deshalb zu 1 angesetzt wird, läßt sich nicht ohne weiteres in das natürliche System einreihen. Es kommt dies vielleicht daher, daß noch eine ganze Reihe von leichteren Elementen existiert, die wir aber nicht kennen, und mit denen der Wasserstoff eine besondere Periode bildet.

Nach dem Vorausgeschickten müssen in der tabellarischen Anordnung der Elemente (vgl. S. 85) fortschreitende Ähnlichkeiten auftreten, sowohl im Sinne der Gruppen als auch der Perioden. Die einzelnen Perioden sind in der Tabelle durch horizontale Striche voneinander getrennt.

Nicht immer verlaufen die chemischen Eigenschaften dem Gang der Atomgewichte parallel. So folgt das Kalium (Atomgew. 39.1) auf das schwerere Argon (Atomgew. 39.9); ein geringerer Sprung findet bei Nickel (Atomgew. 58.7) und Kobalt (Atomgew. 59.0) statt.

Nach den neueren Anschauungen der Physik unterliegt es keinem Zweifel, daß die Folge der Atomgewichte im periodischen System nicht das Wesentliche ist. Es liegt hier lediglich ein Parallelismus mit der weit wichtigeren Ordnungsziffer der Elemente vor, die physikalisch durch die Kernladungszahl der Elemente streng definiert ist. Wasserstoff hat dabei die Kernladung 1, Helium 2, Lithium 3 usw. Bei dieser Auffassung tritt an Stelle des Atomgewichts — da das Atom in der modernen Physik als ein positiv geladener Zentralkern aufgefaßt wird, um den negative Elektronen gesetzmäßig rotieren — als charakteristisches Merkmal die Kernladung der Atome. Die Eigenschaften der Elemente erweisen sich dementsprechend als periodische Funktionen ihrer Kernladung, nicht der Atomgewichte. Die Reihenfolge der 92 Elemente zwischen Wasserstoff und Uran ist damit so genau bestimmt, daß dabei auch die Lücken in unseren Kenntnissen deutlich hervortreten. Sie betreffen die Ordnungsnummern

43,	Atomgewicht:	97—101
61,	„	145—149
75,	„	185—190
85,	„	211—221
87,	„	223—225.

Das periodische System der Elemente (nach SOMMERFELD und FAJANS).

	I	II	III	IV	V	VI	VII	VIII
1	1 H 1							2 He 4
2	3 Li 7	4 Be 9	5 B 11	6 C 12	7 N 14	8 O 16	9 F 19	10 Ne 20
3	11 Na 23	12 Mg 24	13 Al 27	14 Si 28	15 P 31	16 S 32	17 Cl 35	18 A 40
4	19 K 39 29 Cu 64	20 Ca 40 30 Zn 65	21 Sc 44 31 Ga 70	22 Ti 48 32 Ge 72	23 V 51 33 As 75	24 Cr 52 34 Se 79	25 Mn 55 35 Br 80	26 Fe 56, 27 Co 59, 28 Ni 59 36 Kr 83
5	37 Rb 85 47 Ag 108	38 Sr 88 48 Cd 112	39 Y 89 49 In 115	40 Zr 91 50 Sn 119	41 Nb 94 51 Sb 120	42 Mo 96 52 Te 128	43 ? 53 J 127	44 Ru 102, 45 Rh 103, 46 Pd 107 54 X 130
6	55 Cs 133 79 Au 197	56 Ba 137 80 Hg 201	57—72 Seltene Erden 81 Tl 204	82 Pb 207	73 Ta 182 83 Bi 208	74 W 184 84 Po (210)	75? 85?	76 Os 191, 77 Ir 193, 78 Pt 195 86 Em 222
7	87 ?	88 Ra 226	89 Ac (227)	90 Th 232	91 Pa (230)	92 U (238)		

Seltene Erden

57 La 139	58 Ce 140	59 Pr 141	60 Nd 144	61 ?	62 Sm 150	63 Eu 152	64 Gd 157
65 Tb 159	66 Dy 162	67 Ho 164	68 Er 168	69 Tu I 169	70 Yb 174	71 Lu 175	72 Tu II (178)

Die Auffindung dieser theoretischen noch fehlenden Elemente im Laboratorium kann wohl nur als eine Frage der Zeit bezeichnet werden.

Spektra einiger Elemente. Bei der großen Anzahl von Elementen und den in ihren Spektren vorhandenen Linien müssen wir uns hier darauf beschränken, nur für einzelne derselben, die in der Astrophysik eine bedeutendere Rolle spielen, eine kurze Charakteristik der Spektra, besonders in bezug auf die Serienanordnung der Linien, soweit dieselbe überhaupt bekannt ist, zu geben. Die Angabe des Aggregatzustandes bezieht sich auf die mittlere Laboratoriumstemperatur 15^0 bis 20^0 Celsius; als Einheit für die spezifischen Gewichte ist für feste und flüssige Körper dasjenige des Wassers gewählt, für gasförmige Körper dasjenige der atmosphärischen Luft bei dem Barometerstande von 760 mm und 0^0 Temperatur. Die vorangestellten Zahlen sind die Atomnummern.

1. Wasserstoff (H). Atomgewicht 1; gasförmig; spez. Gewicht 0.07; Siedepunkt — 253^0; Schmelzpunkt — 259^0. Das Funkenspektrum enthält 33 Linien von λ 6565 bis λ 3659 ($H\alpha$, $H\beta$, $H\gamma$ usw.). Über die einfachen Beziehungen zwischen den Wellenlängen dieser Serie mit der BALMERschen Formel und über die beiden weiteren Serien im Ultrarot und Ultraviolett ist bereits auf S. 77 ausführlich berichtet worden. Das Vorkommen des Wasserstoffs im Weltall ist so gut wie universell. Er ist nicht nur in allen Sternen und Nebelflecken, sondern auch in Meteoren, wahrscheinlich auch in Kometen und in den Atmosphären aller Planeten vorhanden.

Ein gänzlich anderes Spektrum, das sogenannte zweite Spektrum des Wasserstoffs, tritt auf, wenn in Wasserstoffröhren keine Funken- sondern Glimmentladung stattfindet, also vornehmlich in weiten Röhren und ohne Einschaltung von Leidener Flaschen.

Über das Vorkommen von Wasserstofflinien im Flammenspektrum hat längere Zeit hindurch Ungewißheit geherrscht. Die Frage ist wohl in bejahendem Sinne entschieden, obgleich über die Entstehungsbedingungen des Spektrums in den beobachteten Fällen (Knallgasgebläse, BESSEMERprozeß) noch nichts Bestimmtes ausgesagt werden kann.

2. Helium (He). Atomgewicht 4; spez. Gewicht 0.14; Siedepunkt — 269^0. Vom Helium sind über 100 Linien bekannt, von denen mehrere im äußersten Ultrarot (bis λ 19096 und 20581) liegen und durch STARK, PASCHEN u. a. entdeckt worden sind. Die Heliumlinien haben sich in mehrere Serien einordnen lassen, von denen zwei ein einfaches Gesetz befolgen (S. 78). Zu ihnen gehört die glänzende D_3-Linie, die in den Spektren des Sonnenrandes, der WOLF-RAYETsterne und einiger Nebelflecken schon lange bekannt war, ehe das Helium selbst auf der Erde (1895) aus dem seltenen Mineral Cleveit hergestellt, dann sogar in der Erdatmosphäre nachgewiesen wurde. Auf der Sonne wie in den Gasnebeln usw. fast nur in Emissionsform vorkommend, charakterisiert das Helium durch seine Absorptionslinien eine außerordentlich wichtige besondere Gruppe (Klasse O) von Milchstraßensternen.

6. Kohlenstoff (C). Atomgewicht 12; tritt in drei allotropen Zuständen auf und zwar

a. als Diamant; fest; spez. Gewicht 3.5; Schmelzpunkt: bis jetzt nicht schmelzbar; Siedepunkt ?

b. als Graphit; fest; spez. Gewicht 2.2; bis jetzt nicht schmelzbar; Siedepunkt ?

c. als amorpher Kohlenstoff; fest; spez. Gewicht 1.8; nicht schmelzbar; Siedepunkt berechnet zu 3600°.

Die Zahl der reinen Linien ist nicht groß. Dagegen besitzen gewisse Kohlenverbindungen, das Kohlenmonoxyd, die Kohlenwasserstoffe, Kohlensäure und Cyan charakteristische Bänderspektra, über die später (S. 296f.) noch berichtet wird. Spektra, die durch Kohlenverbindungen gekennzeichnet sind, geben die Kometen und die roten Sterne vom IV. SECCHIschen Typus (Spektralklasse N).

7. Stickstoff (N). Atomgewicht 14; gasförmig; spez. Gewicht 0.97; Schmelzpunkt — 210°; Siedepunkt — 196°. Der Stickstoff gibt in GEISSLERschen Röhren bei Einschaltung einer Leidener Flasche ein Linienspektrum, ohne Leidener Flasche ein Bänderspektrum. Weitere für die Erklärung der Polarlichter wichtige Unterschiede treten beim Leuchten des Stickstoffs in positiven Strahlen (Bogenspektrum) auf. Stickstoff leuchtet in gelber Farbe.

8. Sauerstoff (O). Atomgewicht 16; spez. Gewicht 1.11; Schmelzpunkt — 218°; Siedepunkt — 183°. Sauerstoff hat je nach der Stärke der Entladung zwei verschiedene Linienspektra, von denen eines mindestens vier Serien enthält; außerdem hat das Gas noch drei verschiedene Bänderspektra; eine Modifikation des Sauerstoffes, das Ozon, besitzt ebenfalls wieder ein besonderes Spektrum, so daß also mindestens sechs verschiedene Sauerstoffspektra bekannt sind. Die starke terrestrische Absorption gestaltet den Nachweis des Sauerstoffs auf anderen Himmelskörpern recht schwierig.

11. Natrium (Na). Alkalimetall. Atomgewicht 23; fest; spez. Gewicht 0.97; Schmelzpunkt 97°; Siedepunkt 877°. Im Bogenspektrum sind 35 Linien λ 8190 bis λ 2510 vorhanden, die sich paarweise in sechs Serien gruppieren. Die Linien je zweier Serien fallen dabei so nahe zusammen, daß man auch drei Serien von Linienpaaren annehmen kann. Das erste Linienpaar der Hauptserie sind die bekannten *D*-Linien bei λ 5896 und λ 5890, die dem leuchtenden Natriumdampfe die intensiv gelbe Färbung erteilen. Das nächste Paar der Hauptserie befindet sich bereits im Ultraviolett bei λ 3303 und λ 3302; die weiteren Doppellinien sind so eng, daß sie nicht mehr getrennt werden können.

12. Magnesium (Mg). Erdalkalimetall. Atomgewicht 24; fest; spez. Gewicht 1.74; Schmelzpunkt 651°; Siedepunkt 1100°? Eine Hauptserie ist nicht gefunden, wohl aber zwei Nebenserien, von denen jede aus dreifachen Linien (Triplets) sich zusammensetzt. Alle diese Triplets besitzen die gleiche Schwingungsdifferenz zwischen der ersten und zweiten und zwischen der zweiten und dritten Linie, und beide Serien enden an derselben Stelle des Spektrums. Das erste Triplet der zweiten Nebenserie ist die bekannte, sehr starke Liniengruppe im Grün, die im Sonnenspektrum mit *b* bezeichnet ist.

19. Kalium (K). Alkalimetall. Atomgewicht 39; fest; spez. Gewicht 0.86; Schmelzpunkt 63°; Siedepunkt 757°. Außer zwei Nebenserien ist eine Hauptserie von Linienpaaren vorhanden, deren erstes Paar im äußersten Rot bei λ 7699 und λ 7666 liegt; die weiteren, ebenfalls sehr hellen Paare befinden sich im Blau und Violett, während dazwischen schwächere Linien

der Nebenserie liegen. Die Linien der Hauptserie erteilen dem leuchtenden Kaliumdampfe die rotviolette Färbung. Ein zweites Kaliumspektrum, das mit dem normalen keine Linie gemeinsam hat, ist von GOLDSTEIN festgestellt worden.

20. Kalzium (Ca). Erdalkalimetall. Atomgewicht 40; fest; spez. Gewicht 1.58; Schmelzpunkt 800°; Siedepunkt? Es sind zwei Nebenserien bekannt, die wie beim Mg aus Triplets bestehen. Die erste Nebenserie unterscheidet sich von der zweiten aber besonders dadurch, daß die erste Linie der Triplets selbst wieder aus drei sehr nahestehenden Linien zusammengesetzt ist, die zweite aus zwei Linien, während die dritte einfach ist. Die beiden stärksten Linien des Kalziumspektrums, an der Grenze des Violett bei λ 3969 und λ 3934 gelegen, als stärkste Linien des Sonnenspektrums mit H und K bezeichnet, gehören nicht zu den beiden Nebenserien, scheinen aber mit anderen Linienpaaren gesetzmäßig verbunden zu sein, wie aus dem Verhalten des Spektrums im magnetischen Felde hervorgeht. Das violette Linienpaar erscheint übrigens schon bei den geringsten Spuren von Kalziumdampf und ist ein außerordentlich feines spektralanalytisches Kriterium für dieses Metall. Neben Wasserstoff ist das Kalzium das astrophysikalisch wichtigste Element.

22. Titan (Ti). Atomgewicht 48; fest; spez. Gewicht 3.54; Schmelzpunkt 1800°; Siedepunkt? Das Funkenspektrum enthält gegen 1500 Linien. Diese bilden vielfache Gruppen, doch sind Gesetzmäßigkeiten nicht bekannt. Das Titan tritt, besonders in der Form von Titanoxyd, als charakteristisches Merkmal in Sonnenflecken und bei roten Sternen auf.

26. Eisen (Fe). Atomgewicht 56; fest; spez. Gewicht 7.86; Schmelzpunkt 1530°; Siedepunkt 2450°. Im Funkenspektrum sind weit über 1500 Linien beobachtet; das Bogenspektrum enthält beträchtlich mehr Linien, um deren Bestimmung sich FABRY, BUISSON, KAYSER u. a. besonders bemüht haben. Gesetzmäßigkeiten sind nicht näher bekannt, doch treten zahlreiche enge Doppellinien auf. Eisen ist zweifellos das verbreitetste Element im Weltall. In gediegener Form setzt es in Verbindung mit den beiden folgenden Elementen Nickel und Kobalt die Eisenmeteorite zusammen.

27. Kobalt (Co). Atomgewicht 59; fest; spez. Gewicht 8.6; Schmelzpunkt 1500°; Siedepunkt? Das Funkenspektrum enthält gegen 1500 Linien.

28. Nickel (Ni). Atomgewicht 59; fest; spez. Gewicht 8.8; Schmelzpunkt 1450°; Siedepunkt?

38. Strontium (Sr). Atomgewicht 88; fest; spez. Gewicht 2.54; Schmelzpunkt 800°; Siedepunkt? Das Funkenspektrum enthält 40 Linien, im Bogenspektrum sind 80 Linien bekannt. Das Spektrum zeigt eine größere Zahl von Triplets, von denen etwa 12 zwei Nebenserien angehören, deren erste wieder kompliziert gebaute Triplets enthält, ähnlich wie beim Kalzium. Der leuchtende Strontiumdampf ist intensiv rot. Einige Strontiumlinien charakterisieren den Zwerg- bzw. Gigantentypus der gelben und rotgelben Sterne und haben daher bei der Bestimmung der sog. spektroskopischen Parallaxen große Bedeutung erlangt.

88. Radium (Ra). Atomgewicht 226. Die bisher aufgefundenen 39 Ra-Elemente sind besonders durch ihre merkwürdigen Strahlungen und Ema-

nationen sowie durch den allmählichen Zerfall, den sie erleiden, und der sich weder verzögern noch beschleunigen läßt, bekannt geworden. Inwieweit das Radium im Weltall eine Rolle spielt, läßt sich vorläufig noch nicht übersehen.

Diese Angaben mögen zur Orientierung genügen. Wegen weiterer Einzelheiten muß auf chemische Spezialwerke verwiesen werden.

III. Die Photometrie.

Die Photometrie behandelt die Aufgabe, das Verhältnis der Helligkeiten zweier Objekte zahlenmäßig darzustellen. Im allgemeinen handelt es sich dabei um die Vergleichung der Helligkeiten weißer oder genähert weißer Lichtquellen. Die Aufgabe, stark gefärbtes Licht, also solches, in dem nur Strahlen bestimmter Wellenlängen vorkommen, seiner Intensität nach zu vergleichen, wird von einem besonderen Zweige der Photometrie, der Spektralphotometrie, gelöst.

Lange bevor eine wissenschaftliche Photometrie existierte, ja ehe auch nur ihre Grundlagen bekannt waren, hat man photometrische Schätzungen am Himmel vorgenommen. Obwohl dann in der Mitte des 18. Jahrhunderts die theoretische Photometrie durch Lambert in mustergültiger Weise begründet wurde, ist mit einer systematischen und erfolgreichen Anwendung auf den gestirnten Himmel erst in den letzten Jahrzehnten begonnen worden.

6. Die photometrischen Theorien.

Allgemeine Grundgesetze. Das menschliche Auge ist imstande, Unterschiede der Helligkeiten mit großer Schärfe wahrzunehmen, sofern sich die zu betrachtenden Helligkeiten innerhalb gewisser Grenzen befinden. Die obere Grenze ist durch eintretende Blendung gegeben. Es tritt dann die Erscheinung der Nachbilder in intensivster Weise ein, die jedes weitere Benutzen der Augen für längere Zeit unmöglich macht. Sinkt umgekehrt die Helligkeit unter einen gewissen Betrag, so vereitelt die physiologische Helligkeit des Augenhintergrundes das exakte Sehen. Wenn nichts anderes gesagt ist, soll im folgenden stets angenommen werden, daß die zu beobachtenden Helligkeiten innerhalb dieser beiden Grenzen liegen, daß es sich also um Helligkeiten handelt, die für das Auge bequem sind.

Wenn auch das Auge in der Lage ist, Helligkeitsunterschiede gut wahrzunehmen, so ist es doch kein Meßapparat; es kann das Verhältnis der Helligkeiten nicht zahlenmäßig angeben. Man erkennt z. B. sehr deutlich, daß eine elektrische Bogenlampe sehr viel heller ist als eine Kerze, ob sie aber 100mal oder 1000mal heller ist, können wir nicht sagen. Das Auge besitzt sogar eine schon erwähnte Schutzvorrichtung, die ohne Benutzung besonderer Vorsichtsmaßregeln das Urteil über verschiedene Helligkeiten direkt täuscht. Es ist das die Fähigkeit der Iris, die Öffnung der Pupille willkürlich zu verkleinern. Im Dunkeln und bei gut ausgeruhtem Auge besitzt die Pupille ihre Maximalöffnung von etwa 8 mm. Gelangt Licht ins Auge, so wird durch die Reizung der Sehnerven reflektorisch die Pupillenöffnung verkleinert, und zwar um so mehr, je heller das eindringende Licht ist; die Verkleinerung kann bis auf weniger als 1 mm heruntergehen, so daß alsdann nur der 64. Teil von dem bei voller Pupillenöffnung eintretenden Licht ins Auge gelangt. Der Kontrast zwischen sehr großer und sehr kleiner Helligkeit ist also um das 64fache vermindert.

Nur in einem einzigen, ganz speziellen Falle kann das Auge ein Helligkeitsverhältnis messen, nämlich dann, wenn die zu vergleichenden Helligkeiten einander gleich sind. Unter besonders günstigen Umständen kann das Auge die Gleichheit zweier Helligkeiten bis auf 1% genau beurteilen, d. h. es kann noch eben erkennen, daß eine Fläche, deren Helligkeit 100 beträgt, etwas heller ist als eine solche, deren Helligkeit 99 beträgt. In diesem einzigen Falle wird das Auge zum Meßinstrument, und es folgt daher als oberster Grundsatz der Photometrie: Die zur Messung des Helligkeitsverhältnisses dienenden Instrumente müssen ausnahmslos so eingerichtet sein, daß in ihnen in meßbarer Weise die verschiedene Helligkeit zweier Objekte in die gleiche verwandelt werden kann.

Wenn dieser Grundsatz befolgt ist, kann das Auge messend eintreten. Ob aber auch dann die Gleichheit der Helligkeiten zuverlässig beurteilt werden kann, hängt von gewissen weiteren Bedingungen ab, die bereits Lambert um 1760 aufgestellt hat, und die hier der Reihe nach besprochen werden sollen. Es sind dies die Bedingungen der Gleichzeitigkeit, der Gleichheit des Gesamtlichtes, der Gleichheit von Größe und Form, sowie Gleichheit der Farbe.

1. Zwischen der Betrachtung der beiden Objekte darf kein längerer Zeitraum verfließen, weil sonst keine Garantie dafür geboten ist, daß sich in beiden Fällen das Auge in der gleichen Beschaffenheit befindet. Ferner ist zu beachten, daß gerade für Helligkeitsauffassungen unser Gedächtnis sehr trügerisch ist. Die beiden zu vergleichenden Objekte müssen demnach so nahe beieinander sein, daß sie mit demselben Blick zu erfassen sind, ihr Winkelabstand also nicht mehr als 40′ bis 50′ beträgt. Läßt sich das nicht erreichen, so muß wenigstens die Möglichkeit gegeben sein, mit dem Auge sehr schnell zwischen den beiden Objekten hin- und herzugehen.

2. Nicht immer ist es möglich, daß nur das von den zu vergleichenden Objekten kommende Licht ins Auge gelangt. Unter Umständen hat der Hintergrund, auf den sich die Objekte projizieren, eine merkliche Helligkeit, oder besondere Bedingungen bewirken, daß in einem hellen Raume beobachtet werden muß, daß also seitliches Licht mit ins Auge tritt. In allen diesen Fällen ist sehr sorgfältig darauf zu achten, daß in bezug auf dieses Nebenlicht Gleichheit bei beiden Objekten herrscht. Das eine Objekt darf nicht einen hellen Hintergrund haben, wenn das andere einen dunklen hat, und bei der Betrachtung des einen Objektes darf nicht Nebenlicht ins Auge fallen, während dies bei dem anderen nicht im gleichen Maße stattfindet. Es ist sonst bei beiden Betrachtungen der Zustand des Auges nicht derselbe, vor allem die Öffnung der Pupille nicht die gleiche.

3. Es ist schwierig, die Gleichheit in der Helligkeit einer sehr kleinen und einer sehr großen, einer dreieckigen und einer kreisförmigen Fläche zu beurteilen. Das erstrebenswerte Ziel jeder photometrischen Messung ist daher die Vergleichung zwischen zwei Objekten, die in bezug auf Form und Größe vollständig miteinander übereinstimmen, also: Punkt mit Punkt, Linie

mit Linie, Quadrat mit gleichgroßem Quadrat, Kreis mit gleichgroßem Kreis, wobei beide Objekte sich möglichst nahe beieinander befinden müssen.

4. Selbst wenn die Farbentöne zweier Objekte sich nur wenig voneinander unterscheiden, ist die Beurteilung der Helligkeitsgleichheit schon sehr erschwert; bei größeren Unterschieden wird sie fast illusorisch, und es gehört eine besondere Übung dazu, die Helligkeit ganz verschieden gefärbter Objekte, z. B. rot und blau, auch nur annähernd richtig zu beurteilen. Bei den Aufgaben der allgemeinen Photometrie ist daher dafür Sorge zu tragen, daß die zu vergleichenden Objekte möglichst von derselben Färbung sind.

Die vorstehenden Prinzipien folgen aus den physiologischen Eigenschaften unseres Auges. Sie müssen für die Konstruktion von Photometern durchaus maßgebend sein, und es wird daher in dem Kapitel, das über die photometrischen Instrumente handelt, fortgesetzt auf diese Prinzipien zurückzukommen sein.

Wenn auch, wie wir gesehen haben, das Auge nicht imstande ist, selbständig Helligkeitsunterschiede zu messen, so vermag es doch mehrere vorliegende Helligkeiten so einzuordnen, daß die Unterschiede zwischen ihnen einigermaßen konstant sind. In der Physiologie betrachtet man jede äußere Einwirkung auf die Sinnesorgane als einen Reiz, mit dem die uns zum Bewußtsein kommende Empfindung in einem durchaus gesetzmäßigen Zusammenhange steht, solange nicht gewisse Grenzen nach oben und unten überschritten werden. Durch zahlreiche Untersuchungen ist festgestellt, daß die Stärke der Empfindung keineswegs proportional mit der Stärke des Reizes wächst, sondern daß sie viel langsamer zunimmt als der Reiz selbst. Bezeichnet man die Empfindung E ganz allgemein als Funktion des Reizes R, so wissen wir also von der Funktion

$$E = f(R),$$

daß sie mathematisch so beschaffen sein muß, daß E viel langsamer zunimmt als R. Fechner hat zuerst die Natur dieser Funktion erkannt. Sie ist einfach eine logarithmische Funktion, und das Fechnersche psychophysische Grundgesetz lautet: Die Empfindung ist proportional dem Logarithmus des Reizes, oder, was dasselbe ist, wächst der Reiz in geometrischer Progression, so steigt die Empfindung in arithmetischer Folge.

Beim Sehen ist die Stärke des Reizes gegeben durch die Intensität des ins Auge dringenden Lichtes; bezeichnet man dieselbe mit J, so lautet also das photometrische psychophysische Grundgesetz nach Fechner

$$E = c \log J,$$

wo c eine konstante Zahl ist, die von den Versuchsbedingungen abhängt, also zunächst keine allgemeine Bedeutung besitzt.

Es sind demnach nicht die Intensitäten selbst, die im Auge zur Wahrnehmung kommen, sondern ihre Logarithmen. In physikalisch-photometrischen Abhandlungen werden daher fast nur noch die Intensitätslogarithmen angegeben; in der Astrophysik gelangen bald die Intensitäten, bald ihre Logarithmen zur Anwendung, je nachdem es die Aufgabe erfordert.

Ein sehr häufiger Gebrauch wird in der Astronomie von dem Begriff der

Größenklassen gemacht, und zwar nicht nur bei punktförmigen, sondern auch bei flächenhaften Objekten. Dabei wird angenommen, daß die aufeinanderfolgenden Größenklassen das Intensitätsverhältnis 2.5 besitzen, d. h. daß beispielsweise ein Stern 2. Größe 2.5 mal schwächer ist als ein Stern 1. Größe, ein Stern 3. Größe 2.5^2 mal schwächer usf. Bezeichnet man den Größenunterschied zweier Sterne mit Δm, so wird also allgemein ihr Helligkeitsverhältnis

$$\frac{J}{J_n} = 2.5^{\Delta m}, \qquad \log \frac{J}{J_n} = \Delta m \log 2.5,$$

sein, d. h.

$$\Delta m = \frac{\log J - \log J_n}{0.4}.$$

Der abgekürzte Logarithmus 0.4 (er gehört streng zu dem Helligkeitsverhältnis 2.512) wird heute nach einem Vorschlage von Pogson ganz allgemein verwendet, so daß die letzte Formel in aller Strenge die gegenseitige Umwandlung von Größen in Intensitäten und umgekehrt, ermöglicht. Für $\Delta m = 6$ Größenklassen erhält man beispielsweise

$$\log \frac{J}{J_n} = 2.4, \qquad \frac{J}{J_n} = \frac{1}{251}.$$

Ebenso entspricht dem Intensitätsverhältnis 15 : 2 eine Differenz der Helligkeitslogarithmen von 0.875. Dividiert man diese Zahl durch 0.4, so erhält man

$$\Delta m = 2.19 \text{ Größenklassen.}$$

Photometrische Aufgaben. Wir haben bisher nur ganz allgemein von leuchtenden Körpern gesprochen, ohne über die Ursache ihres Leuchtens irgend etwas auszusagen. Es ist nun streng zu unterscheiden zwischen selbstleuchtenden Objekten, z. B. Sonne, Kerzenflamme, und beleuchteten, an sich dunklen Körpern, z. B. Mond, Papier. Bei den ersteren ist die Art des Leuchtens abhängig von der Temperatur, der chemischen, physikalischen und der Oberflächenbeschaffenheit, bei den letzteren spielt die eigene Temperatur keine maßgebende Rolle. Die Stärke des von den selbstleuchtenden Körpern ausgehenden Lichtes soll stets als Intensität oder Leuchtkraft bezeichnet werden. Diejenige Helligkeit aber, welche durch die Leuchtkraft eines selbstleuchtenden Körpers auf einem dunklen Körper objektiv erzeugt wird, soll Beleuchtung genannt werden. Diese Beleuchtung kann aus Leuchtkraft und Stellung des selbstleuchtenden Körpers berechnet werden, oder, wenn die physikalischen Eigenschaften des dunklen Körpers genau bekannt sind, rückwärts aus der scheinbaren Helligkeit des letzteren. Diese ist im allgemeinen kleiner als die Beleuchtung, da sie nur dem Betrage des in der Richtung nach dem Auge hin reflektierten Lichtes entspricht. Alle Aufgaben der Photometrie sind schließlich darauf gerichtet, die scheinbare Helligkeit zu bestimmen, da letztere allein berechenbar und beobachtbar ist.

Ein ebenfalls sehr wichtiger und scharf zu beachtender Unterschied besteht zwischen Flächenhelligkeit und Gesamthelligkeit eines leuchtenden Objektes. Der Begriff Flächenhelligkeit kann natürlich nur bei einem ausgedehnten Objekt in Frage kommen, das eine deutlich als solche erkennbare Fläche darbietet. Unter Flächenhelligkeit versteht man die Helligkeit, welche die Einheit der Fläche des leuchtenden Körpers aussendet. Diese Einheit kann in gewöhnlichem Flächenmaße ausgedrückt sein, z. B. in Quadratzentimetern, man kann aber auch ein Winkelmaß zugrunde legen, z. B. einen Quadratgrad. Die Wahl der Einheit, ob Flächen- oder Winkelmaß, hängt davon ab, ob man es mit der wahren oder der scheinbaren Größe eines Objektes zu tun hat.

Wenn die scheinbare Ausdehnung eines leuchtenden Objektes infolge der Entfernung so klein ist wie z. B. bei den Fixsternen, so nennt man die Lichtquelle eine punktförmige, und der Begriff der Flächenhelligkeit fällt fort. Man hat es dann nur mit der Gesamthelligkeit zu tun, deren Behandlung und Berechnung eine von der Flächenhelligkeit durchaus verschiedene ist; es ist daher wichtig, zwischen beiden Begriffen streng zu unterscheiden.

Nach Klarlegung der Grundbegriffe können nunmehr die Aufgaben der theoretischen Photometrie folgerichtig präzisiert werden. Die erste Aufgabe zielt dahin, die objektive Beleuchtung einer beliebigen Fläche durch einen leuchtenden Punkt zu berechnen; daran würde sich anschließen, die objektive Beleuchtung einer beliebigen Fläche durch eine beliebige leuchtende Fläche zu bestimmen. Damit wären die Beleuchtungsaufgaben erledigt, und die dritte Aufgabe würde die sein, die scheinbare Helligkeit der in den zwei ersten Aufgaben behandelten beleuchteten Flächen zu ermitteln. Diese drei Aufgaben umfassen die gesamte theoretische Photometrie, und wir müssen sofort bekennen, daß nur die erste derselben streng zu lösen ist, während die beiden anderen, insbesondere die dritte, noch gänzlich ungelöst dastehen. Die bisher erzielten Resultate haben für die Praxis nur Wert, wenn die ein- und austretenden Lichtstrahlen keine großen Neigungen gegen die betreffenden Flächen besitzen. Auch in diesen Fällen werden die Probleme häufig äußerst verwickelt und bieten beträchtliche mathematische Schwierigkeiten, denen zu folgen an dieser Stelle unmöglich ist.

Es möge nun für die erste Aufgabe angenommen werden, die Fläche sei eine Ebene und sei sehr klein im Verhältnis zu ihrer Entfernung von dem leuchtenden Punkte. Im ersten Abschnitt haben wir (S. 8) bereits gelernt, daß bei jeder von einem Punkte ausgehenden Strahlung die Intensität der Strahlung dem Quadrate der Entfernung umgekehrt proportional ist. Dieses allgemeine Gesetz spielt in der vorliegenden Aufgabe eine wichtige Rolle, indem es die Abhängigkeit der Beleuchtungsstärke von der Entfernung des leuchtenden Punktes bestimmt. Befindet sich der leuchtende Punkt zuerst in der Entfernung $r = 1$, und wird die Beleuchtung der Fläche in dieser Entfernung mit B_0 bezeichnet, so ist ganz allgemein bei einer beliebigen Entfernung r die Beleuchtung ausgedrückt durch

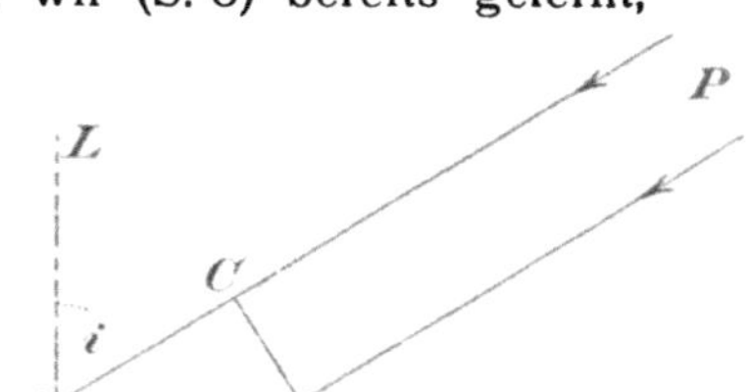

Abb. 72. Beleuchtung einer Fläche AB durch einen fernen Punkt P.

$$B = \frac{B_0}{r^2}.$$

Es ist dabei aber keineswegs gleichgültig, welche Lage das Flächenstück zu dem leuchtenden Punkte besitzt, d. h. unter welchem Winkel die Strahlen auf das Flächenstück fallen. In der Abb. 72 sei AB das Flächenstück. Der leuchtende Punkt P liege in weiter Entfernung, so daß die die Fläche treffenden Strahlen PA und PB als parallel angesehen werden können. Wenn man von B aus eine Fläche senkrecht zur Strahlenrichtung legt (BC), so füllt diese Fläche das ganze auf die Fläche AB gelangende Lichtbündel aus, empfängt also die gleiche Beleuchtung wie AB. Nun ist augenscheinlich AB größer als BC; dieselbe Lichtmenge verteilt sich also auf eine größere Fläche. In dem rechtwinkligen Dreieck ABC verhalten sich aber die Stücke BC und AB zueinander wie der Cosinus des Winkels i zu 1. Für die Beleuchtung kleiner ebener Flächen durch einen leuchtenden Punkt ergibt sich mithin als allgemein gültiges Gesetz:

$$B = \frac{B_0 \cos i}{r^2},$$

d. h. die Beleuchtung einer kleinen ebenen Fläche durch einen Punkt ist umgekehrt proportional dem Quadrate der Entfernung des Punktes und direkt proportional dem Cosinus des Einfallswinkels.

Wird die Fläche von mehreren leuchtenden Punkten beleuchtet, und sind die leuchtenden Punkte voneinander unabhängig, so sind auch die verschiedenen Beleuchtungen voneinander unabhängig, sie addieren sich einfach, und die Gesamtbeleuchtung durch die zwei Punkte wird:

$$B = \frac{B_0 \cos i}{r^2} + \frac{B_1 \cos i_1}{r_1^2}.$$

Jeder neue leuchtende Punkt liefert wieder ein entsprechendes Glied zu dieser Gleichung usf.

Bei der Behandlung der Beleuchtung einer Fläche durch eine Fläche soll hier wieder zunächst der Spezialfall behandelt werden, daß beide Flächen klein und eben sind.

Man könnte zunächst denken, daß eine leuchtende Fläche nur eine Summe leuchtender Punkte sei, die nach ihrer Definition einzeln nach allen Richtungen hin dieselbe Lichtmenge ausstrahlen, und die Aufgabe wäre damit auf die erste Aufgabe reduziert, da es sich alsdann um die Summation der Beleuchtungen von vielen gleich hellen und in gleicher Richtung und Entfernung befindlichen Punkten handeln würde. Da bei beliebiger Veränderung der Lage der leuchtenden Fläche die Zahl der leuchtenden Punkte nicht verändert wird, so wäre die Lage der Fläche gleichgültig, ja selbst im extremsten Falle, wenn nämlich die leuchtende Fläche der beleuchteten genau ihre Kante zuwendet, müßte die von ihr ausgehende Lichtmenge noch immer dieselbe sein, als wenn sie senkrecht ausstrahlte. Der Mathematiker EULER hat diese Annahme seinen photometrischen Untersuchungen auch tatsächlich zugrunde gelegt; es kann aber keinem Zweifel unterliegen, daß sie nicht zutreffend ist, da sie zu Folgerungen führt, die mit den Beobachtungen in starkem Widerspruche stehen. Schon LAMBERT hat das EULERsche Gesetz als unzutreffend bezeichnet und ein anderes an dessen Stelle gesetzt, dessen Richtigkeit er übrigens selbst nicht beweisen konnte; das ist erst viel später durch LOMMEL geschehen, indessen nur unter der Beschränkung auf sogenannte völlig undurchsichtige Körper wie die Metalle sowie auf unendlich dicke Gasschichten.

In der Abb. 73 sei L die leuchtende, B die beleuchtete kleine Fläche. Von B aus gesehen erscheint L von der Größe der senkrecht zur Strahlenrichtung gedachten kleineren Fläche S. Genau entsprechend wie bei der beleuchteten Fläche ist die gedachte Fläche zwar von derselben scheinbaren Größe wie die wirkliche, im Verhältnis zur wahren Größe aber um $\cos \varepsilon$ kleiner, wobei nunmehr ε als der Austrittswinkel oder Emanationswinkel bezeichnet wird. Benennt man auch hier wieder die Beleuchtung von B durch die senkrecht zum Strahlengange liegende leuchtende Fläche S in der Entfernung 1 mit B_0, so ist in diesem Falle die Beleuchtung auf B nach LAMBERT

$$J = \frac{B_0 \cos i \cos \varepsilon}{r^2}.$$

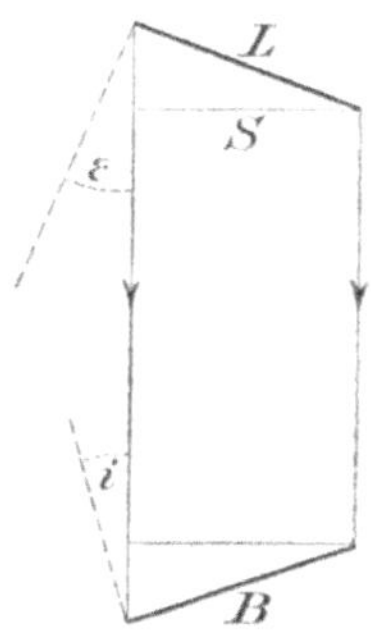

Abb. 73. Beleuchtung von B durch eine leuchtende Fläche L.

In Worten heißt dieses Grundgesetz: Die Beleuchtung einer kleinen ebenen Fläche durch eine ebenfalls kleine ebene leuchtende Fläche ist umgekehrt proportional dem Quadrate der Entfernung und direkt proportional dem Cosinus des Eintrittswinkels und dem Cosinus des Emanationswinkels.

Der Übergang von einer kleinen, ebenen leuchtenden Fläche auf eine beliebig große bietet Schwierigkeiten, und die Aufgabe, die Beleuchtung einer großen Fläche durch eine andere große leuchtende Fläche zu berechnen, kann unter Umständen zu sehr komplizierten Ausdrücken führen.

Emanationsgesetze. Albedo. Man ist auf Grund der vorstehenden Betrachtungen in der Lage, die Beleuchtung eines beliebig gestalteten Körpers durch einen anderen Körper zu berechnen, also z. B. die Beleuchtung eines Planeten oder eines Mondes durch die Sonne. Wir haben aber schon darauf hingewiesen, daß diese Beleuchtung selbst nicht zu beobachten ist, weil die Beleuchtung eines Körpers nur an Ort und Stelle gemessen werden kann. Beobachtet werden kann nur die nach irgendeiner Richtung vom beleuchteten Körper reflektierte Lichtmenge, und diese hängt von seiner physikalischen Beschaffenheit ab. Stellen wir uns z. B. vor, der beleuchtete Planet sei ein absolut schwarzer Körper, so würde er die gesamte auffallende Strahlungsenergie absorbieren und in Wärme umsetzen; er wird nichts reflektieren und bleibt also trotz einer eventuell sehr intensiven Beleuchtung unsichtbar. Derselbe Erfolg würde eintreten, wenn der Körper absolut durchsichtig wäre; er würde in diesem Falle alles Licht hindurchlassen, ebenfalls nichts reflektieren, also auch nicht sichtbar sein. Wir sehen demnach, daß die Erscheinung eines beleuchteten Körpers von seinem Reflexionsvermögen abhängt, das im allgemeinen eine sehr komplizierte Funktion der Oberflächenbeschaffenheit ist. Es leuchtet ja ohne weiteres ein, daß die Reflexionsgesetze bei spiegelnden Oberflächen anders lauten werden als bei rauhen.

Absolut spiegelnde oder absolut rauhe Flächen gibt es aber in der Natur nicht. Dem idealen Falle der Spiegelung am nächsten kommen die hochpolierten Flächen der Metalle, unter ihnen an erster Stelle des Silbers. Die Oberflächen sind aber auch hier niemals absolut glatt herzustellen, und infolgedessen werden mehr oder weniger starke Beträge des auffallenden

Lichtes nach allen möglichen Richtungen hin reflektiert. Unter absolut rauhen Oberflächen versteht man solche, die das einfallende Licht nach allen Richtungen hin gleichmäßig reflektieren. Absolut rauhe Flächen gibt es ebensowenig wie absolut glatte. Es tritt stets eine spiegelnde Wirkung hinzu, um so mehr, je größer der Einfallswinkel wird. Dem ideal rauhen Zustande nähern sich am meisten Gips, Ackererde, Tuch usw. Der Umstand, daß stets Spiegelung mit hinzutritt, bedingt es, daß bis heute kein streng gültiges Reflexionsgesetz für rauhe Flächen, wie sie in der Natur vorkommen, gefunden worden ist, und doch wäre ein solches Gesetz von der allergrößten Wichtigkeit für die Photometrie, da es ja die Brücke bilden würde zwischen der theoretisch bestimmbaren objektiven Beleuchtung und der durch die physische Beschaffenheit bedingten scheinbaren Helligkeit der beleuchteten Objekte. Da es nun Formeln, welche die bei rauhen Oberflächen entstehende Spiegelung einschließen, nicht gibt, so müssen wir diese Unvollkommenheit mit in Kauf nehmen, aber bei den Ergebnissen stets bedenken, daß dieselben in mehr oder minder starker Weise hierdurch beeinflußt sind.

Es handelt sich zunächst darum, festzustellen, wie das von einer beleuchteten rauhen ebenen Fläche ausgehende Licht vom Emanationswinkel abhängt. LAMBERT nahm an, daß eine beleuchtete rauhe Fläche sich in dieser Beziehung genau so verhalten müsse wie eine selbstleuchtende, daß das ausgehende Licht also vom Cosinus des Emanationswinkels abhängig sei, und daß mithin alle Aufgaben, die scheinbare Helligkeit einer beleuchteten Fläche zu bestimmen, bis auf einen, das Reflexionsvermögen charakterisierenden Faktor mit den Aufgaben, die Beleuchtung eines Punktes durch eine selbstleuchtende Fläche zu ermitteln, identisch seien.

Auf den ersten Blick erscheint dies auch ganz einleuchtend; bei näherer Überlegung aber zeigt es sich, daß die Aufgabe eine viel verwickeltere ist. Wenn ein undurchsichtiger Körper glüht, seine Oberfläche also selbstleuchtend wird, so ist die Annahme unrichtig, daß nur die Oberfläche im Sinne einer mathematischen Fläche lichtaussendend sei. Auch die Metalle sind in sehr dünnen Schichten durchscheinend, selbst bei ihnen dringt das Licht, wenn sie im glühenden Zustande sind, aus einer gewissen, sehr geringen Tiefe hervor, so daß Absorption stattfindet, die mit der Tiefe immer mehr zunimmt. Erst durch diese Annahme über den Strahlungsursprung ist LOMMEL imstande gewesen, das LAMBERTsche Emanationsgesetz für leuchtende Flächen zu beweisen. Bei der Beleuchtung müssen nun ähnliche Vorgänge stattfinden. Das auffallende Licht wird bei vielen Stoffen bis zu einer gewissen Tiefe eindringen und dann wieder ausgestrahlt werden.

SEELIGER kommt unter geeigneter Berücksichtigung dieser Anschauung zu einem Emanationsgesetz, welches die beiden, für den Hin- und Herweg in der Oberfläche in Frage tretenden Absorptionskoeffizienten enthält. Nennt man diese beiden Absorptionskoeffizienten k und k', und bezeichnet man ihr Verhältnis, nämlich $k:k'$ mit l, so lautet das SEELIGERsche photometrische Gesetz, wenn man das reflektierte Licht mit R bezeichnet:

$$R = k \frac{\cos i \cos \varepsilon}{\cos i + l \cos \varepsilon}.$$

Bei einem weißen Körper sind die beiden Absorptionskoeffizienten einander gleich, das Gesetz vereinfacht sich dann in

$$R = k \frac{\cos i \cos \varepsilon}{\cos i + \cos \varepsilon}.$$

Es darf nicht verschwiegen werden, daß auch dieses auf besserer Grundlage beruhende SEELIGERsche Gesetz keineswegs die Beobachtungen befriedigend darstellt; es macht sich eben der schon vorhin angedeutete Umstand bemerkbar, daß in diesem Gesetze die Spiegelung vernachlässigt werden mußte.

Bei spiegelnden Reflexionen hängt, abgesehen von dem Eintrittswinkel, das Verhältnis des Betrages des reflektierten zum einfallenden Lichte vom Reflexionskoeffizienten ab. Bei sogenannten durchsichtigen Körpern kann, wie schon S. 14 angegeben, der Reflexionskoeffizient, der im allgemeinen klein ist, aus dem Brechungskoeffizienten berechnet werden. Bei rauhen Flächen bezeichnet man den Reflexionskoeffizienten als Albedo, d. h. Weiße der betreffenden Fläche. Die Albedo gibt an, wieviel bei rauhen Flächen vom senkrecht einfallenden weißen Lichte in gleicher Richtung reflektiert wird. Im günstigsten, in der Natur nicht vorkommenden Falle könnte diese Reflexion ohne Lichtverlust vor sich gehen, die Albedo wäre alsdann 1; in Wirklichkeit muß sie demnach stets kleiner als 1 sein. Die Bestimmung der Albedo bei einem Himmelskörper gewährt nun insofern einen gewissen Aufschluß über seine Oberflächenbeschaffenheit, als sie einen Vergleich mit der Albedo irdischer Substanzen zuläßt. Hierüber liegen erst wenige Bestimmungen vor; für irdische Stoffe, die eventuell die Oberfläche von beleuchteten Himmelskörpern bilden könnten, mögen die folgenden Albedowerte angeführt werden:

Schnee	0.78
Bimsstein	0.56
Weißer Sandstein	0.24
Tonmergel	0.16
Ackererde	0.08.

Leider ist die Definition und Ableitung der Albedo bei einem Himmelskörper mit sehr großen Schwierigkeiten verknüpft und keiner der bisher bestimmten Werte gestattet einen unmittelbaren Vergleich mit der Albedo irdischer Bestandteile. Um die Verwirrung, die in dieser Beziehung durch eine völlig falsche Einschätzung der alten Werte eingetreten ist, zu beseitigen, hat BELL für die Himmelskörper drei Arten von Albedo definiert, und zwar:

1. Die spezifische Albedo, d. h. die Reflexionsfähigkeit des Oberflächenelements einer diffus reflektierenden Fläche unter gewissen, einem bestimmten Einfallswinkel entsprechenden Bedingungen.

2. Die geometrische Albedo, d. h. die scheinbare Reflexionsfähigkeit des beleuchteten Körpers bei voller Phase, bestimmt durch seine photometrische Größe und seine Stellung zur Erde und zur Sonne.

3. Die sphärische Albedo, wobei die Kugelgestalt des rückstrahlenden Körpers, sowie die Beziehungen zwischen dem einfallenden und reflektierten Lichte nach bekannten oder angenommenen Gesetzen in Rechnung gezogen sind. Dies geschieht z. B. durch Anwendung des LAMBERTschen Gesetzes auf

eine das Licht vollkommen zerstreuende Kugel. Man erhält auf diese Weise rund $^3/_2$ der geometrischen Albedo.

Keine der Definitionen entspricht genau dem Albedowert irdischer Stoffe bei Laboratoriumsversuchen. Beim Monde und den Planeten soll weiterhin stets die sphärische Albedo nach der LAMBERTschen Definition mitgeteilt werden.

Es ist an dieser Stelle von leuchtenden oder beleuchteten Flächen die Rede gewesen, es sind daher noch einige Bemerkungen über den Begriff der scheinbaren Flächenhelligkeit erforderlich. Daß die scheinbare Gesamthelligkeit eines Punktes oder einer Fläche mit dem Quadrat der Entfernung abnimmt, ist bereits bewiesen worden. Für die scheinbare Flächenhelligkeit aber, d. h. also die Helligkeit, unter welcher eine Fläche von konstanter Winkelgröße erscheint, gilt der einfache Satz, daß die scheinbare Flächenhelligkeit ganz unabhängig von der Entfernung ist. Ein Beispiel soll dies erläutern. Die Flächenhelligkeit der Sonne sei bezogen auf eine Fläche von 10 Quadratminuten und sei als 1 bezeichnet. Würde die Sonne plötzlich auf die Hälfte ihrer jetzigen Entfernung genähert, so wäre jetzt die Gesamthelligkeit viermal so groß. Zugleich aber würde der scheinbare Durchmesser der Sonne auf das Doppelte anwachsen, die Fläche folglich auf das Vierfache, und demnach würde auch die Gesamthelligkeit auf eine viermal so große Fläche sich verteilen. An der Helligkeit der Flächeneinheit hat sich also nichts geändert, sie ist nach wie vor gleich 1 geblieben.

Die Unabhängigkeit der Flächenhelligkeit von der Entfernung, im Gegensatze zum Verhalten der Gesamthelligkeit, bedingt bei allen photometrischen Problemen, insbesondere auch denjenigen der Astrophysik, eine scharfe Auseinanderhaltung dieser Begriffe, auf die man früher zuweilen wenig geachtet hat.

Anwendung auf die Planeten und Monde. Die Meterkerze. In unserem Sonnensystem ist die Sonne der einzige selbstleuchtende Körper, sofern wir von den Kometen und den Meteoren absehen. Die Planeten und Monde sind dunkel und können hinreichend genähert als Kugeln aufgefaßt werden, auch wenn sie in Wirklichkeit Ellipsoide sind. Mit Ausnahme unseres eigenen Mondes erscheinen uns die Planeten und Monde auch so klein, daß sie für das Auge und für kleine Fernrohre als Punkte zu betrachten sind. Bei der photometrischen Messung wird also im allgemeinen nur ihre Gesamthelligkeit gemessen, und es ist nach dem Vorstehenden bekannt, daß diese von dem Quadrat ihrer Entfernung von der Erde abhängig ist.

Die Lösung der sämtlichen hierbei in Frage tretenden Aufgaben ist mathematisch so kompliziert, daß sie hier nicht vorgebracht werden kann; wir müssen uns auf einige allgemeine Bemerkungen beschränken.

Bei den großen Entfernungen, die in der Himmelskunde vorkommen, kann mit genügender Annäherung die Sonne als leuchtender Punkt angenommen werden. Aus demselben Grunde sind die den Planeten treffenden Strahlen als unter sich parallel zu betrachten, d. h. es wird immer die der Sonne zugewendete volle Hälfte der Planetenkugel beleuchtet. In Abb. 74 sei S die Sonne, P der beleuchtete Planet, E der auf der Erde befindliche Beobachter. Die Entfernung des Planeten von der Sonne PS sei r, diejenige der Erde von der Sonne R und der Abstand des Planeten von der Erde Δ. In dem Dreieck *SEP* werde der Winkel am Planeten mit α bezeichnet. Von der Erde aus gesehen erscheint ein Teil des Planeten erleuchtet, der andere dunkel. Denken wir uns einen Durchmesser des Planeten senkrecht zu Δ gezogen, so lehrt eine Betrachtung der Abbildung, daß der Winkel α gerade so groß ist wie der dem uns zugekehrten nicht beleuchteten Kugelausschnitt entsprechende Winkel. Wäre z. B. der Winkel $\alpha = 60^0$, so würden von den 180^0 der ganzen Planetenscheibe uns demnach 60^0 dunkel und 120^0 hell erscheinen. Man bezeichnet α als den Phasenwinkel, und er ist maßgebend für diejenige Fläche des Planeten, welche uns Licht zusendet. Nach dieser Definition herrscht volle Beleuchtung beim Phasenwinkel 0^0, während bei $\alpha = 180^0$ von dem Himmelskörper nichts mehr sichtbar ist.

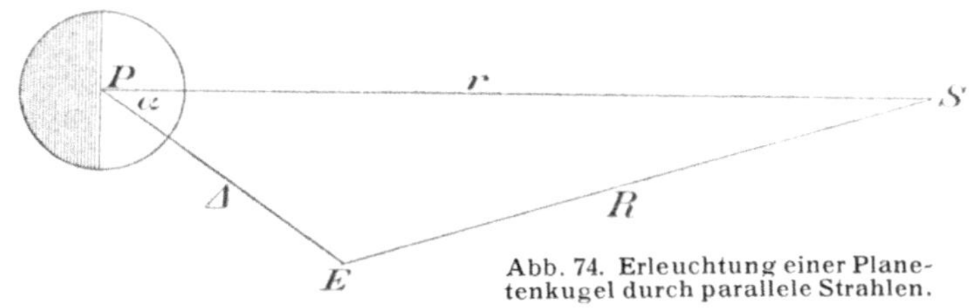

Abb. 74. Erleuchtung einer Planetenkugel durch parallele Strahlen.

Die Aufgabe, diese dem Beobachter zugesandte Lichtmenge zu berechnen, zerfällt nun in folgende Teile: Berechnung der Beleuchtung der verschiedenen Teile der Planetenoberfläche, Berechnung des von diesen verschiedenen Teilen nach der Erde hin reflektierten Betrages des Lichtes. Die Beleuchtung ist abhängig vom Quadrate der Entfernung des Planeten von der Sonne, der reflektierte Betrag vom Quadrate der Entfernung des Planeten von der Erde; es ist also klar, daß in der Endformel, die ein Bruch sein muß, r^2 und Δ^2 im Nenner vorkommen. Kennt man aus anderen Beobachtungen etwa die Albedo des Planeten, so wird man auf diesem Wege die scheinbare Helligkeit des Planeten, ausgedrückt durch die Helligkeit der Sonne, berechnen können. Umgekehrt, kennt man die scheinbare Helligkeit des Planeten, so kann man seine Albedo berechnen.

Es sei noch einmal darauf aufmerksam gemacht, daß alle derartigen Rechnungen nur wenig zuverlässig sind, da die Oberflächen der Himmelskörper durchaus nicht den zugrunde gelegten Forderungen entsprechen. Die Planeten z. B. sind einerseits nicht vollkommen rauh, andererseits mit mehr oder weniger dichten Atmosphären umgeben, durch welche sowohl die Beleuchtungs- als auch die Rückstrahlungsverhältnisse merklich modifiziert werden.

Die photometrischen Aufgaben bei anderen Körpern als Planeten und Monden gestalten sich noch viel schwieriger und komplizierter. Hierher gehört die Berechnung der Gesamthelligkeit des Saturnringes, sobald er als eine Anhäufung kleiner Körperchen betrachtet wird, die Feststellung des von Kometen reflektierten Sonnenlichtes u. a.

Wie allen physikalischen Messungen muß auch den photometrischen eine bestimmte Einheit zugrunde gelegt werden. Es ist dabei notwendig, eine physikaliche Einheit zugrunde zu legen, d. h. eine solche, die wir auf Grund ihrer physikalischen Eigenschaften immer wieder genau herstellen können.

Für die Astrophotometrie bieten gewisse Himmelskörper derartige Helligkeitseinheiten; unsere Sonne, der Vollmond und die meisten Fixsterne sind von genügend konstanter Helligkeit, um nach Reduktion auf die mittlere Entfernung von der Erde zu diesem Zwecke benutzt werden zu können. Bei Untersuchungen im Laboratorium können diese natürlichen Lichteinheiten nur ausnahmsweise zur Verwendung gelangen; es müssen daher künstliche photometrische Maßwerte geschaffen werden. Es ist klar, daß hierzu nur selbstleuchtende Körper zu benutzen sind, und hieraus ergeben sich große Schwierigkeiten.

Das Glühen von Körpern findet genähert — mit um so größerer Annäherung, je näher die Körper dem ideal schwarzen Körper kommen — nach der KIRCHHOFFschen Funktion statt; das Maximum der Ausstrahlung befindet sich also bei geringen Glühtemperaturen bei den längeren Wellen und verschiebt sich mit wachsender Temperatur nach den kürzeren Wellen hin, so daß deren relative Intensität gegenüber den langen Wellen wächst (WIENsches Verschiebungsgesetz). Wenn nun auch die physiologische Auffassung des Auges keineswegs der KIRCHHOFFschen Funktion entspricht, so folgt sie ihr doch insofern, als die rötliche Farbe der bei geringer Temperatur glühenden Körper mit steigender Temperatur in Weiß übergeht. Nach einem der ersten photometrischen Grundsätze soll aber bei zwei miteinander zu vergleichenden Helligkeiten kein Farbenunterschied vorhanden sein. Wollte man z. B. die Helligkeit der Sonne mit derjenigen einer Kerze in Vergleich setzen, so stände man vor einer Schwierigkeit, da man ja dann die rötliche Kerzenflamme tieferer Temperatur mit der weißen Lichtquelle hoher Temperatur vergleichen müßte.

Diese Schwierigkeiten lassen sich nicht ganz überwinden, und man muß häufig von der Bedingung der genau gleichen Farbe der Helligkeitseinheit bei photometrischen Untersuchungen absehen. Dagegen muß natürlich an der Bedingung der größten Konstanz der Maßeinheit festgehalten werden; in dieser Beziehung ist daran zu erinnern, daß die Grenze der photometrischen Genauigkeit etwa bei 1% liegt; es ist also zu fordern, daß die Maßeinheit innerhalb 1% ihrer Helligkeit konstant bleibt.

Von den verschiedenen Lichtnormalen, die im Laufe der Zeit eingeführt worden sind, hat sich besonders die Kerzeneinheit eingebürgert.

Unter Meterkerze versteht man diejenige Beleuchtung, die eine Kerzenflamme in 1 m Entfernung hervorbringt. Bei vielen früheren Beobachtungen ist nicht angegeben, auf welche Art von Kerzen sich die Messungen beziehen, während doch die Helligkeit der Flammen von dem Kerzenmaterial und der Flammenhöhe abhängt. Als eigentliche Normalkerze ist die englische Walratkerze zu betrachten, die bei einer Flammenhöhe von 44.5 mm in der Stunde 7.77 g verbraucht.

Die Kerzenflammen sind wegen verschiedener Umstände, wie Verkohlen des Dochtes, Einfluß der Höhe des flüssigen Materials am oberen Ende der Kerze usw., wenig zu wirklichen Normalen geeignet. Diese Übelstände sind bei der HEFNER-ALTENECKschen Normallampe dadurch vermieden, daß ein flüssiges und chemisch genau definierbares Material (Amylazetat) zur Verwendung gelangt, und der Docht nur die Zuführung des Brennstoffes bewirkt, selbst aber nicht verkohlt, sondern gänzlich intakt bleibt. Die Flamme brennt aus einem Metallzylinder von 8 mm innerem Durchmesser heraus, der Docht bleibt stets unterhalb des Zylinderrandes. Durch Projektion auf eine in Millimeter geteilte Mattscheibe wird die Flammenhöhe von genau 4 cm kontrolliert und durch Verschiebung des Dochtes erhalten. Bei diesen Dimensionen ist die Beleuchtung in 1 m Entfernung gleich derjenigen der Normalkerze.

Eine in England viel gebrauchte Lichteinheit ist die HARCOURTsche Pentanlampe, und zwar das ein- und zehnkerzige Modell. Als Brennstoff dient Pentan (C_5H_{12}), das gegenüber dem Amylazetat ($C_7H_{14}O_2$) den Vorteil hat, in fast weißer Farbe zu leuchten. Die Lichtstärke einer 10 Kerzenpentanlampe entspricht rund 11 Einheiten der Hefnerkerze.

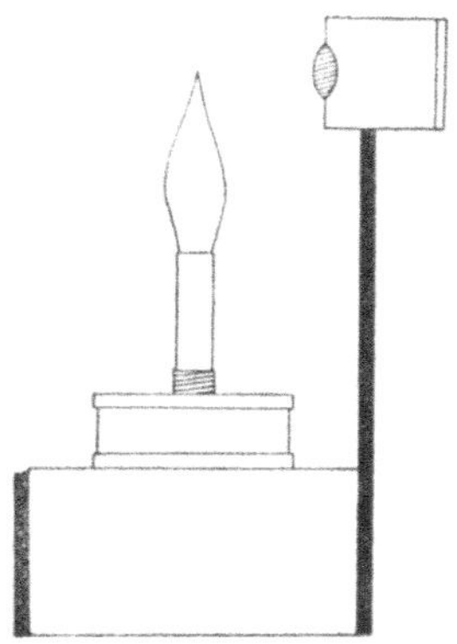
Abb. 75. Die Hefner-AlteneckSche Normalkerze.

Zu sensitometrischen Untersuchungen in der Photographie hat sich die SCHEINERsche Benzinlampe allgemein eingeführt. Die Einrichtung ist ähnlich der HEFNERschen Lampe, nur wird anstatt des Amylazetats Benzin verwendet. Die Flamme brennt ebenfalls aus einer Röhre ohne Abnutzung des Dochtes, und sie wird ebenfalls durch ein Diopter in konstanter Höhe erhalten. Die Flamme ist jedoch in einen roten Zylinder eingeschlossen, der vor der Flamme eine Öffnung besitzt. Zwischen dieser Öffnung und der Flamme befindet sich ein Metallschirm, der an derjenigen Stelle, die dem Maximum der Flammenhelligkeit entspricht, einen horizontalen Spalt von 1 mm Breite hat, durch den das Licht austritt. Durch die ausschließliche Benutzung dieses mittleren Teiles werden die kleinen Schwankungen der Flammenhöhe ganz unschädlich gemacht. Da nur ein kleiner Teil der Flamme benutzt wird, so ist ihre Leuchtwirkung natürlich wesentlich geringer als die der Normalkerze; in 1 m Entfernung ist ihre Beleuchtung gleich 0.089 derjenigen der HEFNERlampe.

Im allgemeinen wird heute in der Photometrie die HEFNERlampe (HK) als Einheit verwendet. Eine einfache Verknüpfung der HK-Einheit mit dem Sternlicht ist dadurch gewonnen, daß die HK in 1 km Abstand sehr nahe dem Licht eines Sterns 1. Größe entspricht. Die HK erzeugt auf einer senkrechten Fläche in 1 m Abstand die Beleuchtung von 1 Lux.

Durch die Einführung der Photographie in die exakten Wissenschaften ist auch für die Photometrie ein neues Hilfsmittel geschaffen worden. Die photographische Photometrie unterscheidet sich von der visuellen in mehreren ganz wesentlichen Punkten; ihre Besprechung erscheint aber an dieser Stelle nicht geeignet, da sie die Kenntnis der photographischen Prozesse voraussetzt. Sie wird daher vorteilhaft erst später behandelt werden.

Atmosphärische Lichtextinktion. Durch unseren Organismus sind wir im allgemeinen an die Erdoberfläche, d. h. an die tiefste Stelle unserer Atmosphäre gebunden, und nur in einzelnen Fällen können Beobachtungen in so bedeutenden Höhen angestellt werden, daß daselbst bereits ein sehr merklicher Teil der Atmosphäre ausgeschaltet ist, der Menge nach ausgedrückt bis zu etwa 30%. Die von den Gestirnen kommenden, von uns zu untersuchenden Lichtstrahlen müssen also unsere Atmosphäre passieren und erleiden auf diesem Wege Veränderungen, wesentlich Abschwächungen, welche die Resultate der Beobachtung modifizieren und daher ermittelt und in

Rechnung gezogen werden müssen. Den normalen Vorgang der Abschwächung in der Atmosphäre nennt man Extinktion.

Die Extinktion entsteht durch die vereinigte Wirkung von Absorption und von Zerstreuung; erstere in den Gasen, welche die Atmosphäre zusammensetzen, letztere an flüssigen und festen Partikeln, die in der Atmosphäre suspendiert sind, sowie an den Gasmolekülen selbst. Diejenigen Gase, welche in der Atmosphäre in stets konstanter Menge auftreten, sind: Stickstoff 78%, Sauerstoff 21%, Argon nahe 1% und Kohlensäure $\frac{1}{3}$%. Dazu kommen noch Edelgase, die aber nur in verschwindend geringer Menge auftreten. In stets wechselnder Menge sind in der Atmosphäre vorhanden: Wasserdampf, Ozon, Ammoniak und salpetrige Säure. Von diesen Gasen spielt der Wasserdampf die Hauptrolle, der in warmer Luft in großer Menge gelöst sein kann, während bei kaltem Wetter im Winter zuweilen nur ganz geringe Mengen vorhanden sind. Als suspendierte feste Stoffe kommen in Betracht: alle Arten von Staub, wie feinster Sand, Ruß, organische Stoffe und kondensierter Wasserdampf in Form von Schnee oder Eiskristallen, in flüssigem Zustande als Wassertröpfchen.

Die Absorption in den Gasen ist eine zweifache. Die allgemeine Absorption äußert sich darin, daß die ganze Strahlung oder wenigstens sehr große Gebiete im Spektrum derselben in gleichförmiger Weise und in meist nur geringer Stärke geschwächt werden, und die selektive Absorption, bei der nur ganz schmale Gebiete der Strahlung, diese aber meist sehr stark oder vollkommen ausgelöscht werden. Während die erste Art im Spektroskop kaum oder gar nicht wahrgenommen werden kann, treten bei der zweiten mehr oder weniger kräftige dunkle Linien oder Bänder auf, die als atmosphärische Linien bezeichnet werden, und über die bei Gelegenheit der Beschreibung des Sonnenspektrums Ausführlicheres mitzuteilen sein wird. Hier sei nur erwähnt, daß die selektive Absorption hauptsächlich vom Rot bis zum Grün auftritt. Die hauptsächlichste Absorption wird durch den Wasserdampf verursacht; Sauerstoff und Stickstoff absorbieren trotz ihrer überwiegenden Menge nur wenig, auch die Kohlensäure bewirkt im sichtbaren Spektrum keine merkliche Absorption. Im Ultraviolett setzt die Absorption, zuletzt fast plötzlich, wieder ein, so daß unsere Atmosphäre für Strahlen von der Wellenlänge 0.3 μ bereits gänzlich undurchlässig ist. Man vermutet, daß diese plötzliche Absorptionszunahme wesentlich durch Ozon bedingt ist, dessen Spektrum hier starke Absorptionsbänder besitzt. Die stärksten Absorptionen finden im Ultrarot statt, wo Wasserdampf und Kohlensäure Absorptionsbänder aufweisen, die von größerer Ausdehnung sind als unser ganzes sichtbares Spektrum (vgl. Abb. 98).

Auch Lichtzerstreuung findet in unserer Atmosphäre statt, wobei als zerstreuende Partikeln sowohl die Luftmoleküle selbst wie in der Atmosphäre suspendierter Staub und Wasserdampf in Frage kommen. Nach den Untersuchungen Rayleighs erfolgt diese Zerstreuung umgekehrt proportional λ^4, so daß die blauen und violetten Strahlen beim Durchgang durch die Atmosphäre wesentlich stärker zerstreut werden als die roten. Hierin liegt die Erklärung der blauen Himmelsfarbe. Eine unmittelbare weitere Folge dieser Molekulardiffraktion ist die Erscheinung, daß am Grunde des Luftmeeres die blauen und violetten Teile des Spektrums stärker geschwächt erscheinen als die roten, worauf bei Untersuchungen, die sich auf die Energieverteilung in den Spektren der Himmelskörper beziehen, sehr wohl Rücksicht genommen werden muß.

Wir wissen außerdem, daß an jeder Grenzfläche zwischen zwei Medien von verschiedenen Brechungskoeffizienten Lichtreflexion eintritt. Derartige Grenzflächen bilden sich nun bei Sonnenschein in der Luft in Unzahl durch die von dem erhitzten Boden aufsteigenden wärmeren Luftströmungen, deren Brechungskoeffizient um ein Geringes kleiner ist als derjenige der darüberliegenden kälteren Luft, in die sie hineindringen. Wenn auch an jeder einzelnen Fläche der Betrag der Reflexion nur sehr klein ist, so addieren sich doch schließlich die Wirkungen von vielen Tausenden solcher Flächen zu einer schädlichen Gesamtwirkung.

Aus dem Gesagten ist bereits deutlich zu erkennen, daß die Ermittelung des Lichtverlustes in unserer Atmosphäre für das sichtbare Spektrum und erst recht für die Gesamtstrahlung ein äußerst verwickeltes und schwieriges Problem darstellt. Wir wollen z. B. annehmen, wir beobachteten zwei nahe zusammenstehende Sterne, einen weißen und einen roten, die in großer Höhe über dem Horizonte gleich hell erscheinen. Der rote Stern besitzt schon an sich fast gar keine blauen und violetten Strahlen; die stärkere Abschwächung derselben in der Nähe des Horizontes macht also nicht viel aus, während beim weißen Stern mit seinem kräftigen blauen Spektrum viel Licht verloren geht; der Erfolg ist der, daß in der Nähe des Horizonts der rote Stern heller erscheinen wird als der weiße.

Die genaue Berechnung der Weglängen in der Atmosphäre bei verschiedenen Höhen über dem Horizont bietet beträchtliche Schwierigkeiten, da die Dichtigkeit der Luft mit der Höhe über dem Boden nach einem bisher unbekannten Gesetze abnimmt. Man kann aber leicht genäherte Werte ermitteln, wenn man sich die Atmosphäre durch eine homogene Atmosphäre ersetzt denkt, d. h. durch eine solche, die überall, von unten bis zu ihrer oberen Grenze die gleiche Dichtigkeit vom Barometerdruck 760 mm besitzt, also von demselben normalen Barometerstande, wie er bei unserer wirklichen Atmosphäre in der Höhe der Meeresoberfläche herrscht. Diese homogene Atmosphäre würde eine Höhe von rund 8 km haben.

Das nebenstehende Täfelchen zeigt, wie der Weg durch diese homogene Atmosphäre mit der abnehmenden Höhe eines Gestirns über dem Horizont zunimmt. Es geschieht dies zuerst sehr langsam, in der Nähe des Horizonts aber sehr schnell; bei 10° Höhe ist der Weg schon ungefähr 6mal so lang als im Zenit, und man kann sich daher leicht eine Vorstellung von dem Einflusse dieses Weges auf die Absorption machen.

Höhe	Weglänge
90°	8.0 km
80	8.2 „
70	8.5 „
60	9.3 „
50	10.5 „
40	12.5 „
30	16.0 „
20	23.4 „
10	46.6 „

Die Ableitung der Extinktion für verschiedene Höhen geschieht nun in der Weise, daß man die Helligkeit eines Gestirns in den verschiedenen Höhen, möglichst vom Zenit bis zum Horizont, zu wiederholten Malen mißt. Da aber die Extinktion von den atmosphärischen Bedingungen abhängt und sich mit letzteren ändert, so werden die Beobachtungen der verschiedenen Abende nicht genau untereinander stimmen.

Setzt man sie zu Mitteln zusammen, so erhält man eine für den betreffenden Ort maßgebende mittlere Extinktionstabelle, die dann auch für andere Beobachtungsorte, die ähnliche klimatische Verhältnisse besitzen, und deren Höhe über der Meeresoberfläche ungefähr übereinstimmt, gültig ist. Als Beispiel möge die von MÜLLER aufgestellte Extinktionstabelle für Potsdam auszugsweise gegeben werden, zusammen mit den Extinktionswerten, die auf dem Säntis (Meereshöhe 2500 m) erhalten worden sind. Man sieht sofort, daß auf letzterem die Extinktion beträchtlich geringer ist; es fehlt eben hier bereits etwa $^1/_4$ der Atmosphäre, und zwar gerade die tiefsten, unreinen Schichten.

Höhe über Horizont	Extinktion in Größenklassen	
	Potsdam	Säntis
90°	0.00 m	0.00 m
80	0.00	0.00
70	0.01	0.01
60	0.03	0.02
50	0.06	0.04
40	0.12	0.08
30	0.23	0.14
25	0.32	0.19
20	0.45	0.26
15	0.65	0.39
10	0.98	0.63
5	1.72	1.26
2	3.10	2.34

In der Nähe des Zenits ist die relative Extinktion ganz unmerklich, und erst bei 30° Abstand, also 60° Höhe, beginnt sie wahrnehmbar zu werden. In der Nähe des Horizonts ändert sie sich sehr schnell und nimmt beträchtliche Werte, bis zu drei Größenklassen und darüber, an. Je größer die Werte selbst sind, um so größer ist auch ihre Unsicherheit, und es ergibt sich also hieraus eine Hauptregel für die Astrophotometrie: Die Beobachtungen müssen in möglichst großen Höhen über dem Horizont ausgeführt werden, soweit das nach der Stellung des zu beobachtenden Gestirns möglich ist.

Wie groß die absolute Extinktion im Zenit selbst ist, geht aus der vorstehenden Tabelle, die ja nur die Zunahme der Extinktion vom Zenit aus angibt, nicht hervor, man kann sie aus den Extinktionsbeobachtungen aber berechnen. Dieser Lichtverlust, dessen Ergänzung zu 1 man den Transmissionskoeffizienten nennt und der früher stark überschätzt worden ist, beträgt im Mittel 0.18; d. h. von einem im Zenit stehenden Gestirn gehen infolge der Extinktion 18% Licht oder nur 0.2 Größenklassen verloren. Der mittlere Transmissionskoeffizient der Luft ist also 0.82.

Wir haben bereits erwähnt, daß die Extinktion für die Strahlen der kleineren Wellenlängen stärker ist als für die größeren. Das muß sich natürlich auch in den betreffenden Transmissionskoeffizienten äußern, die aus dem nebenstehenden Täfelchen zu entnehmen sind. Es ist hieraus ersichtlich, daß einem Lichtverlust von 13% im Rot ein solcher von 34% im Violett gegenübersteht. Danach muß auch die Extinktion für die photographischen Strahlen stärker sein als für die visuellen. Für normalempfindliche Platten kann man sie etwa gleich dem doppelten Betrage der visuellen Werte annehmen.

Wellenlänge	Farbe	Transmissionskoeffizient
0.66 μ	Rot	0.87
0.62	Orange	0.85
0.58	Gelb	0.83
0.54	Grün	0.81
0.50	Grün	0.78
0.46	Blau	0.74
0.42	Violett	0.66

Die verhältnismäßig scharfe Grenze der atmosphärischen Durchsichtigkeit im Ultraviolett bei der Wellenlänge 0.297 μ bedingt, daß Strahlen jenseits dieser Wellenlänge von Himmelskörpern nicht mehr zu uns gelangen können. Ein kleiner Gewinn läßt sich noch durch Wahl eines hochgelegenen Beobachtungsortes erzielen, aber nur ein sehr minimaler. Denn eine Erhebung um 660 m verschiebt die Grenze nur um 0.001 μ nach Violett.

Für noch weiter nach Violett gelegene Wellenlängen wird schließlich die Luft sogar in ganz dünnen Schichten undurchsichtig. Eine Luftschicht von 10 m Dicke läßt noch Strahlen bis zur Wellenlänge 0.212 μ durch, und 10 cm absorbieren bereits alles unterhalb der Wellenlänge 0.157 μ. Es sei hierbei daran erinnert, daß z. B. Glas schon sehr viel früher undurchsichtig wird. Bei Untersuchungen, die mit ultraviolettem Lichte gemacht werden müssen, darf gewöhnliches Glas nicht mehr verwendet werden; hier sind nur noch Medien wie Quarz und Flußspat zu gebrauchen, wenn man sich nicht überhaupt der Metallreflexion im luftleeren Raum bedienen will. Die neueren sog. UV-Gläser der Jenenser Werke lassen wohl einen Teil der ultravioletten Strahlen durch, ohne jedoch einen vollen Ersatz für die Spiegel bieten zu können.

7. Die photometrischen Apparate.

Nach den im vorigen Kapitel auseinandergesetzten Grundprinzipien haben die sämtlichen photometrischen Apparate die Bedingung zu erfüllen, durch Lichtabschwächung oder -vermehrung zwischen zwei zu vergleichenden Helligkeiten in einer meßbaren Weise die Gleichheit herbeizuführen. Die gestellte Bedingung kann auf direktem Wege erfüllt werden, indem die beiden zu vergleichenden Helligkeiten, z. B. Mond und Fixstern, entweder unmittelbar zur Vergleichung gelangen, wobei die hellere Lichtquelle meßbar abgeschwächt wird, oder indem beide Lichtquellen mit einer dritten verglichen werden, in welchem Falle meistens diese dritte Lichtquelle meßbar geändert werden kann. Die Methoden, nach denen die Abschwächung der Helligkeit der einen Lichtquelle erfolgt, sind daher zunächst allgemein klarzulegen.

Methoden der Lichtabschwächung. Daß bei einer punktförmigen Lichtquelle die Beleuchtung mit dem Quadrate der Entfernung abnimmt, ist S. 93 gezeigt. Dasselbe findet auch statt, wenn die Lichtquelle eine merkliche Fläche besitzt, da ja die scheinbare Größe der Fläche mit dem Quadrate der Entfernung abnimmt. Bei der Benutzung dieses Satzes für Flächen ist jedoch Vorsicht geboten, da leicht Verwechselungen von Flächenhelligkeit der Lichtquelle und von Beleuchtung eintreten. Beleuchtet man eine Papierfläche durch eine Kerze, so nimmt die Beleuchtung und damit auch die Helligkeit der beleuchteten Fläche mit dem Quadrate des Abstandes der Kerze von der Fläche ab, das Gesetz ist also hier gültig. Beobachtet man dagegen die Flächenhelligkeit der Kerzenflamme selbst in einem Fernrohre und läßt nun die Entfernung der Kerzenflamme vom Fernrohre wachsen, so bleibt die Flächenhelligkeit stets dieselbe, wie das bereits an anderer Stelle (S. 98) gezeigt worden ist.

Da die Lichtstärke eines Fernrohrs proportional dem Quadrate des Durchmessers des Objektivs gesetzt werden kann, so liegt es nahe, Photometer zu konstruieren, bei denen die Helligkeit eines im Fernrohr sichtbaren Objekts durch Verkleinerung des Objektivs mittels Blenden abgeschwächt wird. Bei der Beobachtung von großen Flächen ist das Prinzip ziemlich einwandfrei, bei sehr kleinen Flächen oder gar Punkten ist es dagegen durchaus unbrauchbar, denn im letzteren Falle ist das Fokalbild, wie noch später (S. 144 ff.) des näheren auseinander gesetzt werden soll, eine Diffraktionsfigur, deren Durchmesser mit der Öffnung des Objektivs variiert, und zwar umgekehrt proportional mit dieser. Eine weitere Fehlerursache bei Abblendung des Objektivs, besonders durch kreisförmige Blenden, liegt darin begründet, daß die äußeren Zonen eines Objektivs nicht dieselbe Helligkeit des Fokalbildes erzeugen wie die inneren; die Objektivdicke und damit die Absorption ist am Rande eine andere als in der Mitte, ebenso die Achromasie und sphärische Aberration.

Man hat versucht, diese Fehler durch Anwendung von sogenannten Sektorblenden zu vermeiden, d. h. durch Blendenöffnungen, die von der Mitte des Objektivs aus bis zum Rande einen Sektor freilassen, dessen Winkel in meßbarer Weise verändert werden kann. Es werden dann in der Regel Sektoren benutzt, die nicht vor dem Objektiv, sondern an einer beliebigen Stelle des Strahlenbündels liegen. Es läßt sich ohne weiteres übersehen, daß die Lichtabschwächung durch das Verhältnis des Öffnungswinkels des Sektors zum ganzen Umfange, also zu 360^0 gegeben ist. Durch einen Sektor von 60^0 Öffnungswinkel wird also das Licht auf $^1/_6$, durch einen solchen von 180^0 auf $^1/_2$ abgeschwächt.

Auch durch die Einschaltung mehr oder weniger enger Drahtgitter oder stark absorbierender Medien, z. B. gefärbter Gläser oder Flüssigkeiten, kann die Helligkeit eines Lichtbündels verringert werden. Die Hauptschwierigkeit bei der Benutzung des letzten Prinzips besteht in der Herstellung von Medien, die alle Farben gleich stark absorbieren, also weißes Licht zu allen Schattierungen des Grau abschwächen, ohne daß dadurch eine Färbung des ursprünglich weißen Lichtes eintritt. Die sogenannten Rauchgläser, d. h. Glas, in dem Ruß in feiner Verteilung enthalten ist, entsprechen der gestellten Bedingung am besten. Von ihrer Verwendung in Keilform wird später noch die Rede sein müssen.

Für ganz bestimmte Aufgaben verwendet man in der Astrophotometrie sphärische Spiegel, wobei die reellen oder virtuellen Bilder leuchtender Objekte beobachtet werden. Bei stark gekrümmten Spiegeln werden die Bilder sehr klein, so daß man von ausgedehnten Flächen, z. B. von Sonne und Mond, punktförmige Bilder erhalten kann, deren Benutzung unter Umständen Vorteil gewährt.

Besondere Erfolge sind in der Astrophotometrie durch Anwendung der Polarisation erzielt worden. Nach diesem Prinzip (S. 15 f.) kann polarisiertes Licht bis zur Helligkeit Null meßbar abgeschwächt werden, je nach der Stellung von Polarisator und Analysator. Dieses Verfahren eignet sich vorzüglich zur Photometrie, da die Abschwächung für alle Wellenlängen genau die gleiche ist und die Versuchsanordnung sich gewöhnlich sehr einfach gestalten läßt.

Die vorstehend angegebenen Verfahren der Lichtdämpfung für photometrische Zwecke sind die gebräuchlichsten, und es möge nunmehr zu einer

Einzelbeschreibung der Hilfsapparate übergegangen werden, die dem Auge die Beurteilung der Helligkeitsgleichheit erleichtern.

Eines der einfachsten Photometer ist das Fleckphotometer von BUNSEN (Abb. 76). In L_1 und L_2 befinden sich die beiden Lichtquellen. Auf einer Scheibe aus weißem Papier ist in F ein kreisrunder Ölfleck angebracht, der an dieser Stelle das Papier durchscheinend macht. S_1 und S_2 sind zwei gegeneinander geneigte Spiegel, in denen man von O aus die beiden Seiten des Fettflecks sieht. Die scheinbare Helligkeit des Schirms auf der einen, z. B. der linken Seite, hängt ab von der Beleuchtung durch die Lichtquelle L_1, diejenige des Fettflecks aber von dieser Beleuchtung und von der hier durchgelassenen Beleuchtung der Lichtquelle L_2. Vermittels der an einer Skala meßbaren Änderung der Entfernung einer der beiden Lichtquellen läßt sich also die Beleuchtung so einrichten, daß der Schirm von gleicher Helligkeit erscheint wie der durch zwei Beleuchtungen erhellte Fettfleck, so daß letzterer verschwindet und der ganze Schirm von gleichmäßiger Helligkeit erscheint. Findet dies links und rechts nicht gleichzeitig statt, so muß man nunmehr auch auf der rechten Seite die Beobachtung anstellen und das Mittel aus den gefundenen Distanzen nehmen; in diesem Mittel ist die Verschiedenheit der beiden Absorptionen eliminiert. Das BUNSENsche Photometer hat in der Technik die verbreitetste Anwendung gefunden, insbesondere wird es zur ständigen Untersuchung der Leuchtfähigkeit des Gases benutzt.

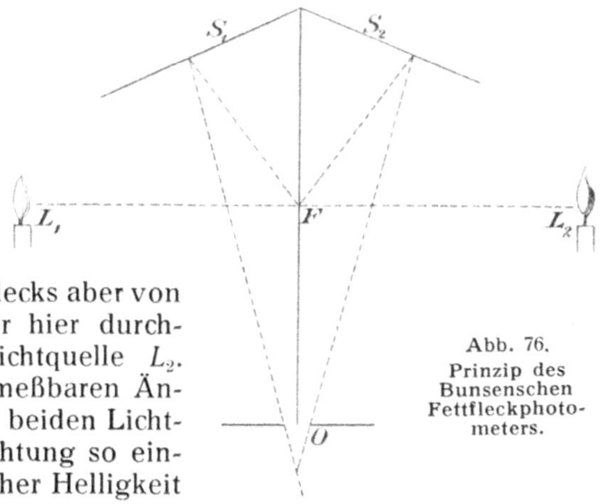

Abb. 76. Prinzip des Bunsenschen Fettfleckphotometers.

Der Photometerwürfel von LUMMER und BRODHUN ist eine Modifikation des Fettfleckphotometers, durch die alle Fehler des ersteren vermieden sind, und es scheint, als ob mit dieser fast universellen photometrischen Einrichtung die größte Messungsgenauigkeit erhalten werden könnte.

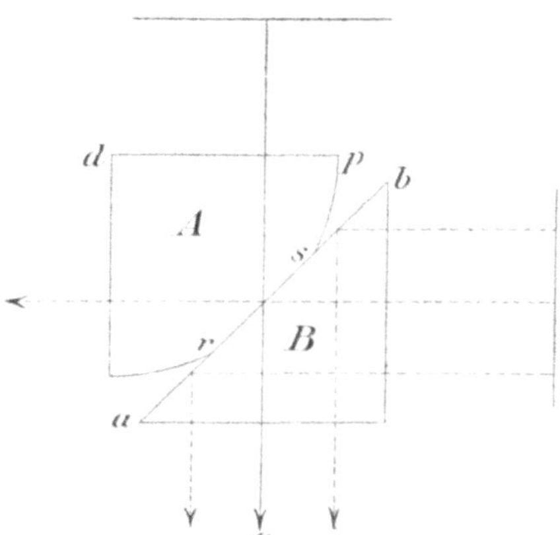

Abb. 77. Lummer-Brodhunsches Prisma.

Der wesentliche Teil des Photometers besteht aus zwei Prismen (Abb. 77), von denen das eine, B, ein gewöhnliches, totalreflektierendes ist. Das Prisma A besitzt aber statt der ebenen Hypotenuse eine sphärische Fläche p, in deren Mitte eine kleine ebene, kreisrunde Fläche rs angeschliffen ist; letztere ist gegen die Hypotenusenfläche von B so fest angepreßt, daß sich keine Luft mehr zwischen den beiden Flächen befindet, das Licht also hier ganz ungehindert hindurchgehen kann. Das Auge befindet sich in O und erhält Licht von oben nur durch die Berührungsfläche *rs* hindurch, von rechts aber nur diejenigen Strahlen, die an den Flächen *ar* und *sb* total reflektiert werden. Man erblickt also einen scharf begrenzten, gleichförmig hellen Fleck in einer ebenso gleichförmigen Umgebung. Wird Lichtgleichheit hergestellt, so geht der Fleck völlig in die umgebende Fläche ohne Rand über und verschwindet schließlich vollkommen.

Beim Messen von sehr kleinen Flächen, wie sie in der Astronomie oft vorkommen, muß die Fläche *rs* einen sehr kleinen Durchmesser haben. Es ist dann zweckmäßiger, zwei gleiche Prismen von der Form *B* zusammenzupressen, nachdem die Fläche *rs* in der gewünschten Größe versilbert worden ist. Es geht dann umgekehrt von oben alles Licht bei *ar* und *sb* hindurch, während der Spiegelbelag *rs* von rechts kommende Lichtstrahlen nach *O* reflektiert.

Das Bedenkliche der Benutzung von Objektivblenden für photometrische Zwecke ist bereits oben (S. 106) hervorgehoben worden. Wegen der großen Einfachheit der betr. Vorrichtungen sind aber früher trotzdem zahlreiche Photometer dieser Art hergestellt worden, die sich im wesentlichen nur durch die Form der Blenden unterscheiden, dagegen das gemeinsam haben, daß sich die Öffnungen kontinuierlich, ohne Änderung der geometrischen Figur verändern lassen. Bei dem ältesten dieser Photometer, dem Köhlerschen Auslöschphotometer, das bereits Ende des 18. Jahrhunderts konstruiert wurde, kommt (Abb. 78) in einfachster Anordnung eine quadratische Öffnung zur Anwendung. Zwei gegenüberliegende Platten enthalten je eine quadratische Öffnung. Durch Gegeneinanderschieben mittels eines Triebes kann die freie Öffnung ohne Änderung des Schwerpunktes und der geometrischen Form des Quadrates meßbar verkleinert werden. Beim Knobelschen Photometer kommt in ähnlicher Weise ein gleichseitiges Dreieck zur Verwendung, während Hirsch die Verschiebung einer kreisförmigen Öffnung in der Fernrohrachse vorgeschlagen hat.

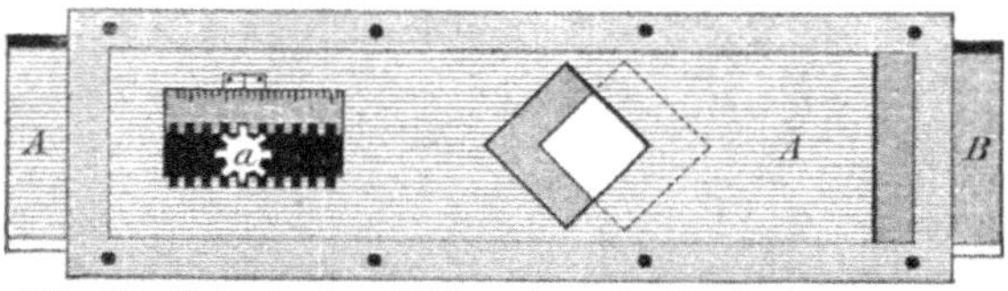

Abb. 78. Prinzip des Köhlerschen Auslöschphotometers.

Unter den Einrichtungen, bei denen Sternhelligkeiten mit Sonne und Mond verglichen werden, ist an erster Stelle eine einfache Versuchsanordnung zu nennen, die auf der Lichtschwächung durch spiegelnde Flächen, im besonderen durch eine spiegelnde Kugel beruht. Als solche hat man vielfach Glaskugeln benutzt, die innen versilbert oder mit Quecksilber gefüllt wurden (Thermometerkugeln). Die von einem leuchtenden Objekt auf die spiegelnde Kugel fallenden Strahlen werden nach allen Richtungen hin, jeder unter seinem Reflexionswinkel, zurückgeworfen. Diese divergent austretenden Strahlen erzeugen im Auge ein virtuelles Bild des Objektes, das bei starker Krümmung der spiegelnden Fläche, also bei kleinen Kugeln, sehr nahe bei der Kugel liegt. Das Bild ist sehr klein, so daß es bei Objekten geringer Ausdehnung, wie Sonne und Mond, punktförmig erscheint. Die theoretischen Untersuchungen über die Helligkeit der entstehenden Bilder lassen sich hier nicht wiedergeben; sie führen aber für den Fall, daß das leuchtende Objekt sehr weit entfernt ist, zu einfachen Sätzen, indem die Helligkeit *J* proportional ist dem Quadrat des Kugelradius ϱ und umgekehrt proportional dem Quadrat der Entfernung $\varDelta$ der Kugel vom Beobachter, also

$$J = c\,\frac{\varrho^2}{\varDelta^2},$$

wo c ein von den Versuchsbedingungen abhängiger Faktor ist.

Es soll z. B. bestimmt werden, wievielmal die Gesamthelligkeit des Vollmondes größer ist als diejenige des hellen Sterns Capella. Man betrachte das punktförmige Mondbild an einer kleinen, versilberten Kugel von $\varrho_1 = 1$ cm Durchmesser, dasjenige des Sterns Capella an einer größeren Kugel von $\varrho = 10$ cm Durchmesser. Die Entfernung $\varDelta$ der großen Kugel vom Auge betrage konstant 2 m, die kleine Kugel, die das Mondlicht reflektiert, werde von einem Gehilfen in der Richtung der großen Kugel immer weiter fortgetragen, so daß die beiden Bilder gleichzeitig gesehen werden können. Das ursprünglich bedeutend hellere Mondlicht wird dabei immer schwächer; schließlich, bei einer Entfernung $\varDelta_1$ der kleineren Kugel von 72 m mögen beide Bilder gleich hell erscheinen. Nach obiger Formel ist dann (vgl. S. 256)

$$\frac{J}{J_1} = \left(\frac{\varrho}{\varrho_1}\right)^2 \cdot \left(\frac{\varDelta_1}{\varDelta}\right)^2$$

$$\frac{J}{J_1} = 100 \cdot 36^2 = 129600\,.$$

Der Versuch ergibt also eine Abschwächung des Mondbildes um rund das 130000fache, um sovielmal also übertrifft die Intensität des Vollmondlichtes den Glanz der Capella. Vorausgesetzt ist bei dieser Berechnung natürlich, daß die beiden spiegelnden Kugeln das gleiche Reflexionsvermögen besitzen.

Das Zöllnersche Polarisationsphotometer. In der Astrophotometrie hat sich die Verwendung der Polarisation in einachsigen Kristallen besonders eingebürgert. Am häufigsten wird dabei der Kalkspat oder isländische Doppelspat verwendet, der in sehr reinen und klaren Stücken zu haben ist und bei der Polarisation das Licht nicht färbt.

Wenn man Kalkspat nach seinen natürlichen Spaltflächen zerlegt, so erhält man Rhomboeder (Abb. 79). Die sog. optische Achse geht dann durch die zwei gegenüberliegenden stumpfen Ecken des Rhomboeders. Jede Ebene, die die optische Hauptachse enthält oder ihr parallel ist, also z. B. die Ebene $ABCD$, heißt ein Hauptschnitt des Kristalls.

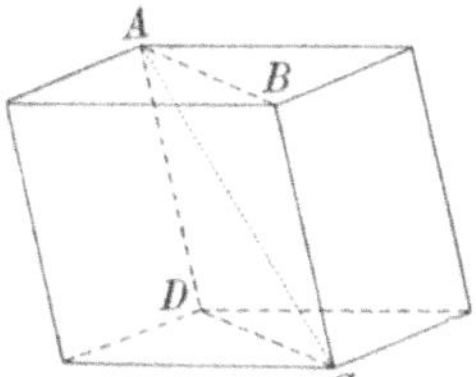

Abb. 79. Kalkspatrhomboeder.

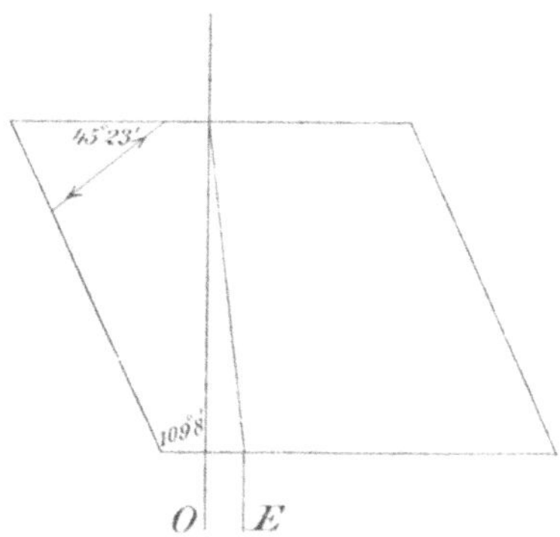

Abb. 80. Doppelbrechung beim Kalkspat.

Fällt ein Strahl senkrecht zur oberen Begrenzungsfläche des Kalkspatprismas, also etwa in der Mitte zwischen A und B ein (Abb. 80), so geht der sog. ordentliche Strahl unabgelenkt nach O hindurch, der außerordentliche aber entfernt sich von der Achse und bildet mit dem ordentlichen Strahl einen Winkel von $6^0 12'$. Beim Austritt wird er nach *E* abgelenkt, so daß er wieder parallel zu *O* läuft, aber seitlich verschoben ist. Fällt natürliches Licht senkrecht auf eine Spaltfläche des Kalkspats, so erhält man daher zwei gleichhelle Bilder, die gleichhell bleiben, wenn der Kristall um das Einfallslot als Achse gedreht wird, wobei der außerordentliche Strahl eine Zylinderfläche beschreibt. Verwendet man den Kristall in dieser Form als Polarisator und läßt die beiden Strahlen auf ein zweites Kalkspatstück, das als Analysator dient, in gleicher Weise einfallen, so erhält man nach dem Durchgange vier Strahlen. Diese vier Strahlen sind paarweise gleich hell, aber die beiden Paare sind im allgemeinen ungleich hell. Nur wenn die Hauptschnitte der beiden Kristalle einen Winkel von 45^0 miteinander bilden, ist gleiche Helligkeit der beiden Paare vorhanden; stehen die Hauptschnitte parallel zueinander, so ist die Helligkeit des einen Paares gleich Null, die des anderen ein Maximum; umgekehrt, bei Senkrechtstellung der beiden Hauptschnitte, ist das zweite Paar verschwunden und das erste ein Maximum. Durch Drehung des zweiten Kristalls, des Analysators, hat man also ein Mittel, das Licht zu photometrischen Zwecken vom Maximum der Helligkeit bis zu Null abzuschwächen.

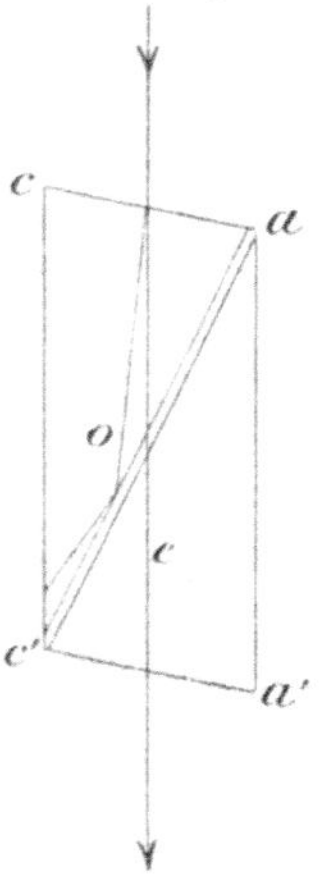

Abb. 81. Nicolsches Prisma.

Die Verwendung der vier Bilder ist häufig störend und verwirrend, und man hat deshalb nach Mitteln gesucht, um den einen der beiden aus dem Polarisator und Analysator austretenden Strahlen zum Verschwinden zu bringen, so daß schließlich nur ein Strahl austritt, dessen Helligkeit durch Drehung des Analysators verändert wird. Am besten wird dies durch eine nach dem Erfinder als Nicolsches Prisma bezeichnete Einrichtung bewerkstelligt.

In der Abb. 81 bedeute $acc'a'$ den Hauptschnitt eines langen Kalkspatstücks. Rechtwinklig zum Hauptschnitt in der Richtung ac' schneidet man das Kalkspatstück durch und kittet nach Anbringung einer Zwischenschicht aus Kanadabalsam, deren Brechungsverhältnis kleiner als das für den ordentlichen Strahl ist, die beiden Stücke wieder zusammen. Zerlegt sich nun ein parallel zu den Seitenflächen eintretender Strahl in die zwei Komponenten, so trifft der ordentliche Strahl schiefer auf die Trennungsschicht auf als der außerordentliche, wird daselbst total reflektiert und nach der Seite geworfen, wo er entweder austritt oder an den geschwärzten Seitenflächen absorbiert wird. Der außerordentliche Strahl trifft dagegen die Trennungsfläche unter einem kleineren Winkel als demjenigen der Totalreflexion, geht deshalb hindurch und verläßt das Prisma. Noch etwas wirksamer kann man das Nicolsche Prisma gestalten, wenn man statt der natürlichen Spaltfläche, die einen Winkel von $70^0 52'$ gegen die Längsseite bildet, oben und unten je eine Fläche unter dem Winkel von 68^0 anschleift (Abb. 81).

Behufs Lichtabschwächung nach dem Polarisationsprinzip verwendet man nach dem Vorstehenden am einfachsten zwei Nicolsche Prismen, von denen das erste, der Polarisator, feststeht, während das zweite, der Analysator, um seine Achse in meßbarer Weise drehbar ist. Zu dem Zwecke befestigt man am Analysator einen in 4 Quadranten geteilten Kreis, dessen Stellung durch einen festen Index oder Nonius ablesbar ist. Steht der Hauptschnitt des zweiten Prismas parallel zur Polarisationsebene, so tritt ein Maximum der Helligkeit ein, ist aber der betreffende Winkel 90^0, so wird alles Licht ausgelöscht.

In den Zwischenstellungen ist, wie hier nicht näher auseinandergesetzt werden kann, die Intensität des durchgelassenen Lichtes den Quadraten der Cosinusse der abgelesenen Winkel proportional (MALUSsches Gesetz). Hieraus folgt die nebenstehende kleine Tabelle zur Umwandlung der Ablesungen a am Intensitätskreis in Helligkeiten i und Größendifferenzen Δm (vgl. S. 92). Ist der Kreis in umgekehrter Richtung geteilt, so ist natürlich $i = \sin^2 a$ zu setzen.

a	$i = \cos^2 a$	Δm	a	$i = \cos^2 a$	Δm
0°	1.00	0.00^m	50°	0.41	0.96^m
10°	0.97	0.03	60°	0.25	1.51
20°	0.88	0.14	70°	0.12	2.33
30°	0.75	0.31	80°	0.03	3.80
40°	0.59	0.58	90°	0.00	∞

Das auf diesem Prinzip beruhende ZÖLLNERsche Photometer dürfte bei astrophysikalischen Aufgaben das vollkommenste aller derartigen Instrumente darstellen und soll daher hier auch eine etwas ausführlichere Beschreibung finden. Abb. 82 zeigt das Photometer in seiner von ZÖLLNER ursprünglich gegebenen seitdem nicht wesentlich veränderten Form, wobei das eigentliche Photometer im Durchschnitt gezeichnet ist. Das durch das Objektiv O erzeugte Bild des Sterns b erscheint durch das Okular o in der deutlichen Sehweite. ee' ist eine um 45^0 gegen die Fernrohrachse geneigte Glasplatte, durch die also das Licht des Sterns hindurch muß. Bei F befindet sich die Flamme einer lichtdicht eingeschlossenen Petroleumlampe. Nur bei o' kann dieses Licht heraustreten und durch eine sehr feine Öffnung in die hohle Fernrohrachse gelangen; hier trifft es die Bikonkavlinse m, durch

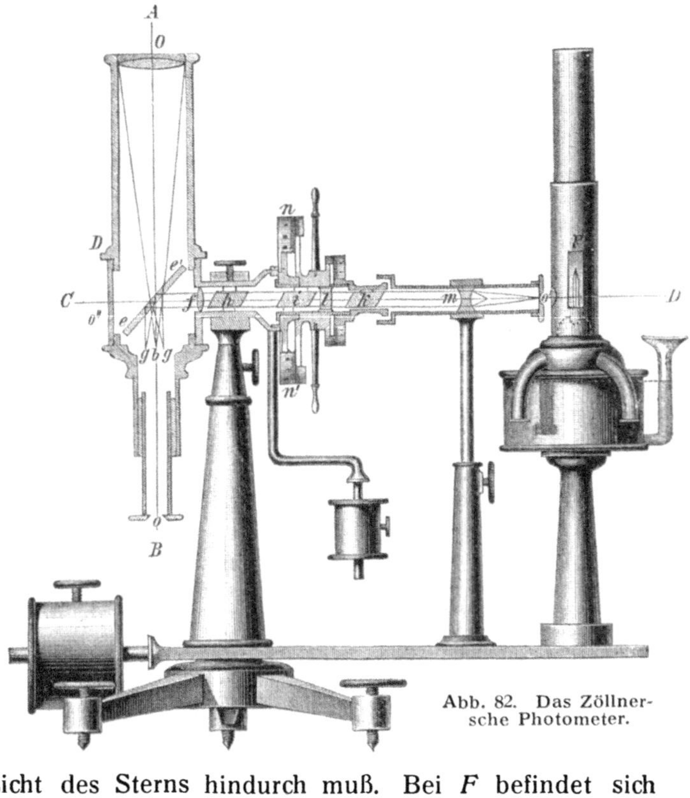

Abb. 82. Das Zöllnersche Photometer.

welche die Diaphragmenöffnung noch verkleinert wird, passiert die zur Polarisation dienenden Nikols und wird endlich durch die Sammellinse *f* zu einem Bilde vereinigt. Vor der Vereinigung werden die Strahlen von den beiden Flächen der Platte *ee'* nach dem Okular zu reflektiert; sie vereinigen sich hier in den beiden Bildern des künstlichen Sterns *gg*. Die Linse *f* wird so justiert, daß die Bilder *gg* und *b* in derselben Ebene liegen, im Okular also gleichzeitig deutlich erscheinen. Man richtet das Fernrohr so, daß der wirkliche Stern zwischen oder äquidistant neben die beiden künstlichen zu liegen kommt.

Als Polarisator würde ein einfaches NICOLsches Prisma ausreichen; zu einem besonderen Zwecke, der gleich erläutert werden soll, besteht aber beim ZÖLLNERschen Photometer der Polarisator aus zwei gleichgerichteten Nicols *i* und *k*, zwischen denen eine Bergkristallplatte *l* eingeschlossen ist. Das NICOLsche Prisma *h* ist fest mit der hohlen Achse verbunden, so daß es zu der spiegelnden Platte *ee'* stets dieselbe Richtung hat, und zwar behufs Erzielung größter Helligkeit so, daß der Hauptschnitt senkrecht zur Platte steht (also in der Zeichnungsebene liegt). Diese unveränderliche Stellung von *h* ist erforderlich, weil sich sonst bei Drehung des Fernrohrs um die horizontale Achse die Stärke der Reflexion an der Platte *ee'* ändern würde. Es ist demnach hier der Polarisator anstatt des Analysators drehbar angebracht, und seine Stellung kann an dem Intensitätskreise *nn'* abgelesen werden.

Mit der Verwendung der Bergkristallplatte im Polarisator hat es folgende Bewandtnis. Wird zwischen zwei Nicols eine doppelbrechende Platte (Bergkristall) eingeschaltet, so treten Interferenzen im durchgehenden Lichte ein, durch die gewisse Strahlungsarten ausgelöscht werden, so daß das durchgehende Licht eine Mischung aus den nicht ausgelöschten Strahlungsarten darstellt, d. h. farbig erscheint. Durch Drehen des Nicols *k* werden also verschiedene Mischfarben erzeugt. Diese Vorrichtung, von ZÖLLNER Kolorimeter genannt, sollte wesentlich dazu dienen, den künstlichen Sternen eine Färbung zu geben, die der mittleren Sternfarbe entspricht. Ihre Benutzung ist jedoch nicht von wesentlichem Vorteil, da die Interferenzfarben gerade eine Darstellung der weißen und gelblichen Sterne, die am häufigsten vorkommen, nicht gestatten.

Was das meßbare Helligkeitsintervall anbetrifft, so läßt sich theoretisch mit Hilfe des Polarisationsprinzips die Helligkeit von einem gewissen Maximum an bis auf 0 abschwächen; man kann aber leicht einsehen (s. die Tabelle S. 111), daß bei starker Abschwächung die kleinste Drehung so viel Lichtabnahme erzeugt, daß man alsdann gar nicht mehr so genau einstellen und ablesen kann, als erforderlich ist. Dadurch ist das zu messende Intervall praktisch auf etwa vier Größenklassen beschränkt. Um das Photometer je nach der Aufgabe den Helligkeiten der Objekte anpassen zu können, bringt man statt des einen Diaphragmas *o'* eine Scheibe mit mehreren feinen Öffnungen von verschiedenen Durchmessern an, wodurch die Maximalhelligkeit des künstlichen Sterns verändert werden kann. Auch versieht man das Fernrohr mit mehreren Objektiven von verschiedener Öffnung und benutzt bei den hellsten Sternen das kleinste, bei den schwächsten Sternen das größte Objektiv. Bei der Beobachtung sehr heller Sterne empfiehlt es

Abb. 83. Zöllnersches Astrophotometer für Durchmusterungsarbeiten.

sich, bei o'' einen zweiten Okularstutzen anzubringen, der in der Richtung der Achse *CD* justiert ist. In demselben sieht man, umgekehrt wie in dem gewöhnlichen Okular, das Bild des wirklichen Sterns von der Platte *ee'* reflektiert, also stark abgeschwächt und doppelt, das des künstlichen Sterns direkt, also sehr verstärkt und einfach. Weitere Vervollkommnungen beziehen sich auf die Beleuchtung des Intensitätskreises durch die Photometerlampe selbst und auf bequeme Ablesung und bequeme Stellung des Beobachters.

Als Beispiel eines modernen ZÖLLNERschen Photometers für hellere Sterne sei eine Abbildung des Photometers des Potsdamer Observatoriums gegeben (Abb. 83). Zur Erläuterung ist zu bemerken, daß das Fernrohr ein gebrochenes ist; durch ein im Innern befindliches totalreflektierendes Prisma wird das Licht in die hohle Achse geworfen, so daß das Okular immer in gleicher Höhe bleibt, was für den Beobachter sehr bequem ist. *F* ist die Umhüllung der Photometerlampe. Ein ZÖLLNERsches Photometer in gebrauchsfertiger Lage an einem Refraktorokular veranschaulicht Abb. 84. Die in diesem Falle benutzte Registrierung der Ablesungen entspricht der noch später im Anschluß an Abb. 86 zu besprechenden Vorrichtung.

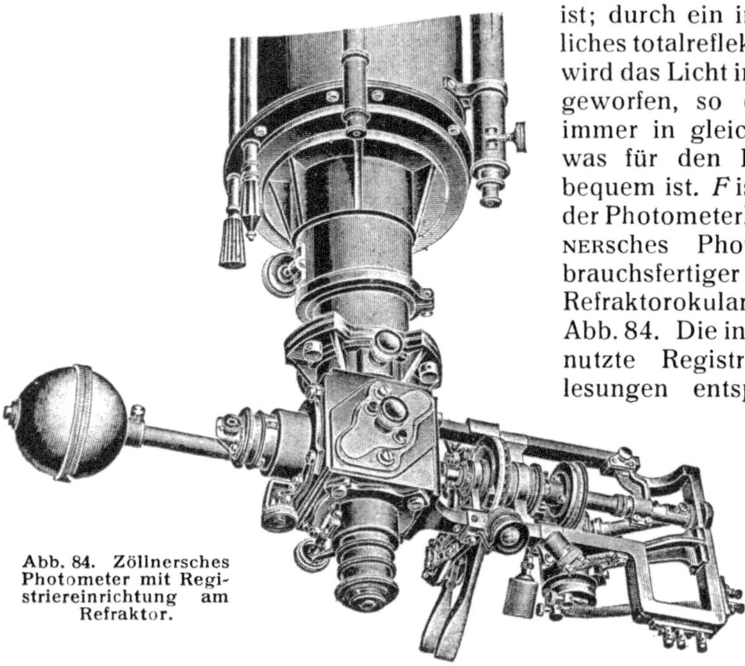

Abb. 84. Zöllnersches Photometer mit Registriereinrichtung am Refraktor.

Wie aus der Beschreibung hervorgeht, gehört das ZÖLLNERsche Photometer zu den Instrumenten, bei denen die zu vergleichenden Sterne nicht unmittelbar miteinander, sondern jeder für sich mit einer künstlichen Lichtquelle verglichen werden. Voraussetzung hierbei ist, daß die Lampe während der Beobachtungszeit ihre Helligkeit konstant beibehalten hat; es ist daher besondere Aufmerksamkeit der Lichtquelle zuzuwenden, die zur Erzeugung des künstlichen Sterns dient. Die hierbei gefundenen Bedingungen sind natürlich für sämtliche Photometer maßgebend, bei denen nicht die unmittelbare Vergleichung der zu bestimmenden Objekte stattfindet.

Welche Lichtquellen in dem Sinne als konstant zu betrachten sind, daß sie immer wieder aufs neue dieselbe Helligkeit geben, haben wir bereits kennen gelernt. Aber diese Normallichtquellen sind aus schon angegebenen Gründen wenig geeignet, in einer dem Zugwinde ausgesetzten Kuppel benutzt zu werden; das wird aber auch nicht angestrebt, da es genügt, wenn während eines Beobachtungssatzes, also etwa $^1/_2$ bis 1 Stunde hindurch, die Lichtquelle als konstant zu betrachten ist; durch gemeinschaftliche dritte Objekte, seien sie nun etwa durch eine der Normallampen oder durch Gestirne dargestellt, kann dann die Verbindung zwischen den einzelnen Beobachtungssätzen hergestellt werden. Die von ZÖLLNER gewählte Petroleumlampe (Rundbrenner) erfüllt bei einiger Vorsicht in der Behandlung alle Anforderungen. Im Anfang verändert sie ihre Helligkeit ziemlich stark. Es muß also nach dem Anzünden etwa eine Viertelstunde bis zu ihrer Benutzung vergehen, dann aber brennt sie unter Umständen mehrere Stunden lang mit gleichförmiger Helligkeit, sofern durch eine Marke für konstante Flammenhöhe gesorgt wird.

Seit einigen Jahren bedient man sich mit gutem Erfolge der elektrischen Metallfadenlampen bei den Photometern. Die Bedingungen einer Normallichtquelle erfüllen sie zwar noch weniger als die Petroleumlampe, indem ihre Helligkeit auch bei gleichbleibender Stromspannung langsam aber stetig abnimmt. Der Abfall ist innerhalb einiger Stunden nicht merklich, sofern die Spannung der Elektrizitätsquelle nicht nachläßt, wie dies bei kleinen Akkumulatorenbatterien leicht vorkommt. Benutzt man größere Batterien, so können Stromschwankungen durch Ein- oder Ausschalten von Reservezellen innerhalb ± 1 Volt gehalten werden, und die hierdurch noch hervorgebrachten Lichtänderungen sind wohl kaum störend. Die elektrische Glühlampe verdrängt jedenfalls bei photometrischen Untersuchungen immer mehr die Petroleumlampe, besonders dort, wo es nur auf relative Messungen ankommt. Nicht zu vergessen ist ihr Vorzug bei Anbringung der Photometer an einem Refraktor, da sie nicht der lästigen CARDANIschen Aufhängung bedarf, wie die Petroleumlampe (Abb. 84).

Die Keilphotometer. Das Absorptionsprinzip ist in seinen primitivsten Formen schon vor 200 Jahren photometrisch verwendet worden. Man benutzte Glasplatten, in Öl getränkte Papierscheiben, Hornplatten usw., die in solcher Anzahl aufeinander gelegt wurden, bis kein Licht mehr hindurchging; aus der Zahl der verwendeten Plättchen ließ sich dann die absorbierte Lichtmenge berechnen. Von Bedeutung für die Anwendung auf den Himmel ist erst das Keilphotometer geworden. Der Hauptteil dieses Instruments, der absorbierende Keil, hat die in Abb. 85 durch ADC angegebene Gestalt, wobei aber zu bemerken ist, daß er in Wirklichkeit viel flacher, als daselbst gezeichnet, genommen wird. Aus sogenanntem Rauchglase hergestellt, ist er mit einem umgekehrt liegenden genau gleichen Keile aus durchsichtigem Glase vom gleichen Brechungskoeffizienten zusammengekittet, das Ganze also eine planparallele Glasplatte, durch die das Licht bei senkrechtem Einfall ohne Brechung hindurchgeht. Bringt man nun den Keil verschiebbar in der Nähe der Brennebene eines Fernrohrs an, so wird von einem zu beobachtenden Stern um so mehr Licht abgeblendet, je tiefer der Keil hineingeschoben ist, und man kann auf diese Weise den Stern meßbar schwächen, bzw. ganz zum Verschwinden bringen.

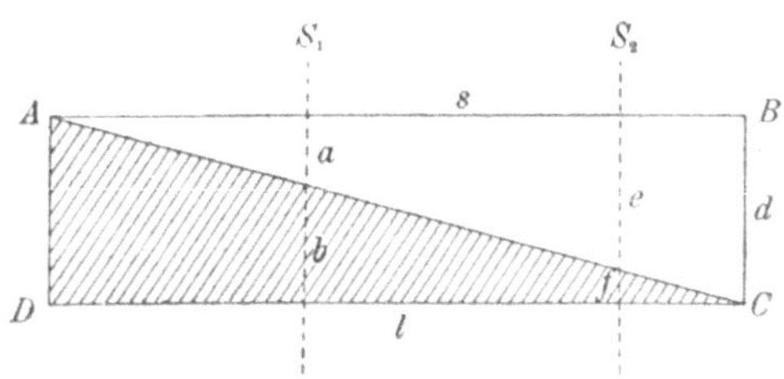

Abb. 85. Prinzip des Keilphotometers.

Die Berechnung des durchgelassenen Lichtbetrags ist ungemein einfach. Die Absorption ist eine Exponentialfunktion des Weges, den das Licht in dem absorbierenden Medium zu durchlaufen hat. In der Abb. 85 möge ein Stern S_2

ausgelöscht sein, wenn er den Keil so passiert, daß der Lichtweg im Keil $= f$ ist; ein hellerer Stern S_1 werde erst mit dem Lichtweg b ausgelöscht. Dann ist, sofern man mit k den Absorptionskoeffizienten bezeichnet,

$$\frac{J_1}{J_2} = k^{b-f}, \quad \text{d. h.} \quad \log J_1 - \log J_2 = (b - f) \log k.$$

Der Abstand $S_1 S_2 = s$, d. h. also diejenige Strecke, um die der Keil verschoben werden muß, um nach Auslöschung von S_2 nunmehr S_1 auszulöschen, läßt sich unmittelbar durch die Dimensionen des Keils, nämlich durch seine Länge l und durch seine größte Dicke d ausdrücken; es ist nämlich

$$\frac{b-f}{s} = \frac{d}{l},$$

also

$$\log J_1 - \log J_2 = \frac{s\,d}{l} \log k.$$

Dividiert man links und rechts durch 0.4, so erhält man Größendifferenzen Δm (S. 92). Ferner sind in der Gleichung d, l und $\log k$ für den betreffenden Keil unveränderliche Größen, die durch eine Konstante C ersetzt werden können. Man hat alsdann

$$\Delta m = C \cdot s,$$

d. h. der Größenunterschied der gemessenen Sterne ist gleich der Keilverschiebung multipliziert mit der Keilkonstanten C. Um s zu messen, versieht man die Fassung des Keils mit einer Millimeterskala, deren Stellung man an einem Index abliest. Die Ermittelung der Keilkonstanten C kann auf verschiedenem Wege erfolgen, z. B. dadurch, daß man den künstlichen Stern eines anderen Photometers, etwa des ZÖLLNERschen, um bestimmte Unterschiede in seiner Helligkeit verändert und diese Unterschiede mit dem Keilphotometer mißt; man kann aber auch wirkliche Sterne mit bekanntem Helligkeitsunterschied, wie sie in der PICKERINGschen Nordpolfolge, in den Plejaden und an anderen Stellen des Himmels vorliegen, beobachten und hieraus die Keilkonstante sowie etwaige Keilfehler ableiten.

Als Beispiel der Helligkeitsmessung mit einem Keilphotometer möge das folgende dienen. Die Keilkonstante C sei 0.16, d. h. beim Verschieben des Keils um 1 mm ändert sich die Helligkeit eines zu beobachtenden Sterns um 0.16 Größenklassen. Der Stern S_2 verschwinde bei der Skalenablesung 10.6 mm, S_1 dagegen erst bei 22.3 mm, dann ist $s = 11.7$ mm, Δm mithin $0.16 \times 11.7 = 1.87^m$, d. h. der Stern 2 ist um 1.87 Größenklassen heller als der Stern 1.

Die einfache Verschiebungsmessung beim Keilphotometer läßt sich mit einer praktischen Registrierung verbinden, wodurch einmal die Blendung des Auges beim Ablesen der Skala in Wegfall kommt und auch die Geschwindigkeit der Beobachtung vermehrt wird. Eine solche Registriervorrichtung zeigt das TOEPFER-BAMBERGsche Keilphotometer, das in Abb. 86 dargestellt ist. Auf der oberen Kante e des den Keil tragenden Rahmens ist eine Skala mit erhabenen Strichen und Zahlen angebracht. Oberhalb befindet sich der Hebel l, der bei m ein elastisches Kissen trägt. Über das Kissen gleitet ein Papierstreifen, der sich von den Rollen g und k ab- bzw. aufwickelt. Auf dem Papierstreifen prägt sich beim Herabdrücken des Hebels die Skala nebst Index ein. Gleichzeitig wird die Rolle *k* durch den Schnepper *n* automatisch ein wenig gedreht und damit der Papierstreifen verschoben, so daß die nächste Prägung auf eine andere Stelle des Streifens kommt.

Das Instrument kann an Stelle des Okulars an einem beliebigen Fernrohr angebracht werden und verwandelt dasselbe in ein Photometer, das an Bequemlichkeit der Beobachtung nichts zu wünschen übrig läßt, in bezug auf Genauigkeit aber in dieser Form mit dem ZÖLLNERschen Photometer bei weitem nicht konkurrieren kann. Es ist zunächst zu beachten, daß bei der Auslöschung des Lichtes die Schätzung der Helligkeitsgleichheit bei sehr geringer absoluter Helligkeit ausgeführt wird. Wir haben bereits (S. 89) erfahren, daß schon die Schätzung der Gleichheit nur bei mittleren absoluten Intensitäten, d. h. bei den sog. bequemen Helligkeiten genügend genau ist, daß sie dagegen sowohl bei größeren als auch bei geringeren Helligkeiten unsicher wird. Hieraus ist schon zu entnehmen, daß die auf dem Auslöschprinzip beruhenden Photometer, deren wesentliches Prinzip darin besteht, die Helligkeit des zu messenden Objekts so stark abzuschwächen, daß es sich von dem Hintergrunde, auf den es projiziert erscheint, nicht mehr abhebt, in bezug auf Genauigkeit nicht an erster Stelle stehen können.

Abb. 86. Auslöschphotometer und Registriervorrichtung.

Der Absorptionskeil hat gegenüber den Nicols den großen Vorzug, daß man mit ihm fast beliebige Helligkeitsintervalle messen kann. Beträgt die Konstante 0.2^{m}, was etwa dem günstigsten Wert entspricht, so lassen sich mit einem Keil von 6 cm nutzbarer Länge bereits 12 Größenklassen überbrücken. Man hat daher in mannigfacher Weise versucht, den Keil als photometrisches Prinzip beizubehalten, ohne die Mängel der Auslöschung mit in den Kauf nehmen zu müssen.

Die vorteilhafteste grundsätzliche Änderung in der Verwendung des Keilphotometers dürfte die sein, daß man das Auslöschungsprinzip ganz aufgibt und ähnlich wie beim ZÖLLNERschen Polarisationsphotometer den Rauchglaskeil lediglich zur Dämpfung des künstlichen Sternlichtes verwendet. Die in Abb. 82 dargestellte Konstruktion bleibt bestehen, nur wird an Stelle der Nicols der meßbar verschiebbare Keil, am besten mit der ganzen oben (Abb. 86) abgebildeten Vorrichtung, in den Strahlengang der künstlichen Lichtquelle eingeschoben. Derartige Photometer, die nebenbei den großen Vorzug haben, daß mit ihnen fast beliebige Intervalle gemessen werden können, sind von E. PICKERING, J. PARKHURST, GRAFF u. a. konstruiert und verwendet worden und haben sich in jeder Hinsicht bewährt. In der Anordnung der Einzelteile sind die betreffenden Instrumente nicht sehr verschieden. Eine besonders ausgiebige Erschöpfung der Verwendungsmöglichkeiten des Keils veranschaulicht die in Abb. 87 skizzierte Konstruktion. In Abb. 87a ist der Querschnitt des Photometers bei Anwendung auf Punkthelligkeiten dargestellt und nach Erläuterung von Abb. 82 ohne weiteres verständlich. *L* ist eine kleine Metallfadenlampe, *K* der Keil, *M* ein Mikroskopobjektiv. Die Reflexion der Lichtstrahlen an der Planplatte in dem Würfel *W* erfolgt wie beim ZÖLLNERphotometer, ergibt also von dem Vergleichstern ein Doppelbild.

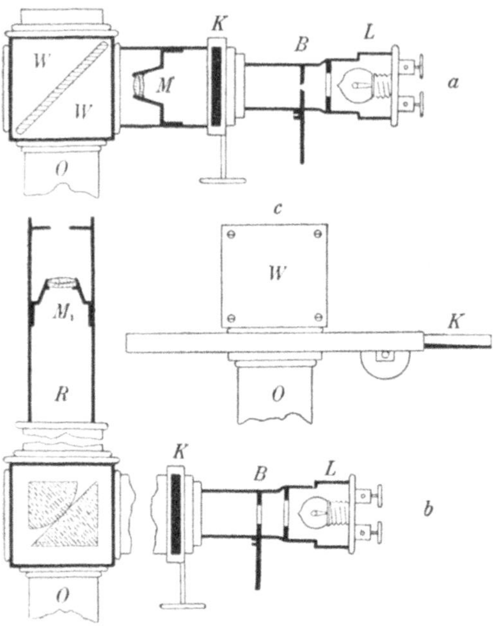

Abb. 87. Universalkeilphotometer (nach Graff). *a*) Sternphotometer, *b*) Flächenphotometer, *c*) Auslöschphotometer.

Setzt man (Abb. 87 b) in den Würfel an Stelle der Glasplatte ein LUMMER-BRODHUNsches Prisma und entfernt die Linse *M*, so erhält man ein Flächenphotometer, mit dem man Teile von Sonne, Mond und Planeten messen kann. Wird das abgebildete Ansatzrohr *R* mit dem schwachen Mikroskopobjektiv M_1 vorgeschraubt, so eignet sich das Instrument in freihändiger Benutzung zur Messung der Milchstraße, des Zodiakallichtes, von Nordlichterscheinungen usw. Ohne dieses Objektiv ersetzt es ein WEBERsches Beleuchtungsphotometer für Laboratoriumszwecke und vor das Okular *O* geschaltet (Abb. 87 c) ist es als Auslöschphotometer verwendbar.

Bei Empfehlung der Arbeiten mit dem Keil wird vorausgesetzt, daß dieser so neutral wie möglich und sowohl im Laboratorium als auch am Himmel sorgfältigst untersucht ist. Bei einem Umfange von 10 Größenklassen, wie er beispielsweise bei der einheitlichen Vermessung von Sternhaufen wohl vorkommt, darf nicht vergessen werden, daß es sich um die sichere Feststellung eines Helligkeitsverhältnisses 1 : 10000 handelt, eine geringe Unsicherheit der Keilkonstante demnach schon einen beträchtlichen systematischen Fehler im Endergebnis hervorrufen kann.

Lichtelektrische Photometer. Die größten Aussichten, sowohl was die Steigerung der Genauigkeit als auch die Ausschaltung physiologischer Fehlerquellen anlangt, eröffnen die in den letzten Jahren für die Photometrie nutzbar gemachten und bereits mit Erfolg in der Astrophysik verwendeten lichtelektrischen Methoden.

Bereits im Jahre 1873 hatte man erkannt, daß die sog. metallische Form des Selens, eines mit Schwefel verwandten Elements, im Lichte die Elektrizität weit besser leitet als im Dunklen. Es lag nahe, diese wichtige Eigenschaft des Selens für rein mechanische, also von den physiologischen Fehlern des Auges freie Helligkeitsmessungen zu verwerten, doch scheiterten alle

Versuche dieser Art an der Unempfindlichkeit der Selenzellen, insbesondere für Strahlen kurzer Wellenlänge.

Brauchbare Meßapparate mit Selenzellen sind erst um 1902 von RUHMER konstruiert worden. Während diese Instrumente in der Himmelskunde zunächst nur die Beobachtung von Sonnen- und Mondfinsternissen gestatteten, ging STEBBINS 1910 dazu über, auch Helligkeitsunterschiede von Sternen mit einem Selenphotometer zu messen. Der Grundgedanke der Methode ist sehr einfach. Man läßt in geeigneten Zeitintervallen das Brennpunktsbild eines Sternes auf die Zelle wirken und mißt den Widerstand der letzteren mit dem Galvanometer. Je geringer der Widerstand, desto größer die Helligkeit des Sterns; die Beziehungen zwischen beiden sind durch Laboratoriumsversuche festzustellen.

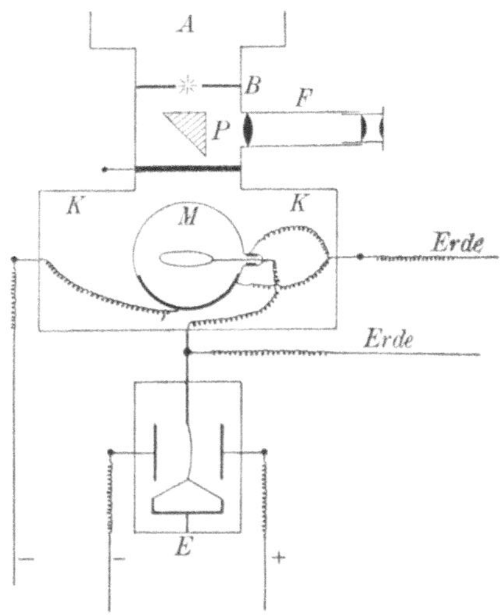

Abb. 88. Schema des Babelsberger lichtelektrischen Photometers.

In der Ausführung der einfachen Methode am Fernrohr stellten sich beträchtliche Schwierigkeiten ein, die in erster Linie in dem überaus starken Temperaturkoeffizienten der Zellen ihren Grund hatten. Erst nach Einschluß des ganzen Apparates in eine Hülle von konstanter, möglichst unter 0^0 liegender Temperatur, Einschaltung eines Dauerstromes und Einführung kurzer von längeren Erholungspausen unterbrochener Expositionen gelangte STEBBINS zum Ziele. Die Arbeiten betrafen in erster Linie einige veränderliche Sterne, wie Algol, δ Cephei, Beteigeuze u. a. Sie zeigten trotz der Mühe, die der Erfolg gekostet hatte, eine derartige Überlegenheit des neuen Verfahrens gegen die besten photometrischen Messungen, daß damit trotz der vorläufigen Umständlichkeit der Arbeitsmethode den lichtelektrischen Photometern in der Astrophysik ein Dauerplatz gesichert war.

In Deutschland ist das lichtelektrische Photometer von GUTHNICK und PRAGER in einer wesentlich neuen Gestalt astronomisch verwertet worden, nachdem es vorher den Physikern, insbesondere ELSTER und GEITEL gelungen war, den inzwischen entdeckten photoelektrischen Alkalizellen eine für das Laboratorium zweckmäßige Form zu geben.

Die Grundlage der ELSTER- und GEITELschen Versuche bildet die Tatsache, daß eine von Licht bestrahlte Fläche eines Alkalimetalls (Natrium, Kalium usw.) Elektronen emittiert, deren Zahl proportional der auf die Fläche einfallenden Strahlungsenergie ist. Durch die Bestrahlung einer Röhre, in der z. B. eine Schicht Kaliummetall die Kathode bildet, entsteht demnach ein sog. Photostrom, dessen Messung an einem empfindlichen Elektrometer zur Ableitung der Intensität der verwendeten Lichtquelle verwendet werden kann.

In dieser Form, in der das Photometer als äußerst empfindliches Meßinstrument wirkt, ist es in der obenstehenden Abb. 88, dem lichtelektrischen Photometer der Babelsberger Sternwarte, skizziert. Die Alkalifläche, in diesem Falle eine solche aus Kalium, ist mit der Anode, einem Bügel aus Platindraht, in eine Glaskugel *M* eingeschlossen, die ihrerseits in einem lichtdichten

Kasten *K* sich befindet. Die Kaliumkathode ist nun mit dem — Pol einer Akkumulatorenbatterie, deren + Pol geerdet ist, verbunden, während die Platinanode vor der Belichtung durch den unteren horizontalen Draht geerdet werden kann. Die Erdung der Platinanode wird bei Beginn der Belichtung aufgehoben und die Aufladung mit dem Fadenelektrometer *E*, bei dem der Spinnfaden durch metallische Bestäubung leitend gemacht ist, nach der Methode der Aufladezeiten gemessen, d. h. man beobachtet die Zeit, die der Faden braucht, um ein gewisses Intervall der Elektrometerskala zu durchlaufen. Der Photostrom ist dann der Aufladungsdauer umgekehrt proportional. Der ganze Apparat ist bei *A* am Fernrohr befestigt. Die in der Brennebene des Fernrohrs befindliche Irisblende *B* gestattet es, benachbarte Sterne oder den Himmelshintergrund abzudecken, und das senkrecht zur optischen Achse verschiebbare total

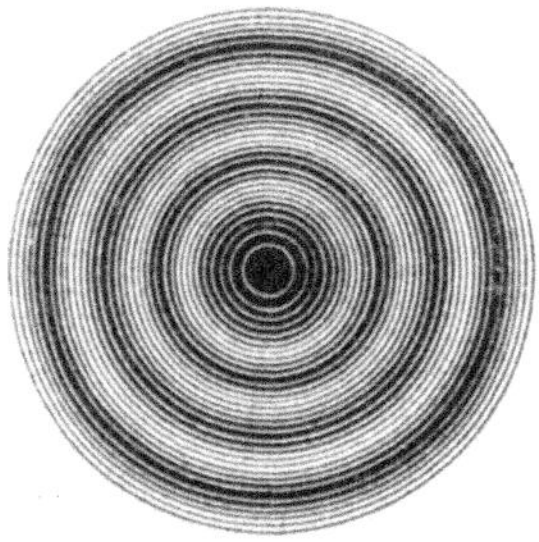

Abb. 89. Interferenzringe einer Fabry-Perotschen Luftplatte.

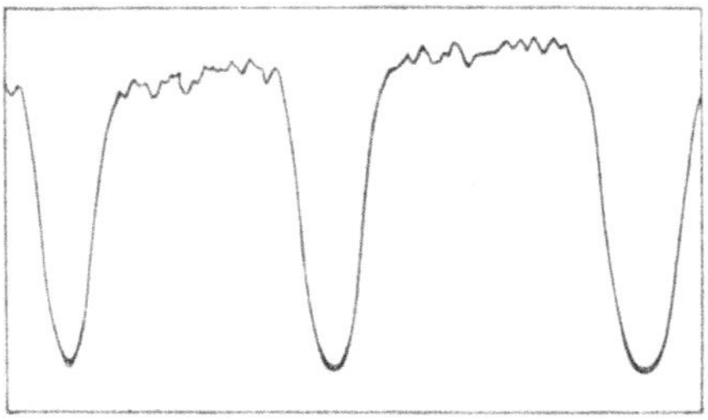

Abb. 90. Autographische Schwärzungskurve der Interferenzringe einer Fabry-Perotschen Platte.

reflektierende Prisma *P* dient dazu, vermöge des Beobachtungsfernrohrs *F* den Stern vor der Messung in die freie Öffnung der Irisblende einzustellen.

Mit dieser Methode ist es gelungen, die Genauigkeit der astronomischen Helligkeitsbestimmungen, die bei den visuellen Methoden etwa 5% beträgt, auf ungefähr 0,5%, also um das Zehnfache zu steigern. Da es ferner allein auf die einfallende Gesamtenergie ankommt, ist es gleichgültig, ob man im Brennpunkt des Fernrohrs oder außerhalb desselben beobachtet, und es ist ohne weiteres möglich, punktförmige Lichtquellen mit flächenhaften zu vergleichen. Mit einem Fernrohr von 30 cm Objektivdurchmesser kann man zur Zeit Sterne bis etwa zur 7. Größe lichtelektrisch messen; es steht aber zu hoffen, daß die weitere Verbesserung der Methode die Grenze noch wesentlich nach unten verschieben wird.

Eine für die Astrophysik sehr wichtige Anwendung haben auch die lichtelektrischen Laboratoriumsapparate gefunden, insofern, als sie eine ganz automatische graphische Ableitung des Verlaufs von photographischen Schwärzungen gestatten. Es wird dabei der Platte eine gleichförmige Bewegung unter einem Mikroskop erteilt und ein herausgeblendetes Lichtbündel photoelektrisch gemessen. Die Schwankungen des Galvanometerfadens lassen sich nun ähnlich, wie das am LANGLEYschen Spektrobolometer (S. 132) noch gezeigt werden soll, durch eine Spiegelvorrichtung auf photographischem Wege automatisch aufzeichnen und dabei beliebig vergrößern.

Das zweckmäßigste selbstregistrierende Mikrophotometer dieser Art ist von KOCH konstruiert und von GOOS noch vereinfacht und verbessert worden.

Eine genauere Beschreibung des Apparates kann hier nicht gegeben werden. Seine Wirkungsweise ist aus Abb. 90, welche die von ihm registrierte Schwärzungsverteilung in zwei aufeinanderfolgenden hellen Ringen eines Fabry-Perotschen Interferometers (S. 57) veranschaulicht, deutlich zu ersehen. Bei der Vermessung von Spektren hat das Kochsche Verfahren den Beobachter bereits völlig entlastet. Feinere Einzelheiten, wie die Struktur der Spektrallinien, sind überhaupt gar nicht anders als auf diesem Wege zu erhalten.

Die Stufenschätzungsmethode. Es ist als oberster Grundsatz der Photometrie hingestellt worden, daß das Auge selbst nicht messen, sondern mit größerer Genauigkeit nur die Lichtgleichheit beurteilen kann. Nach diesem Prinzip sind ja auch alle bisher besprochenen Photometer konstruiert worden. Hierbei gibt es nun insofern eine Ausnahme, als nach längerer Übung unsere Augen auch direkt messen können, wenn es sich um ganz geringe Helligkeitsunterschiede handelt. Diese Ausnahme ist bei der Helligkeitsmessung veränderlicher Sterne in umfangreicher Weise zur Anwendung gekommen, speziell auf die Veranlassung Argelanders hin, der sie unter dem Namen der Methode der Stufenschätzungen eingeführt und selbst drei Jahrzehnte hindurch verwendet hat.

Wenn man nach längerer Betrachtung zweier Sterne, die man zunächst für gleich hell gehalten hat, zur Überzeugung gelangt, daß der eine Stern *a* doch etwas heller ist als der andere Stern *b*, so bezeichnet man diesen eben wahrnehmbaren Unterschied als eine Stufe (*a* 1 *b*). Dieser Helligkeitsunterschied ist naturgemäß ein ganz subjektiver, bei demselben Beobachter aber im allgemeinen recht konstant. Ist der Unterschied zwischen *a* und *b* etwas stärker, so daß er bei genauer Betrachtung sofort erkannt wird, so beträgt er zwei Stufen (*a* 2 *b*), und ist er ohne weiteres bemerkbar, so beträgt er drei Stufen (*a* 3 *b*). Es zeigt sich hierbei nach einiger Übung, daß die Stufe tatsächlich einen reellen Wert hat, der bei den meisten Beobachtern etwa 0.1 bis 0.2 Größenklassen beträgt. Geht man nicht über drei Stufen hinaus, so fallen diese Schätzungen recht genau aus.

Bei der Beobachtung veränderlicher Sterne ist das Verfahren nun das folgende. Man sucht sich in der Nachbarschaft des Veränderlichen eine Reihe von Vergleichsternen aus, von denen der hellste etwas heller sein muß, als der Veränderliche im Maximum werden kann, der schwächste etwas schwächer, als der Veränderliche im Minimum ist. Die Zahl der Vergleichsterne ist dadurch festzusetzen, daß das Helligkeitsintervall zwischen je zweien nicht mehr als fünf bis sechs Stufen, also etwa eine halbe Größenklasse betragen darf; vorteilhaft ist es, die Intervalle recht klein zu nehmen. Bei der Beobachtung wählt man jedesmal die Vergleichsterne so, daß der eine heller, der andere schwächer ist als der Veränderliche.

1920	Jul. Datum	Vergl.	1920/21	Jul. Datum	Vergl.
Okt. 17	2422615	*c* 2 *v* 2 *d*	Dez. 2	2422661	*b* 1 *v* 3 *c*
20	618	*c* 0 *v* 4 *d*	25	684	*c* 0 *v* 4 *d*
30	628	*b* 1 *v* 4 *c*	Jan. 2	692	*c* 3 *v* 1 *d*
Nov. 15	644	*a* 3 *v* 1 *b*	15	705	*d* 1 *v* 2 *e*
28	2422657	*a* 4 *v* 0 *b*	28	2422718	*d* 2 *v* 1 *e*

Als Beispiel möge die vorangehende Tabelle dienen, wobei die Vergleichsterne mit *a*, *b*, *c* ... und der Veränderliche mit *v* bezeichnet sind.

Stellt man die Abweichungen zwischen den einzelnen Vergleichsternen zusammen, alle auf den schwächsten Stern *e* bezogen, so erhält man die folgende Skala:

$$e = 0, \quad d = 3, \quad c = 7, \quad b = 11, \quad a = 15 \text{ Stufen.}$$

Die Stufenhelligkeiten des Veränderlichen ergeben sich nach dieser Skala folgendermaßen:

1920	J. D.	*v*	1920/21	J. D.	*v*
Okt. 17	...615	5 Stufen	Dez. 2	...661	10 Stufen
20	...618	7 „	25	...684	7 „
30	...628	10 „	Jan. 2	...692	4 „
Nov. 15	...644	12 „	15	...705	2 „
28	...657	11 „	28	...718	1 „

Man kann hiernach eine Kurve des Lichtwechsels konstruieren (Abb. 91) und wird finden, daß das Maximum der Helligkeit zwischen dem 15. und 28. November, etwa am 18. (bei 2422647 in der Stufe 12) stattgefunden hat.

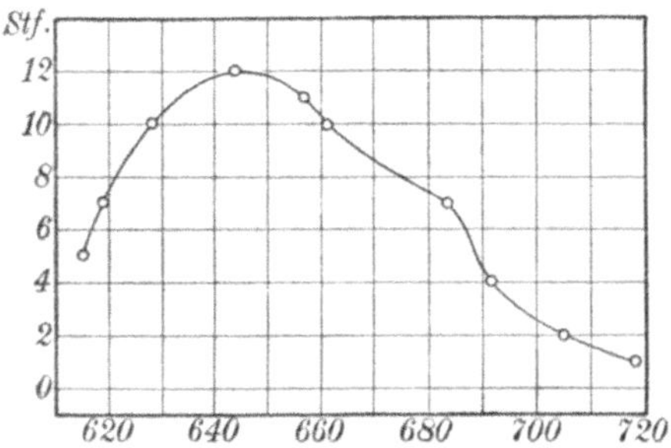

Abb. 91. Lichtkurve eines Veränderlichen nach Stufenschätzungen.

Will man die Helligkeiten des Veränderlichen in Größenklassen kennen, so muß man mit Hilfe von direkten photometrischen Messungen die Helligkeiten mehrerer, am besten aller Vergleichsterne bestimmen, um sowohl die absolute Helligkeit als auch den Stufenwert festzulegen.

Man wird dabei die Erfahrung machen, daß der Stufenwert nicht bei allen beobachteten Veränderlichen gleich groß ist, vor allen Dingen bei schwachen Sternen einen anderen Wert hat als bei hellen. Auch werden unbeeinflußte Schätzungen nie die glatte Rechnung unseres Idealbeispieles ergeben, sondern eine sorgfältige Untersuchung und Ausgleichung des Beobachtungsmaterials erforderlich machen. Immerhin ersieht man, daß die Stufenschätzungen allein genügen, um die genäherte Kurvenform sowie die Maximal- und Minimalhelligkeiten eines Veränderlichen abzuleiten. Man kann wohl behaupten, daß die umfassenden Kenntnisse, die wir heute über die Veränderlichen besitzen, zum größten Teile durch die Argelandersche Stufenschätzungsmethode und nicht durch photometrische Messungen erhalten worden sind. Nachdem E. Pickering, J. Parkhurst u. a. zu den meisten helleren Veränderlichen die Vergleichsterne photometrisch gemessen haben, ist übrigens jeder Beobachter in der Lage, seine Schätzungen völlig streng zu reduzieren und sie der photometrischen Skala anzupassen. Einige kritische Bemerkungen über die Schätzungsmethode selbst werden später noch zu äußern sein. Ihre beste Rechtfertigung ist der Erfolg, den sie gehabt hat und der ihr zweifellos auch von den Gegnern zugestanden werden muß.

Ein von dem Argelanderschen etwas abweichendes Schätzungsverfahren hat E. Pickering einzuführen versucht und selbst auf dem Harvardobservatorium verwendet. Von der Erfahrung ausgehend, daß wir fast alle normalen Schätzungen nach Zehnteln einer Einheit vornehmen, hat PICKERING vorgeschlagen, den Veränderlichen stets nach diesem Maßstab zwischen zwei Vergleichsterne einzuschalten. Die Aufzeichnung $a4b$ würde dann bedeuten, daß der Veränderliche um 0.4 des Intervalles $a-b$ schwächer ist als a und um 0.6 desselben heller als b. Da jedes Vergleichsternintervall verschieden ist, fällt hier der Stufenbegriff fort. Die Vorteile des PICKERINGschen Verfahrens, das sich nicht recht eingebürgert hat, liegen auf der Hand. Es schließt jede Extrapolation aus, ist also wissenschaftlich einwandfreier; ein weiterer Vorzug besteht darin, daß bei einiger Übung die sichere Interpolation noch bei Sternen gelingt, bei denen der Abstand $a-b$ bis zu einer Größenklasse beträgt.

In der auf S. 121 mitgeteilten Beobachtungstabelle des Veränderlichen ist neben dem Kalendertage noch das Julianische Datum mitgeteilt. Diese fortlaufende Zählweise der Tage erleichtert wesentlich die Bestimmung der Epochen (Maxima und Minima) sowie die Zeichnung der Lichtkurven veränderlicher Sterne. Die von J. J. SCALIGER um 1580 eingeführte Zählung beginnt mit dem Jahre 4713 v. Chr. und hat für die Jetztzeit am 1. Januar eines jeden Jahres die folgenden Werte:

Julianisches Datum am 1. Januar 1901 bis 1940.

1901	24 15386	1911	24 19038	1921	24 22691	1931	24 26343
02	15751	12*	19403*	22	23056	32*	26708*
03	16116	13	19769	23	23421	33	27074
04*	16481*	14	20134	24*	23786*	34	27439
05	16847	15	20499	25	24152	35	27804
06	17212	16*	20864*	26	24517	36*	28169*
07	17577	17	21230	27	24882	37	28535
08*	17942*	18	21595	28*	25247*	38	28900
09	18308	19	21960	29	25613	39	29265
1910	24 18673	1920*	24 22325*	1930	24 25978	1940*	24 29630*

Die Spektralphotometrie. Wie der Name andeutet, sind die Spektralphotometer Photometer, bei denen nicht die Gesamthelligkeit eines leuchtenden Objekts gemessen wird, sondern die Helligkeit der einzelnen Spektralbezirke, nachdem das Gesamtlicht durch ein Spektroskop zerlegt worden ist.

Die Aufgaben, die mit einem Spektralphotometer zu lösen sind, müssen zunächst sehr sorgfältig präzisiert werden, da gerade auf diesem Gebiete große theoretische Schwierigkeiten vorhanden sind.

Ist die Lichtquelle, oder allgemein die Strahlungsquelle, ein schwarzer Körper, so sind die Energien der einzelnen Spektralbezirke auf Grund der KIRCHHOFFschen Funktion bekannt, sobald die Temperatur der Strahlungsquelle bekannt ist; umgekehrt läßt sich letztere berechnen, wenn die Strahlungsenergien selbst gemessen werden. Ist die Strahlungsquelle kein schwarzer Körper, so treten Abweichungen von der KIRCHHOFFschen Funktion auf, die bei der Strahlung fester Körper verhältnismäßig leicht zu bestimmen, bei der Strahlung gasförmiger Körper aber von einer solchen Komplikation sind, daß bisher noch fast nichts auf diesem Gebiete bekannt ist.

Zur Messung von wahren Energieunterschieden zwischen den verschiedenen Spektralbereichen sind nun unsere Augen gar nicht eingerichtet. Zunächst ist bekannt, daß das Auge nur für den sehr engen Spektralbezirk von 0.4 bis 0.8 μ empfänglich ist; alles, was über diese Grenze hinausläuft, existiert für das Auge nicht. Liegt z. B. bei niedriger Glühtemperatur das Energiemaximum oberhalb 0.8 μ, so ist also gerade die Strahlung, die das Maximum der Energie enthält, für uns direkt überhaupt nicht wahrnehmbar.

Wohl existiert für das Auge in dem Spektralbezirk von 0.4 bis 0.8 μ eine Reizungskurve, die aber mit der wahren Energiekurve nur wenig zu tun hat. Sie ist natürlich abhängig von der Energiekurve, hat aber ihre ganz charakteristischen Eigenschaften. So ist z. B. der Ort ihres Maximums veränderlich, aber nicht mit der Temperatur wie bei der wahren Energiekurve, sondern mit der absoluten Helligkeit, wodurch eine ganz besondere Komplikation eintritt. Über diese bereits auf S. 32 erwähnten Verhältnisse wird am Schluß dieses Kapitels Genaueres mitzuteilen sein.

Aus dem Gesagten geht hervor, daß man die physiologischen Helligkeitsverhältnisse eines Spektrums nicht im allgemeinen angeben und bestimmen kann, sondern nur in Abhängigkeit von der absoluten Helligkeit; auch hierbei treten große Beobachtungsschwierigkeiten auf, da ja Helligkeitsvergleichungen unter verschieden gefärbten Objekten stattzufinden haben, was von Anfang an als eine besondere Erschwerung bei photometrischen Beobachtungen erklärt worden ist.

Durch eine wesentliche Beschränkung der Aufgabe läßt sich indessen auch beim Spektralphotometer die gleiche Genauigkeit erreichen wie beim gewöhnlichen Photometer, nämlich durch die Einschränkung, daß man die Helligkeits*verhältnisse* der gleichen Spektralgebiete bei verschiedenen Lichtquellen untereinander vergleicht. Dabei werden die gleichen Farben mit einander verglichen, wobei keine größeren Schwierigkeiten auftreten als bei weißem Licht.

Nach diesen einleitenden Bemerkungen wollen wir zu einer Beschreibung der wichtigsten Spektralphotometer übergehen.

Das VIERORDTsche Spektralphotometer ist ein Prismenspektroskop gewöhnlicher Konstruktion, jedoch besitzt es eine andere Spalteinrichtung. Der Spalt besteht nämlich aus zwei übereinanderstehenden Hälften, wobei die Weite einer jeden Hälfte für sich in meßbarer Weise reguliert werden kann. Vor der einen Hälfte sitzt, ähnlich wie in Abb. 41, ein totalreflektierendes Prisma, durch das das Licht einer seitlich befindlichen Lichtquelle ins Spektroskop gelangt, während die andere Spalthälfte direkt von vorn durch die zweite Lichtquelle beleuchtet wird. Es entstehen demnach zwei genau übereinanderliegende Spektra, deren Helligkeit durch Verstellung der Spaltweiten in meßbarer Weise verändert werden kann. Damit bei der Vergleichung einer bestimmten Spektralstelle die übrigen Farben nicht störend einwirken, wird durch einen verschiebbaren Spalt im Okular das übrige Licht abgeblendet, eine Vorrichtung, die bei allen Spektralphotometern erforderlich ist. Man soll mit diesem Instrument sehr gute Messungen ausführen können, obgleich ein bedenklicher prinzipieller Fehler der VIERORDTschen Methode anhaftet, der besonders hervortritt, wenn große Helligkeitsunterschiede gemessen werden. Der für die schwächere Lichtquelle dienende Spalt muß, um Helligkeitsgleichheit zu erzielen, beträchtlich weiter geöffnet werden als der andere; das entsprechende Spektrum ist daher unreiner, und infolgedessen stimmen die Farben der beiden Spektra nicht ganz genau miteinander überein. Ein Vorzug des Instruments besteht darin, daß die beiden Spektra sich fast genau berühren, und, was für die Beobachtung schwacher Spektra wichtig ist, daß kein anderer als der durch die Verwendung des Spektroskops gegebene Lichtverlust stattfindet.

Das GLAN-VOGELsche Spektralphotometer ist wesentlich komplizierter gestaltet. Der photometrische Apparat befindet sich zwischen Kollimatorlinse und Prisma und besteht aus einem doppeltbrechenden Bergkristall als Polarisator und aus einem NICOLschen Prisma mit meßbarer Drehung als Analysator. Der Spalt des Spektroskops ist durch einen Steg in zwei Hälften geteilt; es entstehen durch die Doppelbrechung von jeder Hälfte zwei Spektra, im ganzen also vier. Die Breite des Stegs ist so gewählt, daß die mittleren zwei Spektra, die von den beiden Hälften des Spaltes kommen, einander berühren; die beiden äußeren Spektra werden durch Schieber im Okular abgeblendet. Bei Drehung des Nicols wird das eine ordentliche Spektrum heller, wenn das andere außerordentliche schwächer wird. Da der Winkel der Doppelbrechung von der Wellenlänge abhängt, so berühren sich die beiden Spektra nicht auf ihrer ganzen Länge, sondern überdecken sich z. B. im Rot und stehen im Violett auseinander, wenn sie im Grün zur Berührung gebracht sind; es ist das ein bedenklicher Nachteil, der aber durch Benutzung eines keilförmigen, verschiebbaren Stegs vor dem Spalte, durch den die Breite der Spektra für jede Spektralstelle variiert wird, beseitigt werden kann. Das Licht der beiden zu vergleichenden Objekte kann unmittelbar auf die beiden Spalthälften geworfen werden; für gewöhnlich aber findet die Vergleichung eines jeden Objekts mit einer dritten Lichtquelle, z. B. einer Petroleumlampe, statt. Ein Vorzug des GLAN-VOGELschen Spektralphotometers besteht darin, daß sehr große Intensitätsunterschiede gemessen werden können, ein Nachteil in dem starken Lichtverluste durch Erzeugung zweier Bilder.

Das CROVAsche Spektralphotometer dürfte als das einfachste und beste aller bis jetzt konstruierten zu betrachten sein, und zwar nicht zum mindesten durch die Anordnung, daß der lichtabschwächende Apparat, in diesem Falle zwei gegeneinander drehbare Nicols, gar nicht mit dem Spektroskop verbunden ist, sondern in den Strahlengang der Vergleichslampe bereits *vor* dem Spalte eingeschaltet ist. Zu dem Zwecke ist die eine Spalthälfte mit einem totalreflektierenden Prisma versehen, welches das Licht des seitlich sitzenden Photometers auffängt und ins Spektroskop gelangen läßt. Wie beim VIERORDTschen Spektralphotometer berühren sich die beiden Spektra ihrer ganzen Länge nach und sind nur durch eine feine Linie getrennt. Eine Lichtschwächung des zu untersuchenden Objekts findet nicht statt. Ein besonderer Vorzug des Instruments besteht auch darin, daß nach Beseitigung des totalreflektierenden Prismas das Spektroskop als solches ohne weiteres zu verwenden ist.

Von den vielen Spektralphotometern mögen als die wichtigsten die hier erwähnten Konstruktionen genügen, um einen Einblick in das praktische Gebiet der Spektralphotometrie zu erlangen. Zur Erleichterung des Verständnisses soll auch ein Beispiel gegeben werden, und zwar ein solches, das mit dem zuletzt besprochenen Spektralphotometer erhalten ist. Das Spektrum einer elektrischen Glühlampe diente hierbei als Grundlage; daran anzuschließen war das Spektrum einer Kerze. Zur Vergleichung gelangten vier Gebiete des Spektrums: in Rot, nahe bei der *C*-Linie, in Gelb bei *D*, in Grünblau bei *F* und in Violett bei *G*.

Durch Drehung des zweiten Nicols, also durch Abschwächung des Spektrums der elektrischen Glühlampe, wurde die Gleichheit der Helligkeit dieser vier Spektralbezirke hergestellt, und es ergaben sich hierbei die folgenden Ablesungen des Winkels zwischen den Hauptschnitten der beiden Nicolprismen (0^0 = völlige Dunkelheit, 90^0 = volles Licht): 25.2^0, 20.4^0, 14.6^0, 8.7^0. Die Helligkeiten an diesen vier Stellen verhalten sich wie die Quadrate der Sinus dieser Winkel, oder wie 0.181 zu 0.121 zu 0.064 zu 0.023, d. h. mit abnehmender Wellenlänge wird die Intensität des Spektrums der Kerzenflamme im Verhältnis zu derjenigen der elektrischen Glühlampe immer geringer. Das Ergebnis läßt sich im Einklange mit den Strahlungsgesetzen ohne weiteres dahin deuten, daß die Temperatur der Kerzenflamme geringer ist als diejenige der Glühlampe. Die gefundenen Zahlen stellen die wahren relativen Helligkeitsverhältnisse dar, also auch die wahren relativen Energieverhältnisse, da ja nur Vergleichungen bei genau derselben Farbe stattgefunden haben. Also ist in unserem Beispiele gezeigt, daß das Verhältnis der Energie der Glühlampenstrahlung im Violett zu derjenigen im Rot achtmal so groß ist als bei der Kerze.

Diejenigen Spektralphotometer, bei denen verschiedene Stellen im Spektrum, z. B. Rot mit Grün oder Gelb mit Blau direkt oder durch Vermittelung einer weißen Lichtquelle miteinander verglichen werden, können höchstens zu physiologischen Versuchen Verwendung finden. Dabei ist zu beachten, daß die mit einem Prismenspektroskop erhaltenen Werte der physiologischen Farbenhelligkeiten noch einer Verbesserung bedürfen, die daher rührt, daß bei einem Prismenspektrum die Wellenlängen nicht proportional den linearen Abständen verlaufen. Die roten Teile erscheinen daher relativ heller als die gelben, diese heller als die grünen usw. Eine Bestimmung der wahren physiologischen Helligkeitskurve ist allerdings auch dann noch nicht gewonnen, da eine Überdeckung mit der Energiekurve der benutzten Lichtquelle stattfindet.

Auf sehr bequeme Art und Weise läßt sich diese kombinierte Kurve am Zöllnerschen Photometer ermitteln, und zwar mit Hilfe der Kolorimetereinrichtung. Man kann durch letztere das Bild des künstlichen Sterns färben und mit einem natürlichen oder künstlichen weißen Stern vergleichen. Es ist hierbei allerdings zu beachten, daß die Polarisationsfarben keine Spektralfarben, sondern Mischfarben sind. Auf die Helligkeit in Gelb (100) und die Strahlungskurve der Petroleumflamme bezogen, ergeben sich im Mittel aus zahlreichen Beobachtungen die nebenstehenden Intensitäten.

Farbe	i	Farbe	i
Rot	19	Grün	38
Orange	55	Blau	13
Gelb	100	Grauviolett	7

Als allgemeines Resultat aus den Vergleichungen der einzelnen Spektralteile untereinander findet man, daß das Maximum der physiologischen Helligkeit im Gelb bei 0.57 μ liegt, bei sehr geringen absoluten Intensitäten aber immer mehr nach dem Grün und zwar bis 0.51 μ sich verschiebt (Purkinjeeffekt, vgl. S. 32), alles unabhängig von der Lage des wahren Energiemaximums.

8. Die Strahlungsmessung.

Von den drei Arten der Übertragungsmöglichkeit der Wärme von einem Körper auf den anderen kommt in der Astrophysik nur eine einzige in Frage, die Strahlung. In bestimmt definierbarer Weise läßt sich die Temperatur eines Körpers aus der Strahlung aber nur ermitteln, wenn der Körper ein schwarzer ist, da nur dann die Strahlungsgesetze bzw. ihre numerischen Konstanten bekannt sind. Es muß daher die Aufgabe der Temperaturbestimmung bei Himmelskörpern aus der Strahlung zunächst unter der, wie wir später sehen werden, nicht sehr willkürlichen Annahme durchgeführt werden, daß es sich um absolut schwarze Strahler handle; die so ermittelte Temperatur nennt man die effektive Temperatur, und es soll daher im folgenden stets diese Temperatur verstanden sein, auch wenn der Kürze halber das Wort „effektiv" fortgelassen ist.

Die Strahlungsenergie, die uns von den Himmelskörpern zugesendet wird, ist im allgemeinen eine außerordentlich geringe, so daß man kaum über ihre Konstatierung hinausgekommen ist. Nur die Sonne macht eine Ausnahme; ihre Strahlung ist so intensiv, daß wir ihre unmittelbaren Wirkungen in der Natur und an uns selbst sehr deutlich verspüren, und es sind daher sehr zahlreiche Versuche gemacht worden, diese Strahlung zu messen und daraus die effektive Temperatur der Sonne zu ermitteln.

Die Pyrheliometer. Diejenigen Apparate, die speziell zur Messung der Gesamtstrahlung der Sonne bestimmt sind, nennt man Aktinometer oder Pyrheliometer. Zum Verständnis dieser Instrumente ist es erforderlich, streng zwischen Temperaturmessung und Energiemessung zu unterscheiden, was am einfachsten am Beispiele des gewöhnlichen Quecksilberthermometers geschieht. Wenn ein Thermometer längere Zeit im Schatten gehangen hat, so hat es annähernd die Temperatur der Luft angenommen; setzt man es nun plötzlich der Sonnenbestrahlung aus, so beginnt es zu steigen, um nach einiger Zeit bei einer merklich höheren Ablesung zu verbleiben. Das Steigen der Temperatur hört auf, wenn die Zufuhr von Energie durch die Sonnenstrahlung der Energieabgabe durch eigene Strahlung des Thermometers sowie durch Konvektion nach außen hin gleich geworden ist. Das ungemein blanke Quecksilber ist aber wenig geeignet, Strahlung in Wärme umzusetzen, dagegen wird eine fast vollständige Aufnahme der Energie, d. h. eine Absorption der Strahlung, stattfinden, wenn die Thermometerkugel vorher mit Ruß überzogen war. In der Tat steigt die Temperatur eines berußten Thermometers in der Sonnenstrahlung sehr viel mehr als die eines blanken, und ein Temperaturunterschied bis zu 30^0 C kann dabei leicht beobachtet werden. Der Unterschied ist einleuchtend: die blanke Thermometerkugel gibt Temperatur-, die schwarze Strahlungsunterschiede wieder.

Als Maßeinheit der Energie wird in der Physik die Gramm-Kalorie angenommen, d. h. der Energiebetrag, der in Wärme umgesetzt, die Temperatur eines Kubikzentimeters (Gramm) Wasser von 0^0 C auf 1^0 C erhöht. Nun ist bekanntlich die spezifische Wärme, d. h. die Wärmemenge, die nötig ist um die Gewichtseinheit um 1^0 C zu erhöhen, bei den verschiedenen Substa,nzen eine verschiedene. Hiernach und nach der Fläche, welche die berußte Thermometerkugel der Bestrahlung bietet, kann man nunmehr berechnen, welche Temperaturerhöhung stattgefunden haben würde, wenn statt der Quecksilberkugel ein berußter Wasserwürfel von einem Gramm Gewicht mit einer Seitenfläche von einem Quadratzentimeter der Bestrahlung ausgesetzt worden wäre. Es sei hier eingeschaltet, daß man in Wirklichkeit diese Rechnung nicht in der angegebenen Weise ausführen, sondern den sog. Wasserwert der Thermometerkugel im Laboratorium experimentell bestimmen wird. Nach Bestimmung des Wasserwertes ist nunmehr das Thermometer zu einem Aktinometer geworden, allerdings zu einem nur sehr unvollkommenen, das aber doch zur Messung der Energie geeignet ist.

Das erste Aktinometer ist 1838 von Pouillet konstruiert worden. Ein flaches zylindrisches Gefäß aus dünnem Silberblech, das etwa 100 Gramm Wasser enthielt, wurde auf der vorderen, flachen Seite berußt, und diese Fläche wurde senkrecht zur Sonnenstrahlung gestellt. Die Erwärmung des Wassers wurde durch ein Thermometer gemessen und der Wasserwert des ganzen Gefäßes experimentell bestimmt. Um eine gleichförmige Mischung des nur an der vorderen Seite erwärmten Wassers zu bewerkstelligen, wurde das Gefäß beständig gedreht (Abb. 92).

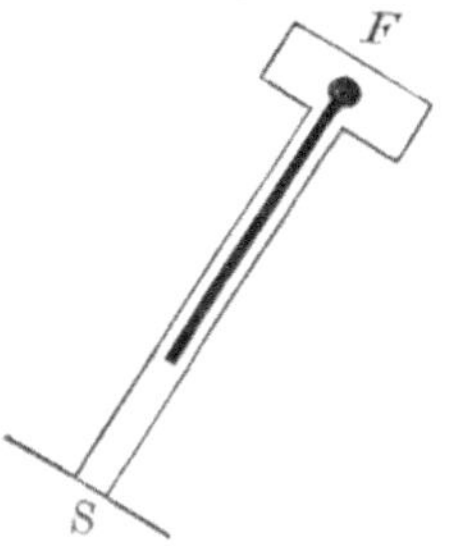

Abb. 92. Pouilletsches Pyrheliometer.

Das Pouilletsche Pyrheliometer hat trotz seiner leicht erkennbaren Mängel lange Zeit hindurch als Vorbild für ähnliche Apparate gedient. So haben z. B. Crova und Langley statt des Wassers Quecksilber verwendet, ohne indessen damit bessere Resultate erzielt zu haben.

Eine wesentlich andere Konstruktion hat Violle benutzt. Als zu bestrahlendes Objekt diente eine berußte Thermometerkugel, die sich im Zentrum einer größeren doppelwandigen Hohlkugel befand, die durch fließendes Wasser auf konstanter Temperatur gehalten wurde. Die Bestrahlung der Thermometerkugel erfolgte durch eine kleine Öffnung in der Hohlkugel. Violle hat somit unbewußterweise bereits das Thermometer in einen schwarzen Körper eingeschlossen. Ein besonderer Nachteil seiner Methode liegt aber in der Benutzung des Thermometers, da es sehr schwierig ist, den Wasserwert der kleinen geschwärzten Kugel mit genügender Sicherheit zu bestimmen; als Vorzug ist zu erwähnen, daß es Violle durch seine Einrichtung gelang, den bei den früheren Konstruktionen schädlich hervortretenden Einfluß der äußeren Strahlung und des Windes unschädlich zu machen.

Ein ähnliches Aktinometer, das sich anscheinend in jeder Hinsicht bewährt hat, ist von Abbot konstruiert worden. Das von ihm als Water-flow-Pyrheliometer bezeichnete Instrument ist wieder ein schwarzer Hohlraum geeigneter Form, in den durch ein Diaphragma bestimmter Größe die Sonnenstrahlen eintreten. Die vom Hohlraum absorbierte Strahlung wird thermoelektrisch durch die Temperaturerhöhung eines in Spiralen den Hohlraum umfließenden Wasserstroms gemessen. Zum Schutz gegen äußere Strahlung ist der ganze Apparat in ein Dewarsches Vakuummantelgefäß eingeschlossen. Zur Kontrolle des Instruments befinden sich am unteren Ende des Hohlraums Manganindrähte, die durch einen elektrischen Strom von bestimmter Stärke geheizt werden und zu prüfen gestatten, ob die dem Heizstrom entsprechende Energiemenge vom Thermoelement richtig angezeigt wird.

Das Abbotsche Pyrheliometer dürfte das vollkommenste Instrument dieser Art sein. Merklich einfacher, wenngleich weniger frei von Fehlerquellen ist das von K. Angström im Jahre 1896 konstruierte elektrische Kompensationspyrheliometer. Dasselbe ist häufig verwendet worden und soll daher etwas ausführlicher beschrieben werden (Abb. 93). Zwei gleiche schmale Streifen A und B aus Manganin von wenigen Tausendsteln eines Millimeters Dicke sind auf der vorderen Seite berußt und werden abwechselnd der Sonnenstrahlung ausgesetzt. An ihren Enden sind Leitungsdrähte befestigt, so daß ein elektrischer Strom hindurchgeschickt werden kann. Ihre Rückseite ist mit einem sehr feinen Überzug von Guttapercha versehen, vermittels dessen sie auf zwei entsprechenden Streifen von feinem Kupferblech elektrisch isoliert aufgekittet sind, so daß ein die Manganinstreifen durchfließender Strom nicht in die Kupferstreifen gelangen kann. Auf der Rückseite der letzteren ist je eine aus dünnen Drähten von Kupfer und Rheotan bestehende Thermosäule NN_1 angelötet; beide sind gegeneinander geschaltet und enthalten im Stromkreis ein Galvanometer G. Die von den beiden Thermosäulen ausgehenden Ströme sind also einander entgegengerichtet und heben sich auf, wenn sie gleich stark sind, d. h. wenn die Temperatur der beiden Kupferstreifen genau dieselbe ist; die Galvanometerablesung ist alsdann Null. Ist aber der eine Streifen wärmer als der andere, so überwiegt dessen Thermostrom, und das Galvanometer schlägt nach der betreffenden Seite aus.

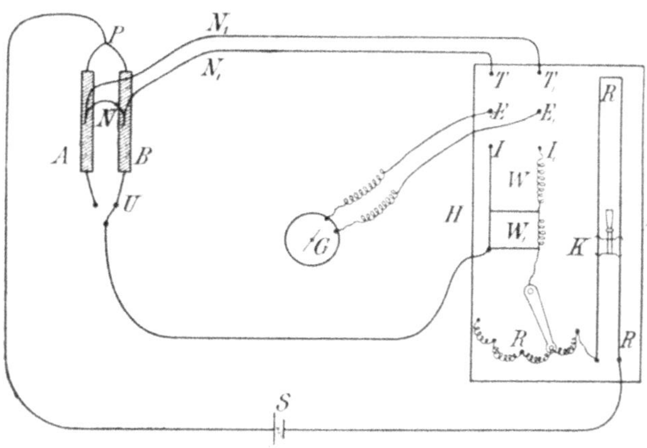

Abb. 93.
Schema des Angströmschen Pyrheliometers.

Es soll nun der Manganinstreifen A der Bestrahlung durch die Sonne ausgesetzt werden, während der Streifen B beschattet bleibt. Die Temperatur von A steigt so lange, bis zwischen der Bestrahlung und der Ableitung der Wärme aus dem Streifen Gleichgewicht herrscht, was wegen der äußerst geringen Massen dieser Teile in sehr kurzer Zeit (20 bis 30 Sekunden) erfolgt. Die Galvanometernadel zeigt dann eine starke Ablenkung durch den überwiegenden Thermostrom von A. Schickt man nun durch den Manganinstreifen B, der beschattet bleibt, von S aus einen elektrischen Strom hindurch, so wird der Streifen durch denselben erwärmt, bis die Nadel wieder Null zeigt. Dann sind die beiden Thermoströme einander gleich, folglich auch die Temperaturen der beiden Streifen. Mißt man in diesem Augenblick die Stärke des durch den Manganinstreifen B hindurchgeschickten Stromes vermittels eines

Abb. 94. Angströmsches Pyrheliometer.

Milliampèremeters, so kann man hieraus die Energiemenge berechnen, die dem Streifen *B* in Form von elektrischem Strom zugeführt worden ist; diese Energiemenge muß aber gleich derjenigen sein, die dem Streifen *A* durch die Sonnenstrahlung zugeführt wurde. Da es nicht gelingt, die beiden Streifen usw. ganz genau einander gleich zu machen, kehrt man sofort den Prozeß um, indem man nunmehr *B* bestrahlt und *A* elektrisch heizt; in dem Mittel der beiden Resultate sind dann die Ungleichheiten eliminiert.

Da der Widerstand eines elektrischen Leiters und damit auch die Stromstärke mit der Temperatur sich ändern, so müßte man die jedesmalige absolute Temperatur der Streifen kennen und in Rechnung ziehen. Um diese Umständlichkeit zu vermeiden, verwendet man Manganin, dessen Widerstand fast ganz konstant ist.

Der Hauptvorzug des Angströmschen Apparates beruht darauf, daß sowohl der bestrahlte als auch der beschattete Streifen im Moment der Messung genau die gleiche Temperatur haben, daß also alle von außen kommenden Strahlungen beide Streifen im gleichen Maße beeinflussen und daher in das Resultat nicht eingehen.

Die Abb. 94 zeigt das ANGSTRÖMsche Pyrheliometer in der ihm von SCHEINER gegebenen äußeren Gestalt. Es ist parallaktisch montiert und mit Uhrwerk versehen, so daß es längere Zeit ohne Aufsicht dem Gange der Sonne genau folgt. Die zahlreichen elektrischen Zuleitungsdrähte sind in der Abbildung fortgelassen, um das Bild nicht zu verwirren. Die nicht sichtbaren Teile des eigentlichen Pyrheliometers, die Streifen und Thermosäulen, befinden sich im Innern der Kugel.

Bolometrische Methoden. Solarkonstante. Um Energiemessungen in bestimmten, engbegrenzten Spektralgebieten auszuführen, müssen die letzteren in irgendeiner Weise isoliert werden. Ein wenig empfehlenswertes Mittel hierzu bieten die gefärbten Gläser oder Flüssigkeiten, deshalb wenig empfehlenswert, weil sie keine scharfen von der Intensität der Strahlung unabhängigen Grenzen geben.

Ein an sich einwandfreies und exaktes Verfahren zur Untersuchung bestimmter Wellenlängengebiete ist durch die spektroskopische Zerlegung gegeben, doch treten auch hier besondere praktische Schwierigkeiten ein. Die Zerlegung durch Glasprismen ist gänzlich ausgeschlossen, da Glas im Ultrarot außerordentlich stark absorbiert und schließlich fast ganz undurchsichtig wird. Die Linsen und Prismen müssen daher aus Quarz oder besser Flußspat hergestellt werden. Am wenigsten absorbierend wirkt zwar Steinsalz, doch ist es sehr schwierig, aus diesem weichen und hygroskopischen Material gute Flächen herzustellen und vor allem sie zu bewahren. Empfehlenswerter von diesen Gesichtspunkten aus ist die Verwendung der Metallreflexion, also der Metallgitter an Stelle von Prismen.

Während nun die direkte Sonnenstrahlung so stark ist, daß ihre exakte Messung keine Schwierigkeit bietet, wird die Strahlung, die durch den schmalen Spalt des Spektroskops hindurchgelangt, in das lange Spektralband zerlegt und daher durchschnittlich im Verhältnis der Spaltbreite zur Länge des Spektrums abgeschwächt. Zur Erkennung der Wärmewirkung, besonders aber zu ihrer Messung, bedarf es daher äußerst empfindlicher thermometrischer Apparate. Selbst die empfindlichste Thermosäule reicht hier meist nicht mehr aus, und es muß das noch empfindlichere bolometrische Prinzip benutzt werden.

Bei der Erklärung des ANGSTRÖMschen Pyrheliometers ist schon darauf hingewiesen worden, daß der elektrische Widerstand der Metalle mit ihrer Temperatur variiert, und es war daher eine Metallegierung, Manganin, verwendet worden, bei der diese Änderung sehr gering ist. Umgekehrt benutzt man beim Bolometer Metalle, deren Widerstand sich gerade stark mit der Temperatur ändert, z. B. Platin, da man im Bolometer gerade diese Widerstandsänderung zur Temperaturmessung verwenden will. Führt man einen solchen Metallstreifen an eine Stelle des Spektrums, wo sich ein Absorptionsband befindet, wo also stark verminderte Strahlung herrscht, so wird diese Stelle im Galvanometer durch einen starken Ausschlag der Nadel nach der „kalten“ Seite hin bemerkbar.

Mit dem Problem der bolometrischen Energiemessung des Sonnenspektrums hat sich insbesondere LANGLEY jahrzehntelang beschäftigt. Er hat dabei Bolometer hergestellt, die noch eine Temperaturänderung von $^1/_{1000000}$ °C angeben. Gleichzeitig hat er seinen Apparat registrierend eingerichtet, so daß sich die Energiekurve des Sonnenspektrums automatisch in allen ihren Einzelheiten aufzeichnet, und zwar in folgender Weise.

Auf dem Tische eines großen Spektrometers befindet sich ein Steinsalzprisma. Der Tisch wird durch ein Uhrwerk langsam in gleichförmiger Weise gedreht (eine Bogenminute in einer Zeitminute), während auf den Spalt des Spektrometers vermittels eines Heliostaten Sonnenlicht geworfen wird. Das Spektrum bewegt sich nun langsam über den feststehenden Bolometerstreifen hinweg, der 0.05 mm breit und 0.001 mm dick ist. Die allmähliche Zu- oder Abnahme der Strahlungsintensität in den verschiedenen Teilen des Spektrums bewirkt in einem äußerst empfindlichen Galvanometer eine allmähliche Drehung des mit der Galvanometernadel verbundenen Spiegels. Passiert eine dunkle Spektrallinie den Bolometerstreifen, so vollführt der Spiegel eine plötzliche Drehung. Man läßt nun ein dünnes Lichtbündel auf den Spiegel fallen, das nach der Reflexion an letzterem einen hellen Punkt auf einer mit lichtempfindlichem Papier bekleideten und durch das schon erwähnte Uhrwerk in langsame Umdrehung versetzten Walze erzeugt. Befände sich der Spiegel in Ruhe, so würde keine seitliche Bewegung des Lichtpunktes stattfinden, man erhielte demnach einen geraden Strich parallel zum Papierrand. Bewegt sich aber der Lichtpunkt durch Drehung des Spiegels seitlich, so entsteht aus der kombinierten Bewegung von Lichtpunkt und Papier die Strahlungskurve, in der die scharfen Einknickungen Spektrallinien bedeuten, während ihr allgemeiner Verlauf den Energieverlauf der Strahlung der Sonne zeigt.

Vermittels der beschriebenen Instrumente, insbesondere des ANGSTRÖMschen Pyrheliometers und des LANGLEYschen Spektrobolometers, sind wir nun in die Lage versetzt, sowohl die Gesamtstrahlung der Sonne als auch die Energiekurve ihrer Strahlung in Abhängigkeit von der Wellenlänge mit großer Genauigkeit zu ermitteln, und es schließt sich hieran die weitere Aufgabe, aus diesen Werten, die durch den Durchgang der Strahlung durch unsere Atmosphäre in starker Weise modifiziert sind, den Strahlungswert außerhalb der Atmosphäre, die Solarkonstante, zu ermitteln.

Die Ableitung der Solarkonstante aus den direkten Messungen der Gesamtenergie der Sonnenstrahlung bietet nun so außerordentliche Schwierigkeiten, daß hier nur einige ganz allgemeine Andeutungen darüber gegeben werden können. Die Hauptschwierigkeit liegt dabei in der Ermittelung des Einflusses der Erdatmosphäre, deren Struktur für den vorliegenden Fall zu wenig sicher bekannt ist. Mißt man die Strahlungsenergie der Sonne an einem klaren Tage vom Morgen bis zum Abend, so erhält man, abgesehen von mancherlei Abweichungen im einzelnen, eine bis Mittag ansteigende, von da absteigende Kurve, entsprechend den durch die verschiedene Länge des Strahlenwegs in der Atmosphäre bedingten Strahlungsverlusten. In Abb. 95 ist eine solche Kurve als Beispiel dargestellt; die Ordinaten bedeuten die Strahlungsenergien, die Abszissenachse ist in 12 Stunden von morgens 6 Uhr bis abends 6 Uhr geteilt, und es ist angenommen, daß Sonnenauf- und -untergang um morgens 4 Uhr und abends 8 Uhr erfolgen.

Nimmt man aber als Argument nicht die Zeit, sondern die aus den

Sonnenhöhen berechnete Weglänge der Strahlen in der Atmosphäre, wobei man die kürzeste Weglänge, welche möglich ist, nämlich die Senkrechte vom Zenit aus, als Einheit nimmt, so erhält man die in Abb. 96 angegebene Kurve, wobei nur die Vormittagshälfte gezeichnet ist. Hat die Beobachtung an einem Orte stattgefunden, an dem die Sonne nicht das Zenit erreicht, so gelangt die beobachtete — in der Figur ausgezogene — Kurve nicht bis zur Weglänge 1, sondern bricht vorher ab. Das noch fehlende Stück ist aber selbst in unseren Breiten im Hochsommer nur gering und läßt sich leicht ergänzen, so daß man den Betrag der Strahlung, wie er beim Zenitstande der Sonne gewesen wäre, mit großer Genauigkeit bestimmen kann.

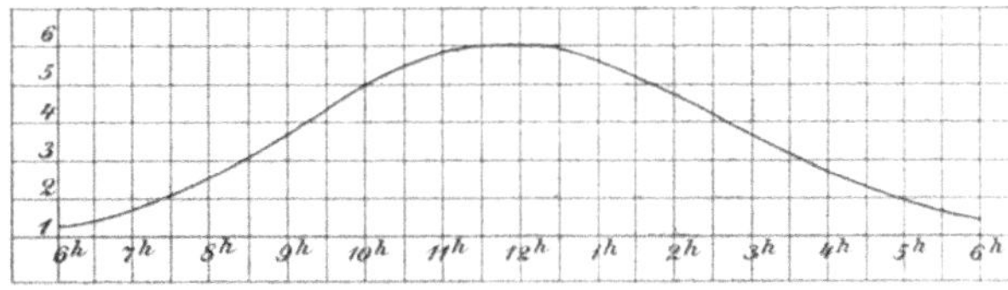

Abb. 95. Tageskurve der Sonnenstrahlung.

Die Kenntnis der Strahlungsenergie bei der Zenitstellung der Sonne hat zwar für meteorologische Zwecke eine besondere Wichtigkeit, nicht aber für die Lösung unserer Aufgabe; denn den Wert der Solarkonstante erhalten wir erst, wenn wir nun die Kurve noch über das große Stück bis zur Weglänge 0 fortsetzen, wie dies in der Abbildung 96 durch die gestrichelte Linie angedeutet ist. Eine derartige Extrapolation ist aber stets etwas sehr Unsicheres, und die einfache graphische Fortführung, wie sie in Abb. 96 ausgeführt ist, bleibt natürlich ganz willkürlich und besitzt keinen wissenschaftlichen Wert. Die Lösung der Aufgabe ist aus den Strahlungsbeobachtungen an der Sonne allein nicht zu erlangen, sondern erfordert die Hinzuziehung spezieller Untersuchungen über die Absorptions- und Reflexionsverhältnisse der Bestandteile der Luft im Laboratorium. Es würde jedoch zu weit führen, hierauf näher einzugehen.

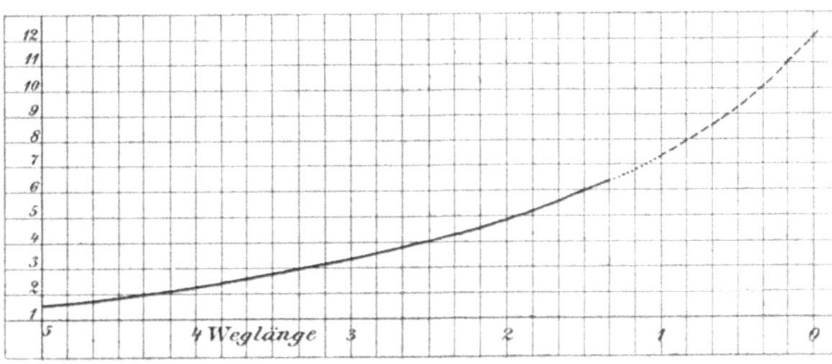

Abb. 96. Abhängigkeit der Sonnenstrahlung von der Weglänge in der Atmosphäre.

Entsprechend der hervorgehobenen Schwierigkeit des Problems wichen vor kurzem selbst die neueren Werte der Solarkonstante, also der von der Sonne auf 1 qcm Fläche in 1 Minute gestrahlten Wärmemenge, sehr stark von einander ab, wie die nachstehende Tabelle zeigt. Erst in den Jahren 1902 bis 1913 gelang es Abbot und seinen Mitarbeitern auf dem Mt. Wilson, auf dem Mt. Whitney und in Washington, die bestehenden Zweifel über diese wichtige vielleicht nicht ganz unveränderliche Naturkonstante zu beseitigen. Welche Beobachtungsgenauigkeit dabei schließlich erzielt worden ist, ersieht man aus einigen Parallelwerten der beiden Stationen, die in dem zweiten Täfelchen mitgeteilt sind.

Aus dem Mittel 1.95 aller Beobachtungen in Verbindung mit dem mittleren scheinbaren Durchmesser der Sonne von 31′ 59.3″ erhält man unter Benutzung des STEFAN-BOLTZMANNschen Strahlungsgesetzes (S. 73) als effektive Sonnentemperatur den Betrag von 5900°. Die heutige Unsicherheit dieses Wertes ist wesentlich durch die Unsicherheit der Solarkonstante bedingt; weil aber die Strahlung in so außerordentlich hohem Maße mit der Temperatur zunimmt, geht die Unsicherheit der Solarkonstante nur stark verkleinert in den Wert der Sonnentemperatur ein. So kommt es, daß dem kleinsten beobachteten Wert der Solarkonstante von 1.7 Gr. Kal. eine Sonnentemperatur von 5400° entspricht, dem größten von 3.4 Gr. Kal. eine solche von 6700°. Wahrscheinlich dürfte der oben angegebene Wert von 5900° nicht um mehr als höchstens 100° unsicher sein. Die berechtigte Freude über diese Errungenschaft der Astrophysik wird jedoch ein wenig gedämpft durch die weitere Erkenntnis, daß die effektive Sonnentemperatur zunächst nur ein Begriff ist und nur für die strahlende photosphärische Schicht gilt. Die Berechnung der wahren Temperatur der Sonne aus der effektiven bietet wieder große Schwierigkeiten und Unsicherheiten, über die später noch Angaben gemacht werden sollen.

Jahr	Beobachter	Solarkonst.
1896	Vallot	1.7 Gr. Kal.
1897	Crova und Hanski	3.4 „
1898	Rizzo	2.5 „
1902	Scheiner	2.3 „

Datum	Mt. Wilson	Mt. Whitney
1909 Sept. 3	1.943 Gr. Kal.	1.959 Gr. Kal.
1910 Aug. 12	1 943 „	1.979 „
1910 Aug. 13	1.924 „	1.933 „
1910 Aug. 14	1.904 „	1.956 „

Wie wir gesehen haben, läßt sich die effektive Temperatur eines strahlenden Körpers auch aus der Lage des Maximums der Strahlung bestimmen, da nach dem WIENschen Verschiebungsgesetz (S. 74) die Wellenlänge des Strahlungsmaximums in einfachster Weise mit der Temperatur zusammenhängt. Auch diese Methode ist zur Temperaturbestimmung der Sonne verwendet worden, und zwar zuerst von LANGLEY. Er erhielt hierbei aber beträchtlich kleinere Werte, die unterhalb 5000° lagen, d. h. das Strahlungsmaximum im Sonnenspektrum war mehr nach Rot zu gelegen, als nach der oben gefundenen Temperatur zu erwarten stand. Zur Erklärung dieses Widerspruchs ist hervorzuheben, daß die Absorption und die Molekulardiffraktion der Atmosphäre (S. 102ff.) besonders im Blau und Violett auf die Strahlungskurve einwirken und ihr Maximum tatsächlich merklich nach Rot zu verschieben. Auch hier haben ABBOTS Versuche auf hohen Bergen eine weit günstigere Übereinstimmung der Zahlenwerte herbeigeführt und die effektive Sonnentemperatur auch nach dem Verschiebungsgesetz dem Betrag von 6000° nahe gebracht.

Von viel höherem Nutzen als für die Temperaturbestimmung der Sonne sind die LANGLEYschen spektrobolometrischen Untersuchungen für unsere

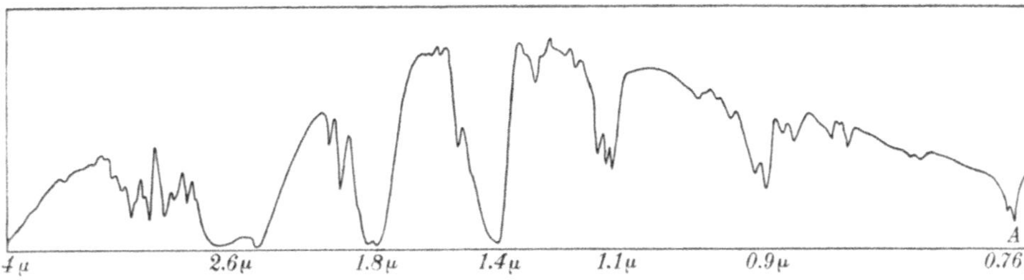

Abb. 97. Bolometerkurve des ultraroten Sonnenspektrums (nach Langley).

Kenntnis des ultraroten Teiles des Sonnenspektrums und besonders der daselbst vorhandenen überaus starken Absorptionen der Erdatmosphäre geworden. Abb. 97 gibt eine verkleinerte Reproduktion des LANGLEYschen ultraroten Spektrums von der Wellenlänge 4.0 μ bis 0.75 μ. Die Zacken der Kurve, die in dem kleinen Maßstabe nur schematisch wiedergegeben sind, deuten die Lage der Absorptionslinien an, da an der Stelle einer jeden dunklen Linie eine mehr oder weniger starke Abnahme der Strahlungsintensität stattfindet. Die Tiefe der Kurveneinbiegung gibt ein Maß für die Stärke

Abb. 98. Absorptionsgebiete im ultraroten Teil der idealen Energiekurve der Sonne.

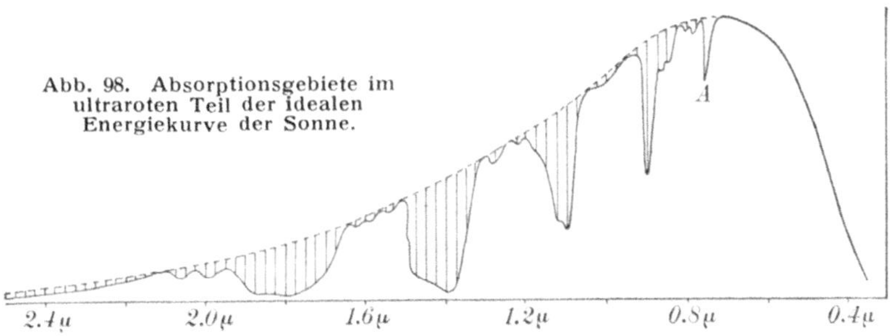

der Linien. Die größeren Einsenkungen der Strahlungskurve, die stellenweise bis zur Intensität Null heruntergehen, kommen sämtlich durch die Absorption der Kohlensäure und des Wasserdampfes zustande. Es sind dies besonders die mächtigen und breiten Bänder bei den Wellenlängen 0.9 μ, 1.1 μ, 1.4 μ, 1.8 μ und 2.6 μ. Der sichtbare Teil des Spektrums von 0.8 μ bis 0.4 μ ist nur durch die FRAUNHOFERsche Linie A (0.76 μ) vertreten; seine Ausdehnung beträgt nur $^1/_{10}$ der Gesamtlänge des LANGLEYschen Spektrums. Der Maßstab der Wellenlängen ist übrigens in der Abbildung ein sehr ungleichförmiger, entsprechend der komplizierten Dispersion des Steinsalzes, aus dem das Prisma des Spektrobolometers bestand; der Teil von 1.4 μ bis 0.8 μ nimmt z. B. über die Hälfte des ganzen Spektrums ein. In Abb. 98 ist die Kurve für den idealen Energieverlauf des Sonnenspektrums umgezeichnet.

IV. Die Himmelsphotographie.

Ohne Zweifel kann die Himmelsphotographie nicht als ein selbständiger Zweig der Astrophysik betrachtet werden, wie etwa die Spektralanalyse oder die Photometrie. Sie ist nur eine Hilfswissenschaft, die auf allen Gebieten, auch in der reinen Astronomie, von epochemachender Bedeutung geworden ist. Aber da ihre Einführung manche Änderungen der astronomischen Technik bedingt hat, insbesondere in der Konstruktion der astronomischen Instrumente, und die meisten astrophysikalischen Beobachtungen heutzutage ausschließlich photographisch erfolgen, gebührt der Himmelsphotographie auch eine besondere Berücksichtigung in dem ersten Teile des vorliegenden Werkes; ihren Ergebnissen werden wir im zweiten Teile auf Schritt und Tritt begegnen.

9. Die photographische Technik.

Die Strahlung kürzerer Wellenlängen, im allgemeinen von 0.49 μ beginnend (Grün), bis zu der der Röntgenstrahlen hinab, ist besonders geeignet, chemische Veränderungen in den von ihr getroffenen Stoffen zu bewirken, obgleich selbst bei strahlenden Körpern von so hoher Temperatur wie bei der Sonne ihre absolute Energie bald recht gering wird. Die chemische Wirkung ist aber keineswegs auf diese Strahlen allein beschränkt; es gibt eine Anzahl von Körpern, meist ziemlich komplizierte chemische Verbindungen, auf die auch andere Strahlungen, sogar bis ins Ultrarot hinein, eine chemische Wirkung ausüben.

Daguerreotypie und Kollodiumverfahren. Die Kenntnis von der chemischen Wirkung des Lichtes ist schon sehr alt. Daß gewisse Metallverbindungen sich besonders auffällig im Lichte verändern, ist bereits seit dem 16. Jahrhundert bekannt. Eine genauere Untersuchung über das Verhalten des Chlorsilbers ist im Jahre 1777 von Scheele veröffentlicht worden, und von dieser Zeit an beginnen die eigentlich wissenschaftlichen Arbeiten auf dem Gebiete der Photographie, die bald zu einer Reihe von Verfahren führten, durch die Kopien von Kupferstichen und Glasgemälden hergestellt werden konnten. Bei allen diesen Verfahren mußte das Licht die ganze Zersetzung der betreffenden Verbindungen besorgen, wie noch jetzt bei den meist gebräuchlichen Kopierverfahren ohne Entwicklung; es war also eine sehr lange Einwirkung einer sehr intensiven Lichtquelle erforderlich. Praktische Bedeutung erlangte die Photographie erst, als man lernte, das Licht nur zur Einleitung des chemischen Prozesses zu benutzen (latente Bilder), die eigentliche Zersetzungsarbeit aber auf rein chemischem Wege zu leisten.

Der erste, der ein solches Verfahren erfand (1839), war Daguerre, nachdem er sich jahrelang mit Vorversuchen, zum Teil in Gemeinschaft mit Nièpce, beschäftigt hatte.

Das Verfahren bei der Daguerreotypie ist das folgende: Eine stark versilberte Kupferplatte wird nach vorhergegangener Politur und sorgfältiger Reinigung in einem geschlossenen Kasten den Dämpfen von Jod oder Brom ausgesetzt. Die Platte überzieht sich hierdurch mit einer dünnen Schicht von Jod- bzw. Bromsilber, deren Lichtempfindlichkeit von der Dauer der Einwirkung der Dämpfe, also von der Dicke der gebildeten Schicht, abhängt. Die Platte wird nun belichtet und dann in einen Kasten gebracht, in dem sich erwärmtes Quecksilber befindet. Die Dämpfe des Quecksilbers rufen in wenigen Minuten das latente Bild hervor, indem sie sich an den Stellen, wo das Jodsilber der Lichtwirkung ausgesetzt war, in Form von sehr feinen Tröpfchen niederschlagen. Durch Baden der Platte in einer Lösung von unterschwefligsaurem Natron wird das nicht zersetzte Jodsilber entfernt und damit das Bild vorläufig fixiert. Das definitive Fixieren geschieht durch Einlegen der Platte in eine Chlorgoldlösung, wodurch die Lichtstellen des Bildes, die vorher bläulich waren, rein weiß werden.

Die geringe Empfindlichkeit und die große Umständlichkeit des Daguerreschen Verfahrens bedingen dessen geringe Verwertbarkeit in der Astronomie, die sich ausschließlich auf Sonnenaufnahmen beschränkt.

Das Verfahren mit nassem Kollodium wurde im Jahre 1850 von Le Gray vorgeschlagen, aber in einer für die Praxis nicht brauchbaren Form; eingeführt wurde es erst von Archer im Jahre 1851, und es verdrängte die Daguerreotypie bald gänzlich.

Eine sehr sorgfältig gereinigte Glasplatte wird mit Kollodium, einer Lösung von Schießbaumwolle (Pyroxylin) in Alkohol und Äther, dem eine geringe Menge Jodkalium zugesetzt ist, übergossen. Das Lösungsmittel verdunstet sehr schnell und hinterläßt das Pyroxylin als eine sehr feine, strukturlose Haut, die als Träger des photographischen Prozesses dient. Sobald das Häutchen angetrocknet ist, wird die Platte einige Minuten in eine Lösung von salpetersaurem Silber gelegt, wodurch sich in dem Häutchen ein äußerst feiner Niederschlag von Jodsilber bildet, der es undurchsichtig weiß erscheinen läßt. Die aus dem Silberbade genommene Platte muß unmittelbar, etwa innerhalb einer Viertelstunde, verwendet werden, denn sie wirkt nur, solange sie noch feucht ist; auch darf sie nicht abgespült werden, da die anhaftende Lösung von salpetersaurem Silber bei der nun folgenden Entwicklung eine wichtige Rolle spielt. Zum Entwickeln hat man fast ausschließlich Eisenvitriol angewendet, dem Eisessig oder einige Tropfen Schwefelsäure sowie Alkohol zugesetzt werden, damit die Kollodiumhaut den Entwickler gut annimmt. An den belichteten Stellen der Platte wird das Jodsilber durch das Eisensalz zu Silber reduziert, das sich nun als schwarzer Niederschlag im Kollodiumhäutchen ausscheidet. Das Fixieren erfolgt durch Auflösen des nicht zersetzten Jodsilbers in unterschwefligsaurem Natron oder in Cyankalium.

Eine Verbesserung des Verfahrens wurde durch die Erfindung der Kollodiumemulsionen herbeigeführt. Den Gedanken hierzu hatte Gaudin bereits im Jahre 1853 ausgesprochen, während seine ersten praktischen Erfolge in das Jahr 1861 fallen. Zu dieser Zeit entstand eine ganze Reihe von Emulsionen, bis 1864 von Sagre und Bolton die Bromsilberemulsion im Kollodium als das beste derartige Verfahren erkannt wurde. Das Wesen der verschiedenen Emulsionsmethoden besteht darin, das lichtempfindliche Silbersalz für sich darzustellen und dann in fein verteiltem Zustande in dem dickflüssigen Kollodium mechanisch zu suspendieren. Mit diesem Kollodium, der Emulsion, werden die Platten übergossen und können nach dem Trocknen mehr oder weniger lange Zeit aufbewahrt werden, ohne zu verderben.

Die Bromsilberplatten. Schon im Jahre 1847 sind von Nièpce Versuche angestellt worden, Gelatine als Träger der lichtempfindlichen Stoffe zu benutzen; aber erst im Jahre 1871 erfand Maddox das Bromsilber-Emulsionsverfahren mit Gelatine, das nach einer Reihe von weiteren Verbesserungen eine solche Bequemlichkeit und dabei so außerordentliche Empfindlichkeit bietet, daß es alle anderen Negativmethoden fast vollständig verdrängt hat.

Vor allem ist für die Himmelsphotographie die Einführung der Gelatineplatten von höchster Bedeutung gewesen. Seit dieser Zeit beginnt überhaupt erst die Photographie eine Rolle in der Astronomie zu spielen, obwohl nicht zu leugnen ist, daß die an Himmelskörpern, wie Sonne und Mond, nach den älteren Verfahren hergestellten Bilder den Aufnahmen auf Trockenplatten mindestens nicht nachstehen.

Zu den Plattenemulsionen wird fast ausschließlich das Bromsilber benutzt, weil es die höchste Lichtempfindlichkeit besitzt. Die Bildung des Bromsilbers geschieht in der flüssigen Gelatine. Nach dem Erstarren muß die Emulsion einer sehr sorgfältigen Waschung zur vollständigen Entfernung des noch von der Herstellung des Bromsilbers her in der Gelatine gelösten salpetersauren Kalis unterzogen werden. Alsdann wird sie durch Erwärmen wieder gelöst und nach erfolgter Reinigung durch Filtrieren auf Glasplatten gegossen. Auf diesen haftet die Emulsion nach dem Trocknen als eine gelbliche, dünne, aber sehr feste und widerstandsfähige Schicht an. In geeigneter Verpackung bleiben die Platten mehrere Jahre lang haltbar; sie werden zunächst während einiger Monate immer empfindlicher, nehmen dann aber allmählich an Empfindlichkeit ab und überziehen sich schließlich von den Rändern aus mit einem grauen Schleier.

Die eigentliche Wirkung des Lichtes auf das Bromsilber ist, wie auch bei den anderen Verfahren, nicht bekannt. Bei sehr intensiver und langer Belichtung wird das Bromsilber unmittelbar unter Ausscheidung von Silber durch das Licht zersetzt; eine sehr geringe Lichtwirkung genügt aber bereits, um bei Anwendung reduzierender Substanzen die vollständige Ausscheidung des Silbers herbeizuführen. Nach dem Entwickeln wird das nichtreduzierte Bromsilber in unterschwefligsaurem Natron entfernt, das Bild also fixiert und die noch in der Gelatine vorhandenen schädlichen Salze durch längeres Wässern entfernt.

Bei der verschiedenen Empfindlichkeit der Plattensorten ist es erforderlich, die Unterschiede oder noch besser die absoluten Empfindlichkeiten mit Hilfe photometrischer Methoden zahlenmäßig zu ermitteln. Derartige Instrumente nennt man Sensitometer und sie sind nach verschiedenen Grundsätzen konstruiert worden. Seit etwa zwei Jahrzehnten ist in die Praxis allgemein das SCHEINERsche Universalsensitometer eingeführt worden, bei dem das Prinzip der rotierenden Sektoren benutzt ist, und das hier kurz beschrieben werden soll.

Nach dem Prinzip der rotierenden Sektoren wird die Expositionszeit im Verhältnis von Sektoröffnung zum Kreise vermindert. Ist α die Winkelöffnung des Sektors in Graden und i_0 die Intensität des auf die Scheibe auffallenden Lichtes, so ist offenbar die wirksame Lichtmenge:

$$i = i_0 \frac{\alpha}{360}.$$

Gibt man der Öffnung in der Scheibe eine andere Form, so ist die Lichtschwächung nicht mehr an allen Teilen der Scheibe eine konstante, sondern sie variiert mit dem Abstand vom Mittelpunkt. Beim Sensitometer ist nun die Form des Ausschnitts so berechnet, daß einer gegebenen Strecke auf jeder Stelle des Radius das gleiche Intensitätsverhältnis entspricht, und zwar sind

20 Abteilungen so gewählt, daß Nr. 20 nur den hundertsten Teil des Lichtes wie Nr. 1 erhält. In Abb. 99 ist die hierdurch entstandene Form des Ausschnitts *a* auf der Scheibe *S* zu erkennen. Diese Scheibe wird durch das Kurbelrad *K* und einen Schnurlauf in schnelle Rotation versetzt. Hinter der Scheibe ist die Kassette *C* angebracht, die auf der vorderen Seite, dicht hinter dem Kassettenschieber, eine Metallplatte mit 20 äquidistanten rechteckigen Öffnungen und durchbrochenen Zahlen trägt. Auf diese Schablone wird die photographische Platte mit der empfindlichen Schicht aufgelegt und durch die rotierende Scheibe hindurch belichtet. Nach dem Entwickeln erscheinen die Rechtecke in abgestufter Helligkeit, wie in Abb. 100 angedeutet, und man kann erkennen, bei welcher Rechtecknummer noch eben eine photographische Wirkung stattgefunden hat. Zur Belichtung muß natürlich eine völlig konstante und für alle Apparate gleiche Lichtquelle benutzt werden. Als solche dient bei diesem Universalsensitometer die Benzinlampe, die bereits auf S. 101 unter anderen Normallampen aufgeführt worden ist. Sie wird hier in genau 1 m Abstand von der photographischen Platte aufgestellt; als Belichtungszeit ist eine Minute gewählt.

Abb. 99. Scheinersches Sensitometer.

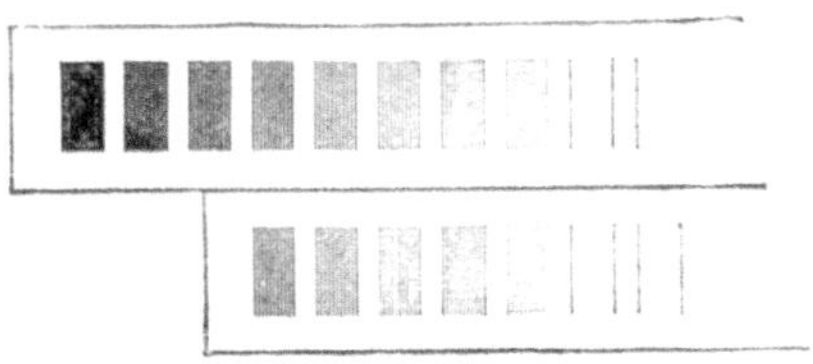
Abb. 100.
Entwickelte Sensitometerplatte.

Es ist sehr wohl zu beachten, daß bei diesem Sensitometer, streng genommen, nicht eine Abschwächung der Intensität des Lichtes, sondern eine Verminderung der Expositionszeit durch geringere oder stärkere Unterbrechung der Belichtung stattfindet, was durchaus nicht immer auf die gleiche photographische Wirkung hinausläuft.

Die Art der Entwicklung ist naturgemäß von Einfluß auf das resultierende Negativ. Handelt es sich z. B. darum, eine Sternaufnahme so zu entwickeln, daß die Anzahl der Sterne ein Maximum wird, so kann man hierzu jeden beliebigen der gebräuchlichen Entwickler benutzen; man entwickle nur so lange, bis die unbelichteten Stellen der Platte beginnen, sich dunkler zu färben, also, wie der technische Ausdruck lautet, bis zur Schleierbildung. Es ist dann das Maximum des Kontrastes zwischen unbelichteten und den am schwächsten belichteten Stellen erreicht; eine weitere Entwicklung kann durch Verdunklung des Hintergrundes diesen Kontrast nur wieder vermindern. In diesem Sinne verstanden, ist die Empfindlichkeit der Platte unabhängig von der Art des Entwicklers, sofern nur seine volle Kraft ausgenutzt wird. Die Ansicht, daß verschiedenartige Entwickler einen Unterschied in der Empfindlichkeit bedingen, hat aber doch eine gewisse Berechtigung, sobald es sich darum handelt, Negative herzustellen, von denen Kopien gemacht werden sollen.

Einige Entwickler, z. B. der Pyrogallussäure-Entwickler, färben den Silberniederschlag braun; letzterer ist daher für blaues und violettes Licht weniger durchlässig, als die bläulichen Niederschläge, die z. B. beim oxalsauren Eisen entstehen; beim Kopieren wirken braune Negative daher so, als ob sie kräftiger wären als die anderen.

Durch Modifikationen der Entwickler in betreff ihrer Konzentration oder vermittels beschleunigender oder verzögernder Zusätze hat man es in der Hand, Negative von verschiedenartigen Kontrastverhältnissen zu erhalten; das gleiche läßt sich aber auch durch Anwendung verschiedenartiger Platten erreichen, wie sie gegenwärtig im Handel zu haben sind.

Über die gegenseitige Beeinflussung nebeneinanderliegender Silberkornzentra, den Einfluß der verschiedenen Entwickler und der Art der Entwicklung auf die Größe und Gruppierung des Silberkorns usw. sind verschiedene Untersuchungen angestellt worden und z. T. noch im Gange. Als vorläufiges Ergebnis dieser Arbeiten kann angeführt werden, daß Einwirkungen der vermuteten Art zweifellos stattfinden, aber in so geringfügigem Maße, daß die Mehrzahl der astrophysikalischen Messungen davon kaum berührt wird. Dagegen bewirkt eine nachträgliche Verstärkung der Negative durch Quecksilberchlorid und Schwärzung mit Ammoniak ein Gröberwerden des Korns, weil jedes Silberteilchen in Quecksilberoxyd umgesetzt wird, welches einen größeren Raum einnimmt als das Silber. Auf dieser Volumvermehrung der einzelnen Körnchen und der dadurch bedingten stärkeren Übereinanderlagerung derselben beruht überhaupt die Verstärkungsmethode durch Quecksilberchlorid, die man bei Aufnahmen zu wissenschaftlichen Zwecken möglichst ganz unterlassen sollte.

Astronomische Negative. Für die Himmelsphotographie kommen im allgemeinen zwei Eigenschaften der photographischen Platten in Frage: möglichste Lichtempfindlichkeit und möglichste Feinheit des Silberkorns. Die erste Forderung ist ohne weiteres klar, und es gibt eigentlich nur eine Ausnahme in dieser Beziehung, die Aufnahme der Sonne, bei der Licht im Übermaß vorhanden ist, eventuell auch noch die des Mondes. Die zweite Forderung wird verständlich, wenn man bedenkt, daß das Endziel der Anwendung der Photographie in der Astronomie die Messung auf der Platte ist. Daß man aber Objekte, die eine feine Körnung besitzen, besser ausmessen kann als solche, die unter dem Meßmikroskop wie eine rauhe Kreidezeichnung aussehen, liegt auf der Hand.

Die Empfindlichkeit der verschiedenen Verfahren kann natürlich nur durch Mittelzahlen ausgedrückt werden, da innerhalb desselben Verfahrens je nach gewissen Modifikationen beträchtliche Unterschiede vorkommen. Am unempfindlichsten ist das Daguerresche Verfahren; bezeichnet man dessen Empfindlichkeit mit 1, so kommt den trockenen Kollodiumplatten etwa 2 bis 10 zu. Vorteilhafter sind schon die nassen Kollodiumplatten, deren Empfindlichkeit man mit 15 bis 30 bezeichnen kann. Es folgen die Chlorsilber-(Diapositiv-)Platten mit 50 bis 100. Zu den empfindlichsten Bromsilberplatten der Gegenwart findet nun ein beträchtlicher Sprung statt, nämlich bis zu 300.

Schon aus diesen Zahlen geht hervor, daß für die meisten Aufgaben der Himmelsphotographie nur das Bromsilber-Gelatineverfahren in Frage kommen kann; der gewaltige Aufschwung der Himmelsphotographie in den letzten Jahrzehnten ist unmittelbar an die Erfindung dieses Verfahrens geknüpft. Noch einleuchtender erscheint aber der Vorzug desselben, wenn man mit ihm den Umstand der fast unbegrenzten Ausdehnung der Expositionszeit verbindet. Wir hatten schon gesehen, daß bei dem zweitempfindlichsten Verfahren des nassen Kollodiums die Expositionszeit höchstens bis zu 15 Minuten ausgedehnt werden kann, während heute verschiedene Nächte hindurch fortgesetzte Expositionszeiten von 20, 30, bei Spektralaufnahmen sogar von 60 bis 80 Stunden nichts Auffallendes mehr sind.

Diesen überwiegendenVorzügen des Bromsilber-Gelatineverfahrens stehen aber auch gewisse Nachteile gegenüber. Es scheint das unabänderliche Gesetz vorzuliegen, daß mit der zunehmenden Empfindlichkeit die Grobheit des Silberkorns wächst. Das feinste Korn, welches erst bei recht starken Vergrößerungen zutage tritt, zeigen die DAGUERREschen Platten und die höchst unempfindlichen Eiweißplatten. Es folgen dann das nasse Kollodium mit recht feinem Korn, die Chlorsilberplatte und schließlich die Bromsilberplatte, deren Korn bereits bei 4- bis 5-facher Vergrößerung gut zu erkennen ist und Vergrößerungen über 10 bis 12 hinaus ganz illusorisch macht. Man kann zwar Bromsilberplatten vom allerfeinsten Korn herstellen, sie sind aber alsdann auch sehr unempfindlich. Diejenigen Verfahren, welche die Platten empfindlich machen, vergrößern auch das Korn; offenbar stehen also Empfindlichkeit und Korngröße in einem ursächlichen Zusammenhange miteinander.

Sehr wichtig für die Astrophotographie ist der graduelle Vorgang von der Belichtung Null an bis zu den kräftigsten Lichteinwirkungen.

Jede frische, selbst mit der größten Vorsicht hergestellte Platte weist auch ohne jede Belichtung nach dem Entwickeln eine nicht unbeträchtliche Zahl von Silberkörnern auf, allerdings nicht in dem Maße, daß sie einen leichten Schleier hervorbrächten. Dieser Umstand beweist, daß bereits während der Herstellung der Emulsion die Reduzierbarkeit einzelner Körner eingetreten ist. Beginnt man nun mit sehr geringen Belichtungen, so wird zwar die Zahl der zersetzten Körper stetig vermehrt, aber bis zu einer gewissen Grenze nur in sehr geringem Maße, so daß von einer Schleierbildung noch keine Rede ist. Die Platte befindet sich jetzt im Zustande der Vorbelichtung; denn es genügt nun eine weitere, sehr geringe Belichtung, die bei einer gänzlich unbelichteten Platte keine merkliche Wirkung hervorbringen würde, um eine sehr plötzliche, beträchtliche Vermehrung der reduzierten Körner hervorzurufen. Eine solche Vorbelichtung, die man folgerichtig auch künstlich anwenden kann, hat also die Platte empfindlicher gemacht, und der ganze Vorgang beweist, daß eine gewisse kleine Lichtarbeit als Vorbereitung für die Reduzierbarkeit notwendig ist; hieraus folgt eine weitere, für unsere Zwecke sehr wichtige Tatsache, daß es nämlich eine gewisse, sehr kleine Intensität gibt, die auch bei sehr großer Expositionszeit keine erkennbare Wirkung auf die Platte ausübt.

Ist die Grenze der Vorbelichtung überschritten, und verstärkt man die Belichtung graduell, so findet auch eine graduelle Vermehrung des Silberniederschlags statt, die eine kurze Zeitspanne hindurch der Belichtung proportional zu verlaufen scheint, bis man sich dem Maximum der Dichtigkeit des Niederschlags genähert hat. Es beginnt dann die Zunahme der Dichtigkeit immer geringer zu werden und schließlich gänzlich aufzuhören, wenn nämlich alle Körner reduziert sind. Verstärkt man die Belichtung immer mehr, so fängt wieder eine gewisse Aufhellung des Niederschlags an, die Zahl der reduzierbaren Teilchen wird immer geringer, bis schließlich nur noch ein schwacher Schleier übrig bleibt; es ist dann der höchste Grad der sogenannten Solarisation erreicht. Derselbe tritt ein, wenn die Belichtung das normale Maß um viele hundertmal überschritten hat. Bei noch weiterer Verstärkung der Belichtung beginnt wieder eine Verstärkung des Niederschlags bis zu einem gewissen Maximum, dessen Dichtigkeit aber beträchtlich geringer ist, als die des normalen Maximums; es folgt dann wieder ein Minimum usw., aber in immer schwächerer Ausprägung, etwa so, wie es Abb. 101 veranschaulicht. Über die Ursache und das eigentliche Wesen der Solarisation ist man noch durchaus im unklaren, obgleich auch hierfür viele Hypothesen aufgestellt sind; aber eins lehrt der merkwürdige Vorgang, was für die photographische Photometrie von hoher Bedeutung ist, mit Sicherheit, daß die Dichtigkeit des Silberniederschlags, oder mit andern Worten, die Kraft des photographischen Bildes durchaus nicht der Belichtungsdauer proportional verläuft, sondern eine komplizierte periodische Funktion derselben ist. Es wird darüber weiter unten noch einiges zu sagen sein.

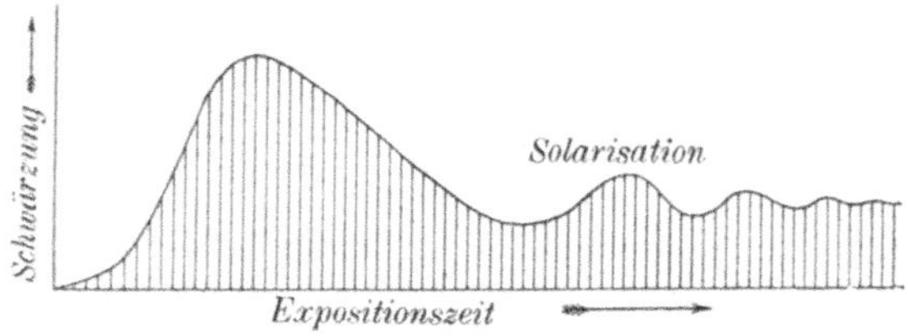

Abb. 101. Schwärzungskurve einer photographischen Platte (schematisch).

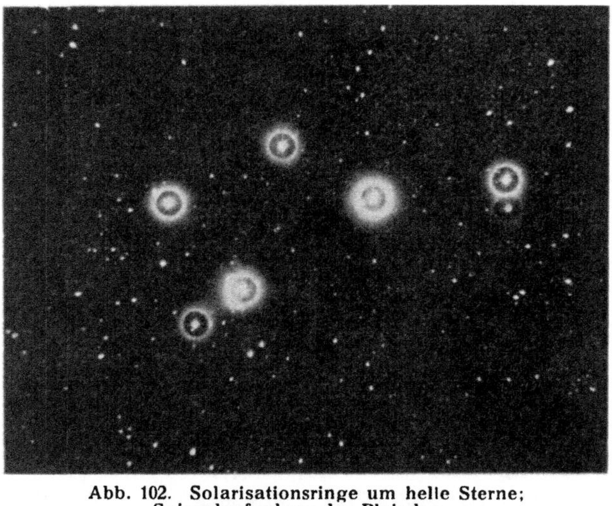
Abb. 102. Solarisationsringe um helle Sterne; Spiegelaufnahme der Plejaden.

Infolge nicht genügender Vertrautheit mit der photographischen Technik entstehen vielfach Fehler, wie Schleier, Flecken usw. auf den Platten. Es ist dies nicht der Ort, Verhaltungsmaßregeln zu deren Verhütung zu geben, sondern es muß in dieser Beziehung auf die zahlreichen Lehrbücher der photographischen Technik verwiesen werden. Hier soll nur der störenden Erscheinungen Erwähnung geschehen, die auf physikalischer Grundlage beruhen und im Auftreten von Ringen und Strahlen an besonders stark belichteten Stellen der Platte bestehen. Wie Abb. 102 zeigt, befindet sich um das verwaschene Bild eines jeden hellen Sterns auf dem Negativ ein Lichthof, dessen innere Begrenzung scharf ist, während er nach außen ganz allmählich verläuft. Die Erscheinung kommt dadurch zustande, daß die Strahlen teilweise die Bromsilberschicht durchdringen und an der rückwärtigen Glasseite der Platten total reflektiert werden. Der Durchmesser des inneren Ringes ergibt sich durch nähere Betrachtung des Vorganges zu dem 3.6-fachen der Plattendicke. Auf Grund dieser einfachen Beziehung ist der Ursprung jeder verdächtigen Haloerscheinung auf Himmelsaufnahmen leicht nachzuprüfen.

Eine andere ähnlich störende Erscheinung bilden die Strahlen, die auf langfristigen Reflektoraufnahmen die helleren Sternscheiben durchqueren. Sie sind auf Beugungserscheinungen an dem in der Tubusöffnung zur Aufnahme der photographischen Platte angebrachten gitterförmigen Kassettenhalter zurückzuführen. Die Anzahl der die Kassette tragenden Speichen (meist werden es vier sein) ist somit an der Zahl der Strahlen im Bilde der helleren Sterne sofort zu erkennen. An Stellen des Himmels mit geradlinigen Nebelstreifen (Plejaden, Tafel X) können diese Diffraktionskreuze das Bild schon äußerlich sehr unangenehm beeinträchtigen. Auf kurzen Spiegelaufnahmen (Abb. 102) treten sie wegen ihrer Lichtschwäche nicht sonderlich hervor.

Während es ein Mittel zur Beseitigung dieser letzten Lichterscheinung nicht gibt, braucht man zur Vermeidung der Ringe oder Höfe nur die Rückseite der Platte mit einer Schicht zu versehen, die nahe denselben Brechungskoeffizienten wie Glas hat, dann treten die Strahlen sämtlich aus der Glasplatte in diese Schicht hinein; gleichzeitig muß diese Schicht so beschaffen sein, daß sie alle in sie eindringenden Strahlen durch Absorption vernichtet. Man hat verschiedene Stoffe, welche diese beiden Eigenschaften besitzen; empfehlenswert ist eine Mischung von Nelkenessenz ($n = 1.52$) und Zimmetessenz ($n = 1.61$), die man rot gefärbt oder mit Ruß versetzt hat. Vor dem Entwickeln muß diese Schicht natürlich entfernt werden — ein umständliches, nicht immer sauberes Verfahren, das nach Einführung der lichthoffreien Platten im Handel nur noch einmal im Notfalle Anwendung finden wird.

Die Herstellung guter Reproduktionen von Himmelsaufnahmen bietet besondere Schwierigkeiten. Bei großer Auflage bleibt nichts anderes übrig, als eines der photomechanischen Druckverfahren (Lichtdruck, Autotypie) zu benutzen. Für wirklich getreue Darstellungen kommt jedoch nur das direkte Kopierverfahren in Betracht, wobei Glasdiapositive, Kopien auf Zelloidin-, Aristo- oder Gaslichtpapier, bei Vergrößerungen auch Bromsilberpapier in Frage kommen. Es darf jedoch nicht vergessen werden, daß Abzüge auf Papieren infolge ihrer mangelhaften Gradation große Helligkeitsunterschiede nur schlecht und meist viel zu hart wiedergeben.

Im astronomischen Kopierverfahren nehmen die Diapostive entschieden den ersten Rang ein. Man verwendet hierzu möglichst feinkörnige unempfindliche Platten und reproduziert in der Kamera oder stellt mit Chlorsilberplatten Kontaktdrucke her. Das erste Verfahren gibt weichere, das zweite härtere Bilder, die jedoch wegen ihrer Klarheit sich für Projektionszwecke besonders gut eignen. Lange Belichtung und langsame Entwicklung (z. B. mit Metol-Hydrochinon) gibt weiche, kurze Belichtung und rasche Entwicklung (z. B. mit starkem Rodinal) klare kontrastreiche Glaspositive.

Durch ein etwas umständliches und schwieriges Verfahren, das viel Geduld verlangt, nämlich durch fortgesetztes Umkopieren, Verstärken usw., kann man kaum sichtbare Objekte des Negativs schließlich recht kräftig erhalten. Ein einfacheres in der Wirkung oft verblüffendes Mittel, um schwache Lichteindrücke wie Nebel, Koronastreifen usw. herauszuholen, besteht darin, daß man in einer Kamera das Original auf zwei Platten einmal von der Schicht-, das andere Mal von der Glasseite aufnimmt und die Entwicklung der rasch mit allen Einzelheiten erscheinenden Bilder bald unterbricht. Die weichen und etwas kraftlosen Einzeldiapositive werden nach dem Trocknen Schicht gegen Schicht gelegt, sorgfältig orientiert, wenn nötig, gleichmäßig beschnitten und an den Rändern zusammengeklebt.

Die Anwendung dieser Verfahren ist, auch vom wissenschaftlichen Standpunkte aus, erlaubt, da ja nur auf rein mechanischem Wege eine Vermehrung des Kontrastes bewirkt wird, ohne Änderung der Formen oder Maße und ohne Dazwischentreten der menschlichen Hand und damit der menschlichen Phantasie. Durch letzteres, durch die Retusche also, verliert die Photographie ihre hohe objektive Bedeutung; sie hat alsdann nur noch den Wert einer Zeichnung, deren Richtigkeit man bezweifeln kann; die Retusche, selbst das Ausflecken und dergl. hat von wissenschaftlichen Aufnahmen gänzlich fernzubleiben.

10. Die optischen Teile der photographischen Instrumente.

Wenn auch die Ansprüche, welche an die optischen Teile der photographischen Instrumente gestellt werden, in bezug auf die Güte der Bilder dieselben sind, wie bei den für die direkte Betrachtung bestimmten, so ergeben sich doch im einzelnen Unterschiede; sie hängen zum Teil davon ab, daß bei beiden Methoden verschiedene Wellenlängen des Lichtes in Frage kommen, zum Teil von den Forderungen in bezug auf die Größe des Gesichtsfeldes. Die Hauptpunkte, auf die sich dabei die Betrachtungen zu erstrecken haben, sind: 1. Lichtstärke der Abbildungen in der optischen Achse und außerhalb derselben, 2. natürliche Verzeichnung oder natürliche Distorsion der Abbildungen außerhalb der optischen Achse. Als Fehler, bzw. als beeinträchtigende Faktoren treten auf: 1. die chromatische Aberration (nur bei Objektiven, nicht bei Spiegeln), 2. die sphärische Aberration, 3. der Astigmatismus, 4. die Reflexion, 5. die Absorption.

Lichtstärke und natürliche Distorsion. Wenn die Lichtstrahlen geometrische Linien wären, würden durch ein ideales Objektiv alle Strahlen, die von einem unendlich weit entfernten Punkt auf dasselbe fallen, in einem einzigen Punkt, dem Brennpunkt, vereinigt. Nun vernachlässigen wir, wenn die Ausbreitung des Lichtes einfach durch Strahlen charakterisiert wird, alle Einflüsse etwa auftretender Beugung, wie sie bei jedem Objektiv durch dessen begrenzte Öffnung bedingt werden. Die Abbildung eines Punktes durch ein ideales Objektiv ist daher kein Punkt, sondern eine Diffraktionsfigur, die, wie sich praktisch zeigen und theoretisch ableiten läßt, aus einem kleinen hellen Scheibchen mit konzentrischen, sehr rasch schwächer werdenden Ringen besteht (Abb. 103).

Abb. 103. Ideales Diffraktionsscheibchen eines Fixsterns.

Bezeichnet man die Helligkeit des mittleren Scheibchens mit 1, dann ist die Helligkeit des ersten Ringes $= 1/_{60}$, die des zweiten $= 1/_{240}$ derjenigen des Mittelbildes usf. Wir können bei diesem starken Helligkeitsabfall daher vorläufig die Ringe ganz außer acht lassen und als Bild eines Punktes nur das mittlere Scheibchen betrachten. Die Theorie lehrt nun, daß der Durchmesser d dieses Scheibchens in mm abhängig ist von der Öffnung O des Objektivs oder Spiegels, von der Brennweite f und von der Wellenlänge λ der Strahlen, und zwar ist

$$d = 1.22\,\lambda\,\frac{f}{O}\cdot$$

Bei gleicher Brennweite verhalten sich also die Durchmesser der Diffraktionsscheibchen umgekehrt proportional wie die Öffnungen. Ein Fernrohr von der doppelten Öffnung liefert demnach ein Scheibchen vom halben Durchmesser. Der Durchmesser des Diffraktionsscheibchens im idealen Objektiv ist nun der kleinste Durchmesser, der denkbar ist, da er durch Fehler der technisch hergestellten Objektive nur vergrößert werden kann. Mit wachsender Wellenlänge wird der Durchmesser größer; ein für die direkte Betrachtung bestimmtes Fernrohr liefert also größere Scheibchen als ein gleich großes photographisches.

Für die verschiedenen Objektivöffnungen gibt das folgende Täfelchen die Durchmesser der Beugungsscheibchen bei photographischer Abbildung. Das Verhältnis von Öffnung zur Brennweite ist hier gleichgültig, da lediglich die von f unabhängigen Winkelwerte tabuliert sind. Es sei aber nochmals darauf hingewiesen, daß die hier mitgeteilten Durchmesser nur für den Idealfall gelten, somit die zu erwartenden Minimalwerte darstellen.

Öffnung	Durchm. $\lambda = 0.43\,\mu$
10 cm	1.4″
20 „	0.7
30 „	0.4
40 „	0.3
50 „	0.3
100 „	0.1

Aus diesen Betrachtungen ergeben sich einige Folgerungen über die Lichtstärke der idealen Objektive. Wenn man den Durchmesser eines Objektivs bei gleicher Brennweite vergrößert, so wächst die Fläche des Objektivs mit dem Quadrat des Durchmessers und entsprechend auch die Lichtmenge, die das Brennpunktsbild enthält. Mit zunehmendem Objektivdurchmesser nimmt aber der Durchmesser des Diffraktionsscheibchens proportional ab, dessen Fläche also ebenfalls mit dem Quadrat, und entsprechend nimmt wieder die Intensität mit dem Quadrat der Öffnung zu. Beide Wirkungen zusammen führen dahin, daß bei gleichbleibender Brennweite die Lichtstärke des idealen Objektivs für Punktabbildung mit der vierten Potenz der Objektivöffnung zunimmt. Bezeichnet man den Durchmesser des Objektivs mit O, die Intensität oder Helligkeit der Punktbilder mit i und mit c einen Proportionalitätsfaktor, so ist

$$i = c\,O^4.$$

Bei der Flächenabbildung spielt unter den gleichen Verhältnissen der Durchmesser der Diffraktionsscheibchen keine praktisch merkliche Rolle, da ja eine Fläche in ihrer Ausdehnung durch Vergrößerung des Objektivs nicht geändert wird. Es bleibt mithin nur die mit dem Quadrat wachsende Vermehrung der Flächenhelligkeit übrig. Bezeichnet man die Flächenhelligkeit mit J, so ist also

$$J = c\,O^2.$$

Bleibt die Öffnung des Objektivs dieselbe, und wird die Brennweite geändert, so bleibt in diesem Falle die Lichtmenge, die auf das Objektiv fällt, dieselbe, also auch dieselbe für das Brennpunktsbild. Wächst die Brennweite, so nimmt der lineare Durchmesser des Diffraktionsscheibchens proportional zu, die Fläche also mit dem Quadrat; die Lichtdichtigkeit nimmt demnach umgekehrt proportional mit dem Quadrat der Brennweite ab. Bezeichnet man die Brennweite wieder mit f, so ist also

$$i = \frac{c}{f^2}.$$

Da der lineare Durchmesser einer Flächenabbildung mit wachsender Brennweite proportional zunimmt, so ist für Flächenabbildung der Ausdruck derselbe wie für Punktabbildung; es ist mithin

$$J = \frac{c}{f^2}.$$

Ändert man sowohl Brennweite als Öffnung, so lassen sich beide Formeln in eine zusammenziehen; es ist daher

für punktförmige Abbildung: $i = c\,\frac{O^4}{f^2}$,

für Flächenabbildung: $J = c\,\frac{O^2}{f^2}$.

Bei Flächenabbildung gilt mithin das einfache Gesetz, daß die Instrumente, solange das Verhältnis von Öffnung zu Brennweite dasselbe ist, alle gleich lichtstark sind, gleichgültig, welche absolute Größe sie besitzen.

Für die Darstellung der normalen Distorsion sei in Abb. 104 der achsiale Brennpunkt mit F bezeichnet. Offenbar würden alle in der Haupt- und den Nebenachsen entworfenen Bilder des Objektivs in einer Kugelfläche liegen, die vom Hauptpunkt O des Objektivs aus mit der wahren Brennweite geschlagen wäre, d. h. die Brennfläche des idealen Objektivs wäre eine Kugelfläche. Bei einem visuellen Fernrohr würde man bei Bildern außerhalb der optischen Achse das Okular ein wenig einschieben müssen, um sie wieder scharf zu sehen. Andere Verhältnisse aber treten ein, wenn mit einem solchen Objektiv photographische Aufnahmen gemacht werden sollen. Es sei nun OF die optische Achse, OB eine Nebenachse, in welcher der Punkt B ebenfalls ein Brennpunktsbild ist. Das Kreisstück BF ist ein Durchschnitt durch die kugelförmige Brennfläche. Würde man nun eine photographische Platte benutzen können, die eine konkave Kugelfläche mit dem Radius $OF = OB$ darstellte, so würde auf ihr ein Teil des Himmels völlig winkeltreu dargestellt werden; die Distanz zwischen den beiden Bildern B und F würde genau der Winkeldistanz der betreffenden beiden Sterne am Himmel entsprechen.

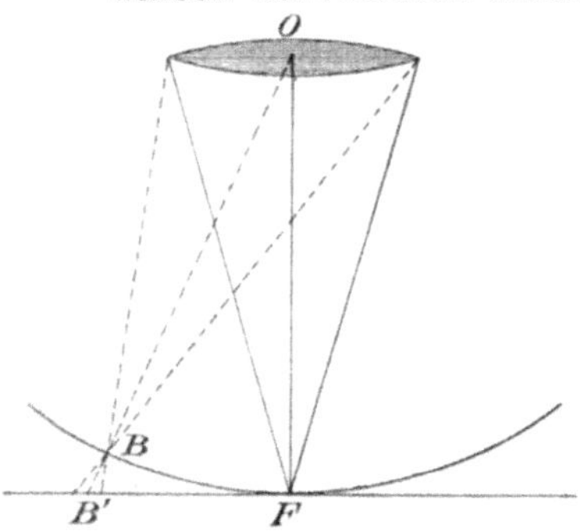

Abb. 104. Wirkung der normalen Distorsion.

Von einigen Versuchen abgesehen, die E. Pickering an der Harvardsternwarte in dieser Hinsicht angestellt hat, verwendet man aber am Himmel durchweg ebene Platten, deren Querschnitt in der Abb. 104 als Tangente $B'F$ am Fokalkreise erscheint. Der außerhalb der optischen Achse befindliche

Stern bildet sich also nicht in B ab, sondern in B', und die Entfernung vom Mittelpunkt $B'F$ ist größer als BF. Es läßt sich ohne weiteres erkennen, daß die Distanzen der Sternbilder auf der ebenen Platte vom Plattenmittelpunkt verhältnismäßig größer ausfallen, als sie auf der Kugelfläche sein würden. Die Abbildung des Himmels durch das ideale Objektiv liefert also eine Verzeichnung des Bildes, die sogen. normale Distorsion, die wegen ihres überaus einfachen Zusammenhanges mit dem Abstand vom Mittelpunkt — es werden nicht die Bögen FB, sondern deren Tangenten FB' abgebildet — sehr leicht in Rechnung gezogen wird.

Die normale Distorsion ist indessen mit einem weiteren Übelstand behaftet. Das ideale Objektiv liefert nur innerhalb der Brennfläche, also z. B. in F und B die denkbar größte Lichtstärke. Seitlich der optischen Achse schneidet mithin die photographische Platte den Lichtkegel schräg, und die Abbildung der Punkte geschieht in kleinen Ellipsen, deren Durchmesser mit dem Abstand vom Mittelpunkt immer größer wird. Daraus geht hervor, daß auch bei einem idealen Objektiv oder Spiegel (vgl. S. 26 u. 27) die Bilder außerhalb der optischen Achse nicht vollkommen rund und auch lichtschwächer sind als in derselben.

Chromatische und sphärische Aberration. Was die Achromasie der Fernrohre anbetrifft, so ist bereits früher (S. 43) dargelegt worden, daß man bei zweilinsigen Objektiven zwei Strahlen von verschiedener Wellenlänge oder Farbe im Brennpunkt zur Vereinigung bringen kann. Die Vereinigungsweiten der anderen Strahlen in bezug auf diese beiden beliebig gewählten Wellenlängen sind dann bei gegebener Brennweite nur von den Brechungskoeffizienten der beiden Glassorten, Flint und Kron, abhängig, können also, wenn die Wahl der Glassorten entschieden ist, nicht mehr geändert werden.

In bezug auf die Konstruktion eines für visuelle Beobachtungen geeigneten zweilinsigen Objektivs ist auf S. 43 zu verweisen, wo alle in Betracht kommenden Zahlenangaben betr. der Strahlenvereinigung gemacht sind. Bei einem zu photographischen Zwecken bestimmten Objektiv wird man andere Strahlen zur Vereinigung bringen, und zwar diejenigen der Maximalempfindlichkeit der Platte. Diese liegt für normale Emulsionen bei $H\gamma$ (λ 4341), und die Empfindlichkeit reicht von $H\beta$ (λ 4861) bis weit ins Ultraviolette hinein, wobei für gewöhnliche Platten die Grenze bei $H\varepsilon$ (λ 3968) angenommen werden kann. Als Beispiel soll hier der photographische Refraktor des Potsdamer Observatoriums von 3.4 m Brennweite und 33 cm Öffnung gewählt werden. Bei demselben sind die Strahlen von $H\gamma$ und $H\varepsilon$ vereinigt. Die Abweichungen der Brennpunkte für die dazwischen gelegenen Strahlen (Maximum der Wirksamkeit) sind verschwindend gering; erst bei $H\beta$ werden sie merklich, wo sie 2.5 mm erreichen, entsprechend einem Durchmesser der Scheibchen von 0.25 mm, bis zu welchem Betrage also auch bei diesem Instrument die Sternbildchen anwachsen können, aber nur bei helleren Objekten oder sehr langen Expositionszeiten. Für die visuellen Strahlen werden die Abweichungen außerordentlich groß, wie aus dem umseitigen Täfelchen zu ersehen ist. Dieses Objektiv ist demnach für visuelle Zwecke gänzlich unbrauchbar; ebenso können auch farbenempfindliche Platten bei demselben nicht benutzt werden.

Bei den drei- oder vierlinsigen Objektiven (Triplets, Tessare) ist eine sehr viel vollständigere Achromasie zu erreichen. Man kann hierbei leicht den größten Teil aller Strahlen von C bis ins Ultraviolett sehr nahe vereinigen, so daß visueller und photographischer Brennpunkt zusammenfallen; diese Objektive eignen sich daher ebensogut für direkte Beobachtung wie für die Photographie. Der Bau einiger Objektive dieser Art ist durch Abb. 105 veranschaulicht.

Fraunhofersche Linien		Differenz der Brennpunkte	Durchm. der chrom. Kreise
$H\gamma$	λ 4341	0.0 mm	0.00 mm
$F(H\beta)$	4861	+ 2.5 „	0.25 „
b	5168	+ 6 5 „	0.65 „
D_1	5896	+ 13.3 „	1.33 „
$C(H\alpha)$	6563	+ 17.2 „	1.72 „

Da die großen Objektive sehr kostspielig sind, so hat es einigermaßen lange gedauert, bis man sich zur Konstruktion von photographischen Linsen entschließen konnte, die für visuelle Zwecke gänzlich unbrauchbar sind. Man hat daher versucht, die vorhandenen Objektive, ohne ihnen ihren Charakter zu nehmen, für photographische Zwecke durch Anbringung von Zusatzlinsen verwendbar zu machen. Besonders gute Ergebnisse sind durch Vor- oder Zwischenschalten für diesen Zweck berechneter Korrektionssysteme erreicht worden, wobei in dem Falle, daß diese in der Nähe des ursprünglichen Brennpunktes angebracht werden, lediglich eine merkliche Verkleinerung des Gesichtsfeldes mit in den Kauf genommen werden muß. Derartige Korrektionslinsen finden auch Anwendung in umgekehrter Beziehung; sie werden in die photographischen Refraktoren eingesetzt, um letztere für visuelle Zwecke verwendbar zu machen.

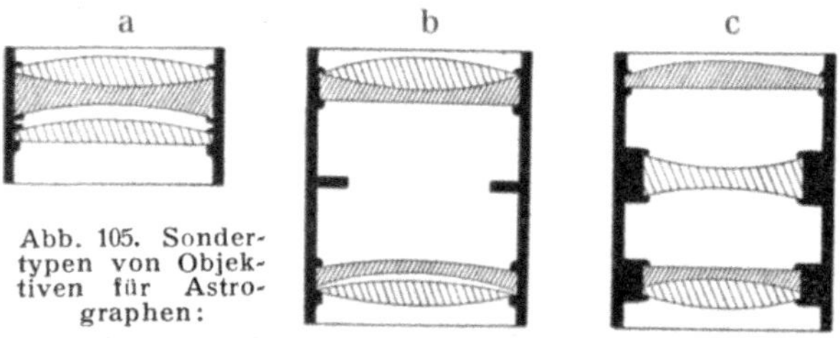

Abb. 105. Sondertypen von Objektiven für Astrographen: a) Triplet, b) Petzvalobjektiv, c) Astrotessar.

Bei der Erläuterung der Abb. 104 ist stillschweigend vorausgesetzt worden, daß alle aus der Unendlichkeit kommenden Lichtstrahlen, die das Objektiv O parallel zur optischen Achse treffen, in einem Brennpunkte F vereinigt werden. Eine nähere Überlegung zeigt jedoch, daß eine solche absolute Vereinigung in einem Punkte nicht stattfindet. Bei einem gewöhnlichen Objektiv haben, wie bereits früher gezeigt wurde, die Randstrahlen eine kürzere Vereinigungsweite als die Mittelstrahlen (Abb. 8 und 9). Der Brennpunkt wird durch diese sog. sphärische Aberration zu einer kurzen axialen Brennlinie ausgezogen, woraus folgt, daß dann die Abbildung punktförmiger Objekte in Form von größeren oder kleineren Zerstreuungskreisen erfolgt. Die Optik lehrt, daß die sphärische Aberration beseitigt wird, wenn bei sonstiger Vollkommenheit des Glases die Rand- und Mittelstrahlen das Objektiv so passieren, daß der Sinus des Eintrittswinkels an der vorderen Fläche zum Sinus des Austrittswinkels an der hinteren Fläche für alle Strahlen ein konstantes Verhältnis bildet (Sinusbedingung).

Ein mit stärkerer sphärischer Aberration behaftetes Objektiv ist für visuelle wie für photographische Beobachtungen unbrauchbar. Glücklicherweise wird ein Teil des Fehlers schon durch die Verwendung der beiden Teillinsen des Objektivs aufgehoben; der Rest kann durch eine entsprechende Retusche der einzelnen Objektivzonen so weit heruntergedrückt werden, daß nur noch genaue Untersuchungen nach besonderen Methoden, unter denen sich ein von J. Hartmann angegebenes, hier jedoch nicht näher zu entwickelndes Lochblendenverfahren in der Optik besonders eingebürgert hat, die Brennpunktsdifferenzen erkennen lassen.

Für manche Zwecke, z. B. für Spektrographen, genügt es überhaupt, die Objektive, in diesem Falle die Kollimatorlinsen, nur für sphärische Aberration zu korrigieren. Allerdings müssen dabei Linsen wie Prismen aus dem gleichen Glase hergestellt sein, um den gleichen Brechungsindex zu garantieren. Solche nur für Zonenfehler verbesserte Objektivsysteme werden Chromate genannt, da sie die chromatische Aberration noch voll enthalten.

Eine sehr unangenehme Eigenschaft haben Objektive dann, wenn sie mit Astigmatismus behaftet sind, d. h. wenn die Vereinigungsweite der Strahlen in zwei senkrecht zueinander stehenden Ebenen eine verschiedene ist. Die entstehenden Bilder sind dann schon in der Achse nicht rund, sondern länglich, für genauere Messungen somit unbrauchbar. Der Astigmatismus kann in Fehlern des Glases oder in Mängeln seiner Bearbeitung die Ursache haben. Oft liegt er lediglich im Auge des Beobachters, das dann durch ein entsprechendes Brillenglas zu korrigieren wäre.

Etwas verschieden hiervon sind die Fehlerquellen bei Spiegelteleskopen. Die Hohlspiegel sind vollständig achromatisch, ihr Brennpunkt ist also derselbe für visuelle und photographische Benutzung; das ist ein ganz gewaltiger Vorzug vor den Objektiven. Ein weiterer Vorzug ist die Leichtigkeit ihrer Herstellung in verhältnismäßig großen Dimensionen, da nur eine einzige Fläche in Frage kommt. Solange nur sphärische Spiegel hergestellt wurden, mußte allerdings ein Nachteil mit in Kauf genommen werden. Während auch bei den größten achromatischen Objektiven die sphärische Aberration durch Retusche fast ganz beseitigt werden kann, ist dies bei den sphärischen Spiegeln nicht möglich. Wohl kann man hier bei photographischen Aufnahmen eine bestimmte Plattenlage so ausfindig machen, daß diese weiter ausgezeichnet erscheint als bei einem Objektiv von gleicher Brennweite, man überzeugt sich aber leicht, daß dies stets auf Kosten der Schärfe der Plattenmitte geschieht. Auch bei günstigster Plattenstellung sind demnach Zerstreuungskreise um die Sterne nicht zu vermeiden. Nun ist schon seit langer Zeit bekannt, daß parabolische Spiegel von sphärischer Aberration frei sind. Die Herstellung guter parabolischer Spiegel in größeren Dimensionen war aber lange Zeit nicht ausführbar und erst in neuerer Zeit hat man in dieser Beziehung durch Umschleifen sphärischer Spiegel in parabolische Erfolge erzielt. Nachdem es gelungen ist, die Dimensionen solcher Spiegel bis zu $2\frac{1}{2}$ m Durchmesser zu treiben (Hookerspiegel auf dem Mt. Wilsonobservatorium), darf wohl mit Recht den Spiegelteleskopen noch eine erfolgreiche Zukunft in der Astronomie vorausgesagt werden.

Reflexion und Absorption. Luftunruhe. Beim Eintritt von Licht in ein durchsichtiges Medium entsteht ein Verlust durch die Reflexion, der bei senkrechtem Einfall der Strahlen aus dem Brechungskoeffizienten n nach der Formel

$$R = R_0 \left(\frac{n-1}{n+1}\right)^2$$

berechnet werden kann (S. 14). Da bei Fernrohrobjektiven die Krümmungen der Flächen nicht groß sind, so läßt sich diese einfache Formel ohne merkliche Fehler zur Berechnung der Reflexionsverluste anwenden, wobei nur zu beachten ist, daß die damit erhaltenen Zahlen Minimalwerte darstellen. Die Erfahrung hat nämlich gelehrt, daß die Reflexion gewöhnlich etwas stärker ist, besonders je älter die betreffende Fläche wird; nur unmittelbar nach der Politur ist Übereinstimmung zwischen Berechnung und Experiment vorhanden.

Bei einem gewöhnlichen Fernrohrobjektiv, welches nur aus einer Kron- und einer Flintglaslinse, die nicht verkittet sind, zusammengesetzt ist, findet Reflexion an 4 Flächen statt. Die Brechungskoeffizienten seien für Flint 1.64, für Kron 1.53; die entsprechenden Reflexionskoeffizienten sind dann nach obiger Formel 0.058 und 0.044, d. h. im Mittel findet bei jeder Fläche ein Lichtverlust von rund 5% statt. Im ganzen gehen infolge der Reflexionen am Objektiv 19% verloren, also nahe der fünfte Teil des Gesamtlichts. Die Größe des Objektivs spielt hierbei keine Rolle.

Bei großen Objektiven kann auch der Lichtverlust durch Absorption sehr beträchtlich werden, da die letztere mit der Dicke der Gläser stark zunimmt. Allgemeine Angaben sind bei Berechnung der Absorption indessen recht unsicher, da die Absorptionskoeffizienten bei den verschiedenen Glassorten stark differieren und in sehr hohem Maße von der Wellenlänge des durchgehenden Lichtes abhängen, so daß man die Berechnung für visuelle und für photographische Objektive getrennt durchführen muß.

Als Beispiel mögen die folgenden, für ein großes Objektiv gefundenen Zahlen dienen, die die Absorptionskoeffizienten oder Verlustprozente, für eine Dicke von 10 cm gültig, wiedergeben:

visuelle Strahlen		photogr. Strahlen	
Flint	Kron	Flint	Kron
16%	15%	38%	31%

Bei einem Objektiv von 10 cm Gesamtdicke, entsprechend einem Durchmesser von 60 cm bis 70 cm, tritt demnach bei direkter Beobachtung ein Lichtverlust durch Absorption von 16%, bei photographischer Aufnahme von 35% ein. Die Verhältnisse liegen also für letztere sehr viel ungünstiger als für direkte Beobachtung. Rechnet man die Verluste durch Reflexion hinzu, so folgt als Gesamtverlust bei einem großen Objektiv für visuelle Beobachtung über 30%, für photographische Aufnahmen ungefähr 50%, d. h. die Hälfte des Lichtes geht verloren. Mit wachsender Größe des Objektivs nimmt der Absorptionsverlust immer mehr zu, und es wird schließlich eine Grenze erreicht, oberhalb der eine weitere Vergrößerung des Objektivs keinen Gewinn an Licht mehr gewährt. Eine solche Grenze würde sehr bald eintreten, falls man die in kleineren Dimensionen für die Photographie so vorzüglichen vierlinsigen Objektive mit teilweise sehr bedeutender Glasdicke, zur Konstruktion von größeren Fernrohren verwenden wollte. Überhaupt ist stets zu beachten, daß ein Objektiv, das allen Anforderungen genügt, nicht herstellbar ist; es ist aber klar, daß es in der Hand eines guten Optikers liegt, die speziellen Zwecke, für die ein Objektiv benutzt werden soll, zu berücksichtigen. Will man auf größeren Platten auch von helleren Sternen möglichst kleine und scharfe Bilder erhalten, so wird man trotz des Lichtverlustes durch Absorption und Reflexion ein drei- oder vierfaches Objektiv längerer Brennweite (1 : 10) verwenden, ist größte Lichtstärke erwünscht, so wird man mit zweilinsigen Gläsern kurzer Brennweite (bis 1 : 2.5) auskommen und dafür sich mit größeren Sternscheiben bei kleinem Bildfeld begnügen müssen.

Die Geschichte des Fernrohrs und der photographischen Objektive lehrt, wie es die fortschreitende Technik fertig brachte, die Schwierigkeiten zu überwinden. An erster Stelle ist die um die Mitte des 18. Jahrhunderts durch M. Hall und Dollond gelungene Konstruktion eines achromatischen Objektivs zu erwähnen, bei dem die chromatische Aberration durch Verbindung von zwei Linsen aus Kron- und Flintglas zum größten Teil unschädlich gemacht und auch die sphärische Aberration beträchtlich vermindert wurde. Mit der zunehmenden Größe der achromatischen Objektive war man jedoch wegen der technischen Schwierigkeiten in der Herstellung der Gläser bald an einer Grenze angekommen. Weit weniger Schwierigkeiten bot die Herstellung von sphärischen Metallflächen, und der Energie Herschels gelang es, bereits im letzten Viertel des 18. Jahrhunderts jene mächtigen Spiegelteleskope herzustellen, die einen ganz neuen Einblick in das Weltall lieferten. Während diese Spiegelteleskope zunächst die Herrschaft behielten, wurde fortgesetzt an der Vervollkommnung der achromatischen Objektive gearbeitet, bis in ganz allmählichem Fortschritt, wesentlich durch Fraunhofer und seine Nachfolger, um die Mitte des 19. Jahrhunderts Achromate von 40 cm Öffnung hergestellt wurden, die die großen und schwer montierbaren Spiegelteleskope an Leistungsfähigkeit übertrafen. Bis 1900 hat der Siegeszug der großen achromatischen Fernrohre, deren größtes (Yerkesrefraktor) eine Öffnung von 102 cm besitzt, angedauert; die weitere Entwicklung indes brachte es mit sich, daß, wenigstens in der Himmelsphotographie, eine neue Ära der Spiegelteleskope begonnen hat. Gerade was die Lichtstärke anbetrifft, sind die Spiegel aus versilbertem Glase den Linsen wesentlich überlegen. Der Lichtverlust bei Reflexion auf gut poliertem Silber beträgt etwa 5%, während die Objektive, wie wir sahen, allein durch Reflexion einen Lichtverlust von mindestens 10%, bei nicht verkitteten Linsen von etwa 19% haben, den Verlust durch Absorption nicht mitgerechnet.

Bei der Behandlung der Fernrohre und ihrer Fehler dürfen die Wirkungen der Atmosphäre nicht außer acht gelassen werden. Diese ist gleichfalls ein optisches Medium und als solches ein integrierender Bestandteil eines jeden Fernrohrs, dabei aber von sehr komplizierter und wechselnder Struktur. Die Luft ist durch den wechselnden Gehalt an Staub und kleinsten Wassertröpfchen Trübungen ausgesetzt; gleichzeitig findet eine Absorption in den die Atmosphäre zusammensetzenden Gasen statt, vor allem durch Wasserdampf, Kohlensäure und Ozon. In welcher Weise und in welchem Grade hierdurch für die sichtbaren Strahlen Extinktion entsteht, ist ausführlich auf S. 103f. auseinandergesetzt. Dort ist auch gezeigt worden, daß diese Extinktion mit abnehmender Wellenlänge merklich zunimmt, und daß der schwächende Einfluß unserer Atmosphäre für die photographischen Strahlen etwa doppelt so groß anzunehmen ist als für die visuellen. Es folgt daraus, daß man für photographische Zwecke mit der Auswahl der brauchbaren Nächte bedeutend vorsichtiger sein muß als bei direkten Beobachtungen, sofern es sich um die Durchsichtigkeit der Luft handelt.

Wie bei den direkten astronomischen Beobachtungen, so ist auch bei den photographischen Aufnahmen am Himmel die Luftunruhe ein Faktor, der auf die Güte der Resultate, besonders aber auf die Verwendbarkeit der Aufnahmen zu genauen Messungen, stets von schädlichem Einflusse ist. Die Art der Einwirkung ist aber eine gänzlich andere als bei direkten Beobachtungen und kann im Verhältnis zu den visuellen Messungen am Fernrohr als gering bezeichnet werden. Die Einstellung auf ein größeres, verwaschenes Scheibchen ist natürlich etwas ungenauer als auf ein kleines, scharfes; aber die durch die Luftunruhe hervorgebrachte Verbreiterung der Scheibchen vermischt sich so mit der natürlichen, auch bei ruhigster Luft eintretenden Wirkung, daß von einer eigentlichen Schädigung der Messungsgenauigkeit kaum die Rede sein kann. In dieser Beziehung besitzt also die photographische Messung einen bedeutenden Vorzug vor der direkten Beobachtung am Fernohr. Daß bei sehr eng stehenden Sternen durch die vermehrte Verbreiterrung der Scheibchen usw. eine Beeinträchtigung der Messungen eintreten kann, ist selbstverständlich.

Von viel größerer Bedeutung als für die Messungen ist der Einfluß der Luftunruhe bei photographischen Sternaufnahmen auf die Lichtstärke des Instruments und auf die Größenbestimmungen der Sterne. Bei unruhiger Luft ist das kleinste Sternscheibchen größer als bei ruhiger, sein Durchmesser wird annähernd um den Betrag der größten Exkursionen vergrößert sein, das Gesamtlicht hat sich auf eine größere Fläche verteilt, die photographische Wirkung ist also geringer geworden; die Sichtbarkeitsgrenze bei gegebener Expositionszeit ist herabgedrückt. Nach Untersuchungen, die Scheiner bei verschiedenen Luftzuständen darüber angestellt hat, beträgt der Lichtverlust durch schlechte atmosphärische Verhältnisse bei sonst völlig durchsichtiger Luft bis zu $^3/_4$ Größenklassen.

In genau umgekehrter Weise wirkt die Luftunruhe auf die Größenbestimmung bei Aufnahmen von Sternen, die so hell sind, daß bei gegebener Expositionszeit ein völlig geschwärztes größeres Scheibchen entsteht. Durch unruhige Luft wird der Durchmesser des Scheibchens vergrößert; man ist also geneigt, den erzeugenden Stern für heller zu halten als auf Aufnahmen bei ruhiger Luft. Auf diesen Punkt muß bei Größenbestimmungen auf photographischem Wege sorgfältigst geachtet werden.

Von äußerst schädlichem Einflusse ist jede Art von Luftunruhe auf die Aufnahme der Oberflächen von Mond und Planeten bei langer Expositionszeit. Es ist z. B. nicht möglich, von einem Mondkrater von 10″ Durchmesser ein leidliches Bild zu erhalten, wenn derselbe während der Aufnahme um mehr als 3″ hin- und hergeschwankt hat. Man kann ohne weiteres behaupten, daß brauchbare Aufnahmen der in Frage stehenden Objekte nur unter abnorm ruhigen Luftzuständen erhalten werden können, die in unseren Breiten- und Höhenlagen nur sehr selten vorkommen.

Ganz anders steht es um den Einfluß der Luftunruhe bei Aufnahmen mit sehr kurzen Expositionszeiten, wie sie z. B. bei der Sonne notwendig sind.

Es ist dann wohl möglich, bei hinreichend kurzer Belichtung ein scharfes Bild zu erhalten; ob jedoch die einzelnen Teile desselben in richtiger Lage zueinander oder gegeneinander verschoben bzw. verzerrt abgebildet sind, bleibt dabei recht fraglich. Es kann dann sehr leicht eintreten, daß das zu messende Objekt, z. B. ein kleiner Sonnenfleck, die Venus- oder Merkurscheibe vor der Sonne u. dgl., ohne merkliche Verzerrung der Gestalt im ganzen um ein beträchtliches verschoben sind; eine solche Aufnahme gibt dann ein Resultat, welches im Verhältnis zu den eigentlichen Messungsfehlern stark fehlerhaft erscheint. Für die Zwecke genauer Vermessungen, wie sie bei Finsternissen, Planetendurchgängen usw. erforderlich werden, sind daher die üblichen Momentaufnahmen der Sonne unbrauchbar und durch Zeitaufnahmen von $^1/_5$ bis 1^s Dauer bei künstlicher Abblendung zu ersetzen.

In jedem Falle ist es vorteilhaft, für photographische Aufnahmen einen möglichst ruhigen Luftzustand zu wählen, wobei dieselben Regeln gelten wie bei direkten Beobachtungen: möglichste Höhe des Gestirns über dem Horizont, möglichst hohe Lage des Observatoriums in waldreicher Gegend, Vermeidung der Nähe größerer, industriereicher Städte, alles Bedingungen, die auch in bezug auf die Durchsichtigkeit der Luft möglichst günstig und erstrebenswert sind.

11. Die photographischen Fernrohre und Meßapparate.

Die Erfindung der lange haltbaren Bromsilberplatten hat unter anderem den großen Fortschritt mit sich gebracht, daß große Expositionszeiten, bis zu 50 und mehr Stunden, verwendet werden und daß die lichtschwächsten Objekte noch zur Darstellung gelangen können. Dadurch werden aber an die astronomischen Instrumente, die zu langdauernden Aufnahmen am Himmel bestimmt sind, die photographischen Refraktoren und Reflektoren, sehr hohe Ansprüche in bezug auf Festigkeit und Genauigkeit der Aufstellung gestellt.

Das Halten der Sterne. Damit das Bild eines Sterns völlig rund und scharf abgebildet wird, ist es nötig, daß es während der ganzen Expositionszeit mit einer den astronomischen Messungen entsprechenden Genauigkeit auf derselben Stelle der Platte gehalten wird. Nehmen wir hierfür z. B. den Wert von $1''$ an, so würden diesem Winkel bei den üblichen photographischen Refraktoren von $3^1/_3$ m Brennweite 0.017 mm entsprechen. Eine solche Forderung erfüllt aber weder die beste Aufstellung eines Fernrohrs noch das beste Uhrwerk. Und selbst wenn es der Fall wäre, so entspringen schon den Veränderungen der Strahlenbrechung in unserer Atmosphäre je nach der Höhe der Gestirne Fehlerquellen, die außerordentlich viel stärker wirken, als es der obigen Genauigkeitsforderung entspricht. Es muß also das menschliche Auge hinzutreten und durch irgendeine Vorrichtung einen der abzubildenden Sterne genau auf derselben Stelle der Platte halten.

Im Laufe der Zeit sind verschiedene Methoden zum Halten der Sterne angewendet worden, bis die jetzt gebräuchliche, die allen Anforderungen an Genauigkeit entspricht, gefunden wurde. Als erste und einfachste Methode bot sich die Benutzung des an jedem Refraktor vorhandenen Suchers dar.

Sind die optischen Achsen von Sucher und Hauptfernrohr parallel, so hat man eine Garantie dafür, daß beim Halten eines Sterns im Fadenkreuz des Suchers das Bild desselben Sterns auch im Hauptfernrohr in der optischen Achse, also auf demselben Punkt der Platte bleibt. Dieser Parallelismus der beiden Fernrohre kann aber jeweils nur für einen Punkt des Himmels hergestellt werden; für jeden anderen Punkt bilden die beiden optischen Achsen einen kleinen Winkel miteinander, dessen Betrag von der ganz unvermeidlichen Durchbiegung des Fernrohrs abhängt. Gerade bei der allgemein gebräuchlichen Befestigung des Suchers am Okularende des Fernrohrs ist die Wirkung der Biegung eine sehr beträchtliche; sie geht, wie aus Abb. 106 ersichtlich, mit vollem Betrage ein.

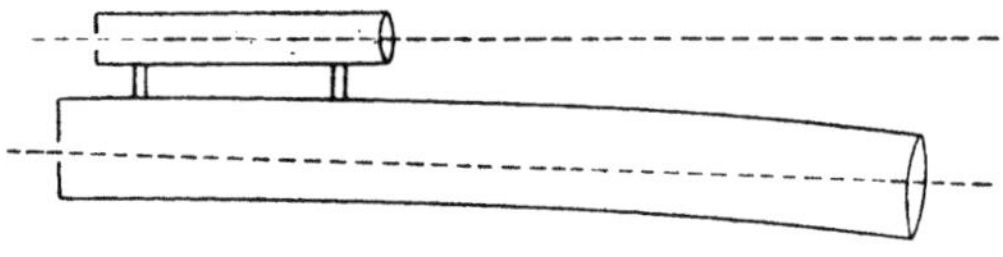

Abb. 106. Durchbiegung eines Fernrohrs.

Die Einrichtung, ein anderes, meist größeres Fernrohr als Leitrohr an Stelle des Gegengewichts auf die Deklinationsachse zu setzen, ist in der Praxis mehrfach, z. B. von Lord ROBERTS getroffen worden. Es gehen hierbei nur die Differenzen der Biegungen der beiden Rohre ein. Neu hinzu tritt aber der Einfluß der Biegung der Deklinationsachse, so daß auch diese Methode für längere Aufnahmen nicht als geeignet zu bezeichnen ist.

Die Unmöglichkeit, mit Hilfe eines Suchers brauchbare Aufnahmen von größerer Expositionszeit herzustellen, hat zu einem Verfahren geführt, bei dem ohne Sucher, d. h. unter Anwendung des Objektivs des Hauptfernrohrs ein Stern gehalten werden kann, so daß also die Biegung gänzlich eliminiert wird. Diese Methode besteht darin, neben der Kassette ein senkrecht zur optischen Achse verschiebbares Okular mit Fadenkreuz anzubringen, in dem ein seitlich gelegener Stern gehalten wird. Sie hat, was die Forderung angeht, das Bild eines Sterns genau auf demselben Punkt der Platte zu halten, zu sehr guten Resultaten geführt, ist aber in der bisherigen einfachen Form im allgemeinen nur für Reflektoren brauchbar, da die visuellen Bilder photographischer Refraktoren so schlecht sind, daß es ganz unmöglich ist, diese scharf auf einem Fadenkreuz zu halten. Es wäre jedoch denkbar, ein Okular durch Verbindung mit einem Korrektionssystem so zu konstruieren, daß die Bilder brauchbar werden.

Die beste Lösung des Problems ist durch die Gebrüder HENRY in Paris gegeben worden. Dieselben gingen wieder zur Verwendung des Suchers zurück, gaben dem Objektiv desselben aber die gleiche Brennweite wie dem photographischen und vereinigten Sucher und Hauptfernrohr in einem einzigen Rohr, in dem nur eine dünne Scheidewand die optische Trennung der beiden Instrumente bewirkt. Hierdurch ist jede Verschiedenheit der Biegung für die beiden Systeme ausgeschlossen, und es kann viele Stunden lang exponiert werden, ohne daß eine Verschiebung des photographischen Bildes auf der Platte infolge der Durchbiegung zu befürchten wäre. Wesentlich ist bei dieser Einrichtung, daß sowohl die beiden Objektive als auch Kassettenauszug und Okular auf je einer gemeinschaftlichen starken Grundplatte befestigt sind, damit nicht noch an diesen Stellen eine verschiedene Biegung eintreten kann. Aus diesem letzteren Grunde ist es nicht anzuraten, zwei getrennte Rohre anzuwenden, die nur durch Bänder oder Riegel miteinander

Abb. 107. Der photographische Brucerefraktor der Sternwarte zu Heidelberg.

verbunden sind, wozu man sonst aus Schönheitsrücksichten geneigt sein könnte, da das verhältnismäßig sehr breite gemeinschaftliche Rohr einen ziemlich plumpen Eindruck macht. Neben der Sicherung gegen Durchbiegung bietet die HENRYsche Einrichtung den Vorteil, daß das Objektiv des

Leitrohres ziemlich groß und lichtstark sein kann, so daß auch schwächere Sterne zum Halten benutzt werden können. Die von Henry gewählten Maße für den ersten Pariser photographischen Refraktor sind späterhin annähernd für eine große Zahl von Instrumenten gleicher Art beibehalten worden. Die Objektive der Haltefernrohre besitzen bei diesen sogenannten Normalrefraktoren oder -astrographen eine Öffnung von 20 bis 25 cm, so daß Sterne bis zur Größe 9.5 bei hellem Gesichtsfelde noch gut zum Nachführen benutzt werden können.

Als Marke im Haltefernrohr benutzt man im allgemeinen am besten ein einfaches Fadenkreuz, entweder dunkle Fäden im hellen Feld oder helle Fäden im dunklen; letzteres ist indessen nur als Notbehelf zu betrachten, wenn der Haltestern zu schwach ist, um im hellen Gesichtsfeld deutlich gesehen werden zu können. Die Fäden sollen möglichst fein sein, damit der Stern nicht im Durchschnittspunkt der Fäden verschwindet, und die Okularvergrößerung soll eine recht kräftige sein, damit man einerseits die kleinsten Verstellungen wahrnimmt, andererseits aber auch die feinen Fäden deutlich sehen kann. Je heller der Haltestern ist, um so schärfer kann nachgeführt werden, da das Bild des Sterns damit immer größer wird und die Vierteilung desselben durch das Fadenkreuz besser geschätzt werden kann. Man wird indessen nur selten ganz in der Nähe des Punktes, der auf die Mitte der Platte kommen soll, einen genügend hellen Stern zum Halten finden, und deshalb ist es unumgänglich notwendig, das Fadenkreuz nicht fest im Okularauszuge, sondern auf einem Kreuzschlitten anzubringen, der es gestattet, jede Stelle eines Feldes von mindestens 30′ Durchmesser abzusuchen, um bei Beibehaltung des gewünschten Plattenmittelpunktes auch weiter entfernte Sterne zum Halten benutzen zu können.

Das Halten selbst ist nun, wie jede andere messende astronomische Beobachtung, eine Kunst, die nur durch Übung erworben werden kann. Man muß bei jeder Art des Luftzustandes sofort erkennen können, ob eine plötzlich stattfindende Abweichung des Sterns vom Fadenkreuze durch die Luftunruhe oder durch einen Fehler im Instrument verursacht ist. Im ersten Falle hat man nicht zu korrigieren, da die durch Luftunruhe entstehenden Schwankungen sich im Laufe der Exposition von selbst ausgleichen; im anderen Falle aber muß möglichst sofort nachgeholfen werden.

Das Auslösen der Feinbewegungen muß ganz mechanisch erfolgen, d. h. die Übung muß so weit getrieben sein, daß ohne besondere Überlegung die entsprechende Handbewegung ausgeführt wird, sobald eine Abweichung von der wahren Stellung in irgendeiner Richtung angedeutet ist. Durch sehr große Unruhe der Luft wird das Halten schließlich sehr erschwert; in solchen Fällen aber soll man schon aus anderen Gründen von photographischen Aufnahmen ganz absehen.

Photographische Refraktoren und Reflektoren. Die Montierung der photographischen Fernrohre muß stets so erfolgen, daß das übliche Umlegen des Instruments beim Übergang vom östlichen zum westlichen Himmel fortfällt. Das ursprüngliche Instrument der Gebrüder Henry auf der Pariser Sternwarte und seine Kopien im Vatikan, in La Plata usw. haben zu diesem Zweck die sog. englische Fernrohrmontierung erhalten. Das Doppelfernrohr ist dabei ein viereckiger Kasten, der inmitten der geteilten großen

Abb. 108. Repsoldscher Astrograph des Astrophysikalischen Observatoriums in Potsdam.

Stundenachse sitzt und nur Aufnahmen in der unmittelbaren Nähe des Himmelspols ausschließt. Der einzige deutsche photographische Refraktor in englischer von der beschriebenen allerdings etwas abweichender Montierung befindet sich auf dem Astrophysikalischen Observatorium in Heidelberg (Abb. 107). Das von Miß Bruce dem Institut gestiftete Instrument besteht aus zwei gleichen photographischen Refraktoren von 40 cm Objektivöffnung und 2 m Brennweite, die mit dem visuellen Leitrohr seitlich an der $5^1/_2$ m langen Stundenachse angebracht sind.

Der Astrograph des Potsdamer Observatoriums (Abb. 108) ist der Typus eines um 1890 in Deutschland gebauten Doppelrefraktors nach Henryschem Prinzip. Das photographische und das visuelle Instrument sind in einem Rohre von elliptischem Querschnitt vereinigt. Ersteres hat ein Objektiv von 33 cm Öffnung, letzteres ein solches von 23 cm. Die Brennweite beider beträgt 3.4 m; sie ist so gewählt, daß in der Brennebene eine Bogenminute möglichst genau einer linearen Länge von 1 mm entspricht. Die eiserne Kassette zur Aufnahme der 16 × 16 cm großen photographischen Platten kann durch einen Bajonettverschluß leicht abgenommen und angesetzt werden, ohne daß ihre Justierung dadurch geändert wird.

Die von der Werkstätte Repsold in Hamburg gelieferte Montierung ist ein Mittelding zwischen der sogenannten deutschen und der englischen Montierung und vereinigt die Vorteile beider ohne ihre Nachteile. Die kurze deutsche Stundenachse ist beibehalten, dafür ist die Säule gebrochen, so daß der obere Teil derselben in der Fortsetzung der Stundenachse liegt. Damit ist erreicht, daß das Fernrohr ohne Umlegen in jede beliebige Stellung gebracht werden und auch die Polgegend beobachtet werden kann. Ganz ähnlich gebaute Astrographen von diesem Typus befinden sich auf den Sternwarten in Bergedorf und Babelsberg in Benutzung.

Als Beispiel einer modernen Spiegelmontierung mag Abb. 109 dienen, die den Zeissreflektor der Sternwarte in Innsbruck darstellt. Die sehr kräftige Stundenachse des überaus kurzbrennweitigen Instrumentes (Öffnung 40 cm, Brennweite 1 m) läuft hier in eine Gabel aus, in der das Spiegelteleskop mit den beiden photographischen Rohren in beliebige Deklinationseinstellungen gebracht werden kann. Der Reflektor zeigt im übrigen die Newtonsche Konstruktion; die Kassette mit der Platte befindet sich im Brennpunkte des Spiegels mitten in der vorderen Tubusöffnung. Zur Nachführung dient ein kräftiges, mit dem Spiegel fest verbundenes Leitfernrohr mit gebrochenem Okularstutzen.

Wie die Abb. 55 und 109 zeigen, herrscht gegenwärtig das Bestreben, die Montierungen für die Spiegelteleskope möglichst kurz und gedrungen zu wählen. Am weitesten sind darin wohl die Amerikaner gegangen, deren Riesenspiegel von 1.5 m und 2.5 m Öffnung — beide aus den Händen von Ritchey hervorgegangen und auf der Mt. Wilsonsternwarte in Benutzung — eine besonders feste und sichere Aufstellung erforderlich machten, die z. B. mit der zierlichen Montierung der Repsoldschen Fernrohre nichts mehr gemeinsam hat.

Im Gegensatze zu den Anforderungen, die an die zu Daueraufnahmen bestimmten photographischen Refraktoren und Reflektoren gestellt werden, sind die zu Sonnenaufnahmen dienenden Instrumente, die Heliographen, in mechanischer Beziehung einfach gebaut. Daß die optischen Teile, genau so wie bei den Refraktoren, möglichst gut sein müssen, ist selbstverständlich; aber auch hier sind die Ansprüche viel leichter zu erfüllen, da große Lichtstärke nicht bloß nicht erforderlich, sondern sogar nachteilig ist. Die Objektive oder Spiegel können daher eine relativ sehr große Brennweite be-

Abb. 109. Zeissscher Reflektor von 40 cm Öffnung auf der Sternwarte in Innsbruck.

sitzen, wodurch die Konstruktion derselben sehr erleichtert wird. Wenn sonstige Hindernisse nicht im Wege stehen, wird man also Fernrohre von sehr großer Brennweite verwenden, um möglichst große, detailreiche Bilder der Sonne zu erzielen. Die mechanischen Anforderungen an die Aufstellung des Fernrohrs können deshalb so minimal sein, weil bei der überaus kurzen Expositionszeit — es handelt sich um Tausendstel der Sekunde — selbst der Einfluß der täglichen Bewegung zu gering ist, als daß er sich bemerkbar machen könnte. Ein Uhrwerk ist also gar nicht erforderlich; es genügt überhaupt, wenn das Fernrohr auf die Sonne gerichtet werden und der Beobachter durch irgendeine Absehvorrichtung sich überzeugen kann, daß das Bild auch wirklich auf die Platte fällt.

Der größeren Bequemlichkeit halber gibt man den üblichen Heliographen meistens doch eine gute Montierung mit Uhrwerk. Es empfiehlt sich dann, das Fernrohr festzulegen und das Sonnenlicht durch den Spiegel eines Heliostaten hineinzuwerfen. Man unterscheidet hierbei drei verschiedene Lagerungen des Heliographen:

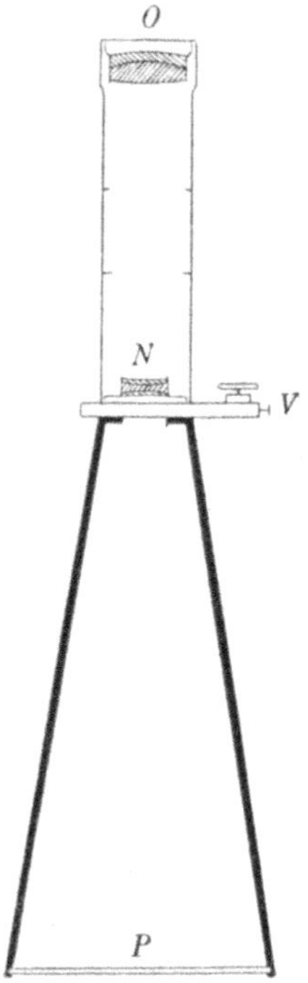

Abb. 110. Telekamera Steinheilscher Konstruktion für Sonnenaufnahmen.

1. Die Aufstellung in der Richtung der Erdachse, das Objektiv nach unten gegen den Heliostatenspiegel gerichtet, wobei die einfache parallaktische Montierung eines Spiegels genügt.

2. Die horizontale Montierung in der Südnordrichtung. In diesem Falle müßte der Heliostat eine sehr komplizierte Aufstellung erhalten, damit er, dem Laufe der Sonne folgend, das Licht stets in der gleichen Richtung reflektiert. Man kann diese umständliche Einrichtung aber umgehen, wenn man, wie bei der schrägen Aufstellung, einen einfach parallaktisch montierten Spiegel benutzt, der also das Sonnenlicht stets nach dem Nordpol hin reflektiert und es dann durch einen zweiten, unverändert feststehenden Spiegel in das horizontal liegende Fernrohr hineinreflektiert. (Abb. 136.)

3. Die senkrechte Aufstellung in der Form eines Turmteleskops. Die Lichtstrahlen gelangen nach erfolgter Spiegelung in einem Heliostaten- und einem festen Spiegel durch das senkrecht montierte Fernrohr in einen unterirdischen Raum, wo die Beobachtungen visuell oder photographisch ausgeführt werden können. Diese Aufstellung ist entschieden die vollkommenste, da die bei Sonnenbeobachtungen so störende Luftunruhe sich hier am wenigsten bemerkbar macht.

In neuerer Zeit bürgern sich für Sonnenaufnahmen, an die keine hohen Ansprüche gestellt werden, abgekürzte Fernrohre ein, die in Wirklichkeit nichts anderes sind als feste photographische Apparate normalen Formates, die mit Fern-(Tele-)Objektiven ausgestattet sind. In den Gang der Lichtstrahlen eines photographischen Objektivs O wird ein negatives Linsensystem N eingeschaltet, so daß das Ganze genau die Anordnung der Linsen in einem Galileischen Fernrohr zeigt (Abb. 110). Ist f_1 die Brennweite des positiven, f_2 diejenige des negativen Systems, e der Linsenabstand, a der Abstand der Platte von der Telelinse, so ist die Äquivalentbrennweite F:

$$F = \frac{f_1 f_2}{f_1 + f_2 - e}, \qquad a = \frac{f_2 (f_1 - e)}{f_1 + f_2 - e}.$$

Der Linsenabstand e ist dabei stets etwas (1—2 cm) größer als $f_1 + f_2$ anzusetzen.

Ist beispielsweise $f_1 = 80$ cm, $f_2 = -15$ cm, $e = 67$ cm, so wird $F = 600$ cm,

$a = 97.5$ cm, $a + e = 164.5$ cm. Mit einer solchen Telekamera von 1.6 m Länge wird es also möglich sein, die Wirkung einer nahe 4fachen Äquivalentbrennweite zu erzielen, d. h. Sonnenbilder von fast 6 cm Durchmesser zu erhalten.

Selbst bei derartig starken direkten Vergrößerungen und geringer Objektivöffnung ist natürlich die Anwendung eines raschen Momentverschlusses nicht zu umgehen. Wegen der unvermeidlichen Beugungserscheinungen an den Verschlußrändern ist es dabei nicht gleichgültig, wo man diesen anbringt. Da der lineare Betrag der Diffraktion um so geringer ist, je näher die wirksame Öffnung bei der photographischen Platte liegt, so würde die beste Art die sein, den Momentverschluß möglichst dicht vor der photographischen Platte anzubringen; umgekehrt würde der schädlichste Ort für den Verschluß unmittelbar vor oder hinter dem Objektiv sein. Da nun weiter die Diffraktion um so geringer wird, je größer die wirksame Öffnung ist, so ist in dieser Beziehung der günstigste Fall erreicht, wenn die Öffnung des Verschlusses mindestens so groß ist wie das ganze Strahlenbündel, das ihn passiert.

Soll das Sonnenbild in allen Teilen gleichmäßig belichtet sein, so kann dies nur durch eine vorbeischnellende rechteckige oder spaltförmige Öffnung erzielt werden, die sich zugleich mit konstanter Geschwindigkeit bewegt. Letzteres kann am einfachsten in genügender Weise dadurch erreicht werden, daß die Kraft, welche die Verschlußplatte vorbeischnellt (Feder f in Abb. 111), in dem Moment zu wirken aufhört, in dem die Spaltöffnung das Sonnenbild berührt. Die in diesem Augenblick allerdings sofort beginnende Verzögerung der Geschwindigkeit ist bei leicht beweglicher Verschlußplatte verschwindend gering.

Abb. 111. Momentverschluß des Potsdamer Heliographen.

Wichtig für Sonnenaufnahmen ist vor allem die Verwendung möglichst unempfindlicher Platten, und das um so mehr, als man dabei die Vorteile feineren Silberkorns gleichzeitig mit erhält. Die Benutzung der gewöhnlichen Trockenplatten für die Aufnahme der Sonne ist daher trotz der Bequemlichkeit ihrer Handhabung als ein Rückschritt gegenüber dem nassen Kollodiumverfahren zu bezeichnen. In den letzten Jahren hat man indessen trockene Platten verfertigt, sogenannte kornlose Gelatineplatten, welche noch beträchtlich unempfindlicher sind als die nassen Kollodiumplatten und auch ein noch feineres Korn als diese besitzen. Da der Silberniederschlag auf diesen Platten zudem sehr kräftig werden kann, so sind dieselben als die geeignetsten für Sonnenaufnahmen zu bezeichnen. Ihre schwierige Beschaffung hat es verhindert, daß sie in der Sonnenphotographie Aufnahme gefunden haben. Von dem gangbaren Handelsmaterial dürfte die lichthoffreie Diapositivplatte sich als besonders zweckmäßig für Sonnenaufnahmen herausstellen.

Abbildungsfehler der Himmelsaufnahmen. Der Endzweck einer jeden astronomischen Aufnahme soll ihre Verwertung durch Messung sein, und wenn es auch bei der heutigen Einrichtung der Sternwarten in den meisten Ländern nicht möglich ist, das von nur einem Beobachter gelieferte Material zu bearbeiten, so darf doch nie außer acht gelassen werden, daß der Wert einer unausgemessenen Aufnahme zum größeren Teile nur ein latenter ist.

Die Erfahrung hat gelehrt, daß das photographische Messungsverfahren mit allen direkten Mikrometermessungen in bezug auf Genauigkeit durchaus konkurrieren kann; dazu ist es aber erforderlich, sämtliche Fehlerquellen nach Möglichkeit zu berücksichtigen und die Eigentümlichkeiten der photographischen Messungen genau so zu studieren, wie dies der Astronom bei direkten Messungen am Himmel zu tun gewohnt ist.

Eine astronomische Photographie ist die Projektion eines Teiles der Himmelssphäre auf eine Ebene. Um die Projektion zu einer möglichst einfachen zu machen, ist es erforderlich, daß die Platte tatsächlich eben ist, und daß sie senkrecht zur optischen Achse des Objektivs gestanden hat. Sind diese beiden Bedingungen nicht erfüllt gewesen, so müssen die hieraus entstehenden Abweichungen in Rechnung gezogen werden. Da es aber sehr leicht ist, diese beiden Bedingungen mechanisch mit einer für alle, auch die feinsten Messungszwecke genügenden Genauigkeit zu erfüllen, so wollen wir diese beiden Fehlerquellen als nicht vorhanden betrachten.

Bei der zentralen Projektion einer Himmelsfläche auf die Plattenebene tritt, wie wir bereits S. 146 sahen, eine vom Mittelpunkt der Platte ausgehende Bildverzerrung, die normale Distorsion, ein. Die Distanzen vom Mittelpunkte der Platte wachsen (vgl. Abb. 104) proportional den Tangenten der Winkeldistanzen, der Maßstab wird nach den Plattenrändern zu größer. Für ein gegebenes Instrument ist die normale Distorsion konstant, kann also ein für allemal berechnet werden. Bei gewissen Konstruktionsfehlern des Objektivs ist jedoch die normale Distorsion mit einem Fehler verbunden, der Unterschiede in der Messung von hellen und schwachen Sternen verursacht, und der eintritt, wenn das Objektiv merkliche sphärische Aberration zeigt, d. h. wenn Mitte und Rand des Objektivs bei Strahlen mittlerer Brechbarkeit nicht die gleiche wahre Brennweite besitzen (Sinusbedingung).

Um zu zeigen, welchen Einfluß die Nichterfüllung dieser letzten Bedingung auf seitlich gelegene Bilder ausübt, hat Steinheil die Berechnung der Verzerrungen für das Königsberger Heliometerobjektiv ausgeführt. Es soll ein Strahlenzylinder von 25 Einzelstrahlen auf das Objektiv auffallen, wie Abb. 112 zeigt. Der Strahl 1 entspricht der Hauptachse, die Strahlen 2 bis 9 fallen am Rande des Objektivs ein, die von 10 bis 17 in $^2/_3$ Entfernung von der Mitte, die von 18 bis 25 in $^1/_3$ Entfernung. Für das Königsberger Heliometerobjektiv erhält man auf diese Weise in der Einstellebene bei 48′ Abstand von der Hauptachse eine Verteilung der Strahlen nach dem Umriß der Abb. 113.

Es ist aus dieser Abbildung zu ersehen, daß der Hauptstrahl (1) nicht in der Mitte der Abbildung, sondern viel tiefer liegt, so daß die Verteilung der Helligkeiten eine sehr ungleiche ist; denn die Linie 8, 16, 24, 1, 20, 12, 4, die in Abb. 112 die Menge des auffallenden Lichtes halbiert, teilt das

Bild des Sterns zwar auch in zwei Teile von gleicher Lichtmenge, aber von sehr ungleicher Ausdehnung, so daß der über dieser Linie liegende Teil des Bildes viel weniger intensiv erscheint als der unterhalb gelegene.

Auf der photographischen Platte würde bei einem derartigen Objektiv das Bild eines Sterns seitlich der Hauptachse als eine gestreckte, ovale Scheibe erscheinen, deren Maximalhelligkeit nahe einem der Brennpunkte der Figur liegt. Ist die Helligkeit des Sterns nicht ausreichend gewesen, um in der Gegend der Punkte 5, 6, 7, 14 eine merkliche Wirkung auszuüben, so fehlt das eine Ende der Scheibe; Die Bilder werden denen von Kometen ähnlich.

Damit nun die auf der Platte gemessenen Distanzen von Sternen auch tatsächlich den Abständen am Himmel — unter Berücksichtigung der regelmäßigen Distorsion — entsprechen, muß auf den Punkt 1, den Durchschnittspunkt des Hauptstrahls mit der Plattenebene, eingestellt werden. Dieser Punkt ist wegen seiner exzentrischen Lage nicht mit Sicherheit zu erkennen; mit einer gewissen Annäherung wird man ihn erhalten, wenn man auf das Maximum der Schwärzung einstellt. Die Sichtbarkeit dieses Maximums wird aber um so schwieriger, je heller der entsprechende Stern ist, je gleichförmiger also das elliptische Scheibchen in der Schwärzung erscheint. Man wird ihn im allgemeinen immer mehr nach der Mitte der Abbildung verlegen, und bei völlig ausexponierten Scheibchen wird man, wenn man nicht zu ganz unsicheren Schätzungen greifen will, überhaupt nur noch die geometrische Mitte des Scheibchens einstellen können. Die Unsicherheit der Einstellungen ist also im allgemeinen vermehrt, und es tritt eine von der Helligkeit der Sterne und von der Expositionszeit abhängige Distorsion auf, die sich rechnerisch nicht streng verfolgen läßt.

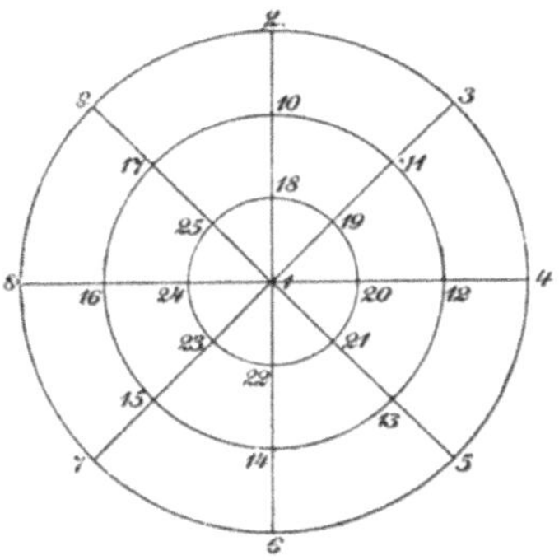

Abb. 112. Einteilung eines Objektivs zur Berechnung der sphärischen Aberration.

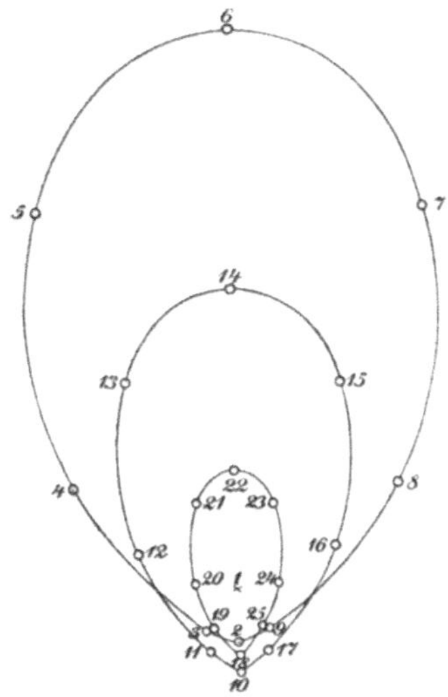

Abb. 113. Entstehung der Koma (Schweifbildung) bei sphärisch mangelhaft korrigierten Objektiven.

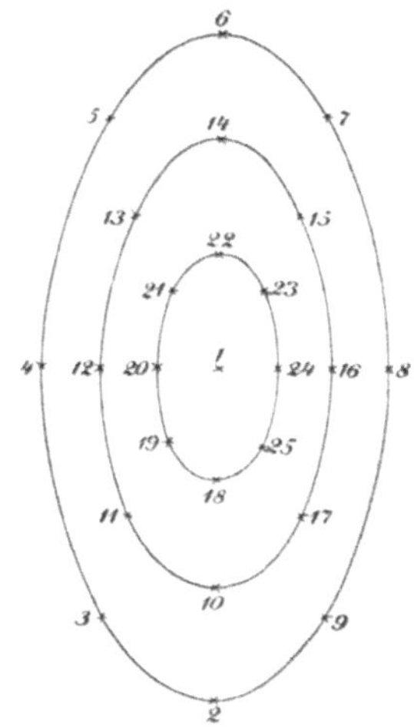

Abb. 114. Normal verzerrtes außeraxiales Sternscheibchen bei sphärisch gut korrigiertem Objektiv.

Ist das Objektiv frei von sphärischer Aberration, so geht die Abb. 113 in Abb. 114 über. Das Sternscheibchen außerhalb der optischen Achse wird zwar elliptisch, aber alle Strahlen liegen symmetrisch um den Hauptstrahl herum; das Maximum des Silberniederschlags entsteht unter allen Umständen in der geometrischen Mitte des Scheibchens, genau in dem Punkte, in welchem der Hauptstrahl die photographische Platte schneidet.

Nach Berücksichtigung der Distorsion würde die Platte ein in allen Teilen ähnliches Bild der scheinbaren Konstellation, welche photographiert worden ist, gewähren, wenn die Aufnahme auf einer durchaus unveränderlichen, festen Schicht stattgefunden hätte. Das ist aber nicht der Fall; vielmehr bestehen die empfindlichen Schichten stets aus einer organischen Substanz, die bei der notwendigen Behandlung mit wässerigen Lösungen aufweicht, stark aufquillt und daher keineswegs als stabil anzusehen ist.

Gerade bei den Gelatineplatten sollte man also a priori eine sehr starke Verziehung der Schicht erwarten, da die Exposition im trockenen Zustand der Gelatine erfolgt, und diese beim nachherigen Aufweichen bis zum Zehnfachen ihrer ursprünglichen Dicke aufquillt. Nach den bisherigen Erfahrungen treten indessen starke Verzeichnungen glücklicherweise nicht auf. Sie sind im Gegenteil zumeist so gering, daß sie ähnlich wie bei den nassen Kollodiumplatten nur lokalen Charakter besitzen und nur auf Grund ganz spezieller Untersuchungen festgestellt werden können.

Wesentlich zur Unschädlichmachung der anfangs befürchteten systematischen Verzerrungen der Gelatineschichten hat man sich des Aufkopierens feiner Gitter bedient, was folgendermaßen bewerkstelligt wird. In die Silberschicht einer Spiegelglasplatte wird mit dem Diamanten ein Netz von aufeinander senkrecht stehenden Strichen mit möglichster Genauigkeit eingeritzt, wobei man als Strichdistanz allgemein 5 mm angenommen hat. Auf der sonst undurchsichtigen Platte lassen also nur die Striche Licht hindurch. Wird dieses Gitter vor der Exposition am Himmel auf die Gebrauchsplatte aufkopiert, so erscheint durch die nachträgliche Entwicklung ein dunkles Netz auf der Platte. Da die Striche äußerst dünn sind — ihre Dicke übersteigt kaum 0.01 mm —, so schädigen sie die Aufnahme selbst nicht; es ist ferner Gautier in Paris gelungen, die Netze mit solcher Genauigkeit auszuführen, daß selbst bei den feinsten Messungen die Strichabstände als genau gleich betrachtet werden können. Richtet man nun die Messungen so ein, daß z. B. der Ort eines photographierten Sterns nur an die benachbarten Gitterstriche angeschlossen wird, so werden die größeren Verzerrungen den Stern und die nächsten Striche gleichmäßig beeinflussen und in den gemessenen Abständen herausfallen, wenn man das aufkopierte Netz als fehlerlos ansieht.

Wegen der Geringfügigkeit der Schichtverzerrungen ist das Gitter eigentlich nicht mehr notwendig; seine Benutzung führt jedoch einen anderen wesentlichen Vorteil herbei, nämlich den, daß sich die eigentlichen Messungen nur auf kleine Distanzen bis zu 5 mm erstrecken. Dadurch wird einmal die Konstruktion des Meßapparats eine einfachere, ferner werden aber auch die Messungen genauer, da kleine Strecken durch die unvermeidlichen Veränderungen des Meßapparats infolge von Temperaturänderungen und Durchbiegungen in viel geringerem Maße beeinflußt werden als große.

Bei langen Expositionszeiten, bei denen große Zenitdistanzen erreicht werden, ist der Einfluß des Refraktionsunterschiedes zwischen den visuellen und den photographischen Strahlen nicht mehr ganz zu vernachlässigen. In solchen Fällen empfiehlt es sich, bei der Verwendung hellerer Leitsterne ein dunkelblaues Glas vor das Okular zu setzen, wodurch jedenfalls der größere Teil dieser Abweichung beseitigt wird. Überhaupt ist durch die Ungenauigkeit des Haltens der Schärfe des photographischen Verfahrens eine Grenze gesteckt. Man macht sehr häufig die Erfahrung, daß der eigentliche Messungsfehler nur wenige Hundertstel einer Bogensekunde beträgt, während doch nachher beim Vergleichen verschiedener Aufnahmen zuweilen Abweichungen in den Positionen von mehreren Zehntelsekunden vorkommen.

Man hatte zuerst angenommen, daß die photographische Messung frei von persönlichen Fehlern sei, weil die Art der Beobachtung hierbei eine so außerordentlich einfache gegenüber den direkten Messungen am Himmel ist. Die Beobachtung besteht ja lediglich in der Einstellung eines Fadens oder eines Fadenpaares auf die Mitte eines Sternscheibchens, den Sonnenrand usw. Die Schätzung der Mitte und der Randeinstellung ist aber mit Fehlern behaftet, die von der Form, dem Durchmesser und dem Randschleier des betr. Objektes abhängen, und es wird daher der Faden zu weit nach rechts oder nach links, zu weit nach oben oder nach unten eingestellt. Teilweise vermeiden läßt sich dieser Einfluß der persönlichen Gleichung, wenn der Beobachter die Platte in zwei entgegengesetzten Lagen ausmißt, so daß die Einstellungsfehler mit entgegengesetzten Vorzeichen wirken und sich im Mittel aufheben.

Die astrophotographischen Meßapparate. Ähnlich wie bei den direkten Mikrometerbeobachtungen müssen die photographischen Meßapparate wesentlich dem Zwecke angepaßt sein. Will man z. B. Parallaxenbestimmungen ausführen, so genügt es, allein Distanzen oder auch allein Positionswinkel zu messen; will man einen Stern an einen anderen anschließen, so müssen beide Koordinaten festgelegt werden usw. Wir wollen hier gleich die allgemeine Aufgabe behandeln, auf einer Aufnahme die Position vieler oder aller Sterne im Anschluß an einige durch andere Messungen bereits festgelegte Anhaltsterne mit möglichster Genauigkeit zu bestimmen. Die Anregung zu vielfachen Lösungen dieser Aufgabe ist erst in den letzten Jahrzehnten gekommen, hauptsächlich durch den Beschluß, aus den Aufnahmen für die photographische Himmelskarte einen Präzisionskatalog aller Sterne bis zur 11. Größenklasse herzustellen.

Die Ausmessung einer Platte kann nach zwei durchaus verschiedenen Methoden erfolgen, entweder durch Längenmessungen auf der Platte mit Hilfe eines geeigneten Meßapparates oder durch Winkelmessung mittels eines in einiger Entfernung von der Platte parallaktisch aufgestellten Fernrohrs. Die letztere Methode unterscheidet sich von der direkten Winkelmessung am Himmel in einigen Punkten, die dadurch gegeben sind, daß die Sterne der Platte in endlicher Entfernung vom Meßinstrument sich befinden, während bei Messungen am Himmel die Entfernung als unendlich groß zu betrachten ist. Ein zu derartigen Messungen bestimmter parallaktischer Apparat ist von Kapteyn ersonnen und von Repsold konstruiert worden. Er hat zur Ausmessung der Platten für die Cape Photographic-Durchmusterung gedient, wird jedoch heute kaum noch verwendet.

Bei allen übrigen Meßapparaten oder Komparatoren erfolgt die Längenmessung auf der Platte nach Polar- oder rechtwinkligen Koordinaten mit Hilfe feingeteilter Skalen oder Mikrometerschrauben. Die Platte wird dabei durch ein Mikroskop betrachtet, und die Einstellung auf die Sternscheibchen geschieht vermittels eines im Mikroskop angebrachten Fadenkreuzes. Die Konstruktion der Meßapparate, die zur Messung von rechtwinkligen Koordinaten dienen, unterscheidet sich wieder nach zwei Richtungen hin, je nachdem die Messungen über die ganze Länge der Platte hin erfolgen oder nur über einen kleinen Teil derselben, was dann in Frage kommt, wenn ein Gitter aufkopiert ist.

Im ersteren Falle muß entweder das Mikroskop in meßbarer Weise über die ganze Strecke hin verschoben werden können oder aber die Platte unterhalb des feststehenden Mikroskops. Die Messung der Verschiebung von Platte oder Mikroskop geschieht entweder auf der ganzen Strecke durch eine lange Mikrometerschraube oder durch Anschluß an die Teilstriche eines sehr exakten Maßstabes. Mit einem solchen Apparat kann man gewöhnlich nur in einer Richtung messen, also unmittelbar nur eine Koordinate ermitteln. Es muß dann eine Vorrichtung vorhanden sein, durch die man die Platte um genau 90^0 drehen kann, um auch die andere Koordinate zu messen. Es besteht hierbei die Schwierigkeit, daß man die zusammengehörigen Koordinaten nicht verwechselt, bzw. die x-Koordinate des einen Objekts mit der y-Koordinate eines anderen nicht vereinigt.

Außerordentlich viel einfacher und bequemer sind die Meßapparate für Platten, bei denen ein Gautiersches Gitter aufkopiert wurde. Dann ist die auszumessende Strecke stets klein, nicht größer als die Strichdistanz von 5 mm, die Messung kann also bei feststehendem Mikroskop mit einem Okularmikrometer erfolgen; bei dieser Einrichtung ist es dann möglich, zwei senkrecht aufeinander stehende Mikrometer zu benutzen, so daß beide Koordinaten gleichzeitig gemessen werden können, und Koordinatenverwechselungen gar nicht möglich sind. Es muß bei dieser Art von Meßapparaten aber jedes Quadrat des Netzes unter das Mikroskop gebracht werden können, was dadurch geschieht, daß die Platte auf einem Doppelschlitten montiert wird. Die Schlitten sind mit Teilungen versehen, welche denjenigen des Netzes genau entsprechen, so daß man die Nummer des unter dem Mikroskop befindlichen Quadrats ablesen kann.

Die Messung in Polarkoordinaten, d. h. die Messung von Distanz und Positionswinkel, wie z. B. bei den Doppelsternen, ist in der Photographie heute nur noch vereinzelt üblich. Die Messung selbst ist umständlicher und auch wohl weniger genau als in rechtwinkligen Koordinaten; besonders aber ist die Umrechnung in die üblichen Himmelskoordinaten sehr umständlich und zeitraubend.

Auch die weitere Verarbeitung der rechtwinkligen Messungen, d. h. ihre Reduktion auf die in der Astronomie gebräuchlichen äquatorialen Koordinaten unter Berücksichtigung der den scheinbaren Ort am Himmel bedingenden Faktoren, wie Refraktion, Präzession, Nutation und Aberration, ist nicht einfach. Sie gehört in das Gebiet der reinen Astronomie und kann daher hier nicht weiter verfolgt werden. Nur beiläufig sei aber erwähnt, daß die Berücksichtigung aller dieser Einflüsse sich auf den Platten doch weniger umständlich als bei der direkten Beobachtung gestaltet. Durch Auswahl von genügend zahlreichen Anschlußsternen (es genügen drei) wird aus diesen eine Anzahl von Plattenkonstanten (in der Regel sechs) unmittelbar oder bei mehr als drei Anschlußsternen nach der Methode der kleinsten Quadrate abgeleitet und mit diesen werden alle gemessenen Koordinaten x und y, bezogen auf den Plattenmittelpunkt, reduziert. Die sechs Konstanten enthalten alles, was für die Berechnung notwendig ist, also Skalenwert, Plattenneigung, Refraktion, Aberration usw. und die Sternörter ergeben sich direkt für die Katalogepoche der Anschlußsterne (Turnersche Methode).

Eine einheitliche Form haben die Komparatoren für Himmelsaufnahmen noch nicht erhalten, und fast jede größere Werkstatt hat eigene Modelle konstruiert. In Abb. 115 ist der Repsoldsche Meßapparat der Heidelberger Sternwarte wiedergegeben. Der runde, an dem Zahnkranz kenntliche Plattenträger gleitet auf einer zylindrischen Führung unter einem festen Mikroskop auf und ab und gestattet die Ablesung der y-Koordinate an einem fein geteilten Maßstabe unter Zuhilfenahme eines Okularmikrometers. Die x-Koordinate wird durch Verschieben des Beobachtungsmikroskops auf dem brückenförmigen Oberbau und Hochkippen auf einen zweiten Maßstab erhalten. Die beiden anderen in der Abb. 115 noch sichtbaren Mikroskope dienen zur Ablesung des Positionskreises bei etwaigen Messungen von Winkeln und Distanzen.

Abb. 115. Repsoldscher Komparator der Heidelberger Sternwarte.

Der einzige Nachteil des viel verwendeten Repsoldschen Komparators liegt in der bei dieser Konstruktion unvermeidlichen Kippung des Beobachtungsmikroskops von der Platte nach der x-Skala, was ein sehr vorsichtiges Arbeiten erfordert. Die für die Apparate gelieferten Millimeterskalen stellen sonst wohl die präzisesten Maßstäbe dar, die überhaupt für Messungen irgendwelcher Art je Verwendung gefunden haben.

Der Plattenmeßapparat der ehemaligen Toepferschen Werkstätte (Abb. 116) ist etwas übersichtlicher konstruiert. Auch hier ist die Platte im Positionswinkel drehbar, die Ablesung erfolgt jedoch nur nach Zehnteln eines Grades mit Hilfe einer Lupe. Der Plattenträger ist durch eine lange Mikrometerschraube verschiebbar, deren volle Umdrehungen an einer Skala, die Zehntel und Hundertstel an der Trommel mittels einer Lupe abgelesen werden können. Zur Messung der y-Koordinate muß die Platte auf dem Träger um 90^0 gedreht werden. Eine geringe direkte Meßmöglichkeit in der y-Richtung ist durch eine Verschiebung des Mikroskops senkrecht zur Hauptschraube geboten. Das Doppelmikrometer am Okular dient zu Anschlußmessungen an das Netz eines GAUTIERschen Gitters, zu Durchmesserbestimmungen der photographischen Sternbildchen usw.

Abb. 116. Großer Plattenmeßapparat der Toepferschen Werkstätte.

Für sehr große Platten sind die bisher beschriebenen Meßapparate ungeeignet. Für Formate größer als etwa 16×16 cm wird in der Astrophysik wohl ausschließlich der PULFRICHsche Stereokomparator verwendet. Ursprünglich für die stereoskopische Vergleichung zeitlich auseinanderliegender Himmelsaufnahmen bestimmt, gestattet das Instrument durch die periskopische Vereinigung der Lichtstrahlen in einem oder in zwei Okularen jede Art von Messungen, die überhaupt in der Astrophysik vorkommen. In Abb. 117 ist der Komparator mit einem Blinkokular ausgestattet, das in raschem Wechsel einen monokularen Vergleich der beiden links und rechts eingestellten Plattenfelder ermöglicht.

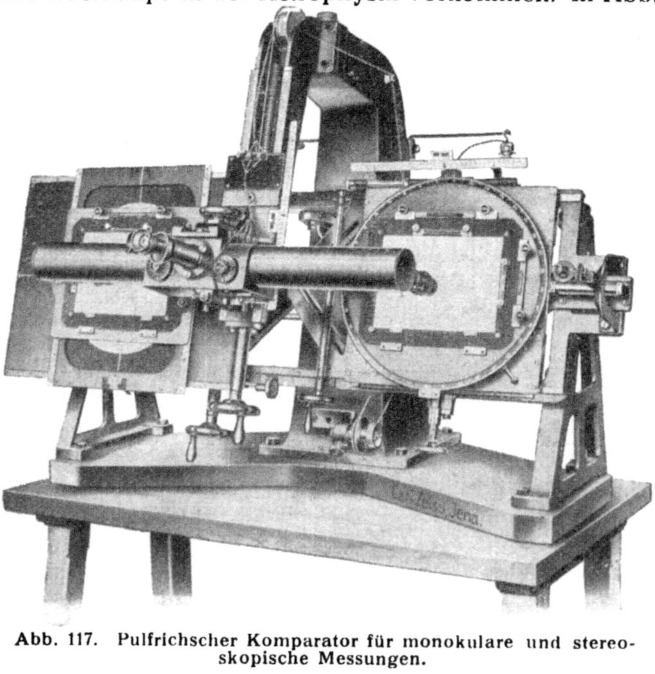

Abb. 117. Pulfrichscher Komparator für monokulare und stereoskopische Messungen.

12. Die photographische Photometrie.

Photometrische Messungen lassen sich, anstatt direkt mit dem Auge, auch auf der photographischen Platte ausführen, und zwar nach zwei gänzlich voneinander verschiedenen Methoden.

Messung der Schwärzungen. Eine lange Zeit hindurch wenig beachtete, aber sehr wichtige photometrische Methode besteht darin, die Dichte des Silberniederschlags (Schwärzung) des einen Objekts mit derjenigen eines anderen zu vergleichen. Führt man die Vergleichung mit dem bloßen Auge aus, so ist es weniger die Dichte, die man beurteilt, als die Transparenz; die Vergleichung der Transparenzen kann nach sämtlichen Prinzipien der Photometrie erfolgen, und es besteht in dieser Hinsicht kein wesentlicher Unterschied zwischen der visuellen und der photographischen Photometrie dieser Art. Was jedoch die Genauigkeit anlangt, so zeigt sich die photographische Messung der visuellen in bezug auf innere Übereinstimmung tatsächlich überlegen, infolge des Fehlens der Luftunruhe und sonstiger atmosphärischer Störungen während der Beobachtung, sowie durch das genauere Messen am Tage in Ruhe und bequemer Körperhaltung. Im übrigen werden sich visuelle und photographische Messungen von Helligkeiten nicht decken, da sich die Ergebnisse in beiden Fällen auf ganz verschiedene Spektralgebiete beziehen. Gerade diese verschiedene selektive Empfindlichkeit von Auge und Platte verleiht der photographischen Photometrie ihren eigenen Wert, indem aus der Vergleichung visueller und photographischer Helligkeiten ähnliche, wenn auch unvollkommenere Schlüsse gezogen werden können als aus spektralphotometrischen Beobachtungen. Durch Anwendung von Farbfiltern und besonders sensibilisierten Platten ist es natürlich möglich, auch auf photographischem Wege visuelle Helligkeiten zu erzielen. Derart erhaltene photometrische Werte werden als photovisuell bezeichnet.

Die Grundlage der photographischen Photometrie bildet das sogenannte Schwärzungsgesetz, d. h. die Beziehung zwischen der Dichte des Silberniederschlages einerseits und der Intensität der Lichtquelle und der Expositionszeit anderseits. Das Licht verrichtet auf der photographischen Platte eine Arbeit, deren Wirkung durch die Dichte des nach der Entwicklung gelieferten Silberniederschlages zur Sichtbarkeit gelangt. Die Lichtarbeit selbst ist der Intensität i des Lichtes proportional zu setzen, und daß die Arbeitsleistung von der Zeit t abhängig ist, lehrt die Tatsache, daß im allgemeinen der Silberniederschlag mit längerer Dauer der Lichtwirkung dichter wird. Man könnte also annehmen, und das ist auch früher geschehen, daß die Arbeitsleistung, also die Dichtigkeit D des Silberniederschlages dem Produkt $i \cdot t$ proportional ist. Dann müßte also bei gleicher Plattensorte auch immer dieselbe Niederschlagsdichte resultieren, wenn man i und t miteinander vertauscht (Reziprozitätsgesetz). Schon die Erscheinung der Solarisation läßt jedoch erkennen, daß die Dichte des Silberniederschlags keineswegs der Zeit proportional verläuft, sondern, wie schon früher (S. 141 f.) angedeutet wurde, eine komplizierte periodische Funktion derselben ist. Die Form dieser Funktion ist heute noch unbekannt. Nach den Untersuchungen von SCHWARZSCHILD kommt man jedoch der Wahrheit hinreichend nahe, wenn man für die Dichte D des Silberniederschlages einer normalen, also nicht solarisierten Schwärzung

$$D = i t^a$$

oder

$$D = i^b t$$

annimmt, wobei a und b von der Plattensorte und der Art der Entwicklung abhängige Konstanten darstellen. Die Dichte des Silberniederschlages ist also durchaus nicht ohne weiteres als einfaches Maß der geleisteten Lichtarbeit zu betrachten, und damit tritt eine außerordentliche Erschwerung in der Anwendung der Photographie auf die Photometrie ein, deren Vernachlässigung vielfach zu unrichtigen Schlüssen geführt hat. Wie vorsichtig man in dieser Beziehung sein muß, mag das folgende Beispiel lehren.

Es sei eine Normalskala hergestellt mit Hilfe des S. 139 erwähnten Sensitometers. Das konstante Verhältnis zwischen den Helligkeiten je zweier aufeinander folgender Felder ist nach dem Prinzip der rotierenden Sektoren hergestellt. Hier bleibt also i konstant und die Belichtungsdauer t wird geändert. Es soll nun mit Hilfe einer solchen Skala das Intensitätsverhältnis zweier Stellen der Mondoberfläche ermittelt werden. Die Mondaufnahme befindet sich auf derselben Platte wie die Normalskala, sie sind also auch beide gleichzeitig entwickelt. Es sind demnach alle notwendigen Vorsichtsmaßregeln berücksichtigt, und das Resultat der Vergleichung, die Stelle A ist n mal heller als die Stelle B der Mondoberfläche, dürfte als durchaus einwandfrei erscheinen. Das ist aber nicht der Fall. Bei der Mondaufnahme sind alle Stellen der Mondscheibe bei der gleichen Belichtungszeit erhalten worden, die Dichtigkeitsunterschiede des Silberniederschlages sind also allein durch Variation von i entstanden, während bei der Skala das Umgekehrte der Fall war und t geändert wurde; da aber, wie wir gesehen haben, i und t nicht miteinander vertauscht werden dürfen, so ist das Resultat nicht richtig. In diesem Falle hätte die Normalskala nicht nach dem Prinzip der rotierenden Sektoren hergestellt werden dürfen, sondern nach einem solchen, bei dem die Variation der Intensität zugrunde liegt, z. B. durch Lichtabschwächung mittels Polarisation oder absorbierender Medien.

Die bisherigen Erörterungen haben sich nur auf die photographisch-photometrische Vergleichung von Flächenhelligkeiten bezogen. Bei der Messung von Punkthelligkeiten, mit der wir es bei den Sternen zu tun haben, wird es daher nötig sein, das kreisförmige Bild von unhomogener Schwärzung durch ein anderes von gleichmäßiger Schwärzung zu ersetzen. Das kann in verschiedener Weise geschehen, am einfachsten durch Aufnahme außerhalb der Brennebene, wobei sich jeder Stern als Scheibe abbildet. Man erhält dabei allerdings einen sehr bedeutenden Verlust an Lichtstärke, was aber für Untersuchungen an hellen Sternen ohne Belang ist. Vorteilhafter aber umständlicher ist die von SCHWARZSCHILD angewendete Schraffiermethode, bei der die Aufnahme in der Brennebene erfolgt, durch eine geeignete Bewegung der Kassette aber dafür gesorgt wird, daß das Bild eines jeden Sterns allmählich ein kleines Feld überdeckt und schwärzt.

Daß auf dem Wege der Schwärzungsmessung sehr zuverlässige Ergebnisse erzielt werden können, haben die Arbeiten von SCHWARZSCHILD, PARKHURST, HERTZSPRUNG u. a. einwandfrei erwiesen. Zur Erzielung der erreichten hohen Genauigkeit der Messungen hat das von HARTMANN erfundene Mikrophotometer sehr wesentlich beigetragen. Wie schon der Name sagt, dient das Instrument (Abb. 118) zur photometrischen Messung sehr kleiner Flächen. Es besteht aus einem gebrochenen Mikroskop, das in dem Okular A die gleichzeitige Beobachtung einer Schwärzungsskala bei D und des extrafokal aufgenommenen Sterns bei G gestattet. Die Beleuchtung erfolgt von R aus durch die mattweißen Reflektoren T und S. Das Seitenlicht wird durch lichtdichte Blenden abgehalten. Blickt man bei *A* in das Okular, so wird der LUMMER-BRODHUNsche Würfel *B* von dem eingestellten Feld des Absorptionskeils bei *D* ausgefüllt, bis auf die winzige, 0.1 bis 0.4 mm im Durchmesser fassende Belegung der einen Prismenhypotenuse, auf der durch das untere Mikroskopobjektiv ein Bild des extrafokalen Sternscheibchens entworfen wird. Durch meßbare Verschiebung des Schwärzungskeils *K* mittels des Triebes *E* wird Helligkeitsgleichheit hergestellt, d. h. der Fleck zum Verschwinden gebracht. Das Hilfsokular *C* dient lediglich zur Einstellung auf den zu messenden Stern und zur Kontrolle der Plattenlage während der Beobachtung. Die visuelle Photometrie größerer Schwärzungsflächen wie sie bei Mond-, Planeten- und Spektralaufnahmen vorkommen, ist gegenwärtig völlig durch die weit leistungsfähigeren selbstregistrierenden photoelektrischen Apparate von KOCH u. a. verdrängt, über die bereits auf S. 118ff. die erforderlichen Angaben gemacht worden sind.

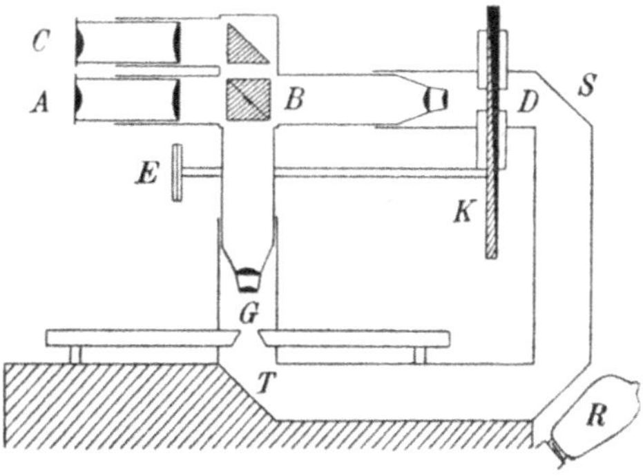

Abb. 118. Hartmannsches Mikrophotometer.

Messung der Scheibendurchmesser. Bei den schwächsten Sternen ist die Methode der extrafokalen Aufnahmen nicht mehr anwendbar und man muß ein anderes Verfahren einschlagen.

Es ist seit der ersten Anwendung der Photographie auf die Aufnahme des gestirnten Himmels bekannt, daß sich die Sterne als Scheibchen abbilden, deren Durchmesser sowohl mit der Helligkeit der Sterne als auch mit der Dauer der Exposition zunimmt. Man kann daher auf den photographischen Platten die Helligkeitsunterschiede der Sterne mit derselben Leichtigkeit erkennen wie bei der direkten Betrachtung; damit ist für die Photometrie eine neue Methode gegeben, die sich von der visuellen so wesentlich unterscheidet, daß zwischen beiden eigentlich gar keine Ähnlichkeit besteht. Bei dem zu besprechenden Verfahren werden nämlich die Intensitätsunterschiede in Längendifferenzen umgewandelt, deren Bestimmung durch physiologische Eigentümlichkeiten keine Grenze gesetzt ist, sondern nur durch die Unvollkommenheiten der Methode und der Apparate. Das ist ein ganz enormer Vorzug der photographischen Methode vor der visuellen, den bereits BOND um das Jahr 1857 erkannt hat: „Photographien von Sternen ungleicher Helligkeit bieten deutliche Unterschiede in Gestalt und Intensität dar, wenn ihre mit gleicher Expositionszeit erhaltenen Bilder miteinander verglichen werden; es drängt sich sofort die Möglichkeit auf, sie nach einer Skala ihrer photographischen oder chemischen Größen zu ordnen, welche analog der gewöhnlichen visuellen Skala ist, sich aber von ihr wesentlich durch die Tatsache unterscheidet, daß sie auf wirkliche Messungen gegründet werden kann, gegenüber den vagen und ungewissen Schätzungen, auf die sich die Astronomen bisher beschränkt haben, um die relative Helligkeit der Sterne in Zahlen auszudrücken."

Auch bei der Durchmessermethode hat sich sehr bald gezeigt, daß die Verbreiterung der Sternscheibchen keinem ganz einfachen Gesetz folgt, sondern von dem Objektivtypus, der Brennweite, der Plattensorte und der Expositionszeit wesentlich abhängt; dementsprechend läßt sich eine bestimmte Durchmesserformel nicht ohne weiteres auf ein anderes Instrument übertragen. Wohl die häufigste Verwendung haben die empirischen Formeln

$$m = a + b \log d \quad \text{(Charlier)}$$

und

$$m = a + b\sqrt{d} \quad \text{(Christie)}$$

gefunden, wo m die Sterngröße, a und b zwei von Instrument, Platte, Expositionszeit und Entwicklung abhängige, aus weißen Sternen bekannter Helligkeit abgeleitete Konstanten und d den gemessenen Scheibchendurchmesser bezeichnet. Bei geringen Helligkeitsdifferenzen wird man oft sogar mit der linearen Scheinerschen Formel

$$m = a + bd,$$

auskommen, wo a und b wieder aus bekannten Helligkeiten zu bestimmende Konstanten darstellen.

Da die Sterne ohne Rücksicht auf ihre Helligkeit punktförmige Objekte sind, erscheint zunächst ihre Vergrößerung in der photographischen Abbildung merkwürdig. Es ist eine ganze Reihe von Ursachen vorhanden, aus deren Zusammenwirken die Verbreiterung der Sternscheibchen resultiert. Man hat zunächst an die Reflexion des Lichtes gedacht, die an der Stelle des Bildpunktes von den beleuchteten Bromsilberpartikeln nach der Seite hin stattfindet; daß dies aber nicht die alleinige Ursache sei, hat M. Wolf gezeigt. Er ließ den Bildpunkt eines Sterns auf einen schmalen, undurchsichtigen Gitterstrich fallen, so daß auf der Platte überhaupt kein primärer Lichtpunkt vorhanden war. Trotzdem erschienen auf beiden Seiten des Striches die Segmente des Sternscheibchens, und zwar von derselben Größe wie bei Aufnahmen ohne Gitterstrich.

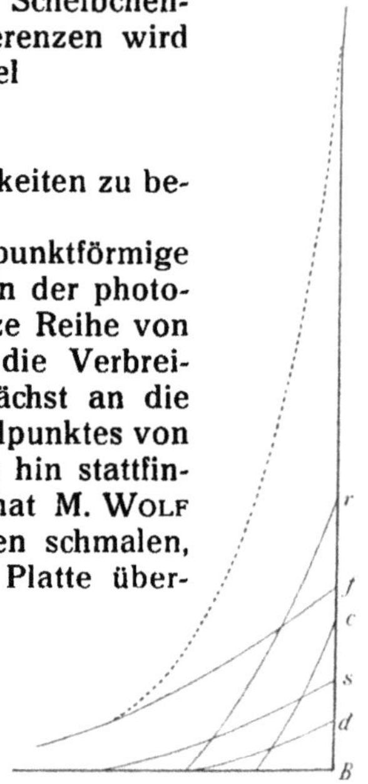

Abb. 119. Mutmaßliche Entstehung der photographischen Sternscheibchen.

Eine Erklärung der Erscheinung auf Grund der üblichen Objektivfehler hat Scheiner versucht. Die verbreiterten Sternscheibchen besitzen die Eigenschaft, daß sie zuerst, solange sie klein sind, scharf begrenzt erscheinen; erst von einem gewissen Durchmesser an beginnt der Rand verwaschen zu werden, bis schließlich bei sehr großen Scheiben die Verwaschenheit eine größere Ausdehnung besitzt als der schwarze Kern. Die Intensitätskurve hat also die Form der in Abb. 119 punktiert gezeichneten steilen Kurve, deren Entstehung man sich folgendermaßen denken kann.

In der Nähe des Bildpunktes B wirken zunächst die Diffraktion d, sphärische und chromatische Aberration (s und c) und innere Reflexion r in der Schicht. Diese Intensitätskurven mögen in der Abbildung durch die ausgezogenen Linien angedeutet sein; sie erreichen die Wirkungsschwelle schon alle nahe beim Bildpunkt. Die fünfte Kurve f möge nun den Intensitätsverlauf der durch die unregelmäßigen Fehler des Objektivs verursachten Lichtzerstreuung darstellen; diese Kurve hat die Eigenschaft, erst in weit größerer Entfernung von der Achse den Schwellenwert zu erreichen, also sehr viel flacher zu verlaufen. Die Gesamtwirkung der fünf Kurven gibt die punktierte Intensitätskurve der verbreiterten Scheibchen.

Es ist nun ohne weiteres einleuchtend, daß für jedes Objektiv, je nach seiner Konstruktion und Brennweite, die Kurve anders ausfallen wird, und hieraus sind die Verschiedenheiten der gefundenen Gesetze für die Abhängigkeit der Scheibchendurchmesser von Intensität und Expositionszeit zu erklären. Neuere Untersuchungen von ROSENBERG machen es übrigens wahrscheinlich, daß in der Umgebung der helleren Sterne stets eine gewisse Flächenhelligkeit des Himmelshintergrundes anzunehmen ist, die durch Zerstreuung in der Erdatmosphäre entsteht und den gleichen Intensitätsverlauf zeigt, wie sie Abb. 119 andeutet. Mit dieser normalen Erscheinung darf nicht die Vergrößerung der Sternscheibchen durch die Luftunruhe verwechselt werden, die bereits auf S. 152 beschrieben und in ihrer photographischen Wirkung geschildert worden ist.

Grenzleistungen der photographischen Instrumente. Wir kommen nun zu einem der wichtigsten Abschnitte der photographischen Photometrie, zu der Frage, welche Größenklassen bei gewissen Expositionszeiten und bei gegebenen Instrumenten noch eben zur Abbildung gelangen. Diese Frage ist von besonderem Interesse durch den Umstand, daß die Photographie unter Benutzung sehr lichtstarker Instrumente und sehr langer Expositionszeiten noch Sterne zur Wahrnehmung bringt, die visuell nicht mehr erkennbar sind. Sobald die 15. Größe überschritten ist, wird visuell die Helligkeitsbestimmung der schwächsten Sterne auch an den größten Fernrohren recht unsicher. Von hier an beherrscht also die Photographie das Arbeitsfeld vollständig.

Als die Fixsternphotographie in der zweiten Hälfte der achtziger Jahre des vorigen Jahrhunderts ihren plötzlichen Aufschwung nahm, glaubte man, auch für die Helligkeitsbestimmung der schwächeren Sterne mit einem Male ein Mittel gefunden zu haben; man nahm das Reziprozitätsgesetz als ganz selbstverständlich an, und setzte voraus, daß durch fortgesetzte Multiplikation der Expositionszeit mit 2.5 ständig ein Gewinn von je einer Größenklasse erzielt würde. Man gelangte hierdurch selbst bei verhältnismäßig kurzen Expositionszeiten zu ganz außerordentlich niedrigen Helligkeitsangaben; so sollten z. B. die für die Aufnahme der Himmelskarte bestimmten photographischen Refraktoren von 33 cm Öffnung in zwei Stunden Sterne der 16. Größenklasse abbilden.

Die Annahme, daß bei vermehrter Expositionszeit ein mit dieser in proportionalem Verhältnis stehender Gewinn an Lichtstärke erhalten wird, ist, wie wir bereits wissen, nicht richtig. Während bei Gültigkeit des Reziprozitätsgesetzes jede Vervielfachung der Expositionszeit um das $2^1/_2$fache einen Gewinn von einer Größenklasse liefern müßte, erhält man in Wirklichkeit nur einen Gewinn von 0.6^m bis 0.8^m, wobei sich noch eine recht komplizierte Abhängigkeit von der absoluten Expositionszeit und auch von den Plattensorten ergeben hat. Was aber dieser Unterschied ausmacht, lehrt die Tabelle auf S. 174, in welcher in der ersten Kolumne die jedesmal um das 2.5fache wachsenden Expositionszeiten, in den weiteren Reihen die Sterngrößen, die sich unter Annahme des Zuwachses von 1.0, 0.8, 0.7, 0.6 und 0.5 Größen ergeben, enthalten sind. Als Grundlage sind die photographischen Refraktoren der Himmelskarte vorausgesetzt, die bei einer Expositionszeit von

24 Sekunden unter normalen Verhältnissen Sterne der Größe 9.5 noch gut zur Abbildung bringen.

Exposition	Größenzuwachs				
	1.0	0.8	0.7	0.6	0.5
0^h 0^m 24^s	9.5	9.5	9.5	9.5	9.5
0 1 0	10.5	10.3	10.2	10.1	10.0
0 2 30	11.5	11.1	10.9	10.7	10.5
0 6 15	12.5	11.9	11.6	11.3	11.0
0 15 38	13.5	12.7	12.3	11.9	11.5
0 39 0	14.5	13 5	13.0	12.5	12.0
1 37 0	15.5	14.3	13.7	13.1	12.5
4 3 0	16.5	15.1	14.4	13.7	13.0
10 7 0	17.5	15.9	15.1	14.3	13.5

Der Gewinn von 0.7 Größenklassen bei $2^1/_2$ facher Vermehrung der Expositionszeit dürfte im Mittel der Wahrheit am nächsten kommen. Daraus folgt dann, daß man erst bei einer Expositionszeit von 10 Stunden diejenigen Größenklassen mit den photographischen Normalrefraktoren erzielen kann, die man früher in weniger als 1^h zu erhalten glaubte. Trotzdem ist die Leistung noch immer eine gewaltige. Man kann wohl sagen, daß man in einem Normalrefraktor bei 2^h Expositionszeit bereits die Sterne zur Sichtbarkeit bringen kann, die man in einem gleichen visuellen Instrument direkt noch wahrnimmt. Da die Expositionszeit aber nahe unbeschränkt ist, so gestattet die photographische Aufnahme neben den sonstigen Vorzügen auch noch ein viel tieferes Eindringen in den Himmelsraum.

Noch vorteilhafter gestalten sich die Verhältnisse bei den Spiegelteleskopen, wo ein Lichtverlust durch Absorption, Reflexion und durch unvollkommene Achromatisierung nicht zu befürchten ist. Bei den größten Reflektoren der Gegenwart mit ihren bis zu 2.5 m gehenden Öffnungen hat man die oben für den Normalrefraktor mitgeteilten Expositionszeiten außerordentlich herabdrücken können. Der große Hookerspiegel des Mt. Wilsonobservatoriums liefert je nach den Luftverhältnissen in 60 Sekunden Sterne der 15. bis 16. Größe, so daß ein modernes lichtstarkes Teleskop bereits in etwa 1 Minute so viel Sterne abbildet, als ein photographischer Refraktor in 10 Stunden. Dabei fallen hier bei der Kürze der Exposition die Aufnahmen wegen der erhöhten Genauigkeit der Nachführung, der größeren Konstanz der Refraktion usw. weit schärfer aus als an den Astrographen.

Ganz besonders großartig gestalten sich die Leistungen der photographischen Instrumente bei ihrer Anwendung auf lichtschwache flächenhafte Gebilde, wie Kometenschweife, Gas- und Spiralnebel usw. Da die photographische Platte normalerweise bei der Belichtung durch den Himmelshintergrund einer klaren mondscheinlosen Nacht die Schwelle der Vorbelichtung nicht überschreitet, erscheinen derartige Aufnahmen weitaus kontrastreicher als das visuelle Bild im Fernrohr, besonders dann, wenn es sich um gasförmige, an violetten Strahlen reiche Gebilde handelt. Im zweiten Teil des Buches wird vielfach Gelegenheit geboten sein, sich von dem auf diesem Wege erzielten Gewinne unmittelbar zu überzeugen.

B. Die Ergebnisse der astrophysikalischen Forschung.

V. Die Sonne.

Um die Resultate verstehen zu können, zu denen man in bezug auf die physische Konstitution der Himmelskörper gelangt ist, ist die Kenntnis der rein astronomischen Ergebnisse als Grundlage erforderlich, und es muß diese deshalb hier vorausgesetzt werden. Aber entsprechend dem bereits in der Einleitung Gesagten läßt sich eine scharfe Grenze zwischen Astrometrie und Astrophysik nicht ziehen, ja, die Innehaltung einer solchen ist nicht einmal wünschenswert. So werden denn in dem zweiten Teil dieses Werkes auch häufig rein astrometrische Daten mit aufgeführt werden, deren Zusammenhang mit den physischen Phänomenen und Theorien vielleicht erst allmählich zu erkennen sein wird.

Im ersten Abschnitt soll versucht werden, so weit als möglich über die Natur der Sonne ins klare zu kommen. Es sind hierfür zwei Gründe maßgebend: einmal der Umstand, daß die Sonne als Zentralmasse und als Wärme- und Lichtspender für uns der wichtigste Himmelskörper ist, und daß die Untersuchung ihrer Strahlung als Grundlage für die Untersuchungen an den übrigen Körpern unseres Sonnensystems zu dienen hat; dann aber die Tatsache, daß die Sonne ein Fixstern ist, und zwar der einzige, der infolge seiner Nähe eine genauere Untersuchung möglich macht. Die an der Sonne gewonnenen Kenntnisse dienen daher mit als Grundlage für die Erforschung der Fixsterne. So ergibt sich als naturgemäße Reihenfolge der einzelnen Abschnitte die Behandlung der Sonne, der Planeten, Monde und Kometen, der Fixsterne, Nebelflecke und Sternhaufen.

13. Die Erscheinungen der Sonnenoberfläche.

Größe und Helligkeit der Sonne. Bei der Betrachtung mit schwach bewaffnetem, durch dunkle Gläser geschütztem Auge erscheint die Sonne als scharf begrenzte kreisrunde Scheibe, deren Helligkeit von der Mitte nach dem Rande zu abnimmt. In nicht seltenen Fällen sind dunkle Flecken auf der Scheibe zu erkennen. Um die Phänomene, die sich auf der Sonnenscheibe zeigen, ihrem Umfange und ihrer Bedeutung nach verstehen zu können, ist eine Vorstellung von den wahren Größenverhältnissen erforderlich, wie sie sich aus den gemessenen Winkelwerten und der bekannten Entfernung der Sonne ergeben.

Der Winkeldurchmesser der Sonnenscheibe beträgt etwas über einen halben Grad; der genaueste bisherige Wert für denselben bei mittlerer Entfernung von der Erde ist nach AUWERS 31′ 59.3″. Da nun die mittlere Entfernung der Sonne 149000000 km beträgt, so stellt sich der Durchmesser der Sonnenscheibe auf 1383000 km. Die kleinste Winkelgröße, die man in guten Fernrohren noch deutlich erkennen kann, umfaßt etwa 1″ oder den 1919. Teil des Sonnendurchmessers. Das kleinste, auf der Sonnenscheibe wahrnehmbare Gebilde hat also einen Durchmesser von 720 km, was etwa der Entfernung der nördlichsten Spitze Schottlands von der südlichsten Englands entspricht. Wir wollen daher nie außer acht lassen, daß die kleinsten und unscheinbarsten Phänomene auf der Sonne sich über Gebiete erstrecken, die nur mit der Ausdehnung unserer Länder und Kontinente zu vergleichen sind, daß dagegen die augenfälligeren Erscheinungen sich in Dimensionen vom Vielfachen der Erde abspielen.

Die Messungen des polaren und des äquatorialen Sonnendurchmessers haben einen Unterschied nicht erkennen lassen, so daß man die Gestalt der Sonne als sehr nahe mit der Kugelgestalt übereinstimmend betrachten kann. Nach AUWERS ist jedenfalls eine Abplattung, die $^1/_{50000}$ des Durchmessers beträgt, nicht vorhanden.

Die Helligkeit der Sonne ist eine außerordentlich starke, so daß es ohne die schwersten Schädigungen des Auges nicht möglich ist, sie direkt zu ertragen. Das gelingt nur zuweilen bei Sonnenuntergängen, dicht am Horizont, wenn viel Wasserdampf in der Atmosphäre vorhanden ist und die Sonne dann als gelbrote Scheibe erscheint. Man hat vielfach versucht, die Helligkeit der Sonne mit derjenigen irdischer Lichtquellen zu vergleichen, doch bietet dies besondere Schwierigkeiten wegen der starken Abschwächung des Sonnenlichtes, die hierzu erforderlich ist. Die ersten Versuche sind schon 1725 von BOUGUER angestellt worden, der durch eine winzige Konkavlinse das Sonnenlicht auf einem Schirm auffing und die Beleuchtung mit derjenigen einer Kerze verglich. Aus verschiedenen z. T. günstigeren Versuchsbedingungen wird man nach RUSSELL annehmen können, daß die Helligkeit der Sonne im Zenit außerhalb der Atmosphäre 135 000 Meterkerzen beträgt. Nach FIZEAU und FOUCAULT ist die Flächenhelligkeit der Sonne 146000mal größer als diejenige des DRUMMONDschen Kalklichtes, nach LANGLEY 5300mal größer als diejenige des geschmolzenen Eisens im BESSEMERkonverter.

Von besonderem Interesse sind die Ergebnisse, die bei der Vergleichung des Lichtes der Sonne mit anderen Gestirnen erhalten worden sind. So beträgt das Helligkeitsverhältnis Sonne : Vollmond nach BOND und ZÖLLNER 570000, der Größenunterschied somit 14.4 Größenklassen, was mit der neuesten Ableitung von RUSSELL (14.17^m) gut übereinstimmt. ZÖLLNER, CERASKI, E. PICKERING, FABRY u. a. haben mit Erfolg Vergleichungen zwischen der Sonne und helleren Fixsternen (Sirius, Capella, Prokyon) ausgeführt, die von großer Bedeutung sind, wenn die Sonne als Stern betrachtet wird. Reduziert man die besten auf diese Weise erhaltenen Werte auf das Harvardsystem, so erhält man als recht sicheren Mittelwert für die Sonnenhelligkeit in Sterngrößen — 26.72^m.

Von den zum Vergleich benutzten Fixsternen mag α Aurigae (Capella), der genau das gleiche Spektrum wie die Sonne hat, besonders herausgegriffen werden. Da die Helligkeit der Capella sehr nahe 0.25^m beträgt, so ist der

Größenunterschied α Aurigae — $\odot = 26.97^m$, somit das Helligkeitsverhältnis (S. 92)

$$\frac{\odot}{\alpha \text{ Aurigae}} = 6.14 \cdot 10^{10}.$$

Die Parallaxe von α Aurigae beträgt nahe 0.10″, die Entfernung e ist also

$$e = \frac{206265}{0.10} = 2.06 \cdot 10^6 \text{ astr. Einh.}$$

In dieser Entfernung würde

$$\frac{\odot}{\alpha \text{ Aurigae}} = \frac{614}{206^2} = \frac{1}{69}$$

sein, mithin die Sonne in der Entfernung der Capella 69 mal (um 4.6^m) schwächer als letztere, und zwar in der Größe 4.85^m erscheinen. Die „absolute Helligkeit" der Sonne, bezogen auf die Parallaxe $p = 0.1''$ beträgt demnach 4.85^m.

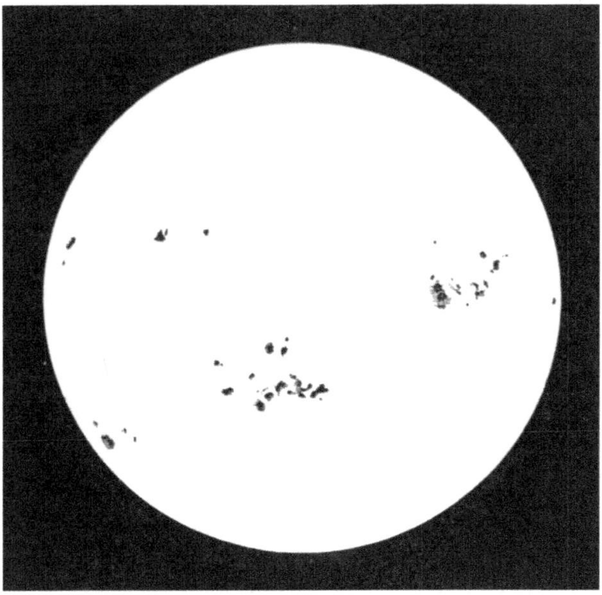

Abb. 120. Die Sonne am 22. Sept. 1871 nach einer Kollodiumaufnahme von Rutherfurd.

Da nach den spektroskopischen Untersuchungen die Konstitution von α Aurigae derjenigen unserer Sonne sehr ähnlich ist, so daß gleiche Flächenhelligkeit angenommen werden kann, so folgt aus der Vergleichung ohne weiteres, daß α Aurigae sehr viel größer sein muß als unsere Sonne. Es verhalten sich nämlich die Helligkeiten wie die Größen der Oberflächen, also wie die Quadrate der Durchmesser, und für das Verhältnis der letzteren ergibt sich alsdann 8.3 : 1; der Durchmesser von α Aurigae wäre demnach 8.3 mal so groß als derjenige der Sonne. Es ist zu beachten, daß α Aurigae ein sogenannter spektroskopischer Doppelstern ist, die Gesamthelligkeit also von zwei Körpern herrührt, immerhin bleibt auch dann der Unterschied recht beträchtlich.

Bei Betrachtung der Sonne durch ein gutes Fernrohr oder noch besser auf photographischen Aufnahmen bemerkt man, daß die Oberfläche der Sonne keineswegs eine kontinuierlich verlaufende Helligkeit besitzt, sondern daß sie granuliert ist, indem sich hellere Körner auf einen dunkleren Untergrund projizieren. Auf dieser granulierten Oberflächenschicht der Sonne, der Photosphäre, zeigen sich häufig größere und kleinere dunklere Partien, die Sonnenflecken. Hellere, meist aderförmig verzweigte Stellen erscheinen in der Nähe des Randes; sie werden Fackeln genannt. Wir wollen uns zunächst mit diesen, ohne weitere Hilfsapparate beobachtbaren Phänomenen beschäftigen.

Die Photosphäre. Die äußere, direkt sichtbare lichtspendende Begrenzungsschicht der Sonnenkugel bezeichnet man als Photosphäre, die als die

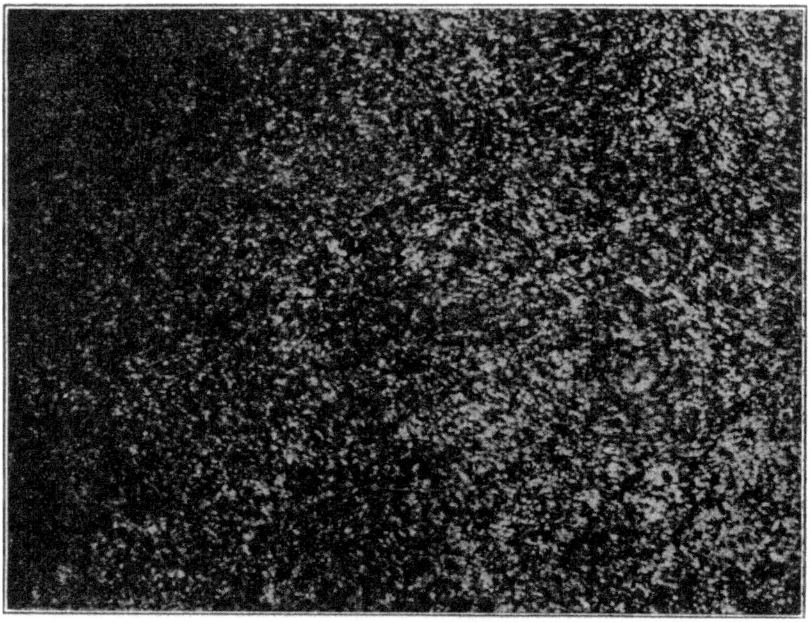

Abb. 121. Sonnengranulation nach einer Aufnahme von Janssen.

allgemeine Ausgangsschicht der Sonnenstrahlung zu betrachten ist. Die Helligkeit der Photosphäre ist wesentlich bedingt durch die hellen Körner, die sich mit ziemlich scharfem Kontraste von einem immerhin noch sehr hellen, aber relativ dunkleren Untergrund abheben. Die Granulation ist am besten in dem mittleren Teile der Sonnenscheibe zu erkennen; nach dem Rande zu, wo die Strahlen sehr schräg austreten, nimmt die Helligkeit der Körner relativ zum Untergrunde stark ab. Die Körner sind mosaikartig ineinander geschachtelt und durchschnittlich von rundlicher Gestalt, jedoch kommen in der Nähe der Flecken auch längliche oder dreieckige Formen vor. Ihr Durchmesser schwankt zwischen $^1/_3''$ bis $1''$ (Abb. 121).

Das Studium der Granulation durch direkte Beobachtung am Fernrohr ist außerordentlich schwierig, da bei der stets vorhandenen Luftunruhe die kleinen Objekte gar nicht festzuhalten sind. Viel besser sind hierzu die Sonnenphotographien geeignet, auf denen man in Ruhe beobachten und messen kann; hierbei ist aber zu bedenken, daß scharfe Sonnenaufnahmen äußerst selten sind. Um über die Veränderung der Körner Aufschluß zu erhalten, ist es außerordentlich wichtig, gute Aufnahmen zu besitzen, die innerhalb kurzer Zeiträume, vielleicht innerhalb weniger Minuten, erhalten sind. Solche

Photographien, die die sehr rasche Veränderlichkeit der Granulationskörner nach Lage und Gestalt bestätigen, sind z. B. von Hanski in Pulkowo ausgeführt worden.

Auch die besten Sonnenaufnahmen großen Maßstabes, wie sie zuerst von Janssen und Deslandres in Meudon systematisch hergestellt worden sind, zeigen an verschiedenen Stellen eine gewisse Unschärfe, die einige Zeit als physische Erscheinung angesehen und als photosphärisches Netz bezeichnet worden ist. Es unterliegt jedoch heute keinem Zweifel mehr, daß die beobachteten Schlieren ihre Entstehung lediglich der Luftunruhe verdanken.

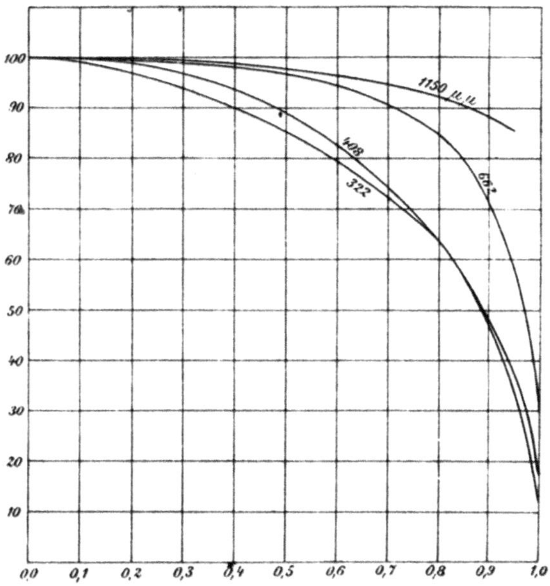

Abb. 122. Intensitätsverteilung auf der Sonnenscheibe nach Schwarzschild, Villiger und Very.

Die Helligkeitsabnahme von der Mitte nach dem Rande der Sonnenscheibe ist schon erwähnt worden. Sie ist zunächst eine sehr langsame, nimmt aber auf dem letzten Viertel oder Fünftel des Radius in auffallender Weise zu, womit eine bräunliche Färbung verbunden ist. Die photometrischen Messungen dieser Lichtabnahme sind recht zahlreich, doch können nur wenige von ihnen Anspruch auf genügende Genauigkeit erheben. Nach Messungen von Pickering und Strange nimmt die Helligkeit mit zunehmendem Abstand von der Mitte nach den im nachstehenden Täfelchen gegebenen Prozentzahlen ab. Die starke Abnahme der Helligkeit nach dem Rande zu ist hieraus sehr deutlich zu erkennen.

Von größerem Interesse sind die spektralphotometrischen Messungen Vogels, die, an verschiedenen Teilen des Spektrums angestellt, ergeben, daß die Helligkeitsabnahme für die kleineren Wellenlängen, also für die violetten Strahlen, etwa doppelt so groß ist als für die roten, wodurch die bräunliche Färbung des Randes erklärt wird.

Abstand von der Mitte	Helligkeit
0.0	100
0.2	98
0.4	94
0.6	87
0.7	82
0.8	75
0.9	63
1.0	37

Die Intensitätsabnahme gilt naturgemäß nicht nur für die sichtbaren, sondern überhaupt für die Gesamtheit aller Strahlen, wie man durch thermische, bolometrische und photographische Messungen feststellen kann. Alle Beobachtungen dieser Art stimmen auch scheinbar gut mit einander überein. Der eigentümliche Verlauf der für die einzelnen Spektralbezirke gefundenen Kurven, von denen einige in Abb. 122 verzeichnet sind, deutet jedoch noch auf Fehlerursachen hin, die vielleicht darin zu suchen sind, daß es sehr schwer hält, die Randmessungen von dem diffusen durch die Atmosphäre zerstreuten Licht des mittleren Teiles der Sonnenscheibe freizubekommen. Jedenfalls hat JULIUS, der als erster auf diese Fehlerquelle hingewiesen hat, bei einer Sonnenfinsternis einen merklich stärkeren Abfall der Gesamtintensität erhalten (bis zu ungefähr 24%) als ihn die VOGELschen Messungen ergaben.

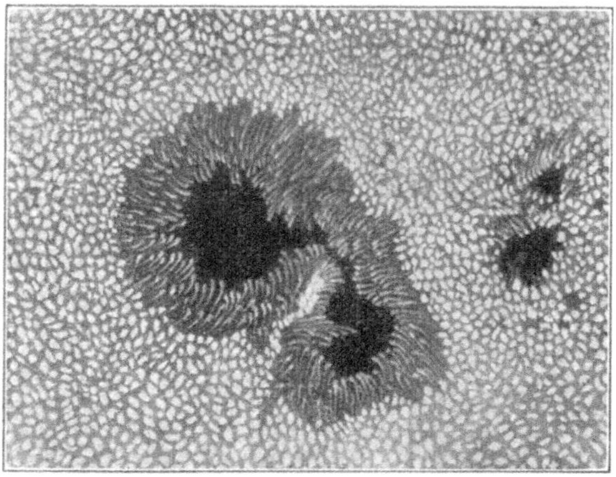

Abb. 123. Mutmaßliche Struktur eines Sonnenflecks (nach phot. Aufnahme).

Für die Lichtabnahme der Photosphäre nach dem Rande zu sind zwei Erklärungen möglich. Entweder hat die Photosphäre die Eigenschaft, daß bei schrägem Austreten der Strahlen die Flächenhelligkeit abnimmt, oder es findet eine Absorption der Strahlung oberhalb der Photosphäre in einer Sonnenatmosphäre statt. Die erste Erklärung ist an sich wenig wahrscheinlich; denn nach dem LAMBERT-LOMMELschen photometrischen Grundgesetz, nach dem die Strahlung vom Cosinus des Emanationswinkels abhängt, muß eine leuchtende Kugel von der Mitte bis zum Rande die gleiche Helligkeit zeigen. Vor allem versagt eine Erklärung nach der ersten Annahme, wenn man die Verschiedenheit der Strahlungsabnahme für die verschiedenen Wellenlängen in Betracht zieht. Dagegen würde eine absorbierende Sonnenatmosphäre die Erscheinung genügend deuten, da die von den randnahen Stellen kommenden Strahlen einen viel größeren Weg durch die Atmosphäre zurückzulegen haben als die mittleren. Völlig geklärt ist die Angelegenheit noch nicht, da kein einfaches Absorptionsgesetz die Verhältnisse der Abb. 122 darzustellen vermag.

In der normalen Granulation finden sich häufig Stellen, an denen mehrere Körner fehlen und der Untergrund als dunkleres Fleckchen hervortritt. Sobald eine solche Stelle aber etwas größer ist, so daß vielleicht 5 bis 6 Körner fehlen, wird in der Mitte der Untergrund wesentlich dunkler, scheinbar ganz schwarz. Ein solches Fleckchen wird alsdann als Pore bezeichnet und ist bereits nichts anderes als ein sehr kleiner Sonnenfleck.

Die Flecken und Fackeln. Die Art und Weise der Entwicklung eines Sonnenflecks ist sehr verschieden; sie erfolgt häufig außerordentlich schnell, zuweilen in wenigen Stunden. Auch die Veränderungen in der Gestalt des Flecks gehen häufig ungemein schnell von statten, so daß es z. B. schwierig ist, die Gestalt eines Flecks durch Zeichnung für einen bestimmten Moment festzuhalten. Hierbei ist die photographische Aufnahme von besonderer Wichtigkeit, da sie in kurzen Intervallen wahrheitsgetreue momentane Bilder liefert.

Die Dauer der Flecken ist eine sehr verschiedene. Zuweilen verläuft die Erscheinung in wenigen Tagen, häufig aber hält sie auch monatelang an. Dieselbe Verschiedenheit gilt auch in bezug auf die Größe. Denn es gibt

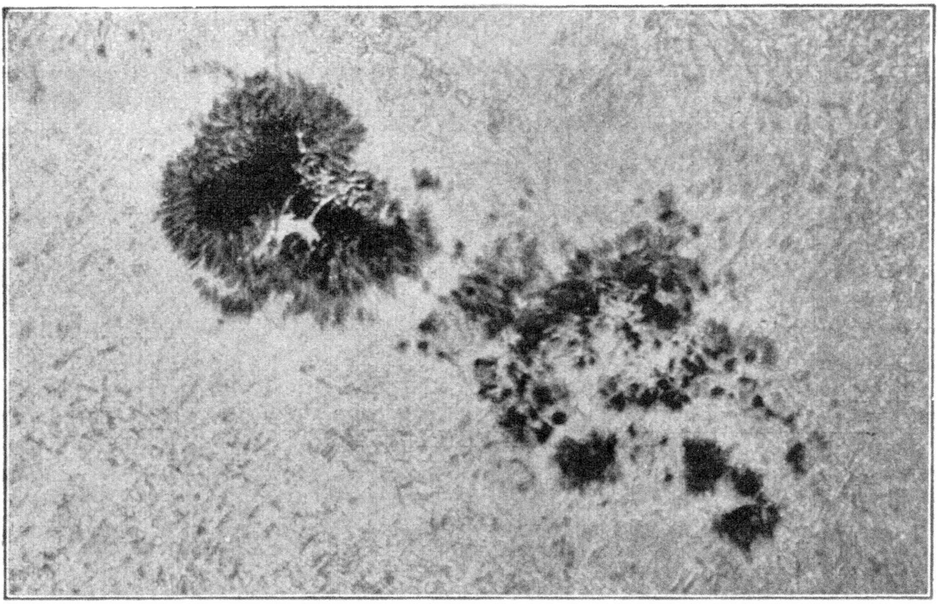

Abb. 124. Sonnenfleckengruppe nach einer Aufnahme von Janssen.

Flecken, deren Durchmesser das Vielfache des Erddurchmessers beträgt. Die Poren und die kleinen bis mittleren Flecken sind gewöhnlich von rundlicher Form; die großen Fleckengruppen stellen aber meist Areale von außerordentlich komplizierter Gestalt dar und sind häufig aus einer größeren Anzahl von Flecken und Poren zusammengesetzt (Abb. 124).

Bei jedem ausgebildeten Fleck sind zwei Gebiete zu unterscheiden, der eigentliche Kern, der zuweilen eine gleichförmig dunkle Fläche zeigt, und der diesen Kern umgebende Rand, der Halbschatten oder die Penumbra. In der nächsten Umgebung des Flecks unterscheidet sich die Granulation von jener der weiteren Umgebung oft durch ihre Dichtigkeit; die Körner liegen hier enger zusammen und der dunklere Untergrund ist fast ganz verschwunden. Der Übergang von dieser äußerst hellen Photosphäre zur Penumbra ist ein ganz plötzlicher. Der Untergrund wird dunkel, die Körner nehmen eine längliche, ja fadenförmige Gestalt an und gruppieren sich zu konzentrisch gerichteten garbenartigen Strahlen, zwischen denen verhältnismäßig große Zwischenräume vorhanden sind. Diese Strahlen hören ebenso plötzlich, wie sie beginnen, über dem gleichmäßig dunklen Kern auf (Abb. 123). Dem Anblick nach erscheint der Kern eines Flecks vollständig dunkel oder schwarz; in Wirklichkeit aber ist seine Helligkeit noch immer eine sehr beträchtliche, was man am besten dann bemerkt, wenn bei einer Finsternis der Mond oder bei einem Planetendurchgang Venus oder Merkur vor der Sonnenscheibe herziehen. Die früher angestellten Schätzungen der Kernhelligkeit gegen die Photosphärenhelligkeit haben wenig Wert. Daß das Auge geneigt ist, dabei stark zu übertreiben, zeigen die Messungen des Verhältnisses der Gesamtstrahlung von Kern und Photosphäre, wobei nur Werte 1 : 2 bis 1 : 3 herauskommen.

Die Fleckenbildung findet durchaus nicht an allen Stellen der Sonnenscheibe statt; sie ist vielmehr fast vollständig auf zwei Zonen beschränkt, nämlich auf die Gürtel von etwa 10^0 bis 30^0 nördlicher und südlicher heliographischer Breite. Flecken außerhalb dieser Zonen sind seltene Erscheinungen, und in höherer Breite als 50^0 dürfte überhaupt wohl noch kein Fleck beobachtet worden sein.

Von besonderem Interesse ist die Bewegung der Flecken. Im allgemeinen rücken sie in Kreisen parallel zum Sonnenäquator von Osten nach Westen fort; sofern sie sich nicht auf der sichtbaren Scheibe entwickeln, tauchen sie am Ostrande derselben auf, um am Westrande zu verschwinden, und bei beständigeren Flecken kann man zuweilen eine mehrfache Wiederholung dieser Erscheinung beobachten. Es ist aus der Art dieser Bewegung ohne weiteres zu schließen, daß sie eine Folge der Rotation der ganzen Sonnenkugel ist, die in bezug auf die Erde in etwa 27 Tagen vor sich geht, während die siderische Rotationsdauer ungefähr 25 Tage beträgt. Die Umdrehung erfolgt dabei um eine Achse, die gegen die Normale auf der Ekliptik um 7^0 geneigt ist. Infolge der Lage der Knotenlinie ist Anfang Juni bis Anfang Dezember der Nordpol, in der Zwischenzeit der Südpol der Sonne nach der Erde zu gerichtet.

Im einzelnen zeigen die Bewegungen der Sonnenflecken große Unterschiede, indem diese häufig ihren Ort sowohl in Breite als auch in Länge verändern. Über die Bewegungen in Breite ist man noch recht im unklaren; bestimmte Gesetzmäßigkeiten sind bisher nicht mit Sicherheit nachgewiesen worden. Die Veränderungen sind im allgemeinen klein, doch sind auch Beispiele beträchtlicher Breitenveränderungen bekannt; so hat ein Fleck, den Bianchi im Jahre 1866 während 5 Rotationsperioden der Sonne beobachten konnte, in dieser Zeit seinen Ort von $6^0\,26'$ bis $14^0\,57'$ heliographischer Breite verlegt. Secchi hat hiernach die Geschwindigkeit der Breitenänderung dieses Flecks zu etwa 800 km pro Tag berechnet.

Auch die Bewegungen in Länge zeigen Unregelmäßigkeiten, immerhin hat sich trotz aller dieser Abweichungen die feststehende Tatsache ableiten lassen, daß die Rotationsgeschwindigkeit der Flecken keine konstante ist, sondern in starkem Maße von der heliographischen Breite abhängt, in dem Sinne, daß die Rotationsdauer mit wachsender nördlicher oder südlicher Breite zunimmt. Es ist das ein Resultat von besonderer Wichtigkeit, da es lehrt, daß diejenigen Stellen der Photosphäre, die durch die Flecken gekennzeichnet sind, nicht wie eine feste Oberfläche rotieren, d. h. daß die Photosphäre selbst nicht als eine feste Begrenzungsschicht der Sonne aufzufassen ist. Das theoretische Gesetz, nach dem die Verzögerung der Rotation mit zunehmender Breite vor sich geht, ist nicht bekannt; man hat sich bisher damit begnügen müssen, empirische Formeln abzuleiten, die die Beobachtungen möglichst gut darstellen. Fast alle bekannten Sonnenforscher haben derartige Formeln auf Grund der Ausgleichung eines bestimmten Beobachtungsmaterials aufgestellt. Eine der neuesten ist diejenige von Kempf, die sehr nahe dem Mittel aller früheren entspricht und besonders für die noch zu besprechenden Fackeln und Kalziumflocken gilt. Sie lautet:

$$\xi = 14.44^0 - 2.62^0 \sin^2 b\,,$$

wo ξ den täglichen Rotationswinkel, b die heliographische Breite bedeutet. Aus der Formel folgt für den Sonnenäquator ($b = 0^0$) eine Rotation von 25^d, für 60^0 Breite eine solche von 29^d. Daß nicht alle Beobachter zu dem gleichen Ausdruck gelangen, kommt in erster Linie von den bereits erwähnten Eigenbewegungen aller Gebilde, die wir auf der Sonne erblicken und die die mittlere Rotation der Photosphäre zuweilen stark verschleiern.

Die Sonnenfackeln sind als photosphärische Gebilde zu betrachten, die in vielen Beziehungen einen Gegensatz zu den Flecken bilden. Es sind besonders helle, aderartige Gebilde, die an allen Stellen der Sonnenoberfläche, vorzugsweise aber in den Fleckenzonen auftreten. Die Flecken sind stets mit ihnen umzogen, wie von einem Walle, der nach allen Richtungen raupenförmige Ansätze besitzt; die Fackeln treten aber auch als isolierte Gruppen auf, an Stellen, wo nicht die geringste Tendenz zur Fleckenbildung vorliegt. Wenn sie auch überall vorhanden sind, so sind sie doch im Fernrohr oder auf Sonnenphotographien nur in der Nähe des Sonnenrandes sichtbar, also nur in einem Abstande von der Mitte der Scheibe, wo die Helligkeitsabnahme der Photosphäre bereits recht merklich ist.

Diese Beschränkung ist dem Studium der Fackeln sehr hinderlich gewesen, da sie so nur wenige Tage hintereinander zu beobachten sind und die Feststellung ihrer Identität bei ihrem Wiedererscheinen am anderen Rande naturgemäß sehr unsicher ist. Die großen Fackelgruppen, welche unmittelbar die Flecken umgeben, nehmen selbstverständlich an den Bewegungen der letzteren teil; über die Bewegung der isolierten Fackeln ist man aber keineswegs vollständig im klaren, da sich die Resultate der verschiedenen Beobachter teilweise direkt widersprechen. Im allgemeinen liegt die Wahrscheinlichkeit vor, daß die Fackeln eine ganz entsprechende Bewegung besitzen wie die Flecken. Wenn die Ursache der Flecken- und Fackelbildung verschieden ist und im Innern der Sonne liegt, so wären Abweichungen von diesem allgemeinen Rotationsgesetz durchaus nicht unwahrscheinlich, da ja im Innern der Sonne ein ganz anderes Rotationsgesetz herrschen kann als in der Photosphäre.

Durch eine besondere, ebenfalls weiter unten auseinanderzusetzende spektroskopische Methode ist man heute in der Lage, die Fackeln, oder wenigstens Gebilde, die sich den Fackeln ihrer Form und Lage nach unmittelbar anschließen, an jeder Stelle der Sonnenscheibe beobachten zu können; die hierbei für die Bewegung der Fackeln gewonnenen Ergebnisse sind auf S. 203 mitgeteilt.

Über die Erscheinungen, die sich am Sonnenrande zeigen, wenn Flecken oder Fackeln sich dort befinden, ist folgendes zu erwähnen. SECCHI hat vielfach zu beobachten geglaubt, daß, sobald sich ein Fleck am Sonnenrande befindet, dort eine Einbuchtung entsteht. Auf Sonnenphotographien zeigt sich diese Erscheinung ebenfalls; sie würde für die bekannte WILSONsche Theorie sprechen, wonach die Sonnenflecken teller- oder trichterförmige Gebilde sind. Es ist aber mit Leichtigkeit zu erkennen, daß die Einbuchtungen nicht reell sind, sondern rein optisch zustande kommen. Die Intensität des zerstreuten Sonnenlichtes am Rande außerhalb der Sonne ist nicht sehr verschieden von derjenigen eines Fleckenkerns; daher fließen Fleck und Rand, sobald eine Annäherung auf einige Sekunden erreicht ist, ineinander, und es entsteht ein scheinbarer Defekt am Rande. Ähnliche Veränderungen des Sonnenrandes werden bemerkbar, wenn sich größere Fackelgruppen daselbst befinden. Diese reichen manchmal deutlich über den Rand hinüber, doch handelt es sich wahrscheinlich auch hier um eine nicht reelle Erscheinung, bei visuellen Beobachtungen um Irradiation, bei photographischen Aufnahmen um eine Solarisationswirkung.

Periodischer Verlauf der Fleckenerscheinung. Die Anzahl der Sonnenflecken ist wie ihre Größe eine außerordentlich stark wechselnde. Es gibt Zeiten, zu denen tagelang auch nicht der kleinste Fleck auf der Sonne zu erkennen ist, während zu anderen Zeiten vielleicht ein ganzes Jahr lang die Sonne niemals fleckenfrei erscheint. Man hat schon früh erkannt, daß dieser Wechsel ein periodisches Verhalten zeigt, wenngleich im einzelnen die Periode nicht genau innegehalten wird.

Zur Ermittelung der Sonnenfleckenperiode können verschiedene Wege beschritten werden. Am richtigsten würde es wohl sein, täglich die Größe des von den Flecken eingenommenen Areals zu messen und als Maximum der Erscheinung die Zeit des größten, als Minimum die Zeit des kleinsten Areals zu betrachten. Das ist aber ein recht zeitraubendes und umständliches Verfahren und ist jedenfalls in den früheren Zeiten, die zur Ermittelung der Periode zweckmäßig mit herangezogen werden, nicht geschehen. Man hat meist nur die Zahl der Sonnenflecken notiert. Diese Zahl allein zur Bestimmung der Maxima und Minima zu nehmen, ist aber sicherlich nicht richtig; denn ein großer Fleck zeugt doch sicherlich von einer größeren Tätigkeit innerhalb der Sonnenphotosphäre als ein kleiner. Ferner würde es sich fragen, ob man eine Fleckengruppe als einzelnen Fleck rechnen soll, oder ob die Zahl der in ihr enthaltenen Einzelgebilde anzugeben ist. Diesen Schwierigkeiten hat der Züricher Astronom R. Wolf, der sich auf dem Gebiete der Sonnenfleckenforschung durch jahrelang fortgesetzte, umfangreiche Untersuchungen die größten Verdienste erworben hat, durch die Einführung seiner sogenannten Relativzahlen zu begegnen versucht. Er zählte täglich sowohl die Anzahl der Fleckengruppen als auch die in ihnen enthaltenen einzelnen Flecken. Da nun die Bildung eines neuen Fleckengebiets eine stärkere Zunahme der Tätigkeit innerhalb der Photosphäre andeutet als die Entstehung eines neuen Flecks in einer schon vorhandenen Gruppe, so legte er der Gruppenzahl ein beträchtlich höheres Gewicht bei als der Fleckenzahl, und zwar das zehnfache. Bezeichnet man demnach die Zahl der vorhandenen Gruppen mit g, die der einzelnen Flecken mit f, so bezeichnete er als Maß für die Fleckenhäufigkeit die Zahl r, wo

$$r = 10g + f$$

gesetzt wird.

Die so erhaltene Relativzahl ist aber als einheitliches Maß nur für einen bestimmten Beobachter an einem bestimmten Fernrohr zu betrachten, da die Sichtbarkeit der kleineren Flecken vom Beobachter und Fernrohr abhängt. Um also die Zählungen verschiedener Beobachter zu einem gleichartigen Material zu vereinigen, müssen die Relativzahlen mit verschiedenen Gewichten belegt werden.

Wolf und sein Nachfolger Wolfer in Zürich haben Fleckenzählungen bis zum Anfang des 17. Jahrhunderts zurück verwerten können und aus ihnen die folgenden Jahreszahlen der Maxima und Minima abgeleitet; die zwischen den betreffenden Daten stehenden Differenzen ergeben die jeweilige Periodenlänge.

Minima und Maxima der Sonnenflecken seit 1610.

Minima	Periode	Maxima	Periode	Minima	Periode	Maxima	Periode
1610.8	8.2	1615.5	10.5	1766.5	9.0	1769.7	8.7
1619.0	15.0	1626.0	13.5	1775.5	9.2	1778.4	9 7
1634.0	11.0	1639.5	9.5	1784.7	13.6	1788.1	17.1
1645.0	10.0	1649.0	11.0	1798.3	12.3	1805.2	11.2
1655.0	11.0	1660.0	15.0	1810.6	12.7	1816.4	13.5
1666.0	13.5	1675.0	10.0	1823.3	10 6	1829.9	7.3
1679.5	10.0	1685.0	8.0	1833.9	9.6	1837.2	10.9
1689.5	8.5	1693.0	12.5	1843.5	12.5	1848.1	12.0
1698.0	14.0	1705.5	12.7	1856.0	11.2	1860.1	10.5
1712.0	11.5	1718.2	9.3	1867.2	11.7	1870.6	13.3
1723.5	10.5	1727.5	11.2	1878.9	10.7	1883.9	10.2
1734.0	11.0	1738.7	11.6	1889.6	12.1	1894.1	12.3
1745.0	10.2	1750.3	11.2	1901.7	11.7	1906.4	11.2
1755.2	11.3	1761.5	8.2	1913.4		1917.6	

Die mittlere Länge der Sonnenfleckenperiode beträgt nach R. Wolf 11.12 Jahre. Die vorkommenden Abweichungen von diesem Mittelwert sind aber so groß, daß sie nicht durch Beobachtungsfehler allein zu erklären

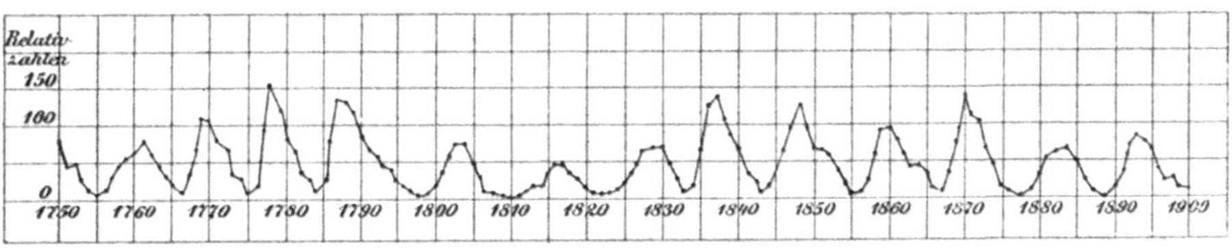

Abb. 125. Relativzahlen der Fleckenhäufigkeit 1750 bis 1900.

sind. Man ist daher zu der Ansicht gezwungen, daß tatsächlich starke Differenzen der Periodenlänge gegen ihren mittleren Verlauf vorkommen.

Berechnet man die Zeit, die im Mittel von einem Minimum bis zum folgenden Maximum vergeht, so erhält man 5.16 Jahre, während die Zeit vom Maximum bis zum folgenden Minimum 5.96 Jahre beträgt. Die Zunahme der Fleckenhäufigkeit von einem Minimum an erfolgt also wesentlich schneller als die Abnahme von einem Maximum an.

Die Abb. 125 zeigt die Kurve der Fleckenhäufigkeit nach den jährlichen mittleren Relativzahlen von Wolf und Wolfer, und zwar vom Jahre 1750 bis 1900. Die 11jährige Periode tritt hier auf das deutlichste hervor, auch der stärkere Anstieg zum Maximum und der langsamere Abfall von letzterem sind gut zu erkennen. Die Höhen in der Kurve geben die jährliche Relativzahl an; während nun in den Minima die Relativzahlen alle gut übereinstimmen und nahe Null sind, weichen sie in den Maxima stark voneinander ab. Auffallend sind die hohen Werte von 1769 bis 1787, ebenso diejenigen von 1837 bis 1870, gegenüber den dazwischen liegenden und sich zeitlich anschließenden niedrigen Maxima. Man hat daher angenommen, daß die 11jährige Periode nicht die einzige wirksame ist, sondern daß sich dabei verschiedene Perioden überlagern. Untersuchungen hierüber liegen von R. Wolf, Schuster, Kimura u. a. vor. Letzterer nimmt nicht weniger als 29 Perioden an, die sich aber nach Turner durchweg als Unterperioden einer einzigen von 156 Jahren einordnen lassen. Alle diese Ergebnisse sind natürlich noch nicht spruchreif, und der bis jetzt zur Verfügung stehende Beobachtungszeitraum von 150 bis 200 Jahren reicht nicht aus, um eine andere als die 11jährige Hauptperiode mit Sicherheit festzulegen.

Die täglichen Relativzahlen zeigen starke Schwankungen, als deren Hauptursache die Rotation der Sonne, die ja ein plötzliches Auftauchen oder Ver-

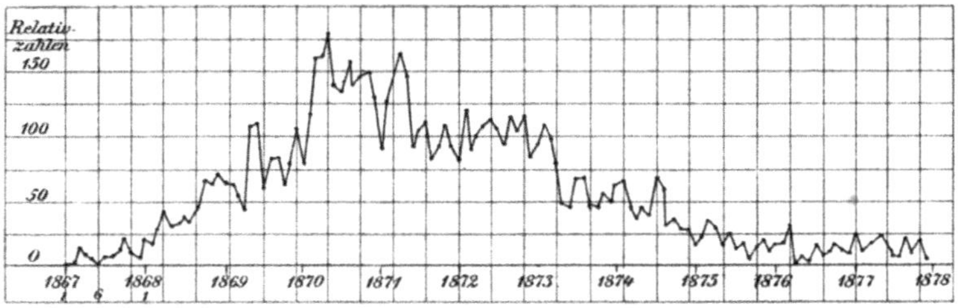

Abb. 126. Monatliche Relativzahlen der Fleckenhäufigkeit 1867 bis 1878.

schwinden von Flecken oder Fleckengruppen verursacht, zu betrachten ist. Aber auch in den monatlichen Relativzahlen, bei denen die rein zufälligen Umstände zum größeren Teil bereits eliminiert sind, lassen sich noch starke Schwankungen erkennen, wie Abb. 126 zeigt, die die Kurve der Fleckenhäufigkeit für die Periode von 1867 bis 1878 darstellt.

Wenn auch die Flecken auf bestimmte Zonen der Sonnenoberfläche beschränkt sind, so ist ihre Verteilung innerhalb derselben nicht konstant, sondern es läßt sich eine deutliche Abhängigkeit der Breite von der Zeit innerhalb der 11jährigen Periode erkennen. Tritt nach dem Überschreiten des Minimums allmählich wieder eine größere Fleckenhäufigkeit ein, so erscheinen die Flecken wesentlich in höheren Breiten; im Verlaufe des weiteren Ganges der Periode bevorzugen sie immer mehr die kleineren Breiten bis zum Minimum hin, worauf wieder beim Anstieg zum Maximum die höheren Breiten an Häufigkeit gewinnen.

Ein Punkt, der möglicherweise noch auf eine Jahresperiode in den Sonnenerscheinungen hindeuten könnte, mag noch kurz berührt werden.

Bezüglich der Entstehung der Sonnenflecken ist die Behauptung aufgestellt worden, daß diese sich fast ausschließlich auf der der Erde abgekehrten Seite bilden. Durch Epstein ist an dem 1900—1910 gesammelten Material nachgewiesen worden, daß die Ansicht in der geäußerten Form jeder tatsächlichen Begründung entbehrt. Die scheinbar hervortretende Gesetzmäßigkeit erklärt sich dadurch, daß wir von einem sich auf der Vorderseite der Sonne bildenden Fleck gewissermaßen nur das unauffällige Jugend-, von einem auf der Rückseite entstandenen dagegen das spätere Entwicklungsstadium erblicken. Eine Beeinflussung des Fleckenphänomens durch die Erde ist in den Beobachtungen jedenfalls nicht begründet. Dagegen wäre das Vorhandensein eines nahe jährlichen Umlaufs gewisser Fleckenherde auf der

Sonne an und für sich nicht unwahrscheinlich. So hat EVERSHED auf die Bevorzugung des Ostrandes der Sonne durch die Protuberanzen hingewiesen und von den veränderlichen Sternen mit typischem Sonnenfleck-(Titanoxyd-) Spektrum ist bekannt, daß ihr periodisches Aufleuchten die Zwischenzeit von nahe 1 Jahre besonders häufig innehält.

Es war bisher nur von der Periodizität der Sonnenflecken die Rede, bei den engen Beziehungen der Flecken zu den Fackeln ist es aber einleuchtend, daß auch die letzteren sich an dem regelmäßigen 11 jährigen Wechsel beteiligen. In dieser Hinsicht sind die Resultate von WOLFER von großem Interesse. Zunächst zeigte es sich, daß in dem Zeitraum von 1887—1889, also während eines Sonnenfleckenminimums, sämtliche Fackelgruppen einer äquatorialen Zone von $\pm 20^0$ heliographischer Breite angehörten. Erst von Mitte 1889 an, vom Beginn des Anstiegs zum Fleckenmaximum, erschienen einzelne Fackelgruppen in höheren Breiten. Die Fackeln verhielten sich also in dieser Beziehung genau so wie die Flecken. Ferner aber zeigte sich, daß die in dem genannten Zeitraum auftretenden Fackeln sich an zwei bestimmten nahe entgegengesetzten Stellen der Sonne konzentrierten. Diese Erregungszentren haben sich während der drei Jahre in nur wenig veränderter Stärke erhalten, während die gleichzeitig auftretenden Flecken so gering an Zahl waren, daß aus ihnen eine systematische Verteilung nicht hätte abgeleitet werden können. Es ist dies ein Hinweis, daß man durch die Beobachtung der Fackeln unter Umständen ein vollständigeres Bild von der Sonnentätigkeit gewinnen kann als durch die Beobachtung der Flecken allein.

Das Sonnenspektrum. Das sichtbare Sonnenspektrum erstreckt sich ungefähr von der Wellenlänge λ 4000 (Violett) bis λ 8000 (Rot), umfaßt also eine Oktave. Genau lassen sich die Grenzen nicht angeben, da in dieser Beziehung die Augen verschieden sind, außerdem aber auch die absolute Helligkeit eine Rolle spielt. Durch starke Konzentration des Lichtes lassen sich die Grenzen erweitern, insbesondere im Violett. Das an sich kontinuierliche Spektrum ist durch eine große Zahl von dunklen Absorptionslinien unterbrochen, die vor allem im Blau und Violett sehr dicht zusammengedrängt sind. Die Zahl dieser Linien läßt sich nicht genau angeben, da um so mehr und um so feinere und schwächere Linien erscheinen, je stärker die Dispersion des Spektroskops ist und je enger der Spalt desselben gemacht werden kann. FRAUNHOFER konnte bereits einige hundert Linien erkennen, von denen er die kräftigsten, vom Rot beginnend, mit den großen Buchstaben des Alphabets (*A* bis *K*) bezeichnete. Die bis jetzt vollkommenste Darstellung des Sonnenspektrums ist von ROWLAND auf photographischem Wege mit Hilfe eines Konkavgitters erhalten worden. Die Länge des ROWLANDschen Spektrums (Abb. 127) beträgt einschl. des Ultraviolett etwa 13 m, und die Zahl der Linien nahe 20000. Eine sehr große Zahl dieser Linien — sie liegen zwi-

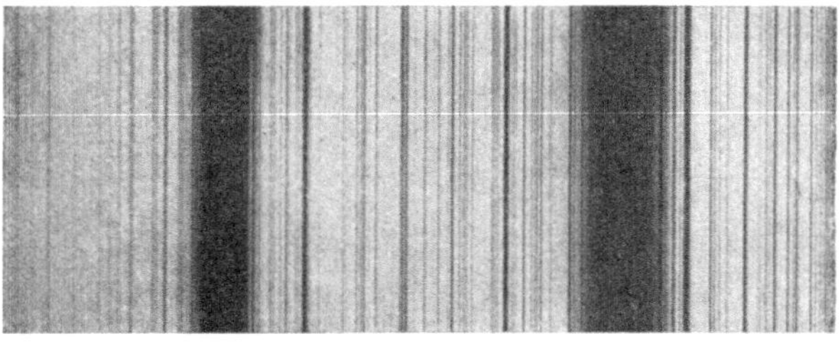

Abb. 127. Gegend der Fraunhoferschen Linien H und K im Rowlandschen Sonnenspektrum.

schen λ 2980 und λ 7330 — ist von ROWLAND mit großer Sorgfalt gemessen worden; sein Katalog enthält die Wellenlängen dieser Linien mit einer solchen Genauigkeit, daß dieselben als Grundlage für fast alle weiteren

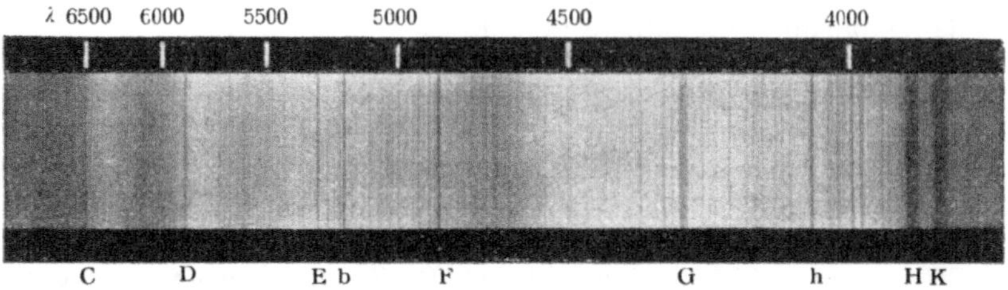

Abb. 128. Aufnahme des Prismenspektrums der Sonne auf isochromatischer Platte (nach Gummelt).

spektroskopischen Messungen dienen können. Den Anblick des Sonnenspektrums in kleineren Spektroskopen veranschaulicht Abb. 128.

Da einige der FRAUNHOFERschen Linien in der Astrophysik immer wieder genannt werden, mögen ihre Wellenlängen hier nach ROWLAND mitgeteilt werden. Die Reduktionen auf das Internationale System (S. 59) betragen in dem Gebiet der Tabelle etwa — 0.2 AE, sind also für die hier erstrebte Genauigkeit wenig erheblich. Bei den Gruppen A, B, E_1, b_3, b_4 und G ist jeweils die Wellenlänge der stärksten Linie angegeben.

Fraunh. Linie	λ	Element	Fraunh. Linie	λ	Element
A	7594.1	Sauerst. tellurisch	b_2	5172.9	Magnesium
B	6867.5	„ „	b_3	5169.2	Eisen
C	6563.0	Wasserstoff, $H\alpha$	b_4	5167.5	Magnesium
D_1	5896.2	Natrium	F	4861.5	Wasserstoff, $H\beta$
D_2	5890.2	„	G	4308.1	Eisen
E_1	5270.5	Eisen, Kalzium	h	4102.0	Wasserstoff, $H\delta$
E_2	5269.7	„	H	3968.6	Kalzium
b_1	5183.8	Magnesium	K	3933.8	„

Die oben angegebenen Grenzen des Sonnenspektrums lassen sich, wie wir bereits wissen (S. 11), durch besondere Methoden nach beiden Seiten hin bedeutend erweitern. Am einfachsten ist dies für den ultravioletten Teil zu erreichen, da die gewöhnlichen photographischen Platten gegenüber den Strahlen kleiner Wellenlängen sehr empfindlich sind. Aber auch unter diesen Umständen ist der Sichtbarkeit des ultravioletten Spektrums eine Grenze gesetzt durch die Undurchsichtigkeit eines optischen Mediums, welches leider nicht vermieden werden kann, nämlich durch unsere Luft. Diese starke Absorption der kleineren Wellen scheint durch Sauerstoff, Stickstoff und Ozon zu erfolgen, doch ist nach den neueren Untersuchungen ein Teil der Erscheinung überhaupt nicht einer Absorption zuzuschreiben, sondern der sogen. Molekulardiffraktion (S. 102). Diese bewirkt in Gasen eine Reflexion oder Zerstreuung der Lichtstrahlen, die immer stärker wird, je mehr sich die Länge der Wellen den Dimensionen der betreffenden Gasmoleküle nähert, d. h. je kleiner die Wellen werden.

Die Untersuchung des ultraroten Spektrums der Sonne war längere Zeit hindurch nur mit Hülfe des Bolometers (S. 72) möglich; gegenwärtig kann sie genau ebenso wie im sichtbaren und ultravioletten Spektralgebiet auf photographischem Wege erfolgen.

Die Zugänglichkeit der ultraroten Strahlung für die photographische Platte beruht auf einem besonderen, von Abney erfundenen Verfahren, nämlich dem Zusatz eines Harzes zum Bromsilber, wodurch die Empfindlichkeit so weit getrieben werden kann, daß die Platten sogar für die sehr langen Wellen, wie sie von kochendem Wasser, also von einer Wärmequelle von 100° C, ausgehen, empfindlich werden. Für die feinere Aufnahme des Sonnenspektrums hat sich diese Methode aber nur bis zur Wellenlänge 1 μ benutzen lassen.

Eine zweite Methode beruht auf der Phosphoreszenz und ist von Becquerel benutzt worden. Ein möglichst intensives Sonnenspektrum wird auf eine Schicht einer phosphoreszierenden Substanz projiziert; wird dann nach einiger Zeit das Spektrum plötzlich abgeblendet, so erscheint der ultrarote Teil desselben auf kurze Zeit in dem der Substanz eigentümlichen Lichte; die dunklen Linien sind als solche zu erkennen. Eine Beobachtung oder gar Messung ist bei dem sehr schnell verschwindenden phosphoreszierenden Spektrum sehr unsicher und schwierig; man kann jedoch die Erscheinung kontinuierlicher gestalten, wenn man auf den ultraroten Teil des zu beobachtenden Spektrums den ultravioletten Teil eines andern Spektrums projiziert, in welchem infolge weiter Spaltöffnung keine Linien mehr sichtbar sind. Es tritt dann die eigentümliche Erscheinung ein, daß die durch die ultraroten Strahlen erzeugte Phosphoreszenz durch die ultravioletten wieder aufgehoben wird, aber je nach der Stärke der vorangegangenen Bestrahlung verschieden. Infolgedessen erscheinen die Linien und Bänder des ultraroten Spektrums hell auf dunklem Grunde; die Wirkung ist zwar nur auf eine kleine Stelle des Spektrums beschränkt, durch Verschieben des ultravioletten Spektrums können aber alle Teile nacheinander zur Sichtbarkeit gebracht werden. Da das Spektrum projiziert werden muß, so gehen leider alle Feinheiten verloren, und nur die starken Linien oder Bänder werden sichtbar.

Die dritte und beste Methode zur Untersuchung des ultraroten Spektrums beruht auf der Messung der Wärmestrahlung mit Hilfe des Bolometers. Durch Langley ist diese Methode, deren Auseinandersetzung bereits auf S. 72 erfolgt ist, auf einen sehr hohen Grad der Vollkommenheit gebracht worden, wie die Reproduktion des Langleyschen Bolometerspektrums (Abb. 97) auf das deutlichste lehrt. Daß die Kurve die relativen Energien des Sonnenspektrums wiedergibt, ist an der betr. Stelle erwähnt. Wie gewaltig das durch Langley erschlossene Spektralgebiet ist, lehrt der Vergleich mit der Ausdehnung des sichtbaren Spektrums (0.8 bis 0.4 μ) in Abb. 98.

Wir wollen nun der Frage nach dem Ursprung der dunklen Linien im Sonnenspektrum näher treten. Wenige, flüchtige Beobachtungen mit einem kleinen Spektroskop genügen bereits, um mit Deutlichkeit zu erkennen, daß zwei verschiedene Ursprungsquellen vorhanden sein müssen. Während die Mehrzahl der Linien, von Grün bis Violett überhaupt alle Linien, stets von konstanter Stärke und Dunkelheit ist, zeigt sich bei vielen Linien im Rot, Orange und Gelb ein sehr starker Wechsel des Aussehens, der von der Höhe der Sonne über dem Horizont und von meteorologischen Bedingungen in

Abhängigkeit steht. Bei tiefem Sonnenstande und feuchter Luft erscheinen einzelne Linien und Bänder von einer Stärke, wie sie andere Linien des Spektrums überhaupt nicht besitzen, und bei hohem Sonnenstande und trockner Luft sind dieselben Bänder nur mit größter Mühe zu erkennen. Die dunklen Linien des Sonnenspektrums entstehen also nicht sämtlich durch Absorption in der Sonne selbst, sondern ein Teil wird erst durch Absorption in unserer Erdatmosphäre gebildet, und die Stärke dieser atmosphärischen Linien hängt von der Länge des Weges ab, den die Sonnenstrahlen in unserer Atmosphäre zu durchlaufen haben. Wie wir heute wissen, ist es in erster Linie der Wasserdampfgehalt, der dabei ausschlaggebend ist (Regenbänder), und aus diesem Grunde ist schon vor mehreren Jahrzehnten die Benutzung des Spektroskopes zu Zwecken der Wettervorhersage in Vorschlag gebracht worden.

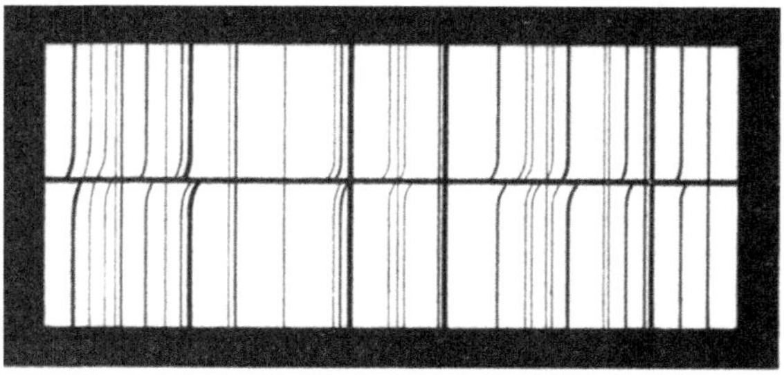

Abb. 129. Dopplereffekt im Randspektrum der Sonne.

Eine möglichst genaue Kenntnis der atmosphärischen Linien ist in mehrfacher Hinsicht von großer Wichtigkeit, in erster Reihe, um die Sonnenlinien selbst rein zu erhalten. Es gibt bisher zwei Methoden, welche zur Ermittelung der atmosphärischen Linien führen. Die zuerst angewandte ist die sich ohne weiteres darbietende: die Beobachtung des Wechsels im Aussehen der Linien je nach der Höhe der Sonne und je nach der Wasserdampfmenge in der Atmosphäre. Eine sehr viel schärfere Methode zur Erkennung der atmosphärischen Linien rührt von Cornu her und beruht auf dem Dopplerschen Prinzip (S. 59ff.).

Die Sonne rotiert von Osten nach Westen um ihre Achse; die lichtaussendenden Teile der Photosphäre am Ostrande nähern sich also dem Beobachter, die am Westrande entfernen sich von ihm mit der gleichen Rotationsgeschwindigkeit von 2.0 km am Sonnenäquator. Am Ostrande findet also eine Verschiebung der Spektrallinien nach Violett, am Westrande eine solche nach Rot statt. An dieser Verschiebung nehmen aber nur die Linien solaren Ursprungs teil, nicht die atmosphärischen, weil letztere ja von der Sonnenrotation unabhängig sind. Entsprechend der geringen Rotationsgeschwindigkeit sind die Linienverschiebungen gering und nur bei sehr starker Dispersion, alsdann aber auch mit großer Deutlichkeit erkennbar, wie Abb. 129 zeigt. Behufs Herstellung dieser Spektralaufnahme wurden durch eine besondere optische Vorrichtung die Bilder des Ost- und des Westrandes unmittelbar in Berührung auf den Spalt des Spektroskops projiziert. Man erkennt deutlich, wie sich einzelne Linien an der Berührungsstelle der beiden Spektra nach entgegengesetzten Richtungen umbiegen, während andere, und zwar die atmosphärischen Linien, völlig gerade hindurchgehen.

Noch eine andere, etwas modifizierte visuelle Beobachtungsart hat Cornu zur Herstellung seines Verzeichnisses der atmosphärischen Linien benutzt. Durch die oszillierende Bewegung einer vor dem Spektroskopspalt befindlichen Linse wird in schneller Abwechselung der Ost- und der Westrand der Sonne auf den Spalt projiziert; die eigentlichen Sonnenlinien werden dadurch schnell hin- und herverschoben und unterscheiden sich hierdurch von den in Ruhe befindlichen atmosphärischen Linien.

Die Mehrzahl der atmosphärischen Linien gehört zweifellos dem Wasserdampf an, aber gerade die auffallendsten nicht. Es sind dies die Bänder *A* und *B*, deren gesetzmäßige Linienanordnung in Abb. 130 wiedergegeben ist, und ferner das Band λ 6278, das ganz entsprechend zusammengesetzt ist. Es ist Jegoroff und Janssen gelungen, diese Bänder im Lichte elektrischer Lampen zu erkennen, nachdem die Strahlen eine sehr dicke Schicht Sauerstoff pas-

Abb. 130. Die atmosphärischen Sauerstoffbänder B und A des Sonnenspektrums.

siert hatten. Längere Zeit blieb es unentschieden, ob der Sauerstoff unserer Atmosphäre oder derjenige der Sonnenumgebung das absorbierende Agens sei; durch die Beobachtungen Janssens auf dem Montblanc ist aber konstatiert worden, daß diese Bänder in großen Höhen wesentlich schwächer sind als in der Tiefe, und man folgerte daraus, daß die Absorption nur in der Erdatmosphäre zustande komme. Ein bündiger Schluß ist dies nicht, da sehr wohl in der Sonnenatmosphäre bereits eine Absorption stattfinden kann, die dann in der Erdatmosphäre noch verstärkt wird. Vom Grün an bis ins Ultraviolett sind atmosphärische Linien nicht vorhanden, dagegen beherrschen sie das ultrarote Spektrum vollständig, in welchem sie, wie Abb. 98 zeigt, Bänder bilden, deren Ausdehnung die des ganzen sichtbaren Spektrums übertrifft. Neben dem Wasserdampf tritt hier die Kohlensäure als kräftigstes Absorptionsmittel auf.

Deutung der Absorptionslinien. Von besonderem Interesse ist die Frage, welchen chemischen Elementen die Sonnenlinien ihren Ursprung verdanken. Eine große Zahl derselben wurde bereits unmittelbar nach der wissenschaftlichen Begründung der Spektralanalyse erkannt. Hierhin gehören hauptsächlich diejenigen Elemente, die sowohl im Laboratorium wie auf der Sonne auffallend kräftige oder sehr zahlreiche Linien liefern, vor allem Natrium mit dem charakteristischen Linienpaar im Gelb, der Fraunhoferschen *D*-Linie entsprechend, Wasserstoff mit den kräftigen Fraunhoferschen Linien *C* und *F* und *h*, Magnesium mit der ebenfalls sehr charakteristischen Liniengruppe *b* im Grün, Eisen mit Hunderten von Linien usw.

In manchen Fällen, besonders. wenn es sich um schwache Linien handelt, bleibt die Konstatierung eines Elements in der Sonnenatmosphäre recht unsicher, da das Sonnenspektrum die schwächeren Linien so dicht gedrängt enthält, daß beinahe für jede Metallinie eine zufällige Koinzidenz aufzufinden ist. Ganz besonders wird aber eine derartige Untersuchung durch zwei weitere Umstände erschwert.

Bei den meisten Elementen sind die relativen Intensitäten der Spektrallinien von der Erzeugung des Spektrums abhängig; es können bei zwei verschiedenen Erzeugungsarten von demselben Element zwei recht verschiedene Spektra erhalten werden (vgl. S. 82f.). Da nun die Temperatur auf der Sonne eine sehr hohe ist, höher jedenfalls als sie in irdischen Leuchtquellen, z. B. im elektrischen Bogen oder Funken, erzeugt werden kann, so ist es durchaus denkbar, daß einzelne Elemente in der Sonne vorhanden sein können, deren abweichendes Spektrum nicht als dem betreffenden Element zugehörig erkannt werden kann.

Bei der spektralen Untersuchung der Elemente im Laboratorium tritt häufig eine weitere Komplikation dadurch auf, daß es ganz unmöglich ist, die betreffenden Elemente mit einem solchen Grade von chemischer Reinheit herzustellen, daß im Spektrum nur die Linien dieses Elementes erscheinen. Die Trennung der falschen Linien von den wahren erfordert zuweilen einen sehr großen Aufwand von Mühe und Sorgfalt. Nach alledem wird es einleuchten, daß die Aufgabe, mit Sicherheit festzustellen, ob ein irdisches Element auf der Sonne vorhanden ist, unter Umständen sehr große Schwierigkeiten bietet, und daß auch heute noch bei manchen Elementen in dieser Beziehung eine Entscheidung nicht getroffen ist.

Auch der umgekehrte Fall liegt vor. Von einer recht großen Zahl der Sonnenlinien kennt man nicht ihren Ursprung. Schon lange hatte man z. B. im Spektrum des Sonnenrandes zwei charakteristische helle Linien, eine gelbe und eine grüne, erkannt, die keinem irdischen Elemente entsprachen, und die man daher nach ihrem solaren Ursprunge Helium und Koronium benannt hatte. Das Helium ist später auch als irdisches Element im Cleveit, ja sogar in unserer Atmosphäre gefunden worden, das Koronium dagegen bis heute noch nicht.

Das folgende Verzeichnis enthält diejenigen Elemente, deren Vorkommen auf der Sonne mit Sicherheit festgestellt ist. Ihre Reihenfolge entspricht der Anzahl der Linien, deren Koinzidenz mit Sonnenlinien erkannt ist. Es ist aber hierdurch keineswegs der Grad der Feststellungssicherheit gegeben, wie man leicht am Natrium erkennen kann, welches als erstes Sonnenelement bekannt wurde, sich aber in dem wesentlich nach einer YOUNGschen Zusammenstellung gegebenen Verzeichnis erst an 20. Stelle befindet.

Eisen	Kalzium	Silizium	Silber
Nickel	Neodym	Wasserstoff	Beryllium
Titan	Scandium	Strontium	Germanium
Mangan	Lanthan	Baryum	Zinn
Chrom	Yttrium	Aluminium	Blei
Kobalt	Niobium	Kadmium	Kalium
Kohle	Molybdän	Rhodium	Helium
Vanadium	Palladium	Erbium	Gallium
Zirkon	Magnesium	Zink	Sauerstoff
Cer	Natrium	Kupfer	

Als zweifelhafte Sonnenelemente sind die folgenden zu betrachten:

Iridium	Wolfram	Fluor	Holmium
Osmium	Uran	Wismut	Terbium
Platin	Lithium	Tellur	Ytterbium
Ruthenium	Brom	Indium	Argon
Tantal	Chlor	Thallium	Neon
Thor	Jod	Quecksilber	

Nicht auf der Sonne nachzuweisen sind vorläufig folgende Elemente:

Antimon	Stickstoff	Phosphor	Thulium
Arsen	Caesium	Rubidium	Praseodymium
Wismut	Gold	Selen	Radium
Bor	Krypton	Schwefel	Xenon

Das Fehlen der Linien mancher Elemente im Sonnenspektrum ist durchaus nicht etwa ein Beweis dafür, daß die betreffenden Stoffe tatsächlich in der Sonnenatmosphäre nicht vorhanden sind. In sehr vielen Fällen ist die geringe Stärke oder die große Verwaschenheit der Linien die Ursache ihres Fehlens im Sonnenspektrum, manchmal auch der Umstand, daß im untersuchten Teil des Spektrums keine Linien vorhanden sind. So ist das Fehlen eines Nachweises durchaus plausibel bei Schwefel, Phosphor, Bor, Selen, Arsen, Brom, Chlor, Jod, Fluor u. a. und überhaupt bei den meisten Metalloiden, deren Spektra gewöhnlich wenig hervorragend sind.

Vergleicht man das Sonnenspektrum mit demjenigen der Fixsterne, so erkennt man sofort, daß es eine bestimmte Klasse, die der gelben Sterne, typisch veranschaulicht. Nach einer später noch ausführlich zu besprechenden Einordnung ist das Spektrum ein Vertreter der Klasse G, zu der von bekannteren Objekten α Aurigae und der Hauptstern von α Centauri gehören. Die G-Sterne sind photographisch bereits merklich schwächer als visuell, bei der Benutzung der Sonnenhelligkeit für photographische Untersuchungen ist daher an Stelle der S. 176 erwähnten visuellen Helligkeit (-26.72^m) nach Birck und King der Wert -25.93^m zu setzen. Der sog. Farbenindex der Sonne beträgt danach $+0.79^m$.

Als recht abweichend von dem typischen Sonnenspektrum hat sich das Spektrum der Flecken erwiesen. Wenn man einen Teil der Photosphäre, der einen Sonnenfleck enthält, im Fernrohr auf den Spalt des Spektroskops projiziert, so erscheint der Fleck als dunklerer Längsstreifen im Spektrum. Man hat lange geglaubt, daß die geringere Helligkeit des kontinuierlichen Spektrums nur auf einer allgemeinen Abschwächung beruhe; es sind jedoch vereinzelte Beobachter bei Anwendung sehr starker Dispersion zu der Ansicht gelangt, daß die Verdunkelung durch das Auftreten einer Unzahl von neuen schwachen Linien verursacht sei, und es kann heute kein Zweifel mehr über die Richtigkeit dieser Ansicht herrschen. Daneben liegt eine zuweilen recht beträchtliche Verstärkung und Verbreiterung der Fraunhoferschen Linien vor; manchmal schwellen sogar ganz schwache Linien zu großer Breite und Dunkelheit auf. Bei einigen Linien sind die Verbreiterungen nicht symmetrisch zur Mitte, sondern einseitig, besonders nach Violett zu, so daß der Eindruck von Bändern entsteht. Von den Metallen, deren Linien besonders häufig in den Fleckenspektren verbreitert erscheinen, seien besonders Titan, Magnesium, Kalzium, Natrium, Vanadium, Eisen, Nickel und Chrom hervorgehoben. Die meisten der beobachteten, in der Photosphäre gar nicht oder nur schwach vorkommenden Bänder gehören zweifellos in erster Linie dem Titanoxyd, dann dem Magnesium- und Kalziumhydrid an. Wie wir später sehen werden, sind das alles Eigentümlichkeiten, die bei den Fixsternen von den Vertretern des Sonnentypus zu demjenigen der roten Sterne überleiten. Die Sonnenflecken gehören also einem sog. späteren Spektraltypus an als die Photosphäre.

Umkehr und Verdoppelung einiger Linien. Neben den Absorptionserscheinungen treten in den Fleckenspektren auch Phänomene entgegengesetzter Art auf, allerdings sind sie im allgemeinen auf eine geringere Anzahl von Linien, besonders diejenigen von Wasserstoff, Kalzium und Natrium, beschränkt. Durch HALE ist nämlich festgestellt worden, daß in den Flecken Verstärkungen und Abschwächungen von Linien unmittelbar nebeneinander bestehen. Das ist eine Erscheinung, die den oben ausgedrückten Zweifel, ob die Ursache der Absorptionsvermehrung durch größere Dichte der Gase oder durch niedrigere Temperatur derselben zu erklären ist, in unzweideutiger Weise im Sinne der letzten Erklärung entscheidet. Bei größerer Dichte oder Dicke von Gasschichten kann nur Verstärkung der Linien eintreten, während bei Temperaturabnahme, wie aus den Laboratoriumsversuchen von KING in Pasadena unzweideutig hervorgeht, sowohl Zunahme als Abnahme der Intensität einzelner Linien sogar desselben Elements auftritt. Die Wasserstofflinien sind z. B. in den Flecken fast stets schmaler, manchmal verschwinden sie ganz, um an einzelnen Stellen sogar umgekehrt hell, also als Emissionslinien, zu erscheinen. Das letztere findet in den meisten Fällen an denjenigen Stellen statt, wo sich eine sog. Brücke über den Fleck hinzieht, doch hat man die Linien schon auf völlig dunklen Kernflecken, in denen bei direkter Beobachtung nichts zu erkennen war, hell gesehen. Das Auftreten heller Emissionslinien kann auf Grundlage des KIRCHHOFFschen Satzes nur dadurch erklärt werden, daß sich oberhalb der Flecken glühende Wasserstoffmassen befinden, deren Temperatur zeitweilig höher ist als die Temperatur derjenigen Schicht, welche innerhalb des Flecks das kontinuierliche Spektrum erzeugt. Derartige heißere Gasmassen sind aber in den weiter unten zu besprechenden Protuberanzen gegeben, und man hat in einzelnen Fällen tatsächlich solche Protuberanzen auf einem Fleck genau so beobachten können wie am Sonnenrande.

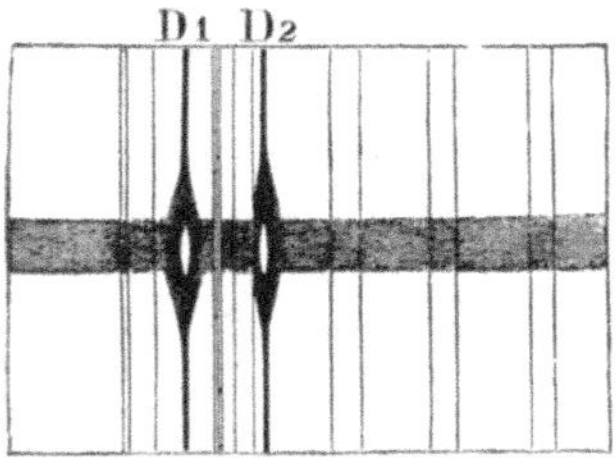

Abb. 131. Umkehr der Natriumlinien im Fleckenspektrum.

Bei den Natriumlinien tritt die Erscheinung ganz anders auf als bei den Wasserstofflinien. Dieselben kehren sich niemals in ihrer ganzen Breite um, sondern sie erscheinen im Fleck sehr dunkel und außerordentlich verbreitert, aber in ihrer Mitte befindet sich eine feine, sehr helle Linie. In der obenstehenden Abb. 131, in welcher der dunklere Streifen dem Fleck entspricht, ist dies deutlich zu erkennen.

Eine besonders gründliche Untersuchung des Fleckenspektrums ist von

Mitchell ausgeführt worden, u. zw. in dem Teil von λ 7200 bis λ 4900. Hiernach beträgt die Zahl der veränderten Eisenlinien 31% der vorhandenen, die Umkehrung ist bei 23% beobachtet worden. Von den Vanadiumlinien, die im Spektrum der Sonne sehr schwach, in demjenigen der Flecken dagegen sehr hervorragend sind, erscheinen 80% verändert, und von diesen sind wieder 44% als umgekehrte beobachtet worden. Von den Linien des Kalziums sind besonders die sehr starken Linien *H* und *K*, nahe an der Grenze des Violett gelegen, stets umgekehrt; auf diese Linien werden wir bei Gelegenheit des Fackelspektrums noch näher zurückkommen.

Eine sehr wichtige Entdeckung ist Hale an den Sonnenfleckenspektren gelungen. Er fand, daß die Linien einiger Elemente, insbesondere von Eisen und Titan, in den Sonnenflecken teils doppelt, teils dreifach erscheinen können, und zwar zweifach in der Mitte der Sonne, dreifach am Rande. Nimmt man an, daß in den Wirbeln, die wiederholt in den Flecken beobachtet worden sind (Abb. 142), die Gase elektrisch geladen sind, so ist eine Erklärung unmittelbar durch den Zeemaneffekt (S. 79) gegeben. In der Mitte der Sonne ist dann die Sehrichtung parallel zu den Kraftlinien des entstandenen magnetischen Feldes, am Rande senkrecht dazu, und dementsprechend erfolgt die Teilung der Linien in Dublets bzw. Triplets. Eine Entscheidung darüber, ob ein Zeemaneffekt vorliegt oder nicht, läßt sich durch eine Untersuchung der Polarisation der Linien treffen. Nach den entsprechenden Beobachtungen Hales unterliegt es heute keinem Zweifel, daß wenigstens ein großer Teil der in den Flecken beobachteten Linienverdoppelungen tatsächlich dem Zeemaneffekt, also magnetischen Kraftfeldern zuzuschreiben ist.

Während des letzten Fleckenminimums, also etwa Mitte 1911 bis 1913 — das Maximum ist hierzu wegen der zahlreichen Störungen ungeeignet — hat Hale auch den Nachweis eines magnetischen Feldes für die ganze Sonne zu erbringen versucht, wie es scheint, mit positivem Erfolge. Die Beobachtungen geschahen mit Hilfe eines großen in den 50 m hohen Turm des Mt. Wilsonobservatoriums eingebauten senkrechten Fernrohrs von nahe 20 m Brennweite. Das Sonnenbild, das dabei etwa 17 cm im Durchmesser hat, wurde mit Hilfe eines Spektrographen mit eingebautem Michelsonschen Gitter untersucht. Das Spektrum hatte eine solche Länge, daß die beiden *D*-Linien um 29 mm getrennt lagen. Trotz dieser Dispersion machte sich der Zeemaneffekt nur durch die Verwaschenheit einiger Linien bemerkbar, so daß das normale magnetische Feld der Sonne jedenfalls nicht bedeutend sein kann. Zu dem gleichen Ergebnis haben auch die Arbeiten des Astrophysikalischen Observatoriums in Meudon geführt.

Von besonderem Interesse sind die Verschiebungen und Verzerrungen von Linien im Fleckenspektrum, da sie nach dem Dopplerschen Prinzip Aufschluß über die Bewegungsgeschwindigkeiten der betreffenden Gasmassen im Visionsradius geben. Gewöhnlich sind nur einzelne Linien, besonders diejenigen des Wasserstoffs, davon berührt; es sind jedoch schon Verschiebungen der gesamten Linien beobachtet worden (Abb. 132). Nach den Untersuchungen von Hale sind übrigens solche auf- oder absteigenden Bewegungen in den Sonnenflecken selten und auch dann im allgemeinen verschwindend klein.

Das Spektrum der Sonnenfackeln unterscheidet sich im sichtbaren Teil vom gewöhnlichen Photosphärenspektrum nur durch die größere Helligkeit des kontinuierlichen Untergrundes. Andeutungen von einer Umkehr der Wasserstofflinien sind nicht selten visuell bemerkt worden. Von besonderem Interesse ist aber das Verhalten der Kalziumlinien *H* und *K* an der Grenze des Violett, deren Studium nur auf photographischem Wege möglich ist. Diese beiden Linien sind in den Fackeln stets umgekehrt und sogar fast immer doppelt umgekehrt. Auf der stark verbreiterten Absorptionslinie erscheint die Emissionslinie hell in zwei Komponenten, zwischen denen sich die doppelt umgekehrte feine schwarze Absorptionslinie befindet (Abb. 139). Durch die Untersuchungen von Hale und Deslandres ist nachgewiesen worden, daß sie sogar an sehr vielen Stellen der Sonnenoberfläche, an denen sich bei direkter Beobachtung nichts Besonderes auffinden ließ, hell auftreten. Hiermit ist die zunächst befremdend erscheinende Tatsache verbunden, daß die übrigen Kalziumlinien die Umkehr nicht zeigen; doch ist durch Huggins dieses Verhalten aufgeklärt worden. Die beiden Linien *H* und *K* sind die Linien der größten spektralen Empfindlichkeit des Kalziums, und zwar in außerordentlich hohem Maße. Wenn bei ganz geringer Menge von Kalziumdampf bereits alle anderen Linien längst verschwunden sind, leuchten diese beiden noch in hoher Intensität; ja es ist außerordentlich schwierig, die bei den Versuchen benutzten Elektroden so rein herzustellen, daß die Kalziumlinien nicht auftreten. Es folgt also hieraus, daß über den Fackeln und überhaupt an denjenigen Stellen, wo die Kalziumlinien umgekehrt auftreten, die Menge oder die Dichtigkeit des Kalziumdampfes nur eine sehr geringe zu sein braucht.

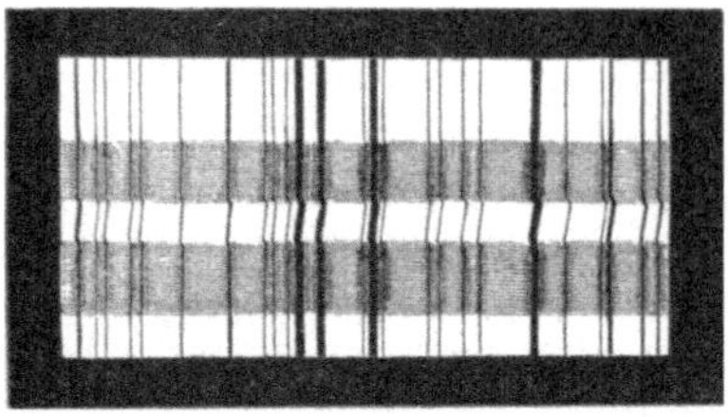

Abb. 132. Linienverschiebungen im Fleckenspektrum.

Spektroheliographische Untersuchungen. Die Umkehr der Kalziumlinien in einem breiten dunklen Felde ist zuerst von Hale zu einer neuen Methode der Sonnenbeobachtung benutzt worden, die besonders für das Studium der Fackeln von epochemachender Bedeutung gewesen ist und sich auf die Herstellung der Kalziumbilder der Sonne bezieht.

Das Instrument, mit dem Hale seine Untersuchungen anstellte, der Spektroheliograph, war ursprünglich nur zur photographischen Aufnahme der Protuberanzen bestimmt, wurde aber bald mit dem größten Erfolge auf die Fackeln angewendet. Zum Verständnis des Apparats ist z. T. auf die weiter unten gegebenen Auseinandersetzungen über die spektroskopische Beobachtung der Protuberanzen zu verweisen.

Der Spektroheliograph besteht im wesentlichen aus einem Spektroskop, welches an und für sich nur wenig von der gewöhnlichen Konstruktion verschieden ist. In der schematischen Darstellung des Spektroskopdurchschnittes (Abb. 133) befindet sich bei *S* der Spalt. Das durch denselben eindringende Lichtbündel wird durch den Kollimator *C* parallel gemacht und fällt alsdann auf den Spiegel *G*, von dem es zu den Prismen P_1 und P_2 reflektiert wird. Durch das Objektiv *B* des Beobachtungsfernrohrs wird das Spektrum auf eine photographische Platte projiziert. Es sei noch erwähnt, daß der Spiegel G durch ein reflektierendes Diffraktionsgitter ersetzt werden kann; durch diese Anordnung wird natürlich eine beträchtlich größere Zerstreuung erzielt, die für manche Zwecke vorteilhaft ist.

Die Einrichtungen, welche den Apparat von einem gewöhnlichen Spektroskop unterscheiden, sind nun die folgenden: Dicht vor der photographischen Platte F ist ein Metallschirm angebracht, in dem ein feiner Spalt von der gekrümmten Form der zu benutzenden Spektrallinien (vgl. Abb. 33) eingeschnitten ist; dieser Schirm ist verschiebbar und kann so gestellt werden, daß er genau mit der Spektrallinie H oder K koinzidiert. Dann ist alles Licht bis auf dasjenige dieser Linie abgeschnitten; dieses kann durch den Spalt hindurch auf die photographische Platte gelangen. Durch den Refraktor werde nun

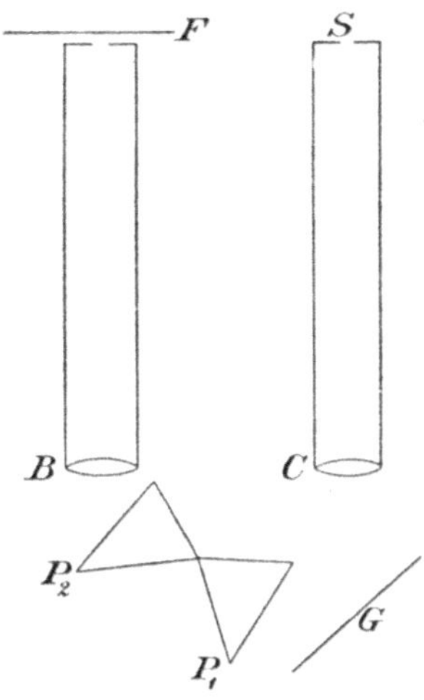

Abb. 133. Spektroheliograph. Schematische Skizze.

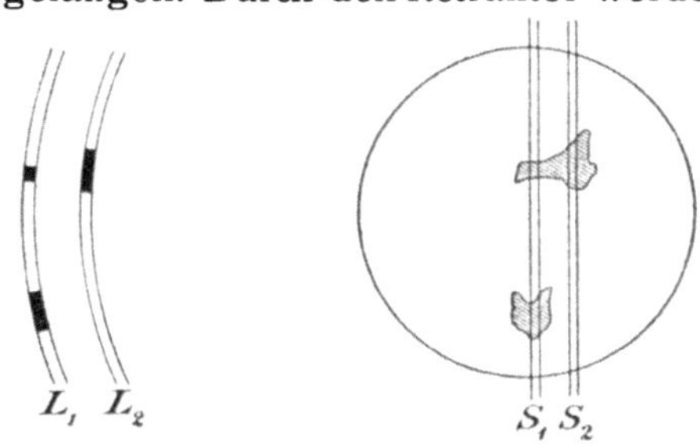

Abb. 134. Entstehung des spektroheliographischen Bildes.

das Sonnenbild (Abb. 134 rechts) auf den Spalt des Spektroskops S_1 projiziert; die Sonnenscheibe enthalte zwei Stellen, welche die Kalziumlinie hell geben (schraffiert angedeutet). Dann müssen (Abb. 134 links) auf der photographischen Platte entsprechend zwei Linienstücke des Spaltes S_1 abgebildet werden. Würde der Spalt bis S_2 verschoben, so wäre nur das eine obere Linienstück von S_2 in L_2 aufgenommen worden. Die hier angedeutete Verschiebung des Spaltes über die Sonnenscheibe geschieht nun beim Spektroheliographen in ganz kontinuierlicher Weise, indem durch langsame Drehung des Fernrohrs um die Deklinationsachse das ganze Sonnenbild über den Spalt hinweggeführt wird, während die photographische Platte sich gleichzeitig mit genau derselben Geschwindigkeit hinter dem zweiten Spalt verschiebt. Das Resultat ist eine getreue Abbildung aller derjenigen Stellen der Sonnenscheibe, die die Kalziumlinie hell zeigen, d. h. ein Kalziumbild der Sonne, auf dem man tatsächlich nur den glühenden Kalziumdampf in der Sonnenatmosphäre sieht. Es ist klar, daß man nach dieser Methode auch andere monochromatische Bilder der Sonne erhalten kann, sofern die betreffenden Linien überhaupt stellenweise hell erscheinen, wie das z. B. bei Wasserstoff sowie einigen Eisen- und Kohlenstofflinien der Fall ist.

Abb. 135 gibt eine Ansicht des großen Spektroheliographen der Yerkessternwarte in Amerika, der am Okularende des großen 102 cm-Refraktors von 19 m Länge angebracht ist. Welche außergewöhnlich großen Dimensionen dieser Apparat besitzt, wird man leicht aus der Angabe ersehen, daß das Fokalbild der Sonne hier einen Durchmesser von 18 cm hat. Eine entsprechende Höhe müssen also auch die Linsen und Prismen des Spektrographen besitzen.

Wegen der Dimensionen und des Gewichtes moderner Spektroheliographen werden diese gegenwärtig an gewöhnlichen Refraktoren kaum noch angebracht. Sowohl in Meudon wie auf dem Mt. Wilson hat man längere

Abb. 135. Älterer Spektroheliograph der Yerkessternwarte.

Zeit zur Erzeugung von Sonnenbildern horizontal montierte Reflektoren verwendet, die als Luftfernrohre gebaut wurden und im Prinzip aus Abb. 136 verständlich sind. Ein um die Weltachse drehbarer Planspiegel S_1 ist mit einem Uhrwerk derartig verbunden, daß er das Sonnenlicht ständig nach dem zweiten Planspiegel S_2 und von dort nach dem Hohlspiegel S reflektiert. Das Sonnenbild entsteht in B (Abb. 136) und kann hier visuell, photographisch oder spektroheliographisch untersucht werden. Die Unterbringung der Spiegel und Nebenapparate erfolgt dann in langen gedeckten Bahnen, wie dies im Hintergrund der Abb. 137 zu erkennen ist. Seit einigen Jahren ist HALE bei seinen Sonnenaufnahmen wieder zum Refraktorprinzip zurückgekehrt und zwar in der vertikalen Fernrohrlage als Turmteleskop, dessen Idee bereits auf S. 160 skizziert worden ist. Der kleinere der beiden Mt. Wilsontürme (50 bzw. 20 m Höhe) ist im Vordergrunde der Abb. 137 sichtbar.

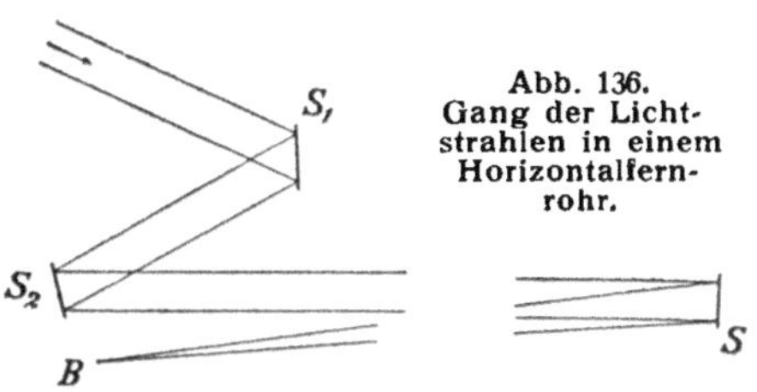

Abb. 136. Gang der Lichtstrahlen in einem Horizontalfernrohr.

Abb. 138 zeigt ein mit dem HALEschen Spektroheliographen der Yerkes-Sternwarte aufgenommenes Kalziumbild der Sonne. Wir sehen hier die ganze Sonnenscheibe mit Fackeln bedeckt, wie sie sonst nur am Sonnenrande zu erkennen sind. Die auffallend großen, zusammenhängenden Kalziumflocken befinden sich an den Stellen, wo mächtige Fackel- und Flecken-

Abb. 137. Snow- und Turmteleskop des Mt. Wilsonobservatoriums.

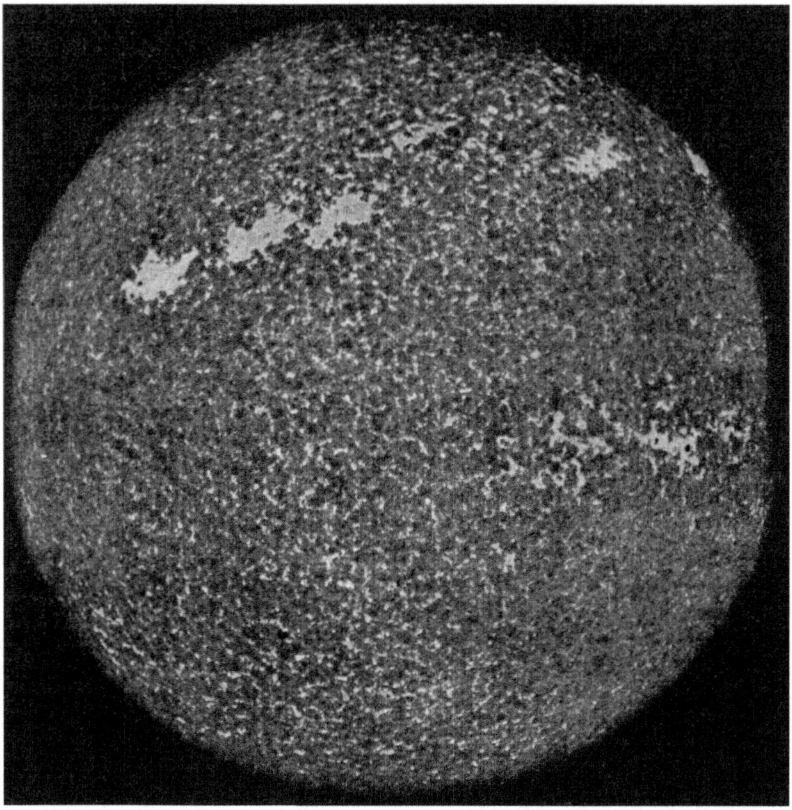

Abb. 138. Monochromatisches Sonnenbild im Lichte der K-Linie (nach Hale).

gruppen vorhanden waren. Wie wir schon kennen gelernt haben, sind die Flecken meist von Fackeln umgeben; hier erscheint das ganze Gebiet, Fackeln und Flecken, hell, und nur die Fleckenkerne machen sich als schwarze Punkte bemerkbar.

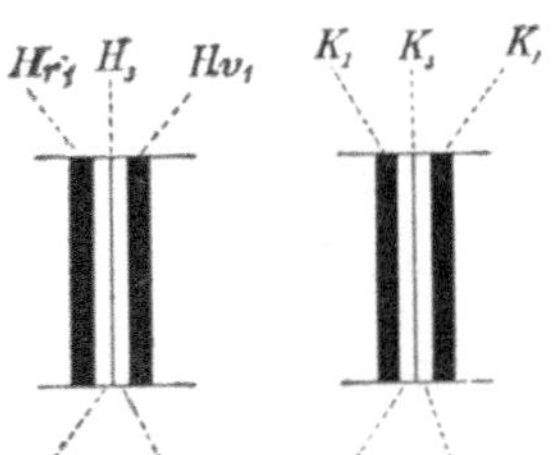

Abb. 139. Struktur der H- und K-Linie in Sonnenfackeln.

Es ist nun die Frage, ob die Kalziumwolken mit den Fackeln identisch sind oder nicht. Als sicher hat sich herausgestellt, daß im allgemeinen die Kalziumwolken sich dort befinden, wo Fackeln sind, und auch mit letzteren in ihrer Form sehr nahe übereinstimmen. Es scheint aber so, als wenn sich die leuchtenden Kalziumdämpfe zuweilen auch an Stellen zeigten, die frei von eigentlichen Fackeln sind. Hale hält die absolute Identität nicht für sicher und hat daher für die leuchtenden Wolken, Fleckchen und Adern, die seine Aufnahmen ergaben, den Namen Kalziumflocken eingeführt. Wahrscheinlich sind die Flocken die obersten Teile der Fackeln, bzw. wenn sie einzeln auftreten, die höchsten Spitzen einzelner besonders intensiver Körner der Sonnengranulation.

Nach Hale entsprechen die Mitte und die Ränder der verbreiterten Kalziumlinien verschiedenen Höhen über der Photosphäre, so daß man Bilder verschiedener Niveauflächen der Sonnenatmosphäre erhält, je nachdem der zweite Spalt des Spektroheliographen auf die Mitte oder auf die Randpartien der Kalziumlinie gesetzt wird (Abb. 139). Die hellen Linien H_2 und K_2 entsprechen vermutlich der eigentlichen Photosphäre, H_1 und K_1 den absorbierenden Dämpfen der umkehrenden Schicht, während die schmalen innersten Linien H_3 und K_3 in noch höheren Gebieten, also wohl bereits in den oberen Schichten der Chromosphäre ihren Ursprung haben.

Während die Flocken in ihren Grundformen recht konstant sind, können in Einzelheiten außerordentlich schnell und heftig verlaufende Veränderungen eintreten, wenigstens in ihren oberen Teilen. Ein sehr markantes Beispiel dieser Art hat ein Sonnenfleck vom 15. Juli 1892 geboten, von dem hier 3 spektroheliographische Aufnahmen, die von Hale um $11^h 8^m$, $11^h 47^m$ und $2^h 0^m$ aufgenommen sind, folgen (Abb. 140). Bei der mittleren dieser Aufnahmen ist der Fleck durch die Kalziummassen völlig überdeckt und überstrahlt.

Sehr interessant sind die Sonnenbilder, die Deslandres, Hale und Slocum im Lichte der $H\alpha$-, $H\gamma$ und $H\delta$-Linie des Wasserstoffs (Abb. 141) erhalten haben. Die Wasserstofflocken erscheinen auf diesen Aufnahmen viel weniger stark ausgeprägt als diejenigen auf den gleichzeitigen Kalziumaufnah-

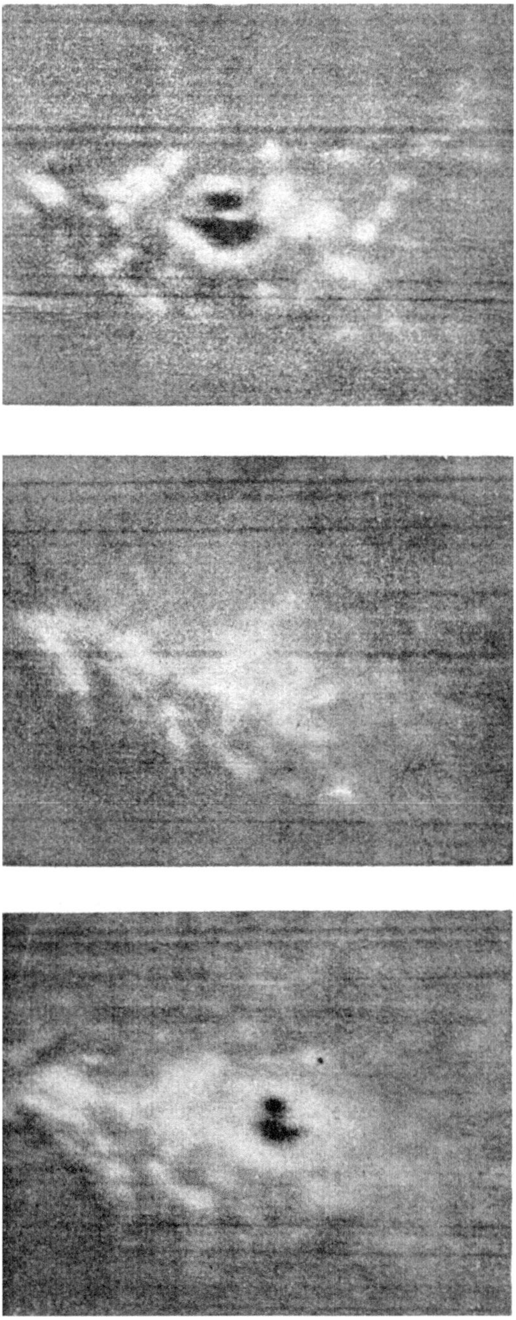

Abb. 140. Veränderungen der Flockenform im Verlauf von 3 Stunden (15. Juli 1892, nach Hale).

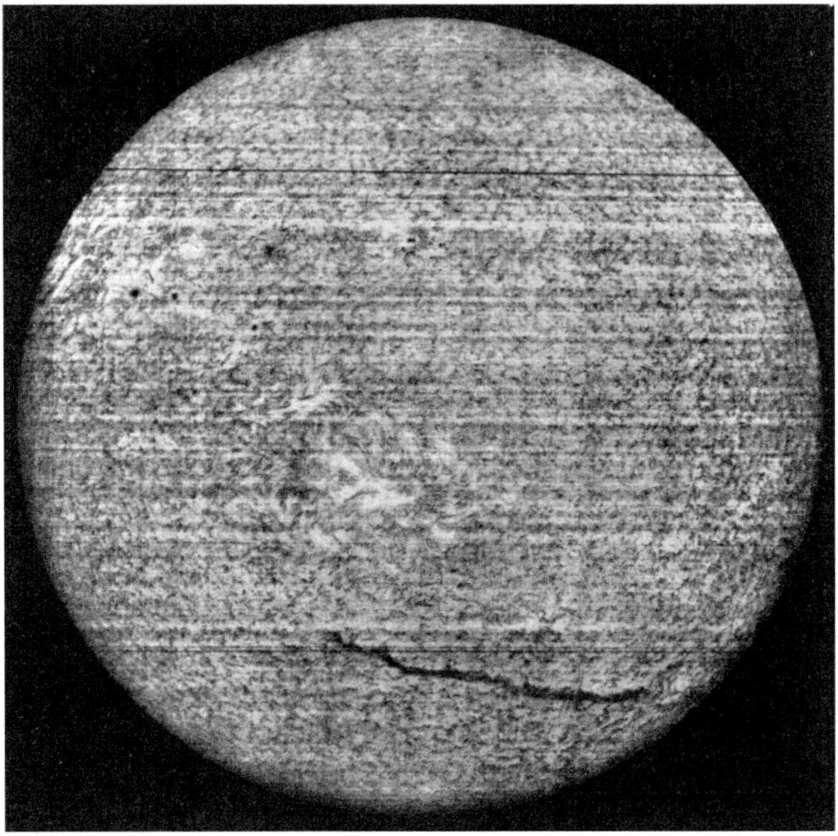

Abb. 141. Wasserstoffbild der Sonne im Lichte der Hα-Linie (nach Hale).

men, auch kommen ausgedehntere Flockenfelder seltener vor. Dafür zeigen sich hier auf der Sonnenoberfläche weite, schwarze Gebiete, die oft riß- oder fadenartig sich über weite Gebiete hinziehen und nach Deslandres als Filamente bezeichnet werden (Abb. 141). Es ist sehr wahrscheinlich, daß diese dunklen Gebiete nichts anderes sind, als Teile der später zu besprechenden Chromosphäre, über denen abgekühltere Wasserstoffgase schweben, also Gebilde, die uns am Sonnenrande in der Form von Protuberanzen entgegentreten. Sehr beachtenswert ist die Wirbelform, in der die hellen Wasserstoffflocken auf diesen Aufnahmen zuweilen erscheinen (Abb. 142).

Nimmt man die Kalziumwolken als identisch mit den Fackeln an, so ist nach Abb. 138 ohne weiteres zu erkennen, daß man die spektroheliographischen Aufnahmen ungleich besser zur Ableitung der Fackelbewegungen benutzen kann als die direkten Sonnenaufnahmen. Erfolgreiche Versuche in dieser Hinsicht sind auf der Yerkessternwarte, auf dem Observatorium der Smithsonian Institution in Washington u. a. angestellt werden. Die besten Ergebnisse sind von Abbot in der nachstehenden Übersicht vereinigt worden, in der nach der heliographischen Breite b der tägliche Rotationswinkel

ξ, wie er sich im Mittel aus vielen Beobachtungen ergibt, tabuliert ist, unter gleichzeitiger Mitnahme der aus den Wasserstoffflocken folgenden Rotation und dem Ergebnis der KEMPFschen Formel (S. 182).

b	Flecke	Fackeln	*Ca*-Flocken	*H*-Flocken	Formel
0— 5°	14.40°	14.56°	14.54°	14.3°	14.44°
5—10	14.35	14.52	14.41	14.4	14.40
10—15	14.25	14.33	14.30	14.6	14.32
15—20	14.13	14.21	14.13	14.5	14.20
20—25	13.98	14.19	13.99	14.7	14.06
25—30	13.80	14.04	13.97	14.7	13.88
30—35	13.60	13.60:	13.75	14.9	13.68

Die sehr nahe Übereinstimmung, die die Rotationsbewegung der Flecken, Fackeln und Kalziumflocken in den einzelnen Breiten zeigt, ist bemerkenswert. Um so auffallender erscheinen die Abweichungen der vorletzten Reihe, für die vorläufig eine Erklärung fehlt, wenn man nicht annehmen will, daß die Schicht, in der die Wasserstoffflocken auftreten, ein eigenes entgegengesetzt orientiertes Rotationsgesetz befolgt. Wie man sieht, nimmt die Geschwindigkeit hier nach den Polen zu, anstatt abzunehmen.

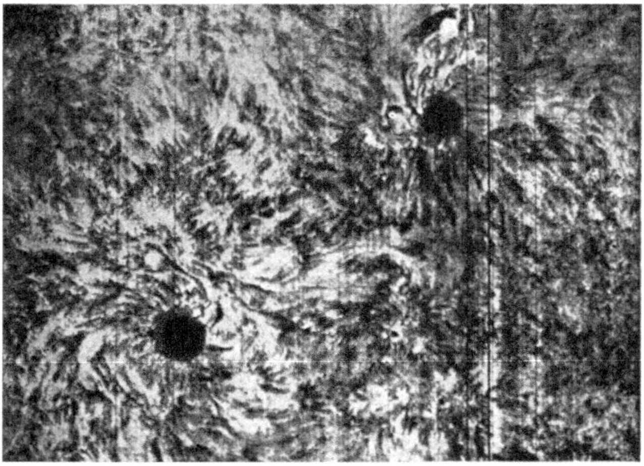

Abb. 142. Wasserstoffflocken und -wirbel in der Umgebung eines Doppelflecks (nach Hale).

Sieht man von der erwähnten Anomalie ab, so erscheint es als ziemlich sicher, daß die Photosphäre mit Flecken, Fackeln und Kalziumflocken ein gemeinsames Umdrehungsgesetz befolgt, wie es bereits auf S. 182 formuliert wurde. Eine Nachprüfung dieser Vermutung gestattet das DOPPLERsche Prinzip. Die Untersuchung über das Rotationsgesetz kann dann so angestellt werden, daß man die Größe der Verschiebung an den verschiedenen Stellen des Randes, also unter den verschiedenen heliographischen Breiten, mißt. Da aber die Maximalgeschwindigkeit am Äquator nur 2 km beträgt, und es sich bei den Veränderungen um geringe Bruchteile dieses Betrages handelt, so läßt sich leicht übersehen, daß die betr. Messungen eine außerordentliche Genauigkeit erfordern.

DUNÉR hat zuerst eine derartige Untersuchung mit einem starken Gitterspektroskop ausgeführt, indem er die Distanz einiger Sonnenlinien von einer atmosphärischen, also von der Sonnenrotation unabhängigen Linie maß. In wesentlich größerem Maßstabe ist dann die gleiche Untersuchung von der

Internationalen Sonnenvereinigung (Solar Union) mit den besten Mitteln der Neuzeit in Angriff genommen worden. Die Arbeit ist an verschiedene Sternwarten so verteilt, daß jede die betr. Messungen der Randgeschwindigkeiten in einem bestimmten Spektralgebiet ausführt. Es läßt sich aus den vorläufigen Ergebnissen nur soviel schließen, daß der DOPPLEReffekt im Mittel wohl die gemeinsame Rotation der Flecken, Fackeln und Kalziumflocken bestätigt, im einzelnen jedoch beträchtliche Abweichungen hiervon zeigt. Die einfachste Annahme wäre die, daß die betr. Gase und Dämpfe sich in Schichten verschiedener Tiefe befinden oder sich in bevorzugten Richtungen bewegen und so den Rotationseffekt verfälschen. Einen Mittelwert der aus den Linienverschiebungen erhaltenen Umdrehungselemente findet man in dem obenstehenden Täfelchen, das bis zu Breiten von 75⁰ reicht, da ja die Anwendbarkeit der DOPPLERmethode auf die Sichtbarkeitszonen von Flecken, Fackeln und Flocken nicht beschränkt ist.

b	ξ	b	ξ
0— 5°	14.59°	25—30°	13.74°
5—10	14.48	30—35	13.50
10—15	14.33	45	12.8
15—20	14.15	60	11.5
20—25	13.95	75	10.8

Das Spektrum des Sonnenrandes. Die sichtbare äußere Begrenzung der Sonne ist die Photosphäre, ohne daß sie es auch in Wirklichkeit wäre; vielmehr erstreckt sich die Sonnenatmosphäre noch sehr viel weiter in den Raum hinein. Der oberhalb der Photosphäre gelegene Teil ist aber für gewöhnlich nicht sichtbar, da sein Licht so schwach ist, daß es von der besonders unmittelbar an der Sonne äußerst stark leuchtenden Erdatmosphäre überblendet wird. Könnte man sich über unsere Atmosphäre erheben, so würde die Verdeckung der Sonnenscheibe durch einen passenden kreisrunden Schirm genügen, um die Sonnenatmosphäre in ihrer ganzen Ausdehnung sichtbar zu machen. Etwas Ähnliches tritt nun bei den totalen Sonnenfinsternissen ein; hierbei wird durch einen außerhalb unserer Atmosphäre befindlichen Körper, den Mond, die Sonnenscheibe abgedeckt; damit hört die Beleuchtung unserer Atmosphäre zum größten Teile auf, und die Sonnenatmosphäre erscheint in allen ihren Einzelheiten. Leider ist die Dauer der Totalität immer nur eine sehr geringe, nach wenigen (höchstens sieben) Minuten zählende, so daß die Beobachtungen stets in größter Eile erfolgen müssen. Die nächsten totalen Verfinsterungen der Sonne sind wie folgt zu erwarten:

21. Sept. 1922	24. Jan. 1925	29. Juni 1927	9. Mai 1929	31. Aug. 1932
10. „ 1923	14. „ 1926	19. Mai 1928	21. Okt. 1930	14. Febr. 1934.

Die Erscheinungen bei einer totalen Sonnenfinsternis, soweit sie sich auf den äußeren Rand und die Umgebung der Sonne beziehen, sind etwa die folgenden.

Im ersten Moment der Totalität, d. h. unmittelbar nachdem der fortschreitende Mond den Photosphärenrand in eine sog. Perlschnur aufgelöst und bedeckt hat, tauchen für einen kurzen Moment (1 oder 2^s) in dem sog. Flashspektrum die FRAUNHOFERschen Linien hell auf. Man hat daher die sehr schmale Gashülle, der sie entstammen, als umkehrende Schicht bezeichnet. Mit dem Verschwinden des letzten Lichtblitzes erscheint die Mondscheibe von einem roten 10 bis 15″ breiten Ring, der Chromosphäre umgeben, der nach außen oft unregelmäßig begrenzt ist und hier und da wolkenartige Hervorragungen von roter Farbe, die sog. Protuberanzen, aufweist. An die Chromosphäre schließt sich ein silberweißer Saum an, der schnell an Intensität abnimmt und zuweilen bis zum Mehrfachen des Sonnendurchmessers verfolgt werden kann. Diesen für den Beschauer wirkungsvollsten Teil der Sonnenatmosphäre hat man Korona genannt.

Wie die spektroskopische Beobachtung gelehrt hat, bestehen Chromosphäre und Protuberanzen wesentlich aus Wasserstoff, Helium und Kalzium; in den Linien dieser Metalldämpfe können diese Gebilde demnach spektroheliographisch zu allen Zeiten studiert werden, während dies bei der Korona bisher nicht gelungen ist. Hier ist man noch immer auf die wenigen Minuten einer Sonnenfinsternis angewiesen. Die umkehrende Schicht ist einige Male auf hohen Bergen auch außerhalb einer Finsternis beobachtet worden, unter anderen von Young und Hale.

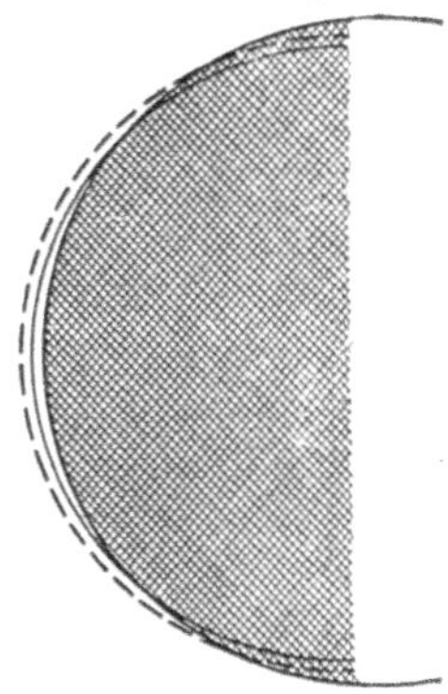

Abb. 143. Entstehung des Flashspektrums.

Wenden wir uns zunächst der umkehrenden obersten Photosphärenschicht zu, so ist, wie auf allen Gebieten der Astrophysik, ihr genaueres Studium der Anwendung der Photographie und zwar der Prismenkamera zu verdanken. Die Prismenkamera ist ein photographischer Apparat nach Art der Abb. 48, der durch ein Gitter oder ein bzw. mehrere Prismen in ein Spektroskop ohne Spalt verwandelt ist. Als Spalt dient die umkehrende Schicht selbst, so daß die Linien des Spektrums auf den Aufnahmen in der Form dieser Schicht, also als Kreisbögen, erscheinen. Die Aufnahmen werden unmittelbar nach der Verdeckung der Sonnenscheibe oder am anderen Rande unmittelbar vor dem Auftauchen derselben hergestellt, und zwar wird (Abb. 143) der Moment benutzt, in welchem die Mondscheibe (schraffiert angedeutet) den eigentlichen Sonnenrand beinahe berührt, so daß von der Sonnenscheibe nur eine äußerst schmale Sichel übrig bleibt. Diese schmale Sichel dient als Spalt, und es entsteht zunächst ein gewöhnliches Sonnenspektrum mit den dunklen Fraunhoferschen Linien in Form dieser Sichel.

Die punktierte Linie möge nun die umkehrende Schicht andeuten; an den beiden Sichelenden, an denen die Mondscheibe die Sonne vollständig verdeckt, bleibt die umkehrende Schicht auf eine kurze Strecke außerhalb des Mondrandes, und diesen Stellen entsprechend müssen an den Enden der dunklen Fraunhoferschen Linien die hellen Umkehrlinien auftreten, so daß man unmittelbar erkennen kann, bei welchen dunklen Linien die Umkehr auftritt.

In Abb. 144 ist die Erscheinung der völligen Linienumkehr 1 bis 2^s vor Beginn bzw. nach Schluß der Totalität auf das deutlichste zu erkennen. Das obere Spektrum ist beim zweiten Kontakt aufgenommen, das untere beim dritten Kontakt; hier ist bereits ein kleines Stück der Sonnenscheibe aufgetaucht und hat den mittleren hellen Streifen des kontinuierlichen Spektrums verursacht. Es ist übrigens zu beachten, daß nur die kurzen scharfen Linien dem eigentlichen Flashspektrum angehören. Die großen breiten und hellen Bögen rühren bereits der Hauptsache nach von den Gasen der Chromosphäre, insbesondere von Wasserstoff und Kalzium her. Sie erscheinen in den Formen der Chromosphäre und stellen im Original ungefähr Halbkreise dar. In Abb. 145 treten sogar einige Protuberanzen deutlich hervor.

Die Bestimmung der Schichtendicken der glühenden Gase oberhalb der Photosphäre, die aus der Länge der Flashlinien erfolgen kann, ist mit be-

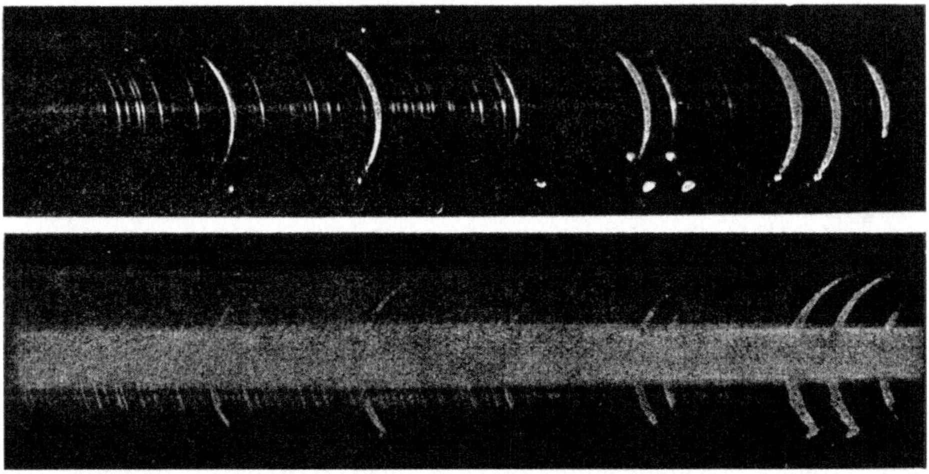

Abb. 144. Flashspektrum beim zweiten und letzten Kontakt am 28. Mai 1900.

sonderen Schwierigkeiten verknüpft, die darin begründet sind, daß eine schwache Linie naturgemäß nicht so weit verfolgt werden kann als eine starke, daß also die Messungen an verschiedenen Linien desselben Elements zu recht verschiedenen Werten führen können. Bei der Vergleichung der Höhen verschiedener Elemente dürfen demnach eigentlich nur Linien gleicher Intensität benutzt werden, was streng durchzuführen gar nicht möglich ist.

Um einen einigermaßen brauchbaren Vergleich auszuführen, wird man nur diejenigen Höhen benutzen, die als Maximum für die Linien eines jeden Elements gefunden sind. Ordnet man dann die Metalle nach der Höhe, so erhält man nach JEWELL die nebenstehende Tabelle von 17 Elementen. Für genähert richtig wird man diese Höhen wohl halten können; jedenfalls ist der Einfluß der Helligkeit der Linien sehr herabgedrückt, wie das Beispiel des Natriums zeigt, dessen Höhe trotz der großen Intensität der *D*-Linien nur gering ist.

Element	Höhe in km	Atomgewicht
Kalzium	24000	40
Wasserstoff	12800	1
Helium	12000	4
Magnesium	8000	24
Ytterbium?	6400	174
Titan	5600	48
Strontium	5600	88
Aluminium	2800	27
Scandium	2800	44
Barium	2400	137
Natrium	1600	23
Eisen	1600	56
Yttrium	1600	89
Mangan	1300	55
Vanadium	320	51
Zink	240	65
Kadmium	200	112

Eine Abhängigkeit der Höhe vom

Atomgewicht ist im einzelnen nicht streng ausgesprochen. Kalzium reicht bis doppelt so hoch als Wasserstoff; Barium als schwerstes aller beobachteten Elemente hat eine mittlere Höhe, und das sehr leichte Natrium reicht nicht so hoch als das schwere Barium. Auffällig ist das Vorkommen von Helium im Emissionsspektrum der umkehrenden Schicht. Im Spektrum der Photosphäre sucht man in der Regel vergeblich nach den zugehörigen Absorptionslinien.

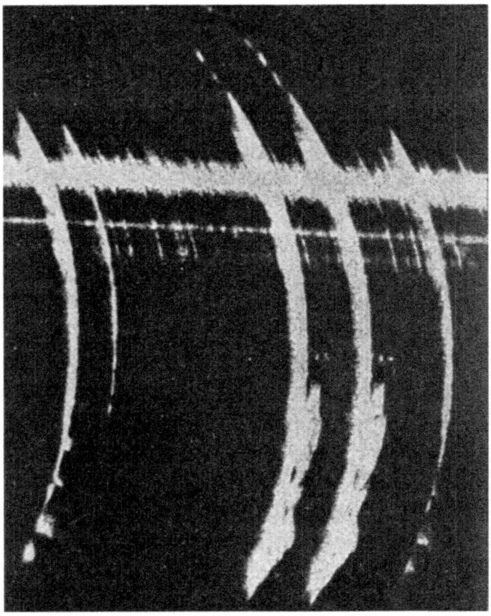

Abb. 145. Flash- und Chromosphärenspektrum (Teilbild) von der Totalität am 30. August 1905 (nach Schwarzschild).

Wir müssen noch auf eine Frage eingehen, welche bis jetzt nicht definitiv entschieden ist. Einige Aufnahmen des Flashspektrums, bei denen dunkle und helle Linien gleichzeitig auftreten, zeigen bei gewissen Linien nicht nur Unterschiede in der Helligkeit, sondern auch Abweichungen in den Wellenlängen. In einem Falle hat Campbell gefunden, daß die Verschiebungen für sämtliche betroffene Linien in demselben Sinne erscheinen, indem die dunklen Linien etwas nach Violett zu liegen; in anderen Fällen aber war die Verschiebungsrichtung bei den einzelnen Linien eine verschiedene. Bei den großen Geschwindigkeiten von Gasströmen, die ständig auf der Sonne zu beobachten sind, dürften derartige Verschiebungen durchaus nicht auffallend erscheinen; man kann aber auch an den Einfluß von Druck denken, indem sich die leuchtenden Gase je nach ihrer Höhe unter recht verschiedenen Druckverhältnissen befinden werden, wie das durch die verschiedenartige Verbreiterung mancher Linien unmittelbar zur Anschauung gelangt.

Das Spektrum der Chromosphäre und der Protuberanzen ist außerhalb der Totalität verhältnismäßig leicht zu beobachten, indem bei radial gestelltem Spalt die Emissionslinien als helle Fortsetzungen der betr. Absorptionslinien erscheinen. Die Gase, die dabei stets auftreten, sind in der Hauptsache Wasserstoff, Helium und Kalzium. Mit Ausnahme des Wasserstoffes sind aber die Elemente durchaus nicht immer mit allen Linien vertreten. Von anderen Elementen lassen sich noch Magnesium, Natrium, Eisen, Nickel, Titan u. a. in der Chromosphäre und in den ursächlich mit ihr zusammenhängenden Protuberanzen nachweisen. Bei radial gestelltem Spalt ist das Aussehen der Linien des Kalziums ein sehr charakteristisches. Die Linien sitzen am Sonnenrande breit auf und enden nach außen in einer feinen Spitze. Die Erklärung hierfür ist sehr einfach. Einmal sind die Gase in den tieferen Schichten dichter als in den oberen; dann aber ist auch die Wegstrecke, welche der tangential vom Sonnenrande ausgehende Lichtstrahl durch die Chromosphäre zu durchlaufen hat, eine um so längere, je tiefer der Ausgangspunkt liegt. Beide Umstände müssen im Sinne einer Verbreiterung wirken, ebenso auch die wohl höhere Temperatur der tieferen Teile.

Ein ganz besonderes, entgegengesetztes Verhalten zeigt zuweilen die Heliumlinie D_3, die zunächst am Sonnenrande mit einer feinen Spitze beginnt, dann breiter wird, um wieder in eine Spitze nach außen hin zu enden. Eine Erklärung hierfür glaubte SCHEINER darin zu finden, daß das Helium eine Schicht oberhalb der Photosphäre bevorzugt, deren Maximaldichtigkeit in einem gewissen Abstand von der Photosphäre liegt; die Erscheinung bildet aber durchaus nicht die Regel. Auf die sehr auffallende Tatsache, daß der D_3-Linie für gewöhnlich keine dunkle Absorptionslinie im Photosphärenspektrum entspricht, ist bereits hingewiesen worden. Eine Erklärung hierfür ließe sich aus der Annahme, daß das Helium eine nur verhältnismäßig dünne, wenig absorbierende Schicht oberhalb der Photosphäre bildet, leicht ableiten. Der Anschauung widerspricht indessen die hohe Prozentzahl, mit der Helium in der umkehrenden Schicht vertreten ist (S. 206). Die früher wiederholt geäußerte Vermutung, daß das Helium im Widerspruche mit dem KIRCHHOFFschen Satze keine Absorption ausübe, wird durch die Tatsache widerlegt, daß die Fackeln zuweilen deutlich die Absorptionslinien des Heliums zeigen und unter den Fixsternen eine besondere Spektralklasse, der B-Typus (Orion-Plejaden-Skorpiongruppe u. a.), durch das kräftige Auftreten der dunklen Heliumlinien direkt charakterisiert ist.

Die Protuberanzen. Obwohl die Protuberanzen nur einen Teil der Chromosphäre darstellen, so bieten sie doch in allen ihren Erscheinungsformen so viel Interesse, daß ihnen einige besondere Betrachtungen gewidmet werden müssen.

Um die Protuberanzen in ihren Formen und Veränderungen studieren zu können, ist nichts weiter erforderlich, als den Spalt des Spektroskops so weit zu öffnen, daß nicht mehr der Spalt, sondern das Bild der Protuberanz als Lichtquelle dient, mithin die betreffende Linie in der Form der Protuberanz im Spektroskop erscheint.

Der Vorgang ist nach Abb. 146 ohne weiteres verständlich. Auf den Spalt eines an einem Refraktor angebrachten Spektroskops wird eine Stelle des Sonnenrandes, an der sich eine Protuberanz befindet, projiziert. Auf dem kontinuierlichen Spektrum der erhellten Erdatmosphäre erscheinen dann die Emissionslinien der Protuberanz in einer der Ausdehnung der letzteren entsprechenden Länge genau so, wie es bereits für die Kalziumflocken in Abb. 134 klargelegt wurde. Während aber dort auf dem hellen Sonnenhintergrunde die Breite des Spaltes $L_1 L_2$ durch die Breite der dunklen K-Linie begrenzt war, kann hier, außerhalb der Photosphäre, der Spalt von S_1 bis S_n verschoben bzw. noch weiter geöffnet werden, bis die Spektrallinie die Form der Protuberanz annimmt. Natürlich wächst mit zunehmender Spaltöffnung auch die Helligkeit des kontinuierlichen Spektrums, so daß schließlich die Protuberanz überstrahlt werden kann. Dem läßt sich aber leicht durch Vermehrung der Dispersion entgegenwirken, weil dadurch die Länge des Spektrums vergrößert, die Lichtdichtigkeit des Hintergrundes also vermindert wird, während die im homogenen Lichte erscheinende Protuberanz in ihrer Helligkeit nicht geändert wird. Die Protuberanzspektroskope, die, wie wir sahen' im übrigen beliebig konstruiert sein können, müssen deshalb stets sehr starke

Dispersion besitzen. Schon aus diesem Grunde sind Gitterspektroskope empfehlenswerter als solche mit Prismensystemen.

Bei der Beobachtung ist es praktisch, den Spalt nicht senkrecht zum Sonnenrande zu stellen, sondern tangential, weil sonst das helle Spektrum der Sonne leicht alles überstrahlt. Die Beobachtung kann natürlich in jeder Spektrallinie erfolgen, die hell erscheint; aber für die Praxis kommen doch nur wenige Linien in Frage. Bei visueller Beobachtung empfiehlt sich als geeignetste Linie die rote Linie $H\alpha$ des Wasserstoffs, da sie sehr hell ist, sich gut vom Untergrunde abhebt und auch die besten Bilder der Protuberanzen gibt; die Schärfe der übrigen Wasserstofflinien nimmt immer mehr ab, je weiter sie nach dem Violett zu liegen; daher sind die blauen und violetten Linien des Wasserstoffs wenig zu photographischen Aufnahmen geeignet. Diese können entweder in einem gewöhnlichen Spektrographen erfolgen oder aber in sehr viel besserer Weise mittels des Spektroheliographen, wobei gleichzeitig sämtliche Protuberanzen des Sonnenrandes aufgenommen werden. Verwendet werden dabei meist die Linien $H\alpha$ des Wasserstoffs sowie H und K des Kalziums. Eine sehr deutliche Anschauung davon, wie eine Protuberanz innerhalb der dunklen H- und K-Linien bei stärker geöffnetem Spalt erscheint, gibt Abb. 147.

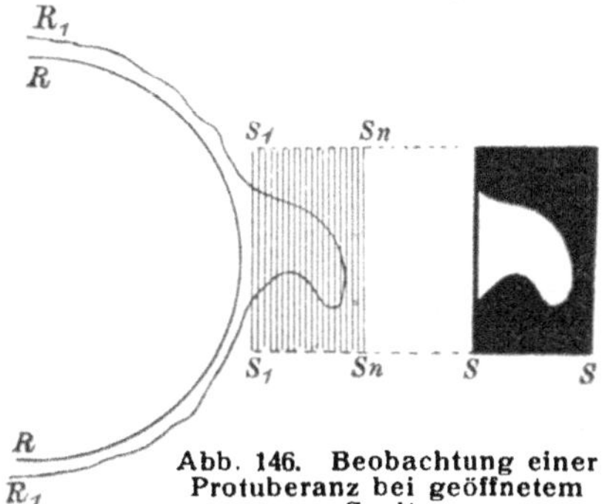

Abb. 146. Beobachtung einer Protuberanz bei geöffnetem Spalt.

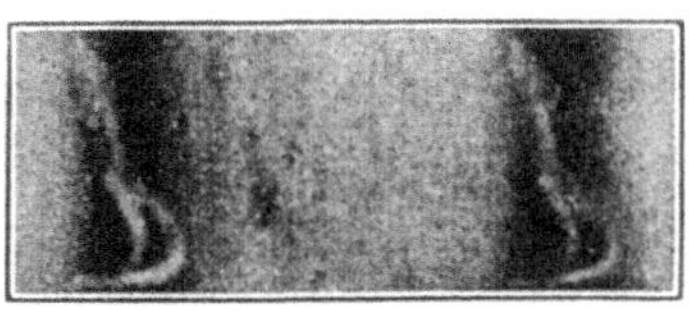
Abb. 147. Protuberanz innerhalb der Kalziumabsorptionen H u. K des Sonnenspektrums. (Nach Hale.)

Die Protuberanzen sind außerordentlich veränderliche Gebilde; man kann ihr Entstehen und Vergehen häufig innerhalb weniger Stunden verfolgen. Sie treten in den verschiedensten Formen auf, von einfachen schwebenden Wolken bis zu explosionsartigen Erscheinungen. Man hat versucht, sie nach ihren Formen in verschiedene Klassen einzuteilen, doch hat dies wesentlich nur den Zweck einer besseren Übersicht und Darstellung.

Am einfachsten ist es, sie in zwei Klassen zu trennen, die sich durch ihr Spektrum und damit auch durch ihren Ursprung oder wenigstens die Intensität ihres Ursprungs unterscheiden. Die erste Klasse bilden die wolkenartigen Protuberanzen, die nur Erhebungen der Chromosphäre darstellen, und die wie jene nur aus Wasserstoff, Helium und Kalzium bestehen. Die zweite Klasse sind die eruptiven Protuberanzen, deren erzeugende Ursache so tief liegt oder so intensiv ist, daß auch andere Elemente mit emporgehoben werden. Sie unterscheiden sich von den Wolkenprotuberanzen dadurch, daß sie niemals besonders große Höhen erreichen; ihre Farbe bei Finsternissen ist weiß, weil sie Linien aller Spektralfarben enthalten, während die Wolkenprotuberanzen rotviolett erscheinen, wegen der überwiegenden Intensität der roten $H\alpha$- und der blauen und violetten $H\beta$-, H- und K-Linien.

Die Protuberanzen können an allen Teilen des Sonnenrandes erscheinen,

Nördliche Heliogr. Breite	Anz. der Protub.	Südliche Heliogr. Breite	Anz. der Protub.
+ 90° bis 80°	24	— 0° bis 10°	528
+ 80 „ 70	84	— 10 „ 20	611
+ 70 „ 60	160	— 20 „ 30	822
+ 60 „ 50	433	— 30 „ 40	707
+ 50 „ 40	517	— 40 „ 50	720
+ 40 „ 30	638	— 50 „ 60	447
+ 30 „ 20	668	— 60 „ 70	130
+ 20 „ 10	593	— 70 „ 80	57
+ 10 „ 0	507	— 80 „ 90	18

also auch an den Polen; bevorzugt sind aber diejenigen Stellen des Randes, an denen auch Flecken oder Fackeln auftreten. In welchem Maße dies der Fall ist, zeigt nebenstehende Zusammenstellung der Protuberanzen, die Riccò in den Jahren 1880 bis 1890 beobachtet hat.

Die Maxima liegen also genau wie bei den Flecken zwischen den Breiten 20° und 40°. Die Anzahl der Protuberanzen nimmt nach den Polen zu stark ab, nach dem Äquator zu jedenfalls weniger als bei den Flecken. Eine zweite maximale Zone unterscheidet Riccò zwischen 40° und 60° Breite. Sie tritt besonders deutlich nach dem Fleckenmaximum auf und enthält ausschließlich die ruhenden Wasserstoffprotuberanzen, während in der Hauptzone die mehr eruptiven metallischen Protuberanzen überwiegen.

Die bei den Flecken beobachtete Gesetzmäßigkeit, daß bis zum Minimum die mittlere Breite der Häufigkeit von etwa 40° bis in die Nähe des Äquators herabsinkt, um dann nach dem Minimum plötzlich wieder in hohen Breiten zu beginnen, findet sich auch bei den Protuberanzen wieder, wenn auch nicht in so ausgesprochener Weise. An irgendeinem Zusammenhange zwischen beiden Erscheinungen kann daher nicht gezweifelt werden, zumal, wie bereits oben erwähnt worden ist, die auffallendsten Protuberanzerscheinungen in der unmittelbaren Umgebung von Flecken zustande kommen.

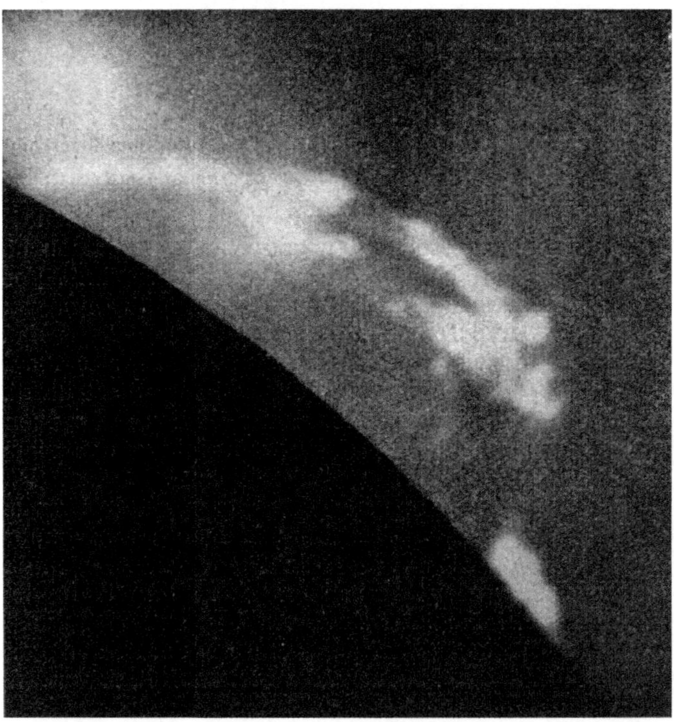

Abb. 148. Protuberanz bei der Sonnenfinsternis am 16. April 1893.

Die Helligkeit der meisten Protuberanzen ist im allgemeinen viel geringer als diejenige der Chromosphäre und nimmt überhaupt nach außen zu ab. Infolgedessen erscheinen auch die Protuberanzen bei Sonnenfinsternissen meist wesentlich höher und ausgedehnter als vorher und nachher im Spektroskop. Ihre Höhe beträgt in normalen Fällen 30″ bis 40″, entsprechend einer Erhebung von 22000 bis 29000 km, doch sind bei Sonnenfinsternissen und Tagesbeobachtungen bereits Protuberanzen von ganz enormen Höhen festgestellt worden, die 500000 km und mehr erreichten. Die größte Höhe einer Protuberanz, welche bisher wohl beobachtet worden ist, betrug 831000 km oder fast 19′. Das Gebilde ist am 8. Oktober 1920 auf der Yerkessternwarte in 57 Spektroheliogrammen festgehalten worden. Eine nur wenig niedrigere Protuberanz von 760000 km Höhe ist in ihrem Anfangsstadium während

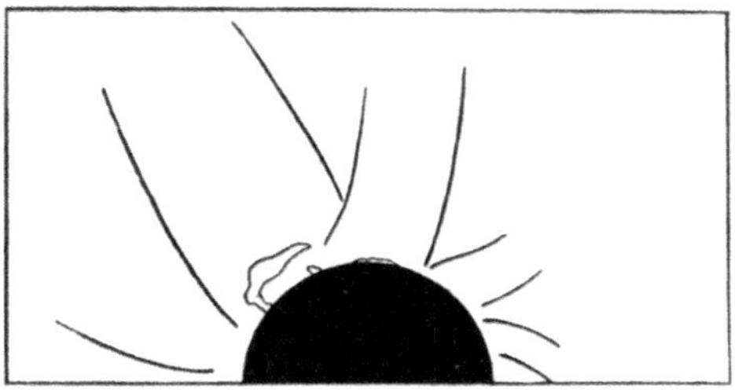

Abb. 149. Große Protuberanz während der Totalität am 29. Mai 1919.

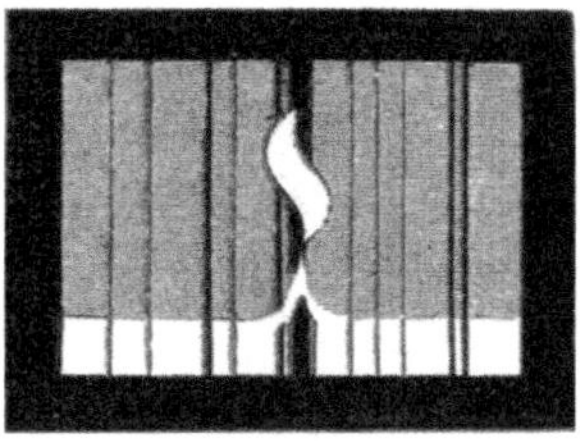

Abb. 150. Linienumkehr mit Wirbelbewegung bei einer Protuberanz.

der totalen Sonnenfinsternis am 19. Mai 1919 sichtbar gewesen (Abb. 149). In beiden Fällen handelte es sich um Eruptionen, die die erwähnten riesigen Sonnenabstände nur noch in Form losgerissener Wolken erlangten. Mit der Chromosphäre zusammenhängende Protuberanzen erreichen selten Höhen über 200000 km.

Über die Kräfte, die bei der Bildung so gewaltiger Protuberanzen eine Rolle spielen, herrscht noch völlige Ungewißheit. Werden die Gaswolken als emporgeschleuderte Massen aufgefaßt, so läßt sich bei Protuberanzen von der etwa in Abb. 148 dargestellten Eruptivform wenigstens die Anfangsgeschwindigkeit berechnen. Bezeichnet h die maximale Höhe der Protuberanz in km, α den Neigungswinkel der Bahn gegen die Horizontale g die Schwerebeschleunigung auf der Sonne (0.270 km), so ist die Anfangsgeschwindigkeit c und die Zeit t der Entwicklung durch

$$c = \sqrt{\frac{2hg}{\sin^2\alpha}} \quad \text{und} \quad t = \frac{c \sin\alpha}{g}$$

gegeben.

Die enormen Geschwindigkeiten von 200, 300 und mehr km, die dabei beobachtet werden, lassen es erwarten, daß sie, in der Gesichtslinie verlaufend, auch zu Linienverschiebungen nach dem DOPPLERschen Prinzip Veranlassung geben. In der Tat sind solche häufig in Form von starken Verzerrungen der betreffenden Spektrallinien zu beobachten, wodurch angedeutet wird, daß die Geschwindigkeiten in den verschiedenen Teilen der Protuberanz von sehr verschiedener Stärke sind. Die hieraus resultierenden Geschwindigkeiten betragen bis zu 400 km in der Sekunde, entsprechen also den durch direkte Beobachtung gefundenen Werten. Auch vollständige Wirbelbewegungen sind beobachtet worden, z. B. von VOGEL bei einer Protuberanz vom 3. Juni 1871 (Abb. 150).

Die Korona. Bei totalen Sonnenfinsternissen erscheint oberhalb der Chromosphäre die Korona, eine silbergraue oder weißliche Umhüllung der

Abb. 151. Die Sonnenkorona am 30. August 1905. Maximumtypus. (Zeichnung nach phot. Aufnahmen.)

Sonne von streifiger Struktur, deren Intensität im allgemeinen nach außen hin stark abnimmt. Das Studium der Korona ist bei den Sonnenfinsternissen der letzten drei Jahrzehnte sehr eifrig betrieben worden, und die Anwendung der Photographie hat bedeutende Fortschritte in den Ergebnissen gezeitigt; aber das Gebundensein an die wenigen Minuten der Totalität und die Seltenheit der Beobachtungsgelegenheit steht einem systematischen Studium sehr entgegen. Man hat deshalb zahlreiche Versuche gemacht, die Korona außerhalb der Sonnenfinsternisse der Beobachtung zugänglich zu machen, wie dies bei den Protuberanzen JANSSEN und LOCKYER 1868 mit so schönem Erfolge geglückt war. Bei der Korona sind aber die Schwierigkeiten viel größer, da die Helligkeit der spezifischen Koronalinien recht gering ist. Verschiedene Sonnenphysiker, wie Huggins, Hale, Hanski haben daher andere Wege einzuschlagen versucht. Aber weder die Verwendung spezieller Platten und Lichtfilter, noch die Benutzung der sonst so erfolgreichen spektroheliographischen und bolometrischen Methode hat zu einem nennenswerten Erfolg geführt, obwohl die Beobachtungen auf hohen Bergen, also unter den günstigsten atmosphärischen Verhältnissen stattfanden.

Der allgemeine Anblick der Korona bei den Finsternissen wechselt in starkem Maße im Zusammenhange mit der 11 jährigen Periode der Sonnen-

Abb. 152.
Die Sonnenkorona am 27. Juli 1896 (Übergang vom Maximum- zum Minimumtypus).

tätigkeit. Stets zeigt sie die Neigung zur Büschel- und Strahlenbildung, und ihre Ausläufer lassen sich häufig bis zu mehreren Sonnendurchmessern verfolgen. Wenn dabei ihre Struktur an manchen Stellen nicht deutlich hervortritt, so liegt dies daran, daß die Korona ja kein Flächen-, sondern ein Raumgebilde ist, so daß bei der Projektion zahlreiche Überdeckungen stattfinden, die das Bild ganz verwischen können. Dasselbe gilt für die Ermittelung des Ursprungs der Strahlen, die scheinbar alle vom Sonnenrande ausgehen, deren Anfang in Wirklichkeit aber weit hinter oder vor der scheinbaren Scheibe gelegen sein kann.

Als typische Form der Korona zur Zeit eines Fleckenminimums ist die Wiedergabe auf Tafel III zu betrachten, die nach einer Aufnahme während der

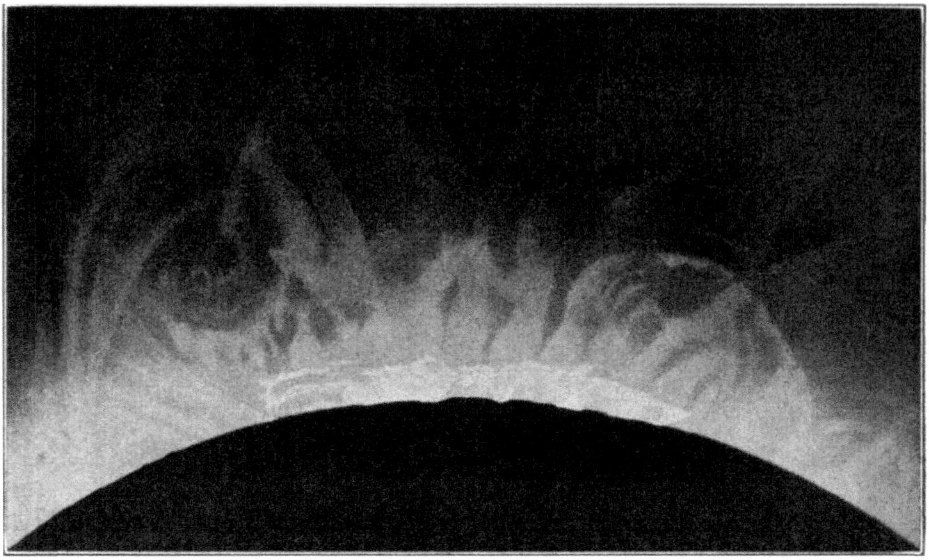

Abb. 153. Struktur der Korona über einer großen Protuberanz am 30. August 1905. (Zeichnung nach Aufnahmen der Hamburgischen Expedition.)

totalen Sonnenfinsternis vom 28. Mai 1900 angefertigt ist. An beiden Polen sind verhältnismäßig kurze Strahlen in fächerförmiger Ausbreitung vorhanden; in den übrigen Randteilen tritt Büschelbildung auf, die Strahlen werden länger und biegen scharf um, so daß sie dem Äquator nahe parallel laufen. Der allgemeine Umriß der Korona ist also hier schwalbenschwanzförmig und zwar im wesentlichen nach dem Sonnenäquator orientiert. Es läßt sich dabei nicht verkennen, daß die größte Ausdehnung der Korona zur Zeit eines Fleckenminimums nahe in den Gebieten liegt, wo sonst die Flecken und die Protuberanzen ihre größte Häufigkeit besitzen, ja, es ist bereits in einzelnen Fällen gelungen, den Ursprung einzelner Koronastrahlen auf bestimmte Flecken oder Protuberanzen zurückzuführen. Daß der Zusammenhang mit Protuberanzen zuweilen in sehr augenfälliger Form besteht, lehrt der Anblick von Abb. 153. Im Fleckenmaximum ist die Verteilung der Korona über den Sonnenrand bei verstärkter Intensität weit regelloser als in einem Minimum (Abb. 151 u. 159). Im Übergang von einem Maximum zum Minimum befand sich die Sonne z. B. während der Totalität am 27. Juli 1896, die hier (Abb. 152) nach einer russischen Aufnahme wiedergegeben ist.

Die Helligkeit der Korona ist wie ihre Ausdehnung sicher eine wechselnde, aber es hält schwer, zuverlässige Angaben hierüber zu machen. Die Messung innerhalb der kurzen Zeit der Totalität ist an sich naturgemäß recht ungenau, und so weichen denn die verschiedenen Resultate sehr stark voneinander ab. In Helligkeiten des Vollmondes ausgedrückt, dürfte die Gesamthelligkeit etwa zwischen die Grenzen 0.5 und 4 eingeschlossen sein. Erschwert werden die Beobachtungen in erster Linie dadurch, daß es dabei kaum möglich ist, die Wirkung des diffusen Tageslichtes anders als schätzungsweise in Rechnung zu ziehen.

Auch über die Verteilung der Helligkeit innerhalb der Korona sind zahlreiche Beobachtungen erhalten worden. Nach HARKNESS sollte die Abnahme mit dem Quadrat, nach TURNER mit der 6. Potenz des Abstandes vom Sonnenrande erfolgen. Als gegenwärtig beste Formel für den Lichtabfall der blauen und violetten Strahlen gilt diejenige von L. BECKER und zwar:

$$i = \frac{c}{(140 + h)^4},$$

wo h die Höhe über dem Sonnenrande in Tausendsteln des Sonnendurchmessers und c eine Konstante bedeutet. Jedenfalls nimmt das Licht der Korona sehr rasch mit zunehmendem Randabstand ab, was die Mißerfolge der Versuche zur Aufnahme der Korona außerhalb der Finsternisse vollkommen erklärt.

Das Licht, das von glühenden Körpern ausgesendet wird, ist im allgemeinen nicht oder nur sehr schwach polarisiert. Durch jede Art der Reflexion wird aber natürliches Licht mehr oder weniger stark polarisiert; mithin liefern Polarisationsbeobachtungen einen sicheren Anhalt dafür, ob das Licht eines leuchtenden Objektes eigenes oder reflektiertes ist. Polarisationsbeobachtungen an der Korona sind mithin von besonderer Wichtigkeit für die Entscheidung über das Wesen der Korona; sie sind daher auch schon in früheren Jahren angestellt worden und haben unzweifelhaft dargetan, daß das Koronalicht teilweise polarisiert ist, daß also ein Teil desselben aus reflektiertem Sonnenlicht besteht.

Um die Polarisation auf photographischem Wege nachzuweisen, wurde von DORSEY mit bestem Erfolg folgendes Verfahren eingeschlagen. Hinter das Objektiv einer gewöhnlichen photographischen Kamera wurde ein doppeltbrechendes Prisma eingeschaltet, so daß zwei Bilder der Korona entstehen mußten, die senkrecht zueinander polarisiert sind; in dem einen fehlt in der Verbindungslinie der beiden Bilder alles Licht, welches parallel zu dieser Linie polarisiert ist, in dem andern das senkrecht hierzu polarisierte. Das eine Bild der Korona zeigt tatsächlich in dieser Verbindungslinie eine Abschwächung, das andere eine Verstärkung.

Das Spektrum der Korona setzt sich aus drei Teilen zusammen, zunächst einem kontinuierlichen mit dunklen FRAUNHOFERschen Linien, das vom Sonnenlicht herrührt, und dessen Existenz durch die Polarisationsbeobachtungen bestätigt wird. Daß das kontinuierliche Spektrum aber nicht allein durch das reflektierte Sonnenlicht entsteht, beweist der Umstand, daß die FRAUNHOFERschen Linien wenigstens in der inneren Korona sehr schwach erscheinen, daß sie also durch ein anderes, rein kontinuierliches Spektrum aufgehellt sind. Die Korona enthält danach auch feste, selbstleuchtende Partikel. Innerhalb des kontinuierlichen Spektrums erkennt man aber noch eine Anzahl heller Linien, von denen die im Grün gelegene Emission am längsten bekannt ist. Sie wurde von YOUNG 1869 entdeckt und hat nach neueren Bestimmungen die Wellenlänge 5303. Sie entspricht nicht einer dunklen Linie des Sonnenspektrums, und ihr Ursprung ist überhaupt unbekannt. Das betr. Element, dem sie angehört, hat man Koronium genannt.

Ebenso wie bei den verschiedenen Sonnenfinsternissen sehr starke Unterschiede in der Gestalt und in der Stärke der Korona vorkommen, scheint auch die Intensität der Koronalinien — man zählt gegenwärtig mindestens zehn Emissionen von Rot bis Ultraviolett — einem starken Wechsel unterworfen zu sein. Außer diesen Linien zeigt das Koronaspektrum auch die Wasserstoff-, Helium-, Kalzium- und Magnesiumlinien, so daß eigentlich ein spezifischer Unterschied zwischen Chromosphären- und Koronaspektrum kaum gemacht werden kann. Der Unterschied wird noch geringer, wenn man bedenkt, daß auch die Chromosphäre ein merkliches kontinuierliches Spektrum besitzt. Dieses tritt aber neben den überaus hellen Chromosphärenlinien stark zurück, während in der Korona die drei Spektra an Lichtstärke nicht sehr verschieden sind und sich daher durch gegenseitige Überlagerung stören und verwischen. Wegen des innigen Zusammenhangs zwischen Chromosphären- und Koronaspektrum ist es schwierig, die eigentlichen Koronalinien von den übrigen zu trennen und zu entscheiden, ob sie alle demselben Stoffe angehören wie die Linie im Grün oder nicht.

Von unserer sehr wenig ausgedehnten Atmosphäre wissen wir, daß sie, von den äußersten Gebieten vielleicht abgesehen, an der Rotation der Erde teilnimmt; es ist eine Frage von großem Interesse, ob dies bei der Sonnenatmosphäre auch stattfindet, bzw. bis zu welcher Höhe derselben dies geschieht. Daß in den tieferen Gegenden, in denen sich die Chromosphäre und die Protuberanzen befinden, die Atmosphäre an der Rotation teilnimmt, ist aus den direkten Beobachtungen ersichtlich; inwieweit das aber für die äußere Korona gültig ist, bleibt noch eine offene Frage. Unter Benutzung des Dopplerschen Prinzips kann man aus etwaigen Verschiebungen der Linien an den verschiedenen Stellen der Korona Schlüsse ziehen; aber die Untersuchung ist nicht so einfach, da bei der großen Durchsichtigkeit der Korona diejenigen Lichtstrahlen, die man an irgendeiner Stelle beobachtet, teilweise noch von den äußersten Stellen der Korona herrühren, die davor bzw. dahinter liegen, so daß hierdurch eine Verwaschenheit und Verbreiterung der Koronalinien entsteht. Deslandres hat bei der Sonnenfinsternis vom 16. April 1893 derartige Messungen bei einem Abstande von 3′ bis 10′ vom Sonnenrande an Kalziumlinien angestellt und als Geschwindigkeitsdifferenz dieser Stellen zwischen Ost- und Westrand den Betrag von 6.8 km gefunden. Spätere Messungen von Campbell und Belopolski haben das Ergebnis bestätigt; danach nimmt also wenigstens die innere Korona an der Sonnenrotation teil.

14. Die Sonnentheorien.

Die Ansichten, welche im Laufe der Zeiten über die Konstitution der Sonne geäußert worden sind, entsprechen den jeweiligen allgemeinen physikalischen Kenntnissen und geben ein ungemein anschauliches Bild von der Entwicklung der ursprünglich naturphilosophischen und später exakt-wissenschaftlichen Betrachtungen. Der gewaltige Aufschwung in der allgemeinen physikalischen Erkenntnis, der um die Mitte des vorigen Jahrhunderts stattfand und in theoretischer Beziehung durch das Gesetz von der Erhaltung der Kraft und den Aufbau der mechanischen Wärmetheorie, in praktischer Hinsicht durch die Begründung der Spektralanalyse charakterisiert ist, spiegelt sich auch auf das deutlichste in den damals entstandenen verschiedenen Sonnentheorien wider.

Ältere Anschauungen. KIRCHHOFF, ZÖLLNER. Die Ansichten über die physische Beschaffenheit der Sonne, wie sie bis zur Entdeckung der Spektralanalyse aufgestellt waren, konnten sich allein auf den äußeren Augenschein stützen. So kommt es denn, daß man einerseits einen gewissen Scharfsinn in der Aufstellung der Sonnentheorien dieser Art nicht verkennen kann, daß letztere aber, unmittelbar nach Auffindung neuer Untersuchungsmethoden oder neuer allgemeiner Gesetze, ganz in sich zusammenfallen mußten.

Irgendeine wissenschaftliche Bedeutung konnte den Sonnentheorien erst nach Erfindung des Fernrohrs zukommen. Auf die Beobachtung der Flecken gegründet, verbreitet sich die Anschauung von DOMINICUS CASSINI (etwa 1671), daß die uns sichtbare Sonnenscheibe ein Lichtozean sei, der den festen und dunklen Kern der Sonne umgebe; gewaltsame Bewegungen, die in dieser Lichthülle vor sich gingen, ließen uns von Zeit zu Zeit die Berggipfel jenes lichtlosen Sonnenkörpers als die schwarzen Kerne der Sonnenflecken erblicken.

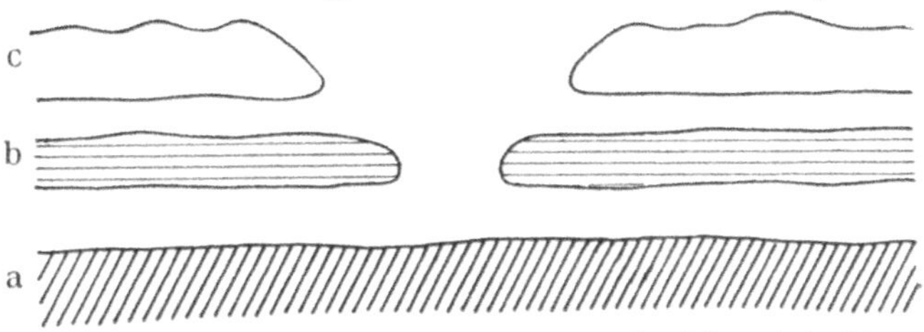

Abb. 154. Photosphäre (c), Halbschattenwolke (b) und dunkler Sonnenkern (a) nach der Auffassung vor 100 Jahren.

Durch die Arbeiten von WILSON, BODE, W. HERSCHEL, J. HERSCHEL und ARAGO entwickelte sich hieraus nun eine alle bis dahin bekannten Erscheinungen der Sonnenoberfläche erklärende Theorie, deren Grundzüge in HUMBOLDTS Kosmos recht ausführlich dargestellt sind. Hiernach ist der Sonnenkörper selbst ganz dunkel, aber in einer größeren Entfernung von einer leuchtenden Lichthülle umgeben. Durch von unten nach oben gerichtete Strömungen entstehen in dieser Lichthülle trichterförmige Öffnungen, wodurch Teile des dunklen Sonnenkörpers als die schwarzen Kerne der Flecken sichtbar werden (Abb. 154).

Die Begründung der Spektralanalyse durch KIRCHHOFF versetzte dieser bis zur Mitte des vorigen Jahrhunderts allgemein angenommenen Theorie den Todesstoß; es konnten fortan nur noch Ansichten zur Geltung gelangen, die sich auf den Boden der spektralanalytischen Ergebnisse stellten und die gleichzeitig dem Gesetze von der Erhaltung der Kraft Rechnung trugen.

Es ist selbstverständlich, daß derjenige, der zuerst die Ursache der dunklen Linien im Sonnenspektrum erkannte, die zunächst auf rein theoretischer Grundlage beruhende Entdeckung auch unmittelbar zur Erklärung der physischen Beschaffenheit der Sonne anwandte. KIRCHHOFF zog aus seiner Entdeckung und dem Studium des Sonnenspektrums die Folgerungen für die Konstitution der Sonne und schuf dadurch eine Grundlage für jede weitere Sonnentheorie, die unerschütterlich ist, solange der KIRCHHOFFsche Satz als gültig betrachtet werden muß. Daß seine Theorie in ihren *Einzelheiten* heute nicht mehr als stichhaltig betrachtet werden kann, liegt an der Tatsache, daß gerade infolge der KIRCHHOFFschen Entdeckung das Studium der Sonnenphysik einen enormen Aufschwung genommen und der Kreis der Beobachtungen sich gewaltig erweitert hat.

Die Grundlagen der KIRCHHOFFschen Theorie sind die folgenden: Das kontinuierliche Spektrum rührt von einem glühenden festen oder flüssigen Körper, der Photosphäre her. Die Photosphäre ist umgeben von einer Schicht von Metalldämpfen, deren Temperatur geringer ist als diejenige der Photosphäre selbst, und durch deren Absorption die dunklen FRAUNHOFERschen Linien entstehen.

In der Atmosphäre der Sonne müssen ähnliche Vorgänge wie in der unsrigen stattfinden; lokale Temperaturerniedrigungen müssen dort wie hier die Veranlassung zur Bildung von Wolken geben; nur werden die Sonnenwolken ihrer chemischen Beschaffenheit nach von den unsrigen verschieden sein. Wenn sich dort eine Wolke gebildet hat, so werden alle über derselben liegenden Teile der Atmosphäre abgekühlt werden, weil ihnen ein Teil der Wärmestrahlen, welche der glühende Körper der Sonne ihnen vorher zusendete, durch die Wolke entzogen wird. Diese Abkühlung wird um so bedeutender sein, je dichter und größer die Wolke ist, und dabei erheblicher für diejenigen Punkte, die nahe über der Wolke liegen, als für die höheren. Eine Folge davon muß sein, daß die Wolke mit beschleunigter Geschwindigkeit von oben her anwächst und kälter wird. Ihre Temperatur sinkt unter die Glühhitze; sie wird undurchsichtig und bildet den Kern eines Sonnenflecks. Aber auch noch in beträchtlicher Höhe über dieser Wolke findet Temperaturerniedrigung statt; diese kann die Bildung einer zweiten Wolke bewirken, die weniger dicht ist als jene, weil in der Höhe der geringeren Temperatur wegen die Dichte der vorhandenen Dämpfe kleiner ist als in der Tiefe. Die zweite teilweise durchsichtige Wolke bildet den Halbschatten, wenn sie eine hinreichende Ausdehnung gewonnen hat.

Die Beobachtung, daß Fackeln und Flecken sich oft in nächster Nachbarschaft zeigen, hat nichts Auffallendes; es können gerade die Fackeln zur Bildung von Wolken dadurch Veranlassung geben, daß sie Temperaturverschiedenheiten und infolge davon Strömungen in der Atmosphäre erregen, durch die Schichten von verschiedener Zusammensetzung und verschiedener Temperatur in Berührung kommen. Auf der anderen Seite ist es auch denkbar, daß die Wolken die Bildung von Fackeln begünstigen, indem sie als schützende Decke die Ausstrahlung der darunter liegenden Teile der Oberfläche des Sonnenkörpers schwächen und so bewirken, daß die fortwährend aus dem Innern zuströmende Wärme an dieser Stelle eine Temperaturerhöhung hervorbringt.

Wenngleich KIRCHHOFF also schon die Ansicht von der Konstitution der Photosphäre, die jetzt fast allgemein angenommen ist, ausgesprochen hat, so hat er sich doch von der viele Jahrhunderte alten Ansicht der Existenz eines feurig-flüssigen Sonnenballs von der ungefähren Ausdehnung der scheinbaren Sonnenscheibe nicht frei machen können. Will man einen solchen feurig-flüssigen Kern überhaupt als existierend annehmen, so muß dessen Durchmesser ein wesentlich kleinerer sein. In diesem Punkt ist die KIRCHHOFFsche Theorie als verfehlt zu betrachten; im übrigen bedeutet sie einen gewaltigen Fortschritt gegenüber den früheren Ansichten.

Die ZÖLLNERsche Sonnentheorie bewegt sich vollständig auf dem Boden der KIRCHHOFFschen, so daß sie als ein Ausbau derselben zu betrachten ist. Infolgedessen genügt es, hier das anzuführen, was ZÖLLNER selbst als den Kernpunkt seiner Anschauungen bezeichnet.

Die Sonne ist ein glühend-flüssiger Körper, umgeben von einer glühenden Atmosphäre; in der letzteren schwebt eine fortdauernd sich erneuernde Decke von leuchtenden kumulusartigen Wolkengebilden in einem gewissen Abstande von der glühend-flüssigen Oberfläche. An solchen Stellen, wo die Wolkendecke sich vermindert oder auflöst, entstehen durch kräftige Ausstrahlung auf der glühend-flüssigen Oberfläche schlackenartige Abkühlungsprodukte. Dieselben liegen folglich tiefer als das allgemeine Niveau der leuchtenden Wolkendecke und bilden die Kerne der Sonnenflecken. Neben diesen abgekühlten Stellen entstehen absteigende Luftströme, welche um die Küsten der Schlackeninseln eine Zirkulation einleiten, der die Penumbra ihren Ursprung verdankt. Die innerhalb dieses Zirkulationsgebiets gebildeten wolkenartigen Abkühlungsprodukte werden hinsichtlich ihrer Gestalt und Temperatur durch die Natur der strömenden Bewegung bestimmt. Sie müssen uns daher infolge ihrer Temperaturerniedrigung weniger leuchtend als die übrige Wolkendecke der Sonnenoberfläche und durch ihre abstürzenden Bewegungen über dem Fleck trichterartig vertieft erscheinen.

Die Protuberanzen betrachtet ZÖLLNER als gewaltige Wasserstofferuptionen aus dem Innern der Sonne durch die flüssige Oberfläche hindurch; er sieht dieselben daher auch als die Quelle lokaler Gleichgewichtsstörungen in der Sonnenatmosphäre an.

Die Tatsache, daß die Sonne nicht wie ein fester Körper rotiert, sondern daß ihre Winkelgeschwindigkeit vom Äquator nach den Polen zu immer mehr abnimmt, sucht ZÖLLNER als das Resultat einer mechanischen Reaktionswirkung der atmosphärischen Strömungen auf die flüssige Sonnenoberfläche zu erklären. Die anschließende mathematische Untersuchung hat natürlich nur Bedeutung unter der Annahme einer flüssigen Sonnenoberfläche; sie ist daher für unsere heutigen Anschauungen nur noch von geringem Interesse.

SECCHIS Sonnentheorie. Wenn an dieser Stelle den Ansichten SECCHIS ein breiterer Raum zugewiesen wird, so ist dies darin begründet, daß kaum ein anderer Forscher des vergangenen Jahrhunderts sich auch praktisch so gründlich mit der Sonnenphysik und gleichzeitig auch mit der Physik der Fixsterne befaßt hat, wie gerade SECCHI.

SECCHI hat sich als einer der ersten von der Annahme einer feurig-flüssigen Sonnenoberfläche freigemacht; er betrachtet die Sonne im wesentlichen als einen Gasball mit nach außen abnehmender Dichtigkeit und die Photosphäre nur als eine spezielle Schicht dieses Gasballes oder der Sonnenatmosphäre. Seine Ansichten sind im Gegensatze zu KIRCHHOFF und ZÖLLNER auf außerordentlich zahlreiche eigene Beobachtungen gegründet und verdienen schon deshalb heute noch Beachtung. Wenn auch einige seiner Schlüsse nicht mehr haltbar sind, so spiegelt seine Theorie in ihren wesentlichen Teilen noch die Ansichten der Mehrzahl der jetzigen Astrophysiker wieder. In manchen Einzelheiten hat SECCHI seine Ansichten im Laufe der Zeit geändert, so daß ein einheitliches Bild derselben kaum zu geben ist; wir wollen hier seinen Darlegungen folgen, wie er sie um das Jahr 1877 ausgesprochen hat.

Die Sonne ist ein leuchtender Körper von enormer Temperatur, in dem die unseren Chemikern und Physikern bekannten Substanzen, sowie andere noch unbekannte Stoffe sich in einem dampfförmigen Zustande befinden und zu einem solchen Grade erhitzt sind, daß das Spektrum des Dampfes kontinuierlich ist, entweder infolge des Druckes oder infolge seiner hohen Temperatur. Diese leuchtende glühende Masse ist es, welche die Photosphäre bildet. Letztere ist zusammengesetzt aus kleinen glänzenden Granulationen, die durch ein dunkles Netzwerk voneinander getrennt sind. Die Granulation wird von den Spitzen der Flammen gebildet, die sich über die untere absorbierende Schicht erheben.

Über der Photosphärenschicht liegt eine Atmosphäre von sehr verwickelter Beschaffenheit. Auf ihrem Grunde befinden sich die schweren metallischen Dämpfe von einer Temperatur, die gegenüber der Photosphäre nicht länger die Ausstrahlung von Licht mit kontinuierlichem Spektrum zuläßt, obschon sie genügt, direkt Spektra mit Emissionslinien zu geben, wie sie während totaler Sonnenfinsternisse am Sonnenrande wahrgenommen werden können. Diese Schicht ist außerordentlich schmal, indem sie nur eine Tiefe von 1″ bis 2″ hat. Gemäß dem von KIRCHHOFF aufgestellten Gesetz absorbieren jene Dämpfe diejenigen Wellenlängen im Spekrum der Photosphäre, die man als die dunklen FRAUNHOFERschen Linien kennt. Die Dämpfe sind mit einer enormen Quantität Wasserstoffgas gemischt. Dieses Gas ist in solcher Menge vorhanden, daß es sich beträchtlich über die andere Schicht erhebt und eine zu einer Höhe von 10″ bis 16″ und mehr ansteigende Hülle, die Chromosphäre bildet. Dieses Wasserstoffgas ist stets gemischt mit einer anderen, Helium genannten Substanz, welche die gelbe Linie D_3 (λ 5876) des Spektrums der Protuberanzen erzeugt, und mit einer zweiten, noch dünneren Substanz, welche die grüne Linie (λ 5303) des Koroniums gibt und zu weit größerer Höhe als der Wasserstoff ansteigt; aber sie ist im Sonnenspektrum nicht so leicht sichtbar wie dieser. So scheinen also die Substanzen, welche die Sonnenumhüllung zusammensetzen, nach ihrer Dichtigkeit angeordnet zu sein, aber doch ohne bestimmte Trennung, indem die Diffusion der Gase eine beständige Mischung hervorbringt.

An der Basis der Chromosphäre hat der Wasserstoff die Gestalt kleiner Flammen, die aus sehr dünnen schmalen Fasern zusammengesetzt sind, und der Granulation der Photosphäre zu entsprechen scheinen. In Perioden der Ruhe ist die Richtung dieser Fasern senkrecht zur Sonnenoberfläche; in Zeiten lebhafter Tätigkeit aber sind sie im allgemeinen mehr oder weniger geneigt und oft symmetrisch gegen die Pole gerichtet. Die eigentliche Atmosphäre der Sonne wird bei totalen Finsternissen in der Gestalt der Korona sichtbar. Es ist sehr schwer, ihre absolute Höhe zu fixieren. Die Finsternisse beweisen, daß sie in ihren hellsten Teilen bis zu einer Höhe gleich dem Sonnendurchmesser reichen mag; es steht aber außer Zweifel, daß sie sich noch weiter erstreckt. Die sichtbare Schicht dieser Atmosphäre ist nicht sphärisch, sie ist in mittleren Breiten höher als am Äquator und an den Polen am niedrigsten.

Der Sonnenkörper ist niemals im Zustande absoluter Ruhe. Die verschiedenen im Innern zusammenkommenden Substanzen bringen notwendigerweise Erregungen und innere Bewegungen jeder Art und von großer Intensität hervor. Die Dämpfe, besonders Wasserstoff, werden dann zu beträchtlichen Höhen emporgeschleudert, die sich im Spektroskop bis zu $^1/_4$ des Sonnendurchmessers verfolgen lassen. Diese Wasserstoffmassen, welche die

Photosphäre mit einer hohen Temperatur verlassen, steigen in die höheren Regionen der letzteren und bilden das, was wir Protuberanzen nennen.

Die Eruptionen sind oft vermischt mit Säulen metallischer Dämpfe von größerer Dichte, welche die Höhe des Wasserstoffs nicht erreichen. Derartige Massen von Dämpfen, die, aus dem Innern der Sonne hervorbrechend, einen großen Teil des Photosphärenlichtes absorbieren, bilden die Sonnenflecken. Diese Dämpfe sind schwerer als die umgebenden Massen, in die sie hineingeworfen sind. Sie fallen deshalb durch ihr eigenes Gewicht, sinken tiefer in die Atmosphäre und bringen in ihr eine Art von Höhlung hervor. Daher rührt die bei den Flecken wahrgenommene Vertiefung. Ist die Eruption plötzlich oder von sehr kurzer Dauer, so wird die Dampfmasse bald wieder glühend und der Fleck verschwindet schnell; aber die inneren Krisen des Sonnenkörpers mögen sich eine lange Zeit fortsetzen, und die Eruption kann sich an derselben Stelle mehrere Sonnenrotationen hindurch erhalten. Daher die Beständigkeit der Flecken; denn die Wolke kann fortfahren, sich so lange und so weit zu bilden, als die Photosphäre sich auflöst.

Die Penumbra besteht in Wirklichkeit aus dünnen, dunklen Schleiern und aus Fasern oder Strömen photosphärischer Materie, welche auf die dunkle Masse hereinzubrechen streben. Diese Ströme haben die Form von Zungen, die wie Perlenschnüre oder Weidenblätter aussehen und offenbar nur die Körner der Photosphäre sind, welche sich gegen das Zentrum des Flecks stürzen und den Kern mitunter gleich einer Brücke kreuzen.

Die nur aus Wasserstoff bestehenden Eruptionen bringen die Fackeln hervor. Der größere Glanz derselben hat zwei Ursachen: die erste liegt in der Empordrängung der Photosphäre über die absorbierende Dampfschicht; diese höhere Region entgeht so der Absorption der tieferen Schicht und erscheint glänzender. Die andere Ursache mag sein, daß der Wasserstoff beim Hervorbrechen die absorbierende Schicht verdrängt, und, indem er an die Stelle der metallischen Dämpfe tritt, einen besseren Blick auf die Photosphäre selbst gestattet.

Über das Innere der Sonne haben wir keine sichere Kenntnis. Die Temperatur der Oberfläche ist trotz des fortwährenden Wärmeverlustes, welchen sie erleidet, sehr groß, und wir können für das Innere keine geringere annehmen; folglich kann keine feste Schicht dort existieren, ausgenommen vielleicht in Tiefen, wo der durch die Schwere entstehende Druck die von der Wärme hervorgerufene molekulare Ausdehnung erreicht oder übertrifft. Wie dem auch sein mag, die der Erforschung durch unsere Instrumente zugängliche Schicht ist zweifelsohne flüssig und gasförmig. Trotz möglicher kleiner Schwankungen ist die Wärmestrahlung der Sonne doch nahezu konstant, während langer Zeiträume und im besonderen während der historischen Zeit. Die Konstanz der Wärmestrahlung hat mehrere Ursachen: zuerst die enorme Masse des Körpers, der sich wegen der sehr hohen Temperatur nur sehr langsam abkühlen kann; dann die Zusammenziehung der Masse, welche die dem Wärmeverlust folgende Kondensation begleitet; endlich die Ausstrahlung der Dissoziations- oder Zersetzungswärme, die aus chemischen, in der Masse stattfindenden Wirkungen entsteht.

Aus dieser eigenen hier stark gekürzten Darstellung SECCHIS sind die

Fehler und Vorzüge seiner Anschauungen ohne weiteres zu erkennen. In bezug auf mathematisch-physikalisches Denken sind seine Darlegungen vielleicht ein Rückschritt gegen ZÖLLNER; aber außer dem bereits erwähnten Vorzug seiner Freimachung von der Idee des feurig-flüssigen Oberflächenzustandes der Sonne liegt ein weiteres großes Verdienst in dem ausdrücklichen Hinweise, daß die Sonnenflecken, obgleich sie das augenfälligste Phänomen auf der Sonne bilden, doch durchaus nicht als die Hauptsache zu betrachten sind.

Neuere Ansichten. Die SCHMIDTsche Refraktionstheorie. Es ist eine Errungenschaft der neueren Theorien, daß man sich des aus vielen Beobachtungen ableitbaren Umstandes bewußt wird, daß sich die Sonnenatmosphäre, soweit sie der Beobachtung zugänglich ist, in einem außerordentlich verdünnten Zustande befindet, der höchstens in seinen untersten Teilen der Dichtigkeit unserer Atmosphäre an der Erdoberfläche gleichkommen mag.

Auf Grund dieser Tatsache ist eine große Anzahl von Sonnentheorien aufgestellt worden, von denen etwa diejenigen von FAYE, YOUNG und LANGLEY zu erwähnen sind. In allen diesen Hypothesen nähern sich die Ansichten immer mehr der Überzeugung, daß die Gesetze, die unsere irdische Atmosphäre beherrschen, in gewissem Maße auf die Sonnenatmosphäre anwendbar sind. Die Zirkulation in der Erdatmosphäre verdankt ihren Ursprung den aufsteigenden Luftströmen der heißen Zone, die in der Richtung nach den Polen zu abfließen und mit den tieferen, zurücklaufenden Polarströmungen zusammentreffen. Eine ungemeine Komplikation entsteht nun in den irdischen meteorologischen Verhältnissen durch den Einfluß des verschiedenen Sonnenstandes zu den verschiedenen Jahreszeiten und durch den Einfluß schon vorhandener Bewölkung, da ja die Wärmequelle, welche die aufsteigenden Ströme bedingt, außerhalb der Atmosphäre liegt. Auf der Sonne sind die entsprechenden Verhältnisse einfacher, da die Wärmequelle im Innern sitzt.

Die geschichtliche Entwicklung der neueren Sonnentheorien verläuft demnach in der Richtung, sich immer mehr von dem gewaltigen Eindruck, den die in ungeheurer Entfernung sich abspielenden Sonnenphänomene auf uns machen, zu befreien und alles als Erscheinungen, die zwar in großem Maßstabe, aber dafür in sehr verdünnter Materie in den oberen Schichten einer Atmosphäre auftreten, zu deuten. In dieser Richtung ist man, allerdings ohne rechte Anerkennung seitens der Astrophysiker, bereits zu den äußersten Konsequenzen gegangen: die Erscheinungen werden überhaupt nicht mehr als reell vorhanden betrachtet, sondern als optische Täuschungen, denen ganz andere Ursachen zugrunde liegen, als der Augenschein lehrt. Der Ausgangspunkt dieser Ansichten ist die SCHMIDTsche Sonnentheorie, nach der die Sonne ein glühender Gasball mit kontinuierlich abnehmender Dichtigkeit nach außen hin ist, ohne irgendeine physikalisch unterscheidbare Schicht. Die Photosphäre existiert in Wirklichkeit nicht, sondern kommt nur durch die allgemeine Eigenschaft der Strahlenbrechung in einem solchen Gasball scheinbar zustande. Die mathematische Grundlage dieser Theorie ist übrigens bereits 1860 von KUMMER gegeben worden.

Zum Verständnis der SCHMIDTschen Theorie braucht nur an die bekannte

Erscheinung der astronomischen Refraktion in unserer Erdatmosphäre erinnert zu werden. In der untenstehenden Abb. 155 stelle der innere Kreis einen Durchschnitt durch die Erdoberfläche dar, der äußere die Begrenzung der von außen nach innen an Dichtigkeit zunehmenden Erdatmosphäre. Ein von dem Stern *S* ausgehender Lichtstrahl trifft schräg auf die Atmosphäre bei *E* und wird nun immer mehr von seiner geradlinigen Bahn abgelenkt, so daß er eine nach unten gerichtete, immer stärker werdende Krümmung zeigt und bei *B* die Erdoberfläche erreicht. Ein dort befindlicher Beobachter sieht natürlich den Stern in der geradlinigen Verlängerung der Richtung, die der Lichtstrahl beim Eintreffen ins Auge hat, also in S_1.

Es ist nun klar, daß nichts in der Abb. 155 geändert wird, wenn das Licht nicht vom Stern ausgeht und nach *B* gelangt, sondern wenn es von *B* in der Richtung $B S_1$ ausgeht; der betreffende Strahl tritt aus der Atmosphäre bei *E* aus und geht dann in der Richtung *ES* geradlinig weiter.

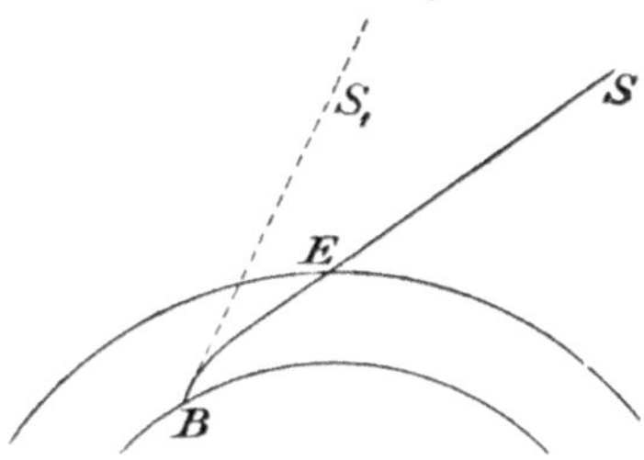

Abb. 155. Strahlenbrechung in einer Atmosphäre.

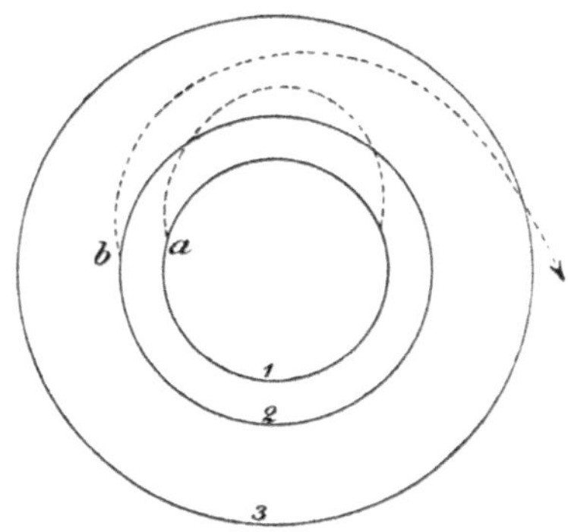

Abb. 156. Strahlenbrechung bei sehr großer Dichte der Atmosphäre.

Man kann sich nun leicht vorstellen, daß bei einer viel höheren und am Boden dichteren Atmosphäre ein von *B* schräg ausgehender Strahl eine so starke Krümmung erleidet, daß er gar nicht aus der Atmosphäre heraustreten kann, sondern wieder auf dieselbe zurücktrifft, oder, weniger extrem, einen sehr weiten Weg durch die Atmosphäre durchläuft, bis er sie schließlich an einer weit entfernten Stelle verläßt.

In der Abb. 156 sei ein Gasball angenommen, dessen Dichtigkeit von innen nach außen abnimmt. Wir wollen in demselben drei durch die Kreise 1, 2 und 3 bezeichnete Schichten annehmen, von denen 3 die äußere Grenze der Atmosphäre bedeutet. Der von der Schicht 1 schräg ausgehende Lichtstrahl erfährt eine so starke Krümmung, daß er nicht aus der Atmosphäre austreten kann, d. h. Licht, welches von dem Punkte *a* in der angegebenen Richtung austritt, kann überhaupt nicht von außen wahrgenommen werden. Das unter dem gleichen Winkel bei *b* ausgehende Licht gelangt dagegen, nachdem es etwa den halben Umfang der Gaskugel durchlaufen hat, fast tangential die Kugel verlassend nach außen. Zwischen diesen beiden Schichten befindet sich nun eine andere, von welcher aus das Licht genau tangential heraustreten kann; diese Schicht muß also optisch als eine scharfe Grenzschicht erscheinen. Da in einer Kugel diese Schicht symmetrisch liegt, so muß, von einem Punkte außerhalb gesehen, die Gaskugel als eine scharf begrenzte kreisrunde Scheibe erscheinen, genau wie dies bei der Sonne der Fall ist.

Da nun das Spektrum der Photosphäre oder dieser Grenzschicht kontinuierlich ist, so nehmen die Anhänger der Schmidtschen Sonnentheorie an, daß die Grenzschicht in einer Tiefe liegt, in der durch den starken Druck der Gase das Emissionsspektrum aus dem ursprünglichen in ein kontinuierliches Spektrum umgewandelt sei. Es scheint diese Annahme nicht einmal erforderlich zu sein, da nach dem KIRCHHOFFschen Satze eine unendlich bzw. sehr dicke Gasschicht bereits die Strahlung eines schwarzen Körpers, also ein kontinuierliches Spektrum liefert.

Die Protuberanzen sollen durch Unstetigkeiten in den Schichten entstehen, durch Schlieren, welche Verzerrungen im regelmäßigen Erscheinen des Randes erzeugen. SCHMIDT unterscheidet hier zwischen roten Protuberanzen, die ihrem Lichte nach genau der Chromosphäre entsprechen, und zwischen weißen, die schließlich ein kontinuierliches Spektrum erzeugen. Die Unregelmäßigkeiten der Photosphäre selbst, wie Granulation und Flecken, werden in ähnlicher Weise unter Hinzuziehung absorbierender Gasmassen erklärt.

Nach dem Vorstehenden konnte SCHMIDT seine Hypothese in folgenden drei Sätzen formulieren:

1. Die Sonne ist ein unbegrenzter Himmelskörper; es gibt insbesondere keine Grenzfläche zwischen einem Sonnenkörper und einer Sonnenatmosphäre.

2. Der Rand der Sonnenscheibe ist das Produkt regelmäßiger Strahlenbrechung in einer Atmosphäre, deren Dichte im scheinbaren Grenzgebiet weit geringer ist als die Dichte der Luft an der Erdoberfläche.

3. Die Sonnenfackeln und die Protuberanzen sind Produkte unregelmäßiger Strahlenbrechung. Das Licht der letzteren stammt aus einem Gebiet der Sonne, welches hinter dem Orte der scheinbaren Grenze liegt.

Zu der SCHMIDTschen Theorie wäre das Folgende zu bemerken:

Auch das mathematisch unanfechtbare Erklärungsprinzip der Photosphäre erscheint allen denen, die sich mit dem praktischen Studium der Sonnenvorgänge befaßt haben, wenig plausibel; bei Betrachtung der oft sehr stetig verlaufenden Vorgänge auf der Sonne (Bewegung der Flecken, Entwicklung der Protuberanzen usw.) ist es sehr schwer, sich an den Gedanken zu gewöhnen, daß alles, was man sieht, gar nicht reell vor sich geht, und daß die Ursache einer Erscheinung nicht da, wo sie auftritt, zu suchen ist, sondern ganz wo anders, auf der anderen Seite der Sonne, oder gar an einer Stelle, von wo aus der Lichtstrahl schon einmal ganz um die Sonne herumgelaufen ist. Alle visuellen wie spektroskopischen Beobachtungen lassen ferner den Schluß zu, daß in der Sonnenatmosphäre gewaltige Umwälzungen durch Konvektionsströme u. dgl. stattfinden. Dadurch müßten ohne Frage Refraktionsanomalien in die Erscheinung treten, die sich als Unregelmäßigkeiten des Sonnenrandes bemerkbar machen würden. Auf das schwerste Bedenken aber muß noch besonders aufmerksam gemacht werden. An der Ursprungsstelle des Lichtes soll die Dichtigkeit der Gase so stark sein, daß sie ein kontinuierliches Spektrum geben, und doch soll der Lichtstrahl durch diese Gase Hunderttausende von Kilometern zurücklegen, ohne absorbiert worden zu sein. Es ist wohl denkbar, daß es Himmelskörper gibt, für die die Theorie passend ist; bei der Sonne aber ist das sicher nicht der Fall. So mag es denn auch kommen, daß die SCHMIDTsche Hypothese unter den Physikern vielleicht Anhänger besitzt, unter den Astronomen aber, die die Sonnenerscheinungen selbst kennen, nur verschwindend wenige.

Die Dispersionstheorie von JULIUS. Die JULIUSsche Dispersionstheorie schließt sich an die SCHMIDTsche Erklärung der Sonnenatmosphäre an. Ihre Grundlage bildet die anomale Dispersion der Gase, über die auf Seite 81 das Erforderliche gesagt ist.

Es ist dort darauf hingewiesen worden, daß die anomale Dispersion in einem kontinuierlichen Spektrum sowohl Verbreiterung der Absorptionslinien wie das Auftreten von Emissionslinien des Gases, das die Anomalie hervorgerufen hat, bewirken kann, ohne daß überhaupt eine Absorption oder Emission vorliegt.

Im Spektrum der Sonnenflecken sehen wir nun die FRAUNHOFERschen Linien teilweise sehr stark verbreitert. Während ein Teil der dunklen Linien nahe das gleiche Aussehen zeigt wie im Spektrum der normalen Photosphäre, sind andere Linien fast ganz unsichtbar, und Linien werden schwach und breit, welche sonst stark und dünn sind. Vielleicht befinden wir uns hier in der Lage des oben angenommenen Beobachters, vielleicht beruht die beobachtete Verbreiterung der FRAUNHOFERschen Linien nicht auf Absorption, sondern auf anomaler Dispersion, und das fehlende Licht ist nach Stellen hin gebrochen worden, wo wir es nicht sehen. Dann müßten wir annehmen, daß die Sonnenflecken Stellen sind, an welchen die Dichtigkeit der gasförmigen Atmosphäre von Ort zu Ort stark variiert. Eine solche Dichtigkeitsänderung — und zwar zunehmende Dichte von innen nach außen — würde sich z. B. ergeben, wenn man die Flecken als Wirbelbewegungen in der Sonnenatmosphäre auffaßt oder als stark absteigende Strömungen.

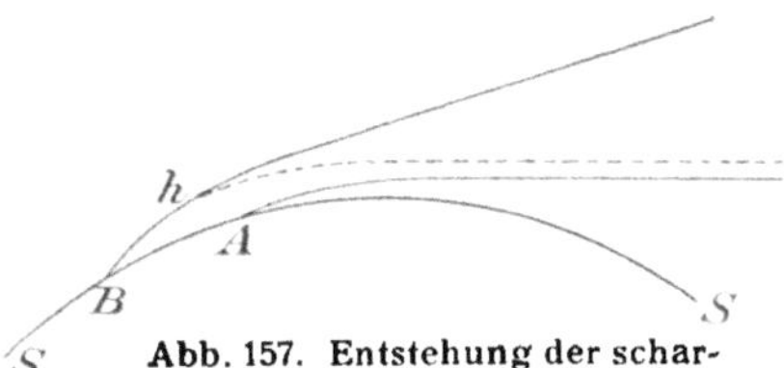

Abb. 157. Entstehung der scharfen Sonnenbegrenzung nach JULIUS.

Die umkehrende Schicht, die Chromosphäre und die Protuberanzen geben ein Emissionsspektrum. Obwohl kein Zweifel besteht, daß in der Chromosphäre auch leuchtende Gase vorhanden sind, so wollen wir doch einmal versuchen, diese Erscheinung unter der Annahme zu betrachten, daß das von uns beobachtete Licht nicht das Eigenlicht der Gase ist, sondern ganz oder wenigstens zum größten Teil aus dem weißleuchtenden Sonneninnern stammt und durch anomale Dispersion so gebrochen ist, daß wir es außerhalb des scheinbaren Sonnenrandes sehen.

In Abb. 157 sei SS die SCHMIDTsche Grenzsphäre; im allgemeinen wird ein Lichtstrahl, der bei A nahe tangential aus ihr austritt, infolge der normalen Strahlenbrechung auf dem schwach gekrümmten Wege nach rechts zum Beobachter gelangen. Ruht nun über A eine glühende Gasmasse, z. B. Natriumdampf von ungleicher Dichte, so wird dasjenige Licht, dessen Wellenlänge den Spektrallinien des Gases nahe liegt, z. B. das den D-Linien benachbarte, infolge der anomalen Dispersion hier eine stärkere Ablenkung erfahren als das übrige Licht; es werden also Strahlen von diesen Wellenlängen, die in B die kritische Sphäre verlassen haben, und die normalerweise nach rechts oben wandern, von h aus längs der punktierten Linie nach rechts gelangen, dem Beobachter also sichtbar werden. Dieser wird demnach über dem scheinbar durch die kritische Sphäre SS begrenzten Sonnenball ein Gebiet sehen, das ein Emissionsspektrum zeigt.

Das Chromosphärenspektrum ist im allgemeinen desto einfacher, also ärmer an Linien, je weiter es vom Sonnenrande entfernt ist; am linienreichsten ist das Flashspektrum, welches den unmittelbar an den Sonnenrand angrenzenden Teilen zu entstammen scheint. Bei der alten Auffassung, daß es sich ausschließlich um Emissionsspektra leuchtender Gase handelt, muß man daher annehmen, daß die verschiedenen Substanzen in der Chromosphäre schichtenweise übereinander liegen. Wenn wir dagegen das Chromosphärenlicht als durch anomale Dispersion uns zugesandtes Photosphärenlicht ansehen, so können wir uns recht wohl die gasförmige Sonnenmaterie im wesentlichen als ein chemisch homogenes Gemisch vorstellen. Bei der JULIUSschen Auffassung ergibt sich die Tatsache, daß die verschiedenen Linien des Chromosphärenspektrums in verschiedener Entfernung vom Sonnenrande sichtbar sind, als eine Folge der verschieden starken anomalen Dispersion, der verschiedenen absoluten Dichtigkeit und daher verschiedenen Dichtigkeitsänderung der einzelnen miteinander gemischten Gase.

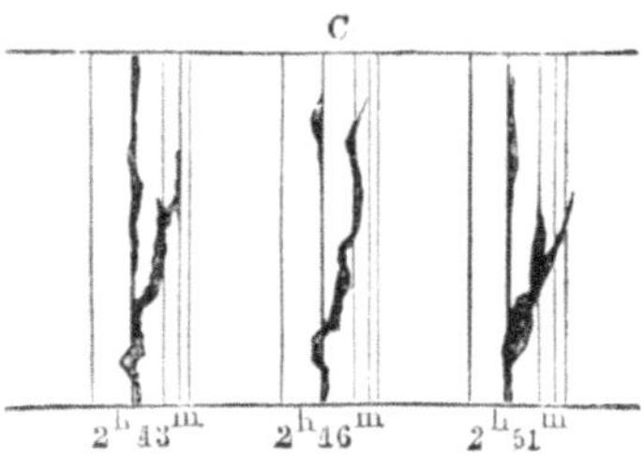

Abb. 158. Verzerrungen der Hα-Linie bei einer Protuberanz (nach Young).

Die häufig in Flecken und Protuberanzen beobachteten starken Verzerrungen und Verschiebungen von Linien, die, nach dem DOPPLERschen Prinzip gedeutet, zu sehr starken Bewegungsgeschwindigkeiten führen, lassen sich nach der JULIUSschen Theorie ebenfalls erklären. Die hellen gekrümmten Linien, welche häufig unmittelbar in der Nähe der Sonnenflecken auftreten (Abb. 158), können nun ungezwungen als ein Teil desjenigen Lichtes aufgefaßt werden, das im Spektrum der Sonnenflecken an den Stellen der scheinbar verbreiterten Absorptionslinien fehlt. Dann kommen die im Spektroskop beobachteten außerordentlich hohen Bewegungsgeschwindigkeiten in Fortfall, und man wird auch die direkt beobachteten enormen Aufstiegsgeschwindigkeiten der Protuberanzen nur als scheinbare ansehen, ebenso wie die Protuberanzen selbst nur als scheinbare Gebilde. Letztere sind nach JULIUS zu betrachten als die durch ihre anomale Lichtbrechung sichtbaren Teile von Wirbeln. „Wenn also eine Protuberanz aufzusteigen scheint, bedeutet dies nur, daß sich die Brandung an verschiedenen Stellen nacheinander zeigt. Die unteren, dem Rande näheren Partien werden nach Ausgleichung der in den Wirbeln bestehenden Dichtigkeitsunterschiede wieder unsichtbar; höhere Partien, wo die Wirbelung im allgemeinen später eintritt, leuchten auf, und weil es also nicht die nämliche Materie ist, welche man in den aufeinanderfolgenden Phasen einer Protuberanz erblickt, sondern weil immer andere Teile der Gasmasse durch anomale Dispersion sichtbar werden, gibt es gar kein Aufsteigen mit riesenhafter Geschwindigkeit."

Von der JULIUSschen Theorie gilt etwa das gleiche wie von der SCHMIDTschen. Ohne Frage ist sie als ein sehr geistvoller Versuch zur Deutung der Sonnenerscheinungen aufzufassen, denn sie vermag einige und dabei manche seltene Erscheinungen zwanglos zu erklären; aber mit einer der einfachsten und allgemein bekanntesten Tatsachen steht sie in einem krassen Widerspruche: die Protuberanzen erscheinen in den Linien des Kalziums, Heliums und Wasserstoffs in fast genau derselben Form und Größe. Es müßte also entweder den Linien dieser drei Elemente genau die gleiche anomale Dispersion zukommen, oder die Dichtigkeiten der drei Elemente müßten stets in einem solchen Verhältnis vorkommen, daß gleich starke Wirkungen entstehen; beide Annahmen sind höchst unwahrscheinlich und stehen mit Laboratoriumsversuchen in Widerspruch. Denn man hat bei Helium bisher überhaupt noch keine, bei Wasserstoff erst nach Überwindung vieler Schwierigkeiten und auch dann nur bei der $H\alpha$-Linie anomale Dispersion beobachten können, während die Erscheinungen des Natriums, das im Laboratorium die anomale Dispersion im höchsten Maße zeigt, gar keine besonders auffällige Rolle am Sonnenrande spielen.

Diesen Einwürfen gegenüber hat JULIUS nur erwidern können, daß die experimentellen Verhältnisse im Laboratorium den Verhältnissen auf der Sonne nicht annähernd gleich seien, daß also das Fehlen oder der verschwindend kleine Betrag der anomalen Dispersion bei irgendeinem Element im Laboratorium kein Beweis für das Fehlen auf der Sonne sei. Dieser Schluß ist natürlich höchst bedenklich. Denn wenn Laboratoriumsergebnisse gar keine Anwendung auf die Sonne zu finden brauchen, dann sind alle physikalischen Erklärungen der Sonnenphänomene illusorisch, insbesondere auch diejenigen durch anomale Dispersion.

Erklärung der Fleckenperioden. Man hat in früheren Jahren die Ursache der Periodizität der Sonnentätigkeit in äußeren Einwirkungen auf die Sonne zu erklären versucht, also besonders durch die wiederkehrenden Konstellationen der Planeten. Ein gewisses Interesse bietet in dieser Beziehung eine von SELLMAIER ausgeführte Untersuchung. Derselbe nahm an, daß ein Sonnenfleckenmaximum der 11 jährigen Periode dann entsteht, wenn die Planeten Venus, Erde und Jupiter mit der Sonne annähernd eine gerade Linie bilden. Hiernach hat EKHOLM die zu erwartende Periode berechnet und mit der Sonnenfleckenperiode, wie er sie aus den jetzigen Beobachtungen in Verbindung mit älteren chinesischen Aufzeichnungen abgeleitet hat, verglichen. Es zeigt sich hierbei eine ganz auffallend gute Übereinstimmung in den mittleren Periodenlängen, wenngleich natürlich die einzelnen Daten zuweilen stark voneinander abweichen. Dasselbe läßt sich für die allerdings sehr viel unsicherere Periode von etwas mehr als $7\frac{1}{2}$ Monaten ableiten, die R. WOLF gefunden hat, und die dem mittleren synodischen Umlauf der Venus gegenüber Jupiter genau gleich ist.

Die außerordentlich gute Übereinstimmung der Sonnenfleckenperioden mit Planetenkonstellationen ist nach EKHOLM, SEE u. a. wohl kaum als eine zufällige zu betrachten, sie findet aber keine Erklärung durch Gravitationskräfte, an die man doch in erster Linie zu denken hätte. Die letzteren sind bei den großen Entfernungen der Planeten von der Sonne und den relativ geringen Planetenmassen verschwindend klein und die entstehenden Fluterhebungen auf der Sonne sicher nur nach Millimetern zu berechnen. Der Zusammenhang der Planetenstellungen mit der Periode der Sonnentätigkeit muß also andere noch nicht bekannte Gründe haben.

Eine sehr merkwürdige Theorie der Fleckenperiode hat TURNER verfochten. Er erklärt die Sonnenflecke durch Einsturz von Meteoren, die einem Schwarme von $11\frac{1}{4}$ Jahren Umlaufszeit angehören. Der Schwarm soll sich durch den Einfluß des Saturn im Jahre 271 von den Leoniden losgelöst und bei späteren Zusammenkünften von diesen neue Nahrung erhalten haben. Abgesehen von ihrer Unwahrscheinlichkeit spricht gegen die Theorie die beträchtliche Unregelmäßigkeit der Sonnenfleckenperiode (S. 185), die mit einer Bahnbewegung ohne weitere willkürliche Hypothesen unvereinbar ist.

Die WILSINGsche Erklärung stützt sich auf eine von DARWIN ausgeführte und zur Entwicklungsgeschichte der Erde benutzte Untersuchung, nach der Massenverschiebungen innerhalb eines rotierenden Flüssigkeits- oder Gasballes, sofern sie nicht vollständig symmetrisch zur Rotationsachse stattfinden, bewirken, daß die momentane Rotationsachse nicht mehr genau mit der Symmetrieachse, d. h. mit der kleinen Achse eines Rotationsellipsoids zusammenfällt. Die bewegliche Masse strebt allerdings, diese Störung auszugleichen und einen Gleichgewichtszustand herzustellen, in welchem wiederum beide Achsen zusammenfallen; allein die innere Reibung setzt der Bewegung einen Widerstand entgegen, welcher die Ausgleichung verzögert und das Anwachsen der Gleichgewichtsstörung bis zu einem bestimmten Betrage ermöglicht. Eine, wenn auch sehr langsame Massenverschiebung könnte in der Sonne durch ihre allmähliche Zusammenziehung und Verdichtung stattfinden. Diese wird eine zunehmende Abweichung der Rotationsachse von der Symmetrieachse verursachen, die so lange anhält, bis die innere Reibung den auf die Herstellung des ursprünglichen Zustandes gerichteten Kräften nicht mehr Widerstand zu leisten vermag. So wäre eine periodische Veränderung im Zustande des Sonneninnern denkbar, deren äußere Reaktionen wesentlich durch die Sonnenflecken und die Protuberanzen sichtbar werden könnten.

Die WILSINGsche Theorie kann natürlich nicht erklären, wie der einzelne Sonnenfleck oder eine Protuberanz zur Bildung gelangt; sie kann nur zeigen, daß zu gewissen Zeiten und an bevorzugten Stellen eine mehr oder weniger starke Disposition zur Fleckenbildung vorhanden ist.

Auf die zahlreichen anderen Theorien, die in dieser Frage durch HELMHOLTZ, EMDEN, WILCZYNSKI u. a. aufgestellt worden sind, kann hier nicht näher eingegangen werden, dagegen sollen noch einige Ansichten, die sich auf die eigentliche Atmosphäre der Sonne beziehen, also denjenigen Teil derselben, der sich oberhalb der Photosphäre befindet und nur am Sonnenrande wahrgenommen werden kann, kurz behandelt werden. Die ähnlich wie die Flecken periodisch veränderliche Korona ist hierbei im weiteren Sinne als Atmosphäre einbegriffen.

Koronatheorien. Bei Gelegenheit der Besprechung von Resultaten, die auf spektroskopischem Wege bei totalen Sonnenfinsternissen erhalten worden sind, hat JEWELL seine Ansichten dahin zusammengefaßt, daß die spektroskopischen Erscheinungen der umkehrenden Schicht, der Chromosphäre und der Korona nur dann verständlich werden, wenn man annimmt, daß die Menge des Stoffes, der alle diese Erscheinungen hervorbringt, außerordentlich gering ist. Wenn die ganze Stoffmenge, welche die meisten sonnenlinien erzeugt, zu einer Schicht von 1 cm Dicke kondensiert würde, So würde dieselbe nach JEWELL keine größere Dichtigkeit besitzen als die Metalldämpfe im elektrischen Bogen, wenn dieselben nur als Verunreinigungen auftreten. Wenn man dies in Rücksicht zieht, so ist es ganz absurd, sich die Chromosphäre als eine Atmosphäre vorzustellen, welche aus Dämpfen von Elementen wie Eisen, Kalzium, Titan besteht. Wahrscheinlich besitzt die Sonne nur eine Atmosphäre aus Wasserstoff und Helium und einigen anderen permanenten Gasen, die vielleicht an der Oberfläche von beträchtlicher Dichtigkeit sein mag, aber schnell abnimmt, bis sie in einer Höhe von einigen hundert Kilometern nicht dichter ist als die Erdatmosphäre in der Meereshöhe. In dieser Atmosphäre befinden sich andere Elemente nicht als ständige, sondern nur als zeitweise vorhandene, von Eruptionen, Meteoren u. dgl. herrührende Bestände. Ein Teil dieser Elemente befindet sich in gasförmigem Zustand und verursacht die Emissionslinien am Sonnenrande und die dunklen FRAUNHOFERschen Linien.

Die Korona ist nach JEWELL zu ihrem größeren Teile aus staubähnlichen oder meteorischen Massen zusammengesetzt; in ihren inneren Teilen befinden sich jedoch auch Gase, welche helle Linien geben. Einige dieser Gase erstrecken sich zu großer Ausdehnung und verteilen sich ziemlich symmetrisch um die ganze Sonne herum, andere sind wesentlich auf Breiten beschränkt, die den Fleckenzonen entsprechen. Andere Koronalinien reichen nur bis zu kleinen Abständen vom Sonnenrande.

Die Bedeutung der JEWELLschen Ansichten ist wesentlich in der Betonung der äußersten Verdünntheit der Elemente in der Sonnenatmosphäre zu suchen, und er geht hierin nicht zu weit, wenn man z. B. bedenkt, daß bereits eine Anzahl Kometen (1843 I, 1880 I, 1882 II u. a.) bei ihrer Sonnennähe die Korona ohne nachweisbare Störung der Bahn passiert hat.

Nach den neueren Ansichten über die Feinheit der Koronagase wird man kaum noch an ein Glühen der festen Teilchen durch Reibung denken können; wahrscheinlicher ist die Ansicht von SCHEINER, der dieses Glühen auf die direkte Wärmestrahlung der Sonne zurückführt. Unter gewissen Voraussetzungen läßt sich nach den Strahlungsgesetzen die Temperatur an der Grenze der Korona etwa zwischen 1400^0 und 3600^0 einschließen. Hieraus folgt, daß selbst in den entfernteren Gegenden der Korona feste Körperchen durch die Sonnenstrahlung eine Temperatur erreichen können, die weit über der Glühtemperatur liegt. Ob man, wie dies von JEWELL u. a. vielfach geschehen ist, die festen oder flüssigen Partikel der Korona als meteorische Massen auffassen soll, dürfte fraglich erscheinen.

Untersuchungen über die Form der Korona bzw. über die Ursachen, welche ihre Form bedingen, haben sich vorwiegend mit der strahligen Struktur der Korona zu befassen, da dieselbe durchaus charakteristisch ist. (Abb. 159).

SCHAEBERLE betrachtet die Strahlen der Korona als Ströme von ausgestoßener Materie, die sich infolge stärkerer Anfangsgeschwindigkeiten beträchtlich weiter als die Protuberanzen von der Oberfläche entfernen können. Übersteigt die Anfangsgeschwindigkeit ungefähr 600 km in der Sekunde und ist die Reibung in der Atmosphäre zu vernachlässigen, so entziehen sich die ausgestoßenen Massen überhaupt der Anziehung der Sonne und gehen ins Unendliche weiter.

Die Korona ist nach SCHAEBERLE durch Licht verursacht, das von Strömen ausgestoßener Massen reflektiert wird. Die betreffenden Kräfte sind am meisten in der Mitte der Fleckenzonen wirksam. Infolge der Rotation der

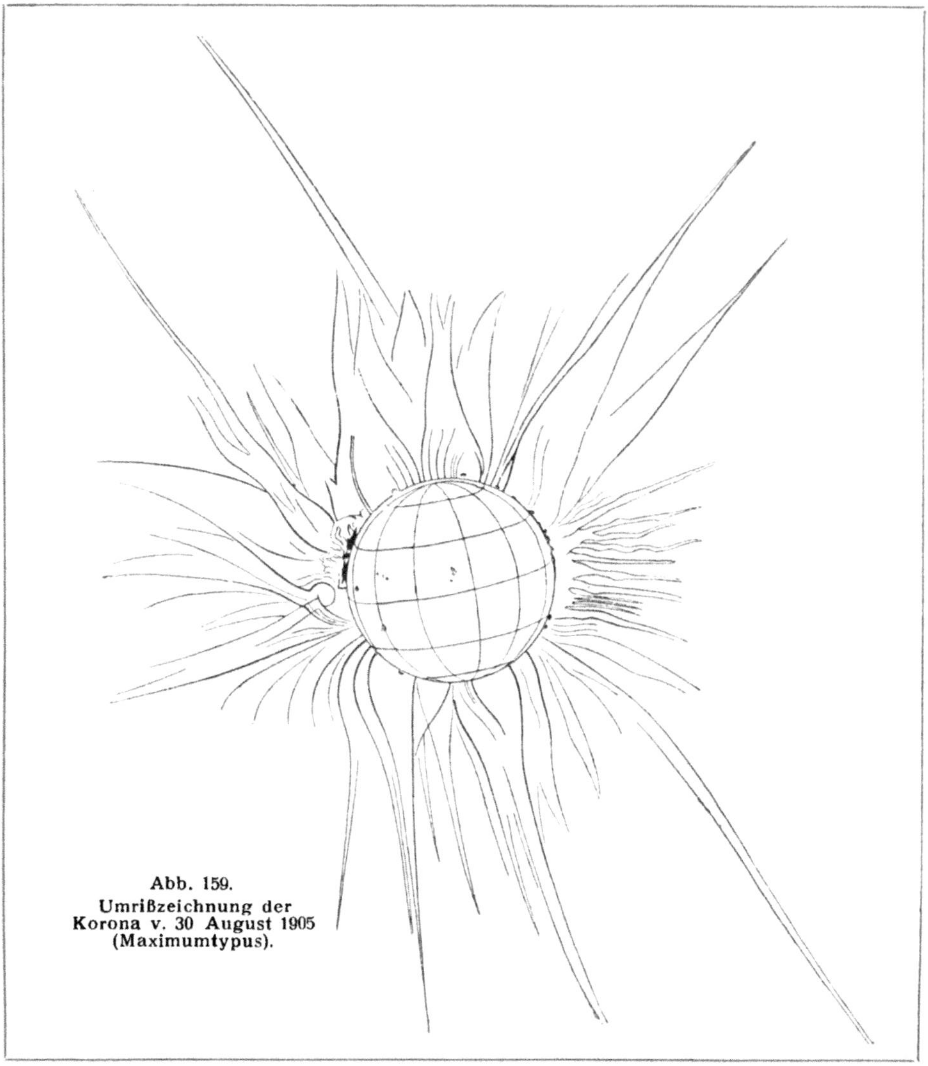

Abb. 159.
Umrißzeichnung der Korona v. 30 August 1905 (Maximumtypus).

Sonne werden diese Ströme nicht senkrecht zur Sonnenoberfläche verlaufen, da die Winkelgeschwindigkeit der verschiedenen Teile eines Stromes immer kleiner wird, je größer der Abstand von der Sonne wird. Die Ströme müssen also Kurven doppelter Krümmung sein. Jedes einzelne Teilchen eines Stromes beschreibt jedoch für sich einen Kegelschnitt, und zwar eine sehr verlängerte Ellipse, solange die Anfangsgeschwindigkeit die schon erwähnten 600 km nicht übersteigt.

Schaeberle hat nun die Bahnen der ausgestoßenen Teilchen unter der gleichzeitigen Einwirkung der Schwerkraft und der Rotation einer mathematischen Behandlung unterzogen; er hat auch rotierende Modelle der Korona angefertigt, seine mathematischen Ergebnisse mit den praktischen verglichen und glaubt damit die allgemeinen Erscheinungen der Korona in Zusammenhang bringen zu können. Da die Bahnen der ausgestoßenen Teilchen Ellipsen sind, so müssen diese Teilchen schließlich wieder zur Sonne zurückfallen, und hierdurch sollen nun periodische Variationen in der Struktur der Korona erklärt werden. Hierzu ist ja nur die Annahme nötig, daß die durchschnittliche Zeit zur Zurücklegung der Bahn 11 Jahre ist, um die Tätigkeitsperiode der Sonne zu erklären. Es kann nicht behauptet werden, daß die Theorie, besonders ihr letzter Teil, unter den Astrophysikern nennenswerten Anklang gefunden hätte.

Auf gänzlich anderer Grundlage beruht eine Hypothese, die von EBERT aufgestellt worden ist. Nach den Untersuchungen von HERTZ sendet ein Körper, in dem periodische elektrische Schwingungen stattfinden, Ätherwellen aus, deren Länge von den Dimensionen des Körpers abhängt. Betrachtet man die Sonne als einen solchen Oszillator, so würden die mit Lichtgeschwindigkeit ausgehenden Wellen eine Länge von 1950000 km bei einer Periodendauer von $6\frac{1}{2}^{s}$ haben. Die Oszillationen selbst werden angeregt durch plötzliche Störungen des elektrischen Gleichgewichts. Es ist nun experimentell festgestellt, daß verdünnte Gase beim Durchgang elektrischer Wellen leuchten. EBERT nimmt daher an, daß die Korona die sichtbare Reaktion der in der Nähe der Sonne befindlichen, äußerst fein verteilten Materie auf die elektrischen Wellen ist, welche von den verschiedenen Teilen der Sonne ausgehen. Um diese Ansicht praktisch wahrscheinlich zu machen, hat H. EBERT folgendes Experiment angestellt.

Eine Messingkugel, die sich in einem großen, mit sehr verdünnten Gasen angefüllten Glaszylinder befand, wurde durch einen Draht mit einem elektrischen Oszillator LECHERscher Anordnung verbunden, so daß die Kugel selbst als Ausgangsstelle elektrischer Wellen anzusehen war, und es wurden dann in den verdünnten Gasen Ströme sichtbar, die von der Kugel ausgingen, ohne daß ein Konduktor in der Nähe des Glaszylinders vorhanden gewesen wäre. Die Ströme gehen dabei von solchen Punkten der Kugel aus, an welchen die störenden Ursachen sich möglichst dicht zusammendrängen, besonders also von unregelmäßig gekrümmten Teilen der Oberfläche, die bei den hier in Frage kommenden Versuchen künstlich hergestellt wurden.

Wenn die elektrischen Schwingungen sehr heftig werden, so wird die Lichthülle sehr ausgedehnt und die strahlige Struktur gleichzeitig sehr deutlich. Zuweilen brechen helle, radial gerichtete Strahlen hervor, genau so wie bei einer stark entwickelten Korona. Besonders bei etwas höherer Gasdichte schießen Strahlen nach allen Richtungen bis zu 12 cm Länge heraus, also bis zum 8fachen Durchmesser der Kugel, und zwar nicht immer in radialer Richtung, so daß sie zuweilen infolge der perspektivischen Verschiebung die Kugel in der Tangente zu verlassen scheinen, genau so, wie man es bei Sonnenfinsternissen beobachtet hat (Abb. 159). Diese Strahlen bilden sich hauptsächlich, wenn das Glasgefäß außen mit einem nach der Erde abgeleiteten metallischen Leiter versehen ist. Das würde mit dem Falle identisch sein, daß sich ausgedehnte Massen kosmischen Staubes in der Nähe der Sonne befinden. Wenn die Oberfläche der Kugel an einer Stelle durch Anbringung eines Stückchens Stanniol diskontinuierlich gemacht wird, so geht von dieser Stelle ein Strahl aus, an dessen Seiten sich dunkle Räume anschließen, eine Erscheinung, die gleichfalls an der Korona häufig beobachtet wurde.

In atmosphärischer Luft sind die Strahlen blaßrot gefärbt, im Wasserstoff zeigen sie dagegen eine matte Silberfarbe; das Spektrum ist in diesem Falle kontinuierlich. Diese letztere Tatsache ist allerdings sehr bemerkenswert; sie würde eine Erklärung des kontinuierlichen Spektrums der Korona auf gänzlich anderem als dem bisherigen Wege gewähren.

15. Die Temperatur der Sonne. Elektromagnetische Fernwirkungen.

Für die Temperatur der Sonne ist bereits bei Behandlung der Strahlungsmessung ein genäherter Wert angegeben worden. Der Ausdruck Temperatur der Sonne ist zunächst ein unrichtiger, da von einer einheitlichen Temperatur eines nach innen immer dichter werdenden Gasballes keine Rede sein kann. Die Temperatur der äußeren Teile der Sonne muß niedriger sein als diejenige des Innern; denn die äußeren Teile der Sonne strahlen in den Weltraum aus, kühlen sich also ab; daß diese Abkühlung nicht bis unter die Glühtemperatur erfolgt, liegt an der Zufuhr von Wärme, die in irgendeiner Weise, vielleicht in Form von Konvektionsströmen, von innen nach außen befördert wird, so daß sich Strahlungsgleichgewicht, d. h. ein ungefähr stationärer Zustand zwischen Wärmeabgabe und -zufuhr herstellt.

Die effektive Sonnentemperatur. Da Schlüsse über die Temperatur der Sonne nur aus der Natur der uns zugehenden Strahlung gezogen werden können, so kann es sich bei dem Ausdruck Temperatur der Sonne nur um die Temperatur derjenigen Schicht der Sonne handeln, von welcher die Strahlung im wesentlichen ausgeht, d. h. der Photosphäre. Damit ist aber die Ungenauigkeit des Ausdrucks keineswegs behoben. Die verschiedenen Körper haben ein verschiedenes Emissionsvermögen, das sogar im allgemeinen mit der Temperatur veränderlich ist; solange man also nicht weiß, welcher Körper oder welches stoffliche Gemenge in der Photosphäre strahlt, kann eine exakte Temperaturbestimmung überhaupt nicht vorgenommen werden. Genau bekannt ist nur die KIRCHHOFFsche Funktion, das Strahlungsgesetz für den absolut schwarzen Körper, und es bleibt daher, wie dies bereits auf S. 134 auseinandergesetzt ist, nichts anderes übrig, als dieses Gesetz zu verwenden und damit zunächst das Problem der Temperaturbestimmung auf die Ermittelung der sogenannten effektiven Temperatur zu reduzieren, derjenigen Temperatur also, welche die Sonne haben würde, wenn sie ein absolut schwarzer Körper von gleichen Dimensionen und dem gleichen Strahlungseffekt wie die Sonne wäre. Es soll also im folgenden unter der kurzen Bezeichnung Sonnentemperatur stets diese effektive Temperatur, und zwar absolute Temperatur, verstanden werden.

Die KIRCHHOFFsche Funktion oder die PLANCKsche Strahlungsgleichung läßt sich, wie wir bereits S. 73f. gesehen haben, in mehrere Gesetze zerlegen, nach denen die Temperaturbestimmung vor sich gehen kann. Wird die Gesamtstrahlung gemessen, so hängt dieselbe mit der Temperatur durch das einfache STEFANsche Gesetz zusammen, nach dem die Strahlung der vierten Potenz der Temperatur proportional ist. Es kann ferner eine beliebige Strahlungsart, also Strahlung von einer bestimmten beliebigen Wellenlänge, auf irgendeine Weise isoliert und ihre Intensität gemessen werden; die Berechnung der Temperatur hat alsdann nach dem allgemeinen PLANCKschen Gesetz zu erfolgen. Wählt man hierbei diejenige Wellenlänge, für die die Intensität ein Maximum ist, so entspricht die Intensität der Strahlung der fünften Potenz der Temperatur. Schließlich kann man sich damit begnügen, überhaupt die Intensitäten der Strahlungen nicht absolut zu messen, sondern nur die Wellenlänge größter Intensität zu ermitteln; aus dieser läßt sich die Temperatur nach dem WIENschen Verschiebungsgesetz bestimmen.

Von diesen vier Methoden ist die erste die einfachste, da die Strahlung direkt gemessen werden kann, ohne daß sie vorher spektral zerlegt zu werden braucht, wie das bei den drei anderen erforderlich ist. Daß sie trotzdem große Schwierigkeiten bietet, haben wir bereits S. 132f. kennen gelernt. Nach den daselbst mitgeteilten Untersuchungen hatten wir als wahrscheinlichsten Wert der Solarkonstante 1.95 Gr.-Kal. angegeben. Wegen der außerordentlich hohen Potenz, mit der die Strahlung mit der Temperatur fortschreitet, machen selbst größere Unsicherheiten im Werte der Solarkonstante für die Temperaturbestimmung nicht viel aus. Dem Werte 1.95 Gr.-Kal. entspricht eine Temperatur von 5900^0 abs., die wir heute als den wahrscheinlichsten Wert für die effektive Sonnentemperatur ansehen.

Daß die wahre Temperatur unter allen Umständen höher sein muß als die effektive, ist ohne weiteres klar, da die Temperatur eines schwarzen Körpers eine Minimaltemperatur gegenüber anderen Körpern von gleichem Strahlungseffekt ist, und besonders da die Strahlung der Sonne in bereits stark geschwächtem Zustande zur Erde gelangt. Wie schon auseinandergesetzt wurde, ist die Sonne mit einer absorbierenden Hülle umgeben, welche bewirkt, daß die Sonnenscheibe nach dem Rande zu dunkler erscheint. Als mittleren Transmissionskoeffizienten dieser Hülle erhält man den Wert 0.70. Mit Hilfe dieser Zahl läßt sich nun leicht der Gesamtstrahlungsverlust ermitteln, den die von der Photosphäre ausgehende Strahlung in der absorbierenden Sonnenhülle erleidet. Es ergibt sich dann, daß die tatsächliche Gesamtstrahlung der Photosphäre 1.7 mal so groß ist, als die von der Sonne wirklich ausgehende; d. h. während die beobachtete Solarkonstante 1.95 Gr.-Kal. ist, würde sie ohne die Sonnenhülle 3.3 Gr.-Kal. sein. Diesem Werte entspricht eine Temperatur von 6500^0, die als effektive Photosphärentemperatur zu bezeichnen ist. Durch die Absorption in der Sonnenatmosphäre wird aber auch, wie durch diejenige in unserer Atmosphäre, eine Verschiebung in der Lage des Maximums der Strahlung bewirkt. Dieselbe beträgt ungefähr 0.1 μ, um welchen Betrag das Maximum der wahren Strahlung nach Violett zu verlegen ist, demnach ebenfalls in dem Sinne einer Temperaturerhöhung.

Die von der Absorption befreite effektive Temperatur der Photosphäre ist nun ebenfalls noch als ein Minimum zu betrachten; indessen ist anzunehmen, daß sie sich von der wahren Strahlung nur noch wenig unterscheidet. Faßt man die Photosphäre als eine Art von Wolkenschicht auf, so geht in diesem Falle die Strahlung im wesentlichen von festen oder flüssigen, in einer Gasschicht suspendierten Teilchen aus, entspricht also derjenigen einer Leuchtflamme. Bei merklicher Dicke einer solchen Schicht geht dann aber die Strahlung, gleichgültig, welcher Stoff suspendiert ist, in diejenige des schwarzen Körpers über. Da nun die Dicke der Photosphäre jedenfalls nach Tausenden von Kilometern zählt, so ist anzunehmen, daß hier tatsächlich effektive und wahre Temperatur nahe identisch sind.

Wahrscheinlich nimmt auch innerhalb der Photosphäre die Temperatur nach unten zu, es überlagern sich also die einzelnen schwarzen Strahlungen von Schichten verschiedener Temperatur. Auch die verschiedenen Stellen der Photosphäre nebeneinander besitzen verschiedene Temperaturen, wie die Granulation lehrt; handelt es sich überhaupt um schwarze Strahlungen, so müssen die hellen Körner der Photosphäre eine höhere Temperatur besitzen als die dazwischen liegenden Stellen. Der Wert von 6500^0 ist also als ein angenäherter Mittelwert der Temperatur der Photosphäre zu betrachten. Mit dieser Zahl ist bei allen Betrachtungen, die sich auf die Physik der Sonne selbst beziehen, zu rechnen; handelt es sich um Wirkungen der Sonne nach außen, so kommt nur die bereits teilweise durch Absorption verringerte Strahlung in Frage, und als effektive Sonnentemperatur ist der Wert von 5900^0, also rund 6000^0, festzuhalten.

Erhaltung der Sonnenenergie. Es tritt nunmehr die Frage auf, ob man die abgeleitete, für die Gegenwart geltende Temperatur der Sonne als für sehr lange Zeiträume konstant annehmen darf, oder ob dieselbe stetigen langsamen Veränderungen oder auch periodischen Schwankungen unterworfen ist.

In dieser Beziehung drängt sich sofort die Gewißheit auf, daß die Wärmemenge der Sonne, falls sie nicht wieder von außen her ersetzt wird, durch Ausstrahlung ständig abnehmen muß, und daß damit auch eine Abnahme der Temperatur zu erwarten ist. Der Verlust, den die Sonne an Wärme erleidet, ist tatsächlich ein ganz enormer. Wir hatten gefunden, daß die Sonne auf jedes Quadratzentimeter in der mittleren Entfernung der Erde von der Sonne, also in 149500000 km, 1.95 Gr.-Kal. in der Minute ausstrahlt. Der Gesamtverlust ist mithin in der Minute gleich 1.95 Gr.-Kal. multipliziert mit der Anzahl der Quadratzentimeter einer Kugeloberfläche, deren Radius gleich der mittleren Erdentfernung ist. Für das Jahr als Einheit erhält man hierfür den enormen Betrag von $29 \cdot 10^{32}$ Gr.-Kal.

Wenn die spezifische Wärme der Sonne bekannt wäre, so würde man hiermit die jährliche Temperaturabnahme bestimmen können. Man wird wohl keinen großen Fehler begehen, wenn man die spezifische Wärme der Sonne gleich derjenigen des Wassers also $= 1$ annimmt, da der Wasserstoff, der jedenfalls einen wesentlichen Bestandteil der Sonnenmaterie ausmacht, eine höhere spezifische Wärme (3.4) besitzt, die meisten anderen Metalldämpfe dagegen eine beträchtlich kleinere.

Setzt man daher für die Sonne eine Wasserkugel von gleicher Masse, wobei die Dichtigkeit der Sonne zu 1.4 angenommen ist, so enthält diese Kugel $19 \cdot 10^{32}$ g Wasser; die jährliche Temperaturabnahme wird dann gleich dem Gesamtverlust $(29 \cdot 10^{32})$ dividiert durch $19 \cdot 10^{32} = 1.5^0$ sein, gültig für die zur Zeit als wahrscheinlichste ermittelte effektive Temperatur der Photosphäre von rund 6000^0.

Es ist nun nicht bekannt, nach welchem Gesetz die Temperatur eines Gasballes von der Beschaffenheit der Sonne durch Ausstrahlung abnimmt.

Berechnet man z. B. unter der Voraussetzung, daß die Temperaturabnahme nach einer geometrischen Progression erfolgt, die Zeit, die erforderlich ist, um die Sonnentemperatur von dem Doppelten ihres Betrages auf die jetzige Temperatur von 6000^0 zu erniedrigen, so erhält man hierfür den Betrag von rund 3000 Jahren. Es bedarf eigentlich gar keiner Frage, daß ein so enormer Unterschied auf das deutlichste in die Erscheinung treten müßte. Gerade die verschiedenen Eiszeiten lehren, daß in den letzten Jahrtausenden von einer wesentlichen säkularen Abnahme der mittleren Temperatur auf der Erde keine Rede sein kann, sondern höchstens von starken periodischen Schwankungen.

Es ist also klar, daß zur Zeit wenigstens noch eine Kraft wirksam sein muß, welche die durch die Ausstrahlung bedingte Erniedrigung der Temperatur ganz oder zu ihrem größten Teile ausgleicht. Man kann sich diese Ausgleichung auf zweierlei Art denken. Entweder wird auf irgendeine Weise der Sonne Energie von außen zugeführt, so daß weder ein Temperaturabfall noch auch ein Energieverlust eintritt, oder es findet infolge innerer Prozesse wohl eine Erhaltung der Temperatur statt, nicht aber eine solche der Energie, d. h. der Ausgleichungsvorgang ist nur ein zeitlich beschränkter, der nach einer gewissen Zeit unter allen Umständen aufhören muß.

Bei der Energiezufuhr von außen könnte man in erster Linie an die Bestrahlung der Sonne durch die anderen Fixsterne denken, von denen ja jeder einen ähnlichen Energieverlust durch Strahlung erleidet wie die Sonne. Da die Erde aber der gleichen Strahlung ausgesetzt ist, und letztere hier nicht merklich erscheint, so kann natürlich von einem wesentlichen Ersatz der Sonnenausstrahlung auf diesem Wege nicht die Rede sein. Eine zweite Art der Zufuhr von Energie, die gleichzeitig mit einer Vermehrung der Masse der Sonne verbunden wäre, ist durch den Zusammenstoß der Sonne mit meteorischen Massen denkbar. Wegen der meist sehr großen Geschwindigkeiten dieser Massen ist trotz ihrer Kleinheit die dabei umgesetzte Wärmemenge eine sehr bedeutende. Es läßt sich nun berechnen, welche Masse erforderlich ist, um durch ihren Zusammenstoß mit der Sonne den Strahlungsverlust zu decken. Gelangt ein Körper mit der Anfangsgeschwindigkeit 0 in den Anziehungsbereich der Sonne, so wird er beim Auftreffen auf die Sonnenoberfläche eine Geschwindigkeit von 607 km erlangen, und hieraus läßt sich die Masse berechnen, die erforderlich wäre, um den Wärmeverlust von $29 \cdot 10^{32}$ Gr.-Kal. zu decken, nämlich $6 \cdot 10^{22}$ kg. Das wäre aber der millionste Teil der Sonnenmasse, und eine jährliche Zunahme der letzteren von diesem Betrage würde eine jährliche Verkürzung des Erdumlaufs oder unserer Jahreslänge um ungefähr 1^s bewirken, was nach allen Beobachtungen gänzlich ausgeschlossen ist. Falls eine Verkürzung der genannten Art überhaupt stattfindet, so beträgt sie kaum 0.5^s im ganzen Jahrhundert.

Man wird mithin zu der unumstößlichen Tatsache geführt, daß von außen her kein merklicher Ersatz der Sonnenenergie stattfindet. Andererseits aber unterliegt es keinem Zweifel, daß die Sonnentemperatur in den letzten Jahrtausenden sich auf nahe gleicher Höhe gehalten hat. Helmholtz hat nun eine Theorie über die Erhaltung der Sonnentemperatur bei ständigem Verlust der Wärmemenge aufgestellt, welche gleichzeitig auch darüber Aufschluß gibt, wie unter Annahme der KANT-LAPLACEschen Weltbildungstheorie überhaupt die hohe Temperatur der Sonne zu erklären ist. Dieselbe entsteht hiernach durch den Fall der sich verdichtenden Sonnenmaterie nach ihrem Zentrum hin, und zwar ist die dadurch erzeugte Wärmemenge unabhängig von der Zeit, die zur Verdichtung gebraucht wird. Die Gesamtmenge der auf diese Weise bisher freigewordenen Wärme läßt sich mit Hilfe der Potentialtheorie berechnen. Hiernach ergibt sich ein Betrag, der, wenn die Verdichtung von den Grenzen unseres Sonnensystems bis zur jetzigen Größe der Sonne plötzlich vor sich gegangen wäre, eine Sonnentemperatur von 28600000^0 geliefert haben würde. Da zur Verdichtung aber ein Zeitraum von vielen Millionen oder gar Billionen von Jahren gebraucht worden ist unter ständigem Verluste durch Ausstrahlung, so ist die Sonnentemperatur nur zu verhältnismäßig geringen Höhen angewachsen.

Es ist nun der Frage näher zu treten, ob die zur jetzigen Erhaltung der Sonnentemperatur notwendige Zusammenziehung der Sonne durch Beobachtungen direkt nachweisbar ist. Nach HELMHOLTZ wird durch die Zusammenziehung der Sonne um $^1/_{10000}$ oder um 0.2″ ihres Durchmessers eine Arbeit erzeugt, die einer Temperaturerhöhung von 2860^0 gleich ist. Bei dem ausgerechneten progressiven Verlust würde diese Wärmemenge zum Ersatze der Ausstrahlung für 1400 Jahre ausreichen. Da man aber vorläufig kaum in der Lage ist, den Sonnendurchmesser auf 1″ genau zu bestimmen, so ist, falls nicht eine ganz wesentliche Vermehrung der Messungsgenauigkeit erreicht wird, in 1400 Jahren die nach der HELMHOLTZschen Theorie erforderliche Verminderung des Durchmessers noch nicht zu konstatieren. Es ist überhaupt zu bedenken, daß eine Verdichtung der Sonnenmaterie durchaus nicht in einer entsprechenden Änderung des Durchmessers der Photosphäre erkennbar zu sein braucht, da es sich ja nicht um eine feste Oberfläche handelt. Auf alle Fälle muß aber das schließliche Ende der Sonne die vollständige Abkühlung und das Aufhören merklicher Wärme- und Lichtstrahlung sein.

In ähnlicher Weise wird man beim Rückblick in die Vergangenheit nicht annehmen können, daß die Sonnentemperatur stets eine konstante gewesen sei. Nach dem Entwicklungsgange der Fixsterne, wie er durch die Spektraleinteilung gegeben ist, hat wahrscheinlich vor vielen Millionen von Jahren die Sonne der Spektralklasse F oder gar A angehört. Die Temperatur ihrer Photosphäre war damals eine höhere und auch der Durchmesser und damit die strahlende Fläche sind damals größer gewesen, so daß die Bestrahlung der Erde stärker war als jetzt. Von diesem Gesichtspunkte aus betrachtet, dürfte die Entwicklungsgeschichte der Erde nicht allein von ihren eigenen Temperaturverhältnissen abhängig gewesen sein, sondern auch von denen der Sonne.

Auf einige neuere Anschauungen (RUSSELL, EDDINGTON) über das Strahlungsgleichgewicht der Weltkörper wird noch bei den Fixsternen, von deren Untersuchung aus diese Theorien ihren Ursprung genommen haben, einzugehen sein. An dieser Stelle mag nur erwähnt werden, daß der einstige Zustand der Weißglut unserer Sonne sicher nicht unmittelbar auf das hypothetische Nebelstadium gefolgt ist. Wahrscheinlich ging ihm eine aufsteigende Entwicklung von einem roten Stern gewaltiger Dimensionen voraus, so daß die Sonne vielleicht schon einmal das jetzige spektrale Stadium (G) als ein gelber Riesenstern von gleicher Temperatur, aber geringerer Dichte erlebt hat.

Als kürzeste Periode von Schwankungen der Sonnentemperatur, die nicht mit der Rotationsdauer zusammenhängen, könnte nur die elfjährige Periode der Sonnenflecken in Frage kommen. Die Photosphäre sendet an der Stelle eines Sonnenflecks eine geringere optische Strahlung aus, als anderwärts. Jedenfalls muß in einem Sonnenfleck auch die Wärmeausstrahlung gegenüber derjenigen der Photosphäre eher geringer als größer sein, und es erscheint daher am wahrscheinlichsten, daß bei Vorhandensein von Flecken auf der uns zugewandten Seite die Sonnenstrahlung geringer ist als zu anderen Zeiten. Ob dies wirklich der Fall ist, läßt sich theoretisch nicht übersehen. Gewöhnlich pflegt ja die Umgebung eines Flecks oder eine Fleckengruppe viel dichter mit Fackeln besetzt zu sein als andere Stellen der Photosphäre, und die von diesen Gebilden ausgehende, zweifellos stärkere Strahlung kann möglicherweise den von den Flecken kommenden Defekt ersetzen oder sogar übertrumpfen.

Die statistischen Untersuchungen über den Zusammenhang speziell der elfjährigen Periode der Sonnenfleckenhäufigkeit mit meteorologischen Vorgängen sind außerordentlich zahlreich. Hier ist jedoch einer gewissen Willkür ein weiter Spielraum gegeben, und es können leicht zwei Bearbeiter des gleichen Materials zu entgegengesetzten Resultaten gelangen. Nach alledem ist es durchaus verständlich, daß die sämtlichen bisherigen Untersuchungen über den Zusammenhang der Sonnenfleckenperiode mit meteorologischen Daten zu keinem bestimmten Resultate geführt haben. Zweifellos günstigere Aussichten in dieser Beziehung bieten die fortlaufenden amerikanischen Untersuchungen über die Beständigkeit der Solarkonstante; diese unterliegt vermutlich ohne besondere Beeinflussung durch die Flecken Schwankungen, die immerhin so beträchtlich sind, daß sie auf die meteorologischen Erscheinungen auf der Erde einigen Einfluß haben könnten. Irgendein positives Ergebnis liegt aber auch hier noch keineswegs vor.

Es kann noch die Frage aufgeworfen werden, ob nicht wesentlich längere Perioden der Sonnentemperatur vorhanden sind, auf die geologische Ergebnisse anwendbar wären. Ohne jeden Zweifel ist die mittlere Temperatur der Erde während der einzelnen geologischen Perioden, ja selbst innerhalb derselben, stark veränderlich gewesen. Hier hat DUBOIS zum ersten Male den Versuch gemacht, die Schwankungen in der mittleren Temperatur gewisser Erdgebiete, wie sie z. B. durch die Eiszeiten angedeutet sind, auf Schwankungen der Sonnentemperatur zurückzuführen.

Um die Vergletscherung eines Landes herbeizuführen, ist das Auftreten besonders tiefer Wintertemperaturen nicht erforderlich. Abgesehen von lokalen Einflüssen und der Menge der Niederschläge ist hierzu nur notwendig, daß die mittlere Temperatur während langer Zeiträume bei 0^0 liegt. Nun beträgt zur Zeit die mittlere Temperatur Europas etwa 10^0; nähme sie also um rund 10^0 ab, so würde eine neue Eiszeit für diesen Weltteil eintreten. Eine solche Abnahme entspräche einer Verminderung der Sonnenstrahlung um $^1/_9$ ihres Betrages. Nach dem STEFANschen Gesetze entspricht aber dieser Strahlungsänderung eine Temperaturänderung von nur $3\,^0/_0$, bei dem wahrscheinlichsten Werte der effektiven Sonnentemperatur von 6000^0 also etwa 200^0. Das ist überraschend viel weniger, als man sich früher vorgestellt hat, und in Anbetracht der starken lokalen Veränderungen, denen die Photosphäre ständig unterworfen ist, muß man sich umgekehrt eigentlich über die Konstanz der mittleren Erdtemperatur wundern. Es wäre natürlich dabei nicht anzunehmen, daß die ganze Sonnenmasse periodischen Temperaturschwankungen von dem angedeuteten Betrage unterworfen ist, sondern vielmehr, daß dieselben sich nur in der Atmosphärenschicht, als welche die Photosphäre zu betrachten ist, abspielen. Wir möchten nur andeuten, daß dabei auch andere Ursachen mitwirken können, wie z. B. Veränderungen der Absorption innerhalb der obersten Schichten der Photosphäre, Veränderungen des Emissionsvermögens usw. Es bleibt hier nur die Frage offen, ob überhaupt Schwankungen der Sonnenstrahlung von jahrtausendelanger Periode vorhanden sein können. Nachdem es ABBOT gelungen ist, geringe rasch verlaufende Änderungen der Solarkonstante mit einiger Wahrscheinlichkeit nachzuweisen, kann der Annahme größerer, aber langperiodischer Schwankungen nichts Positives entgegengehalten werden.

Die bisherigen kosmischen Theorien der Eiszeiten, die auf Änderungen der Elemente der Erdbewegung zurückgehen, also nur solche Strahlungsänderungen berücksichtigen, die durch Variationen der Distanz und der Richtung der Erde gegen den strahlenden Körper bedingt sind, haben sich bisher als wenig haltbar ergeben. Sollte ein Gleiches einmal für die rein tellurischen Erklärungen der Eiszeiten, wie sie durch Veränderungen im Laufe des Golfstroms usw. gegeben sind, eintreten, so würde die DUBOISsche Theorie als einzige übrig bleiben und dann direkt beweisend für das Vorhandensein von langperiodischen Strahlungsänderungen der Sonne sein.

Elektromagnetische Einflüsse auf die Erde. Es ist im vorigen kurz die negativ entschiedene Frage eines Einflusses der elfjährigen periodischen Schwankungen in der Sonnentätigkeit auf die meteorologischen Vorgänge auf der Erde berührt worden. Nur in einer einzigen Beziehung hat sich ein Zusammenhang der Sonnenperioden mit irdischen Erscheinungen gezeigt, hier aber auch in so auffälliger Weise, daß ein näheres Eingehen darauf unumgänglich notwendig erscheint. Es betrifft dies die beiden, bereits untereinander in deutlichem Zusammenhange stehenden Phänomene der Schwankungen der erdmagnetischen Elemente und der Häufigkeit der Polarlichter.

Jeder Punkt der Erdoberfläche besitzt ein magnetisches Feld. Ein einfacher Stabmagnet, der völlig frei beweglich ist, stellt sich auf jedem Punkt in eine ganz bestimmte Richtung ein, und die magnetische Kraft, die ihn in diese Richtung zwingt, ist ebenfalls von einer bestimmten Stärke. Richtung und Stärke sind für jeden Punkt der Erde verschieden und für ein und denselben Punkt ändern sie sich zeitlich.

Als erdmagnetische Elemente werden angenommen: 1. die Deklination oder derjenige Winkel, welchen die Magnetnadel mit der Richtung Nord-Süd bildet. 2. Die Inklination oder derjenige Winkel, den die Richtung der Magnetnadel mit der Horizontalen bildet. 3. Die Intensität oder die Kraft, mit welcher der Erdmagnetismus auf die Magnetnadel wirkt. Es ist dies die Totalintensität; an Stelle der letzteren werden ihre in horizontaler und vertikaler Richtung wirkenden Komponenten angegeben; man spricht dann von der Horizontalintensität und Vertikalintensität. Diese Intensitäten werden heute in einer bestimmten von Gauss eingeführten magnetischen Einheit ausgedrückt, deren Klarlegung an dieser Stelle zu weit führen würde.

Die Schwankungen, denen diese Werte zeitlich unterworfen sind, sind sehr komplizierter Art. Zunächst läßt sich eine langsam verlaufende und für sehr lange Zeiträume konstante Veränderung, die säkulare Variation, feststellen; dieselbe beträgt z. B. für Potsdam — 9.0′ in Deklination und + 1.8′ in Inklination pro Jahr. Außer diesen säkularen Änderungen sind solche von periodischem Charakter vorhanden; sehr deutlich ist die kürzeste

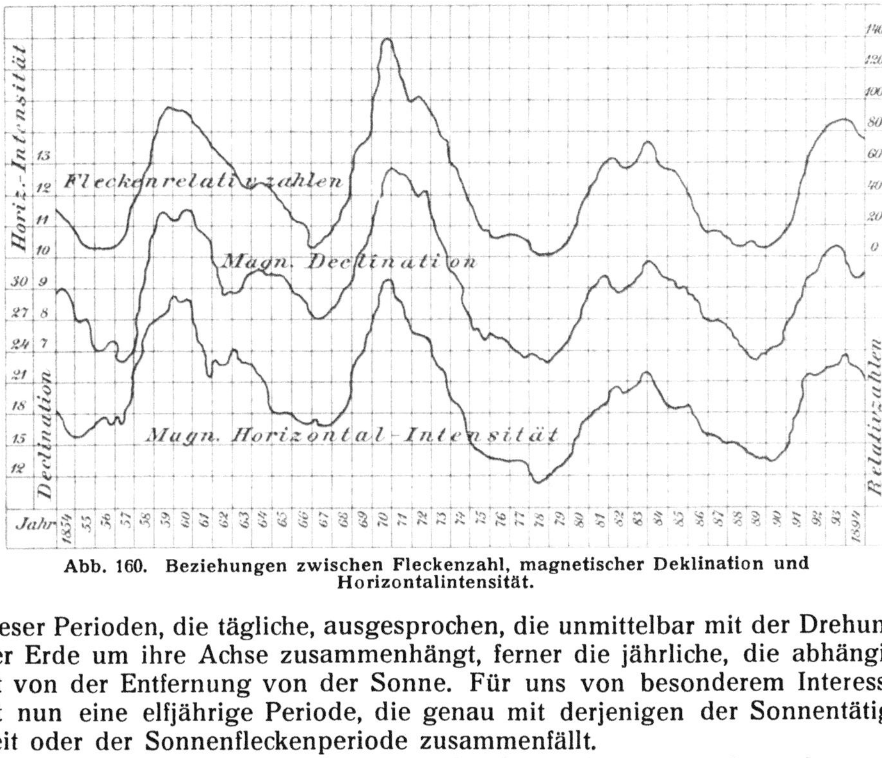

Abb. 160. Beziehungen zwischen Fleckenzahl, magnetischer Deklination und Horizontalintensität.

dieser Perioden, die tägliche, ausgesprochen, die unmittelbar mit der Drehung der Erde um ihre Achse zusammenhängt, ferner die jährliche, die abhängig ist von der Entfernung von der Sonne. Für uns von besonderem Interesse ist nun eine elfjährige Periode, die genau mit derjenigen der Sonnentätigkeit oder der Sonnenfleckenperiode zusammenfällt.

Außer den mehr oder weniger regelmäßigen Variationen der erdmagnetischen Elemente treten ganz unregelmäßige, meist plötzlich beginnende und rasch verlaufende Schwankungen auf, die man wegen ihrer Abweichungen vom normalen Gange als Störungen bezeichnet. Besonders die tägliche Variation der erdmagnetischen Elemente ist zu verschiedenen Zeiten ihrer Intensität nach veränderlich, und zwar fast stets in dem Sinne, daß die tägliche Störung eines jeden erdmagnetischen Elements mit der Häufigkeit der Sonnenflecken zu- und abnimmt, so daß die Maxima und Minima bei beiden Erscheinungen gleichzeitig auftreten. Die Übereinstimmung ist eine so große, daß sogar die Unregelmäßigkeiten der Fleckenperiode in der Periode der magnetischen Variationen wiedererscheinen. Es wird dies auf das deutlichste durch die obigen Kurven (Abb. 160) gezeigt, von denen die oberste die jährlichen Relativzahlen der Sonnenflecken gibt, die zweite die mittlere jährliche Amplitude der Schwankungen in Deklination, die untere die mittlere jährliche Amplitude der Schwankungen in der Horizontalintensität, alles für den Zeitraum von 1854 bis 1894.

Der Verlauf ist so gleichförmig, daß R. WOLF eine einfache lineare Formel angeben konnte, nach der man aus den Relativzahlen die mittleren Amplituden der Variationen berechnen kann. Bezeichnet man die letzteren mit a, die Relativzahlen mit r und mit A und B zwei Konstanten, die für jedes Element und für jeden Ort aus den Beobachtungen zu berechnen sind, so ist

$$a = A + Br.$$

Die Rotationsperiode der Sonne spiegelt sich möglicherweise in den sogenannten magnetischen Gewittern wider, jenen heftigen und plötzlich einsetzenden Störungen der erdmagnetischen Elemente, die an weit voneinander entfernten Stationen der Erde fast genau gleichzeitig auftreten. Aus 20jährigen Beobachtungen hat z. B. MAUNDER eine 27tägige Periode der magnetischen Stürme abgeleitet, und SCHUSTER hat durch sorgfältige Untersuchungen festgestellt, daß eine Periode von 27.278^d, die nach Berücksichtigung der Erdbewegung der mittleren Periode der Sonnenrotation in etwa 20^0 heliographischer Breite entspricht, tatsächlich durch diese Beobachtungen gegeben ist. Trifft etwa die von BIGELOW abgeleitete Periode von 26.86^d zu, so würde hieraus sogar genau die äquatoriale Rotation des Sonnenkörpers, wie sie durch die KEMPFsche Formel (S. 182) gegeben ist, herauskommen.

Bemerkenswert ist auch der Umstand, daß schwere magnetische Gewitter oft mit dem Durchgang großer Flecken durch den Zentralmeridian der Sonne zeitlich nahe zusammenfallen, doch sind auch hier die Beziehungen noch nicht klargestellt. So manche große Gruppe passiert ohne jede Wirkung den Zentralmeridian, während andere kleinere Flecken zuweilen sehr intensive magnetische Störungen auslösen.

Die Frage nach der ursächlichen Verbindung zwischen Sonnenphänomenen und erdmagnetischen Erscheinungen ist überaus schwierig zu beantworten, und die Zahl der bereits aufgestellten Hypothesen ist groß. Die scheinbar einfachste und zuerst aufgestellte Ansicht nimmt an, daß die ganze Erde ein permanenter Magnet sei, dessen Pole ungefähr mit den Erdpolen zusammenfallen. Bei der Stärke des magnetischen Feldes muß aber die Hypothese als unannehmbar erscheinen; denn entweder müßten die magnetischen Kräfte ganz nahe an der Oberfläche wirksam sein, oder aber das Erdinnere müßte stärker magnetisiert sein als dies bei reinem Stahl möglich ist. Die Stoffe aber, welche die feste Erdrinde zusammensetzen, sind nur in geringem Maße magnetisierbar, und das Erdinnere nimmt man als von so hoher Temperatur an, daß theoretisch überhaupt eisenmagnetische Kräfte nicht mehr vorkommen können.

Die heutige Ansicht über das Wesen des Erdmagnetismus ist in erster Linie durch SCHUSTER (1889) begründet worden. Man denkt sich dabei das magnetische Feld der Erde durch elektrische Ströme erzeugt, die annähernd von Osten nach Westen fließen. Ihr Stromweg ist die Erdrinde, und schon ein ganz schwacher Strom genügt, um alle Beobachtungen quantitativ darzustellen. Die vom Grundwasser durchtränkten Landmassen stellen bei weitem bessere Leiter vor als das Meer und bedingen die unregelmäßige

Verteilung des Erdmagnetismus, da sie die Ost-Westströme seitlich ablenken. Die Ursache der täglichen und jährlichen Variationen des Erdmagnetismus ist allerdings hauptsächlich in elektrischen Strömungen zu suchen, die weit oberhalb der Erdrinde in den höchsten Schichten unserer Atmosphäre auftreten.

Eine einheitliche Ursache mögen die erwähnten elektrischen Ströme nicht besitzen; aus ihren Beziehungen zu der Sonnentätigkeit geht jedoch hervor, daß wir ihre Hauptquelle in der Sonne selbst zu suchen haben. Daß in dem Stromverlauf im wesentlichen die Ost-Westrichtung vorherrschen muß, ist selbstverständlich, da die hauptsächlichste Änderung durch die wechselnde Bestrahlung der rotierenden Erde bedingt ist.

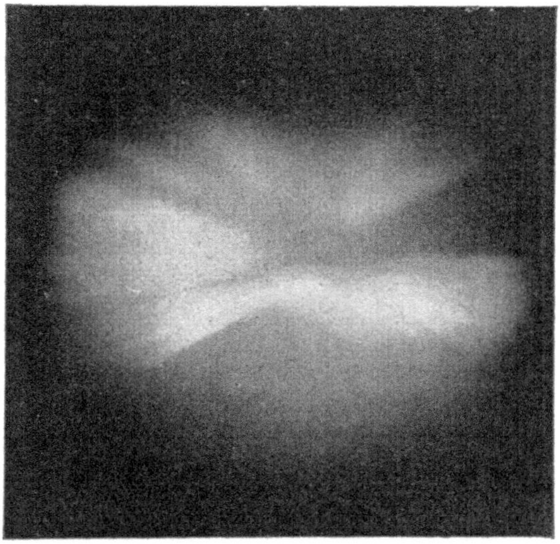

Abb. 161. Nordlichtkrone vom 23. März 1920 (nach phot. Aufnahme von Störmer).

Welcher Art nun die Einwirkung der Sonne ist, besonders, wie der Zusammenhang der magnetischen Gewitter mit der Rotation der Sonne zustande kommt, ist sehr schwierig festzustellen. Eine direkte magnetische Wirkung ist ausgeschlossen, denn selbst wenn die Sonne ein Stahlmagnet wäre, würde sie nicht entfernt die tatsächlich vorhandenen Einwirkungen ausüben können. SCHUSTER nahm daher an, daß die Energie, welche zu den magnetischen Stürmen verbraucht wird, überhaupt nicht von der Sonne herkommt, sondern terrestrischen Ursprungs ist und durch die Sonne nur relaisartig ausgelöst wird. Als Energiequelle betrachtete er dabei die lebendige Kraft, die durch die Rotation der Erde gegeben ist.

Mit den magnetischen Stürmen stehen die Polarlichter in direkter Beziehung, und zwar in dem Sinne, daß, abgesehen von den höheren Breiten, starke Polarlichterscheinungen stets mit magnetischen Stürmen verbunden sind. Es ist hieraus ohne weiteres zu schließen, daß die Polarlichterscheinungen auch mit der Sonnenfleckenperiode zusammenhängen müssen, und es sind vielfache Untersuchungen hierüber angestellt worden. Hierbei hat sich mit völliger Sicherheit ein Parallelismus im Gange der Häufigkeit der Sonnenflecken und derjenigen der Polarlichter ergeben. Vergleicht man die jährlichen Summen der Polarlichter mit den WOLFschen Relativzahlen, so ergeben sie sogar schärfer ausgeprägte Maxima und Minima als die Relativzahlen.

In betreff des Zusammenhanges der einzelnen hervorragenden Fleckenerscheinungen mit den Polarlichtern ist etwa dasselbe zu sagen, wie bei den magnetischen Stürmen. Es finden zuweilen, wie bei den hellen auch in Mitteleuropa beobachteten Nordlichtern vom 22. und 23. März 1920 und vom

13. und 14. Mai 1921, auffallende Koinzidenzen statt, aber nicht in absolut eindeutiger Weise, wie ja überhaupt möglicherweise die großen Fackel-, nicht die Fleckengebiete den eigentlichen Herd der Polarlichterscheinungen bilden. Genauere Untersuchungen hierüber liegen jedenfalls noch nicht vor.

Die vorhin skizzierte SCHUSTERsche elektrodynamische Theorie der erdmagnetischen Erscheinungen befindet sich, soweit sie die Erde betrifft, voll-

Abb. 162. Mehrfache Nordlichtdraperie, photographiert von Störmer.

ständig auf exaktem Boden. Die Art der Entstehung der Störungen, vor allem die Art der Einwirkung der Sonne auf die Leitfähigkeit der Atmosphäre, läßt sie dagegen noch ganz offen. In dieser Beziehung hat erst die neueste Zeit einige Klarheit geschaffen.

Die elektrischen Luftströme, von denen hier die Rede ist, erfolgen in Höhen, die wir uns nach den STÖRMERschen Entfernungsbestimmungen der Nordlichter als nicht unter 90 bis 100 km Erdabstand zu denken haben. In dieser Entfernung ist die Luft bereits außerordentlich stark verdünnt, jedoch in normalem Zustande ebensowenig leitend wie in tieferen Schichten. Gegenüber den letzteren erhalten aber diese Höhenlagen der Atmosphäre noch einen großen Teil der ultravioletten Sonnenstrahlung, die bei ihrer Ankunft auf der Erde bis auf wenige Reste absorbiert wird. Aus der Physik ist aber bekannt, daß die Luftmoleküle durch Bestrahlung mit ultraviolettem Licht ionisiert, d. h. in Teile mit je einer positiven und negativen elektrischen Ladung gespalten werden. Erst derartig aufgeladene oder ionisierte Gasmoleküle vermögen elektrische Ströme weiterzuleiten.

Bereits im Jahre 1893 hatte der Däne PAULSEN auf die Kathodenstrahlen als eigentliche Ursache der Polarlichter und magnetischen Störungen hingewiesen, wobei er den Herd der Erscheinung allerdings noch in den Erdkörper verlegte. Die ganze Frage ist dann in großzügiger Weise von BIRKELAND und STÖRMER aufgegriffen und praktisch wie theoretisch mustergültig durchgearbeitet worden. Es erscheint danach heute als gesichert, daß alle erdmagnetischen Störungen, die Erscheinung der Polarlichter mit eingeschlossen, durch eine von der Sonne ausgehende Strahlenart hervorgerufen werden, die mit den Kathodenstrahlen identisch oder mindestens damit eng verwandt ist.

Aus Laboratoriumsversuchen ist ja bekannt, daß Kathodenstrahlen verdünnte Luft zum Leuchten bringen. Damit wäre auch die Erscheinung der Polarlichter einwandfrei erklärt, wobei angesichts der Ablenkung der Strahlen durch die magnetischen Kraftlinien der Erde der nächtliche Leuchtvorgang seine einwandfreie Deutung findet. Dabei ist die STÖRMER-BIRKELANDsche Theorie derartig durchgearbeitet, daß sie nicht nur die Zonen der größten Polarlichthäufigkeit, sondern auch die beobachteten Formen der Erscheinung, die Streifen, Bögen, Schweife, Draperien usw. zu erklären vermag.

In der neuesten Zeit ist die Frage aufgeworfen worden, ob nicht einige allerdings nicht sehr wesentliche Unstimmigkeiten sich dadurch beseitigen ließen, wenn man an Stelle der negativen Kathodenstrahlen eine positive Art, also etwa die bei dem Zerfall der Radiumelemente auftretenden α-Strahlen in die Theorie einführte. Tatsächlich schienen eine Weile durch Annahme einer positiven Strahlengattung alle Schwierigkeiten behoben, ja sogar das Spektrum der Nordlichter genau dargestellt zu sein. Der Nachweis von STARK, daß die ganz rätselhafte, eine Zeitlang sogar einem irdischen Koronagase, dem Geokoronium zugeschriebene grüne Hauptlinie des Nordlichts im Stickstoffspektrum sofort auftritt, wenn der Leuchtvorgang durch positive Strahlen hervorgerufen wird, galt als beste Stütze der Theorie. Die betreffende Doppellinie des Stickstoffs liegt jedoch bei λ 5560 und 5565, während die helle Nordlichtlinie nach SLIPHER nach λ 5578.0 zu verlegen ist. Damit kann die Frage nach dem speziellen Charakter der von der Sonne emittierten elektrischen Strahlen noch nicht als gelöst gelten. An der Tatsache der Emissionen selbst ist natürlich kein Zweifel mehr möglich.

Für die Physik unseres Zentralgestirns sind alle diese Feststellungen naturgemäß von der größten Bedeutung. Sie zeigen, daß von der Sonne neben den bisher bekannten in diesem Abschnitt geschilderten Energien noch gewaltige Mengen von materiellen elektrisch geladenen Teilchen in den Weltraum hinausgeschleudert werden, von denen man früher nicht einmal etwas geahnt hat. Die astrophysikalischen Folgerungen aus diesem schönen Ergebnis der neueren Geophysik sind jedenfalls vorläufig noch nicht zu übersehen.

Schlußbetrachtungen. Mit dem in diesem Abschnitt Dargelegten haben wir versucht, ein Bild von dem jetzigen Zustande der Forschungen über unseren Zentralkörper, den einzigen uns nahen Fixstern, zu geben. Wegen des ungeheuren Umfangs dieser Forschungen kann es sich dabei nur um ein Bild handeln, das als solches von subjektiver Anschauung nicht frei sein kann. Die Abweichungen in dieser Beziehung gehen, wie wir gesehen haben, bis zu den größten Extremen, in denen sogar die Grundlagen verschieden sind. Die einen nehmen das, was sie auf der Sonne sehen, als reell an, es sind die Anhänger der materiellen Sonnentheorien; die anderen erblicken in allem nur optische Täuschungen. Es hat sich bisher noch keine Autorität gefunden, der es möglich gewesen wäre, eine vermittelnde Theorie aufzustellen oder eine derartig klar bewiesene Anschauung zu vertreten, daß ihr ausnahmslos alles huldigte; es ist für absehbare Zeit auch gar keine Hoffnung in dieser Beziehung zu hegen. So bleibt auf diesem Gebiete alles subjektiv, und wenn im folgenden eine kurze umfassende Schlußdarstellung über die Physik der Sonne gegeben wird, so kann das auch nichts anderes sein, als eine subjektive Meinung, die aber wohl in den meisten Punkten sich den Ansichten der heutigen Sonnenphysiker anschließt.

1. Die Sonne ist als ein Gasball von hoher Temperatur zu betrachten. Sowohl die Temperatur als auch der Druck und die Dichtigkeit der Gase nehmen von innen nach außen ab. Die Temperatur der äußeren Teile ist deshalb eine geringere, weil sie ihre Wärme durch Ausstrahlung in den leeren Raum verlieren; von innen erfolgt ein Ersatz dieser Wärme im wesentlichen durch Konvektionsströme. Eine Vorstellung über die Verhältnisse im Innern ist unmöglich, da einerseits die hohe Temperatur bestrebt ist, die Gase auszudehnen, andererseits der starke Druck einen hohen Dichtigkeitsgrad der Gase herbeiführt. Eine Verflüssigung der Gase durch den starken Druck ist unwahrscheinlich, da hierzu die Temperatur zu hoch ist; infolge der großen Dichtigkeit werden aber die allgemeinen Eigenschaften der Gase gar nicht mit denjenigen vergleichbar sein, die wir ihnen im allgemeinen zuschreiben.

Die Gesetze, nach denen Druck und Temperatur nach außen abnehmen, kennen wir nicht, auch nicht die Gesetze, nach denen dieser Gasball rotiert, doch ist anzunehmen, daß die Rotation aller Schichten um nahe dieselbe Achse erfolgt. Über die Verteilung der verschiedenen chemischen Elemente ist ebenfalls nichts bekannt; wahrscheinlich werden jedoch die schwereren Gase im Innern relativ stärker vertreten sein als in den äußeren Schichten. Die sehr leichten Gase Wasserstoff, Helium und Koronium (letzteres ist vielleicht als eine Mischung verschiedener unbekannter Elemente aufzufassen) befinden sich in den äußeren, von uns direkt untersuchbaren Schichten in ganz überwiegender Menge; die anderen, durch die Spektralanalyse feststellbaren Elemente können nur als Beimischungen von sehr geringer Menge betrachtet werden; in den äußersten Schichten fehlen sie überhaupt gänzlich.

In irgendeiner, in einer gewissen Entfernung vom Sonnenmittelpunkt befindlichen äußeren Schicht ist die Temperatur auf einen solchen Punkt gesunken, daß irgendein Element, wahrscheinlich eines der am schwersten schmelzbaren, sich zu kleinen Tröpfchen kondensiert hat, die nun als eine konzentrische Wolkenschicht in dem Gasball schweben. Das Element oder die Elemente, welche hieran teilnehmen, sind unbekannt; ferner ist überhaupt alles unbekannt, was sich in den tieferen Gebieten dieser Schicht abspielt. Bekannt ist nur dasjenige, was in den oberen Teilen dieser Schicht oder oberhalb derselben vor sich geht. Diese Wolkenschicht ist die Photosphäre, die scheinbare Oberfläche und Begrenzung der Sonne. Ihre mittlere effektive von der wirklichen wahrscheinlich wenig abweichende Temperatur ist etwa zu 6500^0 anzunehmen, also rund 500^0 höher, als es die direkten Strahlungsmessungen auf der Erde ergeben.

2. Innerhalb der photosphärischen Schicht, deren Dicke unbekannt ist, nimmt die Dichtigkeit des Wasserstoffs und der beigemengten übrigen Bestandteile nach innen hin merklich zu. In den oberen Teilen ist die Dichtigkeit sehr gering, entsprechend auch die Kondensation. Es dringt also Strahlung auch aus tieferen Schichten der Photosphäre nach außen; dieselbe erleidet aber in den innerhalb und dicht oberhalb der Photosphäre befindlichen beigemengten Dämpfen eine selektive Absorption, wodurch die FRAUNHOFERschen Linien im Spektrum entstehen. Die sogenannte umkehrende Schicht, die am Rande die Umkehr der dunklen in helle Linien erkennen läßt und das Flashspektrum liefert, ist nicht als eine selbständige Schicht von größerer Dicke zu betrachten, sondern sie ist bloß die äußerste Grenze der Photosphäre. Jeder Punkt der Photosphäre strahlt wie ein schwarzer Körper. Öffnungen oder Vertiefungen in der Photosphäre geben an sich ebenfalls die Strahlung des schwarzen Körpers, da die enorme Dicke und Dichte der inneren Gasschichten schwarze Strahlung bedingt. Die dicht oberhalb der Photosphäre befindlichen Gasschichten absorbieren noch in sehr starker Weise, wie dies aus der Abnahme der Helligkeit der Scheibe von der Mitte bis zum Rande hervorgeht. Die Absorption auf der Sonne ist eine zweifache, eine selektive und eine allgemeine. Die selektive wird durch Gase verursacht; die allgemeine ist vielleicht ihrem Wesen nach überhaupt keine Absorption, sondern sie kommt möglicherweise ganz oder teilweise durch Molekulardiffraktion zustande, ähnlich wie in unserer Atmosphäre die Bläue des Himmels.

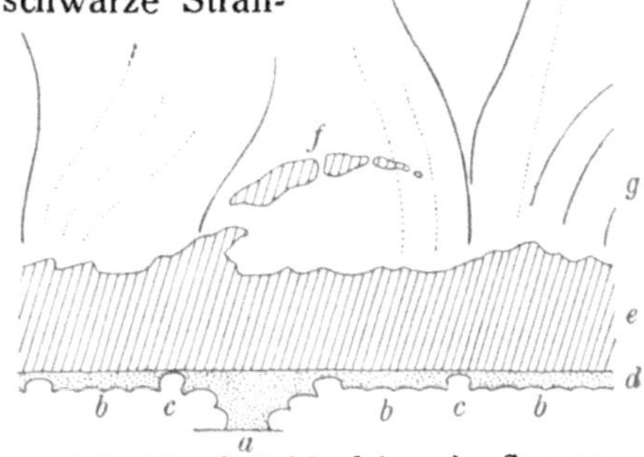

Abb. 163. Schichtenfolge der Sonnenoberfläche. a) Fleckenniveau, b) Photosphäre, c) Fackeln und Flocken, d) Umkehrende Schicht, e) Chromosphäre, f) Protuberanzen, g) Innere Korona.

3. Da die Photosphäre sich nahe an der Grenze des eigentlichen Sonnenballs befindet, d. h. da, wo die Gase eine schließlich kaum noch merkliche Dichtigkeit besitzen, so enden und beginnen in ihr die Konvektionsströme, welche die abgekühlte Materie nach innen, die warme von innen nach außen führen. Die Photosphäre kann daher keine glatte Begrenzung nach außen zeigen, sondern die Grenzschicht muß wellig oder körnig sein, wie das auch bei unseren Wolkenschichten fast immer der Fall ist. Die höher gelegenen Stellen der Photosphäre sind die hellen Körner der Granulation, das Netz zwischen denselben liegt tiefer und unterliegt einer stärkeren Absorption, weshalb es dunkler erscheint. Die Fackeln sind Gebiete, die noch höher liegen als die Spitzen der Körner, daher erscheinen sie auch noch heller. Die kräftigeren FRAUNHOFERschen Linien, besonders die Verbreiterungen einzelner Linien, entstehen durch die vermehrte Absorption in den tieferen zwischen den Körnern liegenden Stellen der Photosphäre.

Die Flecken selbst sind stärkere Vertiefungen in der Photosphäre. In den Kernen, welche das tiefste Niveau einnehmen, ist photosphärische Masse wahrscheinlich gar nicht mehr vorhanden, wie daraus zu schließen ist, daß sie meist strukturlos erscheinen; die aus dem Innern kommende Strahlung von hoher Temperatur wird im Kern durch merklich kühlere Dämpfe, in denen das Titanoxyd vorherrscht, sehr stark absorbiert, sowohl selektiv als allgemein, oder sie erleidet Einbuße durch starke Diffraktion. Das Niveau der Penumbra liegt tiefer als dasjenige der unmittelbaren Umgebung des Flecks. Die Brücken, die auf den Fleckenkernen erscheinen, sind photosphärische Massen, deren Niveau etwa demjenigen der Fackeln entspricht; sie werden durch horizontale Strömungen über den Fleck hinweggeführt. Alle photosphärischen Erhebungen, also die Fackeln und die helleren Körner der Granulation, verdanken ihre größere Helligkeit wahrscheinlich auch einer erhöhten Temperatur.

Die Protuberanzen sind Ausströmungen von Wasserstoff, Helium und Kalzium; ihre Dichtigkeit ist verschwindend gering, so daß die Zahl der Moleküle, die in Schichten von Tausenden von Kilometern getroffen werden, etwa derjenigen in den wenigen Raummillimetern einer Geisslerschen Röhre gleichkommt. In der Korona, in die sie sich erheben, ist die Dichtigkeit der Gase noch außerordentlich viel geringer und liegt unterhalb aller Vorstellbarkeit. Die hier vorhandenen festen oder flüssigen Teilchen sind vielleicht meteorischen Ursprungs. Ob die Strahlen der Korona auf rein mechanischem oder elektromagnetischem Wege oder durch Strahlungsdruck zustande kommen, ist zur Zeit nicht zu entscheiden; wahrscheinlich liegt eine einheitliche Ursache überhaupt nicht vor.

4. Der Grund des periodischen Wechsels in den solaren Erscheinungen ist in Vorgängen im Innern der Sonne begründet; er ist wahrscheinlich gegeben durch die Rotation der Sonne, durch die die Geschwindigkeiten von Massen, die auf- oder absteigen, oder die in den Richtungen von und zu den Polen strömen, von derjenigen ihrer Umgebung verschieden sind. Die Beschränkung im Auftreten der Flecken auf die beiden Zonen in der Nähe des Äquators beruht wahrscheinlich auf derselben Ursache. Eine nicht rotierende Sonne würde wahrscheinlich keine zonenartigen Fleckenphänomene und auch keine Perioden der Fleckentätigkeit aufweisen.

Ganz besonders soll die schon mehrfach vertretene Überzeugung hervorgehoben werden, daß die sämtlichen uns sichtbaren Phänomene auf der Sonne zwar in ungeheuren Räumen, aber in höchst unbedeutenden Massen von ganz außerordentlich geringer Dichte vor sich gehen, in Massen, die gegenüber der Gesamtmasse der Sonne geradezu ein Nichts sind. Diese Erkenntnis ist eigentlich betrübend; denn sie besagt, daß ein gewaltiges Maß von Arbeit und Scharfsinn auf Vorgänge im Weltall aufgewendet wird, die ihrem Wesen und ihrer Wirkung nach höchst unbedeutend sind. Und doch darf dies nicht von weiterer energischer Arbeit auf dem Gebiete der Sonnenforschung abhalten. Alle unsere Anschauungen über die physische Beschaffenheit der Fixsterne greifen ja schließlich auf Vorgänge auf der Sonne zurück; in rein wissenschaftlicher Beziehung kommt es auch niemals auf die Bedeutung des untersuchten Gegenstandes an, sondern nur darauf, daß wir durch die aufgewendete Mühe der wahren Naturerkenntnis möglichst nahekommen.

VI. Die Planeten, Monde und Kometen.

16. Die Planeten und ihre Monde.

Nach der sogenannten KANT-LAPLACEschen kosmogenetischen Anschauung war die Sonne ursprünglich weit über die Grenzen unseres Sonnensystems ausgedehnt und ist allmählich im Laufe unfaßbar großer Zeiträume zu ihrer jetzigen Ausdehnung zusammengeschrumpft. Bei dieser Zusammenziehung sind die Planeten abgetrennt worden, und ihre jetzigen Entfernungen entsprechen annähernd den Durchmessern, welche die Sonnenkugel zur Zeit der Abtrennung gehabt hat. Es sind hieraus zwei Schlüsse zu ziehen. Die äußeren Planeten sind absolut genommen die ältesten, sie haben also die längste Entwickelungszeit hinter sich, und ferner sind sie aus Elementen zusammengesetzt, die sich bei ihrer Entstehung in den äußeren Teilen des Sonnenballs befanden, die also wahrscheinlich durchschnittlich spezifisch leichter sind als bei den jüngeren und der Sonne näheren Planeten. Da aber die tatsächliche Entwickelung eines Himmelskörpers nicht allein von der Zeit abhängt, sondern auch von seiner Masse, so braucht der relative Entwickelungszustand der Planeten keineswegs von den inneren nach den äußeren fortzuschreiten, vielmehr kann er bei den sehr viel größeren Massen der äußeren Planeten gegenüber den kleineren inneren Planeten beträchtlich zurückstehen.

Eine zur Zeit noch bestehende physische Abhängigkeit der Planeten von ihrem Abstande von der Sonne ist durch die mit dem Quadrate der Entfernung abnehmende Wärmestrahlung der Sonne gegeben. Wegen des großen Unterschieds der Entfernungen ändern sich die Strahlungsmengen bei den verschiedenen Planeten ganz außerordentlich. Was nun die leicht zu berechnenden Strahlungsmengen für einen Strahlungseffekt hervorrufen, läßt sich nicht exakt berechnen, da ja dieser von der Beschaffenheit der betreffenden Planeten, besonders von der Beschaffenheit der Atmosphären abhängt. Bei der Erde beträgt die Strahlungsmenge 1.95 Gr.-Kal. auf das Quadratzentimeter in der Minute und der Effekt nach ZENKER 88^0, d. h. ohne Sonnenstrahlung würde die mittlere Temperatur der Erdoberfläche von $+ 15^0$ auf $- 73^0$ C sinken; bei dieser Temperatur findet Gleichgewicht zwischen Ausstrahlung und der aus dem Erdinnern zugeführten Wärme statt. Macht man nun die wohl nicht genau zutreffende Annahme, daß bei den übrigen Planeten der Strahlungseffekt im gleichen Verhältnis wie bei der Erde zur Strahlung selbst stehe, so gelangt man zu Zahlen, die wenigstens eine genäherte Anschauung über die Wärmewirkung der Sonne auf die Planeten gewähren.

In der folgenden Tabelle befinden sich in der 2. Kolumne die mittleren Entfernungen der Planeten von der Sonne in Einheiten der Erdentfernung. Die 3. Reihe enthält die Strahlungsmengen in Gr.-Kal., die 4. den unter der oben angegebenen Voraussetzung berechneten Strahlungseffekt.

Hiernach würde die auf dem Merkur durch die Sonnenstrahlung bewirkte Temperaturerhöhung $6\frac{1}{2}$mal so groß sein als auf der Erde, auf dem Neptun dagegen 1000mal kleiner. Ähnlich würden die Unterschiede der Temperaturen zu den verschiedenen Jahreszeiten, an den verschiedenen Orten der

Oberfläche, sowie zwischen Tag und Nacht zur Geltung kommen; besonders würden auf den äußeren Planeten Saturn, Uranus und Neptun derartige Unterschiede überhaupt nicht mehr in merklicher Weise vorhanden sein.

Planet	Mittlere Entfernung	Strahlung i. Gr.-Kal.	Strahlungs-effekt
Merkur	0.39	12.8	563°
Venus	0.72	3.8	167
Erde	1.00	2.0	88
Mars	1.52	0.8	35
Jupiter	5.20	0.07	3
Saturn	9 54	0.02	0.9
Uranus	19.18	0.005	0.2
Neptun	30.05	0.002	0.1

Merkur. Merkur ist der sonnennächste und gleichzeitig der kleinste aller Planeten. Seine mittlere Entfernung von der Sonne beträgt 58000000 km, doch ändert sich diese Entfernung sehr stark wegen der großen Bahnexzentrität (0.206). Sein Durchmesser beträgt 4800 km, seine Dichtigkeit kommt derjenigen der Erde, dem dichtesten der Planeten, mit 1.1 ziemlich nahe. Die Umlaufszeit beträgt 88 Tage.

Wegen seines geringen Abstandes von der Sonne ist er immer nur kurze Zeit und auch dann nur bei tiefem Stande, also unter ungünstigen Umständen zu beobachten, daher weiß man auch in betreff seiner Oberflächenbeschaffenheit nur wenig. Es sind wohl hin und wieder Flecken auf ihm beobachtet worden, die aber stets sehr verwaschen erscheinen. Schiaparelli hat aus ihrer Verfolgung auf die Gleichheit der Rotation und Umlaufszeit geschlossen, also auf einen Zustand, der bei unserem Monde als das Endresultat von Flutwirkungen der Erde notwendig erscheint. Ähnlich zwingende Gründe liegen bei Merkur nicht vor, wie ja überhaupt die Frage seiner Rotationszeit noch nicht als entschieden gelten kann.

Das Spektrum des Merkur ist visuell von Vogel, photographisch von Lowell u. a. untersucht worden. Es entspricht vollständig dem Sonnenspektrum, nur scheinen die Wasserdampflinien unserer Atmosphäre im Merkurspektrum etwas stärker zu sein, als im Spektrum von Fixsternen, die sich in gleicher Höhe über dem Horizont befinden. Im photographischen Teile des Spektrums konnte in bezug auf die Linien nur vollständige Übereinstimmung mit dem Sonnenspektrum konstatiert werden. Aus diesen Beobachtungen kann nur der Schluß gezogen werden, daß Merkur vielleicht eine Atmosphäre besitzt, in der Wasserdampf vorhanden ist. Jedenfalls ist aber die Atmosphäre außerordentlich dünn.

In bezug auf die physische Konstitution des Merkur sind die photometrischen Ergebnisse von größerer Sicherheit als die spektroskopischen. Die scheinbare Helligkeit Merkurs ist starken Schwankungen unterworfen, die einmal durch die starke Exzentrizität der Bahn bedingt sind, hauptsächlich aber durch die stark wechselnde Entfernung von der Erde und durch die Phasenbildung. Nach den Beobachtungen von Müller kann seine Helligkeit von 1.1^m bis — 1.2^m, d. h. von der Helligkeit Aldebarans bis zu der des Sirius schwanken. Er würde also ein sehr auffallendes Objekt sein, wenn er am Nachthimmel zu beobachten wäre, während er für gewöhnlich ohne besondere Anstrengung gar nicht mit bloßem Auge zu erkennen ist; so soll ihn z. B. Kopernikus trotz aller Bemühungen niemals gesehen haben. Seine Phase schwankt wie beim Monde zwischen 0^0 und 180^0, doch hat er im allgemeinen wegen der schon hervorgehobenen Schwierigkeiten nur zwischen den Phasenwinkeln 50° und 120° beobachtet werden können. Beim Phasenwinkel 180° ist er zuweilen als dunkle Scheibe vor der Sonnenscheibe (Merkurdurchgang) zu sehen. Phasenwinkel außerhalb der Grenzen 50° und 120° sind nur bei totalen Sonnenfinsternissen erreichbar; so konnte z. B. bei der Finsternis vom 28. Mai 1900 Merkur bei einem Phasenwinkel von 6.8° photometrisch an die Venus angeschlossen werden.

Wenn man die Helligkeit Merkurs auf seine mittlere Entfernung von der Sonne und auf die mittlere Entfernung 1 von der Erde reduziert, so läßt sich nach MÜLLER der Einfluß der Phase durch die folgende sehr einfache Formel darstellen, in der h die Helligkeit in Größenklassen im Harvardsystem und α den Phasenwinkel bezeichnet

$$h = -1.10^{m} + 0.0368\,(\alpha - 50^{0}).$$

Dieser Formel schließt sich auch die unter dem Phasenwinkel von 6.8° erhaltene Beobachtung gut an.

In der folgenden Tabelle ist die beobachtete Helligkeit des Merkur nach den Phasenwinkeln mit den nach den Theorien von LAMBERT und SEELIGER berechneten Helligkeitswerten zusammengestellt, sowie die beobachteten und auf die gleiche Helligkeit reduzierten entsprechenden Zahlen für den Mond.

α	h (beob.)	Lambert	Seeliger	Mond
50°	-0.90^{m}	-0.90^{m}	-0.90^{m}	-0.90^{m}
60	-0.61	-0.73	-0.76	-0.63
70	-0.29	-0.54	-0.60	-0.32
80	$+0.04$	-0.30	-0.42	$+0.03$
90	$+0.40$	-0.03	-0.22	$+0.43$
100	$+0.77$	$+0.29$	$+0.01$	$+0.87$
110	$+1.17$	$+0.68$	$+0.29$	$+1.36$
120	$+1.59$	$+1.13$	$+0.61$	$+1.90$

Wie man sieht, stimmt keiner der theoretisch erhaltenen Werte mit den beobachteten überein; es geht daraus hervor, daß auf Merkur die Oberflächenverhältnisse nicht entfernt den Voraussetzungen der Theorie entsprechen. Dagegen ist eine sehr befriedigende Übereinstimmung zwischen den beobachteten Helligkeitswerten von Merkur und Mond vorhanden, und hieraus läßt sich der sehr wichtige Schluß ziehen, daß zwischen der Oberflächenbeschaffenheit dieser beiden Himmelskörper eine gewisse Ähnlichkeit bestehen muß. Insbesondere ergibt sich, daß eine etwaige Atmosphäre auf Merkur nicht sehr dicht sein kann, weil sonst größere Differenzen auftreten müßten. Von besonderer Wichtigkeit in Verbindung hiermit ist auch der geringe mit dem Erdmonde übereinstimmende Wert der sphärischen Albedo (S. 97) des Merkur, die sich zu 0.1 ergibt; das Licht wird also bei Merkur von einer dunklen, rauhen Oberfläche, ähnlich wie beim Monde, zurückgeworfen.

Als das Gesamtergebnis aller bisherigen Untersuchungen läßt sich somit nur feststellen, daß die Oberfläche des Merkur fest ist und im wesentlichen aus ziemlich dunklen Stoffen besteht. Der Planet scheint eine schwache Atmosphäre zu besitzen, die etwas Wasserdampf enthält, aber jedenfalls nur geringe Kondensationen erzeugt. Die Sonnenstrahlung, die dort 6mal so stark ist als auf der Erde, wird daher durch die Atmosphäre wenig behindert, dagegen von der Oberfläche stark absorbiert, so daß eine sehr beträchtliche Erhitzung derselben stattfinden muß. Unter den uns näherstehenden Himmelskörpern kann nur der Erdmond als Vergleichsobjekt herangezogen werden.

Venus. Die Venus kommt ihrer Größe nach der Erde am nächsten, denn ihr Durchmesser beträgt 12300 km; auch ihre Dichte entspricht derjenigen der Erde mit 0.9 fast vollkommen. Ihre mittlere Entfernung von der Sonne beträgt bei sehr geringer Bahnexzentrizität 108000000 km. Den Umlauf um die Sonne vollführt sie in 225 Tagen.

Wegen der großen Helligkeit der Venus im Fernrohr entstehen auf ihrer Oberfläche, wie VILLIGER an weißen seitlich beleuchteten Kugeln nachgewiesen hat, Schattierungen, die rein physiologisch gedeutet werden können. Daher ist auch die Bestimmung der Rotationsdauer aus Flecken völlig illusorisch. Früher glaubte man, daß Venus in ungefähr 24 Stunden um ihre Achse rotiere, unter Berufung auf Beobachtungen der beiden CASSINI, SCHRÖTER und DE VICO. Später, um 1880, ist SCHIAPARELLI auf Grund zahlreicher und sorgfältiger Untersuchungen zu dem Ergebnis gelangt, daß die Rotationsdauer wie bei Merkur mit der Umlaufszeit zusammenfällt, also 225 Tage beträgt. Dieses Resultat, welches man längere Zeit für sehr sicher gehalten hat, ist neuerdings wieder zweifelhaft geworden, da spektrographische Beobachtungen von BELOPOLSKI, die zwischen 1900 und 1911 angestellt worden sind, für eine kurze Rotationszeit sprechen. Befindet sich Venus nahe der oberen Konjunktion, so nähert sich durch die Rotation der eine Rand der Erde, während sich der andere gleichzeitig von ihr entfernt. Aus den Linienverschiebungen erhält man somit das Doppelte der wirklichen linearen Rotationsgeschwindigkeit, so daß unter Annahme der kurzen Rotationsdauer von 24^h ein Unterschied von 1 km in die Erscheinung treten würde. Die letzten BELOPOLSKIschen Messungen ergaben nun für die Differenz 0.6 km, so daß in der Tat eine Rotationsgeschwindigkeit des Venusäquators von etwa 0.3 km, entsprechend einer Rotationsdauer von 34 bis 35 Stunden anzunehmen wäre. Die Genauigkeit dieser überaus schwierigen Messungen ist indessen noch zu gering, auch besteht ein Widerspruch mit LOWELL, der zu einem durchaus negativen spektrographischen Ergebnis gelangt ist. Man tut demnach gut, die Frage als noch unaufgeklärt zu betrachten.

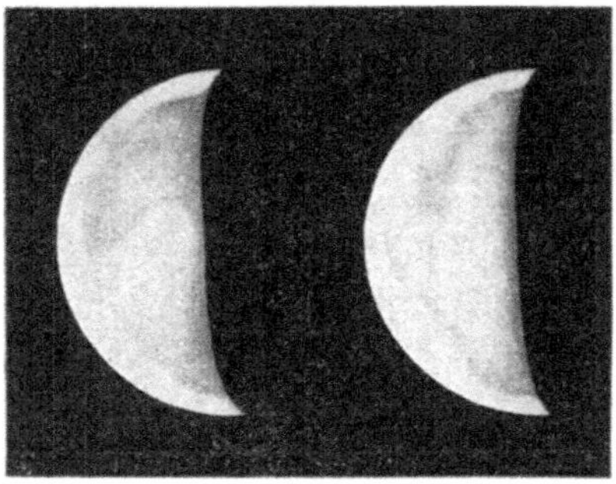

Abb. 164. Die Venus in Viertelphase am 12. und 13. Juli 1911.

In bezug auf die eigentlichen Absorptionslinien und, wie es scheint, auch auf die Intensitätsverhältnisse der einzelnen Spektralgebiete haben die Beobachtungen im Bereiche der kürzeren Wellenlängen eine vollständige Übereinstimmung zwischen Venus- und Sonnenspektrum ergeben. SCHEINER und VOGEL haben im photographischen Spektrum Hunderte von Linien in absoluter Übereinstimmung gefunden. Dagegen zeigen sich im roten Teil die atmosphärischen Bänder, und auch hier wieder die Wasserdampflinien, mit Sicherheit verstärkt, so daß die Existenz einer wasserdampfhaltigen Atmosphäre auf der Venus nachgewiesen ist. Eine Bestätigung dieses Resultats ist durch eine Reihe anderweitiger Beobachtungen geliefert. So ist die Lichtgrenze bei mittlerer Phase mehrfach unscharf gesehen worden, indem merkliche Helligkeit bis ziemlich weit auf den nicht direkt beleuchteten Teil der Venusscheibe hinübergriff. Vor allem beweisend ist aber die bei Gelegenheit der Venusvorübergänge vor der Sonne gemachte Beobachtung, daß die dunkle Venusscheibe kurz vor dem Eintritt mit einem hellen Saume umgeben erscheint, wie dies nur infolge von Lichtbrechung in einer Atmosphäre der Fall sein kann, ferner die Tatsache, daß bei unteren Konjunktionen die Hörnerspitzen der dünnen Sichel den Venusrand um mehr als 180° umfassen (Abb. 165); man hat hieraus sogar die Refraktion in der Venusatmosphäre zu berechnen versucht, die sich als nahe doppelt so stark als auf der Erde ergeben hat.

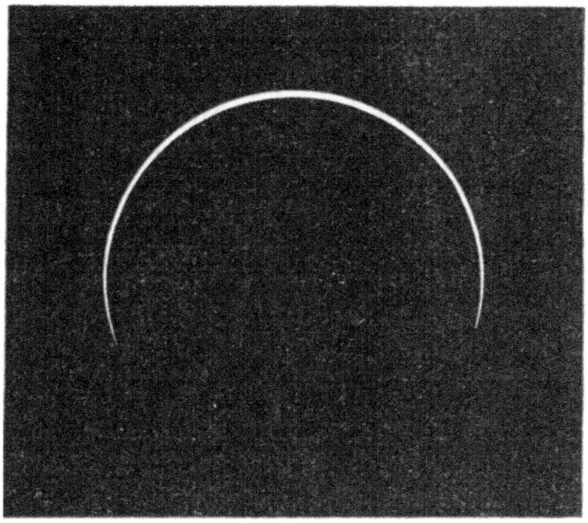

Abb. 165. Venus in unterer Konjunktion (April 1921).

Der Mangel an einigermaßen deutlichen und konstanten Flecken macht es wahrscheinlich, daß wir die eigentliche Oberfläche des Planeten Venus gar nicht sehen, sondern daß dieselbe durch eine die ganze Kugel umgebende dichte Wolkenhülle verdeckt ist. Zur völligen Gewißheit wird diese Vermutung durch die photometrischen Beobachtungen, die eine außerordentlich hohe Albedo, nämlich rund 0.7, ergeben haben. Es ist das ein Wert, der demjenigen hell erleuchteter Wolken wenig nachsteht.

Noch eine besondere und bisher nicht genügend erklärte Erscheinung hat der Planet Venus geboten. In der Nähe der unteren Konjunktion, wenn also die erhellte Sichel sehr schmal ist, hat man bei Tagesbeobachtungen auch den dunklen Teil der Venusoberfläche erhellt gesehen, in ähnlicher Weise, wie dies bei unserem Monde in der entsprechenden Stellung der Fall ist. Während es sich bei letzterem um die Beleuchtung der dunklen Mondoberfläche durch die nahe voll erleuchtete Erde handelt, ist diese Erklärung für die Venus nicht sehr wahrscheinlich, obgleich sie mehrfach herangezogen worden ist. F. W. Very hat aus dem Erdlicht im Monde die Erdalbedo abgeleitet und findet sie nahe derjenigen des Jupiter. Hieraus folgt, daß von der Venus aus gesehen die Erde im günstigsten Falle die Helligkeit -6.5^m, der Mond -2.0^m hat. Das Gesamtlicht dieses Doppelsterns entspricht etwa dem Lichte der Mondsichel drei Tage nach Neumond, ist also sicher nicht intensiv genug, um bei Tageslicht im Widerschein an der Wolkendecke der Venus wahrnehmbar zu sein.

Da die Erscheinung nicht regelmäßig auftritt, ist auch schon an eine optische Täuschung gedacht worden, vielleicht liegt aber die Wahrheit in der Mitte. Das aschfarbene Licht ist nur bei sehr kleiner Phase beobachtet worden, d. h. also dann, wenn die Beleuchtung der Rückseite bis nahe an den jenseitigen dunklen Rand reicht. Durch die vorhandene starke Atmosphäre kann sich das Licht z. T. bis über diesen Rand ausbreiten, so daß der ganze Umriß erleuchtet erscheint; diese Beleuchtung wird sich nicht weit in die dunkle

Scheibe hinein erstrecken, es ist aber leicht vorstellbar, daß dann bei der Schwierigkeit der Beobachtung eine Erhellung der ganzen Scheibe vorgetäuscht wird.

Die Entfernung der Venus von der Erde wechselt in sehr weiten Grenzen, indem sie bei der unteren Konjunktion sich auf 41000000 km nähern kann, während sie bei der oberen 257000000 km entfernt ist. Der scheinbare Durchmesser ändert sich daher um das 6fache seines Betrages, und man sollte daher gewaltige Änderungen in der scheinbaren Helligkeit des Planeten erwarten. Das ist aber nicht der Fall, weil seine Phase bei der Annäherung an die obere Konjunktion immer kleiner, an die untere immer größer wird. Beides hebt sich annähernd auf. Nach MÜLLER schwankt daher die Helligkeit nur um etwas mehr als eine Größenklasse. Die größte Helligkeit tritt bei einem Phasenwinkel von 118^0 ein, also etwa 36 Tage vor und nach der unteren Konjunktion, und beträgt alsdann -4.3^m, wenn diejenige des Arktur zu 0^m angenommen wird; die kleinste beobachtbare Helligkeit findet beim Phasenwinkel von ungefähr 20^0 statt und ist alsdann noch immer -3.3^m.

Bei durchsichtigem, klarem Himmel ist Venus, wenn ihr Abstand von der Sonne nicht zu gering ist, stets am Tage sichtbar, nur ist es natürlich schwierig, sie aufzufinden, wenn man ihre Stellung nicht genau kennt. Hat man aber ein Fernrohr auf den Planeten eingestellt, so kann man ihn auch stets mit bloßem Auge erkennen, wenn man über das Fernrohr hinweg visiert.

Die Helligkeit der Venus, allein in ihrer Abhängigkeit vom Phasenwinkel, also bei Reduktion der scheinbaren Helligkeit auf die gleiche Entfernung 1, wechselt natürlich sehr stark. Sie ist nach MÜLLER darstellbar durch die Formel

$$h = -4.77^m + 0.0132\alpha + 0.00000042\alpha^3,$$

wobei α wieder den Phasenwinkel bedeutet. Die sich hieraus ergebenden Helligkeiten stimmen aber, besonders bei den größeren Phasenwinkeln, keineswegs gut mit der Theorie überein, wenn die Abweichungen auch nicht so stark sind wie bei Merkur.

Die Farbe der Venus ist ein reines Gelb. Der photographische Farbenindex ist mit demjenigen der Sonne fast identisch und beträgt $+0.8^m$.

Als einigermaßen sichergestellte Ergebnisse über die physische Beschaffenheit der Venus lassen sich nach dem Vorhergehenden nur die folgenden Sätze angeben. Der Planet ist mit einer dichten, wasserdampfhaltigen Atmosphäre umgeben; innerhalb dieser Atmosphäre hat sich eine ständige, vielleicht ganz lückenlose Wolkenschicht gebildet, die uns den Anblick der eigentlichen Planetenoberfläche wohl vollständig verhüllt. Dementsprechend ist die Reflexion des Sonnenlichtes an dieser Wolkenhülle eine sehr starke, so daß an der Lichtgrenze beträchtliche Dämmerungserscheinungen verursacht werden.

Der Erdmond. Der Mond ist dasjenige Gestirn, das uns von allen Himmelskörpern am nächsten steht. Die mittlere Entfernung beträgt nur 384000 km; seine Oberfläche liegt frei und durch keine Atmosphäre getrübt vor uns, und wenn man bedenkt, daß bei guten Luftzuständen Vergrößerungen bis 1000 verwendet werden können, so vermögen wir die Einzelheiten seiner Oberfläche aus scheinbaren Entfernungen von einigen hundert Kilometern zu betrachten. Kann man schon ohne Übertreibung gute Mondphotographien und die nach ihnen erhaltenen Vergrößerungen in ästhetischer Beziehung als das Schönste bezeichnen, was die Photographie in ihrer Anwendung auf die Astronomie bisher erreicht hat, so darf mit Genugtuung hinzugefügt werden, daß gleichzeitig auch die Exaktheit des Mondstudiums durch die Photographie einen außerordentlichen Aufschwung genommen hat, und daß auf diesem Gebiete noch vieles zu erwarten steht.

Der Durchmesser des Mondes beträgt 3480 km, d. h. etwas über $^1/_4$ desjenigen der Erde; seine mittlere Dichtigkeit ist 0.60, also wesentlich geringer als diejenige der Erde. Die Masse ist $^1/_{81}$ derjenigen der Erde, und dementsprechend beträgt die Schwere an seiner Oberfläche nur $^1/_6$ von derjenigen an der Erdoberfläche. Gerade diese geringe Schwerkraft ist bei der Beurteilung der Gebirgsbildungen auf dem Monde von wesentlicher Bedeutung.

Die siderische Umlaufszeit des Mondes beträgt 27.32 Tage, und genau so groß ist auch seine Rotationszeit; d. h. er wendet der Erde stets dieselbe Seite zu. Dieser eigentümliche Umstand, der auch für den Planeten Merkur in bezug auf die Sonne als vorhanden angenommen wird, ist dem Einfluß der Gezeiten auf die Rotationsdauer zuzuschreiben. Die Gezeitenerscheinungen auf der Erde sind zu ihrem größeren Betrage durch die Anziehung des Mondes verursacht, und umgekehrt hat eine entsprechende, der größeren Erdmasse wegen sehr viele stärkere Flutwirkung der Erde auf den Mond stattgefunden, als das Innere des Mondes noch flüssig und seine feste Rinde noch verhältnismäßig dünn war. Die Bewegung der beiden Flutwellen um den rotierenden Körper herum erzeugt eine Reibung, die der lebendigen Kraft der Rotation entgegenwirkt und dadurch die Rotationsdauer verlangsamt. Man nimmt an, daß die irdischen Gezeiten noch heute in dem Maße wirken, daß eine Verlangsamung der Erdrotation um 4—5^s im Jahrtausend entsteht; es muß also in einem allerdings außerordentlich großen Zeitraum die Rotation der Erde auf ihre Umlaufszeit, also auf ein Jahr, verlangsamt werden. Bei dem viel kleineren Monde ist das in verhältnismäßig kürzerer Zeit eingetreten.

Wenn nun auch die mittlere Rotationszeit des Mondes genau gleich seiner Umlaufszeit ist, so wendet er wegen der Elliptizität seiner Bahn doch dem Erdmittelpunkte nicht immer genau die gleiche Seite zu. Es findet vielmehr eine periodische Schwankung um die Mittellage statt, die sogenannte optische Libration, die im Maximum in selenozentrischer Länge $\pm 8^0$, in Breite $\pm 7^0$, im selenographischen Bogen 10.5^0 betragen kann. Dazu kommt noch die parallaktische Libration, die daher rührt, daß ein Beobachter auf der Erdoberfläche, der den nahe am Horizont stehenden Mond betrachtet, sich beträchtlich seitlich vom Erdmittelpunkt befindet und daher über den oberen Mondrand herüberschaut. Diese parallaktische Libration kann bis zu 1^0 betragen, so daß wir also im Maximum nach jeder Seite hin etwa 11^0 der rückwärtigen Mondhalbkugel übersehen können, die äußersten Teile allerdings in so schräger Projektion, daß der Gewinn nicht bedeutend ist.

Der Mond kann nicht eine genaue Kugelgestalt besitzen, vielmehr muß er ein Ellipsoid sein, dessen große Achse auf die Erde gerichtet ist; es ist eben die in bezug auf die Erde stehen gebliebene und erstarrte Flutwelle, welche seine Gestalt bedingt. Man nahm früher an, daß diese Verlängerung eine ziemlich beträchtliche sei, und diese Vermutung schien durch die ersten stereoskopischen Mondaufnahmen RUTHERFURDS in überraschender Weise bestätigt zu werden. Im Stereoskop erschien nämlich der Mond sehr stark, wohl um das Doppelte seines Durchmessers, auf den Beobachter zu verlängert. Diese ganze Erscheinung hat aber nichts Reelles; sie ist weiter nichts als ein stark übertriebener stereoskopischer Effekt, den man bei irdischen Objekten in der gleichen Weise erhalten kann, wenn die beiden Aufnahmen in größerer Distanz, als der Augenweite entspricht, erhalten worden sind. Neuere sorgfältige Messungen an Mondphotographien haben ergeben, daß die Verlängerung des Mondes nur ein halbes Tausendstel seines Durchmessers (etwa 2 km) beträgt, sich also der direkten Wahrnehmung vollständig entzieht und auch für den Mond selbst in physischer Beziehung ohne Bedeutung ist. Eine Abplattung des Mondes ist nicht nachzuweisen und ist auch nicht von merklichem Betrage zu erwarten, da ja zur Zeit der Erstarrung die Rotationsgeschwindigkeit bereits sehr gering war.

Abb. 166. Vollmondaufnahme von Rutherfurd.

Daß der Mond keine Atmosphäre besitzt, deren Dichtigkeit auch nur annähernd mit derjenigen unserer Erde zu vergleichen wäre, lehrt bereits die einfache Betrachtung. Alle Gebilde der Oberfläche erscheinen stets klar und scharf mit tief dunklen, fast schwarzen Schatten. Von Lichtabnahme nach dem Rande zu und von Dämmerungserscheinungen ist keine Spur zu bemerken, und niemals ist mit Sicherheit eine auch nur vorübergehende Trübung wahrgenommen worden. Den besten Beweis gegen das Vorhandensein einer merklichen Atmosphäre liefert die Beobachtung von Sternbedeckungen durch den Mond. Die Sterne verschwinden und erscheinen am Rande ganz plötzlich und unvermittelt, und eine scheinbare Ortsveränderung dicht am Rande, wie sie durch die Refraktionswirkung einer Atmosphäre auftreten müßte, hat sich trotz schärfster Messungen nicht feststellen lassen. Es ist auf Grund derartiger Messungen erwiesen, daß eine Atmosphäre, deren Dichte auch nur $^1/_{2000}$ der unsrigen betrüge, auf dem Monde nicht existiert. Daraus folgt weiter, daß auch Wasser nicht auf dem Monde sein kann, selbst nicht in der Form von Eis, weil bei dem Mangel des Luftdrucks eine sehr heftige Verdunstung desselben eintreten würde. Da trotz aller dieser Bedenken von einigen Beobachtern immer wieder auf meteorologische Erscheinungen auf dem Monde zurückgegriffen wird, wäre es nützlich, wenn einmal einige den dunklen Mondrand im Norden und Süden streifende Sterne zum Zwecke einer Absorptionsbestimmung photometrisch, am besten lichtelektrisch, durchbeobachtet würden.

Wegen seiner geringeren Masse und Größe ist die Abkühlung des Mondes sehr viel früher erfolgt als bei der Erde, und somit ist der Mond, obgleich späteren Ursprungs, auf einer relativ viel weiteren Entwickelungsstufe als die Erde, also relativ viel älter, so daß wir aus dem jetzigen Zustande des Mondes vielleicht in mancher Beziehung auf den späteren Zustand der Erde schließen können. Auf unsere Atmosphäre angewandt will das besagen, daß auch diese einmal von der Erde verschwinden kann. Es lassen sich diese Verhältnisse theoretisch in recht einfacher Weise beleuchten.

Der Ausdehnungskoeffizient der Gase mit der Temperatur ist für alle Gase derselbe und beträgt $^1/_{273}$ für 1^0 C. Bei der Abkühlung von 0^0 auf — 1^0 nimmt also das Volumen bei gleichbleibendem Druck um $^1/_{273}$ ab. Bei der Abkühlung auf — 273^0 würde das Gas sich also um sein ganzes Volumen zusammenziehen. Eine Zusammenziehung auf das Volumen Null steht zwar im Widerspruch mit der Anschauung von der Konstanz der Materie; jedenfalls aber kann man sagen, daß eine größere Zusammenziehung als um das eigene Volumen nicht möglich ist. Alle Moleküle berühren dann einander und jegliche innere Bewegung, das ist aber die Wärme, hört auf. Man bezeichnet daher die Temperatur — 273^0 C als den absoluten Nullpunkt der Temperatur; wir haben von ihm bereits wiederholt Gebrauch gemacht. Solange ein Gas oberhalb dieses Nullpunktes liegt, führen also die Moleküle Bewegungen aus, und zwar hat CLAUSIUS gezeigt, daß die mittlere Geschwindigkeit v dieser Bewegungen allein von der absoluten Temperatur t und dem spezifischen Gewicht s des Gases abhängt, und zwar ist in Metern pro Sekunde

$$v = 485 \sqrt{\frac{t}{273 s}} .$$

In unserer atmosphärischen Luft ist im Sinne der Formel $s = 1$, die mittlere molekulare Geschwindigkeit bei der Temperatur $t = 273^0 = 0^0$ C, also 485 m pro Sekunde.

Nimmt man nun an, an der oberen Grenze unserer Atmosphäre sei die Temperatur $t = 173^0 = -100^0$ C, so erhält man als mittlere molekulare Geschwindigkeiten von Wasserstoff, Helium, Wasserdampf und Luft, d. h. für $^1/_s = 14.4,\ 7.3,\ 1.6$ und 1 die Werte 1.47, 1.04, 0.49 und 0.39 km. Je dichter ein Gas gepreßt ist, um so kürzer ist natürlich der Weg, den ein Molekül geradlinig zurücklegen kann, bis es ein anderes Molekül antrifft. Dies ist z. B. an der Erdoberfläche der Fall. An der Grenze der Atmosphäre aber, wo die Dichtigkeit der Luft sehr gering wird, werden die geradlinigen Weglängen sehr viel größer als oben angegeben, so daß es denkbar ist, daß gewisse Gase auf Nimmerwiederkehr in den Weltraum enteilen können. Ob dies möglich ist oder nicht, hängt nur von der Geschwindigkeit ab. Aus der Anziehungskraft der Erde läßt sich berechnen, daß nur Körper, die sich mit mehr als 11 km Geschwindigkeit von der Erde entfernen, ihrem Anziehungsbereich entrinnen können; bei geringeren Geschwindigkeiten fallen sie wieder zur Erde zurück. Um also aus dem Anziehungsbereich der Erde zu gelangen, muß die erforderliche Geschwindigkeit bei Wasserstoff 7 mal, bei Helium 11 mal, bei Wasserdampf 22 mal und bei der Luft selbst (Stickstoff und Sauerstoff) 28 mal so groß sein als die mittlere. Wir können es nun durchaus verstehen, weshalb in unserer Atmosphäre die sonst im Weltall in so großer Menge vorkommenden leichten Gase wie Wasserstoff und Helium gar nicht oder nur noch spurenweise vorhanden sind.

Beim Monde liegen nun wegen der geringeren Masse die Verhältnisse für das Bestehen einer Atmosphäre sehr viel ungünstiger. Hier bedarf es nur einer Geschwindigkeit von 2.4 km, um das Entweichen eines Gases zu veranlassen, also noch nicht des Doppelten der mittleren Geschwindigkeit der Wasserstoffmoleküle und erst des 6fachen für Luft. Für das Abhandenkommen von Sauerstoff und Stickstoff ist daher auf dem Monde dieselbe Wahrscheinlichkeit vorhanden, wie bei uns für Wasserstoff, mithin ist es durchaus verständlich, daß der Mond eine merkliche Atmosphäre nicht mehr besitzt.

Mit diesem Resultat sind auch die spektroskopischen Beobachtungen im Einklang. Es ist aus ihnen weiter nichts zu entnehmen, als daß das Mondspektrum mit dem Sonnenspektrum in betreff der Absorptionslinien vollständig identisch ist; es kommt eine selektive Absorption nicht hinzu, wie sie durch eine irgendwie merkliche Atmosphäre veranlaßt werden müßte.

Die Beleuchtung, die der Mond auf die Erde ausübt, ist eine recht beträchtliche; bei Vollmond kann man gewöhnliche Druckschrift ganz gut lesen. Die verschiedenen Vergleichungen der Beleuchtungsstärke des Mondes mit derjenigen einer Kerze führen im Mittel zu dem Resultat, daß die Beleuchtung durch den im Zenit stehenden Vollmond demjenigen von 0.24 HK (vgl. S. 100), d. h. 1 HK in der Entfernung von 2.04 m entspricht. Danach würde sich ergeben, daß die Flächenhelligkeit des Mondes ziemlich genau derjenigen einer Kerzenflamme entspricht.

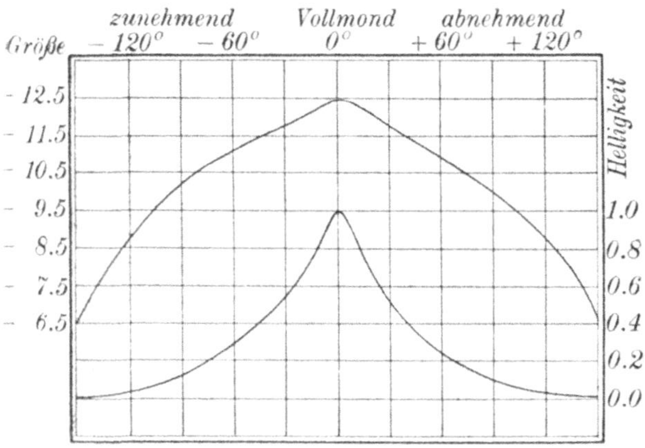

Abb. 167. Helligkeitsverlauf der Mondphasen (nach Wislicenus).

Die Helligkeit des Vollmondes in Größenklassen ist von J. Herschel, Bond, W. Pickering u. a. bestimmt worden. Als bester Mittelwert kann nach Russell -12.55^m angenommen werden. Hieraus ergeben sich die folgenden visuellen Helligkeitsverhältnisse bzw. Unterschiede in Größenklassen:

$$\frac{\text{Sonne}}{\text{Vollmond}} = 466000 \qquad \text{Sonne} - \text{Vollmond} = -14.17^m.$$

$$\frac{\text{Vollmond}}{\text{Capella}} = 132000 \qquad \text{Vollmond} - \text{Capella} = -12.80^m.$$

Die Farbe des Mondlichtes ist gelber als diejenige der Sonne. Der photographische Farbenindex beträgt $+1.2^m$.

Die Abhängigkeit der Mondhelligkeit von der Phase liegt erst seit einigen Jahren gesichert vor, insbesondere durch die Arbeiten von W. Pickering, Wislicenus, King, Stebbins, Brown u. a. Die Untersuchungen sind visuell, photographisch und lichtelektrisch ausgeführt worden und umfassen Phasenwinkel zwischen 0^0 und 150^0. Sie zeigen für die Zeit vor und nach Vollmond einen etwas abweichenden Verlauf, wie das bei der unregelmäßigen Verteilung der Flecken auf dem Monde nicht weiter überraschend erscheint (Abb. 166). Das erste Viertel ist 8.7, das letzte 10 mal schwächer als der Vollmond. Die visuelle Albedo des Mondes beträgt rund 0.1, entspricht also im Durchschnitt den dunkleren Gesteinen der Erde, wie Basalt, Tonschiefer usw.

Die Bergformen der Mondoberfläche. Bei der Betrachtung der Mondscheibe mit dem bloßen Auge fällt bereits eine Reihe von Einzelheiten auf, die dem Erdtrabanten sein charakteristisches Gepräge verleihen. Man erkennt auf der hellen Scheibe eine Anzahl großer, teilweise miteinander in Verbindung stehender Flecken, die man schon von alters her als „Meere" bezeichnet hat, denen gegenüber die helleren Stellen als „Kontinente" angesehen wurden. Daß diese Bezeichnung rein willkürlich ist, zeigt ein Blick durchs Fernrohr. Da der Mond keine Atmosphäre, also auch kein Wasser hat, ist die Bildung von Meeren und Kontinenten gänzlich ausgeschlossen; wie ja überhaupt die Oberflächengebilde des Mondes von ganz anderen Gesichtspunkten aus aufzufassen sind als die irdischen.

Nach der Erfindung des Fernrohrs hat man sich vielfach mit der kartenmäßigen Darstellung der Mondoberfläche befaßt und ist dabei bis zu einem hohen Grade von Vollkommenheit gelangt. Es mag nur an die immer noch bewundernswerten abgeschlossenen Arbeiten von Mädler, Lohrmann und J. Schmidt erinnert werden. Seit der Anwendung der Photographie hat die zeichnerische Darstellung der Mondoberfläche fast ganz aufgehört, da die mit den großen Refraktoren des Yerkes- und Lickobservatoriums sowie der Pariser Sternwarte u. a. erhaltenen Mondaufnahmen auch die feineren Gebilde in außerordentlicher Schärfe zeigen (Taf. IV) und Messungen von einer bisher unerreichten Genauigkeit gestatten. Immerhin ist das Studium der kleinsten Einzelheiten der Mondoberfläche auch heute noch nicht anders als durch visuelle Okularbeobachtung möglich. Krieger, Fauth und andere mit topographisch geschulten Augen ausgestattete Beobachter haben auf diesem Wege sehr bemerkenswerte Erfolge erzielt.

Die Erhebung der Mondgebirge läßt sich direkt nur am Rande oder trigonometrisch aus der Länge der Schatten bei schräg einfallendem Sonnenlicht ermitteln; sie bezieht sich daher auf die nächste Umgebung und nicht auf ein einheitliches Niveau wie bei der Erde. Da nun die Gegenden, welche die höchsten Berge enthalten, bereits ziemlich hoch liegen werden, und Berghöhen bis zu 8000 m gemessen worden sind, so sind die absoluten Höhen jedenfalls nicht viel kleiner als auf der Erde. Da die Schwerkraft auf dem Monde sechsmal geringer ist als auf der Erde, die hebenden Kräfte dort also sicher wesentlich geringeren Widerstand gefunden haben, so ist die Tatsache der großen Berghöhen auf dem Monde durchaus nicht auffallend. Es unterliegt keinem Zweifel, daß genauere Betrachtungen darüber erst nach sicherer Festlegung eines mittleren Niveaus möglich sein werden. Den ersten Versuch dieser Art hat Franz in seiner Schichtenkarte (Abb. 168) geliefert, doch bedürfen die Ergebnisse noch einer möglichst sorgfältigen Kontrolle. Es ist vielleicht zu hoffen, daß der in der terrestrischen Photogrammetrie verwendete Stereoautograph, der fast automatisch aus Raumaufnahmen einer fernen Gebirgsgegend die Schichtenlinien derselben mit größter Genauigkeit

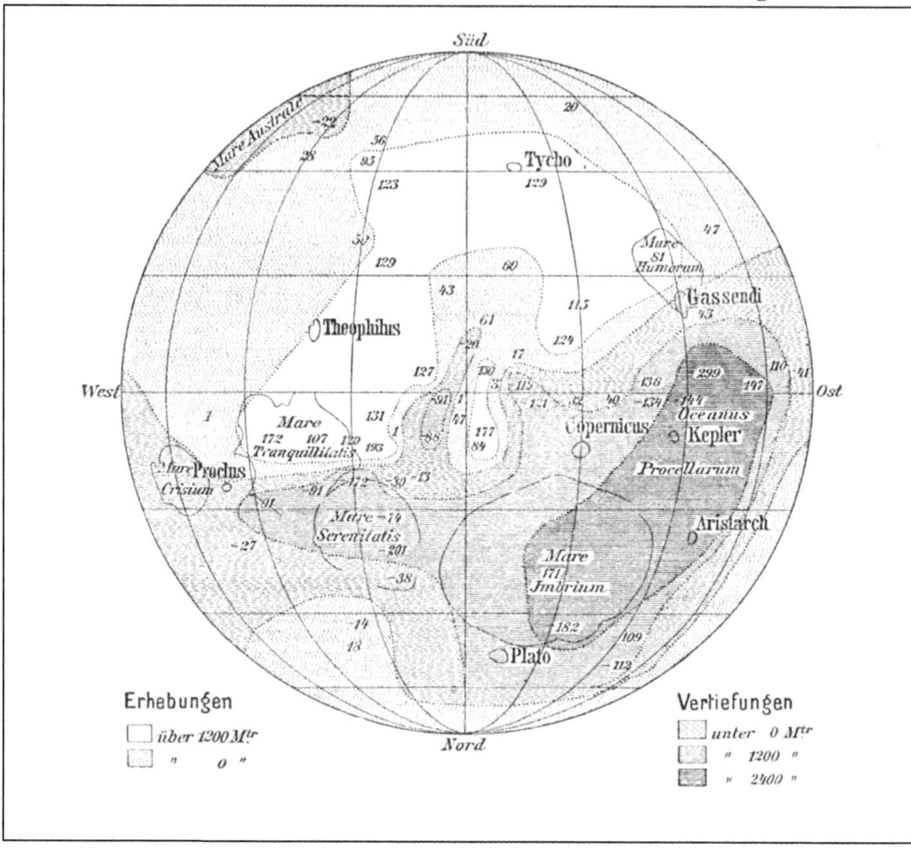

kartographisch richtig darzustellen gestattet, auch einmal beim Monde sich als nützlich erweisen wird. Ein korrektes Bild der allgemeinen orographischen Verhältnisse des Mondes liegt vorläufig nur für die Randgebiete vor, wo sich ein mittleres Niveau in der Weise schaffen läßt, daß man die Summe der Erhöhungen gleich derjenigen der Depressionen setzt. Eine auch für die Astrometrie sehr wertvolle Untersuchung dieser Art hat z. B. Hayn ausgeführt.

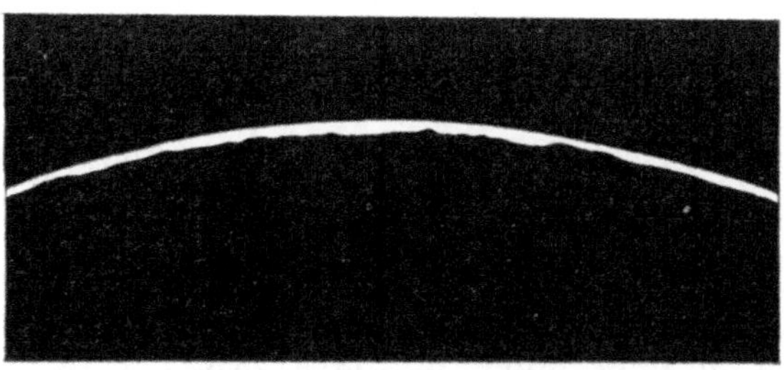

Abb. 169. Randberge des Mondes (Dörffelgebirge) bei einer ringförmigen Sonnenfinsternis.

Im einzelnen besteht sehr wenig Ähnlichkeit zwischen der Topographie des Mondes und derjenigen der Erde. Große Bergzüge, wie sie auf der Erde durch die Alpen oder das Felsengebirge gegeben sind, und die den typischen Charakter der großen Kettengebirge darstellen, kommen auf dem Monde nicht vor. Dafür treten Gebirgsflächen mit Längs- und Querentwickelung auf, d e von einer großen Zahl einzelner Berge bedeckt sind. Diese zeigen teils runde, teils längliche Gipfel, die regellos nach verschiedenen Richtungen

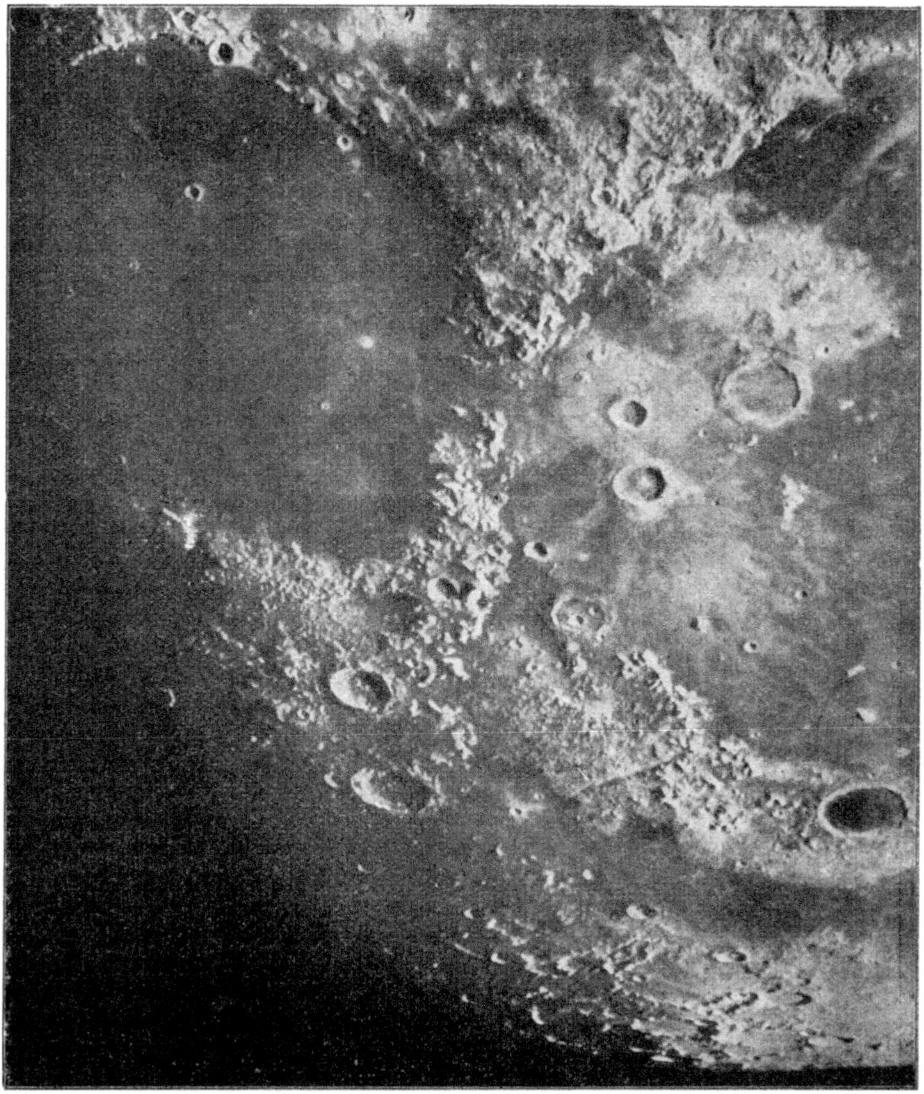

Abb. 170. Randschollen des Mare Serenitatis und des Mare Imbrium.

streifen und durchweg Trümmerform aufweisen; dazwischen sind kleine Krater eingestreut. Die bekanntesten dieser Bergflächen umgeben im Süden und Westen das große Mare Imbrium und sind auf den Karten als Alpen, Karpathen, Apenninen und Kaukasus bezeichnet (Abb. 170).

Die auffallendste Gebirgsform des Mondes, die Krater, haben mit unseren irdischen Vulkanen nur wenig Ähnlichkeit, abgesehen von ihrer runden

Gestalt, sie sind vor allen Dingen sehr viel größer als diese. Der den Krater umschließende, oft mehrfache Wall erhebt sich in langsamer Steigung von der Umgebung; der Böschungswinkel beträgt durchschnittlich nur 7^0. Nach innen fällt er dagegen steil ab, mit durchschnittlich 25^0 Neigung; doch kommen sehr viel stärkere Neigungen vor. Der im allgemeinen ziemlich ebene Innenraum der Krater liegt stets etwas tiefer als die Umgebung. Die größeren Krater haben gewöhnlich einen Zentralberg, der meistens niedriger als der Wall zu sein pflegt. Die größten Krater weisen sogar Zentralgebirge mit mehreren Spitzen auf, so z. B. Kopernikus und Gassendi. Eine einzige Ausnahme von der Regel bietet der Krater Wargentin, der fast bis zum Rande ausgefüllt ist, so daß seine innere Ebene ohne Zentralberg wesentlich über dem Niveau der Umgebung liegt und einen Tafelberg darstellt. Bei den kleinsten Kratern oder Kratergruben, die einen Durchmesser von 500—2000 m haben mögen, fehlt oft der Wall. Die kreisrunden Vertiefungen werden dann überhaupt nur an der Lichtgrenze, also bei sehr schräger Beleuchtung sichtbar.

Die Zahl der kleineren Krater und Gruben ist eine außerordentlich hohe. Zuweilen, wie in der Gegend des Stadius, liegen einige größere reihenweise so dicht zusammen, daß sie eine richtige Perlschnur bilden, wahrscheinlich ist aber der ganze Boden der Mondoberfläche von ihnen übersät. So lassen sich an der Lichtgrenze im Inneren von Plato etwa 40, im Ptolemäus mehr als 80 winzige Krater von kaum 300 m Durchmesser zählen. Die größten Krater bzw. Wallebenen besitzen einen Durchmesser bis zu 250 km und entsprechen an Größe etwa Böhmen oder Siebenbürgen. Auf eine gewisse Ähnlichkeit dieser beiden, von Gebirgen umgebenen Länder mit den großen Mondkratern ist schon früh aufmerksam gemacht worden; sie ist aber nur eine sehr oberflächliche.

Sehr häufig gruppieren sich kleine Krater auf dem Wall der größeren, sowohl auf dem Kamm als auch an den Böschungen. Hierbei durchbrechen diese kleinen Krater stets den Wall des größeren und zeigen dabei eine selbständige ungestörte Ausbildung. Die großen Krater haben sich daher zuerst, die kleinen zweifellos später gebildet, ja, die Größe eines Kraters ist geradezu ein Zeichen seines Alters. Man muß daher entweder annehmen, daß die kraterbildenden Kräfte in früherer Zeit größer waren als in späterer, oder, was vielleicht noch wahrscheinlicher ist, daß das Material des Mondes in früherer Zeit leichtflüssiger und zur Bildung großer Krater mehr geeignet war als später.

Andere Gebilde der Mondoberfläche. Veränderungen. Die großen dunklen Tiefebenen des Mondes, die bereits dem bloßen Auge auffallen und Meere genannt werden, sind zwar teilweise von Gebirgen umgrenzt, aber keineswegs vollständig; ihre Gestalt ist jedenfalls unregelmäßig, so daß, vielleicht mit einziger Ausnahme des Mare Crisium, von einer Ähnlichkeit in der Bildung mit den großen Kratern keine Rede sein kann. Ihre Dunkelheit ist eine verschiedene; auch verschiedenartige Färbungen scheinen vorzuliegen, doch kommen sie visuell nur in geringem Maße zur Geltung. In der Nähe der Lichtgrenze, wo geringe Niveauunterschiede sichtbar werden, kann man bemerken, daß die Meere nicht völlig eben sind, sondern vielfach terrassenartige Absätze mit parallelem Verlaufe aufweisen.

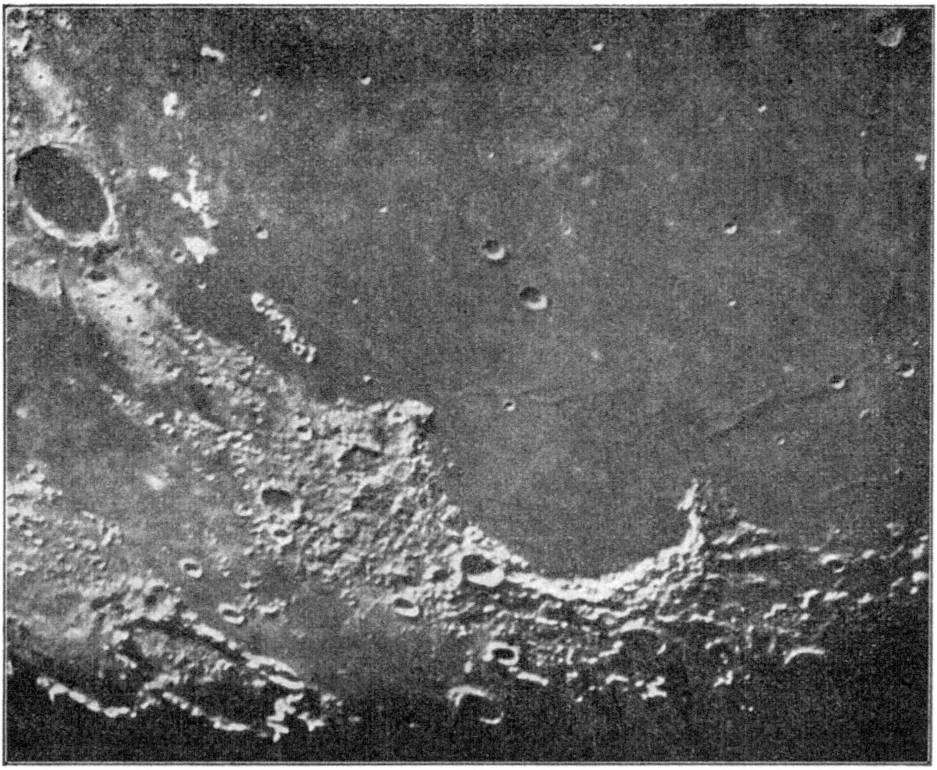

Abb. 171. Ringgebirge Plato und die Kraterruine des Sinus Iridum (nach d. Pariser Mondatlas).

Sehr interessante, von LOEWY und PUISEUX hervorgehobene Gebilde am Rande der Meere sind die versunkenen Krater. Sie treten als busenartige Einbuchtungen auf, indem der nach dem Kontinent zu gelegene Teil des Walles noch vorhanden ist, während der innerhalb des Meeres gelegene nicht mehr sichtbar ist; diese Kraterruinen sind sehr zahlreich und kommen in allen Größen vor. Die größte von ihnen, mit über 300 km Durchmesser, ist der Sinus Iridum am Nordostrande des Mare Imbrium. Der ursprüngliche Krater ist also der größte von allen gewesen. Spuren seiner ehemaligen Umwallung sind im benachbarten Teile des Mare Imbrium als abgetriebene Schollen (Pico, Straight Range u. a.) leicht aufzufinden (Abb. 171).

Die merkwürdigsten und wohl am schwierigsten zu deutenden Oberflächengebilde des Mondes sind die hellen Strahlensysteme. Sie sind besonders gut bei Vollmond zu beobachten und dann auch dem bloßen Auge sichtbar. Sie bestehen aus hellen, meist geradlinig verlaufenden und von einem Krater ausgehenden Streifen, die ganz ungehindert über Berge und Täler zuweilen bis zu enormer Länge sich erstrecken (bei Tycho bis zu 60^0). Sie werfen keine Spur eines Schattens und werden auch durch die Librationsänderung nicht beeinflußt; sie sind also weder als Erhöhungen noch Vertiefungen, sondern nur als Stellen zu betrachten, die besonders bei kleinen Einfallswinkeln das Sonnenlicht stärker als ihre Umgebung reflektieren (Abb. 166).

Bei manchen Systemen beginnen die Strahlen unmittelbar am Wall, in anderen Fällen, z. B. bei Tycho, erst in einigem Abstande, so daß letzterer mit einem dunklen Ringe umgeben erscheint. Wenn die Strahlen auch meistens in größten Kreisen liegen, so kommen doch auch vielfach gekrümmte Strahlen vor, so daß sie sich häufig überdecken und ein fast unentwirrbares Netz darstellen. Dabei sind sie bald scharf begrenzt, bald verwaschen; ihre Helligkeit nimmt zwar durchschnittlich mit zunehmendem Abstand von dem erzeugenden Krater ab, doch kommen auch hiervon manche Abweichungen vor. In dem obenstehenden Täfelchen sind einige der bedeutendsten Systeme nebst der mittleren Länge der Strahlen aufgeführt.

Krater	Strahlen	Krater	Strahlen
Tycho	1800 km	Kopernikus	600 km
Stevinus *a*	1200 „	Byrgius *A*	500 „
Furnerius *A*	1200 „	Anaxagoras	500 „
Geminus *C*	900 „	Kepler	300 „
Thales	800 „	Proclus	300 „
Olbers *a*	600 „	Messier *A*	200 „

Die Zahl der Strahlen ist bei den verschiedenen Systemen verschieden; bei Tycho lassen sich mindestens Hundert erkennen, ja man hat am Ostrande des Mondes Strahlen gefunden, die von einem auf der Rückseite des Mondes befindlichen Krater ausgehen, dessen Position sich hierdurch hat bestimmen lassen, ohne daß man ihn jemals zu sehen bekommen wird.

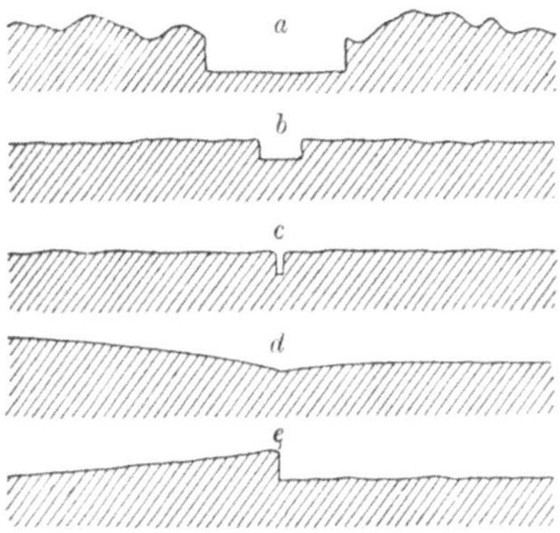

Abb. 172. Verwerfungen auf der Mondoberfläche *a*) Quertal in den Alpen. *b*) Rille des Herodot, *c*) Normale Rillenform, *d*) Südwestrand des Mare Serenitatis, *e*) Lange Wand bei Thebit.

Typisch für die Mondoberfläche sind auch die sog. Rillen. Es sind dies sehr lang gezogene, ganz scharf begrenzte schluchtartige Vertiefungen (Abb. 172), die häufig von einem Krater ausgehen und an der Lichtgrenze als feine schwarze Linien erscheinen. Ihre Länge ist oft sehr bedeutend, z. B. beträgt sie bei der leicht sichtbaren Ariadäusrille über 300 km. Man kennt von ihnen etwa 500, doch zählen sie sicher nach Tausenden.

Nicht vergleichbar mit irdischen Gebilden sind auch gewisse geradlinige, mit den Rillen verwandte furchenartige Quertäler, von denen das merkwürdigste und bekannteste die Alpen in ihrer vollen Breite, ganz ohne Rücksicht auf Berg und Tal durchquert. Dabei geht diese Schlucht (Abb. 170) genau geradlinig hindurch, ohne Rücksicht auf die Höhe des Gebirges. In einzelnen kraterreichen Gebieten der Mondoberfläche befinden sich nahe zusammen zahlreiche ähnliche Furchen, wenn auch in bedeutend kleinerem Maßstabe, z. B. in der Umgebung des Hipparch und Albetegnius. Das Interessante hierbei ist, daß diese Furchen alle unter sich parallel sind, also sicherlich in irgendeiner Beziehung zueinander stehen.

Die Frage, ob zur Zeit noch Veränderungen auf der Mondoberfläche wahrzunehmen sind, ist von besonderem Interesse und der Gegenstand vielfacher Diskussionen gewesen. Verwitterungen, wie sie auf der Erde, hauptsächlich durch das Eindringen und spätere Gefrieren von Wasser in Gesteinen vorkommen, sind jetzt auf dem Monde wegen des Fehlens einer Atmosphäre ausgeschlossen. Sie wirken auch nur sehr langsam und allmählich, so daß von der Erde aus sichtbare Wirkungen innerhalb der 80 Jahre, die seit der ersten ausführlichen Darstellung der Mondoberfläche verflossen sind, kaum zu erwarten wären. Eine andere, langsam zerstörend wirkende Ursache ist aber auf dem Monde in beträchtlich höherem Maße als auf der Erde zu erwarten: die Temperatur während der 14tägigen, durch keine schützende Atmosphäre gemilderten Sonnenbestrahlung. Sie ist gewiß eine sehr beträchtliche und mag bis zu 100^0 C betragen. Andererseits wird sich während der ebenso langen und ebenfalls nicht behinderten nächtlichen Ausstrahlung die Oberfläche nach MILANKOVIĆ bis nahe auf -50^0 oder -60^0 abkühlen, so daß ein ständig wiederkehrender Temperaturunterschied von vielleicht 150 oder mehr Grad als gesteinzertrümmernde Ursache vorhanden ist. In welchem Maße diese wirksam sein kann, läßt sich nicht übersehen. Als dritte oberflächenverändernde Ursache wären vulkanische Ausbrüche zu betrachten. Dieselben erzeugen noch heute auf der Erde durch Lavaströme und Aschenregen merkliche äußere Veränderungen, die vom Monde aus sehr deutlich zu erkennen wären. Die Ausbrüche selbst würden mit ihren gewaltigen Wolkenbildungen natürlich auffallende Erscheinungen bieten. Ob nun bei dem so sehr viel höheren relativen Alter des Mondes, ferner bei dem für unsere Vulkanausbrüche so außerordentlich maßgebenden Einflusse des Wassers, der auf dem Monde fehlt, noch aktive Äußerungen zu erwarten sind, erscheint, solange nicht eine direkte Beobachtung vorliegt, einigermaßen unwahrscheinlich.

Von den bisherigen Mondbeobachtern, von W. HERSCHEL bis W. PICKERING sind mehrfach Veränderungen, die zum Teil gar nicht unerheblicher Natur sind, als sicher konstatiert angegeben worden, und doch wird man in allen diesen Fällen die Beobachtungen nur mit der größten Vorsicht beurteilen. Die rein optischen Veränderungen, die durch den Wechsel der Beleuchtung und in der Gegend des Mondrandes auch durch die Libration entstehen, sind nämlich sehr viel bedeutender, als man sich für gewöhnlich vorstellt, und können selbst geübte Beobachter täuschen. FRANZ hat einmal für eine sichere Konstatierung einer Veränderung mit Recht den Ausweis durch Mondphotographien gefordert; auf diesem Wege ist jedoch mit Anspruch auf einige Sicherheit bisher eine Veränderung irgendwelcher Art auf der Mondoberfläche noch nicht beobachtet worden.

Entstehung der Mondoberfläche. Die wichtige Frage nach der Entstehung der Oberflächengebilde des Mondes ist überaus schwierig zu beantworten, schwieriger als die entsprechende Frage bei den Gebilden der Erdoberfläche, denen wir mit ganz anderen Hilfsmitteln beikommen können, während auf dem Monde nur äußere Form und eventuell das Reflexionsvermögen der Untersuchung offen stehen.

Jedenfalls ist auf der Mondoberfläche die Kraterbildung in ihrer ungemein einheitlichen Gestaltung das Vorherrschende, und man darf sich deshalb nicht wundern, wenn alle Theorien über die Oberflächengestaltung des Mondes die Kraterbildung zum Ausgangspunkt nehmen. Hierbei war das Nächstliegende und scheinbar Natürliche die Vergleichung mit unseren irdischen

Kratern, und man nahm daher zuerst ohne weiteres an, daß die Mondkrater erloschene Vulkane seien, letztere etwa im Sinne des Vesuvs oder des Ätna aufgefaßt. Das Unrichtige dieses Schlusses liegt klar auf der Hand. Bei unseren Vulkanen ist der Berg das Aufschüttungsprodukt der vulkanischen Tätigkeit, während die eigentliche Krateröffnung relativ und absolut klein ist, denn sie zählt bei den mächtigsten Kratern im Durchmesser nur nach Kilometern, während der Durchmesser der Mondkrater nach ebensoviel Hunderten von Kilometern zu berechnen ist. So muß diese scheinbar zunächstliegende Theorie, wenigstens für die großen Wallebenen fallen gelassen werden.

Nach einer zweiten, vielfach aufgestellten und neuerdings wieder von A. Wegener verteidigten Hypothese wird angenommen, daß die Krateröffnungen durch einschlagende Meteore verursacht seien, zu einer Zeit, als die feste Rinde noch so dünn war, daß sie von diesen Meteoren durchstoßen werden konnte. Da man absolut naturgetreue künstliche Mondkrater schon durch den Aufprall von Staubmassen auf eine aus demselben Stoff bestehende Unterlage (Bärlappsamen, Gips, Zement) erzeugen kann, so ist dabei die Annahme riesiger Meteore von Hunderten Kilometer im Durchmesser nicht unbedingt erforderlich, immerhin sind die Schwierigkeiten auch dieser Erklärung recht bedeutend. Denn wenn der Mond von einer solchen Unzahl von Meteoren getroffen worden ist, so hätte dies bei der viel größeren Masse der Erde in noch erhöhtem Maße der Fall sein müssen. Dafür, daß dies in einem der letzten geologischen Zeitalter stattgefunden hätte, sind nicht die geringsten Anzeichen vorhanden. Der riesige Meteorsturz müßte schon zu einer Zeit erfolgt sein, als die Erde noch nicht erstarrt war. Unter dieser Voraussetzung, die ja im Grunde genommen auf die mögliche Entstehung der Planeten und Monde aus Meteoren zurückgreift, ist die Hypothese durchaus diskutabel.

Wir wollen die zahlreichen anderen Ansichten übergehen, um gleich etwas ausführlicher die Ebertsche Hypothese zu besprechen, die wohl gegenwärtig als die wahrscheinlichste gelten kann. Ebert hat auf folgende Weise ganz getreue Ebenbilder der typischen Mondkrater erhalten: Durch die feine Öffnung einer flachen Metallschale, die nur in ihren mittleren Teilen durch darunter geleitete Wasserdämpfe erhitzt wurde, war eine angemessene Menge Woodscher Metallegierung (Schmelzpunkt 68°) durchgepreßt. Dieselbe erstarrte am Rande zuerst, so daß in der Mitte eine Lache flüssigen Metalls übrig blieb. Die Oberfläche derselben wurde in wallende Bewegung versetzt. Dabei brandete das flüssige Metall fortwährend gegen die bereits erstarrten Partien, floß zum Teil über, erstarrte und warf so allmählich rings um die Lache einen Wall auf, den es, hier abschmelzend, dort erstarrendes Metall anhäufend, in jedem Falle zu einem Ring ausgestaltete. Die innere Abdachung des Walles erhielt einen Böschungswinkel von 30° bis 40°, dagegen nahm die äußere Abdachung, auf der das übergetretene Material herabfloß, die flache Böschung von 3° bis 4° an. Durch den Verlust an Material vertiefte sich allmählich die flache, tellerförmige Innenfläche; die Bildung eines zentralen Kegelgebirges oder eines zentralen Kraters entspricht den letzten Äußerungen der treibenden Kraft.

Die so erhaltenen künstlichen Bildungen weisen bei verschiedener Intensität des erzeugenden Prozesses in allen Stücken konstante Verhältnisse in den Böschungen, Höhen- und Tiefendimensionen auf, wie sie für die Mondgebirge charakteristisch sind.

Die Abb. 173 zeigt die photographischen Aufnahmen zweier künstlicher, von H. Ebert erhaltener Krater. Die Ähnlichkeit mit Mondkratern ist eine so überraschende, daß jeder zunächst glauben wird, Photographien von wirklichen Mondkratern vor sich zu haben oder wenigstens naturgetreu nachgebildete Modelle vorhandener Krater, nicht aber Bildungen, deren Form dem reinen Zufall überlassen gewesen ist. Der Schluß auf analoge Vorgänge bei der Entstehung der Mondkrater liegt nun sehr nahe und bietet absolut nichts Gezwungenes. Zur Zeit, als die feste Mondrinde noch sehr dünn war, wird dieselbe häufig durch Eruptionen oder dgl. stellenweise durchbrochen worden sein. Die notwendige wallende Bewegung der feurig-flüssigen Massen kann durch durchbrechende Gase verursacht worden sein. Je dünner die Rinde war, um so mehr Wahrscheinlichkeit war für das Entstehen großer Öffnungen vorhanden, d. h. nach der Ebertschen Hypothese müssen die großen Krater älter sein als die kleinen, ein Schluß, der im Einklange mit den Beobachtungen steht.

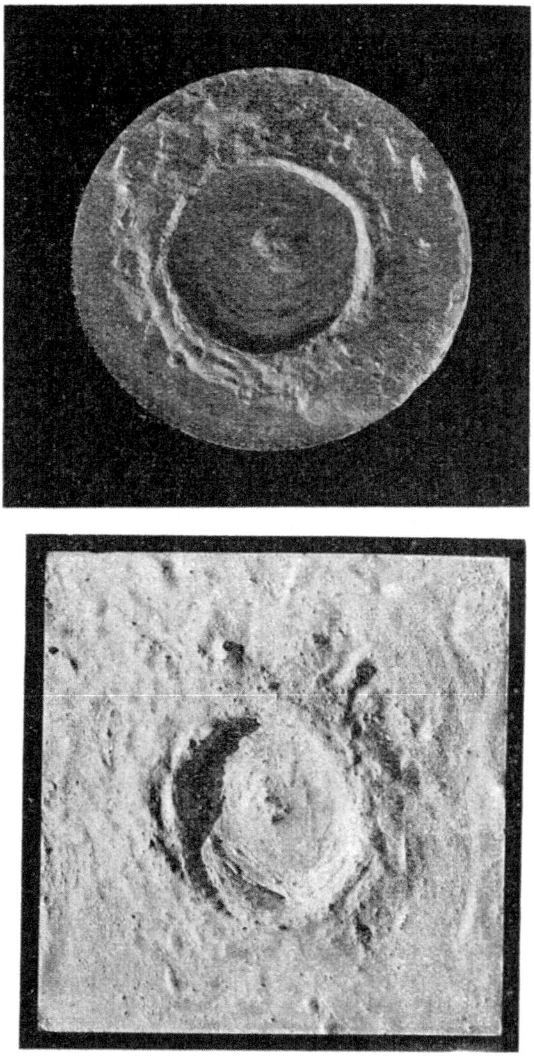

Abb. 173. Künstliche Mondkrater nach H. Ebert.

Die dunkleren, als Meere bezeichneten Flecken des Mondes kann man von dem gleichen Standpunkte aus als große Aufschmelzungsherde auffassen. Hierfür sprechen die in den Meeren erstarrten letzten Magmawellen, die Aufstauung der zertrümmerten Kraterreste zu zerklüfteten Randgebirgen und schließlich die versunkenen Krater, bei denen stets die innerhalb der Meere gelegenen Wallstücke verschwunden sind. Ob sie tatsächlich an diesen Stellen eingesunken oder durch Bewegung des flüssigen Mondinneren abgetrieben worden sind, läßt sich nicht immer einwandfrei entscheiden. Daß die Ebenen stellenweise mit kleinen Kratern wie mit flachen Perlen dicht besetzt sind, wurde schon erwähnt. Damit ist die ältere Auffassung, die in den Mareebenen ehemaligen Meeresboden erblicken wollte, ohne weiteres erledigt. Auch sonst ist auf dem Monde nicht an einer einzigen Stelle die Spur einer Erosionswirkung, die doch im wesentlichen die irdischen Küstenformen bestimmt, nachzuweisen gewesen.

Nach den Kratern sind die merkwürdigsten und auf der Erde ebenfalls nicht vorkommenden Oberflächengebilde die von den großen Kratern ausgehenden hellen Strahlensysteme, deren wesentliche Eigentümlichkeit darin besteht, daß sie die Oberflächenform nicht verändert haben, sondern nur das Reflexionsvermögen. Nach NASMYTH und CARPENTER sollen sie durch Zersprengung der festen Mondrinde infolge ähnlicher Kräfte entstanden sein wie bei einer durch inneren Druck gesprengten Glaskugel. Das ist aber wohl nur eine rein äußerliche Ähnlichkeit; denn die aus den Rissen austretende innere flüssige Masse müßte doch wenigstens stellenweise Erhöhungen gebildet haben, die auf dem Monde nicht vorhanden sind. LOEWY und PUISEUX nehmen an, daß diese Strahlen durch Eruptionen von heller Asche in den betreffenden Kratern verursacht worden sind, zu einer Zeit, als noch eine merkliche Mondatmosphäre und in ihr Strömungen, bzw. Winde vorhanden waren. Jeder Strahl entspräche einer Eruption, bei welcher eine bestimmte Windrichtung vorgeherrscht habe. Diese Hypothese hat viel Bestechendes für sich, entspricht jedoch nicht allen Eigentümlichkeiten der Strahlenbildung. Sie läßt es ganz unerklärt, weshalb in einzelnen Fällen, z. B. bei Tycho, die Strahlen erst in einem sehr merklichen Abstand vom Krater beginnen. Bei irdischen Vulkanausbrüchen findet man, daß der Aschenregen sich unter allmählicher seitlicher Ausbreitung verliert, beim Monde werden die Strahlen immer feiner und spitzer. Eine einigermaßen befriedigende Erklärung der hellen Mondstreifen besitzen wir also noch nicht.

Die Rillen hat man verhältnismäßig einfach zu erklären versucht. Man betrachtete sie als natürliche Erstarrungserscheinungen der Mondoberfläche, ähnlich, wie wir sie auf der Erde im Boden ausgetrockneter Tümpel, Lehmgruben usw. zu sehen gewohnt sind. In allen diesen Fällen entsteht aber kein Riß, sondern ein dichtes Netzwerk feiner Sprünge, da das Material nicht kohärent genug ist. Die Rillen auf dem Monde sind aber oft kilometerbreit und meist isoliert; von einem Netzwerk ist meist keine Rede, auch ziehen sie durch Berge und Täler. Bei genauerer Untersuchung ihrer Lage fällt es auf, daß sie am Rande der großen Ebenen besonders häufig vorkommen und dann dem Rand der Meere parallel verlaufen. Ihre Erklärung als Bruchspalten der Mondrinde, entstanden durch eine Senkung der Maregebiete, dürfte wohl der Wahrheit am nächsten kommen. Daß dabei einzelne durch Rillen aufgerissene Schollen der Mondrinde nicht einsanken, sondern umgekehrt, in großartigen Verwerfungen emporgetrieben wurden, beweisen die langen Steilwände bei Cauchy und Thebit (Abb. 172).

Da die Entwicklung der Mondoberfläche allem Anschein nach einen rein plutonischen Charakter hatte, läßt sich auch für die seltsamen geradlinigen Quertäler, deren größtes sich in den Alpen vorfindet, eine plausible Erklärung geben. Nach Ansicht von LOEWY und PUISEUX haben sich auf der ursprünglich flüssigen Mondoberfläche Schollen aus erstarrter Substanz gebildet, die, von Strömungen bewegt, häufig zusammengestoßen sind, wie die Eisschollen auf unseren Flüssen; dabei wurden sie geradlinig abgekantet, und an diesen geraden Rändern wuchsen sie bei fortschreitender Erstarrung der Mondoberfläche zusammen. Ergänzt man diese Ansicht dahin, daß die Schollenbildung bei den vorhin angenommenen sekundären Aufschmelzungen auftrat, als die allgemeine Oberflächenfiguration bereits vorhanden war, so kann die Erklärung wohl als vollauf befriedigend gelten.

Helligkeit und Albedo der Mondformationen. Die Untersuchung über die Helligkeit und das Reflexionsvermögen der Mondoberfläche und damit indirekt über die Art ihrer Zusammensetzung, also über ihre mineralogische Beschaffenheit, ist früher gänzlich vernachlässigt worden.

E. Pickering hat als erster die Helligkeit der einzelnen Objekte bei Vollmond mit dem Gesamtlicht des Mondes verglichen und so ein Verzeichnis zusammengestellt, in welchem dem hellsten Gebilde (Zentralgebirge im Krater Aristarch) die Helligkeit 100 gegeben ist. Aus den Harvardmessungen würde folgen, daß die dunkelsten Objekte nur den Glanz 0.6 besitzen, also um 5.5^m schwächer sind als Aristarch. Ohne Zweifel entsprechen diese Zahlen nicht den wirklichen Verhältnissen. Genauere visuell-photometrische Messungen von Wislicenus haben als größten Unterschied 2.3^m, die photographisch-photometrischen Untersuchungen von Goetz sogar nur 1.0^m ergeben, so daß die früher vermuteten abnormen Albedoverhältnisse der Mondoberfläche in Wirklichkeit nicht bestehen. Die starke Reflexion einiger Krater ließe sich recht wohl durch spiegelnde Wirkungen erklären, wobei man an glänzende, lavaähnliche Stoffe denken könnte. In der folgenden Tabelle sind die durch Wirtz bearbeiteten Messungen von Wislicenus mitgeteilt, und zwar sind die Ergebnisse in Größenunterschieden und als Helligkeitsfaktoren angegeben. Die Werte beziehen sich auf den Zentralberg des Aristarch und die Phase 0, d. h. Vollmondbeleuchtung.

Mondgegend	Δm	J	Mondgegend	Δm	J
Langrenus, Inneres . . .	$+0.8^m$	0.48	Sinus Medii, Zentrum . .	$+1.4^m$	0.28
Mare Crisium, „	+2.2	0.13	Gegend N. von Lexell . .	0.0	1.00
Endymion, „	+1.4	0.28	Plato, Inneres	+1.6	0.23
Mare Foecunditatis, östlich von Langrenus	+1.6	0.23	Tycho, Zentralberg u. Wall	+0.8	0.48
Piccolomini, Inneres . . .	+1.1	0.36	Mare Nubium, zentr. Teil	+1.7	0 21
Mare Tranquillitatis, nördlich von Torricelli . . .	+1.9	0.17	Kopernikus, Zentralberg	+0.7	0.53
Plinius, Inneres	+0.6	0.58	Mare Imbrium, S. v. Helicon	+2.2	0.13
Mare Serenitatis, zentrales Gebiet	+1.9	0.17	Ebene S. vom Kepler . .	+1.1	0.36
Werner, Inneres	+1.0	0.40	Aristarch, Zentralberg . .	0.0	1.00
			Oceanus Procellarum, östlich von Marius	+2.3	0,12
			Grimaldi, nördl. Hälfte . .	+1.6	0.23

Das Problem der Albedobestimmung der Mondformationen ist verschiedentlich in Angriff genommen worden, zum ersten Male von Wilsing und Scheiner, und zwar mit Hilfe des Spektralphotometers. Zu diesem Zwecke wurden die relativen Helligkeiten des Spektrums der hellen und dunklen Teile der Mondoberfläche mit denjenigen des Sonnenspektrums verglichen; hieraus wurde festgestellt, wie das auf die Mondoberfläche fallende Sonnenspektrum bei der Reflexion verändert wird. Diese Veränderung ist ziemlich beträchtlich, und zwar in dem Sinne, daß Rot und Gelb stärker vom

Monde reflektiert werden als Blau und Violett, daß also das Mondlicht gelblicher ist als das Sonnenlicht (S. 256). Der Unterschied der Färbung zwischen den hellen und dunklen Teilen der Mondoberfläche war dabei so gering, daß er sich nicht mit Sicherheit bestimmen ließ.

In ähnlicher Weise wurden nun für etwa 30 Mineralien, die auf der Erdoberfläche häufig vorkommen, ebenfalls die Albedowerte ermittelt. Die Vergleichung führte sofort zum Ausschluß von 26 dieser Mineralien, so daß nur 4 übrig blieben, die der Reflexion des Mondes entsprechen. Es sind dies vulkanische Asche, Lava, Flußsand und Lehm. Die Annahme, daß die dunkleren Meere wesentlich aus Lava und die helleren Bergabhänge wesentlich aus vulkanischer Asche bestehen, würde den Beobachtungen am besten entsprechen.

Neuerdings hat Miethe in Charlottenburg eine sehr sinnreiche Methode benutzt, um die petrographischen Unterschiede der Mondoberfläche augenfällig zur Anschauung zu bringen. Schon Wood hatte den Mond in gewöhnlichem und in ultraviolettem Lichte photographiert und dabei gefunden, daß sich östlich vom Aristarch ein Fleck befindet, der auffallend wenig ultraviolettes Licht aussendet. Miethe hat nun Mondaufnahmen bei sehr großem Farbenintervall angefertigt, und zwar im Orange und im Ultraviolett. Beide Aufnahmen sind dann übereinandergedruckt worden, die Ultraviolettaufnahme mit Orangerot, die Orangeaufnahme mit einem grünlichen Ton. Im Mittel entsteht dadurch ein gelbes Bild. Aber an manchen Stellen treten deutlich rötliche bzw. grünliche Flecken hervor, die anzeigen, daß an den betr. Stellen die gelbrote bzw. die ultraviolette Reflexion vorherrscht. Merkwürdigerweise treten die Verschiedenheiten nur in den Meeren auf, nicht in den gebirgigen Gegenden. Stark ultraviolettreflektierend erscheint z. B. das Mare Tranquillitatis, der Oceanus Procellarum, Teile vom Mare Crisium und Mare Foecunditatis sowie ein schmaler Saum im Mare Serenitatis, ferner drei Flecke in der Nähe des Sinus Aestuum. Absorbiert werden die gleichen Strahlen durch das Mare Humorum, das Gebiet des Mare Imbrium südlich vom Plato, die Mitte des Mare Serenitatis, das Mare Frigoris und durch den Woodschen Fleck beim Aristarch. Es unterliegt keinem Zweifel, daß man auf diesem Wege einmal zu sehr wichtigen Ergebnissen gelangen wird. Nur wäre es nützlich, wenn sich statt der Astronomen einmal die Geologen mit dem Problem der Mondoberfläche befassen würden. Außer einer kurzen Abhandlung von Suess liegen bisher aus diesem Wissenskreise nur gelegentliche Äußerungen über den Erdtrabanten und seine Formationen vor.

Wir müssen noch kurz die Frage des Mondeinflusses auf die Erde berühren.

Die vom Monde ausgehende Wärmestrahlung, sowohl die reflektierte Sonnenstrahlung als auch die durch die Erhitzung der Mondoberfläche bedingte selbständige Ausstrahlung, ist in ihrer Wirkung auf die Erde so gering, daß sie sich nur unter großen Schwierigkeiten mit den allerfeinsten Apparaten feststellen läßt; sie kann also keinen wetterbestimmenden Einfluß ausüben. Der durch die fluterzeugende Kraft des Mondes gegebene Einfluß auf die Höhe der Meeresoberfläche, also die Gezeitenwirkung, ist dagegen bekanntlich sehr beträchtlich und als ein mechanisch-mathematisches Problem klargestellt. Auch auf die Atmosphäre muß der Mond eine Gezeitenwirkung ausüben; sie ist aber außerordentlich gering und durch die besten Messungen nicht nachweisbar. Und doch ist selbst in den Kreisen der Gebildeten die uralte Ansicht von der Beeinflussung des Wetters durch den Mond festgewurzelt und nicht auszurotten. Vielleicht findet eine geringe vorläufig nicht erklärbare Einwirkung des Mondes auf den Luftdruck in den Tropen und auf den Erdmagnetismus statt. Alles übrige ist Phantasie und Einbildung.

Der Mars. Mars umkreist die Sonne in einer mittleren Entfernung von 228000000 km oder dem $1^1/_2$fachen des Erdabstandes von der Sonne. Sein Durchmesser beträgt 7012 km, also nur ungefähr die Hälfte desjenigen der Erde, und bei einer mittleren Dichtigkeit von 0.65 ist seine Masse daher nur 0.11 der Erdmasse. Die Schiefe der Marsekliptik beträgt 24.6^0, also sehr nahe soviel wie der gleiche entsprechende Winkel auf der Erde. Eine große Ähnlichkeit besteht auch in bezug auf die Rotation, die $24^h\ 37^m\ 22.6^s$ umfaßt, so daß in einem irdischen Tage ein Umdrehungswinkel von 350.9^0 beschrieben wird.

Die Intensität der Sonnenstrahlung beträgt auf Mars weniger als die Hälfte von derjenigen auf der Erde. Da nun der Planet, absolut genommen, wesentlich älter ist als unsere Erde, wegen seiner Kleinheit aber relativ in einem noch viel bedeutenderen Maße, so sind unter allen Umständen die Temperaturen auf Mars beträchtlich tiefer als auf der Erde; in welchem Maße, entzieht sich allerdings der genaueren Berechnung (vgl. S. 276).

Die Betrachtung der Marsoberfläche, auf die weiter unten näher einzugehen sein wird, lehrt durch die wesentliche Konstanz der erkennbaren Einzelheiten, daß der Blick in der Regel zweifellos bis zur eigentlichen Oberfläche vordringt und nur selten und in beschränkter Weise durch Wolken abgehalten wird; die Sonnenstrahlung dringt also ebenfalls zu ihrem größeren Teile bis zur Marsoberfläche vor. Es sind aber schon wiederholt Trübungen ganzer Gebiete beobachtet worden; auch die Ausdehnung der weißen Polarkappen hängt mit den Jahreszeiten auf Mars so innig zusammen, daß an der Existenz einer Atmosphäre, und zwar einer wasserhaltigen, nicht gezweifelt werden kann.

Ausschlaggebend sind in dieser Beziehung die spektroskopischen Beobachtungen, die in der Weise vorgenommen worden sind, daß die Spektra von Mars und Erdmond, wenn beide Gestirne gleiche Höhe besaßen, miteinander verglichen wurden. Die ersten derartigen Beobachtungen von HUGGINS, VOGEL, MAUNDER lehrten, daß einige der atmosphärischen Liniengruppen im Marsspektrum merklich kräftiger als im Mondspektrum erscheinen, in welch letzterem sie durch unsere Atmosphäre allein verursacht sind. Es ist bei derartigen Beobachtungen erforderlich, daß die Dispersion des benutzten Spektroskops nur schwach ist; bei stärkerer Dispersion zerfallen die atmosphärischen Liniengruppen in ihre einzelnen Linien, deren Verstärkung nur sehr schwierig zu erkennen ist. Auf diese Weise erklärt sich auch die sonst auffallende Tatsache, daß CAMPBELL mit dem großen Refraktor der Licksternwarte und einem größeren Spektroskop das Vorhandensein einer Marsatmosphäre nicht konstatieren konnte. Spätere Beobachtungen von VOGEL, WILSING, SCHEINER, LOWELL u. a. haben die Verstärkung der atmosphärischen Liniengruppen im Marsspektrum einwandfrei nachgewiesen, und es kann keinem Zweifel mehr unterliegen, daß eine Marsatmosphäre, die Wasserdampf enthält, vorhanden ist. Die Vermehrung der Absorption ist aber nur gering und lehrt in Verbindung mit dem Augenschein, daß Wolkenbildungen auf Mars viel seltener sind als auf der Erde, ferner, daß die Marsatmosphäre nicht so dicht, vor allem nicht so wasserhaltig ist als die Erdatmosphäre.

Auch die photographischen Aufnahmen des Marsspektrums haben, wie das auch kaum anders zu erwarten stand, fast vollkommene Übereinstimmung mit dem Sonnenspektrum ergeben. Die rote Farbe des Planeten ist somit nicht, wie HUGGINS vermutete, auf besondere Absorptionen in Blau und Violett, sondern auf Intensitätsunterschiede des kontinuierlichen Grundes gegenüber dem Sonnenspektrum zurückzuführen. Auf spektralphotometrischem Wege ließe sich also die Ursache der rötlichen Färbung feststellen, derartige Untersuchungen scheinen aber bisher in größerem Umfange noch nicht ausgeführt worden zu sein. Jedenfalls wäre es verfehlt, bei der roten Farbe des Planeten etwa an eine Komplementärwirkung einer blauen Atmosphäre zu denken; denn die Farbe unserer Erdatmosphäre entsteht, wie wir sahen (S. 102), nicht durch Absorption, sondern durch Diffraktion an den Luftmolekülen, wobei die blauen und violetten Strahlen besonders bevorzugt sind. Das Entsprechende wird vielleicht in noch höherem Maße für die jedenfalls nicht dichtere Marsatmosphäre gelten. Wenn also Mars rötlich gefärbt erscheint, so kann dies nicht durch die Atmosphäre desselben verursacht sein, sondern muß auf der entsprechenden Färbung der Marsoberfläche beruhen. Den besten Beweis für die Richtigkeit dieser letzten Anschauung liefern die weißen, nicht merklich gefärbten Polarkappen des Mars; käme die Färbung durch die Atmosphäre, so müßten auch sie rötlich erscheinen.

Bei dem starken Wechsel der Entfernung des Mars von der Erde — sie bewegt sich zwischen 75000000 und 375000000 km —, verändert sich der scheinbare Durchmesser der Marsscheibe sehr bedeutend. Bei sehr günstigen Oppositionen (z. B. 1924) erreicht der Durchmesser 25″, während er in den ungünstigen Konjunktionen auf 4″ sinkt. Da nun bei einem äußeren Planeten die Phasen niemals stark werden können — bei Mars ist der Maximalbetrag des Phasenwinkels 50^0 —, so ist die Gesamthelligkeit des Mars sehr starken Schwankungen ausgesetzt, die den Betrag von ungefähr $4\frac{1}{2}$ Größenklassen erreichen können. Bei günstiger Opposition erlangt er die Helligkeit -2.8^m, so daß Mars nächst Venus das hellste Gestirn wird; in der Nähe der Konjunktion sinkt seine Helligkeit auf 1.6^m, etwa α Leonis entsprechend, herab.

Die durch die Phase verursachten Helligkeitsschwankungen sind wegen der Geringfügigkeit der Phase klein. Nach den zahlreichen Beobachtungen MÜLLERS läßt sich die Marshelligkeit in ihrer Abhängigkeit von der Phase α darstellen durch die Gleichung

$$h = -1.85^m + 0.0149\,\alpha.$$

Auch bei Mars findet keine Übereinstimmung zwischen den beobachteten Phasenhelligkeiten und den nach der LAMBERTschen Theorie berechneten statt, und zwar ist die beobachtete Phasenwirkung doppelt so stark wie die berechnete; sie entspricht übrigens sehr nahe derjenigen der Venus.

Brauchbare Messungen der Marshelligkeit in mittlerer Opposition gehen bis auf OLBERS (1801) zurück; ihre Zusammenstellung zeigt ziemlich große Abweichungen, die aber doch nicht so stark sind, daß ihnen reelle Veränderungen zugrunde liegen müßten. Dagegen sind die Unterschiede in der Helligkeitsverteilung auf der Marsoberfläche so bedeutend, daß es möglich ist, durch photometrische, speziell photoelektrische Messungen die Rotationsdauer zu bestimmen. Bei den auftretenden Farbenunterschieden der Marsoberfläche würde zweifellos auch kolorimetrisch sich ein gleichartiges Ergebnis erzielen lassen.

Der roten Farbe entspricht der beträchtliche Farbenindex des Planeten. Mars ist photographisch um 1.38^m schwächer als visuell, gleicht also um die Zeit der Erdferne auf Himmelsaufnahmen nur etwa einem Stern 3. Größe.

Als sphärische Albedo des Mars kann die Zahl 0.2 angenommen werden, also nur wenig mehr als bei Merkur und dem Monde. Es ist dies eine Bestätigung der direkten Beobachtung, daß die Marsatmosphäre wenig dicht ist, und die Sonnenstrahlung wesentlich von der Oberfläche des Planeten reflektiert wird.

In diesem Abschnitt mögen auch noch die Marsmonde Erwähnung finden. Die beiden Trabanten, Phobos und Deimos, sind sehr lichtschwach, und ihre Helligkeit ist wegen der Nähe des Mars schwierig zu bestimmen. Die einzigen photometrischen Beobachtungen dürften diejenigen PICKERINGS sein, der ihre Helligkeit mit derjenigen des sternförmig verkleinerten Marsbildes verglich. Als Unterschied erhielt er für Phobos und für Deimos je 14.5 Größenklassen. Das Gesamtlicht des Mars ist also über 600000mal heller. Nimmt man seine Helligkeit in der mittleren Opposition zu — 1.8 Größenklassen an, so ergibt sich für die beiden Trabanten nicht besonders sicher die Größe 12.7^m. Hieraus läßt sich unter der Annahme, daß die Albedo der beiden Monde gleich derjenigen des Mars ist, ihr Durchmesser zu je 8.5 km berechnen. Die photographische Helligkeit schätzt KOSTINSKI auf 11.6^m bzw. 12.3^m.

Die Marsoberfläche. Dem Studium der Marsoberfläche ist seit Erfindung des Fernrohrs große Aufmerksamkeit gewidmet worden. Schon früh hatte man auf ihm helle und dunkle Flecken erkannt, insbesondere die weißen Polarkappen, deren mit den Jahreszeiten wechselnde Ausdehnung von vornherein den Gedanken nahelegte, daß auf der Oberfläche und in der Atmosphäre des Mars sehr nahe Beziehungen zu den entsprechenden Vorgängen auf der Erde vorhanden seien. Es läßt sich nicht leugnen, daß diese Ähnlichkeit, in weiterer Verbindung mit der Möglichkeit einer Bewohnbarkeit durch intelligente Wesen, die Beobachtungen stark beeinflußt hat und auch noch beeinflußt. Man findet leider sehr häufig die direkten Beobachtungsangaben unmittelbar mit derartigen Bezugnahmen verknüpft, was mit der notwendigen Objektivität wissenschaftlicher Beobachtungen keineswegs zu vereinbaren ist.

Schon mit kleineren Fernrohren von 4 Zoll an lassen sich in günstigen Oppositionen die Hauptgebilde der Marsoberfläche erkennen: ein Wechsel von hellen und dunklen Stellen, daneben die weißen Polarkappen. Ähnlich wie auf dem Monde bezeichnet man die dunklen Flecke als Meere, die hellen als Länder, ohne daß hierbei an die Existenz von wirklichen Meeren gedacht zu werden braucht.

Nach SCHIAPARELLI u. a. können die Oberflächengebiete des Planeten Mars in zwei Klassen eingeteilt werden. Die erste ist diejenige, deren Teile in einer hell leuchtenden Farbe erscheinen, welche für gewöhnlich dunkelgelb oder orange ist, jedoch zeitweilig und je nach der Örtlichkeit einerseits zwischen allen Stufen von Gelb bis zu reinem Weiß wechseln kann, andererseits zwischen allen Tönen, die von Rotorange bis zu einem tiefen Braun reichen, das man am besten mit der Farbe von stark abgenutztem Leder vergleichen kann. Die zweite Klasse ist diejenige der dunklen Regionen, welche die Flecken im eigentlichen Sinne bilden, und deren Grundfarbe als eine Art Blaugrau erscheint, in allen möglichen Abstufungen von tintigem Schwarz bis zu einer Farbe, die sich wenig von Aschgrau unterscheidet. Im allgemeinen machen die Gebiete der zweiten Klasse den Eindruck größerer Dunkelheit als die ersteren; aber es kommt auch vor, daß in dem Farben-

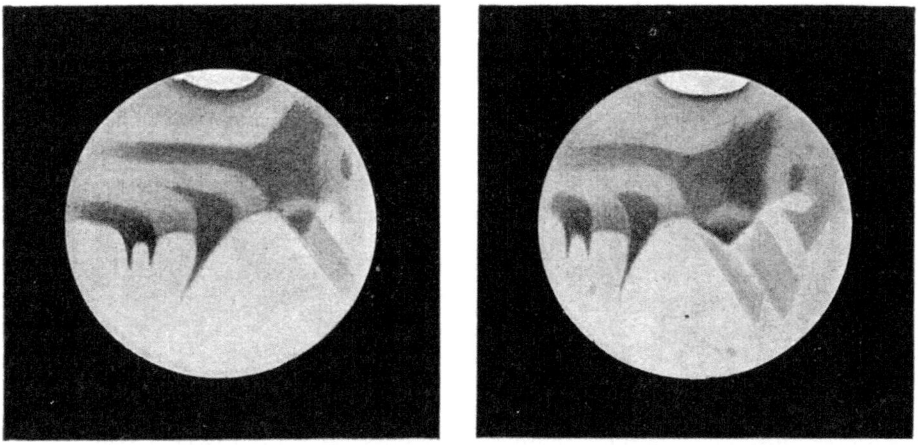

Abb. 174. Mars in mittlerer Achsenstellung im Jahre 1892 (nach Keeler).

wechsel, dem viele Teile des Planeten unterworfen sind, man nicht sagen kann, welche Kategorie die hellere ist; es sind dann eben nur Farbenunterschiede vorhanden. Demungeachtet bleibt mit wenigen Ausnahmen der Unterschied zwischen beiden Arten von Regionen, den Meeren und Kontinenten, ziemlich beständig.

Der Komplex der Oberflächenteile der Meere und Kontinente nimmt den größten Teil des Planeten ein. Es gibt aber verschiedene Regionen von geringerer Ausdehnung, deren Natur wechselt, weil sie zuweilen den Eindruck von Meeren, zuweilen den von Kontinenten erwecken. Diese Gebiete können je nach den verschiedenen Stellungen und Gesichtswinkeln die verschiedenen Farbentöne zeigen, welche auf den Kontinenten oder auf den Meeren des Mars zu beobachten sind. Ihre Begrenzungen sind häufig nicht scharf, der Übergang in ein Meer oder einen Kontinent ist zuweilen ganz unmerklich. Derartige Zwischenregionen sind z. B. die nach links umbiegenden Streifen (Deucalionis Regio und Pyrrhae Regio) der beiden von Keeler am großen Lickrefraktor angefertigten Zeichnungen (Abb. 174).

Schiaparelli, Antoniadi, Lau u. a. haben eine große Zahl von mehr oder weniger auffallenden Veränderungen verschiedener Regionen beobachtet. In einzelnen Fällen wiederholen sich dieselben periodisch, wenn die betreffenden Gegenden die gleiche Lage zum Beobachter einnehmen. Sehr deutlich zeigen derartige Veränderungen die Inseln Hellas und Argyre, die zuweilen am Rande so hell erscheinen, daß sie schon fälschlicherweise als Polarflecke aufgefaßt wurden, in der Nähe des Zentralmeridians dagegen oft in dunkelbrauner Färbung beobachtet worden sind. Es ist bemerkenswert, daß die sog. Meere, also die blaugrauen Gebiete, beim Übergang von den Rändern nach dem Zentralmeridian derartige höchst seltsame Farbenänderungen gar nicht oder nur in Ausnahmefällen erleiden.

Neben diesem sich ständig wiederholenden Wechsel treten aber mit Sicherheit auch langsame Veränderungen auf. Die Landschaften Libya, Thaumasia, das Pandorae Fretum, der Solis Lacus u. a. scheinen besonders häufig in Umriß und Farbe zu wechseln. Die Vergleiche von Darstellungen ein und derselben Gegend werden jedoch dadurch erschwert, daß die Neigung der Planetenachse zur Erde sich fortwährend ändert und sich erst nach 18 Jahren wiederholt, wodurch sehr wesentliche Auffassungsunterschiede auftreten. Es unterliegt heute kaum noch einem Zweifel, daß ein Teil der früher beobachteten angeblichen Veränderungen auf diesen Umstand zurückzuführen, also kaum reell ist. Da während der günstigsten Oppositionen der Südpol, in den ungünstigsten der Nordpol des Mars uns stark (um 25^0) zugekehrt ist, sind nicht einmal die üblichen zeichnerischen Darstellungen der beiden Halbkugeln als gleichwertig anzusehen.

Es ist schon darauf hingewiesen worden, daß die auffälligen Veränderungen der weißen Polarkappen des Mars mit den Jahreszeiten zusammenhängen. Die letzteren sind in ihrem Verhalten denjenigen unserer Jahreszeiten sehr ähnlich, da die Neigung der Marsbahn gegen den Marsäquator nahe 25^0 beträgt, also nur unwesentlich größer ist als bei der Erde. Während nun im großen und ganzen die Ausdehnung der Polarkappen den Jahreszeiten entspricht, indem sie im Winter beträchtlich wachsen, im Sommer aber bis zum Verschwinden abnehmen, so verläuft die Erscheinung doch keineswegs regelmäßig. Die Anomalien bestehen hauptsächlich darin, daß die Maxima und Minima in der Ausdehnung der Polarflecken durchaus nicht mit den berechneten Zeiten zusammenfallen, sondern daß Abweichungen, die bis zu Monaten gehen, vorkommen. Sie beruhen eben auf meteorologischen Einflüssen, die ja bekanntlich auch auf der Erde niemals im einzelnen, sondern nur im Mittel vieler Jahre gesetzmäßig verlaufen. Die Ausdehnung der weißen Polarflecken variiert vom kleinsten, nicht mehr wahrnehmbaren Durchmesser bis zu mehr als 40^0 Polabstand. Sie sind keineswegs immer rund oder von regelmäßiger Gestalt, sondern häufig ausgezackt, zuweilen sogar von einer dunklen Unterbrechung durchzogen. Die Ränder sind manchmal scharf, manchmal verwaschen, sehr oft wird eine dunklere Umrandung wahrgenommen. Der Mittelpunkt fällt durchaus nicht immer mit dem wahren Pol zusammen, sondern liegt häufig stark exzentrisch.

Eine merkwürdige Erscheinung der Marsoberfläche bieten die sogenannten Kanäle, graue oder bräunliche Linien und Streifen, die besonders die nördliche rötlich gefärbte Halbkugel des Planeten durchqueren; sie haben besonders in der Laienwelt und bei solchen astronomischen Schriftstellern, die selbst den Mars nie in einem Fernrohr gesehen haben, ein außerordentliches Aufsehen erregt und ohne jeden Grund zu den abenteuerlichsten Hypothesen Veranlassung gegeben.

Die bekannte Benennung und Darstellung durch SCHIAPARELLI (Abb. 175) ist ursprünglich in rein formaler Weise erfolgt, ohne daß der Entdecker die

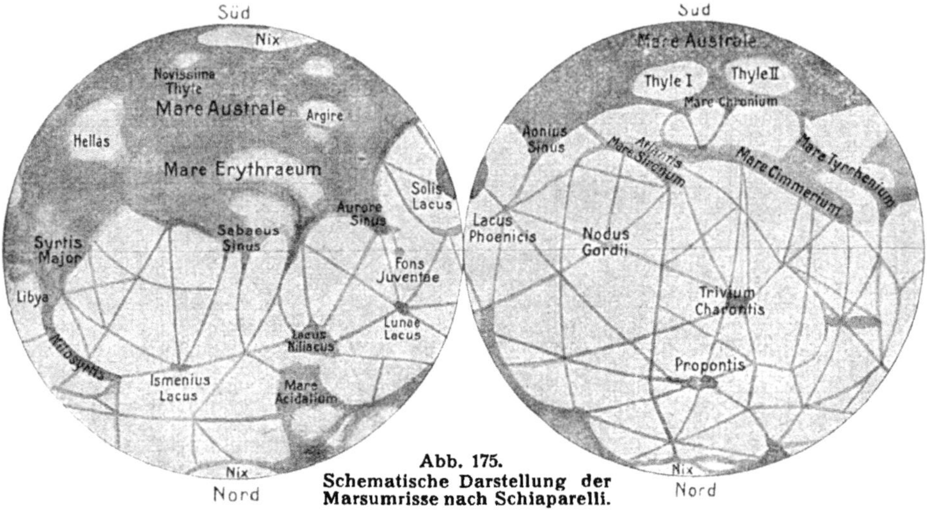

Abb. 175. Schematische Darstellung der Marsumrisse nach Schiaparelli.

Streifen etwa als wirkliche wasserhaltige Kanäle bezeichnen wollte. Die lithographische Wiedergabe auf den SCHIAPARELLIschen Karten entspricht außerdem durchaus nicht dem Anblick des Mars in dem benutzten achtzölligen Refraktor zu einer bestimmten Zeit, sondern ist nur rein schematisch aufzufassen.

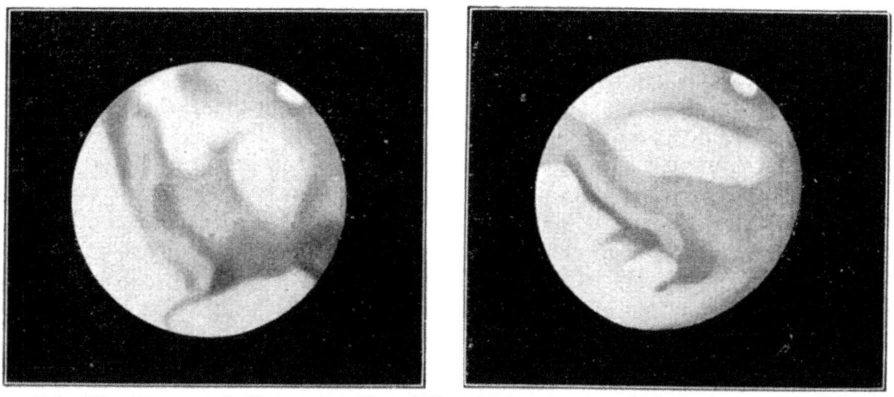

Abb. 176. Mars am 5. Okt. und 3. Nov. 1909. Zeichnungen nach Aufnahmen von Hale am Mt. Wilsonspiegel.

Ferner erkannte bereits SCHIAPARELLI, daß die Kanäle im Gegensatz zu der weitverbreiteten Ansicht der Laien keine unveränderlichen Gebilde sind, sondern ihre Lage und Ausdehnung beträchtlich ändern können. Schon hieraus ersieht man, daß irgendwelche Schlußfolgerungen bezüglich der Künstlichkeit dieser Linien und Streifen vollkommen unbegründet und unwissenschaftlich sind und in das Reich der Phantasie verwiesen werden müssen. Es kann dies mit um so größerer Berechtigung geschehen, als weder die hervorragenden photographischen Aufnahmen auf dem Lowell- und Mount Wilson-Observatorium aus den Jahren 1909 und 1911 (Abb. 176) noch die neueren von ANTONIADI an einem 80 cm-, von GRAFF an einem 60 cm-Refraktor erhaltenen systematischen Zeichnungen des Planeten auch nur die Spur einer geometrischen Struktur auf seiner Oberfläche aufweisen. In dieser Beziehung sind hin und wieder auf Jupiter weit regelmäßigere Gebilde zu beobachten als auf dem Mars.

Deutung der Marsgebilde. Bei den Versuchen, die auf der Marsoberfläche beobachteten Ercheinungen zu erklären, dürfen vor allem die allgemeinen Bedingungen, die auf Mars maßgebend sind, nicht außer acht gelassen werden, also in erster Linie das höhere Alter des Mars, das ihn kosmogonisch vielleicht zwischen Erde und Mond stellt. Dazu tritt die beträchtlich geringere Kraft der Sonnenstrahlung.

Was nun zunächst die Natur der hellen und der dunklen Partien angeht, so hat man von jeher die rötlichen Stellen für Kontinente, die grauen für Meere gehalten. Es tritt lediglich die Frage auf, wie, von außen gesehen, ein irdisches Meer erscheinen wird, ob heller oder dunkler als das feste Land. Nach Analogie der von sehr hohen Punkten aus gesehenen Seen oder des Meeres hat man eine dunklere allgemeine Färbung zu erwarten; andererseits aber müßte doch auch zuweilen ein Sonnenreflex zu sehen sein, also bei der geringen Albedo des Mars ein außerordentlich heller Punkt; etwas Derartiges ist aber bisher niemals beobachtet worden.

Wie man sieht, ist also die bisher befolgte Trennung der Marsgebiete nach Kontinenten und Meeren durchaus noch nicht spruchreif. Da anscheinend unter den besten atmosphärischen Verhältnissen und bei Anwendung starker Vergrößerungen nur die grauen Gebiete scharfe Umrisse und gut definierte Einzelheiten wie Flecke, Streifen usw. zeigen, während auf den ockerfarbenen Flächen alles umso verwaschener erscheint, je bessere optische Hilfsmittel angewendet werden, so läßt sich sehr wohl der Standpunkt vertreten, daß das Auge überhaupt nur in den sog. Maregebieten bis zur Planetenoberfläche vordringt, an der Stelle der sog. Kontinente aber durch einen rötlichen Schleier daran gehindert wird (Abb. 177). Ob es sich dabei um Nebel, Dunst oder eine sehr beständige leichte Wolkendecke handelt, mag dahingestellt sein.

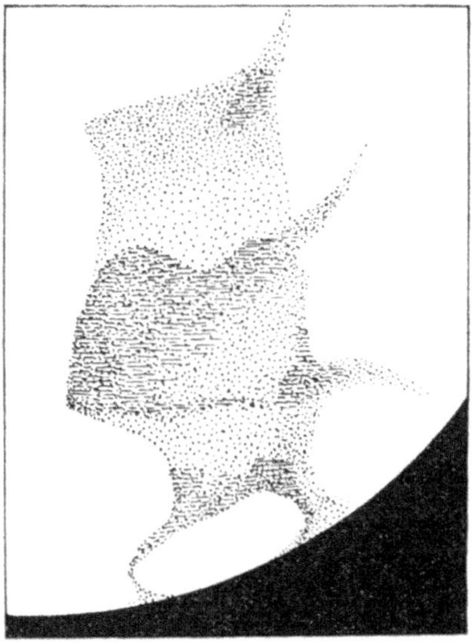

Abb. 177. Schattierungen im Mare Acidalium Anfang Mai 1920.

Wiederholt, z. B. von SCHEINER, ist die Möglichkeit einer Marseiszeit in der Gegenwart erörtert worden, und damit wäre eine völlig abweichende Erklärung der Oberflächeneinzelheiten gegeben. Die Sonnenstrahlung auf Mars macht weniger als die Hälfte derjenigen auf der Erde aus. Der Strahlungseffekt der

Sonne beträgt auf der Erde 88^0 (S. 247), womit eine mittlere Temperatur an der Erdoberfläche von 15^0 erzielt ist. Unter Annahme gleicher Verhältnisse würde der Strahlungseffekt auf Mars nur 35^0 betragen, d. h. die mittlere Temperatur der Marsoberfläche wäre — 38^0. Nun sind die Verhältnisse auf beiden Planeten sicherlich nicht gleich, so daß man der Zahl — 38^0 keine allzu große Sicherheit beilegen kann; eines aber steht fest, daß nämlich auf dem älteren Mars die Eigentemperatur der Oberfläche, bedingt durch das Gleichgewicht zwischen Ausstrahlung der Wärme und Zufuhr aus dem Innern, geringer ist als diejenige der Erde. Nach Milanković liegt die mittlere Temperatur der Oberfläche jedenfalls unter — 17^0 C. Wir wollen hieraus nur den Schluß ziehen, gegen den wohl keine begründete Einwendung möglich ist, daß die mittlere Temperatur der Marsoberfläche unter dem Gefrierpunkt liegt, um zu der weiteren Folgerung zu gelangen, daß dann das Wasser auf Mars wesentlich nur als Eis vorkommen kann. Danach wäre der Mangel jeglichen Reflexes durch eine durchschnittlich rauhe Oberfläche des Eises zu erklären, wie sie unter dem Einflusse der wechselnden Sonnenstrahlung bei fast gänzlichem Mangel an Niederschlägen wohl eintreten würde.

Die hellen Polarkappen des Mars hat man bisher fast ganz allgemein als Schnee aufgefaßt, der zur Zeit der Polarnacht gefallen ist und später, im Polarsommer, wieder abschmilzt. Auf gewisse Schwierigkeiten, die in dieser Erklärung liegen, ist man aber doch schon aufmerksam geworden. Insbesondere erhebt sich die Frage, woher der Schnee bei der geringen, sonst kaum merklichen Wolkenbildung kommen soll. Ebenso schwierig ist der manchmal sehr schnelle Wechsel in der Begrenzung der Polarkappen zu deuten.

Da Eis weniger schnell verdunstet als Wasser, so wäre die Beobachtungstatsache der geringen Wolkenbildung auf Mars gut zu erklären; der Wasserdampfgehalt der Atmosphäre ist im allgemeinen so gering, daß eine Übersättigung oder Unterkühlung selten stattfindet, die Atmosphäre also im wesentlichen klar bleibt. Ist es aber richtig, daß die Eigentemperatur des Mars wesentlich tiefer ist als die der Erde, so wird während der Polarnacht eine ganz enorme Abkühlung eintreten, die dann selbst bei geringem Wasserdampfgehalt eine Kondensation desselben in Form von Wolken oder Nebel bewirkt. Es ist dann wesentlich die Wolkendecke, welche die Polarkappen bildet, vielleicht spielt aber auch die weitere Verdichtung derselben an der kalten Oberfläche zu Reif eine wichtige Rolle.

Es mag sein, daß die Eishypothese gewisse Unbeständigkeiten und periodische Veränderungen in den Umrissen der Marsoberfläche zu erklären vermag. Sie versagt aber vollkommen, wenn man etwa an die Deutung des fast ständigen Farbenwechsels der Marsgebilde herangeht. Schon die Annahme einer etwa durch eisenhaltigen Staub erzeugten roten Färbung für das Inlandeis des Mars erfordert weitere Hypothesen, die sich an dem kleinen Fernrohrbild weder bestätigen noch widerlegen lassen und daher vorläufig für unsere Erkenntnis bedeutungslos sind.

Die Erklärung der Streifenformen bot, als man sie noch in der geradlinigen Darstellung für reelle Gebilde hielt, die größten Schwierigkeiten, und es standen sich hier noch vor kurzem die extremsten Ansichten gegenüber. Heute kann die Streitfrage wohl in dem Sinne als gelöst gelten, daß die gröberen Streifen, darunter auch die kräftigeren Kanäle, wie Nilosyrtis, Protonilus, Cerberus, Eunostus u. a. wenig veränderliche, zweifellos vorhandene Oberflächengebilde sind und sich einem unbeeinflußten Beobachter heute genau so darstellen, wie sie um die Mitte des vorigen Jahrhunderts von MÄDLER, TERBY, KAISER, GREEN u. a. gezeichnet worden sind. In betreff aller übrigen Einzelheiten, insbesondere der schwachen strichartigen Kanäle und der angeblichen Verdoppelungen, ist die Existenzfrage, wenigstens der Form nach, in negativem Sinne entschieden, seitdem es sich gezeigt hat, daß diese Erscheinungen um so undeutlicher werden und um so mehr ihren geradlinigen Verlauf verlieren, je bessere optische Hilfsmittel man zu ihrer Erforschung verwendet.

Die Kleinen Planeten. Die Kleinen Planeten sind mit wenigen Ausnahmen so winzige Weltkörper, daß eine Scheibe nicht wahrnehmbar ist, und jedes Oberflächenstudium gänzlich ausgeschlossen bleibt. Auch ihre Lichtstärke ist meist nicht genügend, um genaue spektroskopische Beobachtungen zuzulassen, so daß die physische Untersuchung dieser fast ausnahmslos zwischen der Mars- und Jupiterbahn verteilten Himmelskörper sich allein auf die photometrischen Verhältnisse beschränkt.

Die Zahl der Kleinen Planeten beträgt zur Zeit nahe 1000, während sie noch im Jahre 1891 etwa ein Drittel dieser Zahl, nämlich 322 betrug, zu der sie von der ersten Entdeckung im Jahre 1800 angewachsen war. Diese ungeheure Zunahme der Planetenentdeckungen ist als unmittelbare Folge der Einführung der photographischen Methode in dieses Gebiet anzusehen.

Das Aufsuchen der Kleinen Planeten war früher eine sehr mühsame Arbeit, die darin bestand, daß man von einer Gegend des Himmels, in der Kleine Planeten zu erwarten waren (Ekliptik), Sternkarten an verschiedenen Abenden anfertigte und miteinander bzw. mit anderen bereits vorliegenden Karten verglich und dann die auf den Blättern fehlenden Sterne durch Messung ihrer Lage auf eine etwaige Bewegung prüfte. In der Mehrzahl der Fälle verlief natürlich eine derartige Vergleichung ergebnislos, und selbst ein eifriger Planetenjäger wurde selten mit mehr als einer Entdeckung im Jahre belohnt.

Die von M. WOLF im Jahre 1891 eingeführte photographische Methode ist hiergegen außerordentlich einfach und kurz. Man photographiert eine bestimmte Stelle des Himmels längere Zeit, z. B. zwei Stunden; die Fixsterne erscheinen auf der Platte als runde kleine Scheibchen, während ein etwa vorhandener Kleiner Planet sich während der Exposition bewegt und sich auf der Platte als Strich abbildet, der unter den übrigen Sternen stark auffällt (Abb. 178).

Bei ruhenden Objekten ist die photographische Lichtstärke eines Fernrohrs nahe eine unbegrenzte, da sie mit der Expositionszeit ständig, wenn schließlich auch nur sehr langsam, zunimmt; bei bewegten Objekten ist das nicht mehr der Fall, sondern nach Ablauf einer gewissen Expositionszeit wirkt eine Verlängerung derselben nicht mehr im Sinne der Lichtstärke, sondern erzeugt nur noch eine Deformation des Bildes. Diese Grenze ist erreicht, wenn der Bildpunkt auf der Platte infolge der Bewegung des Objektes seinen eigenen Durchmesser durchlaufen hat. Die absolute Lichtstärke eines Fernrohrs für Planetenbeobachtungen ist also abhängig von Öffnung und Brennweite des Objektivs, von der Größe der Eigenbewegung des Kleinen Planeten und natürlich auch von dem Luftzustande.

Ein Beispiel möge dies erläutern. Man kann annehmen, daß die eigene Bewegung der Kleinen Planeten in der Opposition im Mittel 0.5″ in der Zeitminute beträgt. Für den photographischen Normalrefraktor von 33 cm Öffnung und 3.4 m Brennweite ist der Durchmesser des kleinsten Scheibchens zu 3″ anzunehmen; ein kleiner Planet durchläuft seinen Durchmesser also in 6 Minuten, eine längere Expositionszeit wirkt daher nicht mehr auf die Lichtstärke. In diesen 6 Minuten erscheinen aber etwa die Sterne der 11. Größe, d. h. mit einem derartigen Refraktor können unter guten Umständen Planeten bis zur 11. Größe aufgenommen werden.

Abb. 178. Aufnahme eines Kleinen Planeten. Nachführung im Sinne der täglichen Sternbewegung.

Verwendet man dagegen ein Euryskop von 10 cm Öffnung und kurzer Brennweite, bei welchem der kleinste Bilddurchmesser etwa 30″ beträgt, so wird diese Strecke von einem Kleinen Planeten erst in einer Stunde durchlaufen, in welcher Zeit ein derartiges Instrument Sterne bis zur 12. Größe aufnimmt. Aber nicht hierauf allein beruht der Vorzug dieser kleinen, verhältnismäßig billigen Apparate, sondern ganz besonders auf dem beträchtlich größeren Durchmesser des Gesichtsfeldes. Der photographische Refraktor besitzt ein Gesichtsfeld von 4, ein Euryskop dagegen von 100 Quadratgraden, und damit steigt die Aussicht, bei einer Aufnahme einen Kleinen Planeten zu finden, auf das 25fache.

Um die Aufnahme sehr schwacher Planeten ermöglichen zu können, hat Metcalf das folgende Verfahren eingeschlagen. Wie bereits oben kurz erwähnt worden ist, läßt sich die rückläufige Bewegung der Kleinen Planeten in Opposition im Mittel auf 0.5″ pro Minute, d. h. auf 30″ pro Stunde veranschlagen. Exponiert man nun auf eine Stelle der Ekliptik, die der Sonne gerade gegenüberliegt, und erteilt dem Uhrwerk eine Beschleunigung von 30″ = 2 Zeitsekunden in der Stunde, so werden auf den Aufnahmen nunmehr die Sterne als kurze Striche erscheinen, die Planeten sich dagegen punktförmig abbilden, und zwar diesmal um so deutlicher, je länger exponiert worden ist (Abb. 179). Die zahlreichen sehr schwachen Kleinen Planeten der letzten Jahre sind tatsächlich z. T. auf diese sinnreiche Weise entdeckt worden, und auch die Wiederauffindung des HALLEYschen Kometen im Jahre 1909 durch M. WOLF ist auf demselben Wege erfolgt.

Die photometrischen Beobachtungen an den Kleinen Planeten sind bisher wenig zahlreich, haben aber trotzdem zu interessanten Resultaten geführt. Der Phasenwinkel kann bei diesen Himmelskörpern im Mittel nicht über 30° gehen, und es sind deshalb nur sehr geringe Helligkeitsschwankungen zu erwarten, die 0.1^m kaum überschreiten dürften. MÜLLER hat indessen darauf aufmerksam gemacht, daß die Helligkeitsänderungen infolge der Phase im allgemeinen sehr viel stärker sind (bis 1.6 Größenklassen), so stark sogar, daß schon früher beobachtete Helligkeitsänderungen, die man für periodischer Natur hielt, hierdurch erklärt werden können. In der folgenden Tafel sind diese Helligkeitsänderungen in Größenklassen für die hellsten Kleinen Planeten gegeben. In dieser Tabelle sind auch die mittleren Oppositionshelligkeiten aufgeführt, weil man aus ihnen den Durchmesser der Kleinen Planeten berechnen kann, sobald ihre Albedo bekannt ist. Das letztere ist ja nun nicht der Fall. Wahrscheinlich sind aber diese kleinen Gestirne völlig abgekühlte Weltkörper von der Beschaffenheit des Mondes oder des Merkur. Die bei der Durchmesserberechnung unserer Tabelle benutzte Albedo 0.14 wird daher der Größenordnung nach wahrscheinlich nicht allzu fehlerhaft sein.

Abb. 179. Aufnahme eines Kleinen Planeten. Nachführung im Sinne der Planetenbewegung.

Planet	Änd. für 1° Phase	Oppos. Größe	Berechn. Durchm.
(1) Ceres	0 043^m	7.1^m	857 km
(2) Pallas	0.038	7.8	662 „
(3) Juno	0.030	9.0	329 „
(4) Vesta	0.022	6.0	939 „
(6) Hebe	0.023	9.0	253 „
(7) Iris	0 018	8.7	273 „
(8) Flora	0.028	8.8	210 „
(9) Metis	0 041	8.7	281 „
(14) Irene	0.034	9.6	227 „
(15) Eunomia	0.028	8.9	343 „
(16) Psyche	0.048	9.6	322 „
(18) Melpomene	0 033	9.0	224 „
(20) Massalia	0.039:	9.2	239 „
(29) Amphitrite	0.029	8.8	315 „

Inwieweit diese photometrisch erhaltenen Durchmesser reell sind, läßt sich nicht recht beurteilen, da nur bei den drei hellsten direkte Durchmesserbestimmungen vorliegen, die naturgemäß an sich recht unsicher sind. BARNARD fand für Ceres 780 km, für Pallas 490 km und für Vesta 390 km. Die ersten beiden Ergebnisse stimmen befriedigend mit den Zahlen der Tabelle, während bei Vesta der direkt gemessene Wert noch nicht halb so groß ist, als der photometrisch erhaltene. Nun hat Vesta gegenüber den beiden anderen Planeten einen sehr kleinen Phasenkoeffizienten, und es ist denkbar, daß auch ihre Albedo, somit auch ihre Oberflächenbeschaffenheit, eine ganz andere ist.

Die Durchmesserbestimmung der hier nicht aufgeführten Kleinen Planeten ist meist eine wenig zuverlässige, da die Oppositionshelligkeiten zu ungenau ermittelt sind. Nach KLEINER würden die sämtlichen Kleinen

Planeten von (1) bis (404) zusammen eine Kugel von 1152 km Durchmesser geben, deren Inhalt also 27mal kleiner wäre als derjenige unseres Mondes.

Es ist oben für eine Reihe Kleiner Planeten der Phasenkoeffizient mitgeteilt und hieraus mit Hilfe eines hypothetischen Albedowertes der Durchmesser dieser Körper abgeleitet worden. Auch der umgekehrte Weg ist denkbar, daß nämlich zunächst der Versuch gemacht wird, für bekannte Verhältnisse im Planetensystem die Beziehungen zwischen Albedo und Phasenwinkel zu bestimmen und aus letzterem die Albedo abzuleiten. Dieser Weg ist von BELL eingeschlagen worden und hat schließlich bei 14 Planeten zu einem Ergebnis geführt. So unsicher die abgeleiteten Albedowerte auch im einzelnen sein mögen, so sind sie doch als nahezu einziges physikalisches Merkmal der Kleinen Planeten von Wert und mögen daher hier mit den berechneten Durchmessern Platz finden. Der Einfachheit halber beziehen sich die Daten hier auf die geometrische Albedo (S. 97), die etwas kleiner ist als die bisher verwendete sphärische. Die ersten 4 Werte sind eingeklammert, weil sie mit zur Aufstellung der Beziehungen zwischen Albedo und Phasenkoeffizient gedient haben.

Planet	Albedo	Berechn. Durchm.
(1) Ceres	(0.1)	(768) km
(2) Pallas	(0.1)	(565) „
(3) Juno	(0.2)	(203) „
(4) Vesta	(0.5)	(390) „
(7) Iris	0.5	144 „
(8) Flora	0.2	168 „
(11) Parthenope	0.4	122 „
(16) Psyche	0.1	539 „
(18) Melpomene	0.1	224 „
(30) Urania	0.3	87 „
(40) Hammonia	0.5	78 „
(44) Nysa	0.3	121 „
(77) Frigga	0.1:	296: „
(258) Tyche	0.1	256 „

Während, wie schon bemerkt, die von verschiedenen Beobachtern gefundenen Helligkeitsschwankungen an Kleinen Planeten wesentlich durch die starken Phasenwirkungen zu erklären sind, wurden bei dem Planeten Eros, der sich schon durch seine besondere Bahn auszeichnet — dieselbe liegt teilweise innerhalb der Marsbahn —, im Jahre 1901 sehr starke periodische Schwankungen durch v. OPPOLZER entdeckt. Die Periode dieses Lichtwechsels umfaßte $5^h\ 16^m$; es stellte sich aber heraus, daß man es mit zwei Perioden verschiedener Helligkeitsunterschiede zu tun hatte, von $2^h\ 25^m$ und $2^h\ 51^m$ Dauer. Die Lichtschwankung selbst betrug im Februar 1901 annähernd zwei Größenklassen. Vom März an nahm aber die Stärke der Schwankungen stark ab; Mitte März betrug sie etwa eine Größenklasse, Mitte April 0.4 Größenklassen, und seit Mai 1901 ist kaum noch etwas vom Lichtwechsel wahrzunehmen gewesen. ANDRÉ nahm an, daß man es hier mit einem Doppelplaneten zu tun habe, dessen Umdrehungszeit $5^h\ 16^m$ beträgt. Die Radien der beiden Körper müßten sich verhalten wie 2 zu 1 und ihre Abplattung etwa 0.5 sein. Die große Achse der Bahn ergab sich aber als nur sehr wenig größer als die Summe der beiden Radien, so daß nicht zu entscheiden war, ob wirklich ein System von zwei Körpern vorhanden ist oder nur ein sehr langgestrecktes Bruchstück. Durch den Umstand, daß der Lichtwechsel aber nicht immer vorhanden ist oder wenigstens unmerklich gering werden kann, wird die ganze Frage recht kompliziert und die Erscheinung selbst sehr rätselhaft. Vorstellbar ist der Vorgang eigentlich nur, wenn man Rotation und Spiegelung an einer Stelle der Oberfläche eines stark unsymmetrischen Körpers annimmt.

Nachdem nun einmal mit Sicherheit eine Helligkeitsschwankung periodischen Charakters konstatiert war, hat man in den letzten Jahren bei vielen anderen Kleinen Planeten, z. B. (7) Iris, (15) Eunomia, (77) Frigga, (345) Tercidina u. a. ebenfalls solche zu finden geglaubt. Es unterliegt wohl keinem Zweifel, daß einige der Beobachtungen reell sind; in den meisten Fällen jedoch sind die Schwankungen zu gering und zu unregelmäßig, um sie mit Gewißheit verbürgen und weitere Schlüsse darauf aufbauen zu können.

Jupiter. Jupiter ist der mächtigste aller Planeten, so daß seine Scheibe trotz der bedeutenden Entfernung von der Erde meist einen größeren Durchmesser zeigt als Venus. Seine Helligkeit ist aber beträchtlich geringer, da infolge der großen Entfernung von der Sonne seine Beleuchtung durch letztere 27mal kleiner ist. In der Opposition beträgt seine Sterngröße -2.5^m bis -2.0^m (Mittel -2.29^m) und sinkt bis zu seinem Verschwinden in den Sonnenstrahlen nahe der Konjunktion auf etwa -1.5^m. Die Helligkeitsunterschiede umfassen also nur eine Größenklasse. Der Phasenwinkel kann den Betrag von 12^0 nicht überschreiten, und trotz zahlreicher und sorgfältiger Beobachtungen hat sich eine Abhängigkeit der Helligkeit vom Phasenwinkel nicht feststellen lassen, in Übereinstimmung mit der Theorie, wonach der Phaseneinfluß nur 0.04^m für 1^0 betragen kann. Die Phasenwirkung ist also ähnlich wie bei der Venus, so daß man auf eine ähnliche Oberflächenbeschaffenheit wie bei jener, also auf Wolkenbildung schließen kann. Damit stimmt nicht bloß die direkte Erscheinung der Oberflächengebilde überein, sondern auch die hohe Albedo von 0.6, die der der Venus nahe kommt. Das Licht des Jupiter ist gelblichweiß, weißer als das Licht der Venus. Der Farbenindex beträgt $+0.5^m$.

Da, wie wir weiter sehen werden, die Jupiteroberfläche starken periodischen Veränderungen unterworfen ist, so liegt die Möglichkeit vor, daß sich dieselben auch in der allgemeinen Helligkeit äußern. Zieht man nur die homogenen MÜLLERschen Beobachtungen in Betracht, so zeigt sich deutlich, daß die Helligkeit von 1878 bis 1884, also von einem Minimum der Sonnenflecken bis zum Maximum ständig zunimmt und von da an bis zum nächsten Minimum wieder ständig kleiner wird. Es ist also hier ein paralleler Gang beider Erscheinungen zu erkennen, doch muß daran erinnert werden, daß die Umlaufszeit Jupiters sehr nahe mit der Sonnenfleckenperiode zusammenfällt, so daß also auch an den Einfluß der durch die Exzentrizität der Jupiterbahn verursachten Bestrahlungsänderungen gedacht werden kann.

Das Spektrum des Planeten Jupiter unterscheidet sich in seinen brechbareren Teilen, Blau und Violett, in keiner Weise vom Sonnenspektrum, wohl aber in den weniger brechbaren. Die Wasserdampfbänder erscheinen kräftig und entschieden verstärkt, so daß kein Zweifel an der Existenz von Wasserdampf in der Jupiteratmosphäre bestehen kann. Neu hinzu tritt aber ein starkes breites Band in Rot, dessen Mitte bei der Wellenlänge λ 6180 liegt. Es ist bis jetzt kein Gas auf der Erde gefunden worden, welches eine entsprechende Absorption lieferte; dagegen enthalten die äußeren Planeten Saturn, Uranus und Neptun dieses Gas in ihren Atmosphären in verstärktem Maße (Abb. 185).

Die auf der Jupiterscheibe zahlreich vorhandenen dunkleren, bräunlichen, oft kupferfarbig überflogenen Gebilde — die Äquatorstreifen, der rote Fleck — erzeugen nur Veränderungen im kontinuierlichen Spektrum, nicht aber in den Linien. An diesen Stellen erscheint das Spektrum dunkler, und zwar in zunehmendem Maße nach dem Violett hin, genau so, wie dies durch Verstärkung der allgemeinen Absorption erfolgt und wie es zur Erklärung der braunen Färbung ausreicht. Es ist hiernach anzunehmen, daß diese Gebilde tiefer liegende Stellen der Wolkenhülle sind, so daß die Lichtstrahlen hier einen längeren Weg durch die Atmosphäre zurückzulegen haben. Es ist in neuerer Zeit Millochau, Lowell u. a. gelungen, spektro-

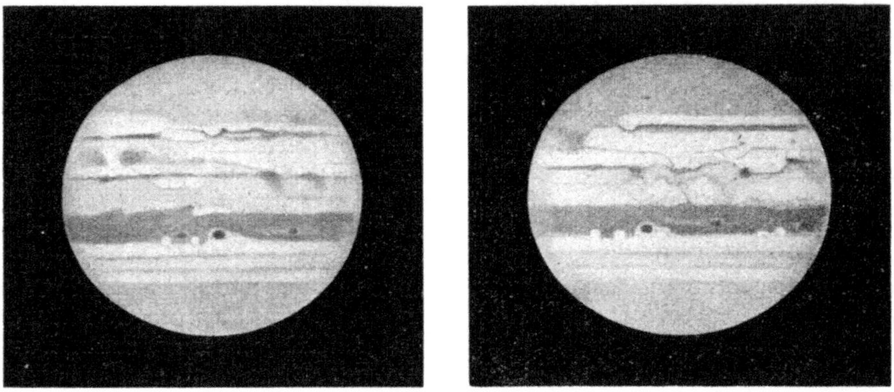

Abb. 180. Anblick der Jupiteroberfläche am 19. und 22. Febr. 1920.

graphische Aufnahmen im weniger brechbaren Teile des Jupiterspektrums zu erhalten, die die direkten Beobachtungen bestärken und ergänzen. Alle dem Wasserdampf entsprechenden Bänder erscheinen verstärkt, und zwar ganz besonders in dem Teile des Spektrums, der von dem dunklen Äquatorstreifen herrührt. Außerdem konnten die der Jupiteratmosphäre eigentümlichen Streifen bei den Wellenlängen λ 6180, 6070, 6000, 5780 und 5150 deutlich erkannt werden.

Der Anblick der Jupiterscheibe ist ein ganz typischer, dabei aber fortgesetzt starken Veränderungen im einzelnen unterworfen. Das Typische besteht in der parallelen Anordnung der gröberen Details zum Äquator, dessen Lage als große Achse der deutlich zur Ellipse abgeplatteten Scheibe stets unverkennbar ist. Der Äquator ist immer als heller Streifen markiert, zu dessen beiden Seiten sich oft je ein dunkler Streifen anschließt. Nördlich und südlich hiervon sind weitere abwechselnd helle und dunkle Streifen vorhanden; letztere sind aber viel schmäler als die eigentlichen Äquatorialstreifen und starken Veränderungen ausgesetzt, so daß ihre Zahl zu verschiedenen Zeiten eine verschiedene ist. Charakteristisch ist ferner die Lichtabnahme der Scheibe nach den Rändern zu, die so stark ist, daß z. B. in der Dämmerung die Jupiterscheibe unscharf erscheint. Daß es sich hier um Absorption durch eine Atmosphäre handelt, ist ganz offensichtlich. Für die brechbareren Strahlen ist die Absorption eine noch viel stärkere, so daß bei photographischen Aufnahmen oder bei Verwendung eines Blaufilters die Begrenzung der Scheibe nur schwer aufzufassen, oft sogar kaum zu erkennen ist. Sehr deutlich treten die Helligkeitsunterschiede der Scheibe während des Vorüberganges eines der beiden innersten großen Jupitermonde hervor, die etwa die gleiche Albedo haben, wie der mittlere Teil der Jupiterscheibe. Beim Ein- oder Austritt erscheinen diese Monde hell auf dunklem Grunde, während sie nahe der Mitte der Scheibe verschwinden oder sich sogar in grauer Tönung von letzterer abheben.

In kleinen Fernrohren mit schwacher Vergrößerung erscheinen die Streifen der Jupiteroberfläche ziemlich scharf und gleichförmig; bei Anwendung stärkerer Hilfsmittel zeigen sie jedoch eine sehr komplizierte Struktur mit dunklen und hellen Flecken sowie wolkenartigen Gebilden von Cirrus-, Stratus- oder Cumulusformen, bei ständiger Veränderlichkeit in den Umrissen und in der Lage. In den dunklen Polgebieten erscheinen zuweilen blendend weiße kreisrunde Fleckchen.

Abb. 181. Jupiter mit dem Roten Fleck. (Nach einer Vatikanischen Photographie.)

Das auffallendste und merkwürdigste Objekt, das je auf der Jupiteroberfläche beobachtet worden ist, war der große, in der ersten Hälfte des Jahres 1878 entstandene sog. Rote Fleck auf der südlichen Halbkugel. Seine Sichtbarkeit hat allmählich abgenommen, und gegenwärtig (etwa seit 1918) tritt er nur noch gelegentlich auffälliger hervor.

Eine ausführlichere Beschreibung der Jupiteroberfläche und ihrer Veränderungen würde kaum verständlich sein. Viel leichter und besser ist dies aus Zeichnungen zu erkennen, von denen hier zwei in der Abb. 180 reproduziert sind. Zwischen den beiden Skizzen liegen drei Tage; während die obere (südliche) Planetenhälfte in dieser Zeit eine vollständige Veränderung erlitten hat, ist die nördliche im wesentlichen ungeändert geblieben. Als Beispiel einer Photographie mag Abb. 181 dienen, die eine der besten älteren Aufnahmen darstellt. Einige neuere Versuche von Lowell und Barnard in Amerika, in Deutschland von B. Schmidt in Mittweida (Tafel V) sind erfolgreicher gewesen, ohne jedoch den Detailreichtum guter Zeichnungen voll zu erreichen.

Nach dem Anblick der Jupiteroberfläche und ihrer Veränderungen ist in Übereinstimmung mit den Ergebnissen der Photometrie und Spektralanalyse die einzig mögliche Deutung durch die Annahme einer in der Jupiteratmosphäre befindlichen mächtigen Wolkenschicht gegeben. Es stehen ferner alle beobachteten Erscheinungen mit der weiteren Annahme im Einklang, daß die hellsten Partien die höchst gelegenen sind, die dunkleren die tiefer gelegenen, wobei die Dunkelheit eine Folge der vermehrten Absorption ist. Ob dieses Tieferliegen so weit geht, daß vollständige Wolkenlücken vorhanden sind, durch welche hindurch die eigentliche Jupiteroberfläche erscheint, muß dahingestellt bleiben, bei einzelnen auffallend dunklen Flecken wäre dies aber durchaus wahrscheinlich.

Von besonderem Interesse sind die schon sehr lange bekannten Rotationsunterschiede der einzelnen Teile der Jupiteroberfläche, die den letzten und sichersten Beweis für deren wolkige Natur liefern. Bei der überaus schnellen Umdrehung Jupiters von kaum 10^h, läßt sich die Bestimmung der Rotationszeit markanter Punkte sehr einfach durch Schätzung desjenigen Zeitmoments ausführen, in dem der betreffende Fleck die Mittellinie der Scheibe passiert, und es liegen zahlreiche Untersuchungen dieser Art vor. Es erscheint nach denselben als sicher, daß, ähnlich wie auf der Sonne, die Rotationsdauer nach den Polen hin zunimmt. Eine auf umfangreichem Material beruhende Untersuchung von BELOPOLSKI führt zu den Werten der nebenstehenden Tabelle. Es ergibt sich hieraus, daß gegenüber der Sonne hier nur eine sehr schmale äquatoriale Zone eine auffallend kurze Rotationszeit, also größere Geschwindigkeit besitzt, und zwar scheint diese Zone nicht symmetrisch zu liegen, sondern sich überwiegend auf der nördlichen Halbkugel zu befinden. Der Übergang zu der langsameren, im großen und ganzen konstanten Bewegung von $\pm 10^0$ Breite an erfolgt ziemlich schnell. Die Geschwindigkeitsdifferenz zwischen dem Hauptteil der Oberfläche und der Äquatorzone bewirkt, daß ein Punkt der letzteren die benachbarten Stellen in ungefähr 47 Tagen um einen Umlauf überholt.

Breite	Rotation nördl.	Rotation südl.
0^0— 5^0	9^h 50.3^m	50.2^m
5 —10	50.7	53.2
10 —15	54.8	55.3
15 —20	55.8	55.3
20 —25	55.7	55.6
25 —45	55.5	54.9

Die Zahlen der BELOPOLSKIschen Tabelle sind lediglich Mittelwerte, und es kommt zuweilen vor, daß Flecken in ein und derselben jovigraphischen Breite völlig abweichende Umdrehungszeiten aufweisen. So wurde im Frühjahr 1920 in Bergedorf die Teilung eines Fleckes in — 22^0 Breite beobachtet, der ursprünglich eine Rotation von 9^h 58.1^m zeigte, diese nach der Teilung jedoch nur in der einen Komponente beibehielt. Die zweite vollendete eine Umdrehung in 9^h 53.5^m, während die weiße Wolke, auf die sich die Flecken projizierten, in 9^h 55.1^m, also in der normalen Zeit einen Umlauf vollendete.

Änderungen der Rotationsgeschwindigkeit kommen auch bei beständigeren Flecken vor. Die Rotationsgeschwindigkeit des Roten Flecks hat sich z. B. von 1878 bis 1888 verlangsamt, von da an aber wieder merklich erhöht. Die nebenstehende Tafel veranschaulicht den Vorgang für die erste und letzte Beobachtungsperiode des merkwürdigen Gebildes nach den Untersuchungen von STERNBERG bzw. PHILIPS. Systematische Breitenveränderungen von Flecken auf der Jupiteroberfläche sind nicht mit Sicherheit konstatiert worden.

Jahr	9^h 55^m +	Jahr	9^h 55^m +
1879	35^s	1908	40^s
1880	35	1909	41
1881	36	1910	37
1882	37	1911	38
1883	38	1912	38
1884	39	1913	35
1885	40	1914	36
1886	40	1915	37
1887	41	1916	37
1888	44	1917	35

Erwähnenswert ist noch ein Versuch von BELOPOLSKI, die mittlere Rotationsgeschwindigkeit des Jupiteräquators auf spektrographischem Wege zu bestimmen. Nimmt man als Rotationsdauer 9^h 50^m an, so würde man eine lineare Geschwindigkeit eines Äquatorpunktes von 12.2 km pro Sekunde zu erwarten haben. Die spektrographischen Messungen haben die nun etwas kleinere von 11.4 km ergeben, was in Anbetracht der großen Schwierigkeit der Messungen als eine gute Übereinstimmung zu betrachten ist.

Schon frühzeitig hat man auf eine Ähnlichkeit der Jupiterphänomene mit den Verhältnissen unserer Erdatmosphäre in der Nähe des Äquators hingewiesen, wo die Passate und Antipassate in einer dem Äquator parallelen Richtung strömen. Hierbei ist aber nicht außer acht zu lassen, daß die Intensität der Sonnenstrahlung, von deren Wechsel die irdischen meteorologischen Erscheinungen abhängen, auf Jupiter bereits 29mal geringer ist, so daß man ihr wohl kaum einen beherrschenden Einfluß auf die Wolkenbildung Jupiters zuschreiben kann. Man wird vielmehr an innere Ursachen denken müssen, deren genauere Erforschung freilich die ständige Wolkendecke des Planeten vollkommen verhindert. Ebensowenig wie mit der Erde — wenigstens in ihrem gegenwärtigen Entwicklungsstadium — hat Jupiter auch irgendwelche physische Ähnlichkeit mit der Sonne, was hier im Gegensatz zu früheren Anschauungen ausdrücklich betont sein mag. Es folgt dies vor allen Dingen aus der völligen Lichtlosigkeit von Phase und Schatten, die sich bei Gelegenheit von Verfinsterungen und Bedeckungen der Monde an großen Instrumenten ganz einwandfrei hat feststellen lassen.

Durch die Beobachtung der vier großen Jupitertrabanten ist manches astronomische Problem angeregt und gefördert worden, und auch in der Astrophysik, speziell in der Photometrie, ist die Aufmerksamkeit in hohem Maße auf sie gelenkt gewesen, wovon die zahlreichen Beobachtungen der Monde Zeugnis ablegen. Die photometrische Beobachtung ist aber sehr erschwert durch die Nähe des überblendenden Planeten selbst und durch die hierdurch verursachte starke Erhellung des Hintergrundes. Schon W. HERSCHEL hat angegeben, daß die Helligkeit der vier Monde einem periodischen Wechsel unterworfen sei. Als durchaus plausible Erklärung hierfür nahm HERSCHEL die Existenz dunkler Flecken auf den Trabanten an, deren Rotationszeit, wie bei unserem Monde, gleich der Umlaufszeit sei. Unter Übergehung zahlreicher anderer Beobachtungen seien diejenigen von ENGELMANN erwähnt, die, mit Hilfe des ZÖLLNERschen Photometers erhalten, von beträchtlicher Genauigkeit sein dürften. ENGELMANN fand, daß die beiden inneren Trabanten eine größere, rasche und unregelmäßige Helligkeitsänderung besaßen, die beiden äußeren eine geringere, aber regelmäßigere. Aus den Jahren 1877 und 1878 liegt eine große Messungsreihe von PICKERING und anderen Astronomen der Harvardsternwarte vor, die bei keinem der Monde eine irgendwie hervortretende Helligkeitsänderung zu konstatieren vermochten.

Es könnte hiernach den Anschein haben, als wenn die früher gefundenen Änderungen der Helligkeiten nicht reell, sondern durch systematische Beobachtungsfehler verursacht wären, die mit dem Umlauf der Trabanten, also mit ihrer Stellung zur hellen Jupiterscheibe, irgendwie zusammenhängen, und die mit der fortschreitenden Verbesserung der Meßinstrumente immer mehr zum Verschwinden gelangen. Dem widersprechen aber die Untersuchungen von GUTHNICK, nach denen alle Monde, insbesondere der I. und II. Trabant, stark veränderlich sind; die Helligkeitsschwankungen liegen bei I zwischen 5.5^m und 6.4^m, bei II zwischen 5.7^m und 6.1^m. Die Periode entspricht bei I, II und wohl auch bei III den Umlaufszeiten, bei IV ist sie noch nicht feststellbar.

Während so der Lichtwechsel bei I und II als gesichert angesehen werden kann, ist dies bei III und IV noch ein wenig zweifelhaft. Vielleicht ist auch bei allen Monden die Stärke der Helligkeitsänderungen selbst variabel, eine Annahme, die sehr unwahrscheinlich sein würde, wenn nicht bereits bei dem Planeten Eros eine entsprechende Erscheinung festgestellt wäre.

Die mittleren relativen Helligkeiten der Monde sind wiederholt bestimmt worden. Die neueren Werte in Größenunterschieden gegen Trabant III gibt die folgende kleine Tafel.

Jahr	Beobachter	I	II	III	IV
1870	Engelmann	0.20^m	0.38^m	0.00^m	0.96^m
1877—78	Pickering u. a.	0.37	0.51	0.00	1.13
1887	Spitta	0.24	0.52	0.00	0.85
1904–06	Guthnick	0.46	0.61	0.00	1.18
1919	Graff	0.44	0.53	0.00	1.15

Wird die Helligkeit des III. Trabanten im Harvardsystem $= 5.0^m$ gesetzt, so folgt daraus als mittlere Sterngröße für die Monde:

$$I = 5.34^m, \quad II = 5.51^m, \quad III = 5.00^m, \quad IV = 6.05^m.$$

Unter Zugrundelegung der Helligkeitsmessungen von Guthnick und der Durchmesserbestimmungen von Barnard hat Russell die folgenden genäherten Albedowerte für die vier Trabanten bestimmt:

$$I = 0.7, \quad II = 0.8, \quad III = 0.4, \quad IV = 0.2.$$

Die Albedo des IV. Trabanten entspricht demnach etwa dem Mond oder Merkur, die des dritten nahe dem Uranus, während diejenige der beiden anderen nur mit der Reflexion der Venus- bzw. der Saturnoberfläche verglichen werden kann. Wenn man bedenkt, daß auf diesen Monden schwerlich eine Wolkenhülle vorhanden sein wird, so fehlt hierfür jede Erklärung. Entsprechend den Albedoverschiedenheiten gestalten sich auch die bereits auf S. 283 kurz erwähnten Erscheinungen beim Vorübergang der Monde vor der Jupiterscheibe. Der IV. Trabant zeigt dabei gegenüber dem Planetengrund eine so lichtlose Scheibe, daß er auch in großen Fernrohren völlig einem vorüberziehenden Satellitenschatten gleicht.

In betreff spektroskopischer Beobachtungen der Jupitermonde ist nur wenig zu sagen. Es liegen ältere Beobachtungen von Vogel vor, nach denen auch im Spektrum der Trabanten die charakteristischen Bänder, wie sie Jupiter zeigt, vorhanden sein sollen; eine Bestätigung dieses an sich nicht wahrscheinlichen Resultats ist bisher nicht erfolgt.

Die Monde erscheinen in großen Fernrohren als merkliche Scheiben, und schon ältere Beobachter berichten über Flecken, die sie auf denselben erkannt haben. Da der größte dritte Mond nur 1.5″ im Durchmesser hat, so ist freilich von derartigen Beobachtungen nicht allzuviel zu erwarten. Bei so kleinen Scheibchen entstehen außerdem leicht rein physiologische Kontrastwirkungen, so daß den bisherigen Wahrnehmungen von Einzelheiten auf den Jupitertrabanten kein großer Wert beizulegen ist.

Saturn. Der durch sein Ringsystem besonders interessante Planet Saturn erscheint durchschnittlich als Stern erster Größe; seine Helligkeit ist jedoch, abgesehen von der durch die wechselnde Entfernung der Erde bedingten Schwankung, einer weiteren periodischen Änderung unterworfen, die von der Lage der Ringebene zur Erde abhängt. Während eines Umlaufs des Planeten passiert die Erde zweimal die Ringebene, wobei der Ring wegen seiner sehr geringen Dicke fast unsichtbar wird (zuletzt 1920 und 1921); zu allen übrigen Zeiten trägt das vom Ring reflektierte Licht zur Gesamthelligkeit bei, und zwar um so mehr, je weiter der Ring geöffnet erscheint.

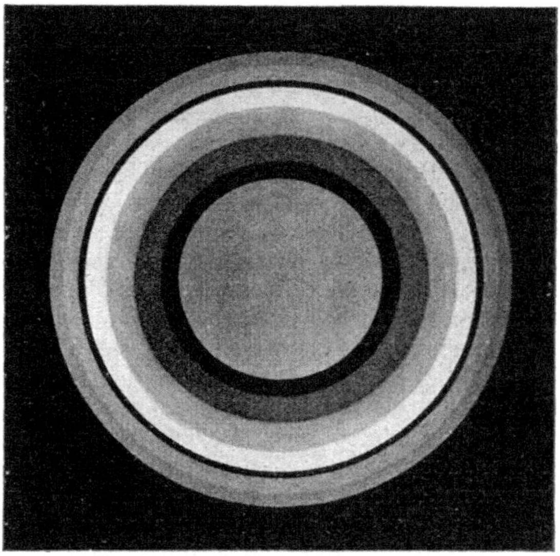
Abb. 182. Grundriß des Saturnsystems.

Nach den Beobachtungen von MÜLLER beträgt der Zuwachs der Saturnhelligkeit durch die Ringe im Maximum ungefähr eine Größenklasse; die mittlere Oppositionshelligkeit Saturns ohne Ringe wurde zu 0.89^m gefunden. Bezeichnet man mit e den Elevationswinkel der Erde über der Ringebene, so ergibt sich die Gesamthelligkeit zu:

$$h = 0.89^m - 2.597 \sin e + 1.253 \sin^2 e.$$

Der Phasenwinkel kann bei Saturn im Maximum nur den Wert 6^0 erreichen, wonach ein merklicher Einfluß der Phase nicht zu erwarten wäre; nach den Potsdamer Beobachtungen ist ein solcher Einfluß aber doch zu erkennen, indem die Zu- oder Abnahme der Helligkeit 0.044 Größenklassen für jeden Grad des Phasenwinkels beträgt.

Als Albedo resultiert der hohe Wert 0.7, welcher der Albedo der Venus gleich kommt. Daß es sich auch bei Saturn um eine Reflexion der Lichtstrahlen von einer Wolkenschicht handelt, ist bereits hiernach anzunehmen. Die Farbe des Planeten ist stark gelb; der Farbenindex beträgt $+1.1^m$.

Die spektroskopischen Beobachtungen von VOGEL, KEELER, LOWELL u. a. führen zu dem übereinstimmenden Resultat, daß das Saturnspektrum dem Jupiterspektrum vollständig ähnlich ist (Abb. 185), besonders in bezug auf die Verstärkung der tellurischen Bänder und das Auftreten des starken Absorptionsbandes im Rot bei der Wellenlänge λ 6180. Die allgemeine Absorption ist besonders stark im Blau und Violett, wodurch die rötliche Farbe der Planetenkugel ihre Deutung findet. Merkwürdigerweise ist der Ring, in dessen Spektrum keine Spur des Absorptionsbandes im Rot erkannt werden konnte, der also keine Atmosphäre hat, nicht merklich weißer getönt.

Über die Oberfläche Saturns ist nur wenig mehr zu sagen, als daß sie der des Jupiter sehr ähnelt. Im normalen Zustande ist die Äquatorgegend hell; es schließen sich daran auf beiden Halbkugeln matte abwechselnd dunkle und helle Streifen, die meist nur geringen Veränderungen unterworfen sind. Wood hat 1914 den Versuch unternommen, die Natur dieser Streifen ähnlich wie beim Monde (S. 268) auf dem Wege der monochromatischen Aufnahmen näher zu ergründen. Auf den violetten und ultravioletten Photogrammen erscheint dabei seltsamerweise die visuell so helle Äquatorzone des Saturn auffallend dunkel, was Wood darauf zurückführt, daß der innere Kreppring als breite, die violetten Strahlen stark dämpfende Staubwolke sich bis zum Planetenkörper ausdehnt. Da auf den Aufnahmen auch die südliche Polkappe — hier in Übereinstimmung mit dem visuellen Eindruck am Fernrohr — außerordentlich dunkel auftritt, wird man die Ursache wohl eher in die Atmosphäre des Planeten zu verlegen haben und annehmen, daß diese zonenweise verschiedene selektive Absorptionsverhältnisse aufweist.

Die Rotationsdauer des Saturn läßt sich am besten an hellen Flecken beobachten, die hin und wieder (zuletzt 1903) auf dem Planeten auftreten, aber meist rasch verschwinden. Sie beträgt am Äquator etwa $10^1/_4$ Stunden. Ein bestimmtes Rotationsgesetz, wie bei Jupiter, scheint noch nicht gefunden zu sein; dagegen ist mehrfach beobachtet worden, daß sich die Rotationsgeschwindigkeit desselben Flecks im Laufe der Zeit geändert hat.

Die Saturnringe sind nicht von gleichförmiger Helligkeit (Abb. 182); jedenfalls ist der innere Ring der hellste, etwa von der gleichen Helligkeit wie die Äquatorgebiete der Saturnkugel; auf photographischen Aufnahmen erscheint er sogar heller, so daß die Albedo des Ringes hier mindestens derjenigen des Saturn selbst gleichzusetzen ist. Bei der gleich zu besprechenden Konstitution des Ringes läßt sich dies nur schwer vorstellen; man muß schon zu der weiteren Annahme greifen, daß die betr. Ringteile eine stark glänzende Oberfläche besitzen. Die Helligkeit des inneren Ringes nimmt übrigens nach der Planetenkugel zu stark ab, bis sie ziemlich plötzlich in den matten durchscheinenden Kreppring übergeht. Daß auch der äußere Ring jenseits der sog. Cassinitrennung durchscheinend ist, zeigen Beobachtungen von Sternbedeckungen und photographische Aufnahmen des Planeten (Tafel V).

Die Dimensionen des Ringsystems sind auch für den Astrophysiker von Interesse. Nach den Messungen von Hall, Dyson, Barnard, Lewis und See betragen sie im mittleren Oppositionsabstand:

Äußerer Ring A, Außendurchmesser	40.03″
„ „ „ Innendurchmesser	34.86
Innerer Ring B, Außendurchmesser	33.89
„ „ „ Innendurchmesser	25.74
Kreppring C, „	20.56
Saturn, Äquatordurchmesser	17.63

Nach diesen Messungen ist der Grundriß des Systems in Abb. 182 gezeichnet.

Es ist heute durch die dynamischen Untersuchungen von Hirn, Roche, Maxwell u. a. mit Sicherheit nachgewiesen, daß ein starrer Ring nicht stabil sein kann. Der Saturnring dürfte also aus einer großen Zahl von kleinen Körperchen bestehen, die unabhängig voneinander ihre Bahnen als Monde um den Hauptkörper beschreiben. Eine wesentliche Stütze erhält diese Annahme durch den Umstand, daß der innere und äußere Teil des Ringes durchscheinend ist, ferner durch die Lage der Ringtrennungen, die sich gerade da befinden, wo die periodischen Störungen der kleinen Monde durch die großen Trabanten ein Maximum erreichen, so daß diejenigen Körperchen, deren Bahn zufällig in diesen Entfernungen liegt, sehr rasch in andere Bahnen gelenkt werden.

Besteht nun der Ring aus solchen kleinen Teilchen, so muß die Berechnung der reflektierten Helligkeit unter Berücksichtigung der Beleuchtung der einzelnen Körper erfolgen, was eine schwierige und umständliche Arbeit darstellt. Diese Aufgabe ist von SEELIGER gelöst worden; sie führt schließlich zu einer sehr einfachen Form, die unabhängig von dem zugrunde gelegten Beleuchtungsgesetze ist und durch den S. 287 erwähnten empirischen Ausdruck von MÜLLER vollkommen dargestellt wird.

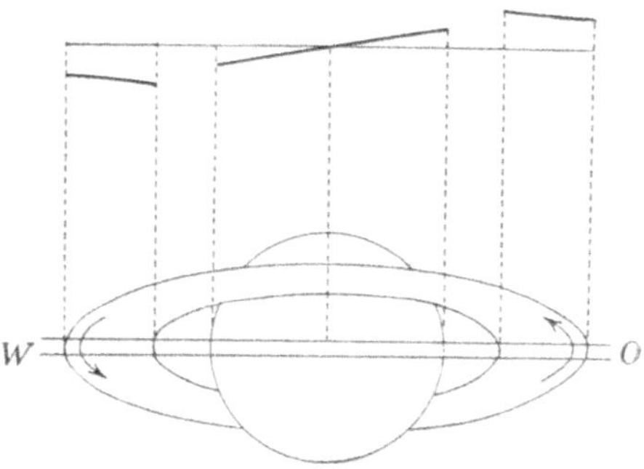

Abb. 183. Entstehung der Linienverschiebungen (Dopplereffekt) im Spektrum des Saturnsystems.

Besonders interessante spektrographische Beobachtungen an Saturn haben es ermöglicht, die Rotationsgeschwindigkeiten der verschiedenen Teile des Ringes und der Kugel zu bestimmen.

Stellt man den Spalt des Spektrographen parallel zur Äquatorrichtung, so muß eine Linie des Saturnspektrums, soweit sie der Kugel entspricht, wegen der Rotation schräg stehen, nämlich am Westrande nach Rot, am Ostrande nach Violett verschoben sein (Abb. 183). Das gleiche gilt vom Ring, falls dieser an der Rotation teilnimmt. Wäre er starr, so würden die äußeren Teile eine größere lineare Geschwindigkeit besitzen, und die äußeren Enden müßten am stärksten verschoben sein. Beschreiben aber die einzelnen Teile des Ringes unabhängige Bahnen, so müssen nach dem III. KEPLERschen Gesetz die linearen Geschwindigkeiten und entsprechend die Linienverschiebungen an den inneren Kanten am stärksten sein. Zu diesem Ergebnis führen in der Tat in guter Übereinstimmung die spektrographischen Aufnahmen von KEELER, DESLANDRES und BELOPOLSKI, womit neben der photometrischen Lösung (s. oben) der sicherste Beweis für die Zusammensetzung der Saturnringe aus Einzelteilen geliefert ist. Die kleine nebenstehende Tabelle veranschaulicht das Mittel der beobachteten und die von der Rechnung geforderten Zahlenwerte. Daraus geht hervor, daß der innere Rand des Ringsystems in 7.5^h, der äußere in 13.8^h einen vollständigen Umlauf vollenden.

Teil des Saturnsystems	Bewegung in 1^s Beob.	Bewegung in 1^s Berechn.
Äquator d. Saturn	9.7 km	10.3 km
Ring B, innerer Rand	20.4 „	21.0 „
„ A, äußerer „	15.8 „	17.1 „

Wenn noch ein Nachweis der meteorischen Ringkonstitution fehlte, so ist er dadurch erbracht worden, daß um die Zeit, in der Sonne und Erde sich auf verschiedenen Seiten der Ebene des Ringes befinden, dieser nicht dauernd unsichtbar wird, sondern den größten Teil der betr. Zeit über als matter, mit je zwei Knötchen versehener Strich erscheint. Diese beiden in Abb. 184 stark übertrieben dargestellten Knötchen fallen nach BARNARDS Messungen mit dem hellsten Teil des inneren Ringes und etwa mit der Mitte des Kreppringes zusammen. Hieraus geht zunächst hervor, daß die Einzelteilchen sich in der Kantenlage des Ringes nicht völlig überdecken,

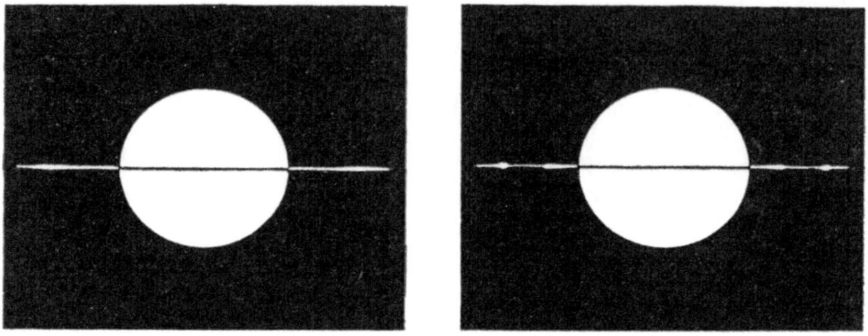

Abb. 184. Anblick des Saturn in der Kantenstellung der Ringe.
Links: Erde und Sonne auf derselben Seite, rechts: auf verschiedenen Seiten der Ringebene.

ferner, daß sie an einzelnen Stellen, in den eben erwähnten Knoten, merklich aus der sonst innegehaltenen Ringebene heraustreten.

Die älteren Saturnmonde sind 1878—1879 von PICKERING und 1905—1908 von GUTHNICK photometrisch untersucht worden. Ihre mittlere Helligkeit ist in der nebenstehenden Tafel enthalten. Die Beobachtungen bestätigen die schon von D. CASSINI und später von W. HERSCHEL vertretene Ansicht, daß der äußerste Trabant Japetus einem starken Lichtwechsel unterworfen ist. Der Betrag dieses Lichtwechsels beträgt 1.8 Größenklassen, und zwar tritt das Maximum nahe bei der größten westlichen, das Minimum bei der größten östlichen Elongation ein. Wegen des Zusammenhanges des Lichtwechsels mit der Umlaufszeit ist anzunehmen, daß die Rotationsdauer des Japetus mit der Umlaufszeit zusammenfällt, ferner, daß seine Oberfläche entweder Stellen verschiedener Helligkeit enthält, oder daß er stark von der Kugelgestalt abweicht. Von den übrigen Saturnmonden sind möglicherweise noch Titan, Rhea und Dione ein wenig veränderlich.

Trabant	Pickering	Guthnick
1. Mimas	11.91^{m}	—
2. Enceladus	11.40	11.53^{m}
3. Tethys	10.31	10.43
4. Dione	10.57	10.51
5. Rhea	9.81	9.88
6. Titan	8.42	8.17
7. Hyperion	12.80	—
8. Japetus	10.87	10.7

Rechnet man die Größen der Tabelle in Intensitäten um, und setzt diese gleich den beleuchteten Flächen, so kann man die Durchmesser der Trabanten berechnen. Die dabei vorausgesetzte Annahme einer gleichen Albedo trifft freilich kaum zu. So erinnert Titan in Glanz und gelber Färbung lebhaft an die Jupitersatelliten I oder II, während Japetus mehr dem IV. Jupitermond (S. 286) ähnelt.

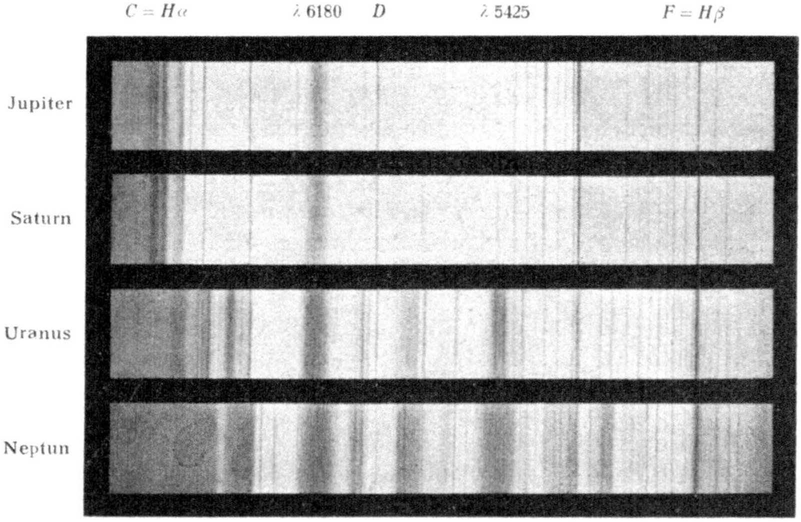

Abb. 185. Spektra der äußeren Planeten. (Nach Lowell.)

Uranus und Neptun. Die seit nahe 140 bzw. 80 Jahren bekannten Planeten Uranus und Neptun bieten wegen ihrer großen Entfernung astrophysikalisch nur geringes Interesse.

Uranus ist für ein gutes Auge noch eben ohne Fernrohr zu erkennen, denn seine Größe schwankt zwischen 5.5^m und 6.3^m. Der Phasenwinkel kann nur den Betrag von 3^0 erreichen; ein Einfluß desselben auf die Helligkeit ist also ausgeschlossen. Die Jahresmittel der Oppositionshelligkeiten zeigen ziemlich starke Abweichungen untereinander, indem die Helligkeit von 1878 bis Anfang der achtziger Jahre wächst und von da bis 1888 wieder abnimmt. Bei Jupiter ist dieselbe Erscheinung noch deutlicher ausgesprochen und auch bei Mars und Saturn schwach angedeutet. Man könnte daher an eine gemeinschaftliche Ursache denken, die in diesem Falle in einem Lichtwechsel der Sonne beruhen würde. Sehr wahrscheinlich ist diese Schlußfolgerung nicht, zumal die gleichzeitigen Beobachtungen des Neptun keinen merklichen Gang zeigen.

Die Albedo des Uranus nähert sich sehr derjenigen des Jupiter; sie beträgt 0.6. Die Farbe des Planeten ist ein bläuliches Grau.

Trotz des geringen Durchmessers von kaum 4″ glauben Lowell und Slipher für eine Abplattung 1 : 11.5 und für eine rasche Rotation in $10^3/_4{}^h$ bürgen zu können. Letztere ist auf spektrographischem Wege im Jahre 1911 erhalten worden und neuere photometrische Messungen auf der Harvardsternwarte scheinen sie zu bestätigen.

Wegen der Lichtschwäche des Uranusspektrums ist dieses kaum anders als auf photographischem Wege zu beobachten (Abb. 185). Besonders auffallend sind darin zwei Bänder bei λ 6180 und λ 5425, von denen das erste zwischen den Linien *C* und *D* gelegene mit dem entsprechenden Bande im Jupiter- und Saturnspektrum identisch ist.

Neptun hat etwa die Helligkeit eines Sterns der Größe 7.5^m; die durch die wechselnde Entfernung von der Erde bedingte Helligkeitsschwankung beträgt nur 0.2 Größenklassen, und von einem Einfluß der nicht ganz 2^0 erreichenden Phase kann keine Rede sein. Die Albedo kommt mit 0.6 wieder der des Uranus sehr nahe. Die große Lichtschwäche hat die spektroskopische Untersuchung sehr erschwert; es sind jedoch auch hier breite Absorptionsbänder im Spektrum vorhanden, deren Lage mit denjenigen im Uranusspektrum auffallend übereinstimmt (Abb. 185).

Eine Helligkeitsbestimmung der Uranus- und des Neptuntrabanten ist bisher nur von Pickering versucht worden. Danach ist der Neptunmond etwa 13.5^m, während die beiden äußeren Uranussatelliten bereits zwischen 14.5^m und 15^m liegen.

Wenn wir unsere Kenntnisse über die physische Beschaffenheit der Planeten überblicken, so ist ihre Geringfügigkeit sofort in die Augen fallend. Betrachten wir zunächst die drei kleinsten Körper der Tabelle, Merkur, Mond und Mars, deren Entwicklungszustand wegen ihrer Kleinheit am weitesten vorgeschritten sein muß, so erkennen wir, daß sie nur noch geringe oder gar keine merklichen Atmosphären mehr besitzen. Die Lichtreflexion geht von der erstarrten Oberfläche aus; dementsprechend ist ihre Albedo sehr gering und wenig oberhalb 0.1 liegend. Die Albedo der Erde würde etwa dieselbe sein, wenn nicht die großen Wolkenmassen vorhanden wären, deren Albedo zu etwa 0.8 anzunehmen ist; im Mittel können wir sie vielleicht zu 0.5 ansetzen. Venus, deren Masse nur wenig geringer ist als die der Erde, ist ein absolut jüngerer und sicherlich auch relativ jüngerer Planet; ihre Wolkenschicht ist dichter und zusammenhängender als diejenige der Erde, und ihre Albedo ist daher auch um mindestens 0.2 größer. Bei den vier Planeten Jupiter, Saturn, Uranus und Neptun sind die Massen so groß, daß, trotz des höheren absoluten Alters, das relative Alter doch geringer sein kann als dasjenige der Erde. Sie sind sämtlich mit mächtigen Atmosphären umgeben, deren Wolkenhülle die sehr hohen Albedowerte bedingt, während der noch oberhalb der Hülle befindliche Teil der Atmosphäre starke Absorptionen ausübt. Diese Atmosphären enthalten in einem mit der Entfernung der Planeten von der Sonne zunehmenden Maße Wasserstoff, daneben aber auch andere Gase oder chemische Verbindungen von starkem Absorptionsvermögen, die auf der Erde bisher nicht bekannt sind.

17. Die Kometen, Meteore und das Zodiakallicht.

Die Kometen haben von jeher das größte Interesse der gesamten Menschheit erregt. Es ist das auch leicht zu verstehen. Sie erscheinen meist unerwartet, zuweilen ganz plötzlich; ihre Bahn am Himmel durchlaufen sie oft außerordentlich schnell, so daß sie häufig fast ebenso plötzlich verschwinden, wie sie gekommen sind. Vor allem aber hat die seltsame und rasch veränderliche Gestalt der hellen Kometen die größte Aufmerksamkeit der Beobachter erregt. Der glänzende Kopf, die z. T. mächtigen Schweife und andere Abweichungen von dem Aussehen der übrigen Gestirne erzeugten Furcht und Schrecken bei den Menschen, so daß die Kometen bis ins 19. Jahrhundert hinein als ein warnendes Vorzeichen für kommendes Unheil, Krieg und Krankheiten angesehen wurden.

Wenn auch nach der Erforschung ihrer Bahnbewegung die Furcht allmählich schwand, so blieb die Kometenerscheinung doch bis zum Anfang des vorigen Jahrhunderts völlig rätselhaft. Allmählich, Schritt für Schritt, reihten sich Erklärungen an Erklärungen, und heute kann das Kometenproblem in einigen wichtigen Teilen als geklärt gelten; manches ist auf Kräfte bestimmter, gesetzmäßiger Wirksamkeit zurückgeführt, wenn auch das Wesen dieser Kräfte noch nicht zweifelsfrei festgestellt ist.

Physische Beschaffenheit der Kometen. Ein sonnenferner Komet ist im allgemeinen ein sehr unscheinbares Objekt; er erscheint als eine runde, nach der Mitte verdichtete Nebelmasse, zuweilen mit einem helleren Kern, meist jedoch ohne den letzteren, und von einem Schweife ist nichts zu bemerken. Erst mit der stärkeren Annäherung an die Sonne beginnt, freilich nur bei großen Kometen, das Charakteristische des Phänomens. Es bildet sich zunächst ein Kern aus, der zuweilen scheibenförmig, zuweilen fixsternartig scharf ist; von diesem Kern entwickeln sich helle Strömungen, die den Schweif bilden. Dieser kann recht vielgestaltig sein, faden- oder fächerförmig, gerade, gekrümmt oder wellenförmig, ohne Andeutung einer Struktur oder von zahllosen Lichtfäden und Strähnen durchsetzt.

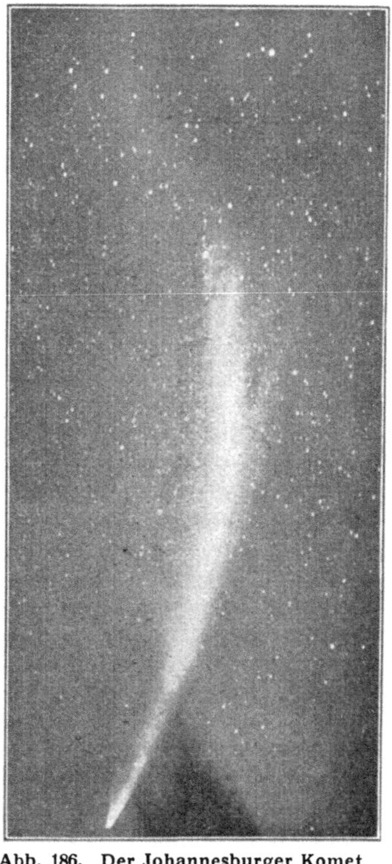

Abb. 186. Der Johannesburger Komet (1910 I) am Abend des 28. Jan. 1910.

Schon eine flüchtige Beobachtung genügt, um zu erkennen, daß der Schweif eines Kometen in jedem Augenblick eine Neubildung darstellt. Als Ausgangspunkt ist der Kern zu betrachten, aus dem bei gehöriger Annäherung an die Sonne Ausströmungen erfolgen. Diese steigen eine kurze Strecke in der Sonnenrichtung empor, um dann umzubiegen, den Kern in einem gewissen Abstand zu umfließen und den von der Sonne weggerichteten, in der Bahnebene liegenden Schweif zu bilden (Abb. 190). Bei sehr hellen Kometen tritt stets eine ausgesprochene Färbung auf, die offenbar auch mit der Gestalt des Schweifes zusammenhängt. Gleichmäßig gekrümmte strukturlose Kometen mit großem planetenartigem Kern sind auffallend gelb, Kometen mit wellenförmigen, detailreichen Schweifen oft intensiv blau gefärbt. Besonders auffallend kam der Unterschied im Oktober 1911 zur Geltung, als zwei helle Kometen dieser beiden Typen, nämlich 1911 II (Brooks) und 1911 III (Beljawski) gleichzeitig am Abendhimmel standen.

Während die Struktur des Schweifes auf photographischen Aufnahmen oft einen kaum zu überblickenden Reichtum an Einzelheiten bietet (vgl. Tafel VI), kommt der Kopf in der Regel dabei stark überexponiert heraus. Hier sind immer noch Zeichnungen und mikrometrische Messungen von Wert, da nur auf diese Weise ein Einblick in die Art der Ausströmungen gewonnen werden kann.

Die sehr komplizierten und wechselnden Erscheinungen im Kopfe eines Kometen müssen sich auch in der Helligkeit äußern, und es ist daher von vornherein unwahrscheinlich, daß Beobachtungen der Gesamthelligkeit hier einfache gesetzmäßige Änderungen ergeben sollten. Wird ein Komet mit bloßem Auge oder bei sehr schwacher Vergrößerung beobachtet, so wird häufig der ganze Kopf wie ein verwaschener Stern erscheinen, so daß nur das Gesamtlicht gemessen oder geschätzt werden kann. In einem größeren Fernrohr zeigt vielleicht derselbe Komet einen sternartigen Kern, dessen Helligkeit mit der eines Fixsterns vergleichbar ist, während bei der ihn umgebenden Hülle nur etwa die Flächenhelligkeit beurteilt werden kann. So ist es möglich, daß ein Komet mit bloßem Auge gut sichtbar ist, also heller als 5. Größe erscheint, während gleichzeitig ein Beobachter am Fernrohr seine Helligkeit vielleicht als 8^m bezeichnet.

Wenn bei einem neuen Kometen die Bahnbestimmung erfolgt ist, so daß sich für jeden Moment die Entfernungen des Kometen von Sonne und Erde (r bzw. Δ) bestimmen lassen, kann man unter Benutzung der Anfangshelligkeit die Gesamthelligkeit wie die Flächenhelligkeit berechnen. Die letzte ist nur von dem Sonnenabstande, und zwar von r^2 abhängig, die erstere auch von der Erdentfernung, d. h. von $r^2\Delta^2$. Dafür, wie sich die Verhältnisse in Wirklichkeit abspielen, hat J. SCHMIDT an dem Kometen 1874 III ein lehrreiches Beobachtungsbeispiel gegeben, aus dem hier (s. Tabelle) einige nahe äquidistante Daten herausgegriffen worden sind.

1874	Helligkeit Fernrohr	Helligkeit Sucher	Helligkeit Auge	Rechnung $\frac{1}{r^2\Delta^2}$	Rechnung $\frac{1}{r^2}$
Juni 11	10.0^m	8.0^m	5.2^m	9.3^m	9.7^m
17	9.0	7.5	4.6	8.9	9.5
22	8.5	7.2	4.2	8.5	9.4
27	9.0	7.0	4.0	8.1	9.3
Juli 2	7.5	6.7	3.2	7.7	9.2
8	7.0	6.0	2.5	7.1	9.1
13	6.5	4.7	1.5	6.6	9.2

Wie man sieht, stimmen die bei starker Vergrößerung am Fernrohr angestellten Beobachtungen, also die Schätzungen der Kernhelligkeit, auch absolut gut mit dem $r^2\Delta^2$-Gesetz überein. Das gleiche findet man, abgesehen von einer konstanten Instrumentaldifferenz für die mit dem Sucher und mit dem unbewaffneten Auge beobachteten Größen, so daß in allen drei Helligkeitsreihen die Gleichartigkeit der Auffassung verbürgt ist. Der völlig abweichende Gang des reinen r^2-Gesetzes schließt die letzte Reihe von allen Betrachtungen aus.

Daß man aus fortlaufenden Schätzungen der Helligkeit, Beobachtungen der Form, Lage und Farbe des Schweifes usw. wichtige Anhaltspunkte über die physische Beschaffenheit eines Kometen erlangen kann, liegt auf der Hand und seit je her sind derartige Beschreibungen in zahlreichen Monographien gesammelt worden. Berühmte ältere Kometographien dieser Art sind die chinesische Chronik des MA-TUAN-LIN, die Werke von HEVELIUS,

Lubieniecki, Pingré u. a. Eine wissenschaftlich und kritisch bearbeitete Kometenchronik historischer Zeiten verdanken wir dem Wiener Astronomen Holetschek.

Im Jahre 1864 ist von Donati zum ersten Male das Spektrum eines Kometen beobachtet worden. Er sah auf einem kontinuierlichen Hintergrunde drei helle einseitig verwaschene Bänder in Gelb, Grün und Blau. Vier Jahre später erkannte Huggins, daß die Bänder nach Lage und Intensität mit dem Spektrum des Kohlenwasserstoffes übereinstimmten. Dieses Gas weist in Rot, Gelb, Grün und Violett fünf Bänder auf, welche die Eigenschaft besitzen, daß sie nach Rot zu scharf begrenzt, nach Violett aber sehr verwaschen erscheinen. Es rührt dies daher, daß diese Bänder eine ganz charakteristische Linienstruktur besitzen; sie bestehen im wesentlichen aus Liniengruppen, die, am roten Ende plötzlich beginnend, nach der brechbareren Seite hin einander in immer größeren Abständen folgen. (Abb. 189.) Bei geringer Dispersion und verhältnismäßig weitem Spalt laufen die Linien ineinander über und erzeugen das einseitig scharf begrenzte Band, wie es in Abb. 187 zu sehen ist. Die Wellenlängen der Bänderkanten dieses sog. Swanspektrums, das man lange Zeit wirklich dem Kohlenwasserstoff zuschrieb, sind die folgenden:

I (rot)	II (gelb)	III (grün)	IV (blau)	V (violett)
λ 6188	λ 5636	λ 5165	λ 4736	λ 4312

Wenn auch die Lage der Swanbänder gut mit den Kometenspektren stimmte, so traten doch einige Verschiedenheiten in der Lage des Helligkeitsmaximums auf, die bereits Vogel durch Beimengung von Kohlenoxydgas zum Kohlenwasserstoff experimentell aufzuklären versuchte. Das Kohlenoxydgas liefert ein dem Kohlenwasserstoff ähnliches, ebenfalls aus Bändern bestehendes Spektrum. Die Wellenlängen der stärkeren Liniengruppe des Kohlenoxyds liegen so, daß die Bänder λ 5608 und 5198 nahe mit den gelben und grünen Kohlenwasserstoffbändern und ein schwächeres Band bei λ 4698 nahe mit dem blauen zusammenfallen, so daß in dem Spektrum der Mischung der beiden Gase eine teilweise Übereinanderlagerung dieser Bänder in dem bei den Kometen geforderten Sinne stattfindet.

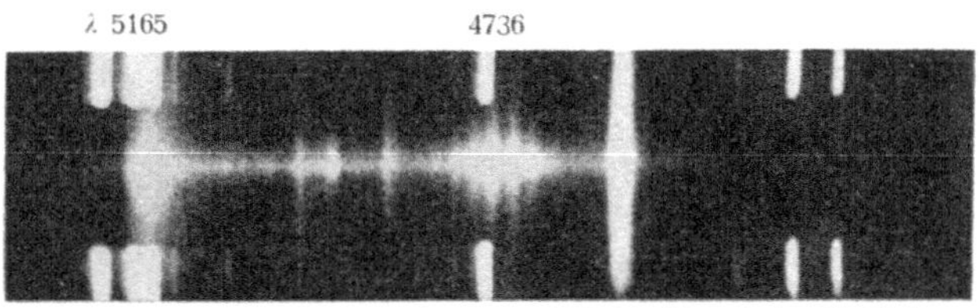

Abb. 187. Spektrum des Kometen 1911 III (Brooks) mit Zinkvergleichsspektrum. (Nach M. Wolf.)

An der Zusammensetzung der Kometen aus Kohlenwasserstoffen wurde um so weniger gezweifelt, als man das Spektrum auch beim Vergasen von Meteoren beobachten konnte. Besonders deutlich zeigt sich dies, wenn ein in einer Geisslerschen Röhre in einem seitlichen Ansatz befindliches Stückchen Meteorstein erhitzt wird; die hierbei frei werdenden Gase bestehen hauptsächlich aus Kohlenwasserstoff und Kohlenoxyd. Wird eine solche Geisslersche Röhre durch den elektrischen Funken zum Leuchten gebracht, so liefert sie ein gemischtes Kohlenwasserstoff-Kohlenoxydspektrum, in dem unter gewissen Umständen ersteres stark überwiegt, aber modifiziert erscheint.

Nach den Erfahrungen der letzten Jahre, die uns die hellen Kometen von 1910 und 1911 gebracht haben, sowie nach Laboratoriumsversuchen kann es als sicher gelten, daß sowohl das Swanspektrum wie die Bänder II, III und IV der Kometenspektra in erster Linie dem Kohlenmonoxyd allein zuzuschreiben sind. Daneben sind noch andere Elemente bzw. Verbindungen in den Köpfen von Kometen festgestellt worden, neben Kohlenstoff insbesondere Stickstoff und Cyan, das eine Verbindung des Kohlenstoffs mit Stickstoff darstellt und ein helles Band bei λ 3883 bildet. Während sich Stickstoff und Kohlenmonoxyd auch in Schweifen nachweisen lassen,

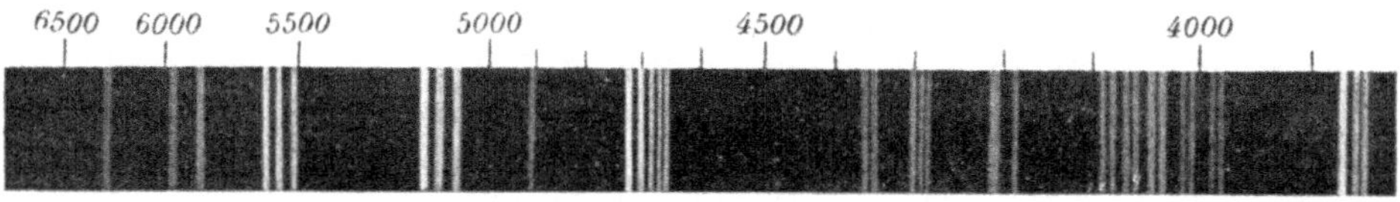

Abb. 188. Linienfolge im Spektrum des Kometen 1911 III (Brooks).

bleiben die Kohlenstoff- und Cyanlinien meist auf die kernnahen Teile der Kometen beschränkt.

Die Struktur der Bänder hat sich als aus Doppellinien bestehend erwiesen, die sich z. T. nach dem Deslandreschen arithmetischen Gesetz (S. 79) berechnen lassen. Hinsichtlich der einzeln stehenden Doppellinien, die besonders zahlreich um λ 4000 (Abb. 188) auftreten, zeigt jeder Komet Besonderheiten, deren Klärung noch aussteht.

Bei dem Kometen 1907 III (Daniel) gelang es zuerst Deslandres mit einem Objektivprisma (s. S. 44) monochromatische Aufnahmen des Kopfes und des Schweifes zu erhalten. Das Spektrum des letzteren zeigte insofern eine Überraschung, als es drei neue, im Kopfe kaum nachweisbare Linien oder Bänder bei λ 4010, 4265 und 4560 zeigte, die dann von Chrétien gleichfalls als doppelt erkannt wurden. Bei späteren Kometenerscheinungen ist das typische Schweifspektrum noch durch eine weitere Doppellinie und eine Stickstofflinie vervollständigt, jedenfalls aber als vom Kopfe merklich abweichend festgestellt worden.

Diese merkwürdige Beobachtung fand rasch ihre Aufklärung durch Fowler, der beim Zurückgreifen auf eigene ältere Laboratoriumsversuche darunter eine Aufnahme des Kohlenmonoxydspektrums fand, das in einer Kathodenröhre bei äußerst niedrigem Druck erhalten war und, wie die nebenstehende Übersicht zeigt, direkt eine Kopie des Schweifspektrums darstellt. Der Inhalt der Röhre enthielt Kohlenmonoxyd mit einer geringen

Schweif	Laborat.	Gas
4715	4714	CO
4690	4689	"
4570	4570	"
4548	4546	"
4276	4276	"
4255	4253	"
4022	4021	"
4003	4001	"
3914	3915	N
3799	3798	CO
3783	3781	"
3690:	3708	"
	3693	"
3580:	3602	"
	3587	"

Beimischung von Stickstoff, woraus hervorgeht, daß das Kopf- und Schweifspektrum im wesentlichen den gleichen nur unter verschiedenen Druckverhältnissen leuchtenden Gasen angehören. Wenn dabei auch noch nicht alle Kohlenmonoxydlinien (in Wirklichkeit handelt es sich auch hier um komplizierte Bänder) in den Schweifspektren nachgewiesen sind, so stimmen doch die Lage und die Helligkeitsverhältnisse der Linien derartig überein, daß an einem identischen Ursprung der Emissionen nicht zu zweifeln ist. Daß man erst verhältnismäßig spät auf die Lösung des Problems ge-

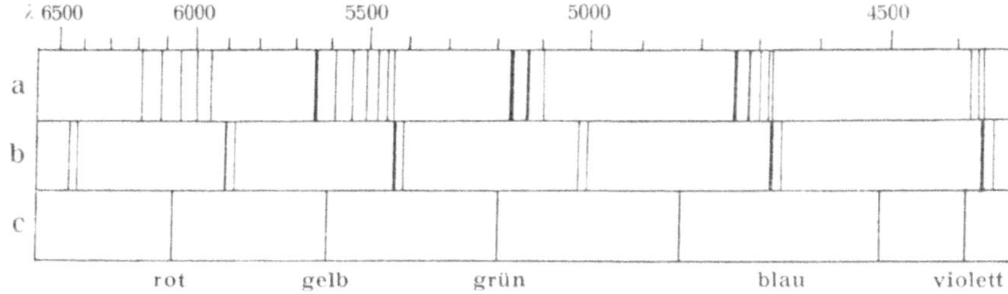

Abb. 189. Spektra von Kohlenmonoxyd: a) Swanspektrum, b) CO-Spektrum bei niederem Druck, c) CO-Spektrum bei höherem Druck. (Nach Fowler.)

kommen ist, hat seinen Grund in der Überlagerung der Liniengruppen im CO-Spektrum (Abb. 189), ferner darin, daß nicht zwei Kometenspektra völlig identische Linien geben.

Das kontinuierliche Spektrum der helleren Kometen stammt zweifellos in erster Linie vom Kern her. Trotz Fehlens einer Phasenbildung wird man das Licht hauptsächlich als reflektiertes Sonnenlicht aufzufassen haben, nachdem es schon Huggins gelungen war, von den Kometen der Jahre 1881 und 1882 Spektralaufnahmen zu erhalten, die einige Fraunhofersche Linien zeigten. Die bisherigen, allerdings recht spärlichen Polarisationsbeobachtungen verraten gleichfalls die Existenz von reflektiertem Licht, wenn es auch nicht möglich ist, hiernach zu entscheiden, welcher Betrag vom Gesamtlicht dem reflektierten zukommt, da ja bei der Reflexion immer nur ein Teilbetrag des reflektierten Lichts polarisiert wird.

Während in den meisten Fällen das Kometenspektrum sich so, wie beschrieben, verhält, treten bei großen Kometen und beträchtlicher Annäherung an die Sonne noch die Spektra anderer Elemente auf. Zum ersten Male wurde dies bei dem Wellsschen Kometen des Jahres 1882 gleichzeitig von Vogel, Dunér, Bredichin u. a. beobachtet; diese fanden im Spektrum eine helle gelbe Linie, die sich mit der Natriumlinie als identisch erwies, wie besonders ihre Trennung in zwei Komponenten zeigte. Das Leuchten des Natriumdampfes war ein so intensives, daß bei weit geöffnetem Spalt der Kopf des Kometen im Natriumlicht seiner Form nach erkannt werden konnte, ähnlich wie eine Sonnenprotuberanz im Lichte einer Wasserstofflinie. Es ist nun sehr bemerkenswert, daß bei diesem Kometen, der der Sonne bis auf 9 Mill. km nahegekommen ist, die Kohlenoxydbänder immer schwächer wurden, je heller die Natriumlinie erschien. Dieselbe Erscheinung war bei dem großen Septemberkometen desselben Jahres sowie bei den Kometen 1910 I, 1910 II (Halley) und 1911 III (Beljawski) zu beobachten; auch hier war eine deutliche Abhängigkeit der Intensität des Kohlenoxydspektrums vom Natriumspektrum zu konstatieren, in Übereinstimmung mit den entsprechenden Versuchen im Laboratorium. Befindet sich in einer GEISSLERschen Röhre Kohlenoxyd und eine kleine Menge metallischen Natriums, so verschwindet beim Erhitzen des Natriums das Kohlenoxydspektrum gänzlich neben der intensiv auftretenden Natriumlinie. Damit sind auch die bei Kometen vorkommenden gelben und blauen Färbungen auf das Hervortreten der Natriumlinie bzw. des blauen und grünen Kohlenmonoxydbandes zurückgeführt.

Der große Septemberkomet des Jahres 1882 ist der Sonne ungewöhnlich nahe gekommen, nämlich auf weniger als 500000 km. Er wurde dabei so hell, daß er dicht neben der Sonne am hellen Tage beobachtet werden konnte. Kurz nach dem Perihel wurden von COPELAND und LOHSE in seinem Spektrum außer der Natriumlinie noch fünf andere helle Linien in Gelb und Grün beobachtet, die dem Eisenspektrum angehörten. Da die Strahlung der Sonne in dieser Nähe durchaus ausreicht, um Eisen zum Verdampfen zu bringen, so ist die Beobachtung an sich verständlich; immerhin aber muß es merkwürdig erscheinen, daß nicht die Linien der leichter zu verflüchtigenden Metalle, wie Kalzium, Magnesium usw., bemerkt worden sind, deren Gegenwart doch bei dem nahen Zusammenhange zwischen Kometen und Meteoren sehr wahrscheinlich ist.

Daß das Kometenproblem neben den astrophysikalischen Schwierigkeiten auch noch viele rein mechanische Unklarheiten birgt, ist bekannt. Hierzu gehören in erster Linie die wiederholt beobachteten Teilungen von Kometen in mehrere Bestandteile (Komet BJELA, Komet 1889 V u. a.), ferner die Tatsache, daß diese Gestirne trotz ihrer oft ungeheuren Dimensionen so gut wie massenlos sind. Selbst bei sehr nahen Begegnungen mit Planeten oder deren Satelliten ist noch nie die geringste Störung von Bahnelementen durch einen Kometen beobachtet worden. Nach der Trennung des Kometen 1915 III (TAYLOR) in zwei Bestandteile konnte H. THIELE eine Art Umlaufsbewegung der beiden Komponenten feststellen, die auf eine Gesamtmasse von $1:10^{10}$ der Sonnenmasse schließen ließ, und ORLOFF fand auf anderem Wege für den Kern des HALLEYschen Kometen die Grenzwerte $1:2\cdot10^4$ und $1:6\cdot10^5$; doch handelt es sich in beiden Fällen um die ersten noch sehr unsicheren Versuche einer Massenbestimmung.

Die Kometentheorien. Wenden wir uns zur Erklärung der an den Kometen beobachteten Erscheinungen, so ist die Grundlage jeder Theorie unmittelbar durch die direkten Beobachtungen gegeben. Die Materie der Kometen ist wie jede andere der Schwerkraft unterworfen, so daß jeder Komet einen Kegelschnitt um die Sonne beschreibt, der durch die Anziehung der Planeten mehr oder weniger starke Störungen erleidet. Unter dem Einflusse der Sonnenstrahlung entwickeln sich aus der Materie des Kerns Gase, die sich zunächst ungefähr nach der Sonne zu ausbreiten, dann aber einer Kraftwirkung ausgesetzt sind, die, umgekehrt wie die Schwererichtung, von der Sonne weggerichtet ist. Diese ausgestoßene Materie unterliegt dann der vereinigten Wirkung ihrer ursprünglichen Bahnbewegung und einer von der Sonne ausgehenden Repulsivkraft und bildet den Schweif, der stets in der Bahnebene des Kometen liegt. Das ist die Grundlage der Kometentheorien, die, von OLBERS und BESSEL begründet, die Schweiferscheinungen bereits recht gut darstellen konnten, ohne bestimmte Voraussetzungen über das Wesen der Repulsivkraft zu machen, bis in der Theorie von ZÖLLNER die Repulsivkraft als eine elektrische Abstoßung aufgefaßt wurde. Dem russischen Astronomen BREDICHIN gebührt das Verdienst, diese Theorien bis zu den äußersten Folgerungen ausgebaut und entwickelt und das ganze Problem einer genauen numerischen Berechnung zugänglich gemacht zu haben. Es gelingt hiernach nicht bloß, die beobachteten Schweifbildungen zu erklären, sondern bei einem neu entdeckten Kometen, sobald dessen Bahn bestimmt ist, auch die möglichen Geschwindigkeiten der ausgestoßenen materiellen Teilchen im voraus zu berechnen.

Bevor wir die BREDICHINsche Theorie skizzieren, sind noch einige Worte über die Mechanik der Ausströmungen eines Kometen zu sagen. Für diese Emanationen, bei denen das Hin- und Herpendeln besonders charakteristisch ist, hat bereits BESSEL eine Erklärung gegeben. Jede Ausströmung muß natürlich eine Rückwirkung auf den Kern ausüben, die aber bei der sicherlich sehr geringen Masse der Ausströmung und der nicht allzu großen Geschwindigkeit, die BESSEL beim HALLEYschen Kometen zu 1 km in der Sekunde fand, nicht so stark zu sein braucht, daß dadurch die ganze Kernmasse irgendwie aus ihrer Bahn gelenkt würde. Findet nun die Ausströmung nicht ganz genau in der Verbindungslinie zwischen Mittelpunkt des Kerns und Sonne statt, so entsteht durch den Reaktionsdruck eine kleine seitliche Komponente, die eine drehende Bewegung des Kerns bzw. eine Verschiebung der leicht beweglichen Oberflächenteilchen des Kerns bewirkt; dadurch wird dieser Teil der senkrechten Bestrahlung entzogen, die Ausströmungskraft wird geringer und damit auch wieder der Reaktionsdruck, so daß die Teilchen bestrebt sind, sich in die ursprüngliche Gleichgewichtslage zu begeben, über die sie aber infolge ihrer Trägheit hinausgehen; durch Wiederholung desselben Vorgangs entsteht eine pendelnde Bewegung, wie man sie bereits wiederholt, zuletzt wohl an dem Kometen 1911 III beobachtet hat.

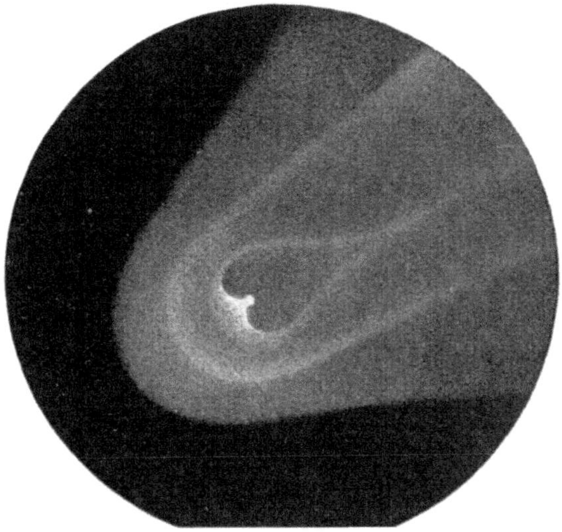

Abb. 190. Kopfstruktur des Halleyschen Kometen am 26. Mai 1910.

BREDICHIN fand durch die Berechnung der verschiedensten Kometenschweife, daß diese trotz aller scheinbaren Kompliziertheit sich in drei Typen zusammenfassen lassen, und daß jeder dieser Typen allein durch die Stärke der Repulsivkraft bedingt ist. Bezeichnet man den Betrag der Anziehungskraft der Sonne für einen in Frage tretenden Punkt der Kometenbahn mit 1, so ist an dieser Stelle die Repulsivkraft beim I. Typus 18mal so groß, beim Typus II schwankt sie zwischen 2.2 und 0.5. Sie kann hier im Mittel zu 1.1 angenommen werden, so daß sie also nur sehr wenig stärker wirkt als die Anziehungskraft. Beim Typus III ist die Repulsivkraft schon sehr gering und liegt zwischen 0.3 und 0.1. Die hier als 1 angesetzte Anziehungskraft nimmt bekanntlich mit der Annäherung an die Sonne quadratisch zu, mit der Entfernung quadratisch ab. In genau der entsprechenden Weise ändert sich auch die Repulsivkraft, so daß die Verhältnisse zwischen beiden Kräften, wie sie die Typen charakterisieren, stets konstant bleiben, an welchem Punkte seiner Bahn sich auch der Komet befinden mag. Nach diesem Gesetze lassen sich die möglichen Schweifformen berechnen und auch, wie schon bemerkt, im voraus angeben. Nun aber gibt es Kometen, die alle drei Arten von Schweifen bilden, andere, die nur zwei vertreten, und schließlich solche, die nur einen Typus entwickeln, und man kann nicht im voraus wissen, wie sich ein Komet in dieser Beziehung verhalten wird. Man muß also für die verschiedenen Punkte seiner Bahn die Schweife aller drei Typen berechnen, und die wirkliche Erscheinung muß dann später mindestens einer dieser Annahmen entsprechen.

Abb. 191. Wahre Gestalt des Kometen 1910 I am 27. Jan. 1910. (N. Lowell.)

Die Berechnungsmethode kann hier nicht näher beleuchtet werden, wohl aber läßt sich die typische Form der Schweife nach Maßgabe der Repulsivkräfte mit einiger Wahrscheinlichkeit erklären.

Beim Typus I ist die abstoßende Kraft 18mal stärker als die Anziehung, d. h. die letztere spielt der ersteren gegenüber überhaupt kaum eine Rolle. Die abgestoßenen Teilchen werden mit großer Geschwindigkeit über den Kopf hinübergetrieben und bilden einen sehr dünnen Schweif, der von einer geraden Linie nur wenig abweichen kann und sehr nahe in der Verlängerung der Richtung Sonne—Komet liegen wird. Diese Art der Schweife, die übrigens selten hell sind, ist bei den meisten Kometen mittlerer Helligkeit beobachtet worden. Bei großen Kometen sind sie fast immer vorhanden, treten jedoch dann oft gegenüber dem II. Typus gänzlich zurück.

Beim Typus II ist die abstoßende Kraft im Mittel nur wenig größer als die anziehende. Wären beide einander genau gleich, so würde ein abgestoßenes Teilchen gänzlich unabhängig von der Sonne sein, also eine geradlinige Bewegung besitzen, deren Richtung und Stärke allein von der Richtung und Kraft der Ausströmung und von der im Moment der Abstoßung vorhandenen Bahngeschwindigkeit abhängt. Da eine genaue Übereinstimmung aber nicht vorhanden sein wird, so werden im allgemeinen die Teilchen keine gerade Linie sondern gekrümmte Bahnen beschreiben. Die Schweife des II. Typus sind daher bogenförmig von der Richtung des Radiusvektor abgelenkt, breit und häufig sehr hell, aber meist kürzer als die Schweife des Typus I. Der Komet Donati (1858) und der Johannesburger Komet 1910 I (Abb. 186) bilden bemerkenswerte Beispiele dieser Klasse. Die wahre Gestalt und Lage des letzten Kometen in der Bahnebene hat Lowell sehr instruktiv abgeleitet (Abb. 191).

Beim Typus III ist die abstoßende Kraft im Verhältnis zur Anziehungskraft klein, letztere wird also nur geschwächt. Die entstehenden Schweife sind schwach und kurz, aber breit und sind vom Radiusvektor nach der Seite hin abgelenkt, von der der Komet kommt. Sie werden nur bei großen Kometen in Verbindung mit Schweifen der anderen Typen beobachtet.

Außer diesen drei Typen kennt BREDICHIN noch einen anormalen Schweif, der aus einer hellen, auf die Sonne gerichteten Ausströmung besteht, die nicht umkehrt, also nicht der Repulsivkraft unterworfen ist.

Es ist nun bemerkenswert, daß durch die Theorie die den verschiedenen Repulsivkräften entsprechenden Schweifteilchen auch in bezug auf ihre Ausströmungsgeschwindigkeit bereits charakterisiert sind. Beim Typus I beträgt diese Geschwindigkeit im Durchschnitt 6.5 km, beim Typus II 1.5 km und bei III nur 0.3 bis 0.6 km in der Sekunde.

Deutung der Repulsivkraft. Es liegt nun die Frage nahe, was man sich unter einer Repulsivkraft vorzustellen hat, die die merkwürdige Eigenschaft besitzt, gleichzeitig an demselben Punkte in ganz verschiedener Stärke zu wirken. Die Antwort hierauf hat bereits ZÖLLNER durch den Nachweis zu geben versucht, daß die elektrische Abstoßung auf Gase umgekehrt proportional dem Molekulargewicht wirke. Unter der Voraussetzung also, daß der Kometenkern Gase aussende — und das ist ja durch das Spektroskop mit Sicherheit nachgewiesen —, bedarf es bloß noch der Annahme, daß die Repulsivkraft eine elektrische Abstoßung von seiten der Sonne sei, um die Möglichkeit des Vorhandenseins der drei Schweiftypen klarzulegen.

BREDICHIN nimmt an, daß die Schweife des I. Typus aus Wasserstoff bestehen, diejenigen des II. aus Kohlenstoffverbindungen und eventuell leichten Metallen (Natrium) und die des III. Typus aus schweren Gasen und aus Dämpfen der Schwermetalle. Der anormale Schweif würde überhaupt nicht aus Gasen bestehen, sondern aus kleinen festen oder flüssigen Partikeln, auf die die elektrische Abstoßung nicht merklich ist. Für die Richtigkeit dieser Anschauung sprechen verschiedene Beobachtungen. Die Schweife des II. Typus sind die kräftigsten und hellsten; daß sie wesentlich aus Kohlenstoffverbindungen bestehen, ist durch das Spektroskop unzweideutig nachgewiesen. Daß niemals in einem Kometen das Wasserstoffspektrum beobachtet worden ist, braucht nicht unbedingt im Widerspruch mit dem BREDICHINschen Resultat zu stehen, da die Schweife des I. Typus immer sehr schwach sind. Nachdem aber bei sonnennahen Kometen sogar das Vorhandensein von Natrium- und Eisendampf nachgewiesen worden ist, ist auch die Bildung der Schweife vom III. Typus nicht unwahrscheinlich.

Ob die an den Schweifteilchen beobachteten Bewegungen und Beschleunigungen stets mit dieser Theorie übereinstimmen, oder ob unter Umständen kompliziertere Fälle vorkommen, ist noch nicht absolut sicher. Nach einigen russischen Astronomen, wie ORLOFF und POKROWSKI, sind merkliche Abweichungen von der Theorie bisher nicht festgestellt worden, dagegen hat KOPFF bei dem Kometen 1907 III (DANIEL) an den inneren Schweifteilchen Ortsänderungen konstatiert, die wohl zweifellos mit den BESSEL-BREDICHINschen Voraussetzungen nicht in Einklang zu bringen sind.

Das Wesentliche der BESSEL-BREDICHINschen Theorie besteht darin, daß tatsächlich Materie vom Kopf abgestoßen wird und, in besonderen Bahnen laufend, den Schweif bildet, wobei die verschiedenen Teile des Schweifes sich zu verschiedenen Zeiten vom Kern getrennt haben. Es folgt hieraus, daß die Schweifmaterie für den Kometen unwiederbringlich verloren geht. Wenn der Zustand dieser Materie auch sicherlich ein äußerst verdünnter ist — es ist bisher nicht gelungen, bei der Bedeckung eines Fixsterns durch den Kopf eines Kometen Spuren einer Refraktion oder einer Absorption nachzuweisen — so sind die Schweife doch häufig viele Millionen von Kilometern lang, und einer steten Neubildung unterworfen, ähnlich der von einem Schornstein ausgehenden Rauchwolke (Abb. 191), so daß die Masse der ausgestoßenen Materie im Verhältnis zur ganzen Kometenmasse immerhin merklich sein kann. Die periodischen Kometen scheinen einen weiteren Beweis für die materiellen Verluste bei der Schweifbildung zu liefern, insofern, als einige von ihnen nach und nach sehr lichtschwach geworden, andere gar völlig verschwunden sind.

Als Ursache der elektrischen Abstoßung oder der Repulsivkraft genügt eine elektrostatische Ladung der Sonne, die nach Zöllners Berechnung durchaus nicht besonders stark zu sein braucht. Wenn wir nun auch nach den Haleschen Versuchen unzweideutige Äußerungen einer derartigen Ladung der Sonne kennen, so kommt diese wegen ihrer Geringfügigkeit als Kraftquelle für die Repulsivkraft kaum in Frage. Auch die selbständige Lichtaussendung der Kometengase in Entfernungen, in denen die Sonnenstrahlung die zum Glühen notwendige Temperatur nicht annähernd zu erzeugen vermag, ist noch nicht geklärt. Wenn sie auch auf elektrische Vorgänge in Kometen hinzudeuten scheint, so braucht doch deren Ursache nicht auf Beeinflussung durch die Sonne zu beruhen, sondern kann leicht durch innere Vorgänge im Kometen selbst, die mit den Ausströmungen zusammenhängen, gegeben sein.

Arrhenius hat zuerst die Ansicht ausgesprochen, daß anstatt der elektrischen Abstoßung, unter Beibehaltung der Bredichinschen Theorie, sich eine andere repulsive Kraft einführen läßt, die bei Annahme der elektromagnetischen Lichttheorie vorhanden sein muß und als Licht- oder Strahlungsdruck bezeichnet wird.

Nach den Maxwellschen Entwickelungen übt ein Lichtstrahl in seiner Fortpflanzungsrichtung auf die Flächeneinheit einen Druck aus, der an jeder Stelle ebenso groß ist, wie die in der Volumeneinheit enthaltene Strahlungsenergie. Dieser Druck ist im allgemeinen sehr klein; die Sonnenstrahlung übt z. B. in der Erdentfernung auf ein Quadratmeter einer vollständig absorbierenden, also schwarzen Fläche einen Druck von 0.4 mg aus, auf einen vollkommenen Spiegel das Doppelte. Das ist zwar sehr wenig, macht aber bei einigermaßen großen Körpern, wie z. B. der Erde, absolut genommen, doch recht viel aus, nämlich mindestens 5 Millionen Kilogramm; das ist allerdings, mit der Anziehung der Sonne verglichen, wieder verschwindend gering.

Die experimentelle Bestätigung des Strahlungsdruckes bietet wegen seiner geringen Stärke ganz außerordentliche Schwierigkeiten. Durch Lebedew und besonders durch Nichols und Hull ist trotzdem der Nachweis des theoretisch geforderten Lichtdrucks mit solcher Genauigkeit erfolgt, daß ein Zweifel an seiner Existenz nicht mehr möglich ist. Gleichzeitig ist auch untersucht worden, in welcher Weise das Verhältnis von Strahlungsdruck und allgemeiner Anziehung von der Größe der bestrahlten und angezogenen Teilchen abhängt.

Die Anziehung ist abhängig von der Masse eines Körpers, oder, wenn nur Körper desselben Stoffes oder derselben Dichtigkeit betrachtet werden, vom Volumen, nimmt also mit der dritten Potenz des Durchmessers der Körper (letztere als Kugeln angenommen) ab; der Querschnitt oder die bestrahlte Fläche nimmt aber nur mit dem Quadrat des Durchmessers ab. Während also bei einer so großen Kugel, wie der Erde, der Lichtdruck im Verhältnis zur Gravitation verschwindend klein ist, muß durch fortgesetzte Verkleinerung ein Durchmesser erreicht werden, bei dem Gravitation und Strahlungsdruck einander gleich sind, also das betreffende Körperchen von der Sonne weder angezogen noch abgestoßen wird, sondern ganz unabhängig von der Sonne ist; das tritt ein, wenn der Durchmesser einer Kugel vom spezifischen Gewicht 1 gleich dem Zweiundeinhalbfachen der Wellenlänge ist, bei gelbem Licht von der Wellenlänge 0.6 μ demnach bei einem Durchmesser von 1.5 μ. Wird das Körperchen noch kleiner, so überwiegt der Lichtdruck, es wird von der Sonne abgestoßen; dies geht aber keineswegs nach dem unendlich Kleinen hin weiter, sondern nach den Untersuchungen von SCHWARZSCHILD wird das Maximum der Abstoßung — 18 mal stärker als die Anziehung — bei einem Durchmesser von etwa $1/3$ der Wellenlänge, in unserem Beispiele bei 0.18 μ erreicht. Bei weiterer Verkleinerung des Körpers sinkt der Lichtdruck wieder schnell, so daß er bei einem Durchmesser von 0.12 der Wellenlänge oder 0.07 μ bereits wieder gleich der Schwerkraft ist.

Ein Überwiegen des Lichtdrucks findet also nur für kleine Körperchen und auch dann nur innerhalb eines recht geringen Intervalls statt. Da nun alle Gasmoleküle sehr viel kleiner sind als die hier in Betracht kommenden Körperchen, so kann theoretisch von einem Einflusse des Strahlungsdrucks auf Gase keine Rede sein. Trotzdem haben die LEBEDEWschen Versuche auch bei Gasen ein positives Ergebnis gezeitigt. Ob dabei von dem Druck ganze Gruppen von Molekülen erfaßt werden, oder andere Gründe obwalten, steht noch nicht fest.

Es läßt sich nicht leugnen, daß die SCHWARZSCHILD-ARRHENIUSsche Kometentheorie die BREDICHINschen materiellen Schweifbildungen zu erklären imstande ist, da die Lichtdruckkräfte, besonders, wenn sie nach ARRHENIUS durch Annahme geringeren spezifischen Gewichtes der einzelnen Körperchen noch zu vergrößern sind, mit den beobachteten Repulsivkräften meist im Einklange stehen. In manchen Punkten ist jedoch die Deutung schwieriger. So ist z. B. der starke Sprung in der Repulsivkraft zwischen dem I. und II. Typus unter Annahme der elektrischen Abstoßung durchaus begreiflich, ja sogar erforderlich, während man sich bei der Lichtdrucktheorie die notwendige Annahme eines unüberbrückten Sprungs in der Größe der Körperchen nicht recht vorstellen kann. Die spektroskopischen Befunde von Gasen in den Kernen und Schweifen der Kometen widersprechen dagegen, wie wir sahen, den experimentellen Feststellungen über die Lichtdruckwirkung nicht.

Wie die Verhältnisse auch liegen mögen, so ist jedenfalls schon durch das Studium der Bewegungen von Schweifteilchen der beste Beweis für die Gültigkeit der mechanischen Kometentheorie geliefert, welche die Kopf- und Schweifgebilde als reelle, materielle Objekte auffaßt. Hierdurch dürften alle diejenigen Theorien von vornherein erledigt sein, welche die Kometenphänomene als rein elektrische oder optische Vorgänge auffassen, bei denen also alle Änderungen mit Lichtgeschwindigkeit erfolgen. Das mag hier besonders betont sein, da fast bei jeder Erscheinung eines neuen hellen Kometen derartige optische Erklärungsversuche immer wieder auftauchen, obwohl sie längst widerlegt sind.

Die Frage nach dem Ursprung der Kometen ist zunächst rein theoretischer Art, hat aber auch für den Astrophysiker Interesse. Während man früher noch der Ansicht war, daß die abgeleiteten hyperbolischen Bahnen einzelner Kometen für ihre Herkunft aus interstellaren Räumen bürgten, darf heute nach den Untersuchungen von Strömgren, Faye und anderen die Frage als im negativen Sinne entschieden gelten. Wahrscheinlich sind alle bisher berechneten Bahnen ursprünglich elliptisch gewesen, so daß wir die Kometen wohl zweifellos als echte Glieder des Sonnensystems aufzufassen haben.

Die Sternschnuppen und Meteore. Wenn unsere Erde die nächste Nachbarschaft eines Kometen passiert, wie das schon einige Male beobachtet worden ist, so äußert sich dies in einem mehr oder weniger starken Sternschnuppenfall. Es kann also darüber kein Zweifel bestehen, daß in den Kometenschweifen kleine Körperchen enthalten sind, die, sobald sie die obersten, sehr verdünnten Schichten unserer Atmosphäre mit großer Geschwindigkeit passieren, durch die Umsetzung der mechanischen Energie in Wärme ins Glühen geraten und dabei verbrennen oder zerstäuben. Andererseits lehrt die Häufigkeit der Sternschnuppenerscheinungen und ihre jährliche Wiederkehr, daß auch unabhängig von den Kometen, eine sehr große Anzahl von Strömen kleiner Körperchen im Umkreise der Erdbahn existieren muß. Ein Zusammenhang zwischen den Meteorströmen und früheren Kometenerscheinungen ist demnach äußerst wahrscheinlich, doch fehlte es bis zum Jahre 1867 an einem positiven Beweise für diese Annahme.

Schiaparelli hat den Zusammenhang zum ersten Male klarzulegen versucht, indem er nachwies, daß ein kugelförmiges Aggregat von kleinen Körperchen, das sich in elliptischer Bahn der Sonne nähert, unter dem gegenseitigen Einfluß von innerer Anziehung und äußerer Attraktion durch die Sonne in ein längliches Gebilde gezogen wird, das sich bei wiederholter Annäherung an die Sonne schließlich über den größten Teil der Bahn erstrecken kann. Diese Untersuchung gab weiteren Anlaß zur Berechnung der Bahn einiger auffälliger Meteorschwärme, die sich dann als identisch mit bekannten Kometen erwiesen, und zwar der Auguststrom der Perseiden mit dem Kometen 1862 III, die Novembergruppe der Leoniden mit dem Kometen 1866 I, und die Andromediden mit dem durch seine Teilung berühmt gewordenen Kometen Bjela. Die Umlaufszeiten der drei Kometen betragen 123, 33.3 und 6.6 Jahre. Die Schiaparellischen Arbeiten sind dann insbesondere von Weiss in Wien fortgeführt worden, und es sind gegenwärtig für verschiedene weitere Schwärme die Beziehungen zu historischen Kometenerscheinungen klargestellt, so daß an der Tatsache der Auflösung der Schweifsterne in Sternschnuppenschwärme nicht mehr zu zweifeln ist. Theoretisch liegen allerdings einige Schwierigkeiten vor. So kann der von Schiaparelli angenommene Auflösungsvorgang nur einen dünnen Strom von Meteoren erzeugen, während in Wirklichkeit die Erde oft viele Stunden, ja Tage braucht, um den betr. Sternschnuppenring zu durchqueren.

Es ist hier wieder Bredichin, der eine ziemlich lückenlose Erklärung des Entstehens der Meteorströme gegeben hat, indem er die anomalen also der

Sonne zugekehrten Schweife einer Betrachtung unterzog. Derartige Schweife sind zwar bisher nur in geringer Anzahl beobachtet worden, und auch diese waren meistens sehr schwach; aber gerade der letzte Umstand macht es wahrscheinlich, daß sie häufig oder stets vorhanden sein werden. Nach Bredichin bestehen sie aus Teilchen, die mit den Gasausströmungen aus dem Kern in der Richtung auf die Sonne zu ausgestoßen werden, aber dann nicht umkehren, weil auf sie, eben wegen ihrer beträchtlichen Größe, die Repulsivkraft nicht merklich einwirkt. Die Bahn dieser Teilchen entsteht also durch Kombination der parabolischen Bewegung des Kerns, dem sie entstammen, mit dem auf die Sonne zu gerichteten Stoße, den sie erhalten haben. Ihre Stoßgeschwindigkeit wird annähernd der Ausströmungsgeschwindigkeit der Gase entsprechen, also im Mittel etwa 3 km in der Sekunde betragen. Da nicht alle Partikel dieselbe Anfangsgeschwindigkeit und auch nicht dieselbe Ausströmungsrichtung besitzen, so sind die einzelnen Bahnen der verschiedenen Teilchen nicht identisch, sondern merklich verschieden, so daß im ganzen ein ziemlich breiter Ring um die Sonne entstehen wird, innerhalb dessen die einzelnen Bahnen liegen. Beim Überschreiten eines solchen Ringes tritt auf der Erde die Sternschnuppenerscheinung ein. Liegt die Auflösung des Kometen erst kurze Zeit zurück, so können besonders dichte Stellen der Meteorschwärme so glänzende Erscheinungen hervorrufen, wie diejenigen von 1799, 1833, 1866 und 1872.

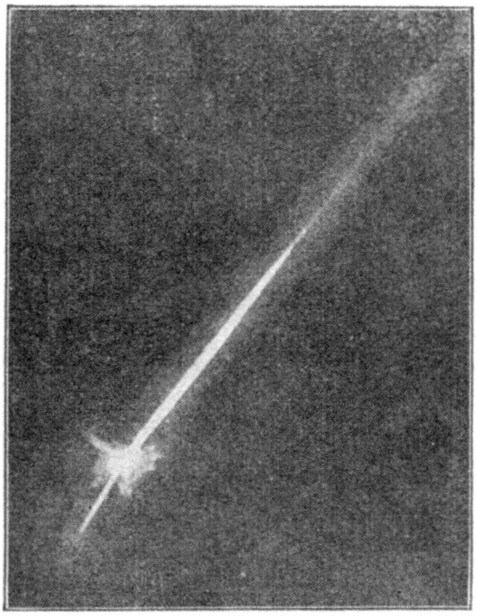

Abb. 192. Photographie einer Feuerkugel. (Nach Buttler.)

Aus der Anzahl der Sternschnuppen, die beim Passieren eines Meteorstroms oder eines Kometenschweifs in einer gegebenen Zeit auftreten, läßt sich die Dichtigkeit ihrer Verteilung berechnen. Als Beispiel wollen wir den überaus seltenen Fall annehmen, daß an der sichtbaren Himmelsfläche in jeder Sekunde eine Sternschnuppe falle. Die durchschnittliche Höhe, in der die Sternschnuppen zum Leuchten kommen, betrage 100 km. Man übersieht dann in dieser Höhe eine Fläche des Himmels von über 1000 km Radius; es soll aber angenommen werden, daß sich dieser Radius auf 800 km reduziere, wegen der Verminderung der Sichtbarkeit der Sternschnuppen am Horizont. Der Inhalt der sichtbaren Fläche ist alsdann 2000000 qkm. Die durchschnittliche Geschwindigkeit der Erdbewegung beträgt 30 km in der Sekunde, diejenige der Sternschnuppen etwa 42 km, die relative Geschwindigkeit zwischen Erde und Sternschnuppen kann also variieren zwischen 12 km, wenn Erde und Sternschnuppen sich in derselben Richtung bewegen, und 72 km, wenn sie gegeneinander laufen. Nehmen wir nun weiter behufs Vereinfachung der Rechnung an, daß die sichtbare Himmelsfläche sich senkrecht zur relativen Bewegungsrichtung befände, so durcheilt diese Fläche in jeder Sekunde einen Raum von 24000000 cbkm bis 144000000 cbkm. Fällt nun durchschnittlich in jeder Sekunde eine Sternschnuppe, so enthält der Schwarm an der Begegnungsstelle mit der Erde eine Sternschnuppe bzw. ein Partikel auf 24000000 cbkm bis 144000000 cbkm. Und selbst wenn wir annehmen, daß irgendwann 100 Sternschnuppen in der Sekunde für einen Beobachter gefallen seien, so kommen auch dann noch immer erst 1 bis 4 Teilchen auf 1000000 cbkm; die Dichtigkeit ist also stets eine ganz außerordentlich geringe.

Wie groß die Masse einer einzelnen Sternschnuppe durchschnittlich ist, läßt sich nicht ermitteln, da diese nie unversehrt auf die Erde herabfallen;

Abb. 193. Eisenmeteorit (Gewicht 392 kg) von Gibeon (Südwestafrika).

man nimmt jedoch an, daß sie nur einige Gramm schwer seien. Auch ihre chemische Beschaffenheit ist nicht bekannt, da die spärlichen spektroskopischen Beobachtungen, die an Sternschnuppen erhalten worden sind, darüber keinen bestimmten Aufschluß geben. Das Spektrum ist jedenfalls im wesentlichen kontinuierlich, dabei aber von einzelnen hellen Linien durchzogen, von denen auf den drei oder vier Zufallsaufnahmen mit Objektivprismen die Wasserstoff- und einige Stickstofflinien identifiziert worden sind. Von A. Wegener wird wohl mit Recht angenommen, daß es lediglich die glühenden atmosphärischen Gase sind, die diese Emissionslinien erzeugen, so daß die Untersuchung der Sternschnuppenspektra weniger astronomisches als geophysisches bzw. meteorologisches Interesse hat. Mit der hypothetischen Zusammensetzung der höheren Atmosphäre aus Wasserstoff und in größerer Erdnähe aus Stickstoff und Sauerstoff hängt sehr wahrscheinlich auch der Farbenwechsel der helleren Sternschnuppen und Meteore zusammen, die an der Grenze der Atmosphäre von Gelb zu Weiß aufleuchten, dann eine intensiv blaugrüne (Wasserstoff) und zuletzt rote Farbe (Stickstoff) annehmen.

Es besteht vielfach die Ansicht, daß die Sternschnuppen sich von den eigentlichen Meteoren, die ganz oder bruchstückweise zur Erde herabfallen, nur in quantitativer, nicht aber in qualitativer Weise unterscheiden; es wären dann also in den Sternschnuppen dieselben Elemente und Verbindungen zu erwarten, die durch die direkte chemische Untersuchung in den Meteoren festgestellt sind. Dabei muß darauf aufmerksam gemacht werden, daß bei Sternschnuppenfällen wirkliche Meteore, die von demselben Radianten herrührten, nicht beobachtet worden sind, was zunächst gegen die Identität von Meteoren und Sternschnuppen zu sprechen scheint. Der Widerspruch ist vielleicht nur ein scheinbarer, da bei der Bildung des Meteorringes oder des Kometenschweifes durch die Gasausströmungen nur die kleinsten Teilchen mitgerissen werden können und alle größeren Körper im Kern verbleiben. Ein schwerwiegender mechanischer Unterschied besteht aber doch zwischen Meteoren und Sternschnuppen bezüglich der Bahnen. Die Meteore gelangen mit seltenen Ausnahmen in aus-

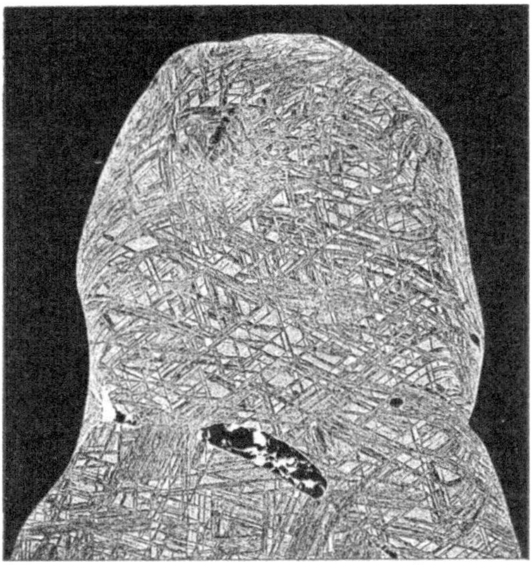

Abb. 194. Teil des Gibeonmeteoriten mit Ätzfiguren.

Abb. 195. Moldavit (Südamerika).

gesprochen hyperbolischen, also offenen Bahnen in unsere Atmosphäre, die Sternschnuppen dagegen in mehr oder weniger langgestreckten Ellipsen.

Eine genauere Untersuchung der chemischen und mineralogischen Eigenschaften der zur Erde gelangenden Reste von größeren Meteoren, also der sog. Meteorite gehört nicht hierher. Sie werden bekanntlich in Eisen- und Steinmeteorite eingeteilt, wozu neuerdings noch die etwas rätselhaften Glasmeteorite (Moldavite) hinzugekommen sind. Die erste Klasse besteht aus reinem Nickeleisen, die zweite aus Silikaten, die dritte aus einer obsidianartigen, dem gewöhnlichen Flaschenglas sehr ähnliche Masse. Übergänge kommen nur zwischen Eisen- und Steinmeteoriten vor und werden dann Pallasite bzw. Mesosiderite genannt.

Für den ev. Zusammenhang mit den Kometen sind die Gaseinschlüsse der Meteore von besonderer Wichtigkeit. Daß diese in erster Linie aus Kohlenwasserstoff und Kohlenoxyd bestehen, ist bereits S. 295 f. erwähnt worden. Daneben hat man Kohlensäure, Wasserstoff und Stickstoff feststellen können. Sehr merkwürdig ist das meteorische Vorkommen reinen Kohlenstoffs in Form von Glanzkohle, Graphit und Diamant. Im Gegensatz zu den hin und wieder auftauchenden Nachrichten muß erwähnt werden, daß Spuren von irgendwelchen organischen Bestandteilen in Meteoriten bisher nicht gefunden worden sind.

Bei der Bedeutung, die das Eisen im kosmischen Aufbau spielt, ist sein häufiges Vorkommen in den Meteoriten nicht weiter auffällig. Die gleichförmige gediegene Form ist selten, in der Regel besteht das Gefüge aus gesetzmäßig aufgebauten Eisenlamellen, die sich durch ihren verschiedenen Gehalt an Nickel, Kobalt, Phosphor usw. unterscheiden. Wird die polierte Schnittfläche mit Salpetersäure angeätzt, so wird die Lamellenstruktur deutlich sichtbar, ja man kann die geätzte Schnittfläche mit den entstandenen sog. WIDMANNSTÄTTENschen Figuren dann sogar unmittelbar als Druckstock (Abb. 194) benutzen.

Die größten Meteore, deren Fall beobachtet wurde, wiegen nicht viel mehr als einige hundert Kilogramm. Daß diese Weltkörper zuweilen sehr gewaltige Dimensionen annehmen können, lehren die Funde an dem berühmten Krater im Cañon Diablo in Arizona. Hier hat zu irgendeiner Zeit ein gewaltiges Meteor die Erde und die darunter befindlichen Sandsteinschichten durchschlagen. Bei der dabei erfolgten, wohl noch nicht ganz geklärten Explosion ist ein Loch von 190 m Tiefe und 3.4 km Wallumfang entstanden. Die Umgebung war bei der Auffindung des Kraters im Jahre 1891 von den Bruchstücken des großen Eisenmeteoriten übersät, dagegen haben Bohrungen innerhalb der Umwallung keinen Erfolg gehabt, das Meteor hat also den Krater an Dimensionen jedenfalls bei weitem nicht erreicht.

Das Zodiakallicht. Das Zodiakal- oder Tierkreislicht ist in unseren Gegenden des Morgens im Oktober und November, des Abends im Januar und Februar gut sichtbar. Es erscheint dann vor bzw. nach Anbruch der Dämmerung als eine in der Ekliptik liegende schräge Fläche, deren Helligkeit in der Achse am stärksten ist und von da allmählich bis zu den verwaschenen Rändern abnimmt. Wenn man das Zodiakallicht als langgestreckte Ellipse auffaßt, ist die halbe große Achse etwa 60^0, die halbe kleine etwa 8^0 lang, wobei vorausgesetzt ist, daß der Mittelpunkt der Ellipse mit dem Ort der Sonne zusammenfällt. Ob die Achse des Tierkreislichtes genau in der Ekliptik liegt, steht noch nicht absolut fest, jedenfalls ist die Neigung nur eine geringe. M. WOLF, FESSENKOFF u. a. haben aus photometrischen Beobachtungen eine Abweichung in dem Sinne gefunden, daß die Achse des Zodiakallichtes nahe im Sonnenäquator zu suchen sei, während von anderen Beobachtern höchstens ganz geringfügige Abweichungen der beiden Lichtkegel von der Tierkreislinie festgestellt worden sind. Ein Zusammenfallen der Achse mit der Lage des Sonnenäquators ist übrigens bereits von D. CASSINI behauptet worden.

Im Jahre 1855 erkannte BRORSEN eine der Sonne genau gegenüberliegende hellere Stelle des Himmels, die zu Anfang des 19. Jahrhunderts auch HUMBOLDT schon wahrgenommen hatte. Wegen ihrer Stellung zur Sonne wurde sie Gegenschein genannt und mit dem Zodiakallicht in Zusammenhang gebracht. Der Gegenschein ist eine sehr matte, elliptisch geformte Fläche von etwa 20^0 Durchmesser, steht aber nicht isoliert da. So haben verschiedene Beobachter unter günstigen Bedingungen die Fortsetzung des Zodiakallichtes als ein nahe 30^0 breites Band gesehen, das sich über den ganzen Himmel hinzieht und den Gegenschein als eine hellere Fläche mit einschließt. Der mittlere schmale, aber ziemlich helle Teil dieser sog. Brücke ist zuweilen auch in unseren Gegenden gut sichtbar, während der Gegenschein hier kaum je mit Sicherheit zu erkennen ist.

Die Angaben über die Helligkeit des Zodiakallichtes wechseln sehr und es ist nicht ausgeschlossen, daß die bemerkten Schwankungen eine reelle Grundlage haben. Jedenfalls ist die Intensität der zentralen Gebiete des

Zodiakallichtes merklich größer als diejenige der Milchstraße in ihren hellsten Teilen, z. B. im Schwan und Schützen. Photometrische Messungen mit Flächenphotometern lassen darauf schließen, daß der Helligkeitsüberschuß zuweilen nicht weniger als 1 bis 2 Größenklassen betragen kann. Die Farbe des Tierkreislichtes wird von den Beobachtern sehr verschieden geschätzt. Sie dürfte in der Regel von einem ins Gelbliche spielenden Silbergrau nicht merklich abweichen.

Die visuell-spektroskopischen Beobachtungen des Zodiakallichtes haben lediglich zu dem Ergebnis geführt, daß das Spektrum im wesentlichen kontinuierlich ist. Spektrographische, von FATH auf Mt. Wilson im Jahre 1909 erhaltene mehr als 12stündige Daueraufnahmen bestätigten das Ergebnis, lieferten auch einige dunkle FRAUNHOFERsche Linien (*G*, *H*, *K*) ohne jede Spur von Emissionen, so daß das Licht der Erscheinung zweifellos als von festen Teilchen reflektiertes Sonnenlicht anzusehen ist. Dafür sprechen auch die Beobachtungen von WRIGHT, der schwache aber sichere Anzeichen einer Polarisation im Zodiakallicht aufgefunden hat.

Unsere positiven Kenntnisse über das Zodiakallicht sind nach dem Vorstehenden recht gering; so darf man sich nicht wundern, daß die Zahl der Hypothesen über das Wesen der Erscheinung eine überaus große ist. Diese Hypothesen unterscheiden sich streng nach zwei Richtungen hin, insofern, als die erste die Erscheinung als eine rein atmosphärische im weiteren Sinne auffaßt, die zweite dagegen sie als zur Sonnenumgebung gehörig betrachtet.

Von STONEY ist die Ansicht aufgestellt worden, daß die Erde in ihrer Bahn einen Schweif der leichtesten Bestandteile ihrer oberen Atmosphäre hinterlassen müsse, der also im wesentlichen aus Wasserstoff bestände. EVERSHED macht nun, nicht ohne Widerspruch, darauf aufmerksam, daß es dieser Erdschweif sei, der im reflektierten Sonnenlicht als Gegenschein sichtbar würde. Der schweizer Meteorologe F. SCHMID vertritt prinzipiell die gleiche Anschauung, indem er die Erscheinung auf die Reflexion des Sonnen- und ev. auch des Mondlichtes an der stark abgeplatteten Erdatmosphäre zurückführt. Da wir kein Beobachtungsergebnis kennen, das als Beweis für die Existenz der geforderten Abplattung der irdischen Lufthülle gelten könnte, und auch kein zwingender theoretischer Grund für die Annahme vorliegt, so hat die Hypothese bei den Astronomen keinen Anklang gefunden.

Die einfachste und wahrscheinlichste der bis jetzt veröffentlichten Anschauungen ist diejenige, nach der das Zodiakallicht als eine die Sonne umgebende und wesentlich in ihrem Äquator liegende flache Scheibe oder Linse aufzufassen ist, die mit kosmischem Staube bzw. meteorischen Partikeln angefüllt ist und sich weit über die Erdbahn hinaus erstreckt. Die Erfüllung dieses Raumes ist eine so geringe, daß den Planeten und Kometen ein merklicher Widerstand nicht entgegengesetzt wird, während sie genügt, um ein schwaches Reflexlicht zu erzeugen. Das Zodiakallicht selbst ist sehr einfach hierdurch erklärt; für den Gegenschein besteht jedoch die Schwierigkeit, daß nach dem LAMBERTschen Gesetz an der der Sonne entgegengesetzten Stelle keine Vermehrung der Helligkeit entstehen kann; SEELIGER hat aber gezeigt, daß unter Verwendung des LOMMEL-SEELIGERschen Beleuchtungsgesetzes wohl ein schwaches Maximum an der Stelle des Gegenscheins liegen muß. Die SEELIGERsche Erklärung befindet sich in Übereinstimmung mit den Beobachtungen eines den ganzen Himmel umziehenden Bandes, also der sog. Lichtbrücke, und würde auch, unter durchaus plausiblen Annahmen für die Gesamtmasse des Staubringes, die kleinen Abweichungen in Perihellänge, Bahnneigung und Knotenlage, wie sie bei den inneren Planeten — am deutlichsten am Merkurperihel — beobachtet werden, einfach erklären.

Eine definitive Entscheidung über das Wesen des Zodiakallichtes läßt sich trotzdem zur Zeit noch nicht treffen; jedenfalls aber dürfte vorläufig die erwähnte von Seeliger auch theoretisch behandelte Hypothese vor allen anderen die größere Wahrscheinlichkeit in sich schließen.

VII. Die Fixsterne, Nebelflecke und Sternhaufen.

Das Gebiet der Fixsterne ist für die astrophysikalische wie für die astronomische Forschung als ein unerschöpfliches zu bezeichnen, je mehr es gelingt, durch größere Dimensionen der Fernrohre und durch Vervollkommnung der Apparate immer schwächere Sterne zur Untersuchung heranzuziehen. Bei dieser überwältigenden Zahl der Objekte verschwindet im allgemeinen das Einzelne, wenn es nicht durch besondere, selten vertretene Eigenschaften das Interesse auf sich lenkt. Die Ergebnisse sind daher mehr genereller Art; es stellt sich bald das Erfordernis ein, statistisch zu arbeiten, d. h. zu summieren und zu klassifizieren, ähnlich wie in den beschreibenden Naturwissenschaften. Das trifft ganz besonders bei den photometrischen und spektroskopischen Untersuchungen zu, mit denen wir uns zunächst beschäftigen wollen.

18. Die photometrische und spektroskopische Einteilung der Fixsterne.

Während bei den Planeten und Kometen der Abstand von Erde und Sonne, ihr Aussehen im Fernrohr, ihre wahren Dimensionen, Masse und Dichte zur Kennzeichnung ihrer physischen Eigentümlichkeiten neben Helligkeit und Spektrum herangezogen werden konnten, bleiben, von Einzelfällen abgesehen, auf dem Gebiete der Stellarphysik nur die beiden letzten Eigenschaften als Kennzeichen des physischen Individuums übrig. Obwohl die Helligkeit eines Sterns ohne Kenntnis der Parallaxe zunächst nur eine scheinbare, von der Entfernung abhängige Größe ist, haben sich doch im Laufe der Zeit wichtige Beziehungen zwischen der Helligkeit der Sterne und ihrem Spektrum ergeben, derart, daß die Photometrie der Gestirne nach und nach so in den Vordergrund des astrophysikalischen Interesses gerückt ist, daß ihr heute die gleiche Bedeutung zukommt, wie der Spektralanalyse.

Die Größenschätzungen. Die Einteilung der Helligkeiten der Fixsterne nach Größen ist auf die unbekannten Beobachter zurückzuführen, die das Material für den ersten Fixsternkatalog des Almagest geliefert haben, der von Ptolemäus für das Jahr 138 n. Chr. zusammengestellt worden ist. Die Beobachtungen selbst liegen aber zweifellos z. T. viel weiter zurück und werden, allerdings wohl ohne tiefere historische Begründung, auf Hipparch (150 v. Chr.) oder gar auf Eudoxus (366 v. Chr.) zurückgeführt. Die hellsten Sterne wurden bereits damals als erster Größe, die schwächsten, noch eben wahrnehmbaren als sechster Größe bezeichnet; die übrigen wurden dazwischen eingeschaltet mit dem Bemühen, den Helligkeitsunterschied zwischen der ersten und sechsten Größe möglichst gleichförmig zu verteilen. Das ist den alten Beobachtern allerdings nicht besonders gut gelungen, indem bei den helleren Sternen die Größenklasse ein größeres Helligkeitsverhältnis darstellt, als bei den schwächeren. Ohne daß sie das psychophysische Grundgesetz (S. 91 f.) kannten, haben sie es doch unbewußt zugrunde gelegt. Nicht die Helligkeitsdifferenzen zwischen den angenommenen Größenklassen sind konstant, sondern die Helligkeitsverhältnisse oder die Differenz der Helligkeitslogarithmen.

Mit Recht kann man der Verwunderung Ausdruck geben, daß von der Zeit des Ptolemäus bis zur Mitte des vorigen Jahrhunderts kein besonderer Fortschritt in der Helligkeitsbestimmung der Fixsterne zu verzeichnen ist. Der Katalog des persischen Astronomen Al Sûfi (903—986) enthält zwar etwas mehr Sterne, auch sind die Einzelschätzungen etwas genauer; im übrigen ist aber die Größenskala des Ptolemäus unverändert beibehalten. Die Größenschätzungen von W. und J. Herschel sind zwar wesentlich genauer; die Angaben sind aber in einer praktisch nicht benutzbaren Form gegeben und müßten erst umgearbeitet werden.

Im Jahre 1843 veröffentlichte Argelander seine Uranometria Nova, die alle im mittleren Europa mit bloßem Auge sichtbaren Sterne (3256) enthält. Unter Beibehaltung der sechs Größenklassen sind Unterabteilungen eingeführt, die etwa $^1/_3$ Größenklasse darstellen sollen, dies jedoch in Wirklichkeit nicht immer erreichen. Das gleiche gilt auch für den 1872 erschienenen Atlas Coelestis Novus von Heis, der innerhalb derselben Grenzen, also zwischen dem Nordpol und etwa 30° südlicher Deklination noch etwas schwächere Sterne, im ganzen 5421, enthält. Nur wenig genauer ist die Uranometria Argentina mit ihren 9000 meist der südlichen Halbkugel angehörenden Sternen.

Die Größenschätzungen der Sterne unterhalb 6^m sind nur mit Hilfe von Fernrohren zu erhalten; sie sind zunächst bei Gelegenheit von Positionsbestimmungen mehr nebenbei ausgeführt worden, doch hat man sich dabei bemüht, das bei den helleren Sternen benutzte Helligkeitsintervall weiter fortzusetzen. Solange dies allein durch Schätzungen geschehen ist, kann natürlich von einer exakten Fortsetzung der Größenskala keine Rede sein, immerhin läßt sich der hohe Wert solcher Beobachtungen, sofern sie nur systematisch erfolgen, nicht leugnen.

Eine der großartigsten, nicht genug zu würdigenden Leistungen auf diesem Gebiete ist die Bonner Durchmusterung (*BD*), deren Plan von Argelander gefaßt und von Schönfeld und Krüger ausgeführt worden ist Der erste Teil, die Nördliche Durchmusterung, reicht vom Pol bis 2° südlicher Deklination und enthält nahe 315000 Sterne bis zur nominellen Größe 9.5. Die Südliche Durchmusterung, von Schönfeld allein ausgeführt, umfaßt den Himmel von — 1° bis — 23° und enthält nahe 134000 Sterne bis zur nominell 10. Größe. In den beiden Durchmusterungen sind die Größen in Zehnteln angegeben; aber wenn auch jeder Stern mindestens zweimal beobachtet ist, so sind die angegebenen Werte doch keineswegs als sicher zu betrachten; ja, man darf sich nicht wundern, wenn hin und wieder Fehler bis zu einer Größenklasse und mehr vorkommen. Trotz des demnach nicht allzu hohen Grades von Genauigkeit bleiben die beiden Bonner Durchmusterungen und ihre allerdings nicht ganz gleichwertige

Fortsetzung bis zum Südpol, die Cordoba-Durchmusterung (*CoD*), das wichtigste Ausgangsmaterial für alle Positions- und Helligkeitsbeobachtungen am Himmel.

Seit einigen Dezennien, und zwar seit Beginn des Aufschwunges der Astrophotographie, sind Durchmusterungen auch auf photographischem Wege ausgeführt worden, bei denen neben den Positionsbestimmungen wieder Größenschätzungen angestellt worden sind. Wenngleich hierbei die Genauigkeit im einzelnen nicht größer sein dürfte als bei der visuellen Methode, so ist doch ein besonderer Vorteil dadurch gegeben, daß man im Gesichtsfeld des Meßmikroskops künstliche Sterne anbringen kann, die dem Scheibchendurchmesser einer bestimmten Sterngröße entsprechen und während der ganzen Dauer der Beobachtungen zur Unterstützung des Gedächtnisses zur Verfügung stehen.

Die erste photographische Durchmusterung ist die von Gill ausgeführte Cape Photographic Durchmusterung, die den südlichen Himmel von -18^0 bis zum Pol, im ganzen 455 000 Sterne, umfaßt. Die Aufnahmen sind auf der Sternwarte am Kap der Guten Hoffnung erhalten worden, die Messungen und Berechnungen hat Kapteyn in Groningen ausgeführt. Die Genauigkeit der Größenangaben, die bis 10^m gehen, ist eine recht beträchtliche.

Die gewaltigste und umfangreichste aller bisherigen Durchmusterungen, bei der aber die Genauigkeit der Positionen diejenige der Meridiankataloge erreicht, ist die noch in Arbeit befindliche Photographische Himmelskarte. Dieselbe umfaßt den ganzen Himmel, und ihre Bearbeitung ist auf etwa 16 Sternwarten zonenweise verteilt. Sie wird u. a. die Positionen und Größenschätzungen aller Sterne bis zur 11. oder 12. Größe geben, die Zahl der in ihr enthaltenen Sterne wird demnach einige Millionen erreichen. Von einigen der beteiligten Sternwarten, insbesondere Greenwich, sind bereits ansehnliche Teile des Kataloges in endgültiger Form publiziert, doch läßt sich die Fertigstellung des großen internationalen Unternehmens noch lange nicht übersehen.

Die hauptsächlichste Verwendung, die die Durchmusterungen in Verbindung mit den Positionen gefunden haben, bezieht sich neben ihrem Gebrauch in Atlantenform am Fernrohr oder bei der Prüfung photographischer Aufnahmen, auf statistische Arbeiten, insbesondere die Untersuchung der räumlichen Verteilung der Fixsterne. Zu diesem Zweck muß das Material der Durchmusterungen in bezug auf die Größenangaben gleichartiger und damit für die statistischen Untersuchungen erst geeignet gemacht werden. Ein Urteil über die Gleichmäßigkeit der Größenschätzungen und über ihre Genauigkeit kann zunächst durch die Vergleichung der den verschiedenen Katalogen gemeinsamen Sterne gewonnen werden. Sind die gemeinsamen Sterne sehr zahlreich, so lassen sich Gruppenmittel bilden, wobei die konstant oder systematisch wirkenden Fehlerursachen zutage treten und bei der Bearbeitung des ganzen Materials Berücksichtigung finden können. Eine solche Bearbeitung ist insbesondere da notwendig, wo visuelle und photographische Helligkeiten der Durchmusterungen miteinander in Einklang zu bringen sind. Es ist nur natürlich, daß in einer sternreichen Gegend, wo der Beobachter durch die große Zahl der Sterne im Gesichtsfeld die Übersicht verliert, die schwächeren Programmsterne ausgelassen werden, dagegen in leeren Gegenden, wo die Beobachtungen sehr langsam aufeinanderfolgen, schwächere Objekte mit beobachtet und zu hell geschätzt werden.

Ist die Untersuchung der Beziehungen zwischen den Skalen der einzelnen Beobachter erledigt, so muß weiter nachgeprüft werden, inwieweit die auf ein einheitliches System bezogene arithmetische Größenskala auch die Bedingung erfüllt, daß ihr die auf S. 92 definierten geometrisch fortschreitenden Intensitäten entsprechen.

Die nach und nach durch E. PICKERING und seine Mitarbeiter ausgeführte photometrische Kontrolle der Durchmusterungen hat nun gezeigt, daß die oben gestellte Bedingung einer einheitlichen Größenskala bei diesen Sternverzeichnissen nicht erfüllt ist. Fast ohne Ausnahme haben die Beobachter der Sternkataloge die schwachen Objekte zu hell geschätzt, so daß die Durchmusterungen schwächere Sterne umfassen, als sie die Beobachter ursprünglich einschließen wollten. Besonders wichtig sind die PICKERINGschen Untersuchungen über die Bonner Durchmusterung, die ja als Grundlage für alle älteren Größenschätzungen gedient hat und wohl noch dient. In der folgenden Tabelle ist für jedes Zehntel einer Größenklasse der *BD* zwischen 7^m und 10^m die zugehörige photometrische Helligkeit mitgeteilt und zwar bedeuten

I	die südliche Durchmusterung	-23^0	bis	-2^0
II	„ nördliche „	-1	„	$+19$
III	„ „ „	$+20$	„	$+40$
IV	„ „ „	$+41$	„	$+90$.

Reduktion der *BD*-Helligkeiten auf die Harvardskala.

BD	I	II	III	IV	Mittel	*BD*	I	II	III	IV	Mittel
7.1^m	7.1^m	7.0^m	7.2^m	7.2^m	7.1^m	8.6^m	8.8^m	8.6^m	8.8^m	8.8^m	8.8^m
.2	7.2	7.1	7.3	7.3	7.2	.7	8.9	8.7	8.9	8.9	8.9
.3	7.3	7.2	7.4	7.4	7.3	.8	9.1	8.9	9.1	9.0	9.0
.4	7.4	7.3	7.5	7.5	7.4	.9	9.2	9.0	9.2	9.1	9.1
7.5	7.5	7.4	7.6	7.6	7.5	9.0	9.4	9.2	9.4	9.3	9.3
7.6	7.6	7.5	7.7	7.7	7.6	9.1	9.6	9.4	9.5	9.5	9.5
.7	7.7	7.6	7.8	7.8	7.7	.2	9.8	9.6	9.8	9.6	9.7
.8	7.9	7.7	7.9	7.9	7.8	.3	10.0	9.9	10.0	9.7	9.9
.9	8.0	7.8	8.0	8.0	7.9	.4	10.3	10.2	10.2	10.0	10.2
8.0	8.1	7.9	8.1	8.1	8.0	9.5	10.5	10.6	10.7	10.3	10.5
8.1	8.2	8.0	8.2	8.2	8.2	9.6	10.6	—	—	—	10.6
.2	8.3	8.1	8.3	8.3	8.3	.7	10.7	—	—	—	10.7
.3	8.5	8.3	8.5	8.5	8.4	.8	10.9	—	—	—	10.9
.4	8.6	8.4	8.6	8.6	8.5	.9	11.0	—	—	—	11.0
8.5	8.7	8.5	8.7	8.7	8.6	10.0	11.1	—	—	—	11.1

In ähnlicher Weise läßt sich schon heute feststellen, daß die photographische Himmelskarte in den Katalogörtern etwa bis 12^m reichen wird usw.

Da die visuelle Maximalintensität im Spektrum bei 550 $\mu\mu$, die photographische etwa bei 430 $\mu\mu$ liegt, so fallen die Plattenhelligkeiten gegenüber den Okularbeobachtungen merklich abweichend aus, und es ist daher notwendig, an irgendeiner Stelle die beiden Skalen genau zusammenbringen. Diese Forderung ist streng nur dann zu erfüllen, wenn man sich auf die weißen Sterne, also die Sterne der ersten Spektralklassen beschränkt, bei denen der blaue und violette Teil des Spektrums, der für die Photographie maßgebend ist, nicht mehr durch Absorptionen beeinflußt ist als die weniger brechbaren, für das Auge besonders wirksamen Teile. Auf Grund einer internationalen Vereinbarung wird gegenwärtig der Anschluß zwischen der visuellen und photographischen Helligkeitsskala derartig festgelegt, daß für die Sterne 5.5 bis 6.5. Größe vom Spektraltypus A0 (Sirius) die photographische und visuelle Größe als gleich angesehen und die visuellen Sternhelligkeiten auf die Harvardskala bezogen werden sollen.

Der Unterschied zwischen den visuellen und photographischen Helligkeiten der Sterne, den man als Farbenindex bezeichnet (S. 327 f.), wurde anfangs von den Benutzern der Himmelsaufnahmen als sehr lästig empfunden. Heute verdanken wir ihm ganz unerwartete astrophysikalische Aufschlüsse, über die noch näheres mitzuteilen sein wird.

Photometrische Kataloge. Sternverteilungsziffern. Wir gehen nun zu einer kurzen Besprechung derjenigen Sternkataloge über, die nur zum Zwecke der Helligkeitsbestimmungen auf Grund photometrischer Messungen angefertigt worden sind.

Das erste Verzeichnis dieser Art ist eine Liste von 208 helleren Sternen, die Seidel in den Jahren 1853—1860 erhalten hat. Etwas später folgt der Zöllnersche Katalog, mit Hilfe des nach ihm benannten Photometers beobachtet und etwa 200 Sterne umfassend, und der Katalog von Peirce, der 495 Sterne zwischen $+40^0$ bis $+50^0$ Deklination umfaßt, deren Größen gleichfalls mit dem Zöllnerschen Photometer bestimmt sind. Als letzte dieser Erstlingsarbeiten wären die beiden Helligkeitskataloge von T. Wolff mit zusammen 1100 Sternen, sowie die Uranometria Nova Oxoniensis von Pritchard mit 2784 Sternen zu nennen, die aber beide mit starken systematischen Fehlern behaftet sind. Beide Arbeiten sind um das Jahr 1885 erschienen.

Die Zeit der umfangreichen Helligkeitskataloge beginnt gegen Ende des 19. Jahrhunderts mit den groß angelegten Arbeiten der Harvardsternwarte und des Potsdamer Observatoriums. Der erste von E. Pickering herausgegebene Katalog (Harvard-Photometry) enthält die Größen von 4260 Sternen zwischen dem Nordpol und -30^0 Deklination. Ihm folgten die wesentlich genauere Photometric-Durchmusterung, enthaltend alle Sterne nördlich von -40^0 bis zur Größe 7.5^m herab, die Durchmusterungszonen, die die schwächsten *BD*-Sterne in Zonen von je 5^0 Abstand geben, ein Katalog schwacher, meist in der Nähe von Veränderlichen liegender Objekte bis 14^m herunter, und die revidierte Ausgabe der Harvard-Photometry. Die Beobachtungen zu allen diesen wertvollen Verzeichnissen, die eine Unsumme von Arbeit enthalten, und denen wir zu einem sehr erheblichen Teil die letzten Fortschritte der Stellarastronomie verdanken, erfolgten am Meridian-, Zöllner- und Keilphotometer mit Vergleichstern. Bei der großen Zahl von Beobachtungen genügen nicht alle photometrischen Harvardverzeichnisse den höchsten Anforderungen. Sie bleiben trotzdem in ihrer Gesamtheit eine kaum genügend zu schätzende Leistung, vor allem deshalb, weil die Hauptschwierigkeit, die Innehaltung einer konstanten Helligkeitsstufe von der 1. bis zur 14. Größenklasse anscheinend durchweg glücklich überwunden worden ist.

Während gegenüber diesen Leistungen alle älteren Arbeiten dieser Art in den Hintergrund treten, hat ein anderes Helligkeitsverzeichnis, obwohl es eine Wiederholung eines Teiles der Harvard-Durchmusterung darstellt, eine wichtige selbständige Bedeutung erlangt. Es ist dies die Potsdamer Photometrische Durchmusterung von MÜLLER und KEMPF, die alle *BD*-Sterne der nördlichen Halbkugel bis zur Größe 7.5^m enthält und 14200 Nummern umfaßt. Die Genauigkeit der mit dem ZÖLLNERschen Photometer erhaltenen Beobachtungen ist die größte bis jetzt in so umfangreichen Unternehmungen erreichte; der wahrscheinliche Fehler einer im Katalog angegebenen Größe dürfte $\pm 0.04^m$ betragen. Den Hauptwert dieser fundamentalen Durchmusterung macht die nahe vollständige Vermeidung von systematischen Fehlern aus. Eine Fortsetzung des Kataloges bis -15^0 Deklination ist von der Sternwarte in Ogyalla geplant und bis -10^0 fertiggestellt worden.

Neben diesen visuellen Arbeiten ist in den letzten Jahren auch die photographische Photometrie eifrigst gefördert worden. Nach zahlreichen Vorversuchen erschien 1907 die Göttinger Aktinometrie von SCHWARZSCHILD, 1912 die Yerkes-Aktinometrie von J. PARKHURST. Beide enthalten photographische Helligkeiten der Sterne bis zur 7.5. Größe, die erste in der Zone zwischen 0^0 und $+20^0$, die zweite für das Nordpolgebiet von $+75^0$ an aufwärts. Für die Zwischenzone sowie für die südlichen Gegenden ist die Lücke an der Harvardsternwarte größtenteils bereits ausgefüllt worden. Nicht zu vergessen ist an dieser Stelle der Greenwicher Teilkatalog der Photographischen Himmelskarte, der nicht nur bezüglich der Örter, sondern auch in photometrischer Hinsicht mustergültig reduziert vorliegt und alle Objekte der *BD* zwischen 64^0 und dem Nordpol enthält.

Wie man sieht, ist nach dem völligen Stillstand in der Bestimmung der Sternhelligkeiten, der bis zur Mitte des vorigen Jahrhunderts gewährt hat, ein sehr rascher Aufschwung auf diesem Gebiet der Photometrie eingetreten. Dabei muß erwähnt werden, daß außer den hier aufgeführten großen Verzeichnissen bereits zahlreiche spezielle Helligkeitskataloge einzelner Teile des Himmels existieren, deren Genauigkeit zum Teil sogar eine höhere als die bei den großen Unternehmen erreichte ist, abgesehen davon, daß die Messungen hier wesentlich tiefer, oft bis zur 14. und 15. Größe hinabreichen. Besonders auffällige Sterngruppen, wie die Plejaden, die Praesepe, die Comagegend und zahlreiche andere Sternhaufen sind auf diese Weise von verschiedenen Astronomen sorgfältigst durchmustert und katalogisiert worden. Da die schwächsten in den größten Fernrohren noch visuell meßbaren Sterne die 15. bis 16. Größe haben, so ist eine Fortsetzung dieser Spezialarbeiten nur auf photographischem Wege möglich. In welcher Weise die visuelle Skala hier ihre Fortführung erfahren hat, wird etwas später (S. 329f.) auseinanderzusetzen sein.

Um jederzeit eine photographische Sternaufnahme an Objekte bekannter Helligkeit anschließen zu können, ist auf der Harvardsternwarte visuell und photographisch eine Folge von Sternen am Nord- und Südpol des Himmels bis zur 21. Größe bestimmt worden. Wird eine dieser Polsequenzen auf der Arbeitsplatte mit aufgenommen und mit dieser entwickelt, so kann ohne besondere Untersuchungen über Skalennullpunkt, Durchmessergesetz usw. jeder neu aufgenommene Stern seiner Helligkeit nach zwischen die Sequenzsterne hineininterpoliert werden. So unbequem auch die Handhabung eines jeden parallaktischen Instrumentes am Pol ist, so einfach gestaltet sich bei dem Verfahren die Reduktion, die lediglich die Berücksichtigung der Extinktionsdifferenz für Pol und Arbeitsgegend erfordert. Etwas weniger genau, aber für viele Fälle ausreichend sind die photographischen Sternfolgen der 80 sog. Selected Areas von KAPTEYN, die seit 1920 fertig vorliegen.

Die photometrischen Nullpunkte der einzelnen Skalen stimmen nicht ganz überein. So weicht die Harvardskala, die heute wohl am meisten angewendet wird, von der Potsdamer je nach Helligkeit und Spektrum bis zu 0.3^m in der Weise ab, daß die Potsdamer Werte gegen Harvard fast durchweg schwächer ausgefallen sind. Die Mt. Wilsonskala stimmt mit Harvard bis etwa 18^m sehr nahe überein, da das photographische System glücklicherweise rechtzeitig international festgelegt worden ist. Soweit nicht anders bemerkt, beziehen sich alle Angaben dieses Buches auf das Harvardsystem.

Die Frage, wie weit es gelungen ist, die Konstanz des Größenfaktors 2.512 (S. 92) bis zu den schwächsten Objekten zu wahren, läßt sich nur schätzungsweise beantworten. Bei der 15. Größe, bis zu der auch visuelle Messungen möglich und an klaren Abenden noch bequem ausführbar sind, kann heute die strenge Innehaltung der Gesetzmäßigkeit auf etwa $\pm 0.2^m$ des Endergebnisses als gesichert gelten. Wenn man bedenkt, daß 0.1^m eine für das Auge eben merkliche Helligkeitsdifferenz darstellt, so erscheint der Erfolg angesichts des nur schrittweise möglichen Vordringens zu immer schwächeren Sternen als sehr zufriedenstellend. Bei den noch schwächeren Sternen, die natürlich nur photographisch zu erreichen sind, wächst die Unsicherheit stark an, so daß an der Grenze, etwa bei der 20. Größenklasse, mit einem systematischen Fehler von mindestens $\pm 1^m$ gerechnet werden muß. Da noch vor wenigen Jahrzehnten bei den dem freien Auge sichtbaren Sternen Unsicherheiten von gleicher Größenordnung nichts Ungewöhnliches waren, wird auch dieser wahrscheinliche Fehler nicht besonders groß erscheinen. Wenn man aber bedenkt, daß dem Größenunterschied von 20^m ein Helligkeitsverhältnis von 1 : 100000000, dem von 21^m bereits ein solches von 1 : 251000000 entspricht, so wird man einsehen, wie vorsichtig die photometrischen Grenzzahlen zu irgendwelchen weiteren Schlüssen benutzt werden dürfen und wie notwendig es daher ist, hier weiterzuarbeiten.

Eines der wichtigsten Ergebnisse, das die photometrischen Kataloge und die auf Grund ihrer Daten ausgeführten Eichungen und Zählungen geliefert haben, sind die Gradiententabellen, d. h. Sternverteilungstafeln, die uns für jede Sterngröße die Zahl der Individuen nach zwei Argumenten, der fallenden Helligkeit und dem Abstand von der Mittellinie der Milchstraße, dem sog. galaktischen Äquator, angeben. Die ausführlichste und wohl auch zuverlässigste dieser Tabellen ist neuerdings von VAN RHIJN gegeben worden. Da sie auch astrophysikalisch für die Sonderung der Sterne in zerstreuten Haufen und für andere Arbeiten eine große Bedeutung erlangt hat, soll sie hier mitgeteilt werden. Sie enthält den Logarithmus N der Sternzahl pro Quadratgrad zwischen der 0. und 16. Größe, tabuliert nach galaktischen Breiten. Die Zahlen der Tabelle sind so zu verstehen, daß bis $\log N = 0$, d. h. bis zur 8. bzw. 9. Größe hinter jedem N-Wert $-$ 10 zu ergänzen ist. Die Verwendung der Logarithmen anstelle der natürlichen Zahlenwerte erklärt

Zahl der Sterne pro Quadratgrad in verschiedenen galaktischen Breiten.

Sterne	log *N* pro Quadratgrad für die galaktische Breite											
bis	0°	5°	10°	15°	20°	30°	40°	50°	60°	70°	80°	90°
0m	6.02	6.02	6.02	6.03	6.02	5.96	5.88	5.77	5.68	5.60	5.54	5.46
1	6.56	6.56	6.56	6.56	6.54	6.48	6.41	6.32	6.23	6.17	6.12	6.06
2	7.10	7.10	7.09	7.08	7.06	7.00	6.93	6.86	6.79	6.74	6.70	6.65
3	7.64	7.64	7.62	7.60	7.58	7.51	7.45	7.39	7.34	7.30	7.27	7.23
4	8.18	8.17	8.15	8.12	8.09	8.02	7.97	7.92	7.88	7.85	7.83	7.80
5	8.71	8.70	8.67	8.63	8.60	8.52	8.47	8.43	8.40	8.39	8.37	8.35
6	9.24	9.23	9.19	9.14	9.10	9.02	8.97	8.94	8.91	8.90	8.90	8.88
7	9.76	9.74	9.70	9.64	9.59	9.50	9.45	9.42	9.41	9.40	9.39	9.39
8	0.27	0.25	0.20	0.13	0.08	9.98	9.92	9.90	9.88	9.87	9.86	9.86
9	0.77	0.75	0.69	0.61	0.54	0,44	0.38	0.34	0.32	0.31	0.30	0.30
10	1.25	1.23	1.16	1.07	1.00	0.88	0.80	0.76	0.74	0.72	0.70	0.70
11	1.71	1.69	1.61	1.51	1.43	1.29	1.20	1.15	1.12	1.09	1.07	1.07
12	2.14	2.12	2.03	1.92	1.82	1.67	1.57	1.51	1.46	1.42	1.39	1.38
13	2.54	2.51	2.42	2.30	2.20	2.02	1.91	1.83	1.76	1.71	1.67	1.66
14	2.92	2.88	2.78	2.65	2.54	2.35	2.21	2.12	2.04	1.97	1.92	1.91
15	3.27	3.23	3.12	2.98	2.86	2.66	2.50	2.39	2.28	2.20	2.14	2.12
16	3.61	3.57	3.45	3.30	3.17	2.94	2.76	2.63	2.51	2.41	2.34	2.32

sich aus der Form der Verteilungsfunktion, der die Zahlen folgen und die für die helleren Sterne nahe linear verläuft (Abb. 196).

Die Sternspektra. Schon eine oberflächliche Betrachtung des gestirnten Himmels führt zu der Erkenntnis, daß sich die Fixsterne nicht nur durch ihre verschiedene Helligkeit voneinander unterscheiden, sondern auch durch ihre Farbe. Die Mehrzahl der helleren Sterne erscheint in einem rein weißen bis bläulichen Licht; bei vielen ist aber die Farbe gelb mit allen Abstufungen der weißlich-gelben; eine geringere Zahl erscheint orange bis rot. Die Abweichungen in der Farbe lassen sich, wie man frühzeitig erkannt hat, auf Unterschiede in den Spektren und diese wiederum auf Abweichungen in der Temperatur, der physischen Beschaffenheit usw. der Sterne zurückführen. Daher bildet eine nicht nur formale, sondern physikalisch begründete Klassifikation der Sternspektra eine der wichtigsten Aufgaben der Astrophysik. Nach den ersten unvollkommenen Versuchen FRAUNHOFERS haben dann auch fast alle Astronomen, die sich mit Fixsternspektren beschäftigt haben, eine eigene Klassifikation aufgestellt, so daß deren Zahl recht beträchtlich ist. Eine, wenigstens vorläufig definitive Einigung in dieser Hinsicht ist erst in letzter Zeit erzielt worden.

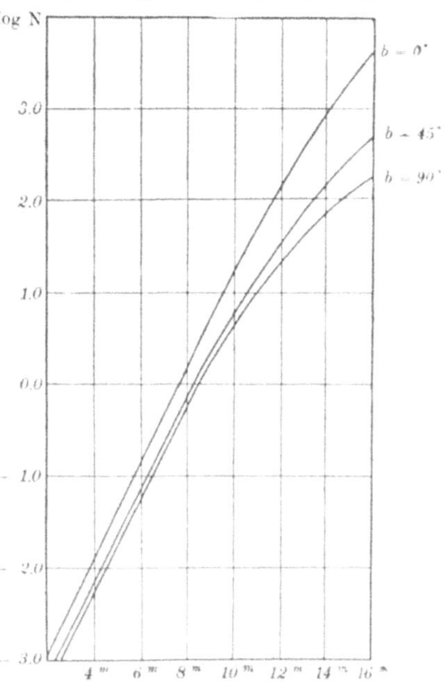

Abb. 196. Verteilung der Sterne (log N) in den galaktischen Breiten 0°, 45° u. 90°. (Nach van Rhijn.)

Die Einteilung der Sternspektra hat vor allem als mnemotechnisches Hilfsmittel zu

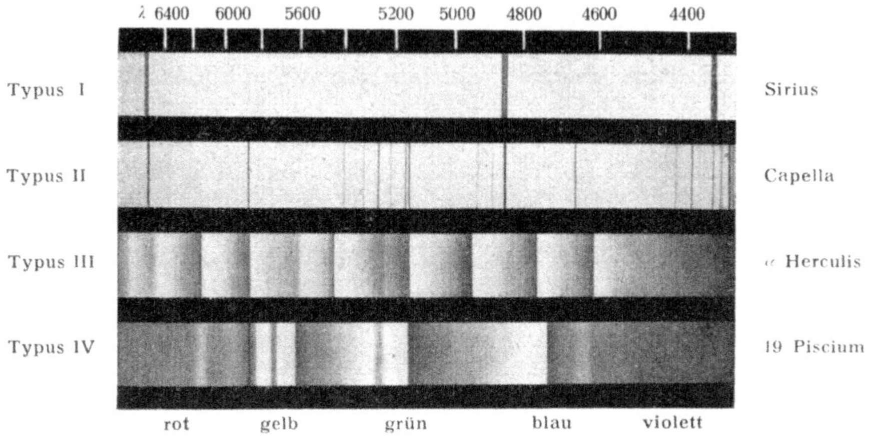

Abb. 197. Visuelle Sternspektra nach der Secchischen Klassifikation.

dienen; durch die kurze Angabe der Klasse soll unmittelbar die ganze Reihe ihrer Kennzeichen ins Gedächtnis gerufen werden. Es ist klar, daß dies um so leichter erreicht wird, je einfacher die Einteilung ist, und je mehr Individuen die einzelne Abteilung umfaßt. Beruht die Einteilung auf rein formalen Gesichtspunkten, verfolgt sie also nur mnemotechnische Zwecke, so stellt sie ein künstliches System dar; erfüllt sie aber den weiteren Zweck einer wissenschaftlich begründeten, einer genetischen, physikalischen usw. Trennung der einzelnen Klassen, so bezeichnet man sie als ein natürliches System. In den beschreibenden Naturwissenschaften kann unter Umständen ein künstliches System einem natürlichen überlegen sein, z. B. durch Kürze; in den exakten Wissenschaften muß einem natürlichen System stets der Vorzug gegeben werden, solange es nicht völlig unübersichtlich ist.

Die Fixsterne geben sämtlich ein kontinuierliches Spektrum, in dem dunkle oder in besonderen Ausnahmefällen auch helle Linien auftreten. Nach diesen Linien hat sich daher in erster Linie eine Klassifikation zu richten.

Bereits FRAUNHOFER erkannte, daß einige gelbe Sterne wie Pollux und Capella eine Kopie des Sonnenspektrums geben, während die weißen Sterne nur sehr wenige Linien, die roten dagegen einen die Sonne wesentlich übertreffenden Linienreichtum besitzen. Die erste Einteilung nach teilweise physikalischen Gesichtspunkten ist jedoch erst von SECCHI gemacht worden. Nach mancherlei Änderungen stellte er schließlich vier Typen von Sternspektren auf (Abb. 197), die im folgenden kurz charakterisiert sind.

Typus I. Die weißen Sterne, in denen nur die Wasserstofflinien sehr kräftig auftreten. Die anderen Linien fehlen oder sind sehr schwach. (Sirius, Wega.)

Typus II. Die gelben Sterne, die wie die Sonne ein Spektrum mit zahlreichen feinen Linien besitzen. (Arkturus, Capella.)

Typus III. Die rotgelben und roten Sterne, welche Spektra mit dunklen Bändern liefern, die nach der blauen Seite scharf begrenzt, nach der roten verwaschen sind. (α Orionis, α Herculis.)

Typus IV. Schwache, meist dunkelrote Sterne, deren Spektra breite dunkle Bänder enthalten, die nach der roten Seite scharf begrenzt, nach der blauen verwaschen sind.

Diese SECCHIsche Einteilung, bei der als physikalische Grundlage der Zusammenhang des Spektrums mit der Sternfarbe benutzt ist, wird wegen ihrer Kürze noch heute vielfach verwendet. Die erste PICKERINGsche Einteilung ist lediglich eine Erweiterung der SECCHIschen durch Einführung eines

Typus V. Sterne aller Farben, in denen helle Linien auftreten.

Die Klassifikation von VOGEL (I a, b, c, II a, b, III a, b) stellt äußerlich eine Umgruppierung und Erweiterung der SECCHIschen Typen dar. Ihr Hauptvorzug wurde in der jetzt merklich erschütterten Erkenntnis erblickt, daß die verschiedenen Spektra eindeutige Entwicklungsphasen der betreffenden Weltkörper darstellen, daß also in dem Nebeneinander der verschiedenen Spektra das wegen der enormen Zeitdauer der Entwickelung nicht beobachtbare Nacheinander zur Sichtbarkeit gelangt. Der Gang dieser Entwickelung war sonst durchaus richtig so gedacht, daß sie unter dem Einflusse der Abkühlung vor sich geht. Die Klassen führen vom heißesten zum kühleren Zustande, die Typenordnung war also als Temperaturskala gedacht.

Die bisher erwähnten Klassifizierungen sind unter ausschließlicher Benutzung des linienarmen visuellen Teils der Spektra aufgestellt worden. Die Anwendung der Photographie hat nun nicht bloß eine genauere Beurteilung der Spektra ermöglicht, sondern sie hat auch das Gebiet der beobachtbaren Wellenlängen so wesentlich erweitert, daß es selbstverständlich war, wenn die bisherigen Einteilungen daraufhin sehr durchgreifende Änderungen erlitten.

Die zweite PICKERINGsche Klassifikation ist allein auf photographische Spektralaufnahmen beschränkt und hat ihre erste Anwendung auf den umfangreichen DRAPERkatalog gefunden, ein Verzeichnis von Sternspektren, das 1890 erschienen ist. PICKERING nimmt dabei 16 Klassen an, die mit den Buchstaben des Alphabets bezeichnet sind, und zwar:

Typus	I. Kl.	A—D	Typus	IV. Kl.	N
„	II. „	E—L	„	V. „	O—Q
„	III. „	M			

Dieser zweiten PICKERINGschen Einteilung liegen wieder die SECCHIschen Typen zugrunde; im übrigen ist sie aber rein formal und in erster Linie der vorliegenden Aufgabe und dem verwendeten Instrument angepaßt.

Von den späteren Einteilungen der Sternspektra, die auf dem Harvardobservatorium ausgeführt worden sind, ist noch die umständliche Klassifikation von Miß MAURY (22 Gruppen) und diejenige von Miß CANNON zu erwähnen. Letztere Einteilung hat nun aus Gründen, die nach und nach zur Sprache kommen sollen, allgemeine Annahme und Anwendung gefunden.

Die CANNONsche Reihe geht auf die 16teilige PICKERINGsche Skala (A—Q) zurück, greift aber aus ihr lediglich die typischen Vertreter heraus, so daß nur die Buchstaben A, B, F, G, K, M, für sehr seltene Spektra N, O, P, R übrig bleiben. Ferner hat sich herausgestellt, daß durch eine geringfügige Umstellung der ersten dieser 8 Klassen eine einfachere Beziehung der Typen zu der photographischen Wirksamkeit, der Temperatur und anderen Eigenschaften der Sterne erzielt werden kann. Wird diese Umordnung vorgenommen, so erhält man die folgende heute allgemein anerkannte und gebräuchliche Reihenfolge der Spektren:

O. Farbe weiß bis gelb. Hauptklasse der Sterne mit hellen Linien oder Bändern. (Sterne vom WOLF-RAYETtypus, ζ Puppis.)

B. Weiße Sterne. Die Wasserstofflinien erscheinen noch nicht so kräftig wie beim folgenden Typus, daneben treten die Heliumlinien als charakteristisches Merkmal hervor (Sterne im Orion, in den Plejaden, im Perseus usw.)

A. Weiße Sterne. Im Spektrum herrscht die Wasserstoffserie in Gestalt von sehr kräftigen verwaschenen Linien vor. Die Heliumlinien fehlen, die Sonnenlinien, insbesondere *H* und *K*, sind noch sehr schwach. (Sirius, Wega.)

F. Gelbliche Sterne. Die Wasserstoffserie tritt zurück, dafür werden die Kalziumlinien *H* und *K* als auffälligstes Kennzeichen der Klasse sichtbar. (δ Aquilae, α Argus.)

G. Gelbe Sterne. Zu den bisherigen treten noch zahlreiche andere Metalllinien hinzu. Die FRAUNHOFERschen Linien *G*, *H*, *K* werden besonders auffallend. (Sonne, Capella.)

K. Tiefgelbe Sterne. Die Linien *G*, *H* und *K* erscheinen noch kräftiger als beim vorangehenden Typus. Wasserstofflinien wieder schwach, das violette Ende des Spektrums auffallend lichtarm. (Arkturus, β Gemin.)

M. Gelbrote Sterne. Die charakteristischen Eigenschaften der Klasse K treten besonders kräftig auf, daneben erscheinen die Absorptionsbänder des Titanoxyds besonders kräftig. (Beteigeuze, Antares.)

N. Gelbrote Sterne, die der IV. SECCHIschen Klasse genau entsprechen. (19 Piscium.)

Für die Planetarischen Nebel ist die Klasse P und für einige mit N und K verwandte aber dort nicht unterzubringende Spektra die Klasse R vorbehalten. Die Einordnung von Übergängen erfolgt durch Zahlen, die Einfügung von Unterabteilung durch Buchstaben, und zwar etwa durch Bezeichnungen wie B0A, A5F, Oe5B. Statt dessen wird heute der Kürze halber allgemein B0, A5, Oe5 usw. geschrieben.

Sieht man von allen Sonderklassen (P, N, R, Oa—Oe5) ab, so läßt sich die Gruppierung an den folgenden helleren bei uns sichtbaren Sternen veranschaulichen:

Klasse	Sterne	Klasse	Sterne
B0	ε Orionis, δ Orionis	G0	α Aurigae, α Aquarii
B5	η Tauri, *q* Tauri	G5	β Bootis, γ Delphini
A0	α Can. mai., α Lyrae	K0	α Bootis, α Ursae mai.
A5	α Aquilae, α Ophiuchi	K5	α Tauri, β Ursae min.
F0	δ Aquilae, γ Bootis	Ma	α Orionis, α Ceti
F5	α Can. min., α Persei	Md	*o* Ceti, *R* Hydrae

Einzelheiten der Havardklassifikation. Ein Zurückgreifen auf die Spektralklassen findet in der Astrophysik so oft statt, daß im folgenden eine ausführlichere Charakteristik der typischen Sternspektra der Havardklassifikation gegeben wird, wobei auch alle Spezialklassen Aufnahme gefunden haben.

Unter der ζ Puppisserie ist die zweifellos dem Helium angehörende, früher dem Wasserstoff zugeschriebene Linienfolge dieses Sterns (S. 77f.), unter der nicht näher bezeichneten Wasserstoffserie stets die bekannte Balmerreihe ($H\alpha$, $H\beta$ usw. vgl. S. 76f.) dieses Elements zu verstehen.

P. Gas- bzw. Planetarische Nebel. Schwaches oder fehlendes kontinuierliches Spektrum. Sehr helle Emissionslinien bei 5007, 4959, 3727 (Nebulium). $H\beta$ und $H\delta$ der Wasserstoffserie besonders auffallend, die Heliumemission 3869 meist deutlich.

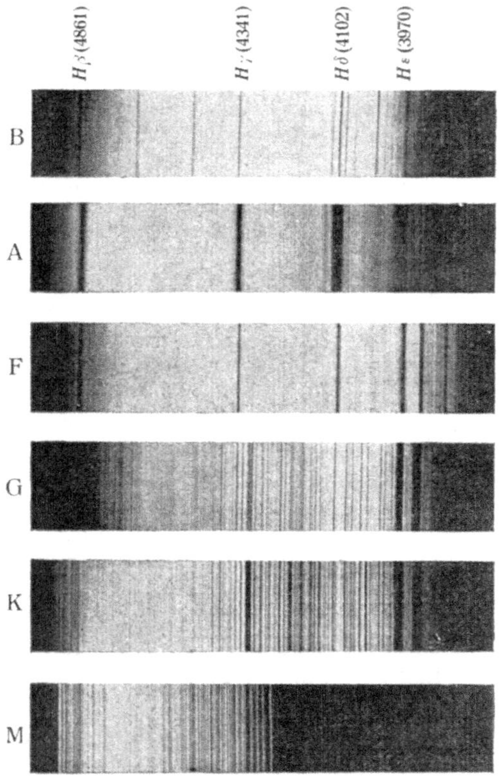

Abb. 198. Photographische Spektraltypen der Harvard-(Draper-) Klassifikation.

O. Oa. $H\gamma$, $H\delta$ und 4633 als helle Bänder auf kontinuierlichem Grunde. ζ Puppisserie in Emissionsform angedeutet. — Ob. Die hellen Bänder wesentlich breiter, ζ Puppisserie sicher. Neue Emissionen bei 4688 und 4059. — Oc. Alle Emissionen merklich schmäler. Das helle Band bei 4688 und ein anderes bei 4514 besonders auffallend. ζ Puppisserie wie bei Ob. Od. Erstes Auftreten von dunklen Linien. Wasserstoffserie und Kalziumlinie *K* scharf, ζ Puppisserie auffallend stark hervortretend. Einzige kräftige Emissionen bei 4688 (doppelt) und 4633. — Oe. Fast alle Absorptionslinien der B-Sterne bereits vorhanden. Die einzigen Emissionen bei 4688 und 4633 immer noch hell. Beginn der normalen Spektra. — Oe5. Normales Absorptionsspektrum. 4688 und 4633 verschwunden, Umkehr in Absorptionslinien nicht gesichert. Wasserstoff- und Heliumlinien scharf, desgleichen die Kalziumlinie *K*.

B. B0. Auffälliges Hervortreten der normalen Heliumlinien gegenüber der Wasserstoff- und der ζ Puppisserie. Drei Linien 4649, 4116 und 4089 besonders auffallend. *K*-Linie schwach. — B1. ζ Puppisserie verschwunden, Heliumlinien deutlicher hervortretend. — B2. Stärkste Entwicklung der Heliumlinien unter Zurücktreten der anderen. 4649 und 4089 schwach, 4116 unsichtbar. — B3. Ein Teil der Heliumlinien verschwunden. Der Rest mit den kräftiger werdenden Wasserstofflinien und 4481 (Magnesium), 4131, 4128 sowie *K* (*H* bleibt zunächst von $H\varepsilon$ überdeckt) beherrscht trotzdem noch das Spektrum, da die meisten anderen Linien merklich schwächer oder unsichtbar geworden sind. — B5. Weiteres Verschwinden bzw. Zurücktreten der Heliumlinien zugunsten der Wasserstoffserie und der bei

B3 genannten Linien. — B8. Nur noch 12 Heliumlinien feststellbar. Wasserstoffserie noch dunkler. Erstes Auftreten einzelner Sonnenlinien. — B9. Die Wasserstoffbänder außerordentlich stark. Von den Heliumlinien sind als letzte nur noch 4472 und 4026 übrig geblieben.

A. A0. Höchste Entwicklung der Wasserstoffbänder. Von Heliumlinien hier und da noch Spuren vorhanden. Die Magnesiumlinie 4481 und die Kalziumlinie *K* deutlich, alle anderen Sonnenlinien noch schwach. — A2. Nahe identisch mit A0, von dieser Klasse nur durch die größere Intensität der Linien 4481 und der Kalziumabsorption *K* unterschieden. — A3. Erster leichter Abfall der Wasserstoffbänder. Weitere Zunahme der Intensität der Sonnenlinien, besonders 4234, 4227 und *K*. Erstes Loslösen der Kalziumlinie *H* von $H\varepsilon$. — A5. Starker Abfall der Wasserstofflinien, die nur noch der Klasse B8 oder B5 entsprechen. Die Stärke von 4481 wird bereits von vielen anderen Linien erreicht. *H* und *K* nahe gleich dunkel. Die meisten Linien unscharf.

F. F0. Wasserstofflinien nur noch wie bei B3, sonst gleicht das Spektrum A5. Auftreten der ersten Linien in der *G*-Gruppe. — F2. Wie F0. *G*-Gruppe deutlicher. — F5. Wasserstofflinien noch mehr abgefallen, aber immer noch merklich kräftiger als im Sonnenspektrum. *H* und *K* voll entwickelt. — F8. Sonnenspektrum, Wasserstofflinien jedoch etwa doppelt so stark wie in diesem.

G. G0. Typisches Sonnenspektrum. Wasserstofflinien unauffällig. *G*, *H*, *K* vorherrschend. — G5. Wasserstofflinien noch schwächer, bei normalen Expositionen bricht das Spektrum hinter 3500 rasch ab.

K. K0. Verstärktes Auftreten der Sonnenlinien. Wasserstoffserie äußerst schwach. Hohe Entwicklung der Kalziumlinien. Violetter Teil des Spektrums jenseits *G* schwach. — K2. Wie K0, aber Verstärkung aller Metallinien. — K5. 4227, *H* und *K* besonders breit und auffallend. Die *G*-Gruppe beginnt sich wieder in Einzellinien aufzulösen. Die ersten Absorptionsbänder des Titanoxyds in der Kantenstellung 5168, 4954, 4762 treten auf.

M. Ma. 4227, *H* und *K* sehr kräftig. Die Absorptionsbänder des Titanoxyds deutlich entwickelt, mit scharfen Kanten nach Violett zu. Einzelne linienfreie Stellen des Spektrums wirken wie Emissionsbänder. Die aktinische Wirkung kaum bis zur *K*-Linie zu verfolgen. — Mb. Höchste Entwicklung von 4227. *G*-Gruppe aufgelöst. Neues Band bei 5445. Kanten schärfer ausgesprochen. Das Gebiet 4586 bis 4556 wie glänzendes Emissionsband. Wasserstofflinien noch erkennbar, aber sehr schwach.
Mc. Verstärkte Merkmale von Mb. Höchste Entwicklung der Titanoxydbänder. Schluß der normalen Spektra. — Md. Hauptkennzeichen der Klassen K5 bis Mc, aber mit hellen Wasserstofflinien, die aber nicht gleichmäßig und nicht gleichzeitig auftreten (Md1 bis Md11). Die meisten Sterne dieser Gruppe sind in langen Perioden veränderlich.

N. Meist veränderliche, langperiodische oder unregelmäßige Sterne von geringer Amplitude. Die Absorptionsbänder haben abweichend von der M-Klasse scharfe Kanten nach Rot zu. Das Spektrum ähnelt sehr demjenigen von Kohlenwasserstoff und Cyan. Blauer und violetter Teil des Spektrums fehlt gänzlich.

R. Verwandtschaft mit Klasse N, doch sind die kurzen Wellenlängen etwa wie bei den Sternen der Klasse K wieder erreichbar. Die stärksten Bänder liegen zwischen 4750 und 4640 sowie bei 4227; das erste ist mit dem der N-Sterne identisch.

Nicht besonders eingeordnet sind in die Tabelle diejenigen B- und A-Sterne, in denen einzelne Wasserstofflinien hell auftreten. Wegen ihrer geringen Zahl und der Übereinstimmung der anderen Linien werden sie zu den Hauptklassen unter Zusatz eines p (peculiar) gerechnet und sollen bei Besprechung der normalen Sternspektra Erwähnung finden. Bei denselben Klassen wird besondere Schärfe der Linien, wie sie im Laboratorium in der Regel bei Funkenentladungen vorkommt, durch Zusatz eines c ausgedrückt. Da die erwähnte Eigenschaft nur solchen Sternen hoher Temperatur und geringer Dichte zukommt, die sich in nächster Nähe der Milchstraße vorfinden, hat die c-Charakteristik in der Astrospektroskopie eine gewisse Bedeutung gewonnen.

Die Verwirrung, die einige Jahre in der Bezeichnung der Fixsternspektra herrschte, ist durch die beschriebene sog. DRAPERklassifikation glücklicherweise beseitigt. Um aber die Übertragung der einzelnen älteren Spektraltypen in die neue Einordnung zu ermöglichen, sind in der folgenden Tabelle noch die Beziehungen der letzteren zu SECCHI, PICKERING und VOGEL übersichtlich zusammengestellt.

Draper-Klasse	O	B	A	F	G	K	M	N
Secchi	—	I	I	II	II	III	III	IV
Pickering	V	I	I	I-II	II	II-III	III	IV
Vogel	IIb	Ib	Ia	Ia-IIa	IIa	IIa-IIIa	IIIa	IIIb

Wir haben der Einteilung der Sternspektra einen breiteren Raum gewähren müssen, um in der gewaltigen Zahl von Einzelresultaten nicht den führenden Blick zu verlieren und zu durchaus unübersichtlichen Darstellungen greifen zu müssen. An der Hand der DRAPERklassifikation ist fortan eine Verirrung nicht zu befürchten.

Eine für statistische Arbeiten sehr wichtige Frage betrifft die Verteilung der einzelnen Spektraltypen auf die unseren Untersuchungen zugänglichen Sterne. Ein genaueres und den wirklichen Verhältnissen entsprechendes Bild wird in dieser Beziehung der neue DRAPERkatalog der Harvardsternwarte liefern. Faßt man nach der ersten, älteren Ausgabe nur die hellen oberhalb 6.25^m gelegenen Sterne zusammen, so erhält man:

Sterne	O	B	A	F	G	K	M	N
Zahl oberhalb 6.25^m	20	696	1885	720	609	1719	457	8
Prozentzahl i. d. Milchstraße	100	82	66	57	58	56	54	87

Die Sterne der Klassen A bis M sind danach in der Sonnenumgebung räumlich ziemlich gleichmäßig verteilt. Dagegen macht sich im Milchstraßengürtel eine Zusammendrängung der N-, B- und besonders der merkwürdigen O-Sterne bemerkbar, die nicht zufällig sein kann. Wir werden auf diese wichtige Tatsache noch wiederholt zurückgreifen müssen.

Die Farben der Sterne. Wenn wir von einigen besonderen Fällen absehen, bildet gegenwärtig die 10. Größenklasse im allgemeinen eine Grenze für katalogmäßige spektrographische Untersuchungen am Himmel, ohne daß man etwa auch entfernt so weit wäre, für alle Sterne bis zu dieser Größe die Spektra im einzelnen angeben zu können. Einen sehr wesentlichen Teil der Lücke füllt der neue DRAPERkatalog des Harvardobservatoriums aus, der nahe bis zur 9. Größe reicht und fast 225000 Objekte umfassen wird; immerhin läßt er das weite für unsere kosmogonischen Ansichten besonders wichtige Gebiet der schwachen Sterne völlig unberührt. Der gewaltige HOOKERspiegel des Mt. Wilsonobservatoriums von 2.5 m Öffnung hat gegenüber dem älteren RITCHEYspiegel bei Spektralaufnahmen nur einen Gewinn von wenig mehr als einer Größenklasse gebracht, es unterliegt also keinem Zweifel, daß in absehbarer Zeit eine wesentliche Erweiterung unserer Kenntnisse bezüglich der Spektra der schwachen Sterne nicht zu erwarten ist. In allen diesen Fällen hilft uns die Farbe der Gestirne weiter, und zwar unmittelbar als physiologischer Effekt am Fernrohrokular oder, weit vollkommener, in Form des photographischen Farbenindex oder der effektiven Wellenlängen.

Die visuelle Farbenschätzung des Fixsternlichtes ist außerordentlich alt, und schon die frühesten Sternverzeichnisse erwähnen besonders auffällig gefärbte Objekte am Himmel. Nach der Entdeckung der Doppelsterne, der Veränderlichen und anderer interessanter Objekte mit deutlich hervortretender Färbung ist dem Gegenstande besondere Aufmerksamkeit gewidmet worden, ohne daß in der Bezeichnungsweise der Farben eine Einheitlichkeit erzielt worden wäre. Manche alten, durch starke Übertreibungen (wie „dunkelblau“ oder „blutrot“) verunstaltete Schätzungen lassen sich wohl noch der jetzigen Ausdrucksweise anpassen, lohnen indessen kaum die aufgewendete Mühe, wenn sie nicht, wie in dem Falle des von HAGEN herausgegebenen SESTINIschen Kataloges (beobachtet zwischen 1844 und 1846), systematisch angestellt worden sind.

Einen wesentlichen Fortschritt auf diesem Gebiete bedeutete die Einführung einer Ziffernskala in die Farbenschätzungen durch den bekannten Mondforscher J. SCHMIDT. Dieser nahm eine 10teilige Stufenfolge an, in der die bei Fixsternen vorkommenden Farben von Weiß bis Rot enthalten waren. In dieser Form ist die Skala jedoch bald in Vergessenheit geraten, bis ein astronomischer Liebhaber, OSTHOFF in Köln, sie für seine Beobachtungen der Sternfarben in die heute wohl allgemein angenommene Form von folgenden 9 Stufen brachte:

0^c	*W*	Weiß
1	*GW*	Gelblichweiß (*W* überwiegt)
2	*WG*	Weißgelb (*W* und *G* zu gleichen Teilen)
3	*HG*	Hellgelb oder Blaßgelb
4	*G*	Reingelb
5	*DG*	Dunkelgelb, ein gesättigtes, tiefes Gelb
6	*RG*	Rötlichgelb (*G* überwiegt)
7	*O*	Orange (*G* und *R* zu gleichen Teilen)
8	*GR*	Gelblichrot (*R* überwiegt)
9	*R*	Rot (Spuren von *G*)

Die OSTHOFFsche Folge der Farben ist wieder eine Abkühlungsskala. Sie beginnt mit der höchsten Temperatur, um allmählich zu den tiefsten Werten herabzusteigen. Die Zahl der Stufen ist nicht zu groß, so daß noch Bruchteile derselben geschätzt werden können. Für alle normalen Sterne der Spektralklassen O bis R reicht sie vollkommen aus und nur die sog. Neuen Sterne sind zeitweilig in der Reihe nicht unterzubringen. Diese Novae haben in einem bestimmten Stadium eine ausgesprochen blaue Farbe, die man fast als -2^c bezeichnen kann, im Zustande intensiver $H\alpha$-Emission und bei großer Intensität der blauen Spektralgebiete dagegen eine merkwürdige Tönung, die jedem Beobachter der letzten hellen Novae geläufig ist und die nicht anders als mit Lila (Bläulichrot), in der obigen Skala also etwa $= 10$ bis 11^c, zu bezeichnen ist.

Fast sämtliche neueren Farbenkataloge, um deren Herausgabe sich besonders die Vatikanische Sternwarte verdient gemacht hat, sind an die praktische SCHMIDT-OSTHOFFsche Skala angeschlossen. Dies gilt in erster Linie für die 1900 bzw. 1916 erschienenen Originalarbeiten OSTHOFFS, die mehr als 2500 meist nördliche Objekte umfassen, für den Katalog farbiger Sterne zwischen dem Nordpol und 23^0 südlicher Deklination von KRÜGER sowie zahlreiche kleinere Schätzungsreihen. Wider alle Erwartung stimmen die Beobachtungen geschulter Augen hier merkwürdig gut überein; ein Wechsel des Instruments (Feldglas, Sucher, Fernrohr) bedingt in der Regel nur eine Parallelverschiebung der Kurve.

In der folgenden Zusammenstellung sind die Größen, Spektra und Farben der hellsten in unseren Gegenden sichtbaren Sterne nach dem Mittel verschiedener Beobachter mitgeteilt. Die Ergebnisse gelten etwa für Fernrohre von $3^1/_2$ bis 5 Zoll Öffnung. Die Liste umfaßt alle Farben zwischen 1^c und 7^c. Der in der Tabelle nicht enthaltenen Tönung 0^c kommt der bläuliche Begleiter von β Cygni sehr nahe (Sp. B9), während der „Granat-

Stern	Gr.	Sp.	Farbe	Stern	Gr.	Sp.	Farbe
α Androm.	2.2^m	A0	2.0^c	δ Can. mai.	2.0^m	F8p	5.2^c
α Cassiop.	var.	K0	5.2	α Gemin.	2.0	A0	2.8
β Ceti	2.2	K0	5.6	α Can. min.	0.5	F5	2.4
α Urs. min.	2.1	F8	3.8	β Gemin.	1.2	K0	4.7
α Arietis	2.2	K2	5.5	α Hydrae	2.2	K2	6.1
o Ceti	var.	Md	7.2	α Leonis	1.3	B8	2.1
α Persei	1.9	F5	3.8	α Urs. mai.	2.0	K0	4.9
α Tauri	1.1	K5	6.5	β Leonis	2.2	A2	2.9
α Aurigae	0.2	G0	3.4	ε Urs. mai.	1.7	A0	2.5
β Orionis	0.3	B8p	1.9	α Virginis	1.2	B2	2.0
γ „	1.7	B2	1.9	η Urs. mai.	1.9	B3	1.3
β Tauri	1.8	B8	2.0	α Bootis	0.2	K0	4.4
ε Orionis	1.8	B0	2.1	β Urs. min.	2.2	K5	5.9
ζ „	2.1	B0	1.9	α Scorpii	1.2	Map	7.4
$\varkappa$ „	2.2	B0	2.4	α Ophiuchi	2.1	A5	2.9
α „	var.	Ma	6.5	α Lyrae	0.1	A0	1.6
β Aurigae	2.1	Ap	2.1	σ Sagittarii	2.1	B3	2.6
β Can. mai.	2.0	B1	2.2	α Aquilae	0.9	A5	2.6
γ Gemin	1.9	A0	2.4	α Cygni	1.3	A2	2.4
α Can. mai.	−1.6	A0	0.8	α Pisc. austr.	1.3	A3	2.1
ε „	1.6	B1	2.7	β Pegasi	var.	Mb	6.5

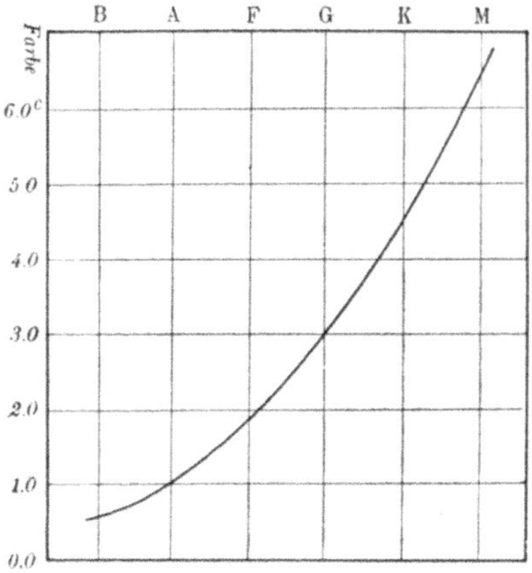

Abb. 199. Beziehungen zwischen Farbe und Spektrum für den Bergedorfer 60 cm-Refraktor.

stern" μ Cephei (Sp. Ma) bereits als etwa 8^c zu bezeichnen wäre.

Da wir durch den neuen DRAPERkatalog bald von allen Sternen bis nahe zur 9. Größe die Spektra genau kennen werden, könnten die genannten Farbenkataloge als überflüssig gelten. Trotz der späten Veröffentlichung haben sie sich jedoch im Gegenteil als außerordentlich fruchtbar erwiesen, insofern, als sie eine gesetzmäßige Beziehung zwischen den Farben und den Spektren der Fixsterne enthüllt haben, die man früher nicht erwartet hat. Selbstverständlich bleibt die Skala für jeden Beobachter und jedes Instrument durchaus individuell, es dauert auch einige Zeit, ehe eine beständigere Auffassung eintritt, dann ist aber tatsächlich die Möglichkeit geboten, die geschätzten Farben mit den Spektralklassen in Beziehung zu bringen und umgekehrt. In Abb. 199 ist z. B. die Beziehung zwischen Farbe und Spektrum für den Bergedorfer 60 cm-Refraktor dargestellt, wie sie sich aus Sternen mit bekanntem Spektrum zwischen der 7. und 10. Größenklasse allmählich ergeben hat. Bei Benutzung derartiger Kurven wird in einzelnen Fällen wohl ein Fehlgriff möglich, sogar wahrscheinlich sein, da weder die O- noch die R-Sterne genügend durch die visuelle Färbung charakterisiert sind und auch die weißen B-Sterne sich am Okular kaum von den A-Sternen trennen lassen. Für statistische Untersuchungen, bei denen es lediglich darauf ankommt, für ganze Gruppen von Sternen den Spektralcharakter zu bestimmen, läßt sich jedoch der Wert dieser Methode nicht leugnen. Nach SHAPLEYS Vorgang ist es dann allerdings zweckmäßig, derartige nicht direkt gewonnene Spektralschätzungen schwacher Sterne als solche stets dadurch zu kennzeichnen, daß man sie durch kleine Buchstaben ausdrückt, also statt der Spektralklassen B, A, F . . . die Farbenklassen b, a, f . . . einführt.

Trotz der Beziehungen, die sich beim Vergleich der Farben mit den Spektralklassen der Sterne ergeben haben, darf nicht vergessen werden, daß die Korrelation z. T. nur eine recht lose und äußerliche ist. Während beim Spektrum die Zahl und Lage der Absorptionslinien die Klasse bestimmt, ist die Farbentönung durch das Verhältnis der Helligkeiten des kontinuierlichen Grundes im Bereiche der verschiedenen Wellenlängen gegeben, also in beiden Fällen durch Bedingungen, die zunächst nichts miteinander gemeinsam haben.

Zweifellos würden die visuellen Farben der Sterne eine wesentlich genauere Diskussion zulassen, wenn es erst gelänge, die physiologisch beeinflußten Schätzungen durch objektive Messungen zu ersetzen. Bereits ZÖLLNER hat an seinem Polarisationsphotometer eine entsprechende Vorrichtung angebracht, auf deren Mängel jedoch schon auf S. 112 hingewiesen wurde. Weit besser für den Zweck geeignet ist zweifellos das neue WILSINGsche Kolorimeter, über das bei Gelegenheit der Behandlung der Sterntemperaturen noch nähere Angaben folgen sollen.

Farbenindex und effektive Wellenlänge. Weit genauer und eindeutiger als der physiologische mit dem Spektrum nur lose zusammenhängende Farbeneindruck gibt der sog. Farbenindex, d. h. der Überschuß der visuellen Helligkeit eines Sternes gegenüber der photographischen, ein Kriterium für den Spektralcharakter ab. Ist für eine bestimmte Größe und eine bestimmte Spektralklasse die Übereinstimmung von Okular- und Plattenhelligkeit etwa in der Form vereinbart, wie dies auf S. 314 geschehen ist, so treten bei allen anderen Spektralklassen sehr merkliche Unterschiede auf. In der folgenden Übersicht sind die Farbenindizes für die drei wichtigsten photometrisch-photographischen Sternkataloge, die Harvard-, die Yerkes- und die Göttinger Aktinometrie nach KING, J. PARKHURST und SCHWARZSCHILD tabuliert. Die letzte Reihe bezieht sich ursprünglich auf das Potsdamer System, ist also hier zwecks eines Vergleiches mit den beiden anderen um den mittleren Skalenunterschied von $+0.23^m$ verbessert worden. Die dann noch hervortretenden größeren Unterschiede bei K5 und M erklären sich durch Abweichungen in der hier etwas schwierigen Klassifikation und der geringen Zahl der betr. Sternspektra.

Spektrum	King	Parkhurst	Schwarzsch.
B0	-0.31^m	-0.6^m	-0.41^m
B5	-0.17	-0.28	-0.27
A0	0.00	-0.06	-0.07
A5	$+0.18$	$+0.18$	$+0.13$
F0	$+0.32$	$+0.40$	$+0.33$
F5	$+0.52$	$+0.63$	$+0.53$
G0	$+0.71$	$+0.86$	$+0.77$
G5	$+0.90$	$+1.08$	$+1.03$
K0	$+1.16$	$+1.32$	$+1.28$
K5	$+1.42$	$+1.55$	$+1.73$
M	$+1.67$	$+1.77$	$+2.1:$

Die ganze Bedeutung der Tabelle wird erst klar, wenn man ihre Mittelwerte graphisch aufträgt, wie das in Abb. 200 geschehen ist. Die eingezeichneten Punkte liegen in einer so schwach gekrümmten Kurve, daß man ohne Bedenken die Beziehung als linear annehmen und die Farbenindizes äquidistant etwa so ansetzen darf, wie das in der nebenstehenden kleinen Tafel geschehen ist. Die Feststellung dieser einfachen Beziehungen hat der ursprünglich rein formalen CANNONschen Klassifizierung der Spektra sofort einen tieferen Sinn gegeben und ihr die jetzige Stellung in der Astrophysik gesichert.

Sp.	Index	Sp.	Index
B0	-0.42^m	G0	$+0.84^m$
B5	-0.21	G5	$+1.05$
A0	0.00	K0	$+1.26$
A5	$+0.21$	K5	$+1.47$
F0	$+0.42$	M	$+1.68$
F5	$+0.63$		

Wie man sieht, ist auch bei dem photographischen Verfahren ein eindeutiges Verhältnis zwischen Farbe und Spektrum nur innerhalb der normalen Folge der Spektra gesichert. Die Sterne mit hellen Linien (O) geben nur z. T. die Berechtigung zu einer Extrapolation der Kurve nach der negativen Richtung, und die N-Klasse ist noch weniger durch einen bestimmten Index charakterisiert. Er beträgt hier mindestens 2 Größenklassen, doch sind schon bei einzelnen sehr roten Sternen, wie beispielsweise bei den Veränderlichen *U* Cygni und *S* Cephei Farbenindizes bis zu 6^m festgestellt worden.

Eine dritte Methode der Farbenbestimmung, die für statistische Durchmusterungsarbeiten der vorangehenden mindestens ebenbürtig ist, verwendet hierzu die vom Spektralcharakter abhängige Lage des Energiemaximums in der Wellenlängenskala eines Sternes. Mit zunehmender Rotfärbung, d. h. mit dem Fortschreiten der Spektralreihe verschiebt sich das Energiemaximum in der Richtung der zunehmenden Wellenlängen. Nun ist bei schwachen Sternen eine spektralphotometrische Feststellung der Maxima völlig ausgeschlossen. Bringt man aber vor das Objektiv eines Refraktors oder die Öffnung eines Spiegelteleskops ein grobes Gitter aus Eisenstäben, Gummischnüren usw. an, so erhält man im Brennpunkt neben dem natürlichen Zentralbild eines Sternes links und rechts Beugungsspektra (Abb. 201). Diejenigen I. Ordnung fallen wegen der großen Gitterkonstante (Zwischenraum + Drahtdicke) noch durchaus sternähnlich aus, liegen aber je nach dem Spektralcharakter dem Zentralbild näher oder ferner. Die Abb. 202 veranschaulicht in übertriebener Form die Verhältnisse bei einem roten und blauen Idealstern. Es ist einleuchtend, daß man sowohl direkt wie photographisch auf diesem Wege durch sorgfältige lineare Messung der Abstände rr bzw. bb die gesuchte sog. effektive Wellenlänge des Sternes ermitteln kann. Ist f die Brennweite des Fernrohrs, a der Bildabstand der Spektra I. Ordnung (rr bzw. bb der Abb. 202), g die vorhin definierte Gitterkonstante, so ist

$$\lambda \text{eff.} = \frac{g}{2f} a,$$

d. h. die effektive Wellenlänge ist gleich dem gemessenen Abstand a multipliziert mit einer Instrumentalkonstanten. HERTZSPRUNG, BERGSTRAND und LINDBLAD haben auf diesem Gebiete Arbeiten größeren Umfanges ausgeführt. Letzterer hat gemeinsam mit LUNDMARK die Methode auch auf enge Sternhaufen und Spiralnebel ausgedehnt, also auf Fälle, in denen die anderen Verfahren, insbesondere die visuelle Farbenschätzung vollkommen versagen.

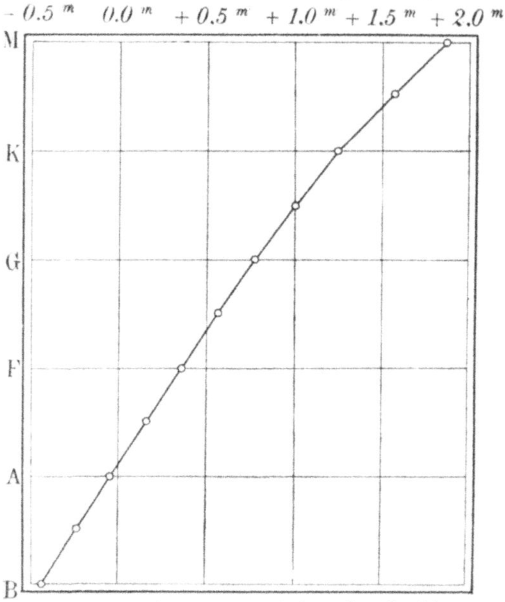

Abb. 200. Beziehungen zwischen den Spektren und dem Farbenindex der Sterne.

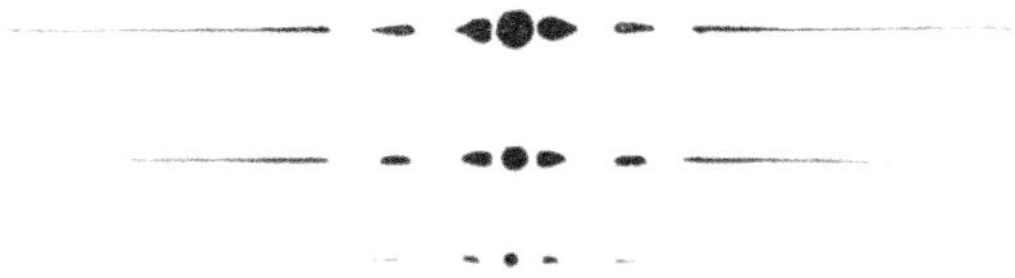

Abb. 201. Gitterbilder von Sternen verschiedener Helligkeit.

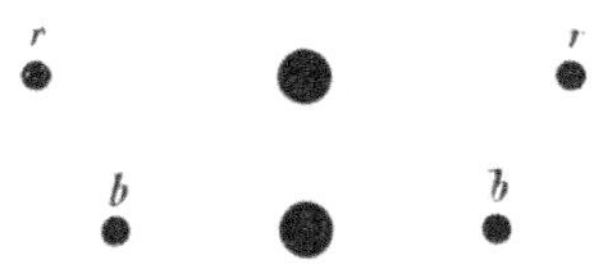

Abb. 202. Ideale Gitterbilder eines roten (r) und eines blauen (b) Sternes.

Noch ein wichtiger Umstand rechtfertigt die Verwendung von Gittern in der Astrophotometrie. Werden diese in der Weise konstruiert, daß die Zwischenräume gleich der Drahtdicke ausfallen, so wird, abgesehen von sonstigen Vorteilen, das Zentralbild um genau 1.5^m schwächer als bei freier Objektivöffnung, und die sternartigen Spektra I. Ordnung um weitere 1.0^m schwächer. Damit ist eine strenge Lichtskala festgelegt. Sind also auf einer Aufnahme die Gitterbilder bekannter Sterne mit photographiert, so beschränken sich die Helligkeitsmessungen auf der Platte auf eine Interpolation der Durchmesser der schwächeren Sterne zwischen die Gitterbilder der helleren.

Es war von vornherein vorauszusehen, daß die visuelle Photometrie mit der photographischen nicht Schritt halten würde. Da nun die Bestimmung von Farbenindizes nicht anders zu erreichen ist als durch eine Vergleichung von photographischen Helligkeiten mit Okularbeobachtungen, hat man letztere gleichfalls durch ein photographisches Verfahren zu ersetzen versucht. J. PARKHURST und JORDAN waren wohl die ersten, die durch Anwendung von Gelbfiltern und farbenempfindlichen Platten derartige photovisuelle Größen bestimmten und die Brauchbarkeit des Verfahrens nachwiesen. Heute ist die Filterphotographie in der Astrophotometrie nicht nur allgemein anerkannt, sondern nahe daran, die visuelle Photometrie völlig zu verdrängen. Welche spektrale Lage im einzelnen die photographische, die photovisuelle und die visuelle Empfindlichkeitskurve zueinander haben können, lehrt Abb. 203.

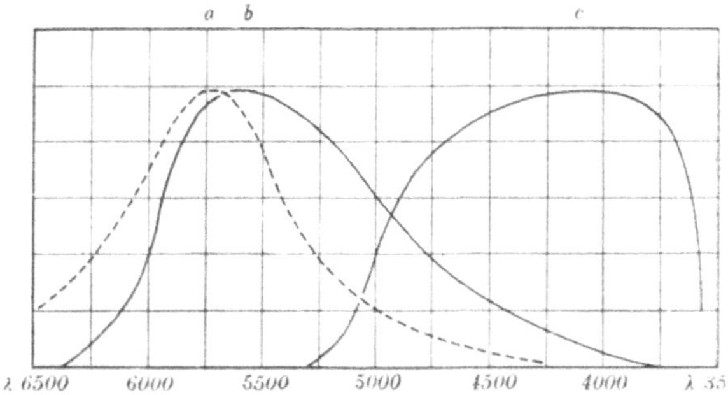

Abb. 203. Visuelle (*a*), photovisuelle (*b*) u. photographische (*c*) Empfindlichkeitskurve, gültig für die Yerkes-Aktinometrie.

Auf einigen Gebieten der Stellarastronomie ist der photovisuelle Weg überhaupt der einzige, der zum Ziele führt. So ist beispielsweise alles, was wir gegenwärtig über die spektrale Verteilung der Sterne in den sog. kugelförmigen Haufen wissen, auf diese Weise erhalten worden. Selbstverständlich kommen für Filteraufnahmen nur Fokalbilder in Frage, da bei extrafokaler Plattenlage zum Ausexponieren der Sternscheibchen im gelben Licht an den üblichen Refraktoren Aufnahmezeiten von mehreren Stunden notwendig wären, um nur die helleren Objekte leidlich geschwärzt zu erhalten. Die Hauptschwierigkeit bei dem Verfahren liegt wieder in der Eichung der Platten. Die rein aktinische (photographische) wie die photovisuelle Aufnahme müssen bei den hellsten wie bei den schwächsten Sternen den gleichen Farbeneffekt ergeben, d. h. der Farbenindex der gemessenen Sterne darf in keiner Weise mit der Helligkeit einen Gang zeigen. Darüber, ob in den bisherigen Farbenindexbestimmungen, soweit sie ausschließlich auf photographischen Aufnahmen beruhen, diese naheliegende Fehlerquelle stets beseitigt ist, läßt sich heute noch kein sicheres Urteil fällen. Wahrscheinlich ist aber der Einfluß, den man wohl nicht ganz richtig als photographischen PURKINJEeffekt (S. 32) bezeichnet, bei den neueren photovisuellen Arbeiten wenigstens so weit vermieden, daß die Ergebnisse bis zu den Sternen 16. oder 17. Größe noch durchaus Vertrauen verdienen.

Im allgemeinen erfordert jede Farbenindexbestimmung die Ausmessung einer größeren Reihe von Sternen auf dem normalen und dem Filternegativ. Neuerdings hat nun SEARES eine sehr einfache Methode angegeben, die es ermöglicht, auch von Einzelobjekten rasch den Farbenindex zu erhalten. Auf einer farbenempfindlichen Platte werden Sterne von bekanntem Index in geometrisch fortschreitenden Expositionszeiten, also beispielsweise 2^s, 4^s, 8^s, 16^s usw. in einer Reihe ohne Filter aufgenommen und daneben von den gleichen Objekten einige entsprechend längere Aufnahmen mit Gelbfilter ausgeführt. Auf dem entwickelten Negativ ist dann eine Einschaltung der Filterbilder in die normale, rein aktinische Skala auf Grund von Schätzungen oder Messungen leicht auszuführen. Man erhält auf diese Weise Verhältniszahlen zwischen Expositionszeiten, die den gleichen photographischen Effekt hervorrufen und je nach dem Spektraltypus der Sterne sehr verschieden ausfallen. Sind die Beziehungen zwischen Farbenindex und Expositionszeit einmal an bekannten Sternen festgestellt, so können sie bei genau gleicher Plattenpräparierung ohne weiteres auf Objekte von unbekanntem Farbenindex sinngemäß angewendet werden. Der erzielte Effekt ließe sich durch Verwendung extremer Filterfarben, also etwa Rot und Violett, noch steigern.

Wie man sieht, ist gegenwärtig die Bestimmung der Sternfarben stark in den Vordergrund des astrophysikalischen Interesses gerückt. Tatsächlich sind neben der Helligkeit die Farbenindizes der schwächsten Sterne vorläufig die einzige physikalische Charakteristik, die wir von ihnen erlangen können. Es liegt klar auf der Hand, daß es für unsere Ansichten vom Bau und der Entwicklung des Stern- und Milchstraßensystems nicht gleichgültig ist, ob die Farben- und damit auch die spektrale Verteilung seiner Einzelglieder in den äußersten Tiefen die gleiche ist wie in der Sonnenumgebung oder nicht. Da auch noch andere sehr wichtige Fragen, wie diejenige nach der Absorption und Dispersion des Lichtes im Weltraum, mit den Sternfarben innig zusammenhängen, erscheint das Interesse, das man gegenwärtig in der Astrophysik dem Gegenstande entgegenbringt, durchaus verständlich.

19. Beziehungen zwischen den Spektren, der Bewegung und der Entfernung der Sterne.

Als um die Mitte des vorigen Jahrhunderts die Spektralanalyse begründet und allmählich auch auf die Himmelskörper angewendet wurde, erschien die Aussicht, nunmehr die physischen Eigentümlichkeiten der fernsten Fixsterne untersuchen zu können, so überwältigend, daß dieser eine Erfolg allein genügt hätte, um in der chemischen Lichtanalyse eine der glänzendsten wissenschaftlichen Entdeckungen der neueren Zeit zu erblicken. Heute, nach wenig mehr als 50 Jahren hat sich das ursprüngliche Ziel der spektralanalytischen Beobachtungen ein wenig verschoben, insofern, als die Untersuchung des prismatisch zerlegten Lichtes gegenwärtig in mindestens gleich umfangreichem Maße zum Studium von Bewegungsvorgängen und Entfernungsschätzungen ausgeführt wird wie zum Zwecke einer rein physischen Untersuchung der betr. Sternindividuen.

Die Ableitung von Sternparallaxen aus Eigentümlichkeiten der Spektra ist eine Errungenschaft der letzten Jahre, während die Idee einer Deutung der Linienverschiebungen im Sinne von Bewegungsvorgängen fast so alt ist wie die Spektralanalyse überhaupt. Daher sollen die Bewegungsvorgänge hier auch an erster Stelle behandelt werden.

Die Bewegungen im Visionsradius. Der älteste Hinweis auf die Bedeutung des DOPPLERschen Prinzips (S. 59) für die Erkennung von Bewegungen der Himmelskörper in der Richtung der Verbindungslinie vom Gestirn zur Erde, dem sogenannten Visionsradius, rührt von FIZEAU her. Derselbe wies 1848 darauf hin, daß die durch eine Bewegung in der Blickrichtung verursachte Änderung der Wellenlänge einer Lichtquelle auch eine Verschiebung der Spektrallinien bedingen müsse. FIZEAU selbst machte bereits auf die Schwierigkeiten aufmerksam, die dadurch entstehen, daß im Verhältnis zur Lichtgeschwindigkeit die im Weltall vorkommenden Bewegungen nur sehr gering sind, sprach aber gleichzeitig die Hoffnung aus, daß es wohl späterhin einmal doch gelingen würde, die Verschiebungen festzustellen.

Lange Jahre hat es gedauert, bis diese Hoffnung in Erfüllung gegangen ist, bis die fortschreitende Verbesserung der Instrumente und Methoden schließlich nicht bloß zu einem Nachweis, sondern auch zu einer Messung der Geschwindigkeiten geführt hat. Daß ein Erfolg auf diesem Gebiete zuerst an der Sonne erreicht wurde (S. 190), ist selbstverständlich, weil hier die große Helligkeit mit Leichtigkeit die Benutzung starker Dispersionen gestattete.

Die ersten Versuche der Anwendung des DOPPLER-FIZEAUschen Prinzips auf die Fixsterne rühren von HUGGINS (1867) her und beziehen sich auf etwas mehr als 1 Dutzend hellerer Sterne. Sie blieben mehrere Jahre vereinzelt, bis vom Jahre 1875 an die Verschiebungsmessungen in das ständige Programm der Greenwicher Sternwarte aufgenommen wurden. Bis zum Jahre 1888 sind dort von MAUNDER und SEABROKE sehr zahlreiche Beobachtungen an etwa 100 hellen Sternen ausgeführt worden, aus denen trotz aller Schwierigkeiten doch die Möglichkeit einer Bestimmung der Radialbewegungen, wenigstens dem Sinne dieser Bewegung nach, zweifellos hervorging.

Ein epochemachender Fortschritt in der Ermittelung der Bewegungen der Fixsterne im Visionsradius beginnt mit dem Jahre 1888, wo von VOGEL und SCHEINER zum ersten Male der Versuch unternommen wurde, die Linienverschiebungen in den Sternspektren auf photographischem Wege zur Sichtbarkeit zu bringen und einer Ausmessung zu unterziehen. Der Fortschritt gegenüber den früheren Versuchen ist dabei unverkennbar und kommt schon darin zum Ausdruck, daß der wahrscheinliche Fehler einer photographischen Beobachtung sich ungefähr 10mal kleiner ergab als der einer visuellen.

Die in Potsdam mit so gutem Erfolge angewendete spektrographische Methode der Messung von Linienverschiebungen wurde bald von anderen mit besseren Hilfsmitteln ausgestatteten Sternwarten aufgenommen und wesentlich vervollkommnet. In dieser Beziehung haben besonders die amerikanischen Astronomen mitgewirkt und mit Hilfe der großen auch optisch unübertroffenen Refraktoren der Lick- und der Yerkessternwarte und der Riesenspiegel des Mt. Wilsonobservatoriums die Radialgeschwindigkeiten von vielen Hunderten von Sternen mit einer Genauigkeit bestimmt, die man noch vor 2 Jahrzehnten für ausgeschlossen hielt. Die Unsicherheit dürfte heute bei Sternen, in deren Spektrum einigermaßen scharfe Linien auftreten, 1 km nicht übersteigen. Der Hauptteil der schwierigen Arbeit ist von den Astronomen der Licksternwarte, insbesondere von CAMPBELL, geleistet worden. Ein sehr vollständiges Verzeichnis von Radialgeschwindigkeiten, das über 2000 Sterne und Nebel enthält, ist 1920 von VOUTE veröffentlicht worden.

Um die Größenordnung der Bewegungen zu veranschaulichen, sind in der folgenden Tabelle für die hellsten Sterne des Himmels die Bewegungen in der Blickrichtung zusammengestellt. Das + Zeichen bedeutet dabei, wie bisher (S. 60), Zunahme, das — Zeichen Abnahme der Entfernung.

Stern	Gr.	Sp.	Rad. Geschw.	Stern	Gr.	Sp.	Rad. Geschw.
α Can. mai.	-1.6^m	A0	— 7 km	α Eridani	0.6^m	B5	?
α Argus	—0.9	F0	+20 „	α Orionis	var.	Ma	+21 km
α Centauri	0.1	G0	—22 „	β Centauri	0.9	B1	+12: „
α Lyrae	0.1	A0	—14 „	α Aquilae	0.9	A5	—33: „
α Aurigae	0.2	G0	+30 „	α Crucis	1.0	B1	+19: „
α Bootis	0.2	K0	— 5 „	α Tauri	1.1	K5	+54 „
β Orionis	0.3	B8p	+23 „	β Gemin.	1.2	K0	+ 4 „
α Can. min.	0.5	F5	— 4 „	α Virginis	1.2	B2	+ 2 „

Daß bei allen Beobachtungen von Radialgeschwindigkeiten stets die Bahnbewegung der Erde in den Ergebnissen auftritt, und die Zahlen erst auf die Sonne reduziert werden müssen, ist selbstverständlich. Nach dem DOPPLERschen Prinzip ist es gleichgültig, ob sich der Beobachter oder das beobachtete Objekt bewegt, oder ob beide ihren Ort wechseln. Maßgebend ist ganz allein die relative Geschwindigkeit, mit der sich die Distanz zwischen Beobachter und Objekt ändert. Nun ist aber unsere Erde kein fester Standpunkt im Raume; sie bewegt sich um die Sonne in der Ebene der Ekliptik mit einer mittleren Geschwindigkeit von nahe 30 km. Befindet sich ein Stern in der Ekliptik, so wird es eine Jahreszeit geben, in der unsere Erde sich mit einer Geschwindigkeit von 30 km auf diesen Stern zu bewegt; genau ein halbes Jahr später oder früher entfernt sie sich von ihm mit der gleichen Geschwindigkeit. So müssen die Beobachtungen eines in der Ekliptik gelegenen Sternes Geschwindigkeitsänderungen von ± 30 km zeigen, also Abweichungen, die in der Regel viel größer sind, als die mittleren Geschwindigkeiten der Sterne selbst. Befindet sich der beobachtete Stern nicht in der Ekliptik, so ist der Einfluß der Erdgeschwindigkeit kleiner; er nimmt ab mit dem Cosinus des Abstandes von der Ekliptik, so daß bei einem Sterne, der sich gerade im Pol der Ekliptik befindet, die Erdbewegung überhaupt keinen Einfluß mehr ausübt. Da sich die Erde in einer Ellipse und nicht in einem Kreise um die Sonne bewegt, so ist auch die Geschwindigkeit der Erdbewegung variabel; jedenfalls aber muß an jede Beobachtung der Radialgeschwindigkeit eines Sternes eine aus den bekannten Elementen der Erdbahn zu berechnende Korrektion angebracht werden, um die wechselnde Erdbewegung zu eliminieren und die Beobachtung auf die Sonne zu reduzieren. Als Beispiel dafür, wie die an sich gar nicht stimmenden Beobachtungen desselben Sternes zu verschiedenen Zeiten im besten Einklange miteinander stehen, sobald die Reduktion auf die Sonne angebracht wird, mögen die auf S. 333 folgenden Beobachtungen von α Ursae maioris nach VOGEL und SCHEINER dienen.

Datum	Beob. Geschw.	Red. auf ⊙	Geschw.
1888 Nov. 7	— 31 km	+ 19 km	— 12 km
„ Nov. 9	— 32 „	+ 19 „	— 13 „
1889 Mai 4	+ 9 „	— 19 „	— 10 „
„ Mai 22	+ 6 „	— 18 „	— 12 „

Die in dieser Weise auf die Sonne reduzierten Geschwindigkeiten sind immer noch nicht die wahren Ortsänderungen der betreffenden Sterne, da auch unsere Sonne ein bewegter Fixstern ist, der nach einer bestimmten Richtung hin im Raume sich bewegt. Eine bekannte und schon vielfach versuchte Aufgabe der Astronomie besteht nun darin, aus den sog. Eigenbewegungen der Fixsterne die Richtung oder den Apex dieser Bewegung sowie ihre Geschwindigkeit zu ermitteln. Es liegt in der Natur des Problems, daß aus den Eigenbewegungen der Ort des Apex mit größerer Sicherheit zu bestimmen ist, als die Geschwindigkeit. Hier bieten die Bewegungen im Visionsradius eine überaus wichtige Ergänzung der Ergebnisse insofern, als sie gerade die Geschwindigkeit der Sonne sehr zuverlässig ergeben.

Nach den ersten um die Wende des Jahrhunderts in dieser Richtung angestellten Versuchen von Kempf und Campbell, die sich nur auf die wenig zahlreichen nicht sehr sicheren und fast ausschließlich dem Nordhimmel angehörenden Ergebnisse jener Zeit stützen konnten, ist von der Licksternwarte und ihrem Zweiginstitut, dem Millsobservatorium in Chile, bis 1910 ein gewaltiges Material an Radialgeschwindigkeiten gesammelt und von Campbell bearbeitet worden. Die 1911 veröffentlichte Untersuchung stützt sich auf 1180 Sterne und 13 Gasnebel, die alle möglichst gleichmäßig über den Himmel verteilt sind. Die Geschwindigkeit des Sonnensystems ergab sich dabei zu 19.5 km mit einem mittleren Fehler von $\pm$ 0.6 km und als Koordinaten des Apex

$$\alpha = 268.5^0, \qquad \delta = +25.3^0.$$

Der betr. Punkt liegt ein wenig südöstlich von μ Herculis in unmittelbarer Nähe der Apexorte, die L. Struve, Kapteyn und Kobold aus Eigenbewegungen abgeleitet haben. Man wird nicht sehr fehlgreifen, wenn man als wahrscheinlichsten Zielpunkt der Sonnenbewegung heute nach dem Vorschlage von Campbell den Ort $\alpha = 270^0$, $\delta = +30^0$ annimmt.

Auf Grund der nunmehr nach Richtung und Geschwindigkeit bekannten Sonnenbewegung läßt sich jede Radialgeschwindigkeit auch auf die ruhende Sonne beziehen, d. h. die absolute Bewegung in der Blickrichtung von der sog. parallaktischen trennen. Auch diese Rechnung ist von Campbell ausgeführt worden und hat ein sehr wichtiges Ergebnis gezeitigt. Ordnet man nämlich die Sterne nach den Spektraltypen, so erhält man als mittlere Radialgeschwindigkeit ohne merklichen Gang in der Helligkeit die nebenan tabulierten Werte. In einer besonderen Reihe sind zum Vergleich auch die von Boss aus den Eigenbewegungen abgeleiteten Zahlen angeführt. Hieraus geht die sehr bedeutungsvolle Tatsache hervor, daß die Spektralklassen F bis M in bezug auf ihre Raumbewegung sehr nahe verwandt sind, während die A-Sterne eine geringe, die Helium-(B-)Sterne eine

Sp.	Campb.	Boss
B	6.5 km	6.3 km
A	11.1 „	10.2 „
F	14.4 „	16.2 „
G	15.0 „	18.6 „
K	16.8 „	15.1 „
M	17.1 „	17.1 „
P	29.0 „	— „

sehr wesentliche Abweichung in dieser Hinsicht bekunden. Die Feststellung der Tatsache, daß die effektiv heißesten Sterne der B-Klasse so gar nicht zur Bewegung der Nebelgruppe P passen, hat mit zur Erschütterung der alten Annahmen über die eindeutige Evolutionsfolge der Sterne vom Nebel- bis zum Rotstadium beigetragen.

Es ist oben (S. 332) angegeben worden, in welcher Weise die durch die Bewegung der Erde beeinflußten radialen Geschwindigkeitsergebnisse auf die Sonne zu reduzieren sind. Hierbei ist die Erdbewegung als bekannt vorausgesetzt worden, d. h. so, wie sie sich aus den mit großer Genauigkeit bekannten Elementen der Erdbahn und der mittleren Entfernung zwischen Sonne und Erde ergibt. Es ist nun klar, daß sich die oben erwähnte Aufgabe auch umkehren läßt, d. h. daß man die Entfernung der Erde von der Sonne oder die Sonnenparallaxe als unbekannt annehmen kann, um sie aus den beobachteten Radialgeschwindigkeiten zu berechnen. Es ist das eine Bestimmung der Sonnenparallaxe durch astrophysikalische Beobachtungsmethoden.

Einen ersten und von gutem Erfolge gekrönten Versuch hat in dieser Richtung KÜSTNER gemacht. Es wurden zu diesem Zwecke 18 Spektrogramme des Arkturus, die über ein halbes Jahr verteilt waren, benutzt, und auf denselben die Verschiebungen einer Anzahl von Linien des Sternes gegen die entsprechenden im Eisenbogen gemessen sowie einer sorgfältigen Diskussion unterzogen. Es ergab sich hieraus als mittlere Geschwindigkeit der Erde 29.617 km, wobei als Lichtgeschwindigkeit der Wert 299 865 km benutzt wurde. Als Sonnenparallaxe wurde 8.844″ gefunden. Der bisher als bester angenommene Wert 8.80″ weicht also nur wenig ab, und es ist aus dieser Untersuchung zu schließen, daß man unter Verwendung eines beträchtlich größeren Beobachtungsmaterials die Sonnenparallaxe mit einer Schärfe wird bestimmen können, die dem Ergebnis der bisherigen genauesten Methoden nicht nachstehen dürfte.

Die unter den Fixsternen beobachteten Geschwindigkeiten im Visionsradius erreichen zuweilen sehr hohe Werte, wenn sich diese auch in keiner Weise mit den Zahlen vergleichen lassen, die man etwa bei den kugelförmigen Sternhaufen oder gar den Spiralnebeln gefunden hat. Dort bilden Geschwindigkeiten von mehreren Hunderten von Kilometern die Regel, während bei den Fixsternen höhere Werte als etwa 80 km seltene Ausnahmen sind. Immerhin sind in dem Verzeichnis von VOÛTE einige Radialgeschwindigkeiten enthalten, die 300 km übersteigen, und selbst unter den helleren Sternen bis zur 5. Größe kommen recht beträchtliche Radialgeschwindigkeiten vor. Obwohl derartige Zusammenstellungen rasch veralten, sind in

Stern	Gr.	Sp.	Geschw.	Stern	Gr.	Sp.	Geschw.
ε Androm.	4.5^m	G5	— 83 km	σ Puppis	3.3^m	K5	+ 87 km
μ Cassiop.	5.3	G5	— 97 „	171 *G* Puppis	5.4	G0	+ 100 „
82 *e* Eridani	4.3	G5	+ 87 „	11 Librae	5.0	K0	+ 84 „
ψ_2 Orionis	4.4	K0	+ 99 „	ω Pavonis	5.1	K0	+ 181 „
δ Leporis	3.9	K0	+ 99 „	31 Aquilae	5.2	G7	— 98 „
β Columbae	3.2	K0	+ 89 „	6 Vulpeculae	4.6	K5	— 86 „
Boss 1511 Col.	5.2	G5	+ 182 „	279 Sagittarii	5.3	K5	— 130 „
ϑ Can. mai.	4.2	K5	+ 98 „	η Cephei	3.6	K0	— 87 „
20 Monoc.	5.0	G5	+ 79 „	1 Pegasi	4.2	K0	— 76 „

der vorstehenden Übersicht die 18 uns am raschesten zustrebenden bzw. von uns forteilenden helleren Sterne bis 5.3^m mit ihren Geschwindigkeiten relativ zur Sonne zusammengestellt. Wie man sieht, enthält die Tafel nur gelbe und rötlichgelbe Sterne der Klassen G bis K5, was insofern von Interesse ist, als das in dem CAMPBELLschen Täfelchen (S. 333) nicht genügend hervortretende Maximum der Radialgeschwindigkeiten hier recht sicher etwa der Spektralklasse K0 zufällt.

Die spektroskopischen Doppelsterne. Die spektrographische Methode der Messung der Linienverschiebung hat gleich in ihren Anfängen zu bemerkenswerten Entdeckungen geführt, die auf anderem Wege kaum möglich gewesen wären, und die zu ganz neuen Anschauungen über die Natur der Fixsterne geführt haben. Es ist dies die Entdeckung, daß bei gewissen Sternen die Linienverschiebungen einen periodischen Wechsel ihrer Größe zeigen, demnach eine gesetzmäßig wechselnde Geschwindigkeit dieser Objekte andeuten, die nur durch Umlaufsbewegungen erklärbar ist. Die betreffenden Sterne erweisen sich damit als Doppelsterne, deren scheinbare Distanz aber so klein ist, daß ihre Trennung selbst in den mächtigsten Fernrohren nicht möglich erscheint. Man nennt sie daher spektroskopische Doppelsterne. Die zwei ersten Entdeckungen dieser Art wurden gleichzeitig, aber unabhängig voneinander auf der Potsdamer Sternwarte und auf dem Harvardobservatorium gemacht. Auf der ersteren fanden 1889 VOGEL und SCHEINER, daß der veränderliche Stern Algol einer unmittelbar mit seinem Lichtwechsel zusammenhängenden periodischen Geschwindigkeitsänderung unterliegt; auf letzterem erkannte E. PICKERING periodische Geschwindigkeitsänderungen bei dem Stern ζ Ursae mai. Hieran schließen sich zunächst einige weitere Entdeckungen spektroskopischer Doppelsterne: α Virginis durch VOGEL, β Aurigae durch PICKERING usf., bis durch die weitere Verfeinerung der Methoden auch Sterne mit sehr geringen Geschwindigkeitsänderungen aufgefunden werden konnten.

Stern	Gr.	Sp.	Periode	Stern	Gr.	Sp.	Periode
α Andromedae	2.2	A0	96.7^d	β Ursae mai.	2.4	A0	27.2^d
γ Pegasi	2.9	B2	—	α „ „	2.0	K0	—
α Phoenicis	2.4	K0	—	ε „ „	1.7	Ap	1520
β Androm.	2.4	Ma	—	ζ „ „	2.4	Ap	20.5
α Urs. min.	2.1	F8	4.0	α Virginis	1.2	B2	4.0
β Arietis	2.7	A5	107.0	η Bootis	2.8	G0	497
β Persei	var.	B8	2.9	α Lupi	2.9	B2	—
ε „	3.0	B0	—	$α^2$ Librae	2.9	A2	—
α Aurigae	0.2	G0	104.0	β Lupi	2.8	B2p	—
β Orionis	0.3	B8p	21.9	α Coronae bor.	2.3	A0	17.4
ι „	2.9	Oe5	29.1	β Scorpii	2.9	B1	6.8
α „	0.9	Ma	2190?	α „	1.2	Map	2120?
β Aurigae	2.1	Ap	4.0	β Herculis	2.8	K0	410.6
β Can. mai.	2.0	B1	—	α Ophiuchi	2.1	A5	—
α Argus	0.9	F0	6.7	α Pavonis	2.1	B3	11.8
γ Gemin.	1.9	A0	2200	α Cygni	1.3	A2	—
δ Can. mai.	2.0	F8p	—	ε „	2.6	K0	—
$α^2$ Gemin.	2.0	A0	9.2	δ Capricorni	3.0	A5	1.0
$α^1$ Gemin.	3.0	A0	2.9	α Tucanae	2.9	K2	—

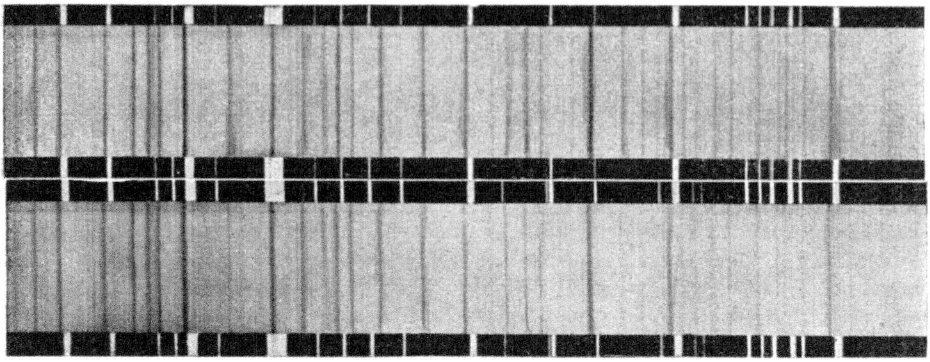

Abb. 204. Linienverschiebungen im Spektrum von μ Orionis.

Bis zur Gegenwart sind etwa 700 Objekte des Himmels auf diesem Wege als spektroskopische Doppelsterne erkannt worden, doch liegt eine Bahnbestimmung erst für wenig mehr als etwa 100 Nummern vor. Bei dem großen Interesse, das die spektroskopischen Doppelsterne in der Astrophysik beanspruchen, ist auf S. 335 ein Verzeichnis der hellsten Systeme nach Sternbild, Größe, Spektrum und Umlaufszeit, soweit diese bekannt ist, mitgeteilt. Zweifelhaft sind darunter noch die langperiodischen Systeme α Orionis und α Scorpii mit ihren fast 6 jährigen Perioden.

Die ersten beiden von Pickering entdeckten spektroskopischen Doppelsterne ζ Ursae mai. und β Aurigae können als typische Vertreter dieser Himmelskörper gelten. Sie bestehen aus Komponenten gleicher Helligkeit und gleichen Spektralcharakters, so daß die periodischen Linienverdoppelungen hier sehr deutlich und klar hervortreten. Bei den meisten anderen Systemen erscheinen die Linienverschiebungen nicht so auffällig, auch werden die Verhältnisse durch die häufig vorkommende Verschiedenheit des Spektrums unübersichtlich. Dabei scheint der Unterschied der Helligkeit gesetzmäßig mit dem Unterschied der Spektra zu wachsen oder umgekehrt. Eigentümliche, an visuelle Doppelsterne mit farbigen Komponenten, wie γ Andromedae oder β Cygni erinnernde Systeme mit derartig abweichenden Helligkeiten und Spektren sind z. B. ζ Aurigae (Spektrum K und B) und δ Sagittae (M und A).

Die Umlaufszeiten einzelner spektroskopischer Doppelsterne betragen zweifellos viele Jahre oder gar Jahrzehnte. Daneben kommen auch — nach den Erfahrungen bei den veränderlichen Sternen durchaus nicht überraschend — sehr kurze Umlaufszeiten vor. Sie betragen z. B. bei β Cephei und dem „Reiterlein" g Ursae mai. nur $4^1/_2$ bzw. $3^1/_4$ Stunden.

Um eine Anschauung davon zu geben, wie auf den scharfen Aufnahmen, wie sie gegenwärtig die Spektrographen liefern, die Linienverschiebungen sich bemerkbar machen, sind in Abb. 204 die Spektra von μ Orionis zu zwei verschiedenen Zeiten wiedergegeben. Die darüber und darunter befindlichen Emissionslinien gehören dem zum Vergleich aufgenommenen Eisenspektrum an. Die Absorptionslinien des Sternes erscheinen nach Rot zu verschoben, und zwar beträgt die Geschwindigkeit oben +38, unten +72 km. Bei der ungewöhnlich starken Bewegung ist hier die veränderte Linienlage auch ohne Messung deutlich zu erkennen.

Wenn auch bei den meisten der spektroskopischen Doppelsterne die Bahnen noch gänzlich unbekannt sind, so ist doch die Entdeckung so zahlreicher enger Doppelsterne sehr merkwürdig. Von den auf der Lickstern warte untersuchten Sternen hat sich z. B. $^1/_7$ als spektroskopische Doppelsterne mit kurzer Periode ergeben, für die Sterne der Spektralklasse B wächst dieser Prozentsatz sogar auf $^1/_3$. Dabei sind bisher nur solche Systeme entdeckt, deren Perioden relativ kurz sind, und bei denen die Veränderung der Geschwindigkeit beträchtlich ist. Die kleinste noch erkannte, aber bereits sehr unsichere Geschwindigkeitsänderung, diejenige von α Scorpii, beträgt 4 km; würde sie statt dessen etwa nur 1 km betragen, so würde die Entdeckung kaum möglich gewesen sein. Das führt im Verein mit den visuellen Erfahrungen zu dem Schluß, daß die Zahl der engen Doppelsterne eine ganz gewaltige sein muß. Ja, wir werden wohl schließlich der Tatsache gegenüberstehen, daß Sterne ohne helle oder dunkle Begleiter, also etwa wie unsere Sonne, sich in geringerer Zahl im Raum vorfinden als doppelte oder mehrfache Systeme.

Diese rein statistische Feststellung ist durchaus nicht das bedeutendste Ergebnis, das uns die spektroskopischen Doppelsterne geliefert haben. Viel wichtiger sind die Schlüsse, die sie betr. der Größe, der Masse und der Dichte der Sterne zu ziehen gestatten. In welcher Weise dies geschieht, soll an dem Beispiel von β Persei gezeigt werden.

Das Algolsystem. Einer der ersten Sterne, bei denen man eine wechselnde Radialbewegung festgestellt hat, ist der Veränderliche Algol im Perseus. Die Periode des Lichtwechsels beträgt $2^d\,20^h\,49^m$ und zeigt nur sehr geringe, allmählich verlaufende Änderungen. Der eigentliche Lichtwechsel umfaßt nur $9^h\,45^m$, innerhalb welcher Zeit die Helligkeit von der Größe 2.2 bis 3.4 sinkt und wieder zum vollen Licht ansteigt (Abb. 205). Wegen der großen Regelmäßigkeit der Erscheinung hatte man schon lange vermutet, daß die Lichtabnahme auf die Verfinsterung durch einen nahen, dunklen Begleiter zurückzuführen sei, der in der oben angegebenen Zeit von $2^d\,20^h\,49^m$ den Hauptstern umkreise. Die systematisch zu den Zeiten der Quadraturen des Begleiters in Potsdam aufgenommenen Spektrogramme Algols, bestätigten 1889 die Voraussetzung in so eindeutiger Weise, daß ein Zweifel an der Doppelsternnatur Algols nicht mehr möglich war. Ist diese Feststellung aber einmal erfolgt, so ergibt sich schon unter Annahme einer Kreisbahn eine ganze Anzahl von Elementen des Doppelsternsystems in verhältnismäßig sehr einfacher Weise.

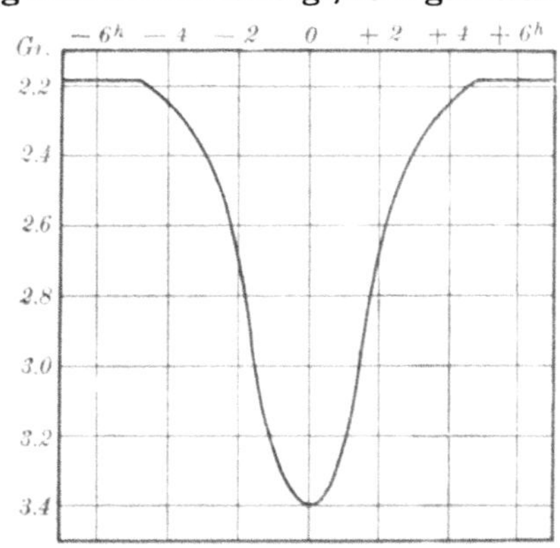

Abb. 205. Bedeckungskurve des Veränderlichen Algol im Perseus.

Da der Lichtwechsel auf eine Verfinsterung zurückzuführen ist, so ist es nach Umwandlung der extremen Größen in Intensitäten zunächst möglich, die Bahnneigung und die relativen Halbmesser r und r_1 der beiden Weltkörper, des hellen und des dunklen, abzuleiten, ferner den Bruchteil der Bahn, der während der Ab- und Zunahme des Lichtes vor unseren Augen zurückgelegt wird. Durch die relativen Dimensionen der beiden Sterne und den soeben erwähnten Bahnbogen wird aber der Abstand der beiden Körper in Einheiten von r eindeutig bestimmt.

Soweit, d. h. bis zu einer geometrisch richtigen zeichnerischen Darstellung des Bahngrundrisses, gelangt man auch ohne Kenntnis der Radialbewegung. Der große Wert der letzteren beruht nun darauf, daß sie die bisher rein relativen Dimensionen des Systems in absolute umzuwandeln gestattet.

Die Geschwindigkeit des Hauptsterns in den Quadraturen geben uns die Spektrogramme in Kilometern, d. h. in linearem Maß. Verbessert man sie wegen Neigung, so erhält man die wahre Bahngeschwindigkeit des hellen Sterns pro Sekunde, und da die Umlaufsperiode bekannt ist, auch den linearen Umfang der von dem hellen Stern beschriebenen Bahn in Kilometern.

Abb. 206. Wahre Größenverhältnisse im Algolsystem.

Es ist nun wohl zu beachten, daß die auf diese Weise abgeleitete absolute Bahn nicht etwa die Distanz der beiden Sterne zum Radius hat, sondern den Abstand a der hellen Komponente vom Schwerpunkt. Für den dunklen Begleiter ist der Schwerpunktsabstand, solange keine Doppellinien im Spektrum auftreten, unbekannt und nur so zu finden, daß man für beide Weltkörper die gleiche Dichte annimmt. Das Massenverhältnis wird dann gleich dem Raumverhältnis, und die Abstände a und a_1 vom Schwerpunkt verhalten sich umgekehrt wie die Volumina. Das Raumverhältnis ist aber nach Ableitung des Durchmesserverhältnisses der beiden Sterne bekannt, es ist also

$$\frac{a_1}{a} = \left(\frac{r}{r_1}\right)^3.$$

Der Abstand a ist bereits in km, $a + a_1$ in Einheiten von r gegeben, so daß nunmehr auch a_1, $a + a_1$, r und r_1 in Kilometern ausgedrückt werden können.

Nach dieser Methode ist der Lichtwechsel Algols von Vogel und Scheiner zur Ableitung der Sterndimensionen und der Bahnelemente verwendet worden. Die hier mitgeteilten Zahlen sind nicht genau der 1892 erschienenen Originalabhandlung entnommen, sondern stark abgerundete, neueren Untersuchungen angepaßte Werte:

Radius des Hauptsterns . . .	1150000 km
„ „ Begleiters . . .	900000 „
„ der Sonne	700000 „
Distanz der beiden Körper .	5000000 „
Bahngeschwindigkeit Algols .	45 „
Neigung der Bahn	88°
Volum- und Massenverhältnis	2 : 1
Masse des Hauptsterns . . .	0.5 ☉
„ „ Begleiters . . .	0.25 ☉

In der Zusammenstellung ist nicht nur das Massenverhältnis der beiden Körper abgeleitet, sondern es sind auch die Einzelmassen selbst in Einheiten der Sonnenmasse mitgeteilt. Daß eine Berechnung dieser Werte möglich ist, zeigt die folgende Überlegung.

Alle Umlaufsbewegungen im Weltraum erfolgen ohne merkliche Abweichung nach dem Gesetz der Massenanziehung. Die historisch älteste und anschaulichste Form der durch die Gravitation bedingten Gesetzmäßigkeiten ist in den drei sog. KEPLERschen Gesetzen der Bahnbewegung ausgedrückt, von denen das dritte das für uns wichtigste ist. Ist a der mittlere Abstand Sonne—Planet, m_0 die Sonnenmasse, u_0 die Umlaufszeit des Planeten, so gilt nach dem dritten KEPLERschen Gesetz für jedes Glied des Sonnensystems die Beziehung

$$a_0^3 = m u_0^2.$$

Genau dieselbe Beziehung besteht in jedem Doppelsternsystem, mit dem Unterschied, daß hier die Masse des Begleiters nicht vernachlässigt werden darf. Hier ist

$$a_1^3 = (m_1 + m_2) u_1^2.$$

Man braucht in beiden Gleichungen nur a_0 und a_1, u_0 und u_1 in denselben Einheiten (z. B. in Kilometern und Stunden) anzusetzen, um sofort $m_1 + m_2$ in Einheiten der Sonnenmasse m_0 zu erhalten. Bei Annahme der gleichen Dichte ist dann, wie wir gesehen haben, die Feststellung der Schwerpunktslage und damit die Trennung der beiden Massenfaktoren möglich.

Es ist zweckmäßig, an dieser Stelle auch noch auf einige andere, sich aus den Bahnelementen und Sterndimensionen ergebende sehr wichtige Zahlenwerte hinzuweisen.

Bei bekannten Massen und Radien läßt sich aus dem Quotienten Masse durch Volumen sogleich die Dichte des Gesamtsystems in Einheiten der Sonnendichte bestimmen. Diese Verhältniszahl wird bei Algol 0.1 oder, auf die Dichte von Wasser bezogen, 0.14. Der Wert erscheint überaus klein, wir werden jedoch später sehen, daß einige andere Verfinsterungsveränderliche ihn an Geringfügigkeit noch merklich übertreffen.

An einem abgeschlossenen Bilde der kosmischen Verhältnisse unseres Doppelsterns fehlt nur noch der Abstand von der Sonne oder die Parallaxe des Systems. Nun zeigt die Erfahrung, daß die Sterne vom Algoltypus so weit von uns entfernt sind, daß die üblichen trigonometrischen Methoden der Parallaxenbestimmung hier meist vollkommen versagen. Es muß also ein Umweg eingeschlagen werden.

Diesen Umweg bietet das STEFAN-BOLTZMANNsche Gesetz in Verbindung mit den von WILSING, SCHEINER, ROSENBERG u. a. ausgeführten Temperaturbestimmungen der Sterne verschiedener Spektralklassen. Nach dem erwähnten Gesetz wächst die Leuchtkraft eines Flächenelements eines Sterns unter Voraussetzung schwarzer Strahlung proportional der vierten Potenz der effektiven Temperatur. Nach den Potsdamer Arbeiten ist die letztere für jede Spektralklasse innerhalb enger Grenzen sofort angebbar (S. 262). Bildet man also das Verhältnis Sterntemperatur zur Sonnentemperatur und erhebt den Quotienten in die 4. Potenz, so ist damit das Helligkeitsverhältnis $h : h_0$ der Flächeneinheit von Stern und Sonne gegeben. Da sich strahlende Oberflächen verhalten wie die Quadrate der Radien und letztere bei Stern und Sonne bekannt sind, so ergibt eine Multiplikation der eben erhaltenen Flächenhelligkeit des Sterns mit dem Quadrat des Halbmesserverhältnisses die absolute Leuchtkraft l des Sterns in Einheiten der Sonnenhelligkeit (vgl. S. 348).

Nimmt man z. B. als Temperatur der Sterne vom Spektraltypus des

Algol (B 8) 12000° abs. an, d. h. 6000° mehr als bei der Sonne, so wird demnach unter Hinzuziehung der anderen Elemente die Leuchtkraft des Algol

$$l = \left(\frac{12\,000}{6\,000}\right)^4 \cdot \left(\frac{1\,150\,000}{700\,000}\right)^2 = 43\,\odot.$$

Der Faktor 43 entspricht 4.1 Größenklassen. Um soviel übertrifft das Licht des Algol unsere Sonne. Da diese im Abstande der gebräuchlichen Parallaxeneinheit $p = 0.1''$ einem Stern 4.8^m entspricht (S. 177), so ist demnach die absolute Helligkeit des Algol $= + 0.7^m$.

Damit ist die Aufgabe erledigt, denn es braucht nur noch bestimmt zu werden, welche Entfernung notwendig ist, um die berechnete absolute Helligkeit (0.7^m) in die am Himmel beobachtete (2.2^m) umzuwandeln. Die einfache Beziehung ist auf S. 344 abgeleitet. Auf Algol angewendet, ergibt sich auf diesem Wege die Parallaxe 0.05″, d. h. ein Abstand von 65 Lichtjahren.

Prüfung durch direkte Beobachtungen und durch die Interferenzmethode. Ein besonderer Reiz der eben behandelten Aufgabe liegt darin, daß hier in elementarer Weise die Dimensionen und Bahnkonstanten eines nicht trennbaren Doppelsterns fast mit genau der gleichen Schärfe und Folgerichtigkeit berechnet werden, wie bei einem rasch bewegten sichtbaren System mit bekannter Parallaxe. Diese „Astronomie des Unsichtbaren", wie sie einige Zeit hindurch in volkstümlichen Schriften mit Vorliebe genannt wurde, hat bei ihrer Begründung vor 30 Jahren den eine Weile bestehenden Abstand zwischen der älteren astronomischen Wissenschaft und der Astrophysik wieder überbrückt, und heute ist eine Trennung der Arbeitsgebiete kaum noch möglich. Ein Zweifel an den Ergebnissen war ausgeschlossen, da sichtbare Objekte in genügender Anzahl zur Exempelprobe am Himmel stehen. Versuchsbeispiele dieser Art boten schon die hellsten uns relativ sehr nahe stehenden Doppelsterne, α Centauri und Sirius.

Auf dem Millsobservatorium bei Santiago wurde die radiale Geschwindigkeit der beiden Komponenten von α Centauri bestimmt. Für die hellere ergab sich — 24.5 km, für die schwächere — 19.1 km. Da der scheinbare Durchmesser der Bahn und die Umlaufsperiode dieses Doppelsterns gut bekannt sind, so läßt sich unter Berücksichtigung der Bahnneigung aus den Radialgeschwindigkeiten der lineare Abstand der beiden Körper und damit auch die Parallaxe des Sterns berechnen. Sie wurde = 0.76″ gefunden, während der beste aus vieljährigen Heliometermessungen durch Gill und Elkin abgeleitete Wert 0.75″ beträgt.

Der Sirius hat als Doppelstern nach der theoretischen Entdeckung seines Begleiters durch Bessel besonderes Interesse gewonnen. Im Jahre 1862 wurde der vermutete Begleiter von A. Clark tatsächlich als ein Stern 8.5^m entdeckt. Er ist also gar nicht so schwach, nur wird er durch den um 10 Größenklassen helleren Sirius überstrahlt. Die Bahn, die Parallaxe und das Massenverhältnis sind so genau bekannt, daß für jeden Augenblick die Bewegung des Hauptsterns in der Blickrichtung berechnet werden kann. Auf der Lick- und Yerkessternwarte sind zur Kontrolle einige Jahre hindurch die Geschwindigkeiten auch spektrographisch beobachtet worden. Zieht man von den Ergebnissen die Schwerpunktsgeschwindigkeit des Systems im Betrage von — 7.4 km ab, so erhält man die auf S. 341 stehende sehr gut stimmende Tabelle. An der

Anwendbarkeit des DOPPLERschen Prinzips in der Astronomie ist demnach nicht der geringste Zweifel mehr möglich. Erst bei den in der letzten Zeit beobachteten ganz ungeheuren Geschwindigkeiten der Spiralnebel wird neuerdings zu überlegen sein, ob neben dem DOPPLEReffekt hier noch andere Ursachen eine Rolle spielen können.

Datum	Beob. Geschw.	Berechn. Geschw.
1897.0	— 3.2 km	— 3.1 km
1898.1	— 5.9 „	— 3.9 „
1898.7	— 3.6 „	— 4.4 „
1999.9	— 4.8 „	— 5.0 „
1901.9	— 4.8 „	— 5.9 „
1902.1	— 6.9 „	— 5.9 „
1903.1	— 6.9 „	— 6.3 „
1905.0	— 5.4 „	— 6.8 „
1905.1	— 7.4 „	— 6.9 „

Zu Beginn dieses Abschnittes war die Ansicht geäußert worden, daß die Entdekkung und Verfolgung so enger Doppelsterne wie der spektroskopischen kaum auf einem anderen als dem hier skizzierten Wege möglich gewesen wäre. Diese Anschauung muß gegenwärtig insofern berichtigt werden, als es nach vielen vergeblichen Versuchen endlich gelungen ist, für die Beobachtung sehr enger, visuell nicht mehr trennbarer Doppelsterne auch die Interferenzmethode nutzbar zu machen.

Die theoretische Begründung und Ausarbeitung des Verfahrens ist dem Physiker MICHELSON zu verdanken, der es im Laboratorium als brauchbar er-

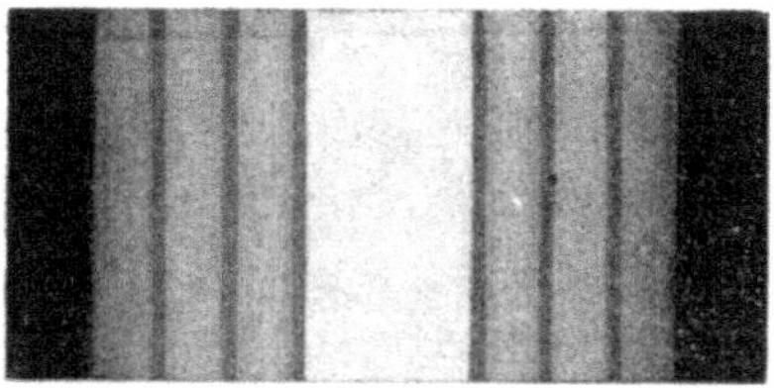

Abb. 207. Ideales Interferenzbild eines Sternes bei Anwendung einer Spaltblende.

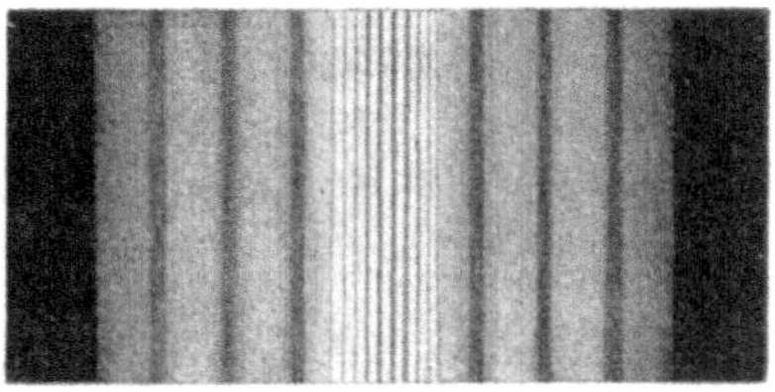

Abb. 208. Ideales Interferenzbild eines Sternes bei Anwendung von zwei Spaltblenden.

probte und dann seine umständliche und schwierige Anwendung auf die Himmelskunde anregte.

Wie wir bereits wissen (S. 145), entstehen von punktförmigen Objekten wie den Fixsternen im Fernrohr Beugungsbilder, helle, winzige Scheibchen, die von Interferenzringen umgeben sind. Durch die Dimensionen des Objektivs, durch die Brennweite desselben und durch die Wellenlänge des einfallenden Lichtes sind die Sternscheibchen sowie die hellen und dunklen Ringe nach Lage und Helligkeit streng definiert (Abb. 103).

Wird vor dem Objektiv ein Spalt angebracht, so erhält man im Brennpunkte an Stelle des Scheibchens ein senkrecht zum Spalt verlaufendes Lichtband, dem links und rechts die Minima und Maxima der Beugungsstreifen parallel vorgelagert sind (Abb. 207). Hätten wir vor der Objektivöffnung nicht einen, sondern zwei parallele Spalte, so würden sich die Lichtstrahlen, die beide passieren, derart vereinigen, daß in dem mittelsten hellen Sternband ein neues sehr enges Streifensystem entsteht (Abb. 208). Es ist zu beachten, daß dieses System von dunklen und hellen Linien da auftritt, wo die Sterne sonst nur ein nicht mehr zu verkleinerndes Interferenzscheibchen geben.

Gesetzt nun den Fall, daß wir es nicht mit einem punktförmigen Objekt, sondern mit einem sehr engen Doppelstern zu tun haben, so werden bei

Anwendung von zwei Spalten zunächst die beiden von den Komponenten erzeugten Streifensysteme einander überdecken und sich gegenseitig verstärken. Es läßt sich aber zeigen, daß sehr wohl ein ganz bestimmter Abstand der beiden Sterne und eine bestimmte Lage ihrer Verbindungslinie zu den Spaltkanten denkbar ist, in der gerade ein dunkler Streifen des einen Sterns auf einen hellen des anderen fällt, so daß sich beide Streifensysteme aufheben, als ob sich nur ein Spalt vor dem Objektiv befände.

Um nun jeden Stern und jede nur mögliche kleine Distanz untersuchen zu können, sind die beiden Spalte von MICHELSON derartig vor dem Objektiv angebracht worden, daß sie im Positionswinkel gedreht und außerdem einander meßbar genähert, bzw. voneinander entfernt werden können. Je weiter die Spalte auseinandergerückt werden, desto enger rücken die Beugungsstreifen aneinander, und desto engere Doppelsterne können untersucht werden, schließlich versagen auch die stärksten Okulare, wenn nicht schon vorher die Spalte die Objektivränder erreichen. Die letzte Schwierigkeit läßt sich wie beim Scherenfernrohr durch Verwendung von weit ausladenden periskopischen Spiegeln beseitigen, immerhin bleiben die Untersuchungen überaus mühsam und schwierig.

Ist für einen Spaltabstand a ein Verschwinden der Streifen beobachtet, so ist die Distanz d der beiden Sternkomponenten gleich der halben vom Objektiv aus gesehenen Streifenbreite für den gegebenen Spaltabstand. Bezeichnet λ die Wellenlänge des verwendeten Lichtes und f die Brennweite, so ist in linearem Maß

$$d = \frac{1}{2}\frac{f}{a}\lambda.$$

Da ein Objektiv vom Durchmesser a eine Trennkraft

$$d = 1.22\,\lambda\,\frac{f}{a}$$

hat (S. 145), so kann man demnach hoffen, mit demselben Instrument selbst ohne die vorhin erwähnte periskopische Spiegelvorrichtung die Distanzen auf etwa die Hälfte der normalerweise am Okular erreichbaren Werte herabzudrücken.

Trotz der Beharrlichkeit, mit der MICHELSON an der Idee festhielt und trotz der Aussichten, die sie bot, hat es recht lange gedauert, bis sie zu positiven Ergebnissen geführt hat. Das erste brauchbare Resultat ist 1919—1920 mit dem 100zölligen HOOKERspiegel des Mt. Wilsonobservatoriums von ANDERSON erzielt worden, und zwar an dem hellsten spektroskopischen Doppelstern des Himmels, Capella.

Bereits bei den ersten Potsdamer Spektralaufnahmen war es bemerkt worden, daß manche Spektra von α Aurigae sehr unscharf ausfielen. CAMPBELL und NEWALL erkannten bald, daß das Scharf- bzw. Unscharfwerden der Linien periodisch erfolgt, daß also α Aurigae ein spektroskopischer Doppelstern ist. Die Verbreiterung der Linien erfolgt symmetrisch zu ihrer mittleren Lage, die beiden Körper müssen also nahe gleiche Geschwindigkeit, demnach auch nahe gleiche Masse besitzen. Als Umlaufszeit wurden 104 Tage gefunden. Die maximale Winkeldistanz konnte bei der bekannten Parallaxe des Sterns auf etwa 0.05″ geschätzt werden, sie durfte also für die amerikanischen Instrumente, die bereits auf direktem Wege eine Trennung von Sternen bis zu 0.1″ gestatten, zweifellos einen Erfolg versprechen. Tatsächlich ist es dann auch ANDERSON nicht nur gelungen, auf dem vorgezeichneten Wege Capella als Doppelstern leicht zu erkennen, sondern auch die Elemente der Bahn aus den mit dem Interferometer beobachteten Positionswinkeln und Distanzen der Komponenten auf das genaueste zu bestimmen. Die verbesserte Umlaufsperiode von α Aurigae beträgt danach 104.006^d und der Winkelabstand der Komponenten 0.05249″, was bei einer Parallaxe $p = 0.06''$ einer gegenseitigen Entfernung der beiden Sterne von 131000000 km gleichkommt. Die beiden fernen Sonnen bilden demnach ein engeres Paar als das System Sonne—Erde. Ihre Massen betragen aber das 4.6- bzw. das 3.6fache der Sonnenmasse, wodurch sich die Kürze der Umlaufsperiode — ein reichliches Vierteljahr — ohne weiteres erklärt.

Giganten und Zwerge. Bevor wir auf die Beziehungen zwischen den Spektren bestimmter Sternklassen und ihren Entfernungen, also auf die sog. spektroskopischen Parallaxenbestimmungen eingehen, müssen einige auch für unsere sonstigen kosmischen Gesamtanschauungen überaus wichtige, allerdings nicht strenge Gesetze behandelt werden, die trotz aller scheinbarer Regellosigkeit in der Helligkeit, dem Spektrum und der räumlichen Verteilung der Fixsterne offenbar bestehen.

Wenn hier irgendwelche Beziehungen zwischen Helligkeit und Spektrum aufgestellt werden sollen, so ist es zunächst klar, daß dabei nur die absolute, nicht die scheinbare Helligkeit gemeint sein kann. Ist die Parallaxe eines Sterns bekannt, so bedarf es nur einer Verabredung, auf welchen Einheitswert der letzteren die Helligkeiten bezogen werden sollen, um nach entsprechender Umrechnung unmittelbar vergleichbare Größen zu erhalten. Von den verschiedenen Vorschlägen, die teils auf volle Einheiten der Parallaxensekunden (z. B. das Parsek, $p = 1''$) oder auf den abgerundeten Wert einer bestimmten Fixsternentfernung (z. B. das Siriometer, $p = 0.2''$) für diesen Zweck zurückgreifen, hat sich schließlich die von KAPTEYN angewendete Entfernungseinheit $p_0 = 0.1''$ allgemein eingebürgert. Sie entspricht einem Abstand von 32.6 Lichtjahren und hat den Vorzug, daß beim Umrechnen der Sternhelligkeiten auf diese Entfernung absolute Größen resultieren, die im allgemeinen zwischen -2^m und 8^m liegen. Dies entspricht der großen Zahl der mit bloßem Auge oder mit sehr bescheidenen optischen Hilfsmitteln sichtbaren scheinbaren Helligkeiten der Sterne, so daß die üblichen Begriffe hell und schwach auch bei ihrer Anwendung auf die absoluten Größen erhalten bleiben.

Die Beziehung zwischen der Parallaxe p eines Sterns und seiner scheinbaren Größe m einerseits, der Normalparallaxe $p_0 = 0.1''$ und der absoluten Größe m_0 andererseits ist recht einfach. Bezeichnet man mit i und i_0 die Intensitäten, die m und m_0 entsprechen, so ist nach der Größendefinition (S. 92)

$$\frac{i}{i_0} = 2.512^{(m_0 - m)}$$

oder nach Einsetzung der Parallaxen und Berücksichtigung des quadratischen Gesetzes der Lichtabnahme

$$\frac{p^2}{p_0^2} = 2.512^{(m_0 - m)}.$$

Setzt man $p_0 = 0.1''$ und logarithmiert, so erhält man

$$2 \log p + 2 = 0.4\ (m_0 - m)$$

oder

$$m_0 = m + 5 + 5 \log p$$

bzw.

$$\log p = \frac{m_0 - m}{5} - 1.$$

Die beiden letzten leicht zu merkenden Formeln werden in der Astrophysik dauernd verwertet, und wir werden später noch wiederholt auf die in ihnen ausgedrückten Beziehungen zurückgreifen müssen. Da der angenommene Normalabstand dem 2062648fachen der Sonnenentfernung von der Erde entspricht, so würde die Helligkeit der Sonne (-26.7^m) im Abstand $p_0 = 0.1''$ rund $4.25 \cdot 10^{12}$ geringer sein als jetzt. In Größenklassen ausgedrückt, beträgt das 31.6^m, d. h. die absolute Helligkeit der Sonne ist 4.9^m (S. 177).

Eine Nebeneinanderstellung der Sterne nach ihren absoluten Helligkeiten konnte erst dann die Andeutung von Gesetzmäßigkeiten versprechen, als eine genügende Anzahl von sicheren Parallaxen vorlag. Vorher konnte man diese Gesetzmäßigkeiten höchstens ahnen. So ergaben einige sehr helle Sterne der Klasse B, wie Rigel, Regulus, Spica, und einige bekannte Objekte der Klasse M, wie Beteigeuze, Antares und γ Crucis außerordentlich geringe Parallaxen, d. h. sehr große Entfernungen. Selbst wenn ihre Parallaxe im Mittel $= 0.01''$, also wohl sicher noch zu groß angenommen wurde, fand man für diese Sterne absolute Helligkeiten von etwa -4^m, die auf wahre Giganten hindeuteten. Anderseits kannte man einige andere Sterne, die, wie 61 Cygni oder der bekannte Schnelläufer Grombridge 1830, sehr merkliche Parallaxen trotz ihrer geringen scheinbaren Helligkeit aufwiesen und mit ihren absoluten Helligkeiten von $7\frac{1}{2}^m$ bzw. $6\frac{1}{2}^m$ gemeinsam mit der Sonne (5^m) jenen Riesen als wahre Zwergwelten gegenüberstanden. Welche Spektralklassen indessen an der Bildung von solchen Groß- und Kleinwelten besonders beteiligt sind, war lange eine offene Frage.

Als der amerikanische Astronom Russell 1912 an die Ordnung der Sterne nach Helligkeiten, Spektralklassen und Entfernungen ging, standen ihm ungefähr 140 direkt gemessene und etwa ebenso viele aus den parallelen Bewegungen der damals bekannten Sternströme abgeleitete sichere Parallaxen zur Verfügung. So gering dieses Material auch gegenüber der großen Zahl der Sterne erscheinen mag, so läßt es doch deutlich erkennen, daß die große Mehrzahl der Sterne eine sehr auffallende Korrelation zwischen dem Spektrum und der absoluten Helligkeit zeigt. Es wurde nämlich gefunden:

Sp.	Sternzahl	Abs. Gr.
A 0	6	$+1.4^m$
A 4	7	$+2.5$
F 1	5	$+4.2$
F 5	9	$+4.3$
F 8	8	$+5.1$
G 0	29	$+5.7$
G 5	19	$+5.7$
K 0	28	$+7.1$
K 4	19	$+9.2$
Ma	10	$+9.9$

Sp.	Sternzahl	Abs. Gr.
B 2	21	-1.2^m
B 8	8	$+0.3$
A 0	13	$+0.5$
A 4	26	$+1.7$
F 0	15	$+2.4$
F 5	12	$+3.7$
G 0	18	$+5.0$
G 5	9	$+5.1$
K 0	9	$+6.4$
K 4	7	$+7.0$

Die linke Tabelle bezieht sich auf zerstreute Sterne mit trigonometrisch bestimmten Entfernungen, die rechte ist auf der Parallaxe von vier Sternströmen gegründet.

Trägt man diese Beziehungen graphisch auf (Abb. 209), getrennt nach den beiden Tabellen, so erhält man in beiden Fällen recht glatte, fast lineare Beziehungen, die vielleicht für beide Gruppen nicht genau identisch sind, aber doch einander sehr ähnlich verlaufen; denn es darf nicht vergessen werden, daß die eingetragenen Punkte Mittelwerte sind, und daß im einzelnen die Helligkeiten um diese Mittelwerte merklich streuen. Die beiden gerissenen parallelen Linien, die die beobachteten Kurvenpunkte reichlich einschließen, geben etwa die Grenzen dieser Streuung an.

Die RUSSELLsche Feststellung ist von außerordentlicher Wichtigkeit. Sie zeigt, daß die absoluten Helligkeiten der Sterne nicht regellos verteilt, sondern sehr einfache Funktionen der Spektraltypen sind, daß es also danach möglich ist, für jeden beliebigen Stern mit bekanntem Spektrum seine absolute Helligkeit innerhalb enger Grenzen abzuschätzen.

Numeriert man die Spektraltypen derart, daß B = 0, A = 1, F = 2 und M = 5 gesetzt wird, so ist innerhalb eines wahrscheinlichen Fehlers von etwa $\pm$ 1.5 Größenklassen die absolute Helligkeit eines Sterns durch eine der Gleichungen

$$m_0 = -\,1.6^m + 2.2^m \cdot \mathrm{Sp.}$$

oder

$$m_0 = -\,1.1^m + 2.1^m \cdot \mathrm{Sp.}$$

gegeben. Der erste Ausdruck entspricht der Gesamtdarstellung der Abb. 209, der zweite schließt sich in erster Linie den Sternen der Klassen A bis K an, die in überwiegender Mehrzahl am Himmel vorkommen. Ist m_0 nach einer dieser Formeln (am besten der zweiten) bestimmt, so braucht man nur auf die S. 344 abgeleitete Parallaxenformel zurückzugreifen, um so aus der scheinbaren photometrischen Helligkeit und dem Spektraltypus sogleich den Abstand des Sterns zu ermitteln.

Das RUSSELLsche Gesetz ist indessen nicht ganz eindeutig. Zunächst ist es nicht ausgeschlossen, daß bei wesentlich größerem Material die Streuung sich als merklich breiter erweist, als sie die noch nicht 300 Objekte der RUSSELLschen Liste ergaben. Daß die Regel aber auch sehr starke Abweichungen zeigen kann, lehren die bereits erwähnten Riesen unter den helleren Sternen, die nicht nur am Anfang der Reihe vorkommen, sondern, wie die Fälle von Beteigeuze und Antares leh-

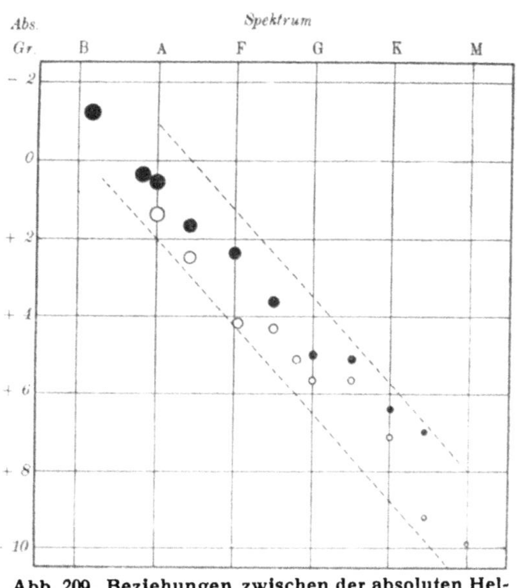

Abb. 209. Beziehungen zwischen der absoluten Helligkeit und den Spektren der Sterne. (Nach Russell.)

ren, sich bis zur M-Klasse erstrecken und hier gegen die Normalreihe der Zwergwelten besonders hervorstechen.

In der folgenden Tabelle sind die 22 hellsten Sterne des Himmels, die alle Spektraltypen von B bis M umfassen, mit ihren Parallaxen und absoluten Helligkeiten enthalten. Während die sehr hellen Sterne der Klassen B bis A noch als Streuerscheinung einer einheitlichen mittleren Größe betrachtet werden können, unterliegt es keinem Zweifel, daß etwa von der Klasse F an nur ein Teil der Sterne dem Gesetz der Abb. 209 folgt, d. h. mit fortschreitender Spektralklasse immer schwächer wird. Eine andere nicht unbeträchtliche Gruppe von Sternen richtet sich nicht nach der Regel, sondern nimmt durch die ganzen Spektralklassen hindurch so wenig an Helligkeit ab, daß man hier bei der geringen Zahl der untersuchten Sterne vorläufig nur von einer Konstanz der absoluten Größe sprechen kann.

Stern	Sp.	scheinb. Gr.	p	abs. Gr.
α Can mai.	A0	-1.6^m	0.38″	$+1.3^m$
α Argus	F0	-0.9	0.01 :	-5.9 :
α Centauri	G0	0.1	0.75	$+4.4$
α Lyrae	A0	0.1	0.10	$+0.1$
α Aurigae	G0	0.2	0.07	-0.6
α Bootis	K0	0.2	0.08	-0.6
β Orionis	B8	0.3	0.01 :	-4.7 :
α Can. min. . . .	F5	0.5	0.31	$+3.0$
α Eridani	B5	0.6	0.04	-1.4
α Orionis.	Ma	0.9	0.02	-2.6
β Centauri	B1	0.9	0.03	-1.7
α Aquilae	A5	0.9	0.24	$+2.8$
α Crucis	B1	1.0	0.01 :	-4.0 :
α Tauri	K5	1.1	0.06	0.0
β Gemin.	K0	1.2	0.06	$+0.1$
α Virginis	B2	1.2	0.01	-3.8
α Scorpii.	Map	1.2	0.03	-1.4
α Pisc. austr. . . .	A3	1.3	0.14	$+2.1$
α Cygni	A2	1.3	0.01 :	-3.7 :
α Leonis	B8	1.3	0.02	-2.2
β Crucis	B1	1.5	0.01 :	-3.5 :
α Gemin.	A0	1.6	0.07	$+0.8$
Sonne	G0	-26.7	—	$+4.8$

Trotz der zweifellosen Verwirrung, die durch die Giganten in der normalen Sternreihe angerichtet wird, werden doch die Verhältnisse nicht derartig getrübt, daß man etwa aus den übrig bleibenden Gesetzmäßigkeiten nichts mehr entnehmen könnte. An der Gabelung der beiden Zweige, also etwa von F bis G, wird es in den meisten Fällen nicht ganz einfach sein, die Normalreihe von den Giganten zu trennen, je größer aber der Abstand der beiden Zweige wird, desto leichter wird eine Entscheidung ausfallen. Zwischen K und M sind Mittelglieder sehr selten, d. h. die gelbroten und roten Sterne am Himmel sind entweder Zwerge oder Giganten, so daß bei der merklichen Divergenz die beiden Äste schließlich um volle 9 Größenklassen auseinanderklaffen.

Spektrum	F0—F9	G0—G9	K0—K3	K4—K9	Ma-Md
Giganten	$+1.1:^m$	$+0.6^m$	$+1.3^m$	$+1.4^m$	$+1.6^m$
Zwerge	$+4.1$	$+5.3$	$+6.3$	$+7.8$	$+10.8$

An Stelle der Eindeutigkeit der ursprünglichen Russellschen Regel liegt hier also eine Zweideutigkeit vor. Für jeden Stern der Klassen F5 bis M sind demnach zwei Annahmen über die absolute Helligkeit möglich, die hier in einer kleinen Tabelle und in einer graphischen Darstellung (Abb. 210) ihren Ausdruck gefunden haben. Die Zahlen sind 1917 von Adams und Joy aus 500

Sternen bekannter Parallaxe abgeleitet worden und stellen im wesentlichen unsere jetzigen Kenntnisse über die Verteilung der Giganten und Zwerge in dem uns zunächstliegenden Himmelsraum dar.

Durchmesser der Fixsterne. Wenn es auch heute in zahlreichen Fällen nicht schwierig ist, die auf dem RUSSELLschen Wege abgeleiteten absoluten Helligkeiten ihrer Wahrscheinlichkeit nach abzuschätzen und den einen Wert auszuschalten, so war es doch das Bestreben der Astrophysiker, in den spektralen Eigentümlichkeiten der Giganten und Zwerge eindeutige Unterschiede festzustellen.

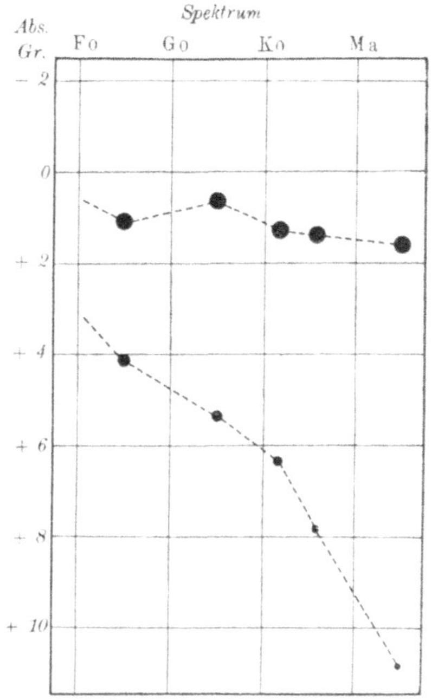

Abb. 210. Verteilung der Giganten und Zwerge unter den nächstliegenden Fixsternen. (Nach Adams u. Joy).

Soweit unsere Kenntnisse bei den Doppelsternen mit berechneten Bahnelementen reichen, ist die Verteilung der Massen im Raume wesentlich gleichartiger ausgefallen, als die Verteilung der Helligkeiten. Mit einiger Annäherung an die Wirklichkeit kann man demnach behaupten, daß die in jedem einzelnen Stern enthaltene Quantität der Materie ungefähr die gleiche ist. Es kommen zwei-, drei-, ja zehnfache Überschreitungen einer mittleren Masse wiederholt vor, größere Faktoren sind indessen recht selten. Auf unsere Zwerge und Giganten der gleichen Spektralklasse übertragen, bedeutet das nichts anderes, als daß sich diese Objekte, die nicht nur die gleiche Zusammensetzung der Atmosphären, sondern, wie wir später sehen werden, auch die gleiche Temperatur und die gleiche Oberflächenhelligkeit haben, sehr merklich durch ihre Dimensionen unterscheiden müssen. Die Giganten F—M sind also nicht nur absolut sehr helle, sondern auch sehr große, die Zwerge nicht nur lichtschwache, sondern tatsächlich auch sehr kleine Weltkörper.

Nachdem es gelungen ist, genau so wie bei der Sonne auch für die einzelnen Spektralklassen der Sterne die effektive Temperatur zu bestimmen, bietet die theoretische Ableitung von Sterndurchmessern keine besonderen Schwierigkeiten mehr.

Es seien l und l_0 die wahre Leuchtkraft oder die absolute Intensität von Stern und Sonne, die die Radien r und r_0 haben mögen, so ist bei bekannter Parallaxe das Verhältnis $l : l_0$ ohne weiteres bekannt. Das Verhältnis der Flächenhelligkeiten $h : h_0$ erhält man dann durch Multiplikation des Ausdrucks mit dem umgekehrten Verhältnis der Flächen, d. h. mit dem Quotienten von r_0^2 durch r^2. Nun ist aber nach dem STEFAN-BOLTZMANNschen Gesetz die Helligkeit eines Flächenelementes proportional der 4. Potenz der Temperatur, d. h. es ist, bezogen auf die Sonnentemperatur τ_0

$$\frac{h}{h_0} = \frac{l}{l_0} \cdot \left(\frac{r_0}{r}\right)^2 = \left(\frac{\tau}{\tau_0}\right)^4.$$

Ist demnach durch Parallaxen- und Helligkeitsmessungen $l : l_0$, aus den Spektren $\tau : \tau_0$ bestimmt, so läßt sich der Sternradius aus

$$r^2 = \left(\frac{\tau_0}{\tau}\right)^4 \frac{l}{l_0} r_0^2$$

ohne weiteres berechnen. Es ist dies nichts weiter, als eine Umkehrung der bereits auf S. 339f. gelösten Aufgabe.

Auf diesem oder einem ähnlichen Wege sind von verschiedenen Seiten sog. effektive Sterndurchmesser theoretisch abgeleitet worden. Die zuverlässigste, auf den besten Parallaxen- und Temperaturwerten beruhende Zusammenstellung dieser Art ist 1920 von WILSING für 104 hellere Sterne gegeben und zu der nebenstehenden und nach Spektraltypen geordneten Tabelle vereinigt worden. Von der Spektralklasse K an streuen die Einzelwerte der in Einheiten des Sonnenradius ausgedrückten Sternhalbmesser r bereits recht stark. Immerhin ist nicht zu übersehen, daß unsere näheren B-, A- und F-Sterne wohl sehr helle aber relativ kleine, die nächsten G-, K- und M-Sterne sehr helle und gleichzeitig auch sehr große Weltkörper sind.

Spektralklasse	Sternzahl	r
B	12	8.6
B—A	4	5.9
A—F	8	2.1
F	12	5.0
G	14	8.9
K, höhere Temp.	21	16.7
K, tiefere „	12	32.1
Ma	10	50.6
Mb	9	61.0

Für einige der hellsten Rotsterne des Himmels, wie α Herculis, α Orionis, γ Andromedae u. a., erhält man von dem Tafelmittel merklich abweichende Dimensionen, deren Größenordnung dem Abstand der Erde von der Sonne nahekommt oder diesen Wert gar übertrifft. Trotz der großen Entfernung der hellsten Rotgiganten muß demnach auch ihr scheinbarer Durchmesser im Winkelmaß ziemlich beträchtlich sein. RUSSELL, EDDINGTON u. a. haben wiederholt auf diese Tatsache hingewiesen und aus den Parallaxen und den effektiven linearen Dimensionen die scheinbaren Durchmesser dieser Sterne berechnet. Für die vier hellsten K- bzw. M-Sterne des Himmels sind die betreffenden Winkel in der nebenstehenden Tabelle verzeichnet. Wenn auch die Zahlenwerte jede Aussicht auf eine direkte Wahrnehmung der Sterndurchmesser im Fernrohr von vornherein ausschließen, so sind sie nicht so klein, daß es hoffnungslos wäre, sie auf einem Umwege doch noch einmal zu erhalten.

Stern	Sp.	Gr.	Russell	Eddington
α Orionis	Ma	0.9^m	0.031″	0.051″
α Scorpii	Ma	1.2	0.028	0.043
α Tauri	K5	1.1	0.024	0.022
α Bootis	K0	0.2	0.019	0.020

Einen solchen Umweg bietet die MICHELSONsche Interferenzmethode, die bereits bei der Bahnbestimmung der Capella (S. 343) einen so vielversprechenden Erfolg errungen hat. Die dort erwähnten, durch den beweglichen Doppelspalt erzeugten innersten Interferenzstreifen (Abb. 208) zeigen nämlich in ihrem Helligkeitsverlauf auch eine merkliche Abhängigkeit von der Form der Lichtquelle. Ist der Stern absolut punktförmig, so bleiben die Streifen gleichscharf ohne Rücksicht auf die Spaltstellung. Bei einer Lichtquelle mit merklichem Durchmesser werden dagegen die Streifen mit abnehmendem Spaltabstand schärfer, mit zunehmendem schwächer, bis sie schließlich ganz verschwinden. Durch Beobachtung des Spaltabstandes für diesen Moment läßt sich der Winkeldurchmesser des beobachteten Objektes bestimmen.

Abb. 211. Die wahren Durchmesser von Beteigeuze, Antares, Arkturus und Sonne.

Ein positiver Erfolg ist der Methode erst in der neuesten Zeit beschieden gewesen. Tatsächlich ist es MICHELSON und seinem Mitarbeiter PEASE auf dem Mt. Wilson geglückt, auf dem Wege der Interferenzbeobachtung die scheinbaren Durchmesser von Beteigeuze, Antares und Arkturus zu messen. Die betr. Winkelwerte ergaben sich zu 0.047″, 0.040″ und 0.024″, woraus lineare Durchmesser von 2.9, 1.7 und 0.2 in Einheiten des Sonnenabstandes von der Erde folgen, wenn für die entsprechenden Parallaxen (S. 301) 0.016″, 0.023″ und 0.116″ angenommen wird. Ein Vergleich mit der Sonne ergibt sich am besten durch Betrachtung einer Umrißfigur der vier Weltkörper (Abb. 201). Im Bereiche der Beteigeuze würde demnach unser Sonnensystem fast genau bis zur Marsbahn Platz finden.

Die Bestimmung der Durchmesser der Fixsterne bildet sowohl für die praktische wie für die theoretische Anwendung der Physik auf die Himmelskörper eine Errungenschaft von allergrößter Bedeutung. Die praktischen Ergebnisse bezüglich der Sterndurchmesser bestätigen ja auffallend genau die auf Grund der Strahlungsgesetze berechneten Winkelwerte. Die für die einzelnen Spektraltypen und somit auch für die Sonne abgeleiteten effektiven Temperaturen müssen demnach sehr nahe identisch mit den wahren Temperaturen dieser Gestirne sein, mit anderen Worten, die spektrale Strahlung der Sterne entspricht innerhalb enger Grenzen der Strahlung des schwarzen Körpers. Auf die Wahrscheinlichkeit eines solchen Ergebnisses ist bereits bei der Sonne (S. 234) hingewiesen worden. Die neuerdings erzielte Gewißheit in dieser Hinsicht hat jedenfalls das Vertrauen zu den astrophysikalischen Ergebnissen der letzten Zeit sehr wesentlich gefestigt.

Spektroskopische Parallaxen. Vergleicht man den Riesen Beteigeuze etwa mit dem 1916 entdeckten, uns sehr nahen BARNARDschen Zwergstern im Ophiuchus, der die Größe von Uranus oder Neptun haben mag, so erscheint bei Annahme der gleichen Größenordnung der Massen die Identität der Spektra zweier so verschieden großer und daher auch verschieden dichter Weltkörper sehr merkwürdig. Trotz der oberflächlichen Gleichheit der Spektra konnte es daher keinem Zweifel unterliegen, daß die verschiedene physische Beschaffenheit der Sterne sich auch in irgendwelchen Abweichungen des kontinuierlichen Spektrums oder in Linieneigentümlichkeiten äußern müßte.

Die Untersuchung dieser Angelegenheit ist von HERTZSPRUNG, A. KOHLSCHÜTTER, ADAMS u. a. aufgenommen worden, bis es gelungen ist, nicht nur die Zwerge und Giganten nach spektralen Eigentümlichkeiten zu trennen, sondern danach auch innerhalb der beiden Gruppen die absoluten Helligkeiten der Sterne mit überraschender Schärfe zu bestimmen.

Obwohl die Spektra der Zwerg- und Gigantenserie Linie für Linie übereinstimmen, ist das Aussehen einiger Absorptionen doch ein grundverschiedenes. Der auffälligste Unterschied, auf den KOHLSCHÜTTER und ADAMS aufmerksam wurden, besteht darin, daß bei den Giganten der Klassen F5—K5 die Kalziumlinie λ 4455, bei den Zwergen umgekehrt die Strontiumlinie λ 4216 sich durch besondere Auffälligkeit bemerkbar machen. Eine Zusammenfassung und Untersuchung der Sterne aller Typen zwischen F5 und K5 mit bekannter Parallaxe führte nun zu dem weiteren sehr wichtigen Ergebnis, daß die beiden Linien nicht nur die Zwerge und Giganten scharf trennen, sondern noch je nach der Stärke ihres Auftretens die Lage der Sterne innerhalb der Gruppen viel charakteristischer verraten, als dies nach der rein statistischen RUSSELLschen Regel erwartet werden durfte. Wurde die Stärke der Linien λ 4455 und 4216 zwischen einige andere unveränderliche Absorptionen der gleichen Spektralklasse, etwa λ 4494 und λ 4250, eingeschätzt, so erhielt man aus den empirischen Eichungen an hellen Sternen mit bekannter Parallaxe eine nahe lineare Beziehung zwischen absoluter Helligkeit und Linienstärke. Die Streuung der Einzelwerte ist dabei so gering, daß es heute keinem Zweifel mehr unterliegt, daß man auf diese Weise die absoluten Helligkeiten auf etwa $\pm 0.4^m$ abschätzen und daraus die Parallaxen der Sterne fast mit der gleichen, bei sehr kleinen Werten sogar mit höherer Genauigkeit bestimmen kann, als nach dem trigonometrischen Verfahren. Wenn man bedenkt, wie überaus mühselig das letztere ist, wie begrenzt es durch die Tatsache erscheint, daß Parallaxen um den Betrag $p = 0.01''$, der etwa 300 Lichtjahren entspricht, auch für die vollkommensten Messungen die Grenze bilden, wird man die Wichtigkeit der Entdeckung erst genügend würdigen. Für die Eichung des interstellaren Raumes ist ein neues genaues Verfahren gefunden, mit dem selbst die fernsten Abstände überbrückt werden können, wenn die Lichtquelle nur stark genug ist, um ein einigermaßen gut ausexponiertes Spektrum zu geben.

Ein erster Katalog von 500 spektroskopischen Parallaxen wurde von ADAMS und seinen Mitarbeitern im Jahre 1917, ein zweiter, enthaltend 1646 Sterne, im Jahre 1921 herausgegeben. Die Übereinstimmung mit den besten trigonometrischen Werten des Allegheny-, Mc. Cormick-, Yerkes- und Mt. Wilsonobservatoriums ist bereits so weit erzielt, daß man für Sterne der Klassen F5 bis K5 beide Verfahren, das trigonometrische wie das spektroskopische, als nahe gleichwertig ansehen darf. Nach den Schätzungen von ADAMS sichert heute eine gute spektroskopische Parallaxe die Entfernung auf etwa 20%.

Unsicher werden die Ergebnisse erst bei den weißen Sternen der Klassen A bis F5 und bei den roten der Klasse M. Bei den Sternen F0 bis F5 mußten daher an Stelle der wenig veränderlichen Kalziumlinie die weitere Strontiumlinie λ 4077 und die wahrscheinlich dem Titan angehörende Absorption λ 4290, die alle mit zunehmender absoluter Helligkeit stärker werden, Verwendung finden. Bei den M-Sternen ergab sich außerdem noch eine Beziehung der Sterndimensionen zu der Intensität der Wasserstofflinien $H\beta$ und $H\gamma$ sowie zu einer unbekannten Absorption λ 4207 und der Strontiumlinie λ 4607.

Vielleicht ist es nicht überflüssig, den Blick auf einige bekannte Sterne des ADAMSschen 2. Kataloges zu werfen, um aus den Zahlen die Bedeutung der spektroskopischen Parallaxenmessung für die gesamte Astronomie zu ersehen. In die Tabelle sind alle spektroskopisch und trigonometrisch sicher bestimmten Sterne, die heller als 3. Größe sind, aufgenommen.

Im Gegensatz zu den früheren und späteren Tafeln ist die Klassifikation der Spektra hier nicht nach den Harvard- sondern nach den Mt. Wilsonschätzungen angegeben. Die beiden Systeme weichen zuweilen stark ab, so daß für die Erfordernisse der vorliegenden Aufgabe noch eine andere Einteilung der Spektra vorgenommen werden mußte. Die Sterne der Klassen F bis K, um die es sich hier hauptsächlich handelt, sind durch eine gesetzmäßige Abnahme der Stärke der Wasserstofflinien gekennzeichnet, so daß

Stern	Scheinb. Gr.	Sp.	Abs. Gr.	Parallaxe spektr.	Parallaxe trigon.
β Cassiop.	2.4^m	F2	+ 1.6^m	0.069″	0.071″
α „	2.5	G8	— 1.0	0.020	0.023
β Ceti	2.2	G6	+ 0.3	0.042	— 0.052
β Androm.	2.4	Ma	+ 0.5	0.042	0.049
α Ursae min.	2.1	F9	— 3.0	0.010	0.041
γ_1 Androm.	2.3	K2	— 0.1	0.033	0.010
α Arietis	2.2	K2	0.7	0.050	0.044
α Ceti	2.8	Ma	— 0.1	0.026	0.013
α Persei	1.9	F5	— 1.3	0.023	0.017
α Tauri	1.1	K4	+ 1.0	0.096	0.055
ι Aurigae	2.9	K3	0.0	0.026	— 0.011
α „	0.7	G1	+ 0.1	0.076	0.067
α Leporis	2.7	F4p	— 0.7	0.021	0.014
α Orionis	0.9	Ma	— 3.8	0.012	0.021
α Argus	— 0.9	(F0)	— 3:	0.038:	0.007
α Can. mai.	— 1.6	A3	+ 1.3:	0.376:	0.396
δ „ „	2.0	G2p	— 2.9	0.010	— 0.059
α Can. min.	0.5	F3	+ 3.2	0.347	0.309
β Gemin	1.2	G9	+ 1.7	0.126	0.064
ϱ Puppis	2.9	F7p	— 2.1	0.010	0.031
α Hydrae	2.2	K5	+ 0.1	0.038	0.004
γ_1 Leonis	2.6	G8	+ 0.8	0.044	0.000
α Ursae mai.	2.0	G8	+ 0.4	0.048	0.037
ϑ Centauri	2.3	K1	+ 1.0	0.055	— 0.062
α Bootis	0.2	K0	+ 1.2	0.158	0.075
α_1 Centauri	0.3	G6	+ 4.8	0.794	0.759
ε Bootis	2.7	G8	— 0.9	0.019	0.015
β Ursae min.	2.2	K4	+ 0.5	0.046	0.014
α Serpentis	2.8	K2	— 0.2	0.025	0.056
η Draconis	2.9	G6	+ 0.7	0.036	0.019
α Scorpii	1.2	Ma	— 2.7	0.017	0.029
β Herculis	2.8	G5	— 1.0	0.017	0.020
β Ophiuchi	2.9	K2	+ 0.6	0.035	0.025
γ Draconis	2.4	K5	+ 0.6	0.044	0.012
λ Sagittarii	2.9	K0	+ 3.2	0.115	0.069
γ Aquilae	2.8	K3	+ 0.3	0.032	0.034
γ Cygni	2.3	G0p	— 3.0	0.009	0.014
ε „	2.6	G7	+ 0.8	0.044	0.036
ε Pegasi	2.5	K0	— 0.3	0.028	0.006
β „	2.6	Mb	0.0	0.020	0.000

man in dem genannten Bereich die Spektraltypen nach der Stärke der Wasserstoffabsorptionen weit genauer gruppieren kann, als durch bloße Betrachtung des Gesamtspektrums. Diese sog. gemessenen Spektraltypen haben mit den geschätzten nur noch die eine Eigentümlichkeit, auf der ihre Ableitung beruht, gemeinsam und sind mit den sonst üblichen Angaben nicht ohne weiteres zu vergleichen. Zwecks Vermeidung einer Verwirrung sind sie in der Übersicht auf S. 351 fortgelassen worden.

Die Tabelle enthält nur einigermaßen sichere spektroskopische Parallaxen, wie sie vorläufig nur für gelbe oder rötliche Sterne erreichbar sind. Die absoluten Größen zeigen von neuem (S. 346), daß die helleren Sterne der Klassen G bis M in der Umgebung der Sonne fast ausnahmslos Giganten sind, eine Tatsache, die für unsere Vorstellungen über den Aufbau des die Sonne umgebenden Sternhaufens von großer Bedeutung ist.

Die hier berührten Arbeiten befinden sich zweifellos erst im Anfangsstadium. Vermutlich wird neben der Linienuntersuchung auch eine genauere Farbenindexbestimmung einmal eine Trennung der Sterne nach Zwergen und Giganten gestatten, wenigstens an den beiden Enden der Spektralreihe. Die Untersuchungen sind hier noch nicht abgeschlossen, doch steht es bereits fest, daß die Giganten G—M ein wenig tiefer gefärbt sind als die Zwerge, während die absolut helleren B- und A-Sterne weißer sind als die absolut schwächeren Individuen der gleichen Spektralklasse.

20. Die physische Beschaffenheit der Sterne.

Wenngleich die physikalische Deutung der Sternspektra in großen Zügen durch die Betrachtung der Vorgänge auf unserem nächsten Fixstern, der Sonne, gegeben ist, so fallen doch, von den Sonderklassen abgesehen, bereits in der Normalreihe der Sternspektra verschiedene Eigentümlichkeiten auf, für die nur zum Teil analoge Erscheinungen bei der Sonne vorliegen, und die noch im einzelnen besprochen werden müssen. Hierher gehören außer Abweichungen in der Zahl und Folge der Linien auch alle diejenigen Eigenschaften, die mit den Druckverhältnissen, der Temperatur und der Dichte der Gestirne im Zusammenhange stehen.

Die normalen Sternspektra. Etwa 98 oder 99% aller bisher untersuchten Fixsterne gehören der normalen Spektralskala B bis M an, mit einer ausgesprochenen Häufung der Objekte zwischen A und G. Ein Bild von den Prozentzahlen, die auf jede einzelne Klasse entfallen, wird sich erst dann geben lassen, wenn die Gesamtergebnisse der neuen amerikanischen Draperdurchmusterung vorliegen. Der erste Draperkatalog reicht nur bis zur 6. Größe; durch Mitnahme schwächerer Sterne wird vermutlich das Überwiegen der weißen Objekte am Himmel nicht so deutlich hervortreten, als es nach den bisherigen Untersuchungen (S. 323) der Fall war.

Betrachtet man die Spektra der Normalklassen etwas genauer, so wird man in ihnen eine kontinuierliche Folge erkennen, von den einfachsten bis zu den kompliziertesten Anordnungen der Linien. Das geht aus der ausführlichen Beschreibung der Sternspektra (S. 321 ff.) deutlich hervor, so daß wir uns hier auf die Hervorhebung und Deutung einiger Besonderheiten beschränken können.

Bereits VOGEL hatte eine besondere Abteilung den Sternen eingeräumt, in denen die Heliumlinien als Absorptionen auftreten. Wie wenig man aus der Abwesenheit dieser Linien Schlüsse auf das Fehlen eines Elements auf dem untersuchten Weltkörper ziehen darf, zeigt der Vergleich mit dem Sonnenspektrum. Hier sind im Gesamtlichte der Photosphäre die Heliumlinien nicht vorhanden, und doch spielen sie in der Chromosphäre eine große Rolle. Die B-Klasse deutet also wahrscheinlich nur auf eine größere Dichte des Heliums in den der Untersuchung zugänglichen Atmosphären der betreffenden Fixsterne hin.

Man kennt gegenwärtig nahe 700 Sterne der B-Klasse bis zur Sehgrenze des unbewaffneten Auges. Sie liegen größtenteils in der Milchstraße und bilden hier auffällige Gruppen, z. B. im Perseus, im Orion, im Skorpion, in den Plejaden usw. Mit einer einzigen Ausnahme (72 *G* Columbae) sind ihre Parallaxen und Eigenbewegungen überaus geringfügig, so daß sie fast durchweg als sehr ferne Sterne hoher absoluter Helligkeit (etwa -1^m bis -2^m) anzusehen sind.

Auf eine merkwürdige Eigentümlichkeit, die anscheinend nur der B-Klasse und deren Übergängen nach O zukommt, deutet das neuerdings von R. YOUNG genauer untersuchte Verhalten der Kalziumlinien *H* und *K* im Spektrum einiger dieser Sterne hin. Bereits HARTMANN hatte bei der Untersuchung des spektroskopischen Doppelsterns ζ Orionis festgestellt, daß die betreffenden Linien den veränderlichen Dopplereffekt nicht zeigen, doch gestattet erst die erwähnte, an 35 Sternen vorgenommene Nachprüfung einen Überblick über die Verhältnisse. Die Kalziumlinien nehmen danach in den beobachteten Fällen an den Erscheinungen etwaiger Bahnbewegungen nicht teil, zeigen auch eine andere mittlere Radialgeschwindigkeit wie die übrigen Linien im Spektrum. Diese ruhenden Kalziumlinien sind stets ungewöhnlich scharf; daß sie ganz eigenartigen Verhältnissen ihre Entstehung verdanken, ersieht man daraus, daß in Einzelfällen neben dem scharfen auch das übliche verwaschene Linienpaar auftritt, das dann an etwaigen periodischen Verschiebungen im Spektrum durchaus normal teilnimmt. In dem Sonderfalle β Lyrae ruhen neben den Linien *H* und *K* auch die Wasserstoff- und Heliumabsorptionen (S. 402).

Eine völlig einwandfreie Erklärung für die festen Linien ist noch nicht gefunden. Bei Doppelsternen müßte man schon annehmen, daß beide Sterne von einer die Bahn völlig umschließenden Atmosphäre umgeben sind, aber auch so bleibt vorläufig der hier und da auftretende Unterschied in der Schwerpunktsbewegung und manche andere Unklarheit bestehen.

Die Spektra der Klasse A sind durch das Überwiegen der Wasserstofflinien gekennzeichnet. Dieses Überwiegen der *H*-Serie ist unter Umständen so auffallend, daß überhaupt andere Linien nicht hervortreten (Abb. 212). In diesem Falle sind die Wasserstofflinien breit und verwaschen. Es ist wohl denkbar, daß einige Metallinien, insbesondere diejenigen des Kalziums und Magnesiums, bereits vorhanden sind, aber bei ähnlich verwaschener Form auf dem hellen

Abb. 212. Balmerserie des Wasserstoffes in einem Sternspektrum (Kl. A).

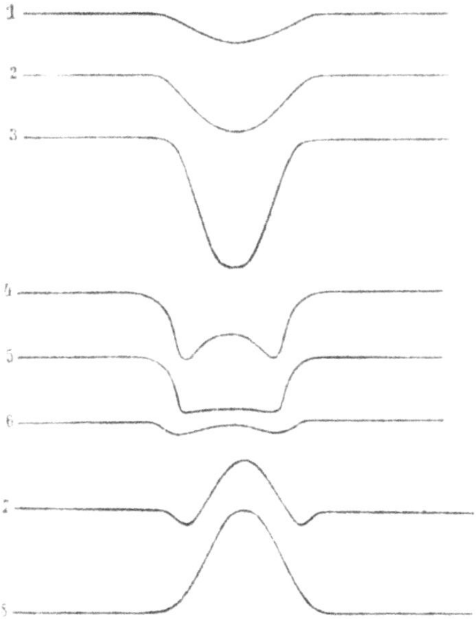

Abb. 213. Intensitätskurven von Wasserstofflinien in Sternspektren. 3) α Gemin. 5) η Urs. mai., 7) γ Cassiop.

kontinuierlichen Grunde einfach überstrahlt werden. Eine Bestätigung dieser Vermutung könnte man in der Tatsache erblicken, daß das erste Auftreten der Metallabsorptionen mit dem Schärferwerden der Wasserstofflinien eng verknüpft ist.

Der Umstand, daß in der Klasse A die Wasserstofflinien sehr kräftig, breit und verwaschen sind, läßt auf Grund der Folgerungen aus dem Kirchhoffschen Satze verschiedene Deutungen zu: große Dicke der Schicht, große Dichtigkeit bei geringer Schichtendicke oder sehr hohe Temperatur des Wasserstoffes. Welche von diesen Ursachen in jedem Einzelfalle überwiegt, entzieht sich der Beurteilung, doch kann man aus der Intensitätsverteilung des Lichtes innerhalb der verbreiterten Linien einige Schlüsse ziehen.

In Abb. 213 sind einige derartige Intensitätskurven von Wasserstofflinien verschiedener Sterne abgebildet, die heute mit dem Koch-Goosschen Mikrophotometer ganz automatisch aus den Photogrammen konstruiert werden können. In den Fällen 1, 2, 3 ist die Höhe der Wasserstoffatmosphäre noch nicht so hoch, daß von ihr der eigentliche Kern des Sternes wesentlich überragt wird. Es treten daher nur Absorptionslinien auf, deren Intensität je nach der Stärke der Temperaturdifferenz zwischen der Photosphäre und der absorbierenden Atmosphäre verschieden ist. Sobald jedoch die Wasserstoffatmosphäre den Stern in einem größeren Abstande einschließt (Abb. 217), geben die über den Kern hervorragenden Teile der glühenden Atmosphäre ein Wasserstoffspektrum mit hellen Linien, während die vor der Scheibe befindlichen Teile dunkle Absorptionen erzeugen (Fall 4). Bei sehr hohen Atmosphären können die Aufhellungen schließlich bis zur vollkommenen Selbstumkehr der Linien gehen. Wie man sieht, stellen die einzelnen Kurven 3, 2, 1, 6, 7, 8 der Abb. 213 kontinuierliche Übergänge von den kräftigsten Absorptionslinien durch kaum sichtbare hindurch bis zu reinen Emissionen dar. Die Erscheinung selbst ist bisher nur bei B- und seltener bei A-Sternen beobachtet worden. In der Harvardgruppierung werden diese Sterne als Bp bzw. Ap (peculiar) geführt. Als besonders auffällige Vertreter der Klasse mögen γ Cassiopeiae und φ Persei genannt sein.

Bei dieser Umkehr der Wasserstofflinien fällt es auf, daß die dunkle Absorptionslinie stets breiter ist als die aufhellende Emissionslinie. Der Grund hierfür ist nach der obigen Deutung ein selbstverständlicher. Das Licht der Sternphotosphäre muß durch die sämtlichen Schichten der Atmosphäre hindurch, die Breite der Absorptionslinie entspricht demnach dieser dichtesten Schicht. Die Emissionslinie nimmt dagegen ihren Ursprung von dem die eigentliche Photosphäre umgebenden Wasserstoffring, einer Art ausgedehnter Chromosphäre, in der jedenfalls die Dichte wesentlich geringer ist.

Schwieriger läßt sich die Tatsache erklären, daß einzelne Wasserstofflinien hell, andere dunkel sind. Nach einer von CAMPBELL gefundenen Regel werden die Emissionslinien mit abnehmender Wellenlänge immer schwächer; dann setzen die Absorptionslinien mit wachsender Stärke ein. Bei dem hellsten Bp-Stern, γ Cassiopeiae, sind z. B. die ersten sechs Linien hell, die übrigen dunkel; bei den anderen Vertretern der Gruppe setzen die Absorptionen bereits bei $H\delta$ oder $H\gamma$ ein. Auch sind die Umkehrungen von MERRILL u. a. z. T. in doppelter Form, ähnlich wie bei den Kalziumlinien der Sonne (Abb. 139) und unsymmetrisch beobachtet worden.

SCHEINER hat die CAMPBELLsche Feststellung durch Temperaturunterschiede zu erklären versucht, derart, daß bei fortschreitender Abkühlung der Atmosphäre und Abnahme ihrer Höhe zuerst die hellen Wasserstofflinien des Ultraviolett und dann allmählich die anderen langwelligen Linien der Serie verschwinden, bis mit dem Erlöschen von $H\alpha$ das normale B- bzw. A-Spektrum erreicht ist. Irgendwelche Anzeichen, daß die Sterne mit hellen Wasserstofflinien eine höhere Temperatur haben als die anderen der gleichen Spektralklasse, liegen indessen nicht vor, die Erklärung ist daher zweifellos nicht stichhaltig. Nach den neueren Forschungen über die Atomstruktur liegt es näher, den Grund in irgendwelchen Vorgängen im Kern und in den ihn umkreisenden Elektronen zu vermuten. Nach einer Hypothese von BOHR wird jede Emissionslinie durch Überspringen eines Elektrons von einer Bahn größerer Energie in die Ausgangsbahn der betr. Serie hervorgerufen. Dadurch sind Teilemissionen physikalisch erklärbar und es liegt daher kein zwingender Grund vor, die am Himmel beobachtete Erscheinung anders zu deuten.

Über die Klasse F der Harvardreihe ist im einzelnen wenig zu sagen. Sie ist eine typische Übergangsform von den Sirius- zu den Sonnensternen und enthält keine oder nur sehr wenige abnorme Vertreter. Besondere Aufmerksamkeit verdient sie dadurch, daß die im Vordergrunde des astronomischen Interesses stehenden veränderlichen Sterne vom δ Cepheitypus größtenteils dieser Klasse und ihren Übergängen zur nächstfolgenden angehören.

Irgendeine besondere Stellung unter den ersten Spektraltypen nehmen auch die Sterne ein, die in der alten MAURYschen Klassifikation den c-Charakter erhalten haben. Wir wissen bereits (S. 323), daß es sich dabei um Spektra handelt, die ungewöhnlich scharfe Struktur der Wasserstoff- und wenn solche vorhanden, auch der Heliumlinien zeigen. Da sie sich, abweichend von den meisten anderen normalen A- bis G-Sternen, nach dem galaktischen Gürtel zu zusammendrängen, sehr geringe Parallaxen und kaum merkliche Eigenbewegungen zeigen, handelt es sich zweifellos um absolut sehr helle Sterne hoher Temperatur und geringer Dichte. Alle näher untersuchten Veränderlichten vom δ Cepheitypus besitzen z. B. in ihren Spektren mehr oder weniger die c-Charakteristik der Linien.

Die Spektra der G-Klasse sind durch das Sonnenspektrum genügend gekennzeichnet. Die meisten G-Sterne stimmen Linie für Linie mit der Sonne überein, auch was das Aussehen, die Breite, Schärfe und relative Intensität der Absorptionen anbetrifft. Daß die Abweichungen der Linienstärke, die man

z. B. beim Strontium und der Kalziumlinie λ 4455 gefunden hat, die Leuchtkraft bzw. die Dimensionen der Sterne kennzeichnen, ist bereits auf S. 350 dargelegt worden. Den Zwergsternen Sonne und α Centauri stehen hier die Giganten Capella, α Ursae mai. u. a. gegenüber.

Die Unterschiede der K-Klasse gegen G bestehen im wesentlichen in einer Verstärkung und Verbreiterung der Linien, so daß eine vermehrte Tendenz zum Zusammenfließen der Linien zu Bändern vorhanden ist, besonders im blauen und violetten Teil, wo die Anzahl der Linien besonders groß ist. Äußerlich verraten sich diese Änderungen deutlich an den Farben der Sterne, die von einem gelblichen Weiß bei F allmählich in ein gesättigtes rötliches Gelb bei K übergehen.

Die überaus linienreichen Spektra der Klasse M erklären sich durch die Zunahme der Absorption mit sinkender Temperatur und das Auftreten chemischer Verbindungen in der Photosphäre. Die Linien und Liniengruppen vereinigen sich schließlich zu kräftigen Bändern, die nach den Untersuchungen von Fowler, der sie zuerst im Bogenspektrum des Titanoxyds vorfand, in erster Linie dieser und anderen Metallverbindungen angehören. Durch Hale u. a. ist ja nachgewiesen worden, daß auch im Spektrum der Sonnenflecken diese Bänder auftreten, was für die Deutung der meist in langen Perioden veränderlichen M-Sterne außerordentlich wichtig ist. Da die Sonnenfackeln einige Anklänge an frühere Klassen zeigen, die Photosphäre ein G- und die Sonnenflecke ein K- oder M-Spektrum ergeben, lassen sich an die Reihenfolge bereits bestimmte Vorstellungen knüpfen.

Die stark rötliche Färbung der M-Sterne erklärt sich aus dem Aussehen des Spektrums vollkommen. Mit der Fraunhoferschen Liniengruppe *G* (λ 4308) erscheint das letztere wie abgeschnitten, so daß Blau und Violett keinen merklichen Beitrag zum Gesamtlicht mehr liefern.

Eine besondere Merkwürdigkeit der Klasse Md, der nur veränderliche Sterne von langer Periode, z. B. o Ceti angehören, bildet das mehr oder weniger deutliche Auftreten von Wasserstoff und anderer Emissionen im Verlaufe des Lichtwechsels, und zwar nicht nur um die Zeit der maximalen Helligkeit. Zweifellos liegt hier eine andere Ursache vor als bei den Bp- und Ap-Sternen mit ständig vorhandenen hellen Wasserstofflinien. Wahrscheinlich handelt es sich in diesem Falle um periodische Erscheinungen, doch ist der Zusammenhang mit dem Lichtwechsel noch dunkel. Genauere Untersuchungen versprechen hier noch interessante Ergebnisse, wenngleich bei der Lichtschwäche der meisten Md-Sterne die spektrographischen Aufnahmen sich auf einige wenige hellere Objekte beschränken müssen.

Sonderklassen der Sternspektra. Im Anschluß an die Spektra der Klasse M lassen sich zweckmäßigerweise gleich die Typen N und R besprechen, die gewisse Eigentümlichkeiten mit den M- bzw. K-Sternen gemeinsam haben, in anderer Hinsicht wiederum völlig gesondert dastehen. Für die N-Sterne geht das schon aus der Tatsache hervor, daß diese Klasse ganz im Gegensatz zum Typus M ausschließlich in der Milchstraße oder in deren nächster Nähe vorkommt, genau so, wie dies bereits bei den B- und c-Sternen festgestellt worden ist.

Schon die ersten Untersuchungen der stark rot gefärbten N-Sterne, wie sie Huggins, Vogel und Dunér angestellt haben, ließen erkennen, daß die

Spektra hier (Abb. 214) durch sehr breite und sehr dunkle Absorptionsbänder charakterisiert sind, die aber im Gegensatz zu den M-Sternen nach Rot scharf begrenzt sind und nach dem Violett zu allmählich abfallen. Die drei Hauptkanten liegen in abnehmender Helligkeitsfolge in Gelb, Grün und Blau. Das Spektrum bietet, abgesehen von der etwas verschiedenen Helligkeitsfolge, ein genaues Negativbild des normalen Kometen- bzw. Kohlenoxydspektrums. Trotz dieses Einklangs sind die sonstigen Abweichungen in den Spektren so groß, daß eine absolute Identität nicht vorliegt. Man kann daher nur so viel behaupten, daß jedenfalls Kohlenstoffverbindungen auf den N-Sternen eine wichtige Rolle spielen.

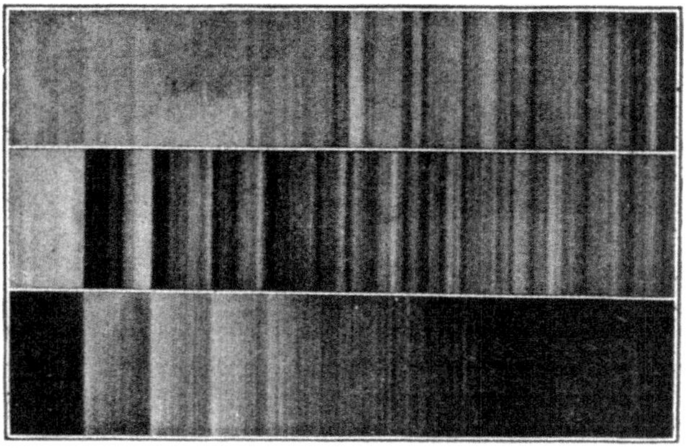

Abb. 214. Spektrum eines M- und N-Sternes. Kohlenoxydspektrum zum Vergleich.

Eine wesentliche Erweiterung unserer Kenntnisse über die N-Sterne haben die Aufnahmen Hales gebracht, von deren Reichtum an Linien und Bändern die Abb. 215 eine Anschauung gibt. Die Ähnlichkeit mit dem normalen Kometenspektrum wird durch ein halbes Dutzend Cyanbänder bekräftigt; neu hinzugekommen sind Linien des Kalziums, des Chroms und Eisens.

Eine vielumstrittene Frage betrifft das Auftreten von hellen Linien in den Spektren der N-Klasse. Schon Secchi hat die Existenz heller Linien behauptet, während Dunér und Vogel dieser Ansicht energisch entgegengetreten

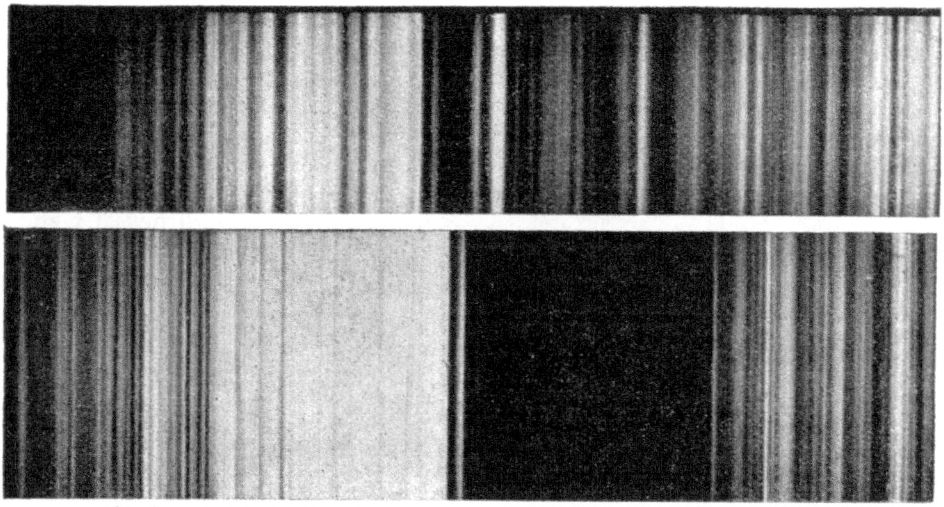

Abb. 215. Spektralgebiete eines Sternes der N-Klasse bei starker Dispersion.

sind, indem sie die scharfen Aufhellungen des Spektrums für absorptionsfreie Gebiete erklärten. Später hat indessen DUNÉR selbst derartige Stellen als wirkliche Emissionen bezeichnet und nach den Aufnahmen HALES könnte man die ganze Frage als in bejahendem Sinne entschieden gelten lassen (Abb. 215), wenn die Linien sicher zu identifizieren wären. Einwandfrei erwiesen ist jedoch bei einzelnen N-Sternen, z. B. *U* Cygni, vorläufig nur das gelegentliche Vorkommen der Wasserstoffemissionen; ein Zurechtfinden unter den anderen eventuell vorhandenen hellen Linien ist außerordentlich schwierig und vorläufig kaum durchführbar.

Von den bisher bekannten rund 300 Sternen der Klasse N bis etwa 10^m ist der größte Teil veränderlich. Auf die rote Farbe, die selbst diejenige der M-Sterne noch merklich übertrifft, ist bereits hingewiesen worden. Photographisch macht sich die Rottönung durch die überaus geringe Aktinität der N-Sterne, also durch sehr hohe Farbenindizes (S. 327) bemerkbar. Letztere erreichen in einigen Extremfällen, wie *S* Cephei, Beträge bis zu 6 Größenklassen.

E. PICKERING hat seinerzeit etwa 60 Objekte von der Klasse N abgetrennt, weil ihm trotz sonstiger Verwandtschaft die Tatsache, daß hier der blaue Teil des Spektrums nur etwa in dem Grade der K-Sterne absorbiert ist, wesentlich genug schien, um bei der kleinen Gruppe eine merklich verschiedene physische Konstitution annehmen zu können. Ob diese Vermutung begründet ist, oder nicht, muß erst die Zukunft lehren. Die Farbe dieser R-Sterne ist merklich gelber als diejenige der N-Objekte, immerhin aber noch stark rötlichgelb. Im Minimum des K-Sterns *RU* Camelopardalis, der vielleicht δ Cepheicharakter hat, treten die typischen Bänder der R-Sterne hervor, so daß hier möglicherweise eine Übergangsform zwischen den beiden Klassen entdeckt ist.

Da die Planetarischen und die mit ihnen sehr eng verwandten Gasnebel (Klasse P) gesondert betrachtet werden müssen, bleiben nur noch die durch ihre hellen Linien auf kontinuierlichem Grunde gekennzeichneten O-Sterne als Gegenstand näherer Betrachtung in diesem Abschnitt übrig. Die einzige Frage könnte höchstens die sein, ob diese seltenen Objekte zu den Sternen oder zu den Nebeln zu rechnen sind.

Nach der schon gegebenen Definition beginnt der physikalische Begriff eines Sternes zum Unterschiede gegen einen Nebel erst dann, wenn das Spektrum ein wesentlich kontinuierliches ist, wenn sich also ein solches Verdichtungszentrum gebildet hat, daß eine gewisse Schicht desselben die Eigenschaften unserer Sonnenphotosphäre hat, die Licht von allen Strahlengattungen aussendet. Diese Voraussetzung trifft nun bei der O-Klasse be-

Abb. 216. Spektra der Wolf-Rayetsterne + 37° 3821 und + 35° 4013. (Nach M. Wolf.)

reits zu und schon die größere Anzahl von Übergängen nach den Helium-(B-)Sternen zu beweist, daß wir es hier mit Himmelskörpern zu tun haben, die im wesentlichen bereits als Sterne anzusprechen sind.

Man bezeichnet diese Klasse auch als den WOLF-RAYETschen Typus, weil diese beiden Beobachter 1867 zuerst die Charakteristik der Spektra bei drei im Sternbild des Schwanes gelegenen Sternen erkannt haben. Es sind jetzt etwa 100, bis auf eine Ausnahme (γ Argus) schwache Sterne der Klasse O bekannt. Früher rechnete man aus formalen Gründen auch die Neuen Sterne hinzu; nachdem deren Spektra aber genauer erforscht sind, ist es nicht mehr statthaft, sie in die gleiche Klasse einzuordnen.

Stellt man die O-Sterne nach ihren Örtern zusammen, so ergibt sich wieder einmal mit auffallender Deutlichkeit, daß sie sich mit Ausnahme einer Gruppe von 21 Gliedern, die der Großen Kapwolke angehört, durchweg in der Milchstraße, und zwar in nächster Nähe des galaktischen Äquators befinden. In etwa 65% aller Fälle kommen galaktische Abstände zwischen 0 und 2^0 vor, so daß man sehr wohl die Lage der Milchstraßenebene aus den Örtern der O-Sterne ableiten kann. Eine weitere Eigentümlichkeit besteht in der ausgesprochenen Gruppenbildung dieser Sterne. Es sind dabei drei große Gruppen zu erkennen: 15 Sterne innerhalb eines Milchstraßenstückes von $5\frac{1}{2}^0$ Länge in Argo, 8 Sterne innerhalb 5^0 in Norma und 8 Sterne innerhalb 8^0 im Cygnus.

Die Beobachtung der WOLF-RAYETsterne ist seit Vervollkommnung der optischen Instrumente sehr wesentlich gefördert worden. Die ältesten Beobachtungen sind diejenigen von VOGEL, der sie zum Teil an dem großen Wiener Refraktor angestellt hat. Es folgen dann die visuellen Messungen CAMPBELLS aus dem Jahre 1894 und neuerdings die weit genaueren photographischen Untersuchungen von E. PICKERING, WRIGHT und M. WOLF, die unsere Kenntnisse über diese Spektralklasse sehr wesentlich gefördert haben. Danach darf man wohl annehmen, daß die Spektra der O-Sterne sich weniger durch Verschiedenheiten der Linien selbst als durch merkliche Abweichungen in der Wellenlänge identischer Emissionen unterscheiden. Die Wasserstoff- und ζ Puppis(Helium-)serie ist stets vertreten. Neben schwächeren Emissionen ragen daneben durch ihre Intensität noch Linien bei λ 4690, 4060 sowie eine kräftige Absorption bei λ 3868 hervor. Letztere fällt merkwürdigerweise fast genau mit der Wellenlänge der dritten hellen Nebuliumlinie (λ 3869) in den Spektren der Gasnebel und der Neuen Sterne zusammen (Abb. 237). Daß auch sonst zwischen den Nebeln und den O-Sternen ein enger Zusammenhang besteht, hat WRIGHT nachgewiesen; er hat festgestellt, daß die Kerne der meisten Planetarischen Nebel mit den WOLF-RAYETsternen eng verwandt sind.

Das von den anderen Sternen so abweichende spektrale Verhalten der O-Sterne bedarf natürlich einer Erklärung.

Stützt man sich allein auf das KIRCHHOFFsche Gesetz, so hängt der Umstand, ob ein Stern helle oder dunkle Linien hat, nur davon ab, ob die oberhalb der Photosphäre befindlichen Gasschichten eine höhere oder niedrigere Temperatur als die Photosphäre besitzen. Dies zur Erklärung der hellen Linien bei den O-Sternen heranzuziehen, widerspricht aber unseren ganzen physikalischen Anschauungen, denn es setzt Körper voraus, bei denen

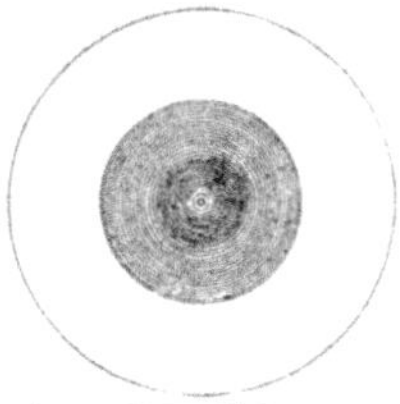

Abb. 217. Schematisches Bild eines Wolf-Rayetsternes.

dauernd die äußeren Schichten eine höhere Temperatur haben als die inneren. Auch ist anzunehmen, daß in den Atmosphären die verschiedenen Gase so verteilt sind, daß die schwereren Gase tiefer liegen als die anderen. Hier, bei den O-Sternen, zeigen sich nun gerade die leichteren Gase, Wasserstoff und Helium, am häufigsten hell, also gerade die äußeren Teile der Atmosphäre müßten am heißesten sein, was sehr unwahrscheinlich ist. Erklärt man aber das Auftreten der hellen Linien wie früher (S. 354) durch optische Überlagerung, so erscheint es als selbstverständlich, daß die am weitesten ausgedehnten Gase helle Linien geben.

Hierzu braucht nur wie dort angenommen zu werden, daß die Höhe der Atmosphäre dieser Sterne von derselben Größenordnung ist wie der Durchmesser des von der Photosphäre begrenzten Kerns. Von dem wegen der großen Entfernung völlig punktförmigen Bild des Sternes erhält man demnach beide Spektra, das kontinuierliche und die Emissionen, optisch übereinander gelagert. Auf die Sonnenerscheinungen zurückgreifend, haben wir es hier also mit der typischen Erscheinung eines Flashspektrums zu tun (S. 205f.), das wegen der Höhe der leuchtenden Atmosphäre dauernd sichtbar ist, während es bei der Sonne wegen der geringen Erhebung der sog. umkehrenden Schicht über die Photosphäre nur bei Sonnenfinsternissen oder ausnahmsweise einmal bei besonders klarer Luft auf hohen Bergen zu beobachten ist.

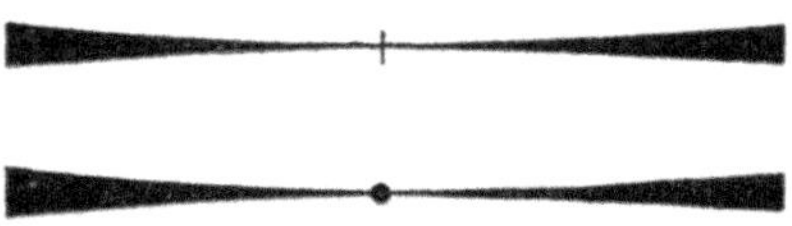

Abb. 218. H β-Linie im Wolf-Rayetnebel + 30° 3639.

In einem besonderen Falle, nämlich bei dem Stern 10^m $BD + 30^0 3639$ scheint ein direkter Beweis für die Richtigkeit dieser Anschauung vorzuliegen. In dem Spektrum dieses Sternes sind die Linien $H\beta$ und $H\gamma$ am schärfsten. Wird möglichst genau auf die anderen hellen Linien an den verschiedenen Stellen des Spektrums fokussiert, so erscheint das kontinuierliche Spektrum an diesen Stellen linienförmig, und die hellen Emissionslinien zeigen sich als feine helle Knoten, oder bei engem Spalt als Linien, die das kontinuierliche Spektrum nicht überragen, wie dies auch bei einem punktförmigen Objekt der Fall sein muß. Bei der $H\beta$-Linie aber erkennt man deutlich bei weitem Spalt einen überstehenden breiten Knoten, bei engem eine überstehende Linie (Abb. 218), woraus sich also ergibt, daß der Stern mit einer Wasserstoffhülle von außerordentlicher Ausdehnung umgeben ist; ihr Durchmesser beträgt 5″. Wahrscheinlich handelt es sich aber bei diesem schon durch seine stark rötliche Färbung und sein im Fernrohr etwas verwaschenes Aussehen bemerkenswerten Stern um einen schwachen echten Nebel mit einem Wolf-Rayetkern.

Die effektive Temperatur der Fixsterne. Betrachtet man die charakteristischen Eigenschaften der einzelnen Spektralklassen etwas genauer, so findet man, daß nur ein sehr geringer Teil der Unterschiede auf eine wesentliche physische Sonderstellung der Klassen hinweist. Eine solche könnte höchstens bei der zuletzt besprochenen O-Klasse angenommen werden. Die sonst fast überall vorhandenen zahllosen Übergänge ließen daher schon frühzeitig in der Spektral- und Farbenfolge der Fixsterne im wesentlichen eine Abkühlungs-, d. h. eine Temperaturskala vermuten, doch war die Angabe auch nur der Größenordnung für die einzelnen Sterntemperaturen unmöglich, solange die gesetzmäßige Beziehung zwischen der Temperatur eines Körpers und der ihr entsprechenden Strahlung noch verborgen war. Die Erkenntnis dieses Strahlungsgesetzes oder der sog. KIRCHHOFFschen Funktion ist eine Errungenschaft der neueren Zeit (S. 71 ff.). Nachdem es einmal gelungen war, durch ihre Anwendung auf die Sonne deren effektive Temperatur zu ermitteln, war auch die Bestimmung von Sterntemperaturen in greifbare Nähe gerückt.

Durch die KIRCHHOFFsche Funktion bzw. die sog. PLANCKschen Energiegleichung ist für einen strahlenden schwarzen Körper die Beziehung zwischen der Helligkeit einer bestimmten Wellenlänge und der Temperatur eindeutig festgelegt. Wenn wir also den Photosphären der Sterne die Eigenschaft des schwarzen Körpers beilegen dürfen, so wird man aus dieser Beziehung durch Vergleichung mit Messungen am schwarzen Körper unmittelbar die richtigen Sterntemperaturen erhalten; obwohl diese Voraussetzung, wie wir gesehen haben, wahrscheinlich vollauf zutrifft, sollen die abgeleiteten Temperaturen wie bei der Sonne nur als sog. effektive bezeichnet werden.

Die Messung der relativen Helligkeiten der einzelnen Spektralgebiete geschieht mit Hilfe des Spektralphotometers, doch ist dieses mit großer Vorsicht zu benutzen. Bei den Sternen der Klassen B und A, in deren Spektren nur wenige Absorptionslinien vorhanden sind, wird man ohne weiteres richtige Werte erhalten, nicht aber bei denen der Klasse F, G, K oder gar M. Wie wir kennen gelernt haben, nimmt hier die Zahl der Linien nach dem Violett hin außerordentlich zu, so daß die relative Schwäche der blauen und violetten Spektralgebiete in diesen Sternen durchaus nicht allein auf niedrige Temperatur zurückzuführen ist. Bei den M-Sternen fehlt das Violett von λ 4300 an vollständig, und zwar zweifellos durch Absorption und nicht etwa, weil die Temperatur so niedrig ist, daß überhaupt violettes Licht nicht ausgesendet wird.

Durch entsprechende Auswahl von solchen linienarmen Gebieten haben um 1910 WILSING und SCHEINER den ersten Temperaturkatalog von 109 hellen Sternen liefern können, dem dann 1919 ein weiterer von WILSING und MÜNCH mit 199 Objekten folgte. Die Messungen geschahen auf visuellem Wege mit dem großen Refraktor des Potsdamer Observatoriums unter Benutzung eines CROVAschen Spektralphotometers mit Polarisationseinrichtung. Als Vergleichslichtquelle diente eine elektrische Lampe, deren Strahlung an die Energiekurve des schwarzen Körpers angeschlossen war.

Unabhängig hiervon hat ROSENBERG die gleiche Aufgabe auf photographischem Wege zu lösen versucht. Die Übereinstimmung zwischen den visuell und photographisch ermittelten Temperaturen war ursprünglich recht mangelhaft, besonders bei den Sternen der rötlichen Typen, ein Zeichen dafür, wie schwierig es ist, die Verfälschungen, die die Energiekurve eines Spektrums durch die Linien und Bänder erleidet, zu beseitigen.

In der kleinen Übersicht (S. 362) sind die Potsdamer und Tübinger Werte, letztere in der Neureduktion von WILSING, gruppenweise nach der Spektralfolge zusammengestellt. Als Konstante der PLANCKschen Gleichung sind 14 350°,

Sp	Potsd.	Rosenbg.
A	9500°C	11000°C
F	6500	7000
G	5500	5000
K	4000	3500
M	3200	2500

als Ausgang 0° C angenommen. Die mittleren Fehler der Potsdamer Messungen lassen sich bei 10000° auf etwa ± 1000°, bei 5000° auf ± 250°, bei 3000° auf ± 100° abschätzen, d. h. die Bestimmung der Temperatur wird immer genauer, je tiefer die letztere ist. Von der Normalreihe der Spektralklassen fehlt in der Tabelle die Gruppe B der Heliumsterne. Ihre Temperatur ist wahrscheinlich noch merklich höher und mag zwischen B9 und B0 bis auf 15000 oder 20000° steigen.

Die Schwierigkeit aller spektralphotometrischen Arbeiten bringt es mit sich, daß an eine Temperaturbestimmung auch nur der helleren Sterne des Himmels nach diesem direkten Verfahren nicht gedacht werden kann. Infolgedessen hat Wilsing neuerdings den Versuch gemacht, auf dem Umwege über die Sternfarben zu brauchbaren Werten von effektiven Temperaturen zu gelangen. Da die Farbenskala der Sterne nach allen bisher ausgeführten Untersuchungen zweifellos eine eindeutige Funktion der Temperatur ist, d. h. ein Ausdruck der im visuellen bzw. im photographischem Gebiete enthaltenen Strahlungsenergie, steht die Möglichkeit einer derartigen Lösung theoretisch wie praktisch fest. Die Hauptschwierigkeit liegt in der Konstruktion eines zweckmäßigen Kolorimeters. Ist es erst gelungen, ein geeignetes Instrument dieser Art herzustellen, so besteht die weitere Aufgabe lediglich in der Ableitung der Beziehungen zwischen den Instrumentalablesungen und den Temperaturen bekannter Sterne. Damit ist das Instrument geeicht und kann zur Messung von Sternen unbekannter Temperatur verwendet werden.

Da die Temperatur der elektrischen Vergleichslampen eines Photometers, wie sie sich aus der Gestalt ihrer Energiekurve ergibt, im günstigsten Falle 2000 bis 3000° beträgt, bleibt die Anwendung eines Kolorimeters vor der Lampe, etwa in der Zöllnerschen Form (S. 112), eine recht unvollkommene Einrichtung, umsomehr, als hier obendrein gerade die meist vorkommende weiße Tönung durch die Polarisationsfarben gar nicht herstellbar ist. Wilsing ist daher dazu übergegangen, umgekehrt die Farbe der Sterne soweit meßbar zu verändern, bis sie derjenigen der normal belasteten Vergleichslampe entsprach.

Nachdem die Benutzung von Metallreflektionen sich als zu umständlich erwiesen hatte, wurde die Verwendung eines entsprechend berechneten Rotkeiles in der Brennebene des Fernrohres versucht. Die ideale Wirkung eines solchen Keiles soll der Bedingung entsprechen, daß die durch ihn bewirkte, an der Stellung des Keiles meßbare Farbenvertiefung des Sternes mit seiner Temperaturstrahlung in einfache Beziehung zu bringen sein soll. Tatsächlich fand Wilsing ein rotes Filterglas der Schottschen Werke in Jena, dessen Transmissionskoeffizient der gestellten Bedingung in so vollkommener Weise entspricht, daß man mit ihm tatsächlich die Temperaturunter-

Sp.	Absolute Temperatur gemessen	Absolute Temperatur ⊙ = 5900°
B0	15800°	18300°
B5	11900	13700
A0	9500	11000
A5	7900	9100
F0	6700	7700
F5	5800	6700
G0	5100	5900
G5	4500	5200
K0	4000	4600
K5	3600	4200
Ma	3300	3800
Mb	3000	3400

schiede genau ebenso einfach an einer linearen Skala messen kann, wie die Größenunterschiede mit dem Rauchglaskeil. Daß bei diesen Beobachtungen erst die Helligkeit des künstlichen Sternes auf die Helligkeit des eingestellten Gestirns am Himmel gebracht werden muß, ist selbstverständlich. Da absolut neutrale Keile schwer zu beschaffen sind, wird man hierzu am zweckmäßigsten eine Polarisationsvorrichtung wie beim ZÖLLNERphotometer verwenden.

Die von WILSING aus Messungen an 104 helleren Sternen erhaltenen Temperaturen haben die Brauchbarkeit der Methode vortrefflich dargetan. Auf einige besondere aus der Arbeit folgende Resultate ist bereits auf S. 348 hingewiesen worden.

Reduziert man die Ergebnisse der drei Potsdamer Arbeiten einheitlich auf die Strahlungskonstante 14350, so erhält man nach graphischer Ausgleichung und Anschluß an die Sonnentemperatur ($G0 = 5900^0$) die auf S. 362 stehenden Werte. Die in der Tabelle enthaltenen Zahlen stellen die zuverlässigsten absoluten Temperaturen dar, über die wir gegenwärtig verfügen. Es muß wieder betont werden, daß die hier mitgeteilten Zahlenwerte sich auf die Strahlung der obersten Photosphärenschichten der Sterne beziehen, in ihrem Verhältnisse daher wohl ein richtiges Bild der Temperatur der einzelnen Spektralklassen liefern mögen, absolut jedoch keine Schlüsse auf die wahre Temperatur des Sterninnern zulassen.

Zweifellos sind die abgeleiteten Gradzahlen Minimalwerte. Sie reichen aber trotzdem aus, um die Reihenfolge der Spektralklassen im wesentlichen durch einen Temperaturgang zu erklären. Bei so hohen Werten, wie sie bei den Klassen B und A vorkommen, wirken im wesentlichen absorbierend nur die leichten Gase wie Wasserstoff und Helium, während die Metallinien nur bei einigen in dieser Hinsicht sehr empfindlichen Elementen, wie z. B. Kalzium, unauffällig zur Geltung kommen. Bei den F-, G- und K-Sternen liegen Temperaturverhältnisse vor, wie sie auf der erkaltenden Sonne in Vergangenheit, Gegenwart und Zukunft maßgebend waren, bzw. es sein werden, während gar bei den M- und vermutlich erst recht bei den N- und R-Sternen bereits die Temperatur so weit gesunken ist, daß hier chemische Verbindungen wie Titanoxyd, Kohlenwasserstoffe, Cyan u. a. zustande kommen konnten.

Abgesehen von diesen Überlegungen zeigen noch zwei andere Erscheinungen, daß die Hauptcharakteristik der Sterne die Temperatur und nicht die chemisch wahrscheinlich ziemlich gleichartige Zusammensetzung der einzelnen Individuen ist.

Seit mehr als 100 Jahren ist bekannt, daß verschiedene Doppelsterne lebhafte Farben- und somit auch wesentliche spektrale Unterschiede zeigen, und ähnliches macht sich auch bei spektroskopischen Doppelsternen bemerkbar (S. 336). Bei β Cygni, o^1 Cygni und γ Andromedae bilden je ein K- und ein B- bzw. A-Stern, bei δ Sagittae ein M- und ein A-Stern, bei α Scorpii gar ein M- und ein B-Stern ein gemeinsames System, und es wäre nicht einzusehen, warum hier bei dem doch wahrscheinlich gemeinsamen Ursprung der beiden Körper der eine gerade die leichten Gase, der andere die Metalle in sich vereinigt haben sollte. Auch für derart verschiedene Temperaturen der Doppelsternkomponenten fehlt uns vorläufig noch eine Erklärung, doch unterliegt es keinem Zweifel, daß von den beiden Annahmen eines physischen oder Temperaturunterschiedes die Zugrundelegung verschiedener Temperaturen die näherliegende ist.

Ein weiteres Kennzeichen dafür, wie wenig die Spektrallinien ein Sternindividuum charakterisieren, bieten die sog. Neuen Sterne. Wir werden später sehen, daß hier bei dem Auf- und Wiederabstieg in wenigen Tagen und Wochen die Spektralklassen F, A, B, O, P mit gleichzeitigem enormen Temperaturgang durchlaufen werden. Jede Periode ist durch die Linien eines anderen Elementes charakterisiert, und doch handelt es sich um ein und dasselbe kosmische Individuum.

Die Entwicklung der Sterne. Mit der Frage nach der Temperatur der Sterne hängt diejenige nach ihrer Entwicklung im Laufe der Jahrmillionen innig zusammen. Daß die Sterne nicht für alle Zeiten ihren Temperaturcharakter beibehalten können, sondern allmählich erkalten müssen, lehrt am besten das Antlitz der Erde und des Mondes, von denen die erste in ihrem Inneren, der letzte auf seiner Oberfläche noch deutlich die Spuren der ehemaligen Sternnatur trägt. Man könnte nur nach den Schwierigkeiten, die uns bereits die Erhaltung der Sonnenenergie bereitet hat, die Frage stellen, ob es überhaupt Sinn hat, in der spektralen Reihenfolge der Fixsterne auch irgendwelchen zeitlichen Entwicklungsgang zu erblicken.

An und für sich ist der Evolutionsgedanke auf Grund einer Temperaturabnahme der natürlichste und einfachste, da er unmittelbar auf der Erfahrung fußt, daß ein heißer Körper, der sich selbst überlassen bleibt, allmählich durch Ausstrahlung abkühlt. Aber es ist wohl zu bedenken, daß die Fixsterne nicht einfache Körper sind, deren Temperatur durch Wärmeverlust unter allen Umständen heruntergeht, sondern kompliziert gestaltete Gaskugeln, die sich vollständig anders verhalten können.

Unter Zugrundelegung der KANT-LAPLACEschen Entwicklungstheorie muß der ganze jetzige Energievorrat des Sonnensystems nebst dem inzwischen durch Ausstrahlung verloren gegangenen Betrage in einem sehr ausgedehnten, mit sehr verdünnter Materie erfüllten Raume in nahe gleichförmiger Verteilung vorhanden gewesen sein, dessen äußere Temperatur nur wenig über der Temperatur des Weltalls gelegen haben kann. Durch Kontraktion hat sich hieraus der jetzige Zustand entwickelt, d. h. der bei weitem größte Teil der ursprünglichen Materie ist jetzt in einem relativ sehr kleinen Raume bei sehr hoher Temperatur vereinigt. Die Kontraktion ist also sicherlich nicht nur genügend zur Erhaltung der ursprünglichen Temperatur gewesen, sondern sie hat trotz des Wärmeverlustes eine bedeutende Erhöhung der Temperatur im Gefolge gehabt. Wird diese Annahme aber zugestanden, so muß füglich angenommen werden, daß auch nach der Kontraktion der Materie zu einem Sterne die Temperatur nicht sogleich zu fallen beginnt, sondern erst eine Weile im Aufstieg oder mindestens auf gleicher Höhe verweilt.

Über die hier in Frage kommenden Verhältnisse hat eine ganze Reihe namhafter Physiker und Astronomen, wie HELMHOLTZ, RUSSELL, EDDINGTON und andere, eingehende Untersuchungen angestellt, die theoretisch außerordentlich interessant sind. Wir haben bei der Sonne in erster Linie die HELMHOLTZsche reine Kontraktionstheorie berücksichtigt, weil sie lange Zeit hindurch als die nächstliegende schien. Hier wollen wir etwas näher auf die in mancher Hinsicht abweichenden RUSSELLschen Ausführungen eingehen, da von ihnen die neueren Evolutionstheorien der Fixsterne ausgegangen sind.

Von der Energiequelle, die zur Aufrechterhaltung der Strahlung eines Sternes notwendig ist, muß nach RUSSELL vorausgesetzt werden, daß sie 1. im Innern der Sterne große Wärmemengen erzeugen kann, 2. den beobachteten stabilen Zustand der Gestirne in keinem Falle stört, also im allgemeinen zu keiner Katastrophe führt, 3. daß die Wärmeerzeugung derartig vor sich geht, daß sie der Ausstrahlung in den Raum fast parallel verläuft.

Die Einwirkung der unbekannten Energiequelle prüft RUSSELL an einer idealen, im mechanischen Gleichgewichtszustande befindlichen Gaskugel, die eine Reihe von Konfigurationen durchläuft. In dem Falle, daß die Dichte und Temperatur homologer Punkte einer solchen Gaskugel sich proportional der Dichte und der Temperatur des Kernes ändert, wächst nach einem Gesetz von RITTER und LANE die Temperatur im Verhältnis der linearen Kontraktion, d. h. proportional zur Abnahme des Halbmessers. Trotz des Energieverlustes durch Ausstrahlung wird auf diese Weise eine bestimmte Temperaturerhöhung bedingt. Würde man dem Innern eines solchen Sternes Wärme zuführen, so würde er sich ausdehnen und seine Temperatur würde wieder fallen. Ohne diese Annahme einer negativen spezifischen Wärme ist eine Deckung des Energieverlustes durch Kontraktion nicht denkbar.

Die Entwicklung eines Sternes kann man sich nach dieser Theorie etwa folgendermaßen vorstellen.

Das mathematisch und physikalisch erfaßbare Anfangsstadium besteht in einer großen Gaskugel von sehr geringer Dichte im inneren mechanischen Gleichgewichtszustande. Der Strahlungsverlust wird durch die Kontraktion völlig ausgeglichen, es vergeht also eine sehr lange Zeit ganz gleichmäßiger Temperatur. Der zweite Zustand ist durch eine Beschleunigung der Kontraktion und gleichzeitiges rasches Ansteigen der Temperatur gekennzeichnet. In irgendeinem Moment der Entwicklung, vielleicht beim Erreichen einer bestimmten kritischen Temperatur des Sternes, tritt der unbekannte Wärmeprozeß in Wirksamkeit, der die Kontraktion wieder stark verlangsamt. Wird mehr Wärme erzeugt, als ausgestrahlt werden kann, so dehnt sich das Gas unter entspechender Abkühlung aus, die unbekannte Energiequelle wird außer Betrieb gesetzt usf. Unter diesen Umständen kann es vorkommen, daß der Stern unter Anzeichen spektraler und thermischer Veränderungen rasche Pulsationen, also einen physischen, periodischen Lichtwechsel zeigt (δ Cepheisterne).

Auch nach der RUSSELLschen Theorie muß das Endstadium eines jeden Sternes völlige Abkühlung und Übergang in einen nicht leuchtenden dunklen Weltkörper sein, doch ist diese Evolution zeitlich nicht an so enge Grenzen gebunden wie bei der HELMHOLTZschen Auffassung.

Von dieser Theorie ausgehend, hat RUSSELL 1914 eine völlig neue Entwicklungshypothese für die Fixsterne aufgestellt, die trotz mancher noch vorhandener Lücken besser als jede andere Annahme den beobachteten Tatsachen Rechnung trägt und unter den Astronomen viel Anklang gefunden hat.

Nach der RUSSELLschen Hypothese beginnt der Urzustand eines Sternes mit den Giganten der M-Klasse, also Sternen geringer Dichte und relativ

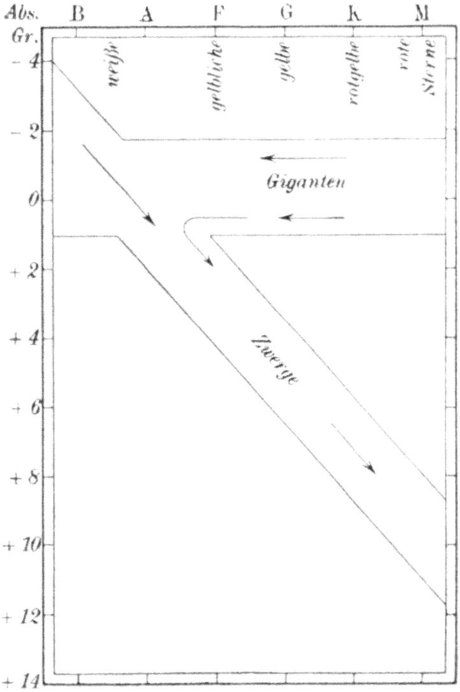

Abb. 219. Giganten und Zwerge in der Russellschen Evolutionsreihe.

geringer Temperatur. Die Entwicklung schreitet von hier aus fort unter Zunahme von Dichte und Temperatur über die Riesensterne der Klassen K, G, F, bis bei F, A und in seltenen Fällen bei B die Verlangsamung des Kontraktionsprozesses und damit eine Umkehr stattfindet. Die Temperatur beginnt zu sinken, die Abkühlungsskala setzt ein, bis allmählich der Zustand F, G, K, M der Zwergsterne durchlaufen ist. Nach dieser Anschauung fällt die physische Trennung der Sterne in Giganten und Zwerge fort; jeder Stern ist einmal ein roter M-Gigant gewesen und wird sein kosmisches Dasein als leuchtender Stern im Stadium eines M-Zwergs beschließen. In der Mitte etwa liegt der höchste Entwicklungszustand, wobei es, wie gesagt, durchaus nicht notwendig erscheint, daß alle Sterne dabei die Temperatur der B-Sterne erreichen. Bei geringerer Masse, wie sie etwa unsere Sonne aufweist, wird die Umkehr schon im A- bzw. F-Stadium oder noch früher eintreten (Abb. 219).

Bereits um 1897, als noch niemand an eine Trennung der gelben und roten Sterne in Giganten und Zwerge dachte, hat N. Lockyer die Anschauung vertreten, daß kein zwingender Grund vorhanden sei, das Maximum der Sterntemperaturen an den Anfang der Spektralreihe zu versetzen, und daß es jedenfalls richtiger wäre, die höchste Stufe der Evolution etwa in die Mitte der Entwicklungsgeschichte zu verlegen. Wenn auch Lockyer bereits rote Sterne von steigender und solche von sinkender Temperatur annahm, so ist doch eine Begründung der damals schroff abgelehnten Anschauungen erst den neueren Arbeiten von Hertzsprung, Russell u. a. zuzuschreiben.

Es unterliegt keinem Zweifel, daß die Lockyer-Russellsche Evolutionsidee mit mancher kosmogonischen Anschauung aufräumt, die besonders den älteren Astrophysikern geläufig geworden war. Wenn sie unter den jüngeren Forschern eine entschieden zustimmende Aufnahme gefunden hat, so liegt es weniger daran, daß man sie in allen Einzelheiten für zutreffend hält — Russell selbst hat sie recht vorsichtig begründet — sondern weil sie tatsächlich in das ungeheure Material, das sich auf dem Gebiete der Spektra und der absoluten Helligkeiten der Sterne anzusammeln beginnt, eine Ordnung und einen Ideenzusammenhang bringt.

Wissenschaftlich ist die Hypothese völlig einwandfrei. Es ist nach allem, was wir heute über die Sonne und die Sterne wissen, kaum noch daran zu zweifeln, daß die Fixsterne im wesentlichen Gaskugeln sind. Bei diesen liegt aber ein Entwicklungsgang, wie der oben geschilderte, durchaus im Bereiche der Theorie.

Bei welcher kritischen Dichte die Umkehr der Sterne in die Zwergreihe stattfindet, läßt sich nur roh abschätzen. Jedenfalls ist die Dichte dann bereits beträchtlich größer als diejenige der atmosphärischen Luft. Vielleicht trifft die Schätzung Lord KELVINS das richtige, der in dem betr. Stadium die Kerndichte der Gaskugel etwa = 0.1 der Wasserdichte annimmt.

Eine recht wesentliche Ergänzung und theoretische Stütze hat die RUSSELLsche Hypothese im Jahre 1916 durch EDDINGTON erfahren. Unter Berücksichtigung des bisher vernachlässigten Strahlungsdrucks auf die Expansion der Gase, ferner unter der Annahme, daß von einem roten Giganten Masse und Halbmesser bekannt sind, und der Stern den gewöhnlichen Gas- und Strahlungsgesetzen unterliegt, hat EDDINGTON eine Zustandsgleichung abgeleitet, die für jedes Stadium der Entwicklung den Betrag der Strahlung und den Durchmesser des Sternes definiert. In Übereinstimmung mit der RUSSELLschen Annahme gelangt er dabei zu dem Schluß, daß bei genügend großer Masse im ersten Stadium der Kontraktion durchaus der Zustand der A- und sogar der B-Sterne erreicht werden kann. Sterne mit geringen Massen überschreiten den kritischen Umkehrpunkt bereits wesentlich früher. So hat unsere Sonne, gegenwärtig ein gelber Zwergstern mit einer Temperatur von etwa 6000°, wahrscheinlich bereits bei der A- oder F-Klasse und einer Temperatur von ca. 9000° ihr höchstes Entwicklungsstadium erreicht. Zum Erzielen des B-Stadiums hätte ihre Masse mindestens 2—5 mal so groß sein müssen; umgekehrt wäre jede Weiterentwicklung vom M-Stadium unmöglich gewesen, wenn sie nur etwa $^1/_7$ der jetzigen Masse besessen hätte.

Die Frage, wie die roten Giganten am Anfang der Reihe mit ihrer fast unvorstellbar geringen Dichte entstanden sind, läßt die RUSSELLsche Theorie völlig unberührt. Gehen wir zu noch weniger dichten Himmelskörpern über, so bleiben als rückwärtige Verlängerung der Reihe eigentlich nur noch die Gasnebel übrig. Hier ist aber offenbar eine Kluft vorhanden. Weder die physische Eigentümlichkeit noch die räumliche Verteilung, Bewegung usw. läßt die roten Giganten in irgendeinem Zusammenhange mit den echten Gasnebeln erscheinen. Die einzigen Objekte am Himmel, die mit den Nebeln in engerer Beziehung stehen, sind die seltenen, in die RUSSELLschen Erwägungen nicht mit hineingezogenen O-Sterne, die in einzelnen Fällen als Kerne von sog. Planetarischen Nebeln auftreten, wobei natürlich nicht zu entscheiden ist, welches von beiden, Stern oder Nebel, das primäre Gebilde gewesen ist. Die weitere Vorgeschichte der roten Giganten ist also noch vollkommen in Dunkel gehüllt. Will man die alte KANT-LAPLACEsche Hypothese noch gelten lassen, so muß man annehmen, daß sich die Bildung aller unseren Fernrohren zugänglichen Sterne jedenfalls schon vor Jahrmillionen vollzogen hat und jeder weitere rückwärtige Blick uns für alle Zeiten verschlossen bleibt.

Die Dichte der Sterne. Ein sehr wesentlicher, wenn nicht gar der wesentlichste Einwurf gegen die RUSSELLsche Evolutionstheorie richtet sich gegen die Annahme, daß sie den Spektraltypus lediglich als Funktion der Temperatur auffaßt und der Dichte der Himmelskörper jeden merklichen Einfluß auf das Spektrum abspricht. Die roten Giganten am Anfang der

Reihe werden mit sehr geringer und die gleich- oder fast gleichgefärbten Zwerge am Ende als mit sehr hoher Dichte behaftet vorausgesetzt, und doch stimmt bis auf die bei den spektroskopischen Parallaxen geschilderten geringen Unterschiede Linie um Linie bei den beiden Sterngruppen überein.

Unter diesen Umständen ist jede auch nur geschätzte Dichtebestimmung im Bereiche der Fixsternastronomie von größtem Wert, abgesehen davon, daß bei der hohen Bedeutung, die auf der Erde die Dichte oder das spezifische Gewicht hat, dieser Begriff an und für sich der Vorstellung viel näher kommt als etwa die Masse oder die räumliche Dimension eines Weltkörpers.

Auf S. 339 ist bereits gezeigt worden, wie man bei Doppelsternen mit bekannten linearen Dimensionen der Bahn die Gesamtmasse der beiden Komponenten aus Abstand und Umlaufszeit in einfachster Weise berechnen und die Massen eventuell trennen kann. Wären nun in jedem Doppelsternsystem auch die linearen Dimensionen der Komponenten bekannt, so ist es klar, daß sich dann auch die Dichte d aus der Masse m und dem Volumen v aus der Beziehung

$$d = \frac{m}{v}$$

sofort berechnen ließe. Ein solcher Wert würde uns auch nur eine Vorstellung von der mittleren Dichte des Gesamtsystems geben, immerhin aber höchst wertvoll sein.

Nun sind bei den visuellen und den meisten spektroskopischen Doppelsternen die Durchmesser der Sterne unbekannt, die Dichte also auf diesem direkten Wege nicht bestimmbar. Es ist aber an einer anderen Stelle (S. 348) gezeigt worden, wie man bei bekannter effektiver Temperatur, d. h. bei bekanntem Spektrum eines Sterns, ferner unter Voraussetzung seiner absoluten Helligkeit den Durchmesser physikalisch nach dem PLANCKschen bzw. STEFAN-BOTZMANNschen Gesetz ableiten kann. Wendet man die betr. Strahlungsformeln auf die Doppelsterne mit bekannter Parallaxe an, so erhält man nach BERNEWITZ den nebenstehenden Gang der Dichte (Sonne = 1) mit der absoluten Sterngröße und dem Spektrum.

Abs. Gr.	Sp.	Dichte	Sterne
0.8^m	A0—F3	0.08	4
1.5	A0—F2	0.14	4
3.6	A0—G0	0.23	9
2.5	A2—K2	0.24	9
4.6	F1—G5	0.45	11
5.6	F5—K0	0.40	11
6.2	F2—K5	0.50	8
7.9	K2—K5	0 47	5
10.8	Mb	2.81	2

Wie aus den absoluten Helligkeiten hervorgeht, handelt es sich bei den betrachteten Systemen fast ausschließlich um Sterne der normalen Zwergreihe (Abb. 209). Der Gang der Dichte tritt hier deutlich, wenngleich nicht besonders auffällig hervor. Jedenfalls hat die Dichte der Sonne im Vergleich zu anderen Sternen der gleichen Spektralklasse einen auffallend hohen Wert.

Merklich zuverlässiger dürften die Dichten sein, die man bei den Verfinsterungsveränderlichen vom Algol- und β Lyraetypus erhalten hat. Hier ergeben sich schon aus der Lichtkurve die relativen Dimensionen der beiden Körper und der Bahn. Ist außerdem in den Elongationen die Radialgeschwindigkeit, d. h. sehr nahe die wahre Bahnbewegung von Hauptstern und Begleiter in km festgestellt, so sind, wie wir bereits wissen, hieraus in elementarer Form alle geometrischen und dynamischen Dimensionen des Systems, also auch Masse und Dichte der Komponenten zu berechnen.

Bei der Lichtschwäche der meisten Algolveränderlichen ist indessen eine Bestimmung der radialen Bewegung in den Elongationen bisher auf einige seltene Fälle beschränkt geblieben. Man ist hier also auf eine Schätzung angewiesen, die aus der nahe gleichen Größe der Sterne in Verfinsterungssystemen folgt. Sind wieder r_1 und r_2 die Radien der beiden Sterne, m ihre Gesamtmasse, so ist die Durchschnittsdichte d allgemein gegeben durch

$$d = \frac{m}{\frac{4}{3}\pi(r_1^3 + r_2^3)}.$$

Für den Grenzfall $r_1 = r_2$ ist

$$d \leqq \frac{m}{\frac{\pi}{3}(r_1 + r_2)^3}.$$

Wird in der Formel $(r_1 + r_2)$ durch die Dauer der Periode P und die Zeit T der eigentlichen Verfinsterung, ferner m durch die Konstanten der Erdbewegung (Abstand von der Sonne und Umlauf), ausgedrückt, so ist, wie hier nicht näher entwickelt werden soll, in Einheiten der Sonnendichte

$$d \leqq \frac{8}{P^2 \sin^3 \frac{\pi T}{P}}.$$

Es ist klar, daß man bei Gleichsetzung der beiden Massen auf diese Weise auch die Dichte der Einzelsterne erhalten kann.

Bisher sind erst etwa 80 Paare dieser Art genauer untersucht worden. Die Ergebnisse hat Shapley in einer kleinen statistischen Tabelle zusammengestellt, die in mancher Hinsicht Interesse verdient und hier Platz finden mag.

Die Buchstaben B, A, F usw. bezeichnen wie bisher das Spektrum, als Einheit ist wieder die Sonnendichte angenommen. Obwohl Ergänzungen der Tabelle außerordentlich erwünscht sind, tritt schon in den wenigen Dichtewerten von F an eine Gabelung deutlich hervor. Bei den Klassen B und A liegen 75% der Dichtewerte zwischen 0.02 und 0.20, während fast alle F- bis K-Sterne entweder wesentlich niedrigere oder höhere Werte aufweisen. Die Sterne der betrachteten Verfinsterungsklasse zerfallen also in zwei Gruppen, von denen die eine in der Dichtefolge den B- und A-Sternen vorausgeht, die andere ihnen folgt. Eine Sicherung dieser Tatsache wäre außerordentlich wichtig. Denn es unterliegt wohl keinem Zweifel, daß die angedeuteten beiden Gruppen mit den Hertzsprung-Russellschen Giganten und Zwergen identisch sind und durch ihre Verteilung auf die einzelnen Dichtewerte eine sehr wesentliche Stütze der Russellschen Evolutionstheorie bilden würden. Einige Vorsicht ist hier allerdings am Platze, da es noch nicht feststeht, ob man die Algolveränderlichen ohne weiteres als normale Sternsysteme auffassen darf.

Dichte	B	A	F	G	K
< 0.0001	—	—	—	1	—
0.0001—0.001	—	—	—	2	1
0.001 — 0.01	2	—	—	—	—
0.01 —0.02	—	3	1	1	—
0.02 —0.05	2	8	—	—	—
0.05 —0.10	3	17	—	—	—
0.1 —0.2	4	12	1	1	—
0.2 —0.5	1	10	6	1	—
0.5 —1.0	—	—	1	—	—
> 1.0	—	—	—	1	—

Überaus merkwürdig sind die extremen Werte der SHAPLEYschen Zusammenstellung. Nur ein Stern, *W* Ursae maioris, übertrifft dabei mit 1.7 die Sonne in bezug auf den Dichtewert, alle anderen, Hauptsterne sowohl wie Begleiter, haben eine wesentlich dünner verteilte Materie. Fünf dieser Doppelsterne vom Verfinsterungstypus zeichnen sich dabei durch ein kaum noch vorstellbares Dichteverhältnis zur Sonne aus. Es sind dies die hier tabulierten Veränderlichen, die Umlaufszeiten von 32.3, 36.6, 262, 198 und 9905 Tagen haben. Da die Dichte der Sonne, bezogen auf atmosphärische Luft von etwa $+ 20^0 = 1.2 \cdot 10^3$ ist, so erreicht von den angeführten sechs Veränderlichen nur der Hauptstern von *RZ* Ophiuchi die Dichte unserer Atmosphäre. Bei ε Aurigae wäre gar eine durchschnittliche Dichte der Materie anzunehmen, wie sie sich kaum in unseren Vakuumröhren bei 1 mm Atmosphärendruck vorfindet!

Veränderlicher	Sp.	Dichte (Sonne = 1) Hauptstern	Begleiter
RX Cassiop.	K0	6 : 10^4	5 : 10^4
SX Cassiop.	G3	9 : 10^4	2 : 10^4
RZ Ophiuchi	G8	2 : 10^3	2 : 10^5
W Crucis	Gp	2.5 : 10^6	2.5 : 10^5
ε Aurigae	F8p	3 : 10^6	3 : 10^9

Ähnlich absurde Dichtewerte kommen hin und wieder auch in der anderen Richtung zum Vorschein, z. B. beim Prokyonbegleiter ($2 \cdot 10^3$), dem Siriusbegleiter ($9 \cdot 10^4$) und bei dem Begleiter von o_2 Eridani ($5.6 \cdot 10^3$ und $5.9 \cdot 10^4$). Man hat in diesen Einzelfällen allen Anlaß, an der Gültigkeit verschiedener Voraussetzungen, die zu derartigen Extremwerten führen, zu zweifeln, wie ja überhaupt die Dichtebestimmungen bei Fixsternen noch nicht über die ersten Pionierarbeiten hinaus sind.

21. Die Neuen und Veränderlichen Sterne.

Noch vor etwa drei Jahrzehnten galten die Neuen und Veränderlichen Sterne als besondere Ausnahmeerscheinungen am gestirnten Himmel. Durch die Anwendung der Photographie ist indessen die Zahl der Sterne der beiden Kategorien außerordentlich stark gewachsen, so daß gegenwärtig, wenigstens bei den Veränderlichen, ein Überblick nicht gerade leicht ist. Eine merkwürdige Zufälligkeit hat indessen die Orientierung sehr gefördert, nämlich die Tatsache, daß die ältesten bekannten Veränderlichen, wie Mira Ceti, Algol, β Lyrae, δ Cephei, auch heute noch die Haupttypen der Sterne mit merklichem Lichtwechsel kennzeichnen, und daß trotz der großen Zahl dieser Objekte sichere Übergänge weder unter den Einzelklassen noch von diesen zu den eigentlichen Neuen Sternen gefunden worden sind. Nicht der Lichtwechsel selbst, sondern seine offenbar grundverschiedenen Ursachen erfordern hier eine Trennung, die in den nächsten Abschnitten auch durchgeführt werden soll.

Die Neuen Sterne. Die Neuen Sterne haben seit den ältesten Zeiten das Interesse der Astronomen in regster Weise in Anspruch genommen. Ihr unerwartetes Auftauchen, der häufig überaus lebhafte Glanz mußten schon, bevor astrophysikalische Forschungen einsetzen konnten, die Aufmerksamkeit auf dieses seltsame Naturschauspiel richten. In den Lehr- und Handbüchern der Astronomie ist eine ziemlich große Zahl von früheren Erscheinungen Neuer Sterne angeführt, die alle aus derselben Quelle, dem „Kosmos“

von A. v. HUMBOLDT, stammen, und die man im allgemeinen für recht sicher festgestellt hielt. Letzteres ist aber durchaus nicht der Fall, vielmehr bleibt es in den meisten Fällen sehr zweifelhaft, ob die angeführte meist laienhaft beschriebene Erscheinung richtig als Neuer Stern gedeutet ist.

Bis zum 13. Jahrhundert können fast ausnahmslos die Angaben über Neue Sterne nur aus der chinesischen Chronik des MA-TUAN-LIN geschöpft werden. Diese Sammlung, die bis zum Jahre 1203 reicht, enthält in ihrem Hauptteile Kometenbeobachtungen; ein Nachtrag berichtet aber über seltsame, außerordentliche Phänomene, die in den meisten Fällen wohl ebenfalls auf Kometenerscheinungen zurückzuführen sind, bei denen aber eine Bemerkung über den eigentlich kennzeichnenden Schweif fehlt. HUMBOLDT hat nun aus diesem, von BIOT übersetzten Katalog diejenigen Angaben gesondert, die sich vielleicht oder wahrscheinlich auf Neue Sterne beziehen. Als Kriterium hierfür hat allerdings manchmal nur das Fehlen einer Bemerkung über einen merklichen Durchmesser oder eine merkliche Bewegung gedient, so daß alle Nachrichten über früher erschienene Neue Sterne nur mit größter Vorsicht aufzunehmen sind. Ohne nähere Angaben hätten die Daten auch dann, wenn sie gesichert wären, kaum mehr als ein rein statistisches und historisches Interesse.

In der folgenden Zusammenstellung sind alle helleren, seit der berühmten Erscheinung der TYCHOnischen Nova von 1572 neu aufgetauchten Sterne verzeichnet:

Jahr	Sternbild	Entdecker	Max.	Min.	Gal.Breite
1572	Cassiopeia (*B*)	Schuler, Tycho u. a.	-4^m	11^m	$+2°$
1600	Cygnus (*P*)	Blaeu, Janson u. a.	3.5	5.0	0
1604	Ophiuchus	Altobelli, Brunowski u. a.	-2	<13	$+5$
1670	Vulpecula (11)	Anthelm	3	<13	0
1783	Sagitta	D'Agelet	6?	<11	-2
1848	Ophiuchus	Hind	5.5	12.5	$+16$
1860	Scorpius (*T*)	Auwers	7	<12	$+18$
1866	Corona (*T*)	Birmingham	2	<10.0	$+47$
1876	Cygnus (*Q*)	Schmidt	3	14	-8
1885	Andromeda	Hartwig	7	<14	-21
1891	Auriga (*T*)	Anderson	4.5	14.5	0
1893	Norma	Fleming	7	<14	$+4$
1895	Centaurus (*Z*)	„	7	<14	$+29$
1898	Sagittarius	„	4.5	15	-10
1899	Aquila	„	7	<13	-8
1901	Perseus	Anderson	0	13	-9
1903	Gemini	Turner	5	<16.5	$+13$
1905	Sagittarius	Woods	7	<14	-6
1910	Ara	Fleming	6	<14	-5
1910	Lacerta	Espin	5	<14	-5
1912	Gemini	Enebo	3.6	<15	$+16$
1913	Sagitta	Mackie	7	<14	-8
1917	Scorpius	Woods	6.5	<14	$+12$
1918	Monoceros	Wolf	5.5	<12	$+4$
1918	Aquila	Bower	-0.5	<9	$+1$
1919	Lyra	Mackie	6.5	<14	$+14$
1919	Sagittarius	Woods	7	<14	-8
1920	Cygnus	Denning	1.5	<9	$+12$

Die Zahl der Neuen Sterne, besonders der schwächeren, hat in den letzten Jahrzehnten außerordentlich zugenommen, und man kann alljährlich auf mehrere Entdeckungen dieser Art rechnen. Sehr eigentümlich ist dabei das häufige Auftreten neuer Sterne inmitten der Spiralnebel. Konnte das Erscheinen der Nova Andromedae in dem bekannten großen Nebel noch als ein merkwürdiger Zufall angesehen werden, so fällt diese Annahme bei den zahlreichen neueren Entdeckungen schon aus Wahrscheinlichkeitsgründen zweifellos fort. Von diesen speziellen Neuen Sternen hat allerdings neben der erwähnten Nova Andromedae von 1885 (in NGC 224) nur noch die Nova Centauri von 1895 (in NGC 5253) die 7. Größenklasse erreicht. Alle anderen Objekte dieser Art, die letzthin in den Spiralnebeln NGC 224, 2403, 2608, 2841, 4321, 4527, 5457, 6946 u. a. — es handelt sich bei der Aufzählung um Nebelnummern des Neuen Generalkatalogs von Dreyer — beobachtet worden sind, waren im Maximum kaum 13. bis 17. Größe. In der Reihe steht der Andromedanebel (NGC 224) an erster Stelle mit nahe einem Dutzend sehr schwacher, kurz nacheinander entdeckter Novae.

Eine spezielle Auseinandersetzung der Erscheinungen, die jede einzelne Nova für sich geboten hat, ist unmöglich. Ähnlich wie bei den Wolf-Rayet-sternen (Klasse O) und den Planetarischen Nebeln (Klasse P) bestehen hier wohl individuelle recht merkliche Unterschiede zwischen den einzelnen Neuen Sternen, doch ist durch den glücklichen Zufall, daß das neue Jahrhundert uns nacheinander mehr als ein halbes Dutzend heller, sogar glänzender Erscheinungen dieser Art gebracht hat, sehr wohl ein Überblick über die wesentlichen Eigenschaften dieser seltsamen Weltkörper möglich.

Wenn auch zwischen den Neuen und allen anderen Sternen ein sehr beträchtlicher Abstand herrscht, so stehen sie in bezug auf die Eigentümlichkeiten des Spektrums und ihre Stellung im Raum doch nicht völlig isoliert da. Jeder Neue Stern ist durch eine Reihe spektraler Änderungen charakterisiert, wobei ein längeres Verweilen im P- bzw. O-Stadium besonders merkwürdig ist. Der Zusammenhang mit diesen beiden Typen tritt auch sonst schon rein äußerlich dadurch hervor, daß die drei genannten so verschiedenen und doch anscheinend irgendwie zusammengehörenden Spektralklassen typische Milchstraßenobjekte sind.

Das plötzliche Aufleuchten der Neuen Sterne, der anfangs rasche, dann langsamere, oft von sekundären Lichtschwankungen begleitete Abfall konnte in unseren Tagen an der Nova Persei (1901), der Nova Aquilae (1918) und der Nova Cygni (1920) von jedermann beobachtet werden, so daß es genügt, wenn auf die typische Lichtkurve des interessantesten dieser 3 Sterne (Abb. 221)

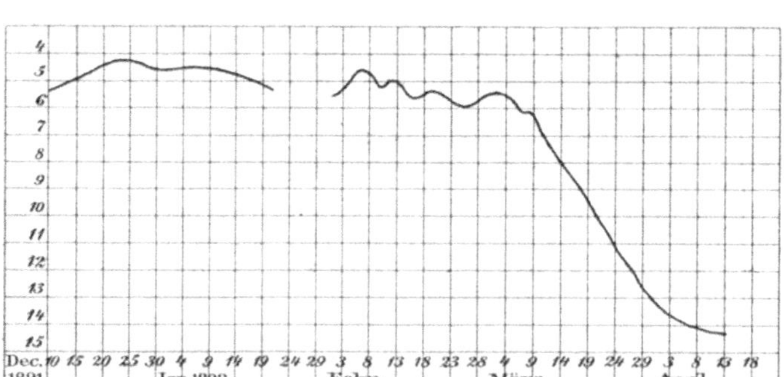

Abb. 220. Lichtwechsel der Nova Aurigae (1892).

hingewiesen wird. Wenn man von den hier und später auch bei der Nova Aquilae sehr ausgesprochenen Sekundärwellen absieht, haben die meisten Novae eine sehr ähnliche Lichtkurve ergeben. Daß Ausnahmen bzw. Sonderfälle nicht selten vorkommen, beweist das mehrfache Aufleuchten der Nova Vulpeculae (1670) und die Nova Aurigae (1892), die von Dezember 1891 bis März 1892 die Helligkeit nur wenig geändert hat (Abb. 220). Ob Sterne wie *P* Cygni (Nova 1600), η Argus u. a. zu den Novae zu rechnen sind, steht noch nicht absolut fest. Der erste hat nur zwischen 1600 und 1677 plötzliche Änderungen der Helligkeit gezeigt, der zweite ist überhaupt eines der merkwürdigsten Objekte am Himmel. Von 1600 bis 1822 zwischen 3 und 5^m veränderlich, wuchs er unter dauerndem Auf- und Abflackern 1837—1850 nahe zur Helligkeit des Canopus (α Argus) an, um dann langsam bis 8^m (1914) herunterzusinken. Nach der Lichtkurve ist er als ein unregelmäßig Veränderlicher, nach dem Spektrum als eine Nova zu betrachten.

Der BIRMINGHAMsche Stern von 1866 ist die erste Nova, die spektroskopisch untersucht werden konnte. HUGGINS und MILLER erkannten, daß ein kontinuierliches Spektrum mit dunklen und hellen Linien vorhanden war; eine sichere Feststellung der dunklen Linien war nicht möglich, dagegen wurden von den vier hellen Linien zwei mit den Wasserstofflinien $H\alpha$ und $H\beta$ identifiziert.

Weit eingehender konnte die 10 Jahre später erschienene Nova Cygni (1876) untersucht werden. Das sehr helle kontinuierliche Spektrum erwies sich hier anfangs von zahlreichen Absorptions- und Emissionslinien durchquert. Der kontinuierliche Hintergrund nahm mit dem Sinken der Helligkeit jedoch sehr bald an Helligkeit ab. Die Emissionslinien wurden immer besser sichtbar, vor allen Dingen trat allmählich eine außerordentlich helle grüne Linie etwa bei λ 5000 hervor, die als charakteristisches Merkmal der kosmischen Gasnebel bereits bekannt war. Diese Hauptnebellinie war zuletzt vorherrschend; nach mehr als einem Jahre, im Februar 1878, als die Nova bereits schwächer als 11^m erschien, blieb diese Linie oder Liniengruppe allein sichtbar. Das Licht des Neuen Sternes war also monochromatisch geworden und glich völlig einem der zahlreichen kleinen Planetarischen Nebel am Himmel.

Die Nova Persei 1901. Die Nova Cygni von 1876 bildet einen gewissen Abschluß in der Geschichte der Neuen Sterne, und erst die glänzende Erscheinung der Nova Persei von 1901 brachte neue Aufschlüsse. Die Nova Aquilae von 1918 und die Nova Cygni von 1920 zeigten einen etwas einfacheren Verlauf des ganzen Phänomens, so daß es genügen wird, die Betrachtungen auf diesen einen Stern zu beschränken und durch etwaige neuere Erfahrungen zu ergänzen.

Die Nova Persei war am Tage ihrer Entdeckung, am 21. Febr. 1901, etwa 2. bis 3., am 23. bereits 0. Größe. Das Aufleuchten muß innerhalb weniger Stunden erfolgt sein, denn nach einer photographischen Aufnahme von WILLIAMS war der Stern 28 Stunden vor der Entdeckung noch schwächer als 11., 48 Stunden vorher bestimmt unter 12. Größe. Eine sorgfältige spätere Nachprüfung der Harvardplatten hat dann allerdings ergeben, daß der Aufstieg nicht von völliger Unsichtbarkeit erfolgt ist. An der betr. Stelle stand

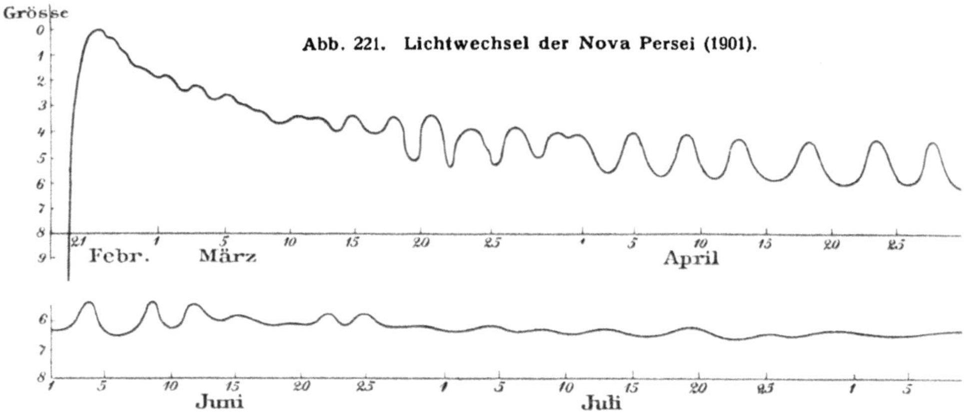

Abb. 221. Lichtwechsel der Nova Persei (1901).

schon immer ein schwacher Stern, der seine Helligkeit unregelmäßig zwischen 12^m und 14^m änderte.

Das Licht nahm anfangs rasch, dann langsamer ab, bis nach Mitte März 1901 ein deutlicher, regelmäßiger Helligkeitswechsel von etwa viertägiger Periode einsetzte. Bei den ersten Wellen haben dabei wohl die Maxima etwas länger gedauert als die Minima, später, etwa von April an, ist sicherlich das Umgekehrte der Fall gewesen (Abb. 221).

Die ersten spektroskopischen und spektrographischen Untersuchungen in Potsdam und auf der Harvardsternwarte ergaben zunächst ein kontinuierliches Spektrum vom Typus F—A, dessen blauer und violetter Teil besonders hell erschien. Etwa 30 dunkle Linien waren erkennbar, davon sehr breit und verwaschen die Wasserstoff-, Magnesium- und Siliziumlinien, während die Kalziumlinien *H* und *K* sehr scharf erschienen. Von hellen Linien war zunächst keine Spur zu erkennen. Schon am 24. Februar traten indessen die Wasserstoffemissionen deutlich hervor, die Metallinien (Eisen, Titan u. a). wurden schärfer, die Kalziumlinien dagegen breiter und verwaschener. Die Grundform des Spektrums war ein ausgeprägter Ac-Charakter, ähnlich α Cygni, mit darüber gelagertem stark nach Rot verschobenem bänderartigem

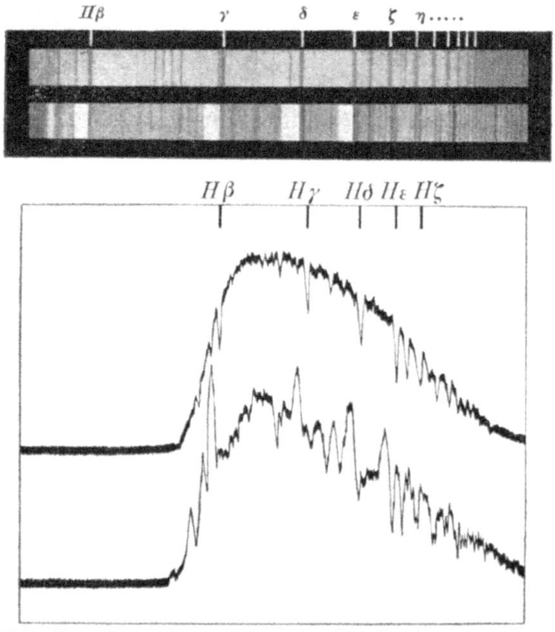

Abb. 222. Spektrum der Nova Aquilae (1918) am 9. und 10. Juni 1918. Darunter: Auswertung der Spektra mit dem Koch-Gossschen Mikrophotometer.

Emissionsspektrum (Abb. 222). Nach einigen weiteren Tagen entsprach das Absorptionsspektrum mehr dem B-Typus. Wie bei früheren Erscheinungen wurde nun der kontinuierliche Grund immer schwächer, die Absorptionslinien traten gegen die Emissionen immer mehr zurück, bis gegen Ende März das Spektrum etwa der Klasse O—B glich.

Die gleichzeitig eingetretene eigentümliche Erscheinung des periodischen Lichtwechsels ist nun von einer interessanten Änderung des Spektrums begleitet gewesen. Die Aufhellung während der Maxima ist wesentlich durch Intensitätszunahme des kontinuierlichen Spektrums verursacht, wobei auch, wenigstens bis Ende März, die während der Minima verschwundenen dunklen Linien wieder sichtbar wurden. Hiermit verbunden waren starke und ungleichmäßige Verschiebungen der Wasserstofflinien, während die Kalziumlinien unverändert blieben. Die Helligkeit 4.6^m der Nova konnte dabei als Grenze zwischen den verschiedenen Typen des wechselnden Spektrums angesehen werden, indem oberhalb derselben das normale Spektrum (B—O) vorhanden war, unterhalb derselben das für die Minima charakteristische reine O-Spektrum auftrat. Während des Minimums am 6. April hat v. GOTHARD zuerst die Nebellinien bei λ 5007 und 4959 wahrnehmen können. Von da an hat mit ständigem Wechsel der allmähliche Übergang in das Nebelspektrum (P) wie bei den vorhergehenden Novae stattgefunden. In ganz unerwarteter Folge hatte also die Nova Persei während der ersten $1\frac{1}{2}$ Monate ihrer Sichtbarkeit nacheinander die charakteristischen Kennzeichen der Spektralklassen F—A, O—B, O und P angenommen.

Im Herbst 1901, als die Nova die 7. Größe erreicht hatte, war die nahe vollständige Umwandlung in einen echten Planetarischen Nebel, d. h. in ein kombiniertes Nebulium- und Wasserstoffspektrum auf sehr schwachem kontinuierlichen Grunde bereits erfolgt. Der weitere Verlauf der Änderungen ist durch ein allmähliches Hellerwerden des Grundes und ein Zurücktreten der Nebellinien gekennzeichnet. Als Ende 1902 die Nova bis nahe 10^m gesunken war, erschien der Rückgang zur Klasse O wieder eingeleitet, 1904 verschwanden bei der Größe 11^m die Nebellinien, und seit 1906 oder 1907 kann die definitive Rückkehr zur Klasse der WOLF-RAYETsterne als bereits vollzogen gelten.

Daß die Änderungen des Spektrums von recht auffälligen Farbenänderungen begleitet waren, erscheint selbstverständlich. Tatsächlich hat die Nova Persei und nach ihr auch alle folgenden die ganze SCHMIDT-OSTHOFFsche Skala (S. 324) durchlaufen, ja beiderseits sogar die Grenzen derselben überschritten von Bläulichweiß (Nebelstadium) bis zu einer Färbung, die man beinahe als ein gesättigtes Lila bezeichnen könnte. Da die Farbenunterschiede hier nicht wie bei den

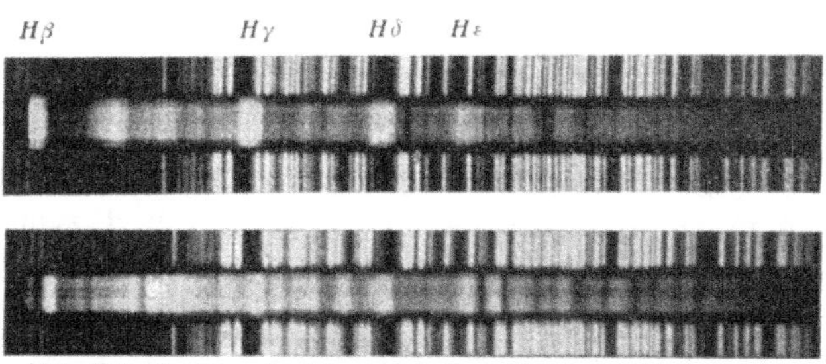

Abb. 223. Spektra der Nova Aquilae (18. Juni 1918) und der Nova Cygni (27. August 1920) in nahe gleichem Entwicklungszustand. (Nach M. Wolf.)

normalen Sternen durch Unterschiede im kontinuierlichen Spektrum, sondern größtenteils durch das wechselnde Intensitätsverhältnis der Emissionslinien hervorgerufen wurden, ist die Einordnung der Färbungen in die normale Skala überhaupt nicht leicht. Im übrigen haben einige spätere Neue Sterne noch extremere Färbungen gezeigt. Die Nova Lacertae, die Nova Geminorum (1912) und besonders die Nova Aquilae (1918) zeigten im Gasstadium an großen Fernrohren zeitweise grün-rote Doppelbilder von reinster Färbung, die in einfachster Weise durch die verschiedene Vereinigungsweite der rot-gelben und der grün-blauen Emissionen in großen Fernrohren zu erklären sind.

Der Helligkeitsabfall der Nova Persei nach 1902 ist von verschiedenen Seiten mehr oder weniger anhaltend verfolgt und beobachtet worden. Danach kann man wohl annehmen, daß 1915 der ursprüngliche Zustand der Nova, wie er vor 1901 bestand, erreicht war; der Stern ist etwa bei der 13. Größe stehen geblieben und zeigt wieder die alten unregelmäßigen Helligkeitsänderungen zwischen 12 und 14^m. Merkliche spektrale Änderungen sind seitdem nicht erfolgt und der Wolf-Rayettypus scheint nun ein dauerndes Kennzeichen des Sternes zu bilden. Ob die Nova auch vor dem Aufleuchten dieser Spektraklasse angehört hat, läßt sich nachträglich nicht mehr feststellen, ist aber doch wohl wahrscheinlich.

Das interessanteste und überraschendste Phänomen hat die Nova Persei, allerdings nur diese allein, erst in ihrer späteren Entwickelung geboten. Bei fast allen hellen Neuen Sternen ist von einzelnen Beobachtern darauf aufmerksam gemacht worden, daß im Gegensatze zu anderen Sternen die Nova mit einem Nebelschein umgeben erschienen ist. Man hat die Realität dieser Erscheinung angezweifelt, da sie wegen des besonderen Charakters des Spektrums auf rein physiologischem Wege zustande kommen kann, und in den vorliegenden Fällen auch sicher so zustande gekommen ist. Dagegen fand Wolf Ende August 1901 auf photographischen Aufnahmen von langer Expositionszeit, daß die Nova Persei tatsächlich von einer durchaus nicht gleichförmigen, sondern strukturreichen, schwachen Nebelhülle von unregelmäßiger Form umgeben war. Zur Überraschung aller Astronomen wurde nun weiter am 11. November von Perrine nach Aufnahmen mit dem Crossleyreflektor der Licksternwarte konstatiert, daß einige helle Knoten der die Nova Persei umgebenden Nebelhülle sich innerhalb 6 Wochen um 1 Bogenminute nach Südosten von der Nova fortbewegt hatten. Eine Bestätigung dieser Entdeckung fand sehr bald darauf durch photographische Aufnahmen auf der Yerkessternwarte und dem Heidelberger Observatorium statt.

Nach Perrine haben sich die Vorgänge in der Umgebung der Nova Persei folgendermaßen abgespielt. Auf den Aufnahmen vom Januar 1902 treten zwei die Nova umgebende Nebelringe auf: ein hellerer, innerer und ein sehr schwacher äußerer mit den Durchmessern von $15'$ bzw. $30'$. Beide Ringe waren in Ausdehnung begriffen, und zwar in der Weise, daß sich der innere Ring mit einer durchschnittlichen Geschwindigkeit von $1.4''$, der äußere mit $2.8''$ in 24^h erweiterte. Rechnet man hiernach zurück, zu welcher Zeit die Ringe die Nova verlassen haben, so erhält man für den inneren Ring 1901 Februar 8, für den äußeren Februar 16 bis 17. Bei der Unsicherheit der Messungen der verwaschenen Objekte deutet dies auf ein nahe gleichzeitiges

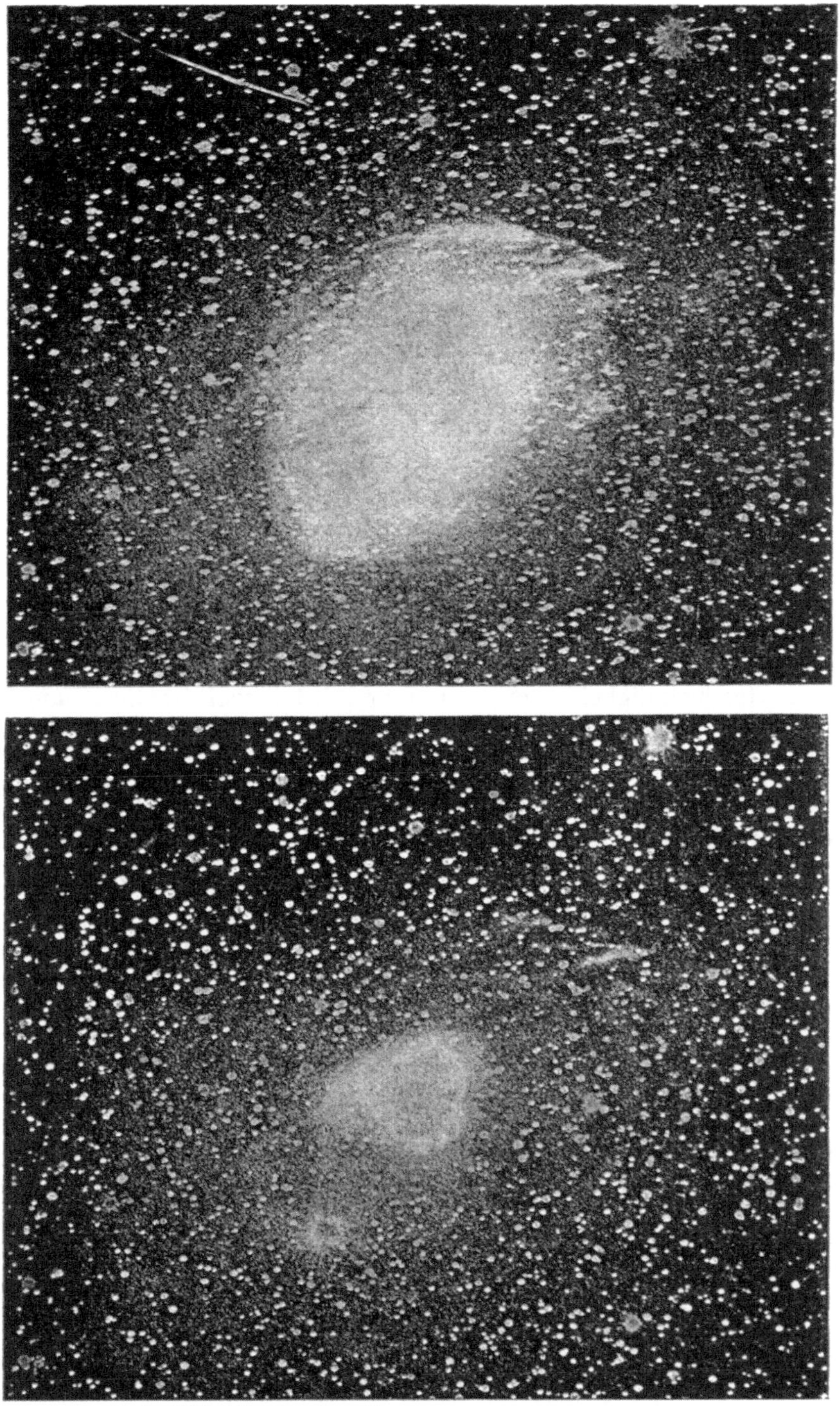

Abb. 224. Bewegung der Nebel um die Nova Persei zwischen 1901 Nov. 12 und 1902 Februar 2. (Nach Lickaufnahmen.)

Entstehen der Ringe hin, und zwar auf eine Zeit, zu der auch das Aufflammen der Nova erfolgt ist. Beide Ringe zeigen eine ausgeprägte Struktur, die durch verschiedene Verdichtungen der Nebelmaterie herbeigeführt ist. Die Bewegung dieser Verdichtungen ist aber keineswegs eine radiale, vielmehr ändert sich auch ihr Positionswinkel, so daß eine Zurückverfolgung nicht genau auf den Ort der Nova führt.

Trotz der außerordentlichen Lichtschwäche der Nebelteile in der Umgebung der Nova Persei sind auf der Licksternwarte Versuche unternommen worden, um näheren Aufschluß über die Art des von dem Nebel ausgesandten Lichtes zu erhalten. In bezug auf etwaige Polarisation des Lichtes hat sich ein negatives Resultat ergeben. Dagegen zeigt ein Spektrogramm, das mit schwacher Dispersion von der hellsten Stelle der Nebelhülle mit 34-stündiger Expositionszeit erhalten wurde, ein kontinuierliches Spektrum, das vielleicht demjenigen der Nova in den ersten Stunden des Aufleuchtens entspricht.

Die wahre Bedeutung dieser Feststellung und der Bewegungsvorgänge in der die Nova umgebenden Nebelhülle läßt sich erst ermessen, wenn man die scheinbaren Winkelbewegungen in Geschwindigkeiten umrechnet, wozu aber die Kenntnis der Entfernung der Nova oder ihrer Parallaxe erforderlich ist. Derartige Parallaxenbestimmungen sind nun von verschiedenen Astronomen ausgeführt worden, wobei nicht unbeträchtliche Schwierigkeiten dadurch entstehen, daß sich das Spektrum im Laufe der Zeit stark verändert hat, damit aber auch der Schwerpunkt des photographischen Bildes wegen der Lichtbrechung in der Atmosphäre. Nimmt man eine Parallaxe von $0.01''$ an, so entspricht der beobachteten scheinbaren Bewegung eine ganz enorme Geschwindigkeit. Der innere Ring mit $1.4''$ täglicher Bewegung hätte sich hiernach mit etwa 200000 km, der äußere mit doppelter Geschwindigkeit bewegt. Bei der Unsicherheit der Parallaxenbestimmung können sich zwar diese Zahlen noch beträchtlich ändern; an dem erstaunlichen Resultat aber, daß hier materielle Geschwindigkeiten vorliegen sollen, die mit der Lichtgeschwindigkeit (300000 km in der Sekunde) zu vergleichen sind, wird hierdurch nichts geändert und wir werden daher nach anderen Erklärungen uns umsehen müssen.

Von diesen längst verschwundenen Hüllen gänzlich verschieden sind die engen Nebelwindungen, die sich seit 1914 um die Nova Persei gebildet haben und eine Ring- oder Spiralform anzunehmen scheinen. Während, wie wir gleich sehen werden, das Fortschreiten der Hüllen von 1901—02 auch rein optisch erklärt werden kann, liegt in diesem Falle wohl sicher eine materielle, vorläufig durchaus rätselhafte Emanation von Nebelmaterie aus einem Stern vor.

Ursachen der Vorgänge im Novaspektrum. Die Erscheinungen, die hier an der Geschichte der Nova Persei geschildert worden sind, haben sich bei der Nova Geminorum (1912), der Nova Aquilae (1918) und der Nova Cygni (1920) in den wesentlichen Zügen wiederholt, so daß es heute möglich ist, den Verlauf einer normalen Novaerscheinung im voraus anzugeben. Neben den unfaßbaren Helligkeitsänderungen, die in entsprechender Übertragung oft dem plötzlichen Emporschnellen eines Sterns 2. Größe bis zur Helligkeit des Vollmondes entsprechen, sind es in erster Linie die spektralen Änderungen (S. 374f.), die das höchste Interesse des Astrophysikers erregen.

Einen gewissen Ausweg bietet hier zunächst die RUSSELLsche Theorie, die den Spektraltypus im wesentlichen als Funktion der Temperatur des betr. Sterns auffaßt. Wenn es auch von vornherein sehr wahrscheinlich war, daß der Wechsel der Helligkeit und der Spektralklasse bei den Novae mit Temperaturänderungen Hand in Hand ging, so war doch eine Bestätigung der Vermutung von großem Wert. Gelegenheit dazu bot erst die Nova Aquilae (1918), die bei ihrer großen Helligkeit die spektralphotometrischen Messungen sehr erleichterte. Aus der Energieverteilung im Spektrum hat WILSING eine Reihe von effektiven Temperaturen für die Nova abgeleitet, die in der nebenstehenden Tabelle aufgezählt sind. Vergleicht man die Werte mit den für die normalen Spektralklassen abgeleiteten Zahlen (S. 262), so erkennt man leicht, wie hier tatsächlich effektive Temperatur und Spektraltypus einen zwangsläufigen Gang zeigen, wenn auch dieser nicht so ausgeprägt erscheint, wie in den früher abgeleiteten Mittelwerten. Charakteristisch für die Tage hoher Temperaturen war wieder das Auftreten von scharfen Funkenlinien des Titans, Eisens und anderer Elemente.

1918	Eff. Temp.	Sp.	Gr.
Juni 10	9000°	A–B	0.4^m
„ 11	8800	B	0.5
„ 12	6600	B	0.9
„ 13	5700	F	1.1
„ 14	6800	F	1.4
„ 18	7800	B	2.0
„ 19	10000	B:	2.3
„ 30	7100	A	3.3
Juli 4	11100	B–P	3.0

Wenn auf diese Weise die allgemeinen Änderungen eines Novaspektrums auf wechselnde Temperatureinflüsse zurückgeführt sind, so fehlt es für die beobachteten enormen Linienverschiebungen zunächst an einer einwandfreien physikalischen Erklärung.

Bereits bei dem Spektrum der Nova Aurigae (1891) und der Nova Aquilae (1899) war das gleichzeitige Auftreten von Absorptions- und Emissionslinien nebeneinander aufgefallen. Es kamen also hier etwa vom Erreichen der höchsten Lichtentwicklung an den Linien ein und desselben Elementes merklich verschiedene Wellenlängen zu, und zwar den hellen Komponenten die größeren, den dunklen die kleineren. Daß die ausschließliche Erklärung durch Bewegungsvorgänge versagt, erkennt man schon daraus, daß die Verschiebungen sich bei allen Neuen Sternen als gleichartig erwiesen haben, ferner daran, daß ähnlich wie bei einzelnen Heliumsternen (S. 353) die Kalziumlinien der Nova Persei nur eine sehr geringe Verschiebung zeigten, die auf eine Radialbewegung von kaum + 18 km schließen ließ. Dieser Wert dürfte tatsächlich den unverfälschten DOPPLEReffekt für die Nova darstellen, während die anderen auf den ersten Blick sichtbaren Verschiebungen und Verdoppelungen der Linien in noch ungeklärten physischen Vorgängen auf dem Stern ihren Grund haben mögen. Wie wenig man berechtigt ist, aus ihnen Radialbewegungen in dem gewohnten Sinne abzuleiten, hat besonders die Nova Aquilae (1918) gezeigt, bei der die Wellenlängenänderung der hellen Wasserstofflinien zeitweilig einer Ortsänderung von 1400 bis 2500 km in der Sekunde entsprochen hätte.

Es ist bei Gelegenheit der Nova Persei die Frage aufgeworfen worden, ob sich für die Änderung der Wellenlängen im Spektrum nicht auch ein physikalischer Grund finden ließe, ohne Hinzunahme mechanischer Bewegungen. Die Lösung dieser Aufgabe ist dann auch mit großer Energie aufgenommen worden. Wenn auch die theoretischen Voraussetzungen, die man anfangs an das Problem geknüpft hat, sich nicht bestätigt haben und auch die praktischen Versuche im wesentlichen negativ ausgefallen sind, so ist doch die Klarstellung der Verhältnisse von hohem wissenschaftlichen Wert gewesen.

Die erste Anregung zu experimentellen Versuchen in der angegebenen Richtung ging von Jewell aus, der bei Gelegenheit der Messungen für Rowlands Standardtafeln der Wellenlängen fand, daß die vom Bogenlicht erzeugten Metallinien stets gegenüber den entsprechenden Sonnenlinien verschoben waren. Nachdem die erste Vermutung, daß dies durch Veränderungen im Apparat verursacht sei, sich nicht bestätigt hatte, vielmehr auch bei gleichzeitigen Aufnahmen auf derselben Platte die Differenz unverändert fortbestand, mußte die Erscheinung als reell betrachtet werden. Eine Erklärung nach dem Dopplerschen Prinzip erschien unter der Voraussetzung möglich, daß auf der Sonne die absorbierenden kühleren Gase mit einer durchschnittlichen Geschwindigkeit von 30 bis 60 km pro Minute zur Photosphäre herabfielen. Diesem ständig absteigenden Strom müßte aber doch ein aufsteigender entsprechen, und es müßten die sämtlichen feinen Sonnenlinien doppelt erscheinen. Von einer derartigen Duplizität ist aber keine Spur zu bemerken. Jewell kam daher schon selbst zur Überzeugung, daß die Ursache dieser allerdings sehr geringen Verschiebung in Druck- oder Temperaturdifferenzen zwischen elektrischem Bogen und Sonne zu suchen sei.

Diese Ergebnisse waren die Veranlassung einer umfangreichen Untersuchung von Humphreys und Mohler über die Wirkung des Druckes auf die Wellenlängen der Spektrallinien. Die Versuche wurden in der Weise angestellt, daß mit einem Gitterspektroskop größter Dimension teils direkt, teils photographisch die Wellenlängen von Metallinien, die von einem kräftigen elektrischen Bogen stammten, durch Vergleichung mit den Sonnenlinien gemessen wurden. Der Bogen selbst war in einem luftdichten eisernen Zylinder mit kleinen Fensteröffnungen eingeschlossen, und der Druck im Innern konnte vermittels einer Luftpumpe bis zu 15 Atmosphären erhöht werden. Zur Kontrolle des Apparates dienten Aufnahmen des Sonnenspektrums vor und nach der Aufnahme des Bogenspektrums, ebenso auch die Linien des Kohlenwasserstoffes, die keine merkliche Änderung der Wellenlängen durch Druck aufweisen. Es lag die Befürchtung nahe, daß die mit diesem Apparate gewonnenen Resultate nicht nur den Einfluß des Druckes allein geben, sondern auch den der Temperatur, da man zunächst vermuten sollte, daß bei zunehmendem Druck auch die Temperatur des Bogens steigt; nach den Untersuchungen von Wilson ist dies aber keineswegs der Fall. Man ist also wohl berechtigt, die gefundenen Resultate als wesentlich nur vom Druck abhängig zu betrachten.

Die zahlreichen und mit großer Sorgfalt angestellten Beobachtungen haben nun ergeben, daß die Linien aller untersuchten Metalle sich tatsächlich mit zunehmendem Druck nach Rot hin verschieben, aber keineswegs für alle Elemente in gleichem Maße, ja nicht einmal bei den verschiedenen Linien desselben Metalls. Der Druckeffekt ist also abhängig von der Natur der Gase und verläuft nicht gesetzmäßig mit der Wellenlänge. In einigen Fällen ist die Verschiebung mit merklicher Verbreiterung verbunden, in anderen wieder nicht. Dagegen ist innerhalb der verwendeten Druckdifferenzen von 13 Atmosphären bei jeder Linie die Verschiebung dem Druck sehr nahe proportional.

Während diese Resultate auch den gleichen Sinn der Linienverschiebung wie im Spektrum der Novae geben, bleibt in bezug auf die Größe der Verschiebung ein sehr großer Unterschied bestehen. Die relativen Verschiebungen im Spektrum der Nova Persei erreichten, auf λ 4500 bezogen, 11 AE, bei der Nova Geminorum (1912) 22 AE, bei der Nova Aquilae (1918) gar 33 AE, während die experimentell beobachteten bei 14 Atmosphären Druck nur 0.05 und 0.06 AE betrugen. Unter der Annahme, daß die gefundene Proportionalität zwischen Druck und Verschiebung auch für hohe Drucke nahe richtig bleibt, würde man daher bei den Novae auf einen Gasdruck von einigen Tausend Atmosphären zu schließen haben.

Der Identität der im Laboratorium und am Himmel beobachteten Erscheinungen steht, abgesehen von einer Reihe von weiteren Einzelheiten und Komplikationen, auch der Umstand entgegen, daß bei den Neuen Sternen zeitweise eine weite Verdoppelung der Wasserstofflinien hervortritt, während dies im Laboratorium zu beobachten noch nicht gelungen ist. So wichtig die physikalischen Ergebnisse auch sind, eine eindeutige Erklärung für die Tatsache, daß die Novae zwei oder mehrere übereinandergelagerte und gegeneinander verschobene Spektra zeigen, läßt sich vorläufig noch nicht geben. Eine ganze Reihe von Astrophysikern lehnt daher nach diesem negativen Ergebnis den DOPPLEReffekt wenigstens bei den Absorptionen nicht mehr so kategorisch ab, als es noch vor etwa 20 Jahren geschah.

Eine gleichfalls noch völlig rätselhafte Erscheinung bildet das Auftreten und Verschwinden der Nebellinien im Spektrum der Neuen Sterne, die zeitweilig, wie wir bereits sahen, derartig vorherrschen, daß eine Nova dann vollkommen einem Planetarischen Nebel gleichen kann. Der einzige Unterschied besteht in der stärkeren Breite und Verwaschenheit der Emissionen gegenüber den Gasnebeln. Als Absorptionen kommen diese überaus kräftigen Linien nirgends am Himmel vor, als Emissionen blieben sie bisher mit einer Ausnahme (*R* Aquarii) auf die Neuen Sterne und die Gasnebel beschränkt. Trotzdem man aus Interferenzbeobachtungen bereits Schlüsse auf das Atomgewicht des hypothetischen Nebuliumgases gezogen hat (S. 418), ist es nicht ganz ausgeschlossen, daß möglicherweise irgendein bekanntes Element unter bestimmten physikalischen Bedingungen das merkwürdige Emissionsspektrum erzeugt.

Deutung der Novaerscheinungen. Unter den zahlreichen Hypothesen, die zur Erklärung der Neuen Sterne aufgestellt worden sind, erscheint dem Laien die Annahme irgendeiner Katastrophe, also beispielsweise des Zusammenpralls von zwei dunklen oder nur noch schwach leuchtenden Sternen besonders einleuchtend. Die in der Bewegung vorhandene gewaltige Energie wird beim Zusammenstoß zum großen Teil in Wärme umgesetzt, und beide Gestirne müssen in ungeheurer Gluthitze neu erstrahlen. So naheliegend diese Annahme auch sein mag, so erscheint sie bei einiger Überlegung doch recht unwahrscheinlich. Denn ebensowenig, wie wir an normalen Fixsternen eine kontinuierliche Abnahme ihrer Helligkeit wahrnehmen, würde dies bei einem aufs neue durch und durch in Glut geratenen Stern zu erwarten sein. Viele

Millionen von Jahren wären hierzu erforderlich. Es ist aber gerade das Charakteristische in der Erscheinung der Neuen Sterne, daß sie nach plötzlichem Aufflammen in ganz kurzer Zeit, in Wochen, Monaten oder wenigen Jahren zu unscheinbaren Objekten oder bis zur völligen Unsichtbarkeit verblassen. Gerade der Umstand der raschen Helligkeitsabnahme deutet mit Bestimmtheit darauf hin, daß die Ereignisse, die einen bisher dunklen oder sehr schwachen Stern zum Aufleuchten veranlassen, nur Vorgänge in den äußersten Schichten des Gestirns sein können, ohne wesentliche Beeinflussung des Innern, ähnlich dem Aufleuchten der irdischen Meteore.

Dieser Vorstellung versucht eine Hypothese von Lohse Rechnung zu tragen. Hiernach braucht die Abkühlung des Sternes nur so weit vorgeschritten zu sein, daß er mit einer dichten und kühlen, stark absorbierenden Atmosphäre umgeben ist. Bei einer gewissen Stufe der Abkühlung kann dann eine plötzliche Verbindung einzelner Elemente stattfinden, und die hierbei frei werdende Wärme verursacht das neue Aufleuchten des Himmelskörpers.

Auf den ersten Blick mag diese Annahme verständlich erscheinen, und doch muß bemerkt werden, daß in ihr große Schwierigkeiten enthalten sind. Die Heftigkeit der Vorgänge auf einem Stern bei seinem Aufleuchten deutet darauf hin, daß sie, wenn sie auch nur oberflächlich stattfinden, immerhin beträchtliche Massen betreffen, daß also die chemische Vereinigung innerhalb großer Gebiete plötzlich erfolgen müßte. Aber selbst wenn man sich mit diesen hypothetischen atmosphärischen Explosionen abfindet, erscheint es nicht einleuchtend, durch welche besonderen Ursachen gerade bei einzelnen Milchstraßensternen die Bedingungen hierfür gegeben sein sollten. Gar völlig ausgeschlossen sind sie bei den Neuen Sternen, die, wie z. B. die Nova Persei (1901) und die Nova Aquilae (1918) schon vorher nachweislich als selbstleuchtende Körper am Himmel existierten.

Die gegenwärtig am meisten beachtete Erklärung der Neuen Sterne hat Seeliger gegeben. Er nimmt ebenfalls das Zusammentreffen zweier Himmelskörper an, von denen jedoch der eine kein Stern, sondern ein Nebel sein soll. Beim Eintritt eines dunklen Körpers in einen Nebel würde sofort eine oberflächliche Erhitzung eintreten, infolge deren sich Verdampfungsprodukte um den Körper bilden, sich von ihm ablösen und sehr schnell diejenige Geschwindigkeit annehmen, welche die nächsten Teile des Nebels besitzen. Der Stern gibt dann das kontinuierliche Spektrum mit dunklen Linien, die leuchtenden abgelösten Gasteile die hellen Linien. Solange der Stern in der Wolke verweilt, werden die Erscheinungen ziemlich unverändert bleiben, sobald er sie aber verlassen hat, wird die Helligkeit sehr schnell abnehmen, ganz ähnlich, wie dies in der Erdatmosphäre bei großen Meteorerscheinungen beobachtet wird. Durch die Entdeckung der Nebel in der Umgebung der Nova Persei hat die Seeligersche Annahme trotz mancher Rätsel, die auch dann noch in einer jeden Novaerscheinung verbleiben, sehr an Boden gewonnen, und man darf sie wohl heute als die wahrscheinlichste ansehen.

Die bei der Nova Persei beobachteten Bewegungen der Nebelmassen können nach dieser Theorie verschieden erklärt werden. Entweder haben sich materielle Teilchen mechanisch mit den angegebenen, der Lichtgeschwindigkeit nahe kommenden Geschwindigkeiten wirklich fortbewegt, oder es liegen Strahlungen vor, die von der Nova im Aufflammungsmoment ausgegangen sind und bereits vorhandene Nebelmassen entweder in Leuchtzustand versetzt haben oder, sofern es sich um Lichtstrahlen handelt, von denselben reflektiert worden sind.

Wenngleich beim Aufflammen der Nova zweifellos sehr starke Druckkräfte in explosionsartiger Weise aufgetreten sind, so fällt es doch schwer, sich dieselben so gewaltig vorzustellen, daß sie den abgeschleuderten Massen Geschwindigkeiten, die der Lichtgeschwindigkeit nahe kommen, hätten erteilen können. Es wäre vielmehr anzunehmen, daß diese Kräfte nur genügt haben, gasförmige Massen in so weite Entfernungen vom Stern zu schleudern, daß bei der damit verbundenen Verdünnung derselben repulsive Kräfte nach Art des Strahlungsdrucks in Wirksamkeit treten konnten, in ähnlicher Weise, wie wir dies bei den Kometen kennen gelernt haben. Unerklärlich bleibt aber, warum eine derartige Abschleuderung von Materie nur in Ausnahmefällen stattfinden und durchaus nicht jeder Novaerscheinung eigen sein sollte. Die Beispiele der Nova Aquilae (1918) und der Nova Cygni (1920), die trotz genügender Helligkeit keine Spur von ähnlichen Nebeln zeigten, sprechen jedenfalls nicht für materielle Nebelbewegungen.

Viel wahrscheinlicher sind die rein optischen Hypothesen. Danach können bei der Nova im Perseus Strahlungen in Frage kommen, wie sie z. B. von der Sonne ausgehen und die oberen Schichten der Atmosphäre in Form von Nordlichtern zum Leuchten bringen. Noch näherliegend ist vielleicht die Annahme einer normalen Lichtreflexion in den Nebeln. So vermuten Kapteyn und Seeliger, daß die bei dem plötzlichen Aufleuchten der Nova zweifellos entstandene, nach allen Seiten sich ausbreitende Lichtwelle, die ja auch unser Auge getroffen hat, bei ihrem Fortschreiten nach und nach von den Teilen einer bereits vorhandenen, die Nova umgebenden und strukturreichen Nebelmaterie reflektiert worden ist und uns diese Teile fortschreitend zur Sichtbarkeit gebracht hat. Die allgemeine Ausbreitung eines Lichtringes um die Nova herum und das kontinuierliche Spektrum des Nebels würde durch diese Annahme sehr einfach und daher auch mit großer Wahrscheinlichkeit erklärt werden; der Umstand aber, daß die Hauptverdichtung und auch eine andere, schwächere ihre Form nicht verändert haben, bedingt bei der optischen Hypothese das Vorhandensein schräg gelegener Nebelstrahlen von völlig gleichförmigem Umriß. Die Existenz solcher Nebelstreifen ist natürlich möglich, aber nicht gerade wahrscheinlich.

Die Beobachtung der Veränderlichen Sterne. Das Hauptgebiet der Himmelsphotometrie bilden noch heute die sog. Veränderlichen Sterne, d. h. diejenigen Fixsterne, deren Helligkeit merklichen Schwankungen unterworfen ist. Mit ganz vereinzelten Ausnahmen sind hier bis vor kurzem die Beobachtungen nach der Argelanderschen Stufenschätzungsmethode ausgeführt worden, deren Vorzüge neben beträchtlicher Genauigkeit in der Einfachheit und Schnelligkeit bestehen, mit der man zum Resultat gelangt. Da das Verfahren noch heute ganz verschieden beurteilt wird, ist es wohl zweckmäßig, ihm an dieser Stelle einige kritische Bemerkungen zu widmen.

Zunächst ist die früher stark betonte Voreingenommenheit des Beobachters bei einem größeren Programm kaum zu befürchten; sie kann nur dann merkliche Beträge erreichen, wenn z. B. ein kurzperiodischer Stern rasch nacheinander eingeschätzt wird, und der Beobachter bereits vorher über den ungefähren Verlauf der Helligkeitsänderungen orientiert ist. Viel verhängnisvoller ist der Einfluß der Lage der Sterne gegen den Höhenkreis, denn das Auge schätzt merkwürdigerweise die Helligkeiten verschieden, je nachdem die Sterne über- bzw. nebeneinander im Gesichtsfelde erscheinen. Bei photometrischen Messungen mit einem Vergleichsstern, der immer in dieselbe Lage zum eingestellten Himmelsobjekt gebracht wird, erlebt man oft die seltsamsten Abweichungen gegen die direkte Schätzung im Okular, und nur der geringen Kenntnis des Richtungsfehlers ist es zuzuschreiben, daß Laien zuweilen gute photometrische Helligkeiten von Vergleichssternen verwerfen, nur weil sie ihren Schätzungen nicht entsprechen, und umgekehrt, photometrisch nicht nachweisbare Schätzungen aufrechterhalten. Nach einem Vorschlage von Ceraski kann man den Einfluß des Richtungseffektes ganz verblüffend an einem kleinen Brettchen oder Kissen demonstrieren, in das man eine Anzahl von Nadeln mit größeren und kleineren schwarzen Glasköpfen gesteckt hat. Merkt man sich einige enge Helligkeitsfolgen der künstlichen Sterne, die durch den Reflex einer Lampe, eines Fensters u. dgl. in diesen winzigen Konvexspiegeln entstehen, und dreht nun plötzlich das Kissen um einen bestimmten Betrag, so kann eine völlige rein physiologische Umorientierung der Bilder eintreten. Die Wahrnehmung mahnt zur Vorsicht, besonders dort, wo es sich um geringe Schwankungen von Jahresperiode handelt. Auf andere bei roten Sternen allmählich eintretende Auffassungsunterschiede sehr erfahrener Beobachter hat neuerdings Osthoff hingewiesen. Das ändert nichts an dem großen Wert der Argelanderschen Methode, der wir so außerordentlich viel auf dem Gebiete der Veränderlichen verdanken. Soweit es sich um ältere oder hellere das Licht wechselnde Sterne handelt, findet man überdies heute in den Harvardannalen, dem Atlas Stellarum Variabilium von Hagen und in zahllosen Sonderschriften die photometrischen Helligkeiten der Vergleichsterne verzeichnet, so daß jeder Beobachter die Möglichkeit und wohl auch die Pflicht hat, den seinem Auge eigentümlichen Fehlern kritisch nachzugehen und die Beobachtungen auf ein photometrisches System zu reduzieren.

Das Studium der Lichtkurven der Veränderlichen Sterne hat durch die Anwendung der visuellen und photographischen Photometrie einen außerordentlichen Aufschwung gewonnen, wenngleich über den Genauigkeitsgrad der Messungen und der Ergebnisse, die hierdurch verbürgt werden, noch übertriebene Vorstellungen herrschen. Einige wenige Hundertstel einer Größenklasse lassen sich nur mit lichtelektrischen Photometern mit Sicherheit verbürgen, wobei in unserem Klima die Beständigkeit der atmosphärischen Durchsichtigkeit dauernd aufs schärfste kontrolliert werden muß. Bei photographischen wie visuellen Messungsreihen innerhalb eines kleinen Helligkeitsintervalls ist es nicht schwierig, durch jede, etwa aus 2 bis 4 Einstellungen bestehende Beobachtung das halbe Zehntel einer Größenklasse zu sichern. Einzelmessungen, Anschlüsse an hellere Sterne usw. können dagegen um einen wesentlich größeren Betrag abweichen und beim Aufbau einer mittleren durchaus regelmäßigen Kurve sehr wohl um $\pm 0.2^m$ hin- und herpendeln. Die Ursachen liegen z. T. in der Atmosphäre, z. T. in physiologischen Eigentümlichkeiten des Auges. Die erste bewirkt, daß nur ausnahmsweise künstlicher und wahrer Stern einander fast völlig gleichen. Bei unruhiger Luft kann man oft die schwachen Sterne noch recht gut messen;

bei den helleren erhält man dagegen ganz unmögliche Werte, weil die schwankenden, zerblasenen Sternbildchen künstlich gar nicht nachzubilden sind. Anderseits setzt das Auge insofern den Messungen eine Grenze, als es — im Gegensatz zu Flächenhelligkeiten — beim Fixieren der punktförmigen künstlichen wie wahren Sterne sehr leicht und rasch ermüdet. Es kann den Anfänger nichts mehr von photometrischen Messungen abschrecken, als wenn er nach mühsamer Erzielung der Helligkeitsgleichheit das Auge auf einen Augenblick vom Fernrohr wegwendet und nach einigen Sekunden auf den ersten Blick im Gesichtsfelde einen starken Intensitätsunterschied zwischen dem wahren und dem künstlichen Stern bemerkt. Die Erfahrungen zeigen, daß die Messungen am Photometer um so besser werden, je rascher sie erfolgen. Keile von weniger als 0.1^m Absorption bei einer Verschiebung von 1 mm sind aus diesem Grunde in Photometern nur dann verwendbar, wenn sie mit recht grober Zahn- und Triebübertragung versehen werden. Der Auslöschungskeil in der Form der Abb. 86 und 87c sollte endlich völlig aus der astrophysikalischen Praxis verschwinden.

Die Frage, ob die Argelandersche Schätzungsmethode gegenwärtig noch Daseinsberechtigung hat, läßt sich nach den soeben erwähnten Schwierigkeiten, die auch bei Messungen auftreten, nur mit einer entschiedenen Bejahung beantworten. Wenn eine genügende Zahl von Vergleichsobjekten gut gemessen ist, hat bei den langperiodischen Sternen die sorgfältige Schätzung auch heute noch ihre Vorteile. Die genauere Untersuchung der kurzperiodischen Veränderlichen vom δ Cephei- und Algoltypus, wo sehr geringe Abweichungen der Kurven vom normalen Verlauf bereits zu wichtigen, ev. unberechtigten theoretischen Schlüssen führen können, wird man allerdings am besten der photographischen, photovisuellen und visuellen Photometrie überlassen.

Die Zahl der sicher bekannten Veränderlichen betrug 1921 etwa 2000. In dieser Ziffer sind alle nicht bestätigten Sterne und die Veränderlichen in Sternhaufen noch nicht enthalten. Man könnte danach fast fürchten, daß durch den Überfluß von Entdeckungen das Gebiet, von den Benennungsschwierigkeiten ganz abgesehen, schließlich unübersehbar werden könnte. Indessen scheinen die zerstreuten Veränderlichen mit abnehmender Größe durchaus nicht proportional der Sternenzahl zu wachsen. Sehr lehrreich sind in dieser Beziehung die systematischen Aufnahmen einiger zirkumpolarer Milchstraßengegenden von D'Esterre, die etwa bis 15 oder 16^m heruntergehen und dabei auch nicht entfernt die erwartete Ausbeute an Veränderlichen geliefert haben.

Bevor wir uns etwas näher mit Einzelheiten des Lichtwechsels der Sterne beschäftigen, sind einige Worte über die Benennung der Veränderlichen notwendig. Die helleren Veränderlichen, die bereits vor der Entdekkung eine Katalogbezeichnung besaßen, behalten diese auch nachher, z. B. β Persei oder Algol, α Orionis oder Beteigeuze, o Ceti usw. Die anderen werden nach Argelanders Vorgang in einheitlicher Weise bezeichnet, und zwar für jedes Sternbild getrennt durch die großen lateinischen Buchstaben *R*, *S*, *T* usw. So ist z. B. der zuerst entdeckte Veränderliche im Sternbild des Drachen als *R* Draconis bezeichnet, der zweite als *S* Draconis usw. Da in den meisten Sternbildern auf diese Weise das Alphabet nicht ausreicht, so werden nach dem Vorschlage von HARTWIG die weiteren Veränderlichen durch Zusatz eines zweiten Buchstabens bezeichnet, u. zw. in der Reihenfolge *Z*, *RS*, *RT*..., *RZ*, *SS*, *ST* usw. In einigen Sternbildern genügt selbst diese Buchstabenkombination nicht mehr und man ist dazu übergegangen, auf *ZZ*, *AA*, *AB*, *AC* usw. folgen zu lassen. So ungeeignet diese Bezeichnungen auch für die Dauer sein mögen, so haben sie sich doch vorläufig eingebürgert und eine von CHANDLER vorgeschlagene umständliche Numerierung und die in Frankreich eine Zeitlang übliche Bezeichnung durch Buchstaben mit Zahlenexponenten völlig verdrängt.

Ein Verzeichnis von allen benannten Veränderlichen findet man in den durch HARTWIG alljährlich herausgegebenen Ephemeriden Veränderlicher Sterne, deren Bearbeitung seit Jahrzehnten die verdienstvolle Aufgabe der Bamberger Sternwarte bildet. Eine sehr umfangreiche und vollständige Geschichte und Literatur des Lichtwechsels der bis Ende 1915 als sicher veränderlich anerkannten Sterne ist in Form eines zweibändigen Werkes 1920 im Auftrage der Astronomischen Gesellschaft von MÜLLER und HARTWIG herausgegeben worden. Der große Vorteil dieses Werkes beruht darin, daß es dem Benutzer das Nachschlagen der Quellen erspart, soweit es sich dabei nur um die Epochen des hellsten und kleinsten Lichtes und um Kurveneigentümlichkeiten der Veränderlichen handelt.

Bei der großen Anzahl der Veränderlichen ist es notwendig, sie nach gewissen Gesichtspunkten zu ordnen, die nach Möglichkeit mit der Ursache des Lichtwechsels im Zusammenhange stehen. Bei der nicht immer einwandfreien Erkenntnis dieser Ursachen ist eine strenge Vereinigung aller maßgebenden Gesichtspunkte, wie Form der Lichtkurve, Spektrum usw. vorläufig noch nicht möglich. Immerhin ist das Material bereits reichhaltig genug, um wenigstens in großen Zügen die folgende, hier zum ersten Male vertretene Gruppierung in vier Haupttypen erkennen zu lassen.

I. Die roten meist periodischen Veränderlichen.
   a. Langperiodische Veränderliche vom Miratypus (Sp. Md vorherrschend).
   b. Unregelmäßige Veränderliche vom Typus μ Cephei (Sp. M und N vorherrschend).

II. Die gelblichweißen nichtperiodischen Veränderlichen.
   a. Sterne mit Andeutung von Gesetzmäßigkeiten. Typus *U* Geminorum (Sp. F wahrscheinlich vorherrschend).
   b. Unregelmäßige Veränderliche. Typus *R* Coronae (Sp. F wahrscheinlich vorherrschend).

III. Die Cepheiden.
   a. Sterne mit mehrtägigen Perioden. Typus δ Cephei (Sp. F–G vorherrschend).
   b. Kurzperiodische Sterne. Typus *RR* Lyrae (Sternhaufentypus, Sp. A—F vorherrschend).

IV. Die Bedeckungsveränderlichen.
   a. Sterne mit lichtschwachen Begleitern. Algoltypus (Sp. B—A vorherrschend).
   b. Sterne mit hellen Komponenten. Typus β Lyrae (Sp. B—A vorherrschend).

Wenn auch bei dieser Gruppierung wie bisher in erster Linie die Lichtkurven ausschlaggebend waren, so wird dabei auch den Spektren kein Zwang angetan. Im Sinne der RUSSELLschen Evolutionsreihe wäre die Ordnung sogar nicht mehr rein formal. Mit den M-Giganten beginnend, führen die Typen zunächst auf Sterne absolut hoher Helligkeit der Spektralklassen G, F, A, B, bis zur normalen Zwergreihe, deren erste spärliche Anzeichen bei den Bedeckungsveränderlichen auftreten (S. 369).

Die Gruppe I enthält die zweifellos physisch veränderlichen Sterne, bei II und III muß die Frage nach dem Grund der Veränderlichkeit noch als unentschieden gelten, während bei IV ein Zweifel an einer mechanischen Ursache, die als Bewegung von zwei Körpern um einen gemeinsamen Schwerpunkt ihre beste Lösung gefunden hat, nicht mehr möglich ist.

Die langperiodischen und unregelmäßigen Rotsterne. Die sehr zahlreichen Veränderlichen des ersten Typus sind durch den von FABRICIUS 1596 entdeckten Lichtwechsel von *o* oder Mira Ceti charakterisiert. Wie Abb. 225 zeigt, ist im typischen Verlauf die Lichtzunahme dieser Sterne rascher als die Abnahme und die Maxima sind meist schärfer ausgeprägt als die Minima. Die Perioden liegen in der Regel zwischen 100 und 400 Tagen mit einem ausgesprochenen Maximum um 300^d. Die längste sicher ermittelte Periode beträgt 815^d (*RV* Aquarii), die kürzeste 90^d (*T* Centauri). Der Lichtwechsel ist im übrigen selten ganz regelmäßig, sondern in bezug auf den Umfang der Helligkeitsänderung und die Periode Änderungen unterworfen. So schwanken z. B. die Maxima von Mira Ceti zwischen 1.7^m und 5.0^m, die Minima zwischen 8.0^m und 9.5^m. Ist der Unterschied zwischen dem größten und kleinsten Licht gering, etwa kleiner als 1^m, so können diese Schwankungen die Hauptkurve derartig verändern, daß der Lichtwechsel unregelmäßig erscheint. Zuweilen, wie in dem interessanten Falle von *W* Cygni, lassen sich dann durch harmonische Analyse der Einzelschwingungen die sekundären Einflüsse vom primären trennen und ganze Reihen von Beobachtungen darstellen. So sehr es vom astronomischen Standpunkte auch zu begrüßen ist, wenn bei der Bearbeitung eines Veränderlichen das Material restlos erschöpft wird, so hat bei nicht einfachen Verhältnissen die Ableitung von vielen sekundären Gliedern für die Elementenaufstellung der Mirasterne meist nur geringes praktisches Interesse, weil die Formeln erfahrungsgemäß schon nach sehr wenigen Epochen völlig versagen.

Sehr eigenartig ist die schon früher geäußerte, aber erst neuerdings von TURNER an einigen Beispielen nachgewiesene abrupte Änderung der Elemente einzelner Mirasterne. Die plötzlichen Änderungen betreffen entweder die Periode, oder die Periode bleibt ungeändert und die Ausgangsepoche

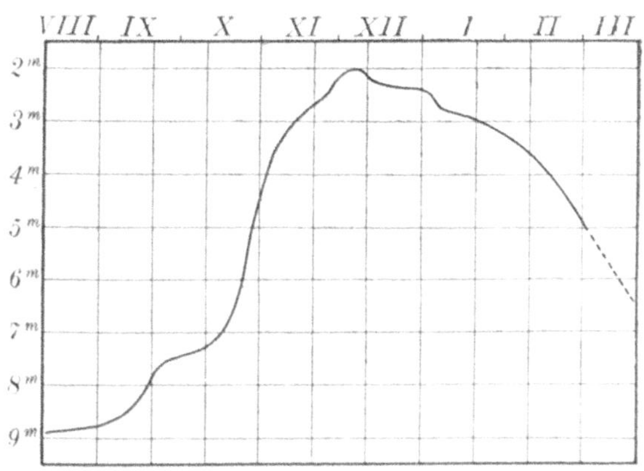

Abb. 225. Lichtkurve von Mira Ceti, August 1906 bis März 1907. (Nach Nijland.)

rückt plötzlich vor oder zurück. Bei *R* Hydrae springt z. B. die Periode alle 3415 Tage um genau 10.0^d zurück, so daß sie seit 1670 allmählich von 518^d auf 408^d abgenommen hat. Bei χ Cygni lassen sich dagegen alle Epochen mit einer konstanten Periode von genau 406^d darstellen, wenn man für die mehr als 200-jährige Beobachtungszeit vier plötzliche Epochenänderungen von je 28^d annimmt. Diese Unstetigkeiten sind überaus merkwürdig und es wäre zu wünschen, daß sie auch weiterhin sehr sorgfältig beachtet würden.

Die Helligkeitsänderungen der Mirasterne sind, wie schon der Fall des Prototyps dieser Klasse zeigt, zuweilen sehr groß. Unterschiede von 5 bis 6 Größenklassen kommen häufig vor. *R* Ursae mai. hat eine Amplitude von 7^m, χ Cygni gar eine solche von 9.5^m, d. h. der Stern ist im größten Lichte rund 6000 mal heller als im kleinsten.

Alle Sterne des I. Typus haben eine tiefgelbe oder gelbrote Färbung und gehören ausschließlich den Spektralklassen Md oder seltener N an. Erstere ist durch das Auftreten von hellen Wasserstoff- und anderen Emissionen (S. 356) charakterisiert, die in allen bisher untersuchten Fällen eine beträchtliche Violettverschiebung zeigen. Vorläufig nicht zu erklären ist die von Ludendorff festgestellte Tatsache, daß die Verschiebung der hellen Wasserstofflinien gegen die dunklen einen deutlichen Gang mit der Periode zeigt, d. h. um so größer wird, je länger die Periode des Lichtwechsels ist. Als Dopplereffekt gedeutet, würde sie bei den Mirasternen von kurzer Periode (etwa 90^d), eine Radialbewegung 0, bei den langen Perioden (etwa 430^d) 26 km Annäherung in der Blickrichtung ausmachen. Einige andere statistische Beziehungen innerhalb der Gruppe hat Gyllenberg in recht erschöpfender Weise abgeleitet und behandelt. Besonders auffällig ist dabei der Gang der Periode mit dem Spektraltypus der Sterne, wie ihn die nebenstehende Tabelle veranschaulicht.

Periode	Mittleres Spektrum	Sternzahl
$< 200^d$	Md 4.5	22
200–249	Md 5.1	39
250–299	Md 5.7	53
300–349	Md 6.6	53
> 350	Md 7.1	62

Die Miraveränderlichen vom Spektraltypus N weisen bei tieferer Färbung meist längere Perioden und größere Amplituden auf und zeigen viel mehr das Bestreben zur Bildung von sekundären Schwankungen wie die Md-Sterne, so daß sie allmählich zur Unterabteilung Ib überleiten.

Bei den irregulären Sternen (Ib) wird die Grundperiode anscheinend von zwei, drei oder mehreren Wellen so überlagert, daß eine harmonische Analyse sich selbst nach jahrelangen andauernden Beobachtungen kaum lohnt. Bei der tiefen, z. T. fast rein roten Farbe dieser Sterne sind ihre Schätzungen nur äußerst schwer von physiologischen Einflüssen freizubekommen, und selbst photometrische Messungen fallen nur dann zuverlässig aus, wenn bei den Beobachtungen Farbfilter verwendet werden. Angesichts des hier vorherrschenden Farbenindex von 3, 4, ja 6 Größenklassen sind photographische Beobachtungen außerordentlich erschwert, würden aber sehr wertvoll sein. Zu den bekanntesten unregelmäßigen Sternen der Gruppe gehören α Orionis und der „Granatstern" μ Cephei, beides Vertreter der Spektralklasse Ma.

Was die kosmische Stellung der Veränderlichen vom I. Typus anbetrifft, so zeigen sie, abgesehen von den galaktischen N-Objekten, keine ausgeprägte Beziehung zur Milchstraße. Die Eigenbewegungen und Parallaxen haben sich bei den helleren, bisher untersuchten Sternen als so geringfügig ergeben, daß diese wohl zum weitaus größten Teil als Giganten anzusehen, also an den Anfang der RUSSELLschen Evolutionsreihe zu setzen sind. Die Dichte dieser Veränderlichen muß somit als außerordentlich gering angesehen werden.

Wenn man nach einer Erklärung des Lichtwechsels der ersten Gruppe von Veränderlichen sucht, so sprechen alle Anzeichen dafür, daß dieser nur auf inneren Veränderungen beruhen kann. Das Unregelmäßige der Erscheinung in bezug auf Periodendauer und Umfang der Lichtänderungen läßt sich auf rein mechanische Ursachen gar nicht oder nur sehr gezwungen zurückführen. Da das M-Spektrum mit dem Spektrum der Sonnenflecke gewisse Ähnlichkeit besitzt, so läge es nahe, als Ursache des Lichtwechsels Veränderungen im Auftreten von Flecken auf den Veränderlichen anzunehmen. Unter der Voraussetzung, daß wir genügend feine photometrische Messungen anstellen könnten, um die auf unserer Sonne durch die Flecken hervorgerufenen Helligkeitsveränderungen wahrzunehmen, würde man zeitweilig einen 27tägigen Lichtwechsel erkennen, nämlich dann, wenn wesentlich nur auf einer Halbkugel der Sonne Flecken vorhanden sind; diese Lichtschwankung wäre durch die Rotation der Sonne bedingt, würde aber sowohl an Intensität als auch an Periodendauer stark variieren. Außer dieser kurzen würde eine 11jährige Hauptperiode erkannt werden, ebenfalls mit bedeutenden Schwankungen der Dauer und Intensität, verursacht durch die 11jährige Sonnenfleckenperiode (vgl. Abb. 125).

Es ist einleuchtend, daß die Fleckenhypothese zu der Zwergreihe mit fallender Temperatur weit besser passen würde als zu den Giganten; eine Klarstellung in dieser Hinsicht, etwa durch systematische Parallaxenmessungen, wäre von größtem Interesse. Die bedeutenden Helligkeitsschwankungen, die bei manchen Mirasternen beobachtet werden, bilden gleichfalls eine Schwierigkeit. Legen wir auch hier die Verhältnisse der Sonne zugrunde, so würde eine Bedeckung der ganzen Sonnenoberfläche durch Fleckenkerne eine etwa 50fache Lichtabschwächung zustande bringen können, ungefähr vier Größenklassen entsprechend. Zur Erklärung der mehrfach vorkommenden 500- bis 1000fachen Abnahme der Helligkeit würden also Flecken, deren Konstitution mit denjenigen unserer Sonne übereinstimmt, nicht ausreichen. Es steht aber durchaus nichts im Wege, anzunehmen, daß bei sehr viel größerer Intensität der Fleckenerscheinung auch die Absorption innerhalb der Flecken eine sehr viel beträchtlichere wird.

Das Auftreten der Emissionen im Spektrum der Mirasterne ist vielleicht auf große Fackelgebiete zurückzuführen. Neben dem Wasserstoff sind auch Helium und einige Eisenlinien, in einem Sonderfall (*R* Aquarii) auch Nebulium beobachtet worden. Daß das mehr oder weniger auffällige Auftreten der Emissionslinien im Spektrum nicht den Lichtwechsel ausmacht, beweisen die allerdings nicht zahlreichen Fälle, in denen bestimmte Emissionslinien gerade um die Zeit des Minimums festgestellt worden sind. Der Lichtverlauf der Mirasterne ist demnach wohl in erster Linie einem Helligkeitswechsel im kontinuierlichen Spektrum zuzuschreiben, wobei die Veränderungen zuweilen ein bestimmtes Wellenlängengebiet besonders bevorzugen können. Bei *SS* Virginis (Sp. N) geht dies so weit, daß der Lichtwechsel von nahe 4^m Amplitude sich fast ausschließlich im photographischen Bilde ausprägt und visuell kaum zu bemerken ist.

Auch bei den unregelmäßigen roten Veränderlichen ist zur Deutung der Lichtänderung kaum etwas anderes als die erwähnte Fleckenhypothese anführbar, obwohl man sich über ihre geringe Wahrscheinlichkeit keiner Täuschung hingeben wird.

Die weißen unregelmäßigen Veränderlichen. Die zweite Gruppe von Veränderlichen umfaßt die weißen oder gelblichen durch reine Bewegungsvorgänge nicht erklärbaren Sterne, die wir wieder wie beim Typus I in zwei Unterabteilungen, eine solche mit gewissen Gesetzmäßigkeiten und eine völlig regellose, trennen müssen. Wie bei I kommen diesen beiden Abteilungen anscheinend sehr nahe die gleichen Spektraltypen zu, obwohl eine genauere Untersuchung hier noch dringend erforderlich ist. Nur sehr wenige Objekte fallen bisher in diese Gruppe, die man nach den ältesten Vertretern auch als *U* Geminorum (II a)- und *R* Coronae (II b)-Typus zu bezeichnen pflegt.

Von den *U* Geminorum-Veränderlichen sind erst sieben Vertreter am Himmel aufgefunden. Es sind dies nach der Rektaszensionsfolge: *UV* Persei, *SS* Aurigae, *U* Geminorum, *X* Leonis, *TW* Virginis, *SS* Cygni und *RU* Pegasi. Diese Sterne sind in der Regel sehr schwach, 12^m, 13^m, ja 17^m, steigen dann plötzlich in wenigen Stunden um 3 bis 4 Größenklassen empor, um in wenigen Tagen wieder allmählich abzunehmen (Abb. 226). Perioden sind nicht vorhanden, doch läßt sich wohl bei allen ein Maximum und Minimum von Tagen angeben, innerhalb deren nach einer beobachteten Epoche größter Helligkeit die nächste Zunahme erfolgt. Der Spielraum bei den sieben Sternen ist bereits sehr groß. Eine sehr kurze Grundperiode von etwa 16^d zeigt *X* Leonis, eine sehr lange *UV* Persei, der in Zwischenzeiten von vielleicht 250^d aufleuchtet. Scharfe und flache Minima wechseln dabei oft in ungestörter jahrelanger Folge ab (*U* Geminorum), doch kommt es auch vor, daß selbst diese Gesetzmäßigkeit für einige Zeit verschwindet (*SS* Cygni) und die Verwandtschaft mit der ganz irregulären Unterabteilung deutlich hervortritt.

Schon frühzeitig hat man auf die äußere Ähnlichkeit dieser Sterne mit den Novae hingewiesen. Leider ist aber ihr spektroskopisches Verhalten während der Erscheinung noch viel zu wenig geklärt, um hier an etwaige Übergänge denken zu können. Da die Neuen Sterne nacheinander alle Spektralklassen zwischen F und O durchlaufen, kann es reiner Zufall sein, daß die *U* Geminorum-Sterne in den beiden genauer untersuchten Fällen (*U* Geminorum und *SS* Cygni) ein F-Spektrum zeigen, das demjenigen der Novae im Anfangsstadium sehr ähnelt. Wie dort scheinen zwei übereinandergelagerte gegeneinander verschobene Spektra vorzu-

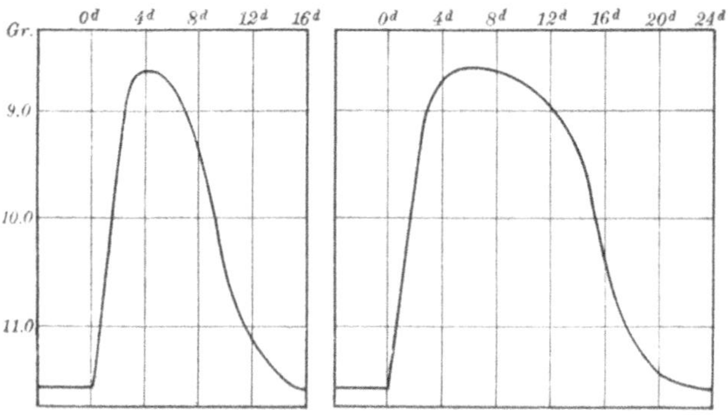

Abb. 226. Kurze und lange Maxima von SS Cygni. (Nach Nijland.)

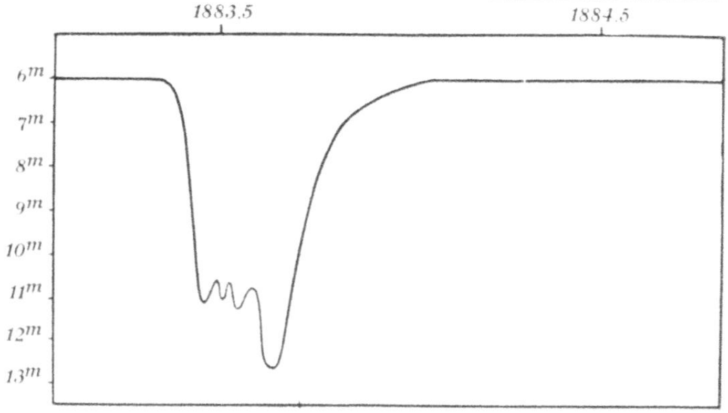

Abb. 227. Lichtwechsel von R Coronae bor. 1883—84. (Nach Ludendorff.)

liegen und einzelne Wasserstofflinien zuweilen als Emissionen aufzutreten.

Fast noch merkwürdiger sind die ganz unregelmäßigen Sterne der Gruppe, als deren Vertreter *R* Coronae bor. gelten kann. Dieser Veränderliche ist oft jahrelang konstant von der Größe 6.0^{m}, nimmt dann plötzlich in einigen Wochen um 3 bis 8 Größenklassen ab und steigt schließiich rasch oder langsam in einer im voraus nicht anzugebenden Zeit und Kurve zur Normalhelligkeit wieder empor. In den 10 Jahren zwischen 1864 und 1874 ist ein Stillstand in dem Licht überhaupt nicht eingetreten. Ob eine Überschreitung der Normalhelligkeit stattfindet, steht noch nicht sicher fest. Ähnliche und doch in jedem besonderen Fall typische Objekte sind *X* Persei, *RW* Aurigae, *RY* Sagittarii usw., ferner einige mit Nebeln zusammenhängende Veränderliche, wie *T* Tauri, *R* Monocerotis, *R* Coronae austr., *T* Orionis u. a., über die noch später (S. 416f.) einiges zu sagen sein wird. Das Spektrum von *R* Coronae bor. ist genauer untersucht. Es zeigt nach den Potsdamer Beobachtungen eine enge Verwandtschaft mit α Persei (F 5); eigentümlich ist nur das Fehlen der Wasserstoffserie unter den Absorptionslinien. Ob diese Charakteristik irgendwie typisch und ein Zeichen beginnender Umkehr der Linien ist, muß vorläufig dahingestellt bleiben.

Hier ist wohl auch der geeignete Ort, um auf verschiedene vorläufig nicht unterzubringende Veränderliche hinzuweisen. Es sind dies zunächst einige früher zweifellos vorhandene, aber wieder verschwundene Sterne, die noch heute zu den Novae gerechnet werden, aber ihrer galaktischen Lage nach wenig zu den Neuen Sternen passen. Gesichert ist das Verschwinden in drei Fällen, bei zwei schwachen Sternen im Aries, die 1854 bzw. 1905 gemessen wurden, und bei einem merkwürdigen, 1907 auf der Heidelberger Sternwarte aufgenommenen Objekt in den Fischen. Der Fall, daß ein Stern aus völliger Unsichtbarkeit allmählich auftaucht und dann lange Zeit hell bleibt, ist an *RT* Serpentis beobachtet worden. Der Veränderliche wurde von Wolf 1917 und Barnard 1918 unabhängig gefunden. Zwischen 1891 und 1908 fehlt er auf allen daraufhin untersuchten Platten. Im März 1910 war er 11^{m} und ist seitdem allmählich bis zur 10. Größe angewachsen, von der er seit 1920 langsam wieder herabsinkt. Es wäre nicht ausgeschlossen, daß hier ein besonderer Fall des *U*-Geminorumtypus vorliegt. Der Spektralcharakter (F0) widerspricht nicht dieser Annahme. Ganz ähnlich ist das Verhalten von *T* Pyxidis, der in der Regel 14. Größe ist, aber 1890, 1902 und 1920 einen Aufstieg bis zur Helligkeit 7.0—7.5^{m} gezeigt hat.

Die Erklärung der Lichtkurven der ganzen Gruppe II, insbesondere der Sterne, die in bezug auf die Lichtänderungen wenigstens ab und zu Wiederholungen zeigen, ist nicht ganz einfach. Bei dem regelmäßigsten, *U* Geminorum, fand NIJLAND, daß man durch Übereinanderlagerung von normalen Lichtausbrüchen mit einer symmetrischen Verfinsterungskurve jedes zweite Maximum darstellen könne, wobei allerdings die Ungleichmäßigkeit der Periode mit in Kauf zu nehmen wäre. Für alle anderen Sterne des II. Typus versagt die Erklärung wegen der weit größeren Unregelmäßigkeiten vollkommen.

Dafür erscheint eine Deutung des absonderlichen Verhaltens der Unterabteilung IIb, d. h. derjenigen Sterne, bei denen der Lichtwechsel nicht in einem Aufleuchten, sondern in einem Helligkeitsabfall besteht, durchaus im Bereich der Möglichkeit, nachdem es sich herausgestellt hat, daß die zahlreichen, inmitten des Orionnebels stehenden schwachen Veränderlichen (*T*, *AI*, *AH* Orionis u. a.) ähnliche, keiner Periode unterliegende Kurven zeigen. Hier hat es nach den Bergedorfer Beobachtungen von 1920 und 1921 den Anschein, als ob die vor oder um die Sterne flutende Nebelmaterie an der zeitweiligen Lichtabnahme die Schuld trägt. Der Umstand, daß bei den meisten dieser Sterne genau wie bei *R* Coronae ein maximaler Stillstand gewissermaßen das Normalstadium kennzeichnet, spricht für die Vermutung; dagegen ist zunächst der Hypothese die Tatsache nicht günstig, daß wir uns die sichtbaren Gasnebel als im höchsten Verdünnungszustande befindliche Materie vorzustellen haben, der man wohl erst bei sehr großer Tiefenausdehnung so beträchtliche Absorptionen zuschreiben darf. Die BARNARDschen „Tintentropfen" inmitten der hellsten Milchstraßengebiete (Abb. 252) lehren jedoch, daß es dunkle Nebel- oder Staubwolken im Weltraum gibt, die sehr wohl auch hellere Sterne bis zur völligen Unsichtbarkeit verdecken können.

Die Cepheiden. Die Veränderlichen vom δ Cepheicharakter (Typus III) zeichnen sich durch einen Lichtwechsel aus, der nach unseren bisherigen Kenntnissen in der Mehrzahl der Fälle durch völlig ungestörte regelmäßige Perioden dargestellt wird. Bei dem wichtigsten Stern der Gruppe, δ Cephei, ist z. B. erst in den letzten Jahren der Nachweis einer sehr geringen Periodenabnahme geglückt, obwohl die ersten Beobachtungen nahe 140 Jahre zurückliegen.

Die mittleren Lichtkurven der Cepheiden haben alle mehr oder weniger die in Abb. 228 bzw. 230 dargestellte Form, ohne Rücksicht darauf, ob die Periode mehrere Tage oder einige Stunden umfaßt. Ihr Hauptkennzeichen bildet der rasche Aufstieg und der langsamere, zuletzt kaum merkliche Abstieg zum Minimallicht, das dem Maximum unmittelbar vorausgeht. Die etwas irreleitende Bezeichnung Antalgolsterne, wie sie für die kurzperiodischen Cepheiden vom Typus *RR* Lyrae eine Weile in Gebrauch war, ist aufgegeben. Man faßt heute diese letzte Unterabteilung (IIIb) zu einem Sternhaufentypus zusammen, da er für sehr zahlreiche Veränderliche in Sternhaufen, insbesondere in den kugelförmigen Gebilden dieser Art, charakteristisch ist.

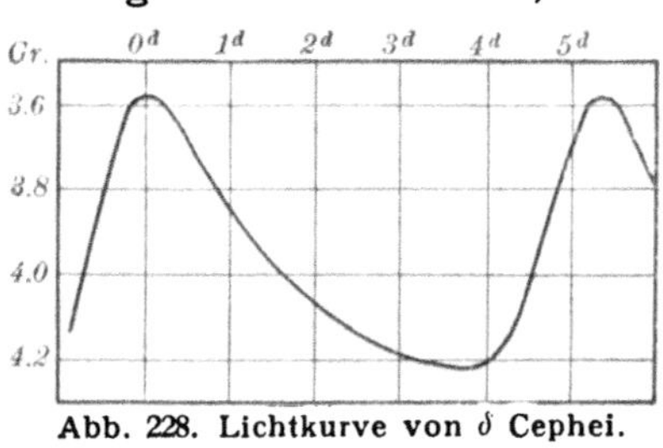

Abb. 228. Lichtkurve von δ Cephei.

Während die mittlere Lichtkurve der meisten Cepheiden jahrzehntelang unverändert ihren Verlauf beibehält, waren sonst sorgfältigen Beobachtern bei den Schätzungen wiederholt Unstimmigkeiten aufgefallen. Die Frage nach sekundären Wellen innerhalb der mittleren Lichtkurven ist dann, trotz ihres deutlichen Auftretens bei η Aquilae, ebenso oft behauptet wie bestritten worden. Nach den Untersuchungen von PLUMMER, MARTIN u. a. unterliegt es keinem Zweifel, daß wenigstens die Kurven des Sternhaufentypus, die ja wegen der nur nach Stunden zählenden Periode oft an ein und demselben Abend von einem Maximum zum nächstfolgenden durchbeobachtet werden können, von Fall zu Fall sehr wesentliche Veränderungen erleiden, nicht nur in bezug auf die maximale und minimale Helligkeit, sondern auch durch eine Folge kurzer sekundärer Wellen. Diese sekundären Schwankungen sind anscheinend an kein bestimmtes, mit der Hauptkurve zwangsläufig verbundenes Gesetz gebunden. Bei genügender Anzahl von Beobachtungen heben sie sich immer wieder auf, so daß der lange Zeit gehegte Zweifel an ihrer Realität durchaus begründet war. In einzelnen, allerdings nicht häufigen Fällen, wie *SW* Draconis, können die Sekundärwellen so bedeutend werden, daß sie einzelne Maxima völlig umgestalten oder gar zum Verschwinden bringen. Selbst der hellste Vertreter der Gruppe, δ Cephei, ist vielleicht von diesen Wellen nicht frei (Abb. 230).

Die langperiodischen Cepheiden drängen sich deutlich in der Milchstraße zusammen, während die kurzperiodischen (Sternhaufentypus) unregelmäßig über den ganzen Himmel verteilt sind. Die Perioden der Milchstraßengruppe zeigen ein Maximum bei etwa 5.5 Tagen, während diejenigen der am Himmel zerstreuten, bisher bekannten isolierten Vertreter des Haufentypus ausschließlich zwischen 7.4^h und 15.9^h mit einem ausgeprägten Maximum im Mittelwert, also zwischen 11^h und 12^h liegen. Man hat geglaubt, daß die drei in dieser Beziehung gänzlich abweichenden Fälle, nämlich *XX* Cygni, sowie ein sehr schwacher Veränderlicher in den Jagdhunden mit 3.2, und *RZ* Tauri mit 4.1 Stunden Periode nur Teilwellen einer doppelt oder dreimal so großen Haupterscheinung darstellen, doch kann nach neueren Beobachtungen eine solche Annahme als ausgeschlossen gelten.

Die Spektra der beiden Unterabteilungen sind nicht sehr verschieden. Bei den isolierten Cepheiden herrscht die Klasse F—G vor, bei den Haufenveränderlichen A—F mit dem c-Charakter der Absorptionslinien (S. 355).

Ein sehr eigenartiges Merkmal der Cepheiden ist die Veränderlichkeit ihres Spektrums. Nach SHAPLEYS und PICKERINGS Untersuchungen rückt dieses bei allen Sternen der Gruppe III vom Maximum zum Minimum in der Normalreihe erheblich vor, im Mittel etwa von F5 bis G5. Aber auch größere Intervalle kommen vor, bei δ Cephei von F0 bis G2, bei η Aquilae von A8 bis G5, bei *RR* Lyrae von B9 bis F2. Daß diese Änderungen allen Spektralklassen eigen sind, zeigt z. B. *TT* Aquilae, der von G5 auf K2 heruntergeht, oder *RU* Camelopardalis, der im größten Licht der Klasse K0, im kleinsten gar der seltenen Klasse R (S. 358) anzugliedern ist. Infolge der Beziehungen zwischen den Spektren und dem Farbenindex der Sterne bewirkt die Farbenvertiefung im Minimum, daß die photographische Amplitude dieser Sterne merklich größer, und zwar im Mittel etwa 1.5 mal so groß ist, wie die visuelle. Die Cepheiden sind daher für photographische Untersuchungen besonders geeignete Objekte.

Eine statistische Untersuchung über die mutmaßliche absolute Helligkeit der δ Cepheisterne hat sich als sehr nützlich erwiesen. Stellt man die Perioden und Helligkeiten dieser Veränderlichen zusammen, so fällt es auf, daß die langen Perioden von 6 bis 8 Tagen bei den helleren Sternen deutlich vorwiegen. Diese Veränderlichen können nun wirklich heller sein oder uns wegen der geringeren Entfernung nur so erscheinen. Eine Entscheidung hierüber ließe sich nur dann treffen, wenn man irgendwo am Himmel innerhalb eines engen Raumes eine größere Anzahl physisch verbundener, d. h. praktisch gleichweit entfernter Sterne dieser Klasse vorfände. Ist der Durchmesser des Raumes, in dem sich die betreffenden Veränderlichen befinden, gegenüber der Entfernung gering, so können die scheinbaren Helligkeitsdifferenzen der Sterne gleich den absoluten Unterschieden gesetzt und unmittelbar miteinander verglichen werden.

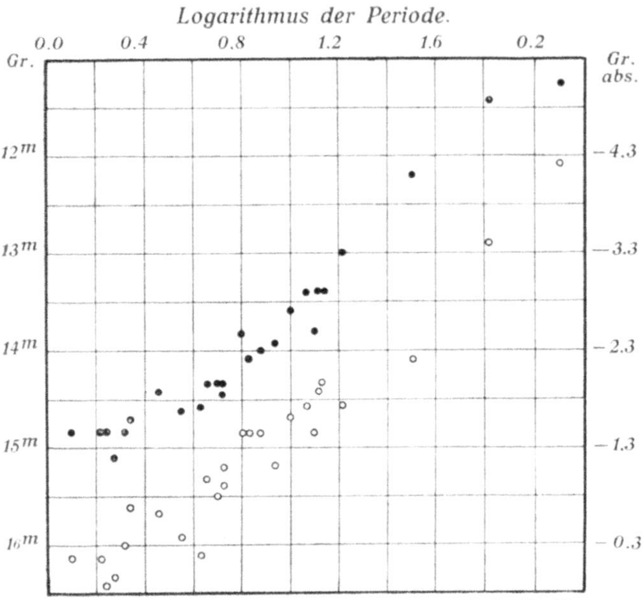

Abb. 229. Korrelation zwischen der Periode und der Helligkeit bei den Cepheiden der Kleinen Kapw· lke. Oben : Maxima, unten: Minima. (Nach Leavitt.)

Eine solche Gruppe von Cepheiden liegt in der sog. Kleinen Kapwolke vor. Bereits im Jahre 1904 hatte hier Miß Leavitt auf Aufnahmen der Harvardsternwarte eine größere Zahl von Veränderlichen gefunden, die durch weitere Nachforschungen schließlich fast auf 1000 angewachsen ist. Hiervon gehören 25 Sterne dem δ Cepheitypus mit Perioden zwischen 1.25^d und 127.0^d an. Werden die Helligkeiten im Maximum und Minimum als Funktionen des Logarithmus der Periode aufgetragen, so erhält man zwischen beiden die in Abb. 229 dargestellten fast linearen Beziehungen. Wächst die Helligkeit um eine Größenklasse, so vergrößert sich der Logarithmus der Periode um 0.48. Damit ist auch zwischen der absoluten Strahlung eines jeden Sternes dieses Typus und seiner Periode ein gesetzmäßiger Zusammenhang festgelegt.

Beherrscht das Leavittsche Gesetz etwa alle Cepheiden, so ist uns damit der Schlüssel für Entfernungsbestimmungen dieser Sterne gegeben, sobald nur für einige nähere die Parallaxe und damit die absolute Helligkeit feststeht. Leider ist eine strengere Rechnung dieser Art vorläufig nicht durchführbar, weil die Parallaxe nicht einmal für die hellsten Cepheiden einigermaßen sicher bekannt ist. Hertzsprung hat daher auf Grund des vorhandenen Eigenbewegungsmaterials statistisch die Parallaxe von 13 Cepheiden abgeschätzt und für diese bei einer Periode von 6.6^d die mittlere absolute

Helligkeit — 2.3^m abgeleitet. Damit läßt sich in Verbindung mit der LEAVITTschen Kurve aus jeder beobachteten Periode die absolute Helligkeit und aus deren Vergleich mit der scheinbaren Größe die Entfernung berechnen, genau so, wie wir es bei den spektroskopischen Parallaxen kennen gelernt haben. Im vorliegenden Falle ist log 6.6 = 0.82. Der zugehörige Punkt der oberen als geradlinig angenommenen Kurve (Abb. 229) entspricht einer scheinbaren Helligkeit von etwa 14^m. Nach der S. 344 abgeleiteten Parallaxenformel ($m_0 = -2.3$, $m = +14$) berechnet, ergibt die Beziehung $p = 0.000055''$ oder einen Abstand der Kleinen Kapwolke von 60000 Lichtjahren.

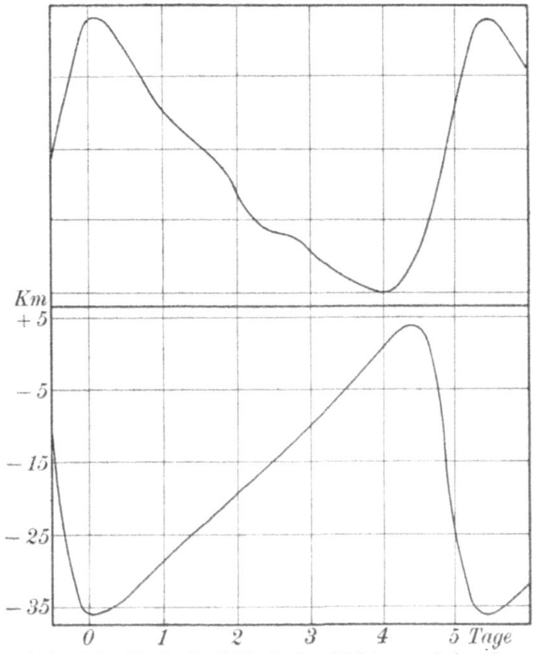

Abb. 230. Veränderlichkeit des Lichtes und der Radialgeschwindigkeit bei δ Cephei. (Nach Stebbins und Moore.)

Der HERTZSPRUNGsche Anschlußwert muß, wenn irgendwie möglich, noch durch direkte Parallaxenmessungen sorgfältig nachgeprüft werden. Ist er zuverlässig und das LEAVITTsche Gesetz auch außerhalb der Kleinen Kapwolke gültig, so würden in der Reihe der Cepheiden mit Perioden zwischen 7 Stunden und 80 Tagen absolute Helligkeiten zwischen 0 und — 5^m auftreten. Der Typus III repräsentiert also wieder im wesentlichen Giganten. Die G- und K-Sterne unter den Cepheiden sind es auf alle Fälle. Da somit im Sinne der RUSSELLschen Hypothese die ganz kurzen Perioden (Spektrum A—F) als zu den vorgeschritteneren Sternen gehörig zu betrachten sind, ist zu erwarten, daß die Perioden der Cepheiden, falls sie sich ändern, durchweg im Laufe der Zeit kürzer werden.

Nachdem man bei den sogleich zu besprechenden Algolveränderlichen auf spektrographischem Wege zu so überraschender Bestätigung der Doppelsternnatur gelangt war, lag es nahe, auch bei δ Cephei, der im Maximum 3.6^m wird, die Verhältnisse in gleicher Weise zu untersuchen. Die Arbeit ist von BELOPOLSKI im Jahre 1894 ausgeführt worden und hat den völligen Zusammenhang der Lichtänderungen mit einem periodischen Wechsel der Radialgeschwindigkeiten ergeben. Seitdem sind auch bei allen anderen helleren Sternen der Gruppe die gleichen Beziehungen festgestellt worden, und es ist danach kaum daran zu zweifeln, daß dynamische Ursachen, also Rotations- oder Revolutionsbewegungen, an dem Lichtwechsel erheblich beteiligt sind. Die Radialgeschwindigkeitskurve ist in allen untersuchten Fällen der Helligkeitskurve sehr ähnlich. Das Maximum der Annäherung fällt etwa innerhalb $^1/_{15}$ der Periode mit dem Höhepunkt der Lichtkurve zusammen, das Maximum der Entfernung mit dem tiefsten Punkt (Abb. 230).

Tritt man einer Erklärung der Cepheidenerscheinung näher, so erkennt man zunächst, daß ein Verfinsterungsvorgang hier völlig ausgeschlossen ist. Beim Vorübergang eines Sternes vor einem anderen, also im Moment des kleinsten Lichtes erfolgt die Bewegung senkrecht zur Blickrichtung, es ist also gegen die Systembewegung nur die Geschwindigkeit Null möglich, während hier im Lichtminimum gerade ein Geschwindigkeitsmaximum eintritt. Die Verfinsterung müßte in eine Elongation fallen, was natürlich absurd ist. Weiter ist es merkwürdig, daß in keinem Falle sich der hypothetische Begleiter irgendwie im Spektrum verrät. Ganz und gar mit einem reinen Gravitationsvorgang unvereinbar erscheint schließlich die Änderung der Spektralklasse vom Maximum zum Minimum.

Selbstverständlich ist es ohne Rücksicht auf diese Widersprüche möglich, die Erscheinung als eine Bewegung in sehr exzentrischer Bahn aufzufassen und die Rechnung wie bei den spektroskopischen Doppelsternen durchzuführen. Das ist bei etwas mehr als einem Dutzend Cepheiden tatsächlich geschehen. Aber auch bei dieser rein mechanischen Betrachtung des Problems kommen unmögliche Verhältnisse zum Vorschein. Sowohl die Abstände wie die Massenverhältnisse der Komponenten erweisen sich als so unvorstellbar gering, daß man danach den Cepheiden eine völlig eigenartige Stellung in der Fixsternwelt anweisen müßte.

Neben der Umlaufsbewegung käme ev. auch eine Rotation in Frage. Bereits Zöllner hat darauf hingewiesen, daß die Achsendrehung eines mit Fleckenfeldern entsprechend bedeckten Fixsterns zur Erklärung des Lichtwechsels aller Typen ausreicht. Durch Gyldén, Bruns und Russell ist dann die Theorie analytisch auf beliebig viele Helligkeitsunterschiede in der Sternphotosphäre ausgedehnt und das Zöllnersche Ergebnis bestätigt worden. Nach experimentellen Versuchen, die Guthnick angestellt hat, unterliegt es auch empirisch keinem Zweifel, daß man durch die Rotation einer Kugel mit sehr verschiedenen Helligkeitsfeldern jede Lichtkurve der Cepheiden darstellen kann. Widersprüche entstehen erst, wenn man bedenkt, daß diese Fleckverteilung den Spektraltypen A oder F eigen sein soll.

Die Schwierigkeiten werden noch größer, wenn man nicht nur die mittlere Lichtkurve, sondern auch die sekundären Wellen der kurzperiodischen Cepheiden betrachtet. Hier hat man von vornherein seine Zuflucht zur Annahme eines physischen Hin- und Herflackerns der Sterne zu nehmen, etwa hervorgerufen durch rasch aufeinanderfolgende Volumänderungen (Pulsationen) des Hauptsterns. Da die meisten Sterne der Gruppe in der Entwickelung der Sonne vermutlich vorausgehen und mit noch höherer Wahrscheinlichkeit als Gaskugeln angesehen werden können als diese, ist lediglich die Frage nachzuprüfen, inwieweit die Gleichgewichtsbedingungen einer solchen Gaskugel derartige Pulsationen zulassen. Das ist theoretisch nicht nur möglich, sondern auch in den Konsequenzen streng mathematisch zu begründen (S. 365). Wohl aus diesem Grunde haben einige Astronomen wie z. B. Eddington heute die Rotations- bzw. Doppelsternhypothese bei den Cepheiden ganz aufgegeben und die Pulsationstheorie nicht nur auf die sekundären Wellen, sondern auch auf den Hauptzug der Kurve angewendet.

Trotz aller Bedenken gegen einen einfachen Rotations- bzw. Revolutionsvorgang wird man freilich auch der Pulsationstheorie, die aus den neuen Anschauungen über die Erhaltung der Strahlungsenergie der Sterne hervorgegangen ist, kaum einen dauernden Bestand in der Astrophysik vorhersagen können. Es ist nicht ausgeschlossen, daß eines Tages irgendein besonderer konkreter Fall am Sternhimmel die Deutung des Cepheidenproblems in weit einfacherer Form zuläßt, als wir es heute ahnen. Damit ist der ganze auf die Entwicklung der Pulsationstheorie verwendete mathematische Scharfsinn natürlich nicht vergeblich gewesen. Die abgeleiteten Gesetzmäßigkeiten können sich bei anderer Gelegenheit sehr wohl für die Himmelskunde als überaus nützlich erweisen.

Die Bedeckungsveränderlichen. Die Sterne der Gruppe IV (Algol- und β Lyrae-Typus) haben sich im Laufe der Zeit als eine überaus interessante Klasse von Veränderlichen erwiesen, insofern, als hier die Erklärung der Vorgänge durch eine Umlaufsbewegung in ganz einwandfreier Form geglückt ist. Während bei vielen Cepheiden jede Vervollkommnung der Beobachtungsbedingungen immer neue Komplikationen der Lichtkurve aufdeckt, kann man von den Sternen der Algolklasse das Umgekehrte behaupten. Die photometrischen Messungen lassen keinen Zweifel darüber, daß hier, von Sonderfällen abgesehen, mit der Güte der Beobachtungen auch ihre Übereinstimmung mit der glatten theoretischen Kurve immer besser und vollkommener wird.

Bereits der erste aufmerksame Beobachter der mehr als 100 Jahre vorher (1667 oder 1669) entdeckten Veränderlichkeit des Algol, GOODRICKE, wies um 1782 darauf hin, daß der Lichtwechsel dieses Sternes durch eine Verfinsterungserscheinung hervorgerufen werden könnte, deren Wahrscheinlichkeit dann bis etwa 1890 ebenso oft behauptet wie bestritten worden ist.

Die endgültige Entscheidung brachte dann im Jahre 1889 der spektroskopische Nachweis der Doppelsternnatur und der Bahnbewegung durch VOGEL und SCHEINER, worüber auf S. 337 bereits das Wichtigste gesagt ist.

Wegen des Interesses, das insbesondere die Algolsterne bieten, mögen hier für die helleren unter ihnen die Amplitude der Schwankungen, das Spektrum, die genäherte Periode P und die Dauer T der Lichtänderung folgen (S. 398).

Einige der Gruppe oft zugewiesene hellere Sterne sind in die Liste nicht aufgenommen worden. So schwankt der vierte Trapezstern im Orionnebel zeitweise zwischen 8^m und 9^m in einer algolähnlichen aber anscheinend nicht ungestörten Kurve. Wahrscheinlich zu den Algolsternen zu rechnen ist nach LUDENDORFF der Veränderliche ε Aurigae (F 8) mit der Amplitude 3.3^m bis 4.0^m und der längsten bisher bekannten Periode von 27 Jahren. Das letzte Minimum fand 1902 statt, das nächste ist 1929 zu erwarten. Von den schwächeren und daher hier nicht aufgenommenen Algolsternen hat erst *RZ* Ophiuchi (G 8) mit 262 Tagen die nächstlängste Periode. Anscheinend gesichert ist der Algolcharakter auch bei dem Veränderlichen *W* Ursae mai. (G 8). Die Lichtkurve hat hier bei sehr regelmäßiger Periode die Form einer Zykloide (Abb. 232). Ob diese als strenge Bedeckungskurve aufzufassen ist, steht noch nicht ganz fest, ist aber nach der gemessenen Radialgeschwindigkeit sehr wahrscheinlich. Wird die Rechnung von diesem Gesichtspunkte aus

Die helleren Algolsterne.

Veränderlicher	Ort 1900.0		Max.	Min.	Sp.	P	T
TV Cassiop.	0^h 13.9^m	$+58°35'$	7.4	8.4	B 9	1.813^d	8^h
U Cephei	0 53.4	+81 20	6.8	9.2	A 0	2.493	11.5
RY Persei	2 39.0	+47 43	8.2	10.6	A 2	6.864	24
RZ Cassiop.	2 39.9	+69 13	6.4	7.6	A 0	1.195	5.5
β Persei	3 1.7	+40 34	2.2	3.4	B 8	2.867	9.5
λ Tauri	3 55.1	+12 12	3.8	4.2	B 3	3.953	10.5
RW Tauri	3 57.8	+27 51	8.0	11.5	B 5	2.769	8
VV Orionis	5 28.5	− 1 14	5.2	5.6	B 2	1.485	7
WW Aurigae	6 25.9	+32 32	6.0	6.5	A 0	1.263	4.5
R Can. mai.	7 14.9	−16 12	5.4	6.0	F 0	1.136	6
X Carinae	8 29.1	−58 53	7.9	8.7	A 0	0.541	6.5
S Cancri	8 38.2	+19 24	8.0	10.1	A 0	9.485	21
S Velorum	9 29.5	−44 46	7.8	9.2	A 0	5.934	15
RS Can. ven.	13 6.0	+36 28	7.8	8.9	—	4.798	11
SZ Centauri	13 43.8	−58 0	8.2	8.8	A 3	4.108	17
δ Librae	14 55.6	− 8 7	4.8	5.7	A 0	2.327	10
U Coronae	15 14.1	+32 1	7.5	8.7	A 0	3.452	10.5
TW Draconis	15 32.4	+64 14	7.3	10.0	B 9	2.807	9.5
R Arae	16 31.4	−56 48	6.8	7.9	A 0	4.425	9
U Ophiuchi	17 11.4	+ 1 19	5.7	6.4	B 8	1.677	7.5
TX Herculis	17 15.4	+42 0	8.0	8.5	A 0	2.056	4.5
Z Herculis	17 53.6	+15 9	7.1	7.9	F 0	3.993	11
RS Sagittarii	18 11.0	−34 8	6.1	6.8	A 0	2.416	12.5
RZ Scuti	18 21.1	− 9 16	7.5	8.9	B 3	15.194	77
RX Herculis	18 26.0	+12 32	7.0	7.5	B 9	1.779	4.5
RS Vulpeculae	19 13.4	+22 16	7.3	8.0	A 0	4.478	11
U Sagittae	19 14.4	+19 26	6.4	9.2	B 8	3.381	11.5
Z Vulpeculae	19 17.5	+25 23	7.8	9.4	A 0	2.455	6
Y Cygni	20 48.1	+34 17	6.9	7.5	A 0	2.996	8

durchgeführt, so gelangt man zu auffallend hohem Dichtewert und starker Abplattung der beiden Körper.

Da am Himmel zweifellos alle möglichen Formen einer Verfinsterung vorkommen (partiell, ringförmig, total) und das Helligkeitsverhältnis der beiden Sterne in der Regel sehr verschieden sein kann, sind auch die Lichtkurven der Algolsterne sehr mannigfaltig, von kaum merklichen Helligkeitsänderungen von 0.1 oder 0.2^m (β Aurigae), die nur die lichtelektrischen Photometer nachzuweisen gestatten, bis zu Änderungen von nahe 4 Größenklassen (*RW* Tauri, *SX* Hydrae, *WW* Cygni), die fast einem Erlöschen der Sterne im Minimum gleichkommen (Abb. 231).

Auf die wichtigen Daten, die sich aus den Bewegungen der Algolsterne ergeben haben, ist bereits (S. 337) ein Hinweis erfolgt. Eine sehr erschöpfende Methode der Bahnbestimmung dieser Doppelsterne haben Russell und Shapley veröffentlicht. Es wird dabei auf Exzentrizität der Bewegung, zunehmende Absorption des hellen Sternes nach dem Rande und Abweichung von der Kugelform Rücksicht genommen. Sicher nachgewiesen ist das Vorhandensein dieser Sonderbedingungen nur in einigen wenigen Fällen; die meisten Bahnen scheinen sehr nahe kreisförmig zu sein und gleichförmig leuchtenden nicht deformierten Weltkörpern anzugehören.

Systematische Periodenänderungen sind bei mehreren Algolsternen nachgewiesen. So hat die Periode von β Persei von 1782—1830 allmählich zu-, von da an bis zur Gegenwart allmählich abgenommen. Neben regelmäßigen Änderungen kommen wohl auch Zeiten konstanter Periode, zeitweilig vielleicht sogar ein sprunghafter Wechsel vor. Die einfachste Erklärung für die periodischen Änderungen dürfte in der Annahme eines dritten störenden Körpers zu suchen sein, der nach den Untersuchungen SCHLESINGERS auch spektrographisch

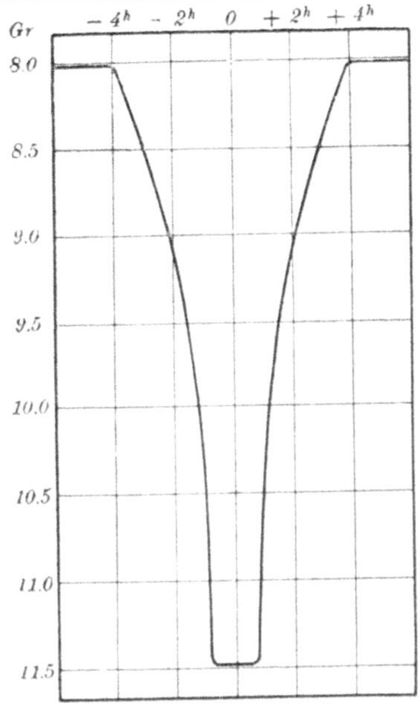

Abb. 231. Lichtkurve des Algolveränderlichen RW Tauri.

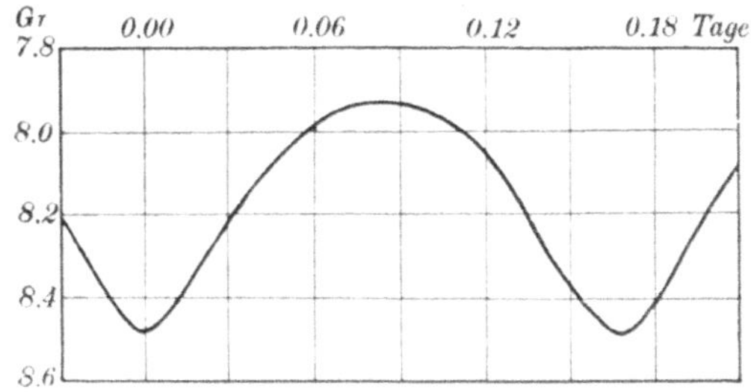

Abb. 232. Lichtkurve von W Ursae mai. (Nach Russell.)

hervortritt, doch reichen die Beobachtungen noch nicht aus, um hier weitere Schlußfolgerungen zuzulassen. Noch komplizierter liegen die Verhältnisse bei λ Tauri. Die ganze Angelegenheit kann nur durch genaueste, von systematischen Fehlern freie Beobachtungsreihen gefördert werden, wie sie nur an Photometern zu erhalten sind. Dasselbe gilt von der Feststellung geringfügiger Änderungen der Lichtkurve, die in einigen Fällen (*RZ* Cassiop., *RW* Tauri) wohl zweifellos nachgewiesen sind.

Nicht bei allen Algolsternen ist der Verlauf des Lichtwechsels so eindeutig wie bei β Persei. So besitzen *Y* Cygni und *Z* Herculis wechselnde Perioden, derart, daß diese bei *Y* Cygni $1^d\ 10^h\ 11.2^m$ bzw. $1^d\ 13^h\ 43.7^m$, bei Z Herculis $1^d\ 22^h\ 49^m$ bzw. $2^d\ 0^h\ 59^m$ betragen. Da die kurzen und langen Intervalle in voller Regelmäßigkeit aufeinanderfolgen, und die Minima nicht den gleichen Abfall der Helligkeit zeigen, ist es klar, daß hier eine umschichtige Bedeckung von nahe gleich hellen Sternen stattfindet, daß also die ungleichmäßigen Abschnitte Teile einer einzigen Hauptperiode sind. Durch entsprechende Annahme betr. der Exzentrizität und der Lage der Apsidenlinie ist es möglich, die geraden Minima ebenso wie die ungeraden einwandfrei zu erklären.

Über die Spektra der Bedeckungsveränderlichen und ihre Verteilung gibt die Tabelle S. 369 Auskunft. Bei dem Vorwiegen der B- und A-Klassen muß den Sternen nach der RUSSELL-EDDINGTONschen Anschauung neben hoher absoluter Helligkeit auch eine beträchtliche Masse zukommen, was durch die Bahnbewegungen eine Bestätigung findet. Sonst sind Typen der ganzen Entwicklungsreihe vorhanden, obwohl Zwerge offenbar wesentlich seltener vorkommen als Giganten.

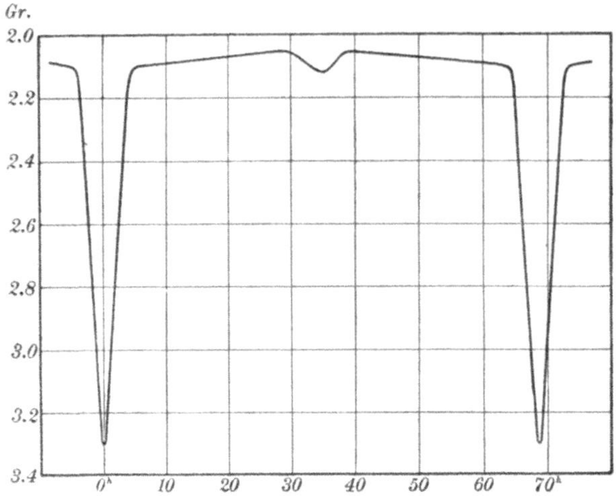

Abb. 233. Lichtelektrisch erhaltene Kurve der Veränderlichkeit des Algol. (Nach Stebbins.)

Die Begleiter, die die Verfinsterungen hervorrufen, hat man sich nicht als völlig dunkle Körper vorzustellen, wie z. B. die Planeten, sondern lediglich als Sterne geringerer Leuchtkraft, etwa wie den Sirius- oder Prokyonbegleiter. Die Bestimmung ihrer Spektra wäre von großem Interesse, doch ist diese Aufgabe vorläufig nicht anders als auf dem Umwege über den Farbenindex zu lösen. Verwendbar sind natürlich nur solche Sterne, bei denen die Lichtkurve im Minimum eine totale Bedeckung verrät; bei partiellen Finsternissen könnte höchstens ein Mischeffekt registriert werden. Dugan, Shapley, Russell u. a. haben etwa an einem Dutzend von Sternen derartige Untersuchungen angestellt und dabei gefunden, daß fast ohne Ausnahme für die Begleiter ein sehr erheblicher Farbenindex herauskommt, der meist den Farbenklassen g—k entspricht. Im Gegensatz zu sehr vielen visuellen Doppelsternen scheint also hier der schwächere Stern meist auch der rötere zu sein.

Durch die Anwendung der lichtelektrischen Photometrie ist es gelungen, auch den letzten Zweifel an der Natur des Lichtwechsels der Algolsterne zu beseitigen. In der Lichtkurve von Stebbins (Abb. 233) tritt ein schwaches Nebenminimum deutlich hervor, das auf die teilweise Bedeckung des Begleiters durch den Hauptstern zurückzuführen ist; die wechselnde Wirkung der Erleuchtung des Begleiters ist an dem leichten An- und Abstieg der Kurve im Maximum erkennbar. Vergleicht man die Kuve mit älteren, selbst photometrisch erhaltenen Darstellungen, so tritt die gewaltige Überlegenheit des photoelektrischen Verfahrens deutlich hervor.

Mit der Stebbinsschen Lichtkurve für Algol sind die Veränderlichen des Typus IVa auf einen Spezialfall der β Lyrae-Veränderlichen (IVb) zurückgeführt, deren Lichtkurve in Abb. 234 dargestellt ist. Ein solcher Helligkeitsverlauf entsteht offenbar dann, wenn bei einem Verfinsterungssystem ein sehr enges Doppelsternpaar mit nahe gleichhellen Komponenten vorliegt. Man kennt gegenwärtig etwa 20 Sterne dieser Art mit Perioden von 0.3 bis zu 198 Tagen (*RR* Centauri bzw. *W* Crucis). Als Ergänzung der Tabelle der Algolsterne sind davon einige hellere Veränderliche auf S. 401 verzeichnet.

Bei der geringeren Anzahl der helleren Sterne dieses Typus beschränken sich die meisten Ergebnisse auf eine Feststellung der Lichtkurvenform. Ob diese sonst völlig glatt verläuft, wie bei den Algolsternen oder sekundäre Wellen zeigt, wie sie viele der kurzperiodischen Cepheiden aufweisen, ist nur bei β Lyrae selbst in dem Sinne entschieden, daß solche Schwankungen

Die helleren β Lyraeveränderlichen.

Veränderlicher	Ort 1900.0		Max.	I. Min.	II. Min.	Sp.	P
TT Aurigae....	5^h 2.8^m	+39° 27′	8.0^m	9.0^m	10.0^m	—	1.333^d
V Puppis......	7 55.4	−48 58	4.1	4.7	4.8	B1, B2	1.454
RR Centauri.....	14 9.9	−57 23	7.4	7.7	7.8	F0	0.303
u Herculis.....	17 13.6	+33 12	4.6	5.3	5.3	B3	2.051
β Lyrae.......	18 46.4	+33 15	3.4	3.8	4.3	B8, B5	12.908

tatsächlich die Hauptkurve durchsetzen. Schon in ARGELANDERS und LINDEMANNS Beobachtungen sind einige Wellen ausgeprägt, doch kommen sie erst in den neueren photometrischen Beobachtungen voll zur Geltung. Es ist nicht wahrscheinlich, daß die Kurvenknickungen an derselben Stelle und in derselben Form immer wiederkehren. J. SCHMIDT hat sogar wiederholt einen Ausfall der Nebenminima oder gar ihr Herabsinken bis zur Tiefe des Hauptminimums beobachten können, und es liegt kein Grund vor, an der Realität dieser Wahrnehmungen zu zweifeln.

Betrachten wir zunächst nur die mittlere ausgeglichene Lichtkurve, so ist hier (neben *u* Herculis) β Lyrae das einzige auch dynamisch gründlicher untersuchte System, ohne daß es gelungen wäre, alle beobachteten Erscheinungen der Kurve, insbesondere die Periodenänderung, einzelne Unstetigkeiten usw. vollkommen zu deuten. Das darf nicht überraschen, wenn man bedenkt, daß wir bei so nahe stehenden Sternen kaum imstande sind, alle wechselseitigen Einflüsse, die zwei derart benachbarte Weltkörper aufeinander ausüben mögen, in Rechnung zu ziehen.

Das Spektrum von β Lyrae gehört zur Klasse B8; darüber ist ein Spektrum B5 mit dunklen und hellen Linien gelagert, ähnlich, wie wir das bei den Neuen Sternen kennen gelernt haben. Schon im Jahre 1891 hatte E. PICKERING eine Veränderlichkeit der Linienabstände in dem Doppelspektrum nachgewiesen, doch ist eine Klärung der Verhältnisse erst durch die Arbeiten von BELOPOLSKI, CURTISS und BAADE geglückt. Danach ist zunächst auch spektroskopisch die Doppelsternnatur einwandfrei festgestellt. Nach dem Verschiebungseffekt der Spektrallinien, nach der Periode und dem Lichtwechsel handelt es sich um zwei nahe gleich große und gleich helle, merklich elliptische Weltkörper, die in einer fast kreisförmigen Bahn einander umkreisen. Die Bewegung erfolgt genau in der Blickrichtung derart, daß bei den gegenseitigen Konjunktionen umschichtig ringförmige bzw. totale Bedeckungen stattfinden. Der Abstand der Komponenten beträgt 46 Millionen km, die Massen gleichen dem 16.7 bzw. dem 6.7 fachen der Sonnenmasse. Die aus der Lichtkurve folgenden sehr großen Durchmesser lassen darauf schließen, daß die Dichte nur 0.0022 bzw. 0.0060 der Sonnendichte beträgt.

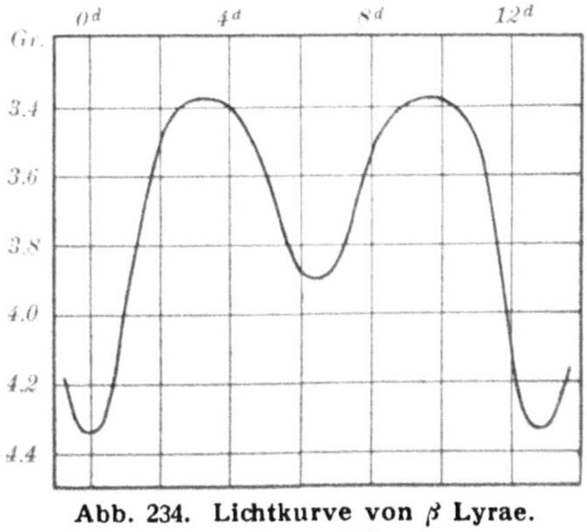

Abb. 234. Lichtkurve von β Lyrae.

Die spektralen Erscheinungen bei

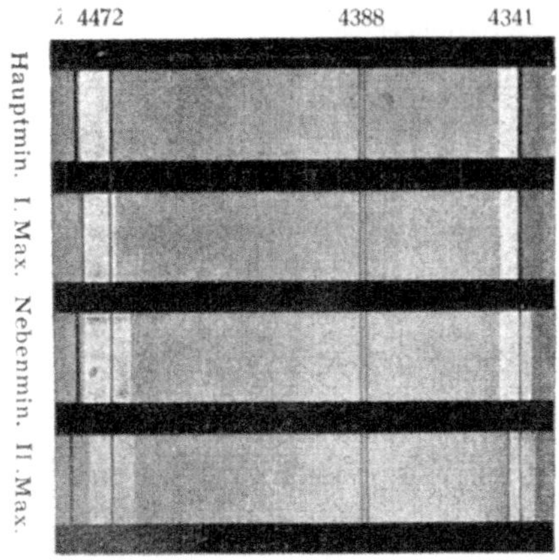

Abb. 235. Linienverschiebungen im Spektrum von β Lyrae (schematisch).

β Lyrae sind durch den Dopplereffekt nicht erschöpft, im Gegenteil, es hat einige Zeit gedauert, bis es gelang, die Linien, die sich gesetzmäßig verschieben, von den anderen einwandfrei zu trennen. Die Kalzium-, Helium- und Wasserstoffabsorptionen des B5-Spektrums nehmen jedenfalls an der Bahnbewegung nicht teil, woraus wohl geschlossen werden darf, daß die betr. Atmosphärenschichten die Bahn der beiden Körper völlig umschließen. Viel seltsamer noch ist ein sehr auffälliges, für β Lyrae durchaus charakteristisches Hin- und Herpendeln der breiten Helium- und Wasserstoffemissionen um die entsprechenden Absorptionslinien, das in Abb. 235 für $H\gamma$ (rechts) und die Heliumemission λ 4472 wiedergegeben ist. Die äußerste dunkle Linie links (λ 4481) gehört dem Magnesium an. In dem abgebildeten Spektralgebiet ist diese Linie die einzige, die den Dopplereffekt rein zeigt. Im ersten Maximum ist sie nach Violett, im zweiten nach Rot zu verschoben. Die Unveränderlichkeit der Lage der Absorptionen λ 4472 und 4341 ($H\gamma$) und demgegenüber die seltsame Verschiebung der beiden Emissionen ist sehr auffällig. Die hellen Bänder wandern, vom Hauptminimum an gerechnet, etwa 10 Tage lang ohne Rücksicht auf Lichtkurve und Bahnbewegung um mindestens 5 AE nach dem Violett, um dann in 3 Tagen ziemlich plötzlich in die Anfangslage wieder zurückzupendeln. Der Umkehrpunkt ist dabei durch besondere Lichtschwäche der Emissionen gekennzeichnet.

Wenn schon die Deutung der ausgeglichenen Lichtkurve auf Grund der photometrischen und spektrographischen Messungen so wenig einfach ist, kann es nicht verwundern, daß die sekundären Wellen erst recht außerhalb eines jeden Erklärungsversuches liegen. Greift man auf Gezeitenphänomene und einen physischen unregelmäßigen Lichtwechsel wenigstens eines der Sterne zurück, so kann man damit allerdings die Verhältnisse der Vorstellung näher bringen. Die geringe Wahrscheinlichkeit so komplizierter Vorgänge darf dabei freilich nicht übersehen werden.

22. Die kosmischen Nebel und Sternhaufen.

Die zahlreichen und in den mannigfachsten Gestalten vorhandenen, meist lichtschwachen Himmelskörper, die im Gegensatze zu den Sternen einen merklichen Durchmesser besitzen, nennt man Nebelflecken oder Sternhaufen, letzteres, wenn sich erkennen läßt, daß das Gebilde sich aus einzelnen Sternen zusammensetzt. Diese Scheidung ist keine strenge; denn es leuchtet ein, daß ein Objekt, das in einem kleinen Fernrohr als kontinuierliche Nebelmasse erscheint, in einem mächtigeren Instrument sich als Sternhaufen darbieten kann. Bis gegen Ende des 18. Jahrhunderts kannte man nach den Entdekkungen von Messier etwa 100 verwaschene Nebelflecken, über deren Natur wenig Klarheit herrschte, und erst durch die Arbeiten W. HERSCHELS fand dieses Gebiet eine ungeahnte Erweiterung. HERSCHELS erster Katalog (1784) enthielt 466 neue Nebel, und bis 1802 belief sich die Zahl der Neuentdekkungen bereits auf 2000. Die Zahl der heute bekannten katalogisierten nebligen Objekte läßt sich nicht genau angeben, beträgt aber weit über 10000. Der ausführlichste und gegenwärtig am meisten benutzte Nebelkatalog ist der New General Catalogue von DREYER, dessen Hauptteil 1890 erschienen ist und mit NGC zitiert zu werden pflegt. Daneben hat sich noch bei den helleren Objekten, insbesondere den kugelförmigen Sternhaufen, ein Zurückgreifen auf die alten Nummern bei MESSIER (M 3, M 5 usw.) erhalten.

Mit den Entdeckungen ging Hand in Hand die Erfahrung, daß jede Verbesserung in der Größe und Güte der Fernrohre bei einer großen Zahl von Nebeln die bis dahin nicht erkennbare Auflösung in einzelne Sterne herbeiführte, und es ist daher durchaus verständlich, wenn allgemein angenommen wurde, daß schließlich alle nebligen Objekte auflösbar seien, und daß die Bezeichnung Nebelfleck nur formal für bisher praktisch noch nicht aufgelöste Sternhaufen anwendbar sei.

Diese Ansicht fand im Jahre 1864 eine plötzliche Umwandlung durch die Entdeckung von HUGGINS, daß einzelne Nebelflecken im Spektroskop helle Linien zeigten, ein untrügliches Kennzeichen für die gasförmige Natur der betreffenden Himmelskörper, deren Bezeichnung als Nebel nunmehr auch physikalisch richtig war. Hiermit wäre auch die strenge Scheidung der nebligen Himmelskörper in die zwei Klassen der Nebelflecken und Sternhaufen gegeben. Aus anderen Gründen ist jedoch eine strenge Trennung nicht durchzuführen, zunächst, weil nur ein kleiner Teil dieser Weltkörper spektroskopisch erreichbar ist, ferner, weil z. B. bei den Spiralnebeln offenbar ein ausgesprochener Zusammenhang zwischen Sternanhäufungen und Nebelmaterie besteht, der noch der Klarstellung bedarf.

Nach den bisherigen Ergebnissen ist es als feststehend anzusehen, daß die Zahl der Nebel mit kontinuierlichem Spektrum bei weitem größer ist als diejenige der echten Gasnebel. Ferner hat es sich herausgestellt, daß die Gasnebel im wesentlichen auf zwei ganz charakteristische Formen beschränkt sind. Das sind in erster Linie die großen weit ausgedehnten Nebel von ganz unregelmäßiger Struktur und die sogenannten Planetarischen Nebel, so genannt, weil sie im Fernrohr meist sehr kleine kreis- oder ellipsenförmige Scheiben zeigen. Hierzu gehören auch die Nebelsterne und die Ringnebel, wie ja überhaupt die Photographie fast bei allen Planetarischen Nebeln diese letzte Form als typisch festgestellt hat. Je nach der Helligkeit des zentralen Sternes kommt für das Auge der Eindruck eines Ringes, einer Scheibe oder gar eines Nebelsternes zustande. Durchweg zu den Sternhaufen gehören die so häufig vorkommenden runden, in Wirklichkeit kugelförmigen Objekte mit allmählich nach der Mitte zunehmender Helligkeit, von denen die meisten leicht auflösbar sind, sowie vermutlich fast alle genauer untersuchten Spiralnebel. Wir werden auf diese Tatsachen noch ausführlich zurückkommen.

Photographische und photometrische Ergebnisse. Es muß hervorgehoben werden, daß unsere Kenntnisse über die Nebel und Sternhaufen durch die Anwendung der Photographie, besonders nach Einführung der kurzbrennweitigen Spiegel, außerordentlich zugenommen haben, vor allem was die

Gestaltung der Nebelflecken angeht. Hier übertrifft die photographische Platte derartig das Auge am Fernrohr, daß heutzutage ein Studium der Nebelfleckformen nur noch auf diesem Wege Erfolge verspricht. Manche photographisch stark aktinischen Nebel, wie der berühmte Amerikanebel (Tafel VIII) sind visuell am Fernrohr auch in den besten Nächten kaum in den gröbsten Umrissen zu erkennen. Ein umfassendes photographisches Werk über alle helleren Nebel ist 1920 von der Lickstemwarte herausgegeben worden.

Sowohl bei direkter Beobachtung am Fernrohr als auch bei den photographischen Aufnahmen von Flächengebilden spielt das Brennweitenverhältnis eine wichtige Rolle. Es ist bereits früher gezeigt worden (S. 145f.), daß die Helligkeit eines punktförmigen Objektes, z. B. eines Sternes, allein von der Öffnung des Fernrohrs abhängt, und zwar mit dem Quadrat der Öffnung wächst. Bei der Flächenabbildung kommt es dagegen gar nicht auf die Dimensionen des Fernrohrs an, sondern nur auf das Verhältnis von Öffnung zu Brennweite. Bleibt dieses Verhältnis konstant, so bleibt auch die Flächenhelligkeit ungeändert, d. h. es ist für die Sichtbarkeit eines ausgedehnten Nebels gleichgültig, ob er mit einem großen Fernrohr von 1 m Öffnung und 15 m Brennweite oder mit einem kleinen von 10 cm Öffnung und 1.5 m Brennweite betrachtet bzw. aufgenommen wird.

Zu welchen Konsequenzen das führen kann, läßt sich am einfachsten an einem Beispiel klar machen. Wir wollen annehmen, daß ein Nebelfleck, in dessen Innern sich ein Stern befindet, einmal mit einer Porträtlinse von 10 cm Öffnung und 50 cm Brennweite, das andere Mal mit einem großen Refraktor von 1 m Öffnung und 20 m Brennweite aufgenommen worden ist. Die beiden Öffnungen verhalten sich wie 1 : 10, die Helligkeit der Sternbildchen also wie 1 : 100. Für die Nebelabbildung ist nur das Öffnungsverhältnis maßgebend, die Nebelhelligkeiten verhalten sich also in beiden Fällen wie $^1/_5$ zu $^1/_{20}$, also wie 4 : 1. Auf der Aufnahme mit der Porträtlinse ist demnach der Nebel 400mal heller als der Stern gegenüber der Aufnahme mit dem großen Refraktor. Im ersteren Falle erhält man also einen hellen Nebel mit schwachem Stern, im andern aber einen hellen Stern mit schwachem Nebel, oder letzterer kommt überhaupt nicht zum Vorschein.

Einen ihrer größten Triumphe hat die Himmelsphotographie auf dem Gebiete der großen Nebel errungen. Die ungefähre Ausdehnung derselben und die Hauptformen waren bereits durch die direkte Betrachtung in großen Fernrohren bekannt; aber alles andere, besonders die feinere Struktur, das Gesetzmäßige, was in den sonst meist ganz chaotisch gestalteten Nebeln vorhanden ist, hat erst die Photographie zutage gefördert. Dabei sind es anfangs kleine unscheinbare Instrumente gewesen, einfache Porträtlinsen, die zur Verwendung gelangten, und erst in den letzten Jahrzehnten ist diese Arbeit größeren Reflektoren von parabolischer Form und kurzer Brennweite zugefallen, die nun auf diesem Gebiete hervorragende Leistungen aufzuweisen haben.

Die Helligkeitsbestimmungen von Nebelflecken sind bisher wenig zahlreich und zuverlässig. Es beruht dies zum Teil auf der Lichtschwäche, durch welche die Beobachtungen sehr erschwert und nur mit großen Instrumenten möglich werden, dann aber hauptsächlich auf den großen Verschiedenheiten in bezug auf Größe, Form und Verwaschenheit, die die Nebel gegenüber den Vergleichsternen zeigen. Im allgemeinen hat man sich bisher auf Schätzungen beschränkt, die bei stufenweiser Verwendung von Instrumenten wachsender Lichtstärke und systematischer Anwendung auf eine größere Anzahl von Objekten sehr wertvoll sein können, sobald die Helligkeiten auf photometrisch bestimmte Sterne bezogen werden. Gerade der letzte Punkt läßt noch manches zu wünschen übrig. Das umfangreiche Material, das von WIRTZ und HOLETSCHEK in ihren großen, 1257 bzw. 576 Objekte umfassenden Verzeichnissen niedergelegt ist, wird z. B. erst nach Festlegung der Vergleichsternhelligkeiten die richtige Bedeutung erreichen und als Fundament einer Nebelphotometrie gelten können. Die in den folgenden Verzeichnissen mitgeteilten, meist nach der *BD* geschätzten Helligkeiten von HOLETSCHEK sind oft reichlich um $^1/_2$ Größenklasse unsicher und daher noch mit einiger Vorsicht zu benutzen.

Der erste, der Messungen der Nebelfleckhelligkeiten angestellt hat, war HUGGINS, indem er drei bekannte helle Nebel mit einer in großer Entfernung aufgestellten Kerze verglich. Einige Jahrzehnte später wurden einige Nebel und Sternhaufen von VILLIGER gemessen. Die Übereinstimmung der Messungen und Schätzungen ist vorläufig eine recht mangelhafte und fordert eine sorgfältige Kontrolle heraus. Dabei wäre bei den Beobachtungen wegen der meist bläulichen Farbe der Nebel und Sternhaufen (Fälle, wie M 67, der fast nur aus gelben Sternen besteht, sind seltene Ausnahmen) auf die Auswahl geeigneter Vergleichssterne von weißer Farbe besonders zu achten.

E. PICKERING hat zahlreiche photometrische Messungen an Nebelflecken in der Weise angestellt, daß er in einem Hilfsfernrohr das Bild eines Sternes durch Verschiebung des Okulars so lange in eine immer größer werdende Scheibe auszog, bis die Flächenhelligkeit dieser Scheibe gleich derjenigen des Nebels bzw. der hellsten Stelle des Nebels im Hauptfernrohr erschien. Durch Reduktion auf eine Scheibe von 1′ Durchmesser wurde das Material homogen gemacht, so daß die angegebenen Größen diejenige Gesamthelligkeit des Nebels bezeichnen, die eine Scheibe desselben von 1′ Durchmesser aussenden würde. Da die meisten der gemessenen Nebel (es handelt sich meist um planetarische) viel kleiner sind, so sind die auf diesem Wege gefundenen Größen beträchtlich heller, als es der Wirklichkeit entspricht. Ihre Umwandlung in Gesamthelligkeiten ist nur dort möglich, wo zuverlässige Durchmesser vorliegen und die Nebel als einigermaßen gleichmäßige Scheiben aufgefaßt werden können. In der folgenden Übersicht sind einige diesen Bedingungen entsprechende Nebel der PICKERINGschen Liste nebst Umrechnung in Gesamthelligkeiten (Größen) enthalten. So ist z. B. die Flächenhelligkeit des Nebels

NGC	Durchm.	Hell.	Gr.	Hol.	NGC	Durchm.	Hell.	Gr.	Hol.
1501	0.95	10.31^m	10.5^m	—	6210	0.20′	5.58^m	9.1^m	8.5^m
1535	0.25	6.12	9.1	8.8^m	6229	0.4	7.77	9.8	8.6
2022	0.47	8.95	10.6	—	6369	0.45	9.05	10.8	—
2438	1.1	10.32	10.1	9.3	6543	0.33	5.26	7.7	7.6
2440	0.25	7.08	10.1	8.8	6629	0.25	7.22	10.2	—
3242	0.67	5.97	6.8	7.1	6818	0.40	6.81	8.8	8.8
3310	1.0	9.29	9.3	9.5	6826	0.43	6.81	8.6	8.1
5574	0.7	10.87	11.6	11.7	6905	0.75	8.94	9.6	10.5
5576	0 9	8.98	9.4	11.0	7009	0.35	4.89	7.2	7.2
5577	1.6	12.95	11.9	—	7026	0.7	9.45	10.2	—
5746	2.1	11.13	9.5	9.5	7027	0.17	4.39	8.3	8.5

NCC 7027 gleich derjenigen eines auf 60″ Durchmesser ausgezogenen Sternes 4.39^m. Da der Nebeldurchmesser nur 10″ umfaßt, so verhält sich die Gesamthelligkeit des Nebels zu dem beobachteten Wert wie $1:6^2$, was einem Größenunterschied von 3.9 Größenklassen entspricht. Zum Vergleich der Ergebnisse mit Schätzungen können die Helligkeiten HOLETSCHEKS dienen, soweit solche vorliegen.

Die Gasnebel. Unsere weiteren Betrachtungen wollen wir mit denjenigen Nebeln beginnen, die ihrem spektroskopischen Befunde nach als gasförmig gelten müssen, wobei eine rein äußerliche Trennung nach der Form dieser Gebilde — große chaotische Nebelmassen und kleine meist runde sogenannte Planetarische Nebel — innegehalten werden soll. In den beiden Verzeichnissen, die hier folgen, sind alle helleren Gasnebel des Himmels bis zu einer Gesamthelligkeit von 10.5^m—11^m verzeichnet, jedoch ohne Gewähr einer absoluten Vollständigkeit. Bei den planetarischen Objekten sind dabei nur diejenigen ausgelassen, die offenbar physisch zu den beiden Kapwolken gehören, also eine Sonderstellung einnehmen. Die Größen sowie die Bemerkungen beziehen sich auf den visuellen Anblick im Fernrohr.

Werden die Örter der hier verzeichneten Gasnebel in eine Karte eingetragen, so tritt ihre Beziehung zur Milchstraßenebene deutlich hervor. Sieht man von einzelnen etwas weiter vom galaktischen Äquator entfernten Nebelnestern ab, so entfallen auf eine Milchstraßenzone von $\pm 10^0$ rund 60% aller bekannten Gasnebel. Schon diese Zusammendrängung nach dem galaktischen Äquator läßt den Schluß zu, daß die Gasnebel, vor allen Dingen diejenigen, die nahe in der Hauptebene der Milchstraße liegen, sehr entfernte Gebilde sind. Die bisher bestimmten Parallaxen einiger Nebel können auch höchstens die Größenordnung der Abstände veranschaulichen. VAN MAANEN, der sich dieser schwierigen Aufgabe mit besonderem Eifer gewidmet hat, fand bei sechs untersuchten Nebeln die größte Parallaxe bei dem Planetarischen Nebel in der Andromeda (NGC 7662) ($p = 0.023''$), die kleinste beim Ringnebel in der Leier (NGC 6720) ($p = 0.008''$). Da eine Parallaxe von 1″ einem Abstande von 3.26 Lichtjahren entspricht, so würden demnach die beiden Nebel in Distanzen von 140 bzw. 400 Lichtjahren zu versetzen sein. Zweifellos stellt aber selbst die zweite Zahl trotz ihrer Bestätigung durch eine frühere Bestimmung von NEWKIRK ($p = 0.007''$) einen unteren Grenzwert der Ent-

Große Gasnebel.

NGC	Ort 1900.0		Nähere Bezeichnung
1952	$5^h\,28.5^m$	$+21°57'$	Krebsnebel im Stier
1976	5 30.4	−5 27	Orionnebel bei ϑ
1977	5 30.5	−4 54	„ „ c
1982	5 30.6	−5 20	„ runder Nebelfetzen, nördl. v. NGC 1976
2070	5 39.4	−69 9	Heller Nebel der Großen Kapwolke
3372	10 41.2	−59 9	Nebel um η Argus
6514	17 56.3	−23 2	Trifidnebel im Schützen
6523	17 57.6	−24 23	Groß, unregelmäßig
6618	18 15.0	−16 13	Omeganebel im Schützen
6960	20 41.5	+30 22	Kl. Zirrusnebel bei $\varkappa$ Cygni
6992	20 52.2	+31 19	Gr. „ bei 14 Cygni
7000	20 55.2	+53 56	Amerikanebel östl. α Cygni, Gasspektrum?

Planetarische Nebel.

NGC	Ort 1900.0		BD u. CoD	Gr.	Bemerkungen
650	1h36.0m	+51° 4′	+50°332	10m	Doppelnebel, spiralig?
651	1 36.0	+51 5			
1068	2 37.6	— 0 27	— 0 412	9	Spiralnebel mit Gaskern
1326	3 20.2	—36 49	—36 1280	—	Planetarisch
—	3 41.0	+34 45	—	10	„ 9″ i. Durchm.
1501	3 58.4	+60 39	—	10	Nebelstern, Hülle 57″ Durchm.
1514	4 2.9	+30 33	+30 623	8.5	„ „ 126″ „
1535	4 9.6	—13 0	—13 842	8.5	Planetarisch, 15″ Durchm.
—	5 22.8	—12 46	—12 1172	9	Nebelstern, Hülle 25″ Durchm.
2022	5 36.6	+ 9 2	—	11	Ringförmig, 28″ Durchm.
—	6 17.1	—12 56	—12 1453	10.5	Planetarisch, 6″ Durchm.
2392	7 23.3	+21 7	+21 1609	9	Nebelstern, Hülle 45″ Durchm.
2438	7 37.2	—14 29	—14 2129	10	Ringnebel, 64″:70″ i. Sternhaufen
2440	7 37.5	—17 58	—17 2105	9	Planetarisch, 15″ Durchm.
2792	9 8.6	—42 1	—41 4893	8	„
2818	9 12.0	—36 12	—	10	„
3132	10 2.8	—39 57	—39 6137	8.5	„ 1′ Durchm.
3242	10 19.9	—18 8	—17 3140	8	„ 42″:38″
3587	11 9.1	+55 35	+55 1449	10	Eulennebel, 150″ Durchm.
3918	11 45.4	—56 38	—56 4818	7	Planetarisch, 35″ „
—	12 30.4	+83 7	+83 357	10	„
5315	13 46.5	—66 1	—65 2513	10.5	„ klein
5873	15 6.4	—37 44	—37 10033	9.5	„
—	16 7.0	+12 20	+12 2966	9.5	Nebelstern, Hülle 10″ Durchm.
6153	16 24.7	—40 2	—39 10464	10	Planetarisch, klein
6210	16 40.3	+23 59	+24 3048	8	„ 12″ Durchm.
6309	17 8.4	—12 48	—	10.5	„ elliptisch 8″:20″
6326	17 12.9	—51 40	—51 10820	—	„
6369	17 23.2	—23 41	—23 13397	10	Ringnebel 31″:23″
6543	17 58.6	+66 38	+66 1066	8	Planetarisch, 20″ Durchm.
6537	17 59.3	—19 51	—	10.5	„ klein
6563	18 5.5	—33 53	—33 12935	10.5	„ „
6565	18 5.6	—28 12	—28 14266	10.5	„ sternartig
6572	18 7.2	+ 6 50	+ 6 3649	8	„ 12″ Durchm.
6577	18 7.8	—19 6	—	11	„ klein
6629	18 19.6	—23 16	—23 14350	11	„ rund, 15″ Durchm.
6643	18 22.6	+74 31	+74 766	10.5	„ „
6720	18 49.9	+32 54	+32 3246	9	Ringnebel i. d. Leier, 80″:60″
6741	18 57.5	— 0 35	— 0 3630	10.5	Planetarisch, klein, 7″ Durchm.
6781	19 13.6	+ 6 21	—	11	„ schwach, 2′ Durchm.
6790	19 17.9	+ 1 19	+ 1 3979	10	Planetarisch, vollk. sternartig
6803	19 26.6	+ 9 52	—	11	„ 5″ Durchm.
6804	19 26.8	+ 9 1	—	11	Ringförmig, 30″ Durchm.
6818	19 38.3	—14 24	—14 5523	9	Planetarisch, 24″ Durchm.
6826	19 42.1	+50 17	+50 2869	8	„ 27″:24″
6853	19 55.3	+22 27	—	7.5	Hantelnebel i. Fuchs
6884	20 7.2	+46 10	—	10.5	Planetarisch, sternartig
6886	20 8.3	+19 41	—	11	„ „
6891	20 10.4	+12 24	+12 4266	10	„ 5″ i. Durchm.
6905	20 17.9	+19 47	—	10.5	Planetarisch, 45″ Durchm.
7008	20 57.6	+54 10	—	10.5	„ 95″ „
7009	20 58.7	—11 46	—11 5511	7.5	„ 13″:30″, Saturnartig
7027	21 3.3	+41 50	+41 4004	8.5	„ 10″ Durchm.
7354	22 36.6	+60 46	—	10.5	„ 40″ „
7662	23 21.1	+41 59	+41 4773	7.5	„ 30″ Durchm.

fernung dar, so daß uns von der Mehrzahl der Gasnebel jedenfalls mehr als 500 Lichtjahre trennen mögen. Danach müssen die Dimensionen selbst der kleineren Planetarischen Nebel ungeheuer groß sein und mögen oft den Durchmesser unseres ganzen Planetensystems um das 10- bis 20-fache übertreffen.

Die Haupttypen der Gasnebel. Wir wollen nunmehr zu einer Beschreibung der Haupttypen der Gasnebel übergehen, wobei gleich erwähnt sei, daß vorläufig keine Gründe vorliegen, außer der rein äußerlichen Trennung in formlose und Planetarische Nebel auch eine physische Sonderung dieser Himmelsobjekte vorzunehmen.

Der Orionnebel ist der bekannteste und schönste aller großen Nebel und bereits mit bloßem Auge als matter, verwaschener Fleck erkennbar. In seinem hellsten Teile, einem Viereck von 2′ Seitenlänge, zeigt der Nebel eine ausgesprochen wolkige Struktur, die auf den Aufnahmen (Tafel VII) wegen Überexposition meist nicht mehr zu erkennen ist. Aus demselben Grunde kommen auch die helleren Sterne innerhalb des Nebels, besonders das bekannte Trapez (ϑ Orionis), nicht zum Vorschein.

Es hält schwer, sich eine Vorstellung von der wahren Gestalt des Nebels zu bilden. Gesetzmäßiges ist nur in den vom hellsten Teile ausgehenden gekrümmten Streifen zu erkennen, von denen zu vermuten steht, daß sie sich zu Ringen von allerdings sehr unbestimmter Form zusammenschließen mögen.

Das ganze Bild des Orions stellt einen riesigen sehr entfernten und zerstreuten Haufen von Helium (B)-Sternen dar. Auch im Orionnebel befinden sich viele hellere und schwächere Sterne der Klasse B, von denen man zunächst nicht weiß, ob sie zum Nebel physisch gehören, oder ob sie sich vor oder hinter demselben befinden und nur zufällig auf ihn projiziert erscheinen. Die Tatsache, daß sich ein Stern an einer durch Helligkeit hervorragenden Stelle des Nebels befindet, genügt keineswegs zur Annahme einer physischen Beziehung. Es ist vielmehr erforderlich, daß die feine Struktur des Nebels einen unzweideutigen Zusammenhang mit dem Ort des Sternes zeigt; das läßt sich auf photographischem Wege dadurch feststellen, daß man eine Anzahl von Aufnahmen von sehr verschiedener Expositionszeit miteinander vergleicht. Auf diesem Wege ist es gelungen, den Zusammenhang zahlreicher Sterne mit dem Orionnebel mit großer Wahrscheinlichkeit nachzuweisen. So umschließt der hellste Teil der leuchtenden Materie das sog. Trapez derartig, daß eine ähnliche Figur entsteht, während andere schwächere Sterne mit auffälligen Lücken, Knoten oder scharfen Ecken der schweifartigen Nebelarme zusammenfallen. Unter diesen Sternen befinden sich merkwürdig viele Veränderliche, die zweifellos irgendwie mit dem Nebel zusammenhängen (S. 392). Den sichersten Beweis für die Zusammengehörigkeit des Nebels mit einzelnen hellen Sternen liefert die gemeinsame, allerdings größtenteils parallaktische Bewegung im Visionsradius (+ 17 km).

Der Nachweis einer physischen Verbindung zwischen Nebel und Sternen ist auch insofern von besonderem Interesse, als er einen Schluß auf die Entfernung des Nebels erlaubt, sobald die Parallaxe der zugehörigen Sterne ermittelt ist. Leider sind in dieser Hinsicht alle bisherigen Versuche fast ergebnislos geblieben. Die Parallaxe der B-Sterne ist trigonometrisch vorläufig nicht zu erfassen, auf diesem direkten Wege läßt sich also über die Entfernung kein

Urteil gewinnen. O. BERGSTRAND hat jedoch versucht, die beobachtete jährliche Eigenbewegung von 18 Orionsternen unmittelbar mit ihrer Radialbewegung zu vergleichen und so die Parallaxe zu bestimmen. Er ist dabei zu dem auch sonst nicht unwahrscheinlichen Wert von $p = 0.008''$ gelangt, der einen Abstand von etwa 400 Lichtjahren voraussetzen würde, d. h. dieselbe Entfernung, die VAN MAANEN für den Ringnebel in der Leier gefunden hat. Danach würde auch der Orionnebel uns relativ nahestehen, doch ist das Ergebnis noch durchaus nicht spruchreif.

Ein ganz merkwürdiges Objekt ist der Nebel NGC 6992 im Schwan. Der schon von HERSCHEL beschriebene, aber erst durch die neuen Spiegelteleskope in allen Einzelheiten abgebildete zirrusartige Nebelstreifen erstreckt sich über eine Länge von $1^1/_3{}^0$ und besteht aus feinen Fasern, die stellenweise miteinander zopfartig durchflochten sind (Tafel IX). Das Gebilde befindet sich in einer sehr sternreichen Gegend, und die Sterndichtigkeit scheint innerhalb des Nebels nicht größer zu sein als außerhalb. Bei dem benachbarten sehr ähnlichen Objekt NGC 6960 ist der Zusammenhang des Nebels mit der Sternverteilung dagegen ganz offenkundig.

Die großen Nebel bieten seit ihrer Erschließung durch die Photographie in ihren phantastischen Gestalten die interessantesten, aber auch unverständlichsten Objekte des gestirnten Himmels dar. Vergeblich bemüht sich der sinnende Verstand, ihre Formen und Gestaltungen nach bekannten physikalischen oder mechanischen Grundsätzen zu ordnen und zu deuten oder irgendwelche Gesetzmäßigkeiten zu erraten. Wie man sie sich auch vorstellen mag, sie bleiben in ihrem Aussehen wie in ihrem Wesen vollkommen rätselhaft.

Als Vertreter der Planetarischen Nebel mag einer der hellsten NGC 6543 genannt sein. Er steht zwischen ζ und δ Draconis, fast genau am Pol der Ekliptik, und hat im Sucherfernrohr das Aussehen eines verwaschenen Sterns 7.5 bis 8. Größe. In großen Refraktoren erkennt man eine blaue elliptische Scheibe von $23:18''$ Durchmesser mit einem Zentralstern 9.5^m. Bei Anwendung eines geradsichtigen Prismas zerfließt der Stern in einen farbigen Faden, während der Nebel ungeändert bleibt, und die Ringform tritt offenkundig hervor. Daß auch diese nicht zutrifft, beweist die Photographie, die den Nebel deutlich in Schneckenform zeigt (s. Titelblatt). Ganz ähnlich gebaute Objekte sind NGC 7027, 7662 und der Kern des Spiralnebels NGC 1068 (Abb. 240).

Von der Stern-, Scheiben- und Schneckenform sind auf dem Titelblatt alle Übergänge zum Ring vertreten. Das größte Objekt der letzten Art ist der Doppelring von NGC 7293, der $14'$ Durchmesser hat, aber sehr lichtschwach ist, das hellste der bekannte Nebel in der Leier, NGC 6720 (Abb. 238). Die große Achse beträgt hier $80''$, die kleine $60''$. Die zentrale Verdichtung ist visuell $< 15.5^m$, während sie photographisch schon mit den helleren Teilen des Ringes sichtbar wird. Daß dieser kein einfaches, glattes Gebilde ist, erkennt man auf den ersten Blick. Die an den Enden der großen Achse befindlichen Teile sind merklich lichtschwächer und der Ring selbst erscheint aus mehreren nicht einmal konzentrischen Schichten zusammengesetzt, so daß man den räumlichen Eindruck eines tonnenförmigen Körpers erhält oder eines Rotationsellipsoides, bei dem die Materie in Schalenform angeordnet ist.

Spektroskopische Untersuchungen. Das Spektrum der Nebelflecken besteht meist aus einem schwachen kontinuierlichen Grunde mit kräftigen Emissionslinien. Über das Helligkeitsverhältnis zwischen kontinuierlichem und Linienspektrum läßt sich im allgemeinen nichts angeben, da dieses Verhältnis mit der Dispersion des Spektroskops sich ändert. Bei sehr schwacher Dispersion ist das kontinuierliche Spektrum relativ hell; bei starker Dispersion wird es schwach und kann sogar ganz verschwinden, während die Helligkeit des Emissionsspektrums nahe konstant bleibt und nur bei stärkerer Dispersion in geringem Maße abnimmt, wegen der dabei vermehrten Absorptions- und Reflexionsverluste. Daß aber das Helligkeitsverhältnis der beiden Spektra bei den verschiedenen Nebeln ein verschiedenes ist, kann keinem Zweifel unterliegen; in einzelnen Nebeln fehlt das kontinuierliche Spektrum sogar gänzlich.

Das Emissionsspektrum der Gasnebel besteht im visuellen Teile wesentlich aus drei sehr hellen grünen Linien bei den Wellenlängen λ 5007, 4959 und 4862, von denen die erste Linie stets die hellste ist. Daß die dritte dieser Linien mit der $H\beta$-Linie des Wasserstoffes identisch ist, wurde gleich nach ihrer Entdeckung erkannt; dagegen ist es trotz sehr sorgfältiger Wellenlängenbestimmung bisher nicht gelungen, die Herkunft der beiden anderen Linien zu ermitteln. Sie werden vorläufig einem noch unbekannten Gase Nebulium (Nu) zugeschrieben, das uns von den Neuen Sternen her bereits bekannt ist.

In der folgenden Tabelle sind die helleren Nebellinien mit ihren Wellenlängen verzeichnet, und zwar unter Einschluß des photographisch untersuchten ultravioletten Gebietes. Die Wiedergabe eines photographischen Nebelspektrums zeigen die Abb. 236 und 237.

λ	Intensität	Element
5006.9	sehr hell	Nu I
4959.0	„	Nu II
4861.5	hell	$H\beta$
4389	ziemlich hell	He
4363.4	hell	Nu III
4340.7	ziemlich hell	$H\gamma$
4101.8	hell	$H\delta$
3968	„	$H\varepsilon$
3868.9	„	He
3728.8	sehr hell	Nu IV
3726.1	„	Nu V

Aus der Tafel geht hervor, daß die Nebel aus mindestens drei Gasen, Nebulium, Wasserstoff und Helium bestehen, doch muß bemerkt werden, daß die Verteilung dieser drei Elemente bei den einzelnen Nebeln eine sehr verschiedenartige ist. Sehr oft fehlt das Helium, zuweilen ist der Wasserstoff stark zurückgedrängt, ja manche Nebel, wie NGC 6905 und 7354 lassen nur die charakteristischen Nebuliumlinien im Spektrum erkennen. Wie merkwürdig zuweilen die Verhältnisse liegen, zeigt am besten das Spektrum des Ring-

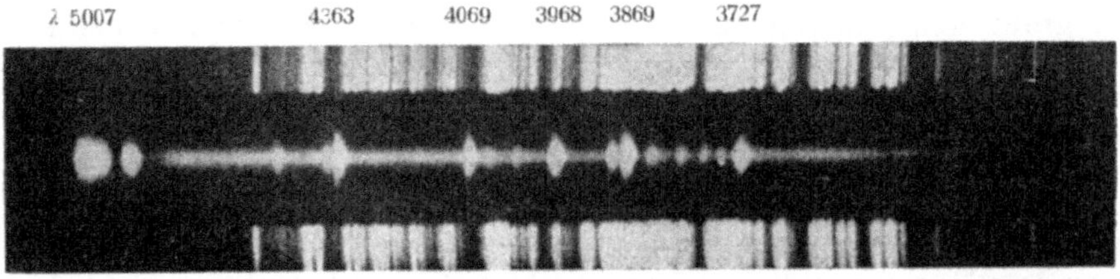

Abb. 236. Spektrum des Planetarischen Nebels NGC 6572 Aquilae. (Nach M. Wolf.)

nebels in der Leier (Abb. 237). An dem photographischen Bilde, bei dessen Aufnahme der Spalt den Ring radial durchquerte, ist die eigenartige Verteilung der Emissionen auf die einzelnen Nebelgebiete aufs deutlichste zu erkennen. Die Linien 5007, 4959, 4069, 3968 und besonders das Paar 3727 setzen hauptsächlich den Ringumriß zusammen. Bei λ 4363 und 3869 ist die Materie auf die ganze von dem Nebel eingenommenen Fläche fast gleichartig verteilt und bei λ 4686 ist nur das Innere des Ringes in Form eines kurzen Striches herausgekommen. Ähnliche Verhältnisse hat M. WOLF auch beim Hantelnebel in Vulpecula und bei NGC 2438 vorgefunden.

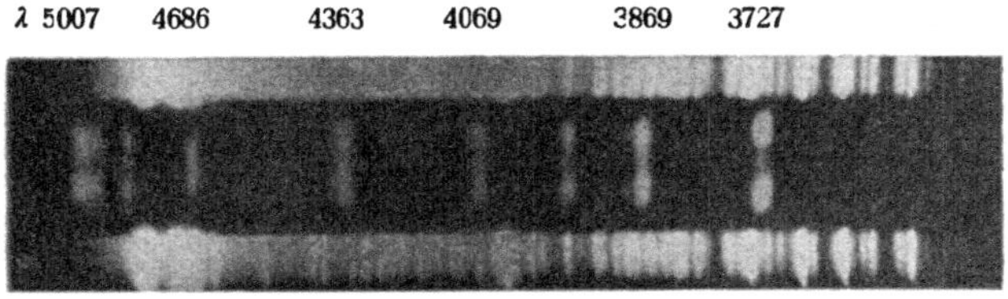

Abb. 237. Geschichtete Emissionen im Ringnebel in der Leier. (Nach M. WOLF.)

SCHEINER und WILSING haben bei einer Anzahl von helleren Nebeln durch strenge Messungen mit dem Spektralphotometer die Helligkeitsverhältnisse der drei Nebellinien (Nu I, Nu II, $H\beta$) ermittelt und sind in Übereinstimmung mit älteren Beobachtungen von KEELER zu dem Ergebnis gelangt, daß das Verhältnis zwischen der ersten und zweiten Hauptnebellinie bei allen untersuchten Nebeln sehr nahe konstant und zwar gleich 4 : 1 ist, während die Helligkeit der $H\beta$-Linie stark wechselt. Nach dem, was vorhin über die ungleichmäßige Verteilung der Gase in den Nebeln gesagt worden ist, erscheint diese Tatsache nicht weiter auffällig.

Werden von einem Nebel mit einem Objektivprisma, einem Konkavgitter oder mit einem spaltlosen Spektrographen Aufnahmen gemacht, so erhält man monochromatische Teilbilder, die den einzelnen Emissionen im Spektrum entsprechen. Oft lassen sich schon auf diesem kürzeren und einfacheren Wege innerhalb ein und desselben Nebels Unterschiede des Gasgemisches nachweisen, was daran zu erkennen ist, daß die Teilbilder des Nebels in ihrem Umriß nicht übereinstimmen (Abb. 238). Derartige Aufnahmen sind wiederholt ausgeführt worden, u. a. auch für den Orionnebel. Für den letzten steht es gleichfalls fest, daß das ihn zusammensetzende Gasgemisch, also Nebulium, Wasserstoff und Helium, innerhalb seiner Begrenzung sehr verschieden geschichtet ist oder in verschiedenen Leuchtbedingungen auftritt. Die größte Ausdehnung hat der Nebel im Lichte der ultravioletten Doppellinie 3727 (Nu). Auch in dem zentralen Teil wiegt die Wirkung des Nebuliums vor, während außerhalb dieser sog. HUYGHERSschen Region der Wasserstoff vorherrscht, ja an einzelnen Stellen sogar allein auftritt.

Das Verhalten des Wasserstoffes in den Nebelflecken verdient überhaupt besondere Aufmerksamkeit. In dem gewöhnlichen Wasserstoffspektrum einer GEISSLERschen Röhre ist die rote $H\alpha$-Linie die hellste, an zweiter Stelle kommt die $H\beta$-Linie, und dann folgen die andernen Linien, soweit sie überhaupt visuell wahrnehmbar sind. In den Nebelfleckspektren verhält sich das Wasserstoffspektrum aber vollständig anders. Hier ist die $H\beta$-Linie die hellste, dann folgt die $H\gamma$-Linie, und die $H\alpha$-Linie ist meist gar nicht, jedenfalls nur äußerst schwach sichtbar. Man nimmt, wie in dem ähnlichen, bereits auf S. 355 er-

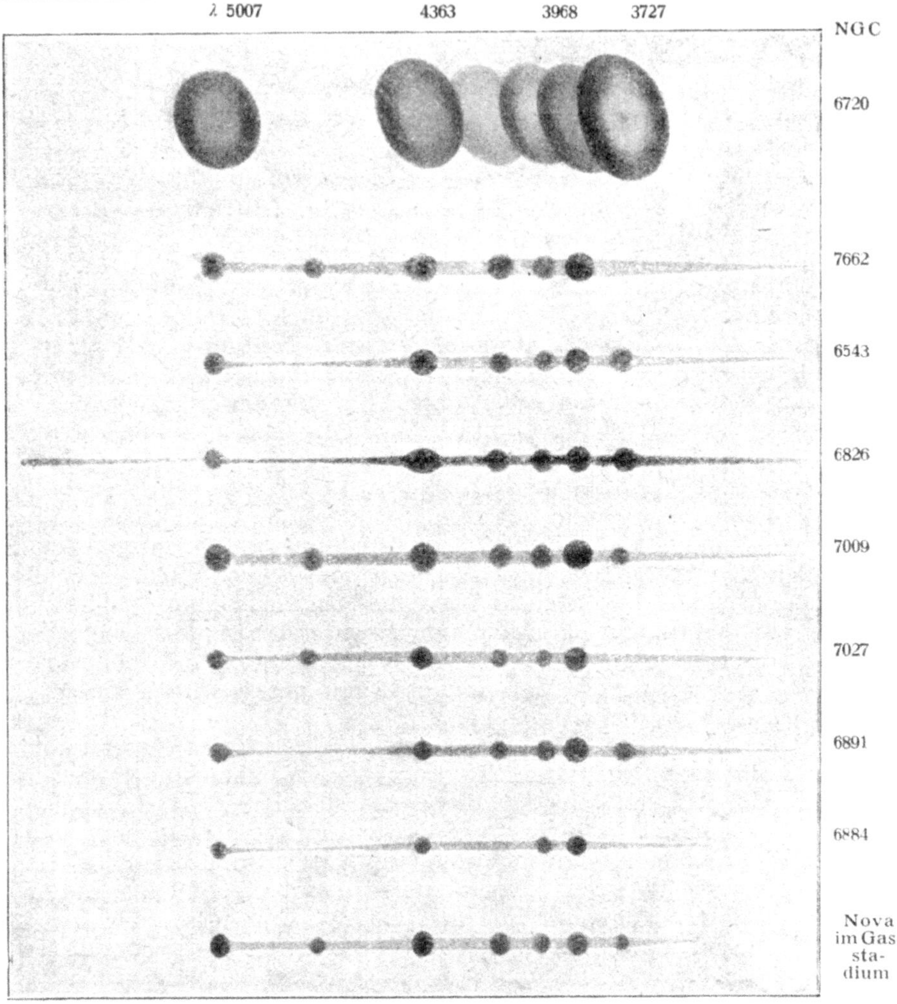

Abb. 238. Aufnahmen von Gasnebeln (Negativbilder) mit einem Objektivprisma. (Nach E. v. Gothard.)

wähnten Falle an, daß die Abweichung durch einen physikalischen Unterschied der Bedingungen, unter denen das Wasserstoffatom in den GEISSLERschen Röhren und in den Nebeln angeregt wird, verursacht sei. In den GEISSLERschen Röhren leuchtet der Wasserstoff durch die Wirkung elektrischer Entladungen, und die Dichtigkeit des Gases ist trotz der Verdünnung noch recht beträchtlich. In den Nebelflecken ist die Erregungsursache des Leuchtens unbekannt; die äußere Temperatur ist meist sehr tief und die Gasdichtigkeit muß eine über alle Vorstellung geringe, jedenfalls viel tausendmal geringere sein als in den GEISSLERschen Röhren. Die spektralen Unterschiede, so ungeklärt sie auch vorläufig sind, mögen danach durchaus begreiflich erscheinen.

Den schon mehrfach berührten Zusammenhang zwischen Nebeln und Sternen hat man auch auf spektroskopischem Wege zu begründen versucht, und zwar speziell bei den Sternen des Trapezes im Orionnebel. Die HUGGINSschen Spektralaufnahmen, ebenso spätere von SCHEINER, zeigen auf das deutlichste, daß bei Einstellung des Spektroskopspaltes auf einen Trapezstern die Nebellinien in dem kontinuierlichen Spektrum des Sternes verstärkt und als helle Knoten erscheinen, und HUGGINS hat hieraus den Schluß gezogen, daß diese Sterne außer dem kontinuierlichen Spektrum auch selbst die Nebellinien hell aufweisen. CAMPBELL hat dagegen durch direkte Beobachtungen festgestellt, daß die Spektra der Trapezsterne keine hellen Linien zeigen. Die dadurch entstandene Streitfrage ist vielleicht so zu lösen, daß spektrographische Aufnahmen nicht geeignet sind, hier eine Entscheidung zu geben. Das photographische Bild des leuchtenden Sternes ist von sehr merklichem Durchmesser, es muß sich also sein kontinuierliches Spektrum mit dem Lichte der nicht unterbrochenen Nebellinien überlagern; man erhält demnach auf kontinuierlichem Grunde verstärkte Nebellinien auch dann, wenn solche im eigentlichen Sternspektrum fehlen.

Schon bald nach der ersten Anwendung des Spektroskops auf die Nebelflecken sind Versuche angestellt worden, etwaige nach dem DOPPLERschen Prinzip auftretende Linienverschiebungen zu messen und hieraus die Geschwindigkeiten im Visionsradius zu berechnen. Bei der Lichtschwäche der Nebel und der Geringfügigkeit der Verschiebungen sind diese Versuche zunächst ergebnislos verlaufen, bis es 1890 KEELER gelang, mit Hilfe des großen Refraktors der Licksternwarte bei einer Reihe von helleren Nebeln gute und sichere Resultate durch visuelle Beobachtung zu erhalten. Letzthin sind 138 Gasnebel der Nord- und Südhalbkugel am Lick- und Millsobservatorium auf die Bewegung in der Blickrichtung mit den besten Hilfsmitteln spektrographisch untersucht worden. Nach Abzug von 12 der großen Kapwolke angehörenden Nebeln wurde das folgende Ergebnis erzielt, wobei die Werte bereits auf die ruhende Sonne bezogen sind, demnach als absolute Radialbewegungen gelten können:

7	große Nebel	$\pm$ 11 km
65	Ringe und planetarische Scheiben . . .	$\pm$ 31 „
31	Planetarische Sternnebel bzw. Nebelsterne	$\pm$ 28 „

Die Geschwindigkeiten scheinen mit der Konzentration der Gasnebel zu wachsen; die chaotischen großen Nebel haben die geringste, die kleinen Planetarischen Nebel die größte Radialgeschwindigkeit. Vergleicht man die Werte mit den absoluten Radialgeschwindigkeiten (S. 333) der einzelnen Spektraltypen der Fixsterne, so erkennt man sogleich, daß die Mehrzahl der Nebel eine von den Sternen abweichende Bewegung zeigt. Die Wahrscheinlichkeit, daß die Nebel einen Anfangszustand der weißen Sterne darstellen, ist danach jedenfalls viel geringer, als etwa die Annahme einer umgekehrten Evolution P, M, K usw. im Sinne der RUSSELLschen Hypothese.

Neben den Bewegungen im Visionsradius haben alle Andeutungen eines Nachweises der Rotation, besonders bei den Planetarischen Nebeln, ein hohes Interesse. Zu diesem Zweck ist lediglich nachzuprüfen, ob die Nebelemissionen gegen die Linien der ruhenden Vergleichslichtquelle in verschiedenen Positionswinkeln parallel oder geneigt verlaufen, etwa nach dem Grundgedanken, der bereits bei den Saturnringen befolgt worden ist (Abb. 183). Sehr sorgfältige Untersuchungen auf diesem Gebiete sind von Bourget, Farby und Buisson am Orionnebel und von Campbell und Moore (Lickssternwarte) an mehreren Planetarischen Nebeln ausgeführt worden. Die amerikanischen Beobachter erhielten in 23 von den untersuchten 43 Fällen sichere Anzeichen einer Rotation, die jedoch meist nicht gleichmäßig verläuft, sondern vielleicht eine Kombination von Rotation und Driftbewegung einzelner Nebelschalen nach dem Kern zu darstellt. Wie wichtig hier ein positives Ergebnis wäre, liegt auf der Hand. Sobald die Bewegungsgeschwindigkeit bekannt ist, läßt sich ja unter Annahme eines Grenzwertes für die Parallaxe die Masse des Zentralsterns berechnen, der die Bewegung hervorruft. Bei Annahme eines Abstandes von 1000 Lichtjahren für die Nebel gelangt man auf Grund der vorliegenden Ergebnisse zu Werten, die die Sonnenmasse um das 4- bis 200-fache übertreffen. Daß angesichts so hoher Massen verschiedene Erscheinungen, die unsere Sonne bietet, wie z. B. der Strahlungsdruck, bei den Nebelsternen in ganz gewaltig gesteigerter Form auftreten müssen, ist ohne weiteres klar.

Von besonderer Bedeutung für die Beurteilung der Beziehungen zwischen den Gasnebeln und den Fixsternen ist jedes Ergebnis, das die physische Beschaffenheit der Nebelkerne betrifft. Zunächst lehrt schon eine flüchtige Untersuchung, daß diese durchweg ein kontinuierliches Spektrum zeigen, also dementsprechend als Sterne und nicht als Nebelknoten aufzufassen sind. Eine genauere Nachprüfung durch Wright hat weiter gezeigt, daß das Spektrum dieser Sterne zahlreiche Emissionslinien aufweist, deren Lage, Helligkeit usw. durchaus den O-Sternen (Wolf-Rayettypus) entspricht. Von dieser Spektralklasse an finden sich nun so zahlreiche Übergänge zur Klasse B der Harvardreihe, daß man an eine allmähliche Entwicklung der B-Sterne aus den Planetarischen Nebeln glauben könnte, wenn nicht die S. 413 mitgeteilten Bewegungen und die sehr geringe Zahl der Planetarischen Nebel dieser Annahme widersprächen. Hier liegt also eine Unstimmigkeit zwischen Spektrum und Bewegung vor, und man wird vorläufig gut tun, die Nebel wie ihre Kerne und die diesen verwandten Wolf-Rayetsterne als Sternindividuen zu betrachten, die ihre Existenz irgendwelchen Sonderbedingungen verdanken.

Bei einzelnen Nebelkernen haben Campbell und Moore Rotationserscheinungen auch durch Messung des Dopplereffektes festgestellt. Der Zentralstern von NGC 6572, der einen Durchmesser von etwa 3″ hat, rotiert um eine im Positionswinkel 90° gelegene Achse mit einer Geschwindigkeit von 5—6 km in der Sekunde. Völlig ungeklärt ist noch die von Campbell und Moore an dem Nebel NGC 2392 in den Zwillingen beobachtete Erscheinung einer starken Rotverschiebung der Linien an der Stelle des etwa 11—12″ im Durchmesser haltenden Kerns. Die Linien setzen also an den äußeren Nebelteilen gerade an, um in der Mitte bogenartig auszubiegen. Diese Verschiebung würde einem radialen Bewegungsunterschied von 80 km zwischen Nebel und Kern entsprechen.

Nicht selbstleuchtende und veränderliche Nebel. Als eine Errungenschaft der letzten Jahrzehnte muß die wichtige Feststellung gelten, daß im Weltraum neben selbstleuchtenden auch dunkle Nebel vorkommen, von denen

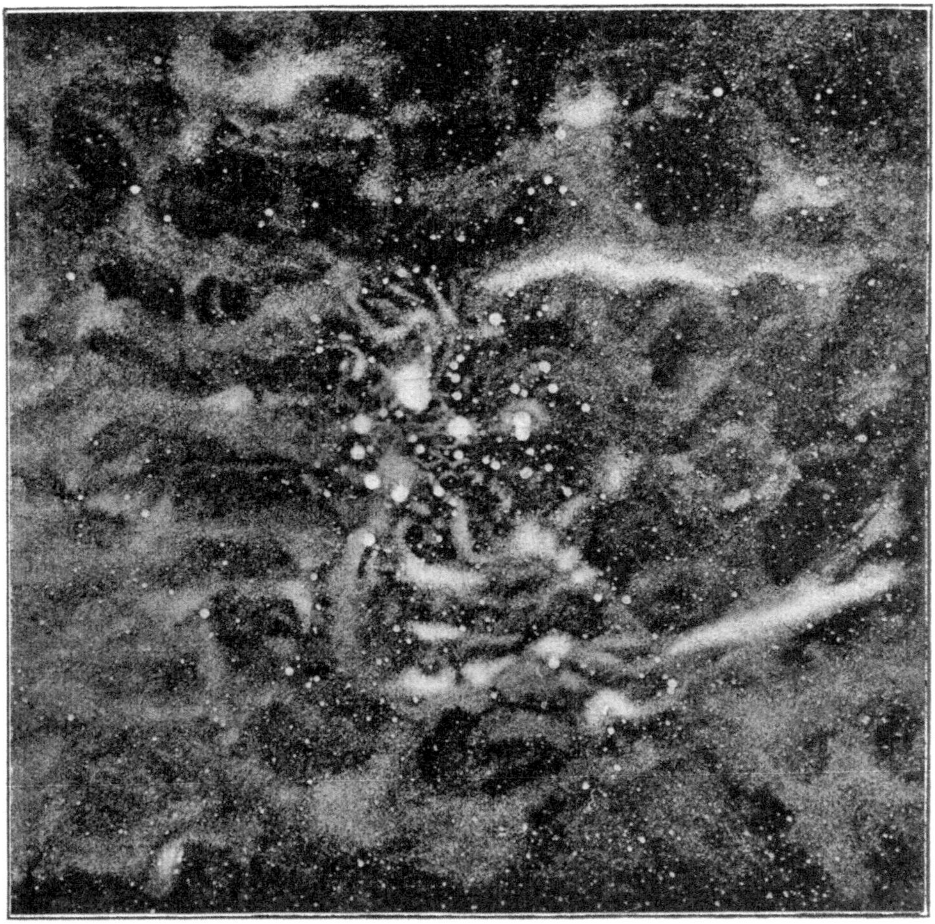

Abb. 239. Außennebel der Plejaden. (Nach M. Wolf.)

einzelne das Licht der benachbarten Sterne reflektieren. Das bekannteste Beispiel dieser Art bilden die Plejadennebel, die auch noch in anderer Beziehung großes Interesse verdienen. Aus direkten Beobachtungen in lichtstarken Instrumenten war schon lange bekannt, daß einige hellere Sterne der bekannten Plejadengruppe, besonders Merope und Maja, mit Nebel umgeben sind. Photographische Aufnahmen haben nun das Ergebnis wesentlich erweitert, insofern, als danach fast alle Plejadensterne mit faserigen Nebelhüllen umgeben sind, die zweifellos mit der Gruppe auch physisch in Beziehung stehen.

Das Interesse, welches die Plejaden mit ihren seltsamen Nebeln erwecken, wird nun noch bedeutend durch den von Barnard und M. Wolf gefundenen Umstand vermehrt, daß diese Gruppe in weitem Umkreise über viele Quadratgrade hin mit schwachen Nebelmassen von äußerst komplizierter Struktur umgeben ist. Während den inneren Nebelgrund der Plejaden selbst das unbewaffnete Auge zu erkennen vermag, sind diese sogenannten Außennebel der Plejaden von solcher Lichtschwäche, daß sie nur bei vielstündigen Aufnahmen mit den lichtstärksten Instrumenten zur Abbildung gelangen, und auch dann noch so schwach sind, daß eine direkte Reproduktion nicht möglich ist. WOLF hat nach einigen Aufnahmen eine Zeichnung dieser Nebel angefertigt, die in Abb. 239 reproduziert ist. Die Hauptumrisse der Nebel sind richtig und getreu wiedergegeben, in bezug auf Einzelheiten bleibt dagegen vieles unsicher und zweifelhaft. Eine etwas weniger detailreiche Zeichnung von CALVERT nach photographischen Aufnahmen von BARNARD stimmt in den allgemeinen Zügen vollständig mit der WOLFschen überein.

Die inneren Plejadennebel zeigen nach SLIPHER ein kontinuierliches Spektrum mit Absorptionslinien, dessen Charakter dem B-Typus der hellen Plejadensterne zu entsprechen scheint. Die Nebel reflektieren also im wesentlichen das Licht der benachbarten hellen Sterne, mit denen sie offenbar physisch verbunden sind. Ganz ähnliche Verhältnisse sind an den Nebeln um ϱ Ophiuchi und *R* Monocerotis, um die Nova Persei von 1901 und noch an anderen Stellen des Himmels beobachtet worden.

Von besonderem Interesse, aber auch von ganz besonderer Schwierigkeit, ist die Frage nach einer zeitlichen Veränderung der Helligkeit einzelner Nebel. Die Schwierigkeit ist hauptsächlich darin begründet, daß die betreffenden Nebel zu verschiedenen Zeiten mit den verschiedensten Instrumenten beobachtet worden sind. Bei ausgedehnten Objekten kann, wie wir dies kennen gelernt haben, ein kleines Fernrohr, vor allem ein kleiner Spiegel, viel lichtstärker sein als die größten Refraktoren. Da aber auch eine Abhängigkeit von der Vergrößerung besteht, so sind in den meisten Fällen die Sichtbarkeitsverhältnisse so kompliziert, daß sie sich nachträglich wohl kaum feststellen und beurteilen lassen. Weiter kommen die Verschiedenheiten der Luftdurchsichtigkeit, die Disposition des Beobachters u. a. hinzu, so daß auch abweichende Beobachtungsergebnisse desselben Beobachters an demselben Instrument nicht ohne weiteres als reell betrachtet werden dürfen. Tatsächlich kann auch erst seit Anwendung der Photographie von einem Nachweis der wirklichen Veränderlichkeit einzelner Nebel die Rede sein.

Als klassisches Beispiel eines veränderlichen Nebels darf wohl NGC 1555 im Sternbilde des Stieres gelten, dicht neben dem Veränderlichen *T* Tauri. Er wurde von HIND 1852 entdeckt und in den folgenden Jahren von verschiedenen Beobachtern mit zum Teil mäßigen Instrumenten gut gesehen; d'ARREST hat ihn 1855 und 1856 sogar als sehr hell bezeichnet. Um 1861 war er bereits sehr schwach, blieb jedoch im LASSELLschen Reflektor und im Pulkowoer Refraktor noch bis 1868 sichtbar, verschwand dann aber vollständig. Erst 1890—1895 wurde er von BURNHAM und BARNARD im großen Refraktor der Licksternwarte sehr schwach wiedergesehen. Wenn auch diese Geschichte des seltsamen Nebels zum Nachweis seiner Veränderlichkeit genügt hätte, so wurde doch eine Entscheidung darüber erst auf photographischem Wege geliefert. Der Nebel ist tatsächlich vorhanden, aber sehr lichtschwach. Sein jetziger übrigens nur geringfügiger Lichtwechsel ist mit den unregelmäßigen Schwankungen von *T* Tauri anscheinend eng verknüpft.

Es ist merkwürdig, daß noch zwei weitere mit Veränderlichen zusammenhängende Nebel Anzeichen stärkerer Veränderlichkeit zeigen. Es sind dies die Nebel um *R* Coronae austrinae und der merkwürdige Nebel um *R* Monocerotis, der wohl die stärksten und raschesten bisher beobachteten Veränderungen zeigt. Sein Spektrum ist kontinuierlich und mit dem des Veränderlichen identisch, das Licht außerdem polarisiert. Als ein vierter Fall eines veränderlichen Nebels kann der neue Nebelring um die Nova Persei (S. 378) in ihrem jetzigen Stadium gelten. Sehr merkwürdig ist es, daß die genannten benachbarten Sterne einen unregelmäßigen Lichtwechsel zeigen und in nächster Nähe der Milchstraße liegen. In der folgenden kleinen Tabelle sind die vier Fälle nach Katalognummer und Ort noch einmal aufgezählt. Alle sonstigen früher für sicher angesehenen Veränderungen von Nebeln (NGC 955, 3666 u. a.) halten der strengeren Kritik nicht stand.

NGC	Ort 1900.0		Bemerkungen
—	$3^h 24.4^m$	+ 43°34	Nova Persei folgt 0.5^s
1555	4 16.1	+ 19 17	T Tauri folgt 2^s, 0.4′ nördl.
2261	6 31.2	+ 8 51	R Monoc. 0.4′ südl.
6729	18 55.2	— 37 6	R Coronae austr. vorang. 0.5^s, 0.2′ nördl.

Die physischen Änderungen, die bei NGC 2261 in kürzester Zeit beobachtet worden sind, erscheinen zunächst ihren Dimensionen nach unfaßbar, besonders wenn man damit die Größenordnung der Bewegungen vergleicht, die der Dopplereffekt bei Gasnebeln ergeben hat. In einem ähnlichen Falle, bei den großen Nebelbewegungen um den Neuen Stern im Perseus, hatten wir zur Erklärung einfache Reflexionserscheinungen herangezogen, die auch hier wohl vorläufig als nächstliegende Deutung anzusehen sind.

Über den Leuchtvorgang in den eigentlichen Gasnebeln und seine Beziehungen zu den Temperaturverhältnissen herrscht noch völliges Dunkel. Wenn wir im Laboratorium Gase zum Leuchten bringen wollen, so daß ihre spezifischen Linienspektra zur Sichtharkeit gelangen, so stehen hierzu verschiedene uns bereits bekannte Wege offen.

Am einfachsten liegen die Verhältnisse in der Flamme. Aber selbst hier ist die Gasstrahlung nur teilweise von der Temperatur abhängig und zweifellos durch Anregungsbedingungen hervorgerufen, die noch nicht klargestellt sind. Bei den elektrischen Leuchtvorgängen spielt schon die Art der Entladung (Glimmentladung, elektrischer Bogen, Funken), die Intensität des Stromes usw. eine derartig wichtige Rolle, daß die Temperatur zuweilen völlig in den Hintergrund tritt. Es folgt aus diesen Erfahrungen, daß die Temperatur allein das Leuchten der Gase nicht hervorrufen kann, sondern daß dabei noch andere Ursachen mitwirken müssen.

Wenn schon eine Klärung der Vorgänge im Laboratorium noch nicht gelungen ist, muß man bei Betrachtung der Nebelerscheinungen im Himmelsraum doppelt vorsichtig sein. Daß aber auch hier eine reine Temperaturstrahlung der Gasmaterie mindestens sehr unwahrscheinlich ist, liegt auf der Hand. Es widerspricht zunächst der Anschauung, wenn man etwa den chaotischen, im Zustande höchster Verdünnung befindlichen Nebeln, wie dem Zirrus-, dem Amerikanebel u. a. eine hohe Temperatur inmitten des kalten Weltraums zuschreiben wollte. Andererseits sind aber die Kerne der Planetarischen Nebel als Angehörige der Spektralklasse O zweifellos Sterne sehr hoher

Temperatur, die sich dann auch der umgebenden Nebelmaterie mitteilen müßte. Wenn in so extremen Fällen doch nahe die gleichen Emissionsspektra entstehen, so beweist das zum mindesten, daß im Gegensatz zu den Sternen die Temperatur in dem üblichen Sinne bei der Entstehung des Nebelspektrums kein wesentliches Moment bildet.

Sehr interessant sind in dieser Beziehung Versuche, die am Zentralgebiet des Orionnebels von Fabry u. a. angestellt worden sind. Wird die Wärme vom Standpunkte der kinetischen Gastheorie, d. h. als ein Bewegungsvorgang innerhalb der Materie aufgefaßt, so läßt sich eine Beziehung zwischen der Wellenlänge, dem Atomgewicht und der absoluten Maximaltemperatur eines Gases aufstellen. Sind mindestens zwei Gase gleichzeitig vorhanden, von denen das eine seinen chemischen Eigenschaften nach bekannt ist, so läßt sich die gemeinsame Temperatur und das Atomgewicht des unbekannten Gases berechnen. Auf diese Weise fanden Bourget, Fabry und Buisson durch Aufnahmen des Orionnebels nach der Interferometermethode als oberen Grenzwert der Temperatur des Gasgemisches Nebulium + Wasserstoff 15000^0 und als Atomgewicht des Nebuliums aus der ultravioletten Doppellinie (λ 3727) den Wert 3. Da die grünen Linien ein etwas kleineres Atomgewicht geben, der Nebel in ihrem Lichte auch etwas andere Umrißformen hat, so ist es nicht ausgeschlossen, daß das hypothetische Gas aus zwei Elementen besteht. Es wäre natürlich falsch, nunmehr allgemein behaupten zu wollen, daß die Temperatur des Orionnebels 15000^0 beträgt. Die Möglichkeit, daß aber diese Ziffer in der Umgebung der Trapezsterne wirklich erreicht wird, ist immerhin durch die Theorie und die allerdings sehr schwierigen Versuche gegeben.

Die Zahl und Verteilung der Spiralnebel. Bei der ersten Anwendung der Photographie auf die Nebelwelt in den 80er Jahren des vorigen Jahrhunderts zeigten schon die ersten Aufnahmen, die Roberts von einigen Nebeln ausführte, daß die bereits früher von Lord Rosse, Vogel u. a. in einigen Fällen beobachtete Spiralform hier vorherrschend ist. Der Crossley-Reflektor der Licksternwarte hat dann den Nachweis gebracht, daß außerordentlich viele, wenn nicht die meisten Nebel dem Spiraltypus angehören, d. h. aus nahe in einer Ebene ausgebreiteter spiralförmig angeordneter Materie bestehen. Eine Ziffer für die Zahl der Spiralnebel läßt sich vorläufig nicht genauer angeben. Wenn aber dieser Klasse auch alle kleinen runden oder länglichen Nebel mit kontinuierlichem Spektrum zuzurechnen sind, was allerdings noch zweifelhaft ist, so würde ein moderner 1 m-Spiegel nach der Schätzung von Curtis bei 2- bis 3stündiger Aufnahme am Himmel etwa 800000 bis 1000000 dieser Objekte zeigen. Wie dicht diese kleinen Nebel an manchen Stellen des Himmels gesät sind, zeigt eine Aufnahme der Licksternwarte, die in einem Felde von 0.4 Quadratgrad in Coma Berenices nicht weniger als 249 solcher kleiner Nebel aufweist.

Bei der großen Anzahl der Spiralnebel konnten in der nachstehenden Übersicht nur die größten und hellsten oder sonst irgendwie merkwürdigen in unseren Gegenden sichtbaren Spiralnebel verzeichnet werden. Die Größe (Gesamthelligkeit) ist fast durchweg nach Holetschek angegeben, die Beschreibung nach photographischen Aufnahmen von Roberts, Ritchey, Pease u. a. Unter PW ist bei elliptischen Nebeln der Positionswinkel der großen Achse zu verstehen.

Liste der bemerkenswertesten Spiralnebel.

NGC	Ort 1900.0		Gr.	PW	Beschreibung
55	$0^h 10.0^m$	$-39° 46'$	—	110°	Elliptisch 1 : 8
205	0 34.9	+41 8	9.2^m	170	„ 1 : 2.5, Spiralnebel?
224	0 37.3	+40 43	5.0	40	„ 1 : 3, M 31 Andromedae
253	0 42.6	−25 51	8.8	50	„ 1 : 5
584	1 26.3	− 7 23	9.8	—	Rund, mit Kern u. schwachem Begleiter
598	1 28.2	+30 9	7.0	30	Nahe volle Spirale 1 : 1.5, M 33 Triang.
628	1 31.3	+15 16	9.6	—	Fast geometrische Spirale, M 74 Pisc.
891	2 16.3	−41 54	—	20	Spindelform 1 : 10, gespalten
936	2 22.5	− 1 36	10.0	—	Nahe volle Spirale
1023	2 34.1	+38 38	9.7	70	Elliptisch 1 : 2
1068	2 37.6	− 0 26	8.7	—	Nahe volle Spirale, Kern gasförmig!
2403	7 27.2	+65 49	8.8	120	Elliptisch 1 : 2, z. T. auflösbar?
2681	8 46.4	+51 41	9.7	—	Kern mit einer fast ringf. Spirale
2683	8 46.5	+33 48	9.2	40	Spindelform 1 : 9
2841	9 15.1	+51 24	9.1	150	Elliptisch 1 : 3, reiche Struktur
2903	9 26.5	+21 56	9 0	20	„ 1 : 2.5
3031	9 47.3	+69 32	8.0	140	„ 1 : 3, regelm., M 81 Urs. mai.
3034	9 47.5	+70 10	8.8	60	Elliptisch 1 : 6, M 82 Urs. mai., spiralf.?
3115	10 0.3	− 7 14	9.0	40	Spindelform 1 : 6, ohne Einzelh. spiralf.?
3379	10 42.6	+13 6	9.1	—	Nahe kreisf. Scheibe mit Nebel
3521	11 0.7	+ 0 30	9.3	160	Elliptisch 1 : 5, Verdicht. am Westrande
3623	11 13.7	+13 38	8.9	170	„ 1 : 4.5, M 65 Leonis
3627	11 15.0	+13 32	8.6	170	„ 1 : 3, M 66 „
3628	11 15.0	+14 8	9.9	100	„ 1 : 10, Spindelform, gespalten
3726	11 27.9	+47 36	10.0	20	„ 1 : 1.5 groß, schwach
4051	11 58.0	+45 5	10.0	120	„ 1 : 3
4151	12 5.5	+39 58	10.5	—	Klein, rund, spiralförmig?
4214	12 10.6	+36 53	9.3	130	Elliptisch 1 : 4, spiralförmig?
4216	12 10.8	+13 42	9.6	30	Spindelform 1 : 6
4244	12 12.5	+38 22	11.0	45	Spindelform 1 : 16, gespalten
4254	12 13.8	+14 58	9.5	—	Volle Spirale, M 99 Comae
4258	12 14.0	+47 52	8.7	160	Elliptisch 1 : 3
4303	12 16.8	+ 5 2	9.4	—	Volle Spirale, regelmäßig, M 61 Virg.
4321	12 17.9	+16 23	9.8	—	„ „ , M 100 Comae
4374	12 20.0	+13 26	8.7	—	„ „ , mit hellem Kern
4382	12 20.4	+18 45	8.8	30	Elliptisch 1 : 3
4406	12 21.1	+13 30	9.0	—	Nahe kreisf. mit Kern, Spiralnebel?
4449	12 23.4	+44 39	9.0	40	Elliptisch 1 : 5, sehr unregelm., Spiral-
4450	12 23.4	+17 38	9.6	10	„ 1 : 3 [form nur anged.
4501	12 26.9	+14 58	9.5	150	„ 1 : 2, M 88 Comae
4526	12 29.0	+ 8 15	10.0	120	„ 1 : 2
4565	12 31.4	+26 32	9.4	140	Spindelform 1 : 10, gespalten
4594	12 34.8	−11 4	8.7	90	Spindelform 1 : 10, scharf gespalten
4631	12 37.3	+33 6	9.1	80	„ 1 : 9, unregelmäßig
4649	12 38.6	+12 6	8.6	—	Rund mit schw. Begleiter, M 60 Virg.
4725	12 45.5	+26 3	8.7	40	Elliptisch 1 : 1.5, Kern hell, Spir. schwach
4736	12 46.2	+41 40	7.7	130	„ 1 : 1.5, regelm. M 94 Can. ven.
4826	12 51.8	+22 13	8.6	120	„ 1 : 2, auff. Lücke, M 64 Comae
5005	13 6.3	+37 36	9.1	60	Spindelform 1 : 5
5055	13 11.3	+42 34	9.2	100	Elliptisch 1 : 3, dicht, M 63 Can. ven.
5194	13 25.7	+47 43	8.4	—	Volle Spirale, regelm., M 51 Can. ven.
5195	13 25.8	+47 47	8.6	—	Runder Ballen, Begl. von M 51
5236	13 31.4	−29 21	9.5		Große Spirale, heller Kern, M 83 Cent.
5457	13 59.6	+54 50	9.2	—	Volle Spirale, regelm., M 101 Urs. mai.

NGC	Ort 1900.0		Gr.	PW	Beschreibung
5746	$14^h 39.8^m$	+ 2°22′	9.5^m	170°	Spindelform 1 : 10
5866	15 3.8	+ 56 9	10.3	130	Linsenform 1 : 3, dunkler Querstrich
6946	20 32.8	+ 59 48	11	—	Volle Spirale, fast ohne Kern, schwach
7217	22 3.4	+ 30 52	—	—	„ „ , fast ringförmig
7331	22 32.5	+ 33 54	9.3	170	Elliptisch 1 : 5
7479	22 59.9	+ 11 47	10.8	—	Typische S-Form
7814	23 58.1	+ 15 34	10.3	130	Spindelform 1 : 3, deutl. gespalten

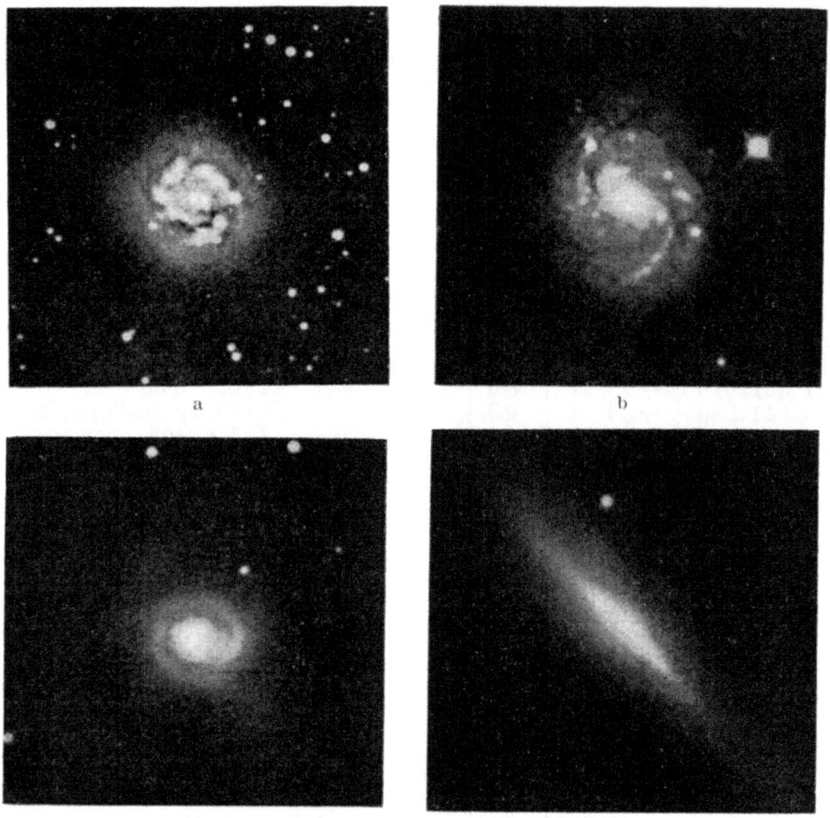

Abb. 240. Spiralnebeltypen. a) NGC 278 Cassiop. b) NGC 1068 Ceti. c) NGC 2681 Urs. mai. d) NGC 3115 Sextantis. (Nach Pease.)

Werden die Örter der bekannten Spiralnebel in eine Sternkarte eingetragen, so fällt sofort auf, daß sie die Milchstraße meiden, sich auch im allgemeinen nicht symmetrisch zu dieser verteilen. Ihr Häufigkeitsmaximum fällt allerdings, wenn man auch die zahllosen kleinen strukturlosen Nebel dieser Klasse zurechnet, sehr nahe mit dem galaktischen Nordpol in Coma Berenices zusammen.

Form und physische Beschaffenheit der Spiralnebel. Die Grundform der normalen Spiralnebel bilden in der Regel Windungen, die an zwei gegenüberliegenden Stellen des Kerns ihren Ursprung nehmen und entweder isoliert bleiben (Abb. 241) oder sich in eine größere Anzahl von Armen, Windungen usw. teilen (Tafel XII). Bei den sogenannten Spindelnebeln wird angenommen, daß es sich um Spiralnebel handelt, die genau von der scharfen Kante aus, also gewissermaßen im Aufriß gesehen werden.

Es unterliegt keinem Zweifel, daß man einmal durch eine systematische Untersuchung der Gruppierung und Orientierung der Spiralnebel sehr wichtige kosmogonische Ergebnisse gewinnen wird. Zunächst scheinen allerdings Neigung und Richtung der Spiralebenen willkürlich verteilt zu sein und auch für die Gestalt der Spiralen kein allgemeines Gesetz zu gelten. WILCZYNSKI, L. BECKER, v. d. PAHLEN u. a. haben besonders der letzten Frage ihre Aufmerksamkeit gewidmet, ohne über die Formen oder gar die Entstehung der Spiralen irgendein bestimmtes Urteil abgeben zu können. Im allgemeinen schließen sich die Windungen einer logarithmischen Spirale an. Bezeichnet man mit φ den Winkel, den die Richtung nach einem Punkt der Spirale mit der Abszissenachse bildet, mit r den Mittelpunktsabstand, so werden die Hauptformen der geometrischen Spiralen durch die Gleichungen

$r = a\varphi$ (Archimedische Spirale)

$r = ae^{\varphi}$ (Logarithmische Spirale)

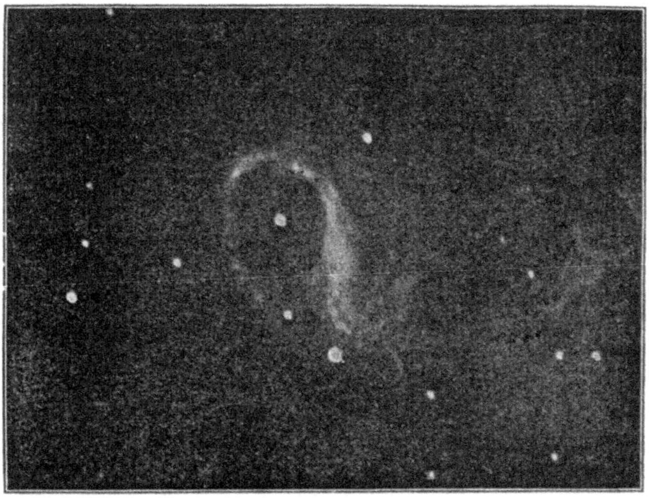

Abb. 241. S-förmiger Spiralnebel (NGC 7479) im Pegasus.

wiedergegeben, wo a eine Konstante und e die Grundzahl der natürlichen Logarithmen bedeuten. Die erste Kurve beschreibt ein Punkt, der sich auf einem um seinen Ursprung gleichmäßig rotierenden Strahl mit gleichförmiger Geschwindigkeit bewegt, die zweite setzt dabei eine Beschleunigung bzw. Verzögerung der Bewegung auf dem Leitstrahl voraus. Je nach den Annahmen über die Geschwindigkeit der Rotation und der vom Kern aus radial wirkenden Kraft kann man einzelne Spiralformen bei den Nebeln wenigstens formell erklären.

Soweit die bisherigen Untersuchungen reichen, zeigen die helleren Spiralnebel ein kontinuierliches Spektrum mit Absorptionslinien, aus denen sogar Schlußfolgerungen über die Spektralklasse der Sterne, die den Nebel zusammensetzen, gezogen werden können. Danach wären die Spiralnebel als Sternhaufen aufzufassen, in denen Sterne vom Sonnentypus vorherrschen.

Daß mit dieser Erklärung alle Schwierigkeiten behoben wären, wird niemand behaupten wollen. Trotzdem sind Anzeichen vorhanden, daß die Deu-

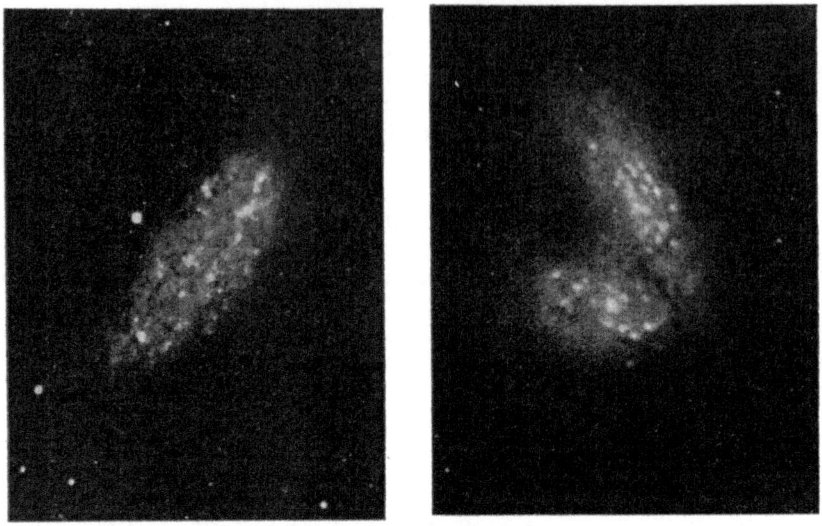

Abb. 242. Spiralnebel von Flockenform NGC 2776 Urs. mai. und 4537/63 Virginis. (Nach Pease.)

tung der Spiralnebel als Sternhaufen im wesentlichen zutrifft. Betrachtet man nämlich die Aufnahmen etwas genauer, so kann man sogleich zwei Klassen von Spiralen unterscheiden, solche, die auch auf den besten Photographien eine gleichmäßige Nebelform zeigen, und andere, die durch ihre Granulation deutliche Anzeichen der ersten Auflösbarkeit verraten. Als Vertreter der ersten Klasse wäre der Andromeda-, als Beispiel der zweiten etwa der Triangelnebel M 33 oder M 101 im Großen Bären (Tafel XII) zu nennen. Beide Klassen sind gleich oft am Himmel vertreten und anscheinend regellos verteilt, auch ohne irgendeine Beziehung zur Form oder Größe der Nebel. Die Auflösbarkeit beginnt mit der Bildung von Gruppen von Nebelnestern in den äußersten Armen, und in ganz fortgeschrittenen Fällen — wodurch nicht etwa eine wirkliche Entwicklungsphase bezeichnet werden soll — erscheint das ganze Gebilde derart in Nebel- bzw. Sternhaufen zergliedert, daß nur mit Mühe die Spiralform zu erkennen ist (Abb. 242). Vermutlich sind es Sterne und Nebel, die diese Lichtknoten zusammensetzen, etwa so, wie wir es am Südhimmel an der Großen und Kleinen Kapwolke beobachten können.

Die langen Expositionen, die zur Bestimmung der gleich zu besprechenden Radialgeschwindigkeiten der Spiralnebel notwendig waren, haben auch sicheren Aufschluß über den mittleren Spektraltypus dieser Weltkörper geliefert. Die gleiche Aufgabe ist auch auf dem Wege der effektiven Wellenlängen mit sichtlichem Erfolg in Angriff genommen worden. Die wichtigsten direkten und auf dem Umwege über die Gitterspektra erhaltenen Bestimmungen sind auf S. 423 in einem Täfelchen vereinigt. An den direkten Bestimmungen sind in erster Linie Fath, Pease und Slipher, an den Gitterwerten Lundmark und Lindblad beteiligt.

Mit dem Vorwiegen des Sonnentypus unter den Spiralnebeln steht die geringe photographische Wirksamkeit dieser Gebilde gegenüber den Gasnebeln in Einklang. Das in zwei Fällen (NGC 1086 und 4449) vermutete

NGC	Sp.	$\lambda_{eff.}$	NGC	Sp.	$\lambda_{eff.}$	NGC	Sp.	$\lambda_{eff.}$
224	G	—	3077	G	4286	4736	K	4329
584	G	—	3379	G5	—	4826	G	—
936	G	—	4449	O?	—	4826	K	4338
1023	G	—	4594	F5	—	5194	G5	4307
1068	O?	—	4725	G	—	5194	K	—
1700	G0	—	4725	G5	4304	5195	G	4263
3031	K	4358	4736	G	4267	7331	G?	—

überwiegende Vorkommen der WOLF-RAYETsterne wäre außerordentlich interessant, ist aber bei der Lichtschwäche der Spektra vorläufig nicht zu verbürgen. Vielleicht wird man hier einmal auf dem Wege des Farbenindex weiterkommen.

Für die Entscheidung der Frage nach der kosmischen Stellung der Spiralnebel sind die mitgeteilten spektralen Ergebnisse sehr wichtig. Bei dem Vorwiegen der weißen A-Sterne in der Umgebung der Sonne (S. 323) ist zunächst die Auffassung der Spiralnebel im Sinne eines ähnlichen Systems, wie es der uns umgebende Sternhaufen ist, nicht recht denkbar. Dagegen erinnern viele Milchstraßenwolken im Scutum, Sagittarius usw. sehr lebhaft an Teile von den flockigen, auflösbaren Spiralnebeln. Von diesem Gesichtspunkte aus ist es sehr interessant, daß nach den Versuchen von FATH auch diese Wolken bei genügend langen Expositionen ein G-Spektrum liefern.

Wie wenig man übrigens berechtigt ist, die Spiralform als eine ausschließliche Eigentümlichkeit der nach ihr benannten Nebel zu betrachten, zeigen die vier Fälle, in denen man bei Spiralnebeln ein Gasspektrum festgestellt hat. Es handelt sich dabei besonders um den Doppelnebel NGC 650/651 und um das helle Objekt NGC 1068 (Abb. 240). Der erste gibt in beiden Komponenten entschieden ein Gasspektrum; der zweite zeigt im Kern, der genau die Schneckenform des bekannten Planetarischen Nebels im Drachen (NGC 6543) hat, die üblichen Emissionslinien, in der zweifellos spiralförmigen Hülle ein kontinuierliches Spektrum. Visuell unterscheiden sich beide durch die blaugrüne Farbe vollkommen von den normalen Spiralnebeln.

Eine wichtige Frage haben noch die bereits erwähnten Spindelnebel aufgerollt. Einige dieser Nebel zeigen visuell ebensogut wie photographisch in der Längsachse einen dunklen Strich, so daß infolge der größeren Intensität der Kernpartien auf den Aufnahmen fast der Eindruck einer Muschel hervorgerufen wird. (Abb. 243.) Die nächstliegende Erklärung wäre die, daß eine relativ dünne Schicht dunkler Materie an den äußersten Rändern der scheibenförmigen Spirale vorgelagert ist und das Licht des Nebels zum Teil absorbiert. Den gleichen Eindruck erhält man auch beim Anblick einzelner dunkler Kanäle, wie sie im Andromeda-, im Jagdhundenebel (Tafel XI u. XII) und besonders in dem Nebel NGC 4826 Comae auftreten, obwohl es sich hier vielleicht nur um scharfe Lücken handelt, die lediglich durch Kontrastwirkung so deutlich hervortreten. Derartig starke Absorptionen wie bei den Spindelnebeln, die an Ort und Stelle ganze Flächen des Himmels verdecken müssen, sind in unserem engeren Fixsternsystem unbekannt, dagegen außerhalb desselben, also dort, wo die eigentlichen Milchstraßenwolken beginnen, in verschiedenen dunklen Höhlen und Lücken, den „Kohlensäcken" und „Tintentropfen" angedeutet (S. 441 ff.).

Abb. 243. Spindelnebel NGC 4594 Virginis.

Bei der ungeheuren Zahl der Spiralnebel ließen sich noch zahlreiche andere Eigentümlichkeiten derselben erwähnen und diskutieren. Wir haben es hier vorgezogen, durch eine größere Reihe von Abbildungen dem Leser einen auf eigener Anschauung beruhenden Einblick in die äußeren Formen dieser sonderbaren und in ihrer Stellung zu unserem Sternsystem noch ungeklärten Weltkörper zu verschaffen.

Die Bewegung und kosmische Stellung der Spiralnebel. Alle Versuche, bei den Spiralnebeln eine Parallaxe festzustellen, sind bisher gescheitert, obwohl einzelne Spiralnebel, wie z. B. der Andromedanebel, einen hinreichend scharfen Kern besitzen. Dagegen verdienen die Eigenbewegungen mehr Vertrauen, obwohl auch hier wegen der kurzen Zeitdifferenz zwischen den Beobachtungen höchstens die Größenordnung richtig herauskommt. Nach CURTIS ergibt sich für 66 untersuchte Spiralnebel eine durchschnittliche Eigenbewegung von 3.3″ im Jahrhundert, wobei der Nebel NGC 253 Sculptoris mit einer Ortsänderung von 8″ an der Spitze steht. In völligem Gegensatz dazu hat sich die Bewegung im Visionsradius bei diesen Himmels-

NGC	Radialbew.	Gal. Breite	NGC	Radialbew.	Gal. Breite
224	— 316 km	— 20°	4258	+ 500 km	+ 68°
584	+ 1800 „	— 72	4526	+ 580 „	+ 71
598	— 70 „	— 30	4565	+ 1100 „	+ 88
936	+ 1300 „	— 56	4594	+ 1180 „	+ 52
1023	+ 300 „	— 19	4649	+ 1090 „	+ 75
1068	+ 1120 „	— 52	4736	+ 290 „	+ 86
2683	+ 400 „	+ 40	4826	+ 150 „	+ 84
3031	— 30 „	+ 42	5005	+ 900 „	+ 78
3115	+ 600 „	+ 38	5055	+ 450 „	+ 74
3379	+ 810 „	+ 59	5194	+ 270 „	+ 71
3521	+ 730 „	+ 54	5236	+ 500 „	+ 31
3623	+ 800 „	+ 64	5866	+ 650 „	+ 52
3627	+ 650 „	+ 64	7331	+ 500 „	— 22
4151	+ 940 „	+ 76	Gr. Kapwolke	+ 276 „	— 36

körpern als außerordentlich groß herausgestellt, wie die vorstehende Übersicht der in den letzten Jahren erhaltenen Resultate lehrt.

Dieses merkwürdige Ergebnis ist in mancher Beziehung von Interesse. Der Mittelwert der Radialbewegungen beträgt mindestens 500 km in der Sekunde, d. h. etwa 14 mal soviel, als bei den Gasnebeln festgestellt worden ist. Setzt man schätzungsweise diese 500 km dem Durchschnittswert der jährlichen Eigenbewegung gleich, so kommt man auf einen Abstand der Spiralnebel von 100000 Lichtjahren. Daß es sich dabei vielleicht noch um eine untere Grenze handelt, ersieht man aus den Zahlen der Tabelle, in der von den 27 Nebeln nur 9 eine Radialgeschwindigkeit von weniger als 500 km haben. Durch diese Feststellung erscheint jede direkte Parallaxenbestimmung der Spiralnebel von vornherein ausgeschlossen. Wenn die Entfernungen so ungeheuer groß sind, so kann durch Anschluß der Nebelkerne an benachbarte Sterne wohl einmal die Parallaxe der letzteren, nie aber die Entfernung des Nebels selbst herauskommen.

Sehr beachtenswert ist das Vorherrschen der positiven Vorzeichen bei den abgeleiteten Radialgeschwindigkeiten. Es deutet darauf hin, daß die meisten Spiralnebel das Bestreben zeigen, sich von unserem engeren Sternsystem zu entfernen oder gar überhaupt auseinanderzulaufen. Voraussetzung bei allen diesen kosmogonisch überaus wichtigen Feststellungen ist natürlich, daß die beobachteten gewaltigen Linienverschiebungen tatsächlich als Dopplererscheinung aufzufassen sind. Man wird bei dieser Frage um so vorsichtiger sein müssen, als ja die Linienverschiebungen bei den Neuen Sternen, bei β Lyrae und den Wolf-Rayetsternen auch noch nicht geklärt sind.

Eine sehr wichtige Stütze für die Annahme, daß es Bewegungserscheinungen sind, die wir in den Spektren der Spiralnebel beobachten, darf man wohl in dem Ergebnis einer Untersuchung erblicken, die Pease an dem Spiralnebel großer Radialgeschwindigkeit NGC 4594, und später am Andromedanebel angestellt hat. Der Nebel NGC 4594 gehört zu den Spindelnebeln, bildet also eine Spirale, deren Ebene nahe in der Blickrichtung liegt (Abb. 243). Als Arbeitsinstrument diente der 1.5 m-Spiegel des Mt. Wilsonobservatoriums. Der Spalt des Spektrographen wurde in die Längsachse der Spindel gebracht und die Platte 80 Stunden lang (März bis Mai 1916) exponiert. Der Linienanschluß an das Eisenspektrum gestattet die Ermittelung von Radialgeschwindigkeiten bis zu einem Kernabstand von etwa 140″. Zieht man die Schwerpunktsbewegung von 1180 km (S. 424) von allen Werten ab, und trägt die Ergebnisse graphisch auf, so ergibt sich die in Abb. 244 dargestellte Figur.

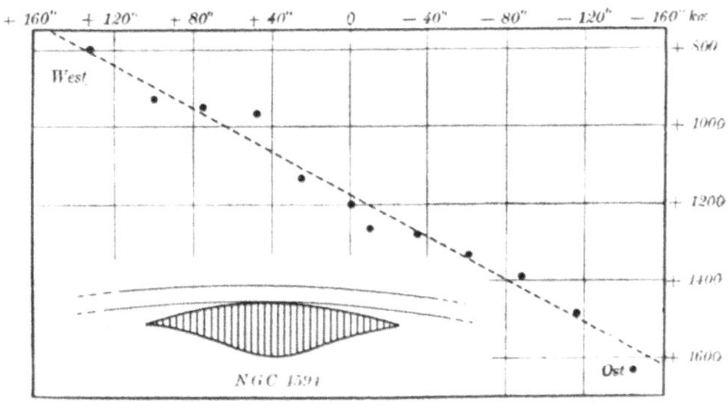

Abb. 244. Graphische Darstellung der Rotationsverhältnisse im Spindelnebel NGC 4594. Unten: Nebelkern im gleichen Maßstabe.

Daraus würde hervorgehen, daß der ganze Nebel als einheitliche Masse rotiert, und zwar in 2′ Kernabstand mit einer Geschwindigkeit von 330 km in der Sekunde. Eine Untersuchung des Kerns durch SLIPHER zeigt jedoch, daß zuletzt doch eine Beschleunigung stattfindet, derart, daß in etwa 20″ Schwerpunktsabstand schon nahe der doppelte Betrag der geforderten linearen Bewegung (100 statt 56 km) erreicht wird. Der gleichartige Versuch beim Andromedanebel (NGC 224) führte ebenfalls auf eine gleichförmige Rotation des zentralen Teiles, derart, daß nach Abzug der Gesamtbewegung der südlich vorangehende Teil des Nebelkernes sich uns mit 100 km Geschwindigkeit nähert, während das entgegengesetzte Ende sich mit der gleichen Geschwindigkeit entfernt. Bei Querstellung des Spaltes auf die kleine Achse des Nebels konnte ein Rotationseffekt nicht nachgewiesen werden, was sehr zugunsten der gefundenen Ergebnisse und ihrer Deutung spricht.

Man müßte glauben, daß so beträchtliche Rotationserscheinungen, wenn sie in allen Spiralnebeln vorkommen, bei den Objekten, die wir nahe im Grundriß erblicken, auch in den direkten Messungen hervortreten müßten, und tatsächlich liegen Nachforschungen danach bereits weit zurück. Durch Vergleichung photographischer Aufnahmen mit den Beobachtungen Lord ROSSES glaubte bereits ROBERTS im Jagdhundenebel (NGC 5194) für einen Zeitraum von 47 Jahren eine Drehung um mehrere Bogenminuten feststellen zu können, doch unterliegt es keinem Zweifel, daß die von ihm verwendeten älteren Messungen für eine derartige Untersuchung viel zu ungenau sind. Weit zuverlässiger erscheint eine Arbeit, die VAN MAANEN in dieser Hinsicht an dem Spiralnebel M 101 Ursae mai. ausgeführt hat, wobei 5 zwischen 1899 und 1915 erhaltene Platten am Stereokomparator ausgemessen wurden. Der Nebel ist für eine derartige Untersuchung besonders geeignet, nicht nur deshalb, weil seine Ebene nahe senkrecht zur Blickrichtung steht, sondern weil er auf den Aufnahmen in zahllose Lichtknoten zerfällt, die sich fast wie Sterne einstellen und messen lassen (Tafel XII).

Die Bewegungen der Nebelmaterie haben sich dabei, wie ja nicht anders vorauszusehen war, als sehr gering, aber trotz der kurzen Zwischenzeit doch schon als nachweisbar ergeben. Der Vorgang selbst besteht nach VAN MAANEN vielleicht in einem Aufrollen der Spirale, d. h. neben einer einheitlichen Drehung des Gebildes macht sich auch ein Fortstreben der Materie vom Kern bemerkbar, letzteres um etwa 0.7″ im Jahrhundert. Die Drehung beträgt für die gleiche Zeit in 5′ Kernabstand 2.1″; eine geringe Beschleunigung nach dem Kern zu scheint gesichert zu sein. Ganz ähnliche Ergebnisse sind bei M 33 und M 81 erzielt worden; der Kern des letzten Nebels rotiert außerdem nach M. WOLF mit einer Geschwindigkeit von 100 km in der Sekunde.

Fast alle erwähnten Forschungsergebnisse über die Spiralnebel deuten darauf hin, daß die Unterbringung dieser Weltkörper in unserem galaktischen System auf Schwierigkeiten stößt. Nun hat der holländische Astronom EASTON auf Grund seiner Milchstraßenstudien die Hypothese aufgestellt, daß die Spiralnebel räumlich weit entfernte, unserem Milchstraßensystem koordinierte Welten sind. Selbst wenn man der Beweisführung nicht in allen Punkten beipflichtet, muß zugegeben werden, daß seine Annahme sehr viele rätselhafte Eigenschaften der Spiralnebel schon dadurch aufzuklären vermag, daß sie diese Weltkörper in Entfernungen versetzt, denen gegenüber jede Auflösung in Sterne, jede Parallaxenbestimmung usw. illusorisch wird. Selbst die gewaltigen Radialgeschwindigkeiten (S. 424) würden von diesem Standpunkte aus nicht mehr so rätselhaft erscheinen wie bisher; sind die Zahlenwerte reell, so würde sich womöglich sogar die Aussicht bieten, aus einer größeren Anzahl von Radialbewegungen einmal auch die Geschwindigkeit und den Apex unseres Milchstraßensystems zu ermitteln, genau ebenso, wie es gelungen ist, den räumlichen Zielpunkt der Sonnenbewegung innerhalb der sie umgebenden Sterne zu bestimmen. Versuche in dieser Richtung liegen bereits von Wirtz, Slipher und dem Ehepaar Shapley vor. Man mag diese Arbeiten zunächst noch als interessante Spekulationen ansehen, doch ist nicht zu leugnen, daß eines Tages auch so weitgehende Pläne zu einem positiven Ergebnis führen können. Einige interessante Ausblicke in dieser Hinsicht sollen uns am Schluß des Buches noch ein wenig beschäftigen.

Die kugelförmigen Sternhaufen. Neben den Nebelflecken haben seit Herschels Zeiten auch die Sternhaufen wiederholt den Scharfsinn der Astronomen und später auch der Astrophysiker in Anspruch genommen. Zerstreute Gruppen, wie die Plejaden, die Hyaden, die Orionsterne, die Skorpiongruppe, waren durch die Entdeckung von parallelen Sternströmen dem Verständnis allmählich nähergerückt. Vergebens suchte man aber in unserem näheren Fixsternsystem nach einer Sternanordnung, wie sie uns in den sogenannten kugelförmigen Sternhaufen entgegentritt. Beim Betrachten dieser Gebilde und der oft unzählbaren Sterne, die diese Haufen zusammensetzen, wurde man früher unbedingt zu der Ansicht geführt, daß es innerhalb oder außerhalb unseres Sternsystems große Gruppen von Fixsternen geben müßte, in denen die einzelnen Komponenten vielleicht um ebenso viele Lichttage, wie die nächsten Schwesterwelten der Sonne um Lichtjahre getrennt sind. Diese Anschauung ist durch die neueren Forschungen wesentlich erschüttert worden, und zwar auf Wegen, die mindestens ebenso interessant sind wie die noch nicht einwandfrei gesicherten Ergebnisse.

Die erste Eigentümlichkeit, die uns an den typischen Kugelhaufen auffällt, besteht darin, daß ihre Zahl eng begrenzt ist. Es dürfte schwer fallen, mehr als 80 gesicherte Fälle dieser Art am Himmel zu zählen, wobei schon einige etwas aufgelockerte Systeme mitgerechnet sind. Denn es ist zu beachten, daß trotz der Sonderstellung, die die Kugelhaufen einnehmen, doch zahlreiche Übergänge zu den sog. offenen und zerstreuten Gruppen am Himmel vorhanden sind.

Wir wollen hier zunächst nur die hellsten und typischsten Vertreter der Kugelhaufen aufzählen, um schon aus der Tabelle einige wichtige Schlüsse ziehen zu können. Die Übersicht enthält wieder die Nummer des Dreyerschen Generalkatalogs, den Ort für 1900, die Helligkeit nach Holetschek u. a. Quellen, sowie Angaben über Ausdehnung und Zusammensetzung der betreffenden Haufen, wobei in den meisten Fällen der Übersichtskatalog von Bailey als Grundlage gedient hat.

Betrachtet man die Tabelle etwas genauer, so sieht man zunächst, daß von den 34 Kugelhaufen sich nur 8 auf der nördlichen Himmelshalbkugel vorfinden. Es liegt hier also ein offenkundiger Gegensatz zu den Spiralnebeln vor, die ausgesprochen die nördliche Halbkugel bevorzugen. In Wirk-

Kugelförmige Sternhaufen.

NGC	Ort 1900.0		Bezeichnung	Gr.	Durchm.	Zusammensetzung
104	$0^h 19.6^m$	$-72°38'$	47 Tucanae	4.5	30'	5000 Sterne $13-17^m$
362	0 58.9	−71 23	—	7	10	1000 „ 13−17
1851	5 10.8	−40 9	—	8	4	400 „ 15
1904	5 20.1	−24 37	M 79 Leporis	8.0	4	300 „ 15
2808	9 10.0	−64 27	—	6.5	6	1000 „ 14
4590	12 34.2	−26 12	M 68 Hydrae	8.2	5	150 „ 12—15
4833	12 52.7	−70 20	—	8	6	250 „ 13—15
5024	13 8.0	+18 42	M 53 Comae	7.8	5	350 „ 13−14
5139	13 20.8	−46 47	ω Centauri	4	35	6000 „ 13—15
5272	13 37.6	+28 53	M 3 Can. ven.	6.6	12	1000 „ 13—17
5286	13 40.1	−50 52	—	8	10	300 „ 13—15
5904	15 13.5	+ 2 27	M 5 Librae	6.7	12	1000 „ 13—15
5986	15 39.5	−37 27	—	8	4	350 „ 13—15
6093	16 11.1	−22 44	M 80 Scorpii	7.8	5	500 „ 12—15
6121	16 17.5	−26 17	M 4 „	6.8	18	500 „ 11−16
6205	16 38.1	+36 39	M 13 Herculis	5.8	15	3000 „ 13—15
6218	16 42.0	− 1 46	M 12 Ophiuchi	6.8	10	400 „ 13—15
6229	16 44.2	+47 42	—	8.6	—	— „ —
6254	16 51.9	− 3 57	M 10 Ophiuchi	6.9	12	700 „ 13—15
6266	16 54.8	−29 58	M 62 Scorpii	7.0	5	1000 „ 14—16
6273	16 56.4	−26 7	M 19 „	6.8	4	800 „ 13−15
6293	17 4.0	−26 26	—	8.5	3	150 „ 13—15
6333	17 13.3	−18 25	M 9 Scorpii	8	5	200 „ 13—15
6341	17 14.1	+43 15	M 92 Herculis	6.2	5	100 „ 13−15
6356	17 17.8	−17 43	—	8.5	2	— „ —
6397	17 32.5	−53 37	—	6.5	20	1000 „ 13−15
6402	17 32.4	− 3 11	M 14 Ophiuchi	7.8	4	250 „ 14—15
6541	18 0.8	−43 44	—	7.5	8	400 „ 13—15
6626	18 18.4	−24 55	M 28 Sagittarii	7.9	4	1000 „ 14—15
6656	18 30.3	−23 59	M 22 „	6.2	12	1500 „ 13—15
6705	18 45.7	− 6 23	M 11 Scuti	6.8	12	250 „ 12—14
6723	18 52.8	−36 46	—	6.5	8	1000 „ 13—15
6752	19 2.0	−60 8	—	6.5	15	1000 „ 12—15
6779	19 12.7	+30 0	M 56 Lyrae	8.3	2	25 „ 13—15
6864	20 0.2	−22 12	M 75 Sagittarii	8.0	2	— „ —
7078	21 25.2	+11 44	M 15 Pegasi	6.2	10	1000 „ 13—15
7089	21 28.3	− 1 16	M 2 Aquarii	6.7	8	800 „ 13—15
7099	21 34.7	−23 38	M 30 Capricorni	8.5	8	350 „ 12—15

lichkeit ist wieder die Lage zum galaktischen Äquator entscheidend, der aber, wie sich herausstellt, bei den Kugelhaufen durchaus nicht die Bedeutung hat, wie etwa bei den Planetarischen Nebeln. Die Kugelhaufen gruppieren sich wohl um die Milchstraße, etwa so, daß die meisten in etwa $\pm 40^0$ Abstand vom galaktischen Äquator zu liegen kommen; merkwürdigerweise wird aber die Mittellinie der Milchstraße von ihnen streng gemieden, so daß in $\pm 10^0$ galaktischer Breite fast kein echter Kugelhaufen sich vorfindet. (Abb. 245.)

Von den aufgezählten Vertretern liegen M 80 und M 30 ein wenig (5^0 bzw. 8^0) außerhalb der 40^0-Zone, während zwei nördliche, M 53 und M 3 mit nahe 80^0 galaktischer Breite ganz aus der Reihe fallen. Seltsamerweise drängen sich die Kugelhaufen um einen begrenzten Fleck des Himmels

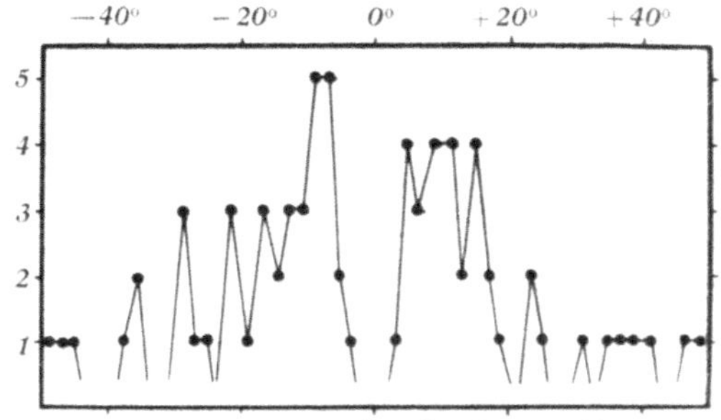

Abb. 245. Zahl der Kugelhaufen in verschiedenen galaktischen Breiten. (Nach Shapley.)

zusammen, dessen Mittelpunkt etwa im Schützen zu suchen ist. Ein Blick auf das Verzeichnis läßt die Tatsache und mit ihr die unsymmetrische Lage des Sonnensystems zu der Welt der Kugelhaufen deutlich erkennen. Nach den Radialgeschwindigkeiten, die insbesondere Slipher bestimmt hat, liegt eine Driftbewegung vor, die entsprechend den Zahlenwerten der folgenden Tabelle uns den Kugelhaufen bzw. die Kugelhaufen dem Sonnensysteme im wesentlichen näher zu bringen scheint.

Ähnlich, wie bei den Spiralnebeln hat man für eine Anzahl von Kugelhaufen den durchschnittlichen Spektraltypus festlegen können, und zwar

NGC	Spektrum	Radialbew.	NGC	Spektrum	Radialbew.
5024	F—G	— 170 km	6333	—	+ 225 km
5272	F	— 125 „	6341	F	— 160 „
5904	F—G	+ 10 „	6626	—	0 „
6093	G	—	6656	F	—
6205	F—G	— 300 „	6934	F	— 350 „
6229	F	—	7078	F	— 95 „
6254	G	—	7089	F	— 10 „

sowohl direkt spektrographisch, bzw. auf dem Umwege über die effektiven Wellenlängen. Die betr. Arbeiten sind hier nach denselben Methoden und von denselben Beobachtungen wie dort ausgeführt worden, die Resultate können daher als direkt vergleichbar gelten. Wie die Tabelle veranschaulicht, sind an dem Aufbau der Kugelhaufen im Durchschnitt weißere Sterne beteiligt als an der Zusammensetzung der Spiralnebel.

Entfernung und physischer Aufbau der Kugelhaufen. Völlig neue wichtige Gesichtspunkte über den Aufbau und die Entfernung der Kugelhaufen haben die Untersuchungen Shapleys am Mt. Wilsonobservatorium gebracht. Dort sind im Laufe der letzten Jahre einige hellere Sternhaufen der genannten Art genau nach Verteilung, Größe und Farbe der Komponenten in der Weise untersucht worden, daß von ein und demselben Objekt gewöhnliche photographische und durch Farbfilter gewonnene photovisuelle Aufnahmen miteinander verglichen wurden. Die Farbenindizes — die Bestimmung einzelner Spektra war höchstens bei M 13 Herculis zu erreichen — wurden dann in die Farbenklassen a bis m, die ungefähr den mit den gleichen großen Buchstaben bezeichneten Spektralklassen entsprechen (S. 326), umgewandelt. Es ist klar, daß es dabei selbst für die optischen Hilfsmittel der Mt. Wilsonsternwarte unmöglich war, bis in die Mitte der Kugelsternhaufen vorzudringen, aber auch so sind die bereits vorliegenden Ergebnisse von der größten Tragweite für die gesamte astronomische Forschung. Daß die gewonnenen Tatsachen und vor allem die Voraussetzungen, auf denen die SHAPLEYschen Schlußfolgerungen beruhen, nun erst nach und nach kritisch nachgeprüft werden müssen, ändert nichts an der Bedeutung und Wichtigkeit dieser Arbeiten.

Zunächst kann es nach SHAPLEY als sicher gelten, daß das feste Gerüst eines jeden echten Kugelhaufens von sphärisch angeordneten, sonst aber durchaus nicht besonders dicht stehenden gelben Gigantensternen etwa vom Sonnentypus gebildet wird. Es ist dies eine Behauptung, die bei großen Kugelhaufen z. B. bei M 13 Herculis, M 5 Librae und M 2 Aquarii an großen Fernrohren sich noch visuell nachprüfen und bestätigen läßt. Dazwischen drängen sich die Vertreter der Farbenklassen a—f immer dichter zusammen, je näher man der Mitte des Haufens kommt. Um einen bestimmten Fall herauszugreifen, zeigen von 800 gemessenen Sternen des Haufens M 13 (Abb. 246) die 400 helleren in 75 % der Fälle eine tiefere Farbe als g_0, während die 400 schwächeren in 85 % der Fälle entschieden weißer als diese Stufe sind. Unter der 16. Größe sind g-Sterne sogar seltene Ausnahmen. Ähnlich liegen die Verhältnisse in den anderen untersuchten Gruppen. Man muß danach wohl annehmen, daß die Kugelhaufen sich aus relativ wenigen gelben Sternen von großer absoluter Helligkeit und überaus zahlreichen weißen Sternen geringerer Helligkeit zusammensetzen. Im Sternhaufen M 13 stehen z. B. den 400—500 gelben Giganten mehr als 27000 auf Mt. Wilsonaufnahmen abgezählte Sterne geringerer Leuchtkraft gegenüber.

PEASE und SHAPLEY haben etwa 40 größere Kugelhaufen auch auf Elliptizität und damit auch auf die Lage einer eventuellen Rotationsachse untersucht. Die Abzählungen beziehen sich im ganzen auf etwa 1 Million Sterne und lassen bei den schwächeren weißen Komponenten in einigen Fällen deutlich eine elliptische Anordnung erkennen. M 19, 13, 15, 56, 2 und ω Centauri sind derartige Haufen von der Form eines Rotationsellipsoides, während M 12, 10 u. a. keine Abweichung von der Kugelform verraten. Es liegt die Annahme nahe, daß auch diese Haufen vielleicht nur infolge der besonderen Achsenlage in der Projektion kreisrund erscheinen. Danach ist bei allen Sternhaufen der hier betrachteten Klasse eine Anordnung der Komponenten nach einem Rotationsellipsoid zu vermuten. Die typische Kugelform, an der man solange festgehalten hat, wird lediglich durch die Gruppierung der hellen Giganten vorgetäuscht. (Abb. 246.)

Eine längst bekannte sehr merkwürdige Tatsache, die den kugelförmigen Sternhaufen eigen ist, beruht in der unverhältnismäßig hohen Ziffer veränderlicher Sterne vom Cepheidentypus, die sie enthalten. Die interessantesten Haufen in dieser Hinsicht sind M 3 Canum ven. mit etwa 160, ω Centauri mit etwa 130 und M 5 Librae mit rund 90 Veränderlichen des gleichen Typus, nahe der gleichen Amplitude und derselben mittleren Periode. Die letztere beträgt im Mittel bei ω Centauri: 0.549^d, bei M 5: 0.547^d, bei M 3: 0.541^d. Die Untersuchungen haben bisher bei etwa 20 Kugelhaufen Veränderliche ergeben, z. T. allerdings in so geringer Zahl, daß besondere Folgerungen hieraus sich von selbst verbieten.

Es ist bisher nicht gelungen, an den drei erwähnten Sternhaufen irgendwelche Besonderheiten zu finden, die einen Schluß auf die Bedingungen zuließen, unter denen so zahlreiche Veränderliche vorkommen bzw. sichtbar werden können. Vielleicht ist die Wahrnehmbarkeit des Lichtwechsels

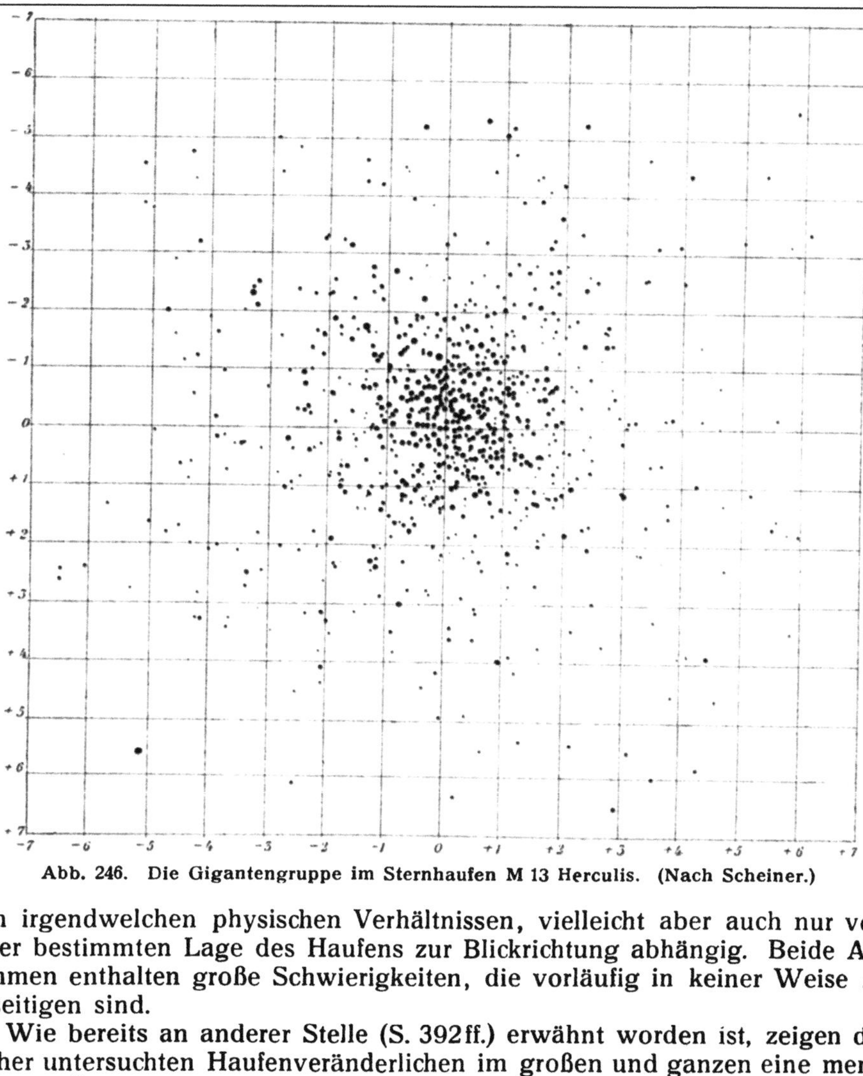

Abb. 246. Die Gigantengruppe im Sternhaufen M 13 Herculis. (Nach Scheiner.)

von irgendwelchen physischen Verhältnissen, vielleicht aber auch nur von einer bestimmten Lage des Haufens zur Blickrichtung abhängig. Beide Annahmen enthalten große Schwierigkeiten, die vorläufig in keiner Weise zu beseitigen sind.

Wie bereits an anderer Stelle (S. 392ff.) erwähnt worden ist, zeigen die bisher untersuchten Haufenveränderlichen im großen und ganzen eine merkwürdige Ähnlichkeit mit den sonst bekannten isolierten Sternen des gleichen Typus. Daß es sich auch im vorliegenden Falle um Giganten handelt, erkennt man auf den ersten Blick aus der Tatsache, daß nur die helle Gruppe der Haufensterne die typischen Veränderlichen liefert. Jedenfalls liegen keine Bedenken vor, die Gesetzmäßigkeiten, die man aus den zerstreuten Cepheiden und den Veränderlichen der

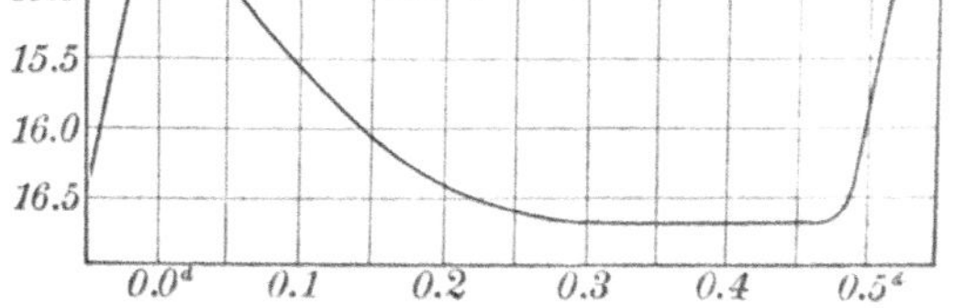

Abb. 247. Mittlere Lichtkurve der Veränderlichen im Sternhaufen M 3 Can. ven.

Kleinen Kapwolke gewonnen hat, insbesondere den uns bereits bekannten Zusammenhang zwischen Periode und absoluter Helligkeit auch auf die Haufenveränderlichen anzuwenden. Setzt man für bestimmte Periodengruppen nach Abb. 229 die absoluten Helligkeiten m_0 an und vergleicht sie mit den scheinbaren Größen m der Sterne, so erhält man wieder in bekannter Weise die Parallaxe des Sternhaufens und durch Division der letzteren in 3.26 seine Entfernung in Lichtjahren.

Weitere einfache Beziehungen ergaben sich durch die Untersuchungen SHAPLEYS zwischen den Durchmessern der Haufen und ihrer Gesamthelligkeit, ferner zwischen den Durchmessern und der Größe der hellsten Sterne in den Haufen. Die Durchmesser nehmen ab nicht nur mit dem Quadrat der Gesamthelligkeit eines Sternhaufens, sondern auch mit dem Quadrat der scheinbaren Helligkeit der hellsten inmitten der Gebilde erkennbaren Sterne. Man darf daraus zunächst schließen, daß die kleinsten Kugelhaufen auch die fernsten sind, ferner aber auch, daß ihre Dimensionen nahe die gleichen sind, so daß damit Helligkeit, Durchmesser und Abstand in sehr einfache Beziehungen zueinander gebracht werden können. Die von SHAPLEY auf den angedeuteten Wegen — aus der Helligkeit der kurzperiodischen Veränderlichen, aus dem scheinbaren Durchmesser der Haufen, aus ihrer Gesamthelligkeit und aus den hellsten Sternen — abgeleiteten Entfernungen von 69 Kugelhaufen stimmen gut überein. Wie die Übersicht der bekannteren Systeme zeigt, sind die Abstände außerordentlich groß. Die kleinsten und lichtschwächsten Sternhaufen von Kugelform (z. B. NGC 7006) würden nach diesen Schätzungen in eine Entfernung von etwa 200000 Lichtjahren zu versetzen sein.

Kugelhaufen	Abstand	Kugelhaufen	Abstand
ω Centauri	21 000 Lichtjahre	M 5 Librae	41 000 Lichtjahre
47 Tucanae	23 000 „	M 3 Can. ven.	45 000 „
M 22 Sagittarii	28 000 „	M 15 Pegasi	48 000 „
M 13 Herculis	36 000 „	M 2 Aquarii	51 000 „

Eine einfache Rechnung mit den S. 428 mitgeteilten scheinbaren Dimensionen zeigt, daß die wahren Durchmesser der Systeme M 22, 13, 5, 3, 15, 2 im Mittel je 130 Lichtjahre betragen mögen. Die etwas größeren Durchmesser, die für die nächsten Sternhaufen ω Centauri und 47 Tucanae (je 200 Lichtjahre) herauskommen, zeigen aber, daß die mitgeteilten Zahlen nur für den dichteren Teil der betreffenden Haufen gelten. In Wirklichkeit erstrecken sich die physischen Glieder derselben über einen mindestens 3–4 mal so großen Durchmesser, der demnach kaum weniger als 450 Lichtjahre beträgt. Unter Voraussetzung einer gewissen Homogenität wäre die absolute Gesamthelligkeit eines jeden Kugelhaufens etwa $= -8.8^m$, die absolute Helligkeit der 25 hellsten Komponenten $= -1.5^m$ anzunehmen.

Trotz der gewaltigen Sternzahl dürften bei den Kugelhaufen nur in gewissen mittleren Partien die Abstandsverhältnisse der Weltkörper in der Sonnenumgebung vorherrschen. Außen sind die Sterne wohl sicher dünner, innen wesentlich dichter verteilt. Innerhalb eines Abstandes von 16 Lichtjahren ($p = 0.2''$) sind in unserem engeren Sternsystem etwa 20 Sterne zu erwarten. Man wird wohl nicht sehr fehlgehen, wenn man in den Kugelhaufen auf den gleichen Abstand vom Zentrum etwa 10000 Sterne rechnet. Auf die ganze Himmelskugel verteilt, ist das trotzdem nicht viel, wobei noch zu beachten ist, daß diese Sterne wahrscheinlich eine geringere Leuchtkraft haben als unsere Nachbarsonnen im Weltraum. Es ist also wohl möglich, daß wir inmitten eines Sternkomplexes wie ω Centauri trotz der größeren Nähe der Sterne nicht viel mehr davon am Himmel erkennen würden wie in einer klaren Winternacht auf der Erde.

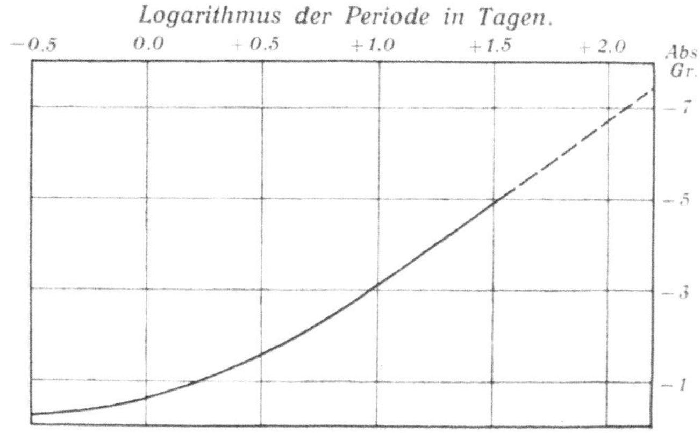

Abb. 248. Korrelation zwischen der Periode und der absoluten Helligkeit der Cepheiden. (Nach Shapley.)

So bedeutsam und interessant alle diese Ergebnisse sind, so darf nicht außer acht gelassen werden, daß sie mit einer fundamentalen Voraussetzung stehen und fallen: der Annahme einer physischen Gleichartigkeit der Haufensterne mit denjenigen in unserem örtlichen engeren Sternsystem. Es spricht manches dafür, daß die Voraussetzung tatsächlich zutrifft, immerhin bedarf sie noch einer tieferen, sehr sorgfältigen Begründung.

Ein wichtiges Nebenergebnis der Shapleyschen Arbeiten verdient hier noch hervorgehoben zu werden. Da die Entfernungen aus den δ-Cepheisternen, aus der absoluten Gesamthelligkeit, aus der Helligkeit der auffälligsten Giganten und aus den scheinbaren Durchmessern der Sternhaufen abgeleitet sind, darf wieder rückwärts aus dem so gewonnenen Abstandsmittel die absolute Helligkeit der Cepheiden berechnet und das Leavittsche Gesetz (S. 394) nachgeprüft werden. Die neuen aus 330 Veränderlichen in 7 Systemen abgeleiteten Beziehungen sind in Abb. 248 dargestellt. Für Perioden unter 0.65^d kann danach für die Cepheiden einheitlich eine absolute Helligkeit von -0.23^m angenommen werden.

Mit der Stabilität der kugelförmigen Sternhaufen und den in ihnen herrschenden Gleichgewichtsbedingungen haben sich Plummer, v. Zeipel, Eddington u. a. eingehend beschäftigt. Es scheint, daß sich wenigstens die schwächeren weißen Sterne infolge der gegenseitigen Anziehung in einem adiabatischen Gleichgewichtszustand befinden, ähnlich dem Gleichgewicht der Moleküle innerhalb einer Gaskugel. Die ellipsoidische Gestalt, von deren Nachweis oben (S. 430) die Rede war, würde auf eine einheitliche Rotation des Sternkomplexes hindeuten und noch manche andere interessante Folgerung zulassen.

Der Umstand, daß wir nur eine beschränkte Anzahl von Kugelhaufen kennen, läßt erkennen, daß diese ähnlich wie die Planetarischen Nebel irgendwelchen Ausnahmebedingungen ihre Entstehung verdanken. Weiter vermutet Shapley aus dem Fehlen von echten Kugelhaufen im Bereiche der eigentlichen galaktischen Ebene, daß diese Gebilde so wenig stabil sind, daß sie bei der Annäherung an die Sternwolken der Milchstraße in dem Gravitationsfelde der letzteren sich lockern und schließlich in offene Sternhaufen zerfallen. Zweifellos stützen einige statistische Daten diese Ansicht. Andere Tatsachen sind dagegen mit der Hypothese nicht recht vereinbar, wie man überhaupt jeder Vermutung, die sich nach Feststellung der ersten Fundamente bereits mit der zeitlichen Entwicklung dieser Weltsysteme beschäftigt, kaum mehr als den Wert einer geistvollen Spekulation zuerkennen wird.

Offene und zerstreute Sternhaufen. Bereits einige der auf S. 428 aufgezählten Kugelhaufen zeigen die ersten Anzeichen einer Auflockerung im Sinne der SHAPLEYschen Hypothese. So sind bei M 12 Ophiuchi (Abb. 249) wenigstens die äußeren Sterne nicht kugelförmig, sondern in Gestalt von lang

Verzeichnis der helleren, offenen und zerstreuten Sternhaufen.

NGC	M	Ort 1900.0		Gr.	Bemerkungen			
752	—	$1^h 51.8^m$	+ 37° 11′	—	zerstreut,	40	Sterne	$9-11^m$
869	—	2 12.0	+ 56 41	4.6	offen,	400	„	7—12
884	—	2 15.4	+ 56 39	4.9	„	300	„	7—12
1039	34	2 35.6	+ 42 21	5.7	zerstreut,	60	„	9—12
—	—	3 41.5	+ 23 48	1.5	Plejaden,	200	„	3—12
1528	—	4 7.8	+ 50 59	6.5	zerstreut,	40	„	10—14
1647	—	4 40.2	+ 18 53	—	„	50	„	8—14
1960	36	5 29.5	+ 34 4	6.6	„	50	„	8—12
2099	37	5 45.8	+ 32 31	6.7	offen,	200	„	10—12
2168	35	6 2.7	+ 24 21	5.6	„	200	„	10—14
2244	—	6 27.0	+ 4 56	—	zerstreut,	15	„	8—11
2281	—	6 42.3	+ 41 10	6.3	„	20	„	8—11
2287	14	6 42.7	— 20 38	5	„	25	„	8—11
2323	50	6 58.2	— 8 12	6.6	„	40	„	9—11
2422	—	7 32.0	— 14 16	4.8	„	50	„	6—10
2447	93	7 40.4	— 23 38	6.7	„	25	„	10—12
2477	—	7 48.7	— 38 17	—	offen,	300	„	11—12
2516	—	7 56.7	— 60 36	—	zerstreut,	50	„	6— 9
2548	—	8 8.8	— 5 30	5.5	„	40	„	8—12
2632	44	8 34.3	+ 20 20	3.8	Praesepe,	50	„	7—12
2682	67	8 45.8	+ 12 11	6.4	zerstreut,	50	„	9—13
3201	—	10 13.5	— 45 54	—	offen,	250	„	12—14
3293	—	10 32.0	— 57 43	—	zerstreut,	100	„	7—15
3532	—	11 2.2	— 58 8	—	„	200	„	10—12
3766	—	11 31.5	— 61 3	—	„	100	„	9—15
4755	—	12 47.7	— 59 48	—	„	75	„	9—14
6067	—	16 5.4	— 53 57	—	offen,	400	„	9—16
6231	—	16 47.0	— 41 38	—	zerstreut,	150	„	7—12
6362	—	17 21.5	— 66 58	—	offen,		„	14—17
6405	6	17 33.5	— 32 9	5.5	zerstreut,	50	„	8—12
6475	7	17 47.3	— 34 47	5	„	25	„	7— 9
6494	23	17 51.0	— 19 0	7	„	100	„	10—14
6530	—	17 58.7	— 24 20	6.5	„	30		9—13
6531	21	17 58.6	— 22 30	6.7	„	25	„	8—13
6603	24	18 12.6	— 18 27	4.7	„	25	„	11—14
6604	—	18 12.5	— 12 17	6.5	„	15		10—11
6611	16	18 13.2	— 13 49	6.7	„	25	„	8—12
6633	—	18 22.7	+ 6 30	5.0	„	25	„	8—10
6809	55	19 33.7	— 31 10	—	offen,	800	„	12—14
7092	39	21 28.6	+ 48 0	5	zerstreut,	20	„	7—11
7789	—	23 52.0	+ 56 10	—	offen,	200	„	10—13

auslaufenden Armen fast seesternartig angeordnet. M 30 Capricorni ist unsymmetrisch, und bei NGC 6397, 6723 sowie M 11 Scuti bemerkt man bereits deutliche Spuren von dunklen Öffnungen und Kanälen, die die Sterne hier in einzelne Gruppen scheiden.

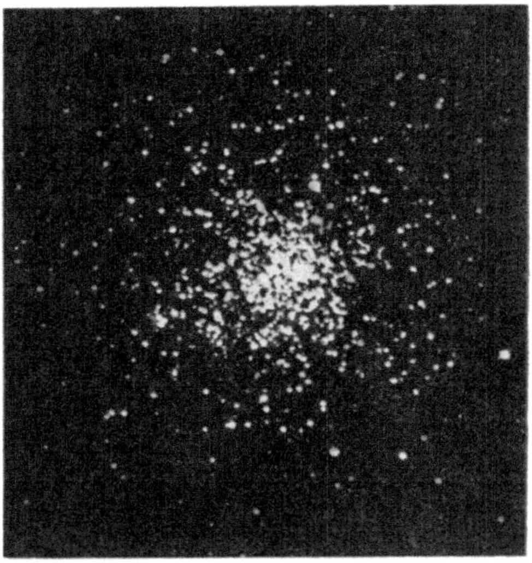
Abb. 249. Sternhaufen M 12 Ophiuchi.

Ebenso allmählich wie von den kugelförmigen zu diesen offenen ist der Übergang von den offenen zu den zerstreuten Sternhaufen, deren typische Vertreter im Perseussternhaufen, in der Präsepe, den Plejaden und schließlich in so weitläufigen Gruppen wie der Coma Berenices, den Hyaden und anderen gemeinsamen Sterndriften zu suchen sind. Die wichtigsten dichteren Sternhaufen der Klasse enthält die vorstehende Übersicht, die sich wieder im wesentlichen auf den Katalog von Bailey und die Helligkeitsschätzungen Holetscheks stützt.

Prüft man die Verteilung der offenen Sternhaufen am Himmel, so stellt sich heraus, daß sie im Gegensatz zu den Kugelhaufen fast ohne Ausnahme in nächster Nähe des galaktischen Äquators liegen. Wie auffällig der Unterschied in dieser Hinsicht ist, zeigt die nebenstehende Tabelle. Es handelt sich also hier um typische Milchstraßengebilde, die aber schon wegen ihrer Größe und Helligkeit zweifellos zu unserem engeren Sternsystem gehören und uns durchschnittlich näherstehen als die Kugelhaufen. Shapley schätzt den Abstand der entferntesten auf höchstens 50 000 Lichtjahre; die meisten dürften uns 10 bis 20 mal näherstehen.

Gal. Breite	Zahl der Sternhaufen kugelf.	offene
0°— 2°	0	46
2 — 4	2	38
4 — 6	6	23
6 — 8	8	11
8 —10	9	10
10 —12	7	5
12 —14	5	6

Die physischen Verhältnisse in den offenen und zerstreuten Sternhaufen müssen noch gründlich geklärt werden. Schon heute kann es aber als sicher gelten, daß sie nicht so summarisch behandelt werden dürfen, wie die Kugelhaufen. Daß trotzdem einige der offenen Gruppen mit den letzteren sehr nahe verwandt sind, zeigt schon die Tatsache, daß man auf der Harvardsternwarte auch hier Veränderliche gefunden hat, die zweifellos physisch zu den betreffenden Haufen gehören. So sind in NGC 3201 im ganzen 56, in NGC 6362 bisher 15 Sterne mit merklichem Lichtwechsel festgestellt worden. Die Helligkeitsänderungen befolgen hier aber nicht so einfache Gesetze, wie wir sie bei den Kugelhaufen und bei der Kleinen Kapwolke kennen gelernt haben.

Noch andere sehr merkliche Unterschiede lassen sich nachweisen. Vor allen Dingen besitzen die Farben- und damit auch die spektralen Verhältnisse in den offenen und zerstreuten Sternhaufen keine bemerkenswerte Ähnlichkeit mit den gesetzmäßigen Beziehungen kugelförmiger Gebilde. So enthält NGC 1039 etwa 80%, NGC 1647 rund 73% Sterne der Farbenklassen a und f. Demgegenüber ist NGC 2682 zu erwähnen, der zu 71% aus rein gelben Sternen der Klasse g besteht und noch dadurch bemerkenswert ist, daß die extremen weißen und roten Sterne (a bzw. m) hier überhaupt fehlen. In manchen Sternhaufen, wie in den Plejaden, den Hyaden usw. liegen die Farbenverhältnisse derart, daß man an diesem Kennzeichen mit großer Wahrscheinlichkeit die physischen Glieder von den sich zufällig auf den Haufen projizierenden bzw. dahinter liegenden Sternen trennen kann. Eine große Erleichterung bei allen derartigen statistischen Arbeiten gewähren die Sternverteilungszahlen von VAN RHIJN, die für jede Sterngröße und für jede galaktische Breite die zu erwartende Normalzahl der Objekte angeben und auf S. 317 wiedergegeben sind. Man kann also stets die Zahl der beobachteten Sterne mit der VAN RHIJNschen Normalzahl an der betreffenden Stelle des Himmels vergleichen und so rein statistisch die Zahl der physischen Haufenkomponenten feststellen. Natürlich ist das Verfahren nur dann zulässig, wenn es sich um große Areale von einigen Quadratgrad Flächenausdehnung handelt.

Daß die Zahl der physischen Mitglieder eines Haufens dann unter Umständen auffallend klein ausfällt, zeigen am besten die Plejaden. Noch vor wenigen Jahren rechnete man die physischen Komponenten dieser Gruppe nach mehreren Hunderten von Sternen bis zur 14. Größe. Seitdem die Helligkeiten und Farben photographisch und visuell bis zu den schwächsten erreichbaren Sternen ermittelt sind, ist die Zahl der physischen Plejadenglieder auf etwa 200 Sterne 3. bis 12. Größe herabgedrückt worden. Von den noch schwächeren Objekten gehören nur sehr wenige physisch zu der Gruppe. Die hellsten Plejadensterne sind Vertreter des Spektraltypus B; mit abnehmender Helligkeit macht sich dann ein allmählicher Übergang in A, F und G bemerkbar. Es ist nicht wahrscheinlich, daß die Vertiefung der Farbe weiter anhält und von den Sternen unter 9.5^m der Spektraltypus G5 wesentlich überschritten wird. Ähnlich merkwürdige Verhältnisse herrschen auch in den Hyaden, wie ja überhaupt die lange vernachlässigten zerstreuten Sternhaufen durchaus nicht etwa weniger interessante Probleme aufrollen wie die Kugelhaufen.

Betrachtet man nur die dynamischen Verhältnisse, so verdienen sogar die offenen Systeme eine noch größere Aufmerksamkeit als die geschlossenen kugelförmigen, schon aus dem Grunde, weil man hier die Verteilung der Sterne bis zur Mitte des Haufens verfolgen und daher etwaige Gesetzmäßigkeiten wesentlich gründlicher nachprüfen kann.

Eine sehr bedeutungsvolle Arbeit auf diesem Gebiete hat v. ZEIPEL 1921 durch Untersuchung des offenen Sternhaufens NGC 2099 (M 37 Aurigae) geliefert. Diese prachtvolle, etwas mehr wie M 11 Scuti aufgelöste Gruppe zeigt im Fernrohre wie auf photographischen Aufnahmen nahe kreisförmigen Umriß und besteht aus mehr als 2700 Sternen bis zur 20. Größe. Unter der Annahme, daß diese genau denselben Gesetzen unterliegen, wie die Moleküle einer im Gleichgewicht befindlichen Gaskugel nach den Forderungen der kinetischen Gastheorie, ist die Verteilung der materiellen Punkte eines solchen Systems lediglich von ihrer Masse abhängig. Liegt umgekehrt ihre räumliche Verteilung vor, so läßt sich die Masse der Sterne verschiedener

Spektralklassen und verschiedener absoluter Helligkeit ermitteln. Die Arbeit läuft also im wesentlichen auf eine mühsame statistische Abzählung der Komponenten des Sternhaufens und ihre Ordnung nach Größe und Farbenindex hinaus.

Die Ergebnisse zeigen zunächst, daß in dem untersuchten Sternhaufen lediglich Massen von der Größenordnung der Sonne vorkommen. Als neue überraschende Tatsache folgt aber ein deutlicher Gang der Massen mit der RUSSELLschen Entwicklungsfolge der Sterne. Die gelben Giganten haben hier die größte Masse (2.2). Es folgen die B- und A-Sterne mit Massen = 1, woran sich die F-Zwerge (0.7) und die G-Zwerge (0.4) anschließen. Mit dem Sinn der neueren Evolutionstheorien (S. 364 ff.), die eine Konstanz der Masse erfordern, ist dieser Zahlengang nicht recht vereinbar, doch ist es möglich, daß die Sternhaufenobjekte nicht als Individuen einer normalen Entwicklung anzusehen sind.

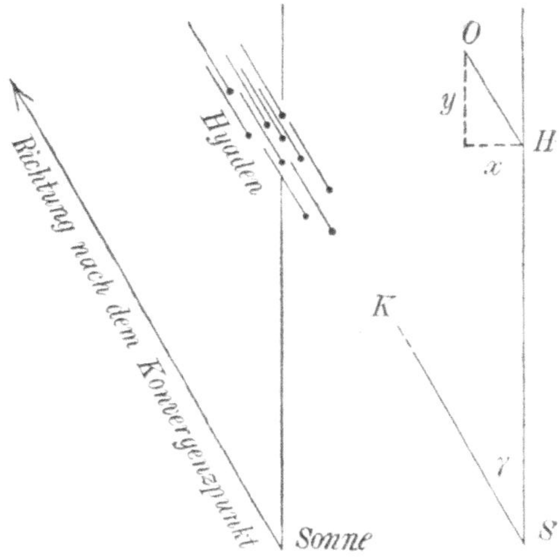

Abb. 250. Konvergenzbewegung der Hyaden.

Von astronomischem wie astrophysikalischem Standpunkte gleich interessant sind die Fälle von Konvergenzbewegungen bei einigen zerstreuten Sterngruppen des Himmels. Den bekanntesten und ältesten Fall einer solchen Bewegung bilden die Hyaden, von denen nach den Untersuchungen von L. Boss u. a. 43 helle und mindestens 60 schwächere Sterne einem Punkte zustreben, der etwas östlich von α Orionis liegt. Bezeichnet man (Abb. 250) mit SK die Richtung Sonne-Konvergenzpunkt, so besagt die Bosssche Entdeckung offenbar, daß die Hyadensterne H parallel unter sich und parallel zur Richtung SK den Raum durcheilen.

Ist HO der Betrag der gemeinsamen parallelen Bewegung in bezug auf die Sonne in 1 Sekunde, γ der Winkel bei S, so ist nach Zerlegung von HO in die Bewegungskomponenten x und y, senkrecht zum Visionsradius und in der Richtung desselben,

$$HO = y \sec \gamma$$

und

$$x = HO \sin \gamma .$$

Da γ aus der Lage des Konvergenzpunktes bekannt ist und die Radialgeschwindigkeit y aus dem DOPPLER-Effekt im Spektrum der hellsten Hyadensterne bestimmt werden kann, so ist damit auch HO und x gegeben.

Den Betrag x der Querbewegung kennt man aber auch im Winkelmaß aus der jährlichen Eigenbewegung μ des Haufens. Bezieht man x und μ auf die gleiche Zeiteinheit, z. B. auf 1 Jahr ($31.6 \cdot 10^6$ Sekunden), und bezeichnet mit r den Erdbahnhalbmesser in Kilometern ($149.5 \cdot 10^6$), so ist die Parallaxe p des Sternhaufens

$$p = \frac{149.5\,\mu}{31.6\,x} .$$

Für die 8 Hauptsterne der Hyaden — α Tauri gehört nicht physisch zu der Gruppe — ist nach einer neueren Diskussion der Ergebnisse von Wilson:

$$y = 38.8 \text{ km in 1 Sek.} \quad \gamma = 29.1^0 \quad \mu = 0.112'',$$

somit

$$HO = 44.4 \text{ km} \quad x = 21.6 \text{ km}.$$

Danach ist die mittlere Parallaxe der Hyaden $p = 0.0245''$ und ihr Abstand von der Erde 133 Lichtjahre. Die Genauigkeit dieses Ergebnisses ist sehr erheblich; der wahrscheinliche Fehler dürfte kaum 2% betragen. Kaum ein halbes Dutzend der direkt gemessenen Parallaxen läßt sich mit diesem bemerkenswerten Resultat vergleichen.

Unter Annahme einer gleichen, parallelen Bewegung können nunmehr auch die räumlichen Verhältnisse des ganzen Sternhaufens genauer analysiert werden. Danach liegen seine nächsten Sterne 109, die fernsten 163 Lichtjahre von uns entfernt, der äußerste Durchmesser beträgt also 54 Lichtjahre. Bei gleichmäßiger Verteilung nach allen Richtungen würde das einer Streuung der Sterne über ein Feld von 24^0 Durchmesser entsprechen.

Obwohl die Konvergenzbewegungen am Himmel ein durchaus astrometrisches Gebiet betreffen, sind sie hier an dem Hyadenbeispiel erwähnt worden, da sie ebenso wie die Bahnbestimmung der Bedeckungsveränderlichen die Unmöglichkeit einer strengen Trennung der neueren Astrophysik von der Astrometrie veranschaulichen.

Die Milchstraße. Zu den bereits mit freiem Auge sichtbaren Sternhaufen gehört auch die Milchstraße, über die zu einer Zeit, als das Gebiet der Sternhaufen und Nebel bereits Gegenstand ernster Studien war, noch die unklarsten Vorstellungen herrschten. Auch heute noch findet man über eine so elementare Frage, wie z. B. die Auflösbarkeit der Milchstraße, die widerspruchsvollsten Mitteilungen in der Fachliteratur. Dies ist nur dadurch zu erklären, daß bei den statistischen Sternzählungen und Eichungen oft vergessen worden ist, daß das Material unserer Kataloge bei weitem nicht so weit herunter reicht, um damit auch nur die Umrisse des eigentlichen sog. primären Milchstraßenbildes zu erfassen.

Wie wir bereits wissen (S. 313) reicht die sog. Bonner Durchmusterung in ihren südlichen Teilen bis zur 11. Größenklasse herunter, also etwa 5^m weiter, als die Grenze für das unbewaffnete Auge beträgt. Würden die betreffenden Karten bereits den Grundstock der Sterne enthalten, der die Milchstraße zusammensetzt, so müßten einige besonders charakteristische, dem freien Auge als scharf begrenzte Wolken erscheinende Teile derselben auf den Kartenblättern deutlich zu erkennen sein. Bei α Cygni, westlich von α Aquilae, im Scutum und besonders in den angrenzenden Teilen des Sagittarius treten solche Wolken auf. Aber selbst wenn man, wie dies geschehen ist, die betreffenden Gebiete nach den Karten verkleinert oder diese unter den verschiedensten Gesichtspunkten umzeichnet, ist eine Übereinstimmung der *BD* mit dem tatsächlichen Milchstraßenanblick auch nicht entfernt zu erzielen. Es sind also jedenfalls Sterne, die unterhalb 11^m liegen, die in ihrer Gesamtheit den galaktischen Gürtel am Himmel hervorrufen.

Eine sichere Entscheidung der ganzen Angelegenheit hat erst die Photographie ermöglicht. Da die Milchstraße, wie wir sahen, für geringe optische Hilfsmittel nicht auflösbar ist, so verhält sie sich in gewissen Beziehungen wie die Nebelflecken. Die Aufnahmeinstrumente müssen also vor allem für Flächenabbildung möglichst lichtstark sein, d. h. bei möglichst großer Öffnung relativ kurze Brennweite besitzen. Werden derartige Objektive (Porträt-, Kinolinsen usw.) verwendet und die Platten genügend lange exponiert, so ist es schließlich leicht, auf den Aufnahmen bekannte Gebiete der Milchstraße zu identifizieren und auch in ihren Umrissen wiederzuerkennen. Bei dem sehr beträchtlichen Durchmesser der Sternscheibchen, wie sie derartige Objektive mit großem Öffnungsverhältnis (1 : 5 bis 1 : 2.5) geben, wird allerdings dabei durch das Zusammenfließen der Scheibchen in den dichten Stellen gegenüber den leeren eine außerordentlich verstärkte Kontrastwirkung erzeugt, die aber die Umrisse der Milchstraße viel besser zeigt, als das auf irgendeinem anderen Wege erzielt werden kann. Bei der Betrachtung dieser, auch ästhetisch hervorragenden Leistungen der Photographie darf man aber nie vergessen, daß die Photographie in bezug auf Kontraste auch nicht annähernd der Wirklichheit entspricht, sondern bei allerdings richtiger Darstellung der Formen, was ja das Wichtigste ist, stark übertriebene Helligkeitsunterschiede liefert.

Wohl die wertvollste, weil unter Innehaltung einer ganz bestimmten einheitlichen Expositionszeit erhaltene Aufnahme der Milchstraße stellen die Blätter der Franklin-Adamskarten dar. Sie umfassen die Arbeit eines Liebhaberastronomen, der 1903 bis 1909 mit einem 6zölligen vortrefflichen Taylor-Cookeobjektiv 1 : 4.5 auf 206 Platten den ganzen Himmel im Maßstabe der Bonner Durchmusterung in je zweistündigen Expositionen aufgenommen hat. Obwohl die Grenze der abgebildeten Sterne auf den Aufnahmen je nach der Qualität der Luft bis 14.5^m oder gar 15^m reicht, ist in einzelnen Gegenden, wie Monoceros, Canis maior usw. der Milchstraßenumriß noch nicht herausgekommen, ein Zeichen, daß die Auflösbarkeitsschwelle hier noch nicht erreicht ist. Anderseits enthalten die Platten Gegenden wie Carina, die Große Kapwolke u. a., die z. T. bereits überexponierte weiße Flecken zeigen und auf eine merkliche Überschreitung des Schwellenwertes hindeuten.

Verfolgt man den zwischenliegenden Verlauf der Milchstraße Karte für Karte systematisch weiter, so findet man bald Blätter, die eine dem visuellen Eindruck am Himmel sehr nahe entsprechende Wiedergabe der galaktischen Umrisse zeigen. An dem in unseren Gegenden sichtbaren Himmel sind es in erster Linie die Gebiete zwischen Cassiopeia und Sagittarius, die dieser Forderung entsprechen, darunter wieder besonders die scharfen Konturen einzelner Milchstraßenwolken in Aquila und Scutum. Vergleicht man einmal das visuelle Bild mit den Aufnahmen (s. Tafel XVI) und dann mit dem direkten Bild in einem größeren Fernrohr, so erkennt man ohne Schwierigkeit, daß es im wesentlichen Sterne der 14. bis 15. Größe sind, die hier das visuelle Bild der Milchstraße am Himmel hervorrufen. An dieser Feststellung wird dadurch nichts geändert, daß an manchen anderen Stellen, wie z. B. zwischen γ und β Cygni auch merklich hellere Sterne sehr wesentlich an dem Zustandekommen der an dieser Stelle auftretenden Kondensationen der Milchstraße mitwirken.

Neben den photographischen Spezialaufnahmen, deren schönste und reichhaltigste Sammlungen wir M. Wolf und Barnard verdanken, kann oft

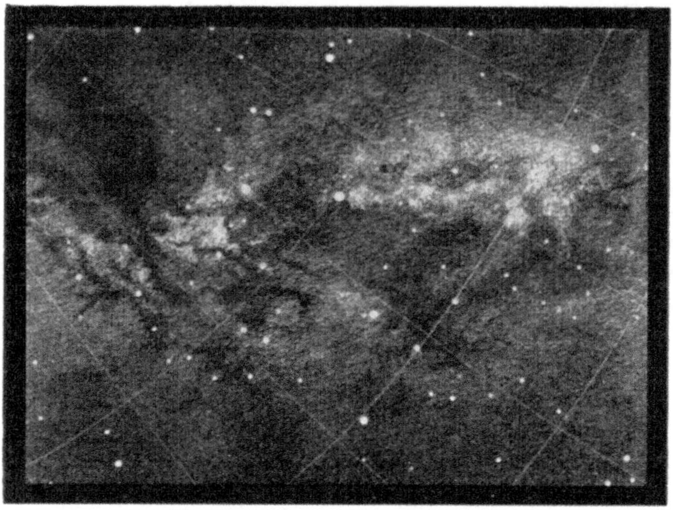

Abb. 251. Helle Milchstraßenwolken im Cygnus. (Zeichnung nach phot. Aufnahmen.)

ein Übersichtsblatt der galaktischen Milchstraße von Nutzen sein. Sehr bekannte und z. T. vortreffliche zeichnerische Milchstraßendarstellungen sind von Heis, den Astronomen in Cordoba, Easton und neuerdings von Pannekoek und Goos geliefert worden. Die letzte Zeichnung stützt sich ausschließlich auf photographische Aufnahmen und verblüfft durch die Reichhaltigkeit der Formen, die dem Auge, das weit weniger auf schwache Kontraste eingestellt ist wie die Platte, größtenteils verloren gehen. Eine kleine Probe der Goosschen Tafeln ist in Abb. 251 wiedergegeben.

Mit der Photometrie der Milchstraße hat sich bereits Heis beschäftigt. Er schätzte ihre Helligkeit in Stufen ein, und zwar so, daß I die hellsten, IV und V die schwächsten Gebiete bezeichnete. Die Arbeit ist neuerdings von Pannekoek, Graff u. a. wieder aufgenommen worden, von letzterem derart, daß zunächst durch mehrjährige Beobachtungen der Verlauf der Milchstraße studiert und sowohl durch eine Schummerzeichnung als auch durch eine Skizze in gefühlsmäßig entworfenen Isophoten festgehalten wurde. Die Eichung und Ausgleichung der Kurven gleicher Helligkeit geschah dann photometrisch mit einem zu diesem Zweck besonders konstruierten Flächenphotometer (Abb. 87b). Es ist hier also der gleiche Weg beschritten, wie etwa bei geodätischen Routenaufnahmen, wo die Geländedarstellung in sogenannten Gefühlsisohypsen ausgeführt, dann aber durch Messung einer größeren Anzahl von Höhenkoten an die wahren Naturformen angeschlossen wird. In ähnlicher Weise hat auch Pannekoek seine Milchstraßenbearbeitung den photometrischen Messungen von van Rhijn angepaßt. Setzt man willkürlich die Helligkeit der Polarisgegend $= 2.0^m$, so erhält man nach dem Bergedorfer Verzeichnis für einige besonders bemerkenswerte Stellen der Milchstraße die auf S. 441 folgenden Helligkeiten.

Die größte gemessene Intensität war 0.96^m (Scutum), die geringste 2.42^m (Polgegend der Milchstraße). Hieraus folgt, daß die hellsten Teile der in Mitteleuropa sichtbaren Milchstraße den Himmelsgrund an ihrem nördlichen Pol um rund 1.5^m übertreffen, also viermal so hell sind als dieser. Es muß darauf aufmerksam gemacht werden, daß die in Bergedorf und anderwärts beobachteten Helligkeitsdifferenzen als Minimalwerte aufzufassen sind. In unseren Gegenden ist der Himmel fast stets mit einem leichten Schleier

Milchstraßengebiet	Gr.
Helle Wolken in Sagittarius und Scutum	1.0^m
Kondensationen zwischen γ und β Cygni	1.1
Heller Fleck bei α Cygni	1.2
Hellste Stellen in Aquila und Ophiuchus, Rand der sog. Gabelung	1.3
Hellste Gebiete zwischen Cassiopeia und Cygnus	1.4
Zentraler Streifen zwischen Cassiopeia und Puppis	1.5
Randgebiete in Lyra, Ursa minor, Andromeda u. a.	1.7
„Kohlensack" nordöstlich von α Cygni	1.9
Galaktische Polgegend	2.4

überzogen, wozu sich noch Aufhellungen gesellen, deren Ursprung noch nicht ganz geklärt, aber wahrscheinlich auf nordlichtartige Erscheinungen zurückzuführen ist. Durch diese allgemeine Himmelshelligkeit werden zweifellos die gemessenen Gradienten verkleinert; in südlicheren Gegenden und auf hohen Bergen würde man wahrscheinlich etwas größere Helligkeitsunterschiede erhalten.

Nicht weniger interessant als die photometrische Durchmusterung der Milchstraße würde ihre Eichung nach Farben oder gar nach Spektralklassen sein. Angesichts der Lichtschwäche der Sterne, die hier in Frage kommen, ist jedoch eine derartige Arbeit in absehbarer Zeit kaum zu erwarten. Ein erster Versuch dieser Art ist im Jahre 1912 von Fath an der Licksternwarte ausgeführt worden. Auf den langen, bis zu 74 Stunden umfassenden spektrographischen Aufnahmen von drei hellen Wolken im Sagittarius, Scutum und Cygnus konnte festgestellt werden, daß das integrierte Spektrum der betr. Stellen der Milchstraße vom Sonnentypus (G) nur sehr unwesentlich abweicht. Diese Beobachtung ist, falls sie sich bei einer etwaigen Wiederholung in allen Gebieten der Milchstraße bestätigt, von Interesse, da die bisherigen statistischen Ergebnisse an den Sternen bis zur 8. Größe viel eher auf ein Überwiegen der Spektralklassen A—B unter den schwächeren Objekten des Himmels hindeuteten.

Fast noch merkwürdiger als die hellen Flecke und Wolken in der Milchstraße sind die in ihr auftretenden dunklen Lücken, Höhlen und Kanäle. Die größten, schon dem unbewaffneten Auge auffallenden scheinbar lichtlosen Einbuchtungen sind die sog. Kohlensäcke in den Sternbildern Crux, Cygnus (Abb. 251) u. a., die aber wohl stets nur als mehr oder weniger sternarme Stellen des Himmels aufgefaßt worden sind und im Fernrohr oder auf photographischen Aufnahmen keine Besonderheiten verraten. Anders liegen die Verhältnisse bei den kleinen, scharf begrenzten Flecken und Kanälen, die oft gerade an den hellsten Stellen der Milchstraße auftreten und, wie Daueraufnahmen zeigen, tatsächlich völlig stern- und lichtlos sind. M. Wolf und Barnard haben auf diese dunklen Flecke wiederholt aufmerksam gemacht, und letzterer hat sogar ein ausführliches Verzeichnis dieser Himmelsstellen nach seinen Photographien veröffentlicht. Trotzdem hat es eine Weile gedauert, bis man sich an den Gedanken gewöhnt hat, die Lücken als Stellen kosmischer Absorption anzuerkennen. Nachdem in jüngster Zeit Hagen auch an anderen Stellen des Himmels eine große Anzahl ausgedehnter nicht leuchtender Nebel vorgefunden hat, ist über die Realität der Absorptionserscheinung ein Zweifel kaum noch möglich. Besonders über-

Nord

Abb. 252. Helle Sternwolke mit leeren Flecken und Kanälen nordöstlich von μ Sagittari.

zeugend wirken in dieser Hinsicht die beiden Löcher in dem hellen Milchstraßenfleck nordöstlich von μ Sagittarii (Abb. 252), die sehr merkwürdige dunkle Höhle bei π_2 Cygni, westlich von dem sog. Kokonnebel (Tafel XV) und die wie eine schwarze Gewitterwolke vor feinen Zirren liegende Unterbrechung eines Nebels südlich von ζ Orionis (Abb. 253).

Für die künftige Behandlung aller Milchstraßenprobleme wäre die Anerkennung von Absorptionserscheinungen im Weltraum von der größten Wichtigkeit, weil diese uns eine Begrenzung der sichtbaren Welt vortäuschen müssen, auch wenn eine solche in Wirklichkeit nicht vorhanden ist. Die absorbierende Materie könnte als aus kosmischen Staubmassen oder aus Gasen bestehend angenommen werden. Besonders im letzten Falle wäre es dann sehr merkwürdig, wenn das Licht der Himmelskörper nach dem Durchdringen dieser Schichten nur eine allgemeine und nicht auch eine selektive Absorption erfahren sollte. Bei einer so umfangreichen Verteilung der dunklen Nebel über den ganzen Himmel, wie sie z. B. HAGEN annimmt, müßte man jedenfalls erwarten, daß die sehr nahen und die sehr fernen Sterne spektrale Unterschiede zeigen, ferner, daß die am Rande der erwähnten Höhlen sichtbaren Sterne eine etwas andere Farbe aufweisen als die im Inneren der dunklen Gebiete befindlichen Objekte. Nachforschungen in dieser Hinsicht sind wiederholt angestellt worden, vorläufig durchaus mit negativem Erfolge. Wenn eine selektive Absorption im Weltall vorhanden ist, so ist sie jedenfalls überaus geringfügig und mit den gegenwärtigen Arbeitsmethoden nicht nachweisbar.

Abb. 253. Dunkler Nebel südlich von Orionis. (Nach M. Wolf.)

Auf einem völlig abweichenden Wege haben NORDMANN und TICHOFF nach einer Absorption im Weltraum geforscht. Wir haben bereits (S. 12) gesehen, daß der Lichtstrahl nach dem Passieren einer dickeren Schicht eines durchsichtigen, aber ponderablen Mediums eine etwas andere Zusammensetzung zeigen muß als vorher. Die roten und die violetten Strahlen erleiden bei der eintretenden Dispersion eine verschiedene Verzögerung, so daß der Moment irgendeiner im fernen Weltraum sich abspielenden, scharf erfaßbaren Erscheinung im roten Lichte früher wahrgenommen werden muß als im violetten. Gelegenheit zu solchen Beobachtungen glaubten die beiden genannten Astronomen bei den Veränderlichen vom Algoltypus gefunden zu haben. Die von ihnen festgestellten Dispersionseffekte liegen jedoch so nahe an der Fehlergrenze der Beobachtungen, daß sie gleichfalls nur als ein negatives Ergebnis der beabsichtigten Untersuchung gelten können.

Neuere Anschauungen über den Bau der Milchstraße. Aus allen bisherigen astronomischen wie astrophysikalischen Beobachtungen und Betrachtungen der Milchstraße folgt, daß das Sonnensystem und die größte Zahl der uns nächstliegenden, am Himmel sichtbaren Weltkörper in einer gewaltigen Entfernung von weiteren Stern- und Nebelwolken von nahe der gleichen Größenordnung umgeben ist, ferner, daß sich diese Wolken in Form eines Ringes oder von Spiralen um unser engeres Sternsystem zusammenschließen.

J. HERSCHEL und nach ihm GOULD u. a. haben der so wichtigen Analyse des Milchstraßenphänomens bereits ihre größte Aufmerksamkeit geschenkt. Das ganze anscheinend klare Problem verliert jedoch sehr wesentlich an seiner Übersichtlichkeit dadurch, daß nicht nur unser Standpunkt nahe dem Zentrum und der Hauptebene des Systems liegt, sondern daß auch das örtliche Sternsystem, also der die Sonne umgebende lokale Sternhaufen nicht etwa eine kugelförmige Anordnung der Einzelkörper besitzt, sondern deutlich abgeplattet ist und seine größte Dichte und Ausdehnung sehr nahe in der galaktischen Ebene zeigt. Fast alles, was die Stellarastronomie in mühevollster Arbeit bis in die letzten Jahre hinein geleistet hat, also die Bestimmung von Eigenbewegungen, Parallaxen, Radialgeschwindigkeiten, die Erkenntnis der Sterndriften, die Untersuchung und die Klassifikation der Spektra und der absoluten Helligkeiten, bezieht sich ausschließlich auf diesen lokalen, die Sonne umgebenden Sternhaufen mit seiner rein internen sekundären galaktischen Verdichtung. Die astrophysikalisch interessanten Eigenschaften dieser solaren Sterngruppe haben wir in den vorangegangenen Kapiteln kennen gelernt, hier interessiert uns nur noch ihre Beziehung zu der zweifellos außerhalb dieses Sternhaufens liegenden, durch weite leere oder wenigstens sehr sternarme Gebiete von ihm getrennten Welt der primären Milchstraße am Himmel.

Nach den mühevollen statistischen Arbeiten von SEELIGER, KAPTEYN u. a., die hauptsächlich auf den vorhandenen Durchmusterungen und photometrischen Katalogen fußen, hat man dem sonnennahen Sternhaufen eine stark abgeplattete, einer Linse oder einem Rotationsellipsoid ähnliche Form zuzuschreiben. Es kann ferner als feststehend angesehen werden, daß der Raum in der Sonnenumgebung nicht bis zu den Grenzen des örtlichen Sternhaufens gleichmäßig mit Sternen erfüllt ist, sondern daß deren Zahl nach außen hin schließlich abnimmt. Die Tatsache ergibt sich bereits aus der Zusammenstellung der VAN RHIJNschen Verteilungsziffern (S. 317) und den Kurven der Abb. 196. Zweifellos sind nach dem Pole dieses Sternhaufens hin bereits in einem Abstande von etwa 5000 Lichtjahren die Sterne so dünn gesät, daß wir dort von einer Grenze unseres Sternsystems sprechen können. Während aber SEELIGER auch in der Richtung der Milchstraße das Vorhandensein einer ziemlich scharfen Begrenzung im Abstande von ungefähr 12000 Jahren vertritt, glaubt KAPTEYN zu der Annahme berechtigt zu sein, daß die betr. Entfernung merklich weiter, auf etwa 40000 Lichtjahre zu verschieben sei, und daß auch dann vermutlich kein scharfer Abschluß des Sternhaufens, sondern lediglich eine etwa auf 0.5% herabgedrückte Dichte gegenüber seinen zentralen Gebieten zu erwarten sei. Wir können uns die Sachlage etwa so vorstellen, daß in der Hauptebene des linsenförmigen Raumes oder Rotationsellipsoides, in dessen mittlerem Bereich unser örtlicher Sternhaufen mit der Sonne liegt, die Sterne schließlich immer spärlicher auftreten und dann allmählich einen Übergang zu den dahinterliegenden eigentlichen Milchstraßenwolken vermitteln (Abb. 254).

Aus den von SEELIGER und KAPTEYN abgeleiteten Dimensionen des in-

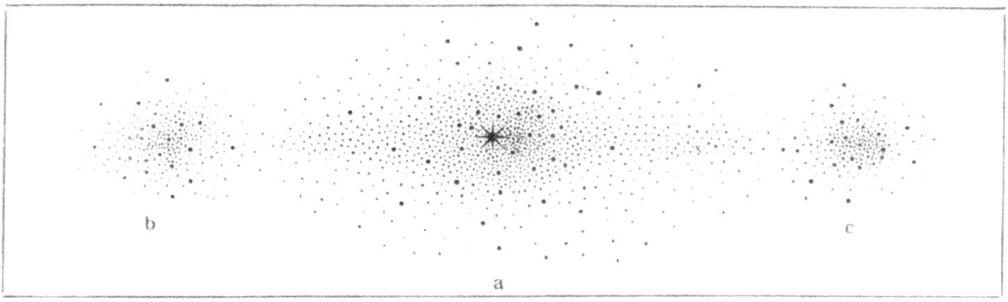

Abb. 254. Schematischer Querschnitt durch das System der Milchstraße.
a) Sternhaufen der Sonnenumgebung. b) und c) nächste Wolken der Milchstraße.

neren solaren Sternsystems geht hervor, daß fast alle in den vorangegangenen Kapiteln untersuchten Himmelsobjekte ohne jeden Zweifel unserem lokalen Sternhaufen angehören. Das gilt in erster Linie für sämtliche helleren Sterne oder Nebel des Himmels, deren Entfernungen trigonometrisch oder spektroskopisch bestimmt worden sind, ferner für alle anderen uns ferner stehenden Weltkörper, deren Abstände aus anderen Daten, wie Radialgeschwindigkeiten, Eigenbewegungen usw., wenigstens gut geschätzt werden konnten, z. B. für die Helium-, die δ Cepheisterne usw. Ein Zweifel über die Zugehörigkeit wäre nur bei den WOLF-RAYETsternen, bei den Novae, bei den Kugelhaufen sowie bei den Spiralnebeln möglich. Aus der mehr oder weniger auffallenden Lage der betreffenden Objekte zum galaktischen Äquator lassen sich keine bindenden Schlüsse ziehen, da, wie erwähnt, die äußere Milchstraße und die Hauptverteilungsebene im örtlichen Sternhaufen sehr nahe zusammenfallen. Immerhin könnte man vermuten, daß durch getrennte Gruppierung der Himmelskörper, die eine ausgesprochene galaktische Konzentration zeigen, wenigstens die größere oder geringere Wahrscheinlichkeit dafür sich herleiten ließe, ob es sich um relativ nahe oder im Hintergrund der Milchstraße befindliche Objekte handelt.

Galaktisches Objekt	Verteilungspol α 1900.0	δ 1900.0	Zahl d. Obj.
Visuelle Milchstraße	192.3°	+ 26.8°	—
Gasnebel (P)	192.7	+ 28.1	130
Wolf-Rayetsterne (Oa—Oe) . .	190.7	+ 26.9	87
Sterne der Spekralklasse N. .	194.2	+ 27.4	228
Sterne der Spektralklassen A—G mit ungewöhnlich scharfen Absorptionslinien (c-Charakter) .	189.1	+ 26.3	98
Cepheiden	195.9	+ 26.8	60
Bedeckungsveränderliche. . .	188.2	+ 25.8	150
Heliumsterne (Oe5—B9) . . .	182.1	+ 27.9	1402

Eine derartige Zusammenstellung der Polpunkte für die in Frage kommenden Sterne hat HERTZSPRUNG im Jahre 1912 gegeben. Die betreffenden Zahlenwerte sind hier mit den Koordinaten des Pols der visuellen Milchstraße, wie sie aus den Bergedorfer photometrischen Messungen folgen, mitgeteilt.

Wie die Tabelle zeigt, ist besonders bei den ersten sechs Klassen von Himmelskörpern die gesuchte Beziehung sehr deutlich ausgesprochen, ja, der Mittelwert führt sogar direkt auf die Koordinaten des Milchstraßenpols.

Immerhin sind die Abweichungen im einzelnen so beträchtlich, daß eine vollständige Identität der Anordnungsebenen mit dem äußeren galaktischen Äquator nicht ohne weiteres behauptet werden kann, mit anderen Worten, die Zusammenstellung liefert keinen überzeugenden Hinweis darauf, daß irgendeine der genannten Sterngruppen bestimmt außerhalb unseres engeren Sternsystems liegen könnte.

Es ist nun das Verdienst von SHAPLEY, daß er die bisherigen statistischen Methoden, die sich ausschließlich auf astronomisches Material stützten, durch die Betonung der astrophysikalischen Charaktereigenschaften der Fixsterne, wie Spektrum, Farbe und absolute Helligkeit sehr wesentlich ergänzt und dadurch das Milchstraßenproblem bedeutend gefördert hat. Der Kernpunkt seiner Untersuchungen beruht in der uns bereits bekannten Stellung, die er den kugelförmigen Sternhaufen in unserem Weltsystem angewiesen hat (S. 432). Wie man sich zu dem Ergebnis dieser Untersuchungen auch stellen mag, so viel geht aus ihnen doch hervor, daß die Kugelhaufen an die Grenze unseres örtlichen Sternsystems zu versetzen sind. Vermutlich liegen sie am äußeren Rande, ja zum Teil schon außerhalb der uns umgebenden Sterninsel, gleichsam als Verbindungsglieder zwischen dieser und den anderen ihr koordinierten Sternwolken der galaktischen Ebene.

An die Bestimmung des Abstandes der helleren Milchstraßenflecke hat man sich höchstens ausnahmsweise einmal gewagt, obwohl eigentlich nichts im Wege steht, das statistische RUSSELLsche Gesetz (S. 345) auch hier anzuwenden. Wie bei SHAPLEY wird also wieder vorausgesetzt, daß die Erfahrungen, die wir über die Spektra und absoluten Helligkeiten der Sterne in der Sonnenumgebung gewonnen haben, auch außerhalb dieses Bereiches gelten. Eine solche Annahme ist nicht absolut gewährleistet, aber sie hat doch eine gewisse Wahrscheinlichkeit für sich. Nun ist zu Anfang dieses Abschnittes darauf hingewiesen worden, daß die hellsten Sterne, die sich zu den am Himmel sichtbaren äußeren Milchstraßenwolken zusammenfügen, etwa von der 14. Größe sind. Weiterhin wissen wir, daß das von FATH erhaltene mittlere Milchstraßenspektrum der Klasse G angehört. Handelt es sich demnach bei den betrachteten hellsten Sternen der Milchstraße, was kaum zu bezweifeln ist, um Giganten, so käme ihnen nach der Tabelle (S. 346) die absolute Helligkeit $+0.6^{m}$ zu. Vereinigt man absolute und scheinbare Helligkeit zu der uns von S. 344 geläufigen Beziehung, so erhält man damit für die Parallaxe dieser uns zunächst liegenden Sternwolken den Schätzungswert $p = 0.0002''$ oder einen Abstand von rund 16000 Lichtjahren. Die Zahl ist zweifellos ein Minimalwert. Sie entspricht der Größenordnung nach dem Abstande der nächsten Kugelhaufen (20000—50000 Lichtjahre), angesichts der vorliegenden Unsicherheit wohl auch noch demjenigen der Kleinen Kapwolke (etwa 60000 Lichtjahre).

Irgendwelche Versuche eines tieferen Eindringens in die Gestaltung und die räumlichen Dimensionen der Milchstraßengebilde selbst sind nach diesen ersten Schätzungen vorläufig noch vollkommen aussichtslos. Über die Tiefenausdehnung dieser Sternwolken läßt sich also nicht einmal eine Vermutung aussprechen.

Recht schwierig liegen die Verhältnisse, wenn man der Aufgabe nähertritt, den Spiralnebeln einen Platz im galaktischen Problem anzuweisen. So manches ist an ihnen bereits erforscht, und ihre große Zahl macht sie für statistische Untersuchungen besonders geeignet. Trotz aller Bemühungen ist es trotzdem vorläufig nicht gelungen, ihnen eine unbestrittene Stellung im Universum anzuweisen. Ihre Haufenbildung am nördlichen Pol der Milchstraße, ihre völlige Abwesenheit in der galaktischen Ebene, die unvorstellbar großen Radialgeschwindigkeiten und — in vollkommenem Gegensatz zu ihrer milchstraßenfernen Lage an der Sphäre — ihr Reichtum an neuerschienenen Sternen sowie manches andere deutet in Verbindung mit den Spektralergebnissen darauf hin, daß wir es hier mit irgendwelchen seltsamen überaus fernen Sondersystemen zu tun haben. Trotz mancher Bedenken, die einer solchen Annahme bei strengerer Nachprüfung der Grundlagen auch entgegentreten, ist doch die Ansicht, daß es sich dabei um ferne Milchstraßensysteme handelt, diejenige, die gegenwärtig unter den Astronomen die meisten Anhänger besitzt. Trifft aber diese Vermutung zu, so muß in umgekehrter Folgerung auch unser Milchstraßensystem als ein Spiralnebel aufgefaßt werden. Die Milchstraße stellt dann freilich sicher keinen so schönen typischen, mit regelmäßigen Spiralen ausgestatteten Nebel dar, wie sie etwa Tafel XII in nahe senkrechter Aufsicht veranschaulicht. Sehr wenige und durchaus nicht besonders stark ausgeprägte Arme mögen das System kennzeichnen. Auch ein eigentlicher Kern ist nicht vorhanden, wenn man nicht die hellsten Stellen der Milchstraße im Sagittarius oder unweit η Argus als eine solche Zentralkondensation auffaßt, aber immerhin könnte es wohl sein, daß wir ein solches Gebilde in entsprechendem Abstande nach Gestalt und Spektrum als einen echten Spiralnebel auffassen würden.

Easton, der als einer der ersten die Milchstraße mit den Spiralnebeln auf die gleiche Stufe setzte, hat allerdings eine etwas andere Auffassung vertreten. Er erblickt im Milchstraßensystem eine typische Spirale mit einer Kernwolke, die er in das helle Gebiet zwischen β und γ Cygni verlegt. Diese Gegend gehört aber zu denjenigen Stellen der Milchstraße, an denen die Konzentration der Sterne innerhalb des örtlichen Sternhaufens überwiegt, jedenfalls aber stärker hervortritt als die dahinterliegenden Wolken der primären Milchstraße. Es liegt also kein Grund vor, gerade in dieser Himmelsrichtung den Ausgangspunkt des hypothetischen Spiralnebels zu suchen.

Die Hauptstütze für eine Einordnung der Spiralnebel und der Milchstraße in eine Klasse von koordinierten galaktischen Systemen darf wohl in der großen Entfernung der Spiralnebel und ihrer durch die spektroskopischen Ergebnisse gestützten Auffassung als Sternhaufen gesucht werden. Die Konsequenzen führen allerdings dabei zu derart unvorstellbaren Ziffern nach Größe und Entfernung, daß man die Hypothese nicht ohne gewisse Bedenken und Einschränkungen als gültig annehmen wird. Jede, auch noch so unsichere Kontrolle ist hier nützlich und wertvoll. Man hat versucht, durch Annahme einer gewissen absoluten Helligkeit für die in den Spiralnebeln aufgetauchten Neuen Sterne Näherungswerte der Distanzen abzuleiten, und hat dabei Entfernungen von Millionen von Lichtjahren ausgerechnet. Die Grundlagen für ein derartiges Verfahren sind jedoch völlig unsicher, solange wir nicht mindestens über e i n e sichere Parallaxe und e i n e absolute Größe einer Nova verfügen, was aber bis jetzt nicht der Fall ist.

Wenn man nun einmal die Spiralnebel als Sternhaufen auffaßt, so läßt sich eine verständlichere, natürlich gleichfalls nur sehr rohe Schätzung des Minimalabstandes eines fernstehenden Milchstraßensystems vielleicht folgendermaßen anstellen.

Die Milchstraße erscheint dem unbewaffneten Auge etwa so, wie die meisten Spiralnebel in den kräftigsten Fernrohren, d. h. als ein unauflösbarer nebliger Schimmer. Wie wir sahen, muß man hier bis mindestens 14^m, d. h. von dem Schwellenwert des Auges (6^m) mindestens um 8 Größenklassen heruntergehen, falls man einzelne Gebiete, z. B. die Scutumwolken, in Einzelsterne auflösen will. Wenn uns also in Fernrohren, die günstigsten Falles Sterne 16^m erkennen lassen, der Andromedanebel noch vollkommen milchig und neblig erscheint, so ist kaum zu erwarten, daß die ihn mutmaßlich zusammensetzenden Sterne heller sind als 24. Größe. Wahrscheinlich liegen sie in der Helligkeitsskala noch merklich tiefer. Nach dem Spektrum und allen bisherigen Erfahrungen würden die sich zuerst herauslösenden Sterne des Andromedanebels wieder Giganten der G-Klasse sein. Hieraus ergeben sich aber als Minimum der Entfernung $1\frac{1}{2}$ Millionen Lichtjahre!

Das sind Ziffern, wie sie sich vor kurzem noch kein Astronom hat träumen lassen, und die man jedenfalls nicht ohne sorgfältige Kritik als zu Recht bestehend ansehen wird. Sollten die Ergebnisse eine weitere Stütze oder gar Bestätigung erfahren, die Grenzen der sichtbaren Welt also tatsächlich so außerordentlich weit reichen, so könnte manche kühne Phantasie, die schon im Anschluß an diese Arbeiten geäußert worden ist, an Boden gewinnen. Haben wir erst eines Tages genügend zahlreiche, gleichartige Weltsysteme entdeckt, die tatsächlich im Raum um Millionen von Lichtjahren auseinander liegen, so reicht mit einem Male unser Blick um die gleiche Zeit in die Vergangenheit zurück. Es könnte vorkommen, daß uns einzelne Spiralnebel so erscheinen, wie sie vor 2, andere, wie sie vor 10 Millionen Jahren ausgesehen haben, d. h. in dem Augenblick, als sie der Lichtstrahl verließ. Der Unterschied von 18 Millionen Jahren könnte aber möglicherweise auch in der Entwicklung eines Milchstraßensystems ein nicht ganz zu vernachlässigendes Zeitintervall bilden. Unter Voraussetzung einer gleichartigen Entwicklung würde es auf diese Weise möglich sein, einen Einblick in die nach vielen Jahrmillionen zählende Entwicklungsgeschichte der Sternsysteme zu erhalten, trotzdem das menschliche Leben, ja selbst die ganze Entwicklungsgeschichte des Menschengeschlechts auf der Erde gegenüber diesen Zeitspannen nur als ein überaus kurzer Augenblick erscheint. Von diesem etwas phantastischen Ziele sind wir natürlich noch weit entfernt; die Möglichkeit von künftigen Schlüssen in dieser Richtung läßt sich jedoch heute kaum noch bestreiten.

Sachregister.

A.

A-Sterne (Siriusklasse) 320. 322. 353f.
Abbildungsfehler der Himmelsaufnahmen 162ff.
Aberration, chromatische 23f. 43. 147f.
— sphärische 21. 147f. 162ff.
Absolute Helligkeit der Sonne 177. 344ff.
— — der Sterne 343ff. 366 u. a.
Absoluter Nullpunkt 4. 68. 255.
Absorptionserscheinungen bei Spiralnebeln 423.
— in der Milchstraße 441ff.
Absorption, gesetzmäßiger Zusammenhang mit der Emission 62ff.
— der Atmosphäre 101ff.
— in Linsen 151f.
— im Weltraum 423. 441ff.
Absorptionslinien, Entstehung 64ff.
— im Sonnenspektrum 187ff. 191ff.
— im Planetenspektrum 248. 250. 281. 287. 291.
— in normalen Sternspektren 318ff. 352.
Achromasie 24. 43. 147f.
AE = Angströmeinheit 53.
Äther, Eigenschaften 2. 6f.
Aktinometrien 315.
Albedo, Definitionen 95ff.
— irdischer Stoffe 97f.
— des Mondes 257. 267.
— der Planeten 249. 251. 271. 279f. 281. 287. 291f.
Algol, Bahnberechnung 337ff.
— Lichtkurve 337. 400.
— Masse und Dichte 338f.
— Parallaxe aus Helligkeit u. Temperatur 340.
Algolveränderliche 337ff. 368ff. 386. 397f.
Algolveränderliche, Begleiter 400.
— Lichtkurven 337. 399f.
– Verzeichnis 398.
Andromedanebel 372. 422. 426. 448 u. a.
Angströmeinheit, Definition 53.
Anomale Dispersion 81f. 225ff.
Apex der Sonnenbewegung 333.
Argelandersche Stufenmethode 121f. 383ff.
Asteroiden 277ff.
Astigmatismus 34f. 36. 149.
Astrographen 153ff.
— chromatische Korrektion 147f.
— Leistungen 173f.
Astrophotometer, Zöllnersches 109ff.
Astrophysik, Definition u. Aufgaben 1ff.
Astrotessar 148.
Atmosphäre der Erde 101ff. 151f.
Atmosphärische Bänder im Sonnenspektrum 135. 191.
— Extinktion 101ff.
Atomgewicht 83ff.
Atomtheorie 6. 84. 355. 412. 418.
Auflösbarkeit der Nebelflecke 403. 422. 448.
— der Milchstraße 438f. 448.
Auge, Bau und Eigenschaften 29ff.
— Farbenempfindung 31f. 91. 126.
— Helligkeitsschätzungen 89. 91f. 121f. 383ff.
Auslöschphotometer 108. 115ff.

B.

B-Sterne (Heliumklasse) 320f. 337. 344. 353. 408 u. a.
β Lyrae-Veränderliche 400ff.
Balmerserie des Wasserstoffs 76ff.
Bänderspektra 78f.
Bedeckungsveränderliche 397ff.
Beleuchtung der Planeten und Monde 98f.
Beleuchtungsgesetze 93ff.
Benzinlampe, Scheinersche 101. 136.
Beugung 9. 53ff. 145.
Beugungsgitter 55ff. 328.
Beugungsscheibchen der Sterne 145. 328f. 342.
Beugungsstrahlen auf Reflektoraufnahmen 143.
Bildverzerrung, normale 146f. 162f.
Bolometer 72f. 131ff.
Bonner Durchmusterung 311ff.
— Reduktion auf das Harvardsystem 313.
Brechungskoeffizient 13ff.
— verschiedener Stoffe 13.
Brennweitenbestimmung von Linsen 21. 23. 160f.
Bromsilberplatten 137ff.
— Empfindlichkeit 138ff.
— Fehler 142.
— kornlose 161.
— Schichtverziehung 164.
— Einfluß der Verstärkung 140.
— Einfluß der Vorbelichtung 141f.
Brucerefraktor in Heidelberg 157f.
Bunsensches Fleckphotometer 107.

C.

c-Charakteristik der Harvardspektra 323. 355. 393. 445.
Campbellsche Regel der Linienumkehr 355.

Capella, Bahnbestimmung 342f.
— Helligkeitsvergleich mit dem Monde 109. 256.
— Helligkeitsvergleich mit der Sonne 176.
Cepheiden, Typus der Veränderlichen 392ff.
— Bahnbestimmung 396.
— Lichtkurven 392. 395.
— Periode und absolute Helligkeit 394f. 433.
— Pulsationstheorie 365. 396.
— in Sternhaufen 149.
— veränderliche Radialbewegung 395f.
— Veränderlichkeit des Spektrums 393.
— Verteilung 393. 445.
Chromate 149.
Chromatische Aberration 23. 43. 147f.
Chromosphäre der Sonne 205ff.
Cordoba - Durchmusterung 312.
Crossleyreflektor d. Lick-sternwarte 376. 418 u. a.
Crovasches Spektralphotometer 125. 361.
Cyanspektrum 78f. 357.
— in Kometenköpfen 296f.

D.

δ Cephei-Typus der Veränderlichen, s. Cepheiden 392ff.
D-Linien in Kometen 297.
— im Sonnenspektrum 58. 60. 81f. 87. 188. 194.
Daguerreotypie 136f. 140f. 216.
Deslandressche Regel für Bänderspektra 79.
Diapositivplatten 140. 143. 162.
Dichte der Fixsterne 367ff.
Diffraktion 9. 53ff. 145.
Diffraktionsgitter 55ff. 328.
Diffraktionsscheibchen der Sterne 145. 328f. 342.
Dispersion 12ff.
— anomale 81f. 225ff.
— Formel v. Hartmann 40.
— verschiedener Glassorten 43.
— im Weltraum 443.
Dispersionstheorie der Sonne von Julius 225ff.
Distorsion, normale der photographischen Bilder 146f.
— der Bromsilberschicht 164.
Doppelbrechung 16. 109ff.
Doppelsterne, spektroskopische 335ff.
— α Aurigae 342f.
— α Centauri 340.
— Sirius 340f.
— Trennung durch die Interferenzmethode 340ff.
Dopplereffekt 59ff.
— experimenteller Nachweis 61.
— bei Fixsternen 331ff.
— bei Gasnebeln 333. 413.
— bei Kugelhaufen 429.
— bei Neuen Sternen 379ff.
— bei Planeten 250. 284f. 289. 291.
— Reduktion auf die Sonne 333.
— beim Schall 59f.
— bei der Sonne 190. 195. 203f. 211. 216. 226 u. a.
— bei spektroskopischen Doppelsternen 335ff.
— bei Spiralnebeln 424f.
Drapersches Gesetz 69.
Draperkatalog 319f. 323. 326 u. a.
Druckwirkung auf Spektrallinien 380f.
Dunkle Nebel im Weltraum 423.
Durchmesser, effektive, der Fixsterne 347ff.
Durchmesserformeln für Sternscheibchen 172.

E.

Effektive Durchmesser der Sterne 347ff.
— Temperatur 134f. 232f. 360ff.
— Wellenlängen 327f.
Eisen, Spektrum 41. 88.
— in Meteoriten 307f.
Eiszeiten und Sonnentemperatur 237f.
Elektromagnetische Wellen 11.
Elektronen 80. 84. 119. 355.
Elemente, Ordnungszahl 84f.
— periodisches System 82ff.
— Spektra 86ff.
Emanationsgesetze 95ff.
Emission und Absorption, gesetzmäßiger Zusammenhang 62ff.
Emissionslinien bei B- und A-Sternen 354f.
— Entstehung 64ff.
— in Gasnebeln 410ff.
— in Kometenspektren 295ff.
— bei Neuen Sternen 373ff. 379f.
— bei Veränderlichen 322. 356. 389. 401f.
— bei Wolf-Rayetsternen 320f. 359f.
Empfindlichkeit, spektrale, des Auges 126. 147. 329.
— — der isochromatischen Platten 329.
— — der photographischen Platten 147f. 329.
Energiemaxima im Spektrum 74ff. 126.
Energiemessung mit dem Bolometer 72. 131ff.
Erdmagnetische Erscheinungen 238ff.
Eros, Lichtschwankungen 280f.
Eulersches photometrisches Gesetz 94ff.
Extinktion der Erdatmosphäre 103f.

F.

F-Sterne (früher Sonnentypus) 320. 322. 355. 429.
Farbe, Beziehungen zum Spektrum 326f.
— der Fixsterne 318f. 324ff. 362ff.
— der hellsten Sterne 325.
— Stufen nach Schmidt und Osthoff 324.
Farbenindex 314. 327ff.
— Beziehungen zum Spektrum 327f.
— des Mondes 256.
— der N-Sterne 327. 358. 388.
— der Planeten 252. 271. 281. 287.
— der Sonne 193.
Farbenkurve der Objektive 23f. 43. 147f.
Fechners psychophysisches Grundgesetz 91
Fernrohrkonstruktionen 27f.

Fernrohrkonstruktionen, abgekürzte 160f.
Fernrohre, photographische 153ff.
— für Sonnenaufnahmen 158ff.
Fixsterne 310ff.
— absolute Helligkeit 343ff.
— Bewegung im Visionsradius 331ff.
— Deckung des Strahlungsverlustes 364ff.
— Dichte 367ff.
— Durchmesser, effektive und wahre 347ff.
— effektive Wellenlängen 328f.
— Entwicklungsgeschichte 364ff.
— Farben 318f. 324ff. 362ff.
— Farbenindex 314. 327ff.
— Giganten und Zwerge 343ff. 350. 366.
— Gitterbilder 338.
— Größendefinition 91f.
— Größenschätzungen und Messungen 172f. 310ff. 316. 383ff.
— Neue 370ff.
— Parallaxen 344. 346. 349ff. 351.
— physische Beschaffenheit 352ff.
— Radialgeschwindigkeiten 331ff.
— Spektra 317ff. 352ff.
— spektroskopische Parallaxen 349ff.
— Strahlungsgleichgewicht 364ff.
— Temperatur 360ff.
— Veränderliche 121ff. 356. 383ff.
— Verteilung 317. 323. 445.
Flächenhelligkeit, Definition 92f. 98. 105.
— der Milchstraße 440f.
— der Nebelflecke 405.
— der Sonne 179f.
— des Zodiakallichtes 308f.
Flächenphotometer 118.
Flecken der Sonne 177. 180ff. 184ff. 193ff. 238ff. 245 u. a.
Fleckphotometer, Bunsensches 107.
Flintglas, Brechungsexponent 13.
Fowlerserie des Heliums 78.
Franklin-Adamskarten 439.

G.

G-Sterne (Sonnenklasse) 187ff. 320. 322. 355. 422f. u. a.
Galaktische Objekte, Verteilung 323. 445f.
Galileisches Fernrohr 28.
Gase, Leuchterregung 83. 417.
Gasnebel 320f. 406ff.
— geschichtete Emissionen 411ff.
— große 406.
— Beschaffenheit der Kerne 414.
— Leuchtvorgang 412. 417f.
— Parallaxe 406.
— Planetarische 409f.
— Radialgeschwindigkeiten 413.
— Ringnebel 409ff.
— Rotation 413f.
— Spektrum 321. 395. 373ff. 381. 410ff.
— Temperatur 417f.
— Verteilungspol 445.
— Verzeichnisse 406f.
Gastheorie 418. 433. 436f.
Gautiersche Gitter 164. 166.
Gelatineplatten s. Bromsilberplatten.
Geißlersche Röhren 83. 246. 411ff. u. a.
Gesetzmäßigkeiten der Spektrallinien 76ff.
Giganten und Zwerge 343ff. 350. 366 u. a.
Gitterspektrum 55. 187. 338.
Gitter, Gautiersche 164. 166.
— Rowlandsche 57. 187.
Glan-Vogelsches Spektralphotometer 125.
Gläser, normale 13.
— ultraviolettdurchlässige 105.
Gramm-Kalorie 73. 127ff. 233ff.
Granulation der Sonne 177f.
Größen der Sterne, absolute 344ff.
— — — Definition 91f.
— — — Messungen 169ff. 314f. 316.
— — — photographische 169ff. 315f. 327f.
— — — photovisuelle 169. 329.
— — — Schätzungen 121f. 310ff. 383ff.
Größen der Sterne in der Milchstraße 439. 448.

H.

Halten der Sterne bei photographisch. Aufnahmen 153ff.
— — — bei Spektralaufnahmen 47. 51.
Harvarddurchmusterung 314f.
Harvard Photometry 314f.
Harvardskala 316.
Hefnerkerze 100f.
Heizkästen für Spektrographen 48. 51.
Heliograph für Sonnenaufnahmen 158.
Helium 78. 86. 192. 206ff. 353. 389. 402. 410ff. u. a.
Heliumsterne (Klasse B) 320f. 337. 344. 353. 408 u. a.
Helligkeiten, photographische 169ff. 315f. 327f.
— photovisuelle 169. 329.
— visuelle 91f. 310ff. 327f.
Himmelsaufnahmen 135ff. 140ff. 153ff. 403ff. u. a.
— Abbildungsfehler 162ff.
— Ausmessung 165ff.
— Reduktion 166f.
HK = Hefnerkerze 100f.
Homogenes Licht 18.
Homozentrische Strahlen 34.
Hookerspiegel des Mt. Wilsonobservatoriums 149. 174. 324. 342 u. a.
Horizontalspiegel 160. 199.
Huyghenssches Prinzip 53.
Hyaden 436ff.

I.

Intensitätslogarithmus 91f.
Interferenzerscheinungen 8f. 53ff.
Interferenzmethode von Michelson 340ff. 348f.
Interferometer 54. 56ff.
Internationales Wellenlängensystem 58. 188.
Isotrope und anisotrope Medien 16.

J.

Julianisches Datum 123.
Jupiter 281ff.
Jupitertrabanten 285f.

K.

K-Sterne (später Sonnentypus) 320. 322. 356. 358 u. a.
Kadmiumlinie, rote, Wellenlänge 58.
Kalium, Spektrum 87.
Kalzium, Spektrum 88. 187 ff. 192 ff. 196 ff. 205 ff. 320 ff. 353. 379. 402 u. a.
Kalziumbilder der Sonne 199 ff.
Kalziumlinien, ruhende 353. 379. 402.
— in Giganten u. Zwergen 350.
— Struktur in Sonnenfackeln 196 ff.
Kanalstrahlen 80.
Kant-Laplacesche Theorie 247. 364. 367.
Kapwolke, große und kleine 394 f. 406. 424. 439. 446.
Kataloge, photometrische 314 ff.
Kathodenstrahlen als Ursache der Polarlichter 243.
Kaustische Kurve 26.
Keilkonstante 116.
Keilphotometer 115 ff.
— mit Vergleichstern 117 f.
Keplersches Fernrohr 27.
Keplersche Gesetze 339.
Kirchhoffsche Funktion 69 ff.
Kirchhoffscher Satz 62 ff.
Kirchhoffsche Sonnentheorie 217 f.
Kleine Planeten 277 ff.
Kobalt, Spektrum 88.
Kohlenstoff, Spektrum 86 f.
Kohlenmonoxyd, Spektrum 295 ff.
Kohlenwasserstoff, Spektrum 295 ff. 307. 357. 380 u. a.
Kollimationsprinzip 25. 38.
Kollimator 25. 36.
Kollodiumemulsion 137.
Kollodiumverfahren 137. 140.
Kolorimeter 112. 126. 362.
Koma bei Linsen- und Spiegelabbildung 26. 162 ff.
Kometen 292 ff.
— Beziehungen zum Kohlenstoff-, Stickstoff- und Cyanspektrum 295 ff.
— Helligkeitsverlauf 294.
— Masse 298.
Kometen, physische Beschaffenheit 293 ff.
— Deutung der Repulsivkraft 301 ff.
— Spektrum 295 ff.
— Wirkung des Strahlungsdrucks 302 f.
— Teilungen 298.
— Theorien 298 ff.
— Typen nach Bredichin 299 ff.
— Ursprung 304.
— Schweife 293. 298 ff.
Komparatoren zur Ausmessung photogr. Platten 165 ff.
Konkavgitter 57. 187.
Konvergenzbewegung von Sternströmen 437 f.
Korona der Sonne 205. 212 ff. 228 ff.
Koronium 192. 215.
Kronglas, Brechungsexponent 13.
Kugelförmige Sternhaufen 427 ff.
— elliptische Anordnung der Sterne 430. 433.
— Entfernung 429 f.
— Anordnung der Giganten 431.
— Stabilität 433 f.
— Veränderliche in 430 f.
— Verteilung am Himmel 428 f. 435.
— Verzeichnis 428.

L.

Lamberts photometrische Gesetze 90 ff. 180 u. a.
Leavittsches Gesetz 394 f. 433.
Leitfernrohre an Astrographen 154 ff.
Leuchterregung, elektrische und in Flammen 83. 417.
Licht, Ablenkung 13 ff.
— Abnahme mit der Entfernung 8.
— Absorption 14 f.
— Brechung 12 ff.
— Dispersion 12. 14.
— Extinktion in der Atmosphäre 101 ff.
— Geschwindigkeit 12. 334.
— Polarisation 15 ff.
— Reflexion 12 f.
— Schwingungen 7. 10.
Licht, Wellenlänge 10 f. 53.
— Zerstreuung 12. 14.
Lichtelektrische Photometer 118 f.
Linienkrümmung im Spektrum 35.
Linienspektra, Serienbildung 76 ff.
Linienverschiebung durch Dopplereffekt 60 f.
Linsen 20 ff.
— Abbildungsgesetze 22.
— achromatische 23 f.
— chromatische Aberration 23. 43. 147 f.
— Fehler 21.
— negative 22 f.
— positive 21.
— sphärische Aberration 21. 147 f. 162 ff.
Lommel-Seeligersches Gesetz 96. 309.
Luft s. Atmosphäre.
Luftunruhe 46. 151 ff.
Lumineszenzerscheinungen 68.
Lummer-Brodhunsches Prisma 107 f.
Lux, Definition 101.

M.

M-Sterne (Titanoxydklasse) 320. 322. 356. 388 u. a.
Magnesium, Spektrum usw. 87.
Magnetische Erscheinungen der Erde 238 ff.
Malusscher Satz 111.
Mangan, anomale Dispersion 82.
Mars 269 ff.
— Färbungen 271 f.
— Deutung der Formationen 275.
— sog. Kanäle 273 ff. 276 f.
— kosmische Verhältnisse 269.
— Polkappen 273. 276.
— Spektrum 269 f.
— Temperatur 276.
— Trabanten 271.
Massenverteilung der Sterne 338. 347. 367.
— in Sternhaufen 436 f.
Merkur 248 ff.
Meßapparate für Platten 165 ff.
Meßmikroskope 40 f.
Meteore 304 ff.
Meteorite 306 ff.

Meterkerze 100f.
Michelsonsche Doppelspaltmethode 341f. 348f.
Mikrometerschrauben 42.
Mikron, Definition 10. 53.
Mikrophotometer von Hartmann 154. 170f. 374.
— nach Koch und Goos 120f.
Milchstraße 426f. 438ff.
— Mindestabstand der helleren Wolken 446.
— Auflösbarkeit 438f. 448.
— bildliche Darstellungen 440.
— Deutung 444ff.
— dunkle Höhlen 423. 441ff.
— Photographien 439f.
— Photometrie 440f.
— Lage des Pols 445.
— sekundäre, im sonnennahen Sternhaufen 444.
— Spektrum 441.
— Spiralnebelhypothese von Easton 426f. 447f.
— Beziehung zur Verteilung der Sterne und Nebel 445.
Minimum der Ablenkung 38.
Miratypus der Veränderlichen 387ff.
Moldavite 307.
Molekulardiffraktion 102. 270.
Momentverschlüsse für Sonnenaufnahmen 161.
Mond 252ff.
— Albedo, allgemeine und spezielle 257. 267.
— Atmosphäre 254.
— Aufschmelzungshypothese 266f.
— Beleuchtungsgesetz 256.
— Bergformen 257ff.
— Einfluß auf die Erde 268f.
— Entstehung der Oberfläche 263.
— Gezeiten 253. 268f.
— Helligkeit einzelner Formationen 267.
— Helligkeit der Phasen 256f.
— Karten 257ff.
— kosmische Verhältnisse 250ff.
— künstliche Krater 265.
— sog. Meere 260f.
— Meteorhypothese 264.
Mond, monochromatische Bilder 268.
— Rillen 262. 266.
— Strahlensysteme 261f. 266.
— Veränderungen 263.
— Verwerfungen 262.

N.

N-Sterne (tiefste Rotklasse) 320. 322. 357f. 388ff. 445.
Natrium, Spektrum 58. 60. 81f. 87. 188. 194.
— anomale Dispersion 81f. 225ff.
Nebel 402ff.
— Auflösbarkeit 403. 422. 448.
— Aussehen und Helligkeit 402ff.
— dunkle 414f. 423. 441ff.
— gasförmige 406ff.
— große 406. 408f.
— um die Nova Persei 376f.
— photographische Aufnahmen 404f.
— photometrische Ergebnisse 405f.
— Planetarische 409ff.
— Spektrum 403f.
— spiralförmige 418ff.
— veränderliche 416f.
Nebulium 321. 359. 373ff. 381. 410ff. 418.
Neodymfilter für Spektralaufnahmen 45.
Neptun 291f.
Neue Sterne 370ff.
— Farbenänderung 375.
— Deutung 381ff.
— Lichtwechsel 374.
— Linienverschiebung 379ff.
— spektrale Änderungen 364. 372. 375.
— in Spiralnebeln 372.
— Temperatur 364. 379.
— Verzeichnis 371.
Netzhaut, Querschnitt nach Greeff 30.
Nickel, Spektrum 88. 194.
— in Meteoriten 307.
Nicolsches Prisma 110ff. 125.
Nordlichter s. Polarlichter.
Normallampe von Hefner-Alteneck 100f.
Nova Persei 373ff.
Novae s. Neue Sterne.
Nullpunkt, absoluter 4. 68. 255.

O.

O-Sterne (Spektralklasse mit Emissionslinien) 78. 320f. 358ff. 375f. 414. 417f. 422f. 445 u. a.
Objektive, Abbildung 145f.
— Bildfeld der photographischen 151.
— chromatische Aberration 23f. 43. 147f.
— Flächenabbildung 145f.
— Lichtstärke 145f.
— Lichtverlust durch Absorption und Reflexion 150.
— photographische 148.
— Prüfung 149.
— visuelle 43.
Objektivprisma 43f. 205. 296. 411f.
Offene und zerstreute Sternhaufen 434ff.
— dynamische Verhältnisse 436ff.
— Farben und Spektra 435f.
— galaktische Gruppierung 435.
— Konvergenzbewegung 436ff.
— Massenverteilung 436f.
— Veränderliche in 435.
— Verzeichnis 434.
Okularmikrometer 39.
Okularspektroskope 45.
Optik, geometrische 17ff.
Ordnungsziffer der Elemente 84f.
Orionnebel 408f. 411. 413. 418.

P.

P-Klasse der Sterne (Gasnebel) 320f. 372ff. 406ff. u. a.
Parallaktische Bewegung 333. 408.
Parallaktischer Meßapparat von Kapteyn 165.
Parallaxen, spektroskopische 349ff.
— Verzeichnis 346. 351.
Paschenserie des Wasserstoffs 77.
Pentanlampe 101.
Penumbra s. Sonnenflecken.
Periodisches System der Elemente 82ff.
Persönliche Fehler bei Plattenmessungen 165.

Petzvalobjektive 148.
Photographie des Himmels 135ff.
Photographische Durchmusterung der Kapsternwarte 312.
— Fernrohre 153ff.
— Himmelskarte 312f.
— Technik 136ff.
Photometer 107ff.
— für Flächenmessung 118.
— lichtelektrische 119ff.
Photometrie 11f. 89ff.
— Absorptionsprinzip 106.
— Blendenprinzip 106.
— Keilprinzip 115ff.
— lichtelektrische Methoden 118ff.
— Polarisationsprinzip 106.
— photographische 169ff. 329.
— photovisuelle 329.
— theoretische 89ff.
Photometrische Apparate 105ff.
— Aufgaben 92ff.
— Einheiten 99ff.
— Gesetze 90ff.
Photosphäre der Sonne 177ff. 233f. 245 u. a.
Pickering- (ζ Puppis-) Serie des Heliums 78. 321. 359 u. a.
Plancksche Strahlungsgleichung 73ff. 232f. 361f. u. a.
Planetarische Nebel 409ff.
Planeten 247ff.
Planetenkonstellationen, Einfluß auf die Sonne 227f.
Planparallele Platte 18.
Platten, photographische s. Bromsilberplatten.
Plattenmeßapparate 41f. 165ff.
Plejaden 415. 434ff.
Polarlichter 241ff.
Polarisation 15ff.
Polarisationsphotometer 109ff.
Pol der Milchstraße 445.
Polsequenzen, photometrische 315f.
Porrosches Prismensystem 28.
Potsdamer Durchmusterung 315.
Prismen 18ff. 24. 33ff.
— Ablenkungswinkel 19.
— achromatische 24.
Prismen, Compound- 34.
— Dispersionswinkel 19.
— geradsichtige 34. 36. 45.
— Lichtbrechung 18.
— Linienkrümmung 35.
— Minimum der Ablenkung 19. 38f.
— nach Lummer-Brodhun 107f.
— Objektiv- 43f. 205. 296. 411f.
— Rutherfordsche 34. 51.
Prismenfernrohr 28.
Prismenspektrum, Abweichung vom Gitterspektrum 56.
— verschiedener Glassorten 43.
— visuelles, der Sonne 188.
— Wellenlängenbestimmung 39f.
Protuberanzen der Sonne 207ff. 224. 246 u. a.
Protuberanzspektroskope 49f. 208.
Psychophysisches Grundgesetz von Fechner 91f.
Pulfrichscher Stereokomparator 168.
Purkinjeeffekt 32. 126. 329.
Pyrheliometer 127f.

R.

R-Sterne 323. 358.
Radialbewegung 331ff.
— Beziehung zum Spektrum 333f.
— der Fixsterne 331ff.
— der Gasnebel 333. 413.
— der Kugelhaufen 429.
— des Sonnenrandes 190. 203f.
— der Spiralnebel 424f. 447.
— veränderliche 335f.
Radiumelemente 88f.
Reflektoren 25ff. 52. 149. 156ff. u. a.
Reflexionskoeffizient 14 97.
Refraktor, photographischer 156ff.
Registriereinrichtung für Photometer 114. 116f.
Registriermikrophotometer nach Koch u. Goos 120f. 154. 374.
Relativzahlen der Sonnenflecke 184ff.
Reproduktionen, astronomische 143f.
Repsoldscher Komparator 167.
Reversionsprisma 20.
Reziprozitätsgesetz 169f.
Richtungsfehler bei Okularschätzungen 20. 384.
Ringnebel 409. 411f.
Ritzserie des Wasserstoffs 77.
Rowlandsche Gitter 57. 187.
Röntgenschwingungen 11.
Ruhende Kalziumlinien 353. 379. 402.
Rutherfordsches Prisma 34. 51.
Rydberg-Ritzsche Zahl 77.

S.

Saturn 287ff.
Saturnring 288ff.
Sauerstoff, Spektrum 79. 87. 191 u. a.
Schätzungen von Veränderlichen 121f. 383ff.
Scheibchendurchmesser der Sterne 171ff.
Scheinersche Benzinlampe 101. 139.
Scheinersches Sensitometer 138f.
Schmidtsche Refraktionstheorie der Sonne 222ff.
Schraffiermethode, photographische von Schwarzschild 170.
Schwarzer Körper, Definition 70.
— Herstellung 71.
— Strahlungsgesetze 71ff.
Schwärzung, photographische 169ff.
Schwärzungskurven, autographische 120. 374.
Schwefelkohlenstoff, Brechungsexponent 13.
Selbstregistrierendes Mikrophotometer nach Koch-Goos 120f. 154. 374.
Secchis Sonnentheorie 219ff.
— Spektraltypen 318f.
Seeligersches photometrisches Gesetz 96f.
Sehen, indirektes 31.
— normales 29ff.
Sekundäres Spektrum 23f. 42f. 147f.
Selenphotometer 118f.
Sensitometer nach Scheiner 138f.

Sinusbedingung 148. 162.
Solarisation 142f.
Solarkonstante 132ff. 233ff. 247f. u. a.
Sonne 175ff.
— Beziehung zu Polarlichterscheinungen 241 ff.
— Bolometrische Untersuchung der Strahlung 189.
— chemische Zusammensetzung 192f.
— Chromosphäre 205ff.
— Dispersionstheorie von Julius 225ff.
— Dopplereffekt 190. 195. 203f. 211. 216. 226 u. a.
— Einfluß auf meteorologische Vorgänge 237.
— elektromagetische Einflüsse 238ff.
— Erhaltung der Energie 234ff.
— Fackeln 177f. 182ff. 187. 196ff. 242. 245f.
— Farbenindex 193.
— Flashspektrum 205ff. 245.
— Flecke 177. 180ff. 184ff. 193ff. 238ff. 245 u. a.
— Fleckenperioden 184ff. 227ff.
— Fraunhofersche Linien, Verzeichnis 188.
— Gasschichtung am Rande 206f.
— Granulation 177ff.
— Helligkeit 176f.
— Helligkeitsabfall nach dem Rande 179.
— Kalziumbilder 196ff. 200.
— Kontraktionstheorie von Helmholtz 236.
— Korona 205. 212ff. 228ff.
— kosmische Verhältnisse 175ff.
— Linienverzerrungen 226.
— magnetisches Feld 195.
— Maxima und Minima der Tätigkeit seit 1610 184ff.
— Photosphäre 177ff. 233f. 245 u. a.
— Protuberanzen 207ff. 224. 246 u. a.
— Refraktionstheorie von Schmidt 222ff.
— Rotation 182f. 202ff.
— Spektrum 57. 76. 135. 187ff. 204ff.
— Strahlung 132ff. 233ff. 247f.
Sonne, Temperatur 134. 232ff. 237f. 244. 247.
— Theorien 216ff.
— totale Finsternisse 204f.
— umkehrende Schicht 205ff. 245.
— Ursprung der Absorptionslinien 189ff.
— Wasserstoffbilder 201 ff.
— Zeemaneffekt 195.
— Zusammenfassung der Ergebnisse 243ff.
— Zusammensetzung 192f.
Sonnenspektrum, Rowlandsches 57. 187f.
— ultrarotes 135.
— ultraviolettes 76.
Spaltblende für Vergleichspektra 41.
Spaltkonstruktionen 37.
Spektralanalyse 32ff.
Spektralanalytische Theorien 62ff.
Spektralapparate 33ff. 35ff. 48.
Spektralokular von Abbe 49.
Spektralphotometer 124ff.
Spektrographen 37. 47. 50f.
Spektroheliograph 196ff.
Spektrokomparator nach Hartmann 41f.
Spektrometer 39.
Spektroskopkonstruktionen 43ff. 49f.
Spektroskopische Doppelsterne 335ff.
— Parallaxen 349ff.
Spektrum, Abhängigkeit vom Aggregatzustand 64ff.
— Abhängigkeit von Druck und Temperatur 67. 354f. 380f.
— Abhängigkeit von der Leuchterregung 83. 86ff. 411ff. u. a.
— Ausmessung 38.
— der Elemente 86ff.
— einfache Erzeugung 35.
— fester Körper 62ff.
— der Fixsterne 317ff. 352ff. 356ff.
— der Gase 65ff. 76ff. 86ff.
— der Gasnebel 321. 359. 373ff. 381. 410ff. 418.
— integriertes der Kugelhaufen 429.
— — der Milchstraße 423. 441.
Spektrum, integriertes der Spiralnebel 422f.
— der Neuen Sterne 374ff.
— der Planeten 243. 250. 269f. 281. 289f. 291.
— sekundäres der Objektive 42ff. 147f.
— der Sonne 57. 76. 135. 187ff. 204ff.
— des Zodiakallichtes 309.
— der Veränderlichen 388ff.
Sphärische Aberration 21. 147f. 162ff.
Spiegelteleskope 25ff. 52. 149. 156ff.
Spiralnebel 418ff.
— Auflösbarkeit 403. 422. 448.
— Entfernung 425. 448.
— gasförmige 423.
— Haupttypen 420ff.
— kosmische Stellung 426. 446ff.
— Radialgeschwindigkeiten 424f. 427.
— Rotation 425.
— Spektrum 422f.
— spindelförmige 423f.
— Verzeichnis 419f.
— Zahl und Verteilung 418.
Starkeffekt 80.
Stefan-Boltzmannsches Gesetz 73ff. 134. 231. 339. 347f. 368 u. a.
Stereokomparator 168.
Sterne s. Fixsterne.
Sternhaufen, Farben und Spektra 435f.
— Konvergenzbewegung,
— kugelförmige 427ff.
— Massenverteilung 436f.
— offene und zerstreute 433ff.
— der sonnennahe 444ff.
Sternkarten und -Kataloge 311f. 439f.
Sternschnuppen 304ff.
Sternspektroskope 48ff.
Sternströme 344. 437f.
Sternsystem, sonnennahes 444ff.
Strahlung 4ff. 9ff. 62ff. u. a.
— der Sonne 132ff. 233ff. 247f.
— Gesetz von Planck 73ff. 232f. 361f.
— — Stefan und Boltzmann 73ff. 134. 231. 339. 347. 268 u. a.

Strahlung, Gesetz von Wien 74ff. 134. 339f.
— Messung mit d. Bolometer 72f. 131ff.
Strahlungskonstante 73f.
Strontium, Spektrum 88.
— Liniencharakter in Giganten u. Zwergen 350.

T.

Taschenspektroskop 36.
Telekamera f. Sonnenaufnahmen 164f.
Temperatur 4. 64ff. 255 u. a.
— effektive 127ff. 360ff.
— der Erde 237f. 247.
— der Fixsterne 360ff.
— der Gasnebel 418.
— der Planeten 247f.
— der Sonne 134. 232ff. 237f. 244. 247.
Tierkreislicht 308ff.
Titan, Spektrum 88. 194. 356.
Toepferscher Komparator 168.
Transmissionskoeffizient d. Atmosphäre 104.
Tripletobjektive 148.
Turmteleskop 199.
Turnersche Methode der Plattenausmessung 166f.

U.

Ultraviolettes Sonnenspektrum 194ff. 200ff. 204ff.
Uranus 291.
Umkehr der Spektrallinien 323. 354f. 374ff. u. a.

V.

Vanadium, Spektrum 195.
Venus 250ff.
Veränderliche Sterne 383ff.
— Algoltypus 337ff. 386f. 369f. 397ff.
— Anzahl und Benennung 385f.
— Bedeckungsveränderliche 337ff. 369f. 386. 397ff. 445.
— Beobachtung 121ff. 383ff.
— β Lyrae-Typus 369f. 386f. 400f.
— δ Cephei-Typus 386f. 392f. 430ff. 445.
— merkwürdige 373. 391.
— Mira-Typus 386ff.
— *R* Coronae-Typus 391.
— Sternhaufentypus 386. 392f. 430ff.
— *U* Geminorum-Typus 386. 390.
— unregelmäßige 386. 388. 390ff. 417.
— Vergleichsterne 384.
Vergleichspektra 41. 51.
Verschiebungsgesetz, Wiensches 74ff. 134. 339f.
Verstärkung der Negative 140.
Verteilungspole galaktischer Objekte 445.
Vierordtsches Spektralphotometer 124f.
Virtuelle Bilder 23ff.
Vorbelichtung, photographische 141.

W.

Walratkerze 100.
Wärmestrahlung 4ff. 9ff. 72ff. 131f. u. a.
Wasserstoff, Spektrum 76ff. 86. 194ff. 201ff. 211. 320. 353f. 358ff. 374f. 388. 402. 410ff. u. a.
Wasserwert eines Thermometers 128.
Wellenfläche 7.
Wellenlänge des Lichtes 7. 10f. 53 u. a.
Wellenlängen, absolute 52ff. 58.
— internationale 58. 188.
— relative 38ff.
— Rowlandsche 58. 188.
Wiensches Verschiebungsgesetz 74ff. 134. 339f.
Wolf-Rayet-Sterne (O-Klasse) 78. 320f. 358ff. 375f. 414. 417f. 422f. 445 u. a.

Z.

Zeemaneffekt 79f.
Zenitprisma 20.
Zerstreuung, atmosphärische 102.
Zirrusnebel 409.
Zodiakallicht 308ff.
Zöllnersche Sonnentheorie 218ff.
Zöllnersches Astrophotometer 109ff. 114.
Zwerge und Giganten 343ff. 350. 366 u. a.
Zylinderlinse 42.

Namenregister.

Stichworte, wie: Fraunhofersche Linien, Stefan-Boltzmannsches Gesetz, Zöllnersches Photometer usw. sind im Sachregister nachzusehen.

A.

Abbe 49.
Abbot 128. 129. 133. 134. 202.
Abney 189.
Adams 346. 347. 349—351.
Al Sûfi 311.
Altobelli 371.
Anderson, J. 342. 343.
Anderson, T. 371.
André 280.
Angström 58. 129—131.
Anthelm 371.
Antoniadi 272. 275.
Arago 217.
Archer 137.
Argelander 121. 122. 311. 383—385. 401.
d'Arrest 416.
Arrhenius 302. 303.
Auwers 176. 371.

B.

Baade 401.
Bailey 427. 435.
Balmer 76. 77. 86.
Bamberg 116.
Barnard 283. 286. 288. 290. 349.
Becker, L. 215. 421.
Bell 97. 280.
Belopolski 61. 216. 250. 284. 289. 395. 401.
Benoît 58.
Bergstrand 328. 409.
Bessel 1. 298. 299. 340.
Bianchi 182.
Bigelow 240.
Biot 371.
Birkeland 243.
Birmingham 371.
Blaeu 371.
Bode 217.
Bohr 355.
Bolton 137.
Boltzmann 73—75.
Bond 171. 176. 256.
Boss 333. 335. 437.
Bouguer 176.
Bourget 414. 418.
Bower 371.
Bredichin 297—305.
Brodhun 107. 118. 171.
Brorsen 308.
Brown 256.
Browning 39.
Bruce 157.
Brunowski 371.
Bruns 396.
Buisson 61. 88. 414. 418.
Bunsen 107.
Burnham 416.
Buttler 305.

C.

Calvert 416.
Campbell 207. 216. 269. 332. 333. 342. 355. 359. 413. 414.
Cannon 319. 327.
Carpenter 266.
Cassini, D. G. 217. 250. 290. 308.
Ceraski 176.
Charlier 172.
Chandler 386.
Chrétien 296.
Christie 172.
Clark 340.
Clausius 255.
Copeland 298.
Cornu 80. 190.
Crova 125. 128. 134.
Curtis, H. 418. 424.
Curtiss, R. 401.

D.

Daguerre 136.
d'Arrest 416.
Darwin 228.
Denning 371.
Deslandres 79. 196. 201. 289. 296.
D'Esterre 385.
Dollond 151.
Doppler 59—61.
Dorsey 215.
Draper 69.
Dreyer 372. 403. 427.
Dubois 237. 238.
Dugan 400.
Dunér 203. 297. 356—358.
De Vico 250.
Dyson 288.

E.

Easton 426. 440. 447.
Ebert, H. 231. 264. 265.
Eddington 236. 348. 364. 367. 396. 399. 433.
Ekholm 227.
Elkin 340.
Elster 119.
Emden 228.
Enebo 371.
Engelmann 285. 286.
Espin 371.
D'Esterre 385.
Eudoxus 310.
Euler 94.
Evershed 187.
Exner 83.

F.

Fabricius 387.
Fabry 57. 58. 61. 88. 121. 176. 414. 418.
Fajans 85.
Fath 309. 422. 423. 441.
Fauth 257.
Faye 222. 304.
Fechner 91.
Fessenkoff 308.
Fizeau 60. 176. 331.
Fleming 371.
Foucault 176.
Fowler 78. 296. 297. 356.
Franklin-Adams 439.
Fraunhofer 62. 79. 151. 187. 188. 318.
Franz 257. 258. 263.

G.

Galilei 160.
Gaudin 137.
Gauss 1. 239.
Gautier 164. 166. 168.
Gehrcke 58.
Geitel 119.
Gill 312. 340.
Glan 125.
Goetz 267.
Goldstein 88.
Goodricke 397.
Goos 120. 440.
Gothard, v. 375. 412.
Gould 444.
Graff 117. 118. 275. 286. 440.
Greeff 30.
Green 277.
Gummelt 188.
Guthnick 119. 285. 286. 290. 396.
Gyldén 396.
Gyllenberg 388.

H.

Hagen 324, 384. 441. 443.
Hale 194—196. 199—203. 205. 209. 212. 274. 302. 356—358.

Hall, A. 288.
Hall, M. 151.
Hanski 134. 179. 212.
Harcourt 101.
Harkness 215.
Hartmann, J. 40—42. 149. 170. 353. 379.
Hartwig 371. 386.
Haschek 83.
Hayn 258.
Heis 311. 440.
Henry 154—156. 158.
Herschel, J. 151. 217. 256. 311. 444.
Herschel, W. 217. 263. 285. 290. 311. 403. 409.
Hertz 231.
Hertzsprung 170. 328. 349. 366. 394. 445.
Hevelius 294.
Hind 371. 416.
Hirn 288.
Hirsch 108.
Hipparch 310.
Holetschek 295. 405. 406. 418. 427. 435.
Huggins 196. 212. 269. 270. 295. 297. 331. 356. 373. 403.
Hull 302.
Humboldt, A. v. 308. 371.
Humphreys 380.
Huyghens 9. 53.

J.

Janssen 178—181. 191. 212.
Janson 371.
Jegoroff 191.
Jewell 206. 228. 229. 380.
Jordan 329.
Joy 346. 347.
Julius 180. 225—227.

K.

Kant 236. 367.
Kapteyn 165. 312. 316. 333. 343. 383. 444.
Kayser 83. 88. 277.
Keeler 272. 287—289. 411—413.
Kelvin, Lord 367.
Kempf 240. 315. 333.
Kepler 27. 339.
Kimura 186.
King 83. 194. 256. 327.
Kirchhoff 1. 58. 62—75. 208. 217—219.
Kleiner 279.
Knobel 108.
Kobold 333.
Koch 120. 121. 171.
Köhler 108.
Kohlschütter, A. 349. 350.
Kopernikus 248.
Kopff 301.
Kostinski 271.
Krieger 257.
Krüger 311. 325.
Küstner 334.
Kurlbaum 72.

L.

Lambert 89. 90. 94—98. 249.
Lane 365.
Langley 72. 128—135. 176. 189. 222.
Laplace 236. 367.
Lassell 416.
Lau 272.
Leavitt 394. 395. 433.
Lebedew 302. 303.
Lecher 231.
Le Gray 137.
Lewis 288.
Lindblad 328. 422.
Lindemann 401.
Loewy 261. 266.
Lockyer 212. 366.
Lohrmann 257.
Lohse 298. 380.
Lommel 94. 96.
Lowell 248—250. 269. 282. 283. 287. 291. 300.
Lubieniecki 295.
Ludendorff 388. 391. 397.
Lummer 58. 72. 107. 118. 171.
Lundmark 328. 422.
Lyman 11. 77.

M.

van Maanen 406. 409. 426.
Mackie 371.
Maddox 137.
Martin 393.
Maunder 240. 269. 331.
Maury 319.
Maxwell 288. 302.
Ma-Tuan-Lin 294. 371.
Mädler 257. 277.
Mendelejeff 76. 84.
Merrill 355.
Messier 402—403.
Metcalf 278.
Michelson 58. 341. 342. 348. 349.
Miethe 268.
Milanković 263. 276.
Millikan 11.
Miller 373.
Milochau 282.
Müller, G. 104. 248. 249. 262. 279. 281. 287. 289. 315. 386.
Münch 361.
Mohler 380.
Moore 395. 414.

N.

Nasmyth 266.
Newall 342.
Newton 27.
Nichols 302.
Nièpce 136. 137.
Nijland 387. 390. 392.
Nordmann 443.

O.

Olbers 271. 298.
Oppolzer 280.
Orloff 298. 301.
Osthoff 324. 325. 384.

P.

v. d. Pahlen 421.
Pannekoek 440.
Parkhurst, J. 117. 122. 170. 315. 327. 329.
Paschen 77.
Paulsen 243.
Pease 349. 418. 420. 422. 425.
Peirce 314.
Perot 57. 58. 121.
Perrine 376.
Philips 284.
Pickering, E. 45. 78. 116. 117. 122. 123. 146. 176. 179. 256. 267. 271. 285. 286. 290. 292. 313. 314. 319. 323. 335. 358. 359. 401. 405.
Pickering, W. 256. 263.
Pingré 295.
Planck 69. 72—75. 232. 233.
Plummer 393. 433.
Pokrowski 301.
Porro 28.
Pouillet 128.
Prager 119.
Pringsheim 72.
Pritchard 314.
Ptolemäus 310. 311.
Puiseux 261. 266.
Pulfrich 168.

R.

Rayleigh 102.
Repsold 158. 165. 167.
Rhijn, van 316. 317. 436. 440. 444.
Riccò 210.
Rizzo 134.
Ritchey 52. 158. 418.
Ritter 365.
Ritz 77.
Roberts 418. 426.
Roche 288.
Rosenberg 173. 339.
Rosse, Lord 418. 426.
Rowland 57—59. 187. 188.
Ruhmer 119.
Runge 83.
Russell 176. 236. 256. 286. 344—348. 364—367. 399. 400.
Rutherford 56.
Rutherfurd 177. 254.
Rydberg 77.

S.

Scaliger 123.
Schaeberle 229. 230.
Scheele 136.
Scheiner 134. 138. 139. 152. 172. 208. 250. 267. 269. 275. 331. 332. 335. 338. 339. 355. 361. 397. 411. 413. 431.
Schiaparelli 248. 250. 271. 272. 274. 304.
Schlesinger 399.
Schmid, F. 309.
Schmidt, J. 222—225. 257. 294. 324. 325. 371. 401.
Schmidt, B. 283.
Schott 362.
Schönfeld 311.
Schröter 250.
Schuler 371.
Schumann 11.
Schuster 186. 240. 241. 242.

Schwarzschild 45. 169. 170. 207. 303. 315. 327.
Seabroke 331.
Seagre 137.
Seares 330.
Secchi 48. 182. 183. 219—222. 318. 319. 323. 357.
See 227. 288.
Seeliger 96. 97. 249. 309. 382. 383. 444.
Sellmaier 227.
Shapley 326. 369. 370. 400. 427—435. 446.
Slipher 243. 291. 416. 422. 427. 429.
Slocum 201.
Snellius 13.
Sommerfeld 85.
Spitta 286.
Stark 79. 80. 243.
Stebbins 119. 256. 395. 400.
Stefan 73—75.
Steinheil 160. 162.
Sternberg 284.
Stoney 309.
Störmer 241—243.
Strange 179.
Strömgren 304.
Struve, L. 333.
Suess 268.

T.

Terby 277.
Tichoff 443.
Thiele, H. 298.
Thiele, N. 79.
Toepfer 116. 167. 168.
Turner 167. 215. 227. 371. 387.
Tycho 371.

V.

Vallot 134.
Very 179. 250.
Vierordt 124. 125.
Villiger 179. 250. 405.
Violle 128.
Vogel 179. 180. 212. 248. 250. 269. 286. 287. 295—297. 323. 331—338. 353—357. 397. 418.
Voûte 332. 334.

W.

Wegener, A. 264. 306.
Weiss 304.
Wien 72. 75.
Wilczynski 228. 421.
Wilsing 228. 267. 269. 339. 348. 361—363. 411.
Wilson 217. 380. 438.
Wislicenus 256. 267.
Wirtz 267. 405. 427.
Wolf, M. 172. 277. 279. 295. 308. 358. 359. 371. 375. 410. 411. 415. 416. 426. 439. 441.
Wolf, R. 184—186. 227. 240. 241.
Wolfer 184. 185. 187.
Wolff, T. 314.

Y.

Young, C. A. 192. 205. 215. 222. 226.
Young, R. 353.

Z.

Zeeman 79. 80.
v. Zeipel 433. 436.
Zeiss 49. 159.
Zenker 247.
Zöllner 109—118. 176. 217—219. 222. 299—302. 326. 396.

Tafel I.

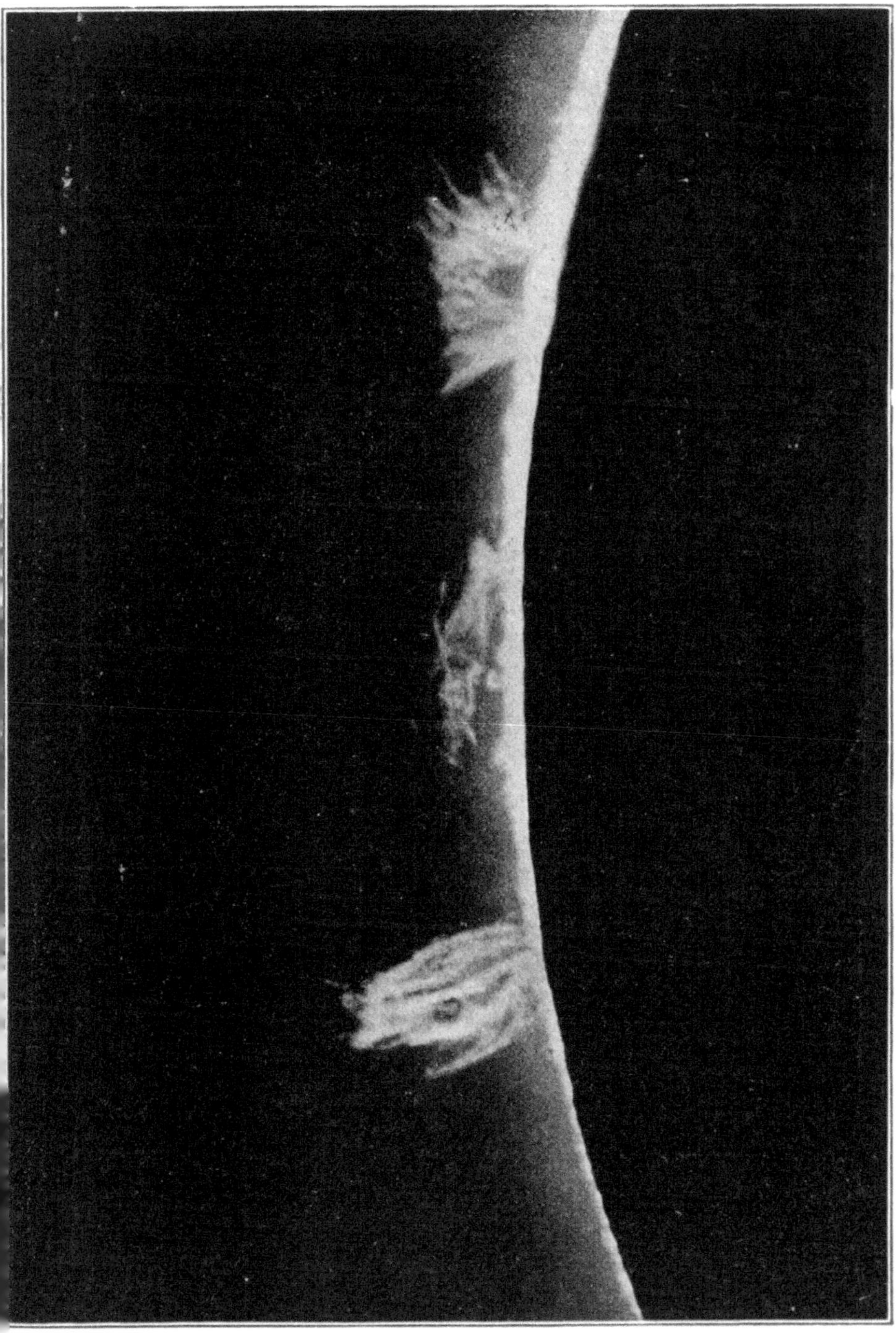

Barnard und Ritchey phot.

Sonnenprotuberanzen während der totalen Finsternis 1900 Mai 28.

Tafel II.

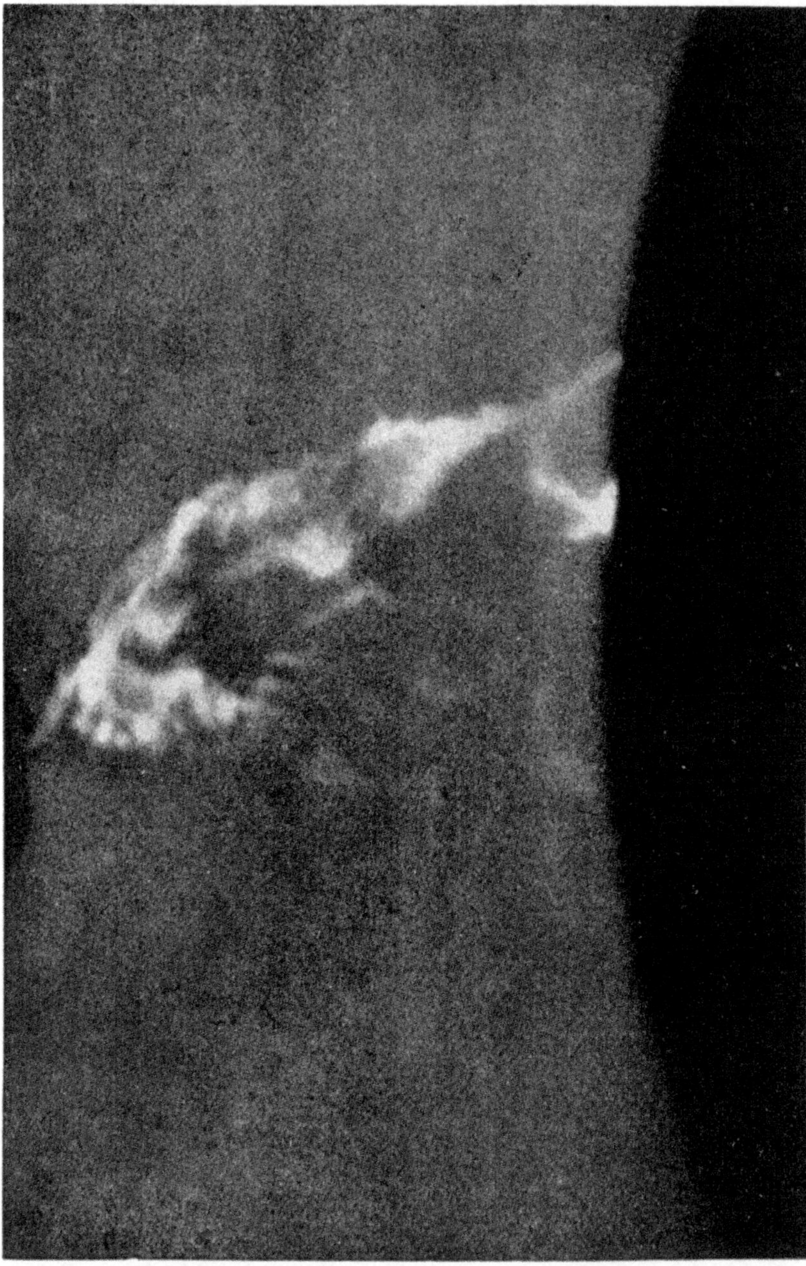

Hale phot.

Spektroheliographische Aufnahme einer Sonnenprotuberanz 1895 März 24.

Frost phot.

Sonnenkorona während der totalen Finsternis 1900 Mai 28.

Tafel IV.

Ritchey phot.

Kraterlandschaft des Mondes zwischen Theophilus und Maurolycus.

B. Schmidt phot.

Jupiter im Jahre 1916 nach Reflektoraufnahmen.

Barnard phot.

Saturn im Jahre 1911 nach Aufnahmen am Mt. Wilsonreflektor.

Graff gez.

Saturn im Jahre 1911. Zeichnung nach den Barnardschen Aufnahmen.

Tafel VI.

M. Wolf, phot.

Komet 1908 III (Morehouse) am 16. Nov. 1908.

Tafel VII.

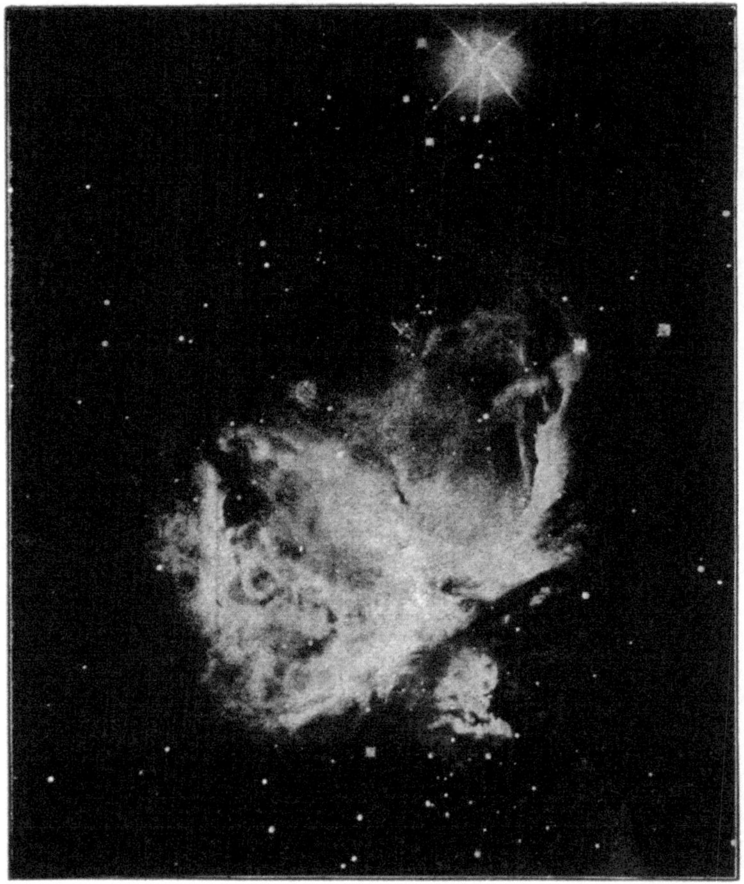

Ritchey phot.

Orionnebel.

Gill phot.

Nebel um η Argus.

Tafel VIII.

Ost

M. Wolf phot.

Der Amerikanebel NGC 7000 unweit α Cygni

Ritchey phot.

Großer Zirrusnebel NGC 6992 im Schwan.

Tafel X.

Ritchey phot.

Plejadennebel.

Ritcney phot.

Der große Andromedanebel.

Tafel XII.

M. Wolf phot.

Spiralnebel M 101 im Großen Bären.

Ritchey phot.

Spiralnebel M 51 in den Jagdhunden.

Tafel XIII.

Ritchey phot.

Sternhaufen M 13 im Herkules.

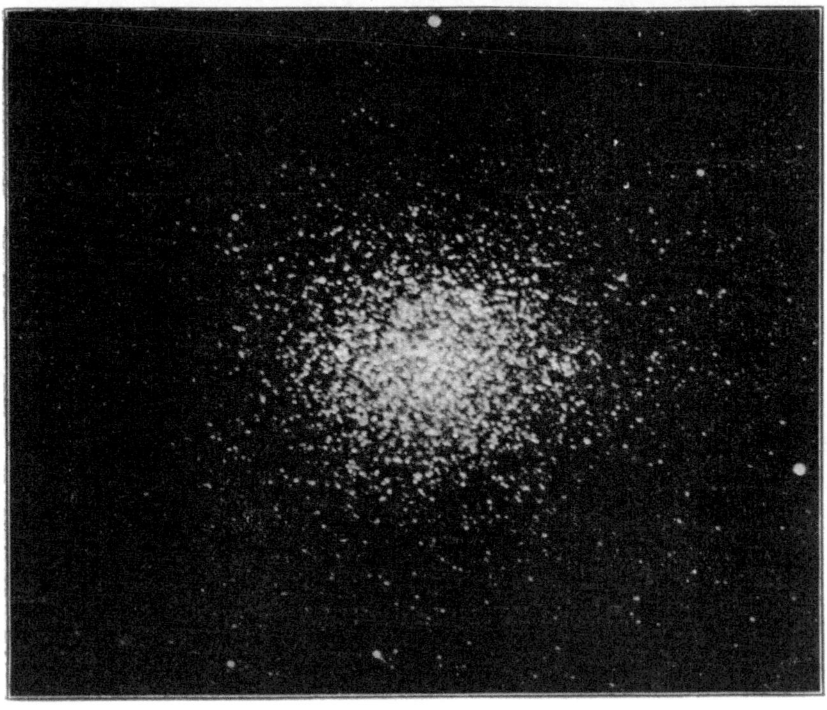

Gill phot.

Sternhaufen ω Centauri.

Tafel XIV.

Barnard phot.

Dunkle Höhlen in der Milchstraße.

Tafel XV.

Ost

M. Wolf phot.

Kokonnebel im Schwan.

Tafel XVI.

Nord

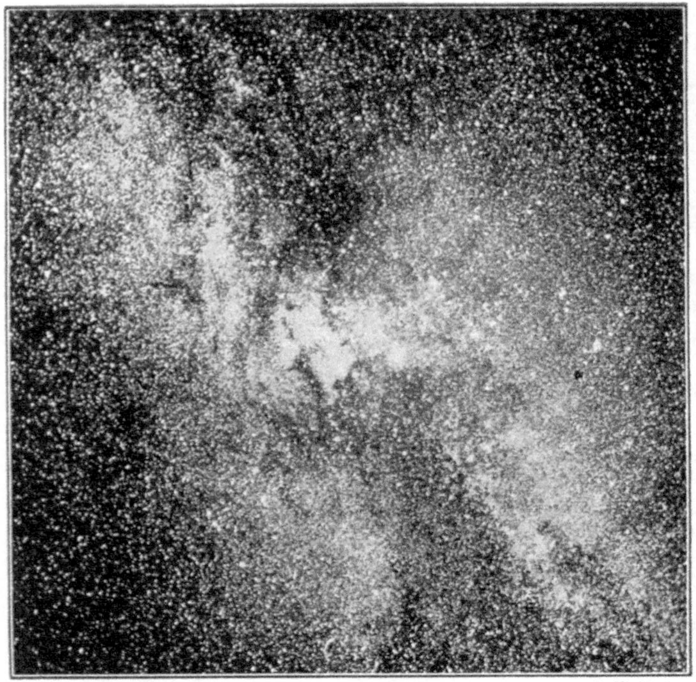

M. Wolf phot.

Nord

M. Wolf phot.

Milchstraße im Cepheus-Cygnus (links) und in Aquila-Scutum (rechts)

DIE KULTUR DER GEGENWART
IHRE ENTWICKLUNG UND IHRE ZIELE
HERAUSGEGEBEN VON PROF. PAUL HINNEBERG

Teil III, Abteilung III, Band 3

ASTRONOMIE

Unter Redaktion v. Geh. Reg.-Rat Prof. Dr. *J. Hartmann*, Göttingen

Bearbeitet von Prof. Dr. *L. Ambronn*, Geh. Hofrat Prof. Dr. *Fr. Boll*, Prof. Dr. *A. v. Flotow*, Prof. *F. K. Ginzel*, Prof. Dr. *K. Graff*, Prof. Dr. *P. Guthnick*, Geh. Reg.-Rat Prof. Dr. *J. Hartmann*, Prof. Dr. *J. v. Hepperger*, Prof. Dr. *H. Kobold*, Prof. Dr. *S. Oppenheim*, Geh. Reg.-Rat Prof. Dr. *E. Pringsheim* †

Geh. M. 152.—, geb. M. 184.—

Im Rahmen des Sammelwerkes „Die Kultur der Gegenwart" bietet der vorliegende Band aus der Feder namhafter Vertreter der Astronomie eine durch eine Reihe von Tafeln nach neuzeitlichen photographischen Aufnahmen belebte, für den Laien durchaus verständliche, aber auch für den Fachmann bedeutungsvolle Darstellung dieser Wissenschaft unter Betonung ihrer Beziehungen zur heutigen Gesamtkultur.

Einer Darstellung der Uranfänge der astronomischen Vorstellungen bei den verschiedenen Völkern, ihrer Zusammenhänge mit Religion, Volksgebräuchen und Astrologie *(Fr. Boll)* folgt, der Entwicklung des Zeitbegriffes und der Einteilung der Zeit aus den ersten astronomischen Beobachtungen entsprechend, die des gesamten Kalenderwesens *(F. K. Ginzel)* und der Zeitmessung *(J. Hartmann)* von ihren primitiven Anfängen bis zur modernen Zonenzeit und den funkentelegraphischen Zeitsignalen. Da sich ebenso der Raumbegriff an astronomischen Vorgängen entwickelt, sind sodann die durch astronomische Messungen ermöglichten Ortsbestimmungen auf der Erde u. am Himmel *(L. Ambronn)* sowie die stetige Ausdehnung und Vertiefung unserer räumlichen Vorstellungen *(A. v. Flotow)* behandelt. Dem folgt die Darstellung der Bewegungen der Körper unseres Planetensystems *(J. v. Hepperger)* und der physikalischen Verhältnisse dieser Körper, der Planeten, Monde, Kometen *(K. Graff)* und der Sonne *(E. Pringsheim)*. Die physikalischen Verhältnisse der Fixsternwelt *(P. Guthnick)* finden sodann, der Bedeutung der modernen astrophysikalischen Forschungsmethoden entsprechend, ausführliche Behandlung; hier sowie in dem folgenden Abschnitt über den Bau der Fixsternwelt *(H. Kobold)* werden die Errungenschaften und die Probleme der heutigen astronomischen Forschung vorgeführt. Nach einer Besprechung der astronomischen Beobachtungsinstrumente und ihres Einflusses auf die Entwicklung der Feinmechanik und Optik *(L. Ambronn)* schließt den Band ein Kapitel *(S. Oppenheim)* über die Gravitation und ihre Erklärungsversuche bis zur Einsteinschen Relativitätstheorie, in deren nur durch allerfeinste astronomische Messungen zu erbringenden Beweisen sich wiederum der innige Zusammenhang der Astronomie mit der Physik bekundet.

Verlag von B. G. Teubner in Leipzig und Berlin

Preisänderung vorbehalten

GPSR Compliance

The European Union's (EU) General Product Safety Regulation (GPSR) is a set of rules that requires consumer products to be safe and our obligations to ensure this.

If you have any concerns about our products, you can contact us on ProductSafety@springernature.com

In case Publisher is established outside the EU, the EU authorized representative is:

Springer Nature Customer Service Center GmbH
Europaplatz 3
69115 Heidelberg, Germany

Batch number: 08544864

Printed by Printforce, the Netherlands